住房和城乡建设部“十四五”规划教材
土木工程专业本研贯通系列教材

结构动力学

刘章军　陈建兵　彭勇波　编著
李　杰　主审

U0172580

中国建筑工业出版社

图书在版编目（CIP）数据

结构动力学 / 刘章军，陈建兵，彭勇波编著. — 北京：中国建筑工业出版社，2021.12

住房和城乡建设部“十四五”规划教材 土木工程专业本研贯通系列教材

ISBN 978-7-112-26627-2

Ⅰ. ①结… Ⅱ. ①刘… ②陈… ③彭… Ⅲ. ①结构动力学-高等学校-教材 Ⅳ. ①O342

中国版本图书馆 CIP 数据核字（2021）第 191000 号

本书全面、系统地论述了结构动力学的基本知识和基础理论。全书共分 5 篇 19 章，其中前 4 篇是确定性结构动力学的内容，包括单自由度系统、多自由度系统和连续弹性系统的运动方程、自由振动分析、强迫振动反应分析以及动力反应的数值计算和近似解法，第 5 篇论述随机结构动力学的经典理论及其最新研究成果——概率密度演化理论。

本书主要内容取之于国内外有关结构动力学和随机动力学方面的优秀著作和最新成果。书中既对经典内容进行严谨详尽的论述，且尽可能结合工程应用，又力图反映近代分析方法和现代数值计算在结构动力学中的发展，并适当切入本领域的研究前沿。

本书可作为土木工程、机械工程、水利工程、船舶与海洋工程、航天航空工程以及工程力学等高年级大学生和研究生教材，也可供相关专业的教师、研究人员和工程技术人员参考使用。

本书配备教学课件，请选用此教材的教师通过以下方式索取课件：1. 邮箱：jckj@cabp.com.cn 或 jiangongkejian@163.com；2. 电话：（010）58337285；3. 建工书院：http：//edu.cabplink.com。

责任编辑：赵 莉 吉万旺
责任校对：李欣慰

住房和城乡建设部“十四五”规划教材
土木工程专业本研贯通系列教材

结构动力学

刘章军 陈建兵 彭勇波 编著
李 杰 主审

*

中国建筑工业出版社出版、发行（北京海淀三里河路 9 号）
各地新华书店、建筑书店经销
北京鸿文瀚海文化传媒有限公司制版
北京市密东印刷有限公司印刷

*

开本：787 毫米×1092 毫米 1/16 印张：37½ 字数：838 千字
2022 年 2 月第一版 2022 年 2 月第一次印刷
定价：**98.00** 元（赠教师课件）
ISBN 978-7-112-26627-2
（38131）

出版说明

党和国家高度重视教材建设。2016 年，中办国办印发了《关于加强和改进新形势下大中小学教材建设的意见》，提出要健全国家教材制度。2019 年 12 月，教育部牵头制定了《普通高等学校教材管理办法》和《职业院校教材管理办法》，旨在全面加强党的领导，切实提高教材建设的科学化水平，打造精品教材。住房和城乡建设部历来重视土建类学科专业教材建设，从“九五”开始组织部级规划教材立项工作，经过近 30 年的不断建设，规划教材提升了住房和城乡建设行业教材质量和认可度，出版了一系列精品教材，有效促进了行业部门引导专业教育，推动了行业高质量发展。

为进一步加强高等教育、职业教育住房和城乡建设领域学科专业教材建设工作，提高住房和城乡建设行业人才培养质量，2020 年 12 月，住房和城乡建设部办公厅印发《关于申报高等教育职业教育住房和城乡建设领域学科专业“十四五”规划教材的通知》（建办人函〔2020〕656 号），开展了住房和城乡建设部“十四五”规划教材选题的申报工作。经过专家评审和部人事司审核，512 项选题列入住房和城乡建设领域学科专业“十四五”规划教材（简称规划教材）。2021 年 9 月，住房和城乡建设部印发了《高等教育职业教育住房和城乡建设领域学科专业“十四五”规划教材选题的通知》（建人函〔2021〕36 号）。为做好“十四五”规划教材的编写、审核、出版等工作，《通知》要求：(1) 规划教材的编著者应依据《住房和城乡建设领域学科专业“十四五”规划教材申请书》（简称《申请书》）中的立项目标、申报依据、工作安排及进度，按时编写出高质量的教材；(2) 规划教材编著者所在单位应履行《申请书》中的学校保证计划实施的主要条件，支持编著者按计划完成书稿编写工作；(3) 高等学校土建类专业课程教材与教学资源专家委员会、全国住房和城乡建设职业教育教学指导委员会、住房和城乡建设部中等职业教育专业指导委员会应做好规划教材的指导、协调和审稿等工作，保证编写质量；(4) 规划教材出版单位应积极配合，做好编辑、出版、发行等工作；(5) 规划教材封面和书脊应标注“住房和城乡建设部‘十四五’规划教材”字样和统一标识；(6) 规划教材应在“十四五”期间完成出版，逾期不能完成的，不再作为《住房和城乡建设领域学科专业“十四五”规划教材》。

住房和城乡建设领域学科专业“十四五”规划教材的特点：一是重点以修订教育部、住房和城乡建设部“十二五”“十三五”规划教材为主；二是严格按照专业标准规范要求编写，体现新发展理念；三是系列教材具有明显特点，满足不同层次和类型的学校专业教学要求；四是配备了数字资源，适应现代化教学的要求。规划教材的出版凝聚了作者、主审及编辑的心血，得到了有关院校、出版单位的大力支持，教材建设管理过程有严格保障。希望广大院校及各专业师生在选用、使用过程中，对规划教材的编写、出版质量进行反馈，以促进规划教材建设质量不断提高。

住房和城乡建设部“十四五”规划教材办公室

2021 年 11 月

序

工程结构在服役期间可能承受各种各样的动力作用，如何正确分析与预测工程结构在动力作用下的响应，是结构动力学所要研究的主要问题。无论是常规的动力作用（如机械设备对房屋结构的作用）、还是灾害性的动力作用（如强烈地震、强风、爆炸与冲击等），结构在动力作用下的响应特征都迥异于其在静力作用下的反应特征。结构固有周期、惯性力、共振响应、阻尼……，这一系列新概念，构成了结构动力学区别于结构静力学的标志与特色。

尽管其基本原理可以上溯到17世纪的牛顿力学和18世纪的拉格朗日分析力学，但现代意义上的结构动力学基本体系，仅大体形成于20世纪30年代中期。单自由度——多自由度——连续体系的阐述框架，使结构动力学有了一个线索清晰、体系完备的理论框架。20世纪50年代以来，由于矩阵理论的应用和计算机技术的发展，使得应用结构动力学解决复杂结构工程分析与设计问题的能力大大增强。与之相适应，一批经典著作（如Clough与Penzien的“Dynamics of Structures”）相继问世。一代又一代学人，在教学、研究与实践中，不断地丰富着结构动力学的内容与细节，也不断地探索着如何传承这一知识体系的道路。我要向读者推荐的这本结构动力学教程，就可以视为这一历程中的一束新花。

在这本教程中，三位作者向读者展示了他们在结构动力学研究、教学过程中所形成的基本认识。这一认识，承继了结构动力学在过去90余年里不断凝聚起来的学术成果，也融入了作者的体会与新知。作为他们曾经的导师，我有幸较早通读了这本书的主要章节，感到这既是一本适合于结构动力学研究生教学的主要参考书，也是一本适合于大学高年级学生、研究生和工程师自学的结构动力学教材。尤其是在本书的前15章，作者细心选用了大量例题，为读者通过自学和自我训练掌握结构动力学基本原理提供了很好的基础。同时，这本书精心构思的章节编排也为教学和自学提供了不少方便。尽管本书的语言风格不尽统一，甚至不同章节的个别符号也略有差异，但三位作者各具特色的论述使本书概念清晰、循序渐进、细节深入、体系完备。

值得一提的是，在这本书中，还比较深入地阐述了随机结构动力学的基本内容，其中若干章节，还写入了我们近年来的一些最新学术探索（如概率密度演化分析等）。虽然作为一种基础理论教材，引入这些内容为时稍早，但如果因读者的批判式学习而使这些内容得以发展，也不啻于一种“教学相长”的新的尝试了。

为学要义，在于“慎思、明辨、笃行”。在学习中提出问题，在学习中训练思维，其中关键，在于不惜工夫的技术性训练。对于结构动力学的学习，尤其如此。尽管可以用计算机解决大多数结构动力学问题，但如果没有一道题一道题地反复品味过程，相信很难把握结构动力学的精妙之处。因此，我建议每一位有志于应用结构动力学基本原理解决实际工程问题的读者，至少在您第一次学习这门课程的时候，下一些刻苦的功夫，把这本书中的每一道例题与习题都自己动手做出来。如果您能对其中若干问题加以反思，构造出新的例题或问题，相信您会有一份“结构有灵”的奇妙体验。请君一试。

是为序。

中国科学院院士　李杰
2011年秋序于同济园
2021年冬修订

前　言

结构动力学是一门工程背景很强的专业技术基础课程，是相关工科专业本科生和研究生阶段的一门重要学位课程。长期以来，国内土木工程专业结构动力学研究生教材主要沿用国外经典教材的中文版，我国学者也编写了一些教材，做出了有益的探索，积累了丰富的经验。但这些教材或者通用性不够强，或者编写年代较久，难以适应现今的科学技术体系发展和工程应用需要，因此有必要根据学科和工程实践的发展吸收和补充新的理论与方法。为此，利用本研贯通系列教材建设的契机，我们根据多年的学习、教学和科研实践，参考吸收国内外有关结构动力学和振动力学经典教材的相关内容，并结合随机动力学方面的最新研究成果，新编了这部结构动力学教材。

一本好的教材，应当既具有体系完整性、又体现动态开放性，既注重逻辑严密性、又注意直觉启发性，既包含核心经典内容、又关注最新进展与需求，既要阐述清晰、又要力戒冗繁。自 20 世纪 70 年代初期以来，以 Clough 和 Penzien 的经典著作为代表，结构动力学课程的教学体系趋于成熟。近五十年来，作为一门学科，结构动力学的深度和广度都得到了极大拓展。然而，作为一门课程，在教学实践中尚存在一些问题，例如：有的只关注解析方面，不重视计算理论与数值方法，成为结构动力学中的“唐・吉诃德”；有的只搭积木式地学习成熟软件的应用，从而出现理论基础“空化”的倾向，很难真正掌握结构动力学并使之成为解决工程问题与开展科学研究的利器。同时，对结构动力系统的随机性反应、结构动力学系统的控制等重要内容，在一般教材中往往付之阙如。鉴于此，我们在编写这本教材时，在基本内容安排和教学思想上力图做到理论基础与数值方法相结合、线性体系与非线性体系相递进、确定性系统与随机系统相统一、动力学分析与控制相贯通，并高度注意数学严密性与力学直观性相协调。

全书共 19 章，分为 5 大篇三部分。前 4 篇（共 13 章）为确定性结构动力学的内容，其中，前 3 篇（共 9 章）为结构动力学的基础部分内容。与一般教材相比，这里注意较为系统地介绍了数值分析方法和非线性系统的动力反应分析方法。尽管由于篇幅所限，书中依然限于传统的分析范式，但其基本思想同样为将来专门学习基于固体力学的非线性动力分析问题提供了重要基础。第 4 篇（共 4 章）为结构动力学的提高部分内容。现代工程结构中，纯粹的杆系结构已经颇为少见，楼板、剪力墙的分析必不可少。因此，与一般教材相比，这里适当增加了薄板动力分析的内容。第 5 篇（共 6 章）为随机结构动力学的内容，这是本书的特色部分。事实上，人们已逐渐认识到，如果研究生不建立关于确定性结构动力学与随机结构动力学的统一体系与观点，将很难胜任当前和未来技术实践的需求，更难以开展在现代科学认识水平基础上的研究工作。在这里，还适当介绍了概率论的测度论描述。这不仅是适当培养学生掌握和领悟抽象思维精髓的需要，更是因为从该角度出发，可以更为清晰地把握随机系统与确定性系统的内在统一性，这是开启随机动力学大门的钥匙。同时，与一般教材中分开处理随机参数系统分析与随机振动分析不同，本教材在随机动力学的观点下对两类问题予以统一处理。最后，以对结构动力学系统的干预，即结构随机最优控制作为本书的结束。尽管这部分内容看似艰深，但无论从实际中日益广泛的结构控制工程应用角度着想，还是从“控制结构”以更深刻理解结构动力学内在规律的角度考察，这部分都是不无补益的。

在本书的写作中，参考汲取了国内外有关结构动力学和振动力学方面经典教材的适当内容。在此，作者要对这些经典教材的作者们表示敬意与感谢！此外，作者还要感谢同济大学对本书出版给予的大力支持，以及武汉工程大学和“湖北名师工作室”的经费资助。

同时，作者要特别感谢我们的博士导师、国际结构安全性与可靠性学会（IASSAR）主席、中国科学院院士李杰先生在本书写作过程中持续给予的指导和帮助。先生仔细批阅书稿全部内容、提出许多宝贵的意见和建议，并为本书的出版欣然作序。特别要说明的是，书中介绍的概率密度演化理论与随机最优控制理论直接来源于李杰院士和本书第二作者的研究成果《Stochastic Dynamics of Structures》以及与本书第三作者的研究成果《Stochastic Optimal Control of Structures》，这些成果得益于国家杰出青年科学基金项目（59825105，51725804）、国家自然科学基金创新研究群体项目（50321803，50621062）、国家自然科学基金重大研究计划项目（90715033）以及国家自然科学基金项目（51978543，51778343，51108344，10872148）等资助，在此一并表示感谢。此外，作者要感谢孔凡教授提供部分习题所付出的辛勤劳动，以及阮鑫鑫等博士研究生为本书部分内容进行的校对工作。

本书由刘章军、陈建兵和彭勇波共同编写、修订及校稿，刘章军负责编写确定性结构动力学部分（第 1～第 13 章），陈建兵负责编写随机动力学部分（第 14～第 18 章），彭勇波负责编写第 19 章，全书最后由刘章军统稿。

希望本教材的出版能够帮助读者较好地学习和掌握结构动力学的基本理论和分析方法，为后续进行深入的科学研究及开展广泛的工程应用奠定基础。由于作者水平有限，书中难免有一些疏漏和不当之处，恳请广大读者和同行专家批评指正。

作者

2021 年 12 月

目 录

第 3 篇　基础部分Ⅲ：多自由度系统的数值计算

第 4 篇　提高部分：连续弹性系统

第 5 篇　特色部分：随机动力学

附 录

第1篇

基础部分Ⅰ：单自由度系统

第 1 章　单自由度系统的运动方程

本章主要阐述单自由度系统的力学模型，以及应用达朗贝尔(D'Alembert)原理、虚位移原理或哈密顿(Hamilton)原理来建立单自由度系统的运动方程，包括广义单自由度系统的力学模型和运动方程的建立。

§1.1　单自由度系统的力学模型

承受外部激励的任何线弹性结构或机械系统，其基本的物理特性包括系统的质量、弹性特性(刚度或柔度)、能量耗散机理或阻尼。在单自由度系统中，这些基本物理特性可以用简单结构或质量-弹簧-阻尼器系统的力学模型来描述。

1.1.1　简单结构

所谓“简单结构”是指可理想化为具有一个集中质量和一个无质量支撑结构的系统。如图 1-1(a)所示的单层框架结构，它是一个由集中在梁上的质量 m 以及为系统提供刚度的无质量柱子和能量耗散的黏滞阻尼所组成。其中，假设梁和柱均无轴向变形。

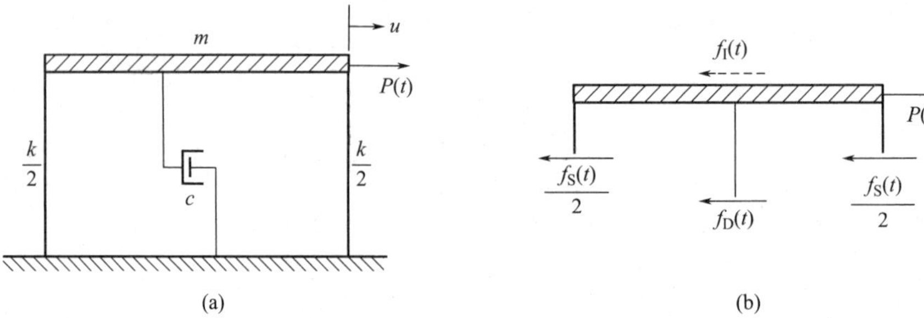

图 1-1　简单结构的力学模型

(a)基本元件；(b)平衡力系

实际结构的每个构件(如梁、柱、墙等)都对系统的弹性(刚度或柔度)、耗能(阻尼)和惯性(质量)特性有影响。然而，对于理想化的系统，这些特性分别集中在三个独立且单一的元件中，即刚度元件、阻尼元件和质量元件，如图 1-1(a)所示。下面，讨论这些元件的抗力分别与位移、速度和加速度的关系。

1. 弹性恢复力

考察图 1-1(a)所示的结构系统，在外力 $P(t)$作用下，只沿水平方向发生位移 $u(t)$。

这里将抵抗位移的力称为恢复力，它迫使结构返回平衡位置，恢复力具有如下两个特点：①在线弹性范围内，恢复力的大小与结构变形相关的相对位移 $u(t)$ 呈线性关系；②它的方向始终与结构的位移方向相反。

于是，弹性恢复力 $f_S(t)$ 可表示为：

$$f_S(t)=ku(t) \tag{1-1}$$

式中，k 为结构系统的抗侧向刚度，单位为 N/m。在式(1-1)中，没有标出负号，而是将恢复力理解为一种抗力直接反映在作用图中，如图 1-1(b)所示。

2. 阻尼力

在外部激励下，结构系统将会在其静平衡位置附近产生振动。当激励停止后，其自由振动并不会永久地持续下去，而是结构的振动将逐渐衰减直至停止，这种使结构振动衰减的作用称为阻尼。由于阻尼，振动系统的能量可由各种机制耗散，但经常是多种耗散机制同时存在。对于实际结构系统，阻尼通常理想化为一个线性黏滞阻尼器或减振器，而阻尼系数的选择，一般令其所耗散的振动能量与实际结构中的所有阻尼机制组合所耗散的能量相当。这种理想化的阻尼称为**等效黏滞阻尼**。

在结构动力分析中，应用最为广泛的阻尼模型是线性黏滞阻尼器模型，其阻尼力 $f_D(t)$ 与速度 $\dot{u}(t)$ 呈线性关系：

$$f_D(t)=c\dot{u}(t) \tag{1-2}$$

式中，常数 c 称为**黏滞阻尼系数**，其单位为 N·s/m。其中，阻尼力的作用方向与速度的方向相反，在式(1-2)中，没有标出负号，而是将阻尼力理解为一种抗力直接反映在作用图中，如图 1-1(b)所示。

3. 惯性力

达朗贝尔原理认为作用于质点的主动力、约束力和虚加的惯性力在形式上组成平衡力系。因此，对于图 1-1 中的质量 m，其抵抗质量加速度 $\ddot{u}(t)$ 的惯性力 $f_I(t)$ 可表示为：

$$f_I(t)=m\ddot{u}(t) \tag{1-3}$$

注意，惯性力的作用方向与加速度的方向相反。在式(1-3)中，没有标出负号，而是将惯性力理解为一种抗力而直接反映在作用图中。例如，图 1-2 表示一个质点和两个刚体在平面内运动的惯性力，其中 a、a_x 及 a_y 为线加速度，α 为角加速度，J_C 为转动惯量。

1.1.2　质量-弹簧-阻尼器系统

通过简单结构的力学模型介绍了单自由度系统，这种方法对于结构工程专业的学生比较熟悉。然而，经典的单自由度系统是如图 1-3(a)所示的质量-弹簧-阻尼器系统，此类系统的力学模型对于机械振动和基础物理学专业的学生更受欢迎。其中，假设弹簧和阻尼器是无质量的，质量块是刚性的，表面光滑无摩擦。由于滚筒约束，刚性质量块只能在水平

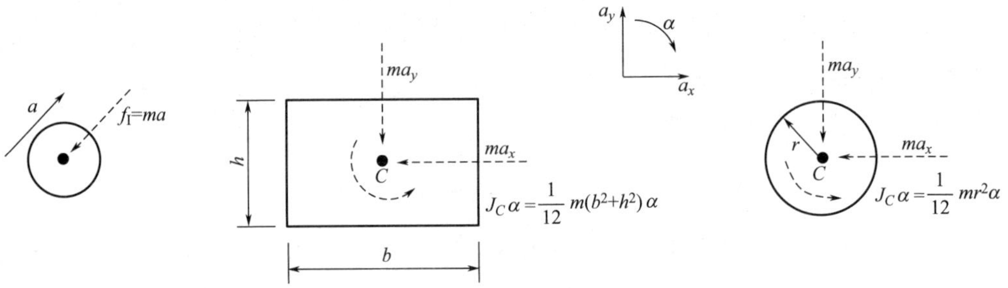

图 1-2　惯性力

方向发生运动，这样只需用水平位移 $u(t)$ 就可以确定其位置。

图 1-3(b) 画出了作用在质量块上的力，包括由刚度为 k 的线性弹簧施加的弹性抗力 $f_S=ku$，由线性黏滞阻尼器引起的阻尼抗力 $f_D=c\dot{u}$，以及抵抗质量加速度的惯性力 $f_I=m\ddot{u}$，这些抗力与外部激励 $P(t)$ 构成平衡力系。

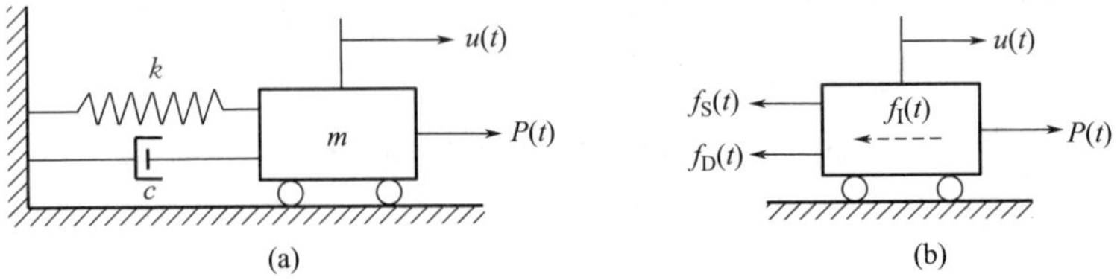

图 1-3　质量-弹簧-阻尼器系统的力学模型

(a) 基本元件；(b) 平衡力系

§ 1.2　单自由度系统的运动方程

建立图 1-1(a) 或图 1-3(a) 所示单自由度系统的运动方程，最简单的方法是应用达朗贝尔原理直接考虑作用于质量上的全部力的平衡方程。如图 1-1(b) 或图 1-3(b) 所示，沿位移自由度方向作用有外部激励 $P(t)$ 以及由于运动所引起的三个抗力，亦即惯性力 $f_I(t)$、阻尼力 $f_D(t)$ 和恢复力 $f_S(t)$。于是，这些力的平衡方程为：

$$f_I(t)+f_D(t)+f_S(t)=P(t) \tag{1-4}$$

将式 (1-1)、式 (1-2) 及式 (1-3) 代入式 (1-4) 中，即可得到单自由度系统的运动方程：

$$m\ddot{u}(t)+c\dot{u}(t)+ku(t)=P(t) \tag{1-5}$$

上述应用达朗贝尔原理建立系统运动方程的方法称为**动力平衡法**。

【例 1-1】 重力的影响。推导图 1-4(a) 所示的刚性质量块在重力 $W=mg$ 和荷载 $P(t)$ 作用下的运动方程。其中，弹簧刚度系数为 k，黏滞阻尼系数为 c，弹簧原长为 l_0，静位移为 u_{st}。

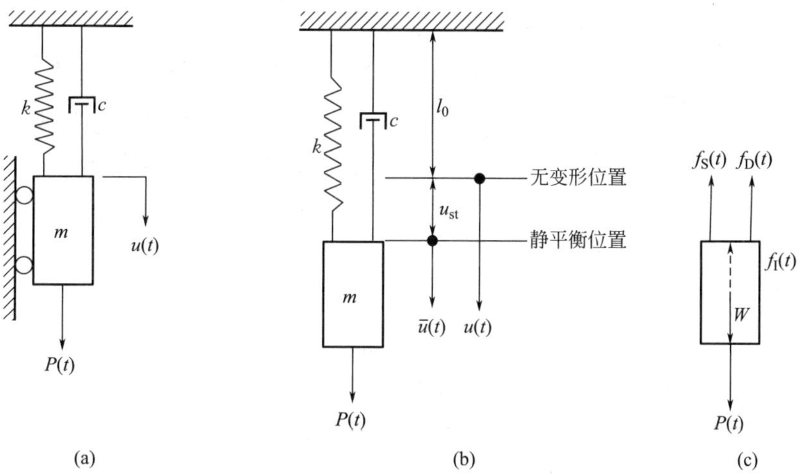

图 1-4　单自由度系统受重量的影响

(a)系统；(b)变形位置；(c)平衡力系

【解】 图 1-4(b)给出了弹性和质量的变形位置，质量的位移 $u(t)$ 是从无变形位置计算的。图 1-4(c)给出了作用于质量上的全部力的平衡：

$$f_{\mathrm{I}}(t)+f_{\mathrm{D}}(t)+f_{\mathrm{S}}(t)=P(t)+W \tag{a}$$

其中，惯性力 $f_{\mathrm{I}}(t)=m\ddot{u}(t)$、阻尼力 $f_{\mathrm{D}}(t)=c\dot{u}(t)$ 和弹性恢复力 $f_{\mathrm{S}}(t)=ku(t)$。

于是，式(a)又可写为：

$$m\ddot{u}(t)+c\dot{u}(t)+ku(t)=P(t)+W \tag{b}$$

注意到，总位移 $u(t)$ 可表示为重量 W 所引起的静位移 u_{st} 与附加动位移 $\bar{u}(t)$ 之和，即

$$u(t)=u_{\mathrm{st}}+\bar{u}(t) \tag{c}$$

考虑到 $W=ku_{\mathrm{st}}$，静位移 u_{st} 不随时间变化，故有 $\ddot{u}(t)=\ddot{\bar{u}}(t)$、$\dot{u}(t)=\dot{\bar{u}}(t)$。这样，将式(c)代入式(b)中，得到以静平衡位置为基准的运动方程：

$$m\ddot{\bar{u}}(t)+c\dot{\bar{u}}(t)+k\bar{u}(t)=P(t) \tag{d}$$

上述分析表明，相对于动力系统的静力平衡位置所给出的运动方程是不受重力影响的。基于这一原因，通常将线性系统的动力分析问题以其静平衡位置作为参考位置。这样确定的位移和系统中的相应内力即为动力反应，将相应的静力分析结果加到动力反应中，即可得到总的位移和力。

【例 1-2】 弹性串联的系统。推导图 1-5(a)所示重物 W 的运动方程。其中，悬臂钢梁的长度为 l，弯曲刚度为 EI，弹簧的刚度系数为 k_{s}，忽略梁和弹簧的质量，且不考虑阻尼的影响。

【解】 根据【例 1-1】的分析，若选取静平衡位置作为参考位置，所建立的运动方程将不受重力的影响。现假设位移 $\bar{u}(t)$ 是从静平衡位置量测的。由于不考虑阻尼的影响，因

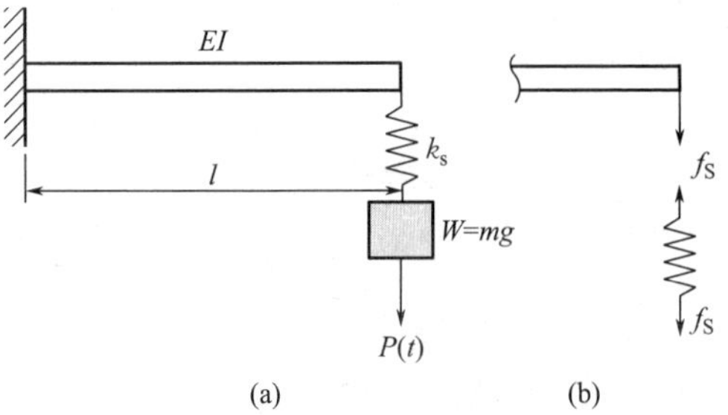

图 1-5　弹性串联系统

此，重物的运动方程可写为：

$$m\ddot{\bar{u}}(t)+k_e\bar{u}(t)=P(t) \tag{a}$$

式中，k_e 为系统的等效刚度系数。下面，确定等效刚度系数 k_e。

弹性恢复力 f_S 与总位移 $u(t)$ 的关系为：

$$f_S=k_e u(t) \quad 或 \quad \frac{f_S}{k_e}=u(t) \tag{b}$$

其中

$$u(t)=u_b(t)+u_s(t) \tag{c}$$

式中，$u_b(t)$为梁右端的变形，$u_s(t)$为弹簧的变形。考虑如图 1-5(b)，可得：

$$f_S=k_b u_b(t)=k_s u_s(t) \quad 或 \quad u_b(t)=\frac{f_S}{k_b},\ u_s(t)=\frac{f_S}{k_s} \tag{d}$$

将式(b)和式(d)代入式(c)中，可得：

$$\frac{f_S}{k_e}=\frac{f_S}{k_b}+\frac{f_S}{k_s} \tag{e}$$

于是，求解式(e)得到：

$$\frac{1}{k_e}=\frac{1}{k_b}+\frac{1}{k_s} \quad 或 \quad k_e=\frac{k_b k_s}{k_b+k_s} \tag{f}$$

其中，k_b 的物理意义是在梁右端沿自由度方向产生单位位移时所需施加的力。对于悬臂梁，k_b 可表示为：

$$k_b=\frac{3EI}{l^3} \tag{g}$$

可见，当两个弹性串联时，其等效刚度系数的倒数等于两个弹性刚度系数倒数之和。这一结论也可以推广到多个弹性串联的情形。

【例 1-3】　地震激励。结构的动力反应不仅可以由直接作用于结构上的动力荷载引起，而且也可以由结构支撑处的运动而产生。地震引起的建筑物基础运动就是这类激励的典型例子。图 1-6(a)是地震激励问题的一个简化模型，地震引起的地面水平运动用相对于固定参考系的结构基底位移 $u_g(t)$来表示，质量的总位移用 $u^t(t)$来表示，质量与地面的相对位移用 $u(t)$来表示。下面，来建立其运动方程。

【解】　取如图 1-6(b)所示的隔离体，应用达朗贝尔原理，可得到动力平衡方程为：

$$f_I(t)+f_D(t)+f_S(t)=0 \tag{a}$$

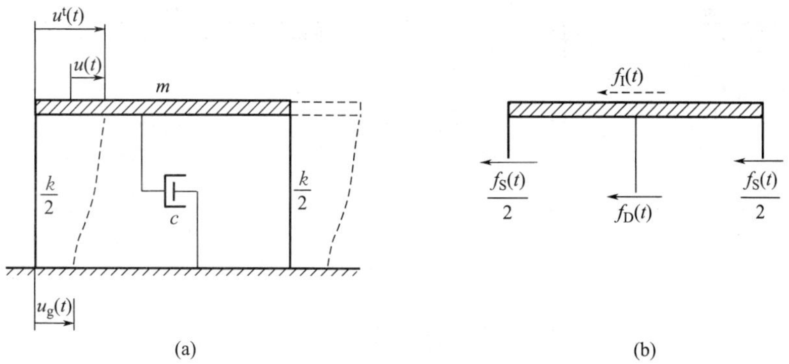

图 1-6　地震激励的影响

(a)系统的运动；(b)平衡力系

由于仅因结构变形引起的相对运动 $u(t)$ 产生弹性恢复力和阻尼力，即结构位移中的刚体分量不产生内力。这样，对于线性系统，弹性恢复力和阻尼力仍可表示为：

$$f_S(t)=ku(t),\ f_D(t)=c\dot{u}(t) \tag{b}$$

因发生水平方向的地面运动，惯性力应为：

$$f_I(t)=m\ddot{u}^t(t) \tag{c}$$

其中 $u^t(t)=u(t)+u_g(t)$。于是，式(c)也可写为：

$$f_I(t)=m\ddot{u}(t)+m\ddot{u}_g(t) \tag{d}$$

将式(b)及式(d)代入式(a)中，整理得到运动方程为：

$$m\ddot{u}(t)+c\dot{u}(t)+ku(t)=-m\ddot{u}_g(t) \tag{e}$$

将地面加速度看作是对结构的特定动力输入，这样运动方程可改写为：

$$m\ddot{u}(t)+c\dot{u}(t)+ku(t)=P_{eff}(t) \tag{f}$$

其中，$P_{eff}(t)=-m\ddot{u}_g(t)$ 表示**等效地震荷载**。图 1-7 给出了水平地面运动的等效地震荷载。

对于地面运动的转动分量，尽管在地震时不能直接测量，但将上述概念应用于这种激励是有意义的。为此，考虑一悬臂式水塔，可将其理想化为图 1-8(a)所示的单自由度系统受基础转动 $\varphi_g(t)$ 的作用。质量的总位移 $u^t(t)$ 由两部分组成：与结构变形有关的 $u(t)$ 和刚体分量 $h\varphi_g(t)$，其中 h 为质量到基础的距离。这样，总位移可表示为：

$$u^t(t)=u(t)+h\varphi_g(t) \tag{g}$$

根据达朗贝尔原理，可得其运动方程为：

$$m\ddot{u}(t)+c\dot{u}(t)+ku(t)=P_{eff}(t) \tag{h}$$

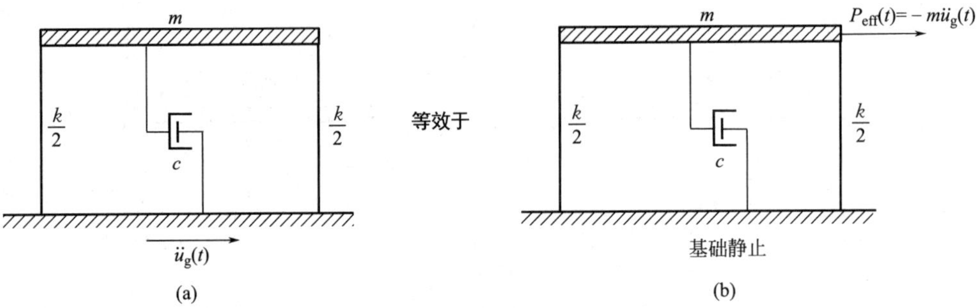

图 1-7　等效地震荷载：水平地面运动

其中，$P_{eff}(t)=-mh\ddot{\varphi}_g(t)$为地面转动的等效地震荷载。图 1-8(b)给出了转动地面运动的等效地震荷载。

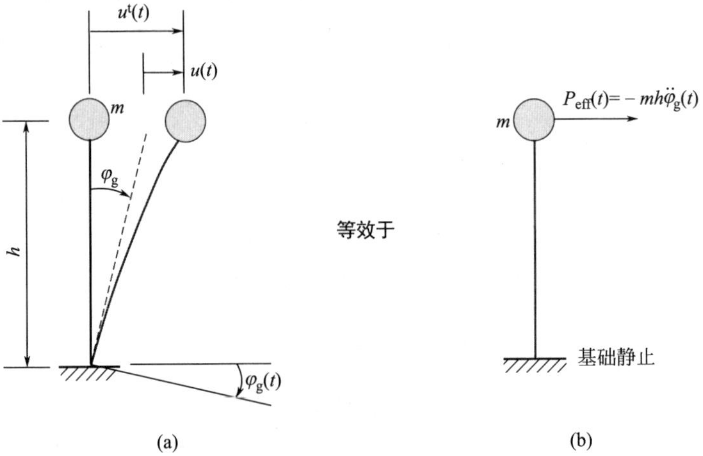

图 1-8　等效地震荷载：转动地面运动

【例 1-4】　结构的扭转振动。如图 1-9(a)所示质量为 m 的均质刚性平板，由四根相同的柱子所支撑，柱子与平板及基础底板均为刚性固接。柱子的横截面为矩形，如图 1-9(b)所示，截面对 x'轴和 y'轴的惯性矩分别为 $I_{x'}$ 和 $I_{y'}$，柱高为 h，弹性模量为 E，切变模量为 G，柱子的质量不计。推导系统承受基础绕竖直转动 $u_{g\varphi}(t)$作用时的运动方程。

【解】　取如图 1-9(c)所示的隔离体，作用在质量上的力包括：弹性抵抗扭矩 $f_S(t)$以及由达朗贝尔原理所假想的惯性力 $f_I(t)$。于是，系统的动力平衡方程为：

$$f_I(t)+f_S(t)=0 \tag{a}$$

由于刚性平板只发生绕 z 轴的转动，故其惯性力 $f_I(t)$为：

$$f_I(t)=J_O\ddot{u}_\varphi^t(t) \tag{b}$$

其中

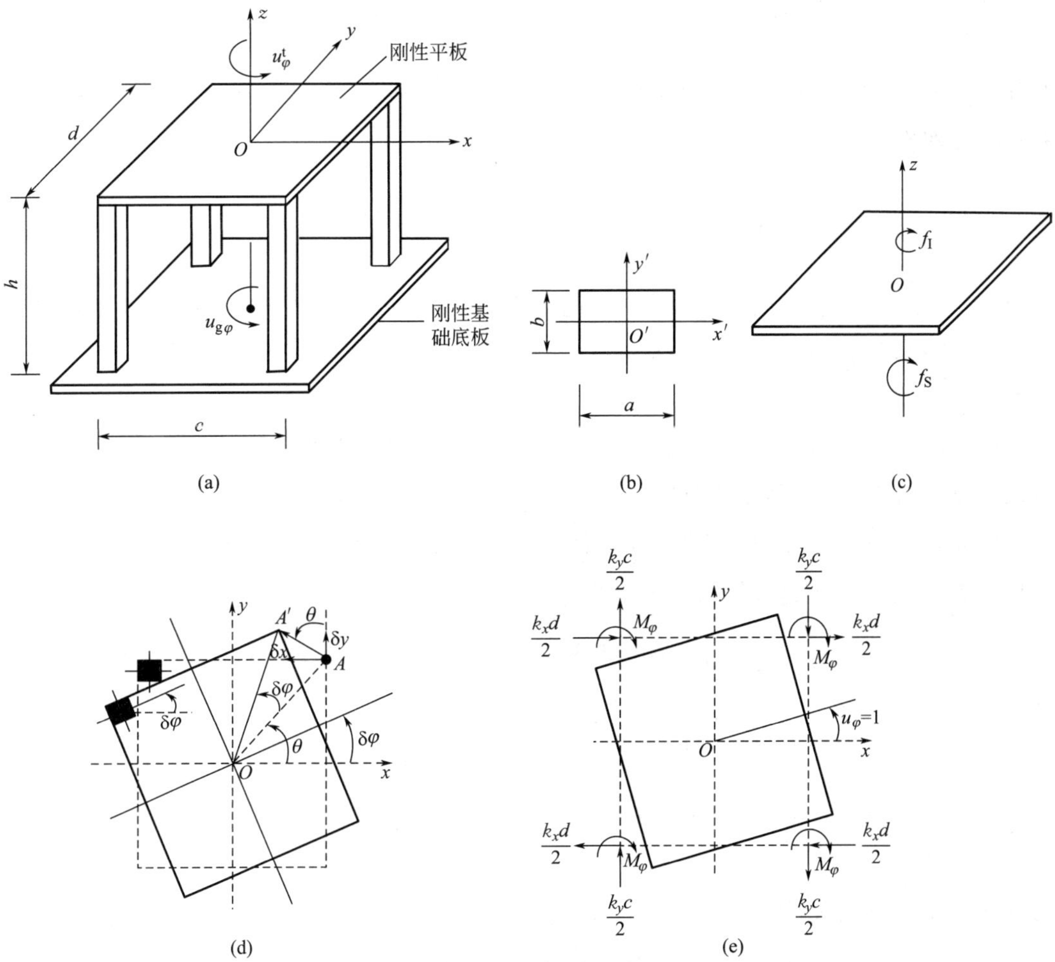

图 1-9　结构的扭转振动

(a)结构系统；(b)矩形柱的截面尺寸；(c)平衡力系；(d)扭转关系；(e)系统的扭转刚度系数

$$u_{\varphi}^{t}(t)=u_{\varphi}(t)+u_{g\varphi}(t) \tag{c}$$

这里，$u_{\varphi}(t)$为上部顶板相对于基础底板的转角，J_O 为上部顶板对通过质心 O 绕 z 轴的转动惯量，对于矩形板，则有 $J_O=\dfrac{1}{12}m(c^2+d^2)$。

弹性抵抗扭矩 $f_S(t)$与相对转角 $u_{\varphi}(t)$的关系为：

$$f_S(t)=k_{\varphi}u_{\varphi}(t) \tag{d}$$

式中，k_{φ} 为系统的扭转刚度系数。下面，来确定 k_{φ} 的具体表达式。

首先，分析扭转之间的关系。假定刚性平板在 O 点绕 z 轴有一微小转角 $\delta\varphi$，角点 A 的位置变为 A'点。于是，A 点沿 x 轴和 y 轴的位移分量分别为：

$$\delta x=\overrightarrow{AA'}\sin\theta=(OA\cdot\delta\varphi)\sin\theta=\left(\frac{d}{2}\right)\cdot\delta\varphi \tag{e}$$

$$\delta y = \overrightarrow{AA'}\cos\theta = (OA \cdot \delta\varphi)\cos\theta = \left(\frac{c}{2}\right) \cdot \delta\varphi \tag{f}$$

此外，柱子的横截面也产生了扭转角 $\delta\varphi$，如图 1-9(d)所示。应用弹性力学中矩形截面直杆的扭转理论，可得：

$$\delta\varphi = \alpha h = \frac{\delta M_\varphi}{ab^3 G\beta} h \quad 或 \quad \delta M_\varphi = \frac{ab^3 G\beta}{h}\delta\varphi \tag{g}$$

其中，α 为单位长度的扭转角，因子 β 只与比值 a/b 有关，可通过查表得到，例如当 $a/b=1.0$ 时，$\beta=0.141$，当 $a/b=1.5$，$\beta=0.196$。注意，a 为矩形截面的长边，b 为短边长度。

现在，引入单位转角 $u_\varphi=1$，注意单位转角 1 不是实际上的转角 1rad。求出每根柱子的恢复力，如图 1-9(e)所示，其中，k_x 和 k_y 分别表示在柱端发生沿 x 轴和 y 轴方向的单位位移而产生的柱端剪力，对于两端固接的矩形截面梁(柱)，$k_x=12EI_{y'}/h^3$，$k_y=12EI_{x'}/h^3$。于是，与这些抗力相平衡的扭矩为：

$$\begin{aligned} k_\varphi &= 4\times\left(k_y\frac{c}{2}\times\frac{c}{2}\right)+4\times\left(k_x\frac{d}{2}\times\frac{d}{2}\right)+4\times M_\varphi \\ &= \frac{12EI_{x'}}{h^3}c^2+\frac{12EI_{y'}}{h^3}d^2+4\times\frac{ab^3G\beta}{h} \\ &= \frac{ab^3E}{h^3}c^2+\frac{a^3bE}{h^3}d^2+4\times\frac{ab^3G\beta}{h} \end{aligned} \tag{h}$$

将式(b)～式(h)代入式(a)中，可得：

$$J_O\ddot{u}_\varphi(t)+k_\varphi u_\varphi(t)=-J_O\ddot{u}_{g\varphi}(t) \tag{i}$$

式(i)即为基础底板转动加速度 $\ddot{u}_{g\varphi}$ 所引起顶板相对转动 u_φ 的控制方程。

§1.3　广义单自由度系统的力学模型

上述讨论的单自由度系统，假设所考虑的结构只有一个单一的集中质量，这个质量受到约束而只能沿一个固定的方向运动。显然，系统只有一个自由度，其反应可用这个单一的位移量来表示。然而，将大多数实际结构的分析当作单自由度系统来处理时，采用更为复杂的理想化模型是必要的。下面，将讨论这类**广义单自由度系统**。

如图 1-10 所示，将广义单自由度系统区分为两种模型是较为方便的：①**刚体集合**，在这种模型中，弹性变形被限定于局部的无质量弹簧元件中，如图 1-10(a)所示；②**系统具有分布柔性**，在这种模型中，弹性变形可以在整个结构上或在它的某些元件上连续，如图 1-10(b)所示。在这两种模型中，都假设只允许有某种单一形式或形状的位移，从而使得结构的行为具有单自由度系统的特性。

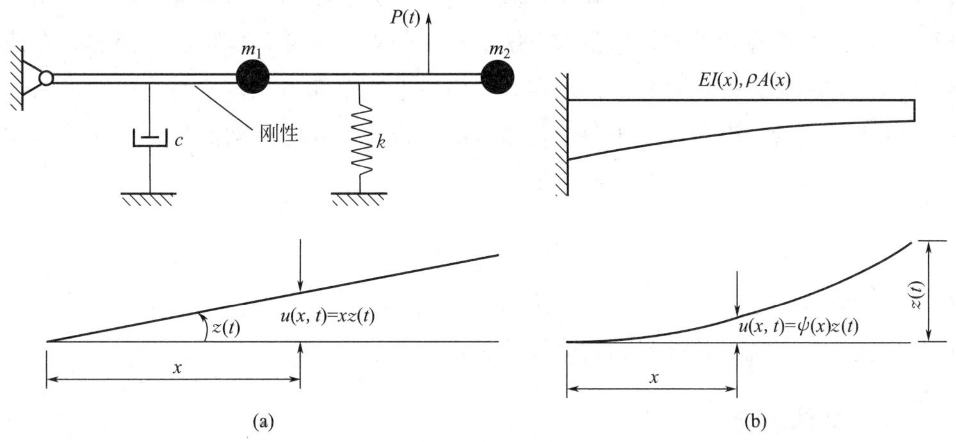

图 1-10 广义单自由度系统

(a)刚体集合；(b)具有分布柔性的系统

对于图 1-10(a)所示的刚体集合模型，包括一个左端以铰支座支承的无质量刚性杆，杆上附有两个集中质量、一个弹簧和一个阻尼器，承受随时间变化的外荷载 $P(t)$作用。由于杆是刚性的，在微小位移时，其位移可由一个形状函数 $\psi(x)$与一个广义位移 $z(t)$来表示：

$$u(x,t)=\psi(x)z(t) \tag{1-6}$$

这里选择杆的转角 z 作为广义位移或广义坐标。对于这一系统，根据系统的构造和约束方式，可以精确地得到 $\psi(x)=x$。显然，在这个广义单自由度系统中，刚体的质量不需要集中，也就是说，两个质量不需要用集中在一个单一点上的等效质量来代替。这种分析可以提供精确的结果。

对于图 1-10(b)所示具有分布柔性的悬臂梁，这种系统可以发生无穷多种形状的偏离，因此精确的分析是将其当作无限自由度系统(连续系统)来处理。在后续的连续弹性系统中给出了这类系统的精确结果，表明这种系统与单自由度系统不同，它具有无限多个固有振动频率，每个固有振动频率与一个固有振型相对应。然而，将梁的挠曲位移假定为与基本振型接近的单一形状函数 $\psi(x)$，这样可以用单自由度系统来近似原系统。梁的挠曲位移由式(1-6)确定，其中广义坐标 $z(t)$是悬臂梁在选定位置(如自由端)的挠度，如图 1-10(b)所示。显然，这种分析仅能提供近似的结果。

§1.4 广义单自由度系统的运动方程

在本节中，将应用达朗贝尔原理或虚位移原理来建立广义单自由度系统的运动方程。其中达朗贝尔原理在 1.2 节中已经作过介绍，这里仅对虚位移原理作简要说明。

质点系或刚体系统的虚位移原理可阐述如下：如果一个系统在一组外力作用下平衡，

则当该系统产生一个约束所允许的虚位移时，这一组力所做的总虚功等于零。根据这个原理，虚位移上外力总虚功为零，这是与系统上作用的外力平衡是等价的。因此，在建立动力系统的运动方程时，首先要分析作用在系统质量上的全部力，包括根据达朗贝尔原理所假想的惯性力。然后，引入相应于每个自由度的虚位移，并使全部力的总虚功等于零，即实际力与惯性力所做的虚功之和必须为零：

$$\delta W=\delta W_{实际力}+\delta W_{惯性力}=0 \tag{1-7}$$

这样即可得到系统的运动方程。这个方法的主要优点是：虚功是标量，可以按代数方式相加，而作用在结构上的力是矢量，它只能按矢量来叠加。

1.4.1 刚体集合

在建立刚体集合的运动方程时，对于具有分布质量的刚体，其分布的惯性力可以由所假设的加速度得到。但是，为了动力分析的目的，在求刚体惯性力时假定质量和质量惯性矩都集中在质心处，这样求得惯性力的合力完全等效于分布惯性力。此外，作用在刚体上的任何分布外荷载也可用其合力来表示。

【例 1-5】 如图 1-11(a)所示系统为一根支撑在支点 O 的刚性杆，附有弹簧和阻尼器，并承受荷载 $P(t)$的作用。杆 OB 段的质量为 m_1，沿长度均匀分布，杆 OA 和 BC 段无质量，但有一个质量为 m_2 的均质圆盘附着在杆 BC 段的中心。现选择绕支点 O 的逆时针转角 φ 为广义坐标，在微小位移情况下，建立系统的运动方程。如果在水平杆上作用有轴向力 N，则运动方程将有何变化，并求其屈曲荷载。

【解】 当刚性杆绕支点 O 发生一个微小的转动时，刚体集合的转动形态如图 1-11(b)所示。

现取隔离体，作用在刚性杆上的所有作用力，包括弹性恢复力、阻尼力、惯性力和外荷载，如图 1-11(c)所示。令所有的作用力对 O 点的力矩之和为零，不包括轴向力 N，则有：

$$c\left(\frac{\dot{\varphi}l}{2}\right)\frac{l}{2}+m_1\left(\ddot{\varphi}\frac{l}{2}\right)\frac{l}{2}+J_1\ddot{\varphi}+k\left(\varphi\frac{3l}{4}\right)\frac{3l}{4}+m_2(\ddot{\varphi}l)l+m_2\left(\ddot{\varphi}\frac{l}{4}\right)\frac{l}{4}+J_2\ddot{\varphi}=P(t)\frac{l}{2} \tag{a}$$

其中 $J_1=\frac{1}{12}m_1l^2$，$J_2=\frac{1}{2}m_2(l/8)^2=\frac{1}{128}m_2l^2$。

于是，式(a)变为：

$$\left(\frac{1}{3}m_1l^2+\frac{137}{128}m_2l^2\right)\ddot{\varphi}+\frac{cl^2}{4}\dot{\varphi}+\frac{9kl^2}{16}\varphi=P(t)\frac{l}{2} \tag{b}$$

将式(b)改写为：

$$m^*\ddot{\varphi}+c^*\dot{\varphi}+k^*\varphi=P^*(t) \tag{c}$$

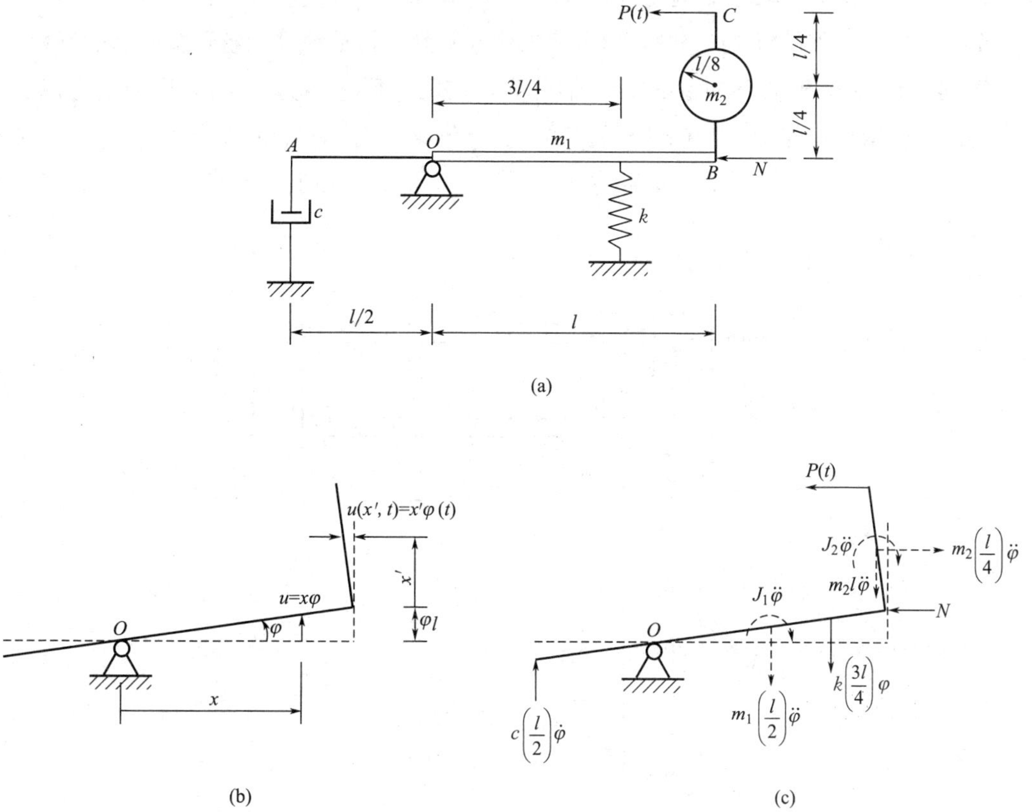

图 1-11 刚体集合的广义单自由度系统

(a)系统；(b)变形；(c)受力

其中

$$m^{*}=\frac{1}{3}m_{1}l^{2}+\frac{137}{128}m_{2}l^{2},\quad c^{*}=\frac{1}{4}cl^{2},\quad k^{*}=\frac{9}{16}kl^{2},\quad P^{*}(t)=P(t)\frac{l}{2} \tag{d}$$

这里 m^{*}、c^{*}、k^{*} 及 $P^{*}(t)$ 分别称为系统的**广义质量**、**广义阻尼**、**广义刚度**和**广义荷载**。

若考虑轴向力的作用。在刚性杆的偏移位置，轴向力 N 引起逆时针的力矩，大小为 $Nl\varphi$。这样，运动方程式(c)变为：

$$m^{*}\ddot{\varphi}+c^{*}\dot{\varphi}+(k^{*}-Nl)\varphi=P^{*}(t) \tag{e}$$

由于轴向力的作用，系统的刚度将减小。当轴向力为：

$$N_{\mathrm{cr}}=\frac{k^{*}}{l}=\frac{9}{16}kl \tag{f}$$

则系统的刚度为零，这就是系统的屈曲轴向荷载。

本例也可以用功或能的原理来建立运动方程，尽管应用动力平衡法也比较容易地列出运动方程，事实上，这是由于【例 1-5】只有一个刚体运动。然而，对于有多个刚体连接的系统，用功或能的原理来建立运动方程将更为方便，这样可以避免考虑多个隔离体，并求解多个方程。在以下的【例 1-6】中，读者将清楚地看到虚位移原理求解这类问题的好处。

【例 1-6】 一个质量为 M 的刚性仪器外壳，用两根质量均为 m 的薄型钢梁连接在一个运动的车辆壁上，如图 1-12(a)所示。现以支承钢梁相对于车辆壁的转角 φ 作为广义坐标，应用虚位移原理推导系统的运动方程。其中，不计重力和阻尼的影响，且假定支承钢梁的转角很小。

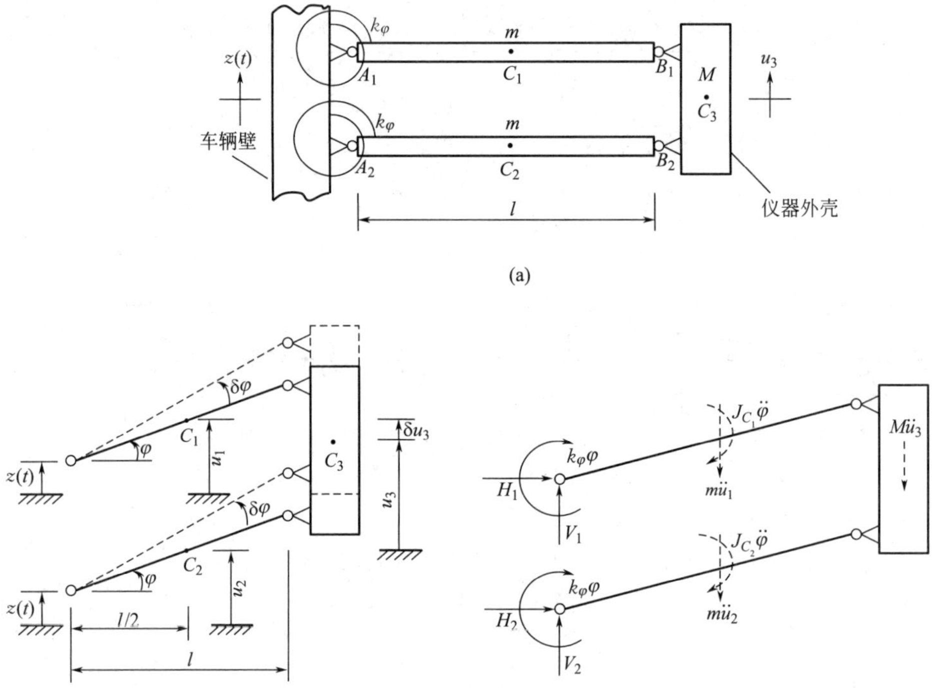

(b)　　(c)

图 1-12　刚体集合的系统

(a)系统；(b)变形与虚位移；(c)平衡力系

【解】 当支承钢梁相对于车辆壁转动角 φ 时，图 1-12(b)画出了系统的转动位置及其虚位移。由于转动角 φ 很小，因此有：

$$u_1(t)=u_2(t)=z(t)+(l/2)\varphi,\ \delta u_1=\delta u_2=(l/2)\delta\varphi \tag{a}$$

$$u_3(t)=z(t)+l\varphi,\ \delta u_3=l\delta\varphi \tag{b}$$

注意，$z(t)$是一个给定的时间函数，因此，没有虚位移 δz，即 $\delta z=0$。此外，C_1、C_2 与 C_3 的运动全部能够由已知位移 $z(t)$和广义坐标 φ 来表示。因此，这是一个广义单自由度系统，尽管系统包括了三个刚体运动。

根据虚位移原理：

$$\delta W=\delta W_{实际力}+\delta W_{惯性力}=0 \tag{c}$$

钢梁在支承处的水平力不做功，如图 1-12(c)所示。因此，有：

$$\delta W_{实际力}=V_1\cdot\delta z+V_2\cdot\delta z-(2k_\varphi\varphi)\delta\varphi=-(2k_\varphi\varphi)\delta\varphi \tag{d}$$

而惯性力所做的总虚功为：

$$\delta W_{惯性力}=-m\ddot{u}_1\delta u_1-J_{C_1}\ddot{\varphi}\delta\varphi-m\ddot{u}_2\delta u_2-J_{C_2}\ddot{\varphi}\delta\varphi-M\ddot{u}_3\delta u_3 \tag{e}$$

将式(d)与式(e)代入式(c)中，并考虑式(a)及式(b)，得到：

$$2k_\varphi\varphi\delta\varphi+2m[\ddot{z}+(l/2)\ddot{\varphi}][(l/2)\delta\varphi]+2(ml^2/12)\ddot{\varphi}\delta\varphi+M(\ddot{z}+l\ddot{\varphi})l\delta\varphi=0 \tag{f}$$

将式(f)整理后得：

$$[(M+2m/3)l^2\ddot{\varphi}+2k_\varphi\varphi+(m+M)l\ddot{z}(t)]\delta\varphi=0 \tag{g}$$

最后，因为 $\delta\varphi$ 具有任意性，这样式(g)变为：

$$\left(M+\frac{2}{3}m\right)l^2\ddot{\varphi}+2k_\varphi\varphi=-(m+M)l\ddot{z}(t) \tag{h}$$

式(h)即为系统的运动方程。

1.4.2 具有分布柔性的系统——假设振型法

对于图 1-12 所示刚体集合的力学模型，尽管系统的各部件之间有着复杂的关系，但因为约束条件使得各刚体之间只有一种位移形式，所以它是一个真实的单自由度系统。如果杆件可以发生弯曲变形，这时系统将具有无穷多个自由度。但是，如果假设杆件只产生单一的弯曲变形形式，那么此系统仍可作为一个单自由度系统来分析。

对于一个具有无限自由度的系统——连续系统，利用一个假设振型将它变为近似的单自由度系统，这种方法称为**假设振型法**。为了建立这类广义单自由度系统的运动方程，需要应用功或能的原理，如虚位移原理或哈密顿原理，这里采用虚位移原理。对于连续系统，引入变形位能是方便的，这样：

$$\delta W_{实际力}=\delta W_{保守力}+\delta W_{非保守力} \tag{1-8}$$

式中，$\delta W_{保守力}$ 表示保守力所做的虚功，仅依赖于初始和最终位置，而与作用路径无关；$\delta W_{非保守力}$ 表示非保守力所做的虚功，由始末位置与作用路径共同决定。

根据变形位能的定义，保守力所做的虚功可表示为：

$$\delta W_{保守力}=-\delta V \tag{1-9}$$

式中，δV 是变形位能的变分。

于是，连续系统的虚位移原理可表示为：

$$\delta W=\delta W_{非保守力}-\delta V+\delta W_{惯性力}=0 \tag{1-10}$$

下面，通过具体的例子来说明如何利用假设振型法将一个连续系统近似为一个单自由度系统。

【例1-7】 考虑图1-13(a)所示的悬臂塔。该塔的单位长度质量为$\rho A(x)$，弯曲刚度为$EI(x)$，假设塔仅承受水平地震地面运动$u_g(t)$，不考虑阻尼的影响，建立系统的运动方程。

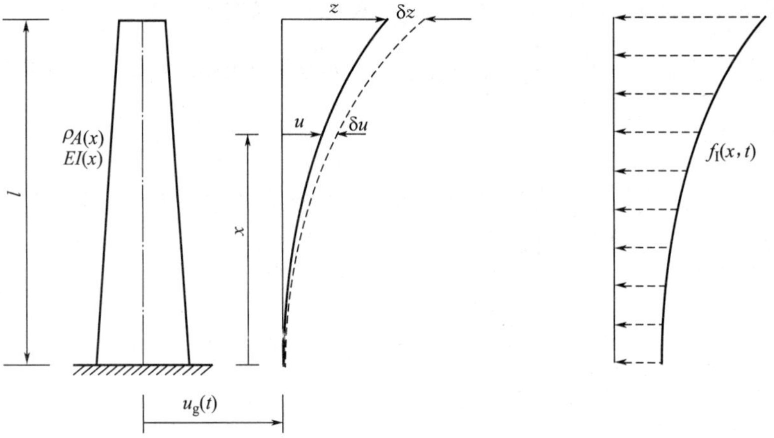

图1-13　具有分布柔性的系统

(a)变形与虚位移；(b)分布惯性力

【解】 (1)假设振型函数。假设系统相对于地面的位移可表示为：

$$u(x,t)=\psi(x)z(t) \tag{a}$$

式中，$z(t)$为广义坐标或广义位移，$\psi(x)$为**振型函数**或**形函数**。振型函数$\psi(x)$必须满足位移边界条件，对于悬臂塔而言，塔基底处的几何约束条件为：

$$\psi(0)=0,\ \psi'(0)=0 \tag{b}$$

为此，在满足式(b)的条件下可以选择各种类型的振型函数$\psi(x)$。一种可能的选择是将某些静荷载所引起塔的变形作为振型函数，例如，弯曲刚度为EI的等截面塔在顶部处受单位侧向力作用所引起的挠度为$u(x)=(3l-x)x^2/6EI$。典型的广义坐标是选择系统内某些便于参考的点的位移，例如塔顶的位移。于是，振型函数是各点位移与参考点位移的无量纲比值：

$$\psi(x)=\frac{u(x)}{u(l)}=\frac{3x^2}{2l^2}-\frac{x^3}{2l^3} \tag{c}$$

注意，尽管式(c)是针对等截面塔得到的，但也可将它作为非等截面塔的振型函数。此外，振型函数的选择不一定必须是基于静荷载引起的挠度，它也可以直接假设，例如，采用如下的函数：

$$\psi(x)=\frac{x^2}{l^2} \quad 或 \quad \psi(x)=1-\cos\frac{\pi x}{2l} \tag{d}$$

显然，所建立运动方程的精度依赖于假设振型的选择。

(2) 应用虚位移原理建立运动方程。单位长度的惯性力可由达朗贝尔原理得到：

$$f_{\mathrm{I}}(x,t)=-\rho A(x)\ddot{u}^{\mathrm{t}}(x,t) \tag{e}$$

注意，由于在虚位移原理中，惯性力不再像动力平衡法那样，把惯性力当作一种抗力，负号直接在平衡力系中反映，因此，在式(e)中需要保留负号。

塔的总位移 $u^{\mathrm{t}}(x,t)$ 可表示为：

$$u^{\mathrm{t}}(x,t)=u(x,t)+u_{\mathrm{g}}(t) \tag{f}$$

将式(f)代入式(e)中，得到：

$$f_{\mathrm{I}}(x,t)=-\rho A(x)[\ddot{u}(x,t)+\ddot{u}_{\mathrm{g}}(t)] \tag{g}$$

于是，惯性力 $f_{\mathrm{I}}(x,t)$ 在虚位移 $\delta u(x,t)$ 上所做的总虚功为：

$$\delta W_{惯性力}=\int_0^l f_{\mathrm{I}}(x,t)\delta u(x,t)\mathrm{d}x \tag{h}$$

将式(g)代入式(h)，则有：

$$\delta W_{惯性力}=-\int_0^l \rho A(x)\ddot{u}(x,t)\delta u(x,t)\mathrm{d}x-\ddot{u}_{\mathrm{g}}(t)\int_0^l \rho A(x)\delta u(x,t)\mathrm{d}x \tag{i}$$

由于仅考虑塔的弯曲变形，弯曲变形位能(应变能)为：

$$V=\frac{1}{2}\int_0^l EI(x)(u'')^2\mathrm{d}x \tag{j}$$

其中 $u''(x,t)=\dfrac{\partial^2 u}{\partial x^2}$。于是，有

$$\delta V=\int_0^l EI(x)u''\delta u''\mathrm{d}x \tag{k}$$

在图 1-13(a)所示的系统中，没有直接作用的荷载激励，阻尼也被忽略，因此，没有非保守力需要考虑。这样，非保守力所做的虚功为：

$$\delta W_{非保守力}=0 \tag{l}$$

下面，用广义坐标 $z(t)$ 和振型函数 $\psi(x)$ 来表示上述虚功。注意到存在下列关系：

$$u''(x,t)=\psi''(x)z(t),\ \ddot{u}(x,t)=\psi(x)\ddot{z}(t) \tag{m}$$

$$\delta u(x,t)=\psi(x)\delta z,\ \delta[u''(x,t)]=\psi''(x)\delta z \tag{n}$$

将式(m)和式(n)代入式(i)和式(k)中，可得：

$$\delta W_{惯性力} = -\delta z\left[\ddot{z}(t)\int_0^l \rho A(x)\psi^2(x)\mathrm{d}x + \ddot{u}_g(t)\int_0^l \rho A(x)\psi(x)\mathrm{d}x\right] \tag{o}$$

$$\delta V = \delta z\left[z(t)\int_0^l EI(x)[\psi''(x)]^2\mathrm{d}x\right] \tag{p}$$

将式(l)、式(o)及式(p)代入式(1-10)中，可得：

$$\delta z[m^*\ddot{z}(t) + k^*z(t) + L^*\ddot{u}_g(t)] = 0 \tag{q}$$

其中

$$m^* = \int_0^l \rho A(x)\psi^2(x)\mathrm{d}x,\quad k^* = \int_0^l EI(x)[\psi''(x)]^2\mathrm{d}x,\quad L^* = \int_0^l \rho A(x)\psi(x)\mathrm{d}x \tag{r}$$

因为方程(q)对于任意虚位移 δz 都成立，因此有：

$$m^*\ddot{z}(t) + k^*z(t) = -L^*\ddot{u}_g(t) \tag{s}$$

式(s)即为以振型函数 $\psi(x)$ 作为塔的假设挠度所建立的运动方程。对于这个广义单自由度系统，广义质量 m^*、广义刚度 k^* 和广义激励 $-L^*\ddot{u}_g(t)$ 由式(r)定义。

本例主要说明了假设振型法的一个简单例子，有关连续弹性系统的假设振型法，将在13.2节中详细介绍。

习　题

1-1　试确定图1-14所示的弹簧-质量系统中组合弹簧的有效刚度，并建立其运动方程。

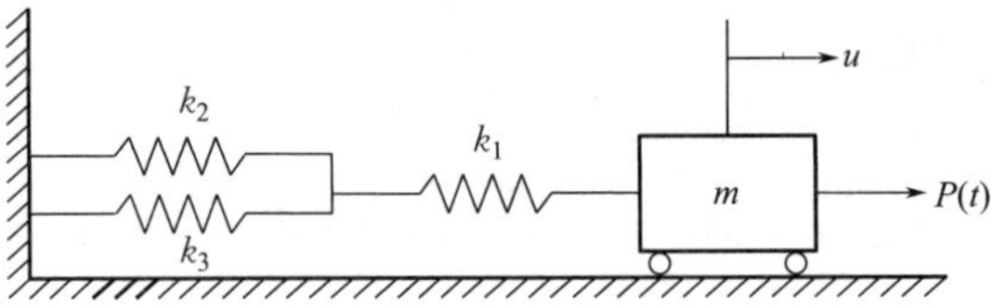

图 1-14

1-2　如图1-15所示的单自由度系统，动力荷载 $P(t)$ 作用点不在系统的集中质量 m 上，其中梁的质量不计，试建立其运动方程。

1-3　建立图1-16所示系统微振时的运动方程。设 AB 为弹性杆，质量忽略不计，BC 为刚性杆，单位长度的质量为 $\bar{m}$。

1-4　建立图1-17所示系统沿竖向的运动方程。弹性杆的长度为 l，横截面面积为 A，弹性模量为 E，忽略杆的质量，位移 u 从静平衡位置开始测量。

1-5　建立图1-18所示系统沿竖向的运动方程。梁的弯曲刚度为 EI，忽略梁的质量。

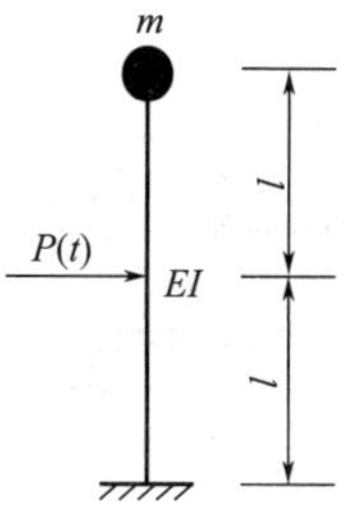

图 1-15

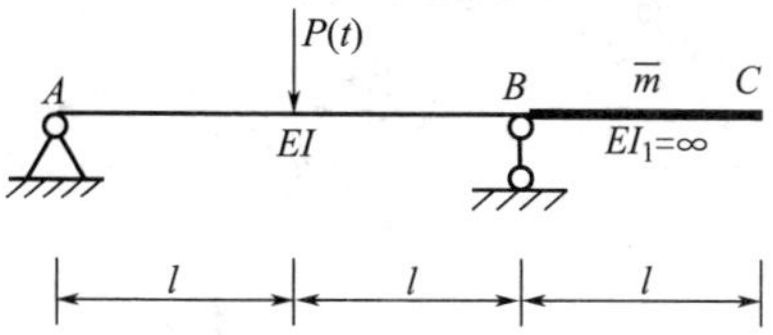

图 1-16

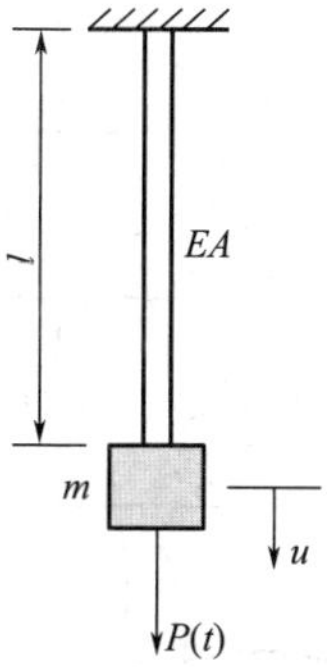

图 1-17

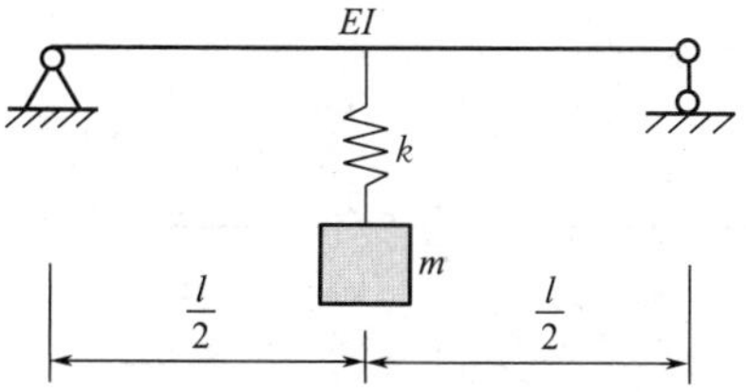

图 1-18

1-6 建立图 1-19 所示单层单跨框架的运动方程。梁上所集中的质量为 m，假设框架无质量并忽略阻尼。

1-7 建立图 1-20 所示单层单跨框架的运动方程。梁上所集中的质量为 m，假设框架无质量并忽略阻尼。

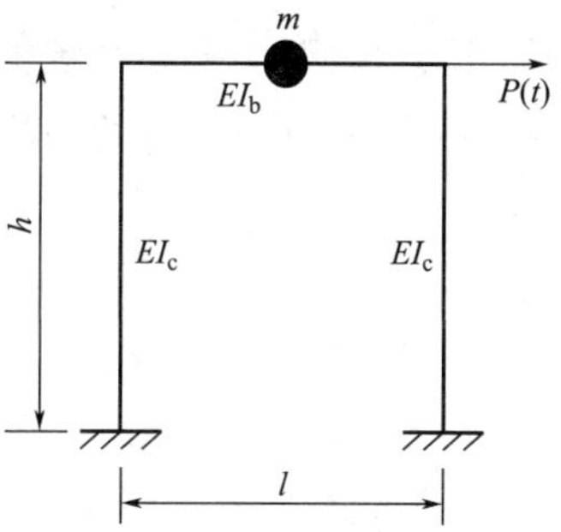

图 1-19

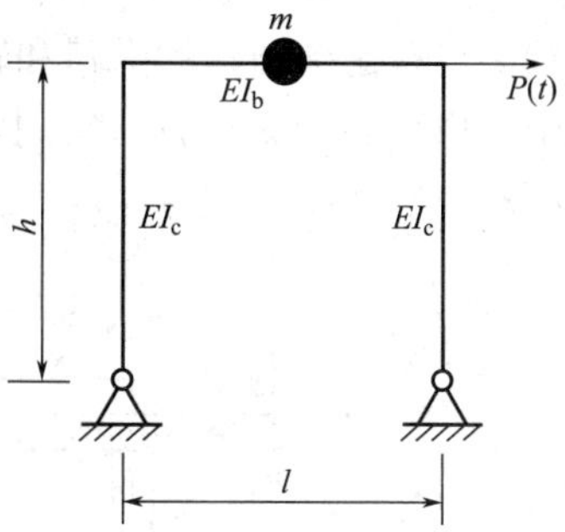

图 1-20

1-8 如图 1-21 所示的刚体系统，选择适当的广义坐标，并建立微振时的运动方程。

1-9 如图 1-22 所示的刚性直杆，其单位长度的质量为 $\overline{m}$，选择适当的广义坐标，并建立微振时的运动方程。

1-10 将汽车理想化为一个集中质量 m 支撑在一个弹簧-阻尼器系统上，如图 1-23 所示。汽车以恒定不变的速度 v 通过路面，路面的平整度为路面位置的一个已知函数 $u_g(x)$。试推导系统的运动方程，并讨论这个模型的某些可能的限制。

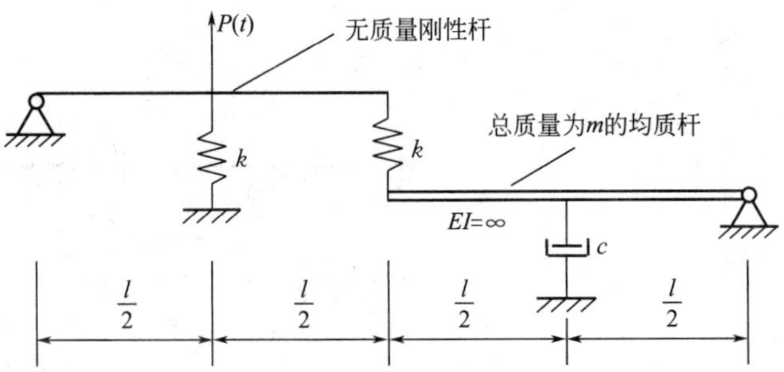

图 1-21

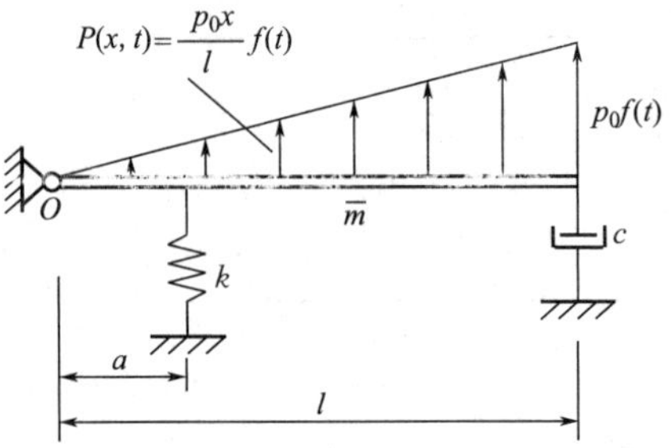

图 1-22

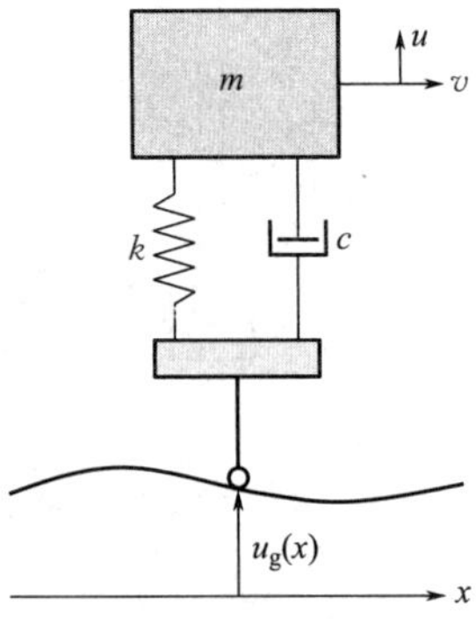

图 1-23

1-11　娱乐公园中的一个监测塔模拟成一个刚性均质圆柱体，质量为 M，半径为 R，如图 1-24(a)所示。圆柱体支撑在均质柔性杆的顶端，杆的总质量为 m，弯曲刚度为 EI。假设圆柱体的厚度 h 远小于杆的长度 l，即 $h \ll l$，这样可将圆柱体视为一个薄圆盘，其重心在杆的顶端，包含这个圆盘的平移和转动惯量。应用假设振型法推导系统横向振动的运动方程。其中，振型函数 $\psi(x)$ 可采用均质悬臂梁顶端受集中力作用时的静挠度曲线，如图 1-24(b)所示。质量 M 与 m 都应参与在几何刚度内。

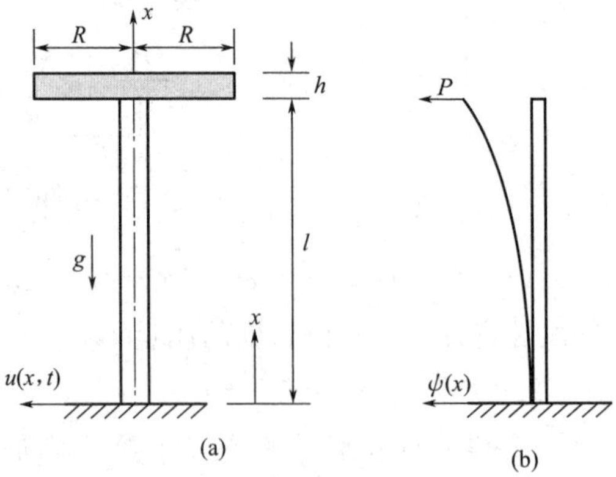

图 1-24

第 2 章　单自由度系统的自由振动分析

在第 1 章中介绍了几种建立单自由度系统运动方程的方法。本章将主要讨论单自由度系统的动力特性和自由振动分析，包括无阻尼自由振动和黏滞阻尼自由振动。同时，介绍求解单自由度系统固有频率和阻尼比的方法。

§ 2.1　运动方程的解

从第 1 章中可知，所有承受外力作用的线性单自由度系统的运动方程都可表示为：

$$m\ddot{u}(t)+c\dot{u}(t)+ku(t)=P(t) \tag{2-1}$$

式中，$u(t)$是相对于静平衡位置的动力反应，$P(t)$是作用于系统的等效荷载，它可以是直接作用的或支座运动引起的。

下面，研究单自由度系统在已知激励 $P(t)$与初始条件下的反应，其中在 $t=0$ 时的位移和速度为：

$$u(0)=u_0,\ \dot{u}(0)=\dot{u}_0 \tag{2-2}$$

式中，u_0 和 $\dot{u}_0$ 分别为给定的初始位移和初始速度。

将方程(2-1)两边同时除以 m，可得：

$$\ddot{u}(t)+2\xi\omega\dot{u}(t)+\omega^2u(t)=\frac{P(t)}{m} \tag{2-3}$$

其中

$$\omega=\sqrt{\frac{k}{m}},\ \xi=\frac{c}{c_{cr}}=\frac{c}{2m\omega} \tag{2-4}$$

这里，ω 称为**无阻尼固有圆频率**，简称固有频率，它的单位为弧度/秒(rad/s)；ξ 称为**黏滞阻尼比**，简称**阻尼比**，它是一个无量纲的参数；c_{cr}称为**临界阻尼系数**。固有频率 ω 和阻尼比 ξ 是计算单自由度系统的两个重要参数。

方程(2-3)是一个二阶常系数非齐次线性微分方程，它的通解(即总反应)是两个不同性质部分的线性组合：一部分是**自由振动** $u_c(t)$，使方程(2-3)能满足任意的初始条件；另一部分是**强迫振动** $u_P(t)$，直接与等效荷载 $P(t)$有关。这样，方程(2-3)的通解可表示为：

$$u(t)=u_c(t)+u_P(t) \tag{2-5}$$

在数学中，线性微分方程的通解是由一个齐次通解 $u_c(t)$和一个特解 $u_P(t)$所组成。

在本章中，将只考虑自由振动，即方程(2-3)中 $P(t)=0$ 时的解：

$$\ddot{u}(t)+2\xi\omega\dot{u}(t)+\omega^2u(t)=0 \tag{2-6}$$

求解方程(2-6)的一般方法是假定解的形式为：

$$u=C\exp(st) \tag{2-7}$$

将式(2-7)代入式(2-6)中，可得到：

$$s^2+2\xi\omega s+\omega^2=0 \tag{2-8}$$

方程(2-8)称为特征方程。

在以下的 2.2 节中，将研究无阻尼自由振动($\xi=0$)的解；而在 2.3 节中，研究黏滞阻尼自由振动($\xi\neq0$)的解。

§2.2 无阻尼自由振动分析

2.2.1 基本解答

无阻尼单自由度系统的自由振动方程为：

$$\ddot{u}(t)+\omega^2u(t)=0 \tag{2-9}$$

相应的特征方程为：

$$s^2+\omega^2=0 \tag{2-10}$$

显然，式(2-10)的两个根为：

$$s_{1,2}=\pm\omega\mathrm{i} \tag{2-11}$$

式中，虚数单位 $\mathrm{i}=\sqrt{-1}$。这样，方程(2-9)的通解为：

$$u(t)=C_1\exp(\omega t\mathrm{i})+C_2\exp(-\omega t\mathrm{i}) \tag{2-12a}$$

式中，C_1 和 C_2 为复常数。若将复常数 C_1、C_2 用实部和虚部来表示：

$$C_1=C_{1R}+C_{1I}\mathrm{i},\ C_2=C_{2R}+C_{2I}\mathrm{i}$$

同时利用 Euler 公式，即 $\exp(\pm\theta\mathrm{i})=\cos\theta\pm\mathrm{i}\sin\theta$，则式(2-12a)可写为：

$$u(t)=(C_{1R}+C_{2R})\cos\omega t-(C_{1I}-C_{2I})\sin\omega t+\mathrm{i}[(C_{1I}+C_{2I})\cos\omega t+(C_{1R}-C_{2R})\sin\omega t] \tag{2-12b}$$

显然，自由振动反应必须是实的，因此式(2-12b)中虚部项对任意 t 值都必须为零，即：

$$C_{1\mathrm{I}}=-C_{2\mathrm{I}}\equiv C_{\mathrm{I}},\ C_{1\mathrm{R}}=C_{2\mathrm{R}}\equiv C_{\mathrm{R}}$$

可见，C_1 与 C_2 互为共轭复数：

$$C_1=C_{\mathrm{R}}+C_{\mathrm{I}}\mathrm{i},\ C_2=C_{\mathrm{R}}-C_{\mathrm{I}}\mathrm{i}$$

这样，式(2-12a)最终可写为：

$$u(t)=(C_{\mathrm{R}}+C_{\mathrm{I}}\mathrm{i})\exp(\omega t\mathrm{i})+(C_{\mathrm{R}}-C_{\mathrm{I}}\mathrm{i})\exp(-\omega t\mathrm{i}) \tag{2-13a}$$

而式(2-12b)最终写为：

$$u(t)=2C_{\mathrm{R}}\cos\omega t-2C_{\mathrm{I}}\sin\omega t \tag{2-13b}$$

2.2.2　自由振动反应的矢量表示

现在，讨论无阻尼系统自由振动反应[即式(2-13a)]在复平面中的矢量表示。首先讨论复常数 C，它可以用复平面的一个矢量来表示，而矢量又可用实部与虚部分量表示为 $C=C_{\mathrm{R}}+C_{\mathrm{I}}\mathrm{i}$；此外，复常数 C 也可在极坐标中用复数的模 $\overline{C}$(即矢量的长度)和自实轴逆时针转角 θ 表示为 $C=\overline{C}\exp(\theta\mathrm{i})$，如图 2-1(a)所示。当转角 θ 为 ωt 时，则 C 变成一个转动矢量：

$$C=\overline{C}\exp(\omega t\mathrm{i})=\overline{C}\cos\omega t+(\overline{C}\sin\omega t)\mathrm{i}$$

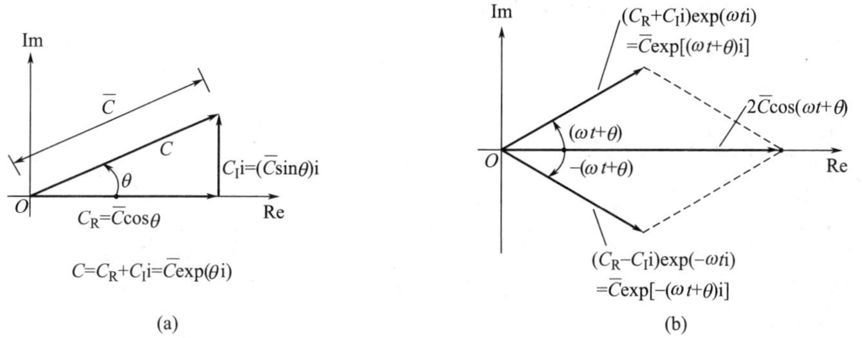

图 2-1　复平面中的矢量表示法

(a)复常数的表示；(b)无阻尼自由振动的总反应

图 2-1(b)所示的两个反向转动矢量 $\overline{C}\exp[(\omega t+\theta)\mathrm{i}]$ 和 $\overline{C}\exp[-(\omega t+\theta)\mathrm{i}]$ 描述了式(2-13a)的自由振动总反应。显然，这两个转动矢量的虚部分量相互抵消，系统只发生实的简谐运动：

$$u(t)=2\overline{C}\cos(\omega t+\theta) \tag{2-14}$$

2.2.3　自由振动的反应时程

下面，讨论无阻尼系统自由振动的反应时程[即式(2-13b)]。首先，将式(2-13b)改写为：

$$u(t)=A\cos\omega t+B\sin\omega t \tag{2-15}$$

式中 $A=2C_R$，$B=-2C_I$。这两个待定系数可由自由振动 $t=0$ 时刻的初始位移和初始速度来确定。根据初始条件式(2-2)，可得到：

$$u_0=A=2C_R，\frac{\dot{u}_0}{\omega}=B=-2C_I \tag{2-16}$$

将式(2-16)代入式(2-15)中，得到：

$$u(t)=u_0\cos\omega t+\frac{\dot{u}_0}{\omega}\sin\omega t \tag{2-17}$$

显然，式(2-17)也可写成式(2-14)的形式：

$$u(t)=\overline{u}\cos(\omega t+\theta) \tag{2-18}$$

其中，振幅 $\overline{u}$ 和相位角 θ 分别为：

$$\overline{u}=\sqrt{u_0^2+(\dot{u}_0/\omega)^2}=2\overline{C}，\theta=\arctan\left(-\frac{\dot{u}_0}{\omega u_0}\right) \tag{2-19}$$

上述解答可用一个简谐振动来描述，如图 2-2(a)所示；也可根据 u_0 和 $\dot{u}_0/\omega$ 矢量对，用复平面中以圆频率 ω 逆时针转动的矢量来表示，如图 2-2(b)所示。在式(2-17)中，其右侧表达式相应于矢量 u_0 和 $\dot{u}_0/\omega$ 在实轴上的投影；而在式(2-18)中，其右侧表达式相应于矢量 $\overline{u}$ 在实轴上的投影。

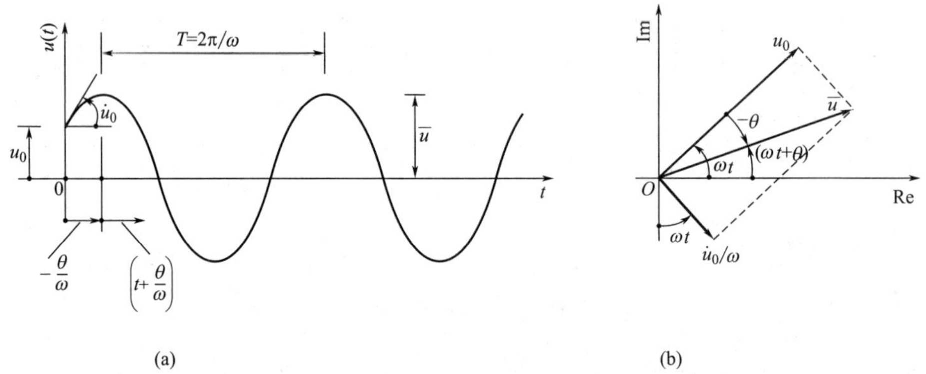

图 2-2 无阻尼单自由度系统的自由振动

(a)反应时程；(b)转动矢量表示

无阻尼系统完成自由振动的一个循环所需要的时间称为系统的**固有振动周期**，其单位为秒(s)，它与固有振动圆频率 ω 之间的关系为：

$$T=\frac{2\pi}{\omega} \tag{2-20}$$

系统在每秒内完成 $1/T$ 个循环，这个**固有振动循环频率**用 f 表示：

$$f=\frac{1}{T}=\frac{\omega}{2\pi} \tag{2-21}$$

式中，循环频率 f 的单位为赫兹(Hz)，即 1Hz=1 周/s。

【例 2-1】 如图 2-3(a)所示的一等截面悬臂直梁，长度为 l，弯曲刚度为 EI，假定梁的弹性很大而质量很小。现有一质量为 m 的重物，先使其与悬臂梁的自由端接触(相互之间不产生作用力)，然后突然被释放。不考虑阻尼的影响，试确定重物的运动规律。

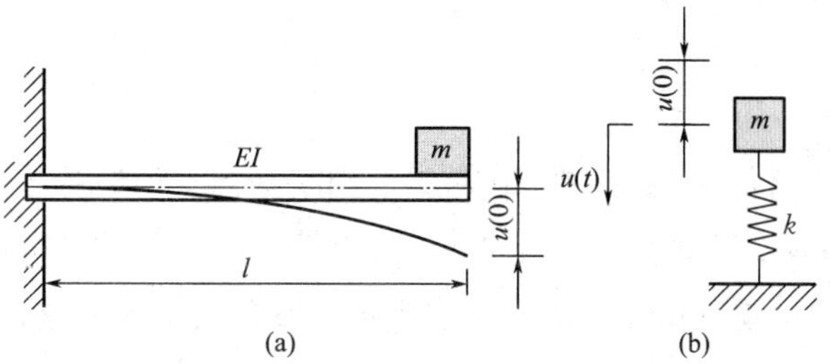

图 2-3 无阻尼系统的自由振动

(a)系统；(b)力学模型

【解】 当梁的弹性很大而质量很小时，悬臂直梁可视为一无质量的弹簧，如图 2-3(b)所示。设其弹簧刚度系数为 k，根据材料力学的知识，在悬臂梁的自由端作用集中力 $P=mg$ 时，其自由端处的静挠度为：

$$u_{st}=\frac{Pl^3}{3EI} \tag{a}$$

根据刚度系数的定义：

$$ku_{st}=P \tag{b}$$

于是，弹簧刚度系数 k 为：

$$k=\frac{3EI}{l^3} \tag{c}$$

现取静平衡位置为坐标原点，位移 $u(t)$的方向铅直向下。由于不考虑阻尼的影响，重物的运动方程为：

$$m\ddot{u}(t)+ku(t)=0 \tag{d}$$

或

$$\ddot{u}(t)+\omega^2u(t)=0 \tag{e}$$

其中，固有振动圆频率 ω 为：

$$\omega=\sqrt{\frac{k}{m}}=\sqrt{\frac{3EI}{ml^3}} \tag{f}$$

方程(e)的解为：

$$u(t)=u_0\cos\omega t+\frac{\dot{u}_0}{\omega}\sin\omega t \tag{g}$$

在 $t=0$ 时刻，即重物被释放的时刻，重物在未变形的悬臂梁上，而且突然被释放。因此，其初始条件应为：

$$u_0=-u_{st}=-\frac{Pl^3}{3EI}=-\frac{mgl^3}{3EI},\quad \dot{u}_0=0 \tag{h}$$

将式(h)代入式(g)中，可得重物的运动规律为：

$$u(t)=-\frac{mgl^3}{3EI}\cos\sqrt{\frac{3EI}{ml^3}}t \tag{i}$$

【例 2-2】 如图 2-4(a)所示的一个小型单层工业建筑，平面面积为 6m×9m，在南北向有抗弯框架，东西向有支撑框架。结构的重量可理想化为集中在屋顶水平处，其集度为 $q=1.5\ \text{kN/m}^2$。水平交叉支撑在屋盖桁架的下弦处。所有柱的截面如图 2-4(b)所示(图中单位均为 mm)，其对中性轴 x' 及 y' 的惯性矩分别为 $I_{x'}=3272.6\ \text{cm}^4$ 和 $I_{y'}=749\ \text{cm}^4$，钢的弹性模量 $E=210$ GPa。竖向交叉支撑由直径 $d=25$ mm 的圆形刚杆制成。试求：

(1) 南北方向的固有振动频率。

(2) 东西方向的固有振动频率。

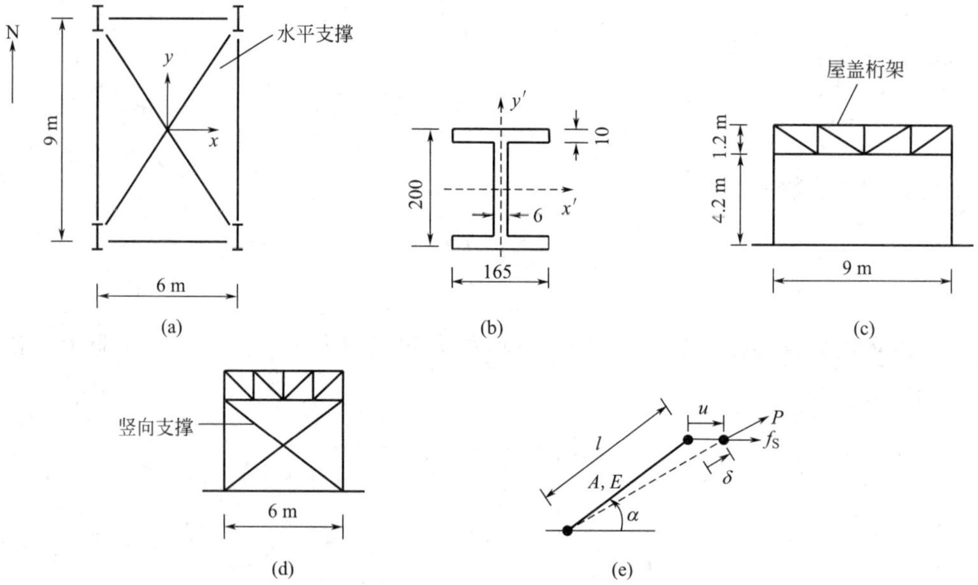

图 2-4

(a)平面图；(b)柱截面图；(c)东西向正视图；(d)南北向正视图；(e)交叉支撑

【解】 屋顶处的集中质量为：

$$m=\frac{1.5\times10^3\times6\times9}{9.8}=8265\ \text{kg} \tag{a}$$

由于水平交叉支撑，屋顶可视为刚性板。

(1) 南北方向。因为屋盖为桁架，所以每根柱均可视为两端嵌固，如图 2-4(c)所示。两榀抗弯框架的侧向刚度为：

$$k_{\text{N-S}} = 4 \times \left(\frac{12EI_{x'}}{h^3}\right) = \frac{48 \times 210 \times 10^9 \times 3272.6 \times 10^{-8}}{4.2^3} = 4452.5 \text{ kN/m} \tag{b}$$

于是，南北方向的固有振动频率 $\omega_{\text{N-S}}$ 为：

$$\omega_{\text{N-S}} = \sqrt{\frac{k_{\text{N-S}}}{m}} = 23.21 \text{ rad/s} \tag{c}$$

(2) 东西方向。如图 2-4(d)所示的支撑框架，通常设计成两个叠合的体系：一个是普通的刚架，主要承受竖向荷载(恒载和活荷载)；一个是竖向支撑体系，通常被当作一个销钉连接的桁架，用来抵抗侧向荷载。因此，支撑框架的侧向刚度可由单个撑杆刚度之和来估算。一根截面积为 A 的撑杆刚度为 $k_{\text{brace}} = \frac{AE}{l}\cos^2\alpha$，具体如下：

首先，考察图 2-4(e)所示的变形关系。一个撑杆的轴向力 P 与变形 δ 的关系为：

$$P = \frac{AE}{l}\delta \tag{d}$$

根据静力学，$f_{\text{S}} = P\cos\alpha$；由运动学可知，$u = \delta/\cos\alpha$。将 $P = f_{\text{S}}/\cos\alpha$ 和 $\delta = u\cos\alpha$ 代入式(d)中，得到：

$$f_{\text{S}} = k_{\text{brace}}u, \quad k_{\text{brace}} = \frac{AE}{l}\cos^2\alpha \tag{e}$$

对于图 2-4(d)所示的撑杆，$l = \sqrt{6^2 + 4.2^2} = 7.324$ m，$\cos\alpha = 6/l = 0.8192$，$A = 4.91 \times 10^{-4}$ m^2。

尽管每榀框架有两根交叉撑杆，但仅受拉的一根提供侧向抗力，受压的另一根在小的轴力下将会屈曲，对侧向刚度影响不大。于是，侧向刚度为：

$$k_{\text{E-W}} = 2k_{\text{brace}} = 2\frac{AE}{l}\cos^2\alpha = 18895.7 \text{ kN/m} \tag{f}$$

注意到，忽略柱的侧向刚度所引起的误差是较小的。事实上，每榀框架柱的抗侧刚度为 $k_{\text{col}} = 2 \times \frac{12EI_{y'}}{h^3} = 509.5$ kN/m。显然，$k_{\text{col}}/k_{\text{brace}} = 5.4\%$，可以忽略不计。

于是，东西方向的固有振动频率 $\omega_{\text{E-W}}$ 为：

$$\omega_{\text{E-W}} = \sqrt{\frac{k_{\text{E-W}}}{m}} = 47.81 \text{ rad/s} \tag{g}$$

【例 2-3】 一个质量为 m 的重型匀质刚性平板由四根上下端均为铰接的柱支撑，每个侧面用两根钢丝绳对角斜向拉紧，如图 2-5(a)所示。每根钢丝绳预张拉到相同的高应力，

其横截面面积均为 A，弹性模量为 E。忽略柱与钢丝绳的质量，阻尼不计，试推导：

（1）沿 x 方向自由振动的运动方程。

（2）沿 y 方向自由振动的运动方程。

（3）通过平板中心 O 绕 z 轴自由扭转振动的运动方程。

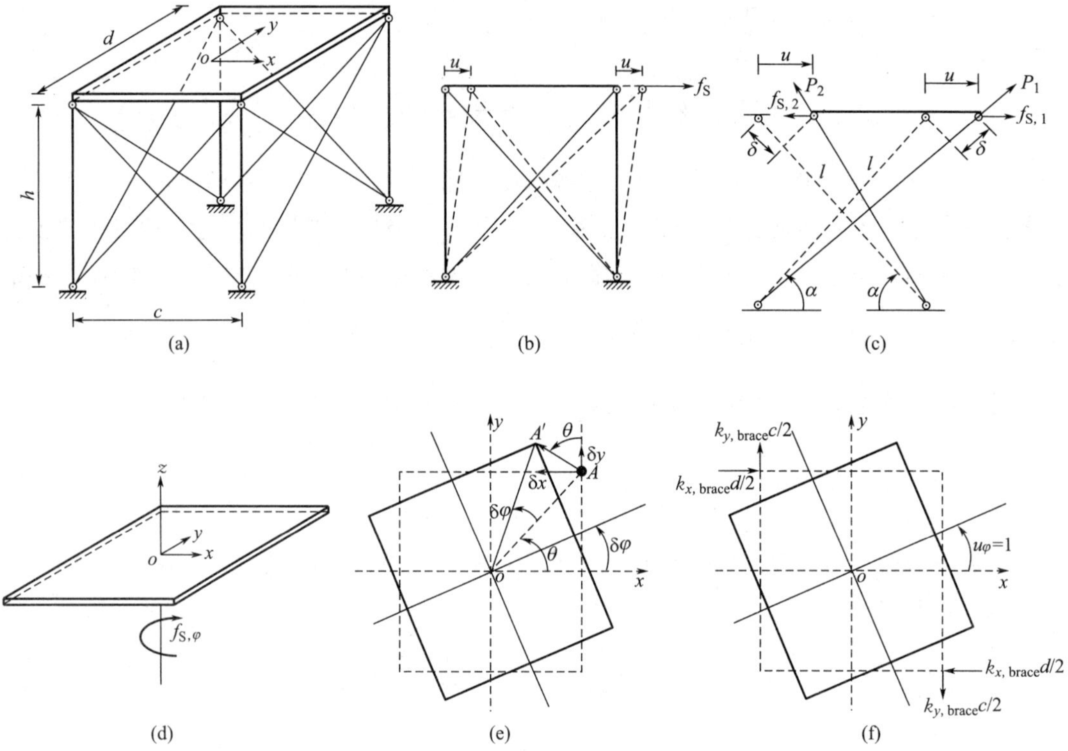

图 2-5

【解】 (1)沿 x 方向自由振动的运动方程可表示为：

$$m\ddot{u}_x + k_x u_x = 0 \tag{a}$$

其中，k_x 为沿 x 方向的侧向刚度。

考察一根钢丝绳的轴向拉力 P 与变形 δ 的关系，如图 2-5(c)所示，则有：

$$P_1 = \frac{AE}{l_0}(\delta_0 + \delta) \tag{b}$$

$$P_2 = \frac{AE}{l_0}(\delta_0 - \delta) \tag{c}$$

其中，l_0 为钢丝绳的原长(未预张拉时的长度)，δ_0 为钢丝绳预张到高应力时的伸长量。根据题意，应有 $\delta_0 > \delta$。根据静力学，可知 $f_{S,1} = P_1\cos\alpha$，$f_{S,2} = P_2\cos\alpha$；根据运动学，可知 $\delta = u\cos\alpha$。于是，得到：

$$f_S = f_{S,1} - f_{S,2} = k_{\text{brace}} u \tag{d}$$

其中

$$k_{\text{brace}}=2\frac{AE}{l_0}\cos^2\alpha\approx2\frac{AE}{l}\cos^2\alpha \tag{e}$$

事实上，$l=l_0+\delta_0$，在小变形中，一般直接取 $l_0=l$。

因此，沿 x 方向的侧向刚度 k_x 为：

$$k_x=2k_{x,\text{brace}}=4\frac{AE}{\sqrt{c^2+h^2}}\frac{c^2}{c^2+h^2} \tag{f}$$

将式(f)代入式(a)中即可得到沿 x 方向自由振动的运动方程。

(2) 同理，沿 y 方向的侧向刚度 k_y 为：

$$k_y=2k_{y,\text{brace}}=4\frac{AE}{\sqrt{d^2+h^2}}\frac{d^2}{d^2+h^2} \tag{g}$$

同样地，可以得到沿 y 方向自由振动的运动方程。

(3) 作用在质量上的弹性抵抗扭矩 $f_{\text{S},\varphi}$ 示于图 2-5(d)中，由牛顿第二定律得到：

$$-f_{\text{S},\varphi}=J_O\ddot{u}_\varphi \tag{h}$$

其中，u_φ 为上部平板相对于地面的转角，$J_O=m(c^2+d^2)/12$ 为上部平板对通过质心 O 绕 z 轴的惯性矩。扭矩 $f_{\text{S},\varphi}$ 与相对转角 u_φ 的关系为：

$$f_{\text{S},\varphi}=k_\varphi u_\varphi \tag{i}$$

其中，k_φ 为扭转刚度。下面来确定 k_φ 的具体表达式。

首先，考察扭转之间的关系。假定刚性平板在 O 点绕 z 轴有一微小转角 $\delta\varphi$，角点 A 的位置变为 A' 点，如图 2-5(e)所示。于是，A 点沿 x 轴和 y 轴的位移分量分别为：

$$\delta x=\overrightarrow{AA'}\sin\theta=(OA\,\delta\varphi)\sin\theta=(d/2)\delta\varphi \tag{j}$$

$$\delta y=\overrightarrow{AA'}\cos\theta=(OA\,\delta\varphi)\cos\theta=(c/2)\delta\varphi \tag{k}$$

于是，引入单位转角 $u_\varphi=1$ 时，可求出每一侧向(由 2 根交叉钢丝绳组成)的恢复力，如图 2-5(f)所示。这样，与这些抗力相平衡的扭矩为：

$$k_\varphi=2\times\left(k_{x,\text{brace}}\times\frac{d}{2}\times\frac{d}{2}\right)+2\times\left(k_{y,\text{brace}}\times\frac{c}{2}\times\frac{c}{2}\right) \tag{l}$$

将式(f)与式(g)代入式(l)，得到：

$$k_\varphi=\frac{AE}{\sqrt{c^2+h^2}}\frac{c^2d^2}{c^2+h^2}+\frac{AE}{\sqrt{d^2+h^2}}\frac{c^2d^2}{d^2+h^2} \tag{m}$$

于是，通过平板中心 O 绕 z 轴自由扭转振动的运动方程为：

$$\frac{m(c^2+d^2)}{12}\ddot{u}_\varphi + c^2 d^2 AE\left[\frac{1}{(c^2+h^2)^{3/2}} + \frac{1}{(d^2+h^2)^{3/2}}\right]u_\varphi = 0 \tag{n}$$

§ 2.3　黏滞阻尼自由振动分析

黏滞阻尼单自由度系统自由振动的运动方程[式(2-6)]，求解其特征方程[式(2-8)]，可得：

$$s_{1,2} = -\xi\omega \pm \omega\sqrt{\xi^2 - 1} \tag{2-22}$$

根据阻尼比 ξ 的大小，可将有阻尼系统分为三种运动类型：低阻尼情况($0<\xi<1$)，临界阻尼情况($\xi=1$)和超阻尼情况($\xi>1$)。图 2-6 给出了黏滞阻尼单自由度系统在不同阻尼情况下的自由振动反应特性，其中 T 为无阻尼固有振动周期，即 $T=2\pi/\omega$。

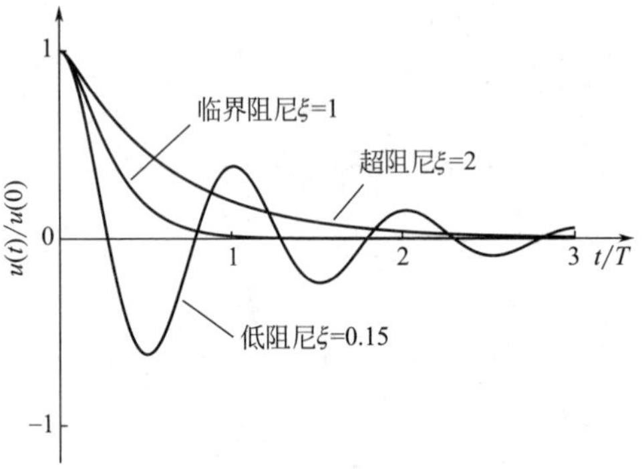

图 2-6　黏滞阻尼单自由度系统在不同阻尼情况下的自由振动反应

从图 2-6 可以看出，对于临界阻尼情况($\xi=1$ 或 $c=c_{cr}$)，系统返回到它的平衡位置而不振荡；对于超阻尼情况($\xi>1$ 或 $c>c_{cr}$)，系统也是不振荡并以更缓慢的速率回到其平衡位置，返回到平衡位置的速度随阻尼的增大而减慢；对于低阻尼系统($0<\xi<1$ 或 $c<c_{cr}$)，系统在其平衡位置附近振荡，振幅逐渐减小，且呈指数衰减。

2.3.1　低阻尼情况($0<\xi<1$)

对于 $0<\xi<1$ 或 $c<c_{cr}=2m\omega$ 的情况，式(2-22)变为：

$$s_{1,2} = -\xi\omega \pm \omega_D \mathrm{i} \tag{2-23}$$

其中，ω_D 称为**有阻尼固有圆频率**，其表达式为：

$$\omega_D = \omega\sqrt{1-\xi^2} \tag{2-24}$$

利用式(2-7)，并考虑式(2-23)，则黏滞阻尼自由振动的反应为：

$$u(t) = [C_1\exp(\mathrm{i}\omega_D t) + C_2\exp(-\mathrm{i}\omega_D t)]\exp(-\xi\omega t) \tag{2-25}$$

类似于无阻尼自由振动的式(2-12a)，为了使反应 $u(t)$是实的，C_1 与 C_2 必须是共轭复数，也即 $C_1=C_R+C_I\mathrm{i}$，$C_2=C_R-C_I\mathrm{i}$。

与获得无阻尼自由振动的式(2-15)相同，式(2-25)可以写成等价的三角函数形式：

$$u(t) = (A\cos\omega_D t + B\sin\omega_D t)\exp(-\xi\omega t) \tag{2-26}$$

式中 $A=2C_R$，$B=-2C_I$。用自由振动 $t=0$ 时刻的初始位移 $u(0)=u_0$ 和初始速度 $\dot{u}(0)=\dot{u}_0$ 来确定系数 A 和 B，从而得到黏滞阻尼单自由系统自由振动的反应为：

$$u(t)=\left(u_0\cos\omega_D t+\frac{\dot{u}_0+u_0\xi\omega}{\omega_D}\sin\omega_D t\right)\exp(-\xi\omega t) \tag{2-27}$$

式(2-27)也可以写为：

$$u(t)=\bar{u}\cos(\omega_D t+\theta)\exp(-\xi\omega t) \tag{2-28}$$

其中

$$\bar{u}=\sqrt{u_0^2+\left(\frac{\dot{u}_0+u_0\xi\omega}{\omega_D}\right)^2},\ \theta=-\arctan\left(\frac{\dot{u}_0+u_0\xi\omega}{\omega_D u_0}\right) \tag{2-29}$$

其自由振动的反应特性如图 2-6 所示，其中假定了初始位移 u_0 大于零，初始速度 $\dot{u}_0$ 等于零。

注意到，由于阻尼的存在，系统的固有圆频率从 ω 降低为 ω_D，从而使系统的自振周期从 $T=2\pi/\omega$ 延长为 $T_D=2\pi/\omega_D$。此外，对于大多数实际结构，例如建筑物、桥梁、水坝、核电站、海洋结构等，它们的阻尼比一般小于 0.20，属于低阻尼情况。此时，根据式(2-24)，可以近似地取 $\omega_D=\omega$。

2.3.2　临界阻尼情况($\xi=1$)

当 $\xi=1$ 或 $c=c_{cr}=2m\omega$ 时，式(2-22)变为：

$$s_1=s_2=-\omega \tag{2-30}$$

在此特殊情况下，方程(2-6)的解应为：

$$u(t)=(C_1+C_2 t)\exp(-\omega t) \tag{2-31}$$

由于指数项 $\exp(-\omega t)$ 为实函数，故系数 C_1 和 C_2 必须为实数。

利用初始条件 $u(0)=u_0$ 和 $\dot{u}(0)=\dot{u}_0$ 来确定系数后，得到：

$$u(t)=[u_0(1+\omega t)+\dot{u}_0 t]\exp(-\omega t) \tag{2-32}$$

其自由振动的反应特性如图 2-6，其中假定了初始位移 u_0 大于零，初始速度 $\dot{u}_0$ 等于零。

2.3.3　超阻尼情况($\xi>1$)

虽然阻尼大于临界阻尼的情况在一般结构系统中是不会遇到的，但在机械系统中有时会出现。当 $\xi>1$ 或 $c>c_{cr}=2m\omega$ 时，式(2-22)写为：

$$s_{1,2}=-\xi\omega\pm\omega\sqrt{\xi^2-1}=-\xi\omega\pm\omega^* \tag{2-33}$$

其中

$$\omega^* = \omega\sqrt{\xi^2 - 1} \tag{2-34}$$

将式(2-33)代入式(2-7)中，得到超阻尼自由振动的反应为：

$$u(t) = (C_1\cosh\omega^* t + C_2\sinh\omega^* t)\exp(-\xi\omega t) \tag{2-35}$$

式中，实常数 C_1 和 C_2 可根据初始条件 $u(0)=u_0$ 和 $\dot{u}(0)=\dot{u}_0$ 来确定。其自由振动的反应特征如图 2-6 所示，其中假定了初始位移 u_0 大于零，初始速度 $\dot{u}_0$ 等于零。

§ 2.4　应用 Rayleigh 法求固有振动频率

在 2.1 节中定义了无阻尼单自由度系统的固有振动频率[式(2-4)]：

$$\omega = \sqrt{\frac{k}{m}} \tag{2-36}$$

式中，k 和 m 分别为单自由度系统的刚度和质量。对于具有分布柔性的系统，可将假设振型(形状)的概念推广到系统振动频率的近似计算上，即直接应用式(2-36)计算系统的振动频率时，将假设振型函数 $\psi(x)$ 得到的广义刚度 k^* 和广义质量 m^* 代入即可。但是，从 Rayleigh 创设的另外一个观点来进行复杂系统的频率分析是有益的。Rayleigh 法的基本概念是能量守恒原理，即如果作用于给定质点上的所有力均为保守力，则在质点运动过程中，其总机械能保持不变。在本节中，该方法将被应用于质量-弹簧系统和具有分布柔性的系统。

2.4.1　质量-弹簧系统

如果没有阻尼力消耗能量，那么在自由振动的系统中能量应保持为常量。在无阻尼单自由度系统的自由振动中，系统的总能量必定为常量，即：

$$T + V = C \tag{2-37}$$

式中，T 是系统的动能，V 是系统的势能或应变能，C 为常量。

无阻尼自由振动的反应[式(2-18)]：

$$u(t) = \bar{u}\cos(\omega t + \theta) \tag{2-38}$$

将式(2-38)对时间 t 求一阶导数，得到振动的速度为：

$$\dot{u}(t) = -\omega\bar{u}\sin(\omega t + \theta) \tag{2-39}$$

系统的动能与质量的速度 $\dot{u}$ 的平方成正比，即 $T=\frac{1}{2}m\dot{u}^2$；系统的势能为弹簧的应变能，它与弹簧变形 u 的平方成正比，即 $V=\frac{1}{2}ku^2$。于是，式(2-37)可表示为：

$$\frac{1}{2}m\dot{u}^2(t)+\frac{1}{2}ku^2(t)=C \tag{2-40}$$

当 $\omega t+\theta=\frac{\pi}{2}$，$\frac{3\pi}{2}$，…时，系统的势能为零，而动能达到最大值：

$$T_{\max}=\frac{1}{2}m\dot{u}_{\max}^2=\frac{1}{2}m\bar{u}^2\omega^2 \tag{2-41}$$

当 $\omega t+\theta=\pi$，2π，…时，系统的动能为零，而势能达到最大值：

$$V_{\max}=\frac{1}{2}ku_{\max}^2=\frac{1}{2}k\bar{u}^2 \tag{2-42}$$

根据能量守恒原理，系统的最大动能必须等于最大势能，$T_{\max}=V_{\max}$，也即：

$$\frac{1}{2}m\bar{u}^2\omega^2=\frac{1}{2}k\bar{u}^2 \tag{2-43}$$

于是，得到：

$$\omega=\sqrt{\frac{k}{m}} \tag{2-44}$$

显然，这个结果和式(2-36)是完全相同的。

Rayleigh 法在获得质量-弹簧系统的固有振动频率时，并没有明显的优势，但是其潜在的能量守恒概念对于复杂系统(如多自由度系统或连续系统)来说是很有用的。

【例 2-4】 如图 2-7 所示地震仪的拾振系统。均质刚性杆 OA 和重锤 A 通过铰 O 支撑在支架上，重锤可视为质点，杆用弹簧悬挂起来。设弹簧的刚度系数为 k，杆 OA 和重锤 A 的质量分别为 m 和 M，它们的质心距离 O 点分别为 l 和 L，弹簧端点距离 O 点为 a，杆 OA 对 O 点的转动惯量为 J_O。若调整弹簧的长度，使杆 OA 在系统平衡时处于水平位置。不考虑阻尼的影响，试建立系统的运动方程，并求其固有振动频率。

【解】 设以转角 φ 表示系统偏离平衡位置的广义坐标。系统处于平衡时 $\varphi=0$，此时弹簧的静伸长量为 u_{st}。根据静力平衡条件，可得：

$$ku_{st}a-mgl-MgL=0 \tag{a}$$

在微振时，有 $u_{st}=a\varphi_{st}$。于是，式(a)变为：

$$ka^2\varphi_{st}-mgl-MgL=0 \tag{b}$$

现取静平衡位置为系统的零势能位置，则系统在任意位置时的势能为：

$$V=\frac{1}{2}k[(\varphi+\varphi_{st})^2a^2-\varphi_{st}^2a^2]-mgl\varphi-MgL\varphi \tag{c}$$

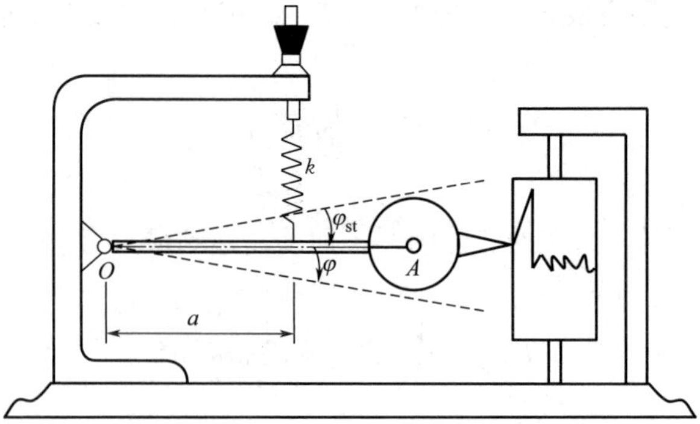

图 2-7　地震仪的拾振系统

将式(b)代入式(c)中，可得到：

$$V=\frac{1}{2}ka^2\varphi^2 \tag{d}$$

系统的动能为：

$$T=\frac{1}{2}J_O\dot{\varphi}^2+\frac{1}{2}ML^2\dot{\varphi}^2 \tag{e}$$

根据能量守恒原理，可得：

$$T+V=\frac{1}{2}(J_O+ML^2)\dot{\varphi}^2+\frac{1}{2}ka^2\varphi^2=C \tag{f}$$

式中，C 为常量。将式(f)对时间 t 求导，可得：

$$[(J_O+ML^2)\ddot{\varphi}+ka^2\varphi]\dot{\varphi}=0 \tag{g}$$

对于任意的 $\dot{\varphi}$，式(g)都成立。因此，必有：

$$(J_O+ML^2)\ddot{\varphi}+ka^2\varphi=0 \tag{h}$$

或写为：

$$m^*\ddot{\varphi}+k^*\varphi=0 \tag{i}$$

其中

$$m^*=J_O+ML^2,\quad k^*=ka^2$$

式(i)即为地震仪拾振系统的运动方程。

于是，系统的固有频率为：

$$\omega=\sqrt{\frac{k^*}{m^*}}=\sqrt{\frac{ka^2}{J_O+ML^2}} \tag{j}$$

可见，尽管地震仪结构复杂，但它仍可视为质量-弹簧系统(这里为扭转的弹簧振子)。本例亦说明了如何应用能量法来解决自由振动问题。

2.4.2 具有分布柔性的系统

作为这类系统的一个例子，考虑图 2-8 所示的非均质简支梁。实际上，梁具有无限多自由度数(连续系统)，即它可以有无限多种位移形状。为了应用 Rayleigh 法，必须假设梁在其基本振型中的变形形状。注意到，在自由振动时广义坐标应为简谐运动，即：

$$u(x,t)=\psi(x)z(t)=\psi(x)z_0\cos(\omega t+\theta) \tag{2-45}$$

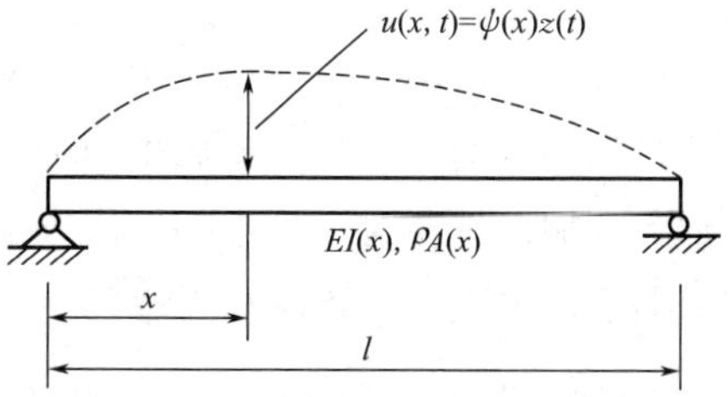

图 2-8 非均质梁的振动

式中，$\psi(x)$为假设的**形状函数**，z_0 为广义坐标 $z(t)$的幅值，ω 为待求的固有频率，θ 为相位角。

形状函数的假设使梁简化为一单自由度系统。这样，振动频率可由运动过程中最大应变能和最大动能相等来求得。梁在弯曲振动中的应变能为：

$$V=\frac{1}{2}\int_0^l EI(x)\left(\frac{\partial^2 u}{\partial x^2}\right)^2 \mathrm{d}x \tag{2-46}$$

将式(2-45)代入式(2-46)中，可得到最大应变能为：

$$V_{\max}=\frac{1}{2}z_0^2\int_0^l EI(x)[\psi''(x)]^2\mathrm{d}x \tag{2-47}$$

而非均质分布质量的动能为：

$$T=\frac{1}{2}\int_0^l \rho A(x)[\dot{u}(x,t)]^2\mathrm{d}x \tag{2-48}$$

将式(2-45)对时间 t 求导获得速度，即 $\dot{u}(x,t)=-\psi(x)z_0\omega\sin(\omega t+\theta)$，并将其最大值代入式(2-48)中，得到最大动能为：

$$T_{\max}=\frac{1}{2}z_0^2\omega^2\int_0^l \rho A(x)[\psi(x)]^2\mathrm{d}x \tag{2-49}$$

最后，根据 $T_{\max}=V_{\max}$，得到：

$$\omega^2=\frac{\int_0^l EI(x)[\psi''(x)]^2\mathrm{d}x}{\int_0^l \rho A(x)[\psi(x)]^2\mathrm{d}x} \tag{2-50}$$

式(2-50)称为具有分布柔性系统的 Rayleigh 法，它与按假设振型法得到的广义刚度 k^* 和

广义质量 m^* 获得的结果是完全相同的。尽管 Rayleigh 法主要用来确定系统的基本固有频率（即最低阶的频率），但是它对于多自由度系统的任何固有频率都是有效的。

2.4.3　振动形状函数的选择

对于具有分布柔性的系统，由 Rayleigh 法获得的振动频率的精度，完全取决于所假设的形状函数 $\psi(x)$。一般来说，只要满足系统的位移边界条件，形状函数可以任意选取。但是，对不是真实振型的任意形状函数，为了保持平衡就必须有附加的外部约束作用，这些附加约束将使系统变得更加刚硬，从而使所计算的频率增大。由此可见，根据假设形状函数得到的近似频率总是要比系统基本频率的精确值大。因此，对采用 Rayleigh 法求得的近似频率加以选择时，最小频率值将是最好的近似值。

为此，考虑一个均质悬臂梁的弯曲自由振动特性，梁的长度为 l，弯曲刚度为 EI，单位长度的质量为 ρA。系统的基本频率可以表示为 $\omega=\alpha\sqrt{EI/(\rho Al^4)}$，现采用三种不同的形状函数来估计系统的振动频率，其中所得到的不同 α 值列于表 2-1 中。注意，表中所示的相对误差是针对 α 的精确值 3.516，见【例 11-5】。

均质悬臂梁的弯曲振动频率估计　　表 2-1

形状函数 $\psi(x)$	α 值	相对误差(%)
$3x^2/2l^2-x^3/2l^3$	3.57	1.54
$1-\cos(\pi x/2l)$	3.66	4
x^2/l^2	4.47	27

显然，振动频率的三个估计值都高于精确值，其中最小值 $\alpha=3.57$ 是最好的近似值。事实上，形状函数 $\psi(x)=x^2/l^2$ 满足悬臂梁的位移边界条件，但是不满足自由端的力边界条件。这意味着在整个梁段内弯矩是不变的，这显然不符合自由端的条件，除非在自由端有一个具有转动惯量的质量。因此，一个仅满足位移边界条件的形状函数不一定总是能得到较精确的振动频率。

下面，讨论如何选择合理的形状函数来保证获得较精确的结果。选择振动形状函数可应用如下概念：自由振动中的位移是由惯性力作用所引起，而惯性力又是与分布质量及位移幅值成正比的。

自由振动时，位移由式(2-45)给出，而相应的惯性力为：

$$f_1(x,t)=-\rho A(x)\ddot{u}(x,t)=\omega^2 z_0\rho A(x)\psi(x)\cos(\omega t+\theta)$$

如果 $\psi(x)$ 是精确的振型函数，那么在每一时刻以静荷载的方式作用这些惯性力将产生式(2-45)所示的位移。因此，正确的振动形状是正比于静荷载 $\rho A(x)\psi(x)$ 所引起的挠曲线。这一概念对于推测精确的振型形式并无用处，因为惯性力中包含有这个未知的形状函数。然而，若以静荷载 $p(x)=\rho A(x)\overline{\psi}(x)$ 引起的挠曲线作为一个近似的形状函数将具有极高的精度，其中 $\overline{\psi}(x)$为精确振型的任何合理近似。

一般来说，选择形状函数的方法需要很大的计算工作量。但根据选定的一组静荷载引起的变形来确定形状函数，可以用较少的工作量而获得精度较高的结果。这种静荷载的一种普遍选择是以适当的方向作用结构重量，即 $p(x)=\rho A(x)g$，此时 $\overline{\psi}(x)=g$，如图 2-9(a)所示；另外一种选择是包含一些如图 2-9(b)所示的集中力。

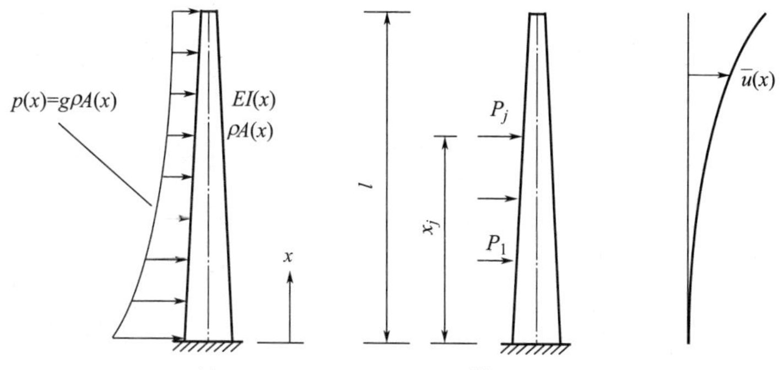

图 2-9 根据静荷载引起的挠度确定形状函数

如果形状函数是由选定的一组静荷载引起的挠度确定的，那么位移和力的边界条件是自动满足的。此外，这种选择形状函数的另一个好处是，系统的应变能可以直接由静荷载在所产生的挠度上做功来计算。因此，最大的应变能可以简单地通过静荷载做功来得到。

当采用分布的静荷载时，即 $p(x)=\rho A(x)g$，系统的最大应变能为：

$$V_{\max}=\frac{1}{2}\int_0^l p(x)\overline{u}(x)\mathrm{d}x=\frac{1}{2}gz_0\int_0^l \rho A(x)\psi(x)\mathrm{d}x \tag{2-51a}$$

其中，$\psi(x)=\overline{u}(x)/z_0$ 为根据静荷载得到的形状函数。

当采用集中的静荷载时，即 $p(x)=P_j\delta(x-x_j)$，系统的最大应变能应为：

$$V_{\max}=\frac{1}{2}\sum_j P_j\overline{u}(x_j) \tag{2-51b}$$

而动能的最大值仍由式(2-49)给出，这样就得到系统振动频率的平方为：

$$\omega^2=g\frac{\int_0^l \rho A(x)\overline{u}(x)\mathrm{d}x}{\int_0^l \rho A(x)[\overline{u}(x)]^2\mathrm{d}x}=\frac{g}{z_0}\frac{\int_0^l \rho A(x)\psi(x)\mathrm{d}x}{\int_0^l \rho A(x)[\psi(x)]^2\mathrm{d}x} \tag{2-52a}$$

或

$$\omega^2=\frac{\sum_j P_j\overline{u}(x_j)}{\int_0^l \rho A(x)[\overline{u}(x)]^2\mathrm{d}x}=\frac{1}{z_0}\frac{\sum_j P_j\psi(x_j)}{\int_0^l \rho A(x)[\psi(x)]^2\mathrm{d}x} \tag{2-52b}$$

对于非等截面悬臂梁，选择由一组静荷载引起的挠曲线作为形状函数可能是很烦琐的事情。一个实用的方法是，用具有相同长度的等截面悬臂梁的静挠曲线作为非等截面悬臂梁的形状函数。此外，读者必须注意，为了获得非常精确的固有振动频率，应避免做复杂的确定挠曲线形状的工作。Rayleigh 法的主要优点是提供既简单又可靠的近似振动频率。满足位移边界和力边界条件的任何合理的假设形状函数，都可获得有用的结果。

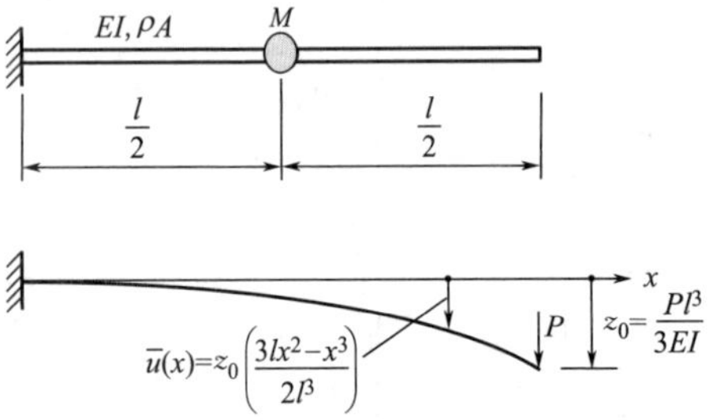

图 2-10　悬臂梁振动频率的 Rayleigh 法

【例 2-5】 如图 2-10 所示的等截面均质悬臂梁，在其跨中承受一集中质量 M。若在悬臂梁的自由端作用一荷载 P，并选择这个荷载所产生的挠曲线作为振动形状函数，而此挠曲线为：

$$\overline{u}(x)=\frac{Pl^3}{3EI}\left(\frac{3x^2}{2l^2}-\frac{x^3}{2l^3}\right)\equiv z_0\psi(x)$$

其中 $z_0=\dfrac{Pl^3}{3EI}$，$\psi(x)=\dfrac{3x^2}{2l^2}-\dfrac{x^3}{2l^3}$。试求其振动频率。

【解】 可求得此时梁的最大势能为：

$$V_{\max}=\frac{1}{2}Pz_0=\frac{1}{2}\frac{3EI}{l^3}z_0^2 \tag{a}$$

其中，z_0 为荷载 P 作用处的挠度。

悬臂梁的最大动能可以分成两部分：一部分为梁的动能，另一部分为所支承重量的动能。梁的最大动能：

$$T_{\max}^{B}=\frac{\omega^2}{2}\int_0^l\rho A\overline{u}^2\mathrm{d}x=\frac{\rho A}{2}\omega^2z_0^2\int_0^l[\psi(x)]^2\mathrm{d}x=\frac{33}{140}\frac{\rho Al}{2}\omega^2z_0^2 \tag{b}$$

集中质量 M 的最大动能：

$$T_{\max}^{M}=\frac{M}{2}\omega^2\left[\overline{u}\left(x=\frac{l}{2}\right)\right]^2=\frac{M}{2}\omega^2\left(\frac{5}{16}z_0\right)^2=\frac{25}{256}\frac{M}{2}\omega^2z_0^2 \tag{c}$$

因此，系统总动能的最大值为：

$$T_{\max}=\left(\frac{33}{140}+\frac{25}{256}\frac{M}{\rho Al}\right)\frac{\rho Al}{2}\omega^2z_0^2 \tag{d}$$

根据系统的最大动能等于最大势能，得到振动频率为：

$$\omega^2=\frac{3}{\left(\dfrac{33}{140}+\dfrac{25}{256}\dfrac{M}{\rho Al}\right)}\frac{EI}{\rho Al^4} \tag{e}$$

§2.5 利用试验确定单自由度系统的阻尼比

一般来说，结构系统的质量和刚度可以容易地用简单的物理方法来确定，但结构系统的真实阻尼特性是很复杂和难于确定的。因而，通常采用自由振动条件下具有相同衰减率的等效黏滞阻尼比 ξ 来表示实际结构的阻尼。为此，考虑一个低阻尼单自由度系统在初始位移为 $u(0)=u_0$、初始速度 $\dot{u}(0)=0$ 开始的运动，位移的反应规律如图 2-11 所示。其中，极值点为 $t=0$，π/ω_D，$2\pi/\omega_D$，$3\pi/\omega_D$，…，这些极值点可以通过在式(2-27)中对时间 t 求导并令其等于零得到。

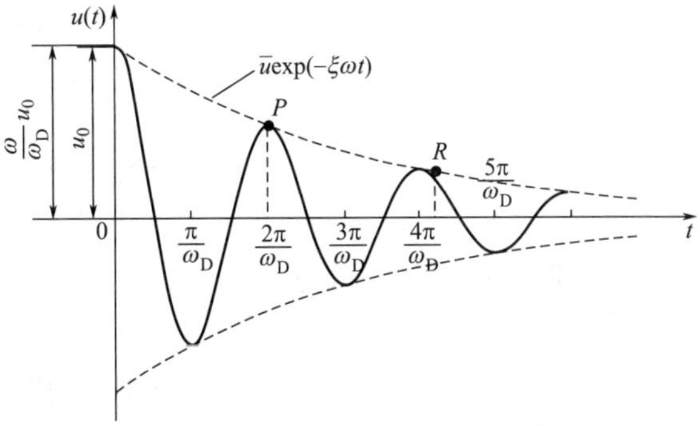

图 2-11 低阻尼系统的自由振动反应

利用低阻尼单自由度系统自由振动的衰减记录，确定黏滞阻尼比 ξ 的两种方法是**对数衰减率法**和**半幅值法**。这两种方法都是根据式(2-27)或式(2-28)推导的。

根据式(2-28)可知，任意时刻 t 的位移 $u(t)$ 与时刻 $(t+T_D)$ 的位移 $u(t+T_D)$ 之比与 t 无关，其中 $T_D=2\pi/\omega_D$，这个比值为：

$$\frac{u(t)}{u(t+T_D)}=\exp(\xi\omega T_D)=\exp\left(\frac{2\pi\xi}{\sqrt{1-\xi^2}}\right) \tag{2-53}$$

现在，考察任意两个分别在 nT_D 和 $(n+1)T_D$ 时刻出现的相邻正峰值 u_n 和 u_{n+1}，其中 n 为正整数，它们的比值为：

$$\frac{u_n}{u_{n+1}}=\exp\left(\frac{2\pi\xi}{\sqrt{1-\xi^2}}\right) \tag{2-54}$$

在式(2-54)两边取自然对数，得到**对数衰减率** δ 为：

$$\delta=\ln\frac{u_n}{u_{n+1}}=\frac{2\pi\xi}{\sqrt{1-\xi^2}} \tag{2-55}$$

对于绝大多数实际结构，这里假定阻尼比 $\xi<0.2$，则对数衰减率可近似为：

$$\delta\approx 2\pi\xi \tag{2-56}$$

这样，黏滞阻尼比 ξ 可表示为：

$$\xi\approx\frac{1}{2\pi}\ln\left(\frac{u_n}{u_{n+1}}\right) \tag{2-57}$$

如果运动衰减是缓慢的，则需要以相距若干阻尼周期的两个峰值之比取代相邻两个峰值之比。经 m 个阻尼周期后，振动的峰值从 u_n 减小到 u_{n+m}，这个比值为：

$$\frac{u_n}{u_{n+m}}=\frac{u_n}{u_{n+1}}\frac{u_{n+1}}{u_{n+2}}\frac{u_{n+2}}{u_{n+3}}\cdots\frac{u_{n+m-1}}{u_{n+m}}=\exp(m\delta) \tag{2-58}$$

因此，对于阻尼比 $\xi<0.2$，由式(2-58)得到：

$$\delta=\frac{1}{m}\ln\left(\frac{u_n}{u_{n+m}}\right)\approx 2\pi\xi \tag{2-59}$$

于是，黏滞阻尼比 ξ 可表示为：

$$\xi\approx\frac{1}{2\pi m}\ln\left(\frac{u_n}{u_{n+m}}\right) \tag{2-60}$$

与对数衰减率法不同的是，半幅值法是根据反应的包络曲线来确定：

$$\hat{u}(t)=\bar{u}\exp(-\xi\omega t) \tag{2-61}$$

在包络线上的 P 点和 R 点，它们之间满足：

$$\hat{u}_R=\frac{\hat{u}_P}{2} \tag{2-62}$$

这两点的时间间隔为 N 个阻尼周期(即 NT_{D})，这里 N 不需要是正整数，则有：

$$\frac{\hat{u}_P}{\hat{u}_R}=\exp(\xi\omega NT_{\mathrm{D}})=2 \tag{2-63}$$

将 $T_{\mathrm{D}}=2\pi/\omega_{\mathrm{D}}$ 代入式(2-63)中，并考虑 $\omega_{\mathrm{D}}=\omega\sqrt{1-\xi^2}$，得到：

$$\frac{2\pi N\xi}{\sqrt{1-\xi^2}}=\ln 2 \tag{2-64}$$

显然，当阻尼比很小时，这里假定 $\xi<0.1$，式(2-64)可简化为：

$$2\pi N\xi=\ln 2\quad 或\quad \xi=\frac{\ln 2}{2\pi N}\approx\frac{0.11}{N} \tag{2-65}$$

式(2-65)提供了一个简单而实用的方法来估计低阻尼($\xi<0.1$，即 $N>1$)系统中的阻尼比值。

【例 2-6】 如图 2-12 所示的一个单层建筑结构的理想化模型，其刚性梁支承在无重量的柱上。为了计算此结构的动力特性，对系统进行自由振动试验。试验中用液压千斤顶在系统的顶部使其产生侧向位移，然后突然释放使结构产生自由振动。在千斤顶工作时测量到，为了使刚性梁产生 0.508 cm 位移需要施加力 88.96 kN。在产生初位移后突然释放，往返摆动后的第一个最大位移为 0.406 cm，而记录到此位移的时间为 1.4 s。试确定结构系统的动力特性。

【解】 此建筑结构的抗侧刚度 k 为：

$$k=\frac{88.96}{0.508}=175.12\ \text{kN/cm} \tag{a}$$

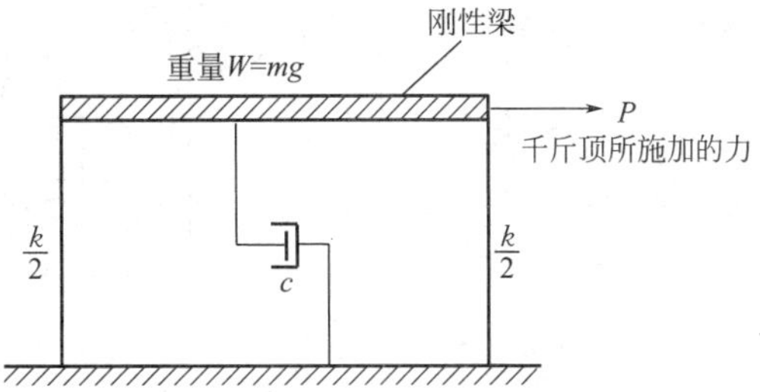

图 2-12 简单结构的振动试验

有阻尼的自振圆频率 ω_D 为：

$$\omega_D=\frac{2\pi}{T_D}=\frac{2\pi}{1.4}=4.49\ \text{rad/s} \tag{b}$$

对数衰减率 δ 为：

$$\delta=\ln\frac{0.508}{0.406}=0.224 \tag{c}$$

根据式(2-55)可知，黏滞阻尼比 ξ 为：

$$\xi=3.56\% \tag{d}$$

因此，无阻尼的自振圆频率 ω 为：

$$\omega=\frac{\omega_D}{\sqrt{1-\xi^2}}\approx\omega_D=4.49\ \text{rad/s} \tag{e}$$

刚性梁的重量 W 为：

$$W=mg=\frac{k}{\omega^2}g=\frac{175.12\times10^2}{4.49^2}\times9.807=8518.8\ \text{kN} \tag{f}$$

黏滞阻尼系数 c 为：

$$c=\xi c_{cr}=2\xi m\omega=2\times0.0356\times\frac{8518.8}{9.807}\times4.49=277.7\ \text{kN}\cdot\text{s/m} \tag{g}$$

习　题

2-1 质量为 m_1 的块体悬挂于刚度系数为 k 的弹簧上，并处于静止状态。另一质量为 m_2 的块体从高度为 h 处自由下落并粘在块体 m_1 上，并无回弹，如图 2-13 所示。试确定从块体 m_1 和弹簧 k 的静平衡位置开始测量后续的运动规律 $u(t)$。

2-2 如图 2-14 所示仪器的包装，其中质量为 m 的仪器由总刚度为 k 的弹簧约束在箱子内。箱子意外地从离地面 h 高处自由落下，假设接触地面时没有弹跳。试确定箱子内仪器的最大位移和最大加速度。

2-3 试求图 2-15 所示系统的固有频率，其中悬臂梁 AB 与 CD 的长度均为 l，弯曲刚度分别为 EI_1 和 EI_2，两悬臂梁的质量忽略不计。

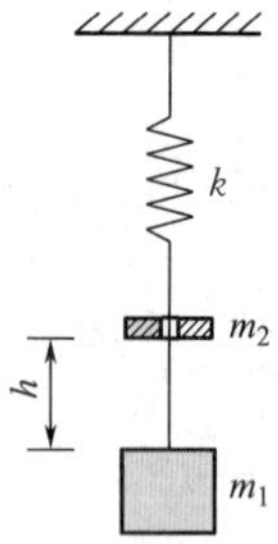

图 2-13

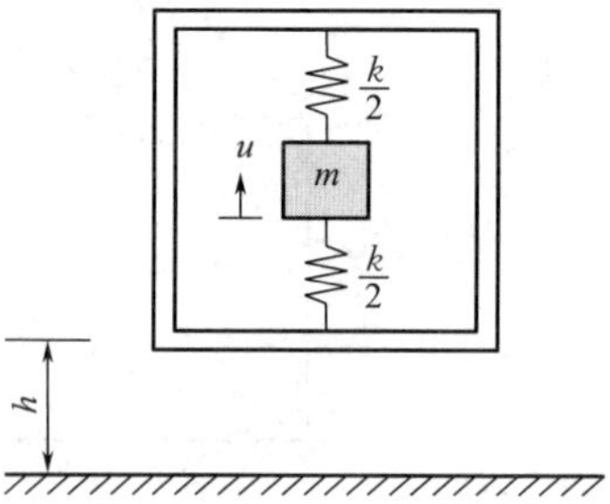

图 2-14

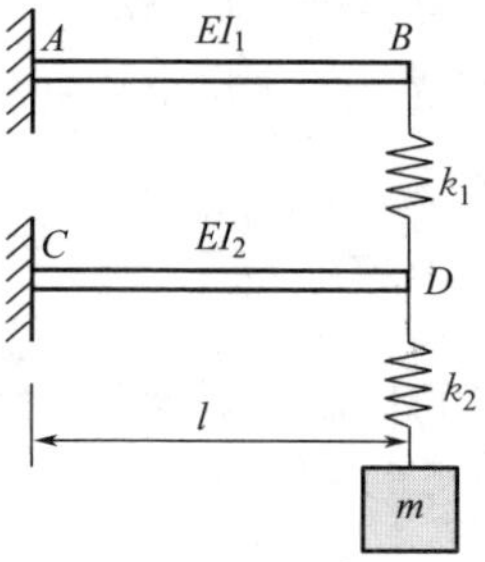

图 2-15

2-4　一质量 m 连接在一根刚性杆上，刚性杆的质量忽略不计，如图 2-16 所示。试求下列情况下质量 m 在铅直平面内上下振动的固有频率：

（1）在振动过程中，刚性杆受到约束始终保持水平位置。

（2）刚性杆可以在铅直平面内微幅转动。

（3）比较(1)和(2)两种情况中哪一种的固有频率较高，并说明理由。

2-5　常用摆的试验来测定质量的惯性特性。如图 2-17 所示一重量为 W 的均质等直杆，长度为 $2a$，用两根相同的无质量铅垂线悬挂着，铅垂线的长度为 l。试建立杆绕通过重心的铅垂轴作微摆时的运动方程，并求出振动的固有周期。

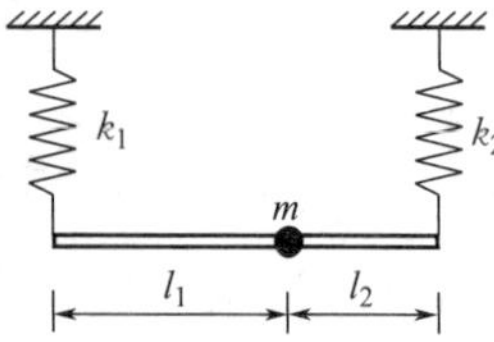

图 2-16

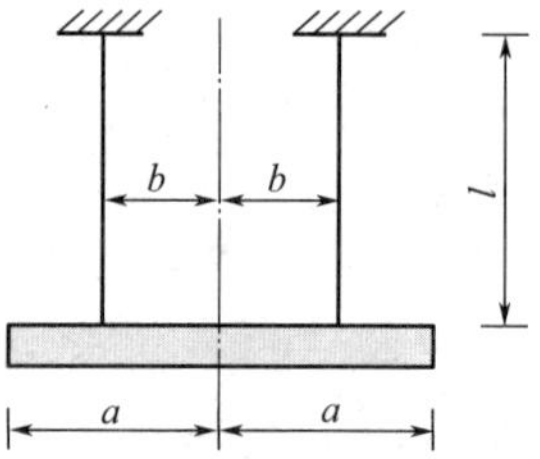

图 2-17

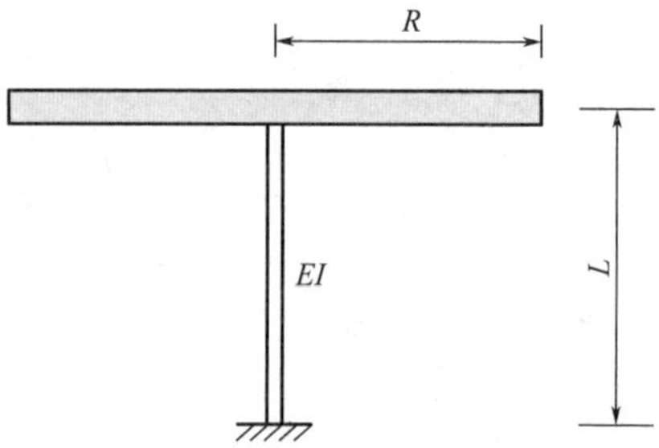

图 2-18

2-6　如图 2-18 所示的伞形结构，它由一根弯曲刚度为 EI 的等截面柱支撑一个半径为 R、总质量为 m 的均质板组成。忽略柱的质量和柱子刚度的轴力效应，且假设板弯曲是刚性的、柱轴向是刚性的。试用 Rayleigh 法确定结构的固有频率。

2-7　库仑曾用如下方法测量液体的黏性阻尼系数 c。在弹簧下端悬挂一均质薄板，先测量出薄板在空气中振动的周期 T_1，其中空气对薄板的阻尼忽略不计。然后再测量出薄板在黏性阻尼系数待测液体中的振动周期 T_2，如图 2-19 所示，薄板在液体中振动时始终没有露出液面。假设液体对薄板的阻尼力等于 $2Acv$，其中 $2A$ 为薄板的表面面积，v 为薄板的速度。薄板的重量为 W，试由所测量的 T_1 和 T_2 导出黏性阻尼系数 c 的表达式。

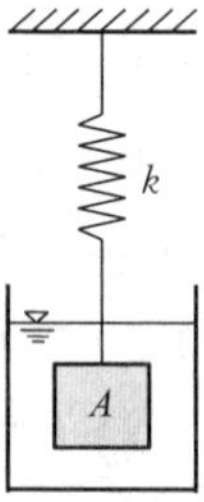

图 2-19

第3章　单自由度系统的强迫振动反应分析

本章讨论单自由度系统在外部激励下的反应，即强迫振动。在本章中，激励按时间变化的规律分为四类：简谐激励、周期激励、冲击激励以及一般动力激励。其中，单自由度系统对简谐激励的反应是结构动力学的一个经典课题，这不仅因为简谐激励在工程中经常遇到，而且因为理解结构在简谐激励下的反应可提供对结构系统在其他类型激励下反应的洞察力。此外，在多自由度系统以及连续系统中也有着与简谐激励十分类似的现象。单自由度系统对周期激励反应的分析方法，是通过激励的 Fourier 级数表示并结合对简谐激励的反应结果来实现的。冲击激励在本质上是由单脉冲组成的一类重要激励，单自由度系统对冲击激励反应的最大值是脉冲持续时间与固有振动周期之比的函数，即所谓的冲击谱(反应谱)。对于承受一般动力激励的单自由度系统，其动力反应的解析表达式可通过广泛使用的 Duhamel 积分法(时域解)和 Fourier 积分法(频率解)来完成。

§3.1　简谐激励的反应分析

3.1.1　无阻尼系统简谐激励的反应

无阻尼单自由度系统受到幅值为 P_0、圆频率为 $\bar{\omega}$ 的简谐激励，即 $P(t)=P_0\sin\bar{\omega}t$ 或 $P_0\cos\bar{\omega}t$。由于正弦简谐激励与余弦简谐激励这两种情况所涉及的概念类似，在以下的讨论中主要以正弦简谐激励为例。

无阻尼单自由度系统在正弦简谐激励下的运动方程为：

$$m\ddot{u}(t)+ku(t)=P_0\sin\bar{\omega}t \tag{3-1}$$

其初始条件为：

$$u(0)=u_0,\ \dot{u}(0)=\dot{u}_0 \tag{3-2}$$

方程(3-1)的通解可由对应齐次方程的通解 $u_c(t)$ 与特解 $u_P(t)$ 组合而成。其中，对应的齐次方程的通解 $u_c(t)$ 为：

$$u_c(t)=A\cos\omega t+B\sin\omega t \tag{3-3}$$

其中，固有圆频率 $\omega=\sqrt{k/m}$。

而特解 $u_P(t)$ 与正弦简谐激励有关，根据常微分方程理论，应分 $\bar{\omega}\neq\omega$ 和 $\bar{\omega}=\omega$ 这两种情况进行讨论。

第一种情况：当激励频率 $\bar{\omega}\neq\omega$ 时，方程(3-1)的特解可设为：

$$u_{\mathrm{P}}(t)=C\sin\bar{\omega}t \tag{3-4}$$

将式(3-4)代入式(3-1)中，即可得到：

$$C=\frac{P_0}{k}\frac{1}{1-(\bar{\omega}/\omega)^2}=\frac{P_0}{k}\frac{1}{1-\beta^2} \tag{3-5}$$

其中，β 为激励频率与固有振动频率之比，即

$$\beta=\frac{\bar{\omega}}{\omega} \tag{3-6}$$

于是，方程(3-1)的特解为：

$$u_{\mathrm{P}}(t)=\frac{P_0}{k}\frac{1}{1-\beta^2}\sin\bar{\omega}t \tag{3-7}$$

将式(3-3)与式(3-7)组合，即为方程(3-1)的通解：

$$u(t)=u_{\mathrm{c}}(t)+u_{\mathrm{P}}(t)=A\cos\omega t+B\sin\omega t+\frac{P_0}{k}\frac{1}{1-\beta^2}\sin\bar{\omega}t \tag{3-8}$$

式中，A、B 的值由初始条件式(3-2)来确定。将式(3-8)代入式(3-2)中，得到：

$$A=u_0,\quad B=\frac{\dot{u}_0}{\omega}-\frac{P_0}{k}\frac{\beta}{1-\beta^2} \tag{3-9}$$

这样，无阻尼单自由度系统的简谐激励反应为：

$$u(t)=\underbrace{u_0\cos\omega t+\left(\frac{\dot{u}_0}{\omega}-\frac{P_0}{k}\frac{\beta}{1-\beta^2}\right)\sin\omega t}_{①}+\underbrace{\frac{P_0}{k}\frac{1}{1-\beta^2}\sin\bar{\omega}t}_{②} \tag{3-10}$$

式(3-10)中包含了两个不同的反应分量：①$\cos\omega t$ 和 $\sin\omega t$ 项，以系统固有频率的振动，称为**瞬态反应**，它是受到初始条件控制且按固有频率振动的反应分量。在实际结构中，由于阻尼的存在，使得自由振动随时间衰减而最终消失，鉴于此，该反应分量被称为瞬态反应；②$\sin\bar{\omega}t$ 项，以激励频率或强迫频率的振动，称为**稳态反应**。

对于由静止开始运动的系统，即 $u_0=\dot{u}_0=0$，其瞬态反应也是存在的，在这种情况下，式(3-10)变为：

$$u(t)=\frac{P_0}{k}\frac{1}{1-\beta^2}(\sin\bar{\omega}t-\beta\sin\omega t) \tag{3-11}$$

位移反应比 $R(t)$——动位移反应与激励幅值 P_0 静止作用时引起位移的比值，是动力激励影响的一个简便度量。对于无阻尼单自由度系统简谐激励的稳态反应，其位移反应比为：

$$R(t)=\frac{u_{\mathrm{P}}(t)}{u_{\mathrm{st}}}=\frac{1}{1-\beta^2}\sin\bar{\omega}t \tag{3-12}$$

其中，u_{st} 是将激励幅值 P_0 静止作用在系统上所引起的位移(静位移)，即 $u_{\mathrm{st}}=\frac{P_0}{k}$。而将稳态位移反应比的幅值：

$$D_{\mathrm{P}}=\frac{1}{|1-\beta^2|} \tag{3-13}$$

称为**稳态放大系数**。

第二种情况：当激励频率 $\bar{\omega}=\omega$ 时，方程(3-1)的特解应设为：

$$u_{\mathrm{P}}(t)=Ct\cos\bar{\omega}t=Ct\cos\omega t \tag{3-14}$$

将式(3-14)代入式(3-1)中，得到：

$$C=-\frac{P_0}{2k}\omega=-\frac{P_0}{2k}\bar{\omega} \tag{3-15}$$

于是，特解变为：

$$u_{\mathrm{P}}(t)=-\frac{P_0}{2k}\omega t\cos\omega t \tag{3-16}$$

由此，得到方程(3-1)的通解为：

$$u(t)=A\cos\omega t+B\sin\omega t-\frac{P_0}{2k}\omega t\cos\omega t \tag{3-17}$$

其中 A、B 由初始条件式(3-2)来确定，即：

$$A=u_0,\ B=\frac{\dot{u}_0}{\omega}+\frac{P_0}{2k} \tag{3-18}$$

因此，在简谐激励圆频率等于系统固有圆频率，即 $\bar{\omega}=\omega$ 时，无阻尼单自由度系统的简谐激励反应为：

$$u(t)=u_0\cos\omega t+\left(\frac{\dot{u}_0}{\omega}+\frac{P_0}{2k}\right)\sin\omega t-\frac{P_0}{2k}\omega t\cos\omega t \tag{3-19}$$

顺便指出，式(3-19)也可以直接由 $\bar{\omega}\neq\omega$ 时的位移反应式(3-10)取极限得到：

$$\begin{aligned}\lim_{\beta\to1}u(t)&=u_0\cos\omega t+\frac{\dot{u}_0}{\omega}\sin\omega t+\frac{P_0}{k}\lim_{\beta\to1}\left(\frac{\sin\bar{\omega}t-\beta\sin\omega t}{1-\beta^2}\right)\\&=u_0\cos\omega t+\frac{\dot{u}_0}{\omega}\sin\omega t+\frac{P_0}{k}\lim_{\beta\to1}\left(\frac{\sin\beta\omega t-\beta\sin\omega t}{1-\beta^2}\right)\\&=u_0\cos\omega t+\left(\frac{\dot{u}_0}{\omega}+\frac{P_0}{2k}\right)\sin\omega t-\frac{P_0}{2k}\omega t\cos\omega t\end{aligned}$$

在静止的初始条件下，即 $u_0=\dot{u}_0=0$，式(3-19)变为：

$$u(t)=\frac{P_0}{2k}(\sin\omega t-\omega t\cos\omega t) \tag{3-20}$$

于是，总反应的位移反应比为：

$$R(t)=\frac{1}{2}(\sin\omega t-\omega t\cos\omega t) \tag{3-21}$$

图 3-1 给出了初始条件 $u_0=\dot{u}_0=0$ 时，无阻尼单自由度系统对频率为 $\overline{\omega}=\omega$ 时的正弦简谐激励的位移反应比，其中激励周期 $T=1.0$ s。

从图 3-1 中可知，当 $\overline{\omega}=\omega$ 时，无阻尼单自由度系统的简谐激励反应的幅值随时间不断增大，当时间趋于无穷时，其幅值也将趋于无穷大。每增加一个周期 T 的时间，幅值增加$\frac{P_0}{k}\pi$。这种简谐激励的圆频率与系统的固有圆频率相等时，系统反应的幅值变得无限大的现象，称为**共振**。

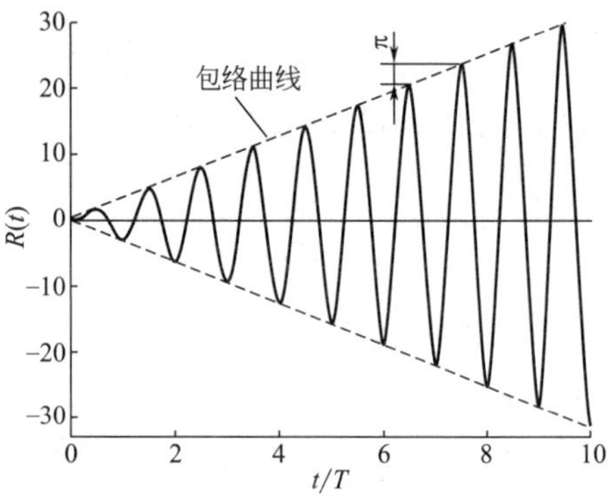

图 3-1 无阻尼单自由度系统在频率 $\overline{\omega}=\omega$ 时正弦简谐激励的位移反应比

对于实际结构，反应的幅值不可能无限地增大。如果结构是脆性的，则随着变形持续增大，在某一时刻结构会失效；如果结构是延性的，则结构会屈服，它的刚度会降低，从而使得系统的固有圆频率不再等于激励频率，式(3-20)将不再适用。

【例 3-1】 一个简单的质量-弹簧系统，弹簧刚度系数 $k=40$ kN/m，质量为 $m=100$ kg。假设系统受到余弦简谐激励 $P(t)=10\cos10t$ kN 作用由静止开始运动，试确定激励反应并绘出相应的运动曲线。

【解】 根据题意，系统受到的激励幅值为 $P_0=10$ kN；无阻尼的固有圆频率 $\omega=\sqrt{k/m}=20$ rad/s，激励频率 $\overline{\omega}=10$ rad/s，频率比 $\beta=\overline{\omega}/\omega=0.5$。

与式(3-8)相类似，无阻尼单自由度系统的余弦简谐激励反应为：

$$u(t)=u_c(t)+u_P(t)=A\cos\omega t+B\sin\omega t+\frac{P_0}{k}\frac{1}{1-\beta^2}\cos\overline{\omega}t \tag{a}$$

其中 A、B 由初始条件来确定。根据静止的初始条件，得到：

$$A=-\frac{P_0}{k}\frac{1}{1-\beta^2}=-0.333\ \text{m}，B=0 \tag{b}$$

于是，余弦简谐激励的反应为：

$$u(t)=0.333\times(\cos 10t-\cos 20t)\ \mathrm{m} \tag{c}$$

图 3-2 画出无阻尼单自由度系统的余弦简谐激励反应的时程曲线。

从图 3-2 中，可以看出简谐激励反应的一些特性：

(1) 稳态反应分量 $u_P(t)$ 与瞬态反应分量 $u_c(t)$ 的相位时而相同，时而具有相反的相位，故时而相互增强，时而相互抵消，这使得总反应 $u(t)$ 出现“拍”的效应。所以，总反应不是简单的简谐振动；

(2) 总反应 $u(t)$ 在 $t=0$ 时刻的斜率为 0，表示稳态反应的初速度刚好与瞬态反应的初速度相互抵消，满足初始速度 $\dot{u}(0)=0$ 的条件。

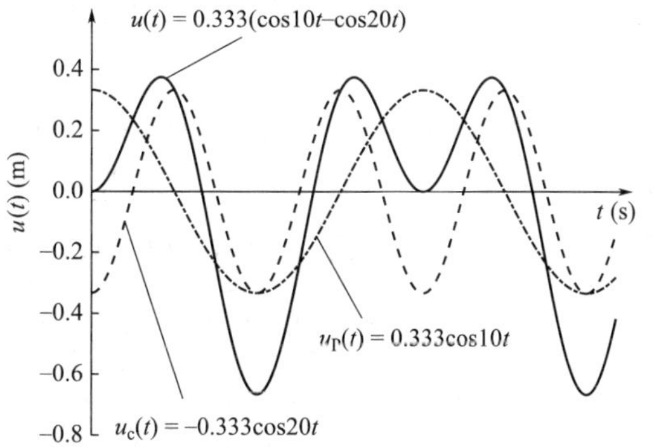

图 3-2　无阻尼单自由度系统的余弦简谐激励反应

3.1.2　黏滞阻尼单自由度系统简谐激励的反应

1. 稳态反应

对于具有黏滞阻尼单自由度系统受到正弦简谐激励的运动方程可写为：

$$\ddot{u}(t)+2\xi\omega\dot{u}(t)+\omega^2u(t)=\frac{P_0}{m}\sin\bar{\omega}t \tag{3-22}$$

在第 2 章中，给出了黏滞阻尼单自由度系统的自由振动反应，对于低阻尼系统，式(2-26)即为方程(3-22)对应齐次方程的通解：

$$u_c(t)=(A\cos\omega_D t+B\sin\omega_D t)\exp(-\xi\omega t) \tag{3-23}$$

而方程(3-22)的特解可设为：

$$u_P(t)=C\cos\bar{\omega}t+D\sin\bar{\omega}t \tag{3-24}$$

因为阻尼系统的反应一般与激励并不同相位，因此，式(3-24)中包含正弦和余弦两项。

将式(3-24)代入式(3-22)中，并把 $\cos\bar{\omega}t$ 和 $\sin\bar{\omega}t$ 因子分开，则得到：

$$(-\bar{\omega}^2C+2\xi\omega\bar{\omega}D+\omega^2C)\cos\bar{\omega}t+\left(-\bar{\omega}^2D-2\xi\omega\bar{\omega}C+\omega^2D-\frac{P_0}{m}\right)\sin\bar{\omega}t=0 \tag{3-25}$$

对于任意时刻 t，方程(3-25)均成立，因此有：

$$\left.\begin{aligned}(1-\beta^2)C+2\xi\beta D&=0\\(1-\beta^2)D-2\xi\beta C&=\frac{P_0}{k}\end{aligned}\right\} \tag{3-26}$$

其中，频率比 $\beta=\bar{\omega}/\omega$，即式(3-6)。由式(3-26)求解，可得：

$$\left.\begin{aligned} C&=\frac{P_0}{k}\frac{-2\xi\beta}{(1-\beta^2)^2+(2\xi\beta)^2} \\ D&=\frac{P_0}{k}\frac{1-\beta^2}{(1-\beta^2)^2+(2\xi\beta)^2} \end{aligned}\right\} \tag{3-27}$$

将式(3-27)代入式(3-24)，并结合式(3-23)，得到黏滞阻尼单自由度系统正弦简谐激励的反应：

$$\begin{aligned} u(t)&=u_c(t)+u_P(t)=(A\cos\omega_D t+B\sin\omega_D t)\exp(-\xi\omega t) \\ &\quad+\frac{P_0}{k}\frac{1}{(1-\beta^2)^2+(2\xi\beta)^2}[-2\xi\beta\cos\bar{\omega}t+(1-\beta^2)\sin\bar{\omega}t] \end{aligned} \tag{3-28}$$

式中，常数 A、B 由初始条件来确定。其中，第一项表示以 $\exp(-\xi\omega t)$ 衰减的瞬态反应；第二项为无限持续的稳态反应。由于瞬态反应衰减很快，通常其意义不大，因此在简谐激励反应中更关注的是稳态反应。

黏滞阻尼单自由度系统简谐激励的稳态反应 $u_P(t)$ 为.

$$u_P(t)=\frac{P_0}{k}\frac{1}{(1-\beta^2)^2+(2\xi\beta)^2}[-2\xi\beta\cos\bar{\omega}t+(1-\beta^2)\sin\bar{\omega}t] \tag{3-29}$$

或写为

$$u_P(t)=\bar{u}_P\sin(\bar{\omega}t-\theta) \tag{3-30}$$

其中，振幅 $\bar{u}_P$ 为

$$\bar{u}_P=\frac{P_0}{k}\frac{1}{\sqrt{(1-\beta^2)^2+(2\xi\beta)^2}} \tag{3-31}$$

反应滞后于激励的相位角 θ 为

$$\theta=\arctan\frac{2\xi\beta}{1-\beta^2},\ 0<\theta<180^\circ \tag{3-32}$$

黏滞阻尼单自由度系统简谐激励的稳态放大系数 D_P 为：

$$D_P=\frac{\bar{u}_P}{P_0/k}=\frac{1}{\sqrt{(1-\beta^2)^2+(2\xi\beta)^2}} \tag{3-33}$$

由此可见，相位角 θ 与稳态放大系数 D_P 均与频率比 β 及阻尼比 ξ 有关。图 3-3 和图 3-4 分别给出了不同阻尼比 ξ 时的 θ 与 β、D_P 与 β 的关系曲线。

从图 3-3 和图 3-4 可知，在频率比 β 的三个不同区域，相位角 θ 和稳态放大系数 D_P 的性质如下：

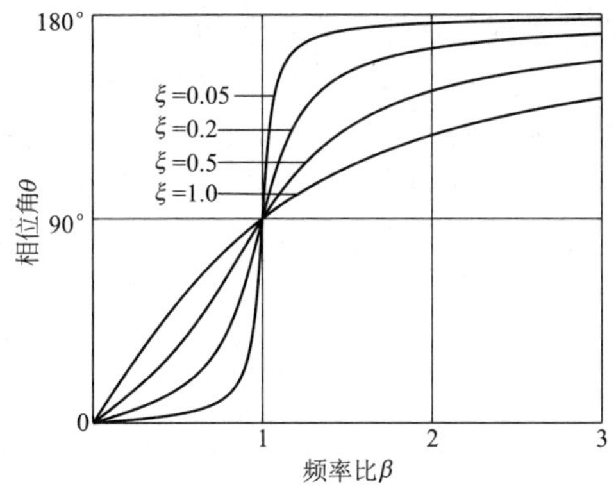

图 3-3 相位角随阻尼比和频率比的变化

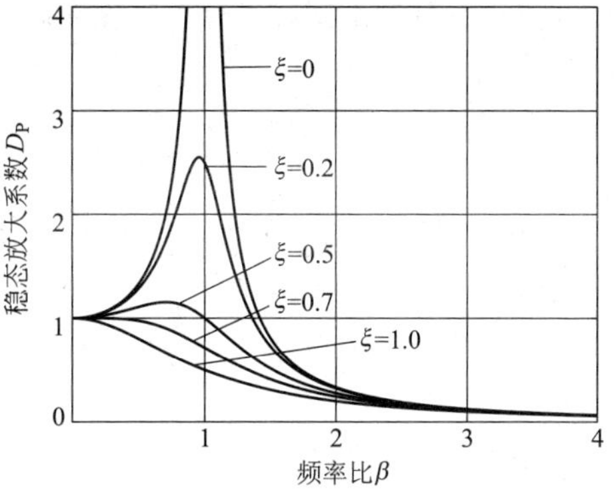

图 3-4 稳态放大系数随阻尼比和频率比的变化

(1) 若 $\beta \ll 1$(即激励变化缓慢)，则相位角 θ 接近于 0°，稳态反应的位移基本上与激励同相位；而稳态放大系数 D_P 接近于 1，基本上与阻尼比无关，由式(3-31)可知：

$$\overline{u}_P \approx u_{st} = \frac{P_0}{k} \tag{3-34}$$

这表明，稳态反应的幅值基本上与静位移相同，由系统的刚度控制。

(2) 若 $\beta \gg 1$(即激励变化很快)，则相位角 θ 接近于 180°，稳态反应的位移基本上与激励异相位；而稳态放大系数 D_P 随频率比 β 增大而趋于零，基本上不受阻尼影响。对 β 的较大值，β^4 项在稳态放大系数 D_P 中占主导，由式(3-31)可知：

$$\overline{u}_P \approx \frac{P_0}{k} \cdot \frac{1}{\beta^2} = \frac{P_0}{m\overline{\omega}^2} \tag{3-35}$$

这表明，稳态反应的幅值由系统的质量控制。

(3) 若 $\beta = 1$(即激励频率等于固有频率)，则相位角 $\theta = 90°$，表示激励通过零点时稳态反应的位移值达到峰值；而稳态放大系数 $D_P = \frac{1}{2\xi}$，由式(3-31)可知：

$$\overline{u}_P = \frac{P_0}{2\xi k} = \frac{P_0}{c\omega} \tag{3-36}$$

这表明，稳态反应的幅值由系统的阻尼控制。顺便指出，当 β 接近于 1 时，稳态放大系数 D_P 对阻尼比 ξ 非常敏感，对较小的阻尼比值，稳态放大系数可以是 1 的若干倍，这意味着动力反应的幅值比静位移大很多。

2. 共振反应($\overline{\omega} = \omega$)

从图 3-4 可以看出，对于低阻尼系统的共振现象，稳态反应幅值 $\overline{u}_P$ 的最大值出现在频率比 β 略小于 1 的位置。但由于实际结构一般阻尼比 $\xi < 0.2$，以频率比 β 等于 1(即 $\overline{\omega} = \omega$)作为共振条件所带来的误差很小(约为 2%)。因此，仍按 $\beta = 1$ 作为低阻尼系统的共振

条件。

当 $\beta=1$ 时，由式(3-28)得到黏滞阻尼单自由度系统正弦简谐激励的共振反应为：

$$u(t)=(A\cos\omega_{\mathrm{D}}t+B\sin\omega_{\mathrm{D}}t)\exp(-\xi\omega t)-\frac{P_0}{k}\frac{1}{2\xi}\cos\omega t \tag{3-37}$$

对于从静止开始运动的系统，即 $u(0)=\dot{u}(0)=0$ 时，则常数为：

$$A=\frac{P_0}{k}\frac{1}{2\xi},\ B=\frac{P_0}{k}\frac{\omega}{2\omega_{\mathrm{D}}}=\frac{P_0}{k}\frac{1}{2\sqrt{1-\xi^2}} \tag{3-38}$$

于是，式(3-37)可写为：

$$u(t)=\frac{P_0}{k}\frac{1}{2\xi}\left[\left(\cos\omega_{\mathrm{D}}t+\frac{\xi}{\sqrt{1-\xi^2}}\sin\omega_{\mathrm{D}}t\right)\exp(-\xi\omega t)-\cos\omega t\right] \tag{3-39}$$

对于一般的实际结构，阻尼比 $\xi<0.2$，式(3-39)中正弦项对反应幅值的影响很小，并且 $\omega_{\mathrm{D}}\approx\omega$，因此有：

$$R(t)=\frac{u(t)}{u_{\mathrm{st}}}\approx\frac{1}{2\xi}[\exp(-\xi\omega t)-1]\cos\omega t \tag{3-40}$$

图 3-5 给出了位移反应比[即式(3-40)]随时间 t 的变化关系，其中激励周期 T 取 1.0s。

在共振时，阻尼比对系统的稳态反应幅值以及达到稳态的速率有很大影响。图 3-6 给出了阻尼比 ξ 分别取 0.01、0.05 和 0.2 三个不同值时的位移反应比[即式(3-40)]的曲线关系。

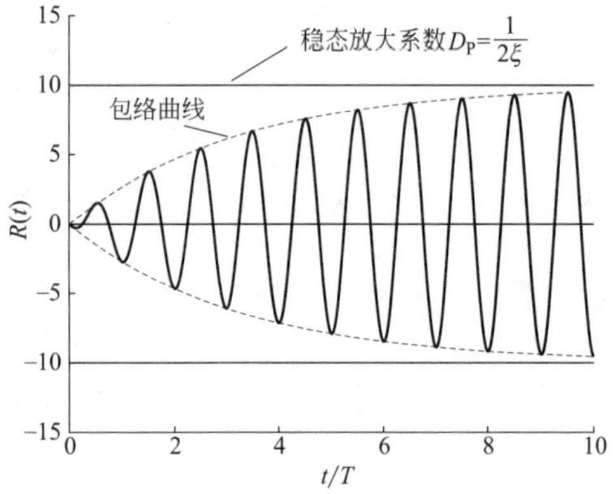

图 3-5　静止初始条件下共振的位移反应比($\xi=0.05$)

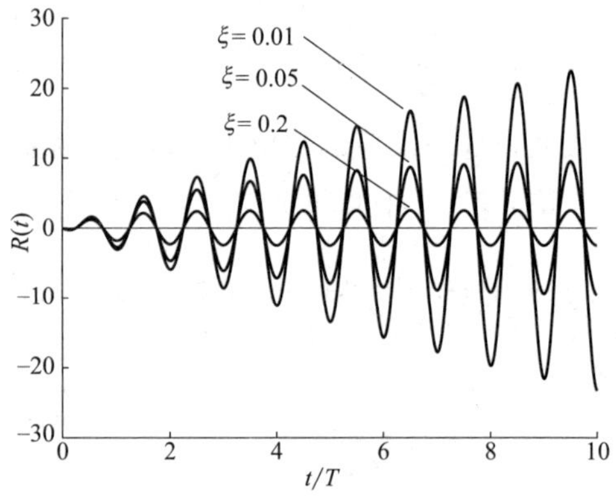

图 3-6　不同阻尼比的位移反应比($T=1.0$s)

从图 3-6 可知，位移反应比的幅值是逐渐增大的，并最终趋于稳态值。然而，在实际结构的阻尼范围内，随着阻尼比的增大，其趋于稳态值$\frac{1}{2\xi}$的速率增大，则需较少的周期数就可达到稳态。根据式(3-40)，若规定$\frac{1}{2\xi}[1-\exp(-\xi\omega t)]$增加到稳态值$\frac{1}{2\xi}$的 95%即认为达到稳态。这样，达到稳态值的 95%所需时间为：

$$t=\frac{\ln 20}{\xi\omega} \tag{3-41}$$

因此，当激励周期取 1.0s 时，对于阻尼比 ξ=0.01、0.02、0.05、0.1 及 0.2 的系统，达到其稳态值 95%所需的周期数分别为 48、24、10、5 和 2。

【例 3-2】 一种便携式的简谐激振器，可现场测量结构的动力特性。基本原理是用此激振器对结构施以两种不同频率的激励，并分别测量出每种情况下结构反应的幅值与相位，由此确定单自由度系统的质量 m、阻尼比 ξ 和刚度 k。假设在某一个单层建筑物上做这种测试，激振器工作频率分别为 $\overline{\omega}_1$ 和 $\overline{\omega}_2$，每种情况下的幅值均为 P_0，测出这两种简谐激励反应的幅值和相位分别为 $\overline{u}_1$、θ_1 和 $\overline{u}_2$、θ_2。假定激励频率低于结构固有频率，试利用这些数据计算结构的动力特性。

【解】 根据公式(3-31)及公式(3-32)，得到：

$$\overline{u}_{\mathrm{P}}=\frac{P_0}{k}\frac{1}{1-\beta^2}\frac{1}{\sqrt{1+\left(\frac{2\xi\beta}{1-\beta^2}\right)^2}}=\frac{P_0}{k}\frac{1}{1-\beta^2}\frac{1}{\sqrt{1+\tan^2\theta}}=\frac{P_0}{k}\frac{\cos\theta}{1-\beta^2} \tag{a}$$

将式(a)写为：

$$k(1-\beta^2)=\frac{P_0\cos\theta}{\overline{u}_{\mathrm{P}}} \tag{b}$$

由于 $\beta=\frac{\overline{\omega}}{\omega}$，$k=m\omega^2$，则有 $k(1-\beta^2)=k-\overline{\omega}^2m$。于是，得到：

$$k-\overline{\omega}^2m=\frac{P_0\cos\theta}{\overline{u}_{\mathrm{P}}} \tag{c}$$

将两种简谐激励的频率和振幅，以及测出反应的幅值和相位结果代入式(c)中，得到：

$$\left.\begin{aligned}k-\overline{\omega}_1^2m&=\frac{P_0\cos\theta_1}{\overline{u}_1}\\ k-\overline{\omega}_2^2m&=\frac{P_0\cos\theta_2}{\overline{u}_2}\end{aligned}\right\} \tag{d}$$

求解式(d)，即可得到结构的质量 m 和刚度 k。再由 $\omega=\sqrt{k/m}$，求出系统的固有圆频率。

为了确定阻尼比，将式(c)改写为：

$$\cos\theta=\frac{\overline{u}_{\mathrm{P}}(k-\overline{\omega}^2m)}{P_0} \tag{e}$$

考虑到式(3-32)，可得到：

$$\xi=\frac{(1-\beta^2)P_0\sin\theta}{2\beta\overline{u}_{\mathrm{P}}(k-\overline{\omega}^2m)}=\frac{P_0\sin\theta}{2\beta k\overline{u}_{\mathrm{P}}} \tag{f}$$

可通过第一组测试的数据(即 $\bar{\omega}_1$、P_0、$\bar{u}_1$、θ_1)来计算阻尼比 ξ。若用第二组测试的数据(即 $\bar{\omega}_2$、P_0、$\bar{u}_2$、θ_2)亦可得到十分接近的结果。

【例 3-3】 一个具有黏滞阻尼的单自由度系统受到余弦简谐激励 $P(t)=P_0\cos\bar{\omega}t$ 的作用。试采用力矢量多边形法则，推导黏滞阻尼单自由度系统简谐激励的稳态反应。

【解】 黏滞阻尼单自由度系统受到余弦简谐激励的运动方程为：

$$m\ddot{u}(t)+c\dot{u}(t)+ku(t)=P_0\cos\bar{\omega}t \tag{a}$$

由于阻尼的存在，稳态反应与激励将具有不同的相位，即：

$$u_{\mathrm{P}}(t)=\bar{u}_{\mathrm{P}}\cos(\bar{\omega}t-\theta) \tag{b}$$

其中，$\bar{u}_{\mathrm{P}}$ 为稳态反应的振幅，θ 为稳态反应对激励的相位。于是，稳态反应的速度和加速度分别为：

$$\left.\begin{aligned}\dot{u}_{\mathrm{P}}(t)&=-\bar{\omega}\bar{u}_{\mathrm{P}}\sin(\bar{\omega}t-\theta)\\ \ddot{u}_{\mathrm{P}}(t)&=-\bar{\omega}^2\bar{u}_{\mathrm{P}}\cos(\bar{\omega}t-\theta)\end{aligned}\right\} \tag{c}$$

图 3-7 给出了激励、位移、速度及加速度的转动矢量关系，它们在实轴上的投影即为 $P_0\cos\bar{\omega}t$ 以及在式(b)和式(c)中的位移、速度与加速度的表达式。

将式(b)及式(c)代入式(a)中，得到：

$$-m\bar{\omega}^2\bar{u}_{\mathrm{P}}\cos(\bar{\omega}t-\theta)-c\bar{\omega}\,\bar{u}_{\mathrm{P}}\sin(\bar{\omega}t-\theta)+k\bar{u}_{\mathrm{P}}\cos(\bar{\omega}t-\theta)=P_0\cos\bar{\omega}t \tag{d}$$

采用力矢量多边形法则来表示式(d)是方便的。下面，根据激励频率与固有频率之间的大小关系，可分如下的三种情况：

(1) 当 $\bar{\omega}<\omega$ 时，即 $m\bar{\omega}^2\bar{u}_{\mathrm{P}}<k\bar{u}_{\mathrm{P}}$，力矢量多边形如图 3-8 所示，其中虚线矢量在实轴上的投影对应于式(d)中的左边项，而实线矢量在实轴上的投影即为式(d)中的右边项。从图 3-8 中，容易得到：

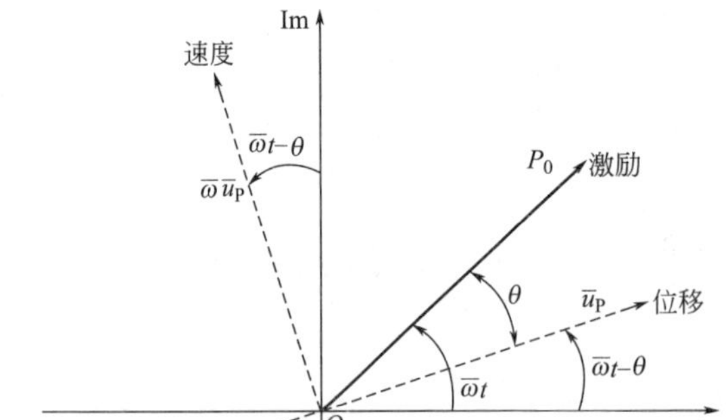

图 3-7　转动矢量表示的激励、位移、速度和加速度

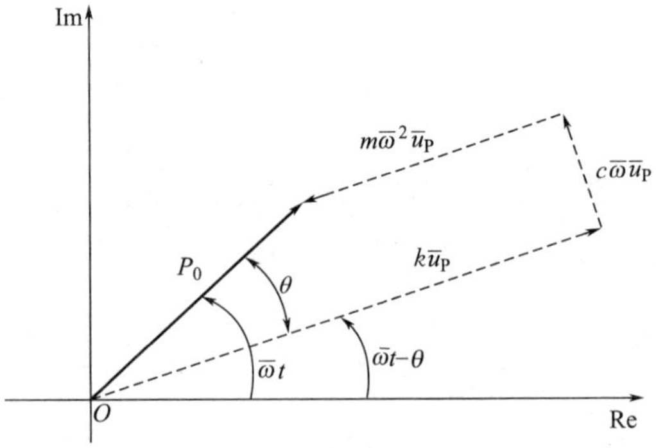

图 3-8　力矢量多边形($\bar{\omega}<\omega$)

$$(c\bar{\omega}\,\bar{u}_{\mathrm{P}})^2+(k\bar{u}_{\mathrm{P}}-m\bar{\omega}^2\bar{u}_{\mathrm{P}})^2=P_0^2 \tag{e}$$

$$\tan\theta=\frac{c\bar{\omega}}{k-m\bar{\omega}^2} \tag{f}$$

将 $c=2\xi\omega m$ 及 $\beta=\bar{\omega}/\omega$ 代入式(e)与式(f)中，得到：

$$\bar{u}_{\mathrm{P}}=\frac{P_0}{k}\frac{1}{\sqrt{(1-\beta^2)^2+(2\xi\beta)^2}} \tag{g}$$

$$\tan\theta=\frac{2\xi\beta}{1-\beta^2} \tag{h}$$

即为式(3-31)与式(3-32)。

(2) 当 $\bar{\omega}=\omega$ 时，即 $m\bar{\omega}^2\bar{u}_{\mathrm{P}}=k\bar{u}_{\mathrm{P}}$，系统处于共振状态，此时 $\theta=90°$，其力矢量多边形如图 3-9 所示。根据图 3-9 可知：

$$c\bar{\omega}\,\bar{u}_{\mathrm{P}}=P_0 \tag{i}$$

式(i)进一步写为：

$$\bar{u}_{\mathrm{P}}=\frac{P_0}{k}\frac{1}{2\xi} \tag{j}$$

(3) 当 $\bar{\omega}>\omega$ 时，即 $m\bar{\omega}^2\bar{u}_{\mathrm{P}}>k\bar{u}_{\mathrm{P}}$，可知反应滞后激励的相位一定大于 90°，其力矢量多边形如图 3-10 所示。同样地，可得到与式(g)和式(h)相同的表达式。

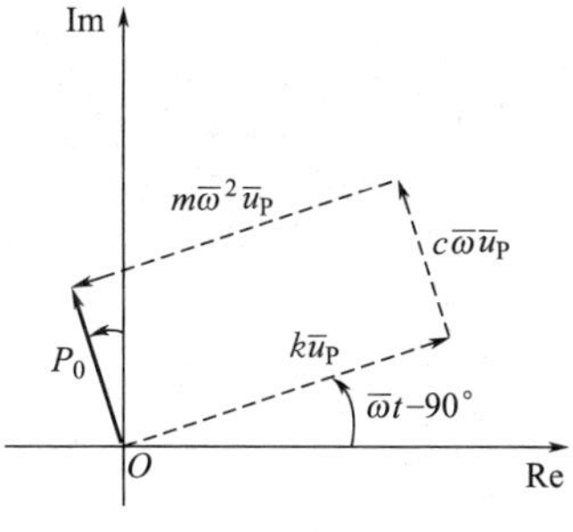

图 3-9 力矢量多边形($\bar{\omega}=\omega$)

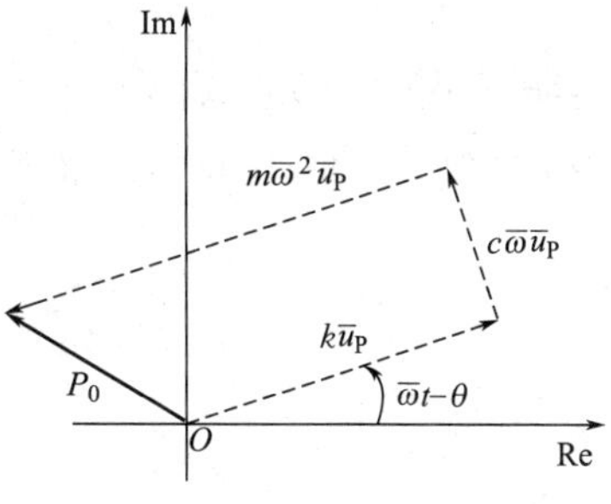

图 3-10 力矢量多边形($\bar{\omega}>\omega$)

3.1.3 复频反应函数

在复平面中利用矢量来研究单自由度系统简谐激励的稳态反应是有意义的，它能在很大程度上简化简谐激励稳态反应的计算。对于单自由度系统简谐激励的稳态反应，当激励为正弦函数形式时，其运动方程记为：

$$m\ddot{u}_{\mathrm{I}}(t)+c\dot{u}_{\mathrm{I}}(t)+ku_{\mathrm{I}}(t)=P_0\sin\bar{\omega}t \tag{3-42}$$

其稳态反应记为：

$$u_{\mathrm{I}}(t)=\bar{u}_{\mathrm{P}}\sin(\bar{\omega}t-\theta) \tag{3-43}$$

同样地，当激励为余弦函数形式时，其运动方程记为：

$$m\ddot{u}_{\mathrm{R}}(t)+c\dot{u}_{\mathrm{R}}(t)+ku_{\mathrm{R}}(t)=P_0\cos\bar{\omega}t \tag{3-44}$$

其稳态反应记为：

$$u_{\mathrm{R}}(t)=\bar{u}_{\mathrm{P}}\cos(\bar{\omega}t-\theta) \tag{3-45}$$

现在，在式(3-42)两边同乘以 $\mathrm{i}=\sqrt{-1}$，并与式(3-44)相加，得到：

$$m\ddot{U}(t)+c\dot{U}(t)+kU(t)=\overline{P}(t) \tag{3-46a}$$

其中

$$\overline{P}(t)=P_0(\cos\bar{\omega}t+\mathrm{i}\sin\bar{\omega}t)=P_0\mathrm{e}^{\mathrm{i}\bar{\omega}t} \tag{3-46b}$$

$$U=u_{\mathrm{R}}+\mathrm{i}u_{\mathrm{I}} \tag{3-46c}$$

式(3-46a)称为复数形式的运动方程，式(3-46c)称为复数形式的稳态反应。

对于复数形式的运动方程(3-46a)，可以假设稳态反应具有如下形式：

$$U=\overline{U}_{\mathrm{P}}\mathrm{e}^{\mathrm{i}\bar{\omega}t} \tag{3-47}$$

其中，$\overline{U}_{\mathrm{P}}$ 是复数幅值，它也可以写成：

$$\overline{U}_{\mathrm{P}}=\bar{u}_{\mathrm{P}}\mathrm{e}^{-\mathrm{i}\theta}=\frac{1}{(1/\bar{u}_{\mathrm{P}})\mathrm{e}^{\mathrm{i}\theta}} \tag{3-48}$$

式中，$\bar{u}_{\mathrm{P}}$ 和 θ 是式(3-43)或式(3-45)中的幅值和相位角。

将式(3-47)代入式(3-46a)中，得到：

$$\overline{U}_{\mathrm{P}}=\frac{P_0}{(k-\bar{\omega}^2m)+\mathrm{i}c\bar{\omega}}=\frac{P_0}{k}\frac{1}{(1-\beta^2)+\mathrm{i}(2\xi\beta)} \tag{3-49}$$

若令

$$H(\bar{\omega})=\frac{1}{k}\frac{1}{(1-\beta^2)+\mathrm{i}(2\xi\beta)} \tag{3-50}$$

则函数 $H(\bar{\omega})$称为**复频反应函数**，它描述了系统在由式(3-46b)所定义的单位幅值(即 $P_0=1$)简谐激励下的稳态反应。

根据式(3-48)和式(3-49)可知，在确定稳态反应的幅值 $\bar{u}_{\mathrm{P}}$ 和相位角 θ 时，只需要找到式(3-50)右边项复数表达式的幅值和相位角即可。下面，考虑复数

$$(1-\beta^2)+\mathrm{i}(2\xi\beta)=\sqrt{(1-\beta^2)^2+(2\xi\beta)^2}\,\mathrm{e}^{\mathrm{i}\theta} \tag{3-51}$$

其中，相位角 θ 是通过此复数的虚部和实部来确定，即：

$$\tan\theta=\frac{2\xi\beta}{1-\beta^2} \tag{3-52}$$

将式(3-51)代入式(3-49)中，并比较式(3-48)与式(3-49)可得：

$$\overline{u}_{\mathrm{P}}=\frac{P_0}{k}\frac{1}{\sqrt{(1-\beta^2)^2+(2\xi\beta)^2}} \tag{3-53}$$

显然，复频反应函数定义了稳态反应的幅值和相位角，其结果与前面一致。

现在可以将【例 3-3】中的力矢量多边形直接与复数形式的运动方程(3-46)联系起来。根据稳态反应式(3-47)，可得：

$$\dot{U}=\mathrm{i}\overline{\omega}\,\overline{U}_{\mathrm{P}}\mathrm{e}^{\mathrm{i}\overline{\omega}t}=\mathrm{i}\overline{\omega}\,U,\ \ddot{U}=(\mathrm{i}\overline{\omega})^2\overline{U}_{\mathrm{P}}\mathrm{e}^{\mathrm{i}\overline{\omega}t}=-\overline{\omega}^2U \tag{3-54}$$

这样，可绘出相应的矢量图和力矢量多边形，如图 3-11 所示。

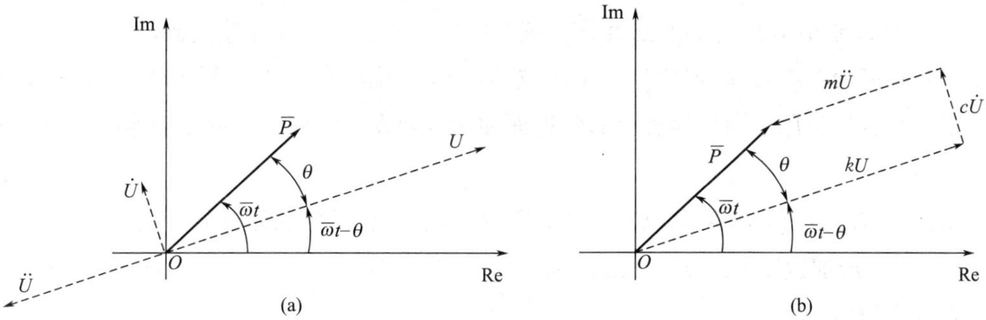

图 3-11 复数形式的转动矢量

(a)$\overline{P}$，U，$\dot{U}$ 和 $\ddot{U}$ 的表示；(b)力矢量多边形

3.1.4 振动测量仪器

本小节介绍一类重要的振动测量仪器(地震测量仪)工作时的基本原理。尽管测量仪器高度发展而且复杂，但是组成这些仪器的基本元件是某种形式的传感器，其中最简单的传感器是一个质量-弹簧-阻尼器系统。这个系统被固定在一个刚性框架内，该框架附在被测量的运动物体表面上，反应可以用相对于框架的质量块的运动 $u(t)$ 来测量。图 3-12 是一个用来测量支座水平运动的仪器示意图。

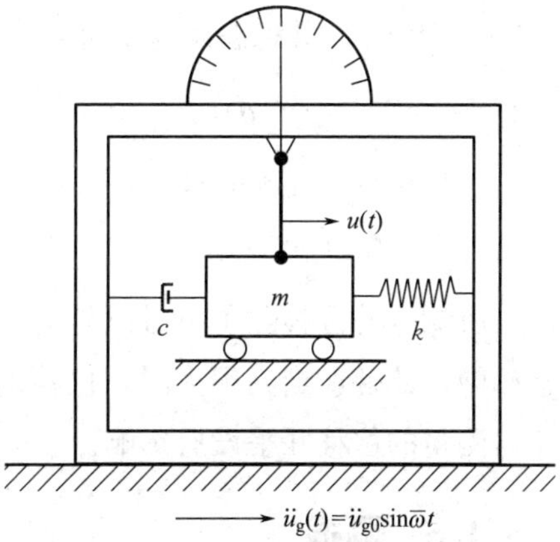

图 3-12 振动测量仪器的示意图

1. 加速度计

在第 1 章【例 1-3】中，已经给出了地震激励下单自由度系统的运动方程：

$$m\ddot{u}(t)+c\dot{u}(t)+ku(t)=-m\ddot{u}_g(t)\equiv P_{eff}(t) \tag{3-55}$$

式中 $\ddot{u}_g(t)$为支座水平运动的加速度。现在，讨论具有简谐激励 $\ddot{u}_g(t)=\ddot{u}_{g0}\sin\bar{\omega}t$ 时，也即 $P_{eff}(t)=-m\ddot{u}_{g0}\sin\bar{\omega}t$，运动 $u(t)$的稳态反应幅值，即由式(3-33)得到：

$$\bar{u}_P=\frac{m\ddot{u}_{g0}}{k}D_P=\frac{\ddot{u}_{g0}}{\omega^2}D_P \tag{3-56}$$

其中，稳态放大系数 D_P 由式(3-33)给出，其图形如图 3-4 所示。

根据式(3-30)可知，仪器相对运动 $u(t)$的稳态反应 $u_P(t)$有相位滞后：

$$u_P(t)=-\bar{u}_P\sin(\bar{\omega}t-\theta)=-\left(\frac{1}{\omega^2}D_P\right)\ddot{u}_g\left(t-\frac{\theta}{\bar{\omega}}\right) \tag{3-57}$$

因此，所测量的 $u_P(t)$是由系数$-D_P/\omega^2$ 修正的支座加速度，记录的时间滞后 $\theta/\bar{\omega}$。

从图 3-4 中可知，当阻尼比 $\xi=0.7$ 时，在 $0\leqslant\beta\leqslant0.5$ 的频率范围内稳态放大系数 D_P 接近常量 1(误差小于 2.5%)，从而使得仪器的反应幅值与支座加速度幅值成正比。因此，一个固有频率为 50Hz、阻尼比为 0.7 的仪器，其有用的激励频率范围为 0～25Hz，并可忽略误差。这就是用于测量地震引起的地面加速度而设计的现代商业化加速度计。

2. 位移计

现在，讨论用相对位移 $u(t)$来测量支座位移 $u_g(t)$。考察仪器在简谐支座位移 $u_g(t)=u_{g0}\sin\bar{\omega}t$ 时，即加速度 $\ddot{u}_g(t)=-\bar{\omega}^2u_{g0}\sin\bar{\omega}t$，等效荷载 $P_{eff}(t)=m\bar{\omega}^2u_{g0}\sin\bar{\omega}t$。运动 $u(t)$的稳态反应幅值变为：

$$\bar{u}_P=\frac{m\bar{\omega}^2u_{g0}}{k}D_P=u_{g0}\beta^2D_P \tag{3-58}$$

式中，反应函数 β^2D_P 的曲线如图 3-13 所示。从图 3-13 中可知，当 β 很大时，函数 β^2D_P 基本保持常量 1，而 θ 接近 180°(如图 3-3 所示)。其稳态反应变为：

$$\begin{aligned}u_P(t)&=\bar{u}_P\sin(\bar{\omega}t-\theta)\\&=(\beta^2D_P)u_{g0}\sin(\bar{\omega}t-\theta)\\&\approx-u_{g0}\sin\bar{\omega}t\end{aligned} \tag{3-59}$$

因此，所测量的位移除了负号以外与支座位移相同。此外，当 β 很大时，仪器的阻尼比对测量的位移几乎没有影响。

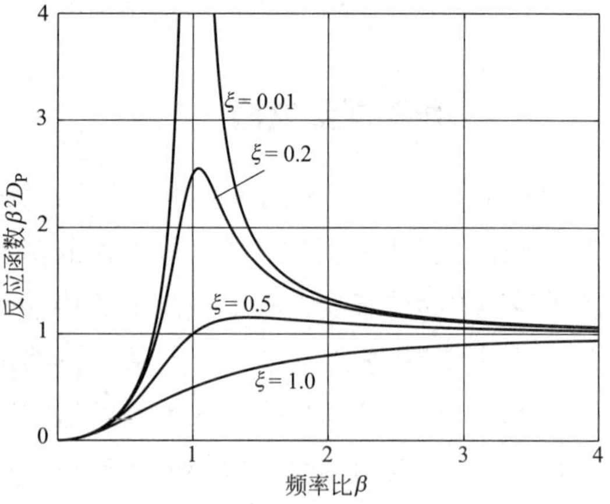

图 3-13　对于简谐支座位移的反应

3.1.5　隔振

在本小节中，将通过以下两类问题来介绍隔振的基本原理以及有害振动的预防：①质量本身的运动通过单自由度系统的弹簧和阻尼器传递到支承的固定基础上，例如由于旋转设备产生的振荡力所引起支承结构中有害振动的预防；②基础本身的运动通过弹簧和阻尼器传递给质量，例如建筑物的地面运动、汽车通过粗糙路面的振动等。

1. 力的传递

如图 3-14 所示的质量-弹簧-阻尼器系统，受到简谐激励 $P(t)=P_0\sin\bar{\omega}t$ 的作用，则传递到基础上的力为：

$$f_{\mathrm{T}}(t)=f_{\mathrm{D}}(t)+f_{\mathrm{S}}(t)=c\dot{u}(t)+ku(t) \tag{3-60}$$

根据式(3-30)，运动 $u(t)$ 的稳态反应为：

$$u_{\mathrm{P}}(t)=\frac{P_0}{k}D_{\mathrm{P}}\sin(\bar{\omega}t-\theta) \tag{3-61}$$

其中，稳态放大系数 D_{P} 由式(3-33)给出。这里，假设总反应 $f_{\mathrm{T}}(t)$ 是由稳态反应所引起的，而忽略瞬态反应的影响。

将式(3-61)代入式(3-60)中，得到：

$$f_{\mathrm{T}}(t)=2\xi\beta D_{\mathrm{P}}P_0\cos(\bar{\omega}t-\theta)+D_{\mathrm{P}}P_0\sin(\bar{\omega}t-\theta) \tag{3-62}$$

因此，作用于基底的总反力 $f_{\mathrm{T}}(t)$ 的幅值为：

$$\bar{f}_{\mathrm{T}}=D_{\mathrm{P}}P_0\sqrt{1+(2\xi\beta)^2} \tag{3-63}$$

于是，定义传递率 TR 为基底反力幅值与激励幅值的比值：

$$\mathrm{TR}=\frac{\bar{f}_{\mathrm{T}}}{P_0}=D_{\mathrm{P}}\sqrt{1+(2\xi\beta)^2} \tag{3-64}$$

图 3-15 绘出了在不同阻尼比 ξ 时，传递率 TR 与频率比 β 的函数关系曲线。

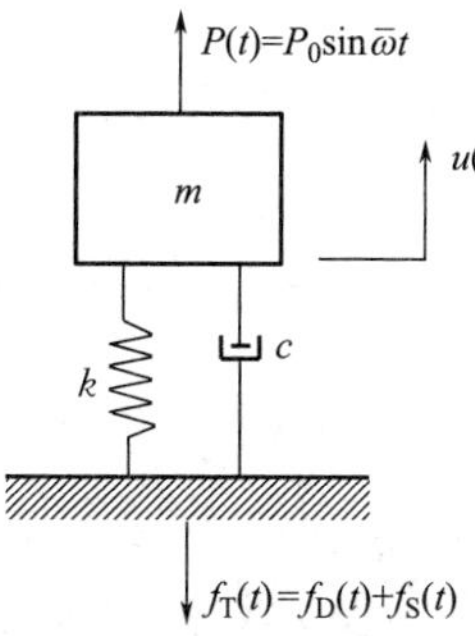

图 3-14 力的传递

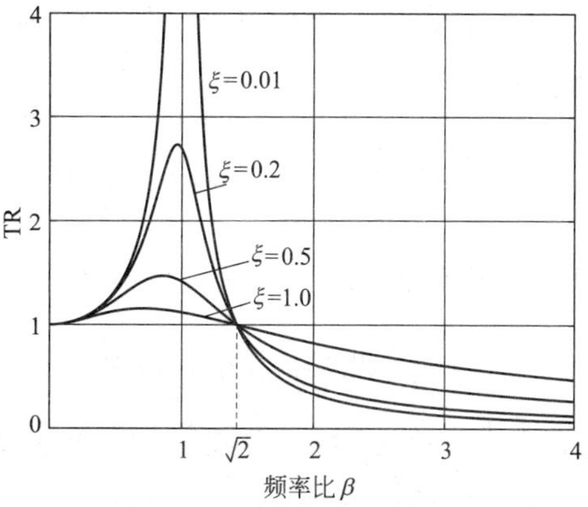

图 3-15 振动传递率

从图 3-15 中可以看出，不同阻尼比的全部曲线都经过频率比 $\beta=\sqrt{2}$ 的同一点。当频率比 $\beta<\sqrt{2}$ 时，阻尼比的增大将使隔振系统的效率提高；而当频率比 $\beta>\sqrt{2}$ 时，阻尼比的减小将使隔振系统的效率提高更大。因此，为了提高隔振效率，使设备在高频段运行是有利的。然而，这在实际中并不是总能做到的，许多情况下某些时段系统必须在 $\beta<\sqrt{2}$ 的频率范围运行，这时，需要有足够的阻尼来限制力的传递，而天然橡胶是一种非常理想的隔振材料。

2. 基础运动

下面来讨论单自由度系统对谐振基础运动的反应，如图 3-16 所示。

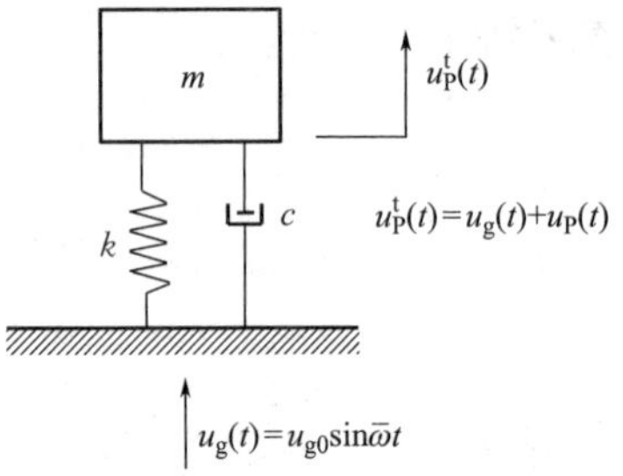

图 3-16　对谐振基础运动的反应

对于 $u_g(t)=u_{g0}\sin\bar{\omega}t$ 这种激励，系统的运动方程为式(3-55)，其中激励函数 $P_{eff}(t)=m\bar{\omega}^2u_{g0}\sin\bar{\omega}t$。根据式(3-29)可知，稳态相对位移反应为：

$$\begin{aligned}u_P(t)&=\frac{P_0}{k}\frac{1}{(1-\beta^2)^2+(2\xi\beta)^2}[-2\xi\beta\cos\bar{\omega}t+(1-\beta^2)\sin\bar{\omega}t]\\&=\beta^2u_{g0}\frac{(1-\beta^2)\sin\bar{\omega}t-2\xi\beta\cos\bar{\omega}t}{(1-\beta^2)^2+(2\xi\beta)^2}\end{aligned}\tag{3-65}$$

质量的总稳态位移反应为：

$$u_P^t(t)=u_g(t)+u_P(t)=u_{g0}\frac{(1-\beta^2+4\xi^2\beta^2)\sin\bar{\omega}t+(-2\xi\beta^3)\cos\bar{\omega}t}{(1-\beta^2)^2+(2\xi\beta)^2}\tag{3-66}$$

于是，总稳态位移反应 $u_P^t(t)$ 的幅值为：

$$\bar{u}_P^t=u_{g0}D_P\sqrt{1+(2\xi\beta)^2}\tag{3-67}$$

其中，稳态放大系数 D_P 由式(3-33)给出。

如果用质量的总稳态位移反应幅值与基础运动振幅之比来定义传递率，则此传递率与式(3-64)相同，即：

$$\mathrm{TR}=\frac{\bar{u}_P^t}{u_{g0}}=D_P\sqrt{1+(2\xi\beta)^2}\tag{3-68}$$

顺便指出，若谐振基础运动是以加速度形式给出的，即 $\ddot{u}_g(t)=\ddot{u}_{g0}\sin\bar{\omega}t$，则激励函数 $P_{eff}(t)=-m\ddot{u}_{g0}\sin\bar{\omega}t$，此时，稳态相对位移反应 $u_P(t)=-\frac{\ddot{u}_{g0}D_P}{\omega^2}\sin(\bar{\omega}t-\theta)$，稳态相对加速度反应 $\ddot{u}_P(t)=\beta^2\ddot{u}_{g0}D_P\sin(\bar{\omega}t-\theta)$，质量的总稳态加速度为 $\ddot{u}_P^t(t)=\ddot{u}_P(t)+\ddot{u}_g(t)$。若定义传递率为质量的总稳态加速度幅值 $\bar{\ddot{u}}_P^t$ 与地面加速度幅值 $\ddot{u}_{g0}$ 之比，则得到与式(3-68)相同的结果。

从图 3-15 中可以看出，若频率比 $\beta\ll1$ 时，即激励频率 $\bar{\omega}$ 比系统固有频率 ω 小很多时，

则有 $\overline{u}_P^t \approx u_{g0}$ 或 $\overline{\ddot{u}}_P^t \approx \ddot{u}_{g0}$，这表明质量随基础作刚性运动；若频率比 $\beta \gg 1$ 时，即激励频率 $\overline{\omega}$ 比系统固有频率 ω 大很多时，则有 $\overline{u}_P^t \approx 0$ 或 $\overline{\ddot{u}}_P^t \approx 0$，这表明质量相对于基础下面的地基(绝对参考系)是静止的。这就是用很柔的支承系统将质量与运动基础相隔离的基本原理。

【例 3-4】 混凝土桥梁有时因蠕变产生挠度，如果桥面由一系列等跨度的梁组成，当车辆在桥面上匀速行驶时，这些挠度将产生谐波干扰。车辆弹簧和冲击减振器作为车辆的减振系统，用来限制来自桥面传给乘客的竖向运动。如图 3-17 所示的单自由系统是车辆的简单理想化模型，其中，车辆重量为 17.8 kN，弹簧刚度为 219.2 kN/m，该系统的黏滞阻尼比为 0.4。桥面的剖面可近似看作一个波长为 $l=12.2$ m、振幅为 3.05 cm 的正弦曲线。当车辆以 $v=72.0$ km/h 的速度行驶时，试求：

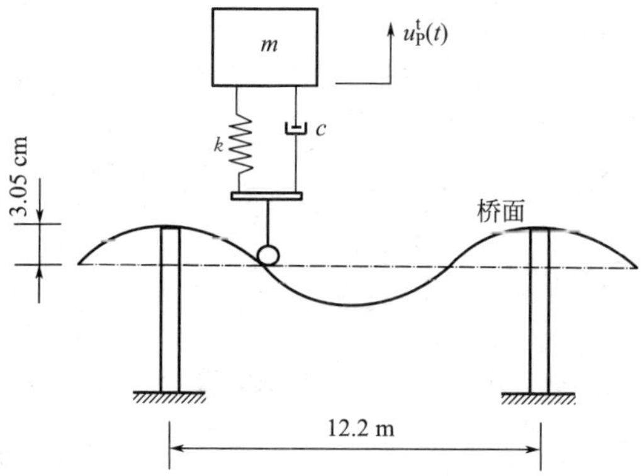

图 3-17 在不平整桥面上行驶的车辆示意图

(1) 确定车辆竖向运动的总稳态反应幅值。

(2) 车辆速度多大时将产生共振现象？

(3) 如果车辆是空载(只有驾驶员)，总重量为 12.36 kN，则总稳态反应幅值又为多大？

【解】 (1)假定车轮是无限刚性的，并与桥面保持接触。车轮的竖向位移为 $u_g(t)=u_{g0}\sin\overline{\omega}t$，其中 $u_{g0}=3.05$ cm；$\overline{\omega}=\dfrac{2\pi}{l/v}=\dfrac{2\pi v}{l}=\dfrac{2\pi\times 20.0}{12.2}=10.3$ rad/s。车辆的固有振动频率为：

$$\omega=\sqrt{\frac{k}{m}}=\sqrt{\frac{219.2}{17.8/9.8}}=11\ \text{rad/s} \tag{a}$$

于是，频率比 $\beta=\dfrac{\overline{\omega}}{\omega}=\dfrac{10.3}{11}=0.94$。又由于 $\xi=0.4$，根据式(3-68)可知传递率 TR 为：

$$\text{TR}=\frac{\overline{u}_P^t}{u_{g0}}=\sqrt{\frac{1+(2\xi\beta)^2}{(1-\beta^2)^2+(2\xi\beta)^2}}=1.64 \tag{b}$$

因此，总稳态位移反应的幅值为：

$$\overline{u}_P^t=1.64\times u_{g0}=1.64\times 3.05=5\ \text{cm} \tag{c}$$

假设车辆没有阻尼，即 $\xi=0$，此时总稳态反应幅值将为：

$$\overline{u}_P^t=\text{TR}\times u_{g0}=u_{g0}\times\frac{1}{1-\beta^2}=26.2\ \text{cm} \tag{d}$$

显然，这已经超过弹簧的应用范围，但它表明在路面不平整的车辆运动中，冲击减振器起着重要的作用。

（2）确定共振速度。对于阻尼比 ξ 较小时，低阻尼系统会在 $\beta=1$ 附近发生共振。但是，对于具有较大阻尼的低阻尼系统，即在阻尼比 $\xi=0.4$ 这种大阻尼情况下，共振时将偏离频率比 $\beta=1$ 附近的位置。根据传递率 TR 的定义，当 TR 或 TR^2 达到最大值时，表示发生了共振。因此，有

$$TR^2=\frac{1+0.64\beta^2}{(1-\beta^2)^2+0.64\beta^2}=\frac{1+0.64\beta^2}{\beta^4-1.36\beta^2+1} \tag{e}$$

函数TR^2 对 β 求一阶导数，即：

$$\frac{d(TR^2)}{d\beta}=0 \tag{f}$$

可得，频率比 $\beta=0.893$。因此，共振时激励频率 $\bar{\omega}=\beta\omega=0.893\times11=9.823$ rad/s。

于是，发生共振时车辆的速度为：

$$v=\frac{\bar{\omega}l}{2\pi}=\frac{9.823\times12.2}{2\pi}=19.07\ \text{m/s}=68.66\ \text{km/h} \tag{g}$$

（3）计算车辆空载时的阻尼比。根据阻尼系数公式：

$$c=2\xi\sqrt{km} \tag{h}$$

因为阻尼系数 c 与刚度系数 k 是不变的，而质量 m 改变，则有：

$$c=2\xi_f\sqrt{km_f}=2\xi_e\sqrt{km_e} \tag{i}$$

式中，下标 f 和 e 分别表示满载和空载情况。因此，有：

$$\xi_e=\xi_f\sqrt{m_f/m_e}=0.4\sqrt{17.8/12.36}=0.48 \tag{j}$$

而空载时的固有频率为：

$$\omega_e=\sqrt{k/m_e}=13.18\ \text{rad/s} \tag{k}$$

于是，频率比 $\beta=\dfrac{\bar{\omega}}{\omega_e}=0.78$，而传递率 TR 为：

$$TR=\sqrt{\frac{1+(2\xi_e\beta)^2}{(1-\beta^2)^2+(2\xi_e\beta)^2}}=1.478,\quad \bar{u}_P^t=TR\times u_{g0}=4.51\ \text{cm} \tag{l}$$

3.1.6　等效黏滞阻尼

3.1.6.1　黏滞阻尼的能量耗散

考虑单自由度系统在简谐激励 $P(t)=P_0\sin\bar{\omega}t$ 作用下的稳态反应。对于稳态反应的每

一个循环，激励对系统所做的功为：

$$\begin{aligned}W_{\mathrm{P}}&=\int_{0}^{T}P(t)\mathrm{d}u_{\mathrm{P}}=\int_{0}^{2\pi/\overline{\omega}}P(t)\dot{u}_{\mathrm{P}}(t)\mathrm{d}t\\&=\int_{0}^{2\pi/\overline{\omega}}(P_{0}\sin\overline{\omega}t)[\overline{u}_{\mathrm{P}}\overline{\omega}\cos(\overline{\omega}t-\theta)]\mathrm{d}t=\pi P_{0}\overline{u}_{\mathrm{P}}\sin\theta\end{aligned} \tag{3-69}$$

利用式(3-32)，可知 $\sin\theta=2\xi\beta D_{\mathrm{P}}=2\xi\beta\dfrac{\overline{u}_{\mathrm{P}}}{P_{0}/k}$。则式(3-69)可改写为：

$$W_{\mathrm{P}}=2\pi\xi\beta k\overline{u}_{\mathrm{P}}^{2} \tag{3-70}$$

在稳态反应中，激励输入给系统的能量被黏滞阻尼所耗散。事实上，在稳态振动的一个循环内黏滞阻尼所耗散的能量为：

$$E_{\mathrm{D}}=\int_{0}^{T}f_{\mathrm{D}}\mathrm{d}u_{\mathrm{P}}=\int_{0}^{2\pi/\overline{\omega}}(c\dot{u}_{\mathrm{P}})\dot{u}_{\mathrm{P}}\mathrm{d}t=c\overline{u}_{\mathrm{P}}^{2}\overline{\omega}^{2}\int_{0}^{2\pi/\overline{\omega}}\cos^{2}(\overline{\omega}t-\theta)\mathrm{d}t=\pi c\overline{\omega}\overline{u}_{\mathrm{P}}^{2}=2\pi\xi\beta k\overline{u}_{\mathrm{P}}^{2} \tag{3-71}$$

式(3-71)表明，耗散的能量与运动幅值的平方成正比。对于任意给定的阻尼 c 和幅值 $\overline{u}_{\mathrm{P}}$，耗散的能量 E_{D} 随激励频率 $\overline{\omega}$ 线性增加。

根据能量守恒原理，在稳态振动的每一个循环内，弹性恢复力 $f_{\mathrm{S}}(t)$ 与惯性力 $f_{\mathrm{I}}(t)$ 所做的功都为零。事实上，有：

$$E_{\mathrm{S}}=\int_{0}^{T}f_{\mathrm{S}}(t)\mathrm{d}u_{\mathrm{P}}=\int_{0}^{2\pi/\overline{\omega}}(ku_{\mathrm{P}})\dot{u}_{\mathrm{P}}\mathrm{d}t=\int_{0}^{2\pi/\overline{\omega}}k[\overline{u}_{\mathrm{P}}\sin(\overline{\omega}t-\theta)][\overline{u}_{\mathrm{P}}\overline{\omega}\cos(\overline{\omega}t-\theta)]\mathrm{d}t=0$$

$$E_{\mathrm{I}}=\int_{0}^{T}f_{\mathrm{I}}(t)\mathrm{d}u_{\mathrm{P}}=\int_{0}^{2\pi/\overline{\omega}}(mu_{\mathrm{P}})\dot{u}_{\mathrm{P}}\mathrm{d}t=\int_{0}^{2\pi/\overline{\omega}}m[-\overline{u}_{\mathrm{P}}\overline{\omega}^{2}\sin(\overline{\omega}t-\theta)][\overline{u}_{\mathrm{P}}\overline{\omega}\cos(\overline{\omega}t-\theta)]\mathrm{d}t=0$$

现在，可以利用能量概念来解释对 $\overline{\omega}=\omega$ 的简谐激励所引起的位移幅值增长至稳定状态这一现象(如图 3-5 所示)。对于 $\overline{\omega}=\omega$，$\theta=90°$，输入能量 $W_{\mathrm{P}}=\pi P_{0}\overline{u}_{\mathrm{P}}$ 随位移幅值线性增长，而耗散能量 $E_{\mathrm{D}}=2\pi\xi k\overline{u}_{\mathrm{P}}^{2}$ 随位移幅值的平方增长，如图 3-18 所示。在达到稳定状态之前，每周输入的能量大于在此周期内阻尼所耗散的能量，导致下一个循环位移幅值增大些。但随着位移幅值的增大，耗散能量比输入能量的增长速度要快，最终导致输入能量与耗散能量在稳态位移幅值 $\overline{u}_{\mathrm{P}}=u_{\mathrm{st}}/2\xi$ 时相匹配。因此，也可以利用输入能量与耗散能量相等求 $\overline{\omega}=\omega$ 时的稳态位移幅值，即 $\pi P_{0}\overline{u}_{\mathrm{P}}=2\pi\xi k\overline{u}_{\mathrm{P}}^{2}$，得到：

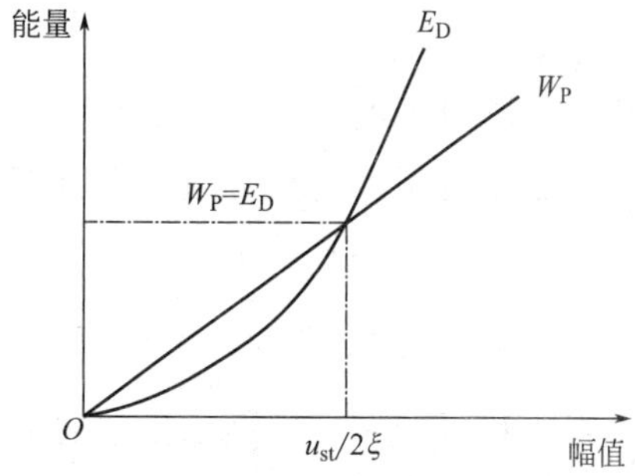

图 3-18 黏滞阻尼中的输入能量 W_{P} 与耗散能量 E_{D}

$$\overline{u}_{\mathrm{P}}=\frac{P_{0}}{2\xi k}=\frac{u_{\mathrm{st}}}{2\xi} \tag{3-72}$$

最后，给出黏滞阻尼中能量耗散的图形解释。为此，考虑阻尼力 $f_D(t)$ 与稳态位移反应 $u_P(t)$ 的关系：

$$f_D(t)=c\dot{u}_P(t)=c\overline{\omega}\overline{u}_P\cos(\overline{\omega}t-\theta)=c\overline{\omega}\sqrt{\overline{u}_P^2-\overline{u}_P^2\sin^2(\overline{\omega}t-\theta)}$$
$$=c\overline{\omega}\sqrt{\overline{u}_P^2-u_P^2(t)} \tag{3-73}$$

或写为：

$$\left(\frac{f_D(t)}{c\overline{\omega}\,\overline{u}_P}\right)^2+\left(\frac{u_P(t)}{\overline{u}_P}\right)^2=1 \tag{3-74}$$

这是一个椭圆方程，其中阻尼力 $f_D(t)$ 与位移 $u_P(t)$ 之间不是一个单值函数，而是一个环，称为**滞回环**，如图 3-19(a) 所示。滞回环所包围的面积 $\pi\overline{u}_P(c\overline{\omega}\,\overline{u}_P)=\pi c\overline{\omega}\,\overline{u}_P^2$，即为式(3-71)的结果，这表明滞回环内的面积即为耗散的能量。

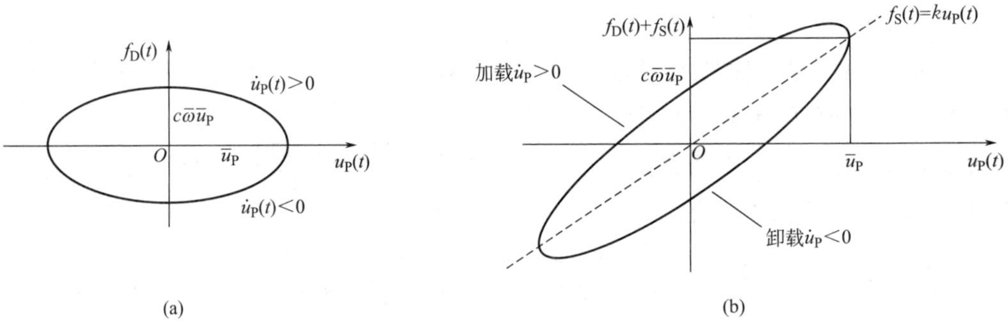

图 3-19 滞回环

(a)黏滞阻尼器；(b)弹簧与黏滞阻尼器并联

在试验中，所测量的是总抗力(阻尼力加弹性恢复力)：

$$f_D(t)+f_S(t)=c\dot{u}_P(t)+ku_P(t)=c\overline{\omega}\sqrt{\overline{u}_P^2-u_P^2(t)}+ku_P(t) \tag{3-75}$$

其中，总抗力 $f_D(t)+f_S(t)$ 与位移 $u_P(t)$ 的函数图形可由图 3-19(a)旋转得到，如图 3-19(b) 所示。阻尼耗散的能量仍是椭圆所包围的面积，因为弹性恢复力 $f_S(t)=ku_P(t)$ 为单值函数，它所包围的面积为零。

3.1.6.2 黏滞阻尼比的计算

前面已经介绍，实际结构中的阻尼通常用黏滞阻尼来表示，在某种意义上它等效于实际结构中起作用的各种阻尼机制的综合作用。这是应用中最简单的阻尼形式，因为运动方程是线性的，容易得到解析解。然而，由于很难充分地了解实际结构基本的能量耗散机理，因此通常不可能像系统的质量、刚度那样用简单的物理方法或广义表达式来计算结构的阻尼。但是，用实验方法来确定一个适当的黏滞阻尼特征值(黏滞阻尼比)是可能的。为此，下面简述用实测结果计算黏滞阻尼比的一般方法。

1. 自由振动衰减法

自由振动衰减法是一种通过实验测量黏滞阻尼比 ξ 的最简单和最常用方法。正如第 2 章所述，阻尼比的计算公式(2-60)：

$$\xi=\frac{1}{2\pi m(\omega/\omega_{\mathrm{D}})}\ln\left(\frac{u_n}{u_{n+m}}\right)\approx\frac{1}{2\pi m}\ln\left(\frac{u_n}{u_{n+m}}\right) \tag{3-76}$$

对于低阻尼系统，在 $\xi=0.1$ 和 $\xi=0.2$ 时，式(3-76)中近似关系式的误差分别为 0.5% 和 2%。

这种自由振动方法的主要优点是所需的仪器设备最少，可用任何简便的方法来激振，并只需测量相对位移幅值。遗憾的是，阻尼比往往依赖于所获取的振幅，也就是说，在高振幅的自由振动早期取相隔 m 周来计算阻尼比，与在小振幅的后期取相隔 m 周所计算的结果是不相同的。一般而言，随着自由振动幅值的减小，所计算的阻尼比也将减小。

2. 半功率(带宽)法

黏滞阻尼比 ξ 可以通过共振时的幅值来计算：

$$\left(\frac{\overline{u}_{\mathrm{P}}}{u_{\mathrm{st}}}\right)_{\beta=1}=\frac{1}{2\xi} \tag{3-77}$$

用式(3-77)来确定阻尼比 ξ 时，需要确定静位移 $u_{\mathrm{st}}=P_0/k$。为此，下面讨论用另一方法——**半功率(带宽)法**。

从简谐激励的稳态反应幅值表达式(3-31)可知，$\overline{u}_{\mathrm{P}}$-$\beta$ 的函数关系曲线由系统的阻尼比所控制。因此，可以从曲线的许多不同特性来计算阻尼比，其中半功率法(也称带宽法)是最简单的方法之一，阻尼比由稳态反应的振幅 $\overline{u}_{\mathrm{P}}$ 等于其最大值的 $1/\sqrt{2}$ 时的频率来确定：

$$\overline{u}_{\mathrm{P}}=\frac{1}{\sqrt{2}}(\overline{u}_{\mathrm{P}})_{\max} \tag{3-78}$$

为了寻求 $\overline{u}_{\mathrm{P}}$ 的最大值 $(\overline{u}_{\mathrm{P}})_{\max}$，将式(3-31)对 β 求导数并令其等于零，得到：

$$\beta_{峰}=\sqrt{1-2\xi^2} \tag{3-79}$$

将式(3-79)代回式(3-31)中得到 $(\overline{u}_{\mathrm{P}})_{\max}=\dfrac{P_0}{k}\dfrac{1}{2\xi\sqrt{1-\xi^2}}$。于是，式(3-78)变为：

$$\frac{P_0}{k}\frac{1}{\sqrt{(1-\beta^2)^2+(2\xi\beta)^2}}=\frac{1}{\sqrt{2}}\left(\frac{P_0}{k}\frac{1}{2\xi\sqrt{1-\xi^2}}\right) \tag{3-80}$$

将式(3-80)整理后，得到：

$$\beta^4-2(1-2\xi^2)\beta^2+1-8\xi^2(1-\xi^2)=0 \tag{3-81}$$

求解方程式(3-81)，得到：

$$\beta^2=(1-2\xi^2)\pm 2\xi\sqrt{1-\xi^2} \tag{3-82}$$

对于小阻尼比 ξ 的实际结构，含 ξ^2 的两项可忽略，于是有：

$$\beta\approx(1\pm 2\xi)^{1/2} \tag{3-83}$$

将右侧用 Taylor 级数展开并保留前两项，即：

$$\beta\approx 1\pm\xi \tag{3-84}$$

若令 $\beta_1\approx 1-\xi$，$\beta_2\approx 1+\xi$，于是，阻尼比 ξ 可表示为：

$$\xi\approx\frac{\beta_2-\beta_1}{2}\quad 或\quad \xi\approx\frac{\overline{\omega}_2-\overline{\omega}_1}{2\omega} \tag{3-85}$$

考虑到 $\beta_1+\beta_2\approx 2$，因此，式(3-85)又可写为：

$$\xi\approx\frac{\beta_2-\beta_1}{\beta_2+\beta_1}\quad 或\quad \xi\approx\frac{\overline{\omega}_2-\overline{\omega}_1}{\overline{\omega}_2+\overline{\omega}_1} \tag{3-86}$$

用式(3-85)或式(3-86)计算阻尼比 ξ 如图 3-20 所示，在共振反应峰值的 $1/\sqrt{2}$ 处作一条切割曲线的水平线即可。显然，这种方法避免了求静位移 u_{st}，但是它必须精确地画出半功率带宽范围及共振时的反应曲线峰值。

3. 每周共振能量耗散法

定义黏滞阻尼最普遍的方法是，令实际结构和等效黏滞系统在一个振动循环周期内所耗散的能量相等。对于一个实际结构，力-位移曲线关系是确定的，它是在位移幅值为 $\overline{u}_P$ 的循环加载试验中获取的。实际结构中所耗散的能量由滞回环所包围面积 E_D 给出，式(3-71)给出了黏滞阻尼所耗散的能量：

$$E_D=2\pi\xi\beta k\overline{u}_P^2=4\pi\xi\beta\left(\frac{1}{2}k\overline{u}_P^2\right)=4\pi\xi\beta U_S \tag{3-87}$$

其中，应变能 $U_S=\frac{1}{2}k\overline{u}_P^2$ 是由静载试验中力-位移关系 $f_S(t)=ku(t)$ 计算得到，如图 3-21 所示。

由式(3-87)得到等效黏滞阻尼比为：

$$\xi_{eq}=\frac{E_D}{4\pi\beta U_S} \tag{3-88}$$

系统在共振时，反应对阻尼最为敏感，因此力-位移曲线关系的试验(即图 3-21)以及 E_D 的计算应在 $\beta=1$ 时进行。这样，式(3-88)变为：

$$\xi_{eq}=\frac{E_D}{4\pi U_S} \tag{3-89}$$

根据共振($\beta=1$)时的试验所确定的阻尼比 ξ_{eq}，对于其他的频率比情况并不是精确的，但仍是一个满意的近似值。

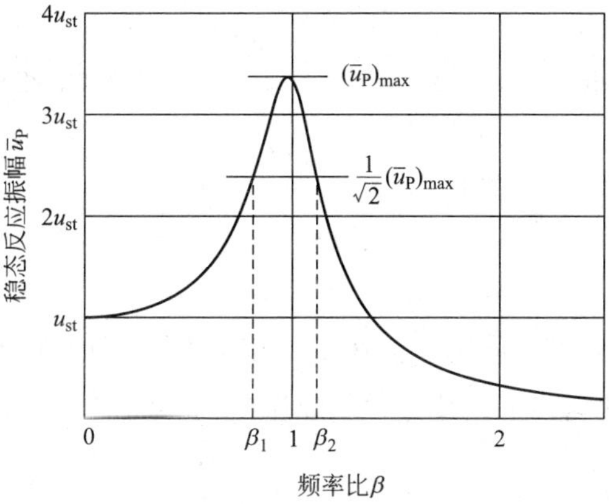

图 3-20　半功率带宽

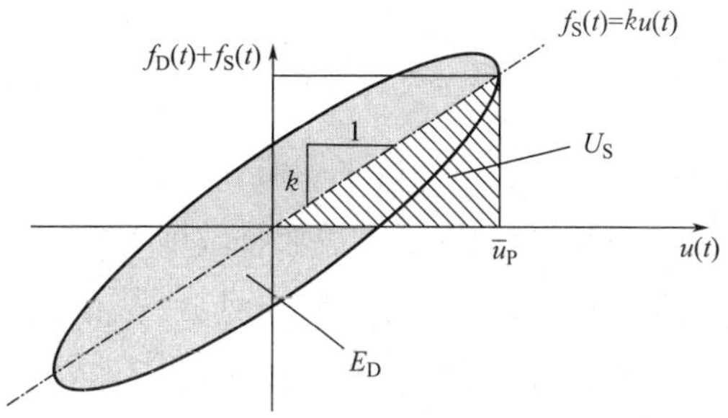

图 3-21　力-位移(滞变)曲线

§ 3. 2　周期激励的反应分析

作用于结构系统上的外部激励，往往不是前面所讨论的简谐激励，而是具有多种频率成分的周期激励或非周期激励，它们不能用某一项正弦或余弦函数来描述其运动规律。例如在一定条件下，船的推进力、作用于近海平台的波浪荷载以及作用于高耸结构上的涡流脱落引起的风力都是接近于周期性的。然而，地震激励通常与周期函数无类同之处，它是一种复杂的非周期激励。对于周期激励，可将周期函数用 Fourier 级数表示为一系列简谐函数的和，从而将周期激励的反应表示为若干个简谐激励反应的叠加问题。

3. 2. 1　周期激励反应——实数型 Fourier 级数

1. 周期激励的 Fourier 级数表示

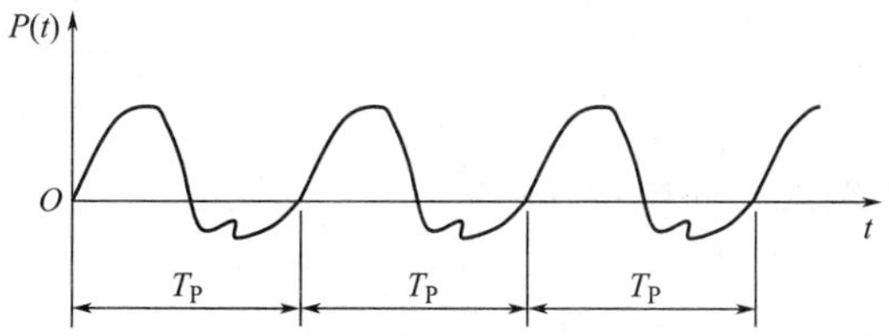

图 3-22　任意周期激励

如图 3-22 所示周期为 T_P 的任意周期激励 $P(t)$，可以展开为离散频率简谐分量的 Fourier 级数：

$$P(t)=a_0+\sum_{n=1}^{\infty}a_n\cos n\bar{\omega}t+\sum_{n=1}^{\infty}b_n\sin n\bar{\omega}t \tag{3-90}$$

其中，$\bar{\omega}$ 为激励的基本频率(基频)，即：

$$\bar{\omega}=\frac{2\pi}{T_P} \tag{3-91}$$

Fourier 级数中的谐振幅值系数与激励 $P(t)$ 有关，其表达式为：

$$\begin{cases} a_0 = \dfrac{1}{T_P}\displaystyle\int_0^{T_P} P(t)\mathrm{d}t = \overline{P}(t) \\ a_n = \dfrac{2}{T_P}\displaystyle\int_0^{T_P} P(t)\cos n\overline{\omega}t\,\mathrm{d}t, \quad n = 1,2,3,\cdots \\ b_n = \dfrac{2}{T_P}\displaystyle\int_0^{T_P} P(t)\sin n\overline{\omega}t\,\mathrm{d}t, \quad n = 1,2,3,\cdots \end{cases} \tag{3-92}$$

其中 $\overline{P}(t)$ 为 $P(t)$ 的平均值。

理论上，Fourier 级数收敛到 $P(t)$ 需要无穷多项，但实际上相对较少的若干项即可达到较高的精度。在不连续点处，Fourier 级数收敛到该不连续点左右邻域值的平均值。

2. *Fourier 级数激励的反应*

当周期激励表示成简谐分量的 Fourier 级数时，受此激励的线性系统，其反应可简单地由各单个简谐激励反应叠加得到。在 3.1 节中，由无阻尼单自由度系统简谐激励的稳态反应，即式(3-7)，得到无阻尼单自由度系统第 n 个正弦简谐激励 $b_n \sin n\overline{\omega}t$ 所引起的稳态反应为：

$$u_n^{\mathrm{s}}(t) = \frac{b_n}{k}\frac{1}{1-\beta_n^2}\sin n\overline{\omega}t \tag{3-93}$$

其中

$$\beta_n = \frac{n\overline{\omega}}{\omega} \tag{3-94}$$

同样地，第 n 个余弦简谐激励 $a_n \cos n\overline{\omega}t$ 所引起的稳态反应为：

$$u_n^{\mathrm{c}}(t) = \frac{a_n}{k}\frac{1}{1-\beta_n^2}\cos n\overline{\omega}t \tag{3-95}$$

而常数激励 a_0 的稳态反应是静位移：

$$u_0 = \frac{a_0}{k} \tag{3-96}$$

于是，无阻尼单自由度系统的 Fourier 级数激励的稳态反应为：

$$u_P(t) = \frac{1}{k}\left[a_0 + \sum_{n=1}^{\infty}\frac{1}{1-\beta_n^2}(a_n\cos n\overline{\omega}t + b_n\sin n\overline{\omega}t)\right] \tag{3-97}$$

其中，系数 a_0、a_n 及 b_n 由式(3-92)给出。

对于黏滞阻尼单自由度系统的 Fourier 级数激励的稳态反应，可根据黏滞阻尼单自由度系统简谐激励的稳态反应式(3-29)按上述方法求得。其中，第 n 个正弦简谐激励 $b_n \sin n\overline{\omega}t$ 和余弦简谐激励 $a_n \cos n\overline{\omega}t$ 下的稳态反应分别为：

$$u_n^{\mathrm{s}}(t)=\frac{b_n}{k}\frac{1}{(1-\beta_n^2)^2+(2\xi\beta_n)^2}[-2\xi\beta_n\cos n\bar{\omega}t+(1-\beta_n^2)\sin n\bar{\omega}t]$$

$$u_n^{\mathrm{c}}(t)=\frac{a_n}{k}\frac{1}{(1-\beta_n^2)^2+(2\xi\beta_n)^2}[(1-\beta_n^2)\cos n\bar{\omega}t+2\xi\beta_n\sin n\bar{\omega}t]$$

因此，黏滞阻尼单自由度系统受 Fourier 级数激励的总稳态反应为：

$$u_{\mathrm{P}}(t)=\frac{a_0}{k}+\frac{1}{k}\sum_{n=1}^{\infty}\frac{1}{(1-\beta_n^2)^2+(2\xi\beta_n)^2}\{[(1-\beta_n^2)a_n-2\xi\beta_nb_n]\cos n\bar{\omega}t+[2\xi\beta_na_n+(1-\beta_n^2)b_n]\sin n\bar{\omega}t\} \tag{3-98}$$

3.2.2 周期激励反应——复数型 Fourier 级数

具有周期为 T_{P} 的任意周期激励 $P(t)$，可以展开成复数型 Fourier 级数的形式：

$$P(t)=\sum_{n=-\infty}^{\infty}P_n\mathrm{e}^{\mathrm{i}(n\bar{\omega}t)} \tag{3-99}$$

式中，基本振动频率 $\bar{\omega}$ 为：

$$\bar{\omega}=\frac{2\pi}{T_{\mathrm{P}}} \tag{3-100}$$

在式(3-99)两边同时乘以 $\mathrm{e}^{-\mathrm{i}(m\bar{\omega}t)}$，并在区间$[0,T_{\mathrm{P}}]$上积分，则有：

$$\int_0^{T_{\mathrm{P}}}P(t)\mathrm{e}^{-\mathrm{i}(m\bar{\omega}t)}\mathrm{d}t=\sum_{n=-\infty}^{\infty}P_n\int_0^{T_{\mathrm{P}}}\mathrm{e}^{\mathrm{i}(n\bar{\omega}t)}\mathrm{e}^{-\mathrm{i}(m\bar{\omega}t)}\mathrm{d}t \tag{3-101}$$

利用指数函数的正交性：

$$\int_0^{T_{\mathrm{P}}}\mathrm{e}^{\mathrm{i}(n\bar{\omega}t)}\mathrm{e}^{-\mathrm{i}(m\bar{\omega}t)}\mathrm{d}t=\begin{cases}0, & n\neq m\\ T_{\mathrm{P}}, & n=m\end{cases} \tag{3-102}$$

于是，复幅值系数 P_n 可以表示为：

$$P_n=\frac{1}{T_{\mathrm{P}}}\int_0^{T_{\mathrm{P}}}P(t)\mathrm{e}^{-\mathrm{i}(n\bar{\omega}t)}\mathrm{d}t,\quad n=0,\pm1,\pm2,\cdots \tag{3-103}$$

需要注意的是，由式(3-103)可知，P_n 和 P_{-n} 为一对共轭复数：

$$P_{-n}=P_n^* \tag{3-104}$$

式中，上标“*”表示共轭复数。这样，式(3-99)中相应的全部虚数项必然将彼此抵消。

此外，系数 P_0 应为：

$$P_0=\frac{1}{T_{\mathrm{P}}}\int_0^{T_{\mathrm{P}}}P(t)\mathrm{d}t \tag{3-105}$$

这表明，P_0 是 $P(t)$的平均值，它是一个实数值。

事实上，复数型 Fourier 级数也可以由实数型 Fourier 级数推导得到。这里，需要利用 Euler 方程的逆形式：

$$\sin n\bar{\omega}t=-\frac{\mathrm{i}}{2}[\mathrm{e}^{\mathrm{i}(n\bar{\omega}t)}-\mathrm{e}^{-\mathrm{i}(n\bar{\omega}t)}],\ \cos n\bar{\omega}t=\frac{1}{2}[\mathrm{e}^{\mathrm{i}(n\bar{\omega}t)}+\mathrm{e}^{-\mathrm{i}(n\bar{\omega}t)}] \tag{3-106}$$

将式(3-106)代入实数型 Fourier 级数[即式(3-90)和式(3-92)]中，即可得到式(3-99)和式(3-103)。

在 3.1.3 节中已经指出，对于激励 $\overline{P}(t)=P_0\mathrm{e}^{\mathrm{i}\bar{\omega}t}$ 的稳态反应为$U=H(\bar{\omega})P_0\mathrm{e}^{\mathrm{i}\bar{\omega}t}$。因此，这里仅需用 $n\bar{\omega}$ 替换 $\bar{\omega}$，即可得到系统对周期激励的复数型 Fourier 级数中第 n 项 $\overline{P}_n(t)=P_n\mathrm{e}^{\mathrm{i}(n\bar{\omega}t)}$的稳态反应 $U_n(t)$，即：

$$U_n(t)=H(n\bar{\omega})P_n\mathrm{e}^{\mathrm{i}(n\bar{\omega}t)} \tag{3-107}$$

其中，P_n 由式(3-103)给出，而复频反应函数 $H(n\bar{\omega})$为：

$$H(n\bar{\omega})=\frac{1/k}{(1-\beta_n^2)+\mathrm{i}(2\xi\beta_n)} \tag{3-108}$$

式中频率比 $\beta_n=n\bar{\omega}/\omega$。

利用叠加原理，黏滞阻尼单自由度系统在周期激励下的总稳态反应为：

$$U(t)=\sum_{n=-\infty}^{\infty}H(n\bar{\omega})P_n\mathrm{e}^{\mathrm{i}(n\bar{\omega}t)} \tag{3-109}$$

由式(3-109)所获得的总稳态反应 $U(t)$与由式(3-98)所得到的总稳态反应 $u_{\mathrm{P}}(t)$是一样的。此方法被称为系统对周期激励反应分析的频域方法。

§ 3.3　冲击激励的反应分析

现在来讨论单自由度系统动力激励的另一种特殊类型——冲击激励，这种激励是由一个单独的任意主要脉冲组成，它的持续时间一般很短，但主要脉冲幅值很大，如图 3-23 所示。与承受简谐激励或周期激励的系统相比，对承受冲击激励的系统来说，阻尼对控制系统的最大反应就显得不太重要了(除非系统具有很大的阻尼)。因为在冲击激励下，系统在很短时间内就达到了最大反应，而在此之前，阻尼力还来不及从系统中耗散太多能量。为此，在本节中仅讨论无阻尼单自由度系统对冲击激励的反应。

3.3.1　矩形脉冲激励

对于图 3-24 所示的矩形脉冲激励，无阻尼单自由度系统的运动方程为：

$$m\ddot{u}(t)+ku(t)=P(t)=\begin{cases}P_0, & t\leqslant t_0\\ 0, & t>t_0\end{cases} \tag{3-110}$$

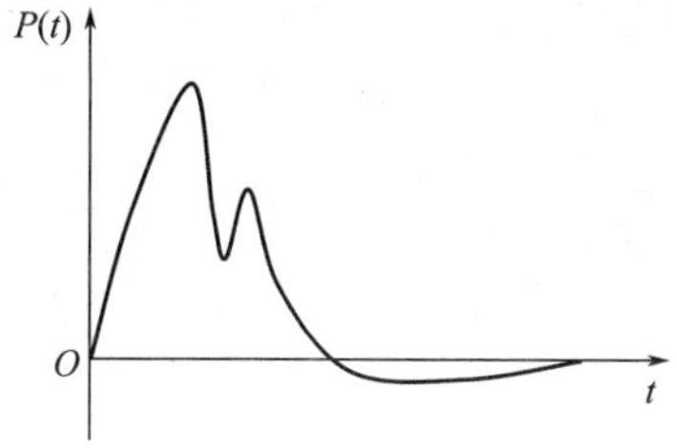

图 3-23 任意冲击激励

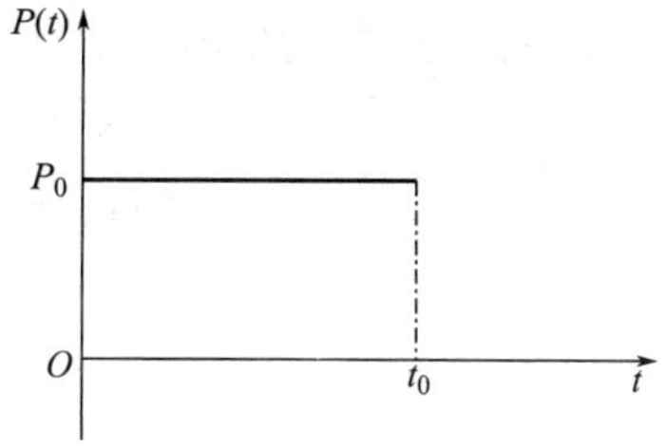

图 3-24 矩形脉冲

式中，t_0 为矩形脉冲持续时间，且初始条件为 $u(0)=\dot{u}(0)=0$。下面，分两个阶段进行讨论。

第一阶段：强迫振动阶段。在这一阶段，系统受到阶跃激励的作用，其运动方程的一个特解为 $u_P(t)=P_0/k$。于是，运动方程的通解为：

$$u(t)=u_c(t)+u_P(t)=A\cos\omega t+B\sin\omega t+\frac{P_0}{k} \tag{3-111}$$

由初始条件 $u(0)=\dot{u}(0)=0$，可知：

$$A=-\frac{P_0}{k},\ B=0 \tag{3-112}$$

将式(3-112)代入式(3-111)中，得到：

$$u(t)=\frac{P_0}{k}(1-\cos\omega t),\ 0\leqslant t\leqslant t_0 \tag{3-113}$$

这样，强迫振动阶段的位移反应比为：

$$R^{(1)}(t)=\frac{u(t)}{u_{st}}=1-\cos\omega t=1-\cos\left(\frac{2\pi t}{T}\right),\ 0\leqslant t\leqslant t_0 \tag{3-114}$$

式中，T 为系统固有振动周期。

显然，式(3-114)的第一个最大值出现在 $t/T=1/2$ 处，此时最大的位移反应比 $R^{(1)}(T/2)=2$。如果此最大值恰好出现在第一阶段的结束处，则必有 $t_0/T=1/2$。当 t_0/T 超过 1/2 且继续增大时，出现在第一阶段的另外最大值也都是 $R^{(1)}_{max}=2$。当 t_0/T 自 1/2 减小时，第一阶段没有出现最大值，位移反应比只是从零增大到 $R^{(1)}(t_0)$。因此，第一阶段的最大位移反应比为：

$$R^{(1)}_{max}=\begin{cases}1-\cos\left(\dfrac{2\pi t_0}{T}\right), & t_0/T\leqslant\dfrac{1}{2}\\[2ex] 2, & t_0/T>\dfrac{1}{2}\end{cases} \tag{3-115}$$

其函数图形关系如图 3-25(a)所示。

第二阶段：自由振动阶段。在 t_0 时刻之后，系统将以 t_0 时刻的反应为初始条件作自由振动，根据式(2-17)，则有

$$u(t)=u(t_0)\cos\omega(t-t_0)+\frac{\dot{u}(t_0)}{\omega}\sin\omega(t-t_0) \tag{3-116}$$

根据式(3-113)可知：

$$u(t_0)=\frac{P_0}{k}(1-\cos\omega t_0),\ \dot{u}(t_0)=\frac{P_0}{k}\omega\sin\omega t_0 \tag{3-117}$$

将式(3-117)代入式(3-116)中，得到：

$$u(t)=\frac{P_0}{k}[(1-\cos\omega t_0)\cos\omega(t-t_0)+\sin\omega t_0\sin\omega(t-t_0)],\ t>t_0 \tag{3-118}$$

于是，自由振动阶段的位移反应比为：

$$R^{(2)}(t)=\left(1-\cos\frac{2\pi t_0}{T}\right)\cos\frac{2\pi}{T}(t-t_0)+\sin\frac{2\pi t_0}{T}\sin\frac{2\pi}{T}(t-t_0),\ t>t_0 \tag{3-119}$$

或写为：

$$R^{(2)}(t)=\cos\frac{2\pi}{T}(t-t_0)-\cos\frac{2\pi t}{T}=2\sin\frac{\pi t_0}{T}\sin2\pi\left(\frac{t}{T}-\frac{t_0}{2T}\right),\ t>t_0 \tag{3-120}$$

由于 $t>t_0$，因此总能出现某一时刻 t^*，使得：

$$\sin2\pi\left(\frac{t^*}{T}-\frac{t_0}{2T}\right)=\pm1,\ 即\ 2\pi\left(\frac{t^*}{T}-\frac{t_0}{2T}\right)=\frac{n\pi}{2},\ n=1,3,5,\cdots \tag{3-121}$$

由式(3-121)可得：

$$t^*=\frac{n}{4}T+\frac{t_0}{2}>t_0,\ 即\ n>\frac{2t_0}{T}$$

这表明，对于给定的比值 t_0/T，只要奇数 $n>2t_0/T$，在时刻 $t^*=\frac{nT}{4}+\frac{t_0}{2}$，使得式(3-121)成立。于是，自由振动阶段的最大位移反应比为：

$$R_{\max}^{(2)}=2\left|\sin\frac{\pi t_0}{T}\right| \tag{3-122}$$

其函数图形关系如图 3-25(a)所示。

显然，最大位移反应比 $R_{\max}^{(1)}$ 和 $R_{\max}^{(2)}$ 都是 t_0/T 的函数，它仅取决于脉冲持续时间与系统固有振动周期的比值 t_0/T，而不单独依赖 t_0 或 T，如图 3-25(a)所示。现在，定义**整体最大位移反应比**为在强迫振动和自由振动两个阶段中最大位移反应比中的较大者，即：

$$R_{max} = \max[R_{max}^{(1)}, R_{max}^{(2)}] = \begin{cases} 2\sin\dfrac{\pi t_0}{T}, & t_0/T \leqslant \dfrac{1}{2} \\ 2, & t_0/T > \dfrac{1}{2} \end{cases} \tag{3-123}$$

其函数图形关系如图 3-25(b)所示。

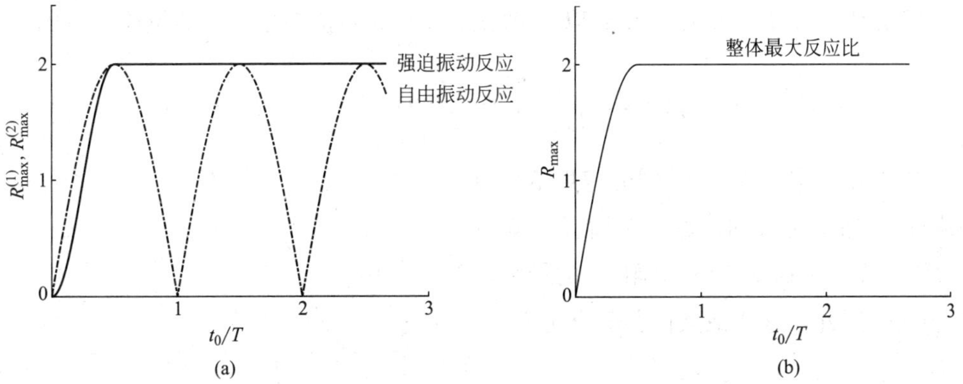

图 3-25 矩形脉冲激励的最大反应比

(a)强迫振动阶段和自由振动阶段的最大反应比；(b)冲击谱

表示单自由度系统最大反应作为系统固有周期(或相关参数)函数的图形称为**反应谱**。当激励是一个单位脉冲时，反应谱也可称为**冲击谱**。图 3-25(b)是矩形脉冲激励的冲击谱，它完全描述了问题的特性。

3.3.2 半周正弦波脉冲激励

对于图 3-26 所示的半周正弦波脉冲激励，无阻尼单自由度系统的运动方程为：

$$m\ddot{u}(t) + ku(t) = P(t) = \begin{cases} P_0 \sin(\pi t/t_0), & t \leqslant t_0 \\ 0, & t > t_0 \end{cases} \tag{3-124}$$

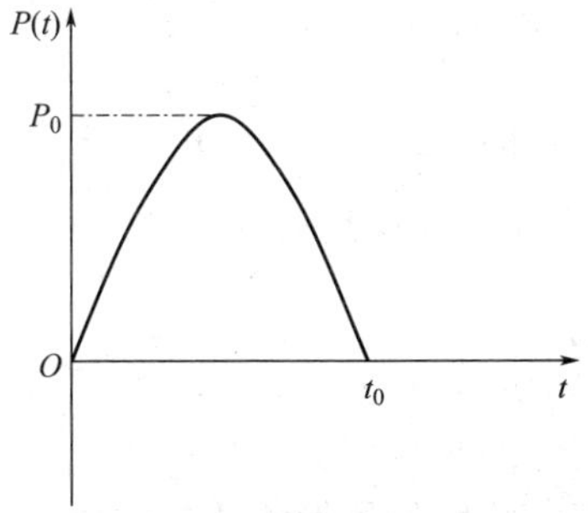

图 3-26 半周正弦波脉冲

式中，t_0 为半周正弦波脉冲持续时间，且初始条件为 $u(0)=\dot{u}(0)=0$。

根据简谐激励的反应分析，需要按 $\overline{\omega}=\omega$ 和 $\overline{\omega}\neq\omega$ 两种情况来求运动方程的特解。为此，下面分两种情况来讨论，且每种情况仍分为强迫振动阶段和自由振动阶段。

情况 1：$\overline{\omega}=\omega$，即 $\dfrac{t_0}{T}=\dfrac{1}{2}$

强迫振动阶段：根据式(3-21)可知，包含瞬态及稳态的无阻尼位移反应比：

$$R^{(1)}(t)=\frac{1}{2}(\sin\omega t-\omega t\cos\omega t)=\frac{1}{2}\left(\sin\frac{2\pi t}{T}-\frac{2\pi t}{T}\cos\frac{2\pi t}{T}\right),\ t\leqslant t_0 \tag{3-125}$$

自由振动阶段：首先，确定 t_0 时刻的位移 $u(t_0)$和速度 $\dot{u}(t_0)$为：

$$u(t_0)=\frac{\pi P_0}{2k},\ \dot{u}(t_0)=0 \tag{3-126}$$

将式(3-126)代入式(3-116)中，得到以 t_0 时刻为初始条件的自由振动的位移反应比：

$$R^{(2)}(t)=\frac{\pi}{2}\cos 2\pi\left(\frac{t}{T}-\frac{t_0}{T}\right)=\frac{\pi}{2}\cos 2\pi\left(\frac{t}{T}-\frac{1}{2}\right),\ t>t_0 \tag{3-127}$$

在式(3-126)中，因 t_0 时刻的速度 $\dot{u}(t_0)=0$，表明强迫振动阶段的位移在此阶段结束时达到最大值，而自由振动阶段(无阻尼)的最大值与 $u(t_0)$相同。因此，整体最大位移反应比为：

$$R_{\max}=R_{\max}^{(1)}=R_{\max}^{(2)}=\frac{\pi}{2},\ t_0/T=\frac{1}{2} \tag{3-128}$$

式(3-125)和式(3-127)分别是 $t_0/T=1/2$ 时的强迫振动和自由振动阶段的位移反应比，它们都是 t/T 的函数，如图 3-27 所示，其中实线部分为强迫振动阶段，虚线部分为自由振动阶段。

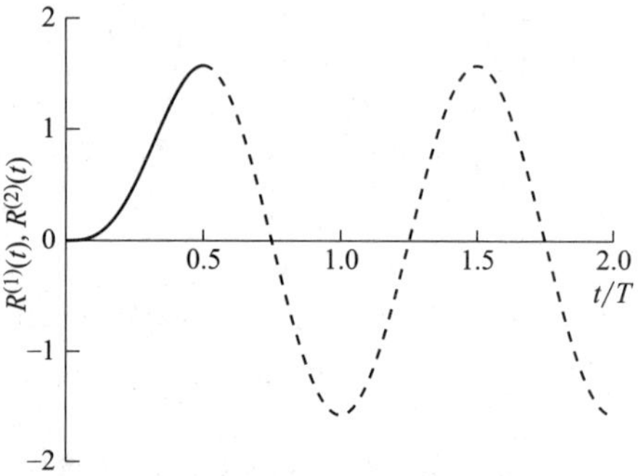

图 3-27 无阻尼单自由度系统对半周正弦脉冲激励的反应($t_0/T=1/2$)

从图 3-27 中可以看出，在 $t_0/T=1/2$ 时，反应的第一个最大值 $R_{\max}=\pi/2$ 出现在强迫振动阶段结束的 t_0 时刻，之后是以 t_0 时刻的最大幅值为初始条件作自由振动。

情况 2：$\bar{\omega}\neq\omega$ 即$\dfrac{t_0}{T}\neq\dfrac{1}{2}$

强迫振动阶段：由式(3-11)可知，包含瞬态及稳态的无阻尼位移反应比为：

$$R^{(1)}(t)=\frac{1}{1-\beta^2}(\sin\bar{\omega}t-\beta\sin\omega t)=\frac{1}{1-(T/2t_0)^2}\left(\sin\frac{\pi t}{t_0}-\frac{T}{2t_0}\sin\frac{2\pi t}{T}\right),\ t\leqslant t_0 \tag{3-129}$$

自由振动阶段：由式(3-129)确定 t_0 时刻的位移 $u(t_0)$和速度 $\dot{u}(t_0)$，并将其代入式(3-116)中，得到以 t_0 时刻为初始条件的自由振动反应。于是，位移反应比 $R(t)$为：

$$R^{(2)}(t)=\frac{(T/t_0)\cos(\pi t_0/T)}{(T/2t_0)^2-1}\sin 2\pi\left(\frac{t}{T}-\frac{t_0}{2T}\right),\ t>t_0 \tag{3-130}$$

下面，来确定在 $t_0/T\neq 1/2$ 时，强迫振动阶段和自由振动阶段的最大位移反应比。

在强迫振动阶段，出现峰值的数量取决于 t_0/T，脉冲持续时间 t_0 越长，出现峰值的次数越多。峰值出现的时刻可由式(3-129)中的 $R^{(1)}(t)$对时间 t 求导数并令其为零得到：

$$\cos\frac{\pi t^*}{t_0}=\cos\frac{2\pi t^*}{T} \tag{3-131}$$

满足条件 $0<t^*\leqslant t_0$ 的解为：

$$\frac{\pi t_n^*}{t_0}=\frac{2\pi t_n^*}{T}-2n\pi,\quad n=1,2,3,\cdots \quad 或 \quad \frac{\pi t_n^*}{t_0}=-\frac{2\pi t_n^*}{T}+2n\pi,\ n=1,2,3,\cdots \tag{3-132}$$

由式(3-132)可进一步求得：

$$t_n^*=\frac{-2n}{1-2(t_0/T)}t_0,\ 且\ t_0/T>\frac{1}{2},\ 正整数\ n\leqslant\frac{t_0}{T}-\frac{1}{2} \tag{3-133a}$$

$$t_n^*=\frac{2n}{1+2(t_0/T)}t_0,\ 且\ t_0/T>\frac{1}{2},\ 正整数\ n\leqslant\frac{1}{2}+\frac{t_0}{T} \tag{3-133b}$$

式(3-133a)的解对应于极小值出现的时刻，而式(3-133b)的解对应于极大值出现的时刻。因此，将式(3-133b)代入式(3-129)中，得到强迫振动阶段的最大位移反应比：

$$R_{\max}^{(1)}=\frac{1}{1-(T/2t_0)^2}\left(\sin\frac{2\pi n}{1+2t_0/T}-\frac{T}{2t_0}\sin\frac{2\pi n}{1+T/2t_0}\right),\ \frac{t_0}{T}>\frac{1}{2},\ 正整数\ n\leqslant\frac{1}{2}+\frac{t_0}{T} \tag{3-134}$$

当 $1/2<t_0/T<3/2$ 时，正整数 $n=1$，此时仅有一个峰值出现在强迫振动阶段；当 $t_0/T\geqslant 3/2$ 时，则第二个峰值会出现，若 $3/2<t_0/T<5/2$，则它比第一个峰值小；当 $t_0/T\geqslant 5/2$ 时，则第三个峰值会出现，若 $5/2<t_0/T<9/2$，则第二个峰值比第一个和第三个峰值都大。这表明第二个峰值真正出现是在 $5/2<t_0/T<9/2$ 的范围，而第三个峰值真正出现是在 $t_0/T=9/2$ 之后。图 3-28(a)给出了这些峰值作为 t_0/T 的函数图形。

显然，当 $t_0/T<1/2$ 时，式(3-134)不再适用，因为在强迫振动阶段没有峰值出现，反应从零增大到 $u(t_0)$，由式(3-129)在 $t=t_0$ 时得到：

$$R_{\max}^{(1)}=\frac{T/2t_0}{(T/2t_0)^2-1}\sin\frac{2\pi t_0}{T},\ t_0/T<1/2 \tag{3-135}$$

它定义了强迫振动阶段在 $t_0/T<1/2$ 范围的最大位移反应比，如图 3-28(a)及(b)所示。

在自由振动阶段，系统的位移反应比由式(3-130)的正弦函数给出，其最大位移反应比为：

$$R_{\max}^{(2)}=\left|\frac{(T/t_0)\cos(\pi t_0/T)}{(T/2t_0)^2-1}\right| \tag{3-136}$$

式(3-136)描述了自由振动阶段的最大位移反应比，如图 3-28(b)所示。

整体最大反应比是强迫振动和自由振动阶段分别确定的两个最大值中的较大者。从图 3-28(c)可知，整体最大位移反应比的表达式为：

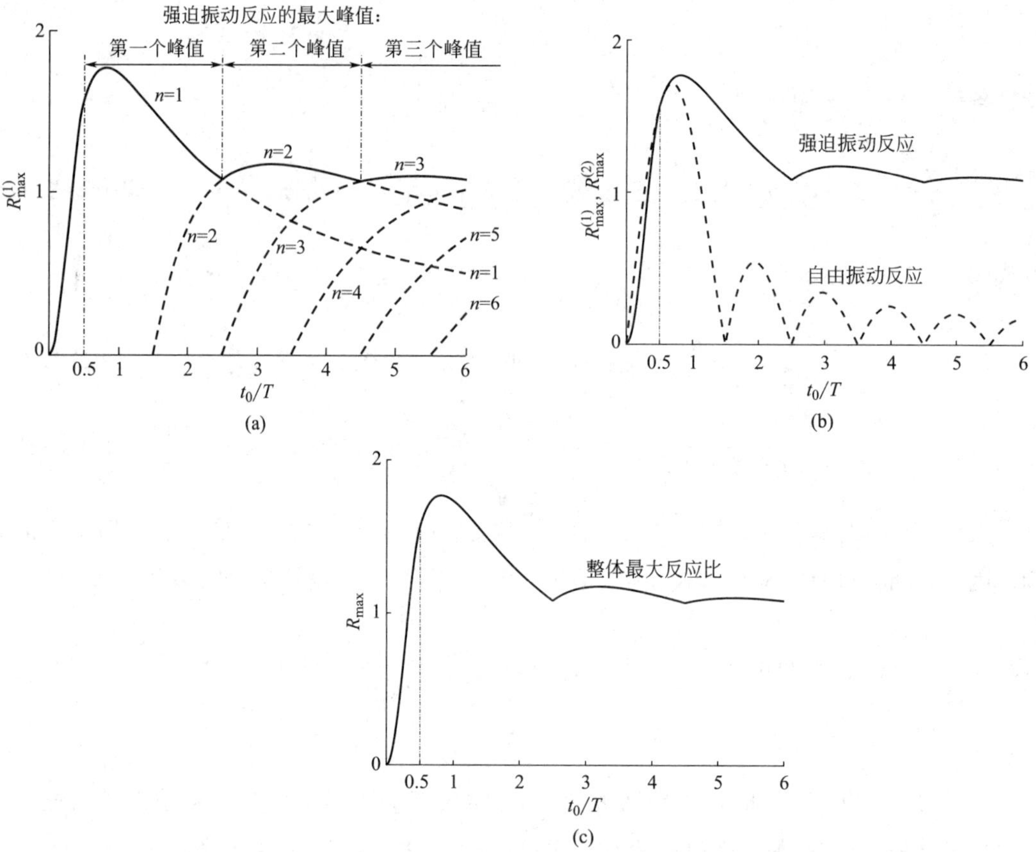

图 3-28　对半周正弦脉冲激励的最大反应比

(a)强迫振动阶段的最大反应比；(b)强迫振动和自由振动阶段的最大反应比；(c)冲击谱

$$R_{max}=\begin{cases}R_{max}^{(2)}, & t_0/T<\dfrac{1}{2}\\ \pi/2, & t_0/T=\dfrac{1}{2}\\ R_{max}^{(1)}, & t_0/T>\dfrac{1}{2}\end{cases} \tag{3-137}$$

其中，$R_{max}^{(1)}$ 及 $R_{max}^{(2)}$ 的表达式分别为式(3-134)和式(3-136)。

式(3-137)表明，如果 $t_0>T/2$，则系统的整体最大反应值为脉冲作用期间发生的最大反应值；如果 $t_0<T/2$，则系统的整体最大反应值为自由振动阶段发生的最大反应值。对于 $t_0=T/2$ 这一特殊情况，强迫振动和自由振动阶段的最大反应值相等。

3.3.3　三角形脉冲激励

最后，讨论三角形脉冲激励，如图 3-29 所示。需要求解的运动方程为：

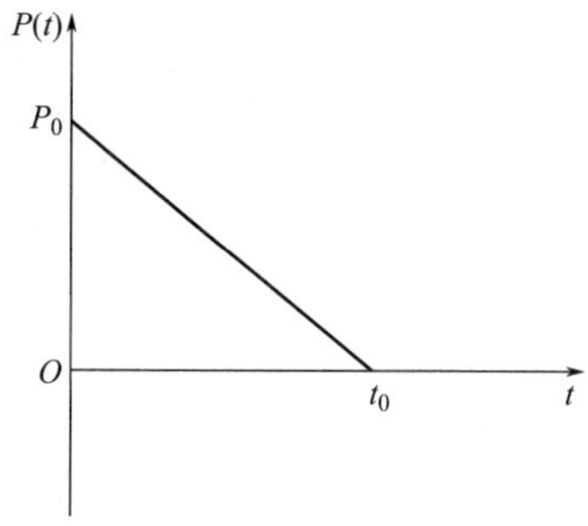

图 3-29 三角形脉冲激励

$$m\ddot{u}(t)+ku(t)=P(t)=\begin{cases}P_0(1-t/t_0), & t\leqslant t_0\\ 0, & t>t_0\end{cases}\tag{3-138}$$

式中，t_0 为三角形脉冲持续时间，且初始条件为 $u(0)=\dot{u}(0)=0$。将反应分为两个阶段讨论。

第一阶段：强迫振动阶段。在此阶段期间，系统受到三角形脉冲的作用，其运动方程的一个特解为 $u_P(t)=\frac{P_0}{k}\left(1-\frac{t}{t_0}\right)$。于是，运动方程的通解为：

$$u(t)=u_c(t)+u_P(t)=A\cos\omega t+B\sin\omega t+\frac{P_0}{k}\left(1-\frac{t}{t_0}\right)\tag{3-139}$$

由初始条件 $u(0)=\dot{u}(0)=0$ 确定系数 A 和 B 为：

$$A=-\frac{P_0}{k},\ B=\frac{P_0}{k\omega t_0}\tag{3-140}$$

将式(3-140)代入式(3-139)中，并在方程两边同除以 $u_{st}=P_0/k$，得到位移反应比为：

$$R^{(1)}(t)=1-\frac{t}{t_0}-\cos\frac{2\pi t}{T}+\frac{T}{2\pi t_0}\sin\frac{2\pi t}{T},\ 0<t\leqslant t_0\tag{3-141}$$

第二阶段：自由振动阶段。首先，由式(3-139)确定 t_0 时刻的位移 $u(t_0)$ 和速度 $\dot{u}(t_0)$，并将其代入式(3-116)中，得到以 t_0 时刻为初始条件的自由振动的位移反应：

$$\begin{aligned}u(t)=\frac{P_0}{k}\Bigg[&\left(\frac{T}{2\pi t_0}\sin\frac{2\pi t_0}{T}-\cos\frac{2\pi t_0}{T}\right)\cos\frac{2\pi}{T}(t-t_0)\\&+\left(\frac{T}{2\pi t_0}\cos\frac{2\pi t_0}{T}+\sin\frac{2\pi t_0}{T}-\frac{T}{2\pi t_0}\right)\sin\frac{2\pi}{T}(t-t_0)\Bigg],\ t>t_0\end{aligned}\tag{3-142}$$

对式(3-142)进行化简后，可得到位移反应比 $R^{(2)}(t)$ 为：

$$R^{(2)}(t)=\frac{T}{2\pi t_0}\left[\left(1-\cos\frac{2\pi t_0}{T}\right)\sin 2\pi\frac{t}{T}-\left(\frac{2\pi t_0}{T}-\sin\frac{2\pi t_0}{T}\right)\cos 2\pi\frac{t}{T}\right],\ t>t_0\tag{3-143}$$

式(3-141)和式(3-143)分别是强迫振动阶段和自由振动阶段的位移反应比，它们是 t/T 的函数。对于给定 $t_0/T=0.25$、0.5、1.0、1.5 时，其位移反应比的函数曲线如图 3-30 所示。

两个阶段的最大反应比。强迫振动阶段的最大位移反应比 $R_{\max}^{(1)}$。将式(3-141)对时间求一阶导数并令其为零，得：

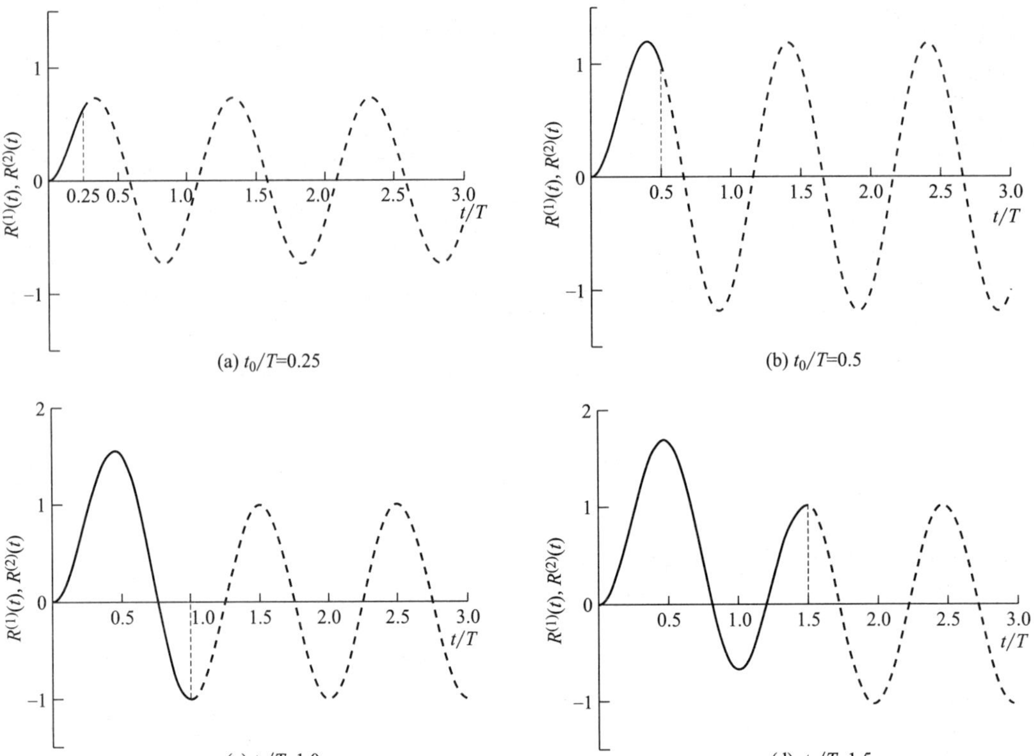

图 3-30　无阻尼单自由度系统对三角形脉冲激励的位移反应比

$$\frac{2\pi t_0}{T}\sin\frac{2\pi t^*}{T}=1-\cos\frac{2\pi t^*}{T} \tag{3-144}$$

利用三角公式，式(3-144)可写为：

$$\frac{4\pi t_0}{T}\sin\frac{\pi t^*}{T}\cos\frac{\pi t^*}{T}=2\sin^2\left(\frac{\pi t^*}{T}\right)$$

考虑到 $0<t^*\leqslant t_0$，得到：

$$\sin\frac{\pi t^*}{T}=0,\text{ 即 } t^*=nT,\text{ 且正整数 } n\leqslant\frac{t_0}{T} \tag{3-145a}$$

$$\tan\frac{\pi t^*}{T}=\frac{2\pi t_0}{T} \tag{3-145b}$$

式(3-145a)的解对应于极小值出现的时刻，如图 3-30(c)和(d)所示。式(3-145b)的解对应于极大值出现的时刻，根据图 3-30(b)、(c)和(d)可知，最大反应比发生在首次出现 $\dot{R}^{(1)}(t)=0$ 的时刻，因此 $\pi t^*/T$ 是在第一象限且满足 $\pi t^*/T<\pi/2$。于是，由式(3-145b)得到：

$$\frac{\pi t^*}{T}=\arctan\frac{2\pi t_0}{T} \tag{3-146}$$

将式(3-146)代入式(3-141)中，得到强迫振动阶段的最大位移反应比：

$$R_{\max}^{(1)}=1-\frac{T}{\pi t_0}\arctan\frac{2\pi t_0}{T}-\cos\left(2\arctan\frac{2\pi t_0}{T}\right)+\frac{T}{2\pi t_0}\sin\left(2\arctan\frac{2\pi t_0}{T}\right) \tag{3-147}$$

自由振动阶段的最大位移反应比 $R_{\max}^{(2)}$。根据式(3-143)可知，其幅值为：

$$R_{\max}^{(2)}=\frac{T}{2\pi t_0}\left[\left(1-\cos\frac{2\pi t_0}{T}\right)^2+\left(\frac{2\pi t_0}{T}-\sin\frac{2\pi t_0}{T}\right)^2\right]^{1/2} \tag{3-148}$$

图 3-31(a)画出了式(3-147)中 $R_{\max}^{(1)}$ 与 t_0/T 的函数曲线关系(如实线所示)，同时画出了式(3-148)中 $R_{\max}^{(2)}$ 与 t_0/T 的函数曲线关系(如虚线所示)。当 $t_0/T=0.37101$ 时，$R_{\max}^{(1)}=R_{\max}^{(2)}=1$，表明整体最大反应比 $R_{\max}$ 恰好出现在强迫振动阶段的结束处(即 $t^*=t_0$)。对于 $t_0/T>0.37101$ 时，整体最大反应比 $R_{\max}$ 出现在强迫振动阶段，并以式(3-147)来控制。反之，对于 $t_0/T<0.37101$ 时，整体最大反应比 $R_{\max}$ 出现在自由振动阶段，并以式(3-148)来控制。图 3-31(b)绘出了整体最大反应比 $R_{\max}$ 与 t_0/T 的函数曲线关系，即冲击谱。

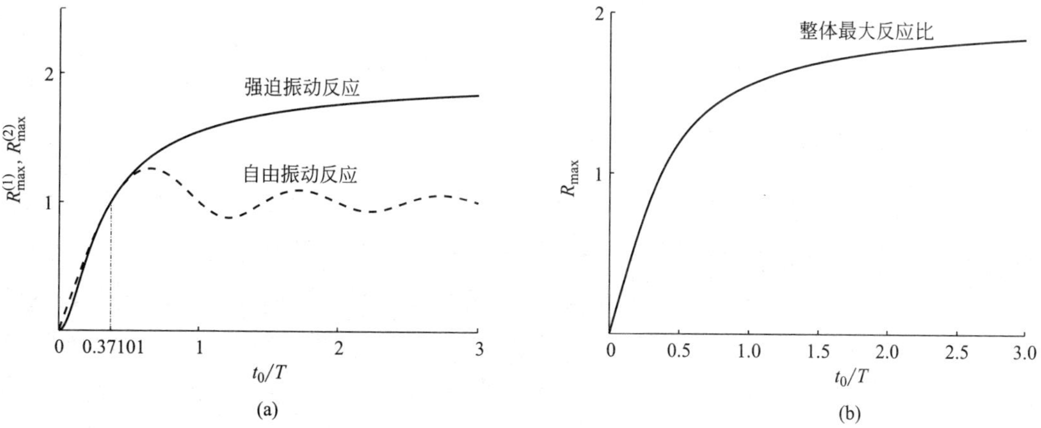

图 3-31 对三角形脉冲激励的最大反应比

(a)强迫振动和自由振动阶段的最大反应比；(b)冲击谱

【例 3-5】 利用图 3-31(b)所示三角形脉冲激励的位移冲击谱曲线，计算图 3-32 所示三角形脉冲作用下单层建筑物系统的最大反应。建筑物的总重量 $W=2.84\times10^3$ kN，总侧向刚度 $k=1.78\times10^6$ kN/m。其中，三角形脉冲激励的幅值 $P_0=4.5\times10^3$ kN，脉冲持续时间 $t_0=0.05$ s。

【解】 单层建筑物系统的固有振动周期为：

$$T=\frac{2\pi}{\omega}=2\pi\sqrt{\frac{W}{kg}}=2\pi\sqrt{\frac{2.84\times10^3}{1.78\times10^6\times9.8}}=0.08\ \text{s} \tag{a}$$

脉冲持续时间与固有振动周期之比为：

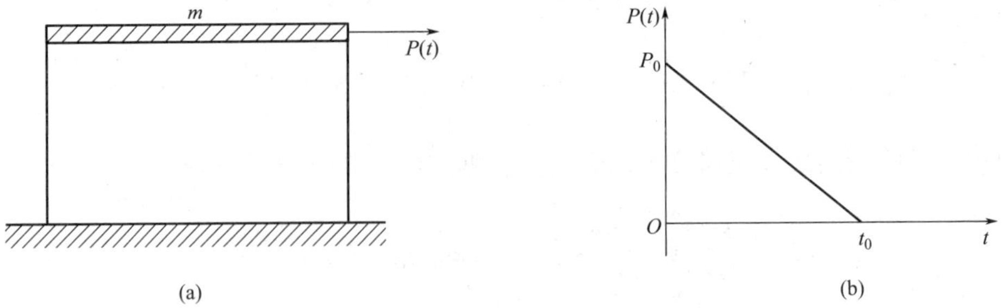

图 3-32 单层建筑物系统承受三角形脉冲激励

$$\frac{t_0}{T}=\frac{0.05}{0.08}=0.625 \tag{b}$$

根据图 3-31(b)查得最大反应比 $R_{\max}=1.327$。因此，最大位移反应为：

$$u_{\max}=R_{\max}\frac{P_0}{k}=1.327\times\frac{4.5\times10^3}{1.78\times10^6}\ \text{m}=0.335\ \text{cm} \tag{c}$$

它所引起的最大弹性恢复力为：

$$f_{S,\max}=ku_{\max}=1.78\times10^6\times0.335\times10^{-2}=5.963\times10^3\ \text{kN} \tag{d}$$

3.3.4 反应谱

在前面讨论的反应分析中，已假定系统是确定的，即 k、m 和 c 都是已知量，希望得到给定激励的反应。然而，在设计中(特别是在初步设计中)经常遇到的问题是，要选择一个或多个系统的参数，使得系统的反应满足某些给定的条件。例如，当系统承受某一已知激励时，人们常常事先设定最大绝对位移或最大应力值的范围。为此，在结构设计中，往往使用反应谱来刻画不同结构参数时在给定激励下的结构最大反应。因此对于各种冲击激励形式，绘制出最大反应比 $R_{\max}$ 作为 t_0/T 函数的图形是有益的。对于上述讨论过的三种冲击激励形式，绘制出如图 3-33 所示的位移反应谱，或简称为**反应谱**。一般由所绘制的这些曲线，可以足够精确地预测简单结构受到给定冲击激励的最大效应。

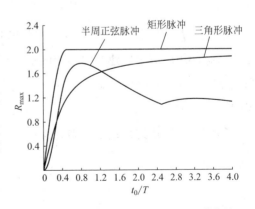

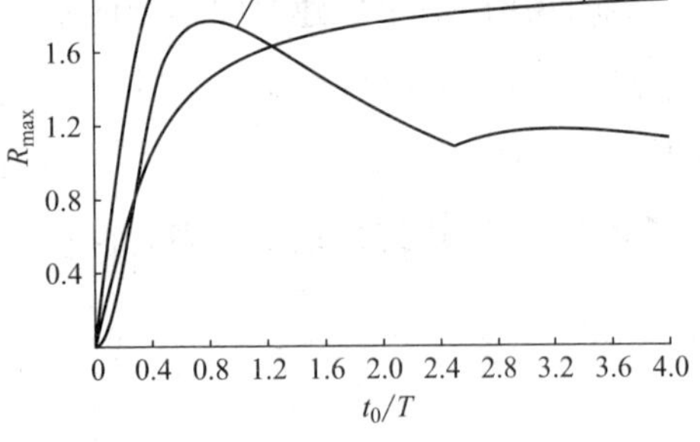

图 3-33 三种脉冲激励的位移反应谱曲线

这些反应谱也可以用来求出结构对作用在其基底的加速度脉冲的反应。如果作用于基底的加速度为 $\ddot{u}_g(t)$，则它所引起的等效冲击激励为 $P_{\text{eff}}(t)=-m\ddot{u}_g(t)$。若以 $\ddot{u}_{g0}$ 表示 $\ddot{u}_g(t)$ 的绝对最大值，则等效冲击激励的最大值 $P_{\text{eff},0}=m\ddot{u}_{g0}$(负号已略去)。因此，最大反应比可写为：

$$R_{\max}=\frac{u_{\max}}{m\ddot{u}_{g0}/k}=\frac{\omega^2 u_{\max}}{\ddot{u}_{g0}} \quad 或 \quad u_{\max}=\frac{R_{\max}\ddot{u}_{g0}}{\omega^2} \tag{3-149}$$

在结构设计中，有时仅对反应的绝对值大小感兴趣。对于受到地面运动激励的无阻尼系统，即 $m\ddot{u}(t)+ku(t)=-m\ddot{u}_g(t)$，其绝对加速度 $\ddot{u}^t=\ddot{u}+\ddot{u}_g=-\omega^2 u$，因此，绝对加速度最大值 $\ddot{u}^t_{\max}=\omega^2 u_{\max}$。这样，式(3-149)可改写为：

$$R_{\max}=\frac{\ddot{u}^t_{\max}}{\ddot{u}_{g0}} \quad 或 \quad \ddot{u}^t_{\max}=R_{\max}\ddot{u}_{g0} \tag{3-150}$$

与用来估计冲击激励的最大位移反应(即图 3-33 所示的反应谱)一样，同样可以用来预测质量 m 在基底承受加速度脉冲时的最大加速度反应。需要指出的是，因阻尼对冲击激励的最大反应的影响很小，这里所讨论的反应谱是在无阻尼情况下绘制的，但是反应谱同样也适用于有阻尼系统。

§3.4 一般动力激励的反应分析

前面介绍的单自由度系统简谐激励、周期激励以及几种冲击激励的反应，因为线性微分方程的特解容易找到，从而比较方便地应用经典解法求解微分方程。然而，对于一般的动力激励，很难得到其运动方程的特解，为此通常可采用如下方法来求解：①Duhamel 积分；②Fourier 积分；③Laplace 变换。本节将仅讨论 Duhamel 积分和 Fourier 积分在求解一般动力激励下单自由度系统的反应。

3.4.1 单位脉冲激励的反应

研究图 3-34 所示的短时脉冲激励，无阻尼单自由度系统的运动方程为：

$$m\ddot{u}(t)+ku(t)=\begin{cases}P(t), & \tau\leqslant t\leqslant\tau+\mathrm{d}\tau\\ 0, & 其他\end{cases} \tag{3-151}$$

式中，$\mathrm{d}\tau$ 为脉冲持续时间，且 $\mathrm{d}\tau\ll T$，初始条件为 $u(\tau)=\dot{u}(\tau)=0$。

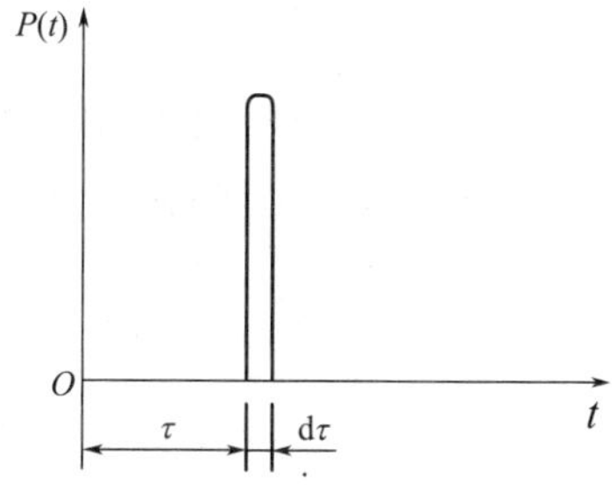

图 3-34 短时脉冲激励($\mathrm{d}\tau\ll T$)

在 $\tau\leqslant t\leqslant\tau+\mathrm{d}\tau$ 时间上，对运动方程的两边进行积分：

$$\int_{\tau}^{\tau+\mathrm{d}\tau} m\ddot{u}(t)\mathrm{d}t+\int_{\tau}^{\tau+\mathrm{d}\tau} ku(t)\mathrm{d}t=\int_{\tau}^{\tau+\mathrm{d}\tau} P(t)\mathrm{d}t \tag{3-152}$$

令

$$\mathrm{d}I=\int_{\tau}^{\tau+\mathrm{d}\tau}P(t)\mathrm{d}t\approx P(\tau)\mathrm{d}\tau \tag{3-153}$$

考虑初始条件 $\dot{u}(\tau)=0$，式(3-152)可化简为：

$$m\dot{u}(\tau+\mathrm{d}\tau)+ku_{\mathrm{avg}}\mathrm{d}\tau=\mathrm{d}I \tag{3-154}$$

式中，u_{avg} 是在 $\tau\leqslant t\leqslant\tau+\mathrm{d}\tau$ 上的平均位移。

对于脉冲作用期间的位移 $u(\tau+\mathrm{d}t)$，且 $0\leqslant\mathrm{d}t\leqslant\mathrm{d}\tau$，应用 Taylor 公式：

$$u(\tau+\mathrm{d}t)=u(\tau)+\dot{u}(\tau)\mathrm{d}t+\frac{\ddot{u}(\tau)}{2}(\mathrm{d}t)^2+\cdots \tag{3-155}$$

因初始条件 $u(\tau)=\dot{u}(\tau)=0$，且脉冲持续时间 $\mathrm{d}\tau$ 很短，即 $\mathrm{d}t$ 很小。于是，位移 $u(\tau+\mathrm{d}t)$ 是 $\mathrm{d}t$ 的二阶小量，可以认为位移没有改变，即在 $\tau\leqslant t\leqslant\tau+\mathrm{d}\tau$ 作用期间，位移 $u(t)=0$。这样，式(3-154)中的第二项可以忽略，即：

$$\dot{u}(\tau+\mathrm{d}\tau)=\frac{\mathrm{d}I}{m} \tag{3-156}$$

脉冲激励结束后，系统将作自由振动，仿照式(3-116)，则有：

$$u(t)=u(\tau+\mathrm{d}\tau)\cos\omega[t-(\tau+\mathrm{d}\tau)]+\frac{\dot{u}(\tau+\mathrm{d}\tau)}{\omega}\sin\omega[t-(\tau+\mathrm{d}\tau)],\ t>\tau+\mathrm{d}\tau \tag{3-157}$$

由于 $u(\tau+\mathrm{d}\tau)=0$，并结合式(3-156)，则式(3-157)可写为：

$$u(t)=\frac{\mathrm{d}I}{m\omega}\sin\omega\,[t-(\tau+\mathrm{d}\tau)],\ t>\tau+\mathrm{d}\tau \tag{3-158}$$

当 $\mathrm{d}\tau\to0$ 时，则式(3-158)变为：

$$u(t)=\frac{\mathrm{d}I}{m\omega}\sin\omega(t-\tau),\ t>\tau \tag{3-159}$$

式(3-159)即为无阻尼单自由度系统的短时脉冲激励的反应。

若 $\mathrm{d}I=1$ 时，得到无阻尼单自由度系统的**单位脉冲反应函数**：

$$h(t-\tau)\equiv u(t)=\frac{1}{m\omega}\sin\omega(t-\tau),\ t>\tau \tag{3-160}$$

类似地，对于 $\xi<1$ 黏滞阻尼单自由度系统的单位脉冲反应函数：

$$h(t-\tau)\equiv u(t)=\frac{1}{m\omega_{\mathrm{D}}}\mathrm{e}^{-\xi\omega(t-\tau)}\sin\omega_{\mathrm{D}}(t-\tau),\ t>\tau \tag{3-161}$$

3.4.2 Duhamel 积分

一个初始状态为静止的无阻尼单自由度系统，受到如图 3-35 所示的随时间任意变化的

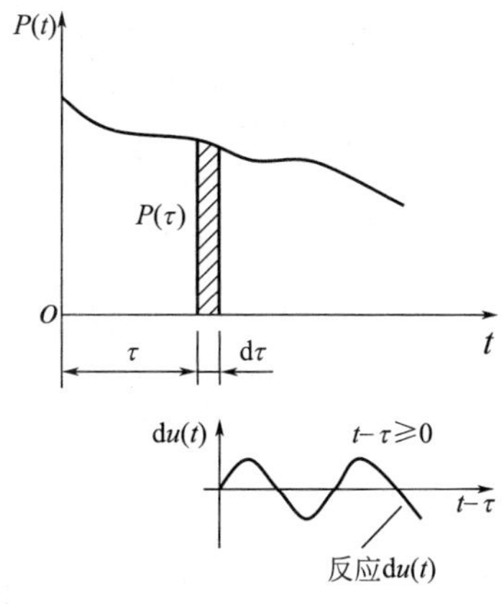

图 3-35 一般动力激励

一般动力激励 $P(t)$。将激励 $P(t)$ 分解成一系列连续的短时脉冲激励之和，系统受到一个短时脉冲激励（或称为冲量）$\mathrm{d}I=P(\tau)\mathrm{d}\tau$，其反应记为 $\mathrm{d}u(t)$，由式(3-159)可知：

$$\mathrm{d}u(t)=\frac{\mathrm{d}I}{m\omega}\sin\omega(t-\tau)=\frac{P(\tau)\mathrm{d}\tau}{m\omega}\sin\omega(t-\tau),\ t>\tau \tag{3-162}$$

在 t 时刻的总反应将是在 t 时间以前，所有短时脉冲序列的反应之和，即为无阻尼单自由度系统的 **Duhamel 积分**：

$$u(t)=\frac{1}{m\omega}\int_0^t P(\tau)\sin\omega(t-\tau)\mathrm{d}\tau \tag{3-163}$$

对于 $\xi<1$ 黏滞阻尼单自由度系统，Duhamel 积分的表达式为：

$$u(t)=\frac{1}{m\omega_{\mathrm{D}}}\int_0^t P(\tau)\mathrm{e}^{-\xi\omega(t-\tau)}\sin\omega_{\mathrm{D}}(t-\tau)\mathrm{d}\tau \tag{3-164}$$

将式(3-163)或式(3-164)写成卷积积分的形式为：

$$u(t)=\int_0^t P(\tau)h(t-\tau)\mathrm{d}\tau \tag{3-165}$$

其中，$h(t-\tau)$ 为单位脉冲反应函数，即式(3-160)或式(3-161)。

用 Duhamel 积分或卷积积分所得到的反应，是在整个时域范围内获得反应的一种方法。在很多情况下，可以得到反应的解析解。对于更为复杂形式的激励则需要作数值计算，将在 3.4.3 节中进行介绍。必须注意，由于反应是由单个脉冲激励反应的叠加得到的，因此，该方法仅适用于线性系统。

若系统的初始条件为零时，可用式(3-163)或式(3-164)来求解一般动力激励的单自由度系统的反应。

若系统的初始条件非零时，即 $u(0)=u_0$，$\dot{u}(0)=\dot{u}_0$，则需由式(2-17)或式(2-27)来确定初始条件。因此，无阻尼单自由度系统的反应为：

$$u(t)=u_0\cos\omega t+\frac{\dot{u}_0}{\omega}\sin\omega t+\frac{1}{m\omega}\int_0^t P(\tau)\sin\omega(t-\tau)\mathrm{d}\tau \tag{3-166}$$

而 $\xi<1$ 黏滞阻尼单自由度系统的反应为：

$$u(t)=\left(u_0\cos\omega_{\mathrm{D}}t+\frac{\dot{u}_0+u_0\xi\omega}{\omega_{\mathrm{D}}}\sin\omega_{\mathrm{D}}t\right)\mathrm{e}^{-\xi\omega t}+\frac{1}{m\omega_{\mathrm{D}}}\int_0^t P(\tau)\mathrm{e}^{-\xi\omega(t-\tau)}\sin\omega_{\mathrm{D}}(t-\tau)\mathrm{d}\tau \tag{3-167}$$

为了能更清晰地说明上述结果，下面给出数学上的解释。求解微分方程：

$$\begin{cases} m\ddot{u}(t)+c\dot{u}(t)+ku(t)=P(t) \\ u(0)=u_0, \quad \dot{u}(0)=\dot{u}_0 \end{cases} \tag{3-168}$$

可转化为求解下列两个微分方程：

$$\begin{cases} m\ddot{u}_1(t)+c\dot{u}_1(t)+ku_1(t)=P(t) \\ u_1(0)=0, \quad \dot{u}_1(0)=0 \end{cases} \tag{3-169a}$$

$$\begin{cases} m\ddot{u}_2(t)+c\dot{u}_2(t)+ku_2(t)=0 \\ u_2(0)=u_0, \quad \dot{u}_2(0)=\dot{u}_0 \end{cases} \tag{3-169b}$$

其中，微分方程式(3-169a)的解答即为 Duhamel 积分，亦即式(3-164)；而微分方程式(3-169b)的解答即为具有初始条件的自由振动的解答，亦即式(2-27)。

于是，微分方程式(3-168)的解答可表示为：

$$u(t)=u_1(t)+u_2(t) \tag{3-170}$$

顺便指出，求解微分方程式(3-168)也可以先求解对应的齐次微分方程的通解 $u_c(t)$与其任意一个特解 $u_P(t)$，即微分方程式(3-168)的全解为：

$$u(t)=u_c(t)+u_P(t) \tag{3-171}$$

其中，通解 $u_c(t)$和特解 $u_P(t)$分别满足如下的泛定微分方程(不含初始条件)：

$$m\ddot{u}_c(t)+c\dot{u}_c(t)+ku_c(t)=0 \tag{3-172a}$$

$$m\ddot{u}_P(t)+c\dot{u}_P(t)+ku_P(t)=P(t) \tag{3-172b}$$

再由初始条件 $u(0)=u_0$，$\dot{u}(0)=\dot{u}_0$ 确定待定系数：

$$u_c(0)+u_P(0)=u_0, \quad \dot{u}_c(0)+\dot{u}_P(0)=\dot{u}_0 \tag{3-173}$$

最后，将所求的待定系数代入式(3-171)中即可获得微分方程式(3-168)的解答。在 3.1 节简谐激励的反应中就是按这一思路求解的。

这表明，Duhamel 积分式(3-164)是式(3-172b)中的一个特殊的特解，即满足初始条件为零的特解；而式(3-171)中的任意特解 $u_P(t)$是与初始条件无关的，它只需满足泛定的微分方程式(3-172b)即可。

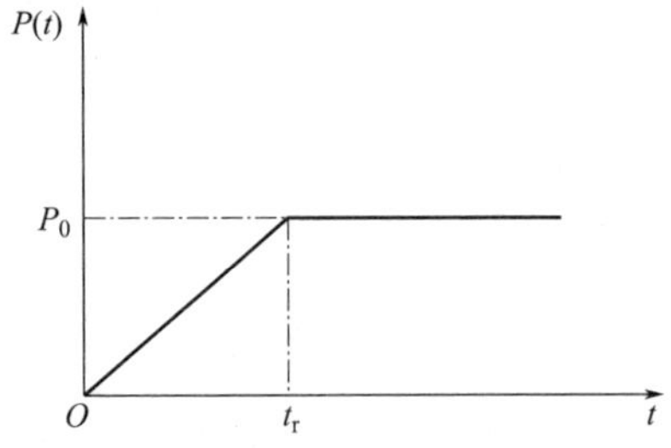

图 3-36　有限上升时间的阶跃激励

【例 3-6】 有限上升时间的阶跃激励。初始状态为静止的无阻尼单自由度系统，受到如图 3-36 所示的具有有限上升时间的阶跃力的作用，试求：

(1) 用 Duhamel 积分求其动力反应。

(2) 位移反应谱。

【解】 (1)有限上升时间的阶跃力可表示为：

$$P(t)=\begin{cases}\dfrac{P_0 t}{t_r}, & 0\leqslant t<t_r\\ P_0, & t\geqslant t_r\end{cases} \tag{a}$$

将激励分为两个阶段：线性上升阶段和不变阶段。

线性上升阶段。当 $0\leqslant t<t_r$ 时，由 Duhamel 积分式(3-163)，可得：

$$\begin{aligned}u(t)&=\frac{1}{m\omega}\int_0^t \frac{P_0\tau}{t_r}\sin\omega(t-\tau)\mathrm{d}\tau\\&=\frac{P_0}{m\omega t_r}\int_0^t \tau(\sin\omega t\cos\omega\tau-\cos\omega t\sin\omega\tau)\mathrm{d}\tau\\&=\frac{P_0}{m\omega t_r}\left(\sin\omega t\int_0^t \tau\cos\omega\tau\mathrm{d}\tau-\cos\omega t\int_0^t \tau\sin\omega\tau\mathrm{d}\tau\right)\\&=\frac{P_0}{m\omega t_r}\left[\frac{1}{\omega}\left(t-\frac{\sin\omega t}{\omega}\right)\right]\\&=\frac{P_0}{k}\left(\frac{t}{t_r}-\frac{\sin\omega t}{\omega t_r}\right),\ 0\leqslant t<t_r\end{aligned} \tag{b}$$

不变阶段。当 $t\geqslant t_r$ 时，应用 Duhamel 积分，其位移反应为：

$$\begin{aligned}u(t)&=\frac{1}{m\omega}\int_0^{t_r}\frac{P_0\tau}{t_r}\sin\omega(t-\tau)\mathrm{d}\tau+\frac{P_0}{m\omega}\int_{t_r}^{t}\sin\omega(t-\tau)\mathrm{d}\tau\\&=\frac{P_0}{k}\left[\cos\omega(t-t_r)-\frac{\sin\omega t-\sin\omega(t-t_r)}{\omega t_r}\right]+\frac{P_0}{k}[1-\cos\omega(t-t_r)]\\&=\frac{P_0}{k}\left[1-\frac{\sin\omega t-\sin\omega(t-t_r)}{\omega t_r}\right],\ t\geqslant t_r\end{aligned} \tag{c}$$

由于初始条件为零，因此，无阻尼单自由度系统的反应为：

$$u(t)=\begin{cases}\dfrac{P_0}{k}\left(\dfrac{t}{t_r}-\dfrac{\sin\omega t}{\omega t_r}\right), & 0\leqslant t<t_r\\ \dfrac{P_0}{k}\left[1+\dfrac{\sin\omega(t-t_r)-\sin\omega t}{\omega t_r}\right], & t\geqslant t_r\end{cases} \tag{d}$$

(2) 位移反应谱。考虑在线性上升段结束时的速度 $\dot{u}(t_r)$，由式(b)可得：

$$\dot{u}(t_r)=\frac{P_0}{kt_r}(1-\cos\omega t_r)\geqslant 0 \tag{e}$$

因此，最大位移总是出现在不变阶段，即 $t\geqslant t_r$。首先，将式(c)改写为：

$$u(t)=\frac{P_0}{k}\left\{1+\frac{1}{\omega t_r}[(\cos\omega t_r-1)\sin\omega t-\sin\omega t_r\cos\omega t]\right\} \tag{f}$$

由式(f)可知，$u(t)$的幅值为：

$$
\begin{aligned}
u_{\max}(t) &= \frac{P_0}{k}\left\{1+\frac{1}{\omega t_{\mathrm{r}}}\left[(1-\cos\omega t_{\mathrm{r}})^2+\sin^2\omega t_{\mathrm{r}}\right]^{1/2}\right\} \\
&= \frac{P_0}{k}\left(1+\frac{2}{\omega t_{\mathrm{r}}}\left|\sin\frac{\omega t_{\mathrm{r}}}{2}\right|\right)
\end{aligned}
\tag{g}
$$

将 $\omega=\dfrac{2\pi}{T}$ 代入式(g)中，得到最大位移反应比为：

$$
R_{\max}=\frac{u_{\max}}{u_{\mathrm{st}}}=\frac{u_{\max}}{P_0/k}=1+\frac{|\sin(\pi t_{\mathrm{r}}/T)|}{\pi t_{\mathrm{r}}/T} \tag{h}
$$

图 3-37 绘出了位移反应谱曲线。根据反应谱，可以得出以下几点结论：

1）如果 $t_{\mathrm{r}}/T<1/4$，即一个相对比较短的上升时间，则 $u_{\max}\approx 2u_{\mathrm{st}}$，这表明一个突然施加的力（相当于阶跃力）所引起的变形将是缓慢施加此力所引起变形的 2 倍。

2）如果 $t_{\mathrm{r}}/T>3.0$，即一个相对比较长的上升时间，则 $u_{\max}\approx u_{\mathrm{st}}$，这表明最大位移与静位移相差不大，这时荷载可看作是缓慢加载的，其动力效应一般可以忽略。

3）如果 $t_{\mathrm{r}}/T=1,2,3,\cdots$，则有 $u_{\max}=u_{\mathrm{st}}$，根据式(e)可知，在上升阶段结束时 $\dot{u}(t_{\mathrm{r}})=0$，所以系统在力的不变阶段不发生振荡。

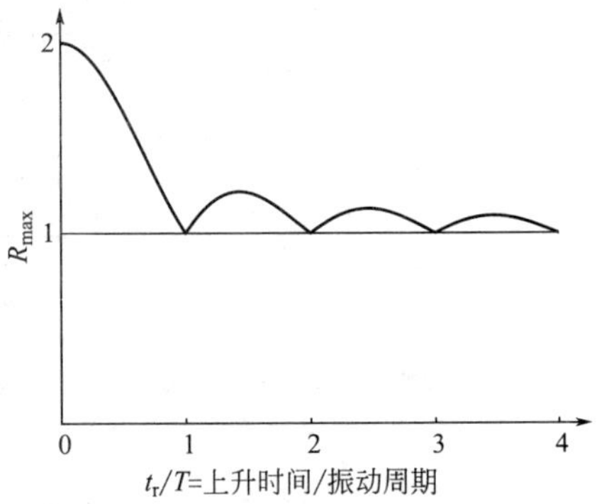

图 3-37　具有有限上升时间阶跃力的反应谱

3.4.3　激励函数的插值法

在 3.4.2 节中已经提到，对于由离散时刻的数值定义的复杂激励，需要采用数值方法来计算动力反应。在本节中，将介绍一种实用的数值方法，即激励函数的**插值方法**。

对于线性系统，通过在每一时间间隔内对激励进行插值，并利用 Duhamel 积分进行精确求解，就能导出一种十分有效的数值方法。当时间间隔取的较短时，线性插值可以获得很高的精度。在时间间隔$[t_i, t_{i+1}]$内，如图 3-38 所示，激励函数 $P(t)$ 可近似为：

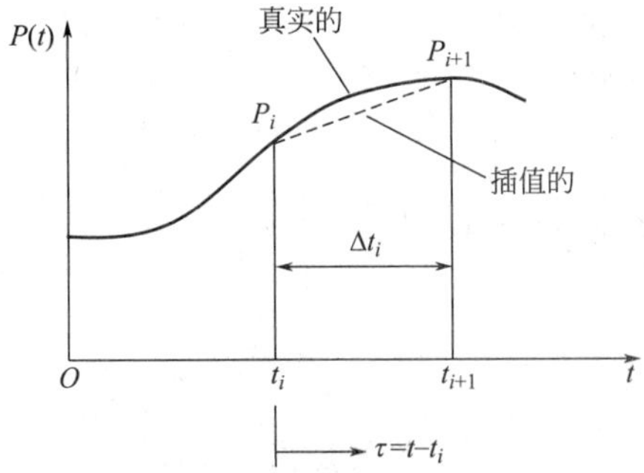

图 3-38　激励的线性插值

$$
P(t_i+\tau)=P_i+\frac{\Delta P_i}{\Delta t_i}\tau,\quad 0\leqslant\tau\leqslant\Delta t_i \tag{3-174a}
$$

其中

$$
\Delta t_i=t_{i+1}-t_i,\quad \Delta P_i=P_{i+1}-P_i \tag{3-174b}
$$

一般地，时间间隔 Δt_i 总是取为一常数。现在，先考虑一个无阻尼单自由度线性系统的反应，待求解的微分方程为：

$$m\ddot{u}(t_i+\tau)+ku(t_i+\tau)=P_i+\frac{\Delta P_i}{\Delta t_i}\tau \tag{3-175}$$

在时间间隔 $0\leqslant\tau\leqslant\Delta t_i$ 内，反应 $u(t_i+\tau)$ 由三部分组成：①$\tau=0$ 时刻的初位移 u_i 和初速度 $\dot{u}_i$ 引起的自由振动；②静止的初始状态下对阶跃激励 P_i 的反应；③静止的初始状态下对线性递增激励$(\Delta P_i/\Delta t_i)\tau$ 的反应。因此，反应 $u(t_i+\tau)$为：

$$u(t_i+\tau)=u_i\cos\omega\tau+\frac{\dot{u}_i}{\omega}\sin\omega\tau+\frac{P_i}{k}(1-\cos\omega\tau)+\frac{\Delta P_i}{k}\left(\frac{\tau}{\Delta t_i}-\frac{1}{\omega\Delta t_i}\sin\omega\tau\right) \tag{3-176a}$$

$$\dot{u}(t_i+\tau)=-u_i\omega\sin\omega\tau+\dot{u}_i\cos\omega\tau+\frac{P_i}{k}\omega\sin\omega\tau+\frac{\Delta P_i}{k}\frac{1}{\Delta t_i}(1-\cos\omega\tau) \tag{3-176b}$$

当 $\tau=\Delta t_i$ 时，得到 t_{i+1} 时刻的位移 u_{i+1} 和速度 $\dot{u}_{i+1}$ 为：

$$u_{i+1}=u_i\cos\omega\Delta t_i+\frac{\dot{u}_i}{\omega}\sin\omega\Delta t_i+\frac{P_i}{k}(1-\cos\omega\Delta t_i)+\frac{\Delta P_i}{k}\frac{1}{\omega\Delta t_i}(\omega\Delta t_i-\sin\omega\Delta t_i) \tag{3-177a}$$

$$\dot{u}_{i+1}=-u_i\omega\sin\omega\Delta t_i+\dot{u}_i\cos\omega\Delta t_i+\frac{P_i}{k}\omega\sin\omega\Delta t_i+\frac{\Delta P_i}{k}\frac{1}{\Delta t_i}(1-\cos\omega\Delta t_i) \tag{3-177b}$$

式(3-177)即为递推公式，它是由 t_i 时刻的已知位移 u_i 和速度 $\dot{u}_i$ 来计算 t_{i+1} 时刻的位移 u_{i+1} 和速度 $\dot{u}_{i+1}$ 公式。将式(3-174b)代入式(3-177)中，则可得到如下的递推公式：

$$u_{i+1}=Au_i+B\dot{u}_i+CP_i+DP_{i+1} \tag{3-178a}$$

$$\dot{u}_{i+1}=A'u_i+B'\dot{u}_i+C'P_i+D'P_{i+1} \tag{3-178b}$$

对于低阻尼单自由度线性系统($0<\xi<1$)，重复上述推导，同样可得到式(3-178)所示的递推公式，其中系数 A，B，…，D'的表达式由表 3-1 给出，这些系数取决于系统的参数 ω、k 和 ξ 以及时间间隔 $\Delta t=\Delta t_i$。

低阻尼单自由度系统递推公式中的系数　　表 3-1

$A=e^{-\xi\omega\Delta t}\left(\frac{\xi}{\sqrt{1-\xi^2}}\sin\omega_D\Delta t+\cos\omega_D\Delta t\right)$
$B=e^{-\xi\omega\Delta t}\left(\frac{1}{\omega_D}\sin\omega_D\Delta t\right)$
$C=\frac{1}{k}\left\{\frac{2\xi}{\omega\Delta t}+e^{-\xi\omega\Delta t}\left[\left(\frac{1-2\xi^2}{\omega_D\Delta t}-\frac{\xi}{\sqrt{1-\xi^2}}\right)\sin\omega_D\Delta t-\left(1+\frac{2\xi}{\omega\Delta t}\right)\cos\omega_D\Delta t\right]\right\}$
$D=\frac{1}{k}\left[1-\frac{2\xi}{\omega\Delta t}+e^{-\xi\omega\Delta t}\left(\frac{2\xi^2-1}{\omega_D\Delta t}\sin\omega_D\Delta t+\frac{2\xi}{\omega\Delta t}\cos\omega_D\Delta t\right)\right]$

续表

$A'=-e^{-\xi\omega\Delta t}\left(\frac{\omega}{\sqrt{1-\xi^2}}\sin\omega_D\Delta t\right)$
$B'=e^{-\xi\omega\Delta t}\left(\cos\omega_D\Delta t-\frac{\xi}{\sqrt{1-\xi^2}}\sin\omega_D\Delta t\right)$
$C'=\frac{1}{k}\left\{-\frac{1}{\Delta t}+e^{-\xi\omega\Delta t}\left[\left(\frac{\omega}{\sqrt{1-\xi^2}}+\frac{\xi}{\Delta t\sqrt{1-\xi^2}}\right)\sin\omega_D\Delta t+\frac{1}{\Delta t}\cos\omega_D\Delta t\right]\right\}$
$D'=\frac{1}{k\Delta t}\left[1-e^{-\xi\omega\Delta t}\left(\frac{\xi}{\sqrt{1-\xi^2}}\sin\omega_D\Delta t+\cos\omega_D\Delta t\right)\right]$

由于递推公式(3-178)是从运动方程的精确解中推导出来的，因此时间步长 Δt 的大小是唯一限制所得反应是否能逼近真实反应的条件。当时间步长 Δt 为常数时，递推公式中的系数仅需计算一次，从而使计算效率大大提高。但需要注意的是，为了不使反应的峰值被漏掉，时间步长应满足 $\Delta t\leqslant T/10$。

【例 3-7】 对于【例 3-1】所示的无阻尼单自由度系统，弹簧刚度系数 $k=40$ kN/m，质量为 $m=100$ kg。系统受到余弦简谐激励 $P(t)=10\cos 10t$ kN 作用由静止开始运动，采用激励的线性插值法来确定 $0\leqslant t\leqslant 0.20$ s 内系统的反应，其中时间步长 $\Delta t=0.02$ s，并将计算的数值解与理论解进行比较。

【解】 (1)初始计算。其中 $P_0=10$ kN，$\omega=20$ rad/s，$\overline{\omega}=10$ rad/s，$\beta=0.5$，$\omega\Delta t=0.4$ rad。对于无阻尼系统的递推公式(3-178)，其中系数可以直接由表 3-1 中令 $\xi=0$ 和 $\omega_D=\omega$ 得到，如表 3-2 所示。

无阻尼单自由度系统递推公式中的系数　　表 3-2

$A=\cos\omega\Delta t=9.211\times 10^{-1}$
$B=\frac{1}{\omega}\sin\omega\Delta t=1.947\times 10^{-2}$
$C=\frac{1}{k}\left(\frac{1}{\omega\Delta t}\sin\omega\Delta t-\cos\omega\Delta t\right)=1.312\times 10^{-3}$
$D=\frac{1}{k}\left(1-\frac{1}{\omega\Delta t}\sin\omega\Delta t\right)=6.614\times 10^{-4}$
$A'=-\omega\sin\omega\Delta t=-7.788$
$B'=\cos\omega\Delta t=9.211\times 10^{-1}$
$C'=\frac{1}{k}\left(-\frac{1}{\Delta t}+\omega\sin\omega\Delta t+\frac{1}{\Delta t}\cos\omega\Delta t\right)=9.604\times 10^{-2}$
$D'=\frac{1}{k\Delta t}(1-\cos\omega\Delta t)=9.867\times 10^{-2}$

(2) 应用递推公式(3-178)。具体的计算结果见表 3-3 及表 3-4。

(3) 计算反应的理论解。【例 3-1】给出了反应的理论解，对于离散时间 t_i，其位移和速度为：

激励线性插值的数值解(位移)　　表 3-3

i	t_i	P_i	CP_i	DP_{i+1}	Au_i	$B\dot{u}_i$	u_i	理论解 u_i
0	0	10.0000	0.0132	0.0065	0.0000	0.0000	0.0000	0.0000
1	0.02	9.8007	0.0129	0.0061	0.0181	0.0375	0.0196	0.0197
2	0.04	9.2106	0.0122	0.0055	0.0687	0.0676	0.0745	0.0748
3	0.06	8.2534	0.0109	0.0046	0.1417	0.0841	0.1538	0.1543
4	0.08	6.9671	0.0092	0.0036	0.2221	0.0829	0.2412	0.2419
5	0.10	5.4030	0.0071	0.0024	0.2927	0.0632	0.3178	0.3188
6	0.12	3.6236	0.0048	0.0011	0.3366	0.0271	0.3654	0.3665
7	0.14	1.6997	0.0022	−0.0002	0.3404	−0.0204	0.3696	0.3707
8	0.16	−0.2920	−0.0004	−0.0015	0.2966	−0.0722	0.3220	0.3230
9	0.18	−2.2720	−0.0030	−0.0028	0.2050	−0.1203	0.2225	0.2232
10	0.20	−4.1615	−0.0055	−0.0039	0.0728	−0.1568	0.0790	0.0792

激励线性插值的数值解(速度)　　表 3-4

i	t_i	P_i	$C'P_i$	$D'P_{i+1}$	$A'u_i$	$B'\dot{u}_i$	$\dot{u}_i$	理论解 $\dot{u}_i$
0	0	10.0000	0.9604	0.9670	0.0000	0.0000	0.0000	0.0000
1	0.02	9.8007	0.9413	0.9088	−0.1527	1.7754	1.9274	1.9337
2	0.04	9.2106	0.8846	0.8144	−0.5805	3.1988	3.4728	3.4840
3	0.06	8.2534	0.7927	0.6874	−1.1979	3.9766	4.3172	4.3310
4	0.08	6.9671	0.6691	0.5331	−1.8782	3.9228	4.2588	4.2722
5	0.10	5.4030	0.5189	0.3575	−2.4748	2.9907	3.2468	3.2568
6	0.12	3.6236	0.3480	0.1677	−2.8458	1.2824	1.3923	1.3962
7	0.14	1.6997	0.1632	−0.0288	−2.8781	−0.9650	−1.0476	−1.0515
8	0.16	−0.2920	−0.0280	−0.2242	−2.5081	−3.4160	−3.7086	−3.7207
9	0.18	−2.2720	−0.2182	−0.4106	−1.7331	−5.6890	−6.1763	−6.1957
10	0.20	−4.1615	−0.3997	−0.5807	−0.6152	−7.4157	−8.0509	−8.0755

$$u_i = u(t_i) = 0.333 \times (\cos 10t_i - \cos 20t_i)\ \mathrm{m}$$
$$\dot{u}_i = \dot{u}(t_i) = 3.33 \times (2\sin 20t_i - \sin 10t_i)\ \mathrm{m/s}$$

可见，基于激励线性插值的数值解与理论解几乎一致，若时间步长 Δt 取得更小，分段线性插值将会更接近激励曲线，其数值解也将更加逼近理论解。

3.4.4　非周期激励的反应——频域方法

1. Fourier 积分

对于周期激励可以用实数型或复数型 Fourier 级数来表示。当激励 $P(t)$不具有周期性时，可以用 Fourier 积分来表示。

考虑图 3-39 所示的任意非周期激励。由积分式(3-103)在任一时间间隔 $0<t<T_P$ 获得系数 P_n 后，若要用式(3-99)所示的 Fourier 级数来表示此激励函数，实质上是定义了一个图 3-39 中实线和虚线所示的周期函数。

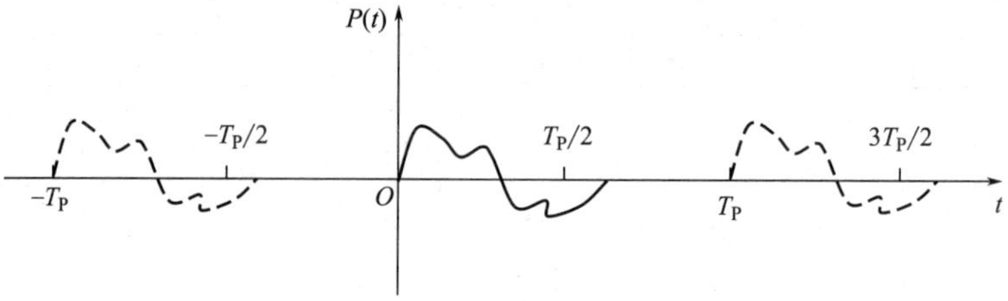

图 3-39 任意的非周期激励

若令

$$\Delta\omega = \bar{\omega} \equiv \frac{2\pi}{T_P}, \quad n\bar{\omega} = n\Delta\omega \equiv \omega_n, \quad \bar{P}(\omega_n) = P_n T_P \tag{3-179}$$

则式(3-99)可改写为:

$$P(t) = \frac{1}{2\pi}\sum_{n=-\infty}^{\infty} \bar{P}(\omega_n) e^{i\omega_n t} \Delta\omega \tag{3-180}$$

其中

$$\bar{P}(\omega_n) = \int_{-T_P/2}^{T_P/2} P(t) e^{-i\omega_n t} dt \tag{3-181}$$

这样,当 $T_P \to \infty$时,无论激励 $P(t)$是何种形式,都将包含了 $P(t)$的全部时间历程。

如果激励周期 T_P 扩展到无穷大(即 $T_P \to \infty$),则频率增量 $\Delta\omega$ 趋于无穷小(即 $\Delta\omega \to d\omega$),而离散频率 ω_n 变成一个连续变量 ω。因此,在极限情况下 Fourier 级数转化为 Fourier 积分:

$$P(t) = \frac{1}{2\pi}\int_{-\infty}^{\infty} \bar{P}(\omega) e^{i\omega t} d\omega \tag{3-182}$$

其中

$$\bar{P}(\omega) = \int_{-\infty}^{\infty} P(t) e^{-i\omega t} dt \tag{3-183}$$

式(3-183)与式(3-182)合称为著名的 **Fourier 变换对**。应用式(3-182)任意激励 $P(t)$可以表示为具有复振幅的无限个谐振分量之和。

如果用频率 $f = \omega/2\pi$ 来表示 Fourier 变换对,则可以写成更为对称的形式:

$$P(t) = \int_{-\infty}^{\infty} \bar{P}(f) e^{i(2\pi f t)} df \tag{3-184}$$

其中

$$\bar{P}(f) = \int_{-\infty}^{\infty} P(t) e^{-i(2\pi f t)} dt \tag{3-185}$$

值得注意的是，在式(3-182)中，非周期函数 $P(t)$已经表示为谐振函数$[\overline{P}(\omega)/2\pi]e^{i\omega t}$的叠加形式，对于给定的 $P(t)$，其复激励系数 $\overline{P}(\omega)$由式(3-183)给出。显然，非周期函数所叠加的是不可数无穷多个具有连续变化频率的谐振函数，而周期函数则表示为可数无穷多个具有离散频率 $n\overline{\omega}(n=0,\pm1,\pm2,\cdots)$谐振函数的叠加。

2. 非周期激励的稳态反应

类似于式(3-109)的 Fourier 级数表示，线性系统对非周期激励 $P(t)$的反应可以通过叠加式(3-182)中各谐振激励项的反应得到。系统对谐振激励 $\overline{P}(\omega)e^{i\omega t}$ 的反应由 $H(\omega)\overline{P}(\omega)e^{i\omega t}$ 给出。这样，黏滞阻尼单自由度系统对非周期激励的稳态反应为：

$$u(t)=\frac{1}{2\pi}\int_{-\infty}^{\infty}H(\omega)\overline{P}(\omega)e^{i\omega t}d\omega \tag{3-186}$$

其中，$H(\omega)$为复频反应函数：

$$H(\omega)=\frac{1}{k}\frac{1}{(1-\beta^2)+i(2\xi\beta)} \tag{3-187}$$

式中，频率比 $\beta=\omega/\omega_0$。注意，这里用 ω_0 表示固有振动频率[相当于式(3-50)或式(3-108)中的 ω]。这种方法称为系统对非周期激励反应分析的频域方法。

3.4.5 复频反应与单位脉冲反应的关系

复频反应函数 $H(\omega)$[这里采用式(3-187)形式]是用来描述在频域中系统对单位简谐激励的反应，在前面所讨论的单位脉冲反应 $h(t)$则是用来描述在时域中系统对单位脉冲激励 $P(t)=\delta(t)$(这里采用 Dirac 函数形式，见附录 C)的反应。对于黏滞阻尼单自由度系统，$h(t)$由式(3-161)中 $\tau=0$ 来确定：

$$h(t)=\frac{1}{m\omega_D}e^{-\xi\omega t}\sin\omega_D t \tag{3-188}$$

现在，证明 $H(\omega)$和 $h(t)$是 Fourier 变换对。根据式(3-183)，可知：

$$\overline{P}(\omega)=\int_{-\infty}^{\infty}P(t)e^{-i\omega t}dt=\int_{-\infty}^{\infty}\delta(t)e^{-i\omega t}dt=1 \tag{3-189}$$

将 $\overline{P}(\omega)=1$ 代入式(3-186)中，则有：

$$h(t)=\frac{1}{2\pi}\int_{-\infty}^{\infty}H(\omega)e^{i\omega t}d\omega \tag{3-190}$$

这表明，$h(t)$和 $H(\omega)$是 Fourier 变换对。因此，复频反应函数 $H(\omega)$可由单位脉冲反应 $h(t)$得到：

$$H(\omega)=\int_{-\infty}^{\infty}h(t)e^{-i\omega t}dt \tag{3-191}$$

习　题

3-1　如图 3-40 所示简支梁跨中有一集中质量 m，支座 A 处受到力矩 $M\sin\bar{\omega}t$ 作用。梁的质量忽略不计，试求质量 m 的稳态反应以及 A 支座处截面转动的稳态反应幅值。

3-2　考虑一个质量为 m 的机器，它由总刚度为 k 的弹簧型隔振器支撑。机器以频率 f(Hz)转动，产生一个不平衡力 P_0。

(1) 试确定作为激励频率 f 和静变形 $u_{st}=mg/k$ 的函数传递到基础上力的表达式，仅考虑稳态反应。

(2) 如果 $f=20$Hz，传递力为 P_0 的 10%，试求静变形 u_{st}。

3-3　为了使附近工厂产生的振动不干扰某项试验，在试验室里安装一个隔振块，如图 3-41 所示。如果隔振块的重量为 W，而四周地面及基础以频率 f(Hz)振动，为使隔振块的运动限制在地面振动的 10%，阻尼忽略不计，试确定隔振系统的刚度。

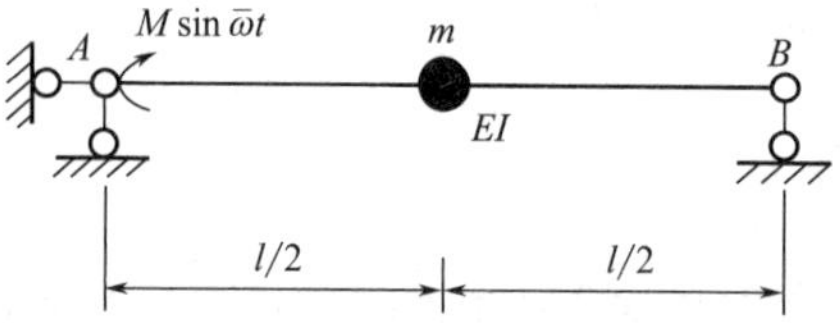

图 3-40

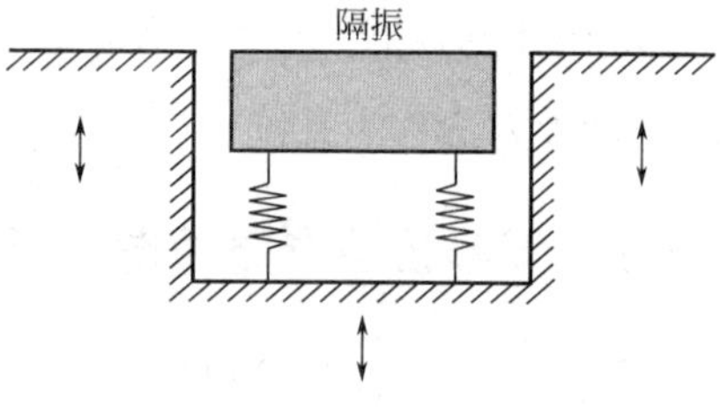

图 3-41

3-4　旋转的不平衡产生简谐激励，如图 3-42 所示。非旋转的质量为$(M-m)$，在以偏心为 e，角速度为 $\bar{\omega}$rad/s 反向转动的质量为 $m/2$。

(1) 确定系统的运动方程。

(2) 应用复数反应 U 来确定 MU/me 的表达式。

(3) 以无量纲形式 $\bar{f}_T/me\bar{\omega}^2$ 来表示传递到基础上的力。

3-5　在流体中运动的物体所受到的阻尼力与速度的平方成正比，即 $f_D=\pm a\dot{u}^2$，这里，当速度 $\dot{u}$ 为正时取正号，当速度为负时取负号。当这种阻尼力作用于以幅值为 $\bar{u}$、频率为 $\bar{\omega}$ 的简谐运动的系统上时，试确定等效黏滞阻尼系数 c_{eq} 和等效黏滞阻尼比 ξ_{eq}。

3-6　一架轻型飞机着陆时的冲击可以理想化为一个弹簧支撑的集中质量 m，如图 3-43 所示。当弹簧下端刚接触到地面时，质量 m 具有一竖直向下的速度 v。从刚接触地面时开始计时，并设 $u(0)=0$。

(1) 确定弹簧保持在接触地面的时间内，质量 m 的竖向位置表示为时间 t 的函数。

(2) 确定弹簧从接触地面至反弹脱离地面的时间。

3-7　一个电梯可理想化为用刚度为 k 的弹簧支撑质量为 m 的重物。如果弹簧上端开始以不变的速度 v 运动，证明：质量 m 在 t 时上升的距离 u^t 由如下方程控制：

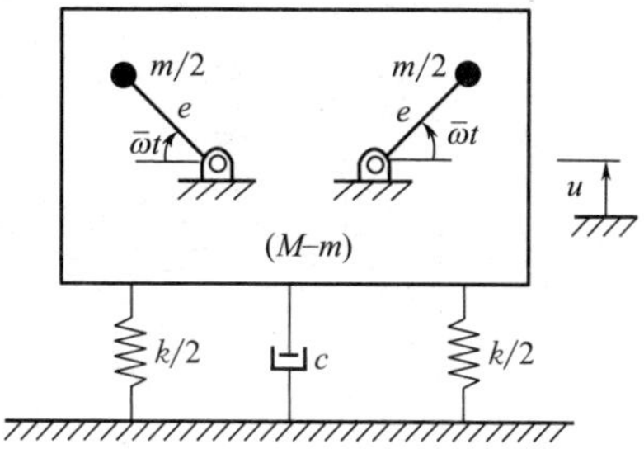

图 3-42

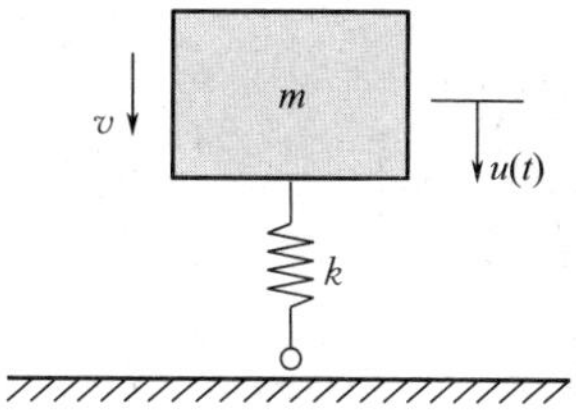

图 3-43

$$m\ddot{u}^{\mathrm{t}}+ku^{\mathrm{t}}=kvt$$

如果电梯从静止开始，则运动为：

$$u^{\mathrm{t}}(t)=vt-\frac{v}{\omega}\sin\omega t$$

画出运动的时程曲线。

3-8 固有周期为 T 和阻尼比为 ξ 的单自由度系统受到图 3-44 所示周期激励 $P(t)$ 的作用，其中周期激励的幅值为 P_0，周期为 T_0。

(1) 对激励函数 $P(t)$ 进行 Fourier 级数展开。

(2) 确定无阻尼系统的稳态反应，并说明 T_0 取何值时解答是不确定的。

(3) 对于 $T_0/T=2$，给出 Fourier 级数中各项的反应。为了使得级数解收敛，需要取多少项?

3-9 无阻尼单自由度系统承受如图 3-45 所示的递增三角形脉冲作用，系统的固有振动周期为 T。

(1) 证明：位移反应比为：

$$R(t)=\frac{u(t)}{u_{\mathrm{st}}}=\begin{cases}\dfrac{t}{t_0}-\dfrac{1}{2\pi}\dfrac{T}{t_0}\sin\dfrac{2\pi t}{T}, & 0<t<t_0\\[2ex] \cos\dfrac{2\pi}{T}(t-t_0)+\dfrac{1}{2\pi}\dfrac{T}{t_0}\sin\dfrac{2\pi}{T}(t-t_0)-\dfrac{1}{2\pi}\dfrac{T}{t_0}\sin\dfrac{2\pi t}{T}, & t\geqslant t_0\end{cases}$$

并画出 $t_0/T=0.5$ 和 2 时的位移反应比图。其中，静变形 $u_{\mathrm{st}}=P_0/k$。

(2) 推导在强迫振动和自由振动阶段的最大位移反应比 $R_{\max}^{(1)}$ 和 $R_{\max}^{(2)}$ 的表达式。

(3) 给出整体最大位移反应比 $R_{\max}$ 的表达式，并画出冲击谱。

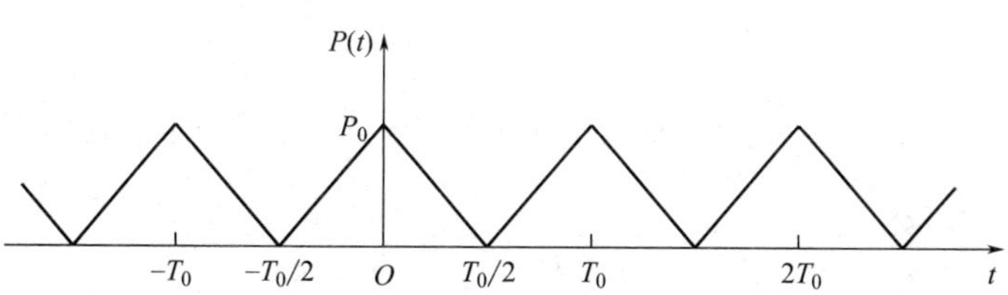

图 3-44

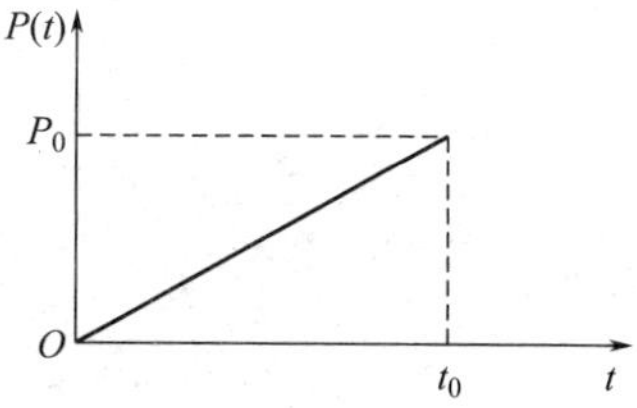

图 3-45

3-10　如图3-46(a)所示的水箱支撑在一个塔上，塔的高度为 $h=24.38$ m，可以理想化为一个单自由度系统，完成下列问题：

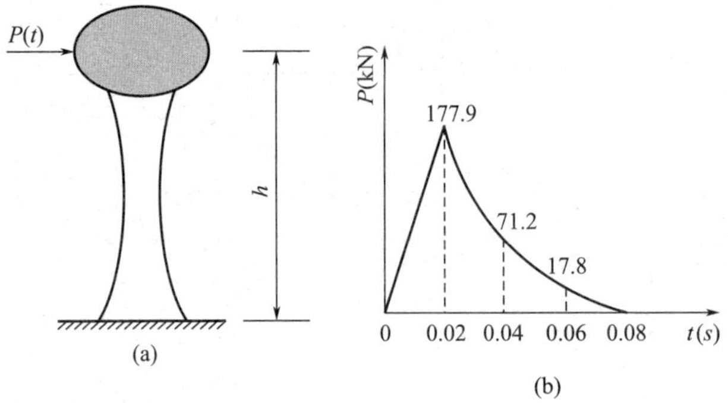

图3-46

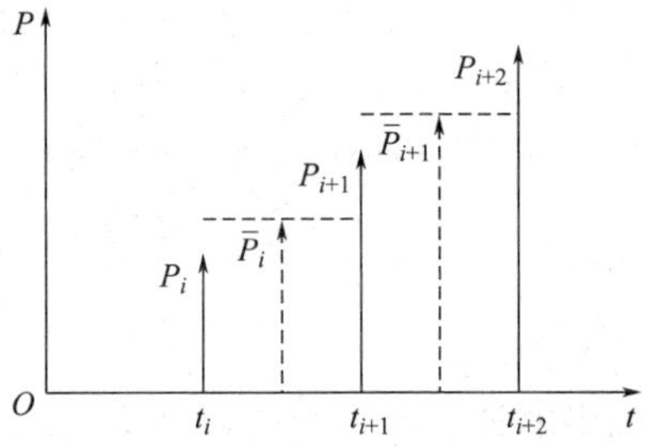

图3-47

(1) 对空的水箱进行自由振动试验。用绳索对水箱施加水平力72.95 kN，水箱产生侧移5.08 cm，然后突然切断绳索作自由振动，记录到经历四个完整的周期时，所用时间为2 s，振幅为2.54 cm。根据这些数据计算：(a)系统的阻尼比 ξ；(b)无阻尼固有振动周期 T；(c)刚度系数 k；(d)系统的质量 m。

(2) 将水箱充满水，所需水的重量为355.84 kN。试确定充满水时系统的固有振动周期 T' 和阻尼比 ξ'。

(3) 如果空的水箱受到地面爆炸冲击荷载 $P(t)$ 的作用，如图3-46(b)所示。当激励持续时间 $t_0<T/4$ 时，可以将激励函数 $P(t)$ 处理为一个纯冲量。试确定塔基底处的最大剪力和弯矩。

(4) 如果充满水的水箱受到图3-46(b)所示爆炸冲击荷载 $P(t)$ 的作用。试确定塔基底处的最大剪力和弯矩。

(5) 将(3)和(4)的结果进行比较，评价质量对冲击激励反应的影响，并解释其原因。

3-11　在3.4.3节中，基于每个时间步内激励函数的线性插值，导出了线性单自由度系统运动方程数值求解的递推公式。若将激励函数进行分段常量插值，即在 t_i 到 t_{i+1} 区间内的激励值等于常数 $\overline{P}_i$，如图3-47所示。试证明：对于无阻尼系统，递推公式为：

$$u_{i+1}=u_i\cos\omega\Delta t_i+\frac{\dot{u}_i}{\omega}\sin\omega\Delta t_i+\frac{\overline{P}_i}{k}(1-\cos\omega\Delta t_i)$$

$$\frac{\dot{u}_{i+1}}{\omega}=-u_i\sin\omega\Delta t_i+\frac{\dot{u}_i}{\omega}\cos\omega\Delta t_i+\frac{\overline{P}_i}{k}\sin\omega\Delta t_i$$

若分段常量激励函数定义为 $\overline{P}_i=(P_i+P_{i+1})/2$，推导这些递推公式，将它们写成如下形式：

$$u_{i+1}=Au_i+B\dot{u}_i+CP_i+DP_{i+1}$$

$$\dot{u}_{i+1}=A'u_i+B'\dot{u}_i+C'P_i+D'P_{i+1}$$

并写出这些常数 A，B，…，C'，D' 的表达式。

第2篇

基础部分Ⅱ：多自由度系统

第 4 章　多自由度系统的运动方程

多自由度系统是指需要用两个或两个以上独立的广义坐标才能描述其运动形态的系统。工程中较复杂的振动问题一般都需要用多自由度系统来描述。一个具有 n 自由度的系统，其运动方程一般是 n 个相互耦合的二阶常微分方程组。本章将主要介绍多自由度系统运动方程的建立以及运动方程中的耦合问题。

§4.1　牛顿定律或达朗贝尔原理的应用

达朗贝尔原理其实质仍是用牛顿定律(牛顿第二定律)来建立系统运动方程的方法。达朗贝尔原理通过引入惯性力的概念，将动力学问题中建立运动方程变为静力学中列“平衡方程”的方法，这对建立多自由度系统的运动方程是比较直观的。下面，通过几个例题来说明牛顿定律或达朗贝尔原理在建立多自由度系统运动方程中的应用。

【例 4-1】 图 4-1(a)所示具有三个自由度的质量-弹簧系统，质量 m_1、m_2 及 m_3 只做水平方向的运动，且分别受到水平荷载 $P_1(t)$、$P_2(t)$及 $P_3(t)$的作用，不计摩擦及其他形式的阻尼，试建立系统的运动方程。

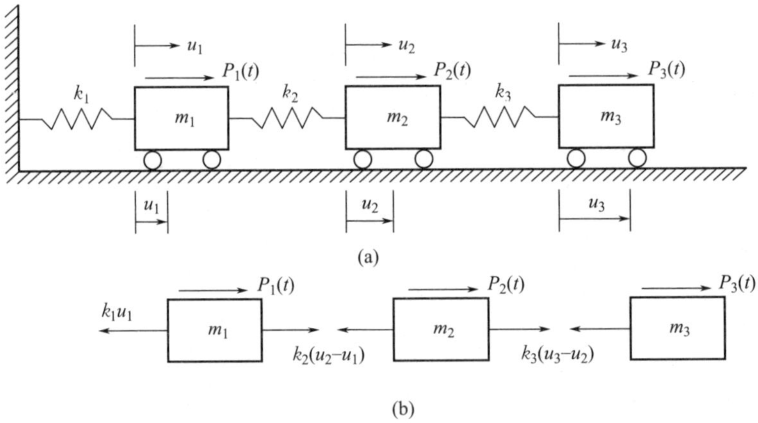

图 4-1　具有三个自由度的质量-弹簧系统

(a)力学模型；(b)质点的受力关系

【解】 这是一个具有三个自由度的系统，可以用原点分别取在质量 m_1、m_2 及 m_3 的静平衡位置上的三个坐标 u_1、u_2 及 u_3 来描述系统的运动状态。设某一时刻质量 m_1、m_2 及 m_3 分别有水平位移 u_1、u_2 及 u_3。对每个质点进行隔离体的受力分析，如图 4-1(b)

所示。

根据牛顿第二定律，可知：

$$\begin{cases}P_1(t)+k_2(u_2-u_1)-k_1u_1=m_1\ddot{u}_1(t)\\P_2(t)+k_3(u_3-u_2)-k_2(u_2-u_1)=m_2\ddot{u}_2(t)\\P_3(t)-k_3(u_3-u_2)=m_3\ddot{u}_3(t)\end{cases}\tag{a}$$

将式(a)整理后，可得：

$$\begin{cases}m_1\ddot{u}_1(t)+(k_1+k_2)u_1(t)-k_2u_2(t)=P_1(t)\\m_2\ddot{u}_2(t)-k_2u_1(t)+(k_2+k_3)u_2(t)-k_3u_3(t)=P_2(t)\\m_3\ddot{u}_3(t)-k_3u_2(t)+k_3u_3(t)=P_3(t)\end{cases}\tag{b}$$

式(b)写成矩阵形式为：

$$\begin{bmatrix}m_1&0&0\\0&m_2&0\\0&0&m_3\end{bmatrix}\begin{Bmatrix}\ddot{u}_1(t)\\\ddot{u}_2(t)\\\ddot{u}_3(t)\end{Bmatrix}+\begin{bmatrix}(k_1+k_2)&-k_2&0\\-k_2&(k_2+k_3)&-k_3\\0&-k_3&k_3\end{bmatrix}\begin{Bmatrix}u_1(t)\\u_2(t)\\u_3(t)\end{Bmatrix}=\begin{Bmatrix}P_1(t)\\P_2(t)\\P_3(t)\end{Bmatrix}\tag{c}$$

在【例 4-1】中，是以绝对位移 u_1、u_2 及 u_3 来建立运动方程的。当系统受到基础激励时，采用基础与结构质量间的相对运动是较为方便的。下面，讨论一个具有基础激励的两自由度质量-弹簧-阻尼器系统。

【例 4-2】 如图 4-2(a)所示具有基础激励的两自由度质量-弹簧-阻尼器系统，应用牛顿定律，推导用相对于基础的位移来表示系统的运动方程。

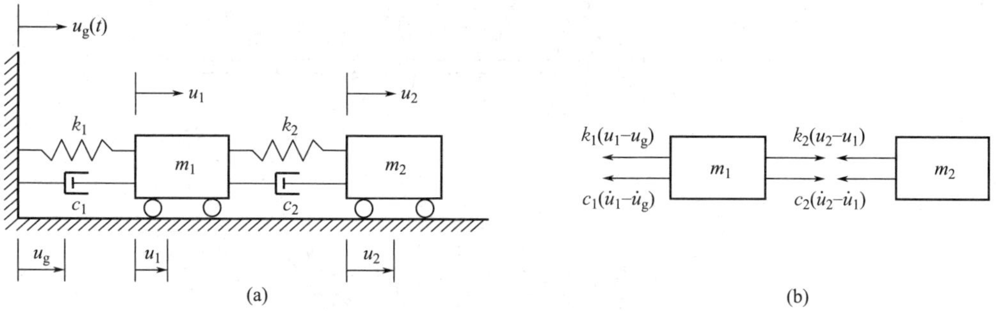

图 4-2 基础激励的两自由度系统

(a)力学模型；(b)质点的受力关系

【解】 设相对于基础的位移为：

$$\begin{cases}z_1(t)=u_1(t)-u_g(t)\\z_2(t)=u_2(t)-u_g(t)\end{cases}\tag{a}$$

画出质点 m_1 及 m_2 隔离体的受力关系，如图 4-2(b)所示。根据牛顿第二定律，可知：

$$\begin{cases} k_2(u_2-u_1)+c_2(\dot{u}_2-\dot{u}_1)-k_1(u_1-u_g)-c_1(\dot{u}_1-\dot{u}_g)=m_1\ddot{u}_1 \\ -k_2(u_2-u_1)-c_2(\dot{u}_2-\dot{u}_1)=m_2\ddot{u}_2 \end{cases} \tag{b}$$

利用式(a)，用相对位移 z_1 与 z_2 来表示式(b)，整理后可得：

$$\begin{cases} m_1\ddot{z}_1(t)+(c_1+c_2)\dot{z}_1(t)-c_2\dot{z}_2(t)+(k_1+k_2)z_1(t)-k_2z_2(t)=-m_1\ddot{u}_g(t) \\ m_2\ddot{z}_2(t)-c_2\dot{z}_1(t)+c_2\dot{z}_2(t)-k_2z_1(t)+k_2z_2(t)=-m_2\ddot{u}_g(t) \end{cases} \tag{c}$$

式(c)写成矩阵形式为：

$$\begin{bmatrix} m_1 & 0 \\ 0 & m_2 \end{bmatrix}\begin{Bmatrix} \ddot{z}_1 \\ \ddot{z}_2 \end{Bmatrix}+\begin{bmatrix} (c_1+c_2) & -c_2 \\ -c_2 & c_2 \end{bmatrix}\begin{Bmatrix} \dot{z}_1 \\ \dot{z}_2 \end{Bmatrix}+\begin{bmatrix} (k_1+k_2) & -k_2 \\ -k_2 & k_2 \end{bmatrix}\begin{Bmatrix} z_1 \\ z_2 \end{Bmatrix}=\begin{Bmatrix} -m_1\ddot{u}_g(t) \\ -m_2\ddot{u}_g(t) \end{Bmatrix} \tag{d}$$

注意到，用相对位移来表示运动方程时，其优点在于：①公式(d)右边项的有效激励形式是直接与加速度 $\ddot{u}_g(t)$ 相关的，这比用 $u_g(t)$ 或 $\dot{u}_g(t)$ 来度量简单；②在计算弹性力时，能够直接应用相对位移。

除上面介绍的质量、弹簧及阻尼器组成的振动系统外，工程中还有很多其他振动系统，如扭振系统、多体系统等，虽然这些系统在形式上有所不同，但它们的运动方程却具有相同的形式。

【例 4-3】 如图 4-3(a)所示的扭振系统，其中安装在两端固定杆轴上的两个圆盘在外力偶矩 $T_1(t)$ 及 $T_2(t)$ 作用下产生扭转振动，已知两个圆盘对于中心轴的转动惯量分别为 J_1 和 J_2，杆轴的三个区段扭转刚度系数分别为 k_{t1}、k_{t2} 及 k_{t3}，试建立系统的运动方程。

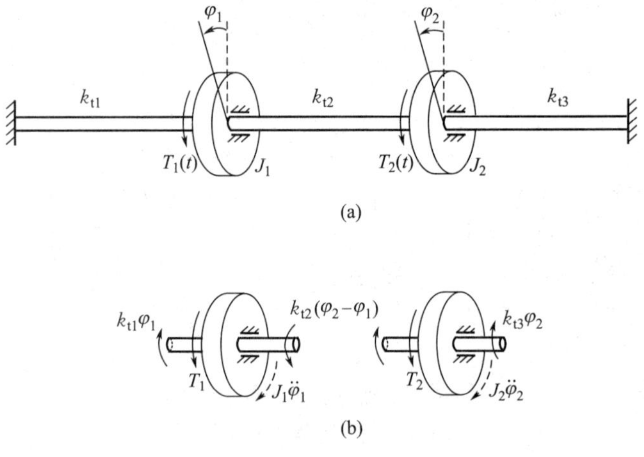

图 4-3　扭转振动系统

【解】 此扭转振动系统可以用扭转角位移 φ_1 及 φ_2 来描述。设某一时刻圆盘 J_1 与 J_2 分别有角位移 φ_1 及 φ_2、角加速度 $\ddot{\varphi}_1$ 及 $\ddot{\varphi}_2$。由图 4-3(b)所示的受力分析，根据达朗贝尔原理，可得到运动方程为：

$$\begin{cases} J_1\ddot{\varphi}_1 + k_{t1}\varphi_1 - k_{t2}(\varphi_2 - \varphi_1) = T_1(t) \\ J_2\ddot{\varphi}_2 + k_{t2}(\varphi_2 - \varphi_1) + k_{t3}\varphi_2 = T_2(t) \end{cases} \tag{a}$$

式(a)写成矩阵形式为：

$$\begin{bmatrix} J_1 & 0 \\ 0 & J_2 \end{bmatrix} \begin{Bmatrix} \ddot{\varphi}_1 \\ \ddot{\varphi}_2 \end{Bmatrix} + \begin{bmatrix} (k_{t1}+k_{t2}) & -k_{t2} \\ -k_{t2} & (k_{t2}+k_{t3}) \end{bmatrix} \begin{Bmatrix} \varphi_1 \\ \varphi_2 \end{Bmatrix} = \begin{Bmatrix} T_1(t) \\ T_2(t) \end{Bmatrix} \tag{b}$$

比较【例 4-3】与【例 4-1】、【例 4-2】可知，多自由度系统的角振动与直线振动在数学描述上是相同的。这里，将扭振系统中的质量、刚度、位移、加速度及外荷载都看作是广义的。

§4.2 哈密顿原理或拉格朗日方程的应用

应用牛顿定律或达朗贝尔原理推导复杂系统的运动方程时，有时会遇到较大困难。它需要对每个部分取脱离体进行受力分析，这就意味着必须消除相互作用的力来得到最后的运动方程组。在第 1 章中，应用了虚位移原理来直接消除必须使用的相互作用力。虽然虚位移原理也能够扩展到推导多自由度系统的运动方程，但应用拉格朗日方程可使计算大大简化。这种方法使用功与能这样的标量来代替力与位移这样的矢量。因此，本节进一步应用哈密顿原理来推导拉格朗日方程，并讨论系统的动能和势能的一般表达式。

4.2.1 应用哈密顿原理推导拉格朗日方程

对于主动力包含有非保守力的系统，哈密顿原理为：

$$\int_{t_0}^{t_1} \delta(T-V)\mathrm{d}t + \int_{t_0}^{t_1} \delta W_{\mathrm{nc}}\mathrm{d}t = 0 \tag{4-1}$$

式中，T 是系统的总动能；V 是系统的势能，包括系统的应变能与保守外力的势能；δW_{nc} 是非保守力所做的虚功，包括阻尼力和没有计算在 V 中的外力。

对于大多数机械或结构系统，其动能可以用广义坐标和它们对时间的一阶导数来表示，而势能可以单独用广义坐标来表示。此外，非保守力在广义坐标的一组任意变分所引起的虚位移上所做的虚功可以表示为这些变分的线性函数。因此，用数学形式可表示为：

$$T = T(q_1, q_2, \cdots, q_n, \dot{q}_1, \dot{q}_2, \cdots, \dot{q}_n) \tag{4-2a}$$

$$V = V(q_1, q_2, \cdots, q_n) \tag{4-2b}$$

$$\delta W_{\mathrm{nc}} = Q_1^* \delta q_1 + Q_2^* \delta q_2 + \cdots + Q_n^* \delta q_n \tag{4-2c}$$

式中 $Q_1^*, Q_2^*, \cdots, Q_n^*$ 分别是对应于广义坐标 $q_1, q_2, \cdots, q_n$ 的广义力。

将式(4-2)代入式(4-1)中，可得到：

$$\int_{t_0}^{t_1}\Big(\frac{\partial T}{\partial q_1}\delta q_1+\frac{\partial T}{\partial q_2}\delta q_2+\cdots+\frac{\partial T}{\partial q_n}\delta q_n+\frac{\partial T}{\partial \dot{q}_1}\delta \dot{q}_1+\frac{\partial T}{\partial \dot{q}_2}\delta \dot{q}_2+\cdots+\frac{\partial T}{\partial \dot{q}_n}\delta \dot{q}_n$$
$$-\frac{\partial V}{\partial q_1}\delta q_1-\frac{\partial V}{\partial q_2}\delta q_2-\cdots-\frac{\partial V}{\partial q_n}\delta q_n+Q_1^*\delta q_1+Q_2^*\delta q_2+\cdots+Q_n^*\delta q_n\Big)\mathrm{d}t=0 \tag{4-3}$$

在式(4-3)中，对含 $\delta\dot{q}_i(i=1,2,\cdots,n)$的项进行分部积分，可得：

$$\int_{t_0}^{t_1}\frac{\partial T}{\partial \dot{q}_i}\delta \dot{q}_i\mathrm{d}t=\left(\frac{\partial T}{\partial \dot{q}_i}\delta q_i\right)\Bigg|_{t_0}^{t_1}-\int_{t_0}^{t_1}\frac{\mathrm{d}}{\mathrm{d}t}\left(\frac{\partial T}{\partial \dot{q}_i}\right)\delta q_i\mathrm{d}t \tag{4-4}$$

由于时刻 t_0 和 t_1 是固定的，因此有 $\delta q_i|_{t=t_0}=\delta q_i|_{t=t_1}=0$，这样式(4-4)中右边的第一项均等于零。将式(4-4)代入式(4-3)中，整理后可得到：

$$\int_{t_0}^{t_1}\left\{\sum_{i=1}^{n}\left[-\frac{\mathrm{d}}{\mathrm{d}t}\left(\frac{\partial T}{\partial \dot{q}_i}\right)+\frac{\partial T}{\partial q_i}-\frac{\partial V}{\partial q_i}+Q_i^*\right]\delta q_i\right\}\mathrm{d}t=0 \tag{4-5}$$

由于所有变分 $\delta q_i\ (i=1,2,\cdots,n)$都是任意的，只有当方括号内的表达式都为零时，式(4-5)才能满足。这样，就得到：

$$\frac{\mathrm{d}}{\mathrm{d}t}\left(\frac{\partial T}{\partial \dot{q}_i}\right)-\frac{\partial T}{\partial q_i}+\frac{\partial V}{\partial q_i}=Q_i^*\quad (i=1,2,\cdots,n) \tag{4-6}$$

式(4-6)即为**拉格朗日方程**。

需要注意的是，式(4-6)是在特定条件下应用哈密顿原理的一个直接结果。此条件就是广义坐标 $q_i(i=1,2,\cdots,n)$彼此独立，并且动能 T、势能 V 以及 δW_{nc} 具有形如式(4-2)的形式。因此，拉格朗日方程适用于满足这些条件的所有系统，对于线性系统以及非线性系统都是适用的。

4.2.2　系统的动能和势能

系统的动能、势能以及功是建立拉格朗日方程的关键所在。这里，我们将讨论如何利用广义坐标来表达动能 T 和势能 V。

1. 动能的表达式

对于定常约束的完整系统，n 个自由度系统的运动完全可以用 n 个广义坐标来描述，即系统中任意点 i 的位置矢量可表示为：

$$\boldsymbol{r}_i=\boldsymbol{r}_i(q_1,q_2,\cdots,q_n)\quad (i=1,2,\cdots,n) \tag{4-7}$$

将式(4-7)对时间 t 求一阶导数，得到该点的速度：

$$\dot{\boldsymbol{r}}_i=\sum_{r=1}^{n}\frac{\partial \boldsymbol{r}_i}{\partial q_r}\dot{q}_r \tag{4-8}$$

系统的动能可以表示为：

$$
\begin{aligned}
T&=\frac{1}{2}\sum_{i=1}^{n}m_i\dot{\boldsymbol{r}}_i\cdot\dot{\boldsymbol{r}}_i=\frac{1}{2}\sum_{i=1}^{n}m_i\left(\sum_{r=1}^{n}\frac{\partial\boldsymbol{r}_i}{\partial q_r}\dot{q}_r\right)\left(\sum_{s=1}^{n}\frac{\partial\boldsymbol{r}_i}{\partial q_s}\dot{q}_s\right)\\
&=\frac{1}{2}\sum_{r=1}^{n}\sum_{s=1}^{n}\left(\sum_{i=1}^{n}m_i\frac{\partial\boldsymbol{r}_i}{\partial q_r}\cdot\frac{\partial\boldsymbol{r}_i}{\partial q_s}\right)\dot{q}_r\dot{q}_s
\end{aligned}
\tag{4-9}
$$

注意到，振动分析的广义坐标通常取平衡位置作为原点。这样对于微幅振动，广义坐标 $q_i(i=1,2,\cdots,n)$ 将是偏离原点的微量。由于$\frac{\partial\boldsymbol{r}_i}{\partial q_r}$是广义坐标$(q_1,q_2,\cdots,q_n)$的函数，它在原点附近按 Taylor 级数展开为：

$$
\frac{\partial\boldsymbol{r}_i}{\partial q_r}=\left(\frac{\partial\boldsymbol{r}_i}{\partial q_r}\right)_0+\sum_{k-1}^{n}\left[\frac{\partial}{\partial q_k}\left(\frac{\partial\boldsymbol{r}_i}{\partial q_r}\right)\right]_0 q_k+\cdots \tag{4-10}
$$

式中，下标“0”表示括号内的量取 $q_1=q_2=\cdots=q_n=0$ 时的值。

作为近似的线性分析，在计算动能时只需精确到二阶微量。由于广义速度$\frac{\partial\boldsymbol{r}_i}{\partial q_r}$本身已经是一阶微量，根据式(4-9)可知，式(4-10)的展开中只需保留第一项常数项即可：

$$
\frac{\partial\boldsymbol{r}_i}{\partial q_r}=\left(\frac{\partial\boldsymbol{r}_i}{\partial q_r}\right)_0 \tag{4-11}
$$

于是，动能的表达式变为：

$$
T=\frac{1}{2}\sum_{r=1}^{n}\sum_{s=1}^{n}\left[\sum_{i=1}^{n}m_i\left(\frac{\partial\boldsymbol{r}_i}{\partial q_r}\right)_0\cdot\left(\frac{\partial\boldsymbol{r}_i}{\partial q_s}\right)_0\right]\dot{q}_r\dot{q}_s \tag{4-12}
$$

若令

$$
m_{rs}=\sum_{i=1}^{n}m_i\left(\frac{\partial\boldsymbol{r}_i}{\partial q_r}\right)_0\cdot\left(\frac{\partial\boldsymbol{r}_i}{\partial q_s}\right)_0=m_{sr} \tag{4-13}
$$

式(4-12)可写为：

$$
T=\frac{1}{2}\sum_{r=1}^{n}\sum_{s=1}^{n}m_{rs}\dot{q}_r\dot{q}_s=\frac{1}{2}\dot{\boldsymbol{q}}^{\mathrm{T}}\boldsymbol{M}\dot{\boldsymbol{q}} \tag{4-14}
$$

其中

$$
\dot{\boldsymbol{q}}=\begin{Bmatrix}\dot{q}_1\\ \dot{q}_2\\ \vdots\\ \dot{q}_n\end{Bmatrix},\quad
\boldsymbol{M}=\begin{bmatrix}m_{11} & m_{12} & \cdots & m_{1n}\\ m_{21} & m_{22} & \cdots & m_{2n}\\ \vdots & \vdots & \ddots & \vdots\\ m_{n1} & m_{n2} & \cdots & m_{nn}\end{bmatrix}
$$

这里，$\dot{\boldsymbol{q}}$ 称为**广义速度向量**，$\boldsymbol{M}$ 称为**广义质量矩阵**，简称**质量矩阵**。

由式(4-14)可知，动能 T 是广义速度 $\dot{q}_i$ 的齐次二次函数，即二次型。由于实际系统的动能 T 除了全部的广义速度 $\dot{q}_i=0(i=1,2,\cdots,n)$之外总是大于零，所以质量矩阵 $\boldsymbol{M}$ 一般是正定的。此外，由式(4-13)可知，质量矩阵 $\boldsymbol{M}$ 也是对称的。因此，质量矩阵是对称的正定阵。

2. 势能的表达式

在定常约束下，系统的势能是广义坐标的函数，即式(4-2b)。它在平衡位置附近按 Taylor 级数展开为：

$$V=V_0+\sum_{k=1}^{n}\left(\frac{\partial V}{\partial q_k}\right)_0 q_k+\frac{1}{2}\sum_{r=1}^{n}\sum_{s=1}^{n}\left(\frac{\partial^2 V}{\partial q_r \partial q_s}\right)_0 q_r q_s+\cdots \tag{4-15}$$

式中，第一项 V_0 表示势能在平衡位置处的取值，它是一个可任选的常数，一般取为零。此外，系统处于平衡位置时，其势能最小，因此必有：

$$\left(\frac{\partial V}{\partial q_k}\right)_0=0 \quad (k=1,2,\cdots,n) \tag{4-16}$$

于是，在式(4-15)中，略去三阶及以上微量后，得到：

$$V=\frac{1}{2}\sum_{r=1}^{n}\sum_{s=1}^{n}\left(\frac{\partial^2 V}{\partial q_r \partial q_s}\right)_0 q_r q_s \tag{4-17}$$

若令

$$k_{rs}=\left(\frac{\partial^2 V}{\partial q_r \partial q_s}\right)_0=k_{sr} \tag{4-18}$$

则式(4-17)又可写为：

$$V=\frac{1}{2}\sum_{r=1}^{n}\sum_{s=1}^{n}k_{rs}q_r q_s=\frac{1}{2}\boldsymbol{q}^{\mathrm{T}}\boldsymbol{K}\boldsymbol{q} \tag{4-19}$$

其中

$$\boldsymbol{q}=\begin{Bmatrix} q_1 \\ q_2 \\ \vdots \\ q_n \end{Bmatrix},\quad \boldsymbol{K}=\begin{bmatrix} k_{11} & k_{12} & \cdots & k_{1n} \\ k_{21} & k_{22} & \cdots & k_{2n} \\ \vdots & \vdots & \ddots & \vdots \\ k_{n1} & k_{n2} & \cdots & k_{nn} \end{bmatrix}$$

这里，$\boldsymbol{q}$ 为**广义坐标向量**，$\boldsymbol{K}$ 为**广义刚度矩阵**，简称**刚度矩阵**，它是一个对称阵。显然，势能 V 是广义坐标 $q_i(i=1,2,\cdots,n)$ 的齐次二次函数。

【例 4-4】 假定一根长度为 l、总质量为 m 的等截面刚性杆，由一根弹性的无质量弯曲弹簧支承，其弯曲刚度为 EI，并且承受均匀分布的、随时间变化的外荷载作用，如图 4-4(a)所示。现选取点 1 和点 2 从其静力平衡位置向下的竖向位移 y_1、y_2 作为广义坐标。试建立在微幅振动时的运动方程。

【解】 刚性杆的总动能等于随质心平移的动能和绕质心转动的动能之和：

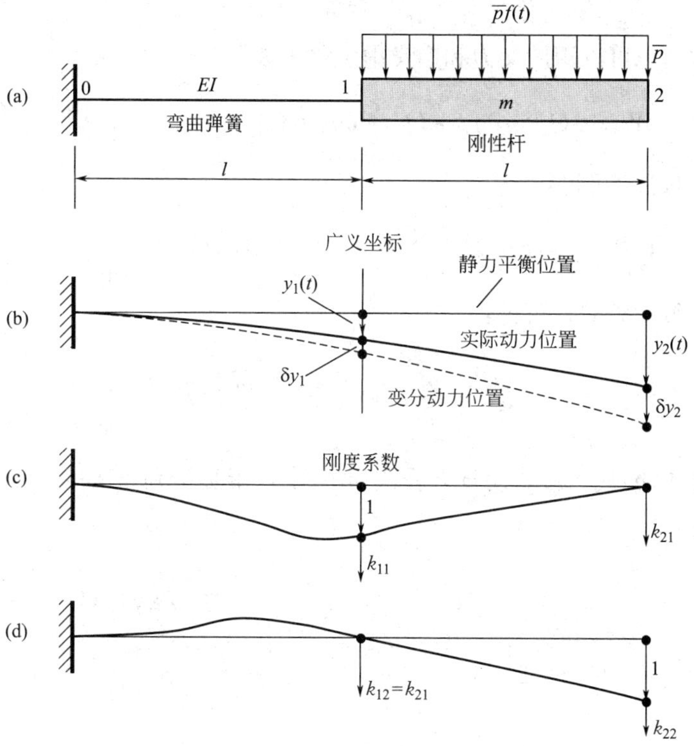

图 4-4　由无质量弯曲弹簧支承的刚性杆

$$T=\frac{1}{2}mv_C^2+\frac{1}{2}J_C\dot{\varphi}_C^2 \tag{a}$$

式中，v_C 为刚性杆质心处的速度；J_C 为对于质心的转动惯量，对于均质杆，有 $J_C=ml^2/12$；φ_C 为质心的转角。

根据广义坐标 y_1、y_2，可以得到：

$$v_C=(\dot{y}_1+\dot{y}_2)/2,\ \varphi_C=(y_1-y_2)/l \tag{b}$$

将式(b)代入式(a)中，可得：

$$T=\frac{1}{8}m(\dot{y}_1+\dot{y}_2)^2+\frac{m}{24}(\dot{y}_1-\dot{y}_2)^2=\frac{m}{6}(\dot{y}_1^2+\dot{y}_1\dot{y}_2+\dot{y}_2^2) \tag{c}$$

由于 y_1 和 y_2 是从静力平衡位置算起的位移，如果系统的总势能只考虑弯曲弹簧所贮存的应变能，而忽略刚性杆重力引起的势能，其中应变能用刚度影响系数来表示，如图 4-4(c)、(d)所示。于是，系统的总势能为：

$$V=\frac{1}{2}(k_{11}y_1^2+2k_{12}y_1y_2+k_{22}y_2^2) \tag{d}$$

非保守力 $\overline{p}f(t)$在虚位移 δy_1 和 δy_2 上所做的总虚功为：

$$\delta W_{nc} = \bar{p} f(t) l \cdot (\delta y_1 + \delta y_2)/2 \tag{e}$$

另一方面，总虚功也可以用广义力和广义虚位移来表示：

$$\delta W_{nc} = Q_1^* \cdot \delta q_1 + Q_2^* \cdot \delta q_2 = Q_1^* \cdot \delta y_1 + Q_2^* \cdot \delta y_2 \tag{f}$$

于是，由式(e)和式(f)可得：

$$[Q_1^* - \bar{p} f(t) l/2] \cdot \delta y_1 + [Q_2^* - \bar{p} f(t) l/2] \cdot \delta y_2 = 0$$

由于 δy_1 与 δy_2 彼此独立，可得：

$$Q_1^* = \frac{\bar{p} l}{2} f(t),\ Q_2^* = \frac{\bar{p} l}{2} f(t) \tag{g}$$

将式(c)、(d)及式(g)代入拉格朗日方程式(4-6)中，于是得到系统的二个运动方程，将其写成矩阵形式为：

$$\frac{m}{6}\begin{bmatrix} 2 & 1 \\ 1 & 2 \end{bmatrix}\begin{Bmatrix} \ddot{y}_1 \\ \ddot{y}_2 \end{Bmatrix} + \begin{bmatrix} k_{11} & k_{12} \\ k_{12} & k_{22} \end{bmatrix}\begin{Bmatrix} y_1 \\ y_2 \end{Bmatrix} = \begin{Bmatrix} \frac{\bar{p} l}{2} f(t) \\ \frac{\bar{p} l}{2} f(t) \end{Bmatrix} \tag{h}$$

下面，推导刚度影响系数 k_{11}、k_{12} 及 k_{22} 的具体表达式。

(1) 采用结构力学中的位移法

当点 1 处产生竖向单位位移而点 2 固定不动时，如图 4-4(c)所示，则杆端弯矩和杆端力分别为：

$$M_{1,0} = -\frac{6EI}{l^2} \times 1 + \frac{4EI}{l} \times \left(-\frac{1}{l}\right) = -\frac{10EI}{l^2}$$

$$F_{1,0} = \frac{12EI}{l^3} - \frac{6EI}{l^2} \times \left(-\frac{1}{l}\right) = \frac{18EI}{l^3} \tag{i}$$

考虑结点 1 的平衡条件[如图 4-5(a)所示]：

$$M_{1,0} + M_{1,2} = 0,\ k_{11} + F_{1,2} - F_{1,0} = 0 \tag{j}$$

对于刚性杆，其平衡条件为：

$$k_{21} l + M_{1,2} = 0,\ k_{21} - F_{1,2} = 0 \tag{k}$$

根据式(j)和式(k)，可求得：

$$k_{21} = \frac{M_{1,0}}{l} = -\frac{10EI}{l^3},\ k_{11} = \frac{28EI}{l^3}$$

同理，可以得到：

$$k_{12}=-\frac{10EI}{l^3},\ k_{22}=\frac{4EI}{l^3}$$

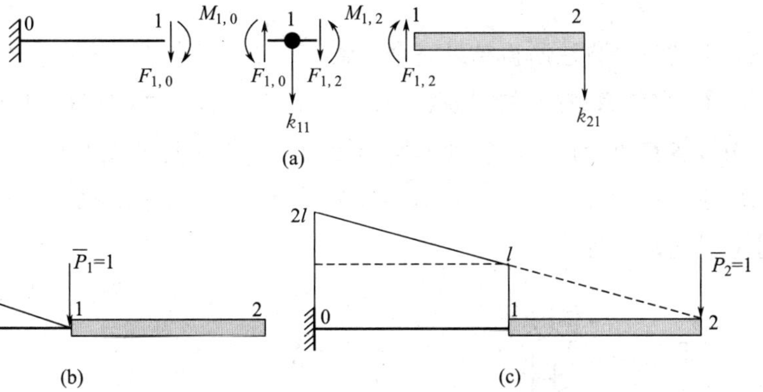

图 4-5

(a)杆端弯矩与杆端力；(b)$\overline{M}_1$ 图；(c)$\overline{M}_2$ 图

(2) 利用图乘法求柔度系数

根据图 4-5(b)及图 4-5(c)可知：

$$f_{11}=\frac{1}{EI}\left(\frac{1}{2}\times l\times l\times\frac{2}{3}\times l\right)=\frac{l^3}{3EI}$$

$$f_{12}=f_{21}=\frac{1}{EI}\left[\frac{1}{2}\times l\times l\times\left(\frac{2}{3}l+l\right)\right]=\frac{5l^3}{6EI}$$

$$f_{22}=\frac{1}{EI}\left[\frac{1}{2}\times l\times l\times\left(\frac{2}{3}l+l\right)+l\times l\times\left(\frac{1}{2}l+l\right)\right]=\frac{7l^3}{3EI}$$

于是，得到柔度矩阵后求逆即可得到刚度矩阵。

(3) 利用材料力学方法求应变能

对于无质量弯曲弹簧，因无横向荷载作用，故挠曲函数 $y(x)$应满足：

$$\frac{\mathrm{d}^4 y}{\mathrm{d}x^4}=0 \tag{l}$$

于是，挠曲函数的表达式为：

$$y(x)=Ax^3+Bx^2+Cx+D \tag{m}$$

根据题意，其全部边界条件为：

$$y(0)=0,\ y'(0)=0,\ y(l)=y_1,\ y'(l)=\frac{y_2-y_1}{l} \tag{n}$$

根据式(m)，可求得：

$$A=\frac{y_2-3y_1}{l^3},\ B=\frac{4y_1-y_2}{l^2},\ C=0,\ D=0 \tag{o}$$

于是，无质量弯曲弹簧的应变能为：

$$V=\frac{1}{2}\int_0^l EI(y'')^2\mathrm{d}x=\frac{2EI}{l^3}(7y_1^2-5y_1y_2+y_2^2) \tag{p}$$

可以验证，上述三种方法所得结果完全一致。

【例 4-5】 多体系统的微幅振动。如图 4-6 所示的均质刚性杆组合体，杆与杆之间用铰连接，由设置在每个铰处的转动弹簧和缓冲器来抵抗杆的相对转动，其数值如图 4-6 所示。现选取刚性杆的转角 $\varphi_i(i=1,2,3)$作为系统的广义坐标，假定位移很小，属于微幅振动。试建立其运动方程。

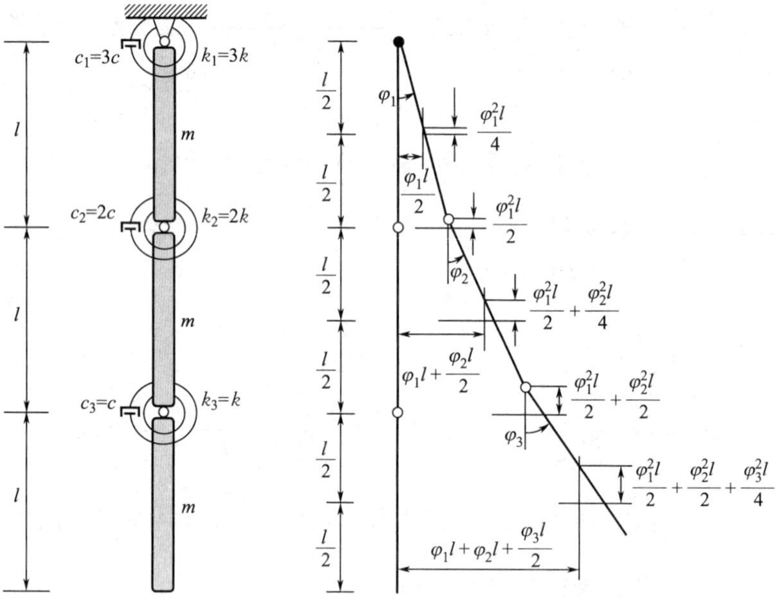

图 4-6　刚性杆多体系统的微幅振动

【解】 分别考虑刚性杆绕各自质心的转动和质心的移动所产生的各杆动能，从而得到系统的总动能为：

$$\begin{aligned}T&=\frac{1}{2}J_C(\dot{\varphi}_1^2+\dot{\varphi}_2^2+\dot{\varphi}_3^2)+\frac{1}{2}m\left[\left(\frac{1}{2}\dot{\varphi}_1 l\right)^2+\left(\dot{\varphi}_1 l+\frac{1}{2}\dot{\varphi}_2 l\right)^2+\left(\dot{\varphi}_1 l+\dot{\varphi}_2 l+\frac{1}{2}\dot{\varphi}_3 l\right)^2\right]\\&=\frac{ml^2}{6}(7\dot{\varphi}_1^2+4\dot{\varphi}_2^2+\dot{\varphi}_3^2+9\dot{\varphi}_1\dot{\varphi}_2+3\dot{\varphi}_2\dot{\varphi}_3+3\dot{\varphi}_1\dot{\varphi}_3)\end{aligned} \tag{a}$$

其中 $J_C=\frac{1}{12}ml^2$。需要指出的是，在计算系统的总动能时，质心竖向位移所产生的动能已略去，这是因为它们都是四阶微量。

再分别考虑转动弹簧的变形和由于杆从其竖向原始位置升高所引起的势能，图中已标出各杆质心竖向位移的数值。于是，可以得到系统的总势能为：

$$
\begin{aligned}
V=&\frac{1}{2}\left[k_1\varphi_1^2+k_2(\varphi_2-\varphi_1)^2+k_3(\varphi_3-\varphi_2)^2\right]\\
&+mgl\left[\frac{1}{4}\varphi_1^2+\left(\frac{1}{2}\varphi_1^2+\frac{1}{4}\varphi_2^2\right)+\left(\frac{1}{2}\varphi_1^2+\frac{1}{2}\varphi_2^2+\frac{1}{4}\varphi_3^2\right)\right]\\
=&\frac{1}{4}\left[(10k+5mgl)\varphi_1^2+(6k+3mgl)\varphi_2^2+(2k+mgl)\varphi_3^2\right]-2k\varphi_1\varphi_2-k\varphi_2\varphi_3
\end{aligned}
\tag{b}
$$

最后，给出转动缓冲器对系统所做的虚功：

$$
\begin{aligned}
\delta W_{\mathrm{nc}}&=-c_1\dot{\varphi}_1\delta\varphi_1-c_2(\dot{\varphi}_2-\dot{\varphi}_1)\delta(\varphi_2-\varphi_1)-c_3(\dot{\varphi}_3-\dot{\varphi}_2)\delta(\varphi_3-\varphi_2)\\
&=c\left[(-5\dot{\varphi}_1+2\dot{\varphi}_2)\delta\varphi_1+(2\dot{\varphi}_1-3\dot{\varphi}_2+\dot{\varphi}_3)\delta\varphi_2+(\dot{\varphi}_2-\dot{\varphi}_3)\delta\varphi_3\right]
\end{aligned}
\tag{c}
$$

由此，只有阻尼引起的非保守广义力为：

$$
Q_1^*=c(-5\dot{\varphi}_1+2\dot{\varphi}_2),\quad Q_2^*=c(2\dot{\varphi}_1-3\dot{\varphi}_2+\dot{\varphi}_3),\quad Q_3^*=c(\dot{\varphi}_2-\dot{\varphi}_3)
\tag{d}
$$

将式(a)、(b)及式(d)代入式(4-6)中，即：

$$
\frac{\mathrm{d}}{\mathrm{d}t}\left(\frac{\partial T}{\partial \dot{q}_i}\right)-\frac{\partial T}{\partial q_i}+\frac{\partial V}{\partial q_i}=Q_i^*\quad(i=1,2,3)
\tag{e}
$$

于是，得到系统的三个运动方程为：

$$
\begin{aligned}
&\frac{ml^2}{6}\begin{bmatrix}14&9&3\\9&8&3\\3&3&2\end{bmatrix}\begin{Bmatrix}\ddot{\varphi}_1\\\ddot{\varphi}_2\\\ddot{\varphi}_3\end{Bmatrix}+c\begin{bmatrix}5&-2&0\\-2&3&-1\\0&-1&1\end{bmatrix}\begin{Bmatrix}\dot{\varphi}_1\\\dot{\varphi}_2\\\dot{\varphi}_3\end{Bmatrix}\\
&+\frac{1}{2}\begin{bmatrix}(10k+5mgl)&-4k&0\\-4k&(6k+3mgl)&-2k\\0&-2k&(2k+mgl)\end{bmatrix}\begin{Bmatrix}\varphi_1\\\varphi_2\\\varphi_3\end{Bmatrix}=\begin{Bmatrix}0\\0\\0\end{Bmatrix}
\end{aligned}
\tag{f}
$$

【例 4-6】 汽车上下振动及俯仰振动的动力学模型。假设表示车身的刚性杆 AB 的质量为 m，杆绕质心 C 的转动惯量为 J_C，悬挂弹簧和前后轮胎的弹性用刚度系数分别为 k_1 及 k_2 的两个弹簧来表示，杆的全长为 l，杆的质心 C 与 A、B 端的距离分别为 l_1 及 l_2，如图 4-7(a)所示。设杆上 D 点与 A、B 端的距离分别为 a_1 及 a_2，现选取 D 点的竖向位移 y_D 及杆绕 D 点的角位移 φ_D 作为广义坐标，试建立车身微幅振动的运动方程。

【解】 (1)应用拉格朗日方程来建立系统的运动方程

设 C、D 两点的距离为 e，其中 e 是一个已知常数。将车身所受外力向 D 点简化为合力 P_D 与合力矩 M_D，如图 4-7(b)所示。考虑到微幅振动，现以弹簧的静平衡位置作为参考坐标，杆质心的竖向位移 y_C 及杆绕质心的角位移 φ_C 可以表示为：

$$
y_C=y_D+e\varphi_D,\quad \varphi_C=\varphi_D
\tag{a}
$$

系统的动能为：

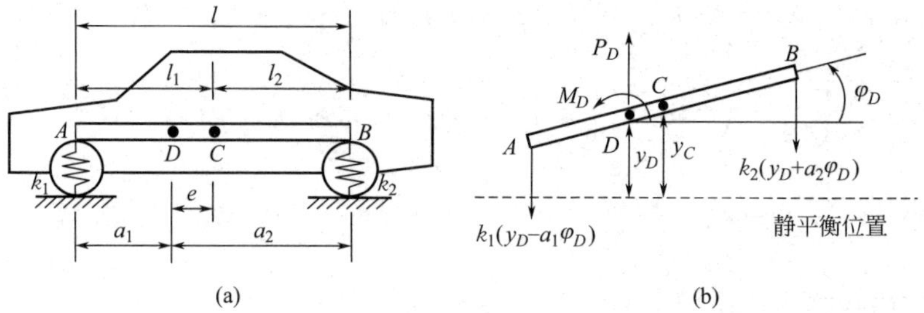

图 4-7　汽车动力学模型

(a)力学模型；(b)计算简图

$$T=\frac{1}{2}m(\dot{y}_C)^2+\frac{1}{2}J_C(\dot{\varphi}_C)^2=\frac{1}{2}m(\dot{y}_D+e\dot{\varphi}_D)^2+\frac{1}{2}J_C(\dot{\varphi}_D)^2 \tag{b}$$

系统的势能为：

$$V=\frac{1}{2}k_1(y_A)^2+\frac{1}{2}k_2(y_B)^2=\frac{1}{2}k_1(y_D-a_1\varphi_D)^2+\frac{1}{2}k_2(y_D+a_2\varphi_D)^2 \tag{c}$$

于是，可计算得到：

$$\frac{\mathrm{d}}{\mathrm{d}t}\left(\frac{\partial T}{\partial \dot{q}_1}\right)=\frac{\mathrm{d}}{\mathrm{d}t}\left(\frac{\partial T}{\partial \dot{y}_D}\right)=m(\ddot{y}_D+e\ddot{\varphi}_D)$$

$$\frac{\partial}{\partial q_1}(T-V)=\frac{\partial}{\partial y_D}(T-V)=-(k_1+k_2)y_D-(k_2a_2-k_1a_1)\varphi_D$$

$$\frac{\mathrm{d}}{\mathrm{d}t}\left(\frac{\partial T}{\partial \dot{q}_2}\right)=\frac{\mathrm{d}}{\mathrm{d}t}\left(\frac{\partial T}{\partial \dot{\varphi}_D}\right)=me(\ddot{y}_D+e\ddot{\varphi}_D)+J_C\ddot{\varphi}_D$$

$$\frac{\partial}{\partial q_2}(T-V)=\frac{\partial}{\partial \varphi_D}(T-V)=-(k_2a_2-k_1a_1)y_D-(k_1a_1^2+k_2a_2^2)\varphi_D$$

设坐标 y_D 上有虚位移 δy_D，坐标 φ_D 上有虚位移 $\delta\varphi_D$，则系统的非保守力所做的总虚功为：

$$\delta W_{\mathrm{nc}}=P_D\cdot\delta y_D+M_D\cdot\delta\varphi_D \tag{d}$$

另一方面，总虚功也可以用广义力与广义虚位移来表示：

$$\delta W_{\mathrm{nc}}=Q_1^*\cdot\delta q_1+Q_2^*\cdot\delta q_2=Q_1^*\cdot\delta y_D+Q_2^*\cdot\delta\varphi_D \tag{e}$$

于是，由式(d)和式(e)可得：

$$Q_1^*=P_D,\ Q_2^*=M_D \tag{f}$$

于是，根据拉格朗日方程式(4-6)，可得到系统的运动方程为：

$$\begin{bmatrix} m & me \\ me & J_C+me^2 \end{bmatrix}\begin{Bmatrix} \ddot{y}_D \\ \ddot{\varphi}_D \end{Bmatrix}+\begin{bmatrix} (k_1+k_2) & (k_2a_2-k_1a_1) \\ (k_2a_2-k_1a_1) & (k_1a_1^2+k_2a_2^2) \end{bmatrix}\begin{Bmatrix} y_D \\ \varphi_D \end{Bmatrix}=\begin{Bmatrix} P_D \\ M_D \end{Bmatrix} \tag{g}$$

(2) 应用哈密顿原理来建立系统的运动方程

将式(b)、(c)及式(d)代入哈密顿方程(4-1)中，可得：

$$
\begin{aligned}
&\int_{t_0}^{t_1}(\delta T+\delta W_{\mathrm{nc}}-\delta V)\mathrm{d}t \\
=&\int_{t_0}^{t_1}[m(\dot{y}_D+e\dot{\varphi}_D)(\delta\dot{y}_D+e\delta\dot{\varphi}_D)+J_C\dot{\varphi}_D\delta\dot{\varphi}_D+P_D\delta y_D+M_D\delta\varphi_D \\
&-k_1(y_D-a_1\varphi_D)(\delta y_D-a_1\delta\varphi_D)-k_2(y_D+a_2\varphi_D)(\delta y_D+a_2\delta\varphi_D)]\mathrm{d}t \\
=&\int_{t_0}^{t_1}\{(m\dot{y}_D+me\dot{\varphi}_D)\delta\dot{y}_D+(me\dot{y}_D+me^2\dot{\varphi}_D+J_C\dot{\varphi}_D)\delta\dot{\varphi}_D \\
&-[(k_1+k_2)y_D+(k_2a_2-k_1a_1)\varphi_D-P_D]\delta y_D \\
&-[(k_2a_2-k_1a_1)y_D+(k_1a_1^2+k_2a_2^2)\varphi_D-M_D]\delta\varphi_D\}\mathrm{d}t \\
=&0
\end{aligned}
\tag{h}
$$

将式(h)中的第一项进行分部积分，可得：

$$\int_{t_0}^{t_1}(m\dot{y}_D+me\dot{\varphi}_D)\delta\dot{y}_D\mathrm{d}t=(m\dot{y}_D+me\dot{\varphi}_D)\delta y_D\Big|_{t_0}^{t_1}-\int_{t_0}^{t_1}(m\ddot{y}_D+me\ddot{\varphi}_D)\delta y_D\mathrm{d}t \tag{i}$$

由于哈密顿原理是考虑固定边界条件下的泛函变分问题，因此有：

$$\delta y_D\big|_{t=t_0}=\delta y_D\big|_{t=t_1}=0$$

于是，式(i)可简化为：

$$\int_{t_0}^{t_1}(m\dot{y}_D+me\dot{\varphi}_D)\delta\dot{y}_D\mathrm{d}t=-\int_{t_0}^{t_1}(m\ddot{y}_D+me\ddot{\varphi}_D)\delta y_D\mathrm{d}t \tag{j}$$

类似地，式(h)中的第二项可简化为：

$$\int_{t_0}^{t_1}(me\dot{y}_D+me^2\dot{\varphi}_D+J_C\dot{\varphi}_D)\delta\dot{\varphi}_D\mathrm{d}t=-\int_{t_0}^{t_1}(me\ddot{y}_D+me^2\ddot{\varphi}_D+J_C\ddot{\varphi}_D)\delta\varphi_D\mathrm{d}t \tag{k}$$

将式(j)及式(k)代入式(h)中，可得：

$$
\begin{aligned}
-\int_{t_0}^{t_1}\{&[(m\ddot{y}_D+me\ddot{\varphi}_D)+(k_1+k_2)y_D+(k_2a_2-k_1a_1)\varphi_D-P_D]\delta y_D \\
&+[(me\ddot{y}_D+me^2\ddot{\varphi}_D+J_C\ddot{\varphi}_D)+(k_2a_2-k_1a_1)y_D+(k_1a_1^2+k_2a_2^2)\varphi_D-M_D]\delta\varphi_D\}\mathrm{d}t=0
\end{aligned}
\tag{l}
$$

由于 δy_D 和 $\delta\varphi_D$ 的任意性，因此有：

$$
\begin{cases}
m\ddot{y}_D+me\ddot{\varphi}_D+(k_1+k_2)y_D+(k_2a_2-k_1a_1)\varphi_D=P_D \\
me\ddot{y}_D+(me^2+J_C)\ddot{\varphi}_D+(k_2a_2-k_1a_1)y_D+(k_1a_1^2+k_2a_2^2)\varphi_D=M_D
\end{cases}
\tag{m}
$$

比较式(g)与式(m)可知，应用拉格朗日方程和哈密顿原理建立的运动方程完全相同。

§4.3　影响系数法的应用

一般地，可以将一个具有 n 自由度系统的运动方程写为：

$$\boldsymbol{M}\ddot{\boldsymbol{u}}+\boldsymbol{C}\dot{\boldsymbol{u}}+\boldsymbol{K}\boldsymbol{u}=\boldsymbol{P}(t) \tag{4-20a}$$

式中，$\boldsymbol{M}$、$\boldsymbol{C}$ 及 $\boldsymbol{K}$ 分别称为系统的质量矩阵、阻尼矩阵和刚度矩阵，它们都是一个 $n\times n$ 阶矩阵；$\boldsymbol{u}$、$\dot{\boldsymbol{u}}$ 及 $\ddot{\boldsymbol{u}}$ 分别称为系统的位移向量、速度向量和加速度向量，它们都是一个 n 维列向量；$\boldsymbol{P}(t)$为激励向量或荷载向量。

多自由度系统的运动方程也可以用向量形式来表示，则式(4-20a)又可写为：

$$\boldsymbol{f}_{\mathrm{I}}+\boldsymbol{f}_{\mathrm{D}}+\boldsymbol{f}_{\mathrm{S}}=\boldsymbol{P}(t) \tag{4-20b}$$

式中，$\boldsymbol{f}_{\mathrm{I}}$、$\boldsymbol{f}_{\mathrm{D}}$ 及 $\boldsymbol{f}_{\mathrm{S}}$ 分别称为系统的惯性力向量、阻尼力向量和弹性力向量。

在式(4-20a)中的一个矩阵相当于单自由度系统运动方程中的一项，矩阵的阶数等于用来描述结构位移的自由度数目。因此，方程(4-20a)表示 n 个运动方程，它们用来确定 n 自由度系统的反应。

4.3.1　刚度影响系数

根据式(4-20a)与式(4-20b)可知，系统的弹性力向量为：

$$\boldsymbol{f}_{\mathrm{S}}=\boldsymbol{K}\boldsymbol{u} \tag{4-21a}$$

或写为：

$$\begin{Bmatrix} f_{\mathrm{S1}} \\ f_{\mathrm{S2}} \\ \vdots \\ f_{\mathrm{S}n} \end{Bmatrix}=\begin{bmatrix} k_{11} & k_{12} & \cdots & k_{1n} \\ k_{21} & k_{22} & \cdots & k_{2n} \\ \vdots & \vdots & \ddots & \vdots \\ k_{n1} & k_{n2} & \cdots & k_{nn} \end{bmatrix}\begin{Bmatrix} u_1 \\ u_2 \\ \vdots \\ u_n \end{Bmatrix} \tag{4-21b}$$

或写为：

$$f_{\mathrm{S}i}=k_{i1}u_1+k_{i2}u_2+\cdots+k_{in}u_n\quad(i=1,2,\cdots,n) \tag{4-21c}$$

式中，刚度矩阵 $\boldsymbol{K}$ 的元素 k_{ij} 称为**刚度影响系数**。

式(4-21c)表明，在系统的第 i 自由度上产生的弹性力分量 $f_{\mathrm{S}i}$，等于系统所有自由度产生的位移分量在自由度 i 上引起的力的线性叠加。由此，可以将刚度影响系数定义为：

$$k_{ij}=\text{由自由度 } j \text{ 发生单位位移所引起的自由度 } i \text{ 上的力} \tag{4-22}$$

刚度影响系数反映了系统的静弹性性质，因此，可利用静力结构分析的方法来确定。刚度矩阵 $\boldsymbol{K}$ 的第 j 列元素可以通过计算使自由度产生 $u_j=1$(其他所有自由度的 $u_i=0$)时

所需要施加的力 $k_{ij}(i=1,2,\cdots,n)$来得到。

4.3.2 阻尼影响系数

如果假定阻尼与速度有关，即黏滞阻尼，则与所选择的自由度对应的阻尼力就可以按同样的方式用阻尼影响系数表示。类似于式(4-21)，给出阻尼力向量为：

$$\boldsymbol{f}_{\mathrm{D}}=\boldsymbol{C}\dot{\boldsymbol{u}} \tag{4-23a}$$

或写为：

$$\begin{Bmatrix} f_{\mathrm{D1}} \\ f_{\mathrm{D2}} \\ \vdots \\ f_{\mathrm{D}n} \end{Bmatrix}=\begin{bmatrix} c_{11} & c_{12} & \cdots & c_{1n} \\ c_{21} & c_{22} & \cdots & c_{2n} \\ \vdots & \vdots & \ddots & \vdots \\ c_{n1} & c_{n2} & \cdots & c_{nn} \end{bmatrix}\begin{Bmatrix} \dot{u}_1 \\ \dot{u}_2 \\ \vdots \\ \dot{u}_n \end{Bmatrix} \tag{4-23b}$$

或写为：

$$f_{\mathrm{D}i}=c_{i1}\dot{u}_1+c_{i2}\dot{u}_2+\cdots+c_{in}\dot{u}_n \quad (i=1,2,\cdots,n) \tag{4-23c}$$

其中，阻尼矩阵 $\boldsymbol{C}$ 的元素 c_{ij} 称为**阻尼影响系数**。这些系数的定义完全类似于式(4-22)，即：

$$c_{ij}=\text{由自由度 } j \text{ 发生单位速度所引起的自由度 } i \text{ 上的力} \tag{4-24}$$

4.3.3 质量影响系数

惯性力同样可以用一组影响系数表示，这组系数称为**质量影响系数**。它们表示自由度的加速度与其产生的惯性力之间的关系；类似于式(4-21)，惯性力向量为：

$$\boldsymbol{f}_{\mathrm{I}}=\boldsymbol{M}\ddot{\boldsymbol{u}} \tag{4-25a}$$

或写为：

$$\begin{Bmatrix} f_{\mathrm{I1}} \\ f_{\mathrm{I2}} \\ \vdots \\ f_{\mathrm{I}n} \end{Bmatrix}=\begin{bmatrix} m_{11} & m_{12} & \cdots & m_{1n} \\ m_{21} & m_{22} & \cdots & m_{2n} \\ \vdots & \vdots & \ddots & \vdots \\ m_{n1} & m_{n2} & \cdots & m_{nn} \end{bmatrix}\begin{Bmatrix} \ddot{u}_1 \\ \ddot{u}_2 \\ \vdots \\ \ddot{u}_n \end{Bmatrix} \tag{4-25b}$$

或写为：

$$f_{\mathrm{I}i}=m_{i1}\ddot{u}_1+m_{i2}\ddot{u}_2+\cdots+m_{in}\ddot{u}_n \quad (i=1,2,\cdots,n) \tag{4-25c}$$

同样地，质量影响系数 m_{ij} 定义为：

$$m_{ij}=\text{由自由度 } j \text{ 发生单位加速度所引起的自由度 } i \text{ 上的力} \tag{4-26}$$

4.3.4　柔度影响系数

柔度影响系数 f_{ij} 也是反映系统的静弹性性质的，其定义为：

$$f_{ij} = \text{在自由度 } j \text{ 上施加单位荷载而在自由度 } i \text{ 上所引起的位移} \tag{4-27}$$

对于任何给定的结构，柔度影响系数的计算是静力结构分析中的一个典型问题。在确定全部柔度影响系数后，就可以用其计算任意的荷载组合作用下产生的位移向量。于是，在任意的荷载组合作用下自由度 i 产生的位移 u_i 可表示为：

$$u_i = f_{11}P_1(t) + f_{12}P_2(t) + \cdots + f_{1n}P_n(t) \quad (i = 1, 2, \cdots, n) \tag{4-28a}$$

将全部的位移分量用矩阵形式表示为：

$$\begin{Bmatrix} u_1 \\ u_2 \\ \vdots \\ u_n \end{Bmatrix} = \begin{bmatrix} f_{11} & f_{12} & \cdots & f_{1n} \\ f_{21} & f_{22} & \cdots & f_{2n} \\ \vdots & \vdots & \ddots & \vdots \\ f_{n1} & f_{n2} & \cdots & f_{nn} \end{bmatrix} \begin{Bmatrix} P_1(t) \\ P_2(t) \\ \vdots \\ P_n(t) \end{Bmatrix} \tag{4-28b}$$

或写为：

$$\boldsymbol{u} = \boldsymbol{FP}(t) \tag{4-28c}$$

式中，柔度影响系数的矩阵 $\boldsymbol{F}$ 称为结构的柔度矩阵。根据功的互等定理，柔度矩阵和刚度矩阵都是对称矩阵。

在式(4-28)中，位移是用外荷载向量 $\boldsymbol{P}(t)$ 来表示的，其作用方向与位移正向一致时为正。位移也可以用抵抗弯曲的弹性力 $\boldsymbol{f}_S$ 表示，其作用方向与位移正向相反时为正。显然，由静力学可得 $\boldsymbol{f}_S = \boldsymbol{P}(t)$，事实上，对于静力问题，只需在式(4-20)中令速度向量和加速度向量均为零向量即可得到。于是，式(4-28c)可以改写成

$$\boldsymbol{u} = \boldsymbol{F}\boldsymbol{f}_S \tag{4-29}$$

将式(4-29)代入式(4-21a)中，可得：

$$\boldsymbol{f}_S = \boldsymbol{K}\boldsymbol{u} = \boldsymbol{K}\boldsymbol{F}\boldsymbol{f}_S \tag{4-30}$$

因此，刚度矩阵 $\boldsymbol{K}$ 和柔度矩阵 $\boldsymbol{F}$ 之间满足如下关系：

$$\boldsymbol{KF} = \boldsymbol{I} \quad \text{或} \quad \boldsymbol{K} = \boldsymbol{F}^{-1} \tag{4-31}$$

式中，$\boldsymbol{I}$ 为单位矩阵。

式(4-31)表明，柔度矩阵与刚度矩阵是互逆的。在实际中，有时直接计算刚度影响系数可能是一个烦琐的过程。因此，可以通过计算柔度影响系数和柔度矩阵求逆来得到刚度矩阵。

下面证明：对于一般的结构系统，刚度矩阵和柔度矩阵都是正定矩阵，因而是非奇异

而可求逆的。首先，将系统的应变能用柔度矩阵或刚度矩阵来表示。

应变能 U 等于使系统变形所做的功：

$$U=\frac{1}{2}\sum_{i=1}^{n}P_i u_i=\frac{1}{2}\boldsymbol{P}^{\mathrm{T}}\boldsymbol{u}=\frac{1}{2}\boldsymbol{u}^{\mathrm{T}}\boldsymbol{P} \tag{4-32}$$

这里，系数 1/2 是外力随位移线性增加的结果。将式(4-28c)代入式(4-32)中，可得：

$$U=\frac{1}{2}\boldsymbol{P}^{\mathrm{T}}\boldsymbol{F}\boldsymbol{P} \tag{4-33}$$

再将式(4-21a)代入式(4-32)中，并注意到 $\boldsymbol{f}_{\mathrm{S}}=\boldsymbol{P}$，于是可导出应变能的另一个表达式：

$$U=\frac{1}{2}\boldsymbol{u}^{\mathrm{T}}\boldsymbol{K}\boldsymbol{u} \tag{4-34}$$

由于在任何变形过程中，稳定的结构所贮存的应变能一定恒为正值，因此有：

$$\boldsymbol{P}^{\mathrm{T}}\boldsymbol{F}\boldsymbol{P}>0 \quad 和 \quad \boldsymbol{u}^{\mathrm{T}}\boldsymbol{K}\boldsymbol{u}>0 \tag{4-35}$$

当 $\boldsymbol{P}$ 或 $\boldsymbol{u}$ 是任意的非零向量时，满足式(4-35)条件的矩阵称为**正定矩阵**。

以上讨论的是针对系统在稳定平衡位置附近的微幅振动。如果系统允许有刚体位移或在随遇平衡位置附近发生运动，则存在 $\boldsymbol{u}\neq 0$，而 $U=0$，此时 $\boldsymbol{K}$ 是半正定的。此外，刚度矩阵还可能呈现其他的性质。在以下的讨论中，将主要考虑刚度矩阵 $\boldsymbol{K}$ 是正定的情况。

【例 4-7】 如图 4-8(a)所示的一根匀质刚性杆，总质量为 m，两端支承在两个弹簧上，弹簧的刚度系数分别为 k_1 和 k_2，刚性杆在质心处承受竖向荷载 $P_C(t)$和力偶矩 $M_C(t)$的作用。假定刚性杆只能在竖向平面内振动。以弹簧的静平衡位置为参考轴，选取两端的竖向位移 y_1 和 y_2 作为广义坐标，试建立其运动方程。

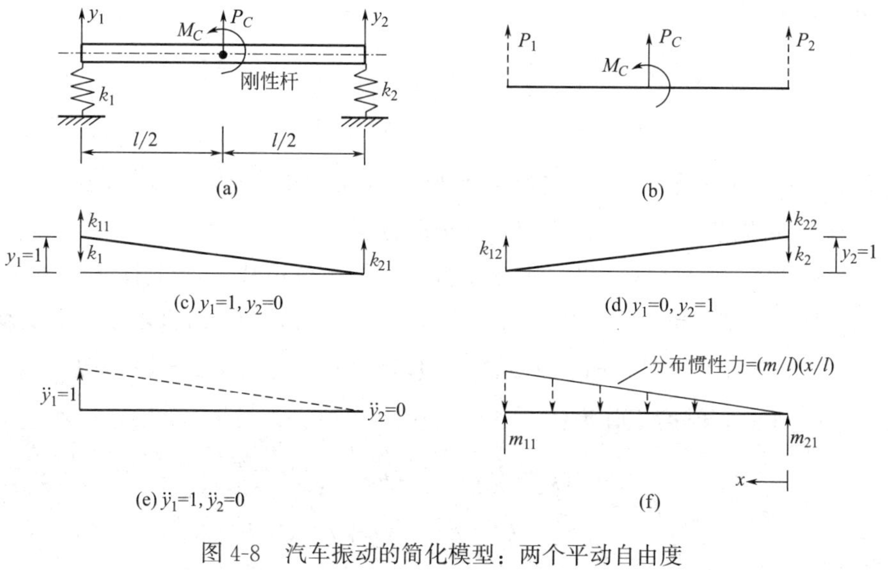

图 4-8　汽车振动的简化模型：两个平动自由度

【解】 (1)确定自由度方向的外力作用。外力没有作用在自由度方向，因此需要使用平衡条件将其转换为沿自由度方向的等效外力 P_1 和 P_2，如图 4-8(b)所示。静力等效条件为：

$$P_1+P_2=P_C，P_2 l/2-P_1 l/2=M_C \tag{a}$$

由式(a)可得：

$$P_1=\frac{P_C}{2}-\frac{M_C}{l}，P_2=\frac{P_C}{2}+\frac{M_C}{l} \tag{b}$$

(2) 确定刚度矩阵。根据影响系数的定义，在自由度 1 处施加单位位移 $y_1=1$ 而 $y_2=0$，可以确定所需的弹性力和刚度影响系数 k_{11} 及 k_{21}，如图 4-8(c)所示。根据静力学，可知 $k_{11}=k_1$，$k_{21}=0$。类似地，在自由度 2 处施加单位位移 $y_2=1$ 而 $y_1=0$，可以确定所需的弹性力和刚度影响系数 k_{12} 及 k_{22}，如图 4-8(d)所示。根据静力学，可知 $k_{22}=k_2$，$k_{12}=0$。于是，刚度矩阵为：

$$\boldsymbol{K}=\begin{bmatrix}k_1 & 0\\0 & k_2\end{bmatrix} \tag{c}$$

(3) 确定质量矩阵。在自由度 1 处施加单位加速度 $\ddot{y}_1=1$ 而 $\ddot{y}_2=0$，确定加速度的分布情况，如图 4-8(e)所示，以及相应的分布惯性力情况，如图 4-8(f)所示。根据静力学，可知质量影响系数 $m_{11}=m/3$，$m_{21}=m/6$。类似地，在自由度 2 处施加单位加速度 $\ddot{y}_2=1$ 而 $\ddot{y}_1=0$，可以得到质量影响系数 $m_{12}=m/6$，$m_{22}=m/3$。于是，质量矩阵为：

$$\boldsymbol{M}=\frac{m}{6}\begin{bmatrix}2 & 1\\1 & 2\end{bmatrix} \tag{d}$$

(4) 建立运动方程。将式(b)～式(d)代入多自由度系统的运动方程[即式(4-20a)]中，并令 $\boldsymbol{C}=\boldsymbol{0}$，得到：

$$\frac{m}{6}\begin{bmatrix}2 & 1\\1 & 2\end{bmatrix}\begin{Bmatrix}\ddot{y}_1\\\ddot{y}_2\end{Bmatrix}+\begin{bmatrix}k_1 & 0\\0 & k_2\end{bmatrix}\begin{Bmatrix}y_1\\y_2\end{Bmatrix}=\begin{Bmatrix}P_C/2-M_C/l\\P_C/2+M_C/l\end{Bmatrix} \tag{e}$$

【例 4-8】 在【例 4-7】中，如果选取匀质刚性杆质心处的平动 y_C 及转动 φ_C 作为系统的两个广义坐标，可以按影响系数法来建立其运动方程。

【解】 (1) 确定刚度矩阵。沿自由度 1 方向施加单位位移 $y_C=1$ 且 $\varphi_C=0$，如图 4-9(b)所示。根据静力学，可得 $k_{yy}=k_1+k_2$，$k_{\varphi y}=(k_2-k_1)l/2$。沿自由度 2 方向施加单位转角 $\varphi_C=1$ 且 $y_C=0$，如图 4-9(c)所示。根据静力学，可得 $k_{y\varphi}=(k_2-k_1)l/2$，$k_{\varphi\varphi}=(k_2+k_1)l^2/4$。于是，刚度矩阵为：

$$\boldsymbol{K}=\begin{bmatrix}(k_1+k_2) & (k_2-k_1)l/2\\(k_2-k_1)l/2 & (k_1+k_2)l^2/4\end{bmatrix} \tag{a}$$

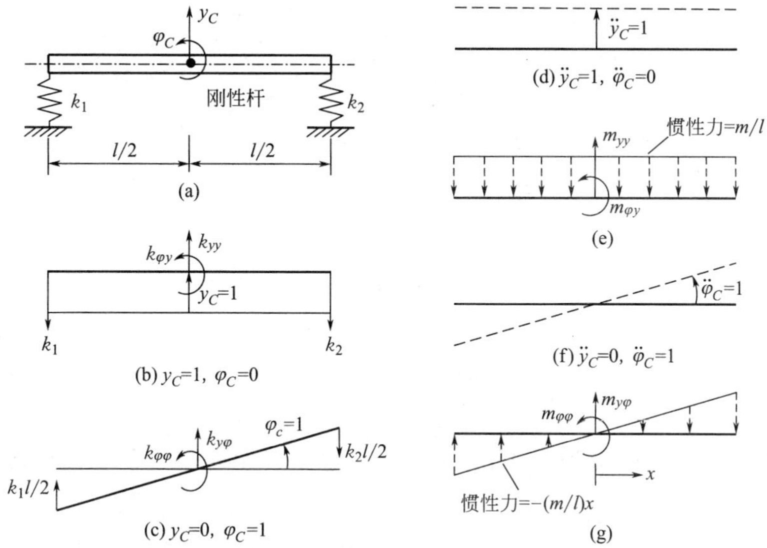

图 4-9　汽车振动的简化模型：平动和转动自由度

(2) 确定质量矩阵。沿自由度 1 方向施加单位加速度 $\ddot{y}_C=1$ 且 $\ddot{\varphi}_C=0$，如图 4-9(d)所示，根据相应的分布惯性力，如图 4-9(e)所示，可得 $m_{yy}=m$，$m_{\varphi y}=0$。沿自由度 2 方向施加单位加速度 $\ddot{\varphi}_C=1$ 且 $\ddot{y}_C=0$，如图 4-9(f)所示，根据相应的分布惯性力，如图 4-9(g)所示，可得 $m_{\varphi\varphi}=ml^2/12$，$m_{y\varphi}=0$。于是，质量矩阵为：

$$\boldsymbol{M}=\begin{bmatrix} m & 0 \\ 0 & ml^2/12 \end{bmatrix} \tag{b}$$

(3) 建立运动方程。将 $\boldsymbol{u}=[y_C \quad \varphi_C]^{\mathrm{T}}$、$\boldsymbol{P}(t)=[P_C \quad M_C]^{\mathrm{T}}$ 与式(a)及式(b)代入式(4-20a)中，得到：

$$\begin{bmatrix} m & 0 \\ 0 & ml^2/12 \end{bmatrix}\begin{Bmatrix} \ddot{y}_C \\ \ddot{\varphi}_C \end{Bmatrix}+\begin{bmatrix} (k_1+k_2) & (k_2-k_1)l/2 \\ (k_2-k_1)l/2 & (k_1+k_2)l^2/4 \end{bmatrix}\begin{Bmatrix} y_C \\ \varphi_C \end{Bmatrix}=\begin{Bmatrix} P_C \\ M_C \end{Bmatrix} \tag{c}$$

显然，这一结果与【例 4-6】所得结果是一致的，即在【例 4-6】中令 $a_1=a_2=l/2$，$e=0$，此时 D 点与 C 点重合。

【例 4-9】 如图 4-10(a)所示具有两个单元的框架结构，两个单元的弯曲刚度均为 EI，长度均为 l。框架无质量，集中质量在两个结点处，如图中所示。若忽略轴向变形的影响，试建立其自由运动方程。

【解】 平面框架结构的两个自由度 u_1 和 u_2 示于图中。于是，位移向量为：

$$\boldsymbol{u}=[u_1 \quad u_2]^{\mathrm{T}} \tag{a}$$

质量矩阵为：

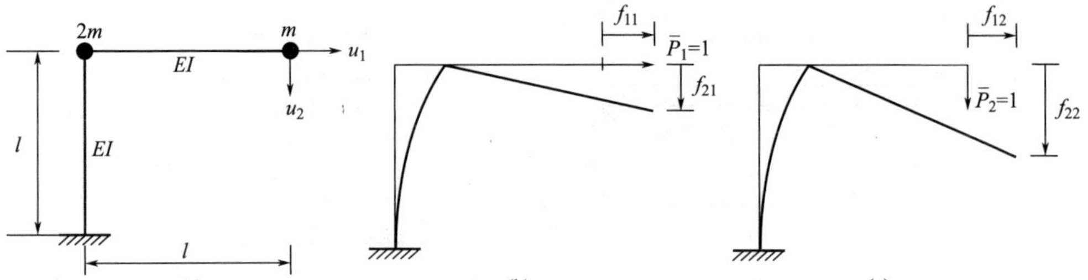

(a)　(b)　(c)

图 4-10　具有两个自由度的框架结构

$$\boldsymbol{M}=\begin{bmatrix}3m & 0\\0 & m\end{bmatrix} \tag{b}$$

注意，相应于 $\ddot{u}_1=1$ 的质量为$(2m+m=3m)$，这是因为连接两个质量的梁轴向无变形，两个质量具有相同的加速度。

刚度矩阵通过计算柔度矩阵后求逆得到。柔度影响系数可按结构静力学中的图乘法来求得，如图 4-9(b)及(c)所示。计算结果如下：

$$f_{11}=\frac{1}{EI}\left(\frac{1}{2}\times l\times l\times\frac{2}{3}l\right)=\frac{l^3}{3EI},\ f_{12}=f_{21}=\frac{1}{EI}\left(\frac{1}{2}\times l\times l\times l\right)=\frac{l^3}{2EI}$$

$$f_{22}=\frac{1}{EI}(l\times l\times l)+\frac{1}{EI}\left(\frac{1}{2}\times l\times l\times\frac{2}{3}l\right)=\frac{4l^3}{3EI}$$

于是，柔度矩阵为：

$$\boldsymbol{F}=\frac{l^3}{6EI}\begin{bmatrix}2 & 3\\3 & 8\end{bmatrix} \tag{c}$$

对柔度矩阵求逆，可得刚度矩阵为：

$$\boldsymbol{K}=\boldsymbol{F}^{-1}=\frac{6EI}{7l^3}\begin{bmatrix}8 & -3\\-3 & 2\end{bmatrix} \tag{d}$$

于是，系统的无阻尼自由振动方程为：

$$\begin{bmatrix}3m & 0\\0 & m\end{bmatrix}\begin{Bmatrix}\ddot{u}_1\\\ddot{u}_2\end{Bmatrix}+\frac{6EI}{7l^3}\begin{bmatrix}8 & -3\\-3 & 2\end{bmatrix}\begin{Bmatrix}u_1\\u_2\end{Bmatrix}=\begin{Bmatrix}0\\0\end{Bmatrix} \tag{e}$$

【例 4-10】 如图 4-11(a)所示的两层框架结构，层高均为 h，跨度为 $2h$，梁和柱的弯曲刚度以及楼层的集中质量见图中标示，在两个楼层处分别作用有水平侧向力 $P_1(t)$ 和 $P_2(t)$。忽略梁和柱的轴向变形，试建立其运动方程。

【解】 (1) 确定结构的自由度。如图 4-11(a)所示，平面框架结构具有六个自由度：楼层处的水平侧向位移 u_1 和 u_2，结点转角 u_3、u_4、u_5 和 u_6。因此，位移向量 $\boldsymbol{u}$ 为：

$$\boldsymbol{u}=[u_1\quad u_2\quad u_3\quad u_4\quad u_5\quad u_6]^{\mathrm{T}} \tag{a}$$

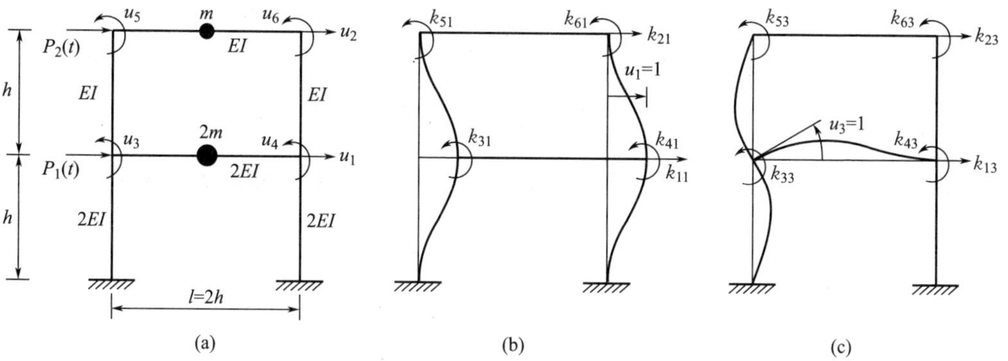

图 4-11　具有 6 个自由度的两层框架结构

(2) 确定荷载向量。施加的动力激励是在两个楼层处的水平侧向力 $P_1(t)$ 和 $P_2(t)$，而结点处无力矩作用。于是，荷载向量为：

$$\boldsymbol{P}(t)=[P_1(t)\quad P_2(t)\quad 0\quad 0\quad 0\quad 0]^{\mathrm{T}} \tag{b}$$

(3) 确定质量矩阵。一般地，对于集中质量的理想化模型，质量矩阵是对角阵。同时，集中质量仅与平动自由度有关；对于转动自由度，其对应的集中质量为零。因此，对于图 4-11(a)所示的框架结构，其质量矩阵为：

$$\boldsymbol{M}=\begin{bmatrix}2m&&&&&\\&m&&&&\\&&0&&&\\&&&0&&\\&&&&0&\\&&&&&0\end{bmatrix} \tag{c}$$

(4) 确定刚度矩阵。这里直接利用结构静力学中的方法来求刚度影响系数 k_{ij}。在每个自由度上每次施加一个单位位移而对其他五个自由度进行约束，刚度影响系数来自于施加位移有关的各个结构单元的结点力。例如：

当 $u_1=1$ 时，如图 4-11(b)所示，可以求得刚度影响系数 $k_{i1}(i=1,2,\cdots,6)$，具体如下：

$$k_{11}=\frac{12\times(2EI)}{h^3}\times 2+\frac{12\times EI}{h^3}\times 2=\frac{72EI}{h^3},\quad k_{21}=-\frac{12\times EI}{h^3}\times 2=-\frac{24EI}{h^3}$$

$$k_{31}=k_{41}=\frac{6\times(2EI)}{h^2}-\frac{6\times EI}{h^2}=\frac{6EI}{h^2},\quad k_{51}=k_{61}=-\frac{6\times EI}{h^2}=-\frac{6EI}{h^2}$$

当 $u_3=1$ 时，如图 4-11(c)所示，可以求得刚度影响系数 $k_{i3}(i=1,2,\cdots,6)$，具体如下：

$$k_{13}=\frac{6\times(2EI)}{h^2}-\frac{6\times EI}{h^2}=\frac{6EI}{h^2},\quad k_{23}=\frac{6\times EI}{h^2}=\frac{6EI}{h^2}$$

$$k_{33}=\frac{4\times(2EI)}{h}+\frac{4\times EI}{h}+\frac{4\times(2EI)}{2h}=\frac{16EI}{h}$$

$$k_{43}=\frac{2\times(2EI)}{2h}=\frac{2EI}{h},\ k_{53}=\frac{2\times EI}{h}=\frac{2EI}{h},\ k_{63}=0$$

采用上述方法，可以确定其他刚度影响系数。最后，可得到刚度矩阵为：

$$\boldsymbol{K}=\frac{EI}{h^3}\begin{bmatrix}72 & -24 & 6h & 6h & -6h & -6h\\ -24 & 24 & 6h & 6h & 6h & 6h\\ 6h & 6h & 16h^2 & 2h^2 & 2h^2 & 0\\ 6h & 6h & 2h^2 & 16h^2 & 0 & 2h^2\\ -6h & 6h & 2h^2 & 0 & 6h^2 & h^2\\ -6h & 6h & 0 & 2h^2 & h^2 & 6h^2\end{bmatrix} \tag{d}$$

(5) 建立运动方程。根据式(a)～式(d)，可以建立框架结构的运动方程为：

$$\boldsymbol{M}\ddot{\boldsymbol{u}}+\boldsymbol{K}\boldsymbol{u}=\boldsymbol{P}(t) \tag{e}$$

§4.4　运动方程的静力凝聚

静力凝聚的概念是基于静力平衡约束而得名的。为了应用这一方法，将结构系统的自由度划分为两类：一类为无质量参与，因此也不会产生惯性力的自由度；另一类为有质量参与，会导致惯性力的自由度。在利用集中质量法来确定结构的质量特性时，可以将自由度分为转动的或平动的，这是由于假定质量集中在各结点上时没有转动惯性抗力，因而集中质量矩阵在转动自由度处将含有零对角元素，这些转动自由度是可以从动力分析中消除的自由度。然而，静力凝聚的基本概念完全是自由度的识别问题，即能产生惯性力和不能产生惯性力的自由度的识别问题。

将无阻尼系统的运动方程写成分块的形式：

$$\begin{bmatrix}\boldsymbol{M}_{tt} & \boldsymbol{0}\\ \boldsymbol{0} & \boldsymbol{0}\end{bmatrix}\begin{Bmatrix}\ddot{\boldsymbol{u}}_t\\ \ddot{\boldsymbol{u}}_0\end{Bmatrix}+\begin{bmatrix}\boldsymbol{K}_{tt} & \boldsymbol{K}_{t0}\\ \boldsymbol{K}_{0t} & \boldsymbol{K}_{00}\end{bmatrix}\begin{Bmatrix}\boldsymbol{u}_t\\ \boldsymbol{u}_0\end{Bmatrix}=\begin{Bmatrix}\boldsymbol{P}_t(t)\\ \boldsymbol{0}\end{Bmatrix} \tag{4-36}$$

式中，$\boldsymbol{u}_0$ 为具有零质量的自由度，称为**凝聚自由度**；$\boldsymbol{u}_t$ 为具有质量的自由度，称为**动力自由度**；且 $\boldsymbol{K}_{t0}=\boldsymbol{K}_{0t}^{\mathrm{T}}$。将式(4-36)展开为两个分块的方程：

$$\boldsymbol{M}_{tt}\ddot{\boldsymbol{u}}_t+\boldsymbol{K}_{tt}\boldsymbol{u}_t+\boldsymbol{K}_{t0}\boldsymbol{u}_0=\boldsymbol{P}_t(t) \tag{4-37a}$$

$$\boldsymbol{K}_{0t}\boldsymbol{u}_t+\boldsymbol{K}_{00}\boldsymbol{u}_0=\boldsymbol{0} \tag{4-37b}$$

由式(4-37b)可得到 $\boldsymbol{u}_0$ 和 $\boldsymbol{u}_t$ 之间的静力关系：

$$\boldsymbol{u}_0=-\boldsymbol{K}_{00}^{-1}\boldsymbol{K}_{0t}\boldsymbol{u}_t \tag{4-38}$$

则有

$$\boldsymbol{u}=\begin{Bmatrix}\boldsymbol{u}_{\mathrm{t}}\\ \boldsymbol{u}_{0}\end{Bmatrix}=\begin{Bmatrix}\boldsymbol{I}_{\mathrm{t}}\\ -\boldsymbol{K}_{00}^{-1}\boldsymbol{K}_{0\mathrm{t}}\end{Bmatrix}\boldsymbol{u}_{\mathrm{t}}$$

将式(4-38)代入式(4-37a)中，得到：

$$\boldsymbol{M}_{\mathrm{tt}}\ddot{\boldsymbol{u}}_{\mathrm{t}}+\hat{\boldsymbol{K}}_{\mathrm{tt}}\boldsymbol{u}_{\mathrm{t}}=\boldsymbol{P}_{\mathrm{t}}(t) \tag{4-39}$$

式中，$\hat{\boldsymbol{K}}_{\mathrm{tt}}$ 为**凝聚刚度矩阵**，其表达式为：

$$\hat{\boldsymbol{K}}_{\mathrm{tt}}=\boldsymbol{K}_{\mathrm{tt}}-\boldsymbol{K}_{0\mathrm{t}}^{\mathrm{T}}\boldsymbol{K}_{00}^{-1}\boldsymbol{K}_{0\mathrm{t}} \tag{4-40}$$

式(4 39)提供了求解动力自由度的位移 $\boldsymbol{u}_{\mathrm{t}}(t)$ 的控制方程，而在每一瞬时凝聚自由度的位移 $\boldsymbol{u}_{0}(t)$ 由式(4-38)来确定。

【例 4-11】 对于【例 4-10】中的两层框架结构，试用静力凝聚法建立其控制侧向楼层位移 u_1 和 u_2 的运动方程。

【解】 该框架结构的运动方程在【例 4-10】中已建立，现将 6 个自由度划分成平动自由度 $\boldsymbol{u}_{\mathrm{t}}=[u_1\quad u_2]^{\mathrm{T}}$ 和转动自由度 $\boldsymbol{u}_0=[u_3\quad u_4\quad u_5\quad u_6]^{\mathrm{T}}$。

平动自由度 $\boldsymbol{u}_{\mathrm{t}}$ 的运动方程见式(4-39)，即：

$$\boldsymbol{M}_{\mathrm{tt}}\ddot{\boldsymbol{u}}_{\mathrm{t}}+\hat{\boldsymbol{K}}_{\mathrm{tt}}\boldsymbol{u}_{\mathrm{t}}=\boldsymbol{P}_{\mathrm{t}}(t)$$

其中

$$\boldsymbol{M}_{\mathrm{tt}}=m\begin{bmatrix}2 & 0\\ 0 & 1\end{bmatrix},\ \boldsymbol{P}_{\mathrm{t}}(t)=[P_1(t)\quad P_2(t)]^{\mathrm{T}} \tag{a}$$

下面，来确定凝聚刚度矩阵 $\hat{\boldsymbol{K}}_{\mathrm{tt}}$。将【例 4-10】中确定的 6×6 阶刚度矩阵划分为：

$$\boldsymbol{K}=\begin{bmatrix}\boldsymbol{K}_{\mathrm{tt}} & \boldsymbol{K}_{\mathrm{t}0}\\ \boldsymbol{K}_{0\mathrm{t}} & \boldsymbol{K}_{00}\end{bmatrix}=\frac{EI}{h^3}\left[\begin{array}{cc:cccc}72 & -24 & 6h & 6h & -6h & -6h\\ -24 & 24 & 6h & 6h & 6h & 6h\\ \hdashline 6h & 6h & 16h^2 & 2h^2 & 2h^2 & 0\\ 6h & 6h & 2h^2 & 16h^2 & 0 & 2h^2\\ -6h & 6h & 2h^2 & 0 & 6h^2 & h^2\\ -6h & 6h & 0 & 2h^2 & h^2 & 6h^2\end{array}\right] \tag{b}$$

将这些分块矩阵代入式(4-40)中，得到凝聚刚度矩阵：

$$\hat{\boldsymbol{K}}_{\mathrm{tt}}=\frac{EI}{h^3}\begin{bmatrix}54.88 & -17.51\\ -17.51 & 11.61\end{bmatrix} \tag{c}$$

于是，侧向楼层位移 u_1 和 u_2 的运动方程为：

$$m\begin{bmatrix}2 & 0\\0 & 1\end{bmatrix}\begin{Bmatrix}\ddot{u}_1\\\ddot{u}_2\end{Bmatrix}+\frac{EI}{h^3}\begin{bmatrix}54.88 & -17.51\\-17.51 & 11.61\end{bmatrix}\begin{Bmatrix}u_1\\u_2\end{Bmatrix}=\begin{Bmatrix}P_1(t)\\P_2(t)\end{Bmatrix} \tag{d}$$

将刚度矩阵中的分块矩阵代入式(4-38)中，可得到转动自由度 $\boldsymbol{u}_0$ 与平动自由度 $\boldsymbol{u}_t$ 之间的关系：

$$\boldsymbol{u}_0=\boldsymbol{T}\boldsymbol{u}_t \tag{e}$$

其中

$$\boldsymbol{T}=-\boldsymbol{K}_{00}^{-1}\boldsymbol{K}_{0t}=\frac{1}{h}\begin{bmatrix}-0.4426 & -0.2459\\-0.4426 & -0.2459\\0.9836 & -0.7869\\0.9836 & -0.7869\end{bmatrix}$$

§ 4.5　运动方程的耦合问题

为了说明运动方程的耦合问题，选择【例 4-6】及【例 4-7】中的汽车振动模型。在【例 4-6】中，选取刚性杆上 D 点的竖向位移 y_D 和转角 φ_D 作为广义坐标，所建立的运动方程为：

$$\begin{cases}m\ddot{y}_D+me\ddot{\varphi}_D+(k_1+k_2)y_D+(k_2a_2-k_1a_1)\varphi_D=P_D\\me\ddot{y}_D+(me^2+J_C)\ddot{\varphi}_D+(k_2a_2-k_1a_1)y_D+(k_1a_1^2+k_2a_2^2)\varphi_D=M_D\end{cases} \tag{4-41a}$$

或写成矩阵形式：

$$\begin{bmatrix}m & me\\me & J_C+me^2\end{bmatrix}\begin{Bmatrix}\ddot{y}_D\\\ddot{\varphi}_D\end{Bmatrix}+\begin{bmatrix}(k_1+k_2) & (k_2a_2-k_1a_1)\\(k_2a_2-k_1a_1) & (k_1a_1^2+k_2a_2^2)\end{bmatrix}\begin{Bmatrix}y_D\\\varphi_D\end{Bmatrix}=\begin{Bmatrix}P_D\\M_D\end{Bmatrix} \tag{4-41b}$$

从式(4-41)可知，竖向位移 y_D 和转角 φ_D 在运动方程中是耦合在一起的，亦即一个坐标上发生的位移会在其他的坐标上引起弹性恢复力，这种耦合称为**弹性耦合**，也称**静耦合**。弹性耦合体现在刚度矩阵中非零的非对角元素上。此外，$\ddot{y}_D$ 和 $\ddot{\varphi}_D$ 也耦合在一起，这种耦合称为**惯性耦合**，也称**动耦合**。惯性耦合体现在质量矩阵中非零的非对角元素上。

从式(4-41b)中的刚度矩阵和质量矩阵，可以看出：对于一般位置的 D 点，运动方程中既出现弹性耦合也出现惯性耦合；如果选取的 D 点恰好为刚性杆的质心 C，则有 $e=0$，这时运动方程中就只出现弹性耦合；如果选取的 D 点到 A、B 两端的距离满足 $a_1/a_2=k_2/k_1$ 的关系，这时则只会出现惯性耦合。这表明，通过选择不同位置点的坐标，可以改变运动方程的耦合情况。

在【例 4-7】中，选取两端的竖向位移 y_1 和 y_2 作为广义坐标，所建立的运动方程为：

$$\frac{m}{6}\begin{bmatrix}2 & 1\\1 & 2\end{bmatrix}\begin{Bmatrix}\ddot{y}_1\\\ddot{y}_2\end{Bmatrix}+\begin{bmatrix}k_1 & 0\\0 & k_2\end{bmatrix}\begin{Bmatrix}y_1\\y_2\end{Bmatrix}=\begin{Bmatrix}P_C/2-M_C/l\\P_C/2+M_C/l\end{Bmatrix} \tag{4-42}$$

显然，在式(4-42)所示的运动方程中只出现了惯性耦合。这表明，也可以通过选择不同的坐标形式来改变运动方程的耦合情况。

从上面分析可知，弹性耦合和惯性耦合并不是系统的固有特性，它与坐标的选择有关。那么是否能够找到这样的两个广义坐标 u_1 和 u_2，使得系统的运动方程既不出现弹性耦合也不出现惯性耦合？回答是肯定的。这种使系统运动方程的全部耦合项都不出现的坐标称为**主坐标**。在主坐标下，系统的运动方程变为：

$$\begin{bmatrix} m_{11} & 0 \\ 0 & m_{22} \end{bmatrix} \begin{Bmatrix} \ddot{u}_1 \\ \ddot{u}_2 \end{Bmatrix} + \begin{bmatrix} k_{11} & 0 \\ 0 & k_{22} \end{bmatrix} \begin{Bmatrix} u_1 \\ u_2 \end{Bmatrix} = \begin{Bmatrix} P_1 \\ P_2 \end{Bmatrix} \tag{4-43}$$

其中，P_1、P_2 分别是在主坐标 u_1 及 u_2 上的外力。这样，就可以将一个两自由度系统的振动问题转化为两个单自由度系统的振动问题了。

下面讨论同一个系统选取不同的坐标时，它们所描述的运动方程之间的变换关系。设 $\boldsymbol{u}_1$、$\boldsymbol{u}_2$ 为同一系统所选取的两种不同的独立坐标，它们之间有如下的变换关系：

$$\boldsymbol{u}_1 = \boldsymbol{D}\boldsymbol{u}_2 \tag{4-44}$$

其中，广义坐标向量 $\boldsymbol{u}_1$、$\boldsymbol{u}_2$ 以及非奇异矩阵 $\boldsymbol{D}$ 为：

$$\boldsymbol{u}_1 = \begin{Bmatrix} u_{11} \\ u_{21} \\ \vdots \\ u_{n1} \end{Bmatrix},\ \boldsymbol{u}_2 = \begin{Bmatrix} u_{12} \\ u_{22} \\ \vdots \\ u_{n2} \end{Bmatrix},\ \boldsymbol{D} = \begin{bmatrix} d_{11} & d_{12} & \cdots & d_{1n} \\ d_{21} & d_{22} & \cdots & d_{2n} \\ \vdots & \vdots & \ddots & \vdots \\ d_{n1} & d_{n2} & \cdots & d_{nn} \end{bmatrix}$$

假定在坐标 $\boldsymbol{u}_1$ 下系统的运动方程为：

$$\boldsymbol{M}\ddot{\boldsymbol{u}}_1 + \boldsymbol{K}\boldsymbol{u}_1 = \boldsymbol{P}(t) \tag{4-45}$$

则在坐标 $\boldsymbol{u}_2$ 下的运动方程可表示为：

$$\boldsymbol{D}^{\mathrm{T}}\boldsymbol{M}\boldsymbol{D}\ddot{\boldsymbol{u}}_2 + \boldsymbol{D}^{\mathrm{T}}\boldsymbol{K}\boldsymbol{D}\boldsymbol{u}_2 = \boldsymbol{D}^{\mathrm{T}}\boldsymbol{P}(t) \tag{4-46}$$

现在，以式(4-41)和式(4-42)所选取的不同坐标表示的运动方程为例。两种不同坐标之间的几何关系如图 4-12 所示，其中假定刚性杆 AB 是匀质杆。

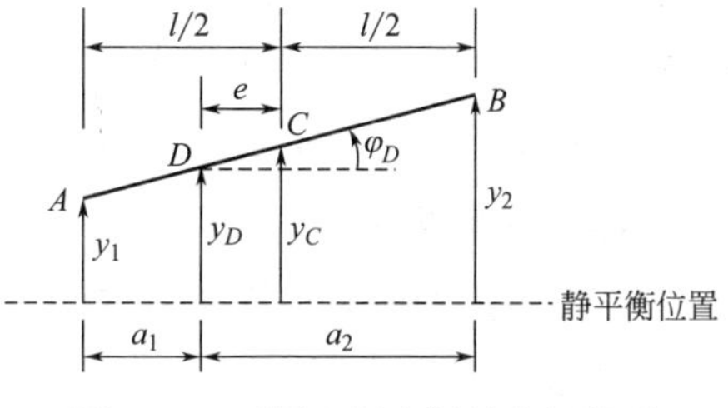

图 4-12　不同坐标之间的几何关系

若取坐标 $\boldsymbol{u}_1 = [y_C \quad \varphi_C]^{\mathrm{T}}$，则在式(4-41b)中，有 $e=0$，$a_1 = a_2 = l/2$。于是，系统的运动方程变为：

$$\begin{bmatrix} m & 0 \\ 0 & J_C \end{bmatrix} \begin{Bmatrix} \ddot{y}_C \\ \ddot{\varphi}_C \end{Bmatrix} + \begin{bmatrix} (k_1+k_2) & (k_2-k_1)l/2 \\ (k_2-k_1)l/2 & (k_1+k_2)l^2/4 \end{bmatrix} \begin{Bmatrix} y_C \\ \varphi_C \end{Bmatrix} = \begin{Bmatrix} P_C \\ M_C \end{Bmatrix} \tag{4-47}$$

式中，转动惯量 $J_C = ml^2/12$。在坐标 $\boldsymbol{u}_1$ 下，系统的质量矩阵、刚度矩阵及荷载向量分别如下：

$$\boldsymbol{M}_1=\begin{bmatrix} m & 0 \\ 0 & J_C \end{bmatrix},\ \boldsymbol{K}_1=\begin{bmatrix} (k_1+k_2) & (k_2-k_1)l/2 \\ (k_2-k_1)l/2 & (k_1+k_2)l^2/4 \end{bmatrix},\ \boldsymbol{P}_1(t)=\begin{Bmatrix} P_C \\ M_C \end{Bmatrix}$$

若选取坐标 $\boldsymbol{u}_2=[y_1\quad y_2]^{\mathrm{T}}$，则系统的运动方程即为式(4-42)。因此，有：

$$\boldsymbol{M}_2=\frac{m}{6}\begin{bmatrix} 2 & 1 \\ 1 & 2 \end{bmatrix},\ \boldsymbol{K}_2=\begin{bmatrix} k_1 & 0 \\ 0 & k_2 \end{bmatrix},\ \boldsymbol{P}_2(t)=\begin{Bmatrix} P_C/2-M_C/l \\ P_C/2+M_C/l \end{Bmatrix}$$

根据图 4-12 的几何关系，两种坐标之间的关系为：

$$\begin{cases} y_1=y_C-\varphi_C l/2 \\ y_2=y_C+\varphi_C l/2 \end{cases} \quad 或 \quad \begin{cases} y_C=(y_1+y_2)/2 \\ \varphi_C=(y_2-y_1)/l \end{cases} \tag{4-48}$$

于是，坐标变换矩阵 $\boldsymbol{D}$ 为：

$$\boldsymbol{D}=\begin{bmatrix} \frac{1}{2} & \frac{1}{2} \\ -\frac{1}{l} & \frac{1}{l} \end{bmatrix}$$

容易验证：$\boldsymbol{M}_2=\boldsymbol{D}^{\mathrm{T}}\boldsymbol{M}_1\boldsymbol{D}$，$\boldsymbol{K}_2=\boldsymbol{D}^{\mathrm{T}}\boldsymbol{K}_1\boldsymbol{D}$，$\boldsymbol{P}_2(t)=\boldsymbol{D}^{\mathrm{T}}\boldsymbol{P}_1(t)$。

假如选取的 $\boldsymbol{u}_2$ 坐标刚好就是主坐标，则质量矩阵 $\boldsymbol{D}^{\mathrm{T}}\boldsymbol{M}\boldsymbol{D}$ 与刚度矩阵 $\boldsymbol{D}^{\mathrm{T}}\boldsymbol{K}\boldsymbol{D}$ 都将是对角阵，这样，寻找主坐标就变为寻找使原来的 $\boldsymbol{M}$ 矩阵及 $\boldsymbol{K}$ 矩阵同时对角化的非奇异矩阵 $\boldsymbol{D}$。在下一章中，我们将讨论如何寻找这样的矩阵 $\boldsymbol{D}$。

§4.6 多点支座激励问题

在【例 4-2】的基础激励问题中，假设了结构与地面的所有支座经历相同的规定运动。在工程实践中，不同支座经历不同的地面运动的情况也很普遍。例如，对于大型桥梁、水坝、隧道等大跨度结构，在一次地震过程中，不同支座处经历的地面运动可能会有很大差异。本节将前面建立运动方程的方法进行推广，以考虑不同支座处出现不同的地面运动的情况，即**多点支座激励**。

为了分析此系统，如图 4-13 所示，将位移向量分为两个部分：①上部结构 N 个自由度 $\boldsymbol{u}^{\mathrm{t}}$；②支座位移分量 $\boldsymbol{u}_{\mathrm{g}}$。将 n 个自由度的运动方程式(4-20a)写成分块形式，可得

$$\begin{bmatrix} \boldsymbol{M} & \boldsymbol{M}_{\mathrm{g}} \\ \boldsymbol{M}_{\mathrm{g}}^{\mathrm{T}} & \boldsymbol{M}_{\mathrm{gg}} \end{bmatrix}\begin{Bmatrix} \ddot{\boldsymbol{u}}^{\mathrm{t}} \\ \ddot{\boldsymbol{u}}_{\mathrm{g}} \end{Bmatrix}+\begin{bmatrix} \boldsymbol{C} & \boldsymbol{C}_{\mathrm{g}} \\ \boldsymbol{C}_{\mathrm{g}}^{\mathrm{T}} & \boldsymbol{C}_{\mathrm{gg}} \end{bmatrix}\begin{Bmatrix} \dot{\boldsymbol{u}}^{\mathrm{t}} \\ \dot{\boldsymbol{u}}_{\mathrm{g}} \end{Bmatrix}+\begin{bmatrix} \boldsymbol{K} & \boldsymbol{K}_{\mathrm{g}} \\ \boldsymbol{K}_{\mathrm{g}}^{\mathrm{T}} & \boldsymbol{K}_{\mathrm{gg}} \end{bmatrix}\begin{Bmatrix} \boldsymbol{u}^{\mathrm{t}} \\ \boldsymbol{u}_{\mathrm{g}} \end{Bmatrix}=\begin{Bmatrix} \boldsymbol{0} \\ \boldsymbol{P}_{\mathrm{g}}(t) \end{Bmatrix} \tag{4-49}$$

式中，$\boldsymbol{M}$、$\boldsymbol{C}$ 及 $\boldsymbol{K}$ 分别表示上部结构的质量矩阵、阻尼矩阵和刚度矩阵；$\boldsymbol{M}_{\mathrm{g}}$、$\boldsymbol{C}_{\mathrm{g}}$ 及 $\boldsymbol{K}_{\mathrm{g}}$ 分别表示支承部分与上部结构耦联的质量矩阵、阻尼矩阵和刚度矩阵；$\boldsymbol{M}_{\mathrm{gg}}$、$\boldsymbol{C}_{\mathrm{gg}}$ 及 $\boldsymbol{K}_{\mathrm{gg}}$ 分别表示支承部分的质量矩阵、阻尼矩阵和刚度矩阵；$\boldsymbol{P}_{\mathrm{g}}(t)$ 为施加在支座上的荷载向量，注意沿上部结构自由度没有作用外荷载。

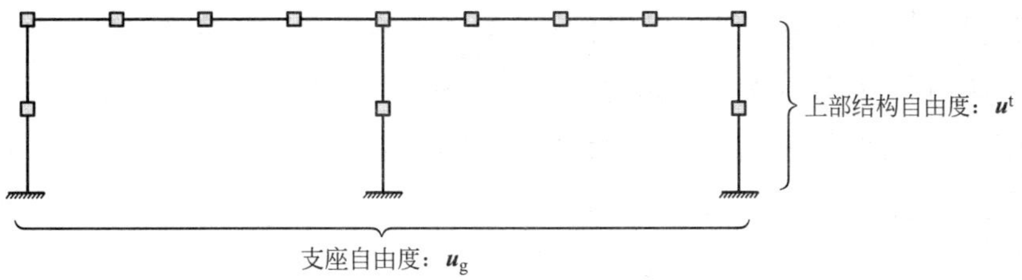

图 4-13 上部结构和支座自由度的定义

各自由度的位移可分为由于支座运动引起的拟静力位移和动力位移两部分。支座总是随地面一起运动的，因而其自由度的动力位移为零，所以有

$$\begin{Bmatrix} \boldsymbol{u}^{t} \\ \boldsymbol{u}_{g} \end{Bmatrix} = \begin{Bmatrix} \boldsymbol{u}^{s} \\ \boldsymbol{u}_{g} \end{Bmatrix} + \begin{Bmatrix} \boldsymbol{u} \\ \boldsymbol{0} \end{Bmatrix} \tag{4-50}$$

式中，$\boldsymbol{u}^{s}$ 表示因支座位移 $\boldsymbol{u}_{g}$ 所引起的自由结点处的拟静力位移，$\boldsymbol{u}$ 为自由结点相对于地面的动力位移。

由于 $\boldsymbol{K}_{g}$ 表示因支承单位位移在自由节点上产生的力，而 $\boldsymbol{K}$ 表示自由节点单位位移所产生的力，因此 $\boldsymbol{u}^{s}$ 和 $\boldsymbol{u}_{g}$ 满足条件

$$\boldsymbol{K}\boldsymbol{u}^{s} + \boldsymbol{K}_{g}\boldsymbol{u}_{g} = \boldsymbol{0} \tag{4-51}$$

这一关系还可以将拟静力位移 $\boldsymbol{u}^{s}$ 用规定的支座位移 $\boldsymbol{u}_{g}$ 表示

$$\boldsymbol{u}^{s} = \boldsymbol{\Gamma}\boldsymbol{u}_{g},\ \boldsymbol{\Gamma} = -\boldsymbol{K}^{-1}\boldsymbol{K}_{g} \tag{4-52}$$

$\boldsymbol{\Gamma}$ 称为**影响矩阵**，因为它描述了支座位移对结构位移的影响。

现在回到两个分块方程(4-49)，由第一式可得

$$\boldsymbol{M}\ddot{\boldsymbol{u}}^{t} + \boldsymbol{M}_{g}\ddot{\boldsymbol{u}}_{g} + \boldsymbol{C}\dot{\boldsymbol{u}}^{t} + \boldsymbol{C}_{g}\dot{\boldsymbol{u}}_{g} + \boldsymbol{K}\boldsymbol{u}^{t} + \boldsymbol{K}_{g}\boldsymbol{u}_{g} = \boldsymbol{0} \tag{4-53}$$

将式(4-50)的第一个方程代入式(4-53)，可得

$$\boldsymbol{M}\ddot{\boldsymbol{u}} + \boldsymbol{C}\dot{\boldsymbol{u}} + \boldsymbol{K}\boldsymbol{u} = \boldsymbol{P}_{\text{eff}}(t) \tag{4-54}$$

式中，$\boldsymbol{P}_{\text{eff}}(t)$ 表示**等效地震荷载向量**，其表达式为

$$\boldsymbol{P}_{\text{eff}}(t) = -(\boldsymbol{M}\ddot{\boldsymbol{u}}^{s} + \boldsymbol{M}_{g}\ddot{\boldsymbol{u}}_{g}) - (\boldsymbol{C}\dot{\boldsymbol{u}}^{s} + \boldsymbol{C}_{g}\dot{\boldsymbol{u}}_{g}) - (\boldsymbol{K}\boldsymbol{u}^{s} + \boldsymbol{K}_{g}\boldsymbol{u}_{g}) \tag{4-55}$$

根据式(4-51)和式(4-52)，式(4-55)可简化为

$$\boldsymbol{P}_{\text{eff}}(t) = -(\boldsymbol{M}\boldsymbol{\Gamma} + \boldsymbol{M}_{g})\ddot{\boldsymbol{u}}_{g}(t) - (\boldsymbol{C}\boldsymbol{\Gamma} + \boldsymbol{C}_{g})\boldsymbol{u}_{g}(t) \tag{4-56}$$

如果给定地面(或支座)加速度 $\ddot{\boldsymbol{u}}_{g}(t)$ 和速度 $\dot{\boldsymbol{u}}_{g}(t)$，则根据式(4-56)可以确定 $\boldsymbol{P}_{\text{eff}}(t)$，这样就完成了控制方程式(4-54)的建立。

对于许多实际情况，等效荷载向量在两种情况下可作进一步简化。第一，如果阻尼矩阵与刚度矩阵成比例，即 $\boldsymbol{C} = a_{1}\boldsymbol{K}$、$\boldsymbol{C}_{g} = a_{1}\boldsymbol{K}_{g}$，则方程(4-56)中的阻尼项为零。然而，第

6章将证明这种刚度比例阻尼是不切实际的。对于任意形式的阻尼，尽管方程(4-56)中的阻尼项不为零，但与惯性项相比，阻尼项很小，通常可忽略。第二，对于将质量理想化为集中在自由度处的结构，质量矩阵是对角的，这意味着 $\boldsymbol{M}_g$ 是一个空矩阵，而 $\boldsymbol{M}$ 是一个对角阵。经过这些简化后，方程(4-56)变为

$$\boldsymbol{P}_{\text{eff}}(t)=-\boldsymbol{M\Gamma}\ddot{\boldsymbol{u}}_g(t) \tag{4-57}$$

注意到对于不同的支承点或同一支承点的不同自由度上，$\ddot{\boldsymbol{u}}_g(t)$ 在同一时刻的值是不同的，因此等效地震作用向量可表示为

$$\boldsymbol{P}_{\text{eff}}(t)=-\sum_{l=1}^{N_g}\boldsymbol{M\Gamma}_l\ddot{u}_{gl}(t) \tag{4-58}$$

式中，N_g 为支承点自由度总数；$\boldsymbol{\Gamma}_l$ 为影响矩阵 $\boldsymbol{\Gamma}$ 的第 l 列向量，反映与支座位移 u_{gl} 有关的影响向量，它是 $u_{gl}=1$ 时在结构自由度处产生的静力位移向量。在式(4-58)中，求和的第 l 项代表由于第 l 个支座自由度的加速度产生的等效地震荷载。

【例 4-12】 如图 4-14(a)，一个理想化的两跨连续梁桥，各跨弯曲刚度均为 EI，集中质量均在跨中。桥梁承受三个支座处的竖向运动 u_{g1}、u_{g2} 和 u_{g3}，只考虑平动自由度，忽略阻尼，试建立其运动方程。

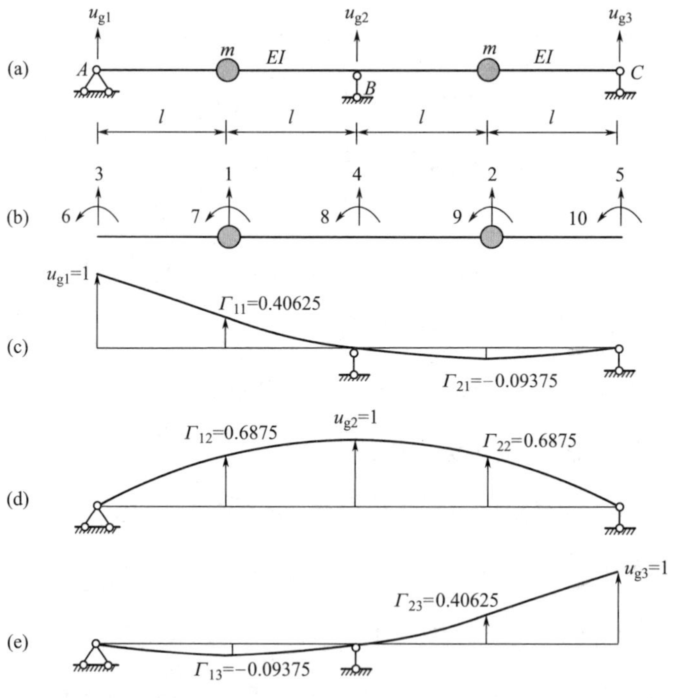

图 4-14

【解】 (1) 建立刚度矩阵。参考图 4-14(b)中的 10 个自由度，采用【例 4-10】中两层框架的方法建立结构的刚度矩阵。进一步，采用 4.4 节中的方法对转动自由度进行静力凝

聚，可导出对于五个平动自由度的 5×5 维刚度矩阵

$$\hat{\boldsymbol{K}}=\frac{EI}{l^3}\begin{bmatrix}9.86 & 3.86 & -3.64 & -9.43 & -0.64\\ 3.86 & 9.86 & -0.64 & -9.43 & -3.64\\ -3.64 & -0.64 & 1.61 & 2.57 & 0.11\\ -9.43 & -9.43 & 2.57 & 13.71 & 2.57\\ -0.64 & -3.64 & 0.11 & 2.57 & 1.61\end{bmatrix} \tag{a}$$

（2）对刚度矩阵进行分块。结构自由度和支座自由度的向量分别为

$$\boldsymbol{u}=[u_1 \quad u_2]^{\mathrm{T}} \text{ 和 } \boldsymbol{u}_{\mathrm{g}}=[u_3 \quad u_4 \quad u_5]^{\mathrm{T}} \tag{b}$$

将式(a)中的 $\hat{\boldsymbol{K}}$ 分块成

$$\hat{\boldsymbol{K}}=\begin{bmatrix}\boldsymbol{K} & \boldsymbol{K}_{\mathrm{g}}\\ \boldsymbol{K}_{\mathrm{g}}^{\mathrm{T}} & \boldsymbol{K}_{\mathrm{gg}}\end{bmatrix} \tag{c}$$

其中

$$\boldsymbol{K}=\frac{EI}{l^3}\begin{bmatrix}9.86 & 3.86\\ 3.86 & 9.86\end{bmatrix} \tag{d}$$

$$\boldsymbol{K}_{\mathrm{g}}=\frac{EI}{l^3}\begin{bmatrix}-3.64 & -9.43 & -0.64\\ -0.64 & -9.43 & -3.64\end{bmatrix},\ \boldsymbol{K}_{\mathrm{gg}}=\frac{EI}{l^3}\begin{bmatrix}1.61 & 2.57 & 0.11\\ 2.57 & 13.71 & 2.57\\ 0.11 & 2.57 & 1.61\end{bmatrix} \tag{e}$$

（3）建立质量矩阵。对于自由度 u_1 和 u_2，其质量矩阵为

$$\boldsymbol{M}=m\begin{bmatrix}1 & \\ & 1\end{bmatrix} \tag{f}$$

（4）确定影响矩阵和等效荷载向量。根据式(4-52)，可得

$$\boldsymbol{\Gamma}=-\boldsymbol{K}^{-1}\boldsymbol{K}_{\mathrm{g}}=\begin{bmatrix}0.40625 & 0.68750 & -0.09375\\ -0.09375 & 0.68750 & 0.40625\end{bmatrix} \tag{g}$$

这样，与每个支座有关的影响向量为

$$\boldsymbol{\Gamma}_1=\begin{Bmatrix}0.40625\\ -0.09375\end{Bmatrix},\ \boldsymbol{\Gamma}_2=\begin{Bmatrix}0.68750\\ 0.68750\end{Bmatrix},\ \boldsymbol{\Gamma}_3=\begin{Bmatrix}-0.09375\\ 0.40625\end{Bmatrix} \tag{h}$$

每个影响向量所描述的结构位移如图 4-14(c)～(e)所示。

由式(4-58)可得，等效荷载向量为

$$\boldsymbol{P}_{\mathrm{eff}}(t)=-\sum_{r=1}^{3}\boldsymbol{M}\boldsymbol{\Gamma}_r\ddot{u}_{\mathrm{g}r}(t) \tag{i}$$

其中 $\ddot{u}_{gr}(t)$ 为支座的加速度。

(5) 确定运动方程。根据式(b)、式(d)、式(f)以及式(i)，可建立桥梁结构的运动方程为

$$\boldsymbol{M}\ddot{\boldsymbol{u}}+\boldsymbol{K}\boldsymbol{u}=\boldsymbol{P}_{\text{eff}}(t) \tag{j}$$

习　题

4-1 一个均质刚性杆 BD 固接在悬臂梁 AB 的端部，如图 4-15 所示。其中，单位长度刚性杆的质量为 $\bar{m}$，悬臂梁的质量忽略不计。试按下列两种广义坐标建立运动方程：

(1) 选择刚性杆质心 C 点处的竖向位移 y_C 和转角 φ_C 为广义坐标；

(2) 选择 B 点处的竖向位移 y_B 和转角 φ_B 为广义坐标；

(3) 讨论选择上述两种不同广义坐标时运动方程的特点和差异。

4-2 如图 4-16 所示的一双摆耦联系统，两个集中质量固接在无质量的刚性杆上，两个刚性杆用刚度系数为 k 的弹簧相连接。系统的自由度定义为转角 φ_1 和 φ_2，试建立其运动方程。

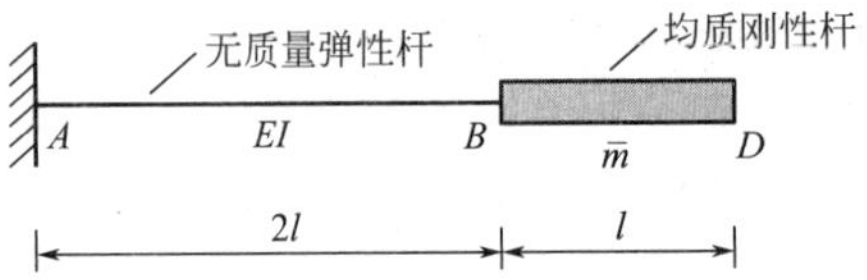

图 4-15

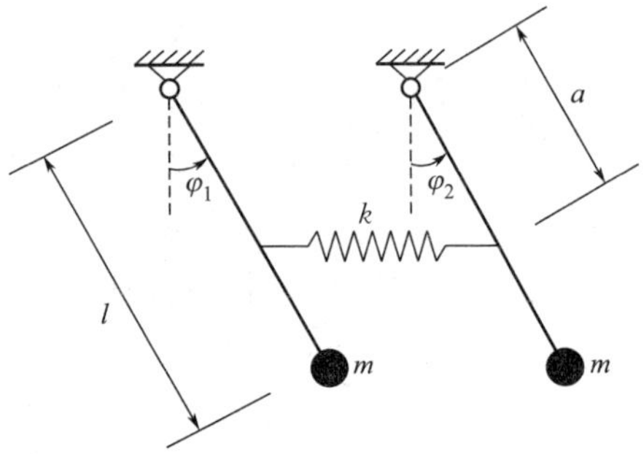

图 4-16

4-3 机器的不平衡转动引起在弹簧支承上的竖向运动。机器的质量为 M，转动的不平衡具有质量 m，在机器质量 M 上用弹簧 k_2 悬挂一质量 m_1 用来作为振动减振器，如图 4-17 所示。若转动臂以频率 $\bar{\omega}$rad/s 逆时针转动，则可确定在 C 点由于不平衡转动臂产生的竖向力 $P(t)$，然后确定 M 和 m_1 的运动方程，重力忽略不计。

4-4 如图 4-18 所示的系统，均质刚性杆 AB 和 CD 的总质量分别为 m 和 $m/2$，系统的自由度定义为两个刚性杆的转动坐标 φ_1 和 φ_2，试建立微振时的运动方程。

4-5 车辆理想化为一刚体 AB，其质量为 M，绕质心 C 的转动惯量为 J_C。集中质量 m 表示车轴和车轮的质量，k_1 和 k_2 分别表示弹簧刚度和轮胎刚度，黏滞阻尼器 c 表示减振器，如图 4-19 所示。假定刚体 AB 的转动很小，系统的自由度定义为质量 m 的竖向位移和 A、B 点的竖向位移，建立其运动方程。

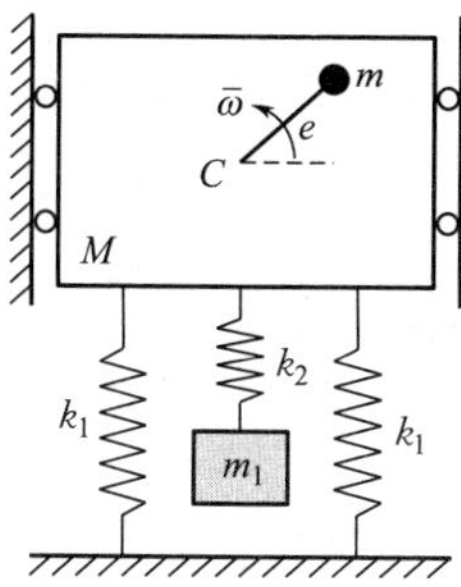

图 4-17

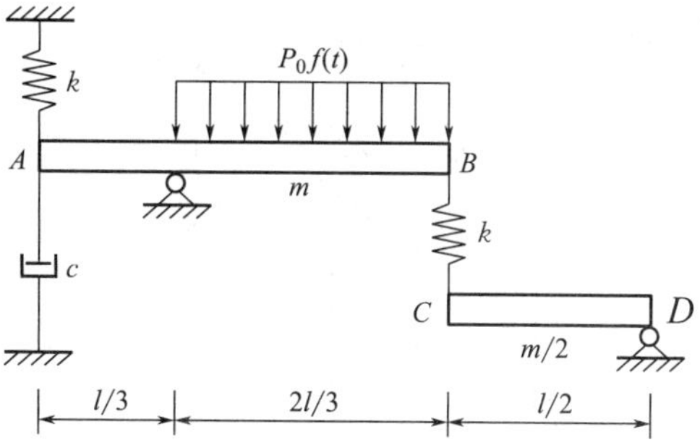

图 4-18

4-6 应用拉格朗日方程建立图 4-20 所示的建筑物在承受地震激励时的运动方程。

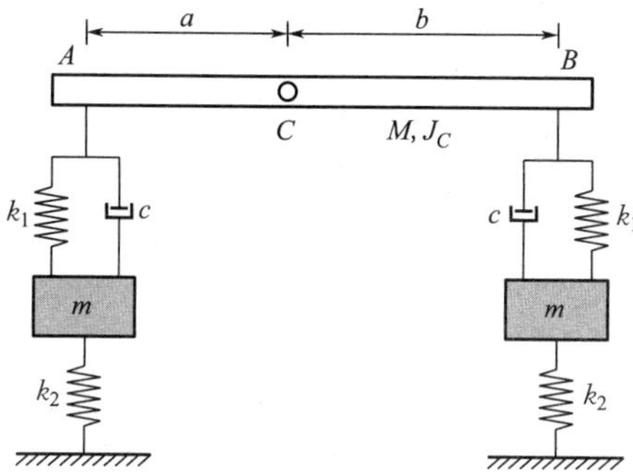

图 4-19

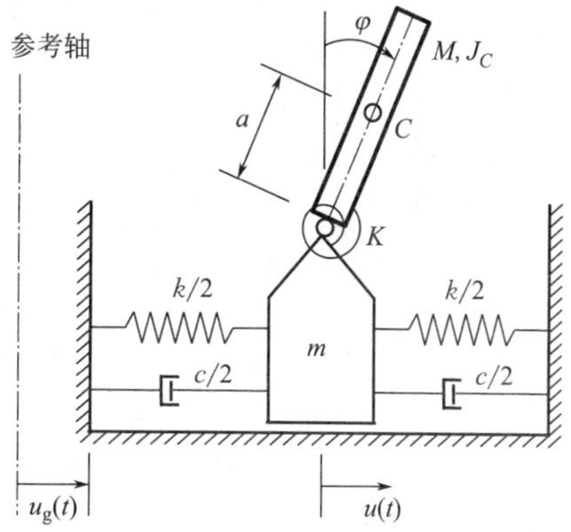

图 4-20

4-7 如图 4-21 所示的均质刚性矩形板支撑在四个相同的柱子上，柱子与板及基础均为刚性连接。板的总质量为 m，柱子的横截面为圆形，每个柱子对任意水平方向的侧向刚度标示于图中，其中 $k=12EI/h^3$，忽略柱子的扭转刚度。当地面运动 $u_g(t)$ 沿：①x 水平方向；②y 水平方向；③$f-d$ 方向时，试分别按下列不同的广义坐标来建立运动方程：

(1) 选择图 4-21(a)所示板质心的水平位移 u_x、u_y 及转角 u_φ 为广义坐标；

(2) 选择图 4-21(b)所示位置的水平位移 u_1、u_2 及 u_3 为广义坐标；

(3) 选择图 4-21(c)所示位置的水平位移 u_x、u_y 及转角 u_φ 为广义坐标；

(4) 选择图 4-21(d)所示位置的水平位移 u_1、u_2 及 u_3 为广义坐标。

4-8 如图 4-22 所示的系统，它由在三个角上有相同柱子支承的一个均质刚性矩形板组成，板的总质量为 m。假定这三个柱子与基础和板都是刚性连接的，柱子的横截面为正方形，这样每个柱顶对任一方向单位水平位移的抗力 $k=12EI/h^3$。忽略每个柱子的扭转刚度。当地面运动 $u_g(t)$ 沿：① x 水平方向；② y 水平方向；③ $d-b$ 方向时，试分别按下列不同自由度的定义来建立运动方程：

(1) 系统的自由度定义为板质心的水平位移 u_x、u_y 以及绕质心的转动 u_φ，如图 4-22(a)所示；

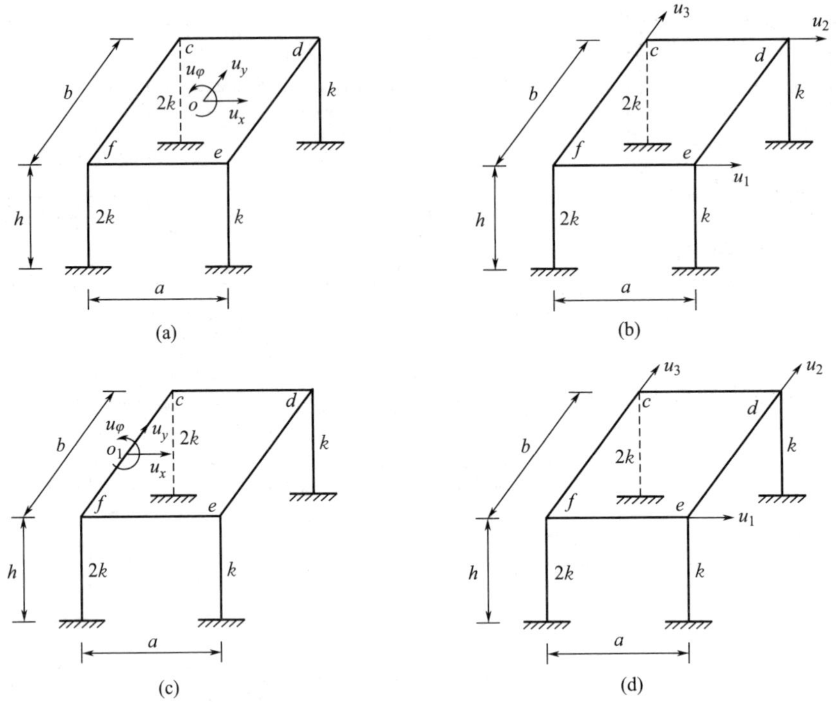

图 4-21

(2) 系统的自由度定义为板角顶的水平位移分量 u_1、u_2 及 u_3，如图 4-22(b)所示。

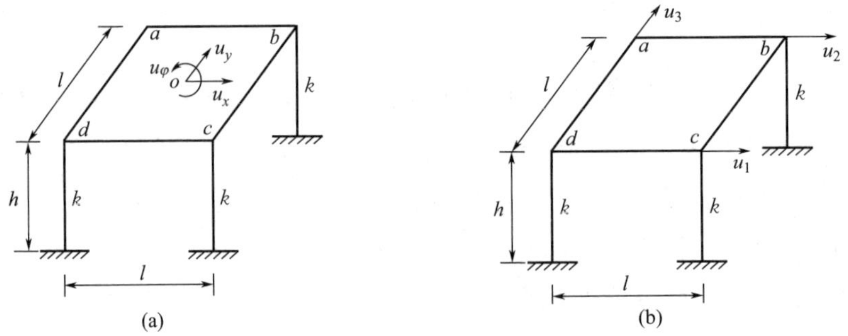

图 4-22

4-9　如图 4-23 所示的 Γ 形框架结构承受水平地面运动 $u_g(t)$。将质量的总位移 $\boldsymbol{u}^t(t)$ 分解为与结构变形相关的动力位移 $\boldsymbol{u}(t)$ 和由地面运动产生的拟静力位移 $\boldsymbol{u}^s(t)$，假设单元在轴向是刚性的。系统的自由度定义为 $\boldsymbol{u}=[u_1 \quad u_2 \quad u_3]^T$，试建立其运动方程。

4-10　如图 4-24 所示的 Γ 形框架结构承受基底转动 $\varphi_g(t)$。将质量的总位移 $\boldsymbol{u}^t(t)$ 分解为与结构变形相关的动力位移 $\boldsymbol{u}(t)$ 和由地面转动产生的拟静力刚体位移 $\boldsymbol{u}^s(t)$，假设单元在轴向是刚性的，忽略转动惯量的影响。系统的自由度定义为 $\boldsymbol{u}=[u_1 \quad u_2 \quad u_3]^T$，试建立其运动方程。

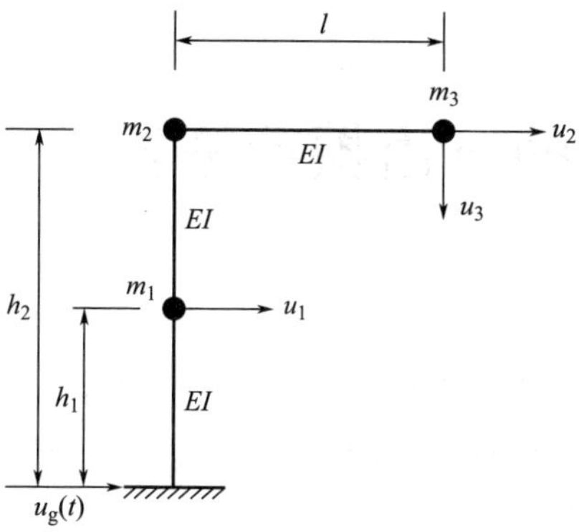

图 4-23

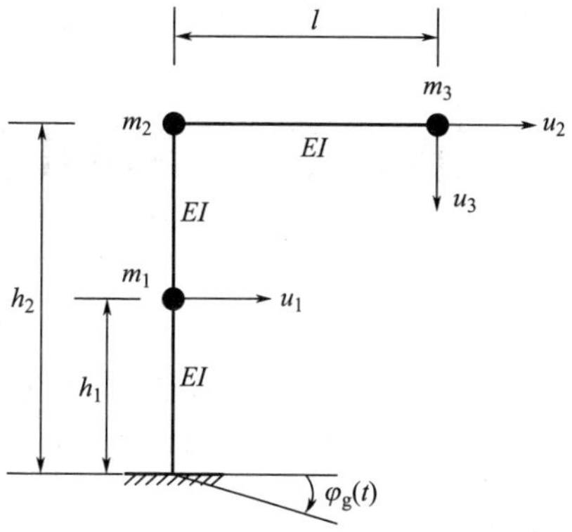

图 4-24

4-11 如图 4-25 所示的塔结构承受基础转动 $\varphi_g(t)$。塔除了平动惯量 m_1 和 m_2 外，还有转动惯量 J_1 和 J_2。将质量的总位移 $\boldsymbol{u}^t(t)$ 分解为与结构变形相关的动力位移 $\boldsymbol{u}(t)$ 和由地面转动产生的拟静力刚体位移 $\boldsymbol{u}^s(t)$，忽略轴向变形。系统的自由度定义为 $\boldsymbol{u}=[u_1 \quad u_2 \quad u_3 \quad u_4]^T$，试建立其运动方程。

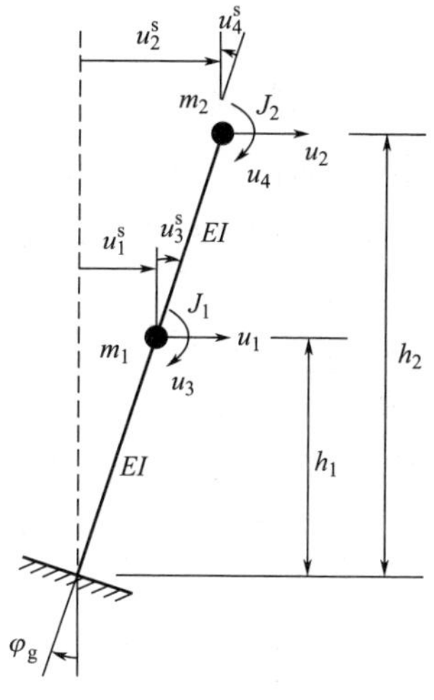

图 4-25

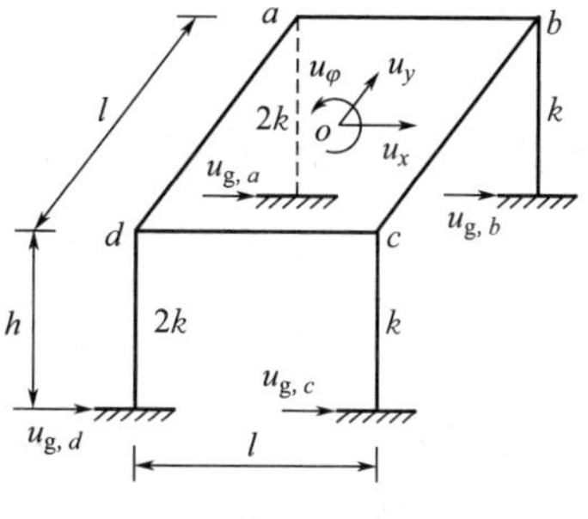

图 4-26

4-12 如图 4-26 所示的均质刚性矩形板支撑在四个相同的柱子上，柱子与板及基础均为刚性连接。板的总质量为 m，柱子的横截面为圆形，每个柱子对任意水平方向的侧向刚度标示于图中，其中 $k=12EI/h^3$，忽略柱子的扭转刚度。结构在四个柱子支座的 x 方向分别承受地面运动 $u_{g,a}(t)$、$u_{g,b}(t)$、$u_{g,c}(t)$ 和 $u_{g,d}(t)$，选择系统的自由度为质心的水平位移 u_x、u_y 及绕质心的转动 u_φ，这些动力分量（u_x、u_y、u_φ）等于相应的总位移减去拟静力位移，试建立其运动方程。并说明这些运动方程与所有柱子支座都承受相同的地面运动 $u_g(t)$ 时有何差别。

第 5 章　多自由度系统的自由振动分析

在第 4 章中已经建立多自由度系统的运动方程。本章将重点讨论多自由度系统的自由振动特性——固有频率和振型，以及固有振型的基本特性。最后，讨论多自由度系统自由振动的反应分析。

§5.1　固有频率和振型

5.1.1　无阻尼自由振动的形式

从式(4-20a)中略去阻尼矩阵和荷载向量即可得到无阻尼自由振动系统的运动方程：

$$\boldsymbol{M}\ddot{\boldsymbol{u}}+\boldsymbol{K}\boldsymbol{u}=\boldsymbol{0} \tag{5-1}$$

式中，$\boldsymbol{0}$ 为零向量，$\boldsymbol{u}$ 为位移向量。

对于系统的自由振动，最感兴趣的是系统的同步运动。从物理上来说，系统在产生这种微幅振动时，所有的坐标除了振幅不同外，都具有相同的时间历程，整个运动的位形并不改变，因此任意两个坐标的比值在运动中保持常量。因此，假定系统的振动形式为：

$$\boldsymbol{u}=\boldsymbol{\phi}q(t) \tag{5-2}$$

式中，$\boldsymbol{\phi}$ 是常数列向量，$q(t)$ 是表示运动规律的时间函数。

将式(5-2)代入式(5-1)中，并在两边左乘 $\boldsymbol{\phi}^{\mathrm{T}}$，可得：

$$\boldsymbol{\phi}^{\mathrm{T}}\boldsymbol{M}\boldsymbol{\phi}\ddot{q}(t)+\boldsymbol{\phi}^{\mathrm{T}}\boldsymbol{K}\boldsymbol{\phi}q(t)=0 \tag{5-3}$$

对于一般的振动系统，质量矩阵 $\boldsymbol{M}$ 是正定的，刚度矩阵 $\boldsymbol{K}$ 是正定或半正定的。因此，对于任意的非零列向量 $\boldsymbol{\phi}$，都有：

$$\boldsymbol{\phi}^{\mathrm{T}}\boldsymbol{M}\boldsymbol{\phi}>0,\ \boldsymbol{\phi}^{\mathrm{T}}\boldsymbol{K}\boldsymbol{\phi}\geqslant 0$$

于是，式(5-3)可写为：

$$-\frac{\ddot{q}(t)}{q(t)}=\frac{\boldsymbol{\phi}^{\mathrm{T}}\boldsymbol{K}\boldsymbol{\phi}}{\boldsymbol{\phi}^{\mathrm{T}}\boldsymbol{M}\boldsymbol{\phi}}=\omega^2 \tag{5-4}$$

其中，ω 为非负常数。由式(5-4)可得：

$$\ddot{q}(t)+\omega^2q(t)=0 \tag{5-5}$$

求解式(5-5)，得到：

$$q(t)=A\sin(\omega t+\theta) \quad (\omega>0) \tag{5-6}$$

$$q(t)=A_0 t+B_0 \quad (\omega=0) \tag{5-7}$$

综上所述，刚度矩阵为正定的系统只能出现形如式(5-6)的同步运动，即系统在各个坐标上都按相同的频率及相位角做简谐振动；刚度矩阵为半正定的系统除了能出现形如式(5-6)的振动形式外，还能出现形如式(5-7)的同步运动，事实上，这是一种可以无限远离原平衡位置的刚体运动，系统不发生弹性变形。在以下的讨论中，将仅考虑形如式(5-6)的同步运动，因为对于一般的稳定结构系统都属于这类振动行为。

顺便指出，多自由度系统的无阻尼自由振动[即 $\boldsymbol{u}=\boldsymbol{\phi}A\sin(\omega t+\theta)$]，与单自由度系统的无阻尼自由振动以及连续系统的无阻尼自由振动在形式上是类似的。

5.1.2 固有频率分析

将式(5-6)代入式(5-2)中，可得：

$$\boldsymbol{u}=\boldsymbol{\phi}q(t)=\bar{\boldsymbol{u}}\sin(\omega t+\theta) \tag{5-8}$$

式中，$\bar{\boldsymbol{u}}=A\boldsymbol{\phi}$ 为位移幅值向量，它不随时间而变，只是振幅变化。

将式(5-8)代入无阻尼自由振动的运动方程(5-1)中，化简后可得：

$$(\boldsymbol{K}-\omega^2\boldsymbol{M})\bar{\boldsymbol{u}}=\boldsymbol{0} \quad 或 \quad \boldsymbol{K}\bar{\boldsymbol{u}}=\omega^2\boldsymbol{M}\bar{\boldsymbol{u}} \tag{5-9}$$

式(5-9)就是所谓的**广义特征值问题**或**本征值问题**，ω^2 即为特征值，$\bar{\boldsymbol{u}}$ 即为相应的特征向量。

根据线性代数理论，式(5-9)有非零解的充分必要条件是系数行列式为零：

$$|\boldsymbol{K}-\omega^2\boldsymbol{M}|=0 \tag{5-10}$$

式(5-10)称为系统的**频率方程**或**特征方程**。将行列式展开后得到一个频率参数为 ω^2 的 n 次代数多项式，称之为特征多项式。对于刚度矩阵为正定的系统，求解式(5-10)得到 n 个大于零的实特征值，将其按从小到大顺序排列为：

$$0<\omega_1^2\leqslant\omega_2^2\leqslant\cdots\leqslant\omega_n^2$$

将这些特征值分别开平方根后得到 n 个正的实根 $\omega_i(i=1,2,\cdots,n)$，称之为系统的 n 个**固有圆频率**，简称**固有频率**。系统的固有频率只与系统本身的物理性质(如质量、刚度等)有关，这就是所谓“固有”的含义所在。将全部的固有频率按次序排列组成的向量称为频率向量 $\boldsymbol{\omega}$：

$$\boldsymbol{\omega}=[\omega_1 \quad \omega_2 \quad \cdots \quad \omega_n]^{\mathrm{T}} \tag{5-11}$$

对于稳定的结构系统，其质量矩阵 $\boldsymbol{M}$ 和刚度矩阵 $\boldsymbol{K}$ 都是实对称的正定矩阵，因此频率方程所有的根都是正实数，从而得到的固有频率也都是正实数。

形如式(5-9)的广义特征值问题可以通过如下两种方法化为标准特征值问题：

(1) 由于质量矩阵 $\boldsymbol{M}$ 是正定的，可在式(5-9)两边左乘 $\boldsymbol{M}^{-1}$，可得：

$$(\boldsymbol{M}^{-1}\boldsymbol{K})\overline{\boldsymbol{u}}=\omega^2\overline{\boldsymbol{u}} \tag{5-12}$$

(2) 若刚度矩阵 $\boldsymbol{K}$ 是正定的，可在式(5-9)两边左乘 $\omega^{-2}\boldsymbol{K}^{-1}$，可得：

$$(\boldsymbol{K}^{-1}\boldsymbol{M})\overline{\boldsymbol{u}}=(\boldsymbol{F}\boldsymbol{M})\overline{\boldsymbol{u}}=\frac{1}{\omega^2}\overline{\boldsymbol{u}} \tag{5-13}$$

式(5-12)与式(5-13)都是**标准特征值问题**。注意到，式(5-12)中矩阵 $(\boldsymbol{M}^{-1}\boldsymbol{K})$ 的最小特征值是 ω_1^2，而式(5-13)中矩阵 $(\boldsymbol{F}\boldsymbol{M})$ 的最小特征值是 $\frac{1}{\omega_n^2}$。

尽管矩阵 $\boldsymbol{M}$、$\boldsymbol{K}$ 及 $\boldsymbol{F}$ 都是实对称阵，但是矩阵 $(\boldsymbol{M}^{-1}\boldsymbol{K})$、$(\boldsymbol{K}^{-1}\boldsymbol{M})$ 及 $(\boldsymbol{F}\boldsymbol{M})$ 一般都不再是对称阵。然而，实际中许多求解特征值与特征向量的数值计算方法中要求矩阵是对称的。为此，可采用以下方法将其化为对称矩阵。

首先，将质量矩阵 $\boldsymbol{M}$ 进行 Cholesky 分解：

$$\boldsymbol{M}=\boldsymbol{Q}^{\mathrm{T}}\boldsymbol{Q} \tag{5-14}$$

式中，$\boldsymbol{Q}$ 为实的非奇异上三角矩阵。由式(5-14)两边求逆，可得：

$$\boldsymbol{M}^{-1}=\boldsymbol{Q}^{-1}(\boldsymbol{Q}^{\mathrm{T}})^{-1}=\boldsymbol{Q}^{-1}(\boldsymbol{Q}^{-1})^{\mathrm{T}}$$

将上式代入式(5-12)中，并在两边左乘 $\boldsymbol{Q}$，可得：

$$(\boldsymbol{Q}^{-1})^{\mathrm{T}}\boldsymbol{K}\overline{\boldsymbol{u}}=\omega^2\boldsymbol{Q}\overline{\boldsymbol{u}} \tag{5-15}$$

对 $\overline{\boldsymbol{u}}$ 作如下线性变换：

$$\overline{\boldsymbol{u}}=\boldsymbol{Q}^{-1}\overline{\boldsymbol{w}} \quad 或 \quad \overline{\boldsymbol{w}}=\boldsymbol{Q}\overline{\boldsymbol{u}} \tag{5-16}$$

于是，式(5-15)可变为：

$$\boldsymbol{K}_Q\overline{\boldsymbol{w}}=\omega^2\overline{\boldsymbol{w}} \tag{5-17}$$

其中

$$\boldsymbol{K}_Q=(\boldsymbol{Q}^{-1})^{\mathrm{T}}\boldsymbol{K}\boldsymbol{Q}^{-1} \tag{5-18}$$

这样，式(5-17)就是对称矩阵的标准特征值问题。显然，矩阵 $\boldsymbol{K}_Q$ 是对称的，而且有着与 $\boldsymbol{K}$ 相同的正定性。矩阵 $\boldsymbol{K}_Q$ 与矩阵 $(\boldsymbol{M}^{-1}\boldsymbol{K})$ 有着相同的特征值 ω^2。事实上，$\boldsymbol{K}_Q$ 可以表示为：

$$\boldsymbol{K}_Q=\boldsymbol{Q}\boldsymbol{Q}^{-1}(\boldsymbol{Q}^{-1})^{\mathrm{T}}\boldsymbol{K}\boldsymbol{Q}^{-1}=\boldsymbol{Q}(\boldsymbol{M}^{-1}\boldsymbol{K})\boldsymbol{Q}^{-1} \tag{5-19}$$

式(5-19)表明，矩阵 $\boldsymbol{K}_Q$ 与矩阵 $(\boldsymbol{M}^{-1}\boldsymbol{K})$ 是相似的，而相似矩阵具有相同的特征值。

同样地，将式(5-14)代入式(5-13)中，并在两边左乘 $\boldsymbol{Q}$，可得：

$$(\boldsymbol{Q}\boldsymbol{F}\boldsymbol{Q}^{\mathrm{T}}\boldsymbol{Q})\overline{\boldsymbol{u}}=\frac{1}{\omega^2}\boldsymbol{Q}\overline{\boldsymbol{u}} \tag{5-20}$$

将式(5-16)代入式(5-20)中，得到：

$$\boldsymbol{F}_Q\overline{\boldsymbol{w}}=\frac{1}{\omega^2}\overline{\boldsymbol{w}} \tag{5-21}$$

其中

$$\boldsymbol{F}_Q=\boldsymbol{Q}\boldsymbol{F}\boldsymbol{Q}^{\mathrm{T}} \tag{5-22}$$

显然，柔度矩阵 $\boldsymbol{F}$ 是对称的，因此 $\boldsymbol{F}_Q$ 也是对称的，而且与 $\boldsymbol{F}$ 有着相同的正定性。同样地，式(5-22)也可写为：

$$\boldsymbol{F}_Q=\boldsymbol{Q}\boldsymbol{F}\boldsymbol{Q}^{\mathrm{T}}\boldsymbol{Q}\boldsymbol{Q}^{-1}=\boldsymbol{Q}(\boldsymbol{F}\boldsymbol{M})\boldsymbol{Q}^{-1} \tag{5-23}$$

式(5-23)表明，矩阵 $\boldsymbol{F}_Q$ 与矩阵（$\boldsymbol{FM}$）是相似的，因而它们有着相同的特征值。

此外，根据式(5-18)与式(5-22)，可知矩阵 $\boldsymbol{K}_Q$ 与 $\boldsymbol{F}_Q$ 是互逆的，即 $\boldsymbol{F}_Q=\boldsymbol{K}_Q^{-1}$。

5.1.3 固有振型分析

在由频率方程(5-10)求出特征值 $\omega_m^2(m=1,2,\cdots,n)$ 后，广义特征值问题(5-9)可以写为：

$$\boldsymbol{E}^{(m)}\overline{\boldsymbol{u}}_m=\boldsymbol{0} \tag{5-24}$$

其中

$$\boldsymbol{E}^{(m)}=\boldsymbol{K}-\omega_m^2\boldsymbol{M} \tag{5-25}$$

显然，矩阵 $\boldsymbol{E}^{(m)}$ 与频率有关，因而它对于每个固有频率 $\omega_m(m=1,2,\cdots,n)$ 都是不同的。

当特征方程(5-10)没有重根时，即当 $i\neq j$ 时，有 $\omega_i^2\neq\omega_j^2$。则式(5-24)的 n 个方程中只有一个不是独立的，假定第一个坐标不是 m 阶振型的节点，即它不是位移为零的点。于是，可以将特征向量的第一个元素取为单位幅值：

$$\overline{\boldsymbol{u}}_m=[1 \quad \overline{u}_{2m} \quad \overline{u}_{3m} \quad \cdots \quad \overline{u}_{nm}]^{\mathrm{T}} \tag{5-26}$$

将式(5-24)展开，并进行分块，可得：

$$\left[\begin{array}{c:cccc}
e_{11}^{(m)} & e_{12}^{(m)} & e_{13}^{(m)} & \cdots & e_{1n}^{(m)} \\ \hdashline
e_{21}^{(m)} & e_{22}^{(m)} & e_{23}^{(m)} & \cdots & e_{2n}^{(m)} \\
e_{31}^{(m)} & e_{32}^{(m)} & e_{33}^{(m)} & \cdots & e_{3n}^{(m)} \\
\vdots & \vdots & \vdots & \ddots & \vdots \\
e_{n1}^{(m)} & e_{n2}^{(m)} & e_{n3}^{(m)} & \cdots & e_{nn}^{(m)}
\end{array}\right]
\left\{\begin{array}{c}
1 \\ \hdashline \overline{u}_{2m} \\ \overline{u}_{3m} \\ \vdots \\ \overline{u}_{nm}
\end{array}\right\}=
\left\{\begin{array}{c}
0 \\ \hdashline 0 \\ 0 \\ \vdots \\ 0
\end{array}\right\} \tag{5-27a}$$

或写成矩阵形式：

$$\begin{bmatrix} e_{11}^{(m)} & \boldsymbol{E}_{10}^{(m)} \\ \boldsymbol{E}_{01}^{(m)} & \boldsymbol{E}_{00}^{(m)} \end{bmatrix} \begin{Bmatrix} 1 \\ \bar{\boldsymbol{u}}_{0m} \end{Bmatrix} = \begin{Bmatrix} 0 \\ \boldsymbol{0} \end{Bmatrix} \tag{5-27b}$$

于是，可得：

$$e_{11}^{(m)} + \boldsymbol{E}_{10}^{(m)} \bar{\boldsymbol{u}}_{0m} = 0 \tag{5-28a}$$

$$\boldsymbol{E}_{01}^{(m)} + \boldsymbol{E}_{00}^{(m)} \bar{\boldsymbol{u}}_{0m} = \boldsymbol{0} \tag{5-28b}$$

求解方程式(5-28b)可得：

$$\bar{\boldsymbol{u}}_{0m} = -[\boldsymbol{E}_{00}^{(m)}]^{-1} \boldsymbol{E}_{01}^{(m)} \tag{5-29}$$

显然，方程式(5-28a)是多余的。然而，由式(5-29)得到的向量 $\bar{\boldsymbol{u}}_{0m}$ 必须满足式(5-28a)，这就提供了一个检验所求解精度的适用标准。将式(5-29)求得向量的各元素 $\bar{u}_{im}(i=2,3,\cdots,n)$ 代入式(5-26)中相应的位置，就得到第 m 阶特征向量 $\bar{\boldsymbol{u}}_m$。

为方便起见，通常把位移幅值向量 $\bar{\boldsymbol{u}}_m$ 的各分量除以某一个基准分量(通常取幅值最大的分量)，使向量表示成无量纲的形式，这一过程称为归一化。这样的向量 $\boldsymbol{\phi}_m$ 称为第 m 阶**固有振型**或**固有模态**，简称为**振型**或**模态**。因此，有：

$$\boldsymbol{\phi}_m = \frac{1}{A_m} \bar{\boldsymbol{u}}_m \tag{5-30a}$$

式中 A_m 为某一基准分量。若取第一个元素为基准分量，则有 $A_m=1$， 于是振型 $\boldsymbol{\phi}_m$：

$$\boldsymbol{\phi}_m = \begin{Bmatrix} \phi_{1m} \\ \phi_{2m} \\ \vdots \\ \phi_{nm} \end{Bmatrix} \equiv \bar{\boldsymbol{u}}_m = \begin{Bmatrix} 1 \\ \bar{u}_{2m} \\ \vdots \\ \bar{u}_{nm} \end{Bmatrix} \tag{5-30b}$$

5.1.4 振型矩阵与谱矩阵

n 个特征值和 n 个固有振型可以表示成矩阵的形式。设相应于固有频率 ω_j 的固有振型 $\boldsymbol{\phi}_j$ 中的元素为 ϕ_{ij} (其中 i 表示自由度)，则 n 个固有振型 $\boldsymbol{\phi}_j$ 可以组成一个 $n \times n$ 阶的方阵：

$$\boldsymbol{\Phi} = [\boldsymbol{\phi}_1 \quad \boldsymbol{\phi}_2 \quad \cdots \quad \boldsymbol{\phi}_n] = \begin{bmatrix} \phi_{11} & \phi_{12} & \cdots & \phi_{1n} \\ \phi_{21} & \phi_{22} & \cdots & \phi_{2n} \\ \vdots & \vdots & \ddots & \vdots \\ \phi_{n1} & \phi_{n2} & \cdots & \phi_{nn} \end{bmatrix} \tag{5-31}$$

其中，$\boldsymbol{\Phi}$ 称为特征值问题的**振型矩阵**或**模态矩阵**。n 个特征值 ω_j^2 可组成一个对角阵：

$$\boldsymbol{\Lambda}=\begin{bmatrix}\omega_1^2 & & & \\ & \omega_2^2 & & \\ & & \ddots & \\ & & & \omega_n^2\end{bmatrix} \tag{5-32}$$

其中，对角阵 $\boldsymbol{\Lambda}$ 称为特征值问题的**谱矩阵**。

由于每个特征值 ω_j^2 和相应的特征向量 $\boldsymbol{\phi}_j$ 都满足式(5-9)，因此有：

$$\boldsymbol{K\phi}_j=\boldsymbol{M\phi}_j\omega_j^2 \quad (j=1,2,\cdots,n) \tag{5-33}$$

式(5-33)可以用振型矩阵和谱矩阵来表示：

$$\boldsymbol{K\Phi}=\boldsymbol{M\Phi\Lambda} \tag{5-34}$$

这样，式(5-34)提供了将所有特征值与固有振型相联系的矩阵形式。

5.1.5 自由振动的通解

将第 m 阶固有频率 ω_m 及位移幅值向量 $\bar{\boldsymbol{u}}_m=A_m\boldsymbol{\phi}_m$ 分别替代式(5-8)中的 ω 与 $\bar{\boldsymbol{u}}$，并将相位角 θ 改为 θ_m，位移向量 $\boldsymbol{u}$ 改为 $\boldsymbol{u}_m$，得到：

$$\boldsymbol{u}_m=\boldsymbol{\phi}_m q_m(t)=\boldsymbol{\phi}_m A_m\sin(\omega_m t+\theta_m) \tag{5-35}$$

式(5-35)称为第 m 阶振型的自由振动，简称第 m 阶振型振动。

对于第 m 阶振型振动，系统的各个坐标都将以同一固有频率 ω_m 及同一相位角 θ_m 做简谐振动，并且同时通过静平衡位置，也同时达到最大的偏离值，各个坐标值在任意时刻都保持固定不变的比值：

$$\frac{u_{1m}}{\phi_{1m}}=\frac{u_{2m}}{\phi_{2m}}=\cdots=\frac{u_{nm}}{\phi_{nm}} \tag{5-36}$$

这表明，第 m 阶振型中的各个元素就是系统做第 m 阶振型振动时各个坐标上位移(或幅值)的相对比值，因此 $\boldsymbol{\phi}_m$ 描述了系统做第 m 阶振型振动时具有的振动形状。与固有频率一样，固有振型仅与系统的质量矩阵、刚度矩阵等物理参数有关。

在式(5-35)中，下标 m 从 1 取到 n 时，就得到系统的 n 个振型振动，它们都是无阻尼自由振动方程(5-1)的解，因此无阻尼自由振动是 n 个振型振动的叠加：

$$\boldsymbol{u}(t)=\sum_{m=1}^{n}\boldsymbol{\phi}_m q_m(t)=\sum_{m=1}^{n}\boldsymbol{\phi}_m A_m\sin(\omega_m t+\theta_m) \tag{5-37a}$$

或写为：

$$\boldsymbol{u}(t)=\sum_{m=1}^{n}\boldsymbol{\phi}_m(B_m\cos\omega_m t+C_m\sin\omega_m t) \tag{5-37b}$$

由于每个振型振动的固有频率各不相同，多自由度系统的自由振动一般不是简谐振动，甚至不是周期振动。在式(5-37)中，共有 $2n$ 个待定常数 A_m 及 $\theta_m(m=1,2,\cdots,n)$，它们需要由 $2n$ 个初始条件来确定，从而得到自由振动的解。

【例 5-1】 分别采用图 5-1(a)与(b)所示的两组坐标，即 $\boldsymbol{u}_1=[y_1 \quad y_2]^{\mathrm{T}}$ 与 $\boldsymbol{u}_2=[y_C \quad \varphi_C]^{\mathrm{T}}$，确定系统的固有频率和振型；并证明这两组坐标所确定的固有频率和振型相同。

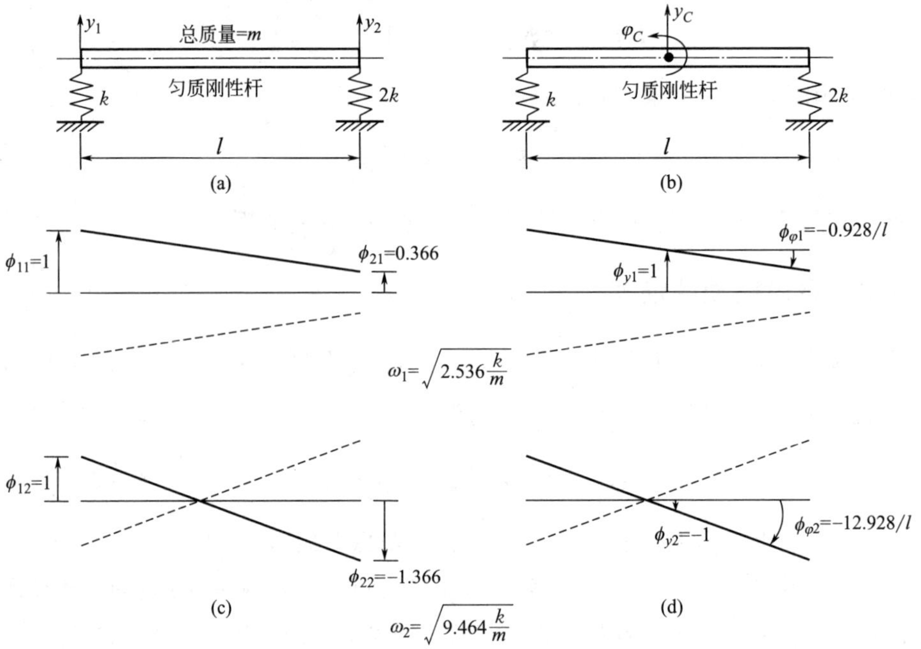

图 5-1　不同坐标下系统的固有频率和振型

【解】 (1)系统在坐标 $\boldsymbol{u}_1=[y_1 \quad y_2]^{\mathrm{T}}$ 下的运动方程可参见【例 4-7】。因此，质量矩阵和刚度矩阵分别为：

$$\boldsymbol{M}=\frac{m}{6}\begin{bmatrix}2 & 1\\1 & 2\end{bmatrix}, \quad \boldsymbol{K}=k\begin{bmatrix}1 & 0\\0 & 2\end{bmatrix}$$

于是，频率方程为：

$$|\boldsymbol{K}-\omega^2\boldsymbol{M}|=\begin{vmatrix}k-m\omega^2/3 & -m\omega^2/6\\-m\omega^2/6 & 2k-m\omega^2/3\end{vmatrix}=0 \tag{a}$$

将式(a)化简后，可得：

$$m^2\omega^4-12mk\omega^2+24k^2=0 \tag{b}$$

式(b)是关于 ω^2 的二次代数方程，其解为：

$$\omega_1^2=(6-2\sqrt{3})\frac{k}{m}\approx 2.536\frac{k}{m},\ \omega_2^2=(6+2\sqrt{3})\frac{k}{m}\approx 9.464\frac{k}{m} \tag{c}$$

再将式(c)开平方根，即可得到固有频率 ω_1 和 ω_2。

将 $\omega^2=\omega_1^2$ 代入式(5-9)中，可得：

$$k\begin{bmatrix}0.155 & -0.423\\ -0.423 & 1.155\end{bmatrix}\begin{Bmatrix}\bar{u}_{11}\\ \bar{u}_{21}\end{Bmatrix}=\begin{Bmatrix}0\\ 0\end{Bmatrix} \tag{d}$$

现在，选择其中一个未知量为任意的非零数，譬如 $\bar{u}_{11}=1$，则可求出 $\bar{u}_{21}=0.366$。于是，固有振型 $\boldsymbol{\phi}_1$ 可取为：

$$\boldsymbol{\phi}_1=\begin{Bmatrix}\phi_{11}\\ \phi_{21}\end{Bmatrix}\equiv\begin{Bmatrix}\bar{u}_{11}\\ \bar{u}_{21}\end{Bmatrix}=\begin{Bmatrix}1\\ 0.366\end{Bmatrix} \tag{e}$$

同样地，将 $\omega^2=\omega_2^2$ 代入式(5-9)中，给出：

$$k\begin{bmatrix}-2.155 & -1.577\\ -1.577 & -1.155\end{bmatrix}\begin{Bmatrix}\bar{u}_{12}\\ \bar{u}_{22}\end{Bmatrix}=\begin{Bmatrix}0\\ 0\end{Bmatrix} \tag{f}$$

选择 $\bar{u}_{12}=1$，则另一个未知量为 $\bar{u}_{22}=-1.366$。于是，固有振型 $\boldsymbol{\phi}_2$ 可取为：

$$\boldsymbol{\phi}_2=\begin{Bmatrix}\phi_{12}\\ \phi_{22}\end{Bmatrix}\equiv\begin{Bmatrix}\bar{u}_{12}\\ \bar{u}_{22}\end{Bmatrix}=\begin{Bmatrix}1\\ -1.366\end{Bmatrix} \tag{g}$$

图 5-1(c)绘出了这两个振型情况。

(2)采用第二组坐标 $\boldsymbol{u}_2=[y_C\quad \varphi_C]^{\mathrm{T}}$ 描述的系统质量矩阵和刚度矩阵可参见【例 4-8】。

$$\boldsymbol{M}=\begin{bmatrix}m & 0\\ 0 & ml^2/12\end{bmatrix},\ \boldsymbol{K}=\begin{bmatrix}3k & kl/2\\ kl/2 & 3kl^2/4\end{bmatrix} \tag{h}$$

则频率方程为：

$$|\boldsymbol{K}-\omega^2\boldsymbol{M}|=\begin{vmatrix}3k-m\omega^2 & kl/2\\ kl/2 & (9k-m\omega^2)l^2/12\end{vmatrix}=0 \tag{i}$$

将式(i)化简后，得到：

$$m^2\omega^4-12mk\omega^2+24k^2=0$$

显然，这个频率方程与式(b)相同。因此，它给出的固有频率即为式(c)中的 ω_1 和 ω_2。

为了确定第 i 个固有振型，考虑式(5-9)中的任意一个方程，注意利用式(i)，可以给出第一个方程为：

$$(3k-m\omega^2)\bar{u}_{yi}+\frac{kl}{2}\bar{u}_{\varphi i}=0\quad 或\quad \bar{u}_{\varphi i}=-\frac{2(3k-m\omega^2)}{kl}\bar{u}_{yi} \tag{j}$$

将 $\omega^2=\omega_1^2=2.536\dfrac{k}{m}$ 和 $\omega^2=\omega_2^2=9.464\dfrac{k}{m}$ 代入式(j)中，得到：

$$\frac{l}{2}\bar{u}_{\varphi1}=-0.464\bar{u}_{y1},\quad \frac{l}{2}\bar{u}_{\varphi2}=6.464\bar{u}_{y2}$$

如果取 $\bar{u}_{y1}=1$，则 $\bar{u}_{\varphi1}=-0.928/l$；如果取 $\bar{u}_{y2}=-1$，则 $\bar{u}_{\varphi2}=-12.928/l$。这样，两个振型可取为：

$$\boldsymbol{\phi}_1=\begin{Bmatrix}\phi_{y1}\\ \phi_{\varphi1}\end{Bmatrix}=\begin{Bmatrix}1\\ -0.928/l\end{Bmatrix},\quad \boldsymbol{\phi}_2=\begin{Bmatrix}\phi_{y2}\\ \phi_{\varphi2}\end{Bmatrix}=\begin{Bmatrix}-1\\ -12.928/l\end{Bmatrix}\tag{k}$$

图 5-1(d)绘出了这两个振型情况。

(3)采用这两组坐标所得到的固有频率是一致的。对于这两组坐标，振型分别由式(e)、式(g)和式(k)给出，从图 5-1(c)和(d)可以看出，这两组振型具有等效性。当然，这种等效性也可以通过从一组坐标到另一组坐标的变换关系来证明。第一组坐标 $\boldsymbol{u}_1=[y_1\quad y_2]^{\mathrm{T}}$ 与第二组坐标 $\boldsymbol{u}_2=[y_C\quad \varphi_C]^{\mathrm{T}}$ 之间的变换关系为：

$$\begin{Bmatrix}y_1\\ y_2\end{Bmatrix}=\begin{bmatrix}1 & -l/2\\ 1 & l/2\end{bmatrix}\begin{Bmatrix}y_C\\ \varphi_C\end{Bmatrix}\quad 或\quad \boldsymbol{u}_1=\boldsymbol{A}\boldsymbol{u}_2\tag{l}$$

第二组坐标 $\boldsymbol{u}_2$ 的两个振型由式(k)给出。将式(k)的第一个振型代入式(l)中，导出 $\boldsymbol{u}_1=[1.464\quad 0.536]^{\mathrm{T}}$，并将向量归一化，得到 $\bar{\boldsymbol{u}}_1=[1\quad 0.366]^{\mathrm{T}}$，即为式(e)中的 $\boldsymbol{\phi}_1$。类似地，将式(k)中的第二组振型代入式(l)，得到 $\bar{\boldsymbol{u}}_1=[1\quad -1.366]^{\mathrm{T}}$，即为式(g)中的 $\boldsymbol{\phi}_2$。

【例 5-2】 如图 5-2(a)所示的简支梁做横向弯曲振动，其弯曲刚度为 EI，结构自重不计。试求三自由度系统的固有频率和振型，并将矩阵特征值问题化为标准的对称矩阵特征值问题。

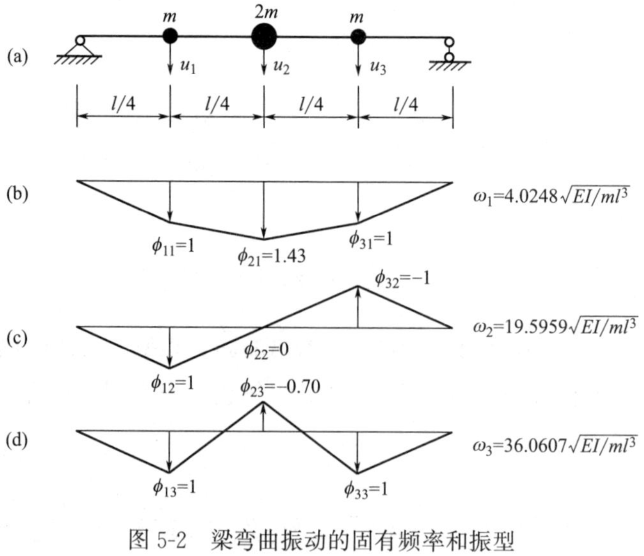

图 5-2　梁弯曲振动的固有频率和振型

【解】 (1) 计算固有频率和振型。

在坐标 $\boldsymbol{u}=[u_1 \quad u_2 \quad u_3]^{\mathrm{T}}$ 中的质量矩阵 $\boldsymbol{M}$ 和柔度矩阵 $\boldsymbol{F}$ 分别为：

$$\boldsymbol{M}=\begin{bmatrix} m & 0 & 0 \\ 0 & 2m & 0 \\ 0 & 0 & m \end{bmatrix},\ \boldsymbol{F}=\frac{l^3}{768EI}\begin{bmatrix} 9 & 11 & 7 \\ 11 & 16 & 11 \\ 7 & 11 & 9 \end{bmatrix} \tag{a}$$

其中，柔度系数 f_{11}、f_{22}、$f_{12}=f_{32}$ 及 f_{13} 分别按图乘法计算如下(如图 5-3 所示)：

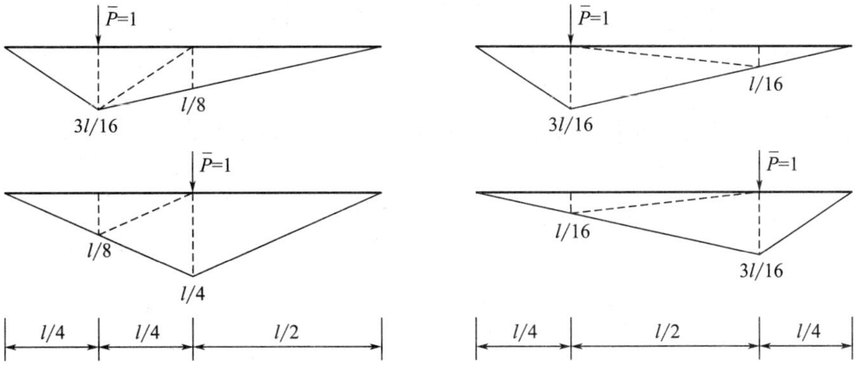

图 5-3 单位力作用下的弯矩图

$$f_{11}=f_{33}=\frac{1}{EI}\left(\frac{1}{2}\times\frac{l}{4}\times\frac{3l}{16}\times\frac{2}{3}\times\frac{3l}{16}+\frac{1}{2}\times\frac{3l}{4}\times\frac{3l}{16}\times\frac{2}{3}\times\frac{3l}{16}\right)=\frac{3l^3}{256EI}$$

$$f_{22}=\frac{1}{EI}\left(2\times\frac{1}{2}\times\frac{l}{2}\times\frac{l}{4}\times\frac{2}{3}\times\frac{l}{4}\right)=\frac{l^3}{48EI}$$

$$\begin{aligned} f_{12}=f_{32}=&\frac{1}{EI}\left[\frac{1}{2}\times\frac{l}{4}\times\frac{3l}{16}\times\left(\frac{2}{3}\times\frac{l}{8}\right)+\frac{1}{2}\times\frac{l}{4}\times\frac{3l}{16}\times\left(\frac{2}{3}\times\frac{l}{8}+\frac{1}{3}\times\frac{l}{4}\right)\right. \\ &\left.+\frac{1}{2}\times\frac{l}{4}\times\frac{l}{8}\times\left(\frac{2}{3}\times\frac{l}{4}+\frac{1}{3}\times\frac{l}{8}\right)+\frac{1}{2}\times\frac{l}{2}\times\frac{l}{8}\times\left(\frac{2}{3}\times\frac{l}{4}\right)\right] \\ =&\frac{11l^3}{768EI} \end{aligned}$$

$$\begin{aligned} f_{13}=&\frac{1}{EI}\left[\frac{1}{2}\times\frac{l}{4}\times\frac{3l}{16}\times\left(\frac{2}{3}\times\frac{l}{16}\right)+\frac{1}{2}\times\frac{l}{2}\times\frac{3l}{16}\times\left(\frac{2}{3}\times\frac{l}{16}+\frac{1}{3}\times\frac{3l}{16}\right)\right. \\ &\left.+\frac{1}{2}\times\frac{l}{2}\times\frac{l}{16}\times\left(\frac{2}{3}\times\frac{3l}{16}+\frac{1}{3}\times\frac{l}{16}\right)+\frac{1}{2}\times\frac{l}{4}\times\frac{l}{16}\times\left(\frac{2}{3}\times\frac{3l}{16}\right)\right] \\ =&\frac{7l^3}{768EI} \end{aligned}$$

于是，矩阵特征值问题为：

$$(\boldsymbol{K}-\omega^2\boldsymbol{M})\bar{\boldsymbol{u}}=\boldsymbol{0} \quad 或 \quad \left(\boldsymbol{FM}-\frac{1}{\omega^2}\boldsymbol{I}\right)\bar{\boldsymbol{u}}=\boldsymbol{0} \tag{b}$$

其中，$\boldsymbol{I}$ 为单位阵，而矩阵 $\boldsymbol{FM}$ 为：

$$\boldsymbol{FM}=\frac{ml^3}{768EI}\begin{bmatrix}9 & 22 & 7\\ 11 & 32 & 11\\ 7 & 22 & 9\end{bmatrix} \tag{c}$$

于是，将式(b)展开后得到：

$$\left(\frac{ml^3}{768EI}\begin{bmatrix}9 & 22 & 7\\ 11 & 32 & 11\\ 7 & 22 & 9\end{bmatrix}-\frac{1}{\omega^2}\begin{bmatrix}1 & 0 & 0\\ 0 & 1 & 0\\ 0 & 0 & 1\end{bmatrix}\right)\begin{Bmatrix}\bar{u}_1\\ \bar{u}_2\\ \bar{u}_3\end{Bmatrix}=\begin{Bmatrix}0\\ 0\\ 0\end{Bmatrix} \tag{d}$$

令 $\alpha=\dfrac{768EI}{ml^3\omega^2}$，并在式(d)两边同乘 $\omega^2\alpha$，则式(d)进一步简化为：

$$\begin{bmatrix}9-\alpha & 22 & 7\\ 11 & 32-\alpha & 11\\ 7 & 22 & 9-\alpha\end{bmatrix}\begin{Bmatrix}\bar{u}_1\\ \bar{u}_2\\ \bar{u}_3\end{Bmatrix}=\begin{Bmatrix}0\\ 0\\ 0\end{Bmatrix} \tag{e}$$

这样，频率方程变为：

$$\begin{vmatrix}9-\alpha & 22 & 7\\ 11 & 32-\alpha & 11\\ 7 & 22 & 9-\alpha\end{vmatrix}=0 \tag{f}$$

将式(f)展开后得到：

$$\alpha^3-50\alpha^2+124\alpha-56=0$$

求解可得：

$$\alpha_1=47.4094,\ \alpha_2=2,\ \alpha_3=0.5906 \tag{g}$$

因此，固有频率 ω_1、ω_2 及 ω_3 分别为：

$$\omega_1=4.0248\sqrt{\frac{EI}{ml^3}},\ \omega_2=19.5959\sqrt{\frac{EI}{ml^3}},\ \omega_3=36.0607\sqrt{\frac{EI}{ml^3}}$$

将 $\alpha=\alpha_1$ 代入式(e)中，并令 $\bar{u}_1=1$，由其中任意的两个方程可解得 $\bar{u}_2=1.4277$，$\bar{u}_3=1$。于是，第 1 阶振型可取为：

$$\boldsymbol{\phi}_1=\begin{Bmatrix}\phi_{11}\\ \phi_{21}\\ \phi_{31}\end{Bmatrix}=\begin{Bmatrix}1\\ 1.4277\\ 1\end{Bmatrix}$$

同样地，可得到固有振型 $\boldsymbol{\phi}_2$ 与 $\boldsymbol{\phi}_3$ 为：

$$\boldsymbol{\phi}_2=\begin{Bmatrix}\phi_{12}\\ \phi_{22}\\ \phi_{32}\end{Bmatrix}=\begin{Bmatrix}1\\ 0\\ -1\end{Bmatrix},\quad \boldsymbol{\phi}_3=\begin{Bmatrix}\phi_{13}\\ \phi_{23}\\ \phi_{33}\end{Bmatrix}=\begin{Bmatrix}1\\ -0.7004\\ 1\end{Bmatrix}$$

图 5-2(b)、(c)、(d)分别画出了这三阶振型图。

(2) 化为标准的对称矩阵特征值问题。

由式(b)得到的矩阵特征值问题：

$$\boldsymbol{FM}\overline{\boldsymbol{u}}=\frac{1}{\omega^2}\overline{\boldsymbol{u}} \tag{h}$$

根据式(c)可知矩阵（$\boldsymbol{FM}$）不是对称阵。在式(5-14)中，非奇异的上三角矩阵 $\boldsymbol{Q}$ 为：

$$\boldsymbol{Q}=\boldsymbol{M}^{1/2}=\sqrt{m}\begin{bmatrix}1 & 0 & 0\\ 0 & \sqrt{2} & 0\\ 0 & 0 & 1\end{bmatrix} \tag{i}$$

于是，由式(5-22)可得：

$$\boldsymbol{F}_Q=\boldsymbol{QFQ}^{\mathrm{T}}=\frac{ml^3}{768EI}\begin{bmatrix}9 & 11\sqrt{2} & 7\\ 11\sqrt{2} & 32 & 11\sqrt{2}\\ 7 & 11\sqrt{2} & 9\end{bmatrix} \tag{j}$$

得到标准的对称矩阵特征值问题为：

$$\boldsymbol{F}_Q\overline{\boldsymbol{w}}=\frac{1}{\omega^2}\overline{\boldsymbol{w}} \tag{k}$$

其中 $\overline{\boldsymbol{w}}=\boldsymbol{Q}\overline{\boldsymbol{u}}$。

§5.2 振型的基本特性

5.2.1 振型的正交性

一个 n 自由度的无阻尼系统，通过求解特征值问题，可以得到它的 n 个固有频率和相应的 n 个固有振型。下面，讨论固有振型最重要的性质——**正交性**。

第 r 阶固有频率 ω_r 和振型 $\boldsymbol{\phi}_r$ 满足式(5-9)，并将式(5-9)两边左乘 $\boldsymbol{\phi}_s^{\mathrm{T}}$，可得：

$$\boldsymbol{\phi}_s^{\mathrm{T}}\boldsymbol{K}\boldsymbol{\phi}_r=\omega_r^2\boldsymbol{\phi}_s^{\mathrm{T}}\boldsymbol{M}\boldsymbol{\phi}_r \tag{5-38}$$

类似地，第 s 阶固有频率 ω_s 和振型 $\boldsymbol{\phi}_s$ 满足式(5-9)，并将式(5-9)两边左乘 $\boldsymbol{\phi}_r^{\mathrm{T}}$，可得：

$$\boldsymbol{\phi}_r^{\mathrm{T}}\boldsymbol{K}\boldsymbol{\phi}_s=\omega_s^2\boldsymbol{\phi}_r^{\mathrm{T}}\boldsymbol{M}\boldsymbol{\phi}_s \tag{5-39}$$

将式(5-39)两边转置，由于质量矩阵 $\boldsymbol{M}$ 和刚度矩阵 $\boldsymbol{K}$ 都是对称阵，得到：

$$\boldsymbol{\phi}_s^{\mathrm{T}}\boldsymbol{K}\boldsymbol{\phi}_r=\omega_s^2\boldsymbol{\phi}_s^{\mathrm{T}}\boldsymbol{M}\boldsymbol{\phi}_r \tag{5-40}$$

由式(5-38)减去式(5-40)，可得：

$$(\omega_r^2-\omega_s^2)\boldsymbol{\phi}_s^{\mathrm{T}}\boldsymbol{M}\boldsymbol{\phi}_r=0 \tag{5-41}$$

如果 $s\neq r$ 时，有 $\omega_s\neq\omega_r$，则由式(5-41)，可得：

$$\boldsymbol{\phi}_s^{\mathrm{T}}\boldsymbol{M}\boldsymbol{\phi}_r=0\quad(s\neq r) \tag{5-42a}$$

再由式(5-40)可得：

$$\boldsymbol{\phi}_s^{\mathrm{T}}\boldsymbol{K}\boldsymbol{\phi}_r=0\quad(s\neq r) \tag{5-42b}$$

式(5-42)表明，对应于不同固有频率的固有振型，关于质量矩阵和刚度矩阵都是相互正交的，这一性质称为**振型的正交性**。

当 $s=r$ 时，式(5-41)总是成立的，若令：

$$\boldsymbol{\phi}_r^{\mathrm{T}}\boldsymbol{M}\boldsymbol{\phi}_r=M_r\quad(r=1,2,\cdots,n) \tag{5-43a}$$

$$\boldsymbol{\phi}_r^{\mathrm{T}}\boldsymbol{K}\boldsymbol{\phi}_r=K_r\quad(r=1,2,\cdots,n) \tag{5-43b}$$

式中，常数 M_r、K_r 分别称为第 r 阶振型的广义质量和广义刚度。由于质量矩阵和刚度矩阵一般都是正定的，故 M_r、K_r 都是正数。

在式(5-38)中令 $s=r$，可得到如下的关系式：

$$\omega_r^2=\frac{\boldsymbol{\phi}_r^{\mathrm{T}}\boldsymbol{K}\boldsymbol{\phi}_r}{\boldsymbol{\phi}_r^{\mathrm{T}}\boldsymbol{M}\boldsymbol{\phi}_r}=\frac{K_r}{M_r}\quad(r=1,2,\cdots,n) \tag{5-44}$$

固有振型的正交性意味着下列方阵是对角阵：

$$\overline{\boldsymbol{M}}=\boldsymbol{\Phi}^{\mathrm{T}}\boldsymbol{M}\boldsymbol{\Phi}=\begin{bmatrix}M_1&&&\\&M_2&&\\&&\ddots&\\&&&M_n\end{bmatrix},\ \overline{\boldsymbol{K}}=\boldsymbol{\Phi}^{\mathrm{T}}\boldsymbol{K}\boldsymbol{\Phi}=\begin{bmatrix}K_1&&&\\&K_2&&\\&&\ddots&\\&&&K_n\end{bmatrix} \tag{5-45}$$

其中，$\overline{\boldsymbol{M}}$ 称为**广义质量矩阵**，$\overline{\boldsymbol{K}}$ 称为**广义刚度矩阵**。

5.2.2　振型正交性的物理解释

下面，从两方面对振型正交性的物理意义进行解释。

(1) 从功的角度解释。振型正交性的一个含义就是第 r 阶振型产生自由振动时的惯性力在第 s 阶振型位移上所做的功等于零。为此，考虑第 r 阶振型振动的位移：

$$\boldsymbol{u}_r(t)=\boldsymbol{\phi}_r q_r(t)=\boldsymbol{\phi}_r A_r\sin(\omega_r t+\theta_r) \tag{5-46}$$

其相应的加速度为 $\ddot{\boldsymbol{u}}_r(t)=\boldsymbol{\phi}_r\ddot{q}_r(t)$，而相应的惯性力为：

$$\boldsymbol{f}_{\mathrm{I}r}=\boldsymbol{M}\ddot{\boldsymbol{u}}_r(t)=\boldsymbol{M}\boldsymbol{\phi}_r\ddot{q}_r(t) \tag{5-47}$$

注意，式(5-47)只给出了惯性力的大小，其方向应与加速度方向相反。

再考虑第 s 阶振型振动的位移：

$$\boldsymbol{u}_s(t)=\boldsymbol{\phi}_s q_s(t)=\boldsymbol{\phi}_s A_s\sin(\omega_s t+\theta_s) \tag{5-48}$$

这样，式(5-47)中的惯性力在式(5-48)所示位移上做的功为：

$$(\boldsymbol{f}_{\mathrm{I}r})^{\mathrm{T}}\boldsymbol{u}_s(t)=(\boldsymbol{\phi}_r^{\mathrm{T}}\boldsymbol{M}\boldsymbol{\phi}_s)\ddot{q}_r(t)q_s(t) \tag{5-49}$$

根据振型的正交性，即式(5-42a)可知，式(5-49)等于零。

振型正交性的另一个含义就是与第 r 阶振型位移相应的等效静力在第 s 阶振型位移上所做的功等于零。第 r 阶振型位移相应的等效静力为：

$$\boldsymbol{f}_{\mathrm{S}r}=\boldsymbol{K}\boldsymbol{u}_r(t)=\boldsymbol{K}\boldsymbol{\phi}_r q_r(t) \tag{5-50}$$

此等效静力在式(5-48)所示位移上做的功为：

$$(\boldsymbol{f}_{\mathrm{S}r})^{\mathrm{T}}\boldsymbol{u}_s(t)=(\boldsymbol{\phi}_r^{\mathrm{T}}\boldsymbol{K}\boldsymbol{\phi}_s)q_r(t)q_s(t) \tag{5-51}$$

同样，由于振型的正交性，因此式(5-51)等于零。

(2) 从能量角度解释。根据式(5-37a)，无阻尼自由振动的位移向量为：

$$\boldsymbol{u}(t)=\sum_{m=1}^{n}\boldsymbol{\phi}_m q_m(t)=\boldsymbol{\Phi}\boldsymbol{q} \tag{5-52}$$

式中，$q_m(t)=A_m\sin(\omega_m t+\theta_m)$，列向量 $\boldsymbol{q}(t)=[q_1(t)\quad q_2(t)\quad\cdots\quad q_n(t)]^{\mathrm{T}}$。式(5-52)本质上是坐标 $\boldsymbol{u}$ 和坐标 $\boldsymbol{q}$ 之间的线性变换关系，振型矩阵 $\boldsymbol{\Phi}$ 即为坐标变换矩阵。事实上，坐标 $\boldsymbol{q}$ 就是一种主坐标。

于是，系统的总动能为：

$$T=\frac{1}{2}\dot{\boldsymbol{u}}^{\mathrm{T}}\boldsymbol{M}\dot{\boldsymbol{u}}=\frac{1}{2}\dot{\boldsymbol{q}}^{\mathrm{T}}\boldsymbol{\Phi}^{\mathrm{T}}\boldsymbol{M}\boldsymbol{\Phi}\dot{\boldsymbol{q}}=\frac{1}{2}\dot{\boldsymbol{q}}^{\mathrm{T}}\overline{\boldsymbol{M}}\dot{\boldsymbol{q}}=\frac{1}{2}\sum_{i=1}^{n}M_i\dot{q}_i^2(t)=\sum_{i=1}^{n}T_i \tag{5-53}$$

式中，M_i 为第 i 阶振型的广义质量，T_i 是仅存在第 i 阶振型振动时系统的动能。

式(5-53)的物理意义是，由于振型之间的正交性，系统的总动能等于各阶振型振动的动能之和，这就是系统动能的振型分解。

同样，由式(5-45)可知，系统的总势能为：

$$U=\frac{1}{2}\boldsymbol{u}^{\mathrm{T}}\boldsymbol{K}\boldsymbol{u}=\frac{1}{2}\boldsymbol{q}^{\mathrm{T}}\boldsymbol{\Phi}^{\mathrm{T}}\boldsymbol{K}\boldsymbol{\Phi}\boldsymbol{q}=\frac{1}{2}\boldsymbol{q}^{\mathrm{T}}\overline{\boldsymbol{K}}\boldsymbol{q}=\frac{1}{2}\sum_{i=1}^{n}K_i q_i^2(t)=\sum_{i=1}^{n}U_i \tag{5-54}$$

式中，K_i 为第 i 阶振型的广义刚度，U_i 是仅存在第 i 阶振型振动时系统的势能。

式(5-54)的物理意义是，由于振型之间的正交性，系统的总势能等于各阶振型振动的势能之和，这是系统势能的振型分解。对于保守系统，系统的总势能可以按振型分解。

此外，由式(5-44)可知，对于第 i 阶振型振动时系统的动能和势能之和为：

$$\begin{aligned} T_i+U_i&=\frac{1}{2}M_i\left[\omega_i A_i\cos(\omega_i t+\theta_i)\right]^2+\frac{1}{2}K_i\left[A_i\sin(\omega_i t+\theta_i)\right]^2\\ &=\frac{1}{2}K_iA_i^2\cos^2(\omega_i t+\theta_i)+\frac{1}{2}K_iA_i^2\sin^2(\omega_i t+\theta_i)\\ &=\frac{1}{2}K_iA_i^2 \end{aligned}\tag{5-55}$$

式(5-55)表明，在系统的自由振动过程中，对每一阶振型振动而言，虽然它的动能与势能可以相互转化，但总和为一常数，即各阶振型振动之间不会发生能量的传递。因此，从能量的角度来看，各阶振型振动之间是相互独立的。

5.2.3 振型的正则化

前面已经指出，特征值问题(5-9)只能得到形如 $A_r\boldsymbol{\phi}_r$ 形式的固有振型，其中 A_r 是任意的非零常数，$\boldsymbol{\phi}_r$ 是一个固有振型。换言之，如果 $\boldsymbol{\phi}_r$ 是第 r 阶固有振型，那么 $A_r\boldsymbol{\phi}_r$ 也是第 r 阶的固有振型。因此，可以按照某一基准，利用比例因子 A_r 将固有振型唯一地确定下来，这一过程称为振型的归一化。例如，在 5.1.3 节中，是以第一个自由度的幅值取为 1，并以这个指定的值为基准来确定其他自由度的幅值。有时，也以每一个振型中的最大幅值取为 1，并以其作为基准值来确定振型中的其他所有元素。

如果使广义质量等于 1，这种特定的归一化称为**正则化**，所得到的振型称为**正则振型**或**正则模态**。下面利用比例因子 A_r 来确定正则振型。设 $\boldsymbol{\psi}_r$ 为第 r 阶正则振型，$\boldsymbol{\phi}_r$ 为任意的第 r 阶固有振型，且有：

$$\boldsymbol{\psi}_r=A_r\boldsymbol{\phi}_r\tag{5-56}$$

根据正则振型的定义，有：

$$\boldsymbol{\psi}_r^{\mathrm{T}}\boldsymbol{M}\boldsymbol{\psi}_r=1\tag{5-57}$$

将式(5-56)代入式(5-57)，可得：

$$A_r^2\boldsymbol{\phi}_r^{\mathrm{T}}\boldsymbol{M}\boldsymbol{\phi}_r=A_r^2M_r=1\tag{5-58}$$

由式(5-58)可解得 $A_r=\sqrt{1/M_r}$，并将其代入式(5-56)中，得到：

$$\boldsymbol{\psi}_r=\frac{1}{\sqrt{M_r}}\boldsymbol{\phi}_r\tag{5-59}$$

于是，相应于正则振型 $\boldsymbol{\psi}_r$ 的广义刚度为：

$$\boldsymbol{\psi}_r^{\mathrm{T}}\boldsymbol{K}\boldsymbol{\psi}_r=\frac{1}{M_r}\boldsymbol{\phi}_r^{\mathrm{T}}\boldsymbol{K}\boldsymbol{\phi}_r=\frac{K_r}{M_r}=\omega_r^2\tag{5-60}$$

由于正则振型是固有振型的一种特定形式，因此正则振型也是满足振型正交性的。与振型矩阵一样，可以定义**正则振型矩阵 $\boldsymbol{\Psi}$** 为：

$$\boldsymbol{\Psi}=[\boldsymbol{\psi}_1 \quad \boldsymbol{\psi}_2 \quad \cdots \quad \boldsymbol{\psi}_n]$$

对于正则振型矩阵，式(5-45)变为：

$$\boldsymbol{\Psi}^{\mathrm{T}}\boldsymbol{M}\boldsymbol{\Psi}=\begin{bmatrix}1 & & & \\ & 1 & & \\ & & \ddots & \\ & & & 1\end{bmatrix}=\boldsymbol{I},\ \boldsymbol{\Psi}^{\mathrm{T}}\boldsymbol{K}\boldsymbol{\Psi}=\begin{bmatrix}\omega_1^2 & & & \\ & \omega_2^2 & & \\ & & \ddots & \\ & & & \omega_n^2\end{bmatrix}=\boldsymbol{\Lambda} \tag{5-61}$$

式中，$\boldsymbol{I}$ 为单位矩阵，$\boldsymbol{\Lambda}$ 为谱矩阵。

从上述分析可知，正则振型实际上是一种标准形式的固有振型。

5.2.4 振型-重频情况

在以上的讨论中，假定所有的特征值都是相异的。然而，对于一些复杂系统可能会出现某些特征值彼此十分接近甚至相等的情况。假设特征值 ω_r^2 具有 p 重根：

$$\omega_r^2=\omega_{r+1}^2=\cdots=\omega_{r+p-1}^2$$

而其他的特征值都是单根。下面，讨论如何求出相应于特征值 ω_r^2 的 p 个相互正交的振型。

根据线性代数理论：对于一个 $n\times n$ 阶的对称阵，如果具有 p 重特征值，则存在与重特征值有关的 p 个线性独立的特征向量，因而对称阵的秩为 $(n-p)$，即特征值问题的 n 个方程中只有 $(n-p)$ 个是独立的。显然，当特征值 ω_r^2 是单根时，则有 $(n-1)$ 个方程是独立的，这就是 5.1.3 节中的振型-相异频率情况。

首先，确定 p 个线性独立的特征向量。记 $\overline{\boldsymbol{u}}_r^{(s)}(s=1,2,\cdots,p)$ 是对应于 p 重特征值 ω_r^2 的 p 个线性独立的特征向量。将 $\omega^2=\omega_r^2$ 及 $\overline{\boldsymbol{u}}=\overline{\boldsymbol{u}}_r^{(s)}$ 代入式(5-9)中，化简后得到：

$$\boldsymbol{E}^{(r)}\overline{\boldsymbol{u}}_r^{(s)}=\boldsymbol{0} \tag{5-62}$$

其中，实对称矩阵 $\boldsymbol{E}^{(r)}$：

$$\boldsymbol{E}^{(r)}=\boldsymbol{K}-\omega_r^2\boldsymbol{M}$$

将式(5-62)写成分块矩阵的形式：

$$\begin{bmatrix}\boldsymbol{E}_{\mathrm{aa}}^{(r)} & \boldsymbol{E}_{\mathrm{ab}}^{(r)} \\ \boldsymbol{E}_{\mathrm{ba}}^{(r)} & \boldsymbol{E}_{\mathrm{bb}}^{(r)}\end{bmatrix}\begin{Bmatrix}\overline{\boldsymbol{u}}_{\mathrm{a}r}^{(s)} \\ \overline{\boldsymbol{u}}_{\mathrm{b}r}^{(s)}\end{Bmatrix}=\begin{Bmatrix}\boldsymbol{0} \\ \boldsymbol{0}\end{Bmatrix}\quad (s=1,2,\cdots,p) \tag{5-63}$$

其中，矩阵 $\boldsymbol{E}_{\mathrm{aa}}^{(r)}$ 的阶数是 $p\times p$，$\boldsymbol{E}_{\mathrm{ab}}^{(r)}$ 的阶数是 $p\times(n-p)$，$\boldsymbol{E}_{\mathrm{ba}}^{(r)}$ 的阶数是 $(n-p)\times p$，$\boldsymbol{E}_{\mathrm{bb}}^{(r)}$ 的阶数是 $(n-p)\times(n-p)$；列向量 $\overline{\boldsymbol{u}}_{\mathrm{a}r}^{(s)}$ 的维数是 p，$\overline{\boldsymbol{u}}_{\mathrm{b}r}^{(s)}$ 的维数是 $(n-p)$。

由式(5-63)得到：

$$\boldsymbol{E}_{\mathrm{aa}}^{(r)}\overline{\boldsymbol{u}}_{\mathrm{a}r}^{(s)}+\boldsymbol{E}_{\mathrm{ab}}^{(r)}\overline{\boldsymbol{u}}_{\mathrm{b}r}^{(s)}=\mathbf{0} \tag{5-64a}$$

$$\boldsymbol{E}_{\mathrm{ba}}^{(r)}\overline{\boldsymbol{u}}_{\mathrm{a}r}^{(s)}+\boldsymbol{E}_{\mathrm{bb}}^{(r)}\overline{\boldsymbol{u}}_{\mathrm{b}r}^{(s)}=\mathbf{0} \tag{5-64b}$$

由于矩阵 $\boldsymbol{E}_{\mathrm{bb}}^{(r)}$ 是非奇异的，因此可以求出：

$$\overline{\boldsymbol{u}}_{\mathrm{b}r}^{(s)}=-[\boldsymbol{E}_{\mathrm{bb}}^{(r)}]^{-1}\boldsymbol{E}_{\mathrm{ba}}^{(r)}\overline{\boldsymbol{u}}_{\mathrm{a}r}^{(s)} \tag{5-65}$$

显然，式(5-64a)是多余的，但它可作为检验所求解精度的一个适用标准。

按照上面所述的理论，存在着相应于 p 重特征值 ω_r^2 的 p 个线性独立的特征向量。因此必须选择 p 个线性独立的向量 $\overline{\boldsymbol{u}}_{\mathrm{a}r}^{(1)},\overline{\boldsymbol{u}}_{\mathrm{a}r}^{(2)},\cdots,\overline{\boldsymbol{u}}_{\mathrm{a}r}^{(p)}$，同时由式(5-65)来确定特征向量 $\overline{\boldsymbol{u}}_r^{(s)}$ 的其余元素。一般地，可以选择向量：

$$\overline{\boldsymbol{u}}_{\mathrm{a}r}^{(1)}=\begin{Bmatrix}1\\0\\0\\\vdots\\0\end{Bmatrix},\ \overline{\boldsymbol{u}}_{\mathrm{a}r}^{(2)}=\begin{Bmatrix}0\\1\\0\\\vdots\\0\end{Bmatrix},\ \cdots,\ \overline{\boldsymbol{u}}_{\mathrm{a}r}^{(p)}=\begin{Bmatrix}0\\0\\0\\\vdots\\1\end{Bmatrix} \tag{5-66}$$

这样，就得到对应于 p 重特征值 ω_r^2 的 p 个线性独立的特征向量：

$$\overline{\boldsymbol{u}}_r^{(s)}=\begin{bmatrix}\overline{\boldsymbol{u}}_{\mathrm{a}r}^{(s)}\\ \overline{\boldsymbol{u}}_{\mathrm{b}r}^{(s)}\end{bmatrix}=\begin{bmatrix}\boldsymbol{I}_{p\times p}\\ -[\boldsymbol{E}_{\mathrm{bb}}^{(r)}]^{-1}\boldsymbol{E}_{\mathrm{ba}}^{(r)}\end{bmatrix}\overline{\boldsymbol{u}}_{\mathrm{a}r}^{(s)}\quad(s=1,2,\cdots,p) \tag{5-67}$$

式中，$\boldsymbol{I}_{p\times p}$ 为 $p\times p$ 阶单位阵。事实上，将式(5-67)合写为矩阵形式：

$$[\overline{\boldsymbol{u}}_r^{(1)}\quad\overline{\boldsymbol{u}}_r^{(2)}\quad\cdots\quad\overline{\boldsymbol{u}}_r^{(p)}]=\begin{bmatrix}\boldsymbol{I}_{p\times p}\\ -[\boldsymbol{E}_{\mathrm{bb}}^{(r)}]^{-1}\boldsymbol{E}_{\mathrm{ba}}^{(r)}\end{bmatrix}[\overline{\boldsymbol{u}}_{\mathrm{a}r}^{(1)}\quad\overline{\boldsymbol{u}}_{\mathrm{a}r}^{(2)}\quad\cdots\quad\overline{\boldsymbol{u}}_{\mathrm{a}r}^{(p)}] \tag{5-68}$$

显然，式(5-68)右端第一个 $n\times p$ 阶矩阵的秩是 p，第二个 $p\times p$ 阶方阵的秩也是 p。于是，等号左端的 $n\times p$ 阶矩阵的秩一定是 p，这就证明向量 $\overline{\boldsymbol{u}}_r^{(1)},\overline{\boldsymbol{u}}_r^{(2)},\cdots,\overline{\boldsymbol{u}}_r^{(p)}$ 是线性独立的。

由于相应于特征向量 $\overline{\boldsymbol{u}}_r^{(s)}(s=1,2,\cdots,p)$ 的特征值都是 ω_r^2，根据式(5-41)得不到 $\overline{\boldsymbol{u}}_r^{(1)}$，$\overline{\boldsymbol{u}}_r^{(2)},\cdots,\overline{\boldsymbol{u}}_r^{(p)}$ 之间一定是正交的结论。因此，还需要利用施密特(Schmidt)正交化过程将 p 个线性独立的特征向量变换为相互正交的振型向量。

设 $\boldsymbol{\phi}_r^{(1)},\boldsymbol{\phi}_r^{(2)},\cdots,\boldsymbol{\phi}_r^{(p)}$ 是对应于 p 重特征值 ω_r^2 的 p 个相互正交的振型向量，它们可以通过如下方法得到：

(1) 选取 $\boldsymbol{\phi}_r^{(1)}=\overline{\boldsymbol{u}}_r^{(1)}$；

(2) 选取 $\boldsymbol{\phi}_r^{(2)}=C_1\boldsymbol{\phi}_r^{(1)}+\overline{\boldsymbol{u}}_r^{(2)}$，并在两边左乘 $[\boldsymbol{\phi}_r^{(1)}]^{\mathrm{T}}\boldsymbol{M}$，得到：

$$[\boldsymbol{\phi}_r^{(1)}]^{\mathrm{T}}\boldsymbol{M}\boldsymbol{\phi}_r^{(2)}=C_1[\boldsymbol{\phi}_r^{(1)}]^{\mathrm{T}}\boldsymbol{M}\boldsymbol{\phi}_r^{(1)}+[\boldsymbol{\phi}_r^{(1)}]^{\mathrm{T}}\boldsymbol{M}\overline{\boldsymbol{u}}_r^{(2)}$$

根据振型的正交性，有 $[\boldsymbol{\phi}_r^{(1)}]^{\mathrm{T}}\boldsymbol{M}\boldsymbol{\phi}_r^{(2)}=0$。于是，可解得：

$$C_1=-\frac{[\boldsymbol{\phi}_r^{(1)}]^{\mathrm{T}}\boldsymbol{M}\overline{\boldsymbol{u}}_r^{(2)}}{[\boldsymbol{\phi}_r^{(1)}]^{\mathrm{T}}\boldsymbol{M}\boldsymbol{\phi}_r^{(1)}}$$

（3）选取 $\boldsymbol{\phi}_r^{(3)}=C_2\boldsymbol{\phi}_r^{(1)}+C_3\boldsymbol{\phi}_r^{(2)}+\overline{\boldsymbol{u}}_r^{(3)}$，并分别在两边左乘 $[\boldsymbol{\phi}_r^{(1)}]^{\mathrm{T}}\boldsymbol{M}$ 与 $[\boldsymbol{\phi}_r^{(2)}]^{\mathrm{T}}\boldsymbol{M}$，得到：

$$[\boldsymbol{\phi}_r^{(1)}]^{\mathrm{T}}\boldsymbol{M}\boldsymbol{\phi}_r^{(3)}=C_2[\boldsymbol{\phi}_r^{(1)}]^{\mathrm{T}}\boldsymbol{M}\boldsymbol{\phi}_r^{(1)}+C_3[\boldsymbol{\phi}_r^{(1)}]^{\mathrm{T}}\boldsymbol{M}\boldsymbol{\phi}_r^{(2)}+[\boldsymbol{\phi}_r^{(1)}]^{\mathrm{T}}\boldsymbol{M}\overline{\boldsymbol{u}}_r^{(3)}$$
$$[\boldsymbol{\phi}_r^{(2)}]^{\mathrm{T}}\boldsymbol{M}\boldsymbol{\phi}_r^{(3)}=C_2[\boldsymbol{\phi}_r^{(2)}]^{\mathrm{T}}\boldsymbol{M}\boldsymbol{\phi}_r^{(1)}+C_3[\boldsymbol{\phi}_r^{(2)}]^{\mathrm{T}}\boldsymbol{M}\boldsymbol{\phi}_r^{(2)}+[\boldsymbol{\phi}_r^{(2)}]^{\mathrm{T}}\boldsymbol{M}\overline{\boldsymbol{u}}_r^{(3)}$$

因为 $[\boldsymbol{\phi}_r^{(1)}]^{\mathrm{T}}\boldsymbol{M}\boldsymbol{\phi}_r^{(2)}=[\boldsymbol{\phi}_r^{(2)}]^{\mathrm{T}}\boldsymbol{M}\boldsymbol{\phi}_r^{(3)}=[\boldsymbol{\phi}_r^{(1)}]^{\mathrm{T}}\boldsymbol{M}\boldsymbol{\phi}_r^{(3)}=0$。于是，可解得：

$$C_2=-\frac{[\boldsymbol{\phi}_r^{(1)}]^{\mathrm{T}}\boldsymbol{M}\overline{\boldsymbol{u}}_r^{(3)}}{[\boldsymbol{\phi}_r^{(1)}]^{\mathrm{T}}\boldsymbol{M}\boldsymbol{\phi}_r^{(1)}},\ C_3=-\frac{[\boldsymbol{\phi}_r^{(2)}]^{\mathrm{T}}\boldsymbol{M}\overline{\boldsymbol{u}}_r^{(3)}}{[\boldsymbol{\phi}_r^{(2)}]^{\mathrm{T}}\boldsymbol{M}\boldsymbol{\phi}_r^{(2)}}$$

依次进行上述过程，可以得到 p 个相互正交的振型向量 $\boldsymbol{\phi}_r^{(1)}$，$\boldsymbol{\phi}_r^{(2)}$，…，$\boldsymbol{\phi}_r^{(p)}$。

至此，可以找到对应于 p 重特征值的 p 个相互正交的振型向量，从而使得具有 n 自由度无阻尼系统（稳定的结构系统）总存在着 n 个相互正交的振型向量，由这些振型组成的振型矩阵能使系统的质量矩阵及刚度矩阵同时对角化。

5.2.5 展开定理和主坐标

由于系统的 n 个振型向量 $\boldsymbol{\phi}_m(m=1,2,\cdots,n)$ 是线性独立的，因而这 n 个振型向量可以构成一个 n 维空间的基。这样，任何一个 n 维的位移向量 $\boldsymbol{u}$ 都能唯一地被这 n 个振型向量展开为线性组合的形式：

$$\boldsymbol{u}=\boldsymbol{\phi}_1\eta_1+\boldsymbol{\phi}_2\eta_2+\cdots+\boldsymbol{\phi}_n\eta_n=\sum_{m=1}^{n}\boldsymbol{\phi}_m\eta_m \tag{5-69}$$

式中，$\eta_m(m=1,2,\cdots,n)$ 称为**广义坐标**。式(5-69)表明，系统的任何一种可能的位移都可以用振型向量的线性组合来描述。

根据振型的正交性，广义坐标 η_m 可表示为：

$$\eta_m=\frac{\boldsymbol{\phi}_m^{\mathrm{T}}\boldsymbol{M}\boldsymbol{u}}{\boldsymbol{\phi}_m^{\mathrm{T}}\boldsymbol{M}\boldsymbol{\phi}_m}=\frac{\boldsymbol{\phi}_m^{\mathrm{T}}\boldsymbol{M}\boldsymbol{u}}{M_m} \tag{5-70}$$

式(5-69)及式(5-70)称为**振型的展开定理**。

事实上，式(5-69)表示一种线性坐标变换：

$$\boldsymbol{u}=\boldsymbol{\Phi}\boldsymbol{\eta} \tag{5-71}$$

式中，$\boldsymbol{\eta}$ 为一组新坐标，即 $\boldsymbol{\eta}=[\eta_1\quad\eta_2\quad\cdots\quad\eta_n]^{\mathrm{T}}$，振型矩阵 $\boldsymbol{\Phi}=[\boldsymbol{\phi}_1\quad\boldsymbol{\phi}_2\quad\cdots\quad\boldsymbol{\phi}_n]$ 为坐标变换矩阵。

在坐标 $\boldsymbol{u}$ 下，无阻尼多自由度系统的运动方程为：

$$\boldsymbol{M}\ddot{\boldsymbol{u}}+\boldsymbol{K}\boldsymbol{u}=\boldsymbol{P}(t) \tag{5-72}$$

将式(5-71)代入式(5-72)中，并在两边左乘 $\boldsymbol{\Phi}^{\mathrm{T}}$，得到在坐标 $\boldsymbol{\eta}$ 下的运动方程：

$$\boldsymbol{\Phi}^{\mathrm{T}}\boldsymbol{M}\boldsymbol{\Phi}\ddot{\boldsymbol{\eta}}+\boldsymbol{\Phi}^{\mathrm{T}}\boldsymbol{K}\boldsymbol{\Phi}\boldsymbol{\eta}=\boldsymbol{\Phi}^{\mathrm{T}}\boldsymbol{P}(t) \tag{5-73a}$$

或

$$\overline{\boldsymbol{M}}\ddot{\boldsymbol{\eta}}+\overline{\boldsymbol{K}}\boldsymbol{\eta}=\overline{\boldsymbol{P}}(t) \tag{5-73b}$$

式中，$\overline{\boldsymbol{P}}(t)$ 为坐标 $\boldsymbol{\eta}$ 下的荷载向量，即所谓的广义荷载。根据式(5-45)可知，广义质量矩阵 $\overline{\boldsymbol{M}}$ 和广义刚度矩阵 $\overline{\boldsymbol{K}}$ 都是对角阵，亦即式(5-73)中的每一个方程都是关于坐标解耦的。因此，广义坐标 $\boldsymbol{\eta}$ 就是**主坐标**。

【例 5-3】 试确定图 5-4(a)中所示结构系统的固有频率和振型。证明振型满足正交性，并将振型正则化。

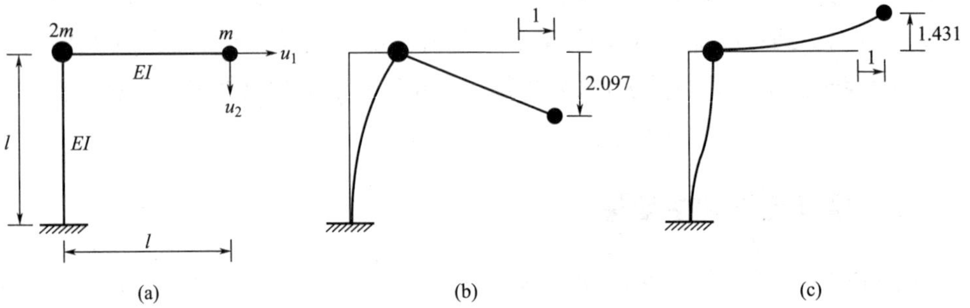

图 5-4

【解】 在【例 4-9】中已经得到关于自由度 u_1 和 u_2 的质量矩阵和刚度矩阵：

$$\boldsymbol{M}=\begin{bmatrix}3m & 0\\0 & m\end{bmatrix},\ \boldsymbol{K}=\frac{6EI}{7l^3}\begin{bmatrix}8 & -3\\-3 & 2\end{bmatrix}$$

于是，特征值问题为：

$$\left(\frac{6EI}{7l^3}\begin{bmatrix}8 & -3\\-3 & 2\end{bmatrix}-m\omega^2\begin{bmatrix}3 & 0\\0 & 1\end{bmatrix}\right)\begin{Bmatrix}\bar{u}_1\\\bar{u}_2\end{Bmatrix}=\begin{Bmatrix}0\\0\end{Bmatrix} \tag{a}$$

在式(a)的两边同乘 $\dfrac{7l^3}{6EI}$，并令 $\alpha=\dfrac{7ml^3}{6EI}\omega^2$，则式(a)变为：

$$\begin{bmatrix}8-3\alpha & -3\\-3 & 2-\alpha\end{bmatrix}\begin{Bmatrix}\bar{u}_1\\\bar{u}_2\end{Bmatrix}=\begin{Bmatrix}0\\0\end{Bmatrix} \tag{b}$$

这样，特征方程变为：

$$\begin{vmatrix}8-3\alpha & -3\\-3 & 2-\alpha\end{vmatrix}=0 \tag{c}$$

将式(c)展开得：

$$3\alpha^2-14\alpha+7=0$$

这个方程的两个根为 $\alpha_1=0.5695$，$\alpha_2=4.0972$。相应于 α_1 及 α_2 的两个固有频率为：

$$\omega_1=0.6987\sqrt{\frac{EI}{ml^3}}，\omega_2=1.874\sqrt{\frac{EI}{ml^3}} \tag{d}$$

将 $\alpha=\alpha_1$ 及 $\alpha=\alpha_2$ 分别代入式(b)中，并令 $\bar{u}_1=1$，于是由式(b)中任意一个方程可求出 $\bar{u}_2$ 的值。这样，固有振型可取为：

$$\boldsymbol{\phi}_1=\begin{Bmatrix}\bar{u}_{11}\\ \bar{u}_{21}\end{Bmatrix}=\begin{Bmatrix}1\\ 2.097\end{Bmatrix}，\boldsymbol{\phi}_2=\begin{Bmatrix}\bar{u}_{12}\\ \bar{u}_{22}\end{Bmatrix}=\begin{Bmatrix}1\\ -1.431\end{Bmatrix} \tag{e}$$

这两个振型绘于图 5-4(b)和(c)。得到振型后，可以由式(5-42)来验证振型的正交性：

$$\boldsymbol{\phi}_1^{\mathrm{T}}\boldsymbol{M}\boldsymbol{\phi}_2=m\begin{bmatrix}1 & 2.097\end{bmatrix}\begin{bmatrix}3 & 0\\ 0 & 1\end{bmatrix}\begin{Bmatrix}1\\ -1.431\end{Bmatrix}=0$$

$$\boldsymbol{\phi}_1^{\mathrm{T}}\boldsymbol{K}\boldsymbol{\phi}_2=\frac{6EI}{7l^3}\begin{bmatrix}1 & 2.097\end{bmatrix}\begin{bmatrix}8 & -3\\ -3 & 2\end{bmatrix}\begin{Bmatrix}1\\ -1.431\end{Bmatrix}=0$$

这就验证了所计算的系统固有振型的正交性。

为了得到正则振型，先计算广义质量：

$$M_1=\boldsymbol{\phi}_1^{\mathrm{T}}\boldsymbol{M}\boldsymbol{\phi}_1=7.397m，M_2=\boldsymbol{\phi}_2^{\mathrm{T}}\boldsymbol{M}\boldsymbol{\phi}_2=5.048m$$

再由式(5-59)得到正则振型为：

$$\boldsymbol{\psi}_1=\frac{1}{\sqrt{M_1}}\boldsymbol{\phi}_1=\frac{1}{\sqrt{m}}\begin{Bmatrix}0.3677\\ 0.7710\end{Bmatrix}，\boldsymbol{\psi}_2=\frac{1}{\sqrt{M_2}}\boldsymbol{\phi}_2=\frac{1}{\sqrt{m}}\begin{Bmatrix}0.4451\\ -0.6369\end{Bmatrix}$$

此时，容易验证：

$$\boldsymbol{\psi}_1^{\mathrm{T}}\boldsymbol{M}\boldsymbol{\psi}_1=1，\boldsymbol{\psi}_2^{\mathrm{T}}\boldsymbol{M}\boldsymbol{\psi}_2=1；\boldsymbol{\psi}_1^{\mathrm{T}}\boldsymbol{K}\boldsymbol{\psi}_1=\omega_1^2，\boldsymbol{\psi}_2^{\mathrm{T}}\boldsymbol{K}\boldsymbol{\psi}_2=\omega_2^2$$

【例 5-4】 试按静力凝聚法确定图 5-5(a)所示结构系统的固有频率和振型，假定层高 $h=3\text{m}$。其中，该框架结构参见【例 4-11】中的定义。

【解】 对于楼层侧向位移 u_1 及 u_2 这两个自由度，【例 4-11】已经给出质量矩阵和凝聚刚度矩阵：

$$\boldsymbol{M}_{\mathrm{tt}}=m\begin{bmatrix}2 & 0\\ 0 & 1\end{bmatrix}，\hat{\boldsymbol{K}}_{\mathrm{tt}}=\frac{EI}{h^3}\begin{bmatrix}54.88 & -17.51\\ -17.51 & 11.61\end{bmatrix} \tag{a}$$

其频率方程为：

$$|\hat{\boldsymbol{K}}_{\mathrm{tt}}-\omega^2\boldsymbol{M}_{\mathrm{tt}}|=0 \tag{b}$$

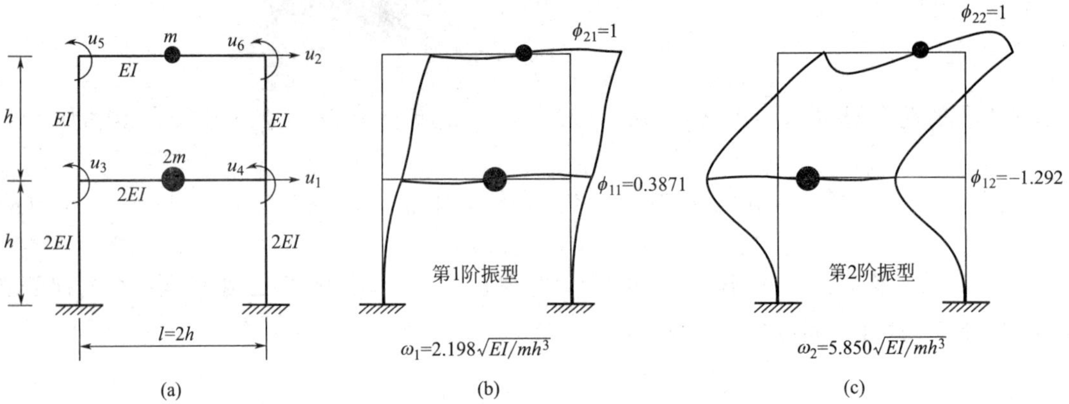

图 5-5　静力凝聚的特征值问题

将式(a)代入式(b)中，计算行列式可得固有频率为：

$$\omega_1=2.198\sqrt{\frac{EI}{mh^3}}\text{，}\ \omega_2=5.850\sqrt{\frac{EI}{mh^3}} \tag{c}$$

固有振型通过求解下式得到：

$$(\hat{\boldsymbol{K}}_{\mathrm{tt}}-\omega_m^2\boldsymbol{M}_{\mathrm{tt}})\boldsymbol{\phi}_m=\boldsymbol{0} \tag{d}$$

将式(c)中的 ω_1 和 ω_2 分别代入式(d)，得到：

$$\boldsymbol{\phi}_1=\begin{Bmatrix}\phi_{11}\\ \phi_{21}\end{Bmatrix}=\begin{Bmatrix}0.3871\\ 1\end{Bmatrix}\text{，}\ \boldsymbol{\phi}_2=\begin{Bmatrix}\phi_{12}\\ \phi_{22}\end{Bmatrix}=\begin{Bmatrix}-1.292\\ 1\end{Bmatrix} \tag{e}$$

令 $\boldsymbol{u}_{\mathrm{t}}=\boldsymbol{\phi}_1$，并将其代入【例 4-11】的式(e)中，即 $\boldsymbol{u}_0=\boldsymbol{T}\boldsymbol{u}_{\mathrm{t}}$，可以确定与第一阶振型有关的结点转动分量：

$$\begin{Bmatrix}u_3\\ u_4\\ u_5\\ u_6\end{Bmatrix}=\frac{1}{h}\begin{bmatrix}-0.4426 & -0.2459\\ -0.4426 & -0.2459\\ 0.9836 & -0.7869\\ 0.9836 & -0.7869\end{bmatrix}\begin{Bmatrix}0.3871\\ 1.0000\end{Bmatrix}=\frac{1}{h}\begin{Bmatrix}-0.4172\\ -0.4172\\ -0.4061\\ -0.4061\end{Bmatrix} \tag{f}$$

同样地，令 $\boldsymbol{u}_{\mathrm{t}}=\boldsymbol{\phi}_2$ 可以确定与第二阶振型相应的结点转动分量：

$$\begin{Bmatrix}u_3\\ u_4\\ u_5\\ u_6\end{Bmatrix}=\frac{1}{h}\begin{Bmatrix}0.3258\\ 0.3258\\ -2.0573\\ -2.0573\end{Bmatrix} \tag{g}$$

将每层侧向位移的振型向量 $\boldsymbol{\phi}_1$ 与 $\boldsymbol{\phi}_2$，以及这些结点转动一起标示于图 5-5(b)和(c)中。

§5.3　自由振动的反应分析

5.3.1　无阻尼自由振动的反应

下面讨论无阻尼系统在初始条件下的反应，前面已经给出无阻尼系统自由振动的运动方程：

$$\boldsymbol{M}\ddot{\boldsymbol{u}}+\boldsymbol{K}\boldsymbol{u}=\boldsymbol{0} \tag{5-74}$$

假定系统的初始位移与初始速度为：

$$\boldsymbol{u}(0)=\boldsymbol{u}_0,\ \dot{\boldsymbol{u}}(0)=\dot{\boldsymbol{u}}_0 \tag{5-75}$$

同时，假定由特征值问题已经解出 n 个固有频率和相应的振型，则式(5-74)的通解即为式(5-37)：

$$\boldsymbol{u}(t)=\sum_{m=1}^{n}\boldsymbol{\phi}_m(B_m\cos\omega_m t+C_m\sin\omega_m t) \tag{5-76}$$

式中，B_m 和 C_m 为 $2n$ 个待定常数。为了确定这些常数，需要利用初始条件，将式(5-76)代入式(5-75)可得：

$$\boldsymbol{u}(0)=\sum_{m=1}^{n}\boldsymbol{\phi}_m B_m,\ \dot{\boldsymbol{u}}(0)=\sum_{m=1}^{n}\boldsymbol{\phi}_m\omega_m C_m \tag{5-77}$$

根据已知的初始位移 $\boldsymbol{u}(0)$ 和初始速度 $\dot{\boldsymbol{u}}(0)$，联立这两个方程组即可求得所有的待定常数。

事实上，更为简便的方法是将无阻尼自由振型的位移按振型展开：

$$\boldsymbol{u}(t)=\sum_{m=1}^{n}\boldsymbol{\phi}_m q_m(t) \tag{5-78}$$

根据式(5-78)，显然有：

$$\boldsymbol{u}(0)=\sum_{m=1}^{n}\boldsymbol{\phi}_m q_m(0),\ \dot{\boldsymbol{u}}(0)=\sum_{m=1}^{n}\boldsymbol{\phi}_m\dot{q}_m(0) \tag{5-79}$$

与式(5-70)类似，$q_m(0)$ 和 $\dot{q}_m(0)$ 由下式给出：

$$q_m(0)=\frac{\boldsymbol{\phi}_m^{\mathrm{T}}\boldsymbol{M}\boldsymbol{u}(0)}{M_m},\ \dot{q}_m(0)=\frac{\boldsymbol{\phi}_m^{\mathrm{T}}\boldsymbol{M}\dot{\boldsymbol{u}}(0)}{M_m} \tag{5-80}$$

比较式(5-77)和式(5-79)可知，$B_m=q_m(0)$，$C_m=\dot{q}_m(0)/\omega_m$。这样，可将它们代入式(5-76)中，得到：

$$\boldsymbol{u}(t)=\sum_{m=1}^{n}\boldsymbol{\phi}_m\left[q_m(0)\cos\omega_m t+\frac{\dot{q}_m(0)}{\omega_m}\sin\omega_m t\right] \tag{5-81}$$

比较式(5-78)和式(5-81)，可得：

$$q_m(t)=q_m(0)\cos\omega_m t+\frac{\dot{q}_m(0)}{\omega_m}\sin\omega_m t \tag{5-82}$$

式(5-82)为振型坐标的时间函数，它与单自由度系统的自由振动反应类似。

式(5-81)是无阻尼自由振动问题的解，它提供了由初始位移 $\boldsymbol{u}(0)$ 和初始速度 $\dot{\boldsymbol{u}}(0)$ 产生的位移时间函数。假设已得到 n 个固有频率 ω_m 和振型 $\boldsymbol{\phi}_m$， 则式(5-81)的解答是已知的，其中 $q_m(0)$ 和 $\dot{q}_m(0)$ 由式(5-80)来确定。

5.3.2　有阻尼自由振动的反应：经典阻尼情况

当考虑阻尼的影响时，多自由度系统自由振动的运动方程可写为：

$$\boldsymbol{M}\ddot{\boldsymbol{u}}+\boldsymbol{C}\dot{\boldsymbol{u}}+\boldsymbol{K}\boldsymbol{u}=\boldsymbol{0} \tag{5-83a}$$

假定其初始条件为：

$$\boldsymbol{u}(0)=\boldsymbol{u}_0,\ \dot{\boldsymbol{u}}(0)=\dot{\boldsymbol{u}}_0 \tag{5-83b}$$

下面将位移 $\boldsymbol{u}$ 用无阻尼系统的振型来表示。这样，将式(5-71)代入式(5-83a)中，得到：

$$\boldsymbol{M\Phi}\ddot{\boldsymbol{\eta}}+\boldsymbol{C\Phi}\dot{\boldsymbol{\eta}}+\boldsymbol{K\Phi}\boldsymbol{\eta}=\boldsymbol{0} \tag{5-84}$$

在式(5-84)两边左乘 $\boldsymbol{\Phi}^{\mathrm{T}}$， 得到：

$$\boldsymbol{\Phi}^{\mathrm{T}}\boldsymbol{M\Phi}\ddot{\boldsymbol{\eta}}+\boldsymbol{\Phi}^{\mathrm{T}}\boldsymbol{C\Phi}\dot{\boldsymbol{\eta}}+\boldsymbol{\Phi}^{\mathrm{T}}\boldsymbol{K\Phi}\boldsymbol{\eta}=\boldsymbol{0} \tag{5-85a}$$

或写为：

$$\overline{\boldsymbol{M}}\ddot{\boldsymbol{\eta}}+\overline{\boldsymbol{C}}\dot{\boldsymbol{\eta}}+\overline{\boldsymbol{K}}\boldsymbol{\eta}=\boldsymbol{0} \tag{5-85b}$$

式中，广义质量矩阵 $\overline{\boldsymbol{M}}$ 和广义刚度矩阵 $\overline{\boldsymbol{K}}$ 都是对角阵，而矩阵 $\overline{\boldsymbol{C}}=\boldsymbol{\Phi}^{\mathrm{T}}\boldsymbol{C\Phi}$。

在式(5-85b)中，方阵 $\overline{\boldsymbol{C}}$ 可能是对角的，也可能不是对角的，这取决于系统中阻尼的分布情况。如果 $\overline{\boldsymbol{C}}$ 是对角阵，则广义坐标 $\boldsymbol{\eta}$ 即为有阻尼系统的主坐标，这样，式(5-85b)可表示为 n 个相互独立的单自由度系统的运动方程，具有这种特性的阻尼 $\boldsymbol{C}$ 称为**经典阻尼**。在下一章中将给出满足这种性质的阻尼矩阵的一般表达式。如果 $\overline{\boldsymbol{C}}$ 是非对角阵，则将具有这类阻尼的系统称为**非经典阻尼系统**，经典振型分析不适合这类系统。

对于具有经典阻尼的 n 自由度系统，方程式(5-85b)可表示为：

$$M_i\ddot{\eta}_i+C_i\dot{\eta}_i+K_i\eta_i=0\quad(i=1,2,\cdots,n) \tag{5-86}$$

式中，M_i 和 K_i 分别为第 i 阶振型的广义质量与广义刚度，且有 $K_i=\omega_i^2M_i$。 而 C_i 为：

$$C_i=\boldsymbol{\phi}_i^{\mathrm{T}}\boldsymbol{C}\boldsymbol{\phi}_i \tag{5-87}$$

方程式(5-86)与有阻尼单自由度系统的自由振动方程具有相同形式，因此可以采用与单自由度系统相类似的方法来定义每个振型的阻尼比，即**振型阻尼比**：

$$\xi_i=\frac{C_i}{2M_i\omega_i} \tag{5-88}$$

这样，方程式(5-86)就可以写为：

$$\ddot{\eta}_i+2\xi_i\omega_i\dot{\eta}_i+\omega_i^2\eta_i=0 \quad (i=1,2,\cdots,n) \tag{5-89}$$

有阻尼单自由度系统自由振动的解为：

$$\eta_i(t)=\mathrm{e}^{-\xi_i\omega_i t}\left[\eta_i(0)\cos\omega_{\mathrm{D}i}t+\frac{\dot{\eta}_i(0)+\xi_i\omega_i\eta_i(0)}{\omega_{\mathrm{D}i}}\sin\omega_{\mathrm{D}i}t\right] \tag{5-90}$$

其中，第 i 阶有阻尼固有频率为：

$$\omega_{\mathrm{D}i}=\omega_i\sqrt{1-\xi_i^2} \tag{5-91}$$

将式(5-90)代入式(5-69)或式(5-71)中，从而得到系统的位移反应：

$$\boldsymbol{u}(t)=\sum_{i=1}^{n}\boldsymbol{\phi}_i\mathrm{e}^{-\xi_i\omega_i t}\left[\eta_i(0)\cos\omega_{\mathrm{D}i}t+\frac{\dot{\eta}_i(0)+\xi_i\omega_i\eta_i(0)}{\omega_{\mathrm{D}i}}\sin\omega_{\mathrm{D}i}t\right] \tag{5-92}$$

其中，$\eta_i(0)$ 和 $\dot{\eta}_i(0)$ 由下式给出：

$$\eta_i(0)=\frac{\boldsymbol{\phi}_i^{\mathrm{T}}\boldsymbol{M}\boldsymbol{u}(0)}{M_i},\quad \dot{\eta}_i(0)=\frac{\boldsymbol{\phi}_i^{\mathrm{T}}\boldsymbol{M}\dot{\boldsymbol{u}}(0)}{M_i} \tag{5-93}$$

式(5-92)即为**具有经典阻尼的多自由度系统自由振动问题的解**。

总之，在得到无阻尼系统的固有频率 ω_i、振型 $\boldsymbol{\phi}_i$ 以及振型阻尼比 ξ_i 后，即可利用式(5-92)和式(5-93)求得在初始条件下经典阻尼系统自由振动的解。

【例 5-5】 如图 5-6(a)所示的一个两层剪切型框架结构，由于假定梁理想化为刚性梁，同时忽略柱的轴向变形，因而结构系统只有两个平动自由度 u_1 和 u_2。

(1)确定结构系统的固有频率和振型；

(2)无阻尼系统由于初始位移 $\boldsymbol{u}(0)=[0.5\quad 1]^{\mathrm{T}}$ 而产生的自由振动反应；

(3)有阻尼系统由于初始位移 $\boldsymbol{u}(0)=[0.5\quad 1]^{\mathrm{T}}$ 而产生的自由振动反应，如图 5-6(b)所示，其中 $c=\sqrt{km/200}$。

【解】 (1)结构系统的固有频率和振型。结构系统具有两个平动自由度 u_1 和 u_2，这样位移向量为 $\boldsymbol{u}=[u_1\quad u_2]^{\mathrm{T}}$。结构系统的质量矩阵和刚度矩阵分别为：

$$\boldsymbol{M}=m\begin{bmatrix}2 & 0\\0 & 1\end{bmatrix},\ \boldsymbol{K}=\frac{24EI_{\mathrm{c}}}{h^3}\begin{bmatrix}3 & -1\\-1 & 1\end{bmatrix} \tag{a}$$

其频率方程为：

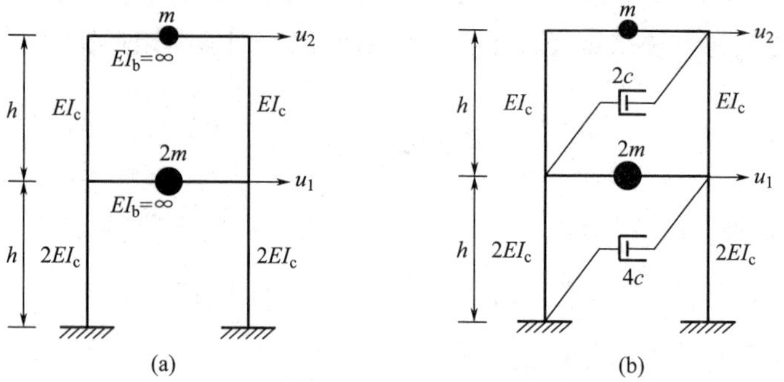

图 5-6　具有两个自由度的剪切型框架结构

(a)无阻尼系统；(b)有阻尼系统

$$|\boldsymbol{K}-\omega^2\boldsymbol{M}|=\begin{vmatrix}(3k-2\omega^2m) & -k\\ -k & (k-\omega^2m)\end{vmatrix}=0 \tag{b}$$

其中 $k=24EI_c/h^3$。计算行列式(b)，可得到：

$$(2m^2)\omega^4+(-5km)\omega^2+2k^2=0 \tag{c}$$

求解方程式(c)得到两个根为 $\omega_1^2=k/2m$，$\omega_2^2=2k/m$。于是，两个固有频率为：

$$\omega_1=\sqrt{\frac{k}{2m}}，\omega_2=\sqrt{\frac{2k}{m}} \tag{d}$$

将式(d)分别代入特征值问题 $(\boldsymbol{K}-\omega_j^2\boldsymbol{M})\boldsymbol{\phi}_j=\boldsymbol{0}$ 中，并令特征向量 $\boldsymbol{\phi}_j$ 的第二个元素 $\phi_{2j}=1$，这样得到两个固有振型为：

$$\boldsymbol{\phi}_1=\begin{Bmatrix}\phi_{11}\\ \phi_{21}\end{Bmatrix}=\begin{Bmatrix}0.5\\ 1\end{Bmatrix}，\boldsymbol{\phi}_2=\begin{Bmatrix}\phi_{12}\\ \phi_{22}\end{Bmatrix}=\begin{Bmatrix}-1\\ 1\end{Bmatrix} \tag{e}$$

(2)无阻尼系统在初始条件下的反应。由式(5-78)、式(5-82)及式(5-80)可知，无阻尼系统自由振动的反应为：

$$\boldsymbol{u}(t)=\sum_{j=1}^{2}\boldsymbol{\phi}_jq_j(t)=\sum_{j=1}^{2}\boldsymbol{\phi}_j\left[q_j(0)\cos\omega_jt+\frac{\dot{q}_j(0)}{\omega_j}\sin\omega_jt\right] \tag{f}$$

$$q_j(0)=\frac{\boldsymbol{\phi}_j^{\mathrm{T}}\boldsymbol{M}\boldsymbol{u}(0)}{M_j}，\dot{q}_j(0)=\frac{\boldsymbol{\phi}_j^{\mathrm{T}}\boldsymbol{M}\dot{\boldsymbol{u}}(0)}{M_j}\quad(j=1,2) \tag{g}$$

对于给定的初始位移 $\boldsymbol{u}(0)=[0.5\quad 1]^{\mathrm{T}}$，$q_1(0)$ 及 $q_2(0)$ 按式(g)来计算，其中 $M_1=1.5m$，$M_2=3m$，这样得到 $q_1(0)=1$，$q_2(0)=0$。由于初始速度 $\dot{\boldsymbol{u}}(0)=[0\quad 0]^{\mathrm{T}}$，因此 $\dot{q}_1(0)=\dot{q}_2(0)=0$。于是，无阻尼系统自由振动的反应为：

$$\boldsymbol{u}(t)=\begin{Bmatrix}u_1(t)\\ u_2(t)\end{Bmatrix}=\boldsymbol{\phi}_1q_1(t)=\begin{Bmatrix}0.5\\ 1\end{Bmatrix}\cos\omega_1t \tag{h}$$

式中，频率 $\omega_1=\sqrt{k/2m}$。

注意 $q_2(t)=0$ 意味着第二阶振型对于反应没有贡献，反应完全是由第一阶振型贡献的。出现这种情况是由于初始位移 $\boldsymbol{u}(0)$ 与第一阶振型 $\boldsymbol{\phi}_1$ 成正比，因此与第二阶振型正交。反之，如果初始位移 $\boldsymbol{u}(0)$ 与第二阶振型 $\boldsymbol{\phi}_2$ 成正比，则第一阶振型对于反应没有贡献，反应完全是由第二阶振型贡献的。

(3)有阻尼系统在初始条件下的反应。考虑图 5-6(b)所示的阻尼分布情况，该结构系统的质量矩阵和刚度矩阵与式(a)相同。根据阻尼影响系数的定义，可得阻尼矩阵为：

$$\boldsymbol{C}=c\begin{bmatrix}6 & -2\\ -2 & 2\end{bmatrix} \tag{i}$$

计算可得：

$$C_1=\boldsymbol{\phi}_1^{\mathrm{T}}\boldsymbol{C}\boldsymbol{\phi}_1=1.5c,\ \boldsymbol{\phi}_1^{\mathrm{T}}\boldsymbol{C}\boldsymbol{\phi}_2=\boldsymbol{\phi}_2^{\mathrm{T}}\boldsymbol{C}\boldsymbol{\phi}_1=0,\ C_2=\boldsymbol{\phi}_2^{\mathrm{T}}\boldsymbol{C}\boldsymbol{\phi}_2=12c$$

因此，阻尼为经典阻尼。

根据式(5-92)可知，有阻尼系统自由振动的反应为：

$$\boldsymbol{u}(t)=\sum_{i=1}^{2}\boldsymbol{\phi}_i\eta_i(t)=\sum_{i=1}^{2}\boldsymbol{\phi}_i\mathrm{e}^{-\xi_i\omega_i t}\left[\eta_i(0)\cos\omega_{\mathrm{D}i}t+\frac{\dot{\eta}_i(0)+\xi_i\omega_i\eta_i(0)}{\omega_{\mathrm{D}i}}\sin\omega_{\mathrm{D}i}t\right] \tag{j}$$

与在(2)中计算 $q_j(0)$ 及 $\dot{q}_j(0)$ 相同：$\eta_1(0)=1$，$\eta_2(0)=0$；$\dot{\eta}_1(0)=\dot{\eta}_2(0)=0$。因此，在所有时刻都有 $\eta_2(t)=0$。这样，反应全部由式(j)中第一项给出：

$$\boldsymbol{u}(t)=\begin{Bmatrix}u_1(t)\\ u_2(t)\end{Bmatrix}=\boldsymbol{\phi}_1\eta_1(t)=\begin{Bmatrix}0.5\\ 1\end{Bmatrix}\mathrm{e}^{-\xi_1\omega_1 t}\left(\cos\omega_{\mathrm{D1}}t+\frac{\xi_1}{\sqrt{1-\xi_1^2}}\sin\omega_{\mathrm{D1}}t\right) \tag{k}$$

其中 $\omega_1=\sqrt{k/2m}$。振型阻尼比 ξ_1 按式(5-88)计算：

$$\xi_1=\frac{C_1}{2M_1\omega_1}=\frac{1.5c}{2\times1.5m\times\sqrt{k/2m}}=\frac{\sqrt{km/200}}{2m\times\sqrt{k/2m}}=0.05$$

而有阻尼频率 ω_{D1} 按式(5-91)计算：

$$\omega_{\mathrm{D1}}=\omega_1\sqrt{1-\xi_1^2}$$

注意 $\eta_2(t)=0$ 意味着第二阶振型没有贡献，反应完全是由第一阶振型所贡献的。出现这种情况的原因是初始位移与第一阶振型成正比，且系统具有经典阻尼。反之，如果初始位移 $\boldsymbol{u}(0)$ 与第二阶振型 $\boldsymbol{\phi}_2$ 成正比，且系统具有经典阻尼，则第一阶振型对于反应没有贡献，反应完全是由第二阶振型贡献的。

习　题

5-1 如图 5-7 所示的桁架，各杆 EA 均为常数，忽略桁架杆的分布质量，在结点 C 处

有集中质量 m，试求其自振频率和振型。当给定质量 m 的初始条件仅为竖向位移 y_0 时，质量 m 是否只沿竖向振动？为什么？

5-2　试求图 5-8 所示刚架的固有频率和振型。其中，横梁为无限刚性，每个柱的弯曲刚度标示于图中，结构的质量全部集中在横梁上。

5-3　试求图 5-9 所示集中质量系统的固有频率和振型，忽略所有单元的轴向变形。

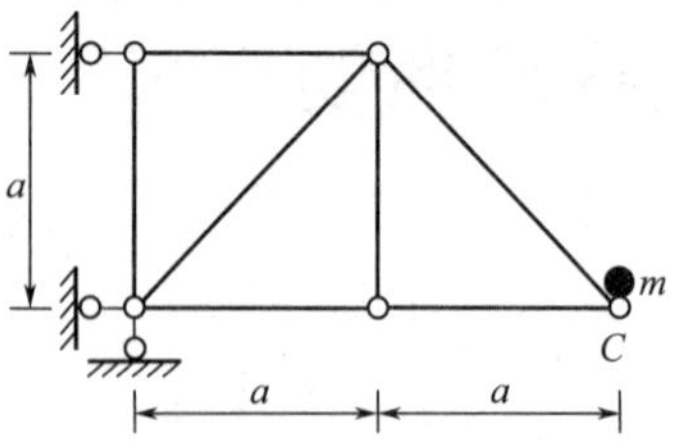

图 5-7

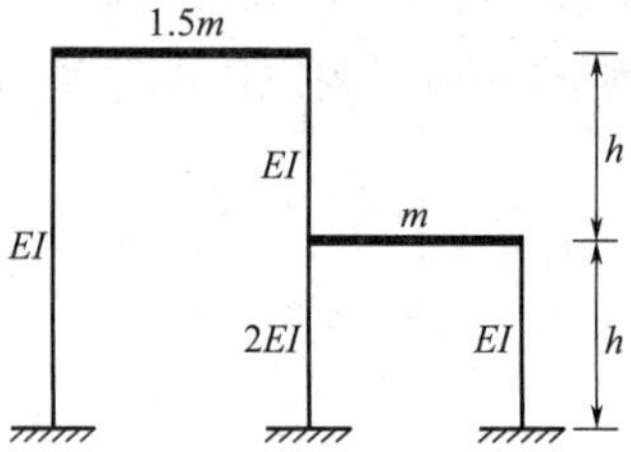

图 5-8

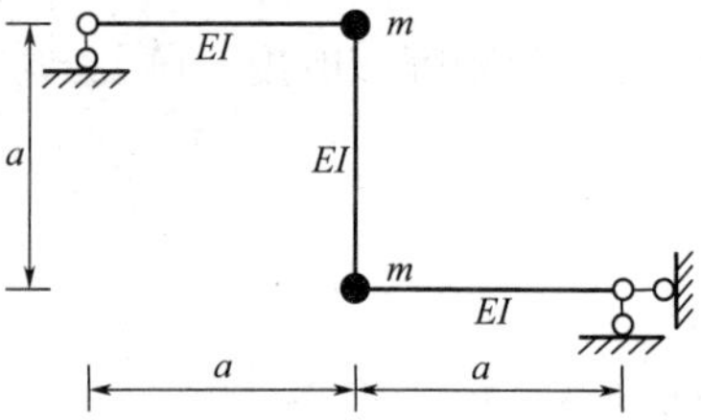

图 5-9

5-4　如图 5-10 所示的用三根相同柱支承的均质刚性矩形厚板，板的总质量为 m，柱与板、基础均为刚性连接。柱的横截面为正方形，其任意方向的弯曲刚度为 EI，忽略柱的质量。试求：

(1) 采用图中所示的三个位移坐标，建立系统的质量矩阵和刚度矩阵，用 m、EI 和 l 表示；

(2) 计算系统的固有频率和振型，以 u_2 或 u_3 为 1 将振型归一化。

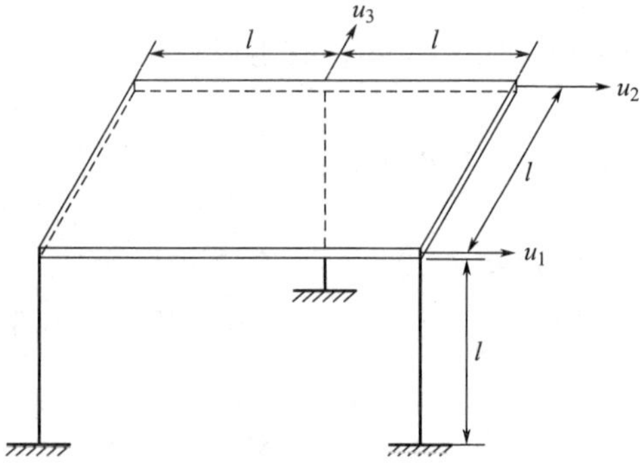

图 5-10

5-5　如图 5-11 所示的两自由度无阻尼系统，其中 $k_1=k$，$k_2=k/10$。

(1) 试求系统的两个固有频率和振型，并画出每个振型图。

(2) 证明：当初始条件为：

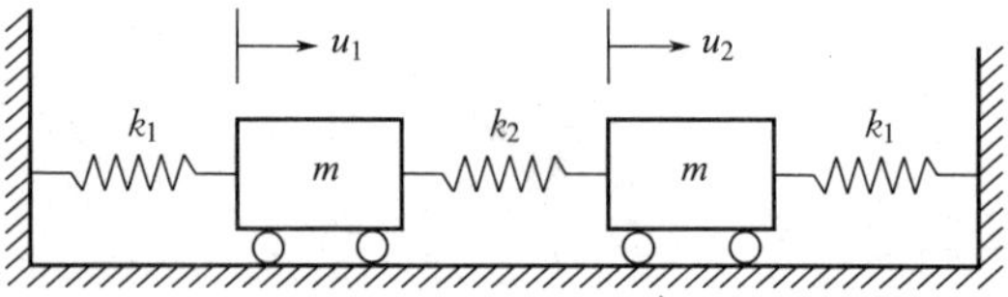

图 5-11

$$u_1(0)=u_0,\ u_2(0)=0,\ \dot{u}_1(0)=\dot{u}_2(0)=0$$

则 $u_1(t)$ 和 $u_2(t)$ 的表达式为：

$$u_1(t)=u_0\cos\frac{(\omega_2-\omega_1)t}{2}\cos\frac{(\omega_1+\omega_2)t}{2}$$

$$u_2(t)=u_0\sin\frac{(\omega_2-\omega_1)t}{2}\sin\frac{(\omega_1+\omega_2)t}{2}$$

这种运动形式就是所谓的“拍”的现象。

5-6　如图 5-12 所示的两层剪切型框架结构，质量集中在楼层上，横梁是刚性的，柱的弯曲刚度标示于图中，忽略所有单元的轴向变形。

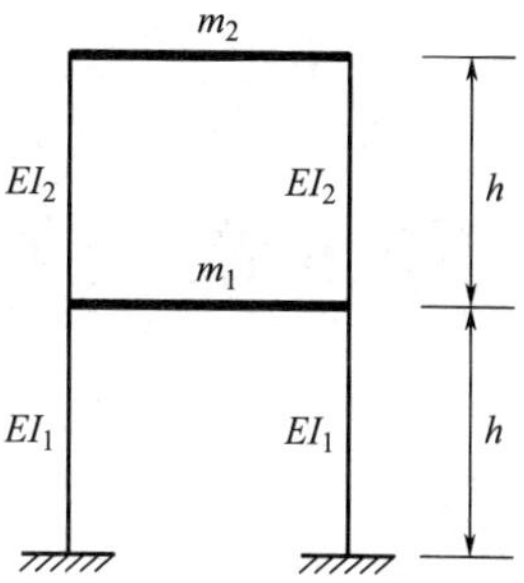

图 5-12

(1) 当 $m_1=m$，$m_2=m/2$，且 $EI_1=EI_2=EI$ 时，计算固有频率和振型，将频率用 m、EI 和 h 表示；

(2) 验证(1)中振型的正交性；

(3) 将(1)中每个振型正则化，并给出正则振型矩阵；

(4) 在(1)中，当初始条件为 $u_1(0)=2.54$ cm，$u_2(0)=5.08$ cm，$\dot{u}_1(0)=\dot{u}_2(0)=0$ 时，计算无阻尼系统的自由振动反应；

(5) 在(1)中，当初始条件为 $u_1(0)=-2.54$ cm，$u_2(0)=2.54$ cm，$\dot{u}_1(0)=\dot{u}_2(0)=0$ 时，计算无阻尼系统的自由振动反应；

(6) 说明(1)中两个振型对(4)和(5)两种初始位移产生反应的相对贡献；

(7) 假设每个振型的阻尼比为 5%，计算初始条件分别为(4)和(5)两种情况时，经典阻尼系统的自由振动反应；

(8) 当 $m_1=m$，$m_2=m/n$，且 $EI_1=EI$，$EI_2=EI/n$ 时，重新计算固有频率和振型，并说明当 n 很大时，如 $n=90$ 时，这种现象即为“鞭梢效应”。

第6章　多自由度系统的强迫振动反应分析

在多自由度系统自由振动分析的基础上，本章将进一步论述多自由度系统的强迫振动反应分析。包括无阻尼和经典阻尼情况下多自由度系统动力反应分析的振型位移叠加法，以及非经典阻尼系统动力反应分析的状态空间法。最后，论述振型反应贡献和截断，包括静力修正法和振型加速度叠加法。

§6.1　无阻尼系统的强迫振动反应分析

在第5章中，已经通过坐标变换将无阻尼系统的运动方程在主坐标下解耦，这给无阻尼系统的强迫振动反应分析带来方便。下面，讨论无阻尼多自由度系统的振型叠加法。

6.1.1　无阻尼系统的振型叠加法

前面已经指出，一个 n 自由度无阻尼系统的强迫振动方程为：

$$\boldsymbol{M}\ddot{\boldsymbol{u}}+\boldsymbol{K}\boldsymbol{u}=\boldsymbol{P}(t) \tag{6-1}$$

将位移向量 $\boldsymbol{u}=[u_1\quad u_2\quad \cdots\quad u_n]^{\mathrm{T}}$ 用广义坐标(主坐标)表示为：

$$\boldsymbol{u}(t)=\sum_{i=1}^{n}\boldsymbol{\phi}_i\eta_i(t)=\boldsymbol{\Phi}\boldsymbol{\eta}(t) \tag{6-2}$$

式中，$\boldsymbol{\Phi}=[\boldsymbol{\phi}_1\quad \boldsymbol{\phi}_2\quad \cdots\quad \boldsymbol{\phi}_n]$ 为振型矩阵；$\boldsymbol{\eta}(t)=[\eta_1\quad \eta_2\quad \cdots\quad \eta_n]^{\mathrm{T}}$ 为广义坐标(主坐标)。

将式(6-2)代入式(6-1)中，并在两边左乘 $\boldsymbol{\Phi}^{\mathrm{T}}$，得到：

$$\boldsymbol{\Phi}^{\mathrm{T}}\boldsymbol{M}\boldsymbol{\Phi}\ddot{\boldsymbol{\eta}}(t)+\boldsymbol{\Phi}^{\mathrm{T}}\boldsymbol{K}\boldsymbol{\Phi}\boldsymbol{\eta}(t)=\boldsymbol{\Phi}^{\mathrm{T}}\boldsymbol{P}(t) \tag{6-3a}$$

或写为：

$$\overline{\boldsymbol{M}}\ddot{\boldsymbol{\eta}}(t)+\overline{\boldsymbol{K}}\boldsymbol{\eta}(t)=\overline{\boldsymbol{P}}(t) \tag{6-3b}$$

式中，$\overline{\boldsymbol{M}}$ 和 $\overline{\boldsymbol{K}}$ 分别为广义质量矩阵和广义刚度矩阵，它们都是对角阵；$\overline{\boldsymbol{P}}(t)$ 为广义坐标(主坐标)下的荷载激励，也称为广义荷载向量。

将式(6-3)展开后，得到广义坐标方程为：

$$M_i\ddot{\eta}_i(t)+K_i\eta_i(t)=P_i^*(t)\quad (i=1,2,\cdots,n) \tag{6-4a}$$

或写为：

$$\ddot{\eta}_i(t)+\omega_i^2\eta_i(t)=\frac{P_i^*(t)}{M_i}\quad(i=1,2,\cdots,n)\tag{6-4b}$$

其中

$$M_i=\boldsymbol{\phi}_i^{\mathrm{T}}\boldsymbol{M}\boldsymbol{\phi}_i,\ K_i=\boldsymbol{\phi}_i^{\mathrm{T}}\boldsymbol{K}\boldsymbol{\phi}_i,\ P_i^*(t)=\boldsymbol{\phi}_i^{\mathrm{T}}\boldsymbol{P}(t)\tag{6-4c}$$

式(6-4)可理解为第 i 阶振型的无阻尼单自由度系统的强迫振动方程，该系统的质量、刚度和荷载分别为 M_i、K_i 和 $P_i^*(t)$。因此，M_i、K_i 和 $P_i^*(t)$ 分别为第 i 阶固有振型的广义质量、广义刚度和广义荷载，它们只取决于第 i 阶振型 $\boldsymbol{\phi}_i$。

假定系统的初始条件为 $\boldsymbol{u}(0)=\boldsymbol{u}_0$，$\dot{\boldsymbol{u}}(0)=\dot{\boldsymbol{u}}_0$。于是，第 i 阶广义坐标 $\eta_i(t)$ 的初始条件可表示为：

$$\eta_i(0)=\frac{\boldsymbol{\phi}_i^{\mathrm{T}}\boldsymbol{M}\boldsymbol{u}_0}{M_i},\ \dot{\eta}_i(0)=\frac{\boldsymbol{\phi}_i^{\mathrm{T}}\boldsymbol{M}\dot{\boldsymbol{u}}_0}{M_i}\tag{6-5}$$

这样，用结点位移 $u_i(t)(i=1,2,\cdots,n)$ 表示的一组 n 个耦合的微分方程[即式(6-1)]通过坐标变换为一组用广义坐标(主坐标) $\eta_i(t)(i=1,2,\cdots,n)$ 表示的 n 个非耦合的微分方程[即式(6-4)]。因此，确定系统的动力反应时，首先分别求出每一个广义坐标(主坐标)的反应，然后按式(6-2)进行叠加即可得到用结点位移表示的反应。这种方法称为**振型叠加法(模态叠加法)**，或更确切地称为**振型位移叠加法**。

6.1.2　简谐激励的稳态反应

现在，假设荷载向量 $\boldsymbol{P}(t)$ 为同一频率的简谐激励：

$$\boldsymbol{P}(t)=\boldsymbol{P}_0\sin\bar{\omega}t\tag{6-6}$$

式中，$\boldsymbol{P}_0$ 为简谐激励的幅值向量，它是一个常数列向量，$\bar{\omega}$ 为激励频率。

下面，考虑系统在简谐激励下的稳态反应。第 i 阶固有振型的广义荷载为：

$$P_i^*(t)=\boldsymbol{\phi}_i^{\mathrm{T}}\boldsymbol{P}_0\sin\bar{\omega}t\tag{6-7}$$

于是，式(6-4b)变为：

$$\ddot{\eta}_i(t)+\omega_i^2\eta_i(t)=\frac{\boldsymbol{\phi}_i^{\mathrm{T}}\boldsymbol{P}_0}{M_i}\sin\bar{\omega}t\quad(i=1,2,\cdots,n)\tag{6-8}$$

系统在第 i 个广义坐标下的稳态反应为：

$$\eta_i(t)=\frac{\boldsymbol{\phi}_i^{\mathrm{T}}\boldsymbol{P}_0\sin\bar{\omega}t}{M_i(\omega_i^2-\bar{\omega}^2)}=\frac{\boldsymbol{\phi}_i^{\mathrm{T}}\boldsymbol{P}_0\sin\bar{\omega}t}{K_i(1-\beta_i^2)}\quad(\bar{\omega}\neq\omega_i)\tag{6-9}$$

式中，频率比 $\beta_i=\bar{\omega}/\omega_i$。

将各阶广义坐标的稳态反应代入式(6-2)中，得到系统对简谐激励的稳态反应为：

$$\boldsymbol{u}(t)=\boldsymbol{\Phi\eta}(t)=\sum_{i=1}^{n}\boldsymbol{\phi}_i\eta_i(t)=\sum_{i=1}^{n}\frac{\boldsymbol{\phi}_i\boldsymbol{\phi}_i^{\mathrm{T}}}{K_i(1-\beta_i^2)}\boldsymbol{P}_0\sin\bar{\omega}t \tag{6-10}$$

当 $\bar{\omega}=\omega_i$ 时，第 i 阶振型振动的幅值将变得无穷大，此时系统将发生第 i 阶共振。

系统在简谐激励下的稳态反应除了采用上述振型叠加法外，还可以采用直接解法得到。设稳态反应为：

$$\boldsymbol{u}(t)=\boldsymbol{A}\sin\bar{\omega}t \tag{6-11}$$

式中，$\boldsymbol{A}$ 为反应幅值的常数列向量。

将式(6-11)及式(6-6)代入式(6-1)中，得到：

$$(\boldsymbol{K}-\bar{\omega}^2\boldsymbol{M})\boldsymbol{A}=\boldsymbol{P}_0 \tag{6-12}$$

若令

$$\boldsymbol{H}(\bar{\omega})=(\boldsymbol{K}-\bar{\omega}^2\boldsymbol{M})^{-1}=\begin{bmatrix} h_{11} & h_{12} & \cdots & h_{1n} \\ h_{21} & h_{22} & \cdots & h_{2n} \\ \vdots & \vdots & \ddots & \vdots \\ h_{n1} & h_{n2} & \cdots & h_{nn} \end{bmatrix} \tag{6-13}$$

则称 $\boldsymbol{H}$ 为无阻尼系统的**复频反应函数矩阵**。这样，由式(6-12)解出：

$$\boldsymbol{A}=\boldsymbol{HP}_0 \tag{6-14}$$

于是，系统的稳态反应为：

$$\boldsymbol{u}(t)=\boldsymbol{HP}_0\sin\bar{\omega}t \tag{6-15}$$

根据式(6-10)与式(6-15)，可知：

$$\boldsymbol{H}(\bar{\omega})=\sum_{i=1}^{n}\frac{\boldsymbol{\phi}_i\boldsymbol{\phi}_i^{\mathrm{T}}}{K_i(1-\beta_i^2)} \tag{6-16}$$

事实上，由式(6-13)得到：

$$\begin{aligned}\boldsymbol{H}(\bar{\omega})&=\boldsymbol{\Phi\Phi}^{-1}(\boldsymbol{K}-\bar{\omega}^2\boldsymbol{M})^{-1}(\boldsymbol{\Phi}^{\mathrm{T}})^{-1}\boldsymbol{\Phi}^{\mathrm{T}}\\ &=\boldsymbol{\Phi}[\boldsymbol{\Phi}^{\mathrm{T}}(\boldsymbol{K}-\bar{\omega}^2\boldsymbol{M})\boldsymbol{\Phi}]^{-1}\boldsymbol{\Phi}^{\mathrm{T}}\\ &=\boldsymbol{\Phi}(\overline{\boldsymbol{K}}-\bar{\omega}^2\overline{\boldsymbol{M}})^{-1}\boldsymbol{\Phi}^{\mathrm{T}}\end{aligned} \tag{6-17}$$

将式(6-17)展开为级数形式即为式(6-16)。式(6-16)或式(6-17)称为复频反应函数矩阵的**振型展开式或模态展开式**。

【例 6-1】 考虑图 6-1 所示的两自由度无阻尼系统，在质量 m_1 上受简谐激励 $P_1(t)=P_0\sin\bar{\omega}t$ 的作用，试求系统的稳态反应(用系统的固有频率表示)。

【解】 该系统的运动方程为：

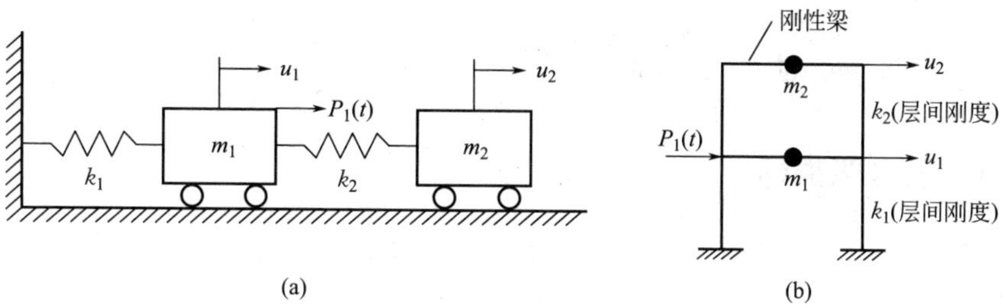

图 6-1

$$\begin{bmatrix} m_1 & 0 \\ 0 & m_2 \end{bmatrix} \begin{Bmatrix} \ddot{u}_1 \\ \ddot{u}_2 \end{Bmatrix} + \begin{bmatrix} (k_1+k_2) & -k_2 \\ -k_2 & k_2 \end{bmatrix} \begin{Bmatrix} u_1 \\ u_2 \end{Bmatrix} = \begin{Bmatrix} P_0 \\ 0 \end{Bmatrix} \sin\bar{\omega}t \tag{a}$$

显然，刚度矩阵是耦合的，因此，需要联立方程组才能求解。对于无阻尼系统，可假设稳态反应为：

$$\begin{Bmatrix} u_1(t) \\ u_2(t) \end{Bmatrix} = \begin{Bmatrix} \bar{u}_1 \\ \bar{u}_2 \end{Bmatrix} \sin\bar{\omega}t \tag{b}$$

将式(b)代入式(a)中，得到：

$$\begin{bmatrix} (k_1+k_2-m_1\bar{\omega}^2) & -k_2 \\ -k_2 & (k_2-m_2\bar{\omega}^2) \end{bmatrix} \begin{Bmatrix} \bar{u}_1 \\ \bar{u}_2 \end{Bmatrix} = \begin{Bmatrix} P_0 \\ 0 \end{Bmatrix} \tag{c}$$

或

$$(\boldsymbol{K}-\bar{\omega}^2\boldsymbol{M}) \begin{Bmatrix} \bar{u}_1 \\ \bar{u}_2 \end{Bmatrix} = \begin{Bmatrix} P_0 \\ 0 \end{Bmatrix}$$

于是，得到：

$$\begin{Bmatrix} \bar{u}_1 \\ \bar{u}_2 \end{Bmatrix} = (\boldsymbol{K}-\bar{\omega}^2\boldsymbol{M})^{-1} \begin{Bmatrix} P_0 \\ 0 \end{Bmatrix} = \frac{1}{|\boldsymbol{K}-\bar{\omega}^2\boldsymbol{M}|} \mathrm{adj}[\boldsymbol{K}-\bar{\omega}^2\boldsymbol{M}] \begin{Bmatrix} P_0 \\ 0 \end{Bmatrix} \tag{d}$$

式中，adj[·]表示伴随矩阵。

根据频率方程 $|\boldsymbol{K}-\omega^2\boldsymbol{M}|=0$，可以求出系统的两个固有频率 ω_1 和 ω_2。这样，可利用这两个固有频率将行列式表示为：

$$|\boldsymbol{K}-\bar{\omega}^2\boldsymbol{M}| = m_1 m_2 (\bar{\omega}^2-\omega_1^2)(\bar{\omega}^2-\omega_2^2) \tag{e}$$

于是，式(d)变为：

$$\begin{Bmatrix} \bar{u}_1 \\ \bar{u}_2 \end{Bmatrix} = \frac{1}{|\boldsymbol{K}-\bar{\omega}^2\boldsymbol{M}|} \begin{bmatrix} (k_2-m_2\bar{\omega}^2) & k_2 \\ k_2 & (k_1+k_2-m_1\bar{\omega}^2) \end{bmatrix} \begin{Bmatrix} P_0 \\ 0 \end{Bmatrix} \tag{f}$$

或

$$\bar{u}_1=\frac{P_0(k_2-m_2\bar{\omega}^2)}{m_1m_2(\bar{\omega}^2-\omega_1^2)(\bar{\omega}^2-\omega_2^2)},\ \bar{u}_2=\frac{P_0k_2}{m_1m_2(\bar{\omega}^2-\omega_1^2)(\bar{\omega}^2-\omega_2^2)} \tag{g}$$

6.1.3　动力吸振器

动力吸振器是一种用于减少或消除有害振动的机械装置。在下面的介绍中，将仅限于吸振器的基本原理，而不涉及其实际设计的许多重要方面。

最简单形式的吸振器是由一个弹簧 k_2 和一个质量 m_2 组成，如图 6-2 所示。吸振器附加在一个主系统上，其中 m_1 和 k_1 是主系统的质量和弹簧刚度，在质量 m_1 上作用有简谐激励 $P_0\sin\bar{\omega}t$。显然，主系统与吸振器的运动方程与【例 6-1】中的式(a)相同。若记：

$$\omega_1^*=\sqrt{\frac{k_1}{m_1}},\ \omega_2^*=\sqrt{\frac{k_2}{m_2}},\ \mu=\frac{m_2}{m_1} \tag{6-18}$$

则解答可以重新写为：

$$\bar{u}_1=\frac{P_0}{k_1}\times\frac{1-(\bar{\omega}/\omega_2^*)^2}{[1+\mu(\omega_2^*/\omega_1^*)^2-(\bar{\omega}/\omega_1^*)^2][1-(\bar{\omega}/\omega_2^*)^2]-\mu(\omega_2^*/\omega_1^*)^2} \tag{6-19a}$$

$$\bar{u}_2=\frac{P_0}{k_1}\times\frac{1}{[1+\mu(\omega_2^*/\omega_1^*)^2-(\bar{\omega}/\omega_1^*)^2][1-(\bar{\omega}/\omega_2^*)^2]-\mu(\omega_2^*/\omega_1^*)^2} \tag{6-19b}$$

当激励频率 $\bar{\omega}=\omega_2^*$ 时，由式(6-19a)可知，主系统的振幅 $\bar{u}_1=0$，即主系统完全停止了振动，这种现象称为**反共振**。这时，吸振器的振幅为：

$$\bar{u}_2=-\frac{P_0}{k_1}\times\frac{1}{\mu(\omega_2^*/\omega_1^*)^2}=-\frac{P_0}{k_2} \tag{6-20}$$

而作用在吸振器质量 m_2 上的力为：

$$k_2\bar{u}_2=(\omega_2^*)^2m_2\bar{u}_2=\bar{\omega}^2m_2\bar{u}_2=-P_0 \tag{6-21}$$

这表明，质量 m_1 上受到的激振力恰好被来自吸振器弹簧 k_2 的弹性恢复力所平衡，因此，吸振器的质量 m_2 和刚度 k_2 的大小取决于 $\bar{u}_2$ 的许可值。此外，还有一些其他因素也影响吸振器质量的选择，在实际中一般选择较大的吸振器质量。

如果将无阻尼动力吸振器的质量 m_2 和刚度 k_2 选为：

$$\frac{k_2}{k_1}=\frac{m_2}{m_1}=\mu \tag{6-22}$$

则吸振器的固有频率 ω_2^* 和主系统的固有频率 ω_1^* 相等，即 $\omega_2^*=\omega_1^*$，这时吸振器被调谐到主系统的固有频率。这样，式(6-19a)又可写为：

$$\frac{\bar{u}_1}{\bar{u}_{1\mathrm{st}}}=\frac{1-\beta^2}{\beta^4-(2+\mu)\beta^2+1} \tag{6-23}$$

其中 $\bar{u}_{1st}=P_0/k_1$，$\beta=\bar{\omega}/\omega_1^*$。

对于质量比 $\mu=0.2$，$\omega_2^*=\omega_1^*$，图 6-3 给出了反应幅值比 $\bar{u}_1/\bar{u}_{1st}$ 与频率比 $\beta=\bar{\omega}/\omega_1^*$ 的曲线关系。由于系统具有两个自由度，所以存在两个共振频率比 $\beta_1=0.8$ 和 $\beta_2=1.25$，在这两个共振频率比 β_1 和 β_2 处反应幅值为无穷大。有时，为了允许激励频率 $\bar{\omega}$ 在 $\beta=1$ 附近有一定的变化范围，β_1 和 β_2 应当相距较大。根据 β 与 μ 的关系，当质量比 μ 较大时，β_1 和 β_2 相隔较远，这样吸振器的运行频率范围就越宽。

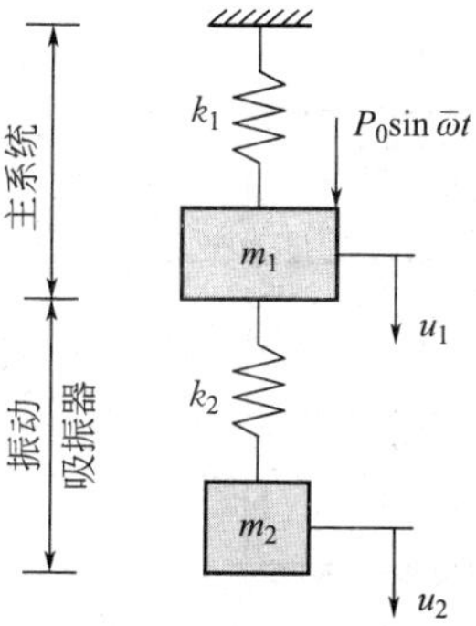

图 6-2　无阻尼动力吸振器

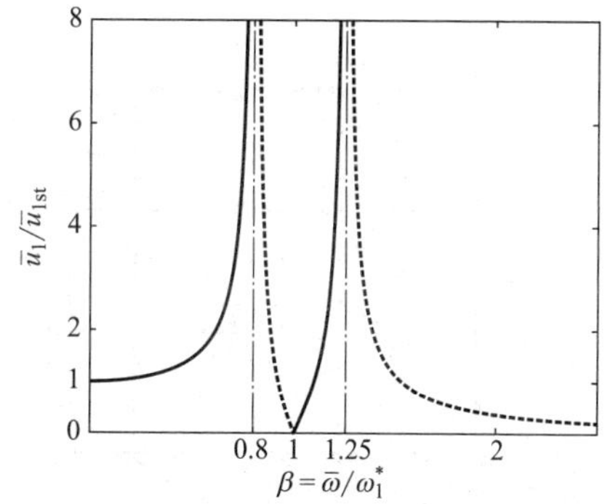

图 6-3　反应幅值比与频率比 β 的曲线关系
（虚线指负的 $\bar{u}_1$，或相位与激励相反情况）

如果将没有吸振器的主系统与有吸振器的主系统的反应进行比较，那么吸振器的用途就变得十分明显。当 $\bar{\omega}/\omega_1^*=1$ 时，没有吸振器的主系统的反应幅值将为无穷大；而存在吸振器时，主系统的反应幅值则为零。因此，如果激励频率 $\bar{\omega}$ 接近于主系统的固有频率 ω_1^*，并且由于实际限制不能改变 $\bar{\omega}$ 或 ω_1^* 时，那么就可以利用吸振器将主系统的反应幅值减小到接近于零。

以上介绍表明，吸振器对于以接近固定频率运行的同步机械的应用最为广泛，因为它被谐调到一个特定的频率，而且仅在频率的一个窄带范围内有效。此外，吸振器也可用于激励不接近谐振的情况，例如挂在高压输电线上的哑铃型装置就是用来减轻风激振动疲劳效应的吸振器。当高层建筑物的振动达到楼内居民的不舒服感时，吸振器也可用来减小高层建筑物的风激振动。

§ 6.2　经典阻尼矩阵的建立

经典阻尼是结构系统中所有部位都具有相似阻尼机制的一种合理的抽象，例如多层建筑沿其高度具有相似的结构体系和材料。本节将讨论建立经典阻尼矩阵的几种方法。

6.2.1　Rayleigh 阻尼

建立经典阻尼矩阵的最简单方法是使其与质量矩阵或刚度矩阵成比例，因为无阻尼振型对于质量矩阵和刚度矩阵都是正交的。为此，考虑**质量比例阻尼或刚度比例阻尼**：

$$\boldsymbol{C}=a_0\boldsymbol{M} \quad 或 \quad \boldsymbol{C}=a_1\boldsymbol{K} \tag{6-24}$$

式中，比例常数 a_0 和 a_1 的单位分别为 s^{-1} 和 s。从物理上来说，质量比例阻尼和刚度比例阻尼分别代表了图 6-4 所示多层建筑物的阻尼模型。刚度比例阻尼从直观上容易理解，因为它可以用来模拟层间变形所产生的能量耗散。相反，质量比例阻尼在物理上难于理解，因为用它来模拟的空气阻尼在大多数结构系统中往往很小，可以忽略不计。

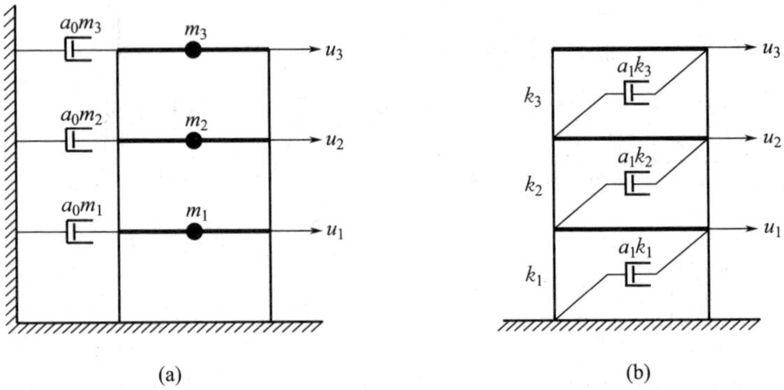

图 6-4 比例阻尼

(a)质量比例阻尼；(b)刚度比例阻尼

根据式(6-24)，第 i 阶振型的广义阻尼 C_i 为：

$$C_i=\boldsymbol{\phi}_i^{\mathrm{T}}\boldsymbol{C}\boldsymbol{\phi}_i=a_0\boldsymbol{\phi}_i^{\mathrm{T}}\boldsymbol{M}\boldsymbol{\phi}_i=a_0M_i \quad 或 \quad C_i=a_1\boldsymbol{\phi}_i^{\mathrm{T}}\boldsymbol{K}\boldsymbol{\phi}_i=a_1K_i \tag{6-25}$$

由振型阻尼比的定义，即式(5-88)，并注意 $K_i=\omega_i^2M_i$，得到：

$$\xi_i=\frac{C_i}{2M_i\omega_i}=\frac{a_0}{2\omega_i} \quad 或 \quad \xi_i=\frac{a_1\omega_i}{2} \tag{6-26}$$

从式(6-26)可知，对于质量比例阻尼，阻尼比与固有频率成反比；而对于刚度比例阻尼，阻尼比与固有频率成正比。当多自由度系统主要振型的频率范围很宽时，质量比例阻尼与刚度比例阻尼都不再适用，因为振型阻尼比随固有频率的变化与试验数据不一致，试验数据表明，结构的多数阶振型大体上都具有相同的阻尼比，而不同振型的频率却往往相差较大。

如果假定阻尼矩阵与质量矩阵和刚度矩阵的组合成比例，则可以得到一个明显的改进结果。首先，考虑 **Rayleigh 阻尼**：

$$\boldsymbol{C}=a_0\boldsymbol{M}+a_1\boldsymbol{K} \tag{6-27}$$

仿照式(6-26)的推导，在 Rayleigh 阻尼系统中，第 i 阶振型的阻尼比为：

$$\xi_i=\frac{a_0}{2\omega_i}+\frac{a_1\omega_i}{2} \tag{6-28}$$

式中，系数 a_0 和 a_1 可以分别根据给定的第 i 阶振型阻尼比 ξ_i 和第 j 阶振型阻尼比 ξ_j 来确定。

于是，由式(6-28)得到的这两个方程写成矩阵形式为：

$$\begin{Bmatrix}\xi_i\\\xi_j\end{Bmatrix}=\frac{1}{2}\begin{bmatrix}1/\omega_i & \omega_i\\1/\omega_j & \omega_j\end{bmatrix}\begin{Bmatrix}a_0\\a_1\end{Bmatrix}\tag{6-29}$$

求解式(6-29)得到：

$$\begin{Bmatrix}a_0\\a_1\end{Bmatrix}=2\frac{\omega_i\omega_j}{\omega_j^2-\omega_i^2}\begin{bmatrix}\omega_j & -\omega_i\\-1/\omega_j & 1/\omega_i\end{bmatrix}\begin{Bmatrix}\xi_i\\\xi_j\end{Bmatrix}\tag{6-30}$$

然而，在通常情况下，很少能够获得阻尼比随频率变化的完整信息。因此，可以假定两个振型具有相同的阻尼比，亦即两个控制频率的阻尼比相同($\xi_i=\xi_j=\xi$)，于是，式(6-30)可以简化为：

$$\begin{Bmatrix}a_0\\a_1\end{Bmatrix}=\frac{2\xi}{\omega_i+\omega_j}\begin{Bmatrix}\omega_i\omega_j\\1\end{Bmatrix}\tag{6-31}$$

在实际应用中，通常将 ω_i 取为多自由度系统的基频，即 $\omega_i=\omega_1$，而 ω_j 则在对动力反应有显著贡献的高阶振型中选取。这样，能够保证对于这两个振型可以得到相同的阻尼比，即 $\xi_i=\xi_j=\xi$。从图 6-5 中可知，在这两个指定频率之间的频率所对应的振型将具有较低的阻尼比，而频率大于 ω_j 的所有振型的阻尼比都大于 ξ_j，并随频率的增加而单调递增，这样，具有很高频率的振型反应将因高阻尼比而被有效地消除。

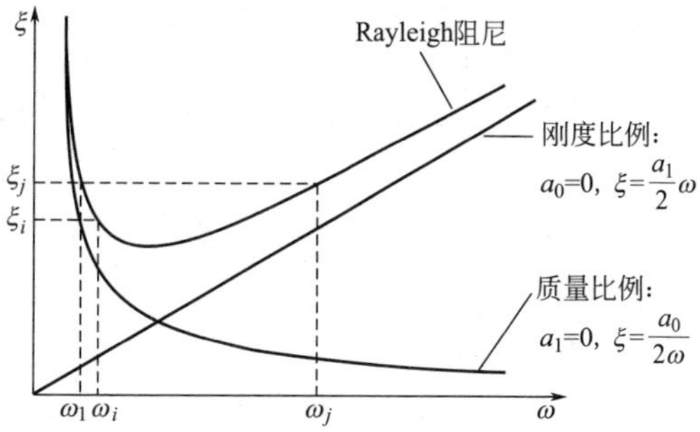

图 6-5　Rayleigh 阻尼：阻尼比与频率的关系

6.2.2　扩展的 Rayleigh 阻尼

Rayleigh 阻尼并不是唯一地满足自由振动振型正交条件的矩阵。事实上，比例阻尼矩阵的一般形式可写为：

$$\boldsymbol{C}=\boldsymbol{M}\sum_l a_l\,[\boldsymbol{M}^{-1}\boldsymbol{K}]^l\equiv\sum_l a_l\boldsymbol{C}_l\tag{6-32}$$

式中，系数 a_l 为常数。证明如下：

固有频率 ω_r 和振型 $\boldsymbol{\phi}_r$ 满足：

$$\boldsymbol{K\phi}_r=\omega_r^2\boldsymbol{M\phi}_r\tag{6-33a}$$

在式(6-33a)的两边左乘 $\boldsymbol{\phi}_s^{\mathrm{T}}\boldsymbol{KM}^{-1}$，并利用振型正交条件，得到：

$$\boldsymbol{\phi}_s^{\mathrm{T}}[\boldsymbol{KM}^{-1}\boldsymbol{K}]\boldsymbol{\phi}_r=\omega_r^2\boldsymbol{\phi}_s^{\mathrm{T}}[\boldsymbol{KM}^{-1}\boldsymbol{M}]\boldsymbol{\phi}_r=\omega_r^2\boldsymbol{\phi}_s^{\mathrm{T}}\boldsymbol{K\phi}_r=0\quad(r\neq s)\tag{6-33b}$$

在式(6-33a)的两边左乘 $\boldsymbol{\phi}_s^{\mathrm{T}}[\boldsymbol{KM}^{-1}]^2$，并利用式(6-33b)，得到：

$$\boldsymbol{\phi}_s^{\mathrm{T}}[(\boldsymbol{KM}^{-1})^2\boldsymbol{K}]\boldsymbol{\phi}_r = \omega_r^2\boldsymbol{\phi}_s^{\mathrm{T}}[(\boldsymbol{KM}^{-1})^2\boldsymbol{M}]\boldsymbol{\phi}_r = \omega_r^2\boldsymbol{\phi}_s^{\mathrm{T}}[\boldsymbol{KM}^{-1}\boldsymbol{K}]\boldsymbol{\phi}_r = 0 \quad (r \neq s) \tag{6-33c}$$

进行类似的过程，可得到一簇正交关系式：

$$\boldsymbol{\phi}_s^{\mathrm{T}}\boldsymbol{C}_l\boldsymbol{\phi}_r = 0 \quad (r \neq s) \tag{6-33d}$$

其中

$$\boldsymbol{C}_l = [\boldsymbol{KM}^{-1}]^l\boldsymbol{K} \quad (l = 0,1,2,\cdots) \tag{6-33e}$$

若在式(6-33e)的两边左乘单位矩阵 $\boldsymbol{I} = \boldsymbol{MM}^{-1}$，则得到 $\boldsymbol{C}_l$ 的另一种形式：

$$\begin{aligned}\boldsymbol{C}_l &= \boldsymbol{MM}^{-1}[\boldsymbol{KM}^{-1}][\boldsymbol{KM}^{-1}]\cdots[\boldsymbol{KM}^{-1}]\boldsymbol{K} \\ &= \boldsymbol{M}[\boldsymbol{M}^{-1}\boldsymbol{K}]^l \quad (l = 0,1,2,\cdots)\end{aligned} \tag{6-33f}$$

如果在式(6-33a)的两边左乘 $\boldsymbol{\phi}_s^{\mathrm{T}}\boldsymbol{MK}^{-1}$，得到：

$$\boldsymbol{\phi}_s^{\mathrm{T}}\boldsymbol{MK}^{-1}\boldsymbol{M}\boldsymbol{\phi}_r = \frac{1}{\omega_r^2}\boldsymbol{\phi}_s^{\mathrm{T}}\boldsymbol{MK}^{-1}\boldsymbol{K}\boldsymbol{\phi}_r = \frac{1}{\omega_r^2}\boldsymbol{\phi}_s^{\mathrm{T}}\boldsymbol{M}\boldsymbol{\phi}_r = 0 \quad (r \neq s) \tag{6-33g}$$

再在式(6-33a)的两边左乘 $\boldsymbol{\phi}_s^{\mathrm{T}}[\boldsymbol{MK}^{-1}]^2$，得到：

$$\boldsymbol{\phi}_s^{\mathrm{T}}[\boldsymbol{MK}^{-1}]^2\boldsymbol{M}\boldsymbol{\phi}_r = \frac{1}{\omega_r^2}\boldsymbol{\phi}_s^{\mathrm{T}}[\boldsymbol{MK}^{-1}]^2\boldsymbol{K}\boldsymbol{\phi}_r = \frac{1}{\omega_r^2}\boldsymbol{\phi}_s^{\mathrm{T}}\boldsymbol{MK}^{-1}\boldsymbol{M}\boldsymbol{\phi}_r = 0 \quad (r \neq s) \tag{6-33h}$$

进行类似的过程，同样可得到满足式(6-33d)的另外一簇无穷矩阵序列为：

$$\boldsymbol{C}_l = [\boldsymbol{MK}^{-1}]^l\boldsymbol{M} = \boldsymbol{M}[\boldsymbol{K}^{-1}\boldsymbol{M}]^l \quad (l = 0,1,2\cdots) \tag{6-33i}$$

或写为：

$$\boldsymbol{C}_l = \boldsymbol{M}[\boldsymbol{M}^{-1}\boldsymbol{K}]^l \quad (l = 0,-1,-2,\cdots) \tag{6-33j}$$

将式(6-33f)与式(6-33j)组合即可得到式(6-32)，证毕。

显然，在式(6-32)中只保留 $l = 0$ 和 $l = 1$ 这两项，即可得到 Rayleigh 阻尼。对于具有 n 自由度的系统，在式(6-32)的无穷级数中，只有 n 项是独立的，这样指定频率所对应阻尼比的数目与式(6-32)中级数的项数相同。

对于式(6-32)所示的比例阻尼矩阵，同样可以导出振型的阻尼比。为此，考虑第 j 阶振型的广义阻尼 C_j [见式(6-25)及式(6-26)]：

$$C_j = \boldsymbol{\phi}_j^{\mathrm{T}}\boldsymbol{C}\boldsymbol{\phi}_j = \sum_l \boldsymbol{\phi}_j^{\mathrm{T}}(a_l\boldsymbol{C}_l)\boldsymbol{\phi}_j = \sum_l C_{jl} = 2\xi_j\omega_jM_j \tag{6-34}$$

其中，第 l 项对于广义阻尼的贡献为：

$$C_{jl} = \boldsymbol{\phi}_j^{\mathrm{T}}(a_l\boldsymbol{C}_l)\boldsymbol{\phi}_j = a_l\boldsymbol{\phi}_j^{\mathrm{T}}\boldsymbol{M}[\boldsymbol{M}^{-1}\boldsymbol{K}]^l\boldsymbol{\phi}_j \tag{6-35}$$

如果式(6-33b)中的 $s = r = j$，则结果为：

$$\boldsymbol{\phi}_j^{\mathrm{T}}[\boldsymbol{K}\boldsymbol{M}^{-1}\boldsymbol{K}]\boldsymbol{\phi}_j=\omega_j^2\boldsymbol{\phi}_j^{\mathrm{T}}\boldsymbol{K}\boldsymbol{\phi}_j=\omega_j^2K_j=\omega_j^4M_j$$

通过类似的运算，可以得到：

$$\boldsymbol{\phi}_j^{\mathrm{T}}\boldsymbol{M}[\boldsymbol{M}^{-1}\boldsymbol{K}]^l\boldsymbol{\phi}_j=\omega_j^{2l}M_j \tag{6-36}$$

于是，有：

$$C_{jl}=a_l\omega_j^{2l}M_j \tag{6-37}$$

将式(6-37)代入式(6-34)，得到第 j 阶振型的阻尼比：

$$\xi_j=\frac{1}{2\omega_j}\sum_l a_l\omega_j^{2l} \tag{6-38}$$

式中，系数 a_l 可以根据在任何 n 个振型中指定的阻尼比来确定。级数中所包括的项数必须与给定的振型阻尼比数目相同。对于每一个阻尼比，列出相应的方程，从而由这些方程解出系数，从原理上讲，l 可以在 $-\infty<l<\infty$ 中取整数值；但在实际中，l 值选择离零点越接近越好。例如，为了计算频率为 ω_i、ω_j、ω_r、ω_s 的任意四阶振型所需阻尼比的系数，在式(6-38)中取 $l=-1,0,+1,+2$，这样得到：

$$\begin{Bmatrix}\xi_i\\\xi_j\\\xi_r\\\xi_s\end{Bmatrix}=\frac{1}{2}\begin{bmatrix}1/\omega_i^3 & 1/\omega_i & \omega_i & \omega_i^3\\1/\omega_j^3 & 1/\omega_j & \omega_j & \omega_j^3\\1/\omega_r^3 & 1/\omega_r & \omega_r & \omega_r^3\\1/\omega_s^3 & 1/\omega_s & \omega_s & \omega_s^3\end{bmatrix}\begin{Bmatrix}a_{-1}\\a_0\\a_1\\a_2\end{Bmatrix} \tag{6-39}$$

求解式(6-39)可得到系数 a_{-1}、a_0、a_1 和 a_2，再按式(6-32)叠加相应的四个矩阵可以得到黏滞阻尼矩阵，该矩阵对于四个指定的频率可以提供四个所需要的阻尼比。为了分析简便，假定这四个频率具有相同的阻尼比 ξ_x（可以任意指定）。此外，ω_i 取为基频 ω_1，而 ω_s 取对反应贡献显著的最高阶振型的频率，ω_j 和 ω_r 则在频率范围 ω_1 与 ω_s 之间等区间划分，如图 6-6(a)所示。这样，在整个频率范围内，阻尼比与所指定的 ξ_x 十分接近。然而，对于大于 ω_s 的频率，阻尼比随频率的增加而单调递增。这将具有消除那些频率远大于 ω_s 的任意振型的贡献，从而，在反应叠加时不需要考虑这些高频振型。

需要注意的是，假如在式(6-32)级数中只包含三项的结果，在这种情况下，可以得到与式(6-39)相类似的一个三次代数方程组。求解系数 a_{-1}、a_0 和 a_1，并将其代入式(6-32)中可得到阻尼比与频率的关系，如图 6-6(b)所示。从图中可知，尽管在频率范围($\omega_1\sim\omega_r$)内可以得到较好的近似结果，但是，当频率大于 ω_r 时，振型阻尼比随频率单调递减，并且对于高阶振型的阻尼比是负值。这种结果显然是不切实际的，因为这意味着自由振动反应会随时间递增而不是衰减。

总之，只有当式(6-32)级数中的项数为偶数时，扩展的 Rayleigh 阻尼才可能得到合理的利用。在这种情况下，振型叠加反应中只需保留计算系数时所用频率范围的振型。然

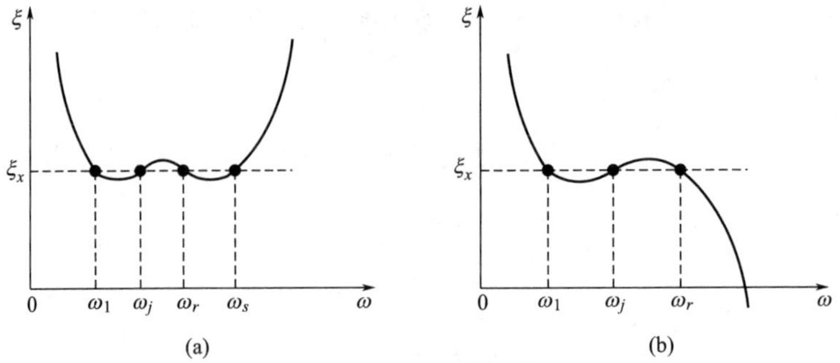

图 6-6 扩展的 Rayleigh 阻尼(阻尼比与频率关系)

(a)四项解情况；(b)三项解情况

而，若式(6-32)级数中的项数为奇数(大于 1)，则远大于受控范围的高阶振型阻尼比将出现负值的情况，从而使得分析结果无效。

6.2.3 经典阻尼矩阵的其他形式

下面讨论根据振型阻尼比确定经典阻尼矩阵的另外一种方法。首先，考虑广义阻尼矩阵：

$$\overline{\boldsymbol{C}}=\boldsymbol{\Phi}^{\mathrm{T}}\boldsymbol{C}\boldsymbol{\Phi} \tag{6-40}$$

式中，$\overline{\boldsymbol{C}}$ 为对角矩阵，其中第 j 个对角元素等于相应振型的广义阻尼：

$$C_j=2\xi_j\omega_j M_j \tag{6-41}$$

由式(6-40)可以得到阻尼矩阵：

$$\boldsymbol{C}=(\boldsymbol{\Phi}^{\mathrm{T}})^{-1}\overline{\boldsymbol{C}}\boldsymbol{\Phi}^{-1} \tag{6-42}$$

因此，对于任意一组给定的振型阻尼比 ξ_j，可利用式(6-41)及式(6-40)计算广义阻尼矩阵 $\overline{\boldsymbol{C}}$，然后再按式(6-42)计算阻尼矩阵 $\boldsymbol{C}$。但是，实际上因为振型矩阵 $\boldsymbol{\Phi}$ 的求逆计算工作量很大，一般不直接按式(6-42)来计算阻尼矩阵。这里，可以利用振型对于质量矩阵的正交性的优点来替代。

根据广义质量矩阵的定义：

$$\overline{\boldsymbol{M}}=\boldsymbol{\Phi}^{\mathrm{T}}\boldsymbol{M}\boldsymbol{\Phi}$$

于是，单位矩阵 $\boldsymbol{I}$ 可表示为：

$$\boldsymbol{I}=\overline{\boldsymbol{M}}^{-1}\overline{\boldsymbol{M}}=\overline{\boldsymbol{M}}^{-1}\boldsymbol{\Phi}^{\mathrm{T}}\boldsymbol{M}\boldsymbol{\Phi}=\boldsymbol{\Phi}^{-1}\boldsymbol{\Phi}$$

这样，可以得到：

$$\boldsymbol{\Phi}^{-1}=\overline{\boldsymbol{M}}^{-1}\boldsymbol{\Phi}^{\mathrm{T}}\boldsymbol{M},\ (\boldsymbol{\Phi}^{\mathrm{T}})^{-1}=\boldsymbol{M}\boldsymbol{\Phi}\overline{\boldsymbol{M}}^{-1} \tag{6-43}$$

将式(6-43)代入式(6-42)中，得到：

$$\boldsymbol{C}=(\boldsymbol{M}\boldsymbol{\Phi}\overline{\boldsymbol{M}}^{-1})\overline{\boldsymbol{C}}(\overline{\boldsymbol{M}}^{-1}\boldsymbol{\Phi}^{\mathrm{T}}\boldsymbol{M})=\boldsymbol{M}\boldsymbol{\Phi}(\overline{\boldsymbol{M}}^{-1}\overline{\boldsymbol{C}}\,\overline{\boldsymbol{M}}^{-1})\boldsymbol{\Phi}^{\mathrm{T}}\boldsymbol{M} \tag{6-44}$$

由于矩阵 $\overline{\boldsymbol{M}}^{-1}$ 与 $\overline{\boldsymbol{C}}$ 都是对角阵，所以在式(6-44)中括号内的三个对角阵的乘积仍然为一对角阵，其对角元素为：

$$D_j \equiv \frac{C_j}{M_j^2} = \frac{2\xi_j\omega_j}{M_j} \tag{6-45}$$

于是，式(6-44)又可写为：

$$\boldsymbol{C} = \boldsymbol{M\Phi D\Phi}^{\mathrm{T}}\boldsymbol{M} \tag{6-46a}$$

式中，矩阵 $\boldsymbol{D}$ 是含有元素为 D_j 的对角阵。

将式(6-46a)进一步写为：

$$\boldsymbol{C} = \boldsymbol{M}\left(\sum_{j=1}^{n}\frac{2\xi_j\omega_j}{M_j}\boldsymbol{\phi}_j\boldsymbol{\phi}_j^{\mathrm{T}}\right)\boldsymbol{M} = \sum_{j=1}^{n}\frac{2\xi_j\omega_j}{M_j}(\boldsymbol{M\phi}_j)(\boldsymbol{M\phi}_j)^{\mathrm{T}} \tag{6-46b}$$

式中，每个振型对阻尼矩阵的贡献与振型阻尼比成正比；因此，只有那些形成阻尼矩阵的振型才有阻尼，而其他振型没有阻尼。

如果在反应分析中只考虑有限个低频振型的数目是重要的，那么可采用式(6-46b)的截断形式：

$$\boldsymbol{C} = \sum_{j=1}^{n_{\mathrm{c}}}\frac{2\xi_j\omega_j}{M_j}(\boldsymbol{M\phi}_j)(\boldsymbol{M\phi}_j)^{\mathrm{T}} \tag{6-47}$$

这样产生的阻尼矩阵 $\boldsymbol{C}$，认为在振型 $(n_{\mathrm{c}}+1),(n_{\mathrm{c}}+2),\cdots,n$ 中无阻尼。然而，有时希望在这些高阶振型中给出阻尼，例如振型 $j=1,2,\cdots,n_{\mathrm{c}}$ 具有指定的阻尼比，同时振型 $(n_{\mathrm{c}}+1),(n_{\mathrm{c}}+2),\cdots,n$ 具有比振型 n_{c} 更大的阻尼，这是可能的。这时，可采用式(6-47)的修正形式：

$$\boldsymbol{C} = a_1\boldsymbol{K} + \sum_{j=1}^{n_{\mathrm{c}}-1}\frac{2\overline{\xi}_j\omega_j}{M_j}(\boldsymbol{M\phi}_j)(\boldsymbol{M\phi}_j)^{\mathrm{T}} \tag{6-48}$$

其中

$$a_1 = \frac{2\xi_{n_{\mathrm{c}}}}{\omega_{n_{\mathrm{c}}}},\quad \overline{\xi}_j = \xi_j - \xi_{n_{\mathrm{c}}}\left(\frac{\omega_j}{\omega_{n_{\mathrm{c}}}}\right) \tag{6-49}$$

于是

$$\xi_j = \begin{cases} \text{指定值}, & j=1,2,\cdots,n_{\mathrm{c}} \\ \xi_{n_{\mathrm{c}}}\left(\dfrac{\omega_j}{\omega_{n_{\mathrm{c}}}}\right), & j=(n_{\mathrm{c}}+1),(n_{\mathrm{c}}+2),\cdots,n \end{cases} \tag{6-50}$$

这样，对于小于或等于 $\omega_{n_{\mathrm{c}}}$ 的频率提供了指定的振型阻尼比，而对于大于 $\omega_{n_{\mathrm{c}}}$ 的频率提供了具有线性递增的振型阻尼比。

6.2.4　振型阻尼比的估计

在理论上，如果拥有大量由地震引起的不同材料(如钢材、钢筋混凝土、预应力混凝土、砌体、木材等)的各种类型(如建筑、桥梁、水坝等)结构运动记录所确定的阻尼数据，那么，这些数据就可以作为估计待评定地震安全性的现有结构或新建结构阻尼比的依据。然而，在积累足够的数据库之前，结构阻尼的选择往往取决于所得到的任何数据和专家意见。表 6-1 给出了两种应力水平的阻尼比建议值。对于每种应力水平，给出了阻尼比的范围，较大的阻尼比值用于普通结构，而较小的阻尼比值则用于更加保守设计的特种结构。此外，对于非配筋砌体结构，建议阻尼比为 3%；对于配筋砌体建筑，建议阻尼比为 7%。建议的阻尼比可以直接应用于具有经典阻尼结构的线弹性分析。对于这类结构系统，采用无阻尼系统的固有振型进行变换时，有阻尼系统的运动方程将变为非耦合的，所估计的振型阻尼比可以直接应用于每个广义坐标方程。

建议的阻尼比值　　　　**表 6-1**

应力水平	结构的类型及条件	阻尼比(%)
工作应力不超过大约 1/2 屈服点	焊接钢,预应力混凝土,适筋混凝土(仅轻微开裂)	2～3
	具有开裂很大的钢筋混凝土	3～5
	栓接和/或铆接钢,具有铆钉或螺栓连接的木结构	5～7
工作应力在屈服点或刚好低于屈服点	焊接钢,预应力混凝土(预应力没有全部损失)	5～7
	预应力混凝土(预应力全部损失)	7～10
	钢筋混凝土	7～10
	栓接和/或铆接钢,具有螺栓连接的木结构	10～15
	具有铆钉连接的木结构	15～20

来源：Newmark N M，Hall W J. 地震谱与设计．地震工程研究所，美国加州伯克利，1982.

以上所描述的经典阻尼矩阵适合于大多数结构系统特性的建模，其阻尼机制相当均匀地分布在整个结构中。但是，对于由多种材料组成的结构系统，由于不同材料在结构的不同部位提供的能量损失机制差别较大，所以阻尼力的分布将与惯性力和弹性力的分布不同，在这种情况下，经典阻尼假设将不再适用。结构-土体系统就是一个典型的例子。这样，需要建立非经典阻尼矩阵，读者可以参考相关文献，这里不再赘述。

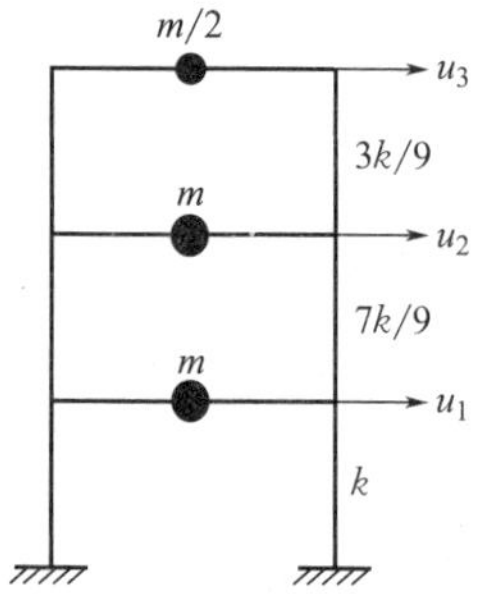

图 6-7　三层剪切型框架结构的特性

【例 6-2】 图 6-7 给出了一个三层剪切型框架结构的特性，包括楼层的集中质量、层间刚度、固有频率和振型。其中：

$$m = 100 \times 4448/9.807 = 45355.4\ \text{kg}$$

$$k = 168 \times 4448/0.0254 = 29419842.52\ \text{N/m}$$

$$\omega_1 = 12.01\ \text{rad/s},\ \omega_2 = 25.47\ \text{rad/s},\ \omega_3 = 38.90\ \text{rad/s}$$

$$\boldsymbol{\phi}_1=\begin{Bmatrix}0.6375\\1.2750\\1.9125\end{Bmatrix},\ \boldsymbol{\phi}_2=\begin{Bmatrix}0.9827\\0.9829\\-1.9642\end{Bmatrix},\ \boldsymbol{\phi}_3=\begin{Bmatrix}1.5778\\-1.1270\\0.4508\end{Bmatrix}$$

（1）试推导 Rayleigh 阻尼矩阵，使得第一阶和第三阶振型的阻尼比为 5%，并计算第二阶振型的阻尼比 ξ_2。

（2）利用式(6-46)来确定阻尼矩阵，其中每个振型的阻尼比为 5%。

（3）利用式(6-48)来确定阻尼矩阵，其中第一阶和第二阶振型的阻尼比为 5%，并计算第三阶振型的阻尼比 ξ_3。

【解】 首先，建立结构系统的质量矩阵和刚度矩阵：

$$\boldsymbol{M}=m\begin{bmatrix}1&0&0\\0&1&0\\0&0&0.5\end{bmatrix},\ \boldsymbol{K}=\frac{k}{9}\begin{bmatrix}16&-7&0\\-7&10&-3\\0&-3&3\end{bmatrix}\tag{a}$$

其中，$m=45355.4\ \text{kg}$，$k=29419842.52\ \text{N/m}$。

（1）确定 Rayleigh 阻尼矩阵。根据式(6-31)确定系数 a_0 和 a_1。

$$\begin{Bmatrix}a_0\\a_1\end{Bmatrix}=\frac{2\xi}{\omega_1+\omega_3}\begin{Bmatrix}\omega_1\omega_3\\1\end{Bmatrix}=\frac{2\times0.05}{12.01+38.90}\begin{Bmatrix}12.01\times38.90\\1\end{Bmatrix}=\begin{Bmatrix}0.91768\\0.00196\end{Bmatrix}\tag{b}$$

于是，Rayleigh 阻尼矩阵为：

$$\boldsymbol{C}=a_0\boldsymbol{M}+a_1\boldsymbol{K}=\begin{bmatrix}144133.5&-44848.9&0\\-44848.9&105691.6&-19221.0\\0&-19221.0&40031.8\end{bmatrix}\ \text{kg/s}\tag{c}$$

现在，根据式(6-28)计算第二阶振型的阻尼比 ξ_2：

$$\xi_2=\frac{a_0}{2\omega_2}+\frac{a_1\omega_2}{2}=\frac{0.91768}{2}\times\frac{1}{25.47}+\frac{0.00196}{2}\times25.47=0.0430\tag{d}$$

（2）利用式(6-46)来确定阻尼矩阵。根据式(6-46)，可知：

$$\boldsymbol{C}=\boldsymbol{M}\left(\frac{2\xi_1\omega_1}{M_1}\boldsymbol{\phi}_1\boldsymbol{\phi}_1^{\mathrm{T}}+\frac{2\xi_2\omega_2}{M_2}\boldsymbol{\phi}_2\boldsymbol{\phi}_2^{\mathrm{T}}+\frac{2\xi_3\omega_3}{M_3}\boldsymbol{\phi}_3\boldsymbol{\phi}_3^{\mathrm{T}}\right)\boldsymbol{M}\tag{e}$$

其中

$$\frac{2\xi_1\omega_1}{M_1}\boldsymbol{M}\boldsymbol{\phi}_1\boldsymbol{\phi}_1^{\mathrm{T}}\boldsymbol{M}=\frac{1.201m}{3.86086}\begin{bmatrix}0.406406&0.812813&0.609609\\0.812813&1.625625&1.219219\\0.609609&1.219219&0.914414\end{bmatrix}$$

$$\frac{2\xi_2\omega_2}{M_2}\boldsymbol{M}\boldsymbol{\phi}_2\boldsymbol{\phi}_2^{\mathrm{T}}\boldsymbol{M}=\frac{2.547m}{3.86083}\begin{bmatrix}0.965699&0.965896&-0.965110\\0.965896&0.966092&-0.965306\\-0.965110&-0.965306&0.964521\end{bmatrix}$$

$$\frac{2\xi_3\omega_3}{M_3}\boldsymbol{M}\boldsymbol{\phi}_3\boldsymbol{\phi}_3^{\mathrm{T}}\boldsymbol{M}=\frac{3.89m}{3.86119}\begin{bmatrix}2.489453 & -1.778181 & 0.355636\\ -1.778181 & 1.270129 & -0.254026\\ 0.355636 & -0.254026 & 0.050805\end{bmatrix}$$

于是，阻尼矩阵为：

$$\boldsymbol{C}=\begin{bmatrix}148381.24 & -40883.45 & -4025.94\\ -40883.45 & 109879.07 & -23288.78\\ -4025.94 & -23288.78 & 44082.21\end{bmatrix}\mathrm{kg/s} \tag{f}$$

(3)利用式(6-48)来确定阻尼矩阵。根据式(6-49)，可知：

$$a_1=\frac{2\xi_2}{\omega_2}=\frac{2\times 0.05}{25.47}=3.9262\times 10^{-3} \tag{g}$$

$$\bar{\xi}_1=\xi_1-\xi_2\left(\frac{\omega_1}{\omega_2}\right)=0.05-0.05\times\frac{12.01}{25.47}=0.026423 \tag{h}$$

根据式(6-48)，阻尼矩阵的表达式为：

$$\boldsymbol{C}=a_1\boldsymbol{K}+\frac{2\bar{\xi}_1\omega_1}{M_1}\boldsymbol{M}\boldsymbol{\phi}_1\boldsymbol{\phi}_1^{\mathrm{T}}\boldsymbol{M} \tag{i}$$

其中

$$a_1\boldsymbol{K}=\frac{a_1k}{9}\begin{bmatrix}16 & -7 & 0\\ -7 & 10 & -3\\ 0 & -3 & 3\end{bmatrix}=12834.24\times\begin{bmatrix}16 & -7 & 0\\ -7 & 10 & -3\\ 0 & -3 & 3\end{bmatrix}$$

$$\frac{2\bar{\xi}_1\omega_1}{M_1}\boldsymbol{M}\boldsymbol{\phi}_1\boldsymbol{\phi}_1^{\mathrm{T}}\boldsymbol{M}=\frac{0.63468m}{3.86086}\begin{bmatrix}0.406406 & 0.812813 & 0.609609\\ 0.812813 & 1.625625 & 1.219219\\ 0.609609 & 1.219219 & 0.914414\end{bmatrix}$$

于是，阻尼矩阵为：

$$\boldsymbol{C}=\begin{bmatrix}208377.96 & -83779.43 & 4545.18\\ -83779.43 & 140462.89 & -29412.35\\ 4545.18 & -29412.35 & 45320.49\end{bmatrix}\mathrm{kg/s} \tag{j}$$

第三阶振型的阻尼比为：

$$\xi_3=\xi_2\left(\frac{\omega_3}{\omega_2}\right)=0.05\times\frac{38.90}{25.47}=0.0764 \tag{k}$$

§ 6.3 经典阻尼系统的强迫振动反应分析

6.3.1 经典阻尼系统的振型叠加法

一般地，有阻尼多自由度系统的运动方程为：

$$\boldsymbol{M}\ddot{\boldsymbol{u}}+\boldsymbol{C}\dot{\boldsymbol{u}}+\boldsymbol{K}\boldsymbol{u}=\boldsymbol{P}(t) \tag{6-51}$$

应用无阻尼系统的振型矩阵 $\boldsymbol{\Phi}$，将结点位移向量 $\boldsymbol{u}$ 用广义坐标(主坐标)表示为：

$$\boldsymbol{u}(t)=\sum_{j=1}^{n}\boldsymbol{\phi}_j\eta_j(t)=\boldsymbol{\Phi}\boldsymbol{\eta}(t) \tag{6-52}$$

将式(6-52)代入式(6-51)中，并在两边左乘 $\boldsymbol{\Phi}^{\mathrm{T}}$，得到：

$$\boldsymbol{\Phi}^{\mathrm{T}}\boldsymbol{M}\boldsymbol{\Phi}\ddot{\boldsymbol{\eta}}(t)+\boldsymbol{\Phi}^{\mathrm{T}}\boldsymbol{C}\boldsymbol{\Phi}\dot{\boldsymbol{\eta}}(t)+\boldsymbol{\Phi}^{\mathrm{T}}\boldsymbol{K}\boldsymbol{\Phi}\boldsymbol{\eta}(t)=\boldsymbol{\Phi}^{\mathrm{T}}\boldsymbol{P}(t) \tag{6-53a}$$

或写为：

$$\overline{\boldsymbol{M}}\ddot{\boldsymbol{\eta}}(t)+\boldsymbol{\Phi}^{\mathrm{T}}\boldsymbol{C}\boldsymbol{\Phi}\dot{\boldsymbol{\eta}}(t)+\overline{\boldsymbol{K}}\boldsymbol{\eta}(t)=\overline{\boldsymbol{P}}(t) \tag{6-53b}$$

尽管广义质量矩阵 $\overline{\boldsymbol{M}}$ 和广义刚度矩阵 $\overline{\boldsymbol{K}}$ 都是对角阵，但是 $\boldsymbol{\Phi}^{\mathrm{T}}\boldsymbol{C}\boldsymbol{\Phi}$ 一般并非是对角阵，因而广义坐标 $\boldsymbol{\eta}(t)$ 下的强迫振动方程(6-53)仍然存在耦合。如果系统具有经典阻尼，那么广义坐标方程将变为非耦合的。

对于经典阻尼矩阵 $\boldsymbol{C}$，可写为：

$$\boldsymbol{\Phi}^{\mathrm{T}}\boldsymbol{C}\boldsymbol{\Phi}=\overline{\boldsymbol{C}}=\begin{bmatrix}C_1 & 0 & \cdots & 0\\ 0 & C_2 & \cdots & 0\\ \vdots & \vdots & \ddots & \vdots\\ 0 & 0 & \cdots & C_n\end{bmatrix}$$

于是，式(6-53b)可写为：

$$M_j\ddot{\eta}_j+C_j\dot{\eta}_j+K_j\eta_j=P_j^*(t)\quad(j=1,2,\cdots,n) \tag{6-54a}$$

式中，M_j、K_j 和 $P_j^*(t)$ 在式(6-4c)中已经定义，而广义阻尼 C_j 由式(6-34)定义。

如果方程(6-54a)两边除以广义质量 M_j，得到广义坐标方程的另外一种形式：

$$\ddot{\eta}_j+2\xi_j\omega_j\dot{\eta}_j+\omega_j^2\eta_j=\frac{P_j^*(t)}{M_j}\quad(j=1,2,\cdots,n) \tag{6-54b}$$

式中，ξ_j 是第 j 阶振型的阻尼比。方程(6-54)控制第 j 阶广义坐标 $\eta_j(t)$ 的运动，其中参数 M_j、K_j、C_j 和 $P_j^*(t)$ 仅取决于第 j 阶振型 $\boldsymbol{\phi}_j$，而与其他振型无关。

对于任意的广义荷载 $P_j^*(t)$，根据单自由度系统的振动理论，得到式(6-54b)的解答：

$$\eta_j(t)=\mathrm{e}^{-\xi_j\omega_j t}\left[\eta_j(0)\cos\omega_{\mathrm{D}j}t+\frac{\dot{\eta}_j(0)+\xi_j\omega_j\eta_j(0)}{\omega_{\mathrm{D}j}}\sin\omega_{\mathrm{D}j}t\right]+\frac{1}{M_j\omega_{\mathrm{D}j}}\int_0^t P_j^*(\tau)\mathrm{e}^{-\xi_j\omega_j(t-\tau)}\sin\omega_{\mathrm{D}j}(t-\tau)\mathrm{d}\tau \tag{6-55}$$

式中，$\omega_{\mathrm{D}j}$ 是第 j 阶振型阻尼固有频率：

$$\omega_{\mathrm{D}j}=\omega_j\sqrt{1-\xi_j^2}$$

与式(6-5)相同，可以根据系统的初始条件 $\boldsymbol{u}_0$ 和 $\dot{\boldsymbol{u}}_0$ 得到式(6-54b)的初始条件：

$$\eta_j(0)=\frac{\boldsymbol{\phi}_j^{\mathrm{T}}\boldsymbol{M}\boldsymbol{u}_0}{M_j},\quad \dot{\eta}_j(0)=\frac{\boldsymbol{\phi}_j^{\mathrm{T}}\boldsymbol{M}\dot{\boldsymbol{u}}_0}{M_j} \tag{6-56}$$

得到广义坐标 $\eta_j(t)$后，则可利用式(6-52)获得第 j 阶振型对于结点位移$\boldsymbol{u}(t)$的贡献：

$$\boldsymbol{u}_j(t)=\boldsymbol{\phi}_j\eta_j(t) \tag{6-57}$$

将这些振型贡献叠加起来，可以得到总位移：

$$\boldsymbol{u}(t)=\sum_{j=1}^{n}\boldsymbol{u}_j(t)=\sum_{j=1}^{n}\boldsymbol{\phi}_j\eta_j(t) \tag{6-58}$$

这种振型叠加法局限于具有经典阻尼的线性系统，在应用振型叠加原理[即式(6-52)]时，隐含了系统的线性假定。为了得到非耦合的广义坐标方程，阻尼必须采用经典的形式，这是振型叠加法的核心特征。

在获得位移反应 $\boldsymbol{u}(t)$ 后，通常各种结构构件的其他反应参数(例如应力或内力)，可以直接根据位移进行计算。例如，抵抗结构变形的弹性力 $\boldsymbol{f}_{\mathrm{S}}(t)$ 可以写为：

$$\boldsymbol{f}_{\mathrm{S}}(t)=\boldsymbol{K}\boldsymbol{u}(t)=\boldsymbol{K}\boldsymbol{\Phi}\boldsymbol{\eta}(t) \tag{6-59a}$$

将式(6-59a)用振型贡献的形式写出：

$$\boldsymbol{f}_{\mathrm{S}}(t)=\sum_{j=1}^{n}\boldsymbol{f}_{\mathrm{S}j}(t)=\sum_{j=1}^{n}\boldsymbol{K}\boldsymbol{\phi}_j\eta_j(t)=\sum_{j=1}^{n}\omega_j^2\boldsymbol{M}\boldsymbol{\phi}_j\eta_j(t) \tag{6-59b}$$

在式(6-59b)中，每一个振型的贡献都乘以了振型频率的平方，显然高阶振型对于结构内力反应的影响要比对位移反应的影响大得多。因此，为了得到所需精度的内力，就必须考虑比位移反应更多的振型分量。

6.3.2 简谐激励的稳态反应

对于经典阻尼系统，假设荷载向量 $\boldsymbol{P}(t)$ 为同一频率的简谐激励[即式(6-6)]。于是，根据式(6-54b)可知，第 j 个广义坐标方程为：

$$\ddot{\eta}_j+2\xi_j\omega_j\dot{\eta}_j+\omega_j^2\eta_j=\frac{\boldsymbol{\phi}_j^{\mathrm{T}}\boldsymbol{P}_0}{M_j}\sin\bar{\omega}t \tag{6-60}$$

根据单自由系统谐振的稳态反应，可知式(6-60)的稳态解为：

$$\eta_j(t)=\frac{\boldsymbol{\phi}_j^{\mathrm{T}}\boldsymbol{P}_0}{K_j}\times\frac{(1-\beta_j^2)\sin\bar{\omega}t+(-2\xi_j\beta_j)\cos\bar{\omega}t}{(1-\beta_j^2)^2+(2\xi_j\beta_j)^2} \tag{6-61}$$

其中，频率比 $\beta_j=\bar{\omega}/\omega_j$。于是，系统的稳态反应为：

$$\begin{aligned}\boldsymbol{u}(t)&=\sum_{j=1}^{n}\boldsymbol{\phi}_j\eta_j(t)\\&=\sum_{j=1}^{n}\frac{\boldsymbol{\phi}_j\boldsymbol{\phi}_j^{\mathrm{T}}\boldsymbol{P}_0}{K_j}\times\frac{(1-\beta_j^2)\sin\bar{\omega}t+(-2\xi_j\beta_j)\cos\bar{\omega}t}{(1-\beta_j^2)^2+(2\xi_j\beta_j)^2}\end{aligned} \tag{6-62}$$

当$\beta_j=\overline{\omega}/\omega_j=1$，系统发生第$j$阶的类共振，对于低阻尼系统，系统的振动形态接近第$j$阶振型振动：

$$\boldsymbol{u}(t)\approx-\frac{\boldsymbol{\phi}_j\boldsymbol{\phi}_j^{\mathrm{T}}\boldsymbol{P}_0}{2\xi_jK_j}\cos\overline{\omega}t \tag{6-63}$$

因此，可以利用一般的共振试验方法来近似地测定系统的各阶固有频率及其相应的振型振动。

6.3.3 频域分析法

当系统受到一般动力激励$\boldsymbol{P}(t)$时，假定初始条件为零。这样，可以先对式(6-51)两边作 Laplace 变换，得到：

$$(s^2\boldsymbol{M}+s\boldsymbol{C}+\boldsymbol{K})\widetilde{\boldsymbol{U}}(s)=\widetilde{\boldsymbol{P}}(s) \tag{6-64}$$

其中，s为复变量，$\widetilde{\boldsymbol{U}}(s)$、$\widetilde{\boldsymbol{P}}(s)$分别为$\boldsymbol{u}(t)$及$\boldsymbol{P}(t)$的 Laplace 变换。定义系统的**传递函数矩阵**为：

$$\begin{aligned}\boldsymbol{G}(s)&=(s^2\boldsymbol{M}+s\boldsymbol{C}+\boldsymbol{K})^{-1}\\&=\boldsymbol{\Phi}\boldsymbol{\Phi}^{-1}(s^2\boldsymbol{M}+s\boldsymbol{C}+\boldsymbol{K})^{-1}(\boldsymbol{\Phi}^{\mathrm{T}})^{-1}\boldsymbol{\Phi}^{\mathrm{T}}\\&=\boldsymbol{\Phi}(s^2\overline{\boldsymbol{M}}+s\overline{\boldsymbol{C}}+\overline{\boldsymbol{K}})^{-1}\boldsymbol{\Phi}^{\mathrm{T}}\\&=\sum_{j=1}^{n}\frac{\boldsymbol{\phi}_j\boldsymbol{\phi}_j^{\mathrm{T}}}{s^2M_j+sC_j+K_j}\end{aligned} \tag{6-65}$$

式(6-65)称为$\boldsymbol{G}(s)$的振型展开式。于是，系统的输入与输出的关系为：

$$\widetilde{\boldsymbol{U}}(s)=\boldsymbol{G}(s)\widetilde{\boldsymbol{P}}(s) \tag{6-66}$$

如果在式(6-65)中令$s=\mathrm{i}\omega$，并记$\boldsymbol{H}(\omega)=\boldsymbol{G}(\mathrm{i}\omega)$，则可得到系统的复频反应函数矩阵$\boldsymbol{H}(\omega)$为：

$$\begin{aligned}\boldsymbol{H}(\omega)&=(-\omega^2\boldsymbol{M}+\mathrm{i}\omega\boldsymbol{C}+\boldsymbol{K})^{-1}\\&=\sum_{j=1}^{n}\frac{\boldsymbol{\phi}_j\boldsymbol{\phi}_j^{\mathrm{T}}}{K_j-\omega^2M_j+\mathrm{i}\omega C_j}\\&=\sum_{j=1}^{n}\frac{\boldsymbol{\phi}_j\boldsymbol{\phi}_j^{\mathrm{T}}}{K_j(1-\beta_j^2+\mathrm{i}2\xi_j\beta_j)}\end{aligned} \tag{6-67}$$

其中$\beta_j=\dfrac{\omega}{\omega_j}$，$\xi_j=\dfrac{C_j}{2M_j\omega_j}$。矩阵$\boldsymbol{H}(\omega)$的第$i$行第$j$列元素为：

$$H_{ij}(\omega)=\sum_{r=1}^{n}\frac{\phi_{ir}\phi_{jr}}{K_r(1-\beta_r^2+\mathrm{i}2\xi_r\beta_r)} \tag{6-68}$$

这里，ϕ_{ir}为振型列向量$\boldsymbol{\phi}_r$的第i个元素。

于是，输入与输出的关系变为：

$$U(\omega)=H(\omega)P(\omega) \tag{6-69}$$

其中，$\boldsymbol{U}(\omega)$ 和 $\boldsymbol{P}(\omega)$ 分别为 $\boldsymbol{u}(t)$ 及 $\boldsymbol{P}(t)$ 的 Fourier 变换。

【例 6-3】 如图 6-8 所示的一个具有两自由度的有阻尼系统，其中 $m=1.0$ kg，$k_1=987$ N/m，$k_2=217$ N/m，$c_1=0.6284$ N · s/m，$c_2=0.0628$ N · s/m，$P_1(t)=P_0\sin\bar{\omega}t$。

（1）试求系统的谱矩阵、振型矩阵、广义质量矩阵、广义阻尼矩阵及广义刚度矩阵。

（2）试求系统的稳态反应。

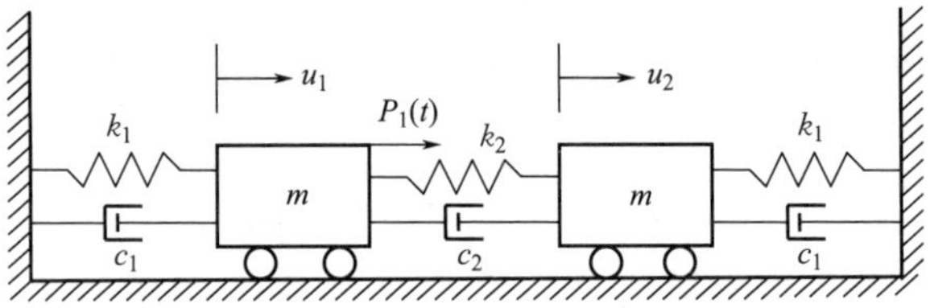

图 6-8

【解】 (1) 系统的运动方程为：

$$\boldsymbol{M}\ddot{\boldsymbol{u}}+\boldsymbol{C}\dot{\boldsymbol{u}}+\boldsymbol{K}\boldsymbol{u}=\boldsymbol{P}_0\sin\bar{\omega}t \tag{a}$$

其中

$$\boldsymbol{M}=\begin{bmatrix} m & 0\\ 0 & m\end{bmatrix},\ \boldsymbol{C}=\begin{bmatrix} (c_1+c_2) & -c_2\\ -c_2 & (c_1+c_2)\end{bmatrix},\ \boldsymbol{K}=\begin{bmatrix} (k_1+k_2) & -k_2\\ -k_2 & (k_1+k_2)\end{bmatrix}$$

$$\boldsymbol{u}=\begin{Bmatrix} u_1\\ u_2\end{Bmatrix},\ \boldsymbol{P}_0=\begin{Bmatrix} P_0\\ 0\end{Bmatrix}$$

无阻尼系统的特征值问题为：

$$(\boldsymbol{K}-\omega^2\boldsymbol{M})\boldsymbol{\phi}=\boldsymbol{0} \tag{b}$$

通过求解特征方程 $|\boldsymbol{K}-\omega^2\boldsymbol{M}|=0$，可得固有频率为：

$$\omega_1^2=\frac{k_1}{m},\ \omega_2^2=\frac{k_1+2k_2}{m} \tag{c}$$

将已知的 k_1、k_2 及 m 值代入式(c)中，得到：

$$\omega_1=31.42,\ \omega_2=37.70 \tag{d}$$

而相应的振型为：

$$\boldsymbol{\phi}_1=\begin{Bmatrix} 1\\ 1\end{Bmatrix},\ \boldsymbol{\phi}_2=\begin{Bmatrix} 1\\ -1\end{Bmatrix} \tag{e}$$

这样，系统的谱矩阵和振型矩阵为：

$$\boldsymbol{\Lambda}=\begin{bmatrix}\omega_1^2 & 0\\ 0 & \omega_2^2\end{bmatrix}=\begin{bmatrix}987 & 0\\ 0 & 1421\end{bmatrix},\ \boldsymbol{\Phi}=[\boldsymbol{\phi}_1\quad \boldsymbol{\phi}_2]=\begin{bmatrix}1 & 1\\ 1 & -1\end{bmatrix} \tag{f}$$

下面，可以确定广义质量矩阵、广义阻尼矩阵和广义刚度矩阵。

$$\overline{\boldsymbol{M}}=\boldsymbol{\Phi}^{\mathrm{T}}\boldsymbol{M}\boldsymbol{\Phi}=\begin{bmatrix}1 & 1\\ 1 & -1\end{bmatrix}\begin{bmatrix}1 & 0\\ 0 & 1\end{bmatrix}\begin{bmatrix}1 & 1\\ 1 & -1\end{bmatrix}=\begin{bmatrix}2 & 0\\ 0 & 2\end{bmatrix} \tag{g}$$

$$\overline{\boldsymbol{C}}=\boldsymbol{\Phi}^{\mathrm{T}}\boldsymbol{C}\boldsymbol{\Phi}=\begin{bmatrix}1 & 1\\ 1 & -1\end{bmatrix}\begin{bmatrix}0.6912 & -0.0628\\ -0.0628 & 0.6912\end{bmatrix}\begin{bmatrix}1 & 1\\ 1 & -1\end{bmatrix}=\begin{bmatrix}1.2568 & 0\\ 0 & 1.508\end{bmatrix} \tag{h}$$

$$\overline{\boldsymbol{K}}=\boldsymbol{\Phi}^{\mathrm{T}}\boldsymbol{K}\boldsymbol{\Phi}=\begin{bmatrix}1 & 1\\ 1 & -1\end{bmatrix}\begin{bmatrix}1204 & -217\\ -217 & 1204\end{bmatrix}\begin{bmatrix}1 & 1\\ 1 & -1\end{bmatrix}=\begin{bmatrix}1974 & 0\\ 0 & 2842\end{bmatrix} \tag{i}$$

(2) 根据式(h)可知，阻尼为经典阻尼。于是，应用式(6-41)确定振型阻尼比：

$$\xi_1=\frac{C_1}{2M_1\omega_1}=\frac{1.2568}{2\times 2\times 31.42}=0.01,\ \xi_2=\frac{C_2}{2M_2\omega_2}=\frac{1.508}{2\times 2\times 37.70}=0.01 \tag{j}$$

最后，利用式(6-62)即可求得系统的稳态反应。

【例 6-4】 如图 6-9(a)所示的两自由度系统，受到图 6-9(b)所示的荷载作用，其中系统和荷载的参数为：$E=2.0\times10^{11}\ \mathrm{N/m^2}$，$I=4.06\times10^{-5}\ \mathrm{m^4}$，$l=3.0\ \mathrm{m}$，$m=3.0\times10^4\ \mathrm{kg}$，$p_0=2.2\times10^4\ \mathrm{N}$，阻尼不计，且系统的初始条件为零。试求：

(1) 位移反应 $u_1(t)$ 和 $u_2(t)$。

(2) 在 a、b、c、d 截面处弯矩和剪力的动力反应。

(3) 在 $t=0.18$ s 时的剪力图和弯矩图。

【解】 (1) 求系统的质量矩阵和刚度矩阵。由于集中质量定义在自由度上，因此，质量矩阵是一对角阵：

$$\boldsymbol{M}=\begin{bmatrix}m/4 & 0\\ 0 & m/2\end{bmatrix} \tag{a}$$

为了确定刚度矩阵，首先计算柔度矩阵，然后再对其求逆。通过结构静力学的方法，可以求得柔度矩阵为：

$$\boldsymbol{F}=\frac{l^3}{48EI}\begin{bmatrix}16 & 5\\ 5 & 2\end{bmatrix} \tag{b}$$

于是，对柔度矩阵 $\boldsymbol{F}$ 求逆，得到刚度矩阵为：

$$\boldsymbol{K}=\frac{48EI}{7l^3}\begin{bmatrix}2 & -5\\ -5 & 16\end{bmatrix} \tag{c}$$

(2) 求固有频率和振型。利用第 5 章中无阻尼系统的自由振动分析，通过求解矩阵特

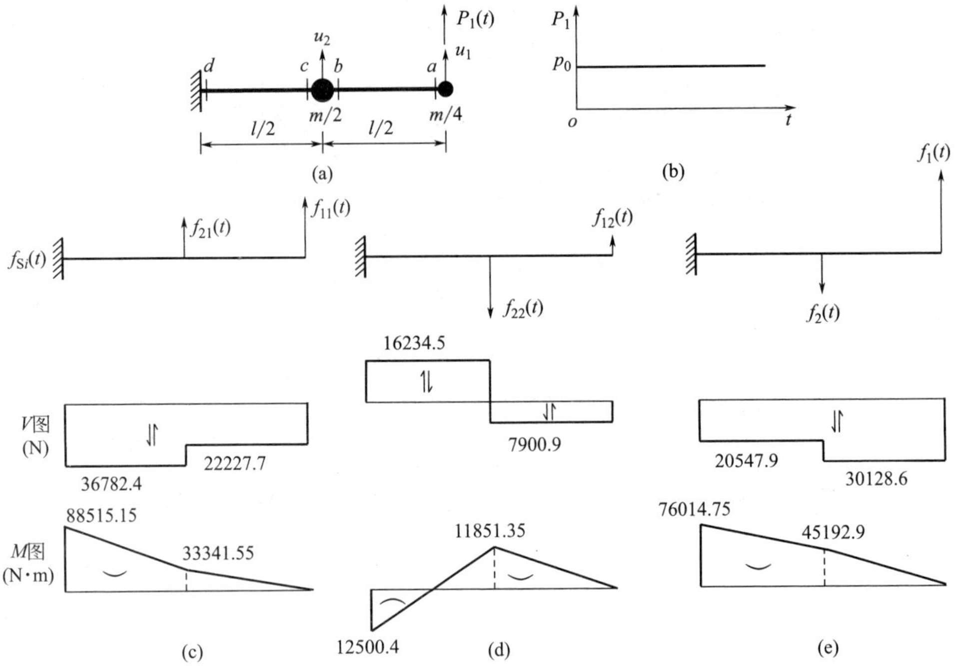

图 6-9

征值问题，得到系统的固有频率和振型：

$$\omega_1 = 3.1562\sqrt{\frac{EI}{ml^3}},\ \omega_2 = 16.2580\sqrt{\frac{EI}{ml^3}} \tag{d}$$

$$\boldsymbol{\phi}_1 = \begin{Bmatrix} \phi_{11} \\ \phi_{21} \end{Bmatrix} = \begin{Bmatrix} 1 \\ 0.3274 \end{Bmatrix},\ \boldsymbol{\phi}_2 = \begin{Bmatrix} \phi_{12} \\ \phi_{22} \end{Bmatrix} = \begin{Bmatrix} 1 \\ -1.5274 \end{Bmatrix} \tag{e}$$

将参数 E、I、m 及 l 的值代入式(d)中，得到：

$$\omega_1 = 10.0\ \text{rad/s},\ \omega_2 = 51.48\ \text{rad/s} \tag{f}$$

（3）建立广义坐标方程。广义质量和广义荷载为：

$$M_1 = \boldsymbol{\phi}_1^{\mathrm{T}}\boldsymbol{M}\boldsymbol{\phi}_1 = 9.1079\times10^3\ \text{kg},\ M_2 = \boldsymbol{\phi}_2^{\mathrm{T}}\boldsymbol{M}\boldsymbol{\phi}_2 = 4.2494\times10^4\ \text{kg}$$

$$P_1^*(t) = \boldsymbol{\phi}_1^{\mathrm{T}}\boldsymbol{P}(t) = \boldsymbol{\phi}_1^{\mathrm{T}}\begin{Bmatrix} p_0 \\ 0 \end{Bmatrix} = 2.2\times10^4\ \text{N},\ P_2^*(t) = \boldsymbol{\phi}_2^{\mathrm{T}}\boldsymbol{P}(t) = \boldsymbol{\phi}_2^{\mathrm{T}}\begin{Bmatrix} p_0 \\ 0 \end{Bmatrix} = 2.2\times10^4\ \text{N}$$

于是，两个广义坐标方程分别为：

$$\begin{cases} \ddot{\eta}_1(t) + 10^2\eta_1(t) = \dfrac{2.2\times10^4}{9.1079\times10^3} = 2.415 \\ \ddot{\eta}_2(t) + 51.48^2\eta_2(t) = \dfrac{2.2\times10^4}{4.2494\times10^4} = 0.518 \end{cases} \tag{g}$$

(4) 求解广义坐标方程。求解方程式(g)中的两个单自由度系统，并考虑初始条件为零，可得：

$$\begin{cases}\eta_1(t)=\dfrac{2.415}{10^2}\times(1-\cos10t)=0.02415\times(1-\cos10t)\\ \eta_2(t)=\dfrac{0.518}{51.48^2}\times(1-\cos51.48t)=0.0002\times(1-\cos51.48t)\end{cases}\tag{h}$$

(5) 计算位移反应。将 $\boldsymbol{\phi}_1$、$\boldsymbol{\phi}_2$、$\eta_1(t)$ 及 $\eta_2(t)$ 代入式(6-58)中，得到：

$$\boldsymbol{u}(t)=\begin{Bmatrix}u_1(t)\\u_2(t)\end{Bmatrix}=\boldsymbol{\phi}_1\eta_1(t)+\boldsymbol{\phi}_2\eta_2(t)$$

$$=10^{-3}\times\begin{Bmatrix}24.35-24.15\cos10t-0.2\cos51.48t\\7.60-7.91\cos10t+0.31\cos51.48t\end{Bmatrix}\text{m}\tag{i}$$

(6) 确定等效静力。将 ω_1^2、$\boldsymbol{M}$、$\boldsymbol{\phi}_1$ 及 $\eta_1(t)$ 代入式(6-59b)中，得到第 1 阶振型的等效静力：

$$\boldsymbol{f}_{S1}(t)=\begin{Bmatrix}f_{11}(t)\\f_{21}(t)\end{Bmatrix}=\omega_1^2\boldsymbol{M}\boldsymbol{\phi}_1\eta_1(t)=\begin{Bmatrix}18112.5\\11860.1\end{Bmatrix}\times(1-\cos10t)\tag{j}$$

同样地，将 ω_2^2、$\boldsymbol{M}$、$\boldsymbol{\phi}_2$ 及 $\eta_2(t)$ 代入式(6-59b)中，得到第 2 阶振型的等效静力：

$$\boldsymbol{f}_{S2}(t)=\begin{Bmatrix}f_{12}(t)\\f_{22}(t)\end{Bmatrix}=\omega_2^2\boldsymbol{M}\boldsymbol{\phi}_2\eta_2(t)=\begin{Bmatrix}3975.3\\-12143.7\end{Bmatrix}\times(1-\cos51.48t)\tag{k}$$

于是，组合的等效静力为：

$$f_1(t)=f_{11}(t)+f_{12}(t),\quad f_2(t)=f_{21}(t)+f_{22}(t)\tag{l}$$

(7) 确定内力。根据悬臂梁的静力分析可给出截面 a、b、c、d 处的剪力和弯矩：

$$V_a(t)=V_b(t)=f_1(t),\quad V_c(t)=V_d(t)=f_1(t)+f_2(t)\tag{m}$$

$$M_a(t)=0,\quad M_b(t)=\frac{l}{2}f_1(t),\quad M_d(t)=lf_1(t)+\frac{l}{2}f_2(t)\tag{n}$$

(8) 求 $t=0.18$ s 时刻的内力。当 $t=0.18$ s 时，由式(j)和式(k)，得到：

$$f_{11}=22227.7\ \text{N},\quad f_{12}=7900.9\ \text{N}$$

$$f_{21}=14554.7\ \text{N},\quad f_{22}=-24135.4\ \text{N}$$

于是，由式(l)可求得 $f_1(t)=30128.6$ N，$f_2(t)=-9580.7$ N。将其代入式(m)和式(n)中，得到图 6-9(c)、(d)所示的等效静力数值，图中画出了每个振型引起的弯矩和剪力，这些单元力的组合值示于图 6-9(e)中。

§6.4　非经典阻尼系统的强迫振动反应分析

当结构的阻尼不满足经典阻尼的条件时，无阻尼振型矩阵不能使运动方程全部解耦，需要对结构进行以复振型(复模态)为基础的振型分析。

具有一般黏滞阻尼的多自由度系统的运动方程为：

$$\boldsymbol{M}\ddot{\boldsymbol{u}}+\boldsymbol{C}\dot{\boldsymbol{u}}+\boldsymbol{K}\boldsymbol{u}=\boldsymbol{P}(t) \tag{6-70}$$

尽管无阻尼振型矩阵不能使一般黏滞阻尼矩阵对角化而解除运动方程的耦合，但经过某些变换，仍有可能进行振型分析。进行复振型分析的两种常用方法：①将一个 n 自由度二阶系统化为 $2n$ 个一阶系统来处理，这就是所谓的**状态空间法**；②利用 Laplace 变换，先建立系统传递函数的展开式，再求系统的位移反应，这就是所谓的**拉普拉斯变换法**。这两种方法可以得到一致的结果，只是振型表达式所建立的途径不同。这些方法的特征值和特征向量都是复数，需要进行一系列繁杂的复运算才能得到实的位移反应，因而计算工作量巨大。

下面以状态空间法为例进行分析。首先，将式(6-70)表示为如下的等价形式：

$$\boldsymbol{A}\dot{\boldsymbol{U}}+\boldsymbol{B}\boldsymbol{U}=\boldsymbol{Q}(t) \tag{6-71a}$$

其中

$$\boldsymbol{U}=\begin{Bmatrix}\boldsymbol{u}\\ \dot{\boldsymbol{u}}\end{Bmatrix},\ \boldsymbol{A}=\begin{bmatrix}\boldsymbol{C} & \boldsymbol{M}\\ \boldsymbol{M} & \boldsymbol{0}\end{bmatrix},\ \boldsymbol{B}=\begin{bmatrix}\boldsymbol{K} & \boldsymbol{0}\\ \boldsymbol{0} & -\boldsymbol{M}\end{bmatrix},\ \boldsymbol{Q}(t)=\begin{Bmatrix}\boldsymbol{P}(t)\\ \boldsymbol{0}\end{Bmatrix} \tag{6-71b}$$

式(6-71a)称为状态方程，$\boldsymbol{U}$ 为状态向量。

6.4.1　特征值问题与正交性

在式(6-71a)中，令 $\boldsymbol{Q}(t)=\boldsymbol{0}$ 即可得到系统自由振动的运动方程：

$$\boldsymbol{A}\dot{\boldsymbol{U}}+\boldsymbol{B}\boldsymbol{U}=\boldsymbol{0} \tag{6-72}$$

设方程(6-72)的解为：

$$\boldsymbol{u}=\boldsymbol{\phi}\mathrm{e}^{\lambda t},\ \dot{\boldsymbol{u}}=\lambda\boldsymbol{\phi}\mathrm{e}^{\lambda t} \tag{6-73a}$$

于是，有：

$$\boldsymbol{U}=\begin{Bmatrix}\boldsymbol{u}\\ \dot{\boldsymbol{u}}\end{Bmatrix}=\begin{Bmatrix}\boldsymbol{\phi}\\ \lambda\boldsymbol{\phi}\end{Bmatrix}\mathrm{e}^{\lambda t}=\boldsymbol{\psi}\mathrm{e}^{\lambda t} \tag{6-73b}$$

将式(6-73b)代入式(6-72)中，可得：

$$(\boldsymbol{B}+\lambda\boldsymbol{A})\boldsymbol{\psi}=\boldsymbol{0}\quad 或\quad \boldsymbol{B}\boldsymbol{\psi}=-\lambda\boldsymbol{A}\boldsymbol{\psi} \tag{6-74}$$

式(6-74)即为矩阵 $\boldsymbol{A}$、$\boldsymbol{B}$ 的广义特征值问题。

由于矩阵 $\boldsymbol{M}$、$\boldsymbol{C}$ 及 $\boldsymbol{K}$ 都是 n 阶对称阵，$2n$ 阶方阵 $\boldsymbol{A}$ 与 $\boldsymbol{B}$ 也必定是对称的，这样，式(6-74)的广义特征值问题在形式上与式(5-9)完全相同。对于低阻尼系统，即阻尼小于临界阻尼的系统，通过求解特征方程 $|\boldsymbol{B}+\lambda\boldsymbol{A}|=0$，可得到 n 对($2n$ 个)不同的共轭复特征值，这些特征值组成的对角阵为：

$$\boldsymbol{\Lambda}=\begin{bmatrix}\lambda_1 & 0 & \cdots & 0\\ 0 & \lambda_2 & \cdots & 0\\ \vdots & \vdots & \ddots & \vdots\\ 0 & 0 & \cdots & \lambda_{2n}\end{bmatrix}\tag{6-75}$$

将每一对共轭复特征值代入式(6-74)中，可得到对应的一对共轭复特征向量，将这些复特征向量组成一个 $2n$ 阶方阵，即所谓的状态空间复振型矩阵：

$$\boldsymbol{\Psi}=[\boldsymbol{\psi}_1\quad \boldsymbol{\psi}_2\quad \cdots\quad \boldsymbol{\psi}_{2n}]\tag{6-76}$$

记 $\boldsymbol{\psi}_i$ 及 $\boldsymbol{\psi}_j$ 分别为相应于特征值 λ_i 及 λ_j 的复特征向量，则存在类似于式(5-42)与式(5-43)的正交性：

$$\boldsymbol{\psi}_i^{\mathrm{T}}\boldsymbol{A}\boldsymbol{\psi}_j=\begin{cases}0, & j\neq i\\ A_i, & j=i\end{cases}\tag{6-77a}$$

$$\boldsymbol{\psi}_i^{\mathrm{T}}\boldsymbol{B}\boldsymbol{\psi}_j=\begin{cases}0, & j\neq i\\ B_i, & j=i\end{cases}\tag{6-77b}$$

由式(6-74)可知 $\boldsymbol{B}\boldsymbol{\psi}_i=-\lambda_i\boldsymbol{A}\boldsymbol{\psi}_i$，在其两边左乘 $\boldsymbol{\psi}_i^{\mathrm{T}}$，并利用式(6-77)得到：

$$B_i=-\lambda_i A_i\tag{6-78}$$

假设系统的 $2n$ 个特征值互不相同，根据正交性，可得：

$$\boldsymbol{\Psi}^{\mathrm{T}}\boldsymbol{A}\boldsymbol{\Psi}=\overline{\boldsymbol{A}}，\ \boldsymbol{\Psi}^{\mathrm{T}}\boldsymbol{B}\boldsymbol{\Psi}=\overline{\boldsymbol{B}}\tag{6-79}$$

其中

$$\overline{\boldsymbol{A}}=\begin{bmatrix}A_1 & 0 & \cdots & 0\\ 0 & A_2 & \cdots & 0\\ \vdots & \vdots & \ddots & \vdots\\ 0 & 0 & \cdots & A_{2n}\end{bmatrix},\ \overline{\boldsymbol{B}}=\begin{bmatrix}B_1 & 0 & \cdots & 0\\ 0 & B_2 & \cdots & 0\\ \vdots & \vdots & \ddots & \vdots\\ 0 & 0 & \cdots & B_{2n}\end{bmatrix}\tag{6-80}$$

如果将 $n\times 2n$ 阶矩阵 $\boldsymbol{\Phi}$ 记为：

$$\boldsymbol{\Phi}=[\boldsymbol{\phi}_1\quad \boldsymbol{\phi}_2\quad \cdots\quad \boldsymbol{\phi}_{2n}]$$

则由式(6-73b)可知，复振型矩阵又可表示为：

$$\boldsymbol{\Psi}=\begin{Bmatrix}\boldsymbol{\Phi}\\ \boldsymbol{\Phi\Lambda}\end{Bmatrix} \tag{6-81}$$

6.4.2 复广义坐标变换

将式(6-71a)作复广义坐标变换：

$$\boldsymbol{U}=\boldsymbol{\Psi Z} \tag{6-82}$$

式中，$\boldsymbol{Z}$ 称为复广义坐标向量(复主坐标)，是 $2n$ 维向量。

将式(6-82)代入式(6-71a)中，并在方程两边左乘矩阵 $\boldsymbol{\Psi}^{\mathrm{T}}$，得到在复广义坐标 $\boldsymbol{Z}$ 下的状态方程为：

$$\boldsymbol{\Psi}^{\mathrm{T}}\boldsymbol{A\Psi}\dot{\boldsymbol{Z}}+\boldsymbol{\Psi}^{\mathrm{T}}\boldsymbol{B\Psi Z}=\boldsymbol{\Psi}^{\mathrm{T}}\boldsymbol{Q}(t) \tag{6-83}$$

式(6-83)的右端项可化简为：

$$\boldsymbol{\Psi}^{\mathrm{T}}\boldsymbol{Q}(t)=[\boldsymbol{\Phi}^{\mathrm{T}}\quad \boldsymbol{\Lambda\Phi}^{\mathrm{T}}]\begin{Bmatrix}\boldsymbol{P}(t)\\ \boldsymbol{0}\end{Bmatrix}=\boldsymbol{\Phi}^{\mathrm{T}}\boldsymbol{P}(t)$$

于是，式(6-83)变为：

$$\overline{\boldsymbol{A}}\dot{\boldsymbol{Z}}+\overline{\boldsymbol{B}}\boldsymbol{Z}=\boldsymbol{\Phi}^{\mathrm{T}}\boldsymbol{P}(t) \tag{6-84}$$

式(6-84)的 $2n$ 个方程已全部解耦，其中第 j 个复振型坐标方程为：

$$A_j\dot{Z}_j+B_jZ_j=\boldsymbol{\phi}_j^{\mathrm{T}}\boldsymbol{P}(t) \tag{6-85a}$$

或写为：

$$\dot{Z}_j-\lambda_jZ_j=\frac{\boldsymbol{\phi}_j^{\mathrm{T}}\boldsymbol{P}(t)}{A_j} \tag{6-85b}$$

求解式(6-85)，得到：

$$Z_j(t)=Z_j(0)\mathrm{e}^{\lambda_jt}+\frac{1}{A_j}\int_0^t\mathrm{e}^{\lambda_j(t-\tau)}\boldsymbol{\phi}_j^{\mathrm{T}}\boldsymbol{P}(\tau)\mathrm{d}\tau \tag{6-86}$$

下面，考虑初始条件 $Z_j(0)$ 的求解。假设系统的初始位移和初始速度为：

$$\boldsymbol{u}(0)=\boldsymbol{u}_0,\ \dot{\boldsymbol{u}}(0)=\dot{\boldsymbol{u}}_0 \tag{6-87}$$

于是，有：

$$\boldsymbol{U}(0)=\begin{Bmatrix}\boldsymbol{u}(0)\\ \dot{\boldsymbol{u}}(0)\end{Bmatrix}=\begin{Bmatrix}\boldsymbol{u}_0\\ \dot{\boldsymbol{u}}_0\end{Bmatrix}$$

由式(6-79)可知：

$$\boldsymbol{\Psi}^{-1}=\overline{\boldsymbol{A}}^{-1}\boldsymbol{\Psi}^{\mathrm{T}}\boldsymbol{A} \tag{6-88}$$

这样，在复广义坐标 $\boldsymbol{Z}$ 下的初始条件为：

$$\boldsymbol{Z}(0)=\boldsymbol{\Psi}^{-1}\boldsymbol{U}(0)=\overline{\boldsymbol{A}}^{-1}\boldsymbol{\Psi}^{\mathrm{T}}\boldsymbol{A}\boldsymbol{U}(0) \tag{6-89}$$

其中，第 j 个分量为：

$$\begin{aligned}Z_j(0)&=\frac{1}{A_j}\boldsymbol{\psi}_j^{\mathrm{T}}\boldsymbol{A}\boldsymbol{U}(0)=\frac{1}{A_j}\begin{bmatrix}\boldsymbol{\phi}_j^{\mathrm{T}} & \lambda_j\boldsymbol{\phi}_j^{\mathrm{T}}\end{bmatrix}\begin{bmatrix}\boldsymbol{C} & \boldsymbol{M}\\ \boldsymbol{M} & \boldsymbol{0}\end{bmatrix}\begin{Bmatrix}\boldsymbol{u}_0\\ \dot{\boldsymbol{u}}_0\end{Bmatrix}\\&=\frac{1}{A_j}\boldsymbol{\phi}_j^{\mathrm{T}}(\lambda_j\boldsymbol{M}\boldsymbol{u}_0+\boldsymbol{M}\dot{\boldsymbol{u}}_0+\boldsymbol{C}\boldsymbol{u}_0)\end{aligned} \tag{6-90}$$

根据式(6-81)与式(6-82)，可知：

$$\boldsymbol{U}=\begin{Bmatrix}\boldsymbol{u}\\ \dot{\boldsymbol{u}}\end{Bmatrix}=\boldsymbol{\Psi}\boldsymbol{Z}=\begin{Bmatrix}\boldsymbol{\Phi}\\ \boldsymbol{\Phi}\boldsymbol{\Lambda}\end{Bmatrix}\boldsymbol{Z}$$

从而，有：

$$\boldsymbol{u}=\boldsymbol{\Phi}\boldsymbol{Z},\ \dot{\boldsymbol{u}}=\boldsymbol{\Phi}\boldsymbol{\Lambda}\boldsymbol{Z} \tag{6-91}$$

将式(6-86)与式(6-90)代入式(6-91)中，即可得到一般黏滞阻尼系统对任意激励的反应为：

$$\begin{aligned}\boldsymbol{u}(t)&=\boldsymbol{\Phi}\boldsymbol{Z}(t)=\sum_{j=1}^{2n}\boldsymbol{\phi}_jZ_j(t)\\&=\sum_{j=1}^{2n}\frac{\mathrm{e}^{\lambda_jt}}{A_j}\boldsymbol{\phi}_j\boldsymbol{\phi}_j^{\mathrm{T}}[\boldsymbol{M}(\lambda_j\boldsymbol{u}_0+\dot{\boldsymbol{u}}_0)+\boldsymbol{C}\boldsymbol{u}_0]+\sum_{j=1}^{2n}\frac{1}{A_j}\boldsymbol{\phi}_j\boldsymbol{\phi}_j^{\mathrm{T}}\int_0^t\boldsymbol{P}(\tau)\mathrm{e}^{\lambda_j(t-\tau)}\mathrm{d}\tau\end{aligned} \tag{6-92}$$

§6.5 振型反应贡献与截断

为了估计振型截断所引起的误差，必须考虑各个振型反应的贡献。对于任意的第 j 阶振型，其广义坐标方程[即式(6-54b)]为：

$$\ddot{\eta}_j(t)+2\xi_j\omega_j\dot{\eta}_j(t)+\omega_j^2\eta_j(t)=\frac{P_j^*(t)}{M_j}$$

其中，第 j 阶振型的广义质量和广义荷载由式(6-4c)给出：

$$M_j=\boldsymbol{\phi}_j^{\mathrm{T}}\boldsymbol{M}\boldsymbol{\phi}_j,\ P_j^*(t)=\boldsymbol{\phi}_j^{\mathrm{T}}\boldsymbol{P}(t)$$

对于一般的外荷载向量 $\boldsymbol{P}(t)$，其幅度和空间分布都是随时间变化的。然而，在下面的讨论中，假定荷载向量的空间分布不随时间变化，而只是幅度随时间变化，例如地震激励就是这类外荷载的一个典型实例。这样，荷载向量就可以表示为如下的形式：

$$\boldsymbol{P}(t)=\boldsymbol{S}f(t) \tag{6-93}$$

式中，$\boldsymbol{S}$ 称为荷载的**空间分布向量**，$f(t)$ 称为荷载的**幅度函数**。在下面的分析中，假定系统的初始条件为零。

6.5.1　荷载向量 $\boldsymbol{P}(t)=\boldsymbol{S}f(t)$ 的振型展开

首先，将荷载的空间分布向量 $\boldsymbol{S}$ 展开为：

$$\boldsymbol{S}=\sum_{j=1}^{n}\boldsymbol{s}_j=\sum_{j=1}^{n}\Gamma_j\boldsymbol{M}\boldsymbol{\phi}_j \tag{6-94}$$

这样，第 j 阶振型对 $\boldsymbol{S}$ 的贡献为：

$$\boldsymbol{s}_j=\boldsymbol{M}\boldsymbol{\phi}_j\Gamma_j \tag{6-95}$$

将式(6-94)两边左乘 $\boldsymbol{\phi}_j^{\mathrm{T}}$，并利用振型的正交性，得到：

$$\Gamma_j=\frac{\boldsymbol{\phi}_j^{\mathrm{T}}\boldsymbol{S}}{M_j} \tag{6-96}$$

式(6-94)可理解为荷载的空间分布 $\boldsymbol{S}$ 是按照固有振型相关的惯性力分布 $\boldsymbol{s}_j$ 展开的。因为结构在第 j 阶振型上具有加速度 $\ddot{\boldsymbol{u}}_j(t)=\boldsymbol{\phi}_j\ddot{\eta}_j(t)$，而相应的惯性抗力为：

$$\boldsymbol{f}_{\mathrm{I}j}=\boldsymbol{M}\ddot{\boldsymbol{u}}_j(t)=\boldsymbol{M}\boldsymbol{\phi}_j\ddot{\eta}_j(t)$$

惯性抗力的空间分布由向量 $\boldsymbol{M}\boldsymbol{\phi}_j$ 确定，与式(6-95)中 $\boldsymbol{s}_j$ 的分布相同。

此外，式(6-94)的展开有两个重要的性质：①部分荷载向量 $\boldsymbol{s}_jf(t)$ 只会产生第 j 阶振型的反应，而不会引起其他振型的反应；②第 j 阶振型的动力反应完全由部分荷载向量 $\boldsymbol{s}_jf(t)$ 所引起。

事实上，部分荷载向量 $\boldsymbol{s}_jf(t)$ 相应于第 i 阶振型的广义力为：

$$P_{i,j}^{*}(t)=\boldsymbol{\phi}_i^{\mathrm{T}}\boldsymbol{s}_jf(t)=\Gamma_j(\boldsymbol{\phi}_i^{\mathrm{T}}\boldsymbol{M}\boldsymbol{\phi}_j)f(t)$$

根据振型的正交性，当 $i\neq j$ 时，有 $P_{i,j}^{*}(t)=0$，这表明激励向量 $\boldsymbol{s}_jf(t)$ 没有引起第 i 阶振型的反应；当 $i=j$ 时，$P_{j,j}^{*}(t)=\Gamma_jM_jf(t)$，这表明激励向量 $\boldsymbol{s}_jf(t)$ 只产生了第 j 阶振型的反应。

而荷载向量 $\boldsymbol{S}f(t)$ 相应于第 j 阶振型的广义力为：

$$P_j^{*}(t)=\boldsymbol{\phi}_j^{\mathrm{T}}\boldsymbol{S}f(t)=\sum_{i=1}^{n}\Gamma_i(\boldsymbol{\phi}_j^{\mathrm{T}}\boldsymbol{M}\boldsymbol{\phi}_i)f(t)$$

利用振型的正交性，得到 $P_j^{*}(t)=\Gamma_jM_jf(t)$。

因此，荷载向量 $\boldsymbol{S}f(t)$ 相应于第 j 阶振型的广义力与部分荷载向量 $\boldsymbol{s}_jf(t)$ 相应的广义力相等。

6.5.2　荷载向量 $\boldsymbol{P}(t)=\boldsymbol{S}f(t)$ 的振型分析

下面，讨论经典阻尼系统对于荷载向量 $\boldsymbol{P}(t)=\boldsymbol{S}f(t)$ 的反应分析。将第 j 阶振型的广

义荷载 $P_j^*(t)=\Gamma_j M_j f(t)$ 代入广义坐标方程[即式(6-54b)]中，得到：

$$\ddot{\eta}_j(t)+2\xi_j\omega_j\dot{\eta}_j(t)+\omega_j^2\eta_j(t)=\Gamma_j f(t) \tag{6-97}$$

式中，Γ_j 称为振型参与系数，它是第 j 阶振型参与反应程度的一种度量。根据式(6-96)可知，Γ_j 与振型归一化的方式有关。鉴于这一缺陷，我们将在后面定义振型贡献系数予以克服。

根据单自由度系统的振动理论，式(6-97)的解可表示为：

$$\eta_j(t)=\Gamma_j D_j(t) \tag{6-98}$$

其中，$D_j(t)$ 由以下的运动方程求得：

$$\ddot{D}_j(t)+2\xi_j\omega_j\dot{D}_j(t)+\omega_j^2 D_j(t)=f(t) \tag{6-99}$$

这样，第 j 阶振型对位移 $\boldsymbol{u}(t)$ 的贡献为：

$$\boldsymbol{u}_j(t)=\Gamma_j\boldsymbol{\phi}_j D_j(t) \tag{6-100}$$

将式(6-98)代入式(6-59b)中，并考虑到式(6-95)，得到与第 j 阶振型反应相应的等效静力：

$$\boldsymbol{f}_{Sj}(t)=\omega_j^2\boldsymbol{M}\boldsymbol{\phi}_j\eta_j(t)=\boldsymbol{s}_j[\omega_j^2 D_j(t)] \tag{6-101}$$

通过对结构受荷载 $\boldsymbol{f}_{Sj}(t)$ 作用的静力分析，可计算第 j 阶振型对任意反应量 $y(t)$ 的贡献 $y_j(t)$：

$$y_j(t)=y_j^{st}[\omega_j^2 D_j(t)] \tag{6-102}$$

其中，y_j^{st} 表示由 $\boldsymbol{s}_j$ 引起的振型静力反应。

于是，将所有振型对反应的贡献进行叠加，得到总反应为：

$$y(t)=\sum_{j=1}^{n}y_j(t)=\sum_{j=1}^{n}y_j^{st}[\omega_j^2 D_j(t)] \tag{6-103}$$

从以上分析可知，在计算第 j 阶振型对反应量的贡献 $y_j(t)$ 时，需要考虑以下两方面的结果：①结构承受 $\boldsymbol{s}_j$ 作用时的静力分析结果；②第 j 阶振型单自由度系统承受 $f(t)$ 激励的动力分析结果。因此，振型分析需要考虑结构在 n 组 $\boldsymbol{s}_j(j=1,2,\cdots,n)$ 作用的静力分析和 n 个不同单自由度系统的动力分析。最后，将振型反应的贡献进行叠加，即可得到结构的总动力反应。

6.5.3 振型贡献系数

第 j 阶振型对反应量 y 的贡献 y_j [即式(6-102)]，可以表示为：

$$y_j(t)=y^{st}\overline{y}_j[\omega_j^2 D_j(t)] \tag{6-104}$$

式中，$y^{st}=\sum_{j=1}^{n}y_j^{st}$ 是由 $\boldsymbol{S}$ 引起的反应量 y 的静力值，第 j 阶**振型贡献系数**定义为：

$$\overline{y}_j=\frac{y_j^{st}}{y^{st}} \tag{6-105}$$

显然，振型贡献系数 $\overline{y}_j$ 具有三个重要的性质：①无量纲化；②与振型归一化的方式无关；③所有振型贡献系数之和等于1，即 $\sum_{j=1}^{n}\overline{y}_j=1$。

6.5.4 振型反应与振型数目

考虑第 j 阶振型单自由度系统的位移 $D_j(t)$，并定义其峰值 $D_{j,0}\equiv\max_t|D_j(t)|$。于是，相应的反应贡献 $y_j(t)$ 值为：

$$y_{j,0}=y^{st}\overline{y}_j\omega_j^2D_{j,0} \tag{6-106}$$

式中，$y_{j,0}$ 的代数符号与振型静力反应 $y_j^{st}=y^{st}\overline{y}_j$ 相同。这里，尽管 $y_{j,0}$ 具有代数符号，仍称其为第 j 阶振型对反应贡献的峰值，或简称为**峰值振型反应**，因为它与 $D_j(t)$ 的峰值相对应。

对于由方程(6-99)控制的第 j 阶振型单自由度系统，定义**动力放大系数**：

$$R_{d,j}=\frac{D_{j,0}}{D_{j,0}^{st}} \tag{6-107}$$

其中，$D_{j,0}^{st}$ 为静力反应 $D_j^{st}(t)$ 的峰值。事实上，在方程(6-99)中只考虑静力项，得到 $D_j^{st}(t)=f(t)/\omega_j^2$ 和其峰值 $D_{j,0}^{st}=f_0/\omega_j^2$。于是，式(6-106)可写为：

$$y_{j,0}=f_0y^{st}\overline{y}_jR_{d,j} \tag{6-108}$$

从式(6-108)可知，峰值振型反应是四项的乘积：①第 j 阶振型单自由度系统承受荷载 $f(t)$ 作用的动力放大系数 $R_{d,j}$；②反应量 y 的振型贡献系数 $\overline{y}_j$；③由空间分布向量 $\boldsymbol{S}$ 引起的反应量 y 的静力值 y^{st}；④幅度函数 $f(t)$ 的峰值 f_0。其中，$\overline{y}_j$ 和 y^{st} 取决于荷载的空间分布 $\boldsymbol{S}$，而与幅度函数 $f(t)$ 无关；$R_{d,j}$ 和 f_0 取决于荷载的幅度函数 $f(t)$，而与 $\boldsymbol{S}$ 无关。此外，振型贡献系数 $\overline{y}_j$ 和动力放大系数 $R_{d,j}$ 影响各振型对反应的相对贡献，因此在动力分析中应包括最少的振型数目；而 f_0 和 y^{st} 与振型数目无关。

在应用振型分析多自由度系统的反应时，一般只需前 N 个振型就能获得足够精确的结果，其中 N 可能比 n 小很多。如果只取前 N 个振型，则静力反应的误差为：

$$\varepsilon_N=1-\sum_{j=1}^{N}\overline{y}_j \tag{6-109}$$

对于给定的 N，误差 ε_N 取决于荷载的空间分布 $\boldsymbol{S}$。当 ε_N 的绝对值 $|\varepsilon_N|$ 对于所关心

的反应量 y 足够小时，振型分析可以截断。然而，各振型的动力放大系数 $R_{d,j}$ 也会影响所包含的振型数目，$R_{d,j}$ 取决于幅度函数 $f(t)$ 及第 j 阶振型的振动特性 ω_j 和 ξ_j。

因此，在分析各振型对反应量的相对贡献和在动力分析中应包含的振型数目时，必须研究两个影响系数，即取决于荷载空间分布的振型贡献系数和荷载幅度控制的动力放大系数。

6.5.5 静力修正方法

当高频振型反应中的动力效应可以忽略时，可以通过静力分析(而不是动力分析)来计算这些高频振型反应。于是，将式(6-58)给出的振型位移的总反应分为两部分：

$$\boldsymbol{u}(t)=\boldsymbol{u}_{\mathrm{d}}(t)+\boldsymbol{u}_{\mathrm{s}}(t)=\sum_{j=1}^{n_{\mathrm{s}}}\boldsymbol{\phi}_j\eta_j(t)+\sum_{j=n_{\mathrm{s}}+1}^{n}\boldsymbol{\phi}_j\eta_j(t) \tag{6-110}$$

其中，$\boldsymbol{u}_{\mathrm{d}}(t)$ 为低阶振型反应贡献之和，其动力效应显著(动力放大系数 $R_{d,j}$ 远大于 1)；$\boldsymbol{u}_{\mathrm{s}}(t)$ 为动力放大系数接近于 1 的高阶振型反应贡献之和。

对于前 n_{s} 阶振型的广义坐标反应 $\eta_j(t)(j=1,2,\cdots,n_{\mathrm{s}})$， 可以按任何标准的单自由度系统动力反应分析方法来计算，例如应用 Duhamel 积分、时间逐步法(将在第 3 篇介绍)或在简单动力激励下直接解运动微分方程的方法。对于余下的 $(n-n_{\mathrm{s}})$ 个高阶振型的反应，可以通过静力分析方法，即由广义荷载除以广义刚度：

$$\eta_j^{\mathrm{s}}(t)=\frac{P_j^*(t)}{K_j}=\frac{\boldsymbol{\phi}_j^{\mathrm{T}}\boldsymbol{P}(t)}{\boldsymbol{\phi}_j^{\mathrm{T}}\boldsymbol{K}\boldsymbol{\phi}_j} \tag{6-111}$$

因此，高阶振型对位移的静力贡献为：

$$\boldsymbol{u}_j^{\mathrm{s}}(t)=\boldsymbol{\phi}_j\eta_j^{\mathrm{s}}(t)=\frac{\boldsymbol{\phi}_j\boldsymbol{\phi}_j^{\mathrm{T}}}{K_j}\boldsymbol{P}(t) \tag{6-112}$$

或写为：

$$\boldsymbol{u}_j^{\mathrm{s}}(t)=\boldsymbol{F}_j\boldsymbol{P}(t) \tag{6-113a}$$

其中，$\boldsymbol{F}_j$ 为振型柔度矩阵：

$$\boldsymbol{F}_j=\frac{\boldsymbol{\phi}_j\boldsymbol{\phi}_j^{\mathrm{T}}}{K_j} \tag{6-113b}$$

式(6-113)给出了由荷载向量 $\boldsymbol{P}(t)$ 产生的第 j 阶振型静力位移。

考虑式(6-93)所示的荷载向量，则总静力反应可表示为：

$$\boldsymbol{u}_{\mathrm{s}}(t)=\sum_{j=n_{\mathrm{s}}+1}^{n}\boldsymbol{u}_j^{\mathrm{s}}(t)=\sum_{j=n_{\mathrm{s}}+1}^{n}\boldsymbol{F}_j\boldsymbol{S}f(t) \tag{6-114}$$

为了避免计算高阶振型，可以先计算全部振型给出的总静力反应，然后减去前 n_{s} 阶振型产生的静力反应。因此，式(6-114)又可写为：

$$\boldsymbol{u}_{\mathrm{s}}(t)=\boldsymbol{K}^{-1}\boldsymbol{S}f(t)-\sum_{j=1}^{n_{\mathrm{s}}}\boldsymbol{F}_j\boldsymbol{S}f(t) \tag{6-115}$$

于是，包含静力修正项的总位移为：

$$\boldsymbol{u}(t)=\sum_{j=1}^{n_{\mathrm{s}}}\boldsymbol{\phi}_j\eta_j(t)+\left(\boldsymbol{K}^{-1}-\sum_{j=1}^{n_{\mathrm{s}}}\boldsymbol{F}_j\right)\boldsymbol{S}f(t) \tag{6-116}$$

式中，第一项表示应用前 n_{s} 个振型的振型位移叠加分析，另一项是对 $(n-n_{\mathrm{s}})$ 个高阶振型所作的相应的静力修正。

从上述推导过程可知，在必须包括较多高阶振型以表现荷载激励的空间分布 $\boldsymbol{S}$，同时激励幅度函数 $f(t)$ 对于前几个低阶振型具有明显动力放大的分析时，静力修正法才是有效的。在此情况下，几个低阶振型的动力反应与静力修正项的叠加，就可给出与使用更多振型的标准振型叠加分析几乎相同的结果。

6.5.6　振型加速度叠加法

振型加速度叠加法是另一种能提供与静力修正法具有相同结果的方法。这种方法可以从振型的广义坐标方程(6-54b)中导出，即：

$$\eta_j(t)=\frac{P_j^*(t)}{K_j}-\frac{1}{\omega_j^2}\ddot{\eta}_j(t)-\frac{2\xi_j}{\omega_j}\dot{\eta}_j(t) \tag{6-117}$$

于是，采用振型位移叠加方式就可以得到总反应：

$$\boldsymbol{u}(t)=\sum_{j=1}^{n}\boldsymbol{\phi}_j\eta_j(t)=\sum_{j=1}^{n}\boldsymbol{\phi}_j\frac{P_j^*(t)}{K_j}-\sum_{j=1}^{n}\boldsymbol{\phi}_j\left[\frac{1}{\omega_j^2}\ddot{\eta}_j(t)+\frac{2\xi_j}{\omega_j}\dot{\eta}_j(t)\right] \tag{6-118}$$

将式(6-118)右边的第一个求和项改写为：

$$\sum_{j=1}^{n}\boldsymbol{\phi}_j\frac{P_j^*(t)}{K_j}=\sum_{j=1}^{n}\boldsymbol{\phi}_j\frac{\boldsymbol{\phi}_j^{\mathrm{T}}\boldsymbol{P}(t)}{K_j}=\sum_{j=1}^{n}\boldsymbol{F}_j\boldsymbol{P}(t)\equiv\boldsymbol{K}^{-1}\boldsymbol{S}f(t) \tag{6-119}$$

显然，所有振型柔度之和一定是结构的柔度 $\boldsymbol{K}^{-1}$。此外，式(6-118)右边的第二个求和项表示荷载激励的动力放大效应，由于在高阶振型反应中这种动力效应的影响可以忽略，所以此求和项的上限可以变为 n_{s}。为此，振型加速度叠加分析的最终形式为：

$$\boldsymbol{u}(t)=\boldsymbol{K}^{-1}\boldsymbol{S}f(t)-\sum_{j=1}^{n_{\mathrm{s}}}\boldsymbol{\phi}_j\left[\frac{1}{\omega_j^2}\ddot{\eta}_j(t)+\frac{2\xi_j}{\omega_j}\dot{\eta}_j(t)\right] \tag{6-120}$$

事实上，振型加速度叠加法与静力修正法具有相同的结果。为比较起见，现将静力修正法公式(6-116)重新写为：

$$\boldsymbol{u}(t)=\boldsymbol{K}^{-1}\boldsymbol{S}f(t)+\sum_{j=1}^{n_s}\left[\boldsymbol{\phi}_j\eta_j(t)-\frac{\boldsymbol{\phi}_j\boldsymbol{\phi}_j^{\mathrm{T}}}{K_j}\boldsymbol{S}f(t)\right]$$
$$=\boldsymbol{K}^{-1}\boldsymbol{S}f(t)+\sum_{j=1}^{n_s}\boldsymbol{\phi}_j\left[\eta_j(t)-\frac{P_j^*(t)}{K_j}\right] \tag{6-121}$$

再根据式(6-117)，上式方括号中的项可以用振型加速度和振型速度表示：

$$\boldsymbol{u}(t)=\boldsymbol{K}^{-1}\boldsymbol{S}f(t)-\sum_{j=1}^{n_s}\boldsymbol{\phi}_j\left[\frac{1}{\omega_j^2}\ddot{\eta}_j(t)+\frac{2\xi_j}{\omega_j}\dot{\eta}_j(t)\right] \tag{6-122}$$

这与振型加速度叠加法公式(6-120)完全相同。因此，除了在数值运算过程中产生的微小差异外，两种方法没有区别。两种方法的选择经常由计算机代码执行的难易程度来支配，从这一点来说，静力修正法通常更为方便，因为它只需要对标准振型位移叠加法作简单的修正。

【例 6-5】 如图 6-10 所示的四层剪切型建筑物(各层的梁和楼板均为刚性的)，各楼层的集中质量和层间刚度标示于图中，其中 $m=1$，$k=800$。在顶层楼板上作用有水平的余弦激励 $P(t)=P_1\cos\bar{\omega}t$，忽略结构阻尼的影响。试利用不同方法计算激励频率 $\bar{\omega}=0$、$\bar{\omega}=0.5\omega_1$ 和 $\bar{\omega}=1.3\omega_3$ 时，顶层楼板的稳态位移反应：① 振型位移叠加法；② 振型加速度叠加法。并对这两种方法进行评述。已知系统的质量矩阵 $\boldsymbol{M}$、刚度矩阵 $\boldsymbol{K}$、固有频率 ω_i 及振型矩阵 $\boldsymbol{\Phi}$ 分别为：

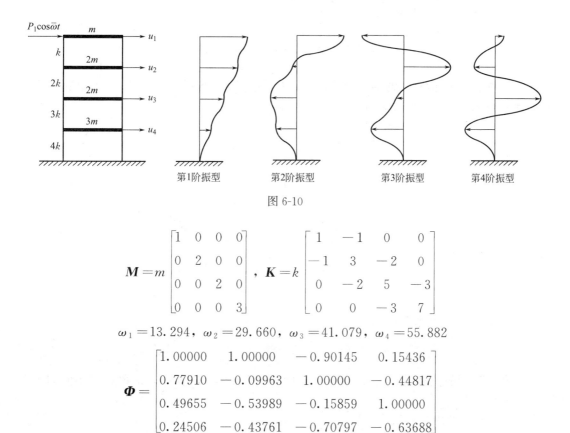

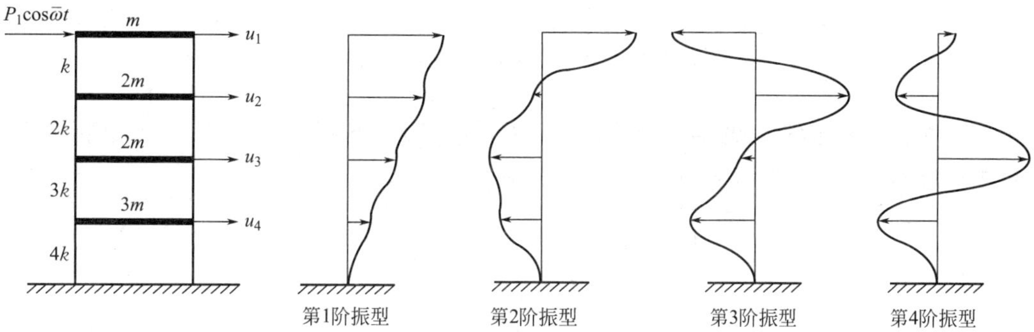

图 6-10

$$\boldsymbol{M}=m\begin{bmatrix}1&0&0&0\\0&2&0&0\\0&0&2&0\\0&0&0&3\end{bmatrix},\quad \boldsymbol{K}=k\begin{bmatrix}1&-1&0&0\\-1&3&-2&0\\0&-2&5&-3\\0&0&-3&7\end{bmatrix}$$

$\omega_1=13.294$，$\omega_2=29.660$，$\omega_3=41.079$，$\omega_4=55.882$

$$\boldsymbol{\Phi}=\begin{bmatrix}1.00000&1.00000&-0.90145&0.15436\\0.77910&-0.09963&1.00000&-0.44817\\0.49655&-0.53989&-0.15859&1.00000\\0.24506&-0.43761&-0.70797&-0.63688\end{bmatrix}$$

【解】 (1) 计算广义质量 M_j 和广义刚度 K_j。根据公式 $M_j=\boldsymbol{\phi}_j^{\mathrm{T}}\boldsymbol{M}\boldsymbol{\phi}_j$，$K_j=\omega_j^2M_j$ 计算各阶振型的广义质量和广义刚度为：

$$M_1=2.87288,\ K_1=507.695;\ M_2=2.17732,\ K_2=1915.39$$

$$M_3=4.36658,\ K_3=7368.43;\ M_4=3.64239,\ K_4=11374.4$$

(2) 计算广义荷载 $P_j^*(t)$。根据公式 $P_j^*(t)=\boldsymbol{\phi}_j^{\mathrm{T}}\boldsymbol{P}(t)$，其中 $\boldsymbol{P}(t)=[P_1\quad 0\quad 0\quad 0]^{\mathrm{T}}\cos\bar{\omega}t$。

$$P_1^*(t)=P_1\cos\bar{\omega}t,\ P_2^*(t)=P_1\cos\bar{\omega}t$$

$$P_3^*(t)=-0.90145P_1\cos\bar{\omega}t,\ P_4^*(t)=0.15436P_1\cos\bar{\omega}t$$

(3) 根据式(6-9)计算广义坐标的稳态反应：

$$\eta_j(t)=\frac{P_j^*(t)}{K_j(1-\beta_j^2)} \tag{a}$$

其中，频率比 $\beta_j=\bar{\omega}/\omega_j$。

(4) 应用振型位移叠加法时，系统的稳态反应的近似值：

$$\hat{\boldsymbol{u}}(t)=\sum_{j=1}^{r}\boldsymbol{\phi}_j\eta_j(t)\quad (r<4) \tag{b}$$

于是，顶层楼板的位移反应为：

$$\hat{u}_1(t)=\sum_{j=1}^{r}\phi_{1j}\eta_j(t)\quad (r<4) \tag{c}$$

其中，ϕ_{1j} 为第 j 阶振型 $\boldsymbol{\phi}_j$ 的第一个元素。下面，给出无截断的 $u_1(t)$ 表达式，并指出当所取振型个数为 $r=1,2$ 及 3 时的反应。于是，有：

$$\begin{aligned}u_1(t)=&\frac{1.0P_1\cos\bar{\omega}t}{507.695(1-\bar{\omega}^2/176.72)}\quad \Big\} r=1\\&+\frac{1.0P_1\cos\bar{\omega}t}{1915.39(1-\bar{\omega}^2/879.70)}\quad \Big\} r=2\\&+\frac{(-0.90145)\times(-0.90145P_1\cos\bar{\omega}t)}{7368.43(1-\bar{\omega}^2/1687.46)}\quad \Big\} r=3\\&+\frac{0.15436\times 0.15436P_1\cos\bar{\omega}t}{11374.4(1-\bar{\omega}^2/3122.79)}\end{aligned} \tag{d}$$

其中，激励频率 $\bar{\omega}$ 分别取为：

$$\bar{\omega}=0,\ \bar{\omega}=0.5\omega_1=6.6468,\ \bar{\omega}=1.3\omega_3=53.402$$

将顶层楼板的位移反应式(d)改写为 $u_1(t)=CP_1\cos\bar{\omega}t$，其中，常数 C 在不同情况下的值由表 6-2 给出。

振型位移截断法中常数 C 的值　　**表 6-2**

振型个数 / 激励频率	$r=1$	$r=2$	$r=3$	$r=4$
$\overline{\omega}=0$	1.970×10^{-3}	2.492×10^{-3}	2.602×10^{-3}	2.604×10^{-3}
$\overline{\omega}=0.5\omega_1$	2.626×10^{-3}	3.176×10^{-3}	3.289×10^{-3}	3.291×10^{-3}
$\overline{\omega}=1.3\omega_3$	-1.301×10^{-4}	-3.630×10^{-4}	-5.228×10^{-4}	-4.987×10^{-4}

从表 6-2 可以看出，当振型个数取 $r=1$ 时，振型位移叠加法得到的近似反应对三种激励频率都存在较大的误差；当振型个数取 $r=3$ 时，反应 $\hat{u}_1(t)$ 对激励频率 $\overline{\omega}=0$ 或 $\overline{\omega}=0.5\omega_1$ 是十分精确的，而当 $\overline{\omega}=1.3\omega_3$ 时，反应的误差仍然较大，这是因为 $\overline{\omega}=1.3\omega_3$ 接近于 ω_4，第四阶振型反应贡献较大，而振型截断却没有包括它。

(5)应用振型加速度叠加法计算反应。首先，计算柔度矩阵：

$$\boldsymbol{K}^{-1}=10^{-3}\begin{bmatrix} 2.60417 & 1.35417 & 0.72917 & 0.31250 \\ 1.35417 & 1.35417 & 0.72917 & 0.31250 \\ 0.72917 & 0.72917 & 0.72917 & 0.31250 \\ 0.31250 & 0.31250 & 0.31250 & 0.31250 \end{bmatrix}$$

根据式(6-120)，顶层楼板的反应的近似值为：

$$\tilde{u}_1(t)=f_{11}P_1\cos\overline{\omega}t-\sum_{j=1}^{r}\frac{1}{\omega_j^2}\phi_{1j}\ddot{\eta}_j(t)\quad(r<4)\tag{e}$$

将式(a)代入式(e)中，得到：

$$\tilde{u}_1(t)=f_{11}P_1\cos\overline{\omega}t+\sum_{j=1}^{r}\frac{\overline{\omega}^2}{\omega_j^2}\phi_{1j}\eta_j(t)\quad(r<4)\tag{f}$$

为了与无振型截断的精确解相比较，仍将反应按式(d)的形式给出：

$$\begin{aligned} u_1(t)= & \ 2.60417\times10^{-3}P_1\cos\overline{\omega}t+\frac{\overline{\omega}^2}{176.72}\cdot\frac{1.0P_1\cos\overline{\omega}t}{507.695(1-\overline{\omega}^2/176.72)} \quad \} r=1 \\ & +\frac{\overline{\omega}^2}{879.70}\cdot\frac{1.0P_1\cos\overline{\omega}t}{1915.39(1-\overline{\omega}^2/879.70)} \quad \} r=2 \\ & +\frac{\overline{\omega}^2}{1687.46}\cdot\frac{(-0.90145)\times(-0.90145P_1\cos\overline{\omega}t)}{7368.43(1-\overline{\omega}^2/1687.46)} \quad \} r=3 \\ & +\frac{\overline{\omega}^2}{3122.79}\cdot\frac{0.15436\times0.15436P_1\cos\overline{\omega}t}{11374.4(1-\overline{\omega}^2/3122.79)} \end{aligned}\tag{g}$$

同样地，将顶层楼板的位移反应式(g)改写为 $u_1(t)=CP_1\cos\overline{\omega}t$，其中常数 C 在不同情况下的值由表 6-3 给出。

从表 6-3 可以看出，对于 $\overline{\omega}=0$ 的静力荷载，截断振型加速度叠加法得到精确解，实际上由式(g)可知，这个精确解是由拟静力反应给出的。对于 $\overline{\omega}=0.5\omega_1$ 的低频情况，振型

振型加速度截断法中常数 C 的值　　表 6-3

激励频率＼振型个数	$r=1$	$r=2$	$r=3$	$r=4$
$\bar{\omega}=0$	2.604×10^{-3}	2.604×10^{-3}	2.604×10^{-3}	2.604×10^{-3}
$\bar{\omega}=0.5\omega_1$	3.261×10^{-3}	3.288×10^{-3}	3.291×10^{-3}	3.291×10^{-3}
$\bar{\omega}=1.3\omega_3$	5.044×10^{-4}	-2.506×10^{-4}	-5.207×10^{-4}	-4.987×10^{-4}

个数取 $r=1$ 时已达到很好的精度，当 $r=2$ 时，反应的精度相当于振型位移法中取 $r=3$ 时的精度。然而，当激励频率 $\bar{\omega}=1.3\omega_3$ 时，由于与截断振型位移叠加法相同的原因，截断振型加速度叠加法同样得不到理想的结果。

习　题

6-1　如图 6-11 所示一个两层单跨的剪切型结构，各楼层的集中质量和层间刚度标示于图中，忽略阻尼的影响。在顶层承受水平的简谐激励 $P(t)=P_0\sin\bar{\omega}t$。

(1) 应用两种方法推导结构位移的稳态反应：①振型分析；②直接解法。并验证这两种方法的结果是相同的。

(2) 应用两种方法推导层间剪力的稳态反应：①不引入等效静力，直接由位移推导；②应用等效静力推导。并验证这两种方法的结果是相同的。

6-2　已知机器质量 $m_1=90$ kg，吸振器质量 $m_2=2.25$ kg，若机器上有一偏心质量 $m=0.5$ kg，偏心距 $e=1$ cm，机器转速 $n=1800$ r/min，如图 6-12 所示。试求：

(1) 吸振器的弹簧刚度 k_2 多大时，才能使机器振幅为零？

(2) 此时吸振器的振幅 Δ_2 为多大？

(3) 若使吸振器的振幅 Δ_2 不超过 2 mm，应如何改变吸振器的参数？

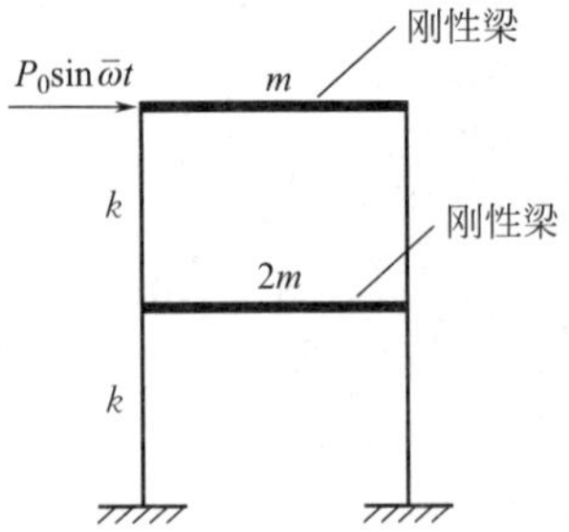

图 6-11

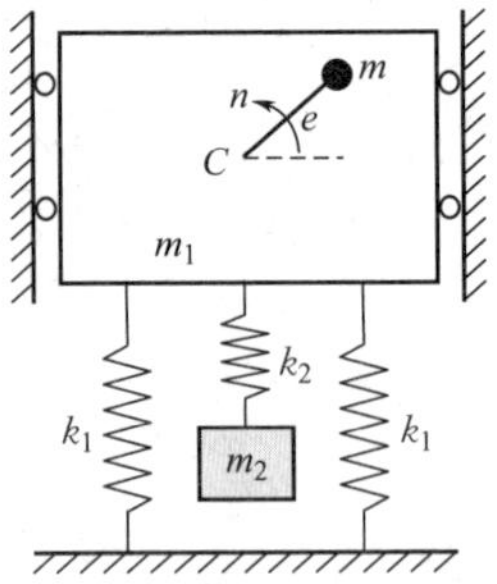

图 6-12

6-3　如图 6-13 所示的等截面简支梁，梁的长度为 l，弯曲刚度为 EI，在梁的三等分处有两个集中质量 $m_1=m_2=m$，每个质量下方安装一个阻尼器，阻尼系数 $c_1=c_2=\sqrt{\dfrac{k_0m}{30}}$，其中 $k_0=\dfrac{486EI}{l^3}$。忽略梁的质量。试求：

（1）系统对应各阶振型的阻尼比 ξ_1 和 ξ_2；

（2）若质量 m_1 上承受一个单位脉冲 $\delta(t)$的作用，试求质量 m_1 和 m_2 的振动规律。

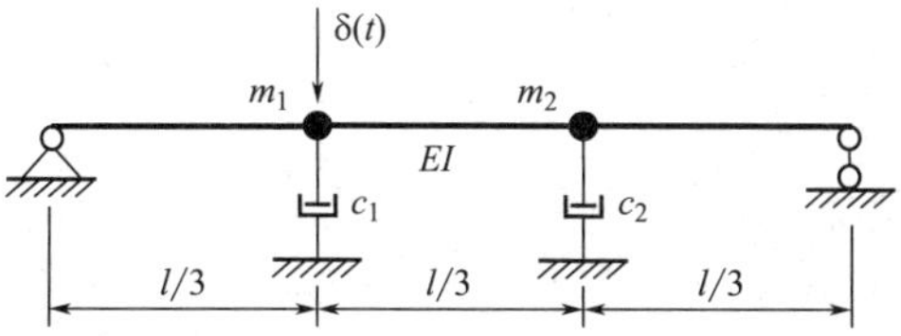

图 6-13

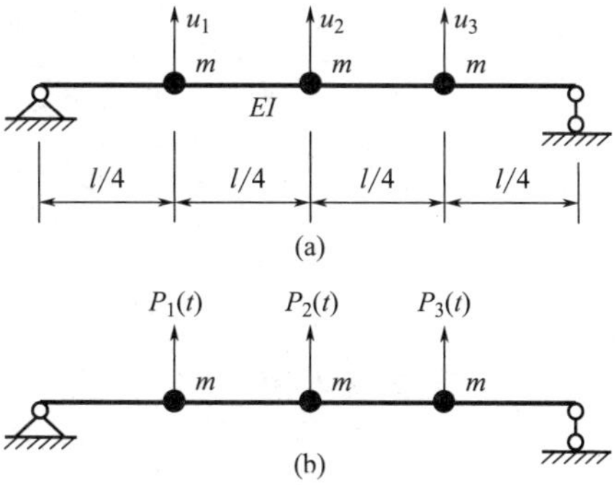

图 6-14

6-4 如图 6-14 所示的一个具有三个集中质量的等截面简支梁，梁的质量忽略不计，阻尼不计。其中，长度 $l=4.0\ \mathrm{m}$，质量 $m=33.6\times10^3\ \mathrm{kg}$，弹性模量 $E=206\ \mathrm{GPa}$，惯性矩 $I=4162\ \mathrm{cm}^4$。研究梁在两组荷载向量下的动力反应问题：$\boldsymbol{P}(t)=\boldsymbol{S}f(t)$，$\boldsymbol{S}_\mathrm{a}=[1\quad 0\quad 0]^\mathrm{T}$，$\boldsymbol{S}_\mathrm{b}=[2\quad 0\quad -1]^\mathrm{T}$。

（1）确定荷载的空间分布向量 $\boldsymbol{S}_\mathrm{a}$ 和 $\boldsymbol{S}_\mathrm{b}$ 的振型展开式，并评论各振型对 $\boldsymbol{S}_\mathrm{a}$ 和 $\boldsymbol{S}_\mathrm{b}$ 的相对贡献以及它们之间的差异。

（2）对于自由度 u_1 位置的弯矩 M_1，求在 $\boldsymbol{S}_\mathrm{a}$ 和 $\boldsymbol{S}_\mathrm{b}$ 两种情况下的振型静力反应 $M_{1,j}^{\mathrm{st}}$，并证明 $M_1^{\mathrm{st}}=\sum\limits_{j=1}^{3}M_{1,j}^{\mathrm{st}}$。

（3）计算并列表给出振型贡献系数 $\overline{M}_{1,j}$、对所含振型数（$N=1,2,3$）的累积值以及静力反应的误差 ε_N，评价振型贡献系数的相对值和误差 ε_N 如何受荷载空间分布的影响。

（4）计算由荷载向量 $\boldsymbol{P}(t)=\boldsymbol{S}f(t)$ 所引起的振型反应 $M_{1,j}(t)$ 的峰值 $(M_{1,j})_0$，这里 $\boldsymbol{S}$ 分别为 $\boldsymbol{S}_\mathrm{a}$ 和 $\boldsymbol{S}_\mathrm{b}$，而 $f(t)$ 为半周正弦脉冲激励：

$$f(t)=\begin{cases}f_0\sin(\pi t/t_0), & t\leqslant t_0\\ 0, & t>t_0\end{cases}$$

脉冲持续时间 t_0 等于系统的基本周期 T_1。利用图 3-28 所示半周正弦脉冲的冲击谱，可以得到振型的动力放大系数 $R_{\mathrm{d},j}$。

（5）评论在(4)中求得的峰值振型反应 $(M_{1,j})_0$ 如何受振型静力反应 $M_{1,j}^{\mathrm{st}}$、振型贡献系数 $\overline{M}_{1,j}$、动力放大系数 $R_{\mathrm{d},j}$，以及荷载空间分布 $\boldsymbol{S}_\mathrm{a}$ 和 $\boldsymbol{S}_\mathrm{b}$ 的影响。

（6）结构系统承受荷载向量 $\boldsymbol{P}(t)=\boldsymbol{S}_\mathrm{b}f(t)$，$f(t)$ 为在(4)中定义的半周正弦脉冲，其中脉冲持续时间 t_0 等于系统的基本周期 T_1，用两种方法计算在自由度 u_1 位置的弯矩反应 $M_1(t)$：①振型位移叠加法；②静力修正法，只采用第一阶振型的动力反应。并评述静力修正法的精度。

第3篇

基础部分Ⅲ：多自由度系统的数值计算

第 7 章　多自由度系统振动特性的数值计算

在第 5 章中，用特征多项式求根的方法对具有 2～3 个自由度的系统进行了固有振动特性的计算。然而，在结构动力学中为求解实际问题所建立的数学模型，从高度简化的仅有几个自由度的系统，到高度复杂的具有几百甚至几千个自由度的有限元模型，其中可能多达 50～100 个振型对反应有着不可忽视的影响。为了有效地处理这些实际问题，需要较前述的特征多项式求根更有效的振动分析方法。本章介绍 Rayleigh 法、Rayleigh-Ritz 法、向量迭代法以及子空间迭代法，这些方法是许多实际振动问题或者特征值问题求解的基础。

§7.1　特征值问题的求解方法

第 5 章已经指出，多自由度系统的固有振动分析归结为求解式(5-33)的特征值问题：

$$\boldsymbol{K}\boldsymbol{\phi}_n = \lambda_n \boldsymbol{M}\boldsymbol{\phi}_n \tag{7-1a}$$

其中，特征值 $\lambda_n \equiv \omega_n^2 (n=1,2,\cdots,N)$ 是如下特征方程的根：

$$f(\lambda) = |\boldsymbol{K} - \lambda \boldsymbol{M}| = 0 \tag{7-1b}$$

显然，特征多项式 $f(\lambda)$ 是一个 N 次代数多项式。$(\lambda_n, \boldsymbol{\phi}_n)$ 称为系统的第 n 阶**特征对**，它们满足式(7-1a)。

特征多项式 $f(\lambda)$ 可以通过对矩阵 $\boldsymbol{K} - \lambda \boldsymbol{M}$ 进行三角分解求得：

$$f(\lambda) = |\boldsymbol{K} - \lambda \boldsymbol{M}| = |\boldsymbol{L}\boldsymbol{d}\boldsymbol{L}^{\mathrm{T}}| = \prod_{i=1}^{N} d_{ii} \tag{7-1c}$$

其中，$\boldsymbol{L}$ 是对角元素为 1 的下三角阵，$\boldsymbol{d}$ 是对角元素为 d_{ii} 的对角阵。$\boldsymbol{L}\boldsymbol{d}\boldsymbol{L}^{\mathrm{T}}$ 称为矩阵 $\boldsymbol{K} - \lambda \boldsymbol{M}$ 的三角分解。与特征值问题式(7-1a)相对应的第 m 阶约束特征值问题为：

$$\boldsymbol{K}^{(m)}\boldsymbol{\phi}^{(m)} = \lambda^{(m)} \boldsymbol{M}^{(m)}\boldsymbol{\phi}^{(m)} \quad (m=1,2,\cdots,N-1) \tag{7-2a}$$

其中，$\boldsymbol{K}^{(m)}$ 和 $\boldsymbol{M}^{(m)}$ 分别是矩阵 $\boldsymbol{K}$ 和 $\boldsymbol{M}$ 删去各自后面的 m 行 m 列而得到的 $(N-m)$ 阶方阵。

于是，式(7-2a)的特征多项式变为：

$$f^{(m)}(\lambda^{(m)}) = |\boldsymbol{K}^{(m)} - \lambda^{(m)} \boldsymbol{M}^{(m)}| \tag{7-2b}$$

由特征多项式 $f(\lambda)$、$f^{(1)}(\lambda^{(1)})$、…、$f^{(N-1)}(\lambda^{(N-1)})$ 构成的序列称为 Sturm 序列。Sturm 序列有一个重要的性质，亦即在矩阵 $\boldsymbol{K} - \mu \boldsymbol{M}$ 的三角分解 $\boldsymbol{L}\boldsymbol{d}\boldsymbol{L}^{\mathrm{T}}$ 中，对角阵 $\boldsymbol{d}$ 中负

元素的个数等于$\boldsymbol{K\phi}=\lambda\boldsymbol{M\phi}$中小于$\mu$的特征值的个数。

直接采用公式(7-1a)性质的方法称为**向量迭代法**。根据迭代收敛于最低阶还是最高阶的固有振型和频率，向量迭代法可分为逆迭代法和正迭代法，以及移位(移轴)的逆迭代法和移位的正迭代法等。**变换法**则构成求解特征值问题的第二类方法，它们采用了振型的正交性质[式(5-61)]：

$$\boldsymbol{\Psi}^{\mathrm{T}}\boldsymbol{K}\boldsymbol{\Psi}=\boldsymbol{\Lambda},\ \boldsymbol{\Psi}^{\mathrm{T}}\boldsymbol{M}\boldsymbol{\Psi}=\boldsymbol{I} \tag{7-3}$$

其中，$\boldsymbol{\Psi}$为正则振型矩阵，谱矩阵$\boldsymbol{\Lambda}=\mathrm{diag}[\lambda_1,\lambda_2,\cdots,\lambda_N]$。变换法又包括雅可比(Jacobi)法、Lanczos 法以及 Householder QR 逆迭代法(HQRI 法)等。

多项式迭代法是特征值问题求解的第三类方法，它利用牛顿法、弦截法和抛物线法等方程求根方法来寻求特征方程$f(\lambda)=0$的根，然后用移位向量迭代法求解相应的特征向量。**Sturm 序列法**则是特征值问题求解的另一类方法，它先根据矩阵$\boldsymbol{K}-\mu\boldsymbol{M}$和$\boldsymbol{K}-\eta\boldsymbol{M}$的三角分解中对角阵$\boldsymbol{d}$的负对角元素的个数来判断系统位于$\mu$和$\eta$之间的特征值的个数，然后用二分法或 0.618 法识别各特征值所在的区间，最后用多项式迭代法求解特征值，用向量迭代法求解相应的特征向量。此外，为了分析大型复杂系统，可以将属于同一类或不同类的两种或多种方法联合应用，**行列式搜索法**和**子空间迭代法**就是这种联合应用的两个典型例子。

本质上，所有求解特征值问题的方法都必须迭代。求解特征值问题$\boldsymbol{K\phi}=\lambda\boldsymbol{M\phi}$等价于寻求特征多项式$f(\lambda)=0$的根，当$N>4$时，这些根没有显式的形式，因而需要通过迭代法求解。为了寻找特征对$(\lambda_n,\boldsymbol{\phi}_n)$，只需要对其中一个采用迭代计算，而另一个不需要迭代即可得到。例如，如果$\boldsymbol{\phi}_n$采用迭代确定，则λ_n可以通过计算 Rayleigh 商得到；如果λ_n采用迭代确定，则$\boldsymbol{\phi}_n$可以通过求解代数方程$(\boldsymbol{K}-\lambda_n\boldsymbol{M})\boldsymbol{\phi}_n=\boldsymbol{0}$得到。因此，选择先求解$\lambda_n$还是$\boldsymbol{\phi}_n$，或者二者同时求解，不得不考虑哪种方法最适合问题的类型。最直接影响选择特征解的因素有：① 刚度矩阵和质量矩阵的特性，如矩阵的阶数N，刚度矩阵$\boldsymbol{K}$的带宽，质量矩阵$\boldsymbol{M}$是对角的还是带状的；② 所需特征值与特征向量的个数。

在以下的几节中，将主要介绍 Rayleigh 法、Rayleigh-Ritz 法、向量迭代法以及子空间迭代法的基本原理和计算步骤。

§7.2 Rayleigh 法

Rayleigh 法曾在 2.4 节中介绍过，如以单自由度系统近似表示具有分布柔性的连续系统，同时应用能量守恒原理计算系统的基本固有频率(基频)。同样地，Rayleigh 法也可将离散坐标表示的多自由度系统简化为单自由度系统，并根据 Rayleigh 商计算多自由度系统的基频。本节给出 Rayleigh 商及其特性，同时介绍两种改进的 Rayleigh 法。

7.2.1 Rayleigh 商

为了应用 Rayleigh 法，必须用假设的形状向量和广义坐标幅值来表示系统的位移。对于一个具有 N 自由度的无阻尼系统，其自由振动的位移可以表示为[式(5-8)]：

$$\boldsymbol{u}(t)=\boldsymbol{\psi}z(t)=\boldsymbol{\psi}z_0\sin(\omega t+\theta) \tag{7-4}$$

其中，$\boldsymbol{\psi}$ 是假设的形状向量，z_0 为广义坐标 $z(t)$ 的幅值。

于是，自由振动的速度向量为：

$$\dot{\boldsymbol{u}}(t)=\boldsymbol{\psi}z_0\omega\cos(\omega t+\theta) \tag{7-5}$$

系统的最大动能和最大势能分别为：

$$T_{\max}=\frac{1}{2}\dot{\boldsymbol{u}}_{\max}^{\mathrm{T}}\boldsymbol{M}\dot{\boldsymbol{u}}_{\max}=\frac{1}{2}z_0^2\omega^2\boldsymbol{\psi}^{\mathrm{T}}\boldsymbol{M}\boldsymbol{\psi} \tag{7-6a}$$

$$V_{\max}=\frac{1}{2}\boldsymbol{u}_{\max}^{\mathrm{T}}\boldsymbol{K}\boldsymbol{u}_{\max}=\frac{1}{2}z_0^2\boldsymbol{\psi}^{\mathrm{T}}\boldsymbol{K}\boldsymbol{\psi} \tag{7-6b}$$

根据 Rayleigh 能量原理，使最大动能等于最大势能可求得频率：

$$R_0(\boldsymbol{\psi})=\omega^2=\frac{\boldsymbol{\psi}^{\mathrm{T}}\boldsymbol{K}\boldsymbol{\psi}}{\boldsymbol{\psi}^{\mathrm{T}}\boldsymbol{M}\boldsymbol{\psi}} \tag{7-7}$$

式(7-7)定义的商称为 **Rayleigh 商**。Rayleigh 商具有以下特性：

(1) 当假设的形状向量 $\boldsymbol{\psi}$ 恰好是第 n 阶固有振型 $\boldsymbol{\phi}_n$ 时，则 Rayleigh 商等于相应的固有频率 ω_n 的平方，即：

$$R_0(\boldsymbol{\phi}_n)=\frac{\boldsymbol{\phi}_n^{\mathrm{T}}\boldsymbol{K}\boldsymbol{\phi}_n}{\boldsymbol{\phi}_n^{\mathrm{T}}\boldsymbol{M}\boldsymbol{\phi}_n}=\frac{K_n}{M_n}=\omega_n^2 \tag{7-8}$$

(2) Rayleigh 商在第一阶固有频率的平方与最高阶固有频率的平方之间是有界的，即：

$$\omega_1^2\leqslant R_0(\boldsymbol{\psi})\leqslant\omega_N^2 \tag{7-9a}$$

证明如下：

设 $\boldsymbol{\psi}$ 为任意的向量，根据振型的展开定理，将 $\boldsymbol{\psi}$ 用正则振型 $\boldsymbol{\psi}_n$ $(n=1,2,\cdots,N)$展开为：

$$\boldsymbol{\psi}=c_1\boldsymbol{\psi}_1+c_2\boldsymbol{\psi}_2+\cdots+c_N\boldsymbol{\psi}_N=\sum_{n=1}^{N}c_n\boldsymbol{\psi}_n \tag{7-9b}$$

将式(7-9b)代入式(7-7)中，注意到 $\boldsymbol{\psi}_n^{\mathrm{T}}\boldsymbol{M}\boldsymbol{\psi}_n=1$，$\boldsymbol{\psi}_n^{\mathrm{T}}\boldsymbol{K}\boldsymbol{\psi}_n=\omega_n^2$。于是，得到：

$$R_0(\boldsymbol{\psi})=\frac{c_1^2\omega_1^2+c_2^2\omega_2^2+\cdots+c_N^2\omega_N^2}{c_1^2+c_2^2+\cdots+c_N^2} \tag{7-9c}$$

假设 $\omega_1>0$，式(7-9c)可以写成：

$$R_0(\boldsymbol{\psi})=\omega_1^2\left[\frac{1+(c_2/c_1)^2(\omega_2/\omega_1)^2+\cdots+(c_N/c_1)^2(\omega_N/\omega_1)^2}{1+(c_2/c_1)^2+\cdots+(c_N/c_1)^2}\right] \tag{7-9d}$$

因为 $0<\omega_1\leqslant\omega_2\leqslant\cdots\leqslant\omega_N$，式(7-9d)中分子的每一项都不小于分母中相应的项，于是有：

$$R_0(\boldsymbol{\psi})\geqslant\omega_1^2 \tag{7-9e}$$

同样地，将式(7-9c)写成：

$$R_0(\boldsymbol{\psi})=\omega_N^2\left[\frac{(c_1/c_N)^2(\omega_1/\omega_N)^2+(c_2/c_N)^2(\omega_2/\omega_N)^2+\cdots+1}{(c_1/c_N)^2+(c_2/c_N)^2+\cdots+1}\right] \tag{7-9f}$$

因为 $0<\omega_1\leqslant\omega_2\leqslant\cdots\leqslant\omega_N$，式(7-9f)中分子的每一项都不大于分母中相应的项，于是有：

$$R_0(\boldsymbol{\psi})\leqslant\omega_N^2 \tag{7-9g}$$

由式(7-9e)和式(7-9g)即可得式(7-9a)。可见，Rayleigh 商在第一阶振型处取极小值，因此应用 Rayleigh 商来估计系统的基频 ω_1，所得结果为真实基频的上限。在物理上，这可理解为假设的形状相当于对实际系统增加了约束，使系统的刚度提高了，因此所得到的基频为真实基频的上限。

(3) 如果假设的形状向量 $\boldsymbol{\psi}$ 与第 n 阶固有振型 $\boldsymbol{\phi}_n$ 相差一阶小量，则 Rayleigh 商与第 n 阶固有频率 ω_n 的平方相差二阶小量，即 Rayleigh 商在真实 ω_n^2 的邻域内取驻值。证明如下：

如果假设的形状向量 $\boldsymbol{\psi}$ 接近于第 n 阶固有振型 $\boldsymbol{\phi}_n$ 或正则振型 $\boldsymbol{\psi}_n$，它们相差一阶小量；即在式(7-9b)中的系数 $c_m(m\neq n)$ 比 c_n 小很多，它们可表示为：

$$c_m=\varepsilon_m c_n \quad (m=1,2,\cdots,N;\ m\neq n) \tag{7-10a}$$

其中 $\varepsilon_m\ll1$。于是，式(7-9c)又可写成：

$$R_0(\boldsymbol{\psi})=\frac{\omega_n^2+\sum\limits_{m=1,m\neq n}^{N}\varepsilon_m^2\omega_m^2}{1+\sum\limits_{m=1,m\neq n}^{N}\varepsilon_m^2} \tag{7-10b}$$

考虑到 ε_m 为小量，将分母展开成幂级数，并仅保留到二阶小量，则有：

$$R_0(\boldsymbol{\psi})\approx\left(\omega_n^2+\sum_{m=1,m\neq n}^{N}\varepsilon_m^2\omega_m^2\right)\left(1-\sum_{m=1,m\neq n}^{N}\varepsilon_m^2\right)\approx\omega_n^2+\sum_{m=1}^{N}(\omega_m^2-\omega_n^2)\varepsilon_m^2 \tag{7-10c}$$

式(7-10c)表明，假设的形状向量与真实振型接近时，用 Rayleigh 商来计算固有频率的误差是二阶小量，换言之，Rayleigh 商在真实 ω_n^2 的邻域内取驻值。

根据 Rayleigh 商的上述特性，原则上可用 Rayleigh 商计算任意阶的固有频率，但由于高阶振型很难合理假设，因此 Rayleigh 商一般用于计算第一阶固有频率(基频)。

7.2.2 改进的 Rayleigh 法

如果已知的是柔度矩阵 $\boldsymbol{F}$，则不必通过求逆变成刚度矩阵 $\boldsymbol{K}$，可直接用柔度矩阵 $\boldsymbol{F}$

计算基频，而且所得结果比用刚度矩阵 $\boldsymbol{K}$ 的结果更好。用柔度矩阵 $\boldsymbol{F}$ 所建立的无阻尼自由振动方程为：

$$\boldsymbol{F}\boldsymbol{M}\ddot{\boldsymbol{u}}(t)+\boldsymbol{u}(t)=\boldsymbol{0} \tag{7-11}$$

其自由振动的位移表达式仍为式(7-4)。将式(7-4)代入式(7-11)中，化简可得：

$$-\omega^2\boldsymbol{F}\boldsymbol{M}\boldsymbol{\psi}+\boldsymbol{\psi}=\boldsymbol{0} \tag{7-12}$$

将式(7-12)两边左乘 $\boldsymbol{\psi}^{\mathrm{T}}\boldsymbol{M}$，得到：

$$-\omega^2\boldsymbol{\psi}^{\mathrm{T}}\boldsymbol{M}\boldsymbol{F}\boldsymbol{M}\boldsymbol{\psi}+\boldsymbol{\psi}^{\mathrm{T}}\boldsymbol{M}\boldsymbol{\psi}=0 \tag{7-13}$$

由式(7-13)可解得：

$$R_1(\boldsymbol{\psi})=\omega^2=\frac{\boldsymbol{\psi}^{\mathrm{T}}\boldsymbol{M}\boldsymbol{\psi}}{\boldsymbol{\psi}^{\mathrm{T}}\boldsymbol{M}\boldsymbol{F}\boldsymbol{M}\boldsymbol{\psi}} \tag{7-14}$$

上式即为相应于柔度矩阵 $\boldsymbol{F}$ 的 Rayleigh 商，或称为改进的 Rayleigh 商。改进的 Rayleigh 商 $R_1(\boldsymbol{\psi})$ 与 Rayleigh 商 $R_0(\boldsymbol{\psi})$ 一样，具有如下特性。

当假设的形状向量 $\boldsymbol{\psi}$ 恰好就是第 n 阶固有振型 $\boldsymbol{\phi}_n$ 时，改进的 Rayleigh 商即为第 n 阶固有频率的平方。事实上，由式(7-14)可得：

$$R_1(\boldsymbol{\phi}_n)=\frac{\boldsymbol{\phi}_n^{\mathrm{T}}\boldsymbol{M}\boldsymbol{\phi}_n}{\boldsymbol{\phi}_n^{\mathrm{T}}\boldsymbol{M}(\boldsymbol{F}\boldsymbol{M}\boldsymbol{\phi}_n)}=\frac{\boldsymbol{\phi}_n^{\mathrm{T}}\boldsymbol{M}\boldsymbol{\phi}_n}{\boldsymbol{\phi}_n^{\mathrm{T}}\boldsymbol{M}\left(\dfrac{1}{\omega_n^2}\boldsymbol{\phi}_n\right)}=\omega_n^2 \tag{7-15}$$

当假设的形状向量 $\boldsymbol{\psi}$ 为任意的向量时，仍将它按式(7-9b)展开，并将式(7-9b)代入式(7-14)中，注意到 $\boldsymbol{\psi}_n^{\mathrm{T}}\boldsymbol{M}\boldsymbol{\psi}_n=1$，$\boldsymbol{F}\boldsymbol{M}\boldsymbol{\psi}_n=\dfrac{1}{\omega_n^2}\boldsymbol{\psi}_n$，可得：

$$R_1(\boldsymbol{\psi})=\frac{c_1^2+c_2^2+\cdots+c_N^2}{\dfrac{c_1^2}{\omega_1^2}+\dfrac{c_2^2}{\omega_2^2}+\cdots+\dfrac{c_N^2}{\omega_N^2}} \tag{7-16}$$

根据式(7-16)，可用与前面相同的方法证明改进的 Rayleigh 商 $R_1(\boldsymbol{\psi})$ 也具有式(7-9a)的有界特性与式(7-10c)类似的驻值特性，即：

$$\omega_1^2\leqslant R_1(\boldsymbol{\psi})\leqslant\omega_N^2 \tag{7-17}$$

$$R_1(\boldsymbol{\psi})\approx\omega_n^2+\sum_{m=1}^{N}(\omega_m^2-\omega_n^2)\varepsilon_m^2\frac{\omega_n^2}{\omega_m^2} \tag{7-18}$$

式(7-14)定义的 Rayleigh 商 $R_1(\boldsymbol{\psi})$ 用于计算系统的基频时，对于同一个假设的形状向量 $\boldsymbol{\psi}$，$R_1(\boldsymbol{\psi})$ 要比 $R_0(\boldsymbol{\psi})$ 更接近于基频的真实值，即有：

$$R_1(\boldsymbol{\psi})\leqslant R_0(\boldsymbol{\psi}) \tag{7-19}$$

事实上，$R_1(\boldsymbol{\psi})$ 隐含了一次向量迭代，若记：

$$\boldsymbol{\phi}=(\boldsymbol{FM})\boldsymbol{\psi} \tag{7-20}$$

因为 $\boldsymbol{KF}=\boldsymbol{I}$（单位阵），故式(7-14)可写为：

$$R_1(\boldsymbol{\psi})=\frac{\boldsymbol{\psi}^{\mathrm{T}}(\boldsymbol{KF})\boldsymbol{M\psi}}{\boldsymbol{\psi}^{\mathrm{T}}\boldsymbol{MFM\psi}}=\frac{\boldsymbol{\psi}^{\mathrm{T}}\boldsymbol{K\phi}}{\boldsymbol{\psi}^{\mathrm{T}}\boldsymbol{M\phi}} \tag{7-21}$$

根据 7.4 节将介绍的向量迭代法，迭代后的向量 $\boldsymbol{\phi}$ 比 $\boldsymbol{\psi}$ 更接近于第一阶固有振型，所以式(7-19)的结论成立。同样地，若将式(7-21)等式右边的向量 $\boldsymbol{\psi}$ 都换为 $\boldsymbol{\phi}$，而左边将变为 $R_0(\boldsymbol{\phi})$，则应有下列结论：

$$R_0(\boldsymbol{\phi})=R_2(\boldsymbol{\psi})\leqslant R_1(\boldsymbol{\psi}) \tag{7-22}$$

其中

$$R_2(\boldsymbol{\psi})=\frac{\boldsymbol{\psi}^{\mathrm{T}}\boldsymbol{MFM\psi}}{\boldsymbol{\psi}^{\mathrm{T}}\boldsymbol{MFMFM\psi}} \tag{7-23}$$

式(7-23)称为**第二改进的 Rayleigh 商**，相应地，将 $R_1(\boldsymbol{\psi})$ 称为**第一改进的 Rayleigh 商**。下面，给出第二改进的 Rayleigh 商 $R_2(\boldsymbol{\psi})$ 的物理解释。

如果将式(7-4)看作初始的位移假设，即：

$$\boldsymbol{u}^{(0)}=\boldsymbol{\psi}z=\boldsymbol{\psi}z_0\sin(\omega t+\theta) \tag{7-24}$$

那么，自由振动所产生的惯性力则是：

$$f_{\mathrm{I}}=-\boldsymbol{M}\ddot{\boldsymbol{u}}^{(0)}=\omega^2\boldsymbol{M\psi}z \tag{7-25}$$

由该惯性力所引起的位移是：

$$\boldsymbol{u}^{(1)}=\boldsymbol{F}f_{\mathrm{I}}=\omega^2\boldsymbol{FM\psi}z=\omega^2\boldsymbol{FM\psi}z_0\sin(\omega t+\theta) \tag{7-26}$$

它是第一阶固有振型的一个很好的近似。因此，当在 Rayleigh 法中采用这个导出的形状时，将产生一个比初始假设更好的结果。将式(7-26)代入式(7-6)中，并由 Rayleigh 能量原理，即可得到式(7-23)。

【例 7-1】 如图 7-1 所示具有 3 自由度的无阻尼系统，试用 Rayleigh 法计算系统的基频。

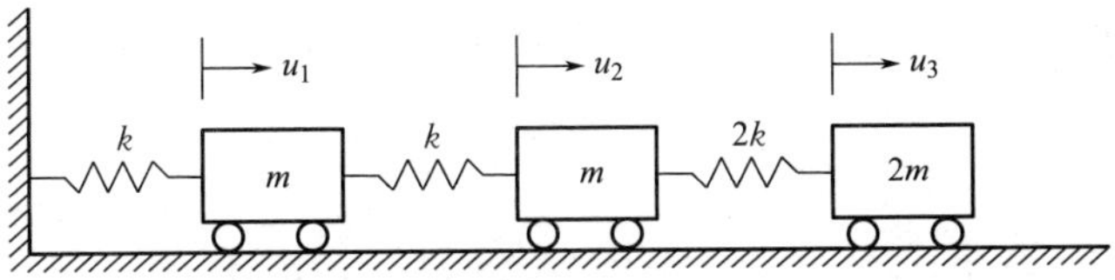

图 7-1 具有 3 自由度的无阻尼系统

【解】 系统的刚度矩阵 $\boldsymbol{K}$ 和质量矩阵 $\boldsymbol{M}$ 分别为：

$$\boldsymbol{K}=k\begin{bmatrix}2 & -1 & 0\\ -1 & 3 & -2\\ 0 & -2 & 2\end{bmatrix},\ \boldsymbol{M}=m\begin{bmatrix}1 & 0 & 0\\ 0 & 1 & 0\\ 0 & 0 & 2\end{bmatrix}$$

系统的柔度矩阵 $\boldsymbol{F}$ 为：

$$\boldsymbol{F}=\boldsymbol{K}^{-1}=\frac{1}{k}\begin{bmatrix}1 & 1 & 1\\ 1 & 2 & 2\\ 1 & 2 & 2.5\end{bmatrix}$$

系统基频的精确值为：

$$\omega_1=0.373087\sqrt{\frac{k}{m}}$$

如果选取的假设形状较粗糙，例如取 $\boldsymbol{\psi}=[1\quad 2\quad 3]^{\mathrm{T}}$。计算改进的假设形状为：

$$\boldsymbol{\phi}=(\boldsymbol{FM})\boldsymbol{\psi}=\frac{m}{k}[9\quad 17\quad 20]^{\mathrm{T}}$$

计算 Rayleigh 商及其改进的 Rayleigh 商如下：

$$R_0(\boldsymbol{\psi})=\frac{\boldsymbol{\psi}^{\mathrm{T}}\boldsymbol{K}\boldsymbol{\psi}}{\boldsymbol{\psi}^{\mathrm{T}}\boldsymbol{M}\boldsymbol{\psi}}=\frac{4}{23}\frac{k}{m}=0.173913\frac{k}{m}$$

$$R_1(\boldsymbol{\psi})=\frac{\boldsymbol{\psi}^{\mathrm{T}}\boldsymbol{K}\boldsymbol{\phi}}{\boldsymbol{\psi}^{\mathrm{T}}\boldsymbol{M}\boldsymbol{\phi}}=\frac{23}{163}\frac{k}{m}=0.141104\frac{k}{m}$$

$$R_2(\boldsymbol{\psi})=R_0(\boldsymbol{\phi})=\frac{\boldsymbol{\phi}^{\mathrm{T}}\boldsymbol{K}\boldsymbol{\phi}}{\boldsymbol{\phi}^{\mathrm{T}}\boldsymbol{M}\boldsymbol{\phi}}=\frac{163}{1170}\frac{k}{m}=0.139316\frac{k}{m}$$

因此，计算的基频分别为 $0.417029\sqrt{\frac{k}{m}}$、$0.375638\sqrt{\frac{k}{m}}$ 及 $0.373251\sqrt{\frac{k}{m}}$，比精确值分别高 11.8%、0.7%及 0.04%。可见，改进的 Rayleigh 商与精确值十分接近。

如果取静变形作为假设的形状，则计算精度很高。例如，取在质量 $2m$ 上施加力 k 所产生的静变形作为假设的形状向量，即：

$$\boldsymbol{\psi}=[1\quad 2\quad 2.5]^{\mathrm{T}},\ \boldsymbol{\phi}=(\boldsymbol{FM})\boldsymbol{\psi}=\frac{m}{k}[8\quad 15\quad 17.5]^{\mathrm{T}}$$

同样地，计算得到：

$$R_0(\boldsymbol{\psi})=\frac{2.5}{17.5}\frac{k}{m}=0.142857\frac{k}{m},\ R_1(\boldsymbol{\psi})=\frac{17.5}{125.5}\frac{m}{m^2/k}=0.139442\frac{k}{m}$$

$$R_2(\boldsymbol{\psi})=\frac{125.5}{901.5}\frac{k}{m}=0.139212\frac{k}{m}$$

因此，计算的基频分别为 $0.377964\sqrt{\frac{k}{m}}$、$0.373419\sqrt{\frac{k}{m}}$ 及 $0.373111\sqrt{\frac{k}{m}}$，比精确值 ω_1 分别高 1.31%、0.09%及 0.006%。

§7.3 Rayleigh-Ritz 法

在许多结构中，虽然用 Rayleigh 法能对第一阶振型和频率给出令人满意的近似解，但是在动力分析中，为了获得足够精确的结果，往往需要一个以上的振型和频率。Rayleigh 法的 Riza 扩展是计算系统的前几阶振型和频率的最方便的方法之一。

7.3.1 基本理论

对于具有 N 自由度的系统，Rayleigh-Ritz 法允许用一组假设的形状向量 $\boldsymbol{\varphi}_i$ $(i=1,2,\cdots,n)$ 和幅值 z_i 来表示位移向量：

$$\boldsymbol{u}(t)=\sum_{i=1}^{n}\boldsymbol{\varphi}_i z_i\sin(\omega t+\theta)=\boldsymbol{DZ}\sin(\omega t+\theta) \tag{7-27a}$$

其中

$$\boldsymbol{D}=[\boldsymbol{\varphi}_1 \quad \boldsymbol{\varphi}_2 \quad \cdots \quad \boldsymbol{\varphi}_n],\ \boldsymbol{Z}=[z_1 \quad z_2 \quad \cdots \quad z_n]^{\mathrm{T}} \tag{7-27b}$$

显然，$\boldsymbol{D}$ 是 $N\times n$ 阶的矩阵，$\boldsymbol{Z}$ 是 n 维列向量。这里，$\boldsymbol{\varphi}_1,\boldsymbol{\varphi}_2,\cdots,\boldsymbol{\varphi}_n$ 是事先选取的 n 个线性独立的假设形状向量，而广义坐标的幅值向量 $\boldsymbol{Z}$ 仍作为未知的。

若记：

$$\boldsymbol{U}=\boldsymbol{DZ} \tag{7-28}$$

将式(7-28)代入 Rayleigh 商的表达式(7-7)中，得到：

$$R_0(\boldsymbol{U})=\hat{\omega}^2=\frac{\boldsymbol{Z}^{\mathrm{T}}\boldsymbol{D}^{\mathrm{T}}\boldsymbol{KDZ}}{\boldsymbol{Z}^{\mathrm{T}}\boldsymbol{D}^{\mathrm{T}}\boldsymbol{MDZ}}=\frac{\boldsymbol{Z}^{\mathrm{T}}\hat{\boldsymbol{K}}\boldsymbol{Z}}{\boldsymbol{Z}^{\mathrm{T}}\hat{\boldsymbol{M}}\boldsymbol{Z}} \tag{7-29a}$$

其中 $\hat{\boldsymbol{K}}$ 及 $\hat{\boldsymbol{M}}$ 为 n 阶对称方阵，即

$$\hat{\boldsymbol{K}}=\boldsymbol{D}^{\mathrm{T}}\boldsymbol{KD},\ \hat{\boldsymbol{M}}=\boldsymbol{D}^{\mathrm{T}}\boldsymbol{MD} \tag{7-29b}$$

为了计算式(7-29a)，需要利用 Rayleigh 法提供的振动频率总是真实值的上限这一事实。换言之，由任何假设的形状计算所得的频率总比真实的频率要高，所以对形状的最佳逼近，也即对 $\boldsymbol{Z}$ 的最佳选择使频率减到最小。

因此，将 $R_0(\boldsymbol{U})$ 对所有的广义坐标幅值 z_i $(i=1,2,\cdots,n)$ 求偏导数，并令其为零，得到：

$$\frac{\partial R_0(\boldsymbol{U})}{\partial z_i}=0 \quad (i=1,2,\cdots,n) \tag{7-30}$$

即有

$$\frac{1}{(\boldsymbol{Z}^{\mathrm{T}}\hat{\boldsymbol{M}}\boldsymbol{Z})^2}\left[(\boldsymbol{Z}^{\mathrm{T}}\hat{\boldsymbol{M}}\boldsymbol{Z})\frac{\partial}{\partial z_i}(\boldsymbol{Z}^{\mathrm{T}}\hat{\boldsymbol{K}}\boldsymbol{Z})-(\boldsymbol{Z}^{\mathrm{T}}\hat{\boldsymbol{K}}\boldsymbol{Z})\frac{\partial}{\partial z_i}(\boldsymbol{Z}^{\mathrm{T}}\hat{\boldsymbol{M}}\boldsymbol{Z})\right]=0\quad(i=1,2,\cdots,n)\tag{7-31}$$

从式(7-29a)可知，$\boldsymbol{Z}^{\mathrm{T}}\hat{\boldsymbol{K}}\boldsymbol{Z}=\hat{\omega}^2(\boldsymbol{Z}^{\mathrm{T}}\hat{\boldsymbol{M}}\boldsymbol{Z})$。于是，式(7-31)又可写为：

$$\frac{\partial}{\partial z_i}(\boldsymbol{Z}^{\mathrm{T}}\hat{\boldsymbol{K}}\boldsymbol{Z})-\hat{\omega}^2\frac{\partial}{\partial z_i}(\boldsymbol{Z}^{\mathrm{T}}\hat{\boldsymbol{M}}\boldsymbol{Z})=0\quad(i=1,2,\cdots,n)\tag{7-32a}$$

合并后写为：

$$\frac{\partial}{\partial \boldsymbol{Z}}(\boldsymbol{Z}^{\mathrm{T}}\hat{\boldsymbol{K}}\boldsymbol{Z})-\hat{\omega}^2\frac{\partial}{\partial \boldsymbol{Z}}(\boldsymbol{Z}^{\mathrm{T}}\hat{\boldsymbol{M}}\boldsymbol{Z})=\boldsymbol{0}\tag{7-32b}$$

这里，$\frac{\partial}{\partial \boldsymbol{Z}}$ 表示分别对 $\boldsymbol{Z}$ 中的各个元素依次求偏导数，并排成列向量。

由于

$$\begin{aligned}\frac{\partial}{\partial z_i}(\boldsymbol{Z}^{\mathrm{T}}\hat{\boldsymbol{K}}\boldsymbol{Z})&=\left(\frac{\partial}{\partial z_i}\boldsymbol{Z}\right)^{\mathrm{T}}\hat{\boldsymbol{K}}\boldsymbol{Z}+\boldsymbol{Z}^{\mathrm{T}}\hat{\boldsymbol{K}}\left(\frac{\partial}{\partial z_i}\boldsymbol{Z}\right)\\&=2\left(\frac{\partial}{\partial z_i}\boldsymbol{Z}\right)^{\mathrm{T}}\hat{\boldsymbol{K}}\boldsymbol{Z}=2\boldsymbol{e}_i^{\mathrm{T}}\hat{\boldsymbol{K}}\boldsymbol{Z}\quad(i=1,2,\cdots,n)\end{aligned}$$

其中，向量 $\boldsymbol{e}_i$ 是 n 阶单位阵 $\boldsymbol{I}$ 的第 i 列。将上述 n 个方程合并写为：

$$\frac{\partial}{\partial \boldsymbol{Z}}(\boldsymbol{Z}^{\mathrm{T}}\hat{\boldsymbol{K}}\boldsymbol{Z})=2\hat{\boldsymbol{K}}\boldsymbol{Z}\tag{7-33}$$

类似地

$$\frac{\partial}{\partial \boldsymbol{Z}}(\boldsymbol{Z}^{\mathrm{T}}\hat{\boldsymbol{M}}\boldsymbol{Z})=2\hat{\boldsymbol{M}}\boldsymbol{Z}\tag{7-34}$$

将式(7-33)与式(7-34)代入式(7-32b)中，得到：

$$(\hat{\boldsymbol{K}}-\hat{\omega}^2\hat{\boldsymbol{M}})\hat{\boldsymbol{Z}}=\boldsymbol{0}\tag{7-35}$$

其中，$\hat{\boldsymbol{Z}}$ 表示满足这个特征值问题的每一个特征向量。

由于矩阵 $\hat{\boldsymbol{K}}$ 及 $\hat{\boldsymbol{M}}$ 的阶数 n 一般远小于原系统的自由度数 N，这样式(7-35)所示的特征值问题要比原系统的特征值问题求解起来容易得多。实际上，Rayleigh-Ritz 法是一种缩减系统自由度数计算振动特性的近似方法，$\hat{\boldsymbol{K}}$ 及 $\hat{\boldsymbol{M}}$ 即为自由度数缩减为 n 的新系统的刚度矩阵与质量矩阵。

通过求解特征值问题[即式(7-35)]，得到 n 个特征值 $\hat{\omega}_1^2$、$\hat{\omega}_2^2$、…、$\hat{\omega}_n^2$ 及相应的特征向量 $\hat{\boldsymbol{Z}}_1$、$\hat{\boldsymbol{Z}}_2$、…、$\hat{\boldsymbol{Z}}_n$。于是，原系统的前 n 阶固有频率可近似取为：

$$\omega_i^2=\hat{\omega}_i^2\quad(i=1,2,\cdots,n)\tag{7-36}$$

而相应的前 n 阶固有振型可近似取为：

$$\boldsymbol{\phi}_i = \frac{1}{A_i}\boldsymbol{U}_i = \frac{1}{A_i}\boldsymbol{D}\hat{\boldsymbol{Z}}_i \quad (i=1,2,\cdots,n) \tag{7-37}$$

其中，A_i 为某一基准分量而进行的归一化处理。

通常，用 Rayleigh-Ritz 法计算的高阶特征值的精度低于低阶特征值。因此，为了得到 $n/2$ 个高精度的振型和频率，一般应取 n 个假设的形状向量 $\boldsymbol{\varphi}_i\,(i=1,2,\cdots,n)$ 和幅值 z_i。

下面，给出 Rayleigh-Ritz 法的两个基本特性。

1. 正交性

由式(7-37)表示的近似振型对原系统的刚度矩阵 $\boldsymbol{K}$ 和质量矩阵 $\boldsymbol{M}$ 是正交的。事实上，由式(7-35)计算的特征向量满足如下正交性：

$$\hat{\boldsymbol{Z}}_i^{\mathrm{T}}\hat{\boldsymbol{K}}\hat{\boldsymbol{Z}}_j = 0,\ \hat{\boldsymbol{Z}}_i^{\mathrm{T}}\hat{\boldsymbol{M}}\hat{\boldsymbol{Z}}_j = 0 \quad (i \neq j) \tag{7-38a}$$

于是，有

$$\boldsymbol{\phi}_i^{\mathrm{T}}\boldsymbol{K}\boldsymbol{\phi}_j = \frac{1}{A_iA_j}\hat{\boldsymbol{Z}}_i^{\mathrm{T}}\boldsymbol{D}^{\mathrm{T}}\boldsymbol{K}\boldsymbol{D}\hat{\boldsymbol{Z}}_j = \frac{1}{A_iA_j}\hat{\boldsymbol{Z}}_i^{\mathrm{T}}\hat{\boldsymbol{K}}\hat{\boldsymbol{Z}}_j = 0 \quad (i \neq j) \tag{7-38b}$$

同样地，有

$$\boldsymbol{\phi}_i^{\mathrm{T}}\boldsymbol{M}\boldsymbol{\phi}_j = \frac{1}{A_iA_j}\hat{\boldsymbol{Z}}_i^{\mathrm{T}}\hat{\boldsymbol{M}}\hat{\boldsymbol{Z}}_j = 0 \quad (i \neq j) \tag{7-38c}$$

2. 完备性

理论上如果假设的形状向量 $\boldsymbol{\varphi}_1$，$\boldsymbol{\varphi}_2$，…，$\boldsymbol{\varphi}_n$ 线性独立，并且每一个向量 $\boldsymbol{\varphi}_i\,(i=1,2,\cdots,n)$ 都能够表示为原系统前 n 阶固有振型的线性组合，那么用 Rayleigh-Ritz 法计算的前 n 阶固有振型和频率是精确的。证明如下：

假设的形状矩阵 $\boldsymbol{D}$ 可以表示为：

$$\boldsymbol{D} = \boldsymbol{\Phi}_n\boldsymbol{C} \tag{7-39}$$

其中，$\boldsymbol{\Phi}_n$ 是由原系统振型矩阵 $\boldsymbol{\Phi}$ 的前 n 列构成的矩阵，$\boldsymbol{C}$ 为 n 阶系数方阵。

由于 $N\times n$ 阶矩阵 $\boldsymbol{D}$ 及 $\boldsymbol{\Phi}_n$ 的秩都为 n，根据矩阵乘积的秩不大于各矩阵的秩，因此 n 阶方阵 $\boldsymbol{C}$ 必为满秩，即 $\boldsymbol{C}^{-1}$ 存在。

将式(7-39)代入式(7-29b)中，得到：

$$\hat{\boldsymbol{K}} = \boldsymbol{D}^{\mathrm{T}}\boldsymbol{K}\boldsymbol{D} = \boldsymbol{C}^{\mathrm{T}}\boldsymbol{\Phi}_n^{\mathrm{T}}\boldsymbol{K}\boldsymbol{\Phi}_n\boldsymbol{C} = \boldsymbol{C}^{\mathrm{T}}\overline{\boldsymbol{K}}_n\boldsymbol{C} \tag{7-40a}$$

$$\hat{\boldsymbol{M}} = \boldsymbol{D}^{\mathrm{T}}\boldsymbol{M}\boldsymbol{D} = \boldsymbol{C}^{\mathrm{T}}\boldsymbol{\Phi}_n^{\mathrm{T}}\boldsymbol{M}\boldsymbol{\Phi}_n\boldsymbol{C} = \boldsymbol{C}^{\mathrm{T}}\overline{\boldsymbol{M}}_n\boldsymbol{C} \tag{7-40b}$$

其中，$\overline{\boldsymbol{K}}_n$ 及 $\overline{\boldsymbol{M}}_n$ 分别是以广义刚度 $K_1,K_2,\cdots,K_n$ 和广义质量 $M_1,M_2,\cdots,M_n$ 为对角元素的对角阵。

将式(7-40)代入特征值问题式(7-35)中，得到：

$$(\boldsymbol{C}^{\mathrm{T}}\overline{\boldsymbol{K}}_n\boldsymbol{C} - \hat{\omega}^2\boldsymbol{C}^{\mathrm{T}}\overline{\boldsymbol{M}}_n\boldsymbol{C})\hat{\boldsymbol{Z}} = \boldsymbol{0} \tag{7-41}$$

因为 $\boldsymbol{C}^{-1}$ 存在，故 $(\boldsymbol{C}^{\mathrm{T}})^{-1}$ 存在。于是，在式(7-41)两边左乘 $(\boldsymbol{C}^{\mathrm{T}})^{-1}$ 得到：

$$(\overline{\boldsymbol{K}}_n - \hat{\omega}^2\overline{\boldsymbol{M}}_n)(\boldsymbol{C}\hat{\boldsymbol{Z}}) = \boldsymbol{0} \tag{7-42}$$

式(7-42)表明，特征值问题式(7-35)的 n 个特征值即为 $\hat{\omega}_i^2 = K_i/M_i = \omega_i^2 (i=1,2,\cdots,n)$。

在特征值问题式(7-42)中，因为 $\overline{\boldsymbol{K}}_n$ 及 $\overline{\boldsymbol{M}}_n$ 都为对角阵，所以与特征值 $\hat{\omega}_i^2 = K_i/M_i$ 对应的特征向量 $\boldsymbol{C}\hat{\boldsymbol{Z}}_i$ 中只有第 i 个元素不为零，其余的元素均为零，不妨取非零元素为 A_i。于是，有

$$\boldsymbol{C}\hat{\boldsymbol{\Phi}} = \boldsymbol{C}[\hat{\boldsymbol{Z}}_1 \quad \hat{\boldsymbol{Z}}_2 \quad \cdots \quad \hat{\boldsymbol{Z}}_n] = [\boldsymbol{C}\hat{\boldsymbol{Z}}_1 \quad \boldsymbol{C}\hat{\boldsymbol{Z}}_2 \quad \cdots \quad \boldsymbol{C}\hat{\boldsymbol{Z}}_n] = \overline{\boldsymbol{A}} \tag{7-43}$$

其中，$\overline{\boldsymbol{A}}$ 是以 $A_i (i=1,2,\cdots,n)$ 为对角元素的对角阵，它是一个可逆矩阵。

式(7-43)也可写为：

$$\boldsymbol{C}^{-1} = \hat{\boldsymbol{\Phi}}\overline{\boldsymbol{A}}^{-1} \tag{7-44}$$

于是，由式(7-39)可得：

$$\boldsymbol{\Phi}_n = \boldsymbol{D}\boldsymbol{C}^{-1} = \boldsymbol{D}\hat{\boldsymbol{\Phi}}\overline{\boldsymbol{A}}^{-1} \tag{7-45a}$$

或写为：

$$\begin{aligned}[\boldsymbol{\phi}_1 \quad \boldsymbol{\phi}_2 \quad \cdots \quad \boldsymbol{\phi}_n] &= [\boldsymbol{D}\hat{\boldsymbol{Z}}_1 \quad \boldsymbol{D}\hat{\boldsymbol{Z}}_2 \quad \cdots \quad \boldsymbol{D}\hat{\boldsymbol{Z}}_n]\overline{\boldsymbol{A}}^{-1} \\ &= \left[\frac{1}{A_1}\boldsymbol{D}\hat{\boldsymbol{Z}}_1 \quad \frac{1}{A_2}\boldsymbol{D}\hat{\boldsymbol{Z}}_2 \quad \cdots \quad \frac{1}{A_n}\boldsymbol{D}\hat{\boldsymbol{Z}}_n\right]\end{aligned} \tag{7-45b}$$

此式即为式(7-37)。

7.3.2　改进的 Rayleigh-Ritz 法

前面介绍的 Rayleigh 法的某些改进类型，同样可以适用于 Rayleigh-Ritz 法。因而，类似于式(7-35)的特征值问题为：

$$(\hat{\boldsymbol{K}} - \hat{\omega}^2\hat{\boldsymbol{M}})\hat{\boldsymbol{Z}} = \boldsymbol{0} \tag{7-46a}$$

其中，改进的刚度矩阵和质量矩阵分别为：

$$\hat{\boldsymbol{K}} = \boldsymbol{D}^{\mathrm{T}}\boldsymbol{MFMD}, \quad \hat{\boldsymbol{M}} = \boldsymbol{D}^{\mathrm{T}}\boldsymbol{MFMFMD} \tag{7-46b}$$

这类改进的主要优点是它们所依据的惯性力挠度，可以从非常粗糙的初始假设来提供合理的假设形状。在大型复杂结构中，形状的估计往往是十分困难的，而用这类改进方法仅仅需要每个形状的大致特征即可。此外，它还可以避免使用刚度矩阵。

Rayleigh-Ritz 法的这个改进可以看作一种迭代解法的第一次循环，正如改进的 Rayleigh

法相当于基本向量迭代法的一次循环一样。事实上，如果令初始假设的形状为 $\boldsymbol{D}^{(0)}$，由这些形状所对应的惯性力产生的挠度记为 $\boldsymbol{D}^{(1)}$，即

$$\boldsymbol{D}^{(1)}=\boldsymbol{FMD}^{(0)} \tag{7-47}$$

这样，式(7-46a)即可写为：

$$\hat{\boldsymbol{K}}=(\boldsymbol{D}^{(1)})^{\mathrm{T}}\boldsymbol{MD}^{(0)},\ \hat{\boldsymbol{M}}=(\boldsymbol{D}^{(1)})^{\mathrm{T}}\boldsymbol{MD}^{(1)} \tag{7-48}$$

可见，在式(7-48)中的 $\hat{\boldsymbol{K}}$ 及 $\hat{\boldsymbol{M}}$ 都不需要柔度的显式，只要能够在给定的荷载 $\boldsymbol{MD}^{(0)}$ 下计算出挠度 $\boldsymbol{D}^{(1)}$。

【例 7-2】 用 Rayleigh-Ritz 法计算【例 5-2】中系统的前二阶振型及频率，如图 7-2 所示。其中，质量矩阵 $\boldsymbol{M}$ 和柔度矩阵 $\boldsymbol{F}$ 分别为：

$$\boldsymbol{M}=\begin{bmatrix} m & 0 & 0 \\ 0 & 2m & 0 \\ 0 & 0 & m \end{bmatrix},\ \boldsymbol{F}=\frac{l^3}{768EI}\begin{bmatrix} 9 & 11 & 7 \\ 11 & 16 & 11 \\ 7 & 11 & 9 \end{bmatrix}$$

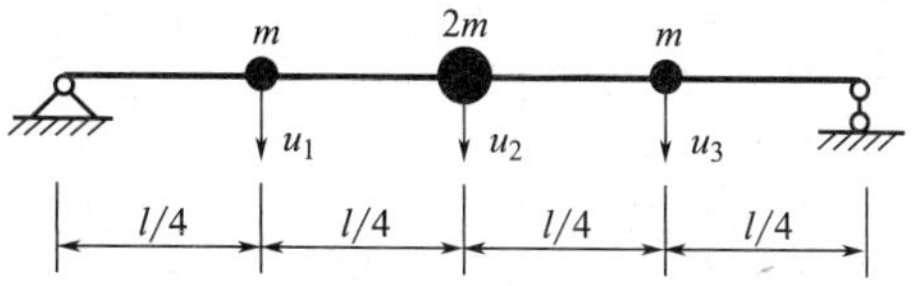

图 7-2

而刚度矩阵 $\boldsymbol{K}$ 为：

$$\boldsymbol{K}=\boldsymbol{F}^{-1}=\frac{192EI}{7l^3}\begin{bmatrix} 23 & -22 & 9 \\ -22 & 32 & -22 \\ 9 & -22 & 23 \end{bmatrix}$$

前两阶固有振动频率分别为：

$$\omega_1=4.0248\sqrt{\frac{EI}{ml^3}},\ \omega_2=19.5959\sqrt{\frac{EI}{ml^3}}$$

前两阶固有振型分别为：

$$\boldsymbol{\phi}_1=[1\quad 1.4277\quad 1]^{\mathrm{T}},\ \boldsymbol{\phi}_2=[1\quad 0\quad -1]^{\mathrm{T}}$$

【解】 选取假设的振型为：

$$\boldsymbol{D}=[\boldsymbol{\varphi}_1\quad \boldsymbol{\varphi}_2]=\begin{bmatrix} 1 & 1 \\ 2 & 0 \\ 1 & 0 \end{bmatrix}$$

由式(7-29b)计算：

$$\hat{\boldsymbol{K}}=\boldsymbol{D}^{\mathrm{T}}\boldsymbol{KD}=\frac{192EI}{7l^3}\begin{bmatrix} 16 & -12 \\ -12 & 23 \end{bmatrix},\ \hat{\boldsymbol{M}}=\boldsymbol{D}^{\mathrm{T}}\boldsymbol{MD}=m\begin{bmatrix} 10 & 1 \\ 1 & 1 \end{bmatrix}$$

于是，得到如下的特征值问题：

$$\begin{bmatrix} 16-10\alpha & -12-\alpha \\ -12-\alpha & 23-\alpha \end{bmatrix}\begin{Bmatrix} z_1 \\ z_2 \end{Bmatrix}=\begin{Bmatrix} 0 \\ 0 \end{Bmatrix}$$

其中 $\alpha=\dfrac{7l^3m}{192EI}\hat{\omega}^2$。由上式解得：

$$\alpha_1=\frac{135-3\sqrt{1801}}{9}\approx 0.853937,\ \alpha_2=\frac{135+3\sqrt{1801}}{9}\approx 29.146063$$

$$\hat{\boldsymbol{Z}}_1=[1\quad 0.580416]^{\mathrm{T}},\ \hat{\boldsymbol{Z}}_2=[1\quad -6.694702]^{\mathrm{T}}$$

前两阶的频率和振型的估计值为：

$$\hat{\omega}_1=4.83966\sqrt{\frac{EI}{ml^3}},\ \hat{\omega}_2=28.27428\sqrt{\frac{EI}{ml^3}}$$

$$\hat{\boldsymbol{\phi}}_1=\frac{1}{A_1}\boldsymbol{D}\hat{\boldsymbol{Z}}_1=\frac{1}{A_1}\begin{Bmatrix}1.580416\\2\\1\end{Bmatrix}=\begin{Bmatrix}1\\1.265490\\0.632745\end{Bmatrix}$$

$$\hat{\boldsymbol{\phi}}_2=\frac{1}{A_2}\boldsymbol{D}\hat{\boldsymbol{Z}}_2=\frac{1}{A_2}\begin{Bmatrix}-5.694702\\2\\1\end{Bmatrix}=\begin{Bmatrix}1\\-0.351204\\-0.175602\end{Bmatrix}$$

可见，计算的精度较差，误差达到20%以上。下面，采用改进的 Rayleigh-Ritz 法重新计算。

首先，由式(7-47)计算：

$$\boldsymbol{D}^{(0)}=\begin{bmatrix}1&1\\2&0\\1&0\end{bmatrix},\ \boldsymbol{D}^{(1)}=\boldsymbol{FMD}^{(0)}=\frac{ml^3}{768EI}\begin{bmatrix}60&9\\86&11\\60&7\end{bmatrix}$$

由式(7-48)计算：

$$\hat{\boldsymbol{K}}=(\boldsymbol{D}^{(1)})^{\mathrm{T}}\boldsymbol{MD}^{(0)}=\frac{m^2l^3}{768EI}\begin{bmatrix}464&60\\60&9\end{bmatrix}$$

$$\hat{\boldsymbol{M}}=(\boldsymbol{D}^{(1)})^{\mathrm{T}}\boldsymbol{MD}^{(1)}=\frac{m^3l^6}{(384EI)^2}\begin{bmatrix}5498&713\\713&93\end{bmatrix}$$

求解特征值问题 $(\hat{\boldsymbol{K}}-\hat{\omega}^2\hat{\boldsymbol{M}})\hat{\boldsymbol{Z}}=\boldsymbol{0}$，得到：

$$\hat{\omega}_1=4.025275\sqrt{\frac{EI}{ml^3}},\ \hat{\omega}_2=21.094747\sqrt{\frac{EI}{ml^3}}$$

$$\hat{\boldsymbol{Z}}_1=[1\quad 0.147665]^{\mathrm{T}},\ \hat{\boldsymbol{Z}}_2=[1\quad -7.710241]^{\mathrm{T}}$$

前两阶振型的估计值为：

$$\hat{\boldsymbol{\phi}}_1=\frac{1}{A_1}\boldsymbol{D}^{(1)}\hat{\boldsymbol{Z}}_1=\begin{Bmatrix}1\\1.428759\\0.995184\end{Bmatrix},\ \hat{\boldsymbol{\phi}}_2=\frac{1}{A_2}\boldsymbol{D}^{(1)}\hat{\boldsymbol{Z}}_2=\begin{Bmatrix}1\\-0.126419\\-0.641845\end{Bmatrix}$$

可见，改进的 Rayleigh-Ritz 法计算的精度很高，特别是第一阶频率的误差仅 0.01%，但第二阶频率的精度还欠佳，误差为 7.65%。

§7.4 向量迭代法

在求解系统的动力反应时，系统较低的前几阶固有振型及频率往往占有较重要的地位。本节介绍的向量迭代法是求解这类问题的一种简单而实用的方法。

7.4.1 第一阶振型的计算

将特征值问题(7-1a)重新写成：

$$\boldsymbol{K\phi}=\lambda\boldsymbol{M\phi} \tag{7-49}$$

这里，假设刚度矩阵 $\boldsymbol{K}$ 是正定的，即 $\boldsymbol{K}^{-1}$ 存在，而质量矩阵 $\boldsymbol{M}$ 是带状矩阵或者对角矩阵。

显然，当式(7-49)的左边等于右边时，就得到一个特征值 λ_i 及相应的特征向量 $\boldsymbol{\phi}_i$。由于只是在一个比例因子范围内确定特征向量，换言之，在迭代过程中只需要振动形状，因此特征值 λ 的选择不会影响最终的结果，于是可以在式(7-49)中略去 λ，即令 $\lambda=1$。这样，根据式(7-49)建立的迭代形式为：

$$\boldsymbol{Ky}^{(j+1)}=\boldsymbol{Mx}^{(j)} \tag{7-50}$$

或

$$\boldsymbol{y}^{(j+1)}=\boldsymbol{Dx}^{(j)} \tag{7-51}$$

这里，$\boldsymbol{D}$ 是动力矩阵，定义为：

$$\boldsymbol{D}=\boldsymbol{K}^{-1}\boldsymbol{M}=\boldsymbol{FM} \tag{7-52}$$

于是，改进的迭代向量 $\boldsymbol{x}^{(j+1)}$ 定义为：

$$\boldsymbol{x}^{(j+1)}=\frac{\boldsymbol{y}^{(j+1)}}{\mathrm{ref}[\boldsymbol{y}^{(j+1)}]} \tag{7-53}$$

其中，$\mathrm{ref}[\boldsymbol{y}^{(j+1)}]$ 是一个基准系数或者正则化系数。一般地，可选择 $\mathrm{ref}[\boldsymbol{y}^{(j+1)}]=\max[\boldsymbol{y}^{(j+1)}]$ 使得 $\boldsymbol{x}^{(j+1)}$ 的最大元素等于 1，或者选择 $\mathrm{ref}[\boldsymbol{y}^{(j+1)}]=[(\boldsymbol{y}^{(j+1)})^{\mathrm{T}}\boldsymbol{My}^{(j+1)}]^{1/2}$ 使得 $[\boldsymbol{x}^{(j+1)}]^{\mathrm{T}}\boldsymbol{Mx}^{(j+1)}=1$。

通过迭代计算得到的每一个 $\boldsymbol{y}^{(j+1)}$，即可应用 Rayleigh 商来估算相应的特征值：

$$\lambda^{(j+1)}=\frac{[\boldsymbol{y}^{(j+1)}]^{\mathrm{T}}\boldsymbol{Ky}^{(j+1)}}{[\boldsymbol{y}^{(j+1)}]^{\mathrm{T}}\boldsymbol{My}^{(j+1)}}=\frac{[\boldsymbol{y}^{(j+1)}]^{\mathrm{T}}\boldsymbol{Mx}^{(j)}}{[\boldsymbol{y}^{(j+1)}]^{\mathrm{T}}\boldsymbol{My}^{(j+1)}} \tag{7-54}$$

当特征值的两个连续估计值足够接近时，迭代可以终止。随着迭代次数的增加，$\boldsymbol{y}^{(j+1)}$ 接近于特征向量 $\boldsymbol{\phi}_1$，$\lambda^{(j+1)}$ 接近于特征值 λ_1。下面，给出实用的向量迭代法的计算步骤：

（1）选取初始的迭代向量 $\boldsymbol{x}^{(0)}$；

（2）通过下列代数方程确定 $\boldsymbol{y}^{(j+1)}$：

$$\boldsymbol{y}^{(j+1)}=\boldsymbol{D}\boldsymbol{x}^{(j)}$$

（3）通过计算 Rayleigh 商得到特征值的一个估计值：

$$\lambda^{(j+1)}=\frac{[\boldsymbol{y}^{(j+1)}]^{\mathrm{T}}\boldsymbol{K}\boldsymbol{y}^{(j+1)}}{[\boldsymbol{y}^{(j+1)}]^{\mathrm{T}}\boldsymbol{M}\boldsymbol{y}^{(j+1)}}=\frac{[\boldsymbol{y}^{(j+1)}]^{\mathrm{T}}\boldsymbol{M}\boldsymbol{x}^{(j)}}{[\boldsymbol{y}^{(j+1)}]^{\mathrm{T}}\boldsymbol{M}\boldsymbol{y}^{(j+1)}}$$

（4）通过比较 λ 的两个连续的估计值 $\lambda^{(j+1)}$ 及 $\lambda^{(j)}$，从而检验收敛性：

$$\varepsilon^{(\lambda+1)}=\frac{|\lambda^{(j+1)}-\lambda^{(j)}|}{\lambda^{(j+1)}}\leqslant\varepsilon$$

其中，ε 为容许误差。

（5）如果收敛性要求不满足，则取改进的迭代向量 $\boldsymbol{x}^{(j+1)}$：

$$\boldsymbol{x}^{(j+1)}=\frac{\boldsymbol{y}^{(j+1)}}{\max[\boldsymbol{y}^{(j+1)}]}\quad 或\quad \boldsymbol{x}^{(j+1)}=\frac{\boldsymbol{y}^{(j+1)}}{[(\boldsymbol{y}^{(j+1)})^{\mathrm{T}}\boldsymbol{M}\boldsymbol{y}^{(j+1)}]^{1/2}}$$

然后返回到第二步，用下一个 j 来执行新的迭代。重复上述的迭代过程，直到满足收敛性要求。

（6）如果迭代满足收敛性要求后，则取

$$\boldsymbol{\phi}_1=\boldsymbol{y}^{(j+1)},\ \lambda_1=\lambda^{(j+1)}$$

上述的向量迭代法称为**逆迭代法**。

【例 7-3】 应用逆迭代法求解图 7-3 所示的 3 自由度系统的基频和相应的振型。

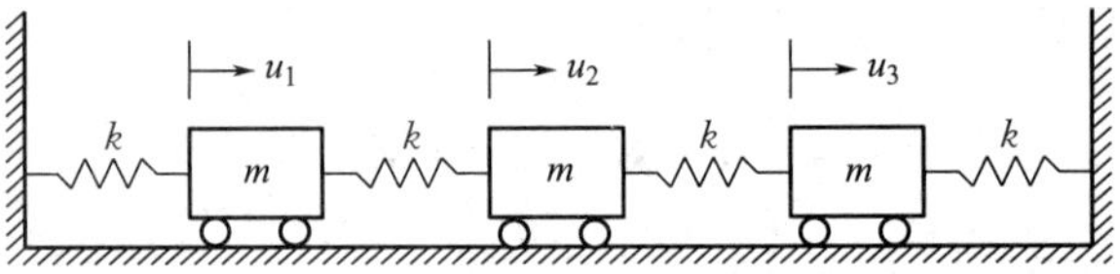

图 7-3

其中 $m=400$ kg，$k=10^4$ N/m。系统的质量矩阵 $\boldsymbol{M}$ 和刚度矩阵 $\boldsymbol{K}$ 分别为：

$$\boldsymbol{M}=m\begin{bmatrix}1&0&0\\0&1&0\\0&0&1\end{bmatrix},\ \boldsymbol{K}=k\begin{bmatrix}2&-1&0\\-1&2&-1\\0&-1&2\end{bmatrix}$$

其特征值为：

$$\lambda_1=(2-\sqrt{2})\frac{k}{m}\approx 14.645,\ \lambda_2=2\frac{k}{m}=50,\ \lambda_3=(2+\sqrt{2})\frac{k}{m}\approx 85.355$$

而特征向量为：

$$\boldsymbol{\phi}_1=[1\quad\sqrt{2}\quad 1]^{\mathrm{T}},\ \boldsymbol{\phi}_2=[1\quad 0\quad -1]^{\mathrm{T}},\ \boldsymbol{\phi}_3=[1\quad -\sqrt{2}\quad 1]^{\mathrm{T}}$$

【解】 计算柔度矩阵 $\boldsymbol{F}$ 和动力矩阵 $\boldsymbol{D}$ 分别为：

$$\boldsymbol{F}=\boldsymbol{K}^{-1}=\frac{1}{4k}\begin{bmatrix}3&2&1\\2&4&2\\1&2&3\end{bmatrix},\quad \boldsymbol{D}=\boldsymbol{F}\boldsymbol{M}=\frac{1}{100}\begin{bmatrix}3&2&1\\2&4&2\\1&2&3\end{bmatrix}$$

选择初始向量 $\boldsymbol{x}^{(0)}=[1\quad 1\quad 1]^{\mathrm{T}}$，应用逆迭代算法的计算步骤(1)～(6)。三次迭代循环的结果如表 7-1 所示。

计算第一阶特征对的逆迭代法 **表 7-1**

迭代的次数	$\boldsymbol{x}^{(j)}$	$\boldsymbol{y}^{(j+1)}$	$\lambda^{(j+1)}$	$\boldsymbol{x}^{(j+1)}=\dfrac{\boldsymbol{y}^{(j+1)}}{[(\boldsymbol{y}^{(j+1)})^{\mathrm{T}}\boldsymbol{M}\boldsymbol{y}^{(j+1)}]^{1/2}}$
0	$\begin{Bmatrix}1\\1\\1\end{Bmatrix}$	$\begin{Bmatrix}0.06\\0.08\\0.06\end{Bmatrix}$	14.706	$\begin{Bmatrix}0.025725\\0.034300\\0.025725\end{Bmatrix}$
1	$\begin{Bmatrix}0.025725\\0.034300\\0.025725\end{Bmatrix}$	$\begin{Bmatrix}0.001715\\0.002401\\0.001715\end{Bmatrix}$	14.646	$\begin{Bmatrix}0.025126\\0.035176\\0.025126\end{Bmatrix}$
2	$\begin{Bmatrix}0.025126\\0.035176\\0.025126\end{Bmatrix}$	$\begin{Bmatrix}0.001709\\0.002412\\0.001709\end{Bmatrix}$	14.645	$\begin{Bmatrix}0.025022\\0.035325\\0.025022\end{Bmatrix}$

最终的结果为 $\lambda_1=14.645$，与精确值一致，而相应的振型 $\boldsymbol{\phi}_1=\begin{Bmatrix}0.025022\\0.035325\\0.025022\end{Bmatrix}$。

7.4.2 迭代的收敛性

第 5 章已经指出，一个任意的向量 $\boldsymbol{x}^{(0)}$ 可以按振型 $\boldsymbol{\phi}_n$ 展开为：

$$\boldsymbol{x}^{(0)}=\sum_{n=1}^{N}\eta_n\boldsymbol{\phi}_n \tag{7-55}$$

其中，$\boldsymbol{\phi}_n(n=1,2,\cdots,N)$ 为精确振型。

用动力矩阵 $\boldsymbol{D}$ 来表示特征值问题式(7-1a)时，可写为：

$$\boldsymbol{D}\boldsymbol{\phi}_n=\frac{1}{\lambda_n}\boldsymbol{\phi}_n \tag{7-56}$$

于是，由式(7-55)和式(7-56)可得：

$$\boldsymbol{D}\boldsymbol{x}^{(0)}=\sum_{n=1}^{N}\eta_n\boldsymbol{D}\boldsymbol{\phi}_n=\frac{1}{\lambda_1}\sum_{n=1}^{N}\eta_n\left(\frac{\lambda_1}{\lambda_n}\right)\boldsymbol{\phi}_n \tag{7-57}$$

由于每一步迭代循环都应用了式(7-51)和式(7-53)，其中包含了式(7-51)的解和式(7-53)的基准化或正则化处理。同时，因为收敛性不受基准化或正则化的影响，因此在式(7-53)中略去 ref$[\boldsymbol{y}^{(j+1)}]$。这样，迭代过程变为：

第一次迭代循环后：

$$\boldsymbol{y}^{(1)}=\boldsymbol{D}\boldsymbol{x}^{(0)},\quad \boldsymbol{x}^{(1)}=\boldsymbol{y}^{(1)}$$

第二次迭代循环后：

$$\boldsymbol{y}^{(2)}=\boldsymbol{D}\boldsymbol{x}^{(1)}=\boldsymbol{D}(\boldsymbol{D}\boldsymbol{x}^{(0)})=\frac{1}{\lambda_1}\sum_{n=1}^{N}\eta_n\left(\frac{\lambda_1}{\lambda_n}\right)\boldsymbol{D}\boldsymbol{\phi}_n=\frac{1}{\lambda_1^2}\sum_{n=1}^{N}\eta_n\left(\frac{\lambda_1}{\lambda_n}\right)^2\boldsymbol{\phi}_n,\quad \boldsymbol{x}^{(2)}=\boldsymbol{y}^{(2)}$$

类似地，第 j 次迭代循环：

$$\boldsymbol{y}^{(j)}=\frac{1}{\lambda_1^j}\sum_{n=1}^{N}\eta_n\left(\frac{\lambda_1}{\lambda_n}\right)^j\boldsymbol{\phi}_n \tag{7-58}$$

假设 $n>1$ 有 $\lambda_1<\lambda_n$，因此当 $j\to\infty$ 时，有 $(\lambda_1/\lambda_n)^j\to 0$。这样，在式(7-58)中，只有 $n=1$ 的项是显著的，即

$$\boldsymbol{y}^{(j)}\to\frac{1}{\lambda_1^j}\eta_1\boldsymbol{\phi}_1\quad(j\to\infty) \tag{7-59}$$

这表明，$\boldsymbol{y}^{(j)}$ 收敛于一个与固有振型 $\boldsymbol{\phi}_1$ 成比例的向量。顺便指出，式(7-53)所示的向量 $\boldsymbol{x}^{(j+1)}$ 将收敛于 $\boldsymbol{\phi}_1$，其收敛速率取决于式(7-58)中 λ_1/λ_2 的比值，比值越小，收敛越快。

7.4.3　第二阶振型的计算

如上所述，每一次迭代循环后总是扩大迭代向量 $\boldsymbol{y}^{(j)}$ 内第一阶振型 $\boldsymbol{\phi}_1$ 的比重。如果在每次迭代的 $\boldsymbol{y}^{(j)}$ 中清除 $\boldsymbol{\phi}_1$ 分量，那么迭代向量就会收敛于第二阶振型 $\boldsymbol{\phi}_2$。为此，在式(7-55)两边左乘 $\boldsymbol{\phi}_1^{\mathrm{T}}\boldsymbol{M}$，由振型的正交性可知：

$$\eta_1=\frac{\boldsymbol{\phi}_1^{\mathrm{T}}\boldsymbol{M}\boldsymbol{x}^{(0)}}{\boldsymbol{\phi}_1^{\mathrm{T}}\boldsymbol{M}\boldsymbol{\phi}_1}=\frac{1}{M_1}\boldsymbol{\phi}_1^{\mathrm{T}}\boldsymbol{M}\boldsymbol{x}^{(0)} \tag{7-60}$$

如果取

$$\hat{\boldsymbol{x}}^{(0)}=\boldsymbol{x}^{(0)}-\boldsymbol{\phi}_1\eta_1=\left(\boldsymbol{I}-\frac{1}{M_1}\boldsymbol{\phi}_1\boldsymbol{\phi}_1^{\mathrm{T}}\boldsymbol{M}\right)\boldsymbol{x}^{(0)}\equiv\boldsymbol{S}_1\boldsymbol{x}^{(0)} \tag{7-61}$$

这里，$\boldsymbol{S}_1$ 称为第一振型的**清除矩阵**，即

$$\boldsymbol{S}_1=\boldsymbol{I}-\frac{1}{M_1}\boldsymbol{\phi}_1\boldsymbol{\phi}_1^{\mathrm{T}}\boldsymbol{M} \tag{7-62}$$

那么 $\hat{\boldsymbol{x}}^{(0)}$ 就不包含 $\boldsymbol{\phi}_1$ 分量，这个净化了的初始向量 $\hat{\boldsymbol{x}}^{(0)}$ 在迭代过程中将向第二振型收敛。然而，由于在数值运算中产生的舍入误差会引起第一振型在迭代向量中再现，因此必须在

迭代求解的每一次循环中清除 $\boldsymbol{\phi}_1$ 以保证收敛到第二振型。

现在，可以用这个清除矩阵 $\boldsymbol{S}_1$ 列出向量迭代法的基本公式，使得它向第二振型收敛。对于第一次迭代，式(7-51)变为：

$$\boldsymbol{y}^{(1)}=\boldsymbol{D}\hat{\boldsymbol{x}}^{(0)}=\boldsymbol{D}\boldsymbol{S}_1\boldsymbol{x}^{(0)}\equiv\boldsymbol{D}_2\boldsymbol{x}^{(0)} \tag{7-63}$$

其中 $\boldsymbol{D}_2$ 是一个新的动力矩阵，即

$$\boldsymbol{D}_2=\boldsymbol{D}\boldsymbol{S}_1=\boldsymbol{D}-\frac{1}{\lambda_1 M_1}\boldsymbol{\phi}_1\boldsymbol{\phi}_1^{\mathrm{T}}\boldsymbol{M} \tag{7-64}$$

改进的迭代向量取为：

$$\boldsymbol{x}^{(1)}=\frac{\boldsymbol{y}^{(1)}}{\mathrm{ref}[\boldsymbol{y}^{(1)}]} \tag{7-65}$$

这样，就可以进入第二次迭代循环：

$$\boldsymbol{y}^{(2)}=\boldsymbol{D}_2\boldsymbol{x}^{(1)},\quad \boldsymbol{x}^{(2)}=\frac{\boldsymbol{y}^{(2)}}{\mathrm{ref}[\boldsymbol{y}^{(2)}]}$$

可见，当采用新的动力矩阵 $\boldsymbol{D}_2$ 时，第二振型的分析与前面讨论的第一振型分析完全一样。显然，用这个方法计算第二振型时，必须先确定第一振型和频率。此外，为了得到满意的结果，在计算清除矩阵 $\boldsymbol{S}_1$ 时，用到的第一振型必须具有很高的精度。

【例 7-4】 应用逆迭代法计算【例 7-3】所示系统的第二阶频率和相应的振型。

【解】 根据【例 7-3】得到的结果：

$$\lambda_1\approx 14.645,\quad \boldsymbol{\phi}_1\approx\begin{Bmatrix}0.025022\\0.035325\\0.025022\end{Bmatrix},\quad M_1=\boldsymbol{\phi}_1^{\mathrm{T}}\boldsymbol{M}\boldsymbol{\phi}_1=1$$

由式(7-64)计算动力矩阵 $\boldsymbol{D}_2$：

$$\boldsymbol{D}_2=\boldsymbol{D}-\frac{1}{\lambda_1 M_1}\boldsymbol{\phi}_1\boldsymbol{\phi}_1^{\mathrm{T}}\boldsymbol{M}\approx\begin{bmatrix}0.03&0.02&0.01\\0.02&0.04&0.02\\0.01&0.02&0.03\end{bmatrix}-\begin{bmatrix}0.0171&0.0241&0.0171\\0.0241&0.0341&0.0241\\0.0171&0.0241&0.0171\end{bmatrix}$$

$$=\begin{bmatrix}0.0129&-0.0041&-0.0071\\-0.0041&0.0059&-0.0041\\-0.0071&-0.0041&0.0129\end{bmatrix}$$

选择初始向量 $\boldsymbol{x}^{(0)}=[1\quad 1\quad -1]^{\mathrm{T}}$，应用逆迭代公式 $\boldsymbol{y}^{(j+1)}=\boldsymbol{D}_2\boldsymbol{x}^{(j)}$。经三次迭代循环的结果如表 7-2 所示。表 7-2 中的迭代过程是收敛的，特征值 λ_2 的误差仅为 0.69%。

如果选择初始向量 $\boldsymbol{x}^{(0)}=[1\quad 1\quad 1]^{\mathrm{T}}$，应用逆迭代公式 $\boldsymbol{y}^{(j+1)}=\boldsymbol{D}_2\boldsymbol{x}^{(j)}$，结果将收敛于第三阶频率和相应的振型。经二次迭代循环的结果如表 7-3 所示。

计算第二阶特征对的逆迭代法　表 7-2

迭代的次数	$x^{(j)}$	$y^{(j+1)}$	$\lambda^{(j+1)}$	$x^{(j+1)}=\dfrac{y^{(j+1)}}{[(y^{(j+1)})^{T}My^{(j+1)}]^{1/2}}$
0	$\begin{Bmatrix}1\\1\\-1\end{Bmatrix}$	$\begin{Bmatrix}0.0159\\0.0059\\-0.0241\end{Bmatrix}$	52.786	$\begin{Bmatrix}0.026977\\0.010010\\-0.040890\end{Bmatrix}$
1	$\begin{Bmatrix}0.026977\\0.010010\\-0.040890\end{Bmatrix}$	$\begin{Bmatrix}5.972813\\1.161023\\-7.600587\end{Bmatrix}\times10^{-4}$	50.997	$\begin{Bmatrix}0.030674\\0.005962\\-0.039033\end{Bmatrix}$
2	$\begin{Bmatrix}0.030674\\0.005962\\-0.039033\end{Bmatrix}$	$\begin{Bmatrix}6.483847\\0.694477\\-7.457553\end{Bmatrix}\times10^{-4}$	50.345	$\begin{Bmatrix}0.032725\\0.003505\\-0.037640\end{Bmatrix}$

计算第三阶特征对的逆迭代法　表 7-3

迭代的次数	$x^{(j)}$	$y^{(j+1)}$	$\lambda^{(j+1)}$	$x^{(j+1)}=\dfrac{y^{(j+1)}}{[(y^{(j+1)})^{T}My^{(j+1)}]^{1/2}}$
0	$\begin{Bmatrix}1\\1\\1\end{Bmatrix}$	$\begin{Bmatrix}0.0017\\-0.0023\\0.0017\end{Bmatrix}$	85.321	$\begin{Bmatrix}0.025547\\-0.034564\\0.025547\end{Bmatrix}$
1	$\begin{Bmatrix}0.025547\\-0.034564\\0.025547\end{Bmatrix}$	$\begin{Bmatrix}2.89885\\-4.13413\\2.89885\end{Bmatrix}\times10^{-4}$	85.354	$\begin{Bmatrix}0.024895\\-0.035503\\0.024895\end{Bmatrix}$

可见，迭代结果与第三阶频率的精确值十分接近，而相应的振型 $\boldsymbol{\phi}_3=[0.024895\quad -0.035503\quad 0.024895]^{T}$。

从上述例题可以看出，如果选择的消除初始向量 $\hat{\boldsymbol{x}}^{(0)}=\boldsymbol{S}_1\boldsymbol{x}^{(0)}$ 与第一阶振型 $\boldsymbol{\phi}_1$ 正交，迭代将会收敛于 $\boldsymbol{\phi}_2$ 或者 $\boldsymbol{\phi}_3$(注意，此时清除初始向量 $\hat{\boldsymbol{x}}^{(0)}$ 与 $\boldsymbol{\phi}_3$ 十分接近)。因此，对初始向量的选择是十分重要的。

7.4.4　第三及更高阶振型的计算

同样地，清除过程能够推广到从初始向量中清除第一和第二这两个振型分量，因此，迭代过程将收敛到第三振型。将清除第一和第二振型的初始向量表示为：

$$\hat{\boldsymbol{x}}^{(0)}=\boldsymbol{x}^{(0)}-\boldsymbol{\phi}_1\eta_1-\boldsymbol{\phi}_2\eta_2 \tag{7-66}$$

利用 $\hat{\boldsymbol{x}}^{(0)}$ 与 $\boldsymbol{\phi}_1$ 及 $\boldsymbol{\phi}_2$ 的正交条件：

$$\boldsymbol{\phi}_1^{T}\boldsymbol{M}\hat{\boldsymbol{x}}^{(0)}=\boldsymbol{\phi}_1^{T}\boldsymbol{M}\boldsymbol{x}^{(0)}-M_1\eta_1=0,\ \boldsymbol{\phi}_2^{T}\boldsymbol{M}\hat{\boldsymbol{x}}^{(0)}=\boldsymbol{\phi}_2^{T}\boldsymbol{M}\boldsymbol{x}^{(0)}-M_2\eta_2=0$$

可得到初始向量 $\boldsymbol{x}^{(0)}$ 中第一和第二振型系数的表达式为：

$$\eta_1=\frac{1}{M_1}\boldsymbol{\phi}_1^{T}\boldsymbol{M}\boldsymbol{x}^{(0)},\ \eta_2=\frac{1}{M_2}\boldsymbol{\phi}_2^{T}\boldsymbol{M}\boldsymbol{x}^{(0)}$$

于是，式(7-66)变为：

$$\hat{\boldsymbol{x}}^{(0)}=\left(\boldsymbol{I}-\frac{1}{M_1}\boldsymbol{\phi}_1\boldsymbol{\phi}_1^{\mathrm{T}}\boldsymbol{M}-\frac{1}{M_2}\boldsymbol{\phi}_2\boldsymbol{\phi}_2^{\mathrm{T}}\boldsymbol{M}\right)\boldsymbol{x}^{(0)}\equiv\boldsymbol{S}_2\boldsymbol{x}^{(0)} \tag{7-67}$$

其中

$$\boldsymbol{S}_2=\boldsymbol{I}-\frac{1}{M_1}\boldsymbol{\phi}_1\boldsymbol{\phi}_1^{\mathrm{T}}\boldsymbol{M}-\frac{1}{M_2}\boldsymbol{\phi}_2\boldsymbol{\phi}_2^{\mathrm{T}}\boldsymbol{M}=\boldsymbol{S}_1-\frac{1}{M_2}\boldsymbol{\phi}_2\boldsymbol{\phi}_2^{\mathrm{T}}\boldsymbol{M} \tag{7-68}$$

式(7-68)表明，只要从第一振型的清除矩阵 $\boldsymbol{S}_1$ 中减去第二振型的项，就能得到从初始向量 $\boldsymbol{x}^{(0)}$ 中同时清除第一和第二振型分量的清除矩阵 $\boldsymbol{S}_2$。

类似于第二振型，第三振型的向量迭代关系式为：

$$\boldsymbol{y}^{(j+1)}=\boldsymbol{D}_3\boldsymbol{x}^{(j)}\quad(j=0,1,2,\cdots) \tag{7-69}$$

$$\boldsymbol{x}^{(j+1)}=\frac{\boldsymbol{y}^{(j+1)}}{\mathrm{ref}[\boldsymbol{y}^{(j+1)}]}\quad(j=0,1,2,\cdots) \tag{7-70}$$

其中

$$\boldsymbol{D}_3=\boldsymbol{D}\boldsymbol{S}_2=\boldsymbol{D}-\frac{1}{\lambda_1 M_1}\boldsymbol{\phi}_1\boldsymbol{\phi}_1^{\mathrm{T}}\boldsymbol{M}-\frac{1}{\lambda_2 M_2}\boldsymbol{\phi}_2\boldsymbol{\phi}_2^{\mathrm{T}}\boldsymbol{M} \tag{7-71}$$

这个修正的动力矩阵 $\boldsymbol{D}_3$ 起到了从初始向量 $\boldsymbol{x}^{(0)}$ 中清除第一和第二振型分量的作用，并向第三振型收敛。

以此类推，如果已求出前 n 阶特征值 λ_1，λ_2，…，λ_n 和特征向量 $\boldsymbol{\phi}_1$，$\boldsymbol{\phi}_2$，…，$\boldsymbol{\phi}_n$，则计算第（$n+1$）阶振型的动力矩阵 $\boldsymbol{D}_{n+1}$ 为：

$$\boldsymbol{D}_{n+1}=\boldsymbol{D}\boldsymbol{S}_n=\boldsymbol{D}-\sum_{r=1}^{n}\frac{1}{\lambda_r M_r}\boldsymbol{\phi}_r\boldsymbol{\phi}_r^{\mathrm{T}}\boldsymbol{M} \tag{7-72}$$

显然，用这个方法计算高阶振型之前，必须先计算所有的低阶振型，同时为了获得满意的结果，还需要精度很高的低阶振型。此外，对于高阶振型，迭代过程的收敛性将连续地变得越来越慢。鉴于此，这种方法直接用于计算不超过四个或五个振型的情形。

7.4.5 移位向量迭代法

移位向量迭代法是向量迭代法与特征值谱的“移位”概念相结合的一种方法，它不仅有效地提高了迭代过程的收敛速度，而且还可以计算所需要的任意特征对（λ_n，$\boldsymbol{\phi}_n$）。因此，它是一个首选的方法。

现在，将原系统的特征值问题式(7-1a)改写为：

$$(\boldsymbol{K}-\mu\boldsymbol{M})\boldsymbol{\phi}_n=(\lambda_n-\mu)\boldsymbol{M}\boldsymbol{\phi}_n \tag{7-73}$$

或写为

$$\widetilde{\boldsymbol{K}}\boldsymbol{\phi}_n = \widetilde{\lambda}_n \boldsymbol{M}\boldsymbol{\phi}_n \tag{7-74}$$

其中

$$\widetilde{\boldsymbol{K}} = \boldsymbol{K} - \mu\boldsymbol{M},\ \widetilde{\lambda}_n = \lambda_n - \mu \tag{7-75}$$

这里，移位特征值 $\widetilde{\lambda}_n$ 定义为从移位的原点观察的特征值，如图 7-4 所示。

显然，移位的特征值问题式(7-74)与原系统的特征值问题式(7-1a)具有相同的特征向量。但是，移位的特征值 $\widetilde{\lambda}_n$ 与原系统的特征值 λ_n 相差了一个移位 μ，当 $\lambda_n < \mu$ 时，$\widetilde{\lambda}_n$ 将为负值。如果将前面介绍的向量迭代法应用于移位特征值问题式(7-74)，显然它将收敛于最小的移位特征值 $|\widetilde{\lambda}_n|$ 所对应的特征向量 $\boldsymbol{\phi}_n$。例如，如果移位 μ 按图 7-4(b)所示的大小来选择，则迭代会收敛于第一阶特征向量 $\boldsymbol{\phi}_1$，且收敛速度得到提高，因为移位特征值的比值 $\widetilde{\lambda}_1/\widetilde{\lambda}_2$ 小于原系统特征值的比值 λ_1/λ_2；如果 μ 按图 7-4(c)所示的大小来选择，则迭代将收敛于第三阶特征向量 $\boldsymbol{\phi}_3$。

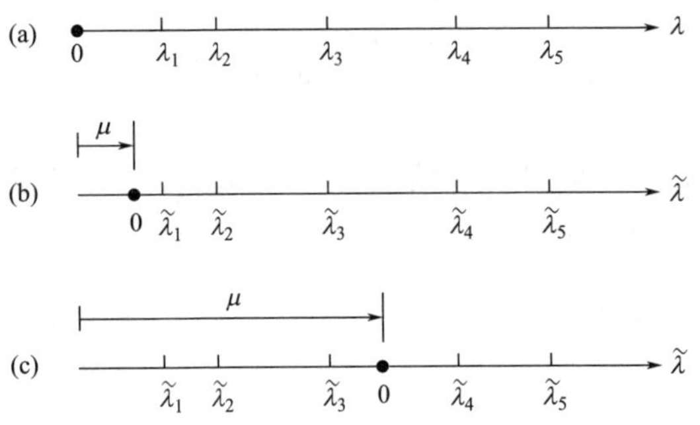

图 7-4　移位向量迭代法

(a)特征值谱；(b)移位特征值谱；(c)收敛于 λ_3 的移位点位置

对于半正定的系统，由于刚度矩阵 $\boldsymbol{K}$ 是奇异矩阵，式(7-52)中的动力矩阵 $\boldsymbol{D}$ 将不存在，这时可采用上述的移位特征值问题式(7-74)，并选择合适的 μ 以保证 $\widetilde{\boldsymbol{K}} = \boldsymbol{K} - \mu\boldsymbol{M}$ 为正定矩阵。

7.4.6　Rayleigh 商迭代法

移位的向量逆迭代法收敛于与 μ 最近的特征值 λ_n 所对应的特征向量 $\boldsymbol{\phi}_n$，而且 μ 越接近于 λ_n，收敛越快。但是特征值 λ_n 是未知的，因此在实际应用中很难选取一个合适的移位量 μ。Rayleigh 商是估计特征值的一种有效方法，因此在每一次迭代步中，可以将 Rayleigh 商取为移位量，这种方法称为 **Rayleigh 商迭代法**。

Rayleigh 商迭代法的计算步骤如下：

(1) 选取初始的迭代向量 $\boldsymbol{x}^{(0)}$ 和初始的移位量 $\lambda^{(0)}$；

(2) 求解如下的代数方程组，得到向量 $\boldsymbol{y}^{(j+1)}$：

$$[\boldsymbol{K} - \lambda^{(j)}\boldsymbol{M}]\boldsymbol{y}^{(j+1)} = \boldsymbol{M}\boldsymbol{x}^{(j)} \quad (j = 0,1,2,\cdots)$$

(3) 计算 Rayleigh 商：

$$\lambda^{(j+1)} = \frac{[\boldsymbol{y}^{(j+1)}]^{\mathrm{T}}\boldsymbol{M}\boldsymbol{x}^{(j)}}{[\boldsymbol{y}^{(j+1)}]^{\mathrm{T}}\boldsymbol{M}\boldsymbol{y}^{(j+1)}} + \lambda^{(j)}$$

（4）对 $\boldsymbol{y}^{(j+1)}$ 进行正则化：

$$\boldsymbol{x}^{(j+1)}=\frac{\boldsymbol{y}^{(j+1)}}{[(\boldsymbol{y}^{(j+1)})^{\mathrm{T}}\boldsymbol{M}\boldsymbol{y}^{(j+1)}]^{1/2}}$$

（5）检查下式是否成立：

$$\frac{|\lambda^{(j+1)}-\lambda^{(j)}|}{\lambda^{(j+1)}}\leqslant\varepsilon$$

如果成立，则有 $\lambda_n=\lambda^{(j+1)}$，$\boldsymbol{\phi}_n=\boldsymbol{x}^{(j+1)}$；如果不成立，则返回步骤(2)进行新一轮迭代循环，直到成立为止。

Rayleigh 商迭代法的收敛结果（$\lambda_n,\boldsymbol{\phi}_n$）取决于初始迭代向量 $\boldsymbol{x}^{(0)}$ 和初始移位量 $\lambda^{(0)}$。如果初始向量中含有很强的 $\boldsymbol{\phi}_n$ 成分，且 $\lambda^{(0)}$ 接近于相应的特征值 λ_n，则迭代收敛于特征对（$\lambda_n,\boldsymbol{\phi}_n$）。

§ 7.5　子空间迭代法

在有限元分析中，一般不必求解系统所有的特征对，而只需求解部分低阶特征对，为此已发展了一些高效的求解方法。子空间迭代法是公认的高效求解算法，它是将前面介绍的 Rayleigh-Ritz 法与向量迭代法结合起来的一种新方法，对于求解大型结构系统较低的前若干阶振型及频率非常有效。

7.5.1　基本原理

在向量迭代法中，如果选择 n 个初始的列向量 $\boldsymbol{x}_1^{(0)}$，$\boldsymbol{x}_2^{(0)}$，…，$\boldsymbol{x}_n^{(0)}$ 同步进行迭代，称为同步迭代法，即：

$$\boldsymbol{K}\boldsymbol{Y}^{(j+1)}=\boldsymbol{M}\boldsymbol{X}^{(j)}\quad(j=0,1,2,\cdots)\tag{7-76}$$

其中，$N\times n$ 阶的矩阵 $\boldsymbol{X}^{(j)}$ 和 $\boldsymbol{Y}^{(j+1)}$ 分别记为：

$$\boldsymbol{X}^{(j)}=[\boldsymbol{x}_1^{(j)}\quad\boldsymbol{x}_2^{(j)}\quad\cdots\quad\boldsymbol{x}_n^{(j)}],\ \boldsymbol{Y}^{(j+1)}=[\boldsymbol{y}_1^{(j+1)}\quad\boldsymbol{y}_2^{(j+1)}\quad\cdots\quad\boldsymbol{y}_n^{(j+1)}]$$

同时，改进的迭代矩阵 $\boldsymbol{X}^{(j+1)}$ 为：

$$\boldsymbol{X}^{(j+1)}=\frac{\boldsymbol{Y}^{(j+1)}}{\mathrm{ref}[\boldsymbol{Y}^{(j+1)}]}=\frac{1}{\mathrm{ref}[\boldsymbol{Y}^{(j+1)}]}[\boldsymbol{y}_1^{(j+1)}\quad\boldsymbol{y}_2^{(j+1)}\quad\cdots\quad\boldsymbol{y}_n^{(j+1)}]\tag{7-77}$$

与矩阵 $\boldsymbol{X}^{(j)}$ 相比，矩阵 $\boldsymbol{Y}^{(j+1)}$ 中的每一列的第一阶振型比重加大，如果反复执行式(7-76)和式(7-77)，那么 $\boldsymbol{Y}^{(j+1)}$ 中的各个列向量将趋于平行，最终都平行于第一阶振型 $\boldsymbol{\phi}_1$，这表明各列趋于相关。因此，式(7-76)中的改进矩阵 $\boldsymbol{Y}^{(j+1)}$ 用于新一轮的迭代循环之前必须用两种方法来修正：一是正交化使得矩阵 $\boldsymbol{Y}^{(j+1)}$ 中的每一个列向量收敛于不同的振型，而不是全部收敛于第一振型；二是基准化或正则化使得在迭代中计算的数值大小保持合理，正如式(7-77)的做法。这两种运算可通过执行一次 Ritz 特征值问题的分析来实现。

首先，将$\boldsymbol{Y}^{(j+1)}$修正成满足振型正交条件的向量组。对$\boldsymbol{Y}^{(j+1)}$的任何线性操作都可表示为$\boldsymbol{Y}^{(j+1)}$乘以一个$n\times n$阶的方阵$\boldsymbol{E}^{(j+1)}$，即：

$$\hat{\boldsymbol{Y}}^{(j+1)}=\boldsymbol{Y}^{(j+1)}\boldsymbol{E}^{(j+1)} \tag{7-78}$$

根据正交化的要求，有

$$[\hat{\boldsymbol{Y}}^{(j+1)}]^{\mathrm{T}}\boldsymbol{K}\hat{\boldsymbol{Y}}^{(j+1)}=\overline{\boldsymbol{K}}^{(j+1)},\ [\hat{\boldsymbol{Y}}^{(j+1)}]^{\mathrm{T}}\boldsymbol{M}\hat{\boldsymbol{Y}}^{(j+1)}=\overline{\boldsymbol{M}}^{(j+1)} \tag{7-79}$$

其中，$n\times n$阶的广义刚度矩阵$\overline{\boldsymbol{K}}^{(j+1)}$和广义质量矩阵$\overline{\boldsymbol{M}}^{(j+1)}$均为对角阵。

将式(7-78)代入式(7-79)中，得到：

$$[\boldsymbol{E}^{(j+1)}]^{\mathrm{T}}\hat{\boldsymbol{K}}^{(j+1)}\boldsymbol{E}^{(j+1)}=\overline{\boldsymbol{K}}^{(j+1)},\ [\boldsymbol{E}^{(j+1)}]^{\mathrm{T}}\hat{\boldsymbol{M}}^{(j+1)}\boldsymbol{E}^{(j+1)}=\overline{\boldsymbol{M}}^{(j+1)} \tag{7-80a}$$

其中，$n\times n$阶的$\hat{\boldsymbol{K}}^{(j+1)}$和$\hat{\boldsymbol{M}}^{(j+1)}$都是已知的对称矩阵，即：

$$\hat{\boldsymbol{K}}^{(j+1)}=[\boldsymbol{Y}^{(j+1)}]^{\mathrm{T}}\boldsymbol{K}\boldsymbol{Y}^{(j+1)}=[\boldsymbol{Y}^{(j+1)}]^{\mathrm{T}}\boldsymbol{M}\boldsymbol{X}^{(j)} \tag{7-80b}$$

$$\hat{\boldsymbol{M}}^{(j+1)}=[\boldsymbol{Y}^{(j+1)}]^{\mathrm{T}}\boldsymbol{M}\boldsymbol{Y}^{(j+1)} \tag{7-80c}$$

从式(7-80a)中求解矩阵$\boldsymbol{E}^{(j+1)}$本质上等价于求解如下缩减的特征值问题：

$$\hat{\boldsymbol{K}}^{(j+1)}\boldsymbol{E}^{(j+1)}=\hat{\boldsymbol{M}}^{(j+1)}\boldsymbol{E}^{(j+1)}\hat{\boldsymbol{\Lambda}}^{(j+1)} \tag{7-81}$$

其中，$\hat{\boldsymbol{\Lambda}}^{(j+1)}=\overline{\boldsymbol{K}}^{(j+1)}[\overline{\boldsymbol{M}}^{(j+1)}]^{-1}$为特征值组成的对角阵。

由于特征值问题式(7-81)的方程数为n，比原系统的N阶小得多，即$n\ll N$。因此，特征值问题式(7-81)容易求解。采用任何合适的特征值问题分析方法，得到相应的振型矩阵$\boldsymbol{E}^{(j+1)}$和谱矩阵$\hat{\boldsymbol{\Lambda}}^{(j+1)}$后，即可进行正则化处理。一般比较方便的做法是正则化振型矩阵$\boldsymbol{E}^{(j+1)}$，使得质量矩阵$\hat{\boldsymbol{M}}^{(j+1)}$具有单位值，即：

$$[\boldsymbol{E}^{(j+1)}]^{\mathrm{T}}\hat{\boldsymbol{M}}^{(j+1)}\boldsymbol{E}^{(j+1)}=\boldsymbol{I}$$

其中，$\boldsymbol{I}$为$n\times n$阶的单位阵。

当使用正则化的振型矩阵$\boldsymbol{E}^{(j+1)}$时，改进的迭代矩阵由下式给出：

$$\boldsymbol{X}^{(j+1)}=\hat{\boldsymbol{Y}}^{(j+1)}=\boldsymbol{Y}^{(j+1)}\boldsymbol{E}^{(j+1)} \tag{7-82}$$

重复进行迭代，最后向量组$\boldsymbol{X}^{(j+1)}$将收敛于真实的前n阶振型。

Rayleigh-Ritz 法将原系统的高阶特征值问题缩减为一个低阶特征值问题，其计算结果的精度在很大程度上依赖于初始假设振型(形状)。但对于大型复杂结构而言，选取一个好的初始假设振型是非常困难的。而子空间迭代法则将 Rayleigh-Ritz 法和同步迭代法有机地结合起来，在每一个迭代步中先用同步迭代法对假设振型进行改进，再用 Rayleigh-Ritz 法求解改进后的近似特征值和特征向量。由于$\boldsymbol{X}^{(j+1)}$的各个列向量所张成的子空间连续地趋近于由系统前n阶振型构成的n维子空间，因此这种方法称为**子空间迭代法**。

7.5.2　计算步骤

子空间迭代法的计算步骤如下：

(1) 选取初始的 $N\times n$ 阶迭代矩阵 $\boldsymbol{X}^{(0)}$：

$$\boldsymbol{X}^{(0)}=[\boldsymbol{x}_1^{(0)}\quad \boldsymbol{x}_2^{(0)}\quad \cdots\quad \boldsymbol{x}_n^{(0)}]$$

(2) 计算 $N\times n$ 阶的矩阵 $\boldsymbol{W}^{(j)}$：

$$\boldsymbol{W}^{(j)}=\boldsymbol{M}\boldsymbol{X}^{(j)}\quad (j=0,1,2,\cdots)$$

(3) 从下列代数方程组中解出 $N\times n$ 阶矩阵 $\boldsymbol{Y}^{(j+1)}$：

$$\boldsymbol{K}\boldsymbol{Y}^{(j+1)}=\boldsymbol{W}^{(j)}\tag{7-83}$$

求解上述方程组的一条途径是通过求刚度矩阵 $\boldsymbol{K}$ 的逆矩阵得到柔度矩阵 $\boldsymbol{F}$，即 $\boldsymbol{Y}^{(j+1)}=\boldsymbol{K}^{-1}\boldsymbol{W}^{(j)}=\boldsymbol{F}\boldsymbol{W}^{(j)}$ 来实现。但是，为了保持刚度矩阵 $\boldsymbol{K}$ 的窄带特性，不必求逆矩阵得到柔度矩阵 $\boldsymbol{F}$。因为柔度矩阵 $\boldsymbol{F}$ 是满阵，与窄带的刚度矩阵 $\boldsymbol{K}$ 的运算相比会使计算效率降低。为此，可先将刚度矩阵 $\boldsymbol{K}$ 分解为：

$$\boldsymbol{K}=\boldsymbol{L}\boldsymbol{d}\boldsymbol{L}^{\mathrm{T}}\equiv\boldsymbol{L}\boldsymbol{U}\tag{7-84}$$

这里，$\boldsymbol{L}$ 为下三角矩阵，$\boldsymbol{d}$ 为对角矩阵。因此，$\boldsymbol{U}\equiv\boldsymbol{d}\boldsymbol{L}^{\mathrm{T}}$ 为上三角矩阵。

于是，将式(7-84)代入式(7-83)中，得到：

$$\boldsymbol{L}\boldsymbol{U}\boldsymbol{Y}^{(j+1)}=\boldsymbol{W}^{(j)}$$

然后，分如下的两步进行求解：

1) 定义

$$\boldsymbol{S}^{(j+1)}\equiv\boldsymbol{U}\boldsymbol{Y}^{(j+1)}$$

并由下式求解 $\boldsymbol{S}^{(j+1)}$：

$$\boldsymbol{L}\boldsymbol{S}^{(j+1)}=\boldsymbol{W}^{(j)}$$

2) 再由下式求解 $\boldsymbol{Y}^{(j+1)}$：

$$\boldsymbol{U}\boldsymbol{Y}^{(j+1)}=\boldsymbol{S}^{(j+1)}$$

由于三角矩阵 $\boldsymbol{L}$ 和 $\boldsymbol{U}$ 中保留了刚度矩阵 $\boldsymbol{K}$ 的窄带特性，因此与直接使用的柔度矩阵形式相比，上述分析方法可以大大提高计算效率。

(4) 计算 $N\times n$ 阶矩阵 $\boldsymbol{Q}^{(j+1)}$：

$$\boldsymbol{Q}^{(j+1)}=\boldsymbol{M}\boldsymbol{Y}^{(j+1)}$$

(5) 计算自由度数缩减后的刚度矩阵 $\hat{\boldsymbol{K}}^{(j+1)}$ 和质量矩阵 $\hat{\boldsymbol{M}}^{(j+1)}$：

$$\hat{\boldsymbol{K}}^{(j+1)}=[\boldsymbol{Y}^{(j+1)}]^{\mathrm{T}}\boldsymbol{W}^{(j)},\ \hat{\boldsymbol{M}}^{(j+1)}=[\boldsymbol{Y}^{(j+1)}]^{\mathrm{T}}\boldsymbol{Q}^{(j+1)}$$

(6) 求解下列特征值问题：

$$\hat{\boldsymbol{K}}^{(j+1)}\boldsymbol{e}^{(j+1)}=\hat{\lambda}^{(j+1)}\hat{\boldsymbol{M}}^{(j+1)}\boldsymbol{e}^{(j+1)}$$

得到全部 n 个特征值 $\hat{\lambda}_i^{(j+1)}(i=1,2,\cdots,n)$ 和相应的特征向量 $\boldsymbol{e}_i^{(j+1)}(i=1,2,\cdots,n)$。并对特征向量 $\boldsymbol{e}_i^{(j+1)}$ 进行正则化，即使 $\boldsymbol{e}_i^{(j+1)}$ 满足 $[\boldsymbol{e}_i^{(j+1)}]^{\mathrm{T}}\boldsymbol{M}\boldsymbol{e}_i^{(j+1)}=1$。记为：

$$\hat{\boldsymbol{\Lambda}}^{(j+1)}=\begin{bmatrix}\hat{\lambda}_1^{(j+1)} & 0 & \cdots & 0\\ 0 & \hat{\lambda}_2^{(j+1)} & \cdots & 0\\ \vdots & \vdots & \ddots & \vdots\\ 0 & 0 & \cdots & \hat{\lambda}_n^{(j+1)}\end{bmatrix},\ \boldsymbol{E}^{(j+1)}=[\boldsymbol{e}_1^{(j+1)}\quad \boldsymbol{e}_2^{(j+1)}\quad \cdots\quad \boldsymbol{e}_n^{(j+1)}]$$

显然，$\boldsymbol{E}^{(j+1)}$ 为 $n\times n$ 阶的正则振型矩阵。

(7) 如果各个特征值 $\hat{\lambda}_i^{(j+1)}$ 已满足精度要求，则取为：

$$\boldsymbol{\Lambda}_n=\hat{\boldsymbol{\Lambda}}^{(j+1)},\ \boldsymbol{\Phi}_n=\boldsymbol{Y}^{(j+1)}\boldsymbol{E}^{(j+1)}$$

其中，$\boldsymbol{\Lambda}_n$ 为原系统谱矩阵的左上 $n\times n$ 阶子矩阵，而 $\boldsymbol{\Phi}_n$ 为振型矩阵的前 n 列，即

$$\boldsymbol{\Lambda}_n=\mathrm{diag}[\omega_1^2\quad \omega_2^2\quad \cdots\quad \omega_n^2],\ \boldsymbol{\Phi}_n=[\boldsymbol{\phi}_1\quad \boldsymbol{\phi}_2\quad \cdots\quad \boldsymbol{\phi}_n]$$

(8) 如果各个特征值 $\hat{\lambda}_i^{(j+1)}$ 不满足精度要求，则计算

$$\boldsymbol{W}^{(j+1)}=\boldsymbol{Q}^{(j+1)}\boldsymbol{E}^{(j+1)}$$

并返回步骤(3)，继续计算。

事实上，上述计算步骤可分为两部分，其中步骤(2)、(3)、(7)及(8)是向量迭代法，而步骤(4)、(5)及(6)是 Rayleigh-Ritz 法。不过，这里的向量迭代法不是先形成动力矩阵 $\boldsymbol{D}=\boldsymbol{K}^{-1}\boldsymbol{M}$，然后进行矩阵迭代 $\boldsymbol{Y}^{(j+1)}=\boldsymbol{D}\boldsymbol{X}^{(j)}$。这是因为结构动力分析中的刚度矩阵 $\boldsymbol{K}$ 和质量矩阵 $\boldsymbol{M}$ 一般都是对称、稀疏且带状的矩阵，而通过矩阵相乘得到的动力矩阵将丧失这些有利于计算的特点，所以将向量迭代分成了步骤(2)和步骤(3)。此外，在步骤(8)中，并未按 $\boldsymbol{X}^{(j+1)}=\boldsymbol{Y}^{(j+1)}\boldsymbol{E}^{(j+1)}$ 计算新的迭代矩阵 $\boldsymbol{X}^{(j+1)}$，再返回步骤(2)；而是按 $\boldsymbol{W}^{(j+1)}=\boldsymbol{Q}^{(j+1)}\boldsymbol{E}^{(j+1)}$ 计算新的矩阵 $\boldsymbol{W}^{(j+1)}$ 后返回步骤(3)，这样省去了步骤(2)而直接进入步骤(3)。

对于具有数百个甚至上千个自由度系统的动力分析，所需要的振型也许不超过 40 个，这种子空间迭代法是解决这类大型结构振动问题的最有效的方法之一。由于子空间迭代法在迭代过程中计算的频率都由上限一侧向精确值收敛，越是低阶的频率，收敛得越快。因此，若需要计算前 n 阶振型，那么在初始迭代矩阵 $\boldsymbol{X}_0$ 中选择的向量数目 m 要大些，这些增加的 $(m-n)$ 个向量是为了加速前 n 阶振型的收敛，但显然在每一次迭代循环中都需要增加计算量。为此，必须考虑使用的向量数目与收敛所需的循环次数之间的均衡关系。通常，选取的向量数目 m 取 $\min\{2n,n+8,N\}$ 是合适的。

习　题

7-1　根据第一改进的 Rayleigh 商：

$$R_1(\boldsymbol{\psi})=\frac{\boldsymbol{\psi}^{\mathrm{T}}\boldsymbol{M}\boldsymbol{\psi}}{\boldsymbol{\psi}^{\mathrm{T}}\boldsymbol{MFM}\boldsymbol{\psi}}$$

推导 Rayleigh-Ritz 法的特征值问题的另一种改进形式：

$$(\hat{\boldsymbol{M}}-\hat{\omega}^2\hat{\boldsymbol{F}})\hat{\boldsymbol{Z}}=\boldsymbol{0}$$

其中

$$\hat{\boldsymbol{M}}=\boldsymbol{D}^{\mathrm{T}}\boldsymbol{MD},\ \hat{\boldsymbol{F}}=\boldsymbol{D}^{\mathrm{T}}(\boldsymbol{MFM})\boldsymbol{D}$$

这里，$\boldsymbol{D}$ 是以 n 个线性独立的假设形状列向量组成的 $N\times n$ 阶矩阵，$\hat{\boldsymbol{Z}}$ 是 n 维常数列向量。

7-2　如图 7-5 所示的四层剪切型框架结构，各刚性横梁上集中的质量为 m，各楼层柱子的层间刚度为 k。其中，给定的 2 个线性独立的假设形状向量 $\boldsymbol{\varphi}_1=[0.25\quad 0.50\quad 0.75\quad 1.00]^{\mathrm{T}}$，$\boldsymbol{\varphi}_2=[0.06\quad 0.25\quad 0.56\quad 1.00]^{\mathrm{T}}$。

(1) 根据假设形状向量 $\boldsymbol{\varphi}_1$，分别应用 Rayleigh 商以及第一、第二改进的 Rayleigh 商计算基本固有频率 ω_1；

(2) 应用 Rayleigh-Ritz 法及其改进的 Rayleigh-Ritz 法计算前两阶固有频率和振型；

(3) 应用子空间迭代法计算前两阶固有频率和振型。

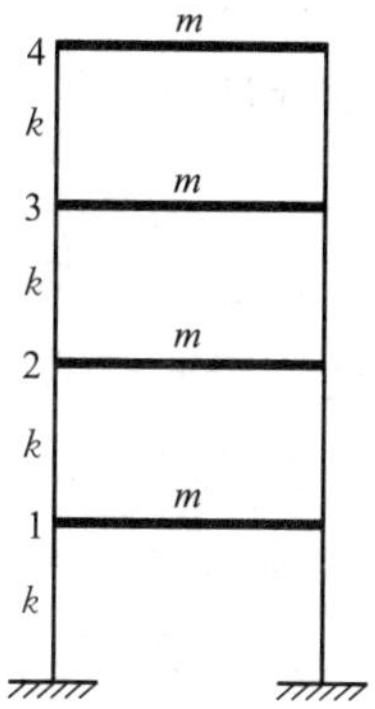

图 7-5

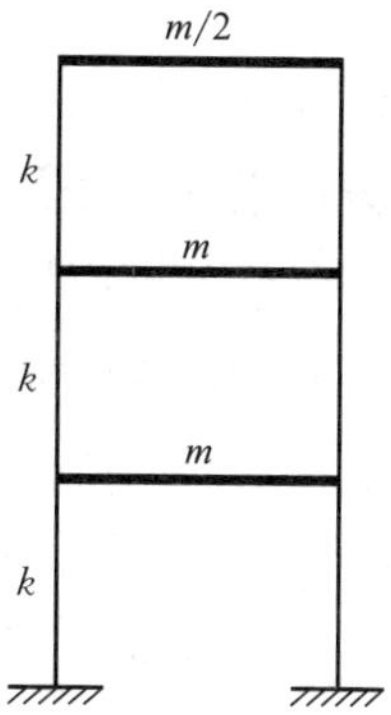

图 7-6

7-3　如图 7-6 所示的一个三层剪切型框架结构，假定横梁是刚性的，质量集中在横梁上，每层的质量和层间刚度标示于图中。其中，$m=4.2\times10^4$ kg，$k=5.6\times10^5$ N/cm。

(1) 采用向量迭代法计算基本固有频率 ω_1 和振型 $\boldsymbol{\phi}_1$；

(2) 采用移位向量迭代法，计算系统的三个固有频率和振型；

(3) 采用移位向量迭代法，计算系统的三个固有频率和振型，每次迭代循环的移位为前一轮的 Rayleigh 商。

第 8 章　线性动力反应的数值计算

在第 6 章中介绍了线性多自由度系统动力反应的振型叠加法，仅当激励为简单函数时，才能获得解析解。对于由离散时刻数值定义的复杂激励，或者对于非线性或具有非经典阻尼的多自由度系统，需要采用数值方法计算动力反应。本章将介绍多自由度系统的动力反应计算的时间逐步法，主要包括中心差分法、Newmark-β 法和 Wilson-θ 法。此外，还将重点介绍一种以 2^N 类算法计算指数矩阵为基础的时间逐步法——精细积分法。最后，简要论述各种算法的稳定性和精度问题。

§8.1　基本概念

在第 6 章中采用振型叠加法，将线性多自由度系统的运动方程转化为一组非耦合的振型广义坐标方程进行求解，得到了线性多自由度系统的动力反应。振型叠加法的显著优点是，通过主振型的正交性可实现运动方程的解耦，且通常仅需考虑少数几个振型就能够对动力反应做出足够精确的估计。对于简单的激励函数，解耦的振型广义坐标方程可以得到解析解。然而，对于更复杂或任意的激励，或者是具有非线性或非经典阻尼的多自由度系统，有必要采用数值方法来计算动力反应。

时间逐步法为任意激励的反应提供了一般的分析方法，也是处理耦合的线性振型方程的有效方法。它避免了叠加原理的应用，因而能很好地适用于非线性反应分析。时间逐步法有许多种，但所有方法都将激励函数和反应历程分成一系列时间间隔或时间步。在每一时间步内均以此步的初始条件(位移和速度)和该步内的激励函数历程来计算反应。因而，每步反应是一个独立的分析问题，步中不需要组合反应贡献。采用这种方法很容易考虑非线性特性，仅需假设在每步期间系统的特性保持为常量，而从此步到下一步时所引起的状态按指定形式作相应修正。因此，非线性分析实际上是一系列变化系统的线性分析。

时间逐步法虽然是非线性动力反应分析的一般方法，但是它对于线性动力反应分析同样具有价值。当时间逐步法用于线性多自由度系统时，由于不需要每步都对结构特性进行修正，因此计算大为简化。有时用时间逐步法比用振型叠加法更胜一筹，这是因为在自由度很多的系统中计算振型和频率的工作量非常大，而时间逐步法不需进行特征问题分析。此外，在多自由度系统反应的时间逐步法中，一般直接定义阻尼矩阵，而不用振型阻尼比。因为不需要建立非耦合的振型反应，所以不必使阻尼矩阵满足振型正交条件。这使得时间逐步法更具通用性。

§8.2 中心差分法

中心差分法与位移时间导数(即速度和加速度)的有限差分近似有关。取时间步长 $\Delta t_i = \Delta t$ (常数)，则时刻 t_i 的速度和加速度的中心差分表达式为：

$$\dot{\boldsymbol{u}}_i = \frac{1}{2\Delta t}(\boldsymbol{u}_{i+1} - \boldsymbol{u}_{i-1}),\ \ddot{\boldsymbol{u}}_i = \frac{1}{(\Delta t)^2}(\boldsymbol{u}_{i+1} - 2\boldsymbol{u}_i + \boldsymbol{u}_{i-1}) \tag{8-1}$$

将式(8-1)代入在 $t = t_i$ 时刻的运动方程 $\boldsymbol{M}\ddot{\boldsymbol{u}}_i + \boldsymbol{C}\dot{\boldsymbol{u}}_i + \boldsymbol{K}\boldsymbol{u}_i = \boldsymbol{P}_i$ 中，可得：

$$\frac{1}{(\Delta t)^2}\boldsymbol{M}(\boldsymbol{u}_{i+1} - 2\boldsymbol{u}_i + \boldsymbol{u}_{i-1}) + \frac{1}{2\Delta t}\boldsymbol{C}(\boldsymbol{u}_{i+1} - \boldsymbol{u}_{i-1}) + \boldsymbol{K}\boldsymbol{u}_i = \boldsymbol{P}_i \tag{8-2}$$

将式(8-2)整理成 t_{i+1} 时刻的位移 $\boldsymbol{u}_{i+1}$ 形式：

$$\left[\frac{\boldsymbol{M}}{(\Delta t)^2} + \frac{\boldsymbol{C}}{2\Delta t}\right]\boldsymbol{u}_{i+1} = \boldsymbol{P}_i - \left[\frac{\boldsymbol{M}}{(\Delta t)^2} - \frac{\boldsymbol{C}}{2\Delta t}\right]\boldsymbol{u}_{i-1} - \left[\boldsymbol{K} - \frac{2\boldsymbol{M}}{(\Delta t)^2}\right]\boldsymbol{u}_i \tag{8-3}$$

式(8-3)可写为：

$$\hat{\boldsymbol{K}}\boldsymbol{u}_{i+1} = \hat{\boldsymbol{P}}_i \tag{8-4a}$$

其中，$\hat{\boldsymbol{K}}$ 称为**等效刚度矩阵**，$\hat{\boldsymbol{P}}_i$ 称为**等效荷载向量**，两者的表达式如下：

$$\hat{\boldsymbol{K}} = \frac{\boldsymbol{M}}{(\Delta t)^2} + \frac{\boldsymbol{C}}{2\Delta t} \tag{8-4b}$$

$$\hat{\boldsymbol{P}}_i = \boldsymbol{P}_i - \left[\frac{\boldsymbol{M}}{(\Delta t)^2} - \frac{\boldsymbol{C}}{2\Delta t}\right]\boldsymbol{u}_{i-1} - \left[\boldsymbol{K} - \frac{2\boldsymbol{M}}{(\Delta t)^2}\right]\boldsymbol{u}_i \tag{8-4c}$$

可见，为了计算 $\boldsymbol{u}_{i+1}$，需要给出 $\boldsymbol{u}_{i-1}$ 和 $\boldsymbol{u}_i$ 的值。因此，为了计算 $\boldsymbol{u}_1$，则需要给出 $\boldsymbol{u}_{-1}$ 和 $\boldsymbol{u}_0$ 的值。其中 $\boldsymbol{u}_0$ 由初始条件给出，而 $\boldsymbol{u}_{-1}$ 则需由式(8-1)中 $i=0$ 来求得：

$$\dot{\boldsymbol{u}}_0 = \frac{1}{2\Delta t}(\boldsymbol{u}_1 - \boldsymbol{u}_{-1}),\ \ddot{\boldsymbol{u}}_0 = \frac{1}{(\Delta t)^2}(\boldsymbol{u}_1 - 2\boldsymbol{u}_0 + \boldsymbol{u}_{-1}) \tag{8-5}$$

这样，$\boldsymbol{u}_{-1}$ 可以由初始时刻 t_0 的位移 $\boldsymbol{u}_0$、速度 $\dot{\boldsymbol{u}}_0$ 和加速度 $\ddot{\boldsymbol{u}}_0$ 来表示：

$$\boldsymbol{u}_{-1} = \boldsymbol{u}_0 - \dot{\boldsymbol{u}}_0\Delta t + \frac{1}{2}\ddot{\boldsymbol{u}}_0(\Delta t)^2 \tag{8-6}$$

其中，初位移 $\boldsymbol{u}_0$ 和初速度 $\dot{\boldsymbol{u}}_0$ 是已知的，而初始加速度 $\ddot{\boldsymbol{u}}_0$ 由初始时刻 t_0 的运动方程 $\boldsymbol{M}\ddot{\boldsymbol{u}}_0 + \boldsymbol{C}\dot{\boldsymbol{u}}_0 + \boldsymbol{K}\boldsymbol{u}_0 = \boldsymbol{P}_0$ 来确定：

$$\ddot{\boldsymbol{u}}_0 = \boldsymbol{M}^{-1}(\boldsymbol{P}_0 - \boldsymbol{C}\dot{\boldsymbol{u}}_0 - \boldsymbol{K}\boldsymbol{u}_0) \tag{8-7}$$

在中心差分法式(8-4)中，时刻 t_{i+1} 的反应 $\boldsymbol{u}_{i+1}$ 仅仅依赖于前面时刻 t_i 和 t_{i-1} 的反应，这种方法称为**显式逐步法**。如果激励是地面加速度 $\ddot{u}_g(t)$，则须将上述公式中 $\boldsymbol{P}_i$ 换成

$-\boldsymbol{MI}\ddot{u}_{g,i}$，计算出的 $\boldsymbol{u}_i$、$\dot{\boldsymbol{u}}_i$ 和 $\ddot{\boldsymbol{u}}_i$ 是相对于地面的反应值。对于总的位移、速度和加速度应由 $\boldsymbol{u}_i^t=\boldsymbol{u}_i+\boldsymbol{I}u_{g,i}$、$\dot{\boldsymbol{u}}_i^t=\dot{\boldsymbol{u}}_i+\boldsymbol{I}\dot{u}_{g,i}$ 和 $\ddot{\boldsymbol{u}}_i^t=\ddot{\boldsymbol{u}}_i+\boldsymbol{I}\ddot{u}_{g,i}$ 来计算，其中 $\boldsymbol{I}$ 是由元素 1 组成的与 $\boldsymbol{u}_i$ 同阶的列向量。

中心差分法是条件稳定的，如果时间步长不是足够短，将会导致反应“放大”，而给出无意义的结果。其稳定性的条件为：

$$\frac{\Delta t}{T_n}\leqslant\frac{1}{\pi}=0.318 \tag{8-8}$$

其中，T_n 是多自由度系统的最小自振周期。为了精细地计算反应，通常选择 $\Delta t/T_n\leqslant 0.1$；而在许多地震反应分析中，地面加速度 $\ddot{u}_g(t)$ 的时间步长通常取 $\Delta t=0.01\sim0.02$ s。

下面，给出多自由度系统中心差分法的计算步骤：

1. 初始计算

(1) 形成刚度矩阵 $\boldsymbol{K}$、质量矩阵 $\boldsymbol{M}$ 和阻尼矩阵 $\boldsymbol{C}$。

(2) 给定初始条件 $\boldsymbol{u}_0$ 和 $\dot{\boldsymbol{u}}_0$，利用 $\ddot{\boldsymbol{u}}_0=\boldsymbol{M}^{-1}(\boldsymbol{P}_0-\boldsymbol{C}\dot{\boldsymbol{u}}_0-\boldsymbol{K}\boldsymbol{u}_0)$ 计算 $\ddot{\boldsymbol{u}}_0$。

(3) 选择合适的时间步长 Δt，并计算积分常数 $c_0=1/(\Delta t)^2$，$c_1=1/(2\Delta t)$，$c_2=2c_0$，$c_3=1/c_2$。

(4) 计算 $\boldsymbol{u}_{-1}=\boldsymbol{u}_0-\dot{\boldsymbol{u}}_0\Delta t+c_3\ddot{\boldsymbol{u}}_0$。

(5) 形成等效刚度矩阵 $\hat{\boldsymbol{K}}=c_0\boldsymbol{M}+c_1\boldsymbol{C}$。

(6) 对 $\hat{\boldsymbol{K}}$ 进行三角分解 $\hat{\boldsymbol{K}}=\boldsymbol{LdL}^{\mathrm{T}}$。

2. 对每一时间步计算

(1) 计算 t_i 时刻的等效荷载 $\hat{\boldsymbol{P}}_i=\boldsymbol{P}_i-(c_0\boldsymbol{M}-c_1\boldsymbol{C})\boldsymbol{u}_{i-1}-(\boldsymbol{K}-c_2\boldsymbol{M})\boldsymbol{u}_i$。

(2) 求解 t_{i+1} 时刻的位移 $\boldsymbol{LdL}^{\mathrm{T}}\boldsymbol{u}_{i+1}=\hat{\boldsymbol{P}}_i$。

(3) 计算 t_i 时刻的速度和加速度 $\dot{\boldsymbol{u}}_i=c_1(\boldsymbol{u}_{i+1}-\boldsymbol{u}_{i-1})$，$\ddot{\boldsymbol{u}}_i=c_0(\boldsymbol{u}_{i+1}-2\boldsymbol{u}_i+\boldsymbol{u}_{i-1})$。

应当指出，从递推公式 $\hat{\boldsymbol{K}}\boldsymbol{u}_{i+1}=\hat{\boldsymbol{P}}_i$ 可知，等式左边没有出现刚度矩阵 $\boldsymbol{K}$，因此中心差分法不需要对刚度矩阵 $\boldsymbol{K}$ 进行三角分解。若多自由度系统的质量矩阵为对角阵，且阻尼矩阵可以忽略或为对角阵，递推公式 $\hat{\boldsymbol{K}}\boldsymbol{u}_{i+1}=\hat{\boldsymbol{P}}_i$ 的求解则不需进行矩阵求逆，即方程不需解耦，在每一步计算中不需要求解联立方程组。而且，在求解 $\boldsymbol{u}_{i+1}$ 时采用 t_i 时刻的平衡方程，从第一步开始逐次求得各个时刻位移 $\boldsymbol{u}_{i+1}$ 的值。因此，中心差分法为显式方法，计算效率高。

§ 8.3　Newmark-β 法

积分法是另一类逐步进行动力反应分析的数值方法。它对每一时间步，从初始到最终条件应用积分推进一步，时间步的最终速度和位移是依据时间步的初始值加一个积分表达式，速度的变化依赖于加速度时间历程的积分，而位移的变化依赖于相应速度的积分。为了分析这类积分法，首先需要假设在时间步内加速度是如何变化的，而加速度的假设也控制了速度的变化。根据加速度的假设不同，就出现了不同积分法。这类算法有很多，本书中只介绍常用的 Newmark-β 法和 Wilson-θ 法，其他算法的原理类似。本节介绍 **Newmark-β 法**的基本原理与求解过程。

对于多自由度系统，Newmark-β 法中每一时间步的最终速度和位移的基本表达式为：

$$\dot{\boldsymbol{u}}_{i+1}=\dot{\boldsymbol{u}}_i+[(1-\gamma)\Delta t]\ddot{\boldsymbol{u}}_i+(\gamma\Delta t)\ddot{\boldsymbol{u}}_{i+1} \tag{8-9a}$$

$$\boldsymbol{u}_{i+1}=\boldsymbol{u}_i+(\Delta t)\dot{\boldsymbol{u}}_i+[(0.5-\beta)(\Delta t)^2]\ddot{\boldsymbol{u}}_i+[\beta(\Delta t)^2]\ddot{\boldsymbol{u}}_{i+1} \tag{8-9b}$$

式中，参数 γ 提供了时间步的初始和最终加速度对速度改变的贡献权重；类似地，参数 β 提供了时间步的初始和最终加速度对位移改变的贡献权重。此外，参数 γ 和 β 还决定了方法的稳定性和精度。对于参数 $\gamma=1/2$ 和 $1/6\leqslant\beta\leqslant1/4$，从包括精度的各方面来看都是令人满意的。特别地，当 $\gamma=1/2$ 和 $\beta=1/4$ 时，Newmark-β 法退化为**平均加速度法**(即 Euler-Gauss 法)；当 $\gamma=1/2$ 和 $\beta=1/6$ 时，Newmark-β 法则退化为**线性加速度法**。

对于线性多自由度系统，在 t_{i+1} 时刻的运动方程为：

$$\boldsymbol{M}\ddot{\boldsymbol{u}}_{i+1}+\boldsymbol{C}\dot{\boldsymbol{u}}_{i+1}+\boldsymbol{K}\boldsymbol{u}_{i+1}=\boldsymbol{P}_{i+1} \tag{8-10}$$

为了从 t_i 时刻的反应求得时刻 t_{i+1} 的反应，可先从式(8-9b)中将 $\ddot{\boldsymbol{u}}_{i+1}$ 用 $\boldsymbol{u}_{i+1}$ 与 t_i 时刻的反应来表示：

$$\ddot{\boldsymbol{u}}_{i+1}=\frac{1}{\beta(\Delta t)^2}(\boldsymbol{u}_{i+1}-\boldsymbol{u}_i)-\frac{1}{\beta\Delta t}\dot{\boldsymbol{u}}_i-\left(\frac{1}{2\beta}-1\right)\ddot{\boldsymbol{u}}_i \tag{8-11}$$

再将式(8-11)代入式(8-9a)中，得到 $\dot{\boldsymbol{u}}_{i+1}$ 用 $\boldsymbol{u}_{i+1}$ 与 t_i 时刻的反应来表示：

$$\dot{\boldsymbol{u}}_{i+1}=\frac{\gamma}{\beta\Delta t}(\boldsymbol{u}_{i+1}-\boldsymbol{u}_i)+\left(1-\frac{\gamma}{\beta}\right)\dot{\boldsymbol{u}}_i+\Delta t\left(1-\frac{\gamma}{2\beta}\right)\ddot{\boldsymbol{u}}_i \tag{8-12}$$

最后，将式(8-11)和式(8-12)代入式(8-10)中，则有

$$\hat{\boldsymbol{K}}\boldsymbol{u}_{i+1}=\hat{\boldsymbol{P}}_{i+1} \tag{8-13a}$$

其中，$\hat{\boldsymbol{K}}$ 称为**等效刚度矩阵**，$\hat{\boldsymbol{P}}_i$ 称为**等效荷载向量**，两者的表达式如下：

$$\hat{\boldsymbol{K}}=\boldsymbol{K}+\frac{1}{\beta(\Delta t)^2}\boldsymbol{M}+\frac{\gamma}{\beta\Delta t}\boldsymbol{C} \tag{8-13b}$$

$$\begin{aligned}\hat{\boldsymbol{P}}_{i+1}=\boldsymbol{P}_{i+1}&+\boldsymbol{M}\left[\frac{1}{\beta(\Delta t)^2}\boldsymbol{u}_i+\frac{1}{\beta\Delta t}\dot{\boldsymbol{u}}_i+\left(\frac{1}{2\beta}-1\right)\ddot{\boldsymbol{u}}_i\right]\\&+\boldsymbol{C}\left[\frac{\gamma}{\beta\Delta t}\boldsymbol{u}_i+\left(\frac{\gamma}{\beta}-1\right)\dot{\boldsymbol{u}}_i+\Delta t\left(\frac{\gamma}{2\beta}-1\right)\ddot{\boldsymbol{u}}_i\right]\end{aligned} \tag{8-13c}$$

为了使 Newmark-β 法的计算稳定，时间步长需要满足：

$$\frac{\Delta t}{T_n}\leqslant\frac{1}{\sqrt{2}\,\pi}\frac{1}{\sqrt{\gamma-2\beta}} \tag{8-14}$$

一般地，取参数 $\gamma=1/2$ 和 $1/6\leqslant\beta\leqslant1/4$ 时，Newmark-β 法无数值阻尼，具有二阶精度。此外，式(8-14)也进一步说明了平均加速度法是无条件稳定的，而线性加速度法是条件稳定的。

下面，给出多自由度系统中 Newmark-β 法的计算步骤：

1. *初始计算*

(1) 形成刚度矩阵 $\boldsymbol{K}$、质量矩阵 $\boldsymbol{M}$ 和阻尼矩阵 $\boldsymbol{C}$。

(2) 给定 $\boldsymbol{u}_0$ 和 $\dot{\boldsymbol{u}}_0$，利用 $\ddot{\boldsymbol{u}}_0=\boldsymbol{M}^{-1}(\boldsymbol{P}_0-\boldsymbol{C}\dot{\boldsymbol{u}}_0-\boldsymbol{K}\boldsymbol{u}_0)$ 计算 $\ddot{\boldsymbol{u}}_0$。

(3) 选择合适的时间步长 Δt，并计算积分常数 $c_0=\dfrac{1}{\beta(\Delta t)^2}$，$c_1=\dfrac{\gamma}{\beta(\Delta t)}$，$c_2=\dfrac{1}{\beta(\Delta t)}$，$c_3=\dfrac{1}{2\beta}-1$，$c_4=\dfrac{\gamma}{\beta}-1$，$c_5=\Delta t\left(\dfrac{\gamma}{2\beta}-1\right)$，$c_6=\Delta t(1-\gamma)$，$c_7=\gamma\Delta t$。

(4) 形成等效刚度矩阵 $\hat{\boldsymbol{K}}=\boldsymbol{K}+c_0\boldsymbol{M}+c_1\boldsymbol{C}$。

(5) 对 $\hat{\boldsymbol{K}}$ 进行三角分解 $\hat{\boldsymbol{K}}=\boldsymbol{LdL}^{\mathrm{T}}$。

2. *对每一时间步计算*

(1) 计算 t_{i+1} 时刻的等效荷载 $\hat{\boldsymbol{P}}_{i+1}=\boldsymbol{P}_{i+1}+\boldsymbol{M}(c_0\boldsymbol{u}_i+c_2\dot{\boldsymbol{u}}_i+c_3\ddot{\boldsymbol{u}}_i)+\boldsymbol{C}(c_1\boldsymbol{u}_i+c_4\dot{\boldsymbol{u}}_i+c_5\ddot{\boldsymbol{u}}_i)$。

(2) 求解 t_{i+1} 时刻的位移 $\boldsymbol{LdL}^{\mathrm{T}}\boldsymbol{u}_{i+1}=\hat{\boldsymbol{P}}_{i+1}$。

(3) 由式(8-11)和式(8-12)计算 t_{i+1} 时刻的加速度和速度

$$\ddot{\boldsymbol{u}}_{i+1}=c_0(\boldsymbol{u}_{i+1}-\boldsymbol{u}_i)-c_2\dot{\boldsymbol{u}}_i-c_3\ddot{\boldsymbol{u}}_i,\quad \dot{\boldsymbol{u}}_{i+1}=c_1(\boldsymbol{u}_{i+1}-\boldsymbol{u}_i)-c_4\dot{\boldsymbol{u}}_i-c_5\ddot{\boldsymbol{u}}_i$$

在递推公式(8-13a)求解 $\boldsymbol{u}_{i+1}$ 时，利用了 t_{i+1} 时刻的动力平衡方程，这时 Newmark-β 法为**隐式逐步法**，等效刚度矩阵 $\hat{\boldsymbol{K}}$ 包含 $\boldsymbol{K}$ 矩阵，因此在求解 $\boldsymbol{u}_{i+1}$ 时需要对 $\hat{\boldsymbol{K}}$ 求逆。

§ 8.4 Wilson-θ 法

Wilson-θ 法也是一种积分法，它是对条件稳定的线性加速度法所作的无条件稳定的改进。线性加速度法假设在时间步 $[t_i, t_{i+1}]$ 内的反应加速度呈线性变化，而 Wilson-θ 法则假设加速度在延伸时间步 $[t_i, t_{i+\theta}]$ 内为线性变化。此方法的精度和稳定性取决于参数 θ 值，其中 $\theta>1$。

对于多自由度系统，Wilson-θ 法在时间段 $[t_i, t_i+\theta\Delta t]$ 内任一时刻 $t_{i+\tau}=t_i+\tau\Delta t$ $(0\leqslant\tau\leqslant\theta)$ 的加速度可表示为：

$$\ddot{\boldsymbol{u}}_{i+\tau}=\ddot{\boldsymbol{u}}_i+\frac{\tau}{\theta}(\ddot{\boldsymbol{u}}_{i+\theta}-\ddot{\boldsymbol{u}}_i) \tag{8-15}$$

对式(8-15)进行积分，再令 $\tau=\theta$，即可得到时刻 $t_{i+\theta}=t+\theta\Delta t$ 的速度和位移：

$$\dot{\boldsymbol{u}}_{i+\theta}=\dot{\boldsymbol{u}}_i+\frac{\theta\Delta t}{2}(\ddot{\boldsymbol{u}}_{i+\theta}+\ddot{\boldsymbol{u}}_i) \tag{8-16a}$$

$$\boldsymbol{u}_{i+\theta}=\boldsymbol{u}_i+(\theta\Delta t)\dot{\boldsymbol{u}}_i+\frac{(\theta\Delta t)^2}{6}(\ddot{\boldsymbol{u}}_{i+\theta}+2\ddot{\boldsymbol{u}}_i) \tag{8-16b}$$

为了从 t_i 时刻的反应求得 $t_{i+\theta}$ 时刻的反应，可先从式(8-16b)中将 $\ddot{\boldsymbol{u}}_{i+\theta}$ 用 $\boldsymbol{u}_{i+\theta}$ 与 t_i 时刻的反应来表示：

$$\ddot{\boldsymbol{u}}_{i+\theta}=\frac{6}{(\theta\Delta t)^2}(\boldsymbol{u}_{i+\theta}-\boldsymbol{u}_i)-\frac{6}{\theta\Delta t}\dot{\boldsymbol{u}}_i-2\ddot{\boldsymbol{u}}_i \tag{8-17}$$

将式(8-17)代入式(8-16a)中，可得 $\dot{\boldsymbol{u}}_{i+\theta}$ 用 $\boldsymbol{u}_{i+\theta}$ 与 t_i 时刻的反应来表示：

$$\dot{\boldsymbol{u}}_{i+\theta}=\frac{3}{\theta\Delta t}(\boldsymbol{u}_{i+\theta}-\boldsymbol{u}_i)-2\dot{\boldsymbol{u}}_i-\frac{\theta\Delta t}{2}\ddot{\boldsymbol{u}}_i \tag{8-18}$$

系统在时刻 $t_{i+\theta}=t_i+\theta\Delta t$ 的运动方程为：

$$\boldsymbol{M}\ddot{\boldsymbol{u}}_{i+\theta}+\boldsymbol{C}\dot{\boldsymbol{u}}_{i+\theta}+\boldsymbol{K}\boldsymbol{u}_{i+\theta}=\boldsymbol{P}_{i+\theta} \tag{8-19}$$

其中，荷载向量在时间段 $[t_i, t_i+\theta\Delta t]$ 内可近似取为线性变化：

$$\boldsymbol{P}_{i+\theta}=\boldsymbol{P}_i+\theta(\boldsymbol{P}_{i+1}-\boldsymbol{P}_i) \tag{8-20}$$

最后，将式(8-17)、式(8-18)和式(8-20)代入式(8-19)中，则有

$$\hat{\boldsymbol{K}}\boldsymbol{u}_{i+\theta}=\hat{\boldsymbol{P}}_{i+\theta} \tag{8-21a}$$

其中

$$\hat{\boldsymbol{K}}=\boldsymbol{K}+\frac{6}{(\theta\Delta t)^2}\boldsymbol{M}+\frac{3}{\theta\Delta t}\boldsymbol{C} \tag{8-21b}$$

$$\hat{\boldsymbol{P}}_{i+\theta}=\boldsymbol{P}_i+\theta(\boldsymbol{P}_{i+1}-\boldsymbol{P}_i)+\boldsymbol{M}\left[\frac{6}{(\theta\Delta t)^2}\boldsymbol{u}_i+\frac{6}{\theta\Delta t}\dot{\boldsymbol{u}}_i+2\ddot{\boldsymbol{u}}_i\right]+\boldsymbol{C}\left[\frac{3}{\theta\Delta t}\boldsymbol{u}_i+2\dot{\boldsymbol{u}}_i+\frac{\theta\Delta t}{2}\ddot{\boldsymbol{u}}_i\right] \tag{8-21c}$$

下面，由式(8-21)求得 $t_{i+\theta}=t_i+\theta\Delta t$ 时刻的位移 $\boldsymbol{u}_{i+\theta}$ 来计算 $t_{i+1}=t_i+\Delta t$ 时刻的加速度、速度和位移。

将式(8-17)代入式(8-15)，并令 $\tau=1$，可得 $t_{i+1}=t_i+\Delta t$ 时刻的加速度：

$$\ddot{\boldsymbol{u}}_{i+1}=\frac{6}{\theta^3(\Delta t)^2}(\boldsymbol{u}_{i+\theta}-\boldsymbol{u}_i)-\frac{6}{\theta^2\Delta t}\dot{\boldsymbol{u}}_i+\left(1-\frac{3}{\theta}\right)\ddot{\boldsymbol{u}}_i \tag{8-22}$$

在式(8-16)中，令 $\theta=1$，则得 $t_{i+1}=t_i+\Delta t$ 时刻的速度和位移：

$$\dot{\boldsymbol{u}}_{i+1}=\dot{\boldsymbol{u}}_i+\frac{\Delta t}{2}(\ddot{\boldsymbol{u}}_{i+1}+\ddot{\boldsymbol{u}}_i) \tag{8-23}$$

$$\boldsymbol{u}_{i+1}=\boldsymbol{u}_i+(\Delta t)\dot{\boldsymbol{u}}_i+\frac{(\Delta t)^2}{6}(\ddot{\boldsymbol{u}}_{i+1}+2\ddot{\boldsymbol{u}}_i) \tag{8-24}$$

在 Wilson-θ 法中，如果参数 $\theta\geqslant 1.37$，则此方法是无条件稳定的。然而，并非 θ 越大越好，研究表明，当 $\theta=1.42$ 时，该方法可以给出最佳的精度。

下面，给出多自由度系统 Wilson-θ 法的计算步骤：

1. 初始计算

(1) 形成刚度矩阵 $\boldsymbol{K}$、质量矩阵 $\boldsymbol{M}$ 和阻尼矩阵 $\boldsymbol{C}$。

(2) 给定 $\boldsymbol{u}_0$ 和 $\dot{\boldsymbol{u}}_0$，利用 $\ddot{\boldsymbol{u}}_0=\boldsymbol{M}^{-1}(\boldsymbol{P}_0-\boldsymbol{C}\dot{\boldsymbol{u}}_0-\boldsymbol{K}\boldsymbol{u}_0)$ 计算 $\ddot{\boldsymbol{u}}_0$。

(3) 选择合适的时间步长 Δt 和参数 θ（一般取 1.4），并计算积分常数 $c_0=\dfrac{6}{\theta^2(\Delta t)^2}$，$c_1=\dfrac{3}{\theta\Delta t}$，$c_2=2c_1$，$c_3=\dfrac{\theta\Delta t}{2}$，$c_4=\dfrac{c_0}{\theta}$，$c_5=-\dfrac{c_2}{\theta}$，$c_6=1-\dfrac{3}{\theta}$，$c_7=\dfrac{\Delta t}{2}$，$c_8=\dfrac{(\Delta t)^2}{6}$。

(4) 形成等效刚度矩阵 $\hat{\boldsymbol{K}}=\boldsymbol{K}+c_0\boldsymbol{M}+c_1\boldsymbol{C}$。

(5) 对 $\hat{\boldsymbol{K}}$ 进行三角分解 $\hat{\boldsymbol{K}}=\boldsymbol{LdL}^{\mathrm{T}}$。

2. 对每一时间步计算

(1) 计算 $t_{i+\theta}=t_i+\theta\Delta t$ 时刻的等效荷载

$$\hat{\boldsymbol{P}}_{i+\theta}=\boldsymbol{P}_i+\theta(\boldsymbol{P}_{i+1}-\boldsymbol{P}_i)+\boldsymbol{M}(c_0\boldsymbol{u}_i+c_2\dot{\boldsymbol{u}}_i+2\ddot{\boldsymbol{u}}_i)+\boldsymbol{C}(c_1\boldsymbol{u}_i+2\dot{\boldsymbol{u}}_i+c_3\ddot{\boldsymbol{u}}_i)$$

(2) 求解 $t_{i+\theta}=t_i+\theta\Delta t$ 时刻的位移 $\boldsymbol{LdL}^{\mathrm{T}}\boldsymbol{u}_{i+\theta}=\hat{\boldsymbol{P}}_{i+\theta}$。

(3) 由式(8-22)～式(8-24)计算 $t_{i+1}=t_i+\Delta t$ 时刻的加速度、速度和位移

$$\ddot{\boldsymbol{u}}_{i+1}=c_4(\boldsymbol{u}_{i+\theta}-\boldsymbol{u}_i)+c_5\dot{\boldsymbol{u}}_i+c_6\ddot{\boldsymbol{u}}_i$$
$$\dot{\boldsymbol{u}}_{i+1}=\dot{\boldsymbol{u}}_i+c_7(\ddot{\boldsymbol{u}}_{i+1}+\ddot{\boldsymbol{u}}_i)$$
$$\boldsymbol{u}_{i+1}=\boldsymbol{u}_i+(\Delta t)\dot{\boldsymbol{u}}_i+c_8(\ddot{\boldsymbol{u}}_{i+1}+2\ddot{\boldsymbol{u}}_i)$$

§8.5　广义 $\boldsymbol{\alpha}$ 法

在**广义 $\boldsymbol{\alpha}$ 法**中，加速度和速度的近似格式与 Newmark-β 法相同，由式(8-11)和式(8-12)给出。但在求解 $t_{i+1}=t_i+\Delta t$ 时刻的位移时不是利用 t_{i+1} 时刻的运动方程式(8-10)，而是利用如下的运动方程：

$$\boldsymbol{M}[(1-\alpha_{\mathrm{m}})\ddot{\boldsymbol{u}}_{i+1}+\alpha_{\mathrm{m}}\ddot{\boldsymbol{u}}_i]+\boldsymbol{C}[(1-\alpha_{\mathrm{f}})\dot{\boldsymbol{u}}_{i+1}+\alpha_{\mathrm{f}}\dot{\boldsymbol{u}}_i]+\boldsymbol{K}[(1-\alpha_{\mathrm{f}})\boldsymbol{u}_{i+1}+\alpha_{\mathrm{f}}\boldsymbol{u}_i]=\boldsymbol{P}_{i+1-\alpha_{\mathrm{f}}} \tag{8-25}$$

其中，α_{m} 和 α_{f} 为算法的调节参数，时间区间内的某一分位值 $t_{i+1-\alpha_{\mathrm{f}}}=t_i+(1-\alpha_{\mathrm{f}})\Delta t$。式(8-25)综合了系统在 t_i 时刻和 t_{i+1} 时刻的运动方程。

将式(8-11)和式(8-12)代入式(8-25)中，化简后得到：

$$\hat{\boldsymbol{K}}\boldsymbol{u}_{i+1}=\hat{\boldsymbol{P}}_{i+1} \tag{8-26a}$$

其中

$$\hat{\boldsymbol{K}}=\frac{1-\alpha_{\mathrm{m}}}{\beta(\Delta t)^2}\boldsymbol{M}+(1-\alpha_{\mathrm{f}})\boldsymbol{K}+\frac{(1-\alpha_{\mathrm{f}})\gamma}{\beta\Delta t}\boldsymbol{C} \tag{8-26b}$$

$$\hat{\boldsymbol{P}}_{i+1}=\boldsymbol{P}_{i+1-\alpha_{\mathrm{f}}}-\alpha_{\mathrm{f}}\boldsymbol{K}\boldsymbol{u}_i+\boldsymbol{M}\left[\frac{1-\alpha_{\mathrm{m}}}{\beta(\Delta t)^2}\boldsymbol{u}_i+\frac{1-\alpha_{\mathrm{m}}}{\beta\Delta t}\dot{\boldsymbol{u}}_i+\left(\frac{1-\alpha_{\mathrm{m}}}{2\beta}-1\right)\ddot{\boldsymbol{u}}_i\right]$$
$$+\boldsymbol{C}\left[\frac{(1-\alpha_{\mathrm{f}})\gamma}{\beta\Delta t}\boldsymbol{u}_i+\left(\frac{(1-\alpha_{\mathrm{f}})\gamma}{\beta}-1\right)\dot{\boldsymbol{u}}_i+\Delta t(1-\alpha_{\mathrm{f}})\left(\frac{\gamma}{2\beta}-1\right)\ddot{\boldsymbol{u}}_i\right] \tag{8-26c}$$

根据β、γ、α_{m}、α_{f}取值的不同，广义α法代表了一大类数值积分方法：

(1) 当$\gamma=\frac{1}{2}$，$\beta=0$，$\alpha_{\mathrm{m}}=\alpha_{\mathrm{f}}=0$时，广义$\alpha$法退化为中心差分法，此种情况需要重新从式(8-9)进行推导。

(2) 当$\gamma=\frac{1}{2}$，$\beta=\frac{1}{6}$，$\alpha_{\mathrm{m}}=\alpha_{\mathrm{f}}=0$时，广义$\alpha$法退化为线性加速度法。

(3) 当$\gamma=\frac{1}{2}$，$\beta=\frac{1}{4}$，$\alpha_{\mathrm{m}}=\alpha_{\mathrm{f}}=0$时，广义$\alpha$法退化为平均加速度法。

(4) 当$\gamma=\frac{1}{2}+\alpha_{\mathrm{f}}$，$\beta=\frac{1}{4}(1+\alpha_{\mathrm{f}})^2$，$\alpha_{\mathrm{m}}=0$，$\alpha_{\mathrm{f}}=\frac{1-\rho}{1+\rho}$时，广义$\alpha$法退化为HHT-$\alpha$法。

(5) 当$\gamma=\frac{1}{2}-\alpha_{\mathrm{m}}$，$\beta=\frac{1}{4}(1-\alpha_{\mathrm{m}})^2$，$\alpha_{\mathrm{m}}=\frac{\rho-1}{\rho+1}$，$\alpha_{\mathrm{f}}=0$时，广义$\alpha$法退化为WBZ-$\alpha$法。

然而，在一般的广义α法中，通常取：

$$\gamma=\frac{1}{2}-\alpha_{\mathrm{m}}+\alpha_{\mathrm{f}},\ \beta=\frac{1}{4}(1-\alpha_{\mathrm{m}}+\alpha_{\mathrm{f}})^2,\ \alpha_{\mathrm{m}}=\frac{2\rho-1}{\rho+1},\ \alpha_{\mathrm{f}}=\frac{\rho}{\rho+1} \tag{8-27}$$

其中$\rho<1$。此时，算法具有二阶精度，且无条件稳定，并能在有效地滤掉高频段反应的同时，对低频段反应的衰减最小。

§8.6 精细积分法

前面讨论的积分算法是基于拉格朗日系统下的二阶运动方程，利用Taylor展开和差分来近似表示某一时刻的反应量(位移、速度和加速度等)，从而建立离散时间点上的递推公式。本节介绍的**精细积分法**是将运动方程转入哈密顿系统，此时运动方程中对时间的最高阶导数降为一次，在时域上可以给出以积分形式表示的半解析解，若能合理地处理该解答中的积分和矩阵指数函数，则可建立一种高精度和高效的时域求解算法。

对于多自由度系统的运动方程为：

$$\boldsymbol{M}\ddot{\boldsymbol{u}}(t)+\boldsymbol{C}\dot{\boldsymbol{u}}(t)+\boldsymbol{K}\boldsymbol{u}(t)=\boldsymbol{P}(t) \tag{8-28}$$

引入对偶变量

$$\boldsymbol{Z}(t)=\begin{Bmatrix}\boldsymbol{u}(t)\\ \boldsymbol{q}(t)\end{Bmatrix},\ \boldsymbol{q}(t)=\boldsymbol{M}\dot{\boldsymbol{u}}(t)+\frac{\boldsymbol{C}\boldsymbol{u}(t)}{2} \tag{8-29}$$

可将式(8-28)转化为哈密顿系统下的一阶常微分方程组：

$$\dot{\boldsymbol{Z}}(t)=\boldsymbol{H}\boldsymbol{Z}(t)+\boldsymbol{F}(t) \tag{8-30a}$$

其中

$$\boldsymbol{H}=\begin{bmatrix}\boldsymbol{E}_{11} & \boldsymbol{E}_{12}\\ \boldsymbol{E}_{21} & \boldsymbol{E}_{22}\end{bmatrix},\ \boldsymbol{F}(t)=\begin{Bmatrix}\boldsymbol{0}\\ \boldsymbol{P}(t)\end{Bmatrix} \tag{8-30b}$$

$$\boldsymbol{E}_{11}=-\frac{\boldsymbol{M}^{-1}\boldsymbol{C}}{2},\ \boldsymbol{E}_{12}=\boldsymbol{M}^{-1},\ \boldsymbol{E}_{21}=\frac{\boldsymbol{C}\boldsymbol{M}^{-1}\boldsymbol{C}}{4}-\boldsymbol{K},\ \boldsymbol{E}_{22}=-\frac{\boldsymbol{C}\boldsymbol{M}^{-1}}{2} \tag{8-30c}$$

根据常微分方程理论，式(8-30a)的积分形式的解答为：

$$\boldsymbol{Z}(t)=\mathrm{e}^{\boldsymbol{H}(t-t_0)}\boldsymbol{Z}(t_0)+\int_{t_0}^{t}\mathrm{e}^{\boldsymbol{H}(t-\xi)}\boldsymbol{F}(\xi)\mathrm{d}\xi \tag{8-31}$$

其中，$\boldsymbol{Z}(t_0)$ 可由初始条件 $\boldsymbol{u}(t_0)$ 和 $\dot{\boldsymbol{u}}(t_0)$ 利用式(8-29)确定。将时间域均匀离散，取时间步长为 Δt，可递推求得各时刻的解答。

在式(8-31)中，令 $t=t_{i+1}$，得到

$$\begin{aligned}\boldsymbol{Z}_{i+1}&=\mathrm{e}^{\boldsymbol{H}(t_{i+1}-t_0)}\boldsymbol{Z}_0+\int_{t_0}^{t_{i+1}}\mathrm{e}^{\boldsymbol{H}(t_{i+1}-\xi)}\boldsymbol{F}(\xi)\mathrm{d}\xi\\ &=\mathrm{e}^{\boldsymbol{H}\Delta t}\mathrm{e}^{\boldsymbol{H}(t_i-t_0)}\boldsymbol{Z}_0+\int_{t_0}^{t_i}\mathrm{e}^{\boldsymbol{H}\Delta t}\mathrm{e}^{\boldsymbol{H}(t_i-\xi)}\boldsymbol{F}(\xi)\mathrm{d}\xi+\int_{t_i}^{t_{i+1}}\mathrm{e}^{\boldsymbol{H}(t_{i+1}-\xi)}\boldsymbol{F}(\xi)\mathrm{d}\xi\\ &=\mathrm{e}^{\boldsymbol{H}\Delta t}\left[\mathrm{e}^{\boldsymbol{H}(t_i-t_0)}\boldsymbol{Z}_0+\int_{t_0}^{t_i}\mathrm{e}^{\boldsymbol{H}(t_i-\xi)}\boldsymbol{F}(\xi)\mathrm{d}\xi\right]+\int_{t_i}^{t_{i+1}}\mathrm{e}^{\boldsymbol{H}(t_{i+1}-\xi)}\boldsymbol{F}(\xi)\mathrm{d}\xi\\ &=\mathrm{e}^{\boldsymbol{H}\Delta t}\boldsymbol{Z}_i+\int_{t_i}^{t_{i+1}}\mathrm{e}^{\boldsymbol{H}(t_{i+1}-\xi)}\boldsymbol{F}(\xi)\mathrm{d}\xi\end{aligned} \tag{8-32}$$

因此，要获得 $\boldsymbol{Z}_{i+1}$，只需求解积分式 $\int_{t_i}^{t_{i+1}}\mathrm{e}^{\boldsymbol{H}(t_{i+1}-\xi)}\boldsymbol{F}(\xi)\mathrm{d}\xi$。然而，对于任意形式的激励 $\boldsymbol{F}(t)$，只能进行数值积分。当积分步长段 $[t_i, t_{i+1}]$ 很短时，可假设激励的变化是线性的：

$$\boldsymbol{F}(t)=\boldsymbol{f}_1+\boldsymbol{f}_2(t-t_i) \tag{8-33}$$

式中，$\boldsymbol{f}_1$ 和 $\boldsymbol{f}_2$ 为常向量。

将式(8-33)代入递推公式(8-32)并积分，可得：

$$\boldsymbol{Z}_{i+1}=\boldsymbol{T}[\boldsymbol{Z}_i+\boldsymbol{H}^{-1}(\boldsymbol{f}_1+\boldsymbol{H}^{-1}\boldsymbol{f}_2)]-\boldsymbol{H}^{-1}(\boldsymbol{f}_1+\boldsymbol{H}^{-1}\boldsymbol{f}_2+\Delta t\boldsymbol{f}_2) \tag{8-34}$$

式中，$\boldsymbol{T}=\mathrm{e}^{\boldsymbol{H}\Delta t}$ 为指数矩阵。

式(8-34)即为精细积分法的递推公式。容易看出，在不考虑积分式 $\int_{t_i}^{t_{i+1}}\mathrm{e}^{\boldsymbol{H}(t_{i+1}-\xi)}\boldsymbol{F}(\xi)\mathrm{d}\xi$ 时，式(8-34)变为：

$$\boldsymbol{Z}_{i+1}=\boldsymbol{T}\boldsymbol{Z}_i \tag{8-35}$$

此时在时间域上的解答是精确的，并未引入任何近似，故称为**精细积分法**。

精细积分法涉及大量的矩阵运算，特别是矩阵的指数运算，如何有效地处理这些运算，避免计算机的舍入误差，是精细积分法最为关注的问题。为了精确、高效计算指数矩阵 $\boldsymbol{T}$，对给定的时间步长段 $[t_i, t_{i+1}]$，引入一微小时段 $\Delta\tau$：

$$\Delta\tau=\frac{\Delta t}{m},\ m=2^N \tag{8-36}$$

则指数矩阵 $\boldsymbol{T}$ 改写为：

$$\boldsymbol{T}=\mathrm{e}^{\boldsymbol{H}\Delta t}=(\mathrm{e}^{\boldsymbol{H}\Delta\tau})^m=(\mathrm{e}^{\boldsymbol{H}\Delta\tau})^{2^N} \tag{8-37}$$

若取 $N=20$，正整数 $m=1048576$，则相应的 $\Delta\tau$ 为非常小的时间段，一般远小于系统的最小自振周期。利用 Taylor 展开，且保留到四阶项($\Delta\tau\approx10^{-6}\Delta t$, $\mathrm{e}^{\boldsymbol{H}\Delta\tau}$ 足够准确)，则有

$$\mathrm{e}^{\boldsymbol{H}\Delta\tau}\approx\boldsymbol{I}+\boldsymbol{H}\Delta\tau+\frac{(\boldsymbol{H}\Delta\tau)^2}{2!}+\frac{(\boldsymbol{H}\Delta\tau)^3}{3!}+\frac{(\boldsymbol{H}\Delta\tau)^4}{4!}=\boldsymbol{I}+\boldsymbol{T}_{\mathrm{a},0} \tag{8-38}$$

其中

$$\boldsymbol{T}_{\mathrm{a},0}=\boldsymbol{H}\Delta\tau+\frac{(\boldsymbol{H}\Delta\tau)^2}{2}\left[\boldsymbol{I}+\frac{\boldsymbol{H}\Delta\tau}{3}+\frac{(\boldsymbol{H}\Delta\tau)^2}{12}\right]$$

因为 $\boldsymbol{T}_{\mathrm{a},0}$ 为小量矩阵，与单位矩阵 $\boldsymbol{I}$ 相加后会成为尾数，若直接计算式(8-38)，则由于计算机的舍入误差使得矩阵 $\boldsymbol{T}$ 的计算产生很大的误差。为此，应尽量对 $\boldsymbol{T}_{\mathrm{a},0}$ 本身进行操作，而避免对 $\mathrm{e}^{\boldsymbol{H}\Delta\tau}$ 整体操作。

若令：

$$\begin{aligned}\boldsymbol{I}+\boldsymbol{T}_{\mathrm{a},i}&=(\boldsymbol{I}+\boldsymbol{T}_{\mathrm{a},i-1})^2\\&=\boldsymbol{I}+2\boldsymbol{T}_{\mathrm{a},i-1}+\boldsymbol{T}_{\mathrm{a},i-1}\boldsymbol{T}_{\mathrm{a},i-1}\quad(i=1,2,\cdots,N)\end{aligned} \tag{8-39}$$

则可将矩阵 $\boldsymbol{T}$ 作如下分解：

$$\boldsymbol{I}+\boldsymbol{T}_{\mathrm{a},N}=(\boldsymbol{I}+\boldsymbol{T}_{\mathrm{a},N-1})^2=(\boldsymbol{I}+\boldsymbol{T}_{\mathrm{a},N-2})^{2^2}=\cdots=(\boldsymbol{I}+\boldsymbol{T}_{\mathrm{a},0})^{2^N}=\boldsymbol{T} \tag{8-40}$$

这样分解 N 次。以上两式表明可按如下方式计算 $\boldsymbol{T}_{\mathrm{a},1}, \boldsymbol{T}_{\mathrm{a},2}, \cdots, \boldsymbol{T}_{\mathrm{a},N}$，从而获得指数矩阵 $\boldsymbol{T}$。

$$\boldsymbol{T}_{\mathrm{a},i}=2\boldsymbol{T}_{\mathrm{a},i-1}+\boldsymbol{T}_{\mathrm{a},i-1}\boldsymbol{T}_{\mathrm{a},i-1}\quad(i=1,2,\cdots,N) \tag{8-41}$$

按式(8-41)进行递推计算排除了直接与单位矩阵 $\boldsymbol{I}$ 相加，有利于避免舍入误差的影响。对于线性等步长时域积分而言，指数矩阵 $\boldsymbol{T}$ 只需计算一次，可在时间步进之前算好，而且计算量很小。求得指数矩阵 $\boldsymbol{T}$ 后，由式(8-34)和初始条件计算各离散时间点上的反应。

在实际应用中，精细积分法常常采用如下的形式：

$$\boldsymbol{Z}(t)=\begin{Bmatrix}\boldsymbol{u}(t)\\ \dot{\boldsymbol{u}}(t)\end{Bmatrix},\ \boldsymbol{H}=\begin{bmatrix}\boldsymbol{0} & \boldsymbol{I}\\ \boldsymbol{E}_{21} & \boldsymbol{E}_{22}\end{bmatrix},\ \boldsymbol{F}(t)=\begin{Bmatrix}\boldsymbol{0}\\ \boldsymbol{M}^{-1}\boldsymbol{P}(t)\end{Bmatrix} \tag{8-42a}$$

$$\boldsymbol{E}_{21}=-\boldsymbol{M}^{-1}\boldsymbol{K},\ \boldsymbol{E}_{22}=-\boldsymbol{M}^{-1}\boldsymbol{C} \tag{8-42b}$$

此外，对于任意形式的激励 $\boldsymbol{F}(t)$ 的积分式 $\int_{t_i}^{t_{i+1}} \mathrm{e}^{\boldsymbol{H}(t_{i+1}-\xi)}\boldsymbol{F}(\xi)\mathrm{d}\xi$，在很短的每一积分步长段 $[t_i, t_{i+1}]$ 内作数值积分时，还可假设激励变化是其他形式，例如简谐变化或者指数衰减型简谐变化等，读者可参考相关文献。

下面，给出精细积分法的计算步骤：

1. *初始计算*

(1) 形成刚度矩阵 $\boldsymbol{K}$、质量矩阵 $\boldsymbol{M}$ 和阻尼矩阵 $\boldsymbol{C}$ 以及哈密顿矩阵 $\boldsymbol{H}$。

(2) 给定 $\boldsymbol{u}_0$ 和 $\dot{\boldsymbol{u}}_0$，利用 $\ddot{\boldsymbol{u}}_0=\boldsymbol{M}^{-1}(\boldsymbol{P}_0-\boldsymbol{C}\dot{\boldsymbol{u}}_0-\boldsymbol{K}\boldsymbol{u}_0)$ 计算 $\ddot{\boldsymbol{u}}_0$。

(3) 选择合适的时间步长 Δt，引入微小时段 $\Delta\tau=\dfrac{\Delta t}{2^N}$（一般取 $N=20$，$2^N=1048576$）计算 $\boldsymbol{T}_{\mathrm{a},0}=\boldsymbol{H}\Delta\tau+\dfrac{(\boldsymbol{H}\Delta\tau)^2}{2}\left[\boldsymbol{I}+\dfrac{\boldsymbol{H}\Delta\tau}{3}+\dfrac{(\boldsymbol{H}\Delta\tau)^2}{12}\right]$。

(4) 按式(8-41)进行递推计算 $\boldsymbol{T}_{\mathrm{a},1}$，$\boldsymbol{T}_{\mathrm{a},2}$，…，$\boldsymbol{T}_{\mathrm{a},N}$。

(5) 按式(8-40)求得指数矩阵 $\boldsymbol{T}$。

2. *对每一时间步计算*

(1) 确定常向量 $\boldsymbol{f}_1$ 和 $\boldsymbol{f}_2$。

(2) 求解 t_{i+1} 时刻的位移、速度和加速度。利用精细积分法的递推公式(8-34)计算 $\boldsymbol{Z}_{i+1}$，其中 $\boldsymbol{u}_{i+1}$ 和 $\dot{\boldsymbol{u}}_{i+1}$ 分别为向量 $\boldsymbol{Z}_{i+1}$ 的前 n 个和后 n 个元素；再根据 $\ddot{\boldsymbol{u}}_{i+1}=\boldsymbol{M}^{-1}(\boldsymbol{F}_{i+1}-\boldsymbol{C}\dot{\boldsymbol{u}}_{i+1}-\boldsymbol{K}\boldsymbol{u}_{i+1})$ 计算 $\ddot{\boldsymbol{u}}_{i+1}$。

应当指出，上述五种算法的推导过程都是针对结构的线性动力学方程。此外，这五种算法也可以扩展到结构的非线性动力学方程中，例如精细积分法是将非线性项并入激励项来求解的。

§8.7　各种算法的稳定性和精度

一种数值方法如果可用，应该满足如下的条件：①随时间步长 Δt 的减少，应收敛到精确解；②存在数值舍入误差时应该稳定；③具有一定的精度，即计算误差应在可接受的范围内。可以证明，稳定性准则在单自由度系统的动力反应分析中不是一个限制性因素，因为时间步长 Δt 必须比稳定性限值小很多，以保证数值计算的精度。但是，在多自由度系统的反应分析中，数值方法的稳定性将是一个关键性的因素。特别地，条件稳定方法能有效地用于大型多自由度系统的线性反应分析，但对这种系统的非线性反应分析一般须用无条件稳定方法。本节主要讨论各种算法的稳定性和精度问题。

8.7.1 稳定性

所谓**稳定性**，是指算法是否因初始条件或计算过程中的舍入误差的扩散而导致在任意时间步长上所得到的解答出现无界增长或振荡现象。如果在任意时间步长上所得到的解答不是无界的增长或振荡，则认为此种算法是无条件稳定的，否则，如果只在 Δt 小于某一临界值时才不会出现无界的增长或振荡，那么此算法是条件稳定的。利用振型叠加法可以将 n 自由度系统的运动方程组变换为 n 个互不耦合的微分方程，其性质不变，因此可以直接讨论非耦合微分方程的稳定性。

对于一个时间逐步算法，在 t_i 时刻执行一次积分步，就相当于对 t_i 时刻的状态向量 $\boldsymbol{u}_i$(t_i 时刻的位移、速度和加速度)执行一次迭代而得到 t_{i+1} 时刻的反应向量 $\boldsymbol{u}_{i+1}$，记为：

$$\boldsymbol{u}_{i+1}=\boldsymbol{D}\boldsymbol{u}_i \tag{8-43}$$

式中，$\boldsymbol{D}$ 表示该时间逐步算法的**转换矩阵**，或称**逼近算子**，在诸多文献中也称为**递推矩阵**或**放大矩阵**。式(8-43)也可写为：

$$\boldsymbol{u}_{i+1}=\boldsymbol{D}^2\boldsymbol{u}_{i-1}=\cdots=\boldsymbol{D}^{i+1}\boldsymbol{u}_0 \tag{8-44}$$

式中，$\boldsymbol{u}_0$ 表示初始时刻的反应向量。根据线性代数理论，对于有限的非零初始向量 $\boldsymbol{u}_0$，若要使迭代次数 i 无限增大而反应 $\boldsymbol{u}_{i+1}$ 不发散，就必须使转换矩阵 $\boldsymbol{D}$ 的所有特征值 $\lambda_i(i=1,2,\cdots,n)$ 模的最大值[或称为 $\boldsymbol{D}$ 的谱半径 $\rho(\boldsymbol{D})$]不大于 1，即：

$$\rho(\boldsymbol{D})=\max(|\lambda_i|)\leqslant 1 \tag{8-45}$$

如果满足式(8-45)的稳定条件，当 $i\rightarrow\infty$ 时，矩阵 $\boldsymbol{D}^{i+1}$ 是有界的。特别地，若谱半径 $\rho(\boldsymbol{D})<1$，当 $i\rightarrow\infty$ 时，矩阵 $\boldsymbol{D}^{i+1}\rightarrow 0$，说明该算法存在**数值阻尼**(或称为**人工阻尼**)。$\rho(\boldsymbol{D})$ 值越小，当 $i\rightarrow\infty$ 时矩阵 $\boldsymbol{D}^{i+1}$ 趋于零的速度越快，表明该算法的数值阻尼越大。因此，谱半径除了度量算法的稳定性外，还度量了算法的数值阻尼。

对于一般的结构动力学问题，系统的反应主要由低阶振型控制，高阶振型的贡献很小，若在时间逐步法中不能有效地滤除这些虚假的高阶分量，将会降低计算结果的精度。因此，一个好的时间逐步法应在高频段具有一定的可控数值阻尼，以有效地滤除虚假的高频振型对系统反应的影响，同时在低频段的数值阻尼应尽可能小，以保证计算结果的精度。除了能滤除虚假高频振型的影响外，数值阻尼还有助于非线性问题迭代求解的收敛性。可见，在低频段谱半径 $\rho(\boldsymbol{D})$ 应尽可能接近于 1，而在高频段 $\rho(\boldsymbol{D})$ 应逐步光滑地减小，并趋于某个给定值。

下面，以 Newmark-β 法为例来讨论其稳定性问题。将类似于式(8-11)的单自由度系统加速度的近似表达式代入 t_{i+1} 时刻的无阻尼单自由度系统运动方程 $\ddot{u}_{i+1}+\omega^2u_{i+1}=0$ 中，得到：

$$[1+\beta\omega^2(\Delta t)^2]u_{i+1}=u_i+(\Delta t)\dot{u}_i+\left(\frac{1}{2}-\beta\right)(\Delta t)^2\ddot{u}_i \tag{8-46}$$

为了建立 Newmark-β 法的递推公式，需要将式(8-46)中 $\dot{u}_i$ 和 $\ddot{u}_i$ 用位移 u_i 和 u_{i-1} 来表示。利用式(8-9) 对应的标量方程，并结合 $\ddot{u}_{i+1}=-\omega^2 u_{i+1}$ 和 $\ddot{u}_i=-\omega^2 u_i$，则有：

$$\dot{u}_{i+1}=\dot{u}_i-(1-\gamma)(\Delta t)\omega^2 u_i-(\gamma\Delta t)\omega^2 u_{i+1} \tag{8-47a}$$

$$u_{i+1}=[1-(0.5-\beta)(\Delta t)^2\omega^2]u_i+(\Delta t)\dot{u}_i-\omega^2\beta(\Delta t)^2 u_{i+1} \tag{8-47b}$$

由式(8-47b)得到 $\dot{u}_i$ 的表达式，然后将其代入式(8-47a)中，有：

$$(\Delta t)\dot{u}_{i+1}=[1+(\beta-\gamma)\omega^2(\Delta t)^2]u_{i+1}-[1+(0.5+\beta-\gamma)\omega^2(\Delta t)^2]u_i \tag{8-48}$$

在式(8-48)中，用 $i-1$ 替换 i，可得：

$$(\Delta t)\dot{u}_i=[1+(\beta-\gamma)\omega^2(\Delta t)^2]u_i-[1+(0.5+\beta-\gamma)\omega^2(\Delta t)^2]u_{i-1} \tag{8-49}$$

将式(8-49)代入式(8-46)中，并结合 $\ddot{u}_i=-\omega^2 u_i$，有

$$\begin{aligned}&[1+\beta\omega^2(\Delta t)^2]u_{i+1}+[-2+(0.5-2\beta+\gamma)\omega^2(\Delta t)^2]u_i\\&\quad+[1+(0.5+\beta-\gamma)\omega^2(\Delta t)^2]u_{i-1}=0\end{aligned} \tag{8-50}$$

利用式(8-50)和恒等式 $u_i=u_i$，联立写成如下的递推形式：

$$\boldsymbol{u}_{i+1}=\boldsymbol{D}\boldsymbol{u}_i \tag{8-51a}$$

其中

$$\boldsymbol{u}_{i+1}=[u_{i+1}\quad u_i]^{\mathrm{T}},\ \boldsymbol{u}_i=[u_i\quad u_{i-1}]^{\mathrm{T}},\ \boldsymbol{D}=\begin{bmatrix}b & -c\\ 1 & 0\end{bmatrix} \tag{8-51b}$$

$$b=2-h^2\left(\gamma+\frac{1}{2}\right),\ h^2=\frac{\omega^2(\Delta t)^2}{1+\beta\omega^2(\Delta t)^2},\ c=1-h^2\left(\gamma-\frac{1}{2}\right) \tag{8-51c}$$

转换矩阵 $\boldsymbol{D}$ 的特征方程为：

$$|\boldsymbol{D}-\lambda\boldsymbol{I}|=\lambda^2-b\lambda+c=0 \tag{8-52}$$

求解式(8-52)，得到 $\boldsymbol{D}$ 的两个特征值：

$$\lambda_{1,2}=\frac{1}{2}(b\pm\sqrt{b^2-4c}) \tag{8-53}$$

要求 Newmark-β 法的稳定性条件，应满足 $\max(|\lambda_i|)\leqslant 1$，即

$$b^2-4c\leqslant 0 \tag{8-54}$$

$$|\lambda_{1,2}|=\sqrt{c}\leqslant 1 \tag{8-55}$$

将式(8-51c)代入式(8-54)和式(8-55)中，分别得到：

$$\omega^2(\Delta t)^2\left[\left(\gamma+\frac{1}{2}\right)^2-4\beta\right]\leqslant 4 \tag{8-56}$$

$$0 \leqslant h^2\left(\gamma - \frac{1}{2}\right) \leqslant 1 \tag{8-57}$$

要使式(8-56)和式(8-57)对任意 Δt 均成立，则有：

$$\beta \geqslant \frac{1}{4}\left(\gamma + \frac{1}{2}\right)^2 \text{ 和 } \gamma \geqslant \frac{1}{2}，\ \frac{1}{2} - \gamma + \beta \geqslant 0 \tag{8-58}$$

由式(8-58)成立的条件，即可得到 Newmark-β 法无条件稳定的条件为：

$$\gamma \geqslant \frac{1}{2}，\ \beta \geqslant \frac{1}{4}\left(\gamma + \frac{1}{2}\right)^2 \tag{8-59}$$

如果 γ，β 取值不满足上述条件，要得到 Newmark-β 法的稳定的解答，时间步长 Δt 则必须小于临界时间步长 Δt_{cr}，由式(8-56)可得：

$$\Delta t_{\mathrm{cr}} = \frac{T}{\pi} \frac{1}{\sqrt{\left(\gamma + \frac{1}{2}\right)^2 - 4\beta}} \tag{8-60}$$

当满足式(8-58)中 $\beta \geqslant 0.25(\gamma + 0.5)^2$ 时，Newmark-β 法的谱半径 $\rho(\boldsymbol{D}) = \sqrt{c}$。由式(8-51c)可知，当 $\gamma = 0.5$ 时，$\rho(\boldsymbol{D}) = 1$，此时 Newmark-β 法无数值阻尼，具有二阶精度。只有当 $\gamma > 0.5$ 时，Newmark-β 法才具有数值阻尼，且其数值阻尼随时间步长 Δt 的增大而光滑地增大，但是在比较 Newmark-β 法的放大矩阵与系统的精确放大矩阵，发现此时 Newmark-β 法仅具有一阶精度。由式(8-51c)还可看出，为了使数值阻尼在高频段最大且有效地滤除系统虚假高频反应，应使 β 取最小值，从而使得 c 取到最小值。

值得说明的是，在推导 Newmark-β 法的递推公式(8-51a)中，采用的运动方程没有考虑激励 P_i 和阻尼的影响。这是因为激励和阻尼对于稳定性没有影响，可不加以考虑。

对于中心差分法和 Wilson-θ 法的稳定性问题，可按类似的方法推导。中心差分法是条件稳定算法，时间步长 Δt 必须满足

$$\Delta t \leqslant \Delta t_{\mathrm{cr}} = \frac{T}{\pi} \tag{8-61}$$

才能保证算法的稳定。

对于 Wilson-θ 法，当 $\theta < 1$ 时，该算法不稳定；当 $\theta \geqslant (1+\sqrt{3})/2$ 时，算法是无条件稳定的。当 $1 \leqslant \theta < (1+\sqrt{3})/2$ 时，该算法是条件稳定的，时间步长 Δt 必须满足：

$$\Delta t \leqslant \Delta t_{\mathrm{cr}} = \frac{T}{\pi}\sqrt{\frac{3}{1 + 2\theta - 2\theta^2}} \tag{8-62}$$

对于广义 α 法，当 $\alpha_{\mathrm{m}} \leqslant \alpha_{\mathrm{f}} \leqslant \dfrac{1}{2}$ 且 $\beta \geqslant \dfrac{1}{4} + \dfrac{1}{2}(\alpha_{\mathrm{f}} - \alpha_{\mathrm{m}})$ 时无条件稳定。对于精细积分法，属于无条件稳定的显式算法，这里不再论述。

8.7.2　相容性和收敛性

在经典的数值算法收敛性分析理论中，一个重要的结论是相容加稳定等于收敛，其相容的阶数就是算法的精度阶。若局部截断误差表达式为步长 Δt 的 $n(n>0)$ 阶小量，则称算法是 n 阶相容的。收敛性的含义是当时间步长趋于零时，算法的数值解趋于精确解。

时间逐步法解的精度，是指时间逐步法的递推公式所求得的解与原微分方程解的误差大小。一般来说，精度与激励、系统的物理参数(包括质量、阻尼和刚度等)及时间步长的大小有关。对于同一系统而言，在相同的激励作用下，比较各种算法的精度，就只有时间步长这一因素了，一般用 $O[(\Delta t)^n]$ 来表示 n 阶精度。时间逐步法的精度分析也是在单自由度系统下进行的。下面，仍以 Newmark-β 法为例来讨论算法的相容性和精度问题。

时间逐步法的相容性、收敛性分析同样要利用其位移型的递推公式，或对应的单步多值形式。由于 Newmark-β 法对速度和位移的假定，使得在递推式(8-51a)中，需添加局部截断误差项 $e(t_i)$，即：

$$\boldsymbol{u}_{i+1}=\boldsymbol{D}\boldsymbol{u}_i+\Delta t e(t_i)\boldsymbol{I}_0 \tag{8-63}$$

其中 $\boldsymbol{I}_0=[1,\ 0]^{\mathrm{T}}$。根据式(8-50)，将 u_{i+1} 和 u_{i-1} 在 t_i 时刻处作 Taylor 展开，则有

$$\begin{aligned}e(t_i)=&\Delta t\left(\gamma-\frac{1}{2}\right)[(\omega\Delta t)^2-1]\dddot{u}\\&+(\Delta t)^2\left[\left(-\beta+\frac{\gamma}{2}-\frac{1}{6}\right)+\frac{1}{12}\left(\beta-\frac{\gamma}{2}+\frac{1}{4}\right)(\omega\Delta t)^2\right]\ddddot{u}+O[(\Delta t)^3]\end{aligned} \tag{8-64}$$

显然，当 $\gamma=0.5$ 时，算法具有二阶精度，即截断误差是时间步长的二阶小量。可以证明，当系统的阻尼存在时会使算法精度降低一阶，但若同时选择 $\beta=1/6$，算法仍具有二阶精度，此时 Newmark-β 法通常称为 Newmark 线性加速度法。

对于中心差分法、Wilson-θ 法和广义 α 法的精度问题，可用类似的方法分析。可以证明，中心差分法具有二阶精度，Wilson-θ 法在 $\theta>1$ 时也具有二阶精度。对于广义 α 法，当满足条件 $\gamma=\frac{1}{2}-\alpha_{\mathrm{m}}+\alpha_{\mathrm{f}}$ 时，具有二阶精度。而精细积分法的精度由 N 控制，当 N 增大到 35 左右时，其数值结果可达到 6 位精度。

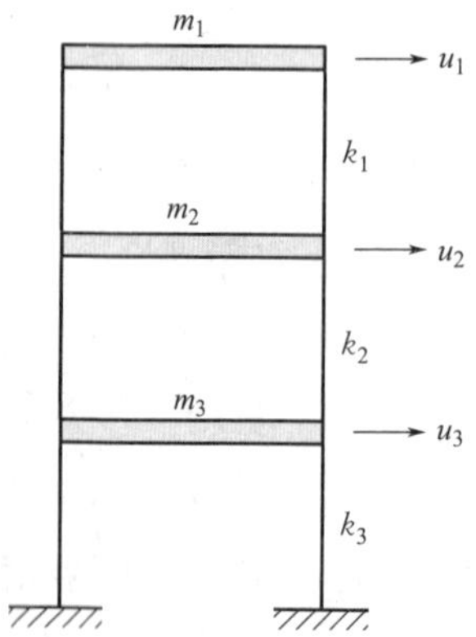

图 8-1　三层剪切型框架结构

【例 8-1】　如图 8-1 所示的三层剪切型框架结构。已知各楼层的质量(包括柱的质量)自上到下分别为 $m_1=180\times10^3$ kg，$m_2=m_3=270\times10^3$ kg，各层的侧移刚度分别为 $k_1=98\times10^6$ N/m，$k_2=196\times10^6$ N/m，$k_3=245\times10^6$ N/m。假定结构阻尼为 Rayleigh 阻尼，前两阶振型阻尼比 $\xi_1=\xi_2=0.05$。如果系统的初始条件为零，试分别应用中心差分法、Newmark-β 法、

Wilson-θ 法和精细积分法，计算框架结构在水平地震加速度 $\ddot{u}_g(t)$ 作用下的动力反应。

【解】 框架结构在水平地震加速度 $\ddot{u}_g(t)$ 作用下的运动方程为：

$$\boldsymbol{M}\ddot{\boldsymbol{u}}(t)+\boldsymbol{C}\dot{\boldsymbol{u}}(t)+\boldsymbol{K}\boldsymbol{u}(t)=-\boldsymbol{M}\boldsymbol{I}\ddot{u}_g(t) \tag{a}$$

式中，质量矩阵、刚度矩阵、阻尼矩阵和惯性力指示向量 $\boldsymbol{I}$ 分别为：

$$\boldsymbol{M}=m\begin{bmatrix}1 & 0 & 0\\ 0 & 1.5 & 0\\ 0 & 0 & 1.5\end{bmatrix},\ \boldsymbol{K}=k\begin{bmatrix}1 & -1 & 0\\ -1 & 3 & -2\\ 0 & -2 & 4.5\end{bmatrix} \tag{b}$$

$$\boldsymbol{C}=a_0\boldsymbol{M}+a_1\boldsymbol{K}=\begin{bmatrix}0.3924 & -0.2248 & 0\\ -0.2248 & 0.9257 & -0.4496\\ 0 & -0.4496 & 1.2629\end{bmatrix}\times 10^6\ \text{N}\cdot\text{s/m} \tag{c}$$

$$\boldsymbol{I}=[1\quad 1\quad 1]^{\mathrm{T}} \tag{d}$$

其中 $m=180\times10^3$ kg，$k=98\times10^6$ N/m。

根据频率方程 $|\boldsymbol{K}-\omega^2\boldsymbol{M}|=0$，计算可得自振频率 $\omega_1=13.4715$ rad/s，$\omega_2=30.1232$ rad/s，$\omega_3=46.6667$ rad/s。同时，可得到振型矩阵为：

$$\boldsymbol{\Phi}=\begin{bmatrix}1.0000 & 1.0000 & 1.0000\\ 0.6667 & -0.6667 & -3.0000\\ 0.3333 & -0.6667 & 4.0000\end{bmatrix} \tag{e}$$

对于 Rayleigh 阻尼，系数 a_0 和 a_1 是按下式来确定的：

$$\frac{1}{2}\begin{bmatrix}1/\omega_i & \omega_i\\ 1/\omega_j & \omega_j\end{bmatrix}\begin{Bmatrix}a_0\\ a_1\end{Bmatrix}=\begin{Bmatrix}\xi_i\\ \xi_j\end{Bmatrix} \tag{f}$$

在式(f)中，取第一、二阶振型的自振频率和相应振型阻尼比，即可求得 $a_0=0.93086\ \text{s}^{-1}$，$a_1=0.00229$ s。

为了计算简便且能获得理论解，假设水平地面运动加速度 $\ddot{u}_g(t)=\cos t$。下面，采用振型分解法求解理论解。在式(a)两边左乘 $\boldsymbol{\Phi}^{\mathrm{T}}$，可得：

$$\boldsymbol{\Phi}^{\mathrm{T}}\boldsymbol{M}\ddot{\boldsymbol{u}}(t)+\boldsymbol{\Phi}^{\mathrm{T}}\boldsymbol{C}\dot{\boldsymbol{u}}(t)+\boldsymbol{\Phi}^{\mathrm{T}}\boldsymbol{K}\boldsymbol{u}(t)=-\boldsymbol{\Phi}^{\mathrm{T}}\boldsymbol{M}\boldsymbol{I}\ddot{u}_g(t) \tag{g}$$

若令 $\boldsymbol{u}(t)=\boldsymbol{\Phi}\boldsymbol{q}(t)$，则有：

$$\boldsymbol{\Phi}^{\mathrm{T}}\boldsymbol{M}\boldsymbol{\Phi}\ddot{\boldsymbol{q}}(t)+\boldsymbol{\Phi}^{\mathrm{T}}\boldsymbol{C}\boldsymbol{\Phi}\dot{\boldsymbol{q}}(t)+\boldsymbol{\Phi}^{\mathrm{T}}\boldsymbol{K}\boldsymbol{\Phi}\boldsymbol{q}(t)=-\boldsymbol{\Phi}^{\mathrm{T}}\boldsymbol{M}\boldsymbol{I}\ddot{u}_g(t) \tag{h}$$

将式(b)、式(c)及式(e)代入式(h)中，展开得到如下 3 个独立的方程：

$$\begin{cases}0.33\ddot{q}_1(t)+0.4446\dot{q}_1(t)+59.8889q_1(t)=-0.45\cos t\\ 0.42\ddot{q}_2(t)+1.2652\dot{q}_2(t)+381.1111q_2(t)=0.18\cos t\\ 6.93\ddot{q}_3(t)+41.0697\dot{q}_3(t)+15092.0q_3(t)=-0.45\cos t\end{cases} \tag{i}$$

式(i)中的 3 个方程均可按具有黏滞阻尼的单自由度系统受简谐激励的反应公式求得，考虑到系统初始静止，有：

$$\begin{cases} q_1(t)=10^{-3}\times[e^{-0.05\omega_1 t}(7.5551\cos\omega_{D1}t+0.38242\sin\omega_{D1}t)-7.5551\cos t-0.056393\sin t] \\ q_2(t)=10^{-4}\times[e^{-0.05\omega_2 t}(-4.7282\cos\omega_{D2}t-0.23723\sin\omega_{D2}t)+4.7282\cos t+0.015713\sin t] \\ q_3(t)=10^{-5}\times[e^{-0.0635\omega_3 t}(2.9831\cos\omega_{D3}t+0.18997\sin\omega_{D3}t)-2.9831\cos t-0.0081215\sin t] \end{cases} \quad (j)$$

式中，$\omega_{D1}=13.4547$ rad/s，$\omega_{D2}=30.0855$ rad/s，$\omega_{D3}=46.5725$ rad/s。

于是，系统的位移反应为：

$$\boldsymbol{u}(t)=\boldsymbol{\Phi q}(t)=\begin{bmatrix} 1.0000 & 1.0000 & 1.0000 \\ 0.6667 & -0.6667 & -3.0000 \\ 0.3333 & -0.6667 & 4.0000 \end{bmatrix}\begin{Bmatrix} q_1(t) \\ q_2(t) \\ q_3(t) \end{Bmatrix} \quad (k)$$

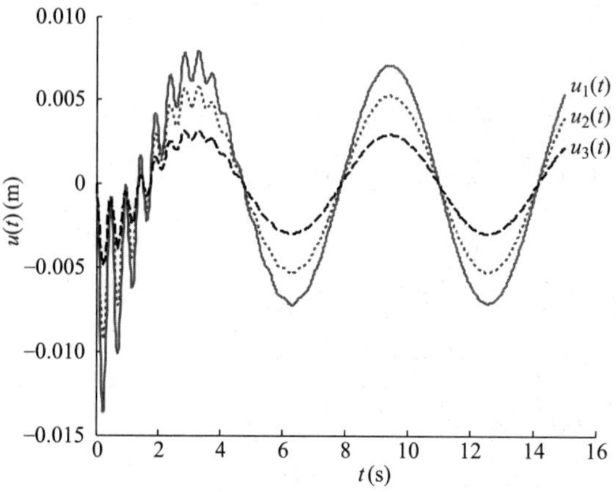

图 8-2　三自由度系统的位移反应

将式(j)代入式(k)中，即可求出框架结构在水平地震加速度 $\ddot{u}_g(t)$ 作用下的动力反应 $\boldsymbol{u}(t)$，如图 8-2 所示。

由于系统的各阶自振周期分别为 $T_1=0.4664$ s，$T_2=0.2086$ s，$T_3=0.1346$ s，因此，系统的最小自振周期为 $T_n=0.1346$ s，取时间步长分别为 0.01 s 和 0.02 s，可以保证各种算法的稳定性条件。表 8-1 给出顶层位移反应 $u_1(t)$ 的理论解与数值解。

顶层位移反应的理论解与数值解　　表 8-1

时刻		$t=1$ s	$t=2$ s	$t=5$ s	$t=10$ s	$t=12$ s
理论解		−0.0013289	0.0026269	−0.0020474	0.00599	−0.005973
中心差分法	$\Delta t=0.01$ s	−0.0013720	0.0025835	−0.0020345	0.0059895	−0.0059728
	$\Delta t=0.02$ s	−0.0014996	0.0024469	−0.0019939	0.0059886	−0.0059719
Newmark-β 法	$\Delta t=0.01$ s	−0.0012396	0.0027075	−0.0020732	0.0059910	−0.0059736
	$\Delta t=0.02$ s	−0.0009782	0.0029271	−0.0021473	0.0059956	−0.0059748
Wilson-θ 法	$\Delta t=0.01$ s	−0.0011396	0.0027953	−0.0021027	0.0059927	−0.0059743
	$\Delta t=0.02$ s	−0.0007265	0.0032600	−0.0022223	0.006005	−0.0059746
精细积分法	$\Delta t=0.01$ s	−0.0013289	0.0026269	−0.0020474	0.0059900	−0.0059730
	$\Delta t=0.02$ s	−0.0013289	0.0026269	−0.0020473	0.0059898	−0.0059728

注：在 Newmark-β 法，取 $\gamma=0.5$，$\beta=0.25$；在 Wilson-θ 法，取 $\theta=1.4$；在精细积分法，取 $N=20$。

从表 8-1 可知，各种算法的时间步长越小时，其数值解越接近理论解；各种算法的计算误差在瞬态反应衰减段内要比稳态反应阶段大一些；此外，精细积分法具有较大的计算优势。

习　题

8-1　试推导考虑阻尼情况下的中心差分法的稳定性条件。

提示：递推关系式(8-43)中的状态向量 $\boldsymbol{u}_i$ 和反应向量 $\boldsymbol{u}_{i+1}$ 以及转换矩阵 $\boldsymbol{D}$ 的具体表达式为：

$$\boldsymbol{u}_{i+1}=[u_{i+1}\quad u_i]^{\mathrm{T}},\ \boldsymbol{u}_i=[u_i\quad u_{i-1}]^{\mathrm{T}} \tag{a}$$

$$\boldsymbol{D}=\begin{bmatrix}\dfrac{2-\omega^2(\Delta t)^2}{1+\xi\omega\Delta t} & -\dfrac{1-\xi\omega\Delta t}{1+\xi\omega\Delta t}\\ 1 & 0\end{bmatrix} \tag{b}$$

8-2　试推导不考虑阻尼情况下的 Wilson-θ 法的稳定性条件。

提示：递推关系式(8-43)中的状态向量 $\boldsymbol{u}_i$ 和反应向量 $\boldsymbol{u}_{i+1}$ 以及转换矩阵 $\boldsymbol{D}$ 的具体表达式为：

$$\boldsymbol{u}_i=[u_i\quad \dot{u}_i\quad \ddot{u}_i]^{\mathrm{T}},\ \boldsymbol{u}_{i+1}=[u_{i+1}\quad \dot{u}_{i+1}\quad \ddot{u}_{i+1}]^{\mathrm{T}} \tag{a}$$

$$\boldsymbol{D}=\begin{bmatrix}1-\dfrac{(\Delta t)^2}{6\theta}a^2 & \Delta t\left(1-\dfrac{(\Delta t)^2}{6}a^2\right) & \dfrac{(\Delta t)^2}{2}\left(1-\dfrac{1}{3\theta}-\dfrac{\theta(\Delta t)^2}{9}a^2\right)\\ -\dfrac{\Delta t}{2\theta}a^2 & 1-\dfrac{(\Delta t)^2}{2}a^2 & \Delta t\left(1-\dfrac{1}{2\theta}-\dfrac{\theta(\Delta t)^2}{6}a^2\right)\\ -\dfrac{1}{\theta}a^2 & -a^2\Delta t & 1-\dfrac{1}{\theta}-\dfrac{\theta(\Delta t)^2}{3}a^2\end{bmatrix} \tag{b}$$

其中

$$a^2=\frac{\omega^2}{1+\theta^2\omega^2(\Delta t)^2/6} \tag{c}$$

8-3　试证明中心差分法具有二阶精度。

8-4　考虑【例 8-1】所示的三层剪切型框架结构，忽略阻尼的影响。试分别应用中心差分法、Newmark-β 法、Wilson-θ 法和精细积分法计算在初始条件：

$$\boldsymbol{u}(0)=[0.5\quad 0.4\quad 0.3]^{\mathrm{T}}\ \mathrm{cm},\ \dot{\boldsymbol{u}}(0)=[0\quad 9\quad 0]^{\mathrm{T}}\ \mathrm{cm/s}$$

下的自由振动反应。

第 9 章　非线性动力反应的数值计算

在许多实际问题中，结构往往不能当作线弹性系统，例如建筑物在强烈地震作用下会经历开裂、屈服乃至破坏。因此，对结构系统进行非线性动力反应分析是十分必要的。前面介绍的线性多自由度系统动力反应分析的几种数值解法，如中心差分法、Newmark-β 法和 Wilson-θ 法等，也同样适用于**非线性系统**。本章首先简要介绍非线性多(单)自由度系统的基本概念，然后详细阐述这些数值解法在非线性动力反应分析中的应用。

§9.1　非线性系统的基本概念

一般而言，导致系统运动方程不是线性微分方程的因素有：①几何非线性；②材料非线性；③接触非线性；④阻尼引起的非线性。其中，阻尼引起的非线性通常与相对速度有关，例如，在流体中运动物体所受到的阻尼力与速度的平方呈正比。由于阻尼的耗能机理十分复杂，实际结构中的阻尼常用等效黏滞阻尼来表示，即用线性阻尼代替原系统的非线性阻尼。这样，非线性单自由度系统的运动方程可写为：

$$m\ddot{u}+c\dot{u}+f_{\mathrm{S}}(u,\dot{u})=P(t) \tag{9-1a}$$

而非线性多自由度系统的运动方程则可写为：

$$\boldsymbol{M}\ddot{\boldsymbol{u}}+\boldsymbol{C}\dot{\boldsymbol{u}}+\boldsymbol{f}_{\mathrm{S}}(\boldsymbol{u},\dot{\boldsymbol{u}})=\boldsymbol{P}(t) \tag{9-1b}$$

下面，以一些简单结构为例，简要介绍相对于位移的三种非线性，即材料非线性、几何非线性和接触非线性。

9.1.1　材料非线性

材料非线性在非线性动力分析中最为普遍。材料非线性又称为物理非线性，其非线性效应存在于应力-应变的非线性关系之中。如果仅存在弹性变形，则应力与应变之间存在一一对应关系；如果存在塑性变形，则应力-应变关系是与加载路径相关的，而不是一一对应的。

考虑一个变形进入非弹性范围的理想化单层框架钢结构，如图 9-1(a)所示。假设荷载是缓慢施加的，其力-变形关系可利用结构非线性静力分析方法得到。对于具有假定力-变形规律的钢结构，为了获得图 9-1(b)所示的初始加载曲线 OB，分析记录在关键部位的屈服和扩展，以及塑性铰的形成；卸载 BC 和反向加载 CF 曲线可用类似的方法来确定。从图 9-1(b)可知，力-变形曲线的特点是：初始加载曲线在 OA 段是线弹性的，其中 A 点标志着外缘纤维开始屈服并形成塑性铰，而在 AB 段为非线性的；卸载 BC 曲线和反向加载 CF 曲线均不同于初始加载曲线，其中曲线从 B 点至 D 点为直线且平行于 OA 段。这种由于材料固有特性引起结构系统恢复力的非线性问题称为**材料非线性**问题。相应于变形 $u(t)$ 的系统恢复力 $f_S=P(t)$不是单值的，它取决于变形的历史，以及变形是增加的(速度为正)还是减少的(速度为负)。基于此，在式(9-1a)中，恢复力表示为 $f_S = f_S(u,\dot{u})$ 的形式。

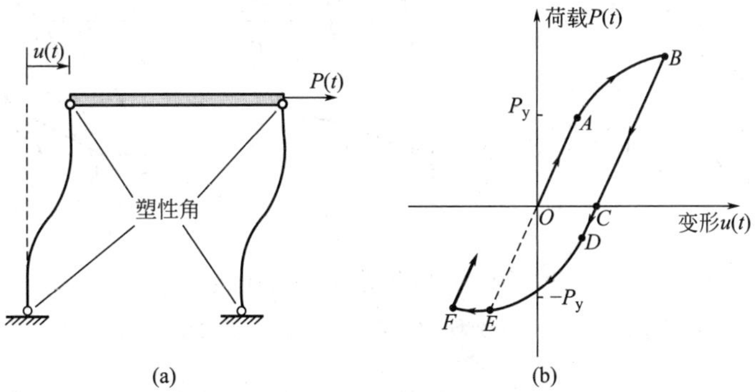

图 9-1　材料非线性

(a)理想化的单层框架钢结构；(b)力-变形关系

由式(9-1a)可以看出，对于材料非线性动力问题，求解的关键是如何确定恢复力模型，一旦确定了恢复力 $f_S(u,\dot{u})$，即可应用第 8 章的数值方法进行求解。一般而言，结构的实际恢复力曲线十分复杂，为数值计算带来巨大挑战，因此需要加以模型化。**恢复力模型**是指恢复力曲线模型，一般包括骨架曲线、滞回特性和刚度退化规律三个组成部分，确定恢复力曲线的方法有试验拟合法、系统识别法和理论计算法等。恢复力曲线可以用构件的弯矩与转角、弯矩与曲率、荷载与位移或应力与应变等关系来表示。

结构非线性恢复力模型通常可分为曲线型和折线型两大类。图 9-2 给出了工程中常用的几种恢复力模型。其中，图 9-2(a)为 Romberg-Osgood 模型，一般用于金属材料和土体，也可用于钢筋混凝土弯曲构件。模型骨架曲线由屈服强度 P_y、屈服位移 u_y 和形状指数 γ 等基本参数确定，滞回曲线形状与卸载点坐标 (u_1,P_1) 有关，图 9-2(a)中已给出骨架曲线和滞回曲线的表达式。显然，当 $\gamma=1$ 时，即为线弹性情况；当 $\gamma\to\infty$ 时，则为理想弹塑性情况。图 9-2(b)为双线性模型，一般适用于钢结构中梁、柱、节点等构件。模型正向加载的骨架曲线采用两根直线 $O\to1$ 和 $1\to2$ 表示，其形状由构件的屈服强度 P_y、弹性刚度 k_0 与弹塑性刚度 k_p 来确定。反向加载的骨架曲线与正向相同。加载及卸载刚度保持不变，均等于弹性刚度 k_0。显然，当 $k_p=k_0$ 时，即为线弹性情况；当 $k_p=0$ 时，则为理想弹塑性情况。图 9-2(c)为退化三线性模型，一般适用于钢筋混凝土梁、柱、墙等构件。退化三线性模型的正向加载骨架曲线由 3 根直线 $O\to1$、$1\to2$ 和 $2\to9$ 组成，其形状由构件

的开裂强度 P_c、屈服强度 P_y 及各阶段的刚度来确定；反向加载的骨架曲线类似于正向，模型的卸载刚度保持不变，等于屈服点的割线刚度（$O\rightarrow 2$ 线的斜率），加载刚度考虑了退化现象，并令滞回线指向上一循环的最大位移点。该模型能较好地反映以弯曲破坏为主的钢筋混凝土构件的特性。

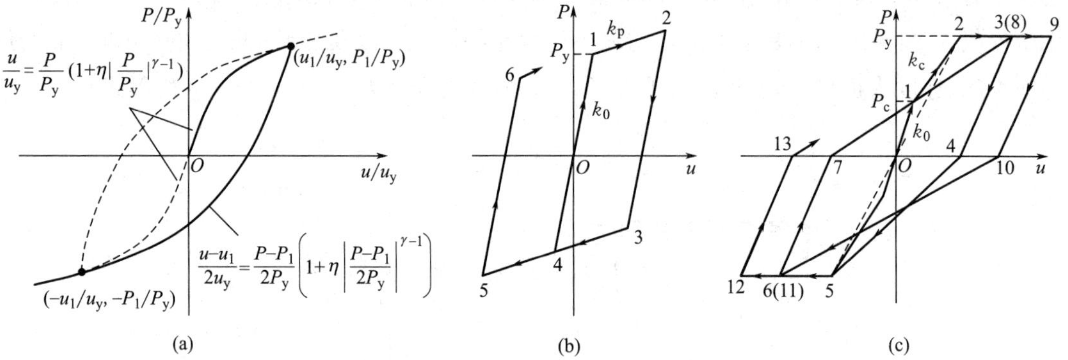

图 9-2　几种常用的恢复力模型

(a)Romberg-Osgood 模型；(b)双线性模型；(c)退化三线性模型

此外，常用的恢复力模型还包括二维受力状态下的 Clough 退化双线性模型、剪切滑移模型等，以及空间受力状态下的模型，这里不再赘述。

9.1.2　几何非线性

如果结构变形较大，将不能在原有几何形状的基础上分析力的平衡，而应在变形后的几何形状基础上进行分析。这样，力与变形之间就会出现非线性关系，这类问题称为**几何非线性问题**。

现在，考察一根拉紧的具有集中质量 m 弹跳的钢丝绳，不考虑弯曲影响，如图 9-3(a)所示。钢丝绳的张力为：

$$T = T_0 + \frac{AE}{l}\delta \tag{9-2}$$

式中，T_0 为水平位置时的张力，E 和 A 分别为钢丝绳的弹性模量和横截面面积。

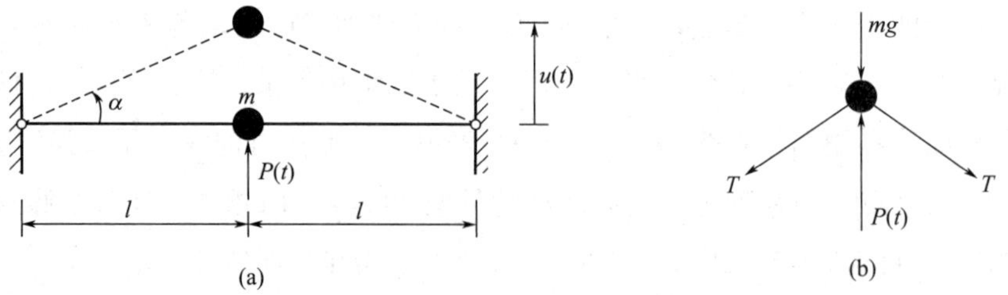

图 9-3　几何非线性

(a)具有集中质量钢丝绳弹跳时的大变形；(b)质点受力图

此时，钢丝绳的伸长量 δ 可表示为：

$$\delta = \sqrt{l^2 + u^2} - l \tag{9-3}$$

图 9-3(b)画出了质点运动时的受力情况。根据牛顿第二定律，可得：

$$P(t) - mg - 2T\sin\alpha = m\ddot{u} \tag{9-4}$$

其中

$$\sin\alpha = \frac{u}{\sqrt{l^2 + u^2}} \tag{9-5}$$

于是，单自由度系统的运动方程为：

$$m\ddot{u} + 2\left\{T_0 + \frac{AE}{l}\left[\sqrt{l^2 + u^2} - l\right]\right\}\frac{u}{\sqrt{l^2 + u^2}} = P(t) - mg \tag{9-6}$$

这是一个控制 $u(t)$ 的非线性微分方程，它具有几何非线性的形式，即非线性仅取决于几何量(如长度和位移)，而与材料的特性无关。

假若是微小振动，即 $u(t) \ll l$ 时，则式(9-6)可以用线性微分方程来近似表示：

$$m\ddot{u} + \frac{2T_0}{l}u = P(t) - mg \tag{9-7}$$

若振动幅值稍微增大点，则可取一阶近似：

$$\delta \approx l\left[1 + \frac{1}{2}\left(\frac{u}{l}\right)^2\right] - l = \frac{1}{2l}u^2,\ \sin\alpha \approx \frac{u}{l} \tag{9-8}$$

此时，式(9-6)也可以近似表示为：

$$m\ddot{u} + \frac{2T_0}{l}u + \frac{EA}{l^3}u^3 = P(t) - mg \tag{9-9}$$

这是一个典型的刚度非线性问题，它具有“硬弹簧”的特性。

此外，P-Δ 效应也是工程结构中经常遇到的一种几何非线性问题。所谓 P-Δ 效应，是指在水平力作用下结构发生侧向位移 Δ 时，竖向力 P 将使结构产生附加弯矩和附加侧移，从而使总弯矩和总侧移增大的现象。

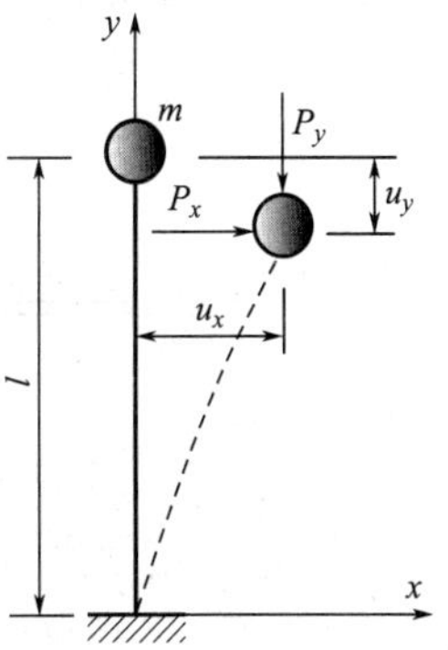

图 9-4　单质点系统的 P-Δ 效应

如图 9-4 所示，一个质量为 m 的质点在水平荷载 P_x 和竖向荷载 P_y 共同作用下产生相对位移 u_x 和 u_y，设杆长为 l，两个方向上的刚度和阻尼系数分别为 k_x、k_y 和 c_x、c_y。

当结构发生较大水平位移 u_x 时，在竖向荷载与惯性力作用

下基底产生的弯矩为

$$M=P_y u_x+m\ddot{u}_y u_x=(P_y+m\ddot{u}_y)u_x \tag{9-10}$$

如果将这个附加弯矩用一个等效的水平力 F_{eq} 来替代，则有：

$$F_{eq}=\frac{M}{l}=\frac{P_y+m\ddot{u}_y}{l}u_x=k_{eq}u_x \tag{9-11}$$

其中，$k_{eq}=(P_y+m\ddot{u}_y)/l$ 为水平等效刚度。此时，质点的水平运动方程为

$$m\ddot{u}_x+c_x\dot{u}_x+k_x u_x=P_x+F_{eq} \tag{9-12}$$

将式(9-11)代入上式，则有

$$m\ddot{u}_x+c_x\dot{u}_x+(k_x-k_{eq})u_x=P_x \tag{9-13}$$

可见，考虑 P-Δ 效应相当于降低了结构的刚度，进而使结构的动力反应增大。此外，式(9-13)虽然在形式上是线性的，但实质上它是一个非线性方程，这是因为水平等效刚度 k_{eq} 中包含了竖向加速度 $\ddot{u}_y$ 的影响。

9.1.3　接触非线性

在工程实践中，经常会遇到大量的**接触非线性**问题。例如，火车车轮与钢轨、混凝土坝分缝两侧、建筑物基础与地基以及地下洞室衬砌与围岩之间都存在接触非线性问题。这些问题的边界条件在系统运动过程中会发生变化，荷载将导致结构的部分边界发生接触或分离。同时，接触面积的大小可能会随着荷载的变化而改变。此外，在接触非线性问题中还可能包括几何非线性和材料非线性。

现在，考察接触问题的一个简单例子。如图 9-5(a)所示，一个刚度为 k_b 的简支梁在其跨中处设置一个刚度为 k_s 的制动块，两者的间隙为 u_{gap}。当梁上的荷载逐渐增加时，梁将与制动块接触。该系统的力-位移关系如图 9-5(b)所示。如果梁的跨中位移 u 小于 u_{gap}，则系统的总刚度 $k_{tot}=k_b$。然而，一旦梁与制动块接触，即 $u>u_{gap}$，则系统的刚度增加，使得 $k_{tot}=k_b+k_s$。

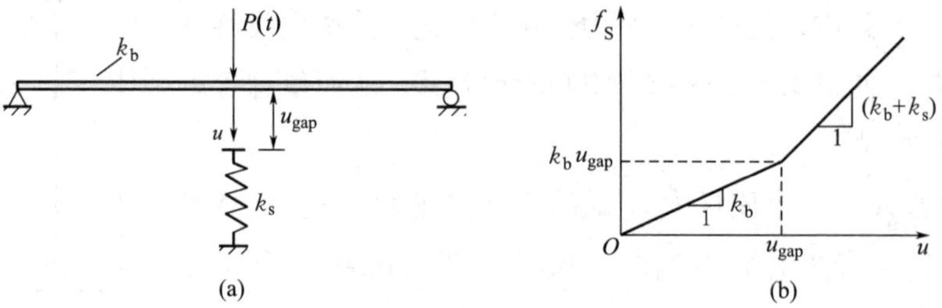

图 9-5　接触非线性

(a)跨中具有制动块的简支梁；(b)力-变形关系

该系统虽然为非线性系统，但表现出分段线性的特性，即系统反应在不同的阶段可分别视为线性的。于是，其运动方程可表达为：

$$m\ddot{u}+c\dot{u}+f_{\mathrm{S}}(u)=P(t) \tag{9-14}$$

其中 $f_{\mathrm{S}}(u)=k_{\mathrm{b}}u+h_u k_{\mathrm{b}}(u-u_{\mathrm{gap}})$，$h_u$ 为阶梯函数，$h_u=\begin{cases}1, & u\geqslant u_{\mathrm{gap}}\\ 0, & u<u_{\mathrm{gap}}\end{cases}$。

事实上，式(9-14)也可以写为：

$$m\ddot{u}+c\dot{u}+k_{\mathrm{b}}u+h_u k_{\mathrm{b}}(u-u_{\mathrm{gap}})=P(t) \tag{9-15}$$

因此，可先单独地计算每一阶段的线性反应，再组合计算结果来确定系统的动力反应。此外，对于分段线性系统，另一个例子是表现出多线性非弹性材料行为的系统(如弹塑性)。

大型多自由度系统可能包含一种或者多种非线性特性，其动力反应分析通常比较耗时。目前，常用的商用有限元软件，如 ABAQUS、ADINA 等，可适用于大型多自由度系统的各种非线性分析。在下文中仅考虑材料非线性。

§9.2 非线性多自由系统的运动方程

前已指出，非线性系统的动力反应一般不适合用解析方法求解，即使激励随时间的变化可以用一个简单函数来描述。因此，数值解法是非线性动力反应分析的基本方法。此外，对于非线性系统，假定物理特性仅在很短的时间或很小的变形增量内保持常量，进而可方便地采用增量平衡方程来表示运动方程。

对于非线性多自由度系统，由式(9-1b)可知，其在 t_i 时刻的动力平衡方程为

$$\boldsymbol{M}\ddot{\boldsymbol{u}}_i+\boldsymbol{C}\dot{\boldsymbol{u}}_i+(\boldsymbol{f}_{\mathrm{S}})_i=\boldsymbol{P}_i \tag{9-16a}$$

而经历一时间步 $\Delta t=t_{i+1}-t_i$ 后的动力平衡方程为

$$\boldsymbol{M}\ddot{\boldsymbol{u}}_{i+1}+\boldsymbol{C}\dot{\boldsymbol{u}}_{i+1}+(\boldsymbol{f}_{\mathrm{S}})_{i+1}=\boldsymbol{P}_{i+1} \tag{9-16b}$$

为方便计，引入增量形式

$$\Delta\ddot{\boldsymbol{u}}_i\equiv\ddot{\boldsymbol{u}}_{i+1}-\ddot{\boldsymbol{u}}_i,\ \Delta\dot{\boldsymbol{u}}_i\equiv\dot{\boldsymbol{u}}_{i+1}-\dot{\boldsymbol{u}}_i,\ \Delta\boldsymbol{u}_i\equiv\boldsymbol{u}_{i+1}-\boldsymbol{u}_i \tag{9-17a}$$

$$(\Delta\boldsymbol{f}_{\mathrm{S}})_i\equiv(\boldsymbol{f}_{\mathrm{S}})_{i+1}-(\boldsymbol{f}_{\mathrm{S}})_i,\ \Delta\boldsymbol{P}_i\equiv\boldsymbol{P}_{i+1}-\boldsymbol{P}_i \tag{9-17b}$$

于是，由式(9-16b)减去式(9-16a)可得**增量平衡方程**：

$$\boldsymbol{M}\Delta\ddot{\boldsymbol{u}}_i+\boldsymbol{C}\Delta\dot{\boldsymbol{u}}_i+(\Delta\boldsymbol{f}_{\mathrm{S}})_i=\Delta\boldsymbol{P}_i \tag{9-18}$$

其中，恢复力增量可表示为：

$$(\Delta\boldsymbol{f}_{\mathrm{S}})_i=\boldsymbol{K}_i\Delta\boldsymbol{u}_i \tag{9-19}$$

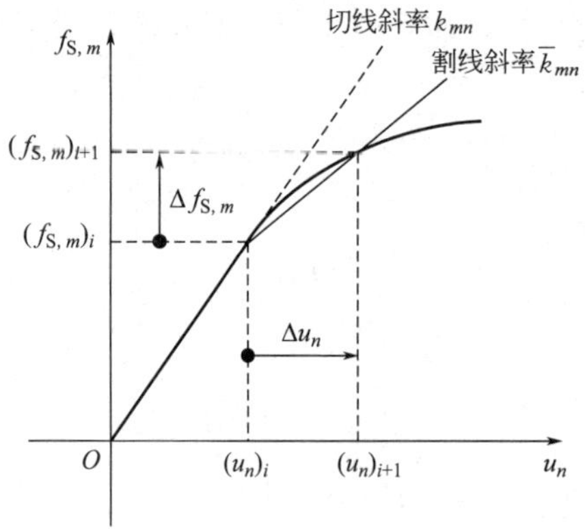

图 9-6　非线性刚度影响系数

式中，刚度矩阵 $\boldsymbol{K}_i$ 的元素应为时间增量 Δt 内所确定的刚度影响系数 $(k_{mn})_i$，图 9-6 给出了这些系数的物理意义。当这些系数为时间增量内的割线斜率（平均斜率）时，式(9-19)是精确表达的。事实上，由于在时间增量终点处的位移和速度依赖于这些系数，因此，这些系数只能通过迭代来计算。为了避免在每一时间步内进行迭代求解，可采用起点时刻的切线斜率替代割线斜率，由此给出的刚度影响系数为

$$(k_{mn})_i \approx \left.\frac{\partial f_{S,m}}{\partial u_n}\right|_{t_i} \tag{9-20}$$

这样，将式(9-19)代入式(9-18)，增量平衡方程变为

$$\boldsymbol{M}\Delta\ddot{\boldsymbol{u}}_i + \boldsymbol{C}\Delta\dot{\boldsymbol{u}}_i + \boldsymbol{K}_i\Delta\boldsymbol{u}_i = \Delta\boldsymbol{P}_i \tag{9-21}$$

由于刚度矩阵 $\boldsymbol{K}_i$ 采用了时间步起点的切线斜率，故式(9-21)左边力的增量表达式是近似的。若每一时间步开始时刻的加速度都由该步初始时刻的动力平衡方程得到，则可以避免由此引起的误差累积。

§9.3　非线性运动方程的数值解法

非线性多自由度系统动力反应的数值求解主要包括三个方面：(1)建立 9.2 节中非线性多自由度系统的运动方程；(2)应用第 8 章中的时间逐步法；(3)进行迭代求解（仅适用于隐式方法）。其中，时间逐步法的形式包括隐式和显式两类。本节中，隐式方法主要介绍 Newmark-β 法和 Wilson-θ 法，显式方法仅介绍中心差分法。

9.3.1　无迭代的隐式方法

对于非线性动力反应的数值计算，只需将第 8 章中线性动力反应分析的隐式方法稍加修改，即将常量的线性刚度替换为每时间步开始的切线刚度（如图 9-6 所示）。

1. Newmark-β 法

为了便于应用增量形式的运动方程，以位移增量 $\Delta\boldsymbol{u}_i$ 为基本未知量，通过 Newmark-β 法中位移基本表达式(8-9b)由 $\Delta\boldsymbol{u}_i$ 来表示 $\Delta\ddot{\boldsymbol{u}}_i$，然后代入速度基本表达式(8-9a)得到由 $\Delta\boldsymbol{u}_i$ 来表示 $\Delta\dot{\boldsymbol{u}}_i$，即

$$\Delta\ddot{\boldsymbol{u}}_i = \frac{1}{\beta(\Delta t)^2}\Delta\boldsymbol{u}_i - \frac{1}{\beta\Delta t}\dot{\boldsymbol{u}}_i - \frac{1}{2\beta}\ddot{\boldsymbol{u}}_i \tag{9-22a}$$

$$\Delta\dot{\boldsymbol{u}}_i = \frac{\gamma}{\beta\Delta t}\Delta\boldsymbol{u}_i - \frac{\gamma}{\beta}\dot{\boldsymbol{u}}_i + \Delta t\left(1-\frac{\gamma}{2\beta}\right)\ddot{\boldsymbol{u}}_i \tag{9-22b}$$

将式(9-22)代入式(9-21)中，整理后得到

$$\hat{\boldsymbol{K}}_i\Delta\boldsymbol{u}_i = \Delta\hat{\boldsymbol{P}}_i \tag{9-23}$$

其中

$$\hat{\boldsymbol{K}}_i = \boldsymbol{K}_i + \frac{1}{\beta(\Delta t)^2}\boldsymbol{M} + \frac{\gamma}{\beta\Delta t}\boldsymbol{C} \tag{9-24a}$$

$$\Delta\hat{\boldsymbol{P}}_i = \Delta\boldsymbol{P}_i + \left(\frac{1}{\beta\Delta t}\boldsymbol{M} + \frac{\gamma}{\beta}\boldsymbol{C}\right)\dot{\boldsymbol{u}}_i + \left[\frac{1}{2\beta}\boldsymbol{M} + \Delta t\left(\frac{\gamma}{2\beta}-1\right)\boldsymbol{C}\right]\ddot{\boldsymbol{u}}_i \tag{9-24b}$$

由式(9-23)求得位移增量 $\Delta\boldsymbol{u}_i$ 后，速度增量 $\Delta\dot{\boldsymbol{u}}_i$ 即可由式(9-22b)来计算，从而由式(9-17a)获得 t_{i+1} 时刻的位移 $\boldsymbol{u}_{i+1}$ 和速度 $\dot{\boldsymbol{u}}_{i+1}$，作为下一时间步的初始条件。然而，为了避免误差的累积，在每一时间步中并未利用式(9-22a)计算加速度增量 $\Delta\ddot{\boldsymbol{u}}_i$ 来确定 t_{i+1} 时刻的加速度 $\ddot{\boldsymbol{u}}_{i+1}$，而是利用 t_{i+1} 时刻的动力平衡方程式(9-16b)计算，即

$$\ddot{\boldsymbol{u}}_{i+1} = \boldsymbol{M}^{-1}[\boldsymbol{P}_{i+1} - \boldsymbol{C}\dot{\boldsymbol{u}}_{i+1} - (\boldsymbol{f}_S)_{i+1}] \tag{9-25}$$

式中，恢复力向量 $(\boldsymbol{f}_S)_{i+1}$ 是由 t_{i+1} 时刻的位移和速度来确定。

表 9-1 给出了 Newmark-β 法计算非线性多自由度系统动力反应的求解步骤。表中 2.2 步和 2.7 步为最耗时的两步。顺便指出，对于非线性多自由度系统，在每一时刻计算切线刚度矩阵和恢复力向量可能是十分复杂的。

Newmark-β 法：非线性多自由度系统　　**表 9-1**

1　初始计算
1.1　确定初始加速度向量：$\boldsymbol{M}\ddot{\boldsymbol{u}}_0 = \boldsymbol{P}_0 - \boldsymbol{C}\dot{\boldsymbol{u}}_0 - (\boldsymbol{f}_S)_0 \Rightarrow \ddot{\boldsymbol{u}}_0$
1.2　选择时间步长 Δt
1.3　计算系数矩阵 $\boldsymbol{a} = \frac{1}{\beta\Delta t}\boldsymbol{M} + \frac{\gamma}{\beta}\boldsymbol{C}$，$\boldsymbol{b} = \frac{1}{2\beta}\boldsymbol{M} + \Delta t\left(\frac{\gamma}{2\beta}-1\right)\boldsymbol{C}$
2　对每一时间步 $i(i=0,1,2,\cdots)$ 进行计算
2.1　计算等效荷载增量 $\Delta\hat{\boldsymbol{P}}_i = \Delta\boldsymbol{P}_i + \boldsymbol{a}\dot{\boldsymbol{u}}_i + \boldsymbol{b}\ddot{\boldsymbol{u}}_i$
2.2　确定切线刚度矩阵 $\boldsymbol{K}_i$
2.3　计算等效刚度矩阵 $\hat{\boldsymbol{K}}_i = \boldsymbol{K}_i + \frac{1}{\beta(\Delta t)^2}\boldsymbol{M} + \frac{\gamma}{\beta\Delta t}\boldsymbol{C}$
2.4　求解增量方程 $\hat{\boldsymbol{K}}_i\Delta\boldsymbol{u}_i = \Delta\hat{\boldsymbol{P}}_i$，得到位移增量 $\Delta\boldsymbol{u}_i$
2.5　计算速度增量 $\Delta\dot{\boldsymbol{u}}_i = \frac{\gamma}{\beta\Delta t}\Delta\boldsymbol{u}_i - \frac{\gamma}{\beta}\dot{\boldsymbol{u}}_i + \Delta t\left(1-\frac{\gamma}{2\beta}\right)\ddot{\boldsymbol{u}}_i$
2.6　计算位移和速度向量 $\boldsymbol{u}_{i+1} = \boldsymbol{u}_i + \Delta\boldsymbol{u}_i$，$\dot{\boldsymbol{u}}_{i+1} = \dot{\boldsymbol{u}}_i + \Delta\dot{\boldsymbol{u}}_i$
2.7　确定恢复力向量 $(\boldsymbol{f}_S)_{i+1}$
2.8　计算加速度向量 $\ddot{\boldsymbol{u}}_{i+1} = \boldsymbol{M}^{-1}[\boldsymbol{P}_{i+1} - \boldsymbol{C}\dot{\boldsymbol{u}}_{i+1} - (\boldsymbol{f}_S)_{i+1}]$
3　对下一个时间步重复计算。用 $i+1$ 代替 i，对下一个时间步执行 2.1 步到 2.8 步

2. Wilson-θ 法

在式(9-22)中，若令参数 $\gamma=1/2$ 和 $\beta=1/6$，并将时间步 $[t_i, t_{i+1}]$ 上的增量 Δ 换成延

伸时间步 $[t_i, t_{i+\theta}]$ 上的增量 δ，可得

$$\delta\ddot{\boldsymbol{u}}_i = \frac{6}{(\delta t)^2}\delta\boldsymbol{u}_i - \frac{6}{\delta t}\dot{\boldsymbol{u}}_i - 3\ddot{\boldsymbol{u}}_i \tag{9-26a}$$

$$\delta\dot{\boldsymbol{u}}_i = \frac{3}{\delta t}\delta\boldsymbol{u}_i - 3\dot{\boldsymbol{u}}_i - \frac{\delta t}{2}\ddot{\boldsymbol{u}}_i \tag{9-26b}$$

于是，将式(9-21)中的增量 Δ 换成增量 δ，并将式(9-26)代入得到

$$\hat{\boldsymbol{K}}_i\delta\boldsymbol{u}_i = \delta\hat{\boldsymbol{P}}_i \tag{9-27}$$

其中

$$\hat{\boldsymbol{K}}_i = \boldsymbol{K}_i + \frac{6}{(\delta t)^2}\boldsymbol{M} + \frac{3}{\delta t}\boldsymbol{C} = \boldsymbol{K}_i + \frac{6}{(\theta\Delta t)^2}\boldsymbol{M} + \frac{3}{\theta\Delta t}\boldsymbol{C} \tag{9-28a}$$

$$\begin{aligned}\delta\hat{\boldsymbol{P}}_i &= \delta\boldsymbol{P}_i + \left(\frac{6}{\delta t}\boldsymbol{M} + 3\boldsymbol{C}\right)\dot{\boldsymbol{u}}_i + \left(3\boldsymbol{M} + \frac{\delta t}{2}\boldsymbol{C}\right)\ddot{\boldsymbol{u}}_i \\ &= \theta\Delta\boldsymbol{P}_i + \left(\frac{6}{\theta\Delta t}\boldsymbol{M} + 3\boldsymbol{C}\right)\dot{\boldsymbol{u}}_i + \left(3\boldsymbol{M} + \frac{\theta\Delta t}{2}\boldsymbol{C}\right)\ddot{\boldsymbol{u}}_i\end{aligned} \tag{9-28b}$$

这样，根据式(9-27)求得 $\delta\boldsymbol{u}_i$，并代入式(9-26a)中可得延伸时间步的加速度增量 $\delta\ddot{\boldsymbol{u}}_i$。于是，对应于时间步 $[t_i, t_{i+1}]$ 上的加速度增量 $\Delta\ddot{\boldsymbol{u}}_i$ 为：

$$\Delta\ddot{\boldsymbol{u}}_i = \frac{1}{\theta}\delta\ddot{\boldsymbol{u}}_i \tag{9-29}$$

而速度增量 $\Delta\dot{\boldsymbol{u}}_i$ 和位移增量 $\Delta\boldsymbol{u}_i$ 则由式(8-23)和式(8-24)所对应的增量形式来计算，即

$$\Delta\dot{\boldsymbol{u}}_i = (\Delta t)\ddot{\boldsymbol{u}}_i + \frac{\Delta t}{2}\Delta\ddot{\boldsymbol{u}}_i \tag{9-30a}$$

$$\Delta\boldsymbol{u}_i = (\Delta t)\dot{\boldsymbol{u}}_i + \frac{(\Delta t)^2}{2}\ddot{\boldsymbol{u}}_i + \frac{(\Delta t)^2}{6}\Delta\ddot{\boldsymbol{u}}_i \tag{9-30b}$$

最后，由式(9-17a)获得 t_{i+1} 时刻的位移 $\boldsymbol{u}_{i+1}$ 和速度 $\dot{\boldsymbol{u}}_{i+1}$，作为下一时间步的初始条件，而加速度 $\ddot{\boldsymbol{u}}_{i+1}$ 则由动力平衡方程式(9-25)来计算。表 9-2 给出了非线性多自由度系统的 Wilson-θ 法的求解步骤。

Wilson-θ 法：非线性多自由度系统　　**表 9-2**

1　初始计算
1.1　确定初始加速度向量：$\boldsymbol{M}\ddot{\boldsymbol{u}}_0 = \boldsymbol{P}_0 - \boldsymbol{C}\dot{\boldsymbol{u}}_0 - (\boldsymbol{f}_S)_0 \Rightarrow \ddot{\boldsymbol{u}}_0$
1.2　选择时间步长 Δt 和积分常数 θ
1.3　计算系数矩阵 $\boldsymbol{a} = \frac{6}{\theta\Delta t}\boldsymbol{M} + 3\boldsymbol{C}$，$\boldsymbol{b} = 3\boldsymbol{M} + \frac{\theta\Delta t}{2}\boldsymbol{C}$
2　对每一时间步 $i(i=0,1,2,\cdots)$ 进行计算
2.1　计算等效荷载增量 $\delta\hat{\boldsymbol{P}}_i = \theta\Delta\boldsymbol{P}_i + \boldsymbol{a}\dot{\boldsymbol{u}}_i + \boldsymbol{b}\ddot{\boldsymbol{u}}_i$
2.2　确定切线刚度矩阵 $\boldsymbol{K}_i$
2.3　计算等效刚度矩阵 $\hat{\boldsymbol{K}}_i = \boldsymbol{K}_i + \frac{6}{(\theta\Delta t)^2}\boldsymbol{M} + \frac{3}{\theta\Delta t}\boldsymbol{C}$
2.4　求解增量方程 $\hat{\boldsymbol{K}}_i\delta\boldsymbol{u}_i = \delta\hat{\boldsymbol{P}}_i$，得到位移增量 $\delta\boldsymbol{u}_i$

续表

2.5	计算加速度增量 $\delta\ddot{\boldsymbol{u}}_i=\dfrac{6}{(\theta\Delta t)^2}\delta\boldsymbol{u}_i-\dfrac{6}{\theta\Delta t}\dot{\boldsymbol{u}}_i-3\ddot{\boldsymbol{u}}_i$，$\Delta\ddot{\boldsymbol{u}}_i=\dfrac{1}{\theta}\delta\ddot{\boldsymbol{u}}_i$
2.6	计算位移和速度增量 $\Delta\boldsymbol{u}_i=(\Delta t)\dot{\boldsymbol{u}}_i+\dfrac{(\Delta t)^2}{2}\ddot{\boldsymbol{u}}_i+\dfrac{(\Delta t)^2}{6}\Delta\ddot{\boldsymbol{u}}_i$，$\Delta\dot{\boldsymbol{u}}_i=(\Delta t)\ddot{\boldsymbol{u}}_i+\dfrac{\Delta t}{2}\Delta\ddot{\boldsymbol{u}}_i$
2.7	计算位移和速度向量 $\boldsymbol{u}_{i+1}\equiv\boldsymbol{u}_i+\Delta\boldsymbol{u}_i$，$\dot{\boldsymbol{u}}_{i+1}\equiv\dot{\boldsymbol{u}}_i+\Delta\dot{\boldsymbol{u}}_i$
2.8	确定恢复力向量 $(\boldsymbol{f}_{\mathrm{S}})_{i+1}$
2.9	计算加速度向量 $\ddot{\boldsymbol{u}}_{i+1}=\boldsymbol{M}^{-1}[\boldsymbol{P}_{i+1}-\boldsymbol{C}\dot{\boldsymbol{u}}_{i+1}-(\boldsymbol{f}_{\mathrm{S}})_{i+1}]$
3	对下一个时间步重复计算。用 $i+1$ 代替 i，对下一个时间步执行 2.1 步到 2.9 步

对于非线性多自由度系统，采用常量的时间步长 Δt 可能会导致较大的误差，产生这种误差的本质原因是：①用切线斜率 k_{mn} 代替割线斜率 $\bar{k}_{mn}$；②常量时间步长推迟了力-变形关系中转折点(速度反向处)的出现；③系统最小自振周期 T_n 在整个求解的时间内不是常数。为了减小这些误差，可以通过选择更短的时间步长 Δt。例如，当荷载历程比较简单时，选择 $\Delta t\leqslant T_n/10$ 则可获得可靠的结果，而在地震反应分析中，往往需要选择更短的时间步长。如果对计算的结果有任何怀疑，则第二次分析时可取时间增量的一半进行；如果在第二次分析中反应没有明显的变化，则可以认为计算的结果是可靠的。此外，也可以通过迭代方法使误差最小化。

9.3.2 有迭代的隐式方法

求解非线性方程组常用的迭代方法有 **Newton-Raphson 迭代法**和**修正 Newton-Raphson 迭代法**。为简便之，首先考虑非线性单自由度系统的修正 Newton-Raphson 迭代算法，如图 9-7(a)所示。

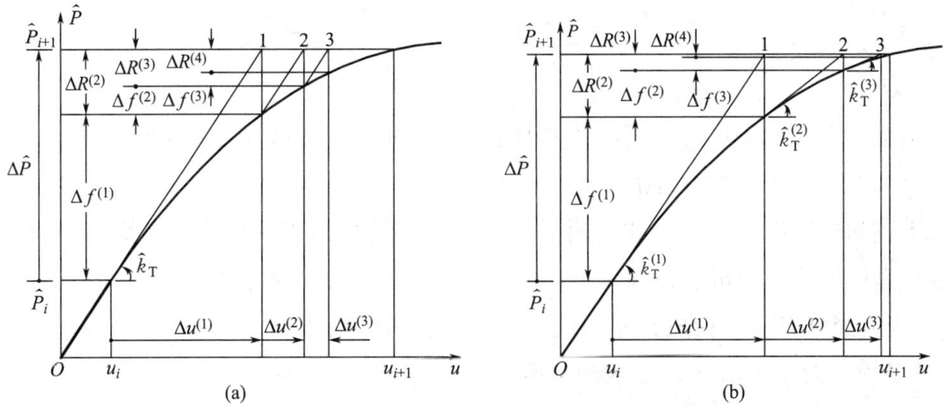

图 9-7 两种迭代法

(a)修正 Newton-Raphson 迭代法；(b)Newton-Raphson 迭代法

Newmark-β 法和 Wilson-θ 法的迭代求解均是在给定的增量平衡条件下进行的，两者的步骤完全类似，为此，仅以 Newmark-β 法为例进行阐述。

对于非线性单自由度系统，Newmark-β 法的增量平衡方程式(9-23)应写成标量形式，

同时将 $\hat{k}_i$ 换成 $\hat{k}_{\mathrm{T}}$，k_i 换成 k_{T}，以及 $\Delta\hat{P}_i$ 换成 $\Delta\hat{P}$，ΔP_i 换成 ΔP，Δu_i 换成 Δu，得到

$$\hat{k}_{\mathrm{T}}\Delta u=\Delta\hat{P} \tag{9-31}$$

其中

$$\hat{k}_{\mathrm{T}}=k_{\mathrm{T}}+\frac{1}{\beta(\Delta t)^2}m+\frac{\gamma}{\beta\Delta t}c \tag{9-32a}$$

$$\Delta\hat{P}=\Delta P+\left(\frac{1}{\beta\Delta t}m+\frac{\gamma}{\beta}c\right)\dot{u}_i+\left[\frac{1}{2\beta}m+\Delta t\left(\frac{\gamma}{2\beta}-1\right)c\right]\ddot{u}_i \tag{9-32b}$$

在修正 Newton-Raphson 迭代法中，切线刚度 k_{T} 在时间步开始时刻(即 t_i 时刻)确定，并在迭代过程中保持不变，称为**初始切线刚度**。现在，以图 9-7(a)来阐述其迭代过程。

第一个迭代步是将式(9-31)改写为

$$\hat{k}_{\mathrm{T}}\Delta u^{(1)}=\Delta\hat{P} \tag{9-33}$$

进而确定 $\Delta u^{(1)}$，并作为最终 Δu 的第一次近似值。与 $\Delta u^{(1)}$ 相关的真实力 $\Delta f^{(1)}$ 要比 $\Delta\hat{P}$ 小，为此定义残余力 $\Delta R^{(2)}=\Delta\hat{P}-\Delta f^{(1)}$。该残余力所引起的附加位移 $\Delta u^{(2)}$ 则由下式确定

$$\hat{k}_{\mathrm{T}}\Delta u^{(2)}=\Delta R^{(2)}=\Delta\hat{P}-\Delta f^{(1)} \tag{9-34}$$

利用附加位移 $\Delta u^{(2)}$，进一步寻找残余力的新值，直到收敛为止。

在一个时间步 $[t_i, t_{i+1}]$ 内，迭代过程可归纳为：

$$\Delta u^{(j)}=\frac{\Delta R^{(j)}}{\hat{k}_{\mathrm{T}}} \tag{9-35a}$$

$$u_{i+1}^{(j)}=u_{i+1}^{(j-1)}+\Delta u^{(j)} \tag{9-35b}$$

$$\Delta f^{(j)}=f_{\mathrm{S}}^{(j)}-f_{\mathrm{S}}^{(j-1)}+(\hat{k}_{\mathrm{T}}-k_{\mathrm{T}})\Delta u^{(j)} \tag{9-35c}$$

$$\Delta R^{(j+1)}=\Delta R^{(j)}-\Delta f^{(j)} \tag{9-35d}$$

式中，上标 $j\,(j=1,2,\cdots)$ 表示第 j 次迭代，$f_{\mathrm{S}}^{(j)}$ 表示系统的恢复力。显然，迭代过程的初始条件为 $u_{i+1}^{(0)}=u_i$，$\Delta R^{(1)}=\Delta\hat{P}$，$f_{\mathrm{S}}^{(0)}=(f_{\mathrm{S}})_i$。

在上述迭代过程中，式(9-35c)并非一目了然，这里给出一个直观的解释。首先，对于非线性系统的静力分析，在式(9-33)中，应当将 $\hat{k}_{\mathrm{T}}$、$\Delta\hat{P}$ 分别换成 k_{T}、ΔP；在图 9-7(a)中，则应当将 $\hat{P}$-u 图换成 P-u 图或 f_{S}-u 图。这样，对于静力分析，则有 $\Delta f^{(j)}=f_{\mathrm{S}}^{(j)}-f_{\mathrm{S}}^{(j-1)}$。其次，对于式(9-35c)中的剩余项 $(\hat{k}_{\mathrm{T}}-k_{\mathrm{T}})\Delta u^{(j)}$，它是来自于系统的动力学，正如式(9-32a)中 m 和 c 的项所反映的 $(\hat{k}_{\mathrm{T}}-k_{\mathrm{T}})$ 那样。

收敛准则：每一步迭代所得位移的解均需进行检验，当解的误差小于容许误差时迭代过程终止。通常使用以下收敛准则中的一种或几种：

(1) 残余力小于容许值

$$|\Delta R^{(j)}|\leqslant\varepsilon_{\mathrm{R}} \tag{9-36a}$$

式中，$|\cdot|$ 表示取绝对值。一般 ε_R 的取值范围在 10^{-8} 到 10^{-3} 之间。

(2) 位移改变量小于容许值

$$|\Delta u^{(j)}| \leqslant \varepsilon_u \tag{9-36b}$$

式中，ε_u 的取值范围在10^{-8} 到10^{-3} 之间。

(3) 残余力在位移改变量上所做的功小于容许值

$$\frac{1}{2}|\Delta u^{(j)} \Delta R^{(j)}| \leqslant \varepsilon_w \tag{9-36c}$$

式中，ε_w 应为(或者接近)计算机的最小容许值，因为式(9-36c)左侧是两个微小量的乘积。

顺便指出，Newton-Raphson 迭代法与修正 Newton-Raphson 迭代法的主要区别在于：在每一次迭代中，用更新的切线刚度 $k_T^{(j)}$ 代替初始切线刚度 k_T，相应地，用更新的等效刚度 $\hat{k}_T^{(j)}$ 代替 $\hat{k}_T$，如图 9-7(b)所示。对比图 9-7(a)和(b)可知，除第一次迭代外，Newton-Raphson 迭代法中每一次的残余力 $\Delta R^{(j)}$ 都更小。因此，Newton-Raphson 迭代法要比修正 Newton-Raphson 迭代法收敛更快，但计算量会更大。

下面，将修正 Newton-Raphson 迭代法推广到非线性多自由度系统中，对于时间步 $[t_i, t_{i+1}]$ 内的迭代过程见表 9-3。

修正 Newton-Raphson 迭代法：非线性多自由度系统 **表 9-3**

1	数据初始化 $\boldsymbol{u}_{i+1}^{(0)} = \boldsymbol{u}_i,\ \boldsymbol{f}_S^{(0)} = (\boldsymbol{f}_S)_i,\ \Delta\boldsymbol{R}^{(1)} = \Delta\hat{\boldsymbol{P}}_i,\ \hat{\boldsymbol{K}}_T = \hat{\boldsymbol{K}}_i$
2	对第 $j\ (j=1,2,\cdots)$ 次迭代计算
2.1	求解位移增量：$\hat{\boldsymbol{K}}_T \Delta\boldsymbol{u}^{(j)} = \Delta\boldsymbol{R}^{(j)} \Rightarrow \Delta\boldsymbol{u}^{(j)}$
2.2	计算位移向量的近似值：$\boldsymbol{u}_{i+1}^{(j)} = \boldsymbol{u}_{i+1}^{(j-1)} + \Delta\boldsymbol{u}^{(j)}$
2.3	计算 $\Delta\boldsymbol{u}^{(j)}$ 对应的真实力向量：$\Delta\boldsymbol{f}^{(j)} = \boldsymbol{f}_S^{(j)} - \boldsymbol{f}_S^{(j-1)} + (\hat{\boldsymbol{K}}_T - \boldsymbol{K}_T)\Delta\boldsymbol{u}^{(j)}$
2.4	计算残余力向量：$\Delta\boldsymbol{R}^{(j+1)} = \Delta\boldsymbol{R}^{(j)} - \Delta\boldsymbol{f}^{(j)}$
2.5	判断迭代是否收敛
3	进行下一次迭代计算。用 $j+1$ 取代 j，反复执行 2.1 步到 2.4 步

在非线性多自由度系统的修正 Newton-Raphson 迭代法中，切线刚度矩阵 $\boldsymbol{K}_T$ 在时间步开始时刻 t_i 确定，并在时间步 $[t_i, t_{i+1}]$ 内的所有迭代中保持不变。因此，在时间步 $[t_i, t_{i+1}]$ 内仅需对等效刚度矩阵 $\hat{\boldsymbol{K}}_T$ 分解一次，并在表 9-3 的 2.1 步求解代数方程中反复使用。修正 Newton-Raphson 迭代法通常比 Newton-Raphson 迭代法应用更为广泛，其原因在于：在 Newton-Raphson 迭代法中，每次迭代都需要形成新的切线刚度矩阵 $\boldsymbol{K}_T^{(j)}$，并对更新的等效刚度矩阵 $\hat{\boldsymbol{K}}_T^{(j)}$ 进行分解，这对于大型的非线性多自由度系统将增加巨大的计算量。

考虑到非线性多自由度系统的残余力和位移增量均为向量，其迭代过程的收敛准则应将式(9-36)中的绝对值运算替换为 Euclidean 范数运算。然而，对于大型的非线性多自由

度系统，采用相对的力或位移来判断将更为合适，即

$$\frac{\| \Delta \boldsymbol{R}^{(j)} \|}{\| \Delta \hat{\boldsymbol{P}}_i \|} \leqslant \varepsilon'_{\mathrm{R}},\quad \frac{\| \Delta \boldsymbol{u}^{(j)} \|}{\| \Delta \boldsymbol{u} \|} \leqslant \varepsilon'_{\mathrm{u}} \tag{9-37a}$$

式中，$\| \cdot \|$ 表示向量的 Euclidean 范数，总位移增量 $\Delta \boldsymbol{u} = \sum_{q=1}^{j} \Delta \boldsymbol{u}^{(q)}$。一般地，$\varepsilon'_{\mathrm{R}}$ 和 $\varepsilon'_{\mathrm{u}}$ 的取值范围均在 10^{-6} 到 10^{-3} 之间。

如果位移向量中的元素具有不同的量纲，并且数值相差很大，那么式(9-37a)这一直观的收敛准则可能会失效。例如，对于框架结构，若位移向量中包含平动位移和转动位移，相应地，残余力向量包含力和弯矩，当支配范数的平动位移已经收敛时，但转动位移可能有不可忽视的误差。在此情况下，推荐使用相对的功来判断，即

$$\frac{\| [\Delta \boldsymbol{R}^{(j)}]^{\mathrm{T}} \Delta \boldsymbol{u}^{(j)} \|}{\| [\Delta \hat{\boldsymbol{P}}_i]^{\mathrm{T}} \Delta \boldsymbol{u} \|} \leqslant \varepsilon'_{\mathrm{w}} \tag{9-37b}$$

式中，$\varepsilon'_{\mathrm{w}}$ 的取值范围在 10^{-6} 到 10^{-3} 之间。

对于 9.3.1 节中无迭代的 Newmark-β 法和 Wilson-θ 法，若采用表 9-3 的迭代过程来计算表 9-1 和表 9-2 的步骤 2.4 中位移增量 $\Delta \boldsymbol{u}_i$ 或 $\delta \boldsymbol{u}_i$，则可分别得到修正 Newton-Raphson 迭代的 Newmark-β 法和 Wilson-θ 法。需要指出的是，对于非线性运动方程迭代的收敛性，动力问题通常比相应的静力问题表现出更好的收敛性。这是因为系统惯性使其动力反应比静力反应“更平滑”，同时，动力系统的收敛性可通过减小时间步长 Δt 来改善。

9.3.3 显式方法

中心差分法是非线性多自由度系统动力反应分析最常用的显式方法之一。与线性动力反应分析类似，在非线性动力反应分析中使用中心差分法时，考虑 t_i 时刻系统的动力平衡来求解 t_{i+1} 时刻系统的反应。

将速度和加速度向量的中心差分表达式(8-1)代入 t_i 时刻的动力平衡方程式(9-16a)中，整理得到

$$\hat{\boldsymbol{K}} \boldsymbol{u}_{i+1} = \hat{\boldsymbol{P}}_i \tag{9-38}$$

其中

$$\hat{\boldsymbol{K}} = \frac{\boldsymbol{M}}{(\Delta t)^2} + \frac{\boldsymbol{C}}{2\Delta t} \tag{9-39a}$$

$$\hat{\boldsymbol{P}}_i = \boldsymbol{P}_i - (\boldsymbol{f}_{\mathrm{S}})_i - \left[\frac{\boldsymbol{M}}{(\Delta t)^2} - \frac{\boldsymbol{C}}{2\Delta t} \right] \boldsymbol{u}_{i-1} + \frac{2\boldsymbol{M}}{(\Delta t)^2} \boldsymbol{u}_i \tag{9-39b}$$

由式(9-38)求得 t_{i+1} 时刻的位移向量 $\boldsymbol{u}_{i+1}$ 后，利用式(8-1)即可确定 t_i 时刻的速度和加速度向量。表 9-4 给出了中心差分法计算非线性多自由度系统动力反应的求解步骤。

中心差分法：非线性多自由度系统 **表 9-4**

1 初始计算

1.1 确定初始加速度向量：$\boldsymbol{M}\ddot{\boldsymbol{u}}_0=\boldsymbol{P}_0-\boldsymbol{C}\dot{\boldsymbol{u}}_0-(\boldsymbol{f}_S)_0\Rightarrow\ddot{\boldsymbol{u}}_0$

1.2 选择时间步长 Δt

1.3 计算位移向量 $\boldsymbol{u}_{-1}=\boldsymbol{u}_0-\dot{\boldsymbol{u}}_0\Delta t+\frac{(\Delta t)^2}{2}\ddot{\boldsymbol{u}}_0$

1.4 计算等效刚度矩阵 $\hat{\boldsymbol{K}}=\frac{1}{(\Delta t)^2}\boldsymbol{M}+\frac{1}{2\Delta t}\boldsymbol{C}$

1.5 计算系数矩阵 $\boldsymbol{a}=\frac{1}{(\Delta t)^2}\boldsymbol{M}-\frac{1}{2\Delta t}\boldsymbol{C}$，$\boldsymbol{b}=-\frac{2}{(\Delta t)^2}\boldsymbol{M}$

2 对每一时间步 $i(i=0,1,2,\cdots)$ 进行计算

2.1 确定恢复力向量 $(\boldsymbol{f}_S)_i$

2.2 计算等效荷载向量 $\hat{\boldsymbol{P}}_i=\boldsymbol{P}_i-\boldsymbol{a}\boldsymbol{u}_{i-1}-\boldsymbol{b}\boldsymbol{u}_i-(\boldsymbol{f}_S)_i$

2.3 求解方程 $\hat{\boldsymbol{K}}\boldsymbol{u}_{i+1}=\hat{\boldsymbol{P}}_i$，得到位移向量 $\boldsymbol{u}_{i+1}$

2.4 计算速度和加速度向量

$$\dot{\boldsymbol{u}}_i=\frac{1}{2\Delta t}(\boldsymbol{u}_{i+1}-\boldsymbol{u}_{i-1}),\ \ddot{\boldsymbol{u}}_i=\frac{1}{(\Delta t)^2}(\boldsymbol{u}_{i+1}-2\boldsymbol{u}_i+\boldsymbol{u}_{i-1})$$

3 对下一个时间步重复计算。用 $i+1$ 代替 i，对下一个时间步执行 2.1 步到 2.4 步

由式(9-39a)可知，当时间步长 Δt 给定时，等效刚度矩阵 $\hat{\boldsymbol{K}}$ 保持为常量。同时，在式(9-39b)中恢复力向量 $(\boldsymbol{f}_S)_i$ 为显式。正因如此，中心差分法可能是非线性多自由度系统动力反应分析的最简单数值解法。然而，对于大型的非线性多自由度系统，中心差分法的时间步长 Δt 有着严格的限制，即 Δt 必须小于临界时间步长 $\Delta t_{cr}=T_n/\pi$。在线性动力反应分析中 T_n 始终保持不变，但在非线性动力反应分析中刚度特性随时间发生变化，T_n 不再为常量。如果系统刚度变大，即 T_n 减小，则 Δt 必须取得更小，以满足 $\Delta t\leqslant T_n/\pi$ 的要求，从而保证中心差分法的稳定性。

§9.4 单自由度系统的弹塑性反应分析

如 9.1 节所述，对于具有弹塑性行为的单自由度系统，其恢复力取决于变形历史，以及变形是增加(速度为正)还是减小(速度为负)。为简便之，现考虑一个理想弹塑性单自由度系统，其恢复力-位移关系如图 9-8 所示。从图中可知，一个完整的滞回环可分为如下 5 个阶段。

1) OA 段(弹性加载)

位移 u 正向增加，速度 $\dot{u}>0$，系统恢复力为

$$f_S=ku,\ 0\leqslant u\leqslant u_e \tag{9-40a}$$

式中，u_e 为弹性极限位移，即 $u_e=f_y/k$。当 $\dot{u}<0$ 时即为卸载。

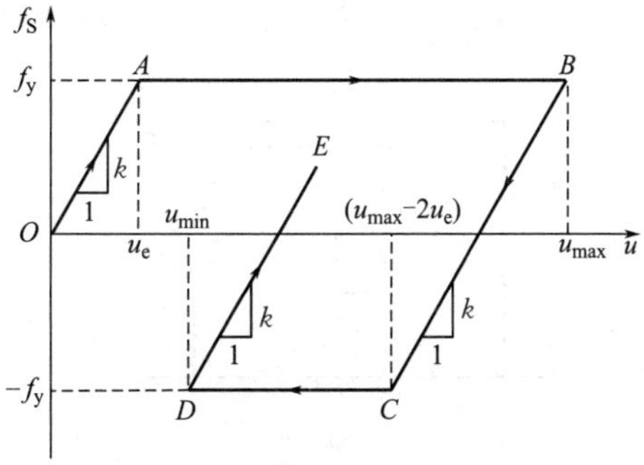

图 9-8 理想弹塑性单自由度系统的恢复力-位移关系

2）AB 段（塑性加载）

位移 $u > u_e$ 后转向塑性段，速度 $\dot{u} > 0$，系统恢复力为

$$f_S = f_y,\ u_e < u \leqslant u_{max} \tag{9-40b}$$

式中，u_{max} 为滞回曲线的最大位移值。

3）BC 段（弹性回弹）

速度 $\dot{u} < 0$，转向弹性段，系统恢复力为

$$f_S = f_y - k(u_{max} - u),\ (u_{max} - 2u_e) \leqslant u < u_{max} \tag{9-40c}$$

注意，当 $u < (u_{max} - u_e)$ 和 $\dot{u} < 0$ 时即为反向加载。

4）CD 段（塑性加载）

速度 $\dot{u} < 0$，C 为反向屈服点，系统恢复力为

$$f_S = -f_y,\ u_{min} \leqslant u < (u_{max} - 2u_e) \tag{9-40d}$$

式中，u_{min} 为这一阶段的最小位移。

5）DE 段（弹性回弹）

速度 $\dot{u} > 0$，D 为拐点，转向弹性段，系统恢复力为

$$f_S = k(u - u_{min}) - f_y,\ u_{min} < u \leqslant (u_{min} + 2u_e) \tag{9-40e}$$

需要指出的是，系统刚度在弹性加载或卸载阶段（即 OA 段、BC 段和 DE 段）等于弹性刚度 k，并且在塑性阶段（即 AB 段和 CD 段）等于零。可见，切线刚度在弹性阶段等于 k，在塑性阶段等于零。当各阶段的切线刚度与恢复力已知时，即可应用 9.3 节的数值解法（对应于标量形式）进行非线性单自由度系统的动力反应分析。

【例 9-1】 如图 9-9(a)所示的单层框架结构，受图 9-9(b)所示的时变力。系统的恢复力-位移如图 9-8 所示。假设质量 $m = 8.94 \times 10^5$ kg，阻尼系数 $c = 284$ kN·s/m，弹性刚度系数 $k = 1.8 \times 10^4$ kN/m，屈服强度 $f_y = 90$ kN。取时间步长 $\Delta t = 0.1$ s，试利用线性加速度法（无需迭代）计算结构在时段 $0 \leqslant t \leqslant 1.0$ s 的弹塑性反应。

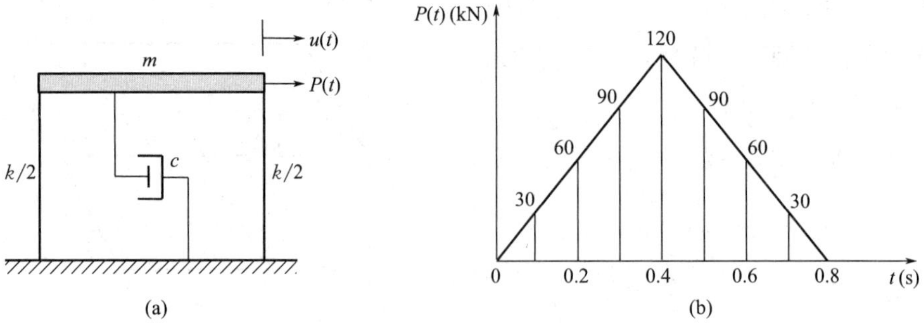

图 9-9　单层框架结构的非线性反应分析

(a)单层框架结构；(b)加载时程

【解】 在 Newmark-β 法中取 $\gamma=1/2$ 和 $\beta=1/6$，即为线性加速度法。

（1）初始条件的计算。已知 $k_0=1.8\times10^4$ kN/m，$u_0=0$，$\dot{u}_0=0$，初始条件的计算过程见表 9-5，其中单位已略去。

初始条件的计算 **表 9-5**

步骤	结果
1.1 初始加速度 $\ddot{u}_0=\dfrac{P_0-c\dot{u}_0-k_0u_0}{m}$	0.0
1.2 选择时间步长 Δt	0.1
1.3 系数 $a=\dfrac{1}{\beta\Delta t}m+\dfrac{\gamma}{\beta}c$	54492
1.4 系数 $b=\dfrac{1}{2\beta}m+\Delta t\left(\dfrac{\gamma}{2\beta}-1\right)c$	2696.2

（2）对时间步 $i(i=0,1,2\cdots,9)$进行计算，计算过程见表 9-6。注意，在 2.6 步计算恢复力时，需要根据实际抗力进行修正，即当 $(f_S)_{i+1}>f_y$ 时，取 $(f_S)_{i+1}=f_y=90$ kN。

时间步 i 的计算 **表 9-6**

步骤	结果
2.1 等效荷载 $\Delta\hat{P}_i=\Delta P_i+a\dot{u}_i+b\ddot{u}_i$	$\Delta P_i+54492\dot{u}_i+2696.2\ddot{u}_i$
2.2 等效刚度 $\hat{k}_i=k_i+\dfrac{1}{\beta(\Delta t)^2}m+\dfrac{\gamma}{\beta\Delta t}c$	$k_i+544920$
2.3 位移增量 $\Delta u_i=\dfrac{\Delta\hat{P}_i}{\hat{k}_i}$	$\dfrac{\Delta P_i+54492\dot{u}_i+2696.2\ddot{u}_i}{k_i+544920}$
2.4 速度增量 $\Delta\dot{u}_i=\dfrac{\gamma}{\beta\Delta t}\Delta u_i-\dfrac{\gamma}{\beta}\dot{u}_i+\Delta t\left(1-\dfrac{\gamma}{2\beta}\right)\ddot{u}_i$	$30\Delta u_i-3\dot{u}_i-0.05\ddot{u}_i$
2.5 位移和速度 $u_{i+1}\equiv\Delta u_i+u_i,\dot{u}_{i+1}\equiv\Delta\dot{u}_i+\dot{u}_i$	—
2.6 恢复力 $(f_S)_{i+1}=(f_S)_i+k_i\Delta u_i$	—
2.7 加速度 $\ddot{u}_{i+1}=\dfrac{P_{i+1}-c\dot{u}_{i+1}-(f_S)_{i+1}}{m}$	—

注：切线刚度 k_i 是随时间变化的，它取决于变形历程(当结构处于弹性或屈服时，$k_i=18000$ 或 0)。

根据上述线性加速度法的计算步骤，单自由度系统的弹塑性动力反应的计算结果如表 9-7 所示。

无迭代的线性加速度法：弹塑性动力反应的数值解 **表 9-7**

t_i	$P(t)$	$(f_S)_i$	$\ddot{u}_i$	$\Delta\hat{P}_i$	k_i	$\hat{k}_i$	Δu_i	$\dot{u}_i$	u_i
0.0	0	0.00000	0.00000	30.00000	18000	562920	0.00005	0.00000	0.00000
0.1	30	0.95928	0.03198	203.33618	18000	562920	0.00036	0.00160	0.00005
0.2	60	7.46119	0.05685	512.41392	18000	562920	0.00091	0.00604	0.00041
0.3	90	23.84620	0.07006	893.82559	18000	562920	0.00159	0.01239	0.00132
0.4	120	52.42728	0.06943	1212.20518	18000	562920	0.00215	0.01936	0.00291

续表

t_i	$P(t)$	$(f_S)_i$	$\ddot{u}_i$	$\Delta\hat{P}_i$	k_i	$\hat{k}_i$	Δu_i	$\dot{u}_i$	u_i
0.5	90	90.00000	−0.00712	1171.96302	0	544920	0.00215	0.02241	0.00507
0.6	60	90.00000	−0.03993	955.31499	0	544920	0.00175	0.02006	0.00722
0.7	30	90.00000	−0.07171	565.44167	0	544920	0.00104	0.01448	0.00897
0.8	0	90.00000	−0.10250	37.75994	0	544920	0.00007	0.00576	0.01001
0.9	0	90.00000	−0.09930	−503.42083	18000	562920	−0.00089	−0.00433	0.01008
1.0	0	73.90255	−0.07847	—	—	—	—	−0.01321	0.00918

【例 9-2】 在每一时间步内，分别利用 Newton-Raphson 迭代和修正 Newton-Raphson 迭代的线性加速度法重新计算【例 9-1】。

【解】 在【例 9-1】的计算步骤中，位移增量 Δu_i 采用 9.3.2 节中的迭代法来计算，即为有迭代的线性加速度法。

在前 4 个时间步（$i=0,1,2,3$）内，$u_i<u_e=f_y/k=0.5$ cm，系统处于线性阶段，迭代不改变计算结果。事实上，在这些时间步内，迭代一次即可收敛，所得结果与【例 9-1】相同。如果系统刚度在一个时间步内发生改变，那么需要多于一次的迭代才能收敛。

（1）Newton-Raphson 迭代法

表 9-8 给出了 Newton-Raphson 迭代的线性加速度法的数值解。为简便之，下面仅给出时间步 [0.4,0.5] s 的迭代计算过程，其中单位已略去。同时，利用式(9-36a)判断迭代是否收敛，并取残余力容许值 $\varepsilon_R=10^{-3}$。

1. 初始条件（$i=4$）的确定

$$u_{i+1}^{(0)}=u_i=0.002913,\quad f_S^{(0)}=(f_S)_i=52.42728$$
$$\Delta R^{(1)}=\Delta\hat{P}_i=1212.20518,\quad k_T^{(1)}=k_i=18000$$

2. 第 1 次迭代（$j=1$）的计算

2.1　确定等效刚度 $\hat{k}_T^{(1)}=k_T^{(1)}+\dfrac{a}{\Delta t}=562920$。

2.2　计算位移增量 $\Delta u^{(1)}=\dfrac{\Delta R^{(1)}}{\hat{k}_T^{(1)}}=0.002153$。

2.3　位移的第一次近似值 $u_{i+1}^{(1)}=u_{i+1}^{(0)}+\Delta u^{(1)}=0.005066$。

2.4　确定恢复力 $f_S^{(1)}$ 和切线刚度 $k_T^{(2)}$：

$$f_S^{(1)}=(f_S)_i+k_i(u_{i+1}^{(1)}-u_i)=91.18890>f_y,\quad 取\ f_S^{(1)}=f_y=90,\quad k_T^{(2)}=0。$$

2.5　计算 $\Delta u^{(1)}$ 相关的真实力 $\Delta f^{(1)}=f_S^{(1)}-f_S^{(0)}+\dfrac{a}{\Delta t}\Delta u^{(1)}=1211.01628$。

2.6　计算残余力 $\Delta R^{(2)}=\Delta R^{(1)}-\Delta f^{(1)}=1.18890$，由于 $|\Delta R^{(2)}|=1.18890>\varepsilon_R=10^{-3}$，

需要继续迭代。

第 2 次迭代（$j=2$）的计算

2.1 确定等效刚度 $\hat{k}_{\mathrm{T}}^{(2)}=k_{\mathrm{T}}^{(2)}+\dfrac{a}{\Delta t}=544920$。

2.2 计算位移增量 $\Delta u^{(2)}=\dfrac{\Delta R^{(2)}}{\hat{k}_{\mathrm{T}}^{(2)}}=2.1818\times10^{-6}$。

2.3 位移的第二次近似值 $u_{i+1}^{(2)}=u_{i+1}^{(1)}+\Delta u^{(2)}=0.005068$。

2.4 确定恢复力 $f_{\mathrm{S}}^{(2)}$ 和切线刚度 $k_{\mathrm{T}}^{(3)}$：

$f_{\mathrm{S}}^{(2)}=(f_{\mathrm{S}})_i+k_i(u_{i+1}^{(2)}-u_i)=91.22817>f_{\mathrm{y}}$，取 $f_{\mathrm{S}}^{(2)}=f_{\mathrm{y}}=90$，$k_{\mathrm{T}}^{(3)}=0$。

2.5 计算 $\Delta u^{(2)}$ 相关的真实力 $\Delta f^{(2)}=f_{\mathrm{S}}^{(2)}-f_{\mathrm{S}}^{(1)}+\dfrac{a}{\Delta t}\Delta u^{(2)}=1.18890$。

2.6 计算残余力 $\Delta R^{(3)}=\Delta R^{(2)}-\Delta f^{(2)}=0$，由于 $|\Delta R^{(3)}|=0<\varepsilon_{\mathrm{R}}=10^{-3}$，迭代终止，取 $u_{i+1}=u_{i+1}^{(2)}=0.005068$。

在 $t=0.5$ s 后的三个时间步内，系统处于屈服阶段(图 9-8 中的 AB 段)。此时，系统刚度 $k_i=0$，无需迭代。在时间步 [0.8,0.9] s 内，速度从正值变为负值，变形先增大后减小，系统从 AB 段塑性加载转为沿 BC 段卸载，刚度 k_i 从 0 变为 18000。然而，在时间步 [0.8,0.9] s 内忽略上述变化，即假定系统仍处于 AB 段塑性加载，因此不需要迭代。

Newton-Raphson 迭代的线性加速度法的数值解 表 9-8

t_i	P_i	$(f_{\mathrm{S}})_i$ 或 $f_{\mathrm{S}}^{(j)}$	$\Delta\hat{P}_i$ 或 $\Delta R^{(j+1)}$	k_i 或 $k_{\mathrm{T}}^{(j+1)}$	$\hat{k}_i$ 或 $\hat{k}_{\mathrm{T}}^{(j+1)}$	Δu_i 或 $\Delta u^{(j+1)}$	u_i 或 $u_{i+1}^{(j)}$	$\dot{u}_i$	$\ddot{u}_i$
0.0	0	0.00000	30.00000	18000	562920	0.00005	0.00000	0.00000	0.00000
0.1	30	0.95928	203.33618	18000	562920	0.00036	0.00005	0.00160	0.03198
0.2	60	7.46119	512.41392	18000	562920	0.00091	0.00041	0.00604	0.05685
0.3	90	23.84620	893.82559	18000	562920	0.00159	0.00132	0.01239	0.07006
0.4	120	52.42728	1212.20518	18000	562920	0.00215	0.00291	0.01936	0.06943
		90.00000	1.18890	0	544920	2.18×10^{-6}	0.005066		
0.5	90	90.00000	1175.47366	0	544920	0.00216	0.005068	0.02248	−0.00714
0.6	60	90.00000	958.71584	0	544920	0.00176	0.00723	0.02012	−0.03995
0.7	30	90.00000	568.73618	0	544920	0.00104	0.00898	0.01454	−0.07173
0.8	0	90.00000	40.95143	0	544920	0.00008	0.01003	0.00582	−0.10252
0.9	0	90.00000	−500.32914	18000	562920	−0.00089	0.01010	−0.00427	−0.09932
1.0	0	74.00141	—	—	—	—	0.00921	−0.01316	−0.07859

对比表 9-8 和表 9-7 可知，Newton-Raphson 迭代的线性加速度法与无迭代的计算结果是有差别的。有迭代和无迭代的两种算法中，在时间步结束时刻的动力平衡方程都是满足的。然而，有迭代的计算结果更加精确，这是因为在每一时间步内恢复力与变形的关系都是通过识别得到的，而无迭代的算法中假定了系统是线性的。顺便指出，有迭代的算法在

一个时间步内的解也是不精确的，因为动力平衡方程仅在时间步的开始和结束时刻满足，而不是在时间步内的所有时刻都满足。

(2) 修正 Newton-Raphson 迭代法

下面，采用修正 Newton-Raphson 迭代的线性加速度法重新计算。同样地，仅给出时间步［0.4，0.5］s 的迭代计算过程，其中单位已略去。同时，利用式(9-36a)判断迭代是否收敛，并取残余力容许值 $\varepsilon_R=10^{-3}$。

1. 初始条件 ($i=4$) 的确定

$$u_{i+1}^{(0)}=u_i=0.002913,\quad f_S^{(0)}=(f_S)_i=52.42728$$
$$\Delta R^{(1)}=\Delta\hat{P}_i=1212.20518,\quad \hat{k}_T=\hat{k}_i=562920$$

2. 第 1 次迭代 ($j=1$) 的计算

2.1 计算位移增量 $\Delta u^{(1)}=\dfrac{\Delta R^{(1)}}{\hat{k}_T}=0.002153$。

2.2 位移的第一次近似值 $u_{i+1}^{(1)}=u_{i+1}^{(0)}+\Delta u^{(1)}=0.005066$。

2.3 确定恢复力 $f_S^{(1)}$：

$f_S^{(1)}=(f_S)_i+k_i(u_{i+1}^{(1)}-u_i)=91.18890>f_y$，取 $f_S^{(1)}=f_y=90$。

2.4 计算 $\Delta u^{(1)}$ 相关的真实力 $\Delta f^{(1)}=f_S^{(1)}-f_S^{(0)}+\dfrac{a}{\Delta t}\Delta u^{(1)}=1211.01628$。

2.5 计算残余力 $\Delta R^{(2)}=\Delta R^{(1)}-\Delta f^{(1)}=1.18890$，由于 $|\Delta R^{(2)}|>\varepsilon_R=10^{-3}$，需要继续迭代。

第 2 次迭代 ($j=2$) 的计算

2.1 计算位移增量 $\Delta u^{(2)}=\dfrac{\Delta R^{(2)}}{\hat{k}_T}=2.11\times10^{-6}$。

2.2 位移的第二次近似值 $u_{i+1}^{(2)}=u_{i+1}^{(1)}+\Delta u^{(2)}=0.005068$。

2.3 确定恢复力 $f_S^{(2)}$：

$f_S^{(2)}=(f_S)_i+k_i(u_{i+1}^{(2)}-u_i)=91.22692>f_y$，取 $f_S^{(2)}=f_y=90$。

2.4 计算 $\Delta u^{(2)}$ 相关的真实力 $\Delta f^{(2)}=f_S^{(2)}-f_S^{(1)}+\dfrac{a}{\Delta t}\Delta u^{(2)}=1.15088$。

2.5 计算残余力 $\Delta R^{(3)}=\Delta R^{(2)}-\Delta f^{(2)}=0.03802$，由于 $|\Delta R^{(3)}|>\varepsilon_R=10^{-3}$，需要继续迭代。

第 j 次迭代 ($j=3,4,\cdots$) 的计算。重复进行迭代，直到收敛为止。

表 9-9 给出了修正 Newton-Raphson 迭代的线性加速度法的数值解。比较表 9-9 和 9-8 可知，两种迭代方法的第 1 次迭代结果完全相同，因为两者都使用了初始切线刚度，两者的恢复力 $f_S^{(1)}$ 和残余力 $\Delta R^{(2)}$ 也是相同的。在第 2 次迭代中，由于 Newton-Raphson 迭代法使用了更新的切线刚度 $k_T^{(2)}$ 和相应的等效刚度 $\hat{k}_T^{(2)}$，所得残余力 $\Delta R^{(3)}=0$ 要比修正 Newton-Raphson 迭代法中残余力 $\Delta R^{(3)}=0.03802$ 更小。因此，Newton-Raphson 迭代法

收敛所需的迭代次数更少。事实上，对于时间步 [0.4, 0.5] s， Newton-Raphson 迭代法仅需迭代 2 次即可收敛，而修正 Newton-Raphson 迭代法则需迭代 4 次。

修正 Newton-Raphson 迭代的线性加速度法的数值解　　表 9-9

t_i	P_i	$(f_S)_i$ 或 $f_S^{(j)}$	$\Delta\hat{P}_i$ 或 $\Delta R^{(j+1)}$	k_i	$\hat{k}_i$	Δu_i 或 $\Delta u^{(j+1)}$	u_i 或 $u_{i+1}^{(j)}$	$\dot{u}_i$	$\ddot{u}_i$
0.0	0	0.00000	30.00000	18000	562920	0.00005	0.00000	0.00000	0.00000
0.1	30	0.95928	203.33618	18000	562920	0.00036	0.00005	0.00160	0.03198
0.2	60	7.46119	512.41392	18000	562920	0.00091	0.00041	0.00604	0.05685
0.3	90	23.84620	893.82559	18000	562920	0.00159	0.00132	0.01239	0.07006
0.4	120	52.42728	1212.20518	18000	562920	0.00215	0.00291	0.01936	0.06943
		90.00000	1.18890			2.11×10^{-6}	0.005066		
		90.00000	0.03802			6.75×10^{-8}	0.005068		
		90.00000	0.00122			2.16×10^{-9}	0.005068		
0.5	90	90.00000	1175.47366	0	544920	0.00216	0.005068	0.02248	−0.00714
0.6	60	90.00000	958.71584	0	544920	0.00176	0.00723	0.02012	−0.03995
0.7	30	90.00000	568.73618	0	544920	0.00104	0.00898	0.01454	−0.07173
0.8	0	90.00000	40.95143	0	544920	0.00008	0.01003	0.00582	−0.10252
0.9	0	90.00000	−500.32915	18000	562920	−0.00089	0.01010	−0.00427	−0.09932
1	0	74.00141	—	—	—	—	0.00921	−0.01316	−0.07859

§9.5　多自由度系统的弹塑性反应分析

为简便之，考虑图 9-10 所示的三层剪切型框架结构。各层 ($j=1,2,3$) 的层间剪力-位移关系均如图 9-11 所示，图中 $V_{y,j}$、$k_{e,j}$ 和 $\delta_{e,j}$ 分别为第 j ($j=1,2,3$) 层的屈服剪力、弹性刚度和弹性极限位移，三者满足 $V_{y,j}=k_{e,j}\delta_{e,j}$。与 9.4 节的单自由度系统类似，在理想弹塑性多自由度系统中，层间剪力-位移关系的一个完整滞回环也可分为 5 个阶段。

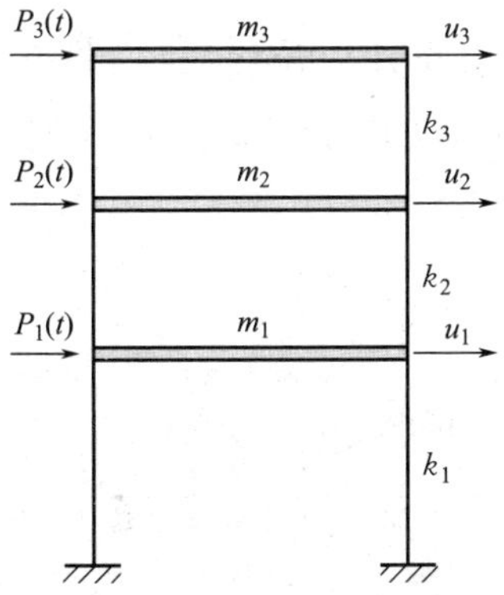

图 9-10　三层剪切型框架结构

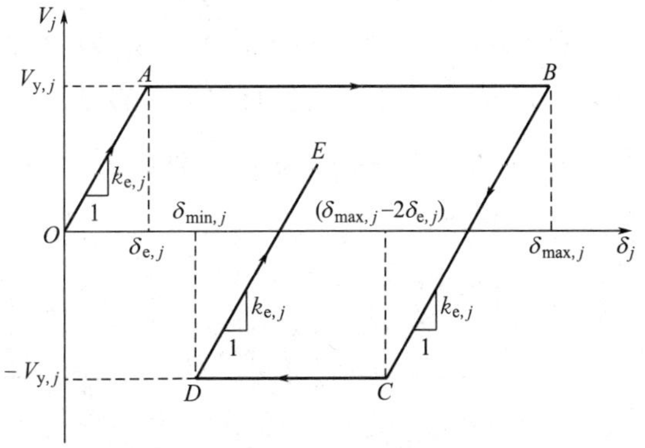

图 9-11　层间剪力-位移关系

根据图 9-11 的层间剪力 V_j-层间位移 δ_j 关系，可给出其在 5 个阶段的统一表达式

$$V_j = k_j \delta_j + R_j,\ j = 1,2,3 \tag{9-41}$$

式中，k_j 为层间刚度，R_j 为非线性剪力。层间位移 $\delta_j(j=1,2,3)$ 与楼层位移之间满足关系 $\delta_3 = u_3 - u_2$，$\delta_2 = u_2 - u_1$，$\delta_1 = u_1$。

在式(9-41)中，各阶段的层间位移 δ_j 范围、层间刚度 k_j 和非线性剪力 R_j 可表达如下

$$OA\text{ 段}：0 \leqslant \delta_j \leqslant \delta_{e,j},\ k_j = k_{e,j},\ R_j = 0 \tag{9-42a}$$

$$AB\text{ 段}：\delta_{e,j} < \delta_j \leqslant \delta_{max,j},\ k_j = 0,\ R_j = V_{y,j} \tag{9-42b}$$

$$BC\text{ 段}：(\delta_{max,j} - 2\delta_{e,j}) \leqslant \delta_j < \delta_{max,j},\ k_j = k_{e,j},\ R_j = V_{y,j} - k_{e,j} u_{max,j} \tag{9-42c}$$

$$CD\text{ 段}：\delta_{min,j} \leqslant \delta_j < (\delta_{max,j} - 2\delta_{e,j}),\ k_j = 0,\ R_j = -V_{y,j} \tag{9-42d}$$

$$DE\text{ 段}：\delta_{min,j} < \delta_j \leqslant (\delta_{min,j} + 2\delta_{e,j}),\ k_j = k_{e,j},\ R_j = -V_{y,j} - k_{e,j} u_{min,j} \tag{9-42e}$$

于是，三层剪切型框架结构的恢复力向量 $\boldsymbol{f}_S$ 即可由层间剪力 $V_j(j=1,2,3)$ 集成

$$\boldsymbol{f}_S = \begin{Bmatrix} V_1 - V_2 \\ V_2 - V_3 \\ V_3 \end{Bmatrix} \tag{9-43}$$

事实上，恢复力向量 $\boldsymbol{f}_S$ 也可写为

$$\boldsymbol{f}_S = \boldsymbol{K}\boldsymbol{u} + \boldsymbol{R} \tag{9-44a}$$

式中，$\boldsymbol{K}$ 为切线刚度矩阵，$\boldsymbol{R}$ 为非线性恢复力向量，两者的表达式如下

$$\boldsymbol{K} = \begin{bmatrix} k_1 + k_2 & -k_2 & 0 \\ -k_2 & k_2 + k_3 & -k_3 \\ 0 & -k_3 & k_3 \end{bmatrix},\ \boldsymbol{R} = \begin{Bmatrix} R_1 - R_2 \\ R_2 - R_3 \\ R_3 \end{Bmatrix} \tag{9-44b}$$

当切线刚度矩阵 $\boldsymbol{K}$ 和恢复力向量 $\boldsymbol{f}_S$ 已知时，即可利用 9.3 节的数值解法进行非线性多自由度系统的动力反应分析。

【例 9-3】 如图 9-10 所示的三层剪切型框架结构，各层的层间剪力-位移关系如图 9-11 所示，承受图 9-12 所示的时变力。假设各楼层的质量分别为 $m_1 = 247\times10^3$ kg，$m_2 = 232\times10^3$ kg，$m_3 = 116\times10^3$ kg，弹性刚度分别为 $k_{e,1} = 5.34\times10^4$ kN/m，$k_{e,2} = k_{e,3} = 7.79\times$

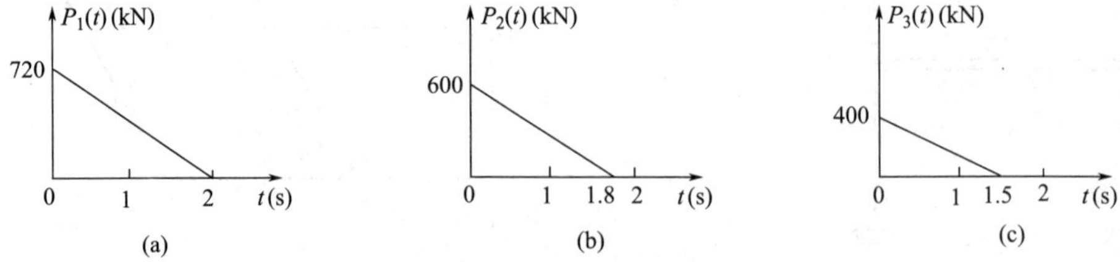

图 9-12 各层的荷载时程

10^4 kN/m，屈服剪力分别为 $V_{y,1}=1779.3$ kN，$V_{y,2}=V_{y,3}=1156.5$ kN，振型阻尼比分别为 $\xi_1=\xi_2=\xi_3=0.07$。如果系统的初始位移和速度均为零，试分别采用中心差分法、无迭代的 Newmark-β 法和 Wilson-θ 法计算框架结构在 0～4 s 的弹塑性反应。

【解】 首先，给出质量矩阵和弹性刚度矩阵如下

$$\boldsymbol{M}=\begin{bmatrix}247 & 0 & 0\\ 0 & 232 & 0\\ 0 & 0 & 116\end{bmatrix}\times 10^3\ \text{kg},\ \boldsymbol{K}_{\text{e}}=\begin{bmatrix}13.13 & -7.79 & 0\\ -7.79 & 15.58 & -7.79\\ 0 & -7.79 & 7.79\end{bmatrix}\times 10^7\ \text{N/m} \quad \text{(a)}$$

同时，各层的弹性极限位移分别为

$$\delta_{\text{e},1}=\frac{1779.3\times 10^3}{5.34\times 10^7}=0.0333\ \text{m},\ \delta_{\text{e},2}=\delta_{\text{e},3}=\frac{1156.5\times 10^3}{7.79\times 10^7}=0.0148\ \text{m} \quad \text{(b)}$$

根据频率方程 $|\boldsymbol{K}_{\text{e}}-\omega^2\boldsymbol{M}|=0$，可得自振频率分别为 $\omega_1=8.289$ rad/s，$\omega_2=24.032$ rad/s，$\omega_3=35.050$ rad/s，对应的自振周期分别为 $T_1=0.7580$ s，$T_2=0.2615$ s，$T_3=0.1793$ s。同时，可得振型矩阵为：

$$\boldsymbol{\Phi}=[\boldsymbol{\phi}_1\quad \boldsymbol{\phi}_2\quad \boldsymbol{\phi}_3]=\begin{bmatrix}1.000 & 1.000 & 1.000\\ 1.468 & -0.146 & -2.210\\ 1.635 & -1.041 & 2.665\end{bmatrix} \quad \text{(c)}$$

由于各阶振型阻尼比已知，故阻尼矩阵可由式(6-46b)确定，即

$$\boldsymbol{C}=\sum_{j=1}^{3}\frac{2\xi_j\omega_j}{\boldsymbol{\phi}_j^{\text{T}}\boldsymbol{M}\boldsymbol{\phi}_j}(\boldsymbol{M}\boldsymbol{\phi}_j)(\boldsymbol{M}\boldsymbol{\phi}_j)^{\text{T}} \quad \text{(d)}$$

进而，可求得阻尼矩阵为

$$\boldsymbol{C}=\begin{bmatrix}0.7465 & -0.2640 & -0.0442\\ -0.2640 & 0.7227 & -0.2456\\ -0.0442 & -0.2456 & 0.3821\end{bmatrix}\times 10^6\ \text{N}\cdot\text{s/m} \quad \text{(e)}$$

由于结构系统的最小自振周期为 $T_3=0.1793$ s，取时间步长为 $\Delta t=0.01$ s 可保证中心差分法、无迭代的 Newmark-β 法和 Wilson-θ 法的稳定性。下面，依次给出三种算法的求解步骤，其中单位已略去。

(1) 中心差分法

利用中心差分法计算非线性多自由度系统的动力反应，可按表 9-4 的步骤实施。

1. 初始条件的计算

1.1 计算初始加速度向量

已知速度向量 $\dot{\boldsymbol{u}}_0=\boldsymbol{0}$，位移向量 $\boldsymbol{u}_0=\boldsymbol{0}$，恢复力向量 $(\boldsymbol{f}_{\text{S}})_0=\boldsymbol{0}$，初始荷载向量 $\boldsymbol{P}_0=[7.2\quad 6.0\quad 4.0]^{\text{T}}\times 10^5$，则初始加速度向量为：

$$\ddot{\boldsymbol{u}}_0=\boldsymbol{M}^{-1}[\boldsymbol{P}_0-\boldsymbol{C}\dot{\boldsymbol{u}}_0-(\boldsymbol{f}_S)_0]=[2.9150\quad 2.5862\quad 3.4483]^T$$

1.2　计算位移向量 $\boldsymbol{u}_{-1}=\boldsymbol{u}_0-\dot{\boldsymbol{u}}_0\Delta t+\frac{(\Delta t)^2}{2}\ddot{\boldsymbol{u}}_0=[1.4575\quad 1.2931\quad 1.7241]^T\times10^{-4}$。

1.3　计算等效刚度矩阵：

$$\hat{\boldsymbol{K}}=\frac{1}{(\Delta t)^2}\boldsymbol{M}+\frac{1}{2\Delta t}\boldsymbol{C}=\begin{bmatrix}2507.3248 & -13.2019 & -2.2125\\ -13.2019 & 2356.1366 & -12.2796\\ -2.2125 & -12.2796 & 1179.1074\end{bmatrix}\times10^6$$

1.4　确定系数矩阵 $\boldsymbol{a}$ 和 $\boldsymbol{b}$：

$$\boldsymbol{a}=\frac{1}{(\Delta t)^2}\boldsymbol{M}-\frac{1}{2\Delta t}\boldsymbol{C}=\begin{bmatrix}2432.6752 & 13.2019 & 2.2125\\ 13.2019 & 2283.8634 & 12.2796\\ 2.2125 & 12.2796 & 1140.8926\end{bmatrix}\times10^6$$

$$\boldsymbol{b}=-\frac{2}{(\Delta t)^2}\boldsymbol{M}=\begin{bmatrix}-4.94 & 0 & 0\\ 0 & -4.64 & 0\\ 0 & 0 & -2.32\end{bmatrix}\times10^9$$

2. 第1个时间步（$i=0$）的计算

2.1　确定恢复力向量 $(\boldsymbol{f}_S)_i$

第一个时间步的恢复力向量已由初始条件给出，即 $(\boldsymbol{f}_S)_i=\boldsymbol{0}$。对于其他时间步，需根据位移向量 $\boldsymbol{u}_i$ 和层间剪力-位移关系来确定。

2.2　计算等效荷载向量：

$$\hat{\boldsymbol{P}}_i=\boldsymbol{P}_i-\boldsymbol{a}\boldsymbol{u}_{i-1}-\boldsymbol{b}\boldsymbol{u}_i-(\boldsymbol{f}_S)_i=[363351\quad 300631\quad 201384]^T$$

2.3　求解方程 $\hat{\boldsymbol{K}}\boldsymbol{u}_{i+1}=\hat{\boldsymbol{P}}_i$，可得位移向量 $\boldsymbol{u}_{i+1}=[1.4575\quad 1.2931\quad 1.7241]^T\times10^{-4}$。

2.4　计算速度和加速度向量：

$$\dot{\boldsymbol{u}}_i=\frac{1}{2\Delta t}(\boldsymbol{u}_{i+1}-\boldsymbol{u}_{i-1})=[0\quad 0\quad 0]^T$$

$$\ddot{\boldsymbol{u}}_i=\frac{1}{(\Delta t)^2}(\boldsymbol{u}_{i+1}-2\boldsymbol{u}_i+\boldsymbol{u}_{i-1})=[2.9150\quad 2.5862\quad 3.4483]^T$$

3. 对于第 $i(i=1,2,\cdots)$ 个时间步，重复执行步骤2.1～2.4，直到所需的时间步计算完毕。

（2）无迭代的 Newmark-β 法

利用 Newmark-β 法计算非线性多自由度系统的动力反应，可按表9-1的步骤实施。其中，参数 $\gamma=0.5$ 和 $\beta=0.25$。Newmark-β 法的初始加速度向量与中心差分法相同，故直接给出结果。

1. 初始条件的计算

1.1　初始加速度向量 $\ddot{\boldsymbol{u}}_0=[2.9150\quad 2.5862\quad 3.4483]^T$。

1.2　计算系数矩阵 $\boldsymbol{a}$ 和 $\boldsymbol{b}$：

$$\boldsymbol{a}=\frac{1}{\beta\Delta t}\boldsymbol{M}+\frac{\gamma}{\beta}\boldsymbol{C}=\begin{bmatrix}1080.9663 & -7.9211 & -1.3275\\ -7.9211 & 1015.9677 & -7.3677\\ -1.3275 & -7.3677 & 508.6073\end{bmatrix}\times 10^5$$

$$\boldsymbol{b}=\frac{1}{2\beta}\boldsymbol{M}+\Delta t\left(\frac{\gamma}{2\beta}-1\right)\boldsymbol{C}=\begin{bmatrix}-4.94 & 0 & 0\\ 0 & -4.64 & 0\\ 0 & 0 & -2.32\end{bmatrix}\times 10^5$$

2. 第 1 个时间步（$i=0$）的计算

2.1 计算等效荷载增量 $\Delta\hat{\boldsymbol{P}}_i=\Delta\boldsymbol{P}_i+\boldsymbol{a}\dot{\boldsymbol{u}}_i+\boldsymbol{b}\ddot{\boldsymbol{u}}_i=[1436400\quad 1196667\quad 797333]^{\mathrm{T}}$。

2.2 确定切线刚度矩阵 $\boldsymbol{K}_i$。初始状态各楼层均处于弹性阶段，于是切线刚度矩阵即为弹性刚度矩阵 $\boldsymbol{K}_i-\boldsymbol{K}_e$。

2.3 计算等效刚度矩阵：

$$\hat{\boldsymbol{K}}_i=\boldsymbol{K}_i+\frac{1}{\beta(\Delta t)^2}\boldsymbol{M}+\frac{\gamma}{\beta\Delta t}\boldsymbol{C}=\begin{bmatrix}10160.5993 & -130.7075 & -8.8498\\ -130.7075 & 9580.3464 & -127.0183\\ -8.8498 & -127.0183 & 4794.3294\end{bmatrix}\times 10^6$$

2.4 求解方程 $\hat{\boldsymbol{K}}_i\Delta\boldsymbol{u}_i=\Delta\hat{\boldsymbol{P}}_i$，得到位移增量 $\Delta\boldsymbol{u}_i=[1.4318\quad 1.2912\quad 1.6999]^{\mathrm{T}}\times 10^{-4}$。

2.5 计算速度增量：

$$\Delta\dot{\boldsymbol{u}}_i=\frac{\gamma}{\beta\Delta t}\Delta\boldsymbol{u}_i-\frac{\gamma}{\beta}\dot{\boldsymbol{u}}_i+\Delta t\left(1-\frac{\gamma}{2\beta}\right)\ddot{\boldsymbol{u}}_i=[2.8636\quad 2.5823\quad 3.3999]^{\mathrm{T}}\times 10^{-2}$$

2.6 计算位移和速度向量：

$$\boldsymbol{u}_{i+1}=\boldsymbol{u}_i+\Delta\boldsymbol{u}_i=[1.4318\quad 1.2912\quad 1.6999]^{\mathrm{T}}\times 10^{-4}$$
$$\dot{\boldsymbol{u}}_{i+1}=\dot{\boldsymbol{u}}_i+\Delta\dot{\boldsymbol{u}}_i=[2.8636\quad 2.5823\quad 3.3999]^{\mathrm{T}}\times 10^{-2}$$

2.7 确定恢复力向量 $(\boldsymbol{f}_{\mathrm{S}})_{i+1}$

首先，由位移向量计算层间位移：

$$\boldsymbol{\delta}_{i+1}=\begin{Bmatrix}(\delta_1)_{i+1}\\ (\delta_2)_{i+1}\\ (\delta_3)_{i+1}\end{Bmatrix}=\begin{Bmatrix}(u_1)_{i+1}\\ (u_2)_{i+1}-(u_1)_{i+1}\\ (u_3)_{i+1}-(u_2)_{i+1}\end{Bmatrix}=\begin{Bmatrix}1.4318\\ -0.1406\\ 0.4087\end{Bmatrix}\times 10^{-4}$$

其次，根据层间剪力-位移关系得到层间剪力。例如，第一层的层间位移 $(\delta_1)_{i+1}=1.4318\times 10^{-4}\,\mathrm{m}<\delta_{e,1}=0.0333\ \mathrm{m}$，则层间剪力 $V_1=k_{e,1}(\delta_1)_{i+1}=7645.81\ \mathrm{N}$。

最后，恢复力向量可由层间剪力集成如下：

$$(\boldsymbol{f}_{\mathrm{S}})_{i+1}=\begin{Bmatrix}V_1-V_2\\ V_2-V_3\\ V_3\end{Bmatrix}=\begin{Bmatrix}8741.24\\ -4279.81\\ 3184.31\end{Bmatrix}$$

2.8　计算加速度向量 $\ddot{\boldsymbol{u}}_{i+1}=\boldsymbol{M}^{-1}[\boldsymbol{P}_{i+1}-\boldsymbol{C}\dot{\boldsymbol{u}}_{i+1}-(\boldsymbol{f}_{S})_{i+1}]=[2.8122\quad 2.5784\quad 3.3514]^{T}$。

3. 对于第 $i(i=1,2,\cdots)$ 个时间步，重复执行步骤 2.1～2.8，直到所需的时间步计算完毕。

(3) 无迭代的 Wilson-θ 法

利用 Wilson-θ 法计算非线性多自由度系统的动力反应，可按表 9-2 的步骤实施。

1. 初始条件的计算

1.1　初始加速度向量 $\ddot{\boldsymbol{u}}_0=[2.9150\quad 2.5862\quad 3.4483]^{T}$。

1.2　取积分常数 $\theta=1.4$。

1.3　确定系数矩阵 $\boldsymbol{a}$ 和 $\boldsymbol{b}$：

$$\boldsymbol{a}=\frac{6}{\theta\Delta t}\boldsymbol{M}+3\boldsymbol{C}=\begin{bmatrix}1080.9663 & -7.9211 & -1.3275\\ -7.9211 & 1015.9677 & -7.3677\\ -1.3275 & -7.3677 & 508.6073\end{bmatrix}\times10^{5}$$

$$\boldsymbol{b}=3\boldsymbol{M}+\frac{\theta\Delta t}{2}\boldsymbol{C}=\begin{bmatrix}746.2255 & -1.8483 & -0.3097\\ -1.8483 & 701.0591 & -1.7191\\ -0.3097 & -1.7191 & 350.6750\end{bmatrix}\times10^{3}$$

2. 第 1 个时间步 $(i=0)$ 的计算

2.1　计算等效荷载增量 $\delta\hat{\boldsymbol{P}}_i=\theta(\Delta\boldsymbol{P}_i)+\boldsymbol{a}\dot{\boldsymbol{u}}_i+\boldsymbol{b}\ddot{\boldsymbol{u}}_i=[2164344\quad 1796728\quad 1198835]^{T}$。

2.2　确定切线刚度矩阵 $\boldsymbol{K}_i$。初始状态下的切线刚度矩阵即为弹性刚度矩阵 $\boldsymbol{K}_i=\boldsymbol{K}_e$。

2.3　计算等效刚度矩阵：

$$\hat{\boldsymbol{K}}_i=\boldsymbol{K}_i+\frac{6}{(\theta\Delta t)^2}\boldsymbol{M}+\frac{3}{\theta\Delta t}\boldsymbol{C}=\begin{bmatrix}7852.4881 & -134.4794 & -9.4820\\ -134.4794 & 7412.7120 & -130.5267\\ -9.4820 & -130.5267 & 3710.8091\end{bmatrix}\times10^{6}$$

2.4　求解方程 $\hat{\boldsymbol{K}}_i\delta\boldsymbol{u}_i=\delta\hat{\boldsymbol{P}}_i$，得到位移增量 $\delta\boldsymbol{u}_i=[2.8037\quad 2.5333\quad 3.3269]^{T}\times10^{-4}$。

2.5　计算加速度增量：

$$\delta\ddot{\boldsymbol{u}}_i=\frac{6}{(\theta\Delta t)^2}\delta\boldsymbol{u}_i-\frac{6}{\theta\Delta t}\dot{\boldsymbol{u}}_i-3\ddot{\boldsymbol{u}}_i=[-0.1623\quad -0.0036\quad -0.1604]^{T}$$

$$\Delta\ddot{\boldsymbol{u}}_i=\frac{1}{\theta}\delta\ddot{\boldsymbol{u}}_i=[-0.1159\quad -0.0026\quad -0.1145]^{T}$$

2.6　计算位移和速度增量：

$$\Delta\dot{\boldsymbol{u}}_i=(\Delta t)\ddot{\boldsymbol{u}}_i+\frac{\Delta t}{2}\Delta\ddot{\boldsymbol{u}}_i=[2.8570\quad 2.5849\quad 3.3910]^{T}\times10^{-2}$$

$$\Delta\boldsymbol{u}_i=(\Delta t)\dot{\boldsymbol{u}}_i+\frac{(\Delta t)^2}{2}\ddot{\boldsymbol{u}}_i+\frac{(\Delta t)^2}{6}\Delta\ddot{\boldsymbol{u}}_i=[1.4382\quad 1.2927\quad 1.7050]^{T}\times10^{-4}$$

2.7　计算位移和速度向量：

$$\boldsymbol{u}_{i+1} = \boldsymbol{u}_i + \Delta\boldsymbol{u}_i = [1.4382 \quad 1.2927 \quad 1.7050]^{\mathrm{T}} \times 10^{-4}$$

$$\dot{\boldsymbol{u}}_{i+1} = \dot{\boldsymbol{u}}_i + \Delta\dot{\boldsymbol{u}}_i = [2.8570 \quad 2.5849 \quad 3.3910]^{\mathrm{T}} \times 10^{-2}$$

2.8　确定恢复力向量 $(\boldsymbol{f}_{\mathrm{S}})_{i+1}$。与 Newmark-$\beta$ 法的步骤 2.7 类似，可确定恢复力向量：

$$(\boldsymbol{f}_{\mathrm{S}})_{i+1} = [8813.21 \quad -4345.84 \quad 3212.43]^{\mathrm{T}}$$

2.9　计算加速度向量 $\ddot{\boldsymbol{u}}_{i+1} = \boldsymbol{M}^{-1}[\boldsymbol{P}_{i+1} - \boldsymbol{C}\dot{\boldsymbol{u}}_{i+1} - (\boldsymbol{f}_{\mathrm{S}})_{i+1}] = [2.8121 \quad 2.5785 \quad 3.3515]^{\mathrm{T}}$。

3. 对于第 $i(i=1,2,\cdots)$ 个时间步，重复执行步骤 2.1～2.9，直到所需的时间步计算完毕。

图 9-13 给出了三种数值解法的顶层位移、速度和加速度时程曲线。表 9-10 给出了 6 个时刻三种数值解法顶层位移、速度和加速度的计算结果。从图 9-13 和表 9-10 可知，三种数值解法的计算结果在总体上较为接近，而 Newmark-β 法和 Wilson-θ 法的结果更为一致。

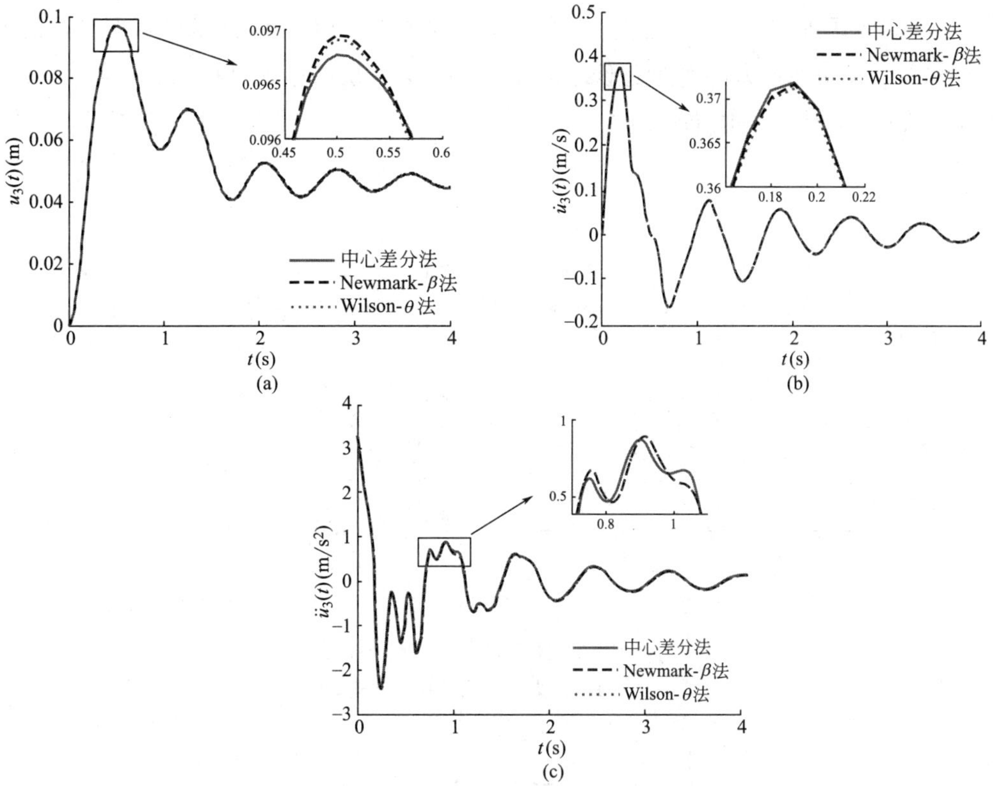

图 9-13　三种数值解法顶层反应的计算结果

(a)位移时程曲线；(b)速度时程曲线；(c)加速度时程曲线

三种数值解法的顶层反应结果　　表 9-10

算法	反应	t=0.1 s	t=0.2 s	t=0.5 s	t=1 s	t=2 s	t=3 s
中心差分法	位移	0.014690	0.048392	0.096760	0.057266	0.051854	0.047202
	速度	0.26483	0.36874	0.00160	0.02105	0.02693	−0.02933
	加速度	1.89899	−0.53406	−0.56585	0.65839	−0.42480	−0.01324

续表

算法	反应	t=0.1 s	t=0.2 s	t=0.5 s	t=1 s	t=2 s	t=3 s
Newmark-β 法	位移	0.014672	0.048269	0.096938	0.057496	0.051912	0.047386
	速度	0.26505	0.36888	0.00191	0.02271	0.02728	−0.02900
	加速度	1.88377	−0.48534	−0.70535	0.61454	−0.41977	−0.01742
Wilson-θ 法	位移	0.014670	0.048265	0.096898	0.057450	0.051734	0.047180
	速度	0.26491	0.36859	0.00187	0.02286	0.02722	−0.02909
	加速度	1.88599	−0.48053	−0.70712	0.61114	−0.40353	−0.00257

最后，以中心差分法的计算结果为例进行分析。图 9-14(a)给出了各层的位移时程曲线。显然，第 3 层位移最大，第 1 层位移最小。在 1.5 s 后，第 2 层与第 3 层的位移几乎重合，这是因为在 1.5 s 后 $P_3(t)$为 0。在 2 s 后，结构作有阻尼的自由振动。图 9-14(b)给出了各楼层的层间剪力-位移曲线。显然，第 1 层产生了约 0.04 m 的塑性变形，而第二层表现出较少的塑性行为，塑性变形约为 0.01 m，第 3 层在整个过程中保持弹性。同时，这些特性在图 9-14(a)中也有所反映。

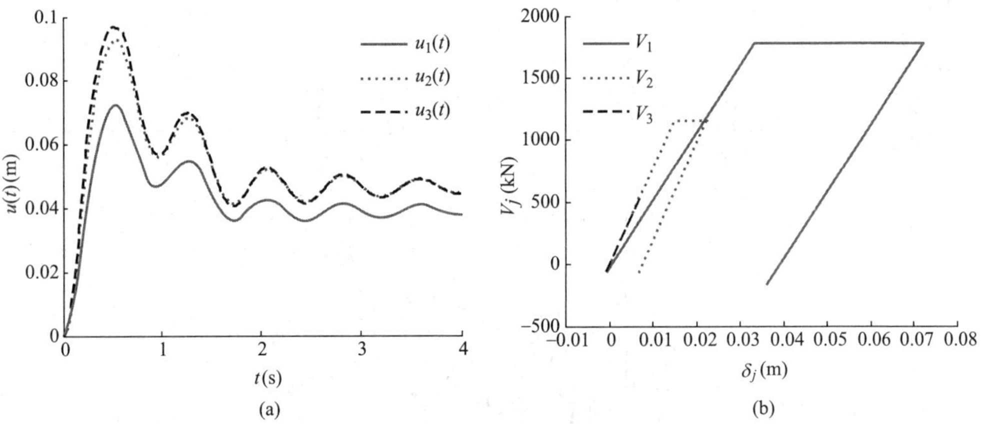

图 9-14　中心差分法非线性反应的计算结果

(a)位移时程曲线；(b)层间剪力-位移曲线

习　题

9-1　对于图 9-15 所示的各系统，试确定：

(1) 大位移(旋转)的非线性运动方程；

(2) 小位移(旋转)的线性化运动方程。

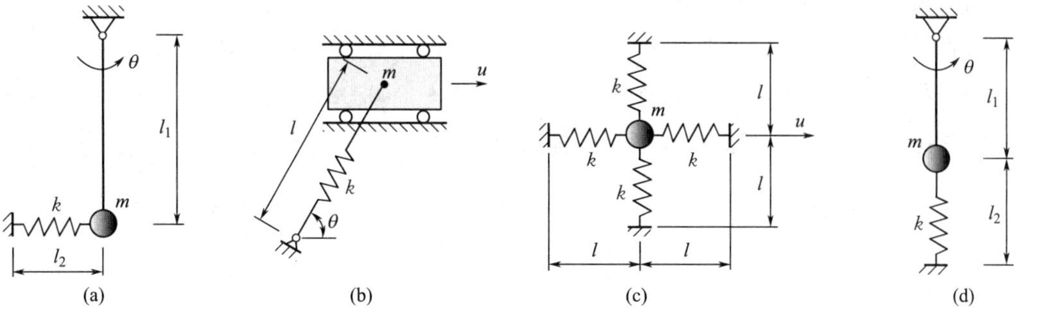

图 9-15

9-2 如图 9-16 所示具有刚度为 k 的悬臂梁，其端部有一集中质量 m。如果振幅超过间隙距离 b，则质量 m 将与其中一个弹簧接触，弹簧的刚度均为 k。试建立系统的抗力-位移关系。

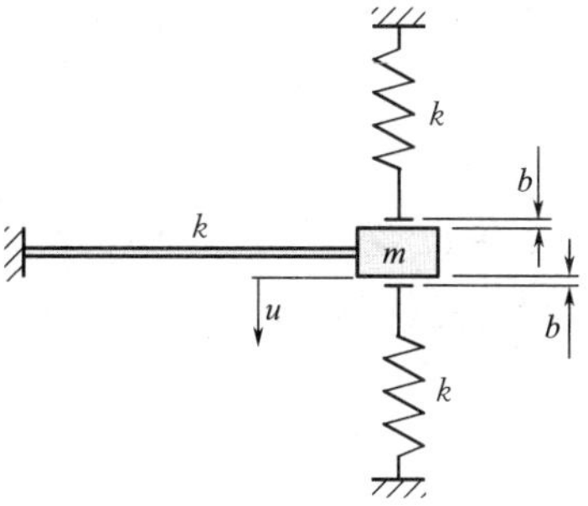

图 9-16

9-3 如图 9-17(a)所示的单自由度框架结构，质量 $m=9.5\times10^5$ kg，阻尼系数 $c=310$ kN·s/m。承受图 9-17(b)所示的冲击波荷载时程。假定柱子的弹塑性力-位移关系如图 9-17(c)所示，其中屈服强度为 100 kN，取 $\Delta t=0.12$ s，试按线性加速度法计算该系统在 $0\leqslant t\leqslant 0.72$ s 的弹塑性反应。

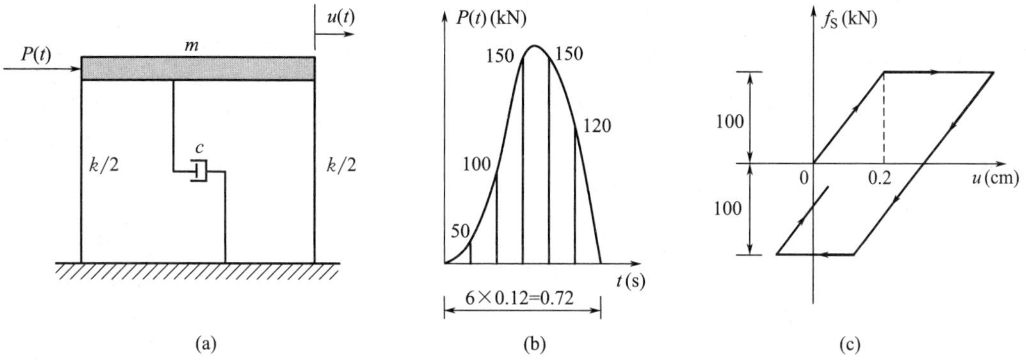

图 9-17

9-4 试分别采用具有 Newton-Raphson 迭代和修正 Newton-Raphson 迭代的 Wilson-θ 法重新计算习题 9-3，并比较两种迭代方法的计算结果。

9-5 如图 9-10 所示的剪切型框架结构，受图 9-18 所示的动力荷载。假设各楼层的质量分别为 $m_1=1.240\times10^4$ kg，$m_2=2.070\times10^4$ kg 和 $m_3=2.293\times10^4$ kg，侧向刚度分别为 $k_1=3.74\times10^3$ kN/m，$k_2=8.72\times10^3$ kN/m 和 $k_3=7.11\times10^3$ kN/m，屈服剪力分别为 $V_{y,1}=122.39$ kN，$V_{y,2}=128.86$ kN 和 $V_{y,3}=107.11$ kN。采用中心差分法，选择合适

的时间步长，考虑如下两种情况：

（1）所有的振型阻尼比 $\xi_1=\xi_2=\xi_3=0$，试比较弹塑性反应和弹性反应；

（2）采用 Rayleigh 阻尼，前两阶的振型阻尼比 $\xi_1-0.03$ 和 $\xi_2=0.05$，试计算第三阶振型阻尼比 ξ_3，并比较弹塑性反应与弹性反应。

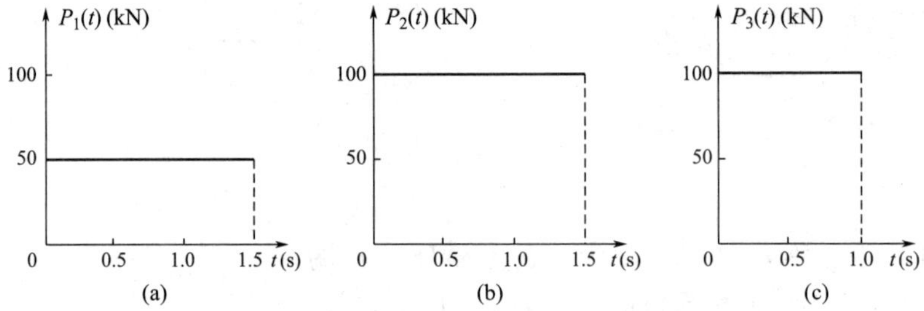

图 9-18

9-6　在习题 9-5 中，若所受的动力作用为水平地面加速度，如图 9-19 所示，试重新进行计算分析。

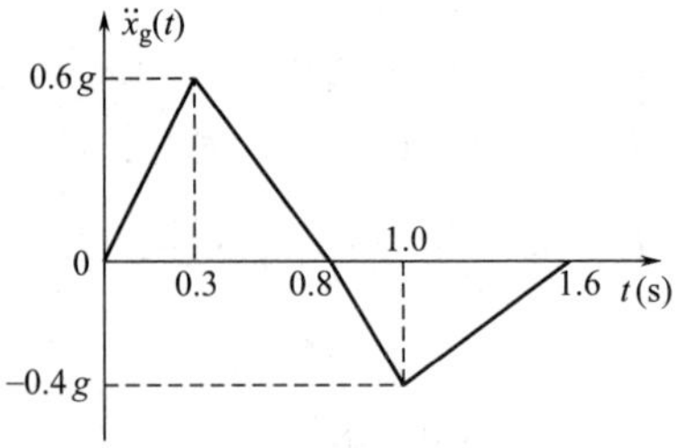

图 9-19

第4篇

提高部分：连续弹性系统

第 10 章　连续系统的运动方程

在前 3 篇中，主要论述了具有集中质量的离散系统，这类集中质量的离散系统对于许多种结构的动力反应分析提供了一种有效而实用的方法。本章研究具有无限多自由度的连续系统动力学问题，所建立的数学模型是偏微分方程，其中取位置坐标和时间参数为独立变量。对于一维结构(梁和杆)，其物理性质(质量、刚度等)可用沿弹性轴线的位置来描述。因而这种系统的偏微分方程只包含两个独立变量，即时间和沿轴线的距离。对于二维结构(薄板)，系统的偏微分方程则包含三个独立变量，即时间和两个空间维度。

§10.1　直杆的轴向振动方程

考虑一根直杆，其轴向刚度 EA 和单位长度的质量 ρA 沿杆长变化，其中 ρ 为杆的密度，$A(x)$ 为杆的横截面面积，E 为材料的弹性模量，如图 10-1(a)所示。该杆在沿轴向分布荷载 $p(x,t)$ 及杆端集中荷载 $N_0(t)$、$N_l(t)$ 作用下做轴向振动，假定在振动过程中杆的横截面保持为平面且与轴向垂直。以杆的轴向作为 x 轴，设 $u(x,t)$ 为杆横截面的轴向位移，$N(x,t)$ 为杆横截面上的轴向内力。通常，阻尼对轴向变形的影响很小，可忽略不计。

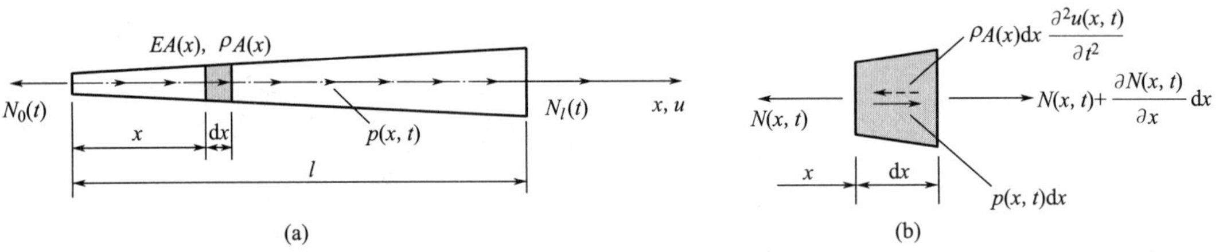

图 10-1　轴向振动的直杆

(a)杆的性质和坐标；(b)作用于杆微段上的力

考虑图 10-1(b)所示杆微段 dx 的受力，微段的惯性力为：

$$f_I(x,t)=-\rho A(x)dx\frac{\partial^2 u(x,t)}{\partial t^2} \tag{10-1}$$

横截面上的轴向内力为：

$$N(x,t)=EA(x)\varepsilon(x,t)=EA(x)\frac{\partial u(x,t)}{\partial x} \tag{10-2}$$

由达朗贝尔原理，可得：

$$\left(N+\frac{\partial N}{\partial x}\mathrm{d}x\right)-N+p\,\mathrm{d}x-\rho A(x)\mathrm{d}x\,\frac{\partial^2 u}{\partial t^2}=0 \tag{10-3}$$

将式(10-2)代入式(10-3)中，得到：

$$\rho A(x)\,\frac{\partial^2 u(x,t)}{\partial t^2}-\frac{\partial}{\partial x}\left[EA(x)\,\frac{\partial u(x,t)}{\partial x}\right]=p(x,t) \tag{10-4}$$

式(10-4)即为**线弹性直杆的轴向强迫振动方程**。

通常，轴向外荷载仅为杆端集中荷载，此时分布荷载 $p(x,t)=0$，对于等截面直杆的轴向振动，EA 为常数，则式(10-4)变为：

$$\frac{\partial^2 u}{\partial t^2}=a^2\,\frac{\partial^2 u}{\partial x^2} \tag{10-5}$$

式中，$a=\sqrt{E/\rho}$ 为材料的拉伸(压缩)波沿杆轴向的传播速度。

对于杆的边界条件，通常有两种简单边界条件，即端点条件为外力-自由端和固定端。若记杆的端点为 $x=x_e$(例如 x_e 为 0 或 l)，则相应的边界条件为：

外力-自由端： $$N(x_e,t)=EA(x)\,\frac{\partial u(x,t)}{\partial x}\bigg|_{x=x_e}=N_{x_e}(t) \tag{10-6a}$$

固定端： $$u(x_e,t)=0 \tag{10-6b}$$

式(10-6a)和式(10-6b)分别反映了杆的端点力及位移的情况，前者称为**力边界条件**，后者称为**位移边界条件**。

【例 10-1】 杆轴向振动的复杂边界条件

如图 10-2 所示的两根直杆，确定在 $x=l$ 处轴向变形的边界条件。

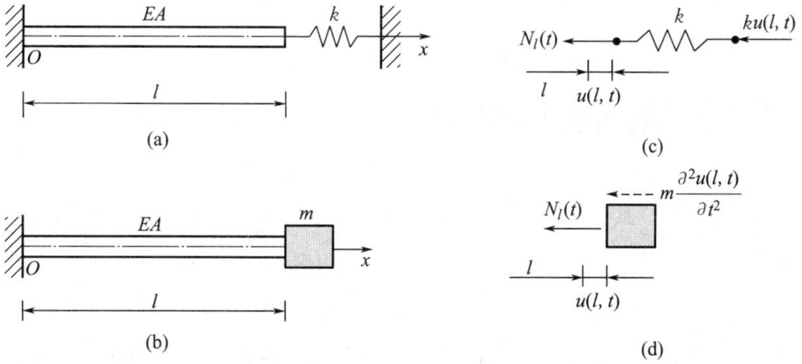

图 10-2 杆的复杂边界条件

【解】 (1)应用图 10-1(b)中的符号规定，画出杆在 $x=l$ 处的线性弹簧的变形和受力情况，如图 10-2(c)所示。根据线性弹簧的平衡条件，可得：

$$N_l(t)=-ku(l,t)$$

将上式代入式(10-6a)中，可得：

$$EA\frac{\partial u(x,t)}{\partial x}\bigg|_{x=l}=-ku(l,t) \tag{10-7}$$

(2)应用图 10-1(b)中的符号规定，画出杆端集中质量的受力图，如图 10-2(d)所示。根据达朗贝尔原理，可得：

$$N_l(t)=-m\frac{\partial^2 u(x,t)}{\partial t^2}\bigg|_{x=l}$$

将上式代入式(10-6a)，可得：

$$EA\frac{\partial u(x,t)}{\partial x}\bigg|_{x=l}=-m\frac{\partial^2 u(x,t)}{\partial t^2}\bigg|_{x=l} \tag{10-8}$$

根据上述分析，表 10-1 给出杆轴向振动的边界条件。

杆轴向振动的边界条件　　**表 10-1**

杆的端点条件	左端 $x=0$ 处的边界条件	右端 $x=l$ 的边界条件
外力-自由端	$EA\frac{\partial u}{\partial x}\Big\|_{x=0}=N_0(t)$	$EA\frac{\partial u}{\partial x}\Big\|_{x=l}=N_l(t)$
固定端	$u(0,t)=0$	$u(l,t)=0$
弹簧荷载	$EA\frac{\partial u}{\partial x}\Big\|_{x=0}=ku(0,t)$	$EA\frac{\partial u}{\partial x}\Big\|_{x=l}=-ku(l,t)$
惯性荷载	$EA\frac{\partial u}{\partial x}\Big\|_{x=0}=m\frac{\partial^2 u}{\partial t^2}\Big\|_{x=0}$	$EA\frac{\partial u}{\partial x}\Big\|_{x=l}=-m\frac{\partial^2 u}{\partial t^2}\Big\|_{x=l}$

注：表中 $N_0(t)$ 与 $N_l(t)$ 分别为左端点与右端点的已知轴力，如图 10-1(a)所示；当杆端点无外力作用时，则 $N_0(t)=N_l(t)=0$。

§ 10.2　直杆的扭转振动方程

考虑一圆截面直杆，其抗扭刚度 $GI_p(x)$ 沿杆长变化，如图 10-3 所示。该杆受分布扭矩 $p(x,t)$ 及杆端扭矩 $T_0(t)$、$T_l(t)$ 作用而发生扭转振动，在振动过程中假定横截面保持为平面。以杆的轴心线作为 x 轴，设 $\theta(x,t)$ 为杆 x 处的横截面在时刻 t 的扭角位移。

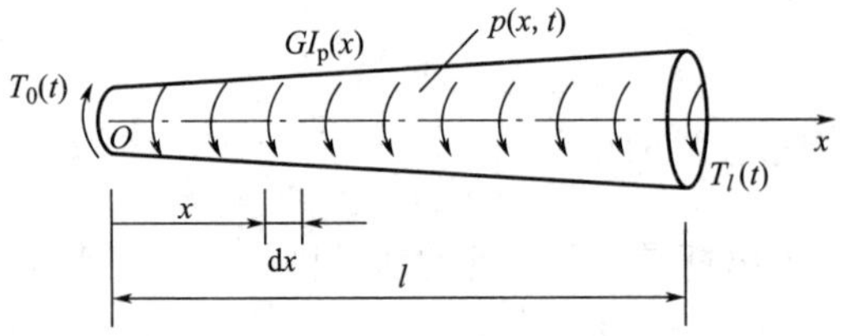

图 10-3　扭转振动的杆

下面，应用虚位移原理来推导杆的扭转振动方程和边界条件。

杆截面上各点的切应变为：

$$\gamma = r\frac{\partial \theta}{\partial x} \tag{10-9}$$

其中，r 为截面上该点到圆心的距离。截面上各点的切应力为：

$$\tau = G\gamma = Gr\frac{\partial \theta}{\partial x} \tag{10-10}$$

于是，杆的应变能为：

$$U = \frac{1}{2}\int_0^l \iint_A (\tau\gamma)\,\mathrm{d}A\,\mathrm{d}x = \frac{1}{2}\int_0^l GI_\mathrm{p}(x)\left(\frac{\partial \theta}{\partial x}\right)^2 \mathrm{d}x \tag{10-11}$$

式中，$I_\mathrm{p}(x) = \iint_A r^2\mathrm{d}A$ 为横截面的极惯性矩。

进一步，可得应变能的变分为：

$$\begin{aligned}
\delta U &= \delta\left[\frac{1}{2}\int_0^l GI_\mathrm{p}(x)\left(\frac{\partial \theta}{\partial x}\right)^2\mathrm{d}x\right] = \int_0^l GI_\mathrm{p}(x)\left(\frac{\partial \theta}{\partial x}\right)\delta\left(\frac{\partial \theta}{\partial x}\right)\mathrm{d}x \\
&= \int_0^l GI_\mathrm{p}(x)\left(\frac{\partial \theta}{\partial x}\right)\frac{\partial}{\partial x}(\delta\theta)\,\mathrm{d}x \\
&= \int_0^l \frac{\partial}{\partial x}\left[GI_\mathrm{p}(x)\left(\frac{\partial \theta}{\partial x}\right)\cdot\delta\theta\right]\mathrm{d}x - \int_0^l \frac{\partial}{\partial x}\left[GI_\mathrm{p}(x)\left(\frac{\partial \theta}{\partial x}\right)\right]\delta\theta\mathrm{d}x \\
&= GI_\mathrm{p}(x)\left(\frac{\partial \theta}{\partial x}\right)\cdot\delta\theta\Big|_0^l - \int_0^l \frac{\partial}{\partial x}\left[GI_\mathrm{p}(x)\left(\frac{\partial \theta}{\partial x}\right)\right]\delta\theta\mathrm{d}x
\end{aligned} \tag{10-12}$$

杆扭转振动时的体力为惯性力，微元的惯性力为：

$$f_\mathrm{I} = -\rho\mathrm{d}A\,\mathrm{d}x\left(r\frac{\partial^2\theta}{\partial t^2}\right) \tag{10-13}$$

其中 ρ 为杆的密度。

于是，外力的虚功为：

$$\begin{aligned}
\delta W &= \int_0^l p(x,t)\delta\theta\mathrm{d}x + \int_0^l\iint_A f_\mathrm{I} r\delta\theta - T_0(t)\delta\theta(0,t) + T_l(t)\delta\theta(l,t) \\
&= \int_0^l p(x,t)\delta\theta\mathrm{d}x - \int_0^l \rho I_\mathrm{p}(x)\frac{\partial^2\theta}{\partial t^2}\delta\theta\mathrm{d}x - T_0(t)\delta\theta(0,t) + T_l(t)\delta\theta(l,t)
\end{aligned} \tag{10-14}$$

其中，$T_0(t)$、$T_l(t)$ 为杆两端的外力偶矩，$\delta\theta(0,t)$、$\delta\theta(l,t)$ 为杆两端的虚扭角位移。

由虚位移原理，即 $\delta U = \delta W$，可得：

$$\begin{aligned}
&\int_0^l\left\{\rho I_\mathrm{p}(x)\frac{\partial^2\theta}{\partial t^2} - \frac{\partial}{\partial x}\left[GI_\mathrm{p}(x)\frac{\partial \theta}{\partial x}\right] - p(x,t)\right\}\delta\theta\mathrm{d}x + \left[-GI_\mathrm{p}(x)\frac{\partial \theta}{\partial x}\Big|_{x=0}\right. \\
&\quad \left. + T_0(t)\right]\delta\theta(0,t) + \left[GI_\mathrm{p}(x)\frac{\partial \theta}{\partial x}\Big|_{x=l} - T_l(t)\right]\delta\theta(l,t) = 0
\end{aligned} \tag{10-15}$$

由于位移变分 $\delta\theta$ 在弹性域内是任意的；边界的位移变分 $\delta\theta(0,t)$ 和 $\delta\theta(l,t)$ 对于给定

位移的边界为零，而对于给定外力的边界则为任意的。因此，式(10-15)成立的条件为：

$$\rho I_{\mathrm{p}}(x)\frac{\partial^2\theta}{\partial t^2}-\frac{\partial}{\partial x}\left[GI_{\mathrm{p}}(x)\frac{\partial\theta}{\partial x}\right]-p(x,t)=0 \tag{10-16}$$

$$\left[-GI_{\mathrm{p}}(x)\frac{\partial\theta}{\partial x}\bigg|_{x=0}+T_0(t)\right]\delta\theta(0,t)=0 \tag{10-17}$$

$$\left[GI_{\mathrm{p}}(x)\frac{\partial\theta}{\partial x}\bigg|_{x=l}-T_l(t)\right]\delta\theta(l,t)=0 \tag{10-18}$$

由式(10-16)得到**圆截面直杆的扭转强迫振动方程**为：

$$\rho I_{\mathrm{p}}(x)\frac{\partial^2\theta}{\partial t^2}-\frac{\partial}{\partial x}\left[GI_{\mathrm{p}}(x)\frac{\partial\theta}{\partial x}\right]=p(x,t) \tag{10-19}$$

对于等截面杆，材料的抗扭刚度 GI_{p} 为常量，当 $p(x,t)=0$ 时，则式(10-19)变为：

$$\frac{\partial^2\theta}{\partial t^2}=b^2\frac{\partial^2\theta}{\partial x^2} \tag{10-20}$$

其中，$b=\sqrt{G/\rho}$ 为材料剪切波的传播速度。

由式(10-17)和式(10-18)得到边界条件，具体如下：

对于杆端有外扭矩作用时，由于 $\delta\theta(0,t)$ 和 $\delta\theta(l,t)$ 是任意的，则有：

$$GI_{\mathrm{p}}(x)\frac{\partial\theta}{\partial x}\bigg|_{x=0}=T_0(t),\quad GI_{\mathrm{p}}(x)\frac{\partial\theta}{\partial x}\bigg|_{x=l}=T_l(t) \tag{10-21}$$

若杆端无外扭矩作用，则为自由端，其边界条件变为：

$$\frac{\partial\theta}{\partial x}\bigg|_{x=0}=0,\quad \frac{\partial\theta}{\partial x}\bigg|_{x=l}=0 \tag{10-22}$$

对于给定位移的边界为固定端，则其边界条件为：

$$\theta(0,t)=0,\quad \theta(l,t)=0 \tag{10-23}$$

§10.3 直梁的横向振动方程

10.3.1 伯努利-欧拉梁

考虑一细长直梁的横向弯曲振动，如图10-4所示。假定梁的各截面的中心主惯性轴在同一平面 xOy 内，外荷载也作用在该平面内，梁在该平面内做横向振动，此时梁的主要变形是弯曲变形，从而可以忽略剪切变形以及截面绕中性轴转动惯性的影响，这种梁称为**伯努利-欧拉梁**(Bernoulli-Euler Beam)。对于梁的挠度远小于其长度时，即梁的弯曲半径与梁高相比大很多时，这种假定是合理的。

下面，应用牛顿第二定律来建立伯努利-欧拉梁的横向振动方程。记梁的弯曲刚度为 $EI(x)$，横截面面积为 $A(x)$，梁的密度为 ρ，作用在梁上的横向分布荷载为 $p(x,t)$。设 $v(x,t)$ 为梁中性轴上一点 $(x,0)$ 的横向位移，$M(x,t)$ 为弯矩，$Q(x,t)$ 为横向剪力。

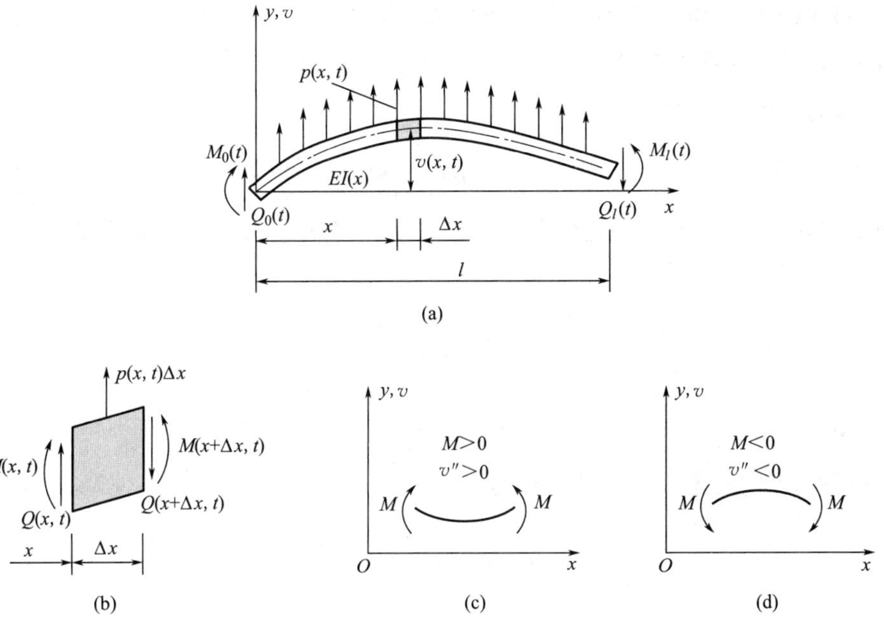

图 10-4　横向弯曲变形的梁

(a)梁的性质和坐标；(b)作用在微段上的力；(c)弯矩与曲率的正向规定；(d)弯矩与曲率的负向规定

考虑图 10-4(b)所示梁微段的动力学方程：

$$\sum F_y = (\Delta m) a_y \tag{10-24}$$

$$\sum M_C = (\Delta J_C)\ddot{\alpha} \tag{10-25}$$

其中，Δm 为微段的质量，C 为微段的质心，ΔJ_C 为微段对通过质心 C 且与 xOy 平面垂直的轴的转动惯量，$\ddot{\alpha}$ 为微段的角加速度。

由于本问题不考虑转动惯量的影响，故力矩方程式(10-25)变为：

$$\sum M_C = 0 \tag{10-26}$$

对于式(10-24)，则有：

$$Q(x,t) - Q(x+\Delta x,t) + p(x,t)\Delta x = \rho A(x)\Delta x \frac{\partial^2 v(x,t)}{\partial t^2} \tag{10-27}$$

在式(10-27)两边同时除以 Δx，并取极限，可得：

$$\lim_{\Delta x \to 0} \frac{Q(x,t) - Q(x+\Delta x,t)}{\Delta x} + p(x,t) = \rho A(x) \frac{\partial^2 v(x,t)}{\partial t^2}$$

即

$$\frac{\partial Q(x,t)}{\partial x}=p(x,t)-\rho A(x)\frac{\partial^2 v(x,t)}{\partial t^2} \tag{10-28}$$

式(10-28)类似于剪力和横向分布荷载之间的静力学关系式，不同之处在于横向分布荷载是分布的外荷载与惯性力的合力。

对于式(10-26)，则有：

$$M(x,t)-M(x+\Delta x,t)+Q(x,t)\times\eta\Delta x+Q(x+\Delta x,t)\times(1-\eta)\Delta x=0 \tag{10-29}$$

其中，$\eta\Delta x$ 为质心 C 到微段左边的距离。同样地，将式(10-29)两边同除以 Δx，并取极限，可得：

$$\frac{\partial M(x,t)}{\partial x}=Q(x,t) \tag{10-30}$$

式(10-30)即为剪力与弯矩之间的静力学关系式。

将式(10-30)代入式(10-28)中，可得：

$$\frac{\partial^2 M(x,t)}{\partial x^2}+\rho A(x)\frac{\partial^2 v(x,t)}{\partial t^2}=p(x,t) \tag{10-31}$$

引入梁的弯矩与曲率之间的基本关系式：

$$M(x,t)=EI(x)\frac{\partial^2 v(x,t)}{\partial x^2} \tag{10-32}$$

注：对于图 10-4(a)给定的坐标系，微段上的弯矩 M 与 v'' 是同号的，具体见图 10-4(c)、(d)。

将式(10-32)代入式(10-31)中，可得：

$$\frac{\partial^2}{\partial x^2}\left[EI(x)\frac{\partial^2 v(x,t)}{\partial x^2}\right]+\rho A(x)\frac{\partial^2 v(x,t)}{\partial t^2}=p(x,t) \tag{10-33}$$

式(10-33)为**直梁的横向强迫振动方程**。

在伯努利-欧拉梁的横向振动分析中，其简单边界条件见表 10-2。

梁横向振动的边界条件　　表 10-2

梁的端部条件	左端部 $x=0$ 处的边界条件	右端部 $x=l$ 处的边界条件
固定端	$v(0,t)=0$，$\left.\frac{\partial v}{\partial x}\right\vert_{x=0}=0$	$v(l,t)=0$，$\left.\frac{\partial v}{\partial x}\right\vert_{x=l}=0$
简支端	$v(0,t)=0$，$M(0,t)=M_0(t)$	$v(l,t)=0$，$M(l,t)=M_l(t)$
外力-自由端	$Q(0,t)=Q_0(t)$，$M(0,t)=M_0(t)$	$Q(l,t)=Q_l(t)$，$M(l,t)=M_l(t)$

注：表中 $Q_0(t)$、$M_0(t)$ 与 $Q_l(t)$、$M_l(t)$ 分别为左端部与右端部的已知剪力、力矩，如图 10-4(a)所示；当杆端无外力作用时，则有 $Q_0(t)=Q_l(t)=0$ 及 $M_0(t)=M_l(t)=0$。

【例 10-2】 梁横向振动的复杂边界条件

如图 10-5 所示的两根直梁做横向振动，试确定在梁的端部 $x=l$ 处的边界条件。

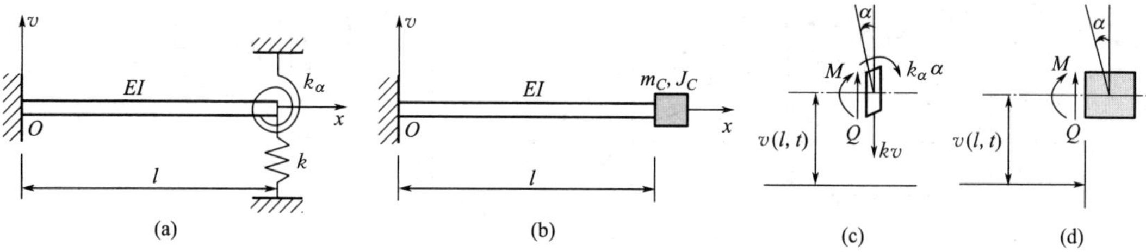

图 10-5　杆的复杂边界条件

【解】 (1) 应用图 10-4(b)中的符号规定，画出梁在 $x=l$ 处的微段受力，如图 10-5(c)所示。根据式(10-24)，可得：

$$Q(l,t)-kv(l,t)=\rho A\,\mathrm{d}x\left.\frac{\partial^2 v}{\partial t^2}\right|_{x=l}$$

当 $\mathrm{d}x\rightarrow 0$ 时，上式为：

$$Q(l,t)=kv(l,t),\ 即：\left.\frac{\partial}{\partial x}\left(EI\frac{\partial^2 v}{\partial x^2}\right)\right|_{x=l}=kv(l,t) \tag{10-34}$$

同样地，由式(10-25)可得：

$$M(l,t)=-k_\alpha \alpha\,|_{x=l}=-k_\alpha\left.\frac{\partial v}{\partial x}\right|_{x=l},\ 即：EI\left.\frac{\partial^2 v}{\partial x^2}\right|_{x=l}=-k_\alpha\left.\frac{\partial v}{\partial x}\right|_{x=l} \tag{10-35}$$

其中，k 为弹性拉压刚度，k_α 为弹性扭转刚度。

(2) 应用图 10-4(b)中的符号规定，画出梁端集中质量的受力图，如图 10-5(d)所示(图中 α 为转角，即 $\alpha=\dfrac{\partial v}{\partial x}$)。根据式(10-24)，可得：

$$Q(l,t)=m_C\left.\frac{\partial^2 v}{\partial t^2}\right|_{x=l},\ 即：\left.\frac{\partial}{\partial x}\left(EI\frac{\partial^2 v}{\partial x^2}\right)\right|_{x=l}=m_C\left.\frac{\partial^2 v}{\partial t^2}\right|_{x=l} \tag{10-36}$$

根据式(10-25)，可得：

$$M(l,t)=-J_C\left.\frac{\partial^2}{\partial t^2}\left(\frac{\partial v}{\partial x}\right)\right|_{x=l},\ 即：EI\left.\frac{\partial^2 v}{\partial x^2}\right|_{x=l}=-J_C\left.\frac{\partial^2}{\partial t^2}\left(\frac{\partial v}{\partial x}\right)\right|_{x=l} \tag{10-37}$$

其中，m_C 为集中质量，J_C 为集中质量绕梁截面中性轴的转动惯量。

10.3.2　考虑轴向力的影响

如果梁除了承受图 10-4(a)所示的横向荷载作用外，在梁的两个端部还作用有沿水平

方向不变的轴向力 N_0 与 N_l，如图 10-6(a)所示。不考虑轴向变形，试确定其运动方程。

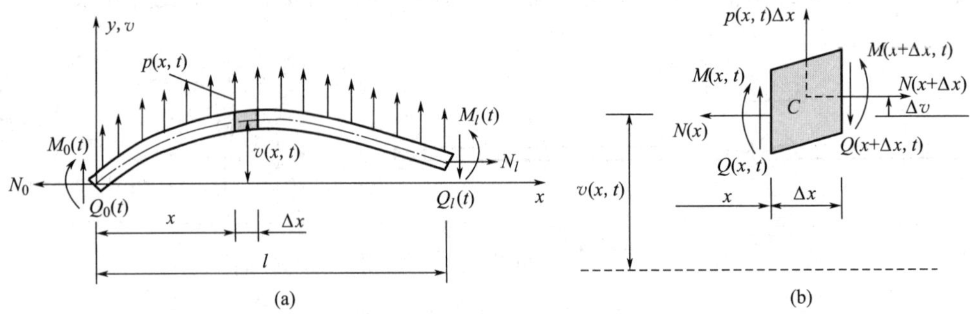

图 10-6　承受轴向静力和横向动力荷载的梁

(a)荷载作用下梁的弯曲变形；(b)作用在梁微段上的力

画出作用在梁微段上的力，如图 10-6(b)所示。由于轴向内力 $N(x)$ 的方向不随梁的变位而变化，轴向内力对梁微段的横向动平衡没有影响，因此，式(10-28)仍然适用，即：

$$\frac{\partial Q(x,t)}{\partial x}=p(x,t)-\rho A(x)\frac{\partial^2 v(x,t)}{\partial t^2}$$

然而，轴向内力的作用线随梁的变位而改变，力矩方程式(10-29)变为：

$$M(x,t)-M(x+\Delta x,t)+Q(x,t)\times\eta\Delta x+Q(x+\Delta x,t)\times(1-\eta)\Delta x+N(x)\Delta v=0$$

其中 $\Delta v=v(x+\Delta x,t)-v(x,t)$。于是两边同时除以 Δx，再令 $\Delta x\rightarrow 0$，整理可得：

$$Q(x,t)=\frac{\partial M(x,t)}{\partial x}-N(x)\frac{\partial v(x,t)}{\partial x}\tag{10-38}$$

将修正后的横向力表达式(10-38)代入到式(10-28)中，可得出**考虑轴向力的梁横向强迫振动方程**：

$$\frac{\partial^2}{\partial x^2}\left[EI(x)\frac{\partial^2 v(x,t)}{\partial x^2}\right]-\frac{\partial}{\partial x}\left[N(x)\frac{\partial v(x,t)}{\partial x}\right]+\rho A(x)\frac{\partial^2 v(x,t)}{\partial t^2}=p(x,t)\tag{10-39}$$

比较式(10-39)与式(10-33)可知，产生轴向内力 $N(x)$ 的轴向荷载形成了作用在梁上的一种附加的等效横向荷载。此外，由于横向截面力 $Q(x,t)$ 不与弹性轴线垂直，它已不是通常意义上的截面剪力。

10.3.3　考虑黏滞阻尼的影响

在伯努利-欧拉梁的横向振动过程中，考虑两种形式的分布黏滞阻尼：①外阻尼力，单位长度上的阻尼系数用 $c(x)$ 表示，如图 10-7(a)所示；②抵抗应变速度的内阻尼力，如图 10-7(b)所示。

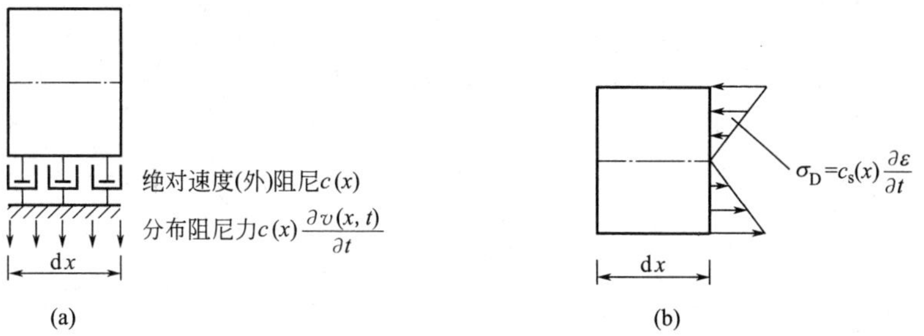

图 10-7　梁的黏滞阻尼

(a)外阻尼情况；(b)内阻尼情况

分布的外阻尼力与振动的速度成正比，即：

$$f_D(x,t)=c(x)\frac{\partial v(x,t)}{\partial t} \tag{10-40}$$

将上式代入式(10-33)左边，可得：

$$\frac{\partial^2}{\partial x^2}\left[EI(x)\frac{\partial^2 v(x,t)}{\partial x^2}\right]+\rho A(x)\frac{\partial^2 v(x,t)}{\partial t^2}+c(x)\frac{\partial v(x,t)}{\partial t}=p(x,t) \tag{10-41}$$

与内阻尼对应的阻尼应力和材料的应变速度有关，此阻尼应力为：

$$\sigma_D=c_s\frac{\partial\varepsilon}{\partial t} \tag{10-42}$$

式中，σ_D 为阻尼应力，c_s 为应变阻尼系数，$\varepsilon(x,t)$ 为该处的正应变。假定该应力在截面高度方向呈线性变化，则此阻尼应力形成阻尼弯矩：

$$M_D=\iint_A \sigma_D y\mathrm{d}A=c_s I(x)\frac{\partial^3 v}{\partial x^2\partial t} \tag{10-43}$$

式中，y 为该点到中性轴的距离，$I(x)$ 为截面惯性矩。此时，梁截面上的弯矩应包括弯曲变形弯矩和应变阻尼力矩，即式(10-41)中的弯矩项应再加上应变阻尼力矩，可得：

$$\frac{\partial^2}{\partial x^2}\left[EI(x)\frac{\partial^2 v}{\partial x^2}+c_s I(x)\frac{\partial^3 v}{\partial x^2\partial t}\right]+\rho A(x)\frac{\partial^2 v}{\partial t^2}+c(x)\frac{\partial v}{\partial t}=p(x,t) \tag{10-44}$$

式(10-44)即为**考虑内外阻尼的弯曲振动方程**。

10.3.4　支座激励

正如前面指出的那样，结构和机械系统往往承受支座运动而非外部荷载的激励。例如，支承于地面上的结构物的地震效应，行驶中的车辆的振动等。当梁的振动是由支座运动引起时，可将梁的总位移 $v^t(x,t)$ 表示为由支座运动静力作用引起的位移，即所谓的拟静力位移 $v^s(x,t)$，以及因惯性力及黏滞阻尼力作用产生的附加位移 $v(x,t)$ 之和。于是，梁的总位移可表示为：

$$v^{t}(x,t)=v^{s}(x,t)+v(x,t) \tag{10-45}$$

由式(10-44)可得：

$$\frac{\partial^2}{\partial x^2}\left[EI\frac{\partial^2 v^{t}}{\partial x^2}+c_{s}I\frac{\partial^3 v^{t}}{\partial x^2\partial t}\right]+\rho A\frac{\partial^2 v^{t}}{\partial t^2}+c\frac{\partial v^{t}}{\partial t}=0 \tag{10-46}$$

即

$$\frac{\partial^2}{\partial x^2}\left[EI\frac{\partial^2 v}{\partial x^2}+c_{s}I\frac{\partial^3 v}{\partial x^2\partial t}\right]+\rho A\frac{\partial^2 v}{\partial t^2}+c\frac{\partial v}{\partial t}=p_{\mathrm{eff}}(x,t) \tag{10-47}$$

其中

$$p_{\mathrm{eff}}(x,t)=-\frac{\partial^2}{\partial x^2}\left[EI\frac{\partial^2 v^{s}}{\partial x^2}+c_{s}I\frac{\partial^3 v^{s}}{\partial x^2\partial t}\right]-\rho A\frac{\partial^2 v^{s}}{\partial t^2}-c\frac{\partial v^{s}}{\partial t} \tag{10-48}$$

注意到，因 $v^{s}(x,t)$ 是仅由静力的支座位移所引起的，式(10-48)右边的第一项等于零。于是，等效分布动力荷载可简化为：

$$p_{\mathrm{eff}}(x,t)=-\frac{\partial^2}{\partial x^2}\left(c_{s}I\frac{\partial^3 v^{s}}{\partial x^2\partial t}\right)-\rho A\frac{\partial^2 v^{s}}{\partial t^2}-c\frac{\partial v^{s}}{\partial t} \tag{10-49}$$

这里，$v^{s}(x,t)$ 由以下四个部分组成：①由左端支座发生竖向位移 $\delta_1(t)$ 所引起的部分位移 $v_1^{s}(x,t)$；②由右端支座发生竖向位移 $\delta_2(t)$ 所引起的位移 $v_2^{s}(x,t)$；③由左端支座发生转角位移 $\delta_3(t)$ 所引起的位移 $v_3^{s}(x,t)$；④由右端支座发生转角 $\delta_4(t)$ 所引起的位移 $v_4^{s}(x,t)$，如图 10-8 所示。

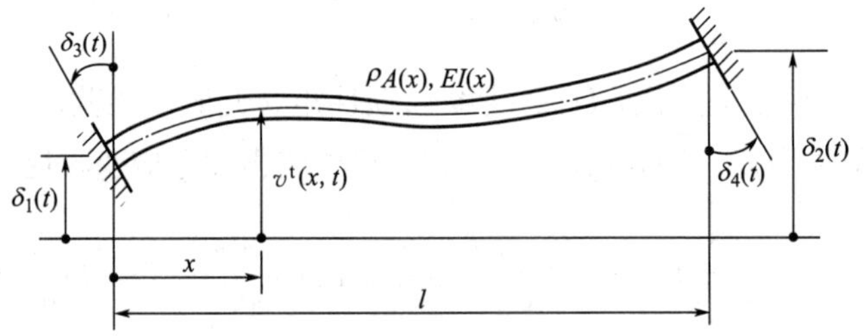

图 10-8　承受支座激励的梁

于是，位移 $v^{s}(x,t)$ 表示为：

$$v^{s}(x,t)=\sum_{i=1}^{4}v_i^{s}(x,t)=\sum_{i=1}^{4}\delta_i(t)\psi_i(x) \tag{10-50}$$

式中，静力影响函数 $\psi_i(x)(i=1,2,3,4)$ 为相应的坐标 δ_i 发生单位位移所产生的梁挠度曲线。

于是，将式(10-50)代入式(10-49)，可得：

$$p_{\text{eff}}(x,t)=-\sum_{i=1}^{4}\left\{\rho A\psi_i(x)\ddot{\delta}_i(t)+c\psi_i(x)\dot{\delta}_i(t)+\frac{\partial^2}{\partial x^2}\left[c_s I\dot{\delta}_i(t)\frac{\mathrm{d}^2\psi_i(x)}{\mathrm{d}x^2}\right]\right\} \tag{10-51}$$

在大多数情况下，阻尼对等效荷载的影响远小于惯性力的影响。这样，式(10-51)可近似地写成：

$$p_{\text{eff}}(x,t)\approx-\sum_{i=1}^{4}\rho A\psi_i(x)\ddot{\delta}_i(t) \tag{10-52}$$

在分析管道系统的地震响应时，需要利用上式来考虑多点地震的输入。

§ 10.4　Timoshenko 梁的振动方程

在 10.3 节中讨论的伯努利-欧拉梁的横向振动方程中，忽略了剪切变形与转动惯量的影响，这对于细长梁来说是正确的。当梁的截面尺寸与长度相比不是很小(所谓短粗梁)，或分析细长梁的高阶振型时，梁的全长将被结点平面分成若干较短的小段，这些情况必须考虑剪切变形与转动惯量的影响，这种梁称为**铁木辛柯梁**(Timoshenko Beam)。

考虑梁微段的变形，如图 10-9 所示。转动惯量是由于梁截面的转动(截面的法线从原来的水平位置转动了 α 角)所引起的。由于剪切变形的影响，截面的法线不再与梁轴线的切线重合，它减少了梁轴线的倾角，这种现象称为**剪力滞后**。由弯矩和剪力共同作用引起的梁轴线的实际转角为：

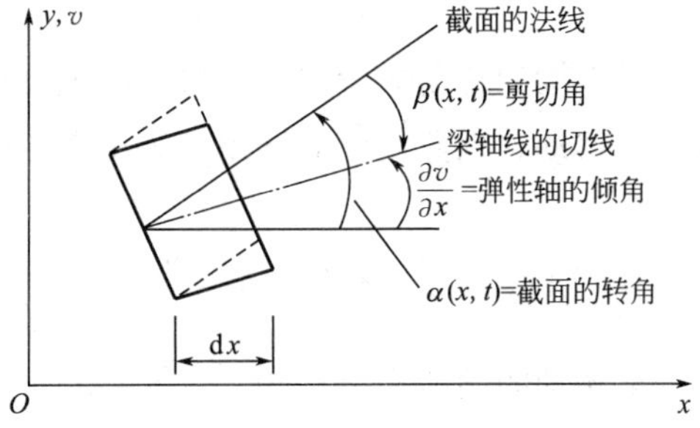

图 10-9　剪切变形与转动惯量的影响

$$\frac{\partial v}{\partial x}=\alpha-\beta \tag{10-53}$$

式中，$\alpha(x,t)$ 为截面的转角，$\beta(x,t)$ 为纯剪切引起的中性轴处的剪切角，$v(x,t)$ 为梁中性轴总的横向位移。

10.4.1　剪切变形的影响

根据材料力学，对于简单截面情况，由剪切变形引起的转角 β 为：

$$\beta=\frac{Q}{\kappa GA} \tag{10-54}$$

式中，$Q(x,t)$ 为截面剪力，G 为切变模量，$A(x)$ 为截面面积，κ 为与横截面的形状及截面上切应力的非均匀分布有关的系数，对于矩形截面 $\kappa=5/6$，对于圆形截面 $\kappa=9/10$。事实上，κA 表示截面的有效剪切面积。

于是，梁的剪切应变能可表示为：

$$U_s = \frac{1}{2}\int_0^l Q\beta \mathrm{d}x = \frac{1}{2}\int_0^l \kappa GA\beta^2 \mathrm{d}x \tag{10-55}$$

引入梁初等理论中的弯矩-曲率关系式，弯矩 M 与截面转角 α 的关系为：

$$\frac{\partial \alpha}{\partial x} = \frac{M}{EI} \tag{10-56}$$

于是，梁的弯曲应变能为：

$$U_b = \frac{1}{2}\int_0^l M\left(\frac{\partial \alpha}{\partial x}\right)\mathrm{d}x = \frac{1}{2}\int_0^l EI\left(\frac{\partial \alpha}{\partial x}\right)^2 \mathrm{d}x \tag{10-57}$$

因此，梁的总应变能为：

$$U = U_s + U_b = \frac{1}{2}\int_0^l \left[\kappa GA\beta^2 + EI\left(\frac{\partial \alpha}{\partial x}\right)^2\right]\mathrm{d}x \tag{10-58}$$

10.4.2 转动惯量的影响

考虑梁的转动惯量的影响时，应先分析梁截面转动的角度。由于剪切变形仅引起截面的平行移动，因此截面的转角应等于弯曲引起的转角。于是，梁截面的转动角速度 ω 为：

$$\omega = \frac{\partial \alpha}{\partial t}$$

梁转动的动能为：

$$T_r = \frac{1}{2}\int_0^l \rho I\omega^2 \mathrm{d}x = \frac{1}{2}\int_0^l \rho I\left(\frac{\partial \alpha}{\partial t}\right)^2 \mathrm{d}x \tag{10-59}$$

式中，ρ 为梁的密度，I 为截面惯性矩。

梁横向振动的动能为：

$$T_b = \frac{1}{2}\int_0^l \rho A\left(\frac{\partial v}{\partial t}\right)^2 \mathrm{d}x \tag{10-60}$$

式中 A 为横截面面积。

因此，梁的总动能为：

$$T = T_b + T_r = \frac{1}{2}\int_0^l \left[\rho A\left(\frac{\partial v}{\partial t}\right)^2 + \rho I\left(\frac{\partial \alpha}{\partial t}\right)^2\right]\mathrm{d}x \tag{10-61}$$

10.4.3　应用哈密顿原理推导梁的横向振动方程

哈密顿原理可以表述为：

$$\int_{t_1}^{t_2}\delta[T(t)-U(t)]\,\mathrm{d}t+\int_{t_1}^{t_2}\delta W_{\mathrm{nc}}(t)\,\mathrm{d}t=0 \tag{10-62}$$

式中，T 为系统的总动能，U 为系统的总势能(包括应变能和保守外力的势能)，δW_{nc} 为非保守力所做虚功。

对于具有横向分布荷载 $p(x,t)$ 作用的梁，则有：

$$\delta W_{\mathrm{nc}}=\int_0^l p(x,t)\delta v(x,t)\,\mathrm{d}x \tag{10-63}$$

为书写方便，记：

$$\frac{\partial v}{\partial t}=\dot{v},\ \frac{\partial v}{\partial x}=v',\ \frac{\partial \alpha}{\partial t}=\dot{\alpha},\ \frac{\partial \alpha}{\partial x}=\alpha'$$

假定几何边界条件可以使得截面产生平移 $v(x,t)$ 和横截面转动 $\alpha(x,t)$。因此，v 和 α 保留为未知的位移函数，同时可利用式(10-53)消去剪切角 $\beta(x,t)$。

对 x 部分积分：

$$\begin{aligned}\int_{t_1}^{t_2}\delta U\mathrm{d}t&=\frac{1}{2}\int_{t_1}^{t_2}\delta\left\{\int_0^l[\kappa GA(\alpha-v')^2+EI(\alpha')^2]\,\mathrm{d}x\right\}\mathrm{d}t\\&=\int_{t_1}^{t_2}\int_0^l[\kappa GA(\alpha-v')\delta(\alpha-v')+EI\alpha'\delta\alpha']\,\mathrm{d}x\mathrm{d}t\\&=\int_{t_1}^{t_2}\int_0^l\kappa GA(\alpha-v')\delta\alpha\mathrm{d}x\mathrm{d}t-\int_{t_1}^{t_2}\int_0^l\kappa GA(\alpha-v')\delta v'\mathrm{d}x\mathrm{d}t+\int_{t_1}^{t_2}\int_0^l EI\alpha'\delta\alpha'\mathrm{d}x\mathrm{d}t\\&=\int_{t_1}^{t_2}\int_0^l\kappa GA(\alpha-v')\delta\alpha\mathrm{d}x\mathrm{d}t-\int_{t_1}^{t_2}[\kappa GA(\alpha-v')\delta v]\Big|_0^l\mathrm{d}t\\&\quad+\int_{t_1}^{t_2}\int_0^l[\kappa GA(\alpha-v')]'\delta v\mathrm{d}x\mathrm{d}t+\int_{t_1}^{t_2}(EI\alpha'\delta\alpha)\Big|_0^l\mathrm{d}t-\int_{t_1}^{t_2}\int_0^l(EI\alpha')'\delta\alpha\mathrm{d}x\mathrm{d}t\end{aligned} \tag{10-64}$$

对 t 部分积分：

$$\begin{aligned}\int_{t_1}^{t_2}\delta T\mathrm{d}t&=\frac{1}{2}\int_0^l\delta\left\{\int_{t_1}^{t_2}[\rho A(\dot{v})^2+\rho I(\dot{\alpha})^2]\,\mathrm{d}t\right\}\mathrm{d}x\\&=\int_0^l\int_{t_1}^{t_2}(\rho A\dot{v}\delta\dot{v}+\rho I\dot{\alpha}\delta\dot{\alpha})\,\mathrm{d}t\mathrm{d}x\\&=\int_0^l(\rho A\dot{v}\delta v+\rho I\dot{\alpha}\delta\alpha)\Big|_{t_1}^{t_2}\mathrm{d}x-\int_{t_1}^{t_2}\int_0^l(\rho A\ddot{v}\delta v+\rho I\ddot{\alpha}\delta\alpha)\,\mathrm{d}x\mathrm{d}t\end{aligned} \tag{10-65}$$

将式(10-63)、式(10-64)及式(10-65)代入哈密顿原理式(10-62)中，并注意到哈密顿原理中初始时刻 t_1 和最终时刻 t_2 的位形是已知的，因此有 $\delta v(x,t_1)=\delta v(x,t_2)=0$，

$\delta\alpha(x,t_1)=\delta\alpha(x,t_2)=0$，得到：

$$\begin{aligned}&\int_{t_1}^{t_2}\int_0^l\{-\rho A\ddot{v}-[\kappa GA(\alpha-v')]'+p\}\delta v\mathrm{d}x\mathrm{d}t\\&+\int_{t_1}^{t_2}\int_0^l[-\rho I\ddot{\alpha}+(EI\alpha')'-\kappa GA(\alpha-v')]\delta\alpha\mathrm{d}x\mathrm{d}t\\&+\int_{t_1}^{t_2}[\kappa GA(\alpha-v')\delta v]\Big|_0^l\mathrm{d}t-\int_{t_1}^{t_2}(EI\alpha'\delta\alpha)\Big|_0^l\mathrm{d}t=0\end{aligned}\tag{10-66}$$

这里除几何边界条件是规定的以外，δv 与 $\delta\alpha$ 是任意的，所以由式(10-66)可得：

$$\rho A\ddot{v}+[\kappa GA(\alpha-v')]'=p(x,t)\tag{10-67a}$$

$$\rho I\ddot{\alpha}-(EI\alpha')'+\kappa GA(\alpha-v')=0\tag{10-67b}$$

同时，由式(10-66)可得到广义边界条件为：

$$\kappa GA(\alpha-v')\delta v=\kappa GA\beta\delta v=0\text{，在 }x=0\text{ 或 }x=l\text{ 上}\tag{10-68a}$$

$$EI\alpha'\delta\alpha=0\text{，在 }x=0\text{ 或 }x=l\text{ 上}\tag{10-68b}$$

上述四个边界条件中的任一个必须满足几何边界条件，具体如下。

对于固定端，因 $v=0$ 及 $\alpha=0$，故其边界条件为：

$$v=0\text{，}\alpha=0$$

即梁的固定端上横向位移与截面转角等于零。

对于简支端，因 $v=0$ 及 $\delta\alpha\neq0$，故其边界条件为：

$$v=0\text{，}EI\alpha'=0$$

即梁的简支端上横向位移与弯矩等于零。

对于自由端，因 $\delta v\neq0$ 及 $\delta\alpha\neq0$，故其边界条件为：

$$\kappa GA\beta=0\text{，}EI\alpha'=0$$

即梁的自由端上剪力 Q 与弯矩 M 等于零。

若梁为等截面匀质梁，即梁的物理性质沿长度不变，则可以合并公式(10-67)，得到用 $v(x,t)$ 表示的单一运动方程。由式(10-67a)可得：

$$\alpha'=v''+\frac{1}{\kappa GA}(p-\rho A\ddot{v})\tag{10-69}$$

将式(10-67b)对 x 求导，并将式(10-69)代入，可得：

$$\underbrace{EI\frac{\partial^4 v}{\partial x^4}-\left(p-\rho A\frac{\partial^2 v}{\partial t^2}\right)}_{(1)}\underbrace{-\rho I\frac{\partial^4 v}{\partial x^2\partial t^2}}_{(2)}$$

$$+\underbrace{\frac{EI}{\kappa GA}\frac{\partial^2}{\partial x^2}\left(p-\rho A\frac{\partial^2 v}{\partial t^2}\right)}_{(3)}-\underbrace{\frac{\rho I}{\kappa GA}\frac{\partial^2}{\partial t^2}\left(p-\rho A\frac{\partial^2 v}{\partial t^2}\right)}_{(4)}=0 \tag{10-70}$$

式中，第(1)部分为伯努利-欧拉理论项，第(2)部分为主转动惯性项，第(3)部分为主剪切变形项，第(4)部分为合并的转动惯量和剪切变形项。

【例 10-3】 梁的纯剪切振动方程。当梁的长度 l 与高度 h 的比值小到一定程度时，梁将以剪切变形为主，其弯曲变形可忽略不计，这种高腹梁的振动称为**剪切振动**。

在梁上取一微段 Δx，如图 10-10 所示，由于不考虑梁的截面弯矩以及由它引起的截面转动 ($\alpha=0$)，由牛顿第二定律 $\sum F_y=0$，可得：

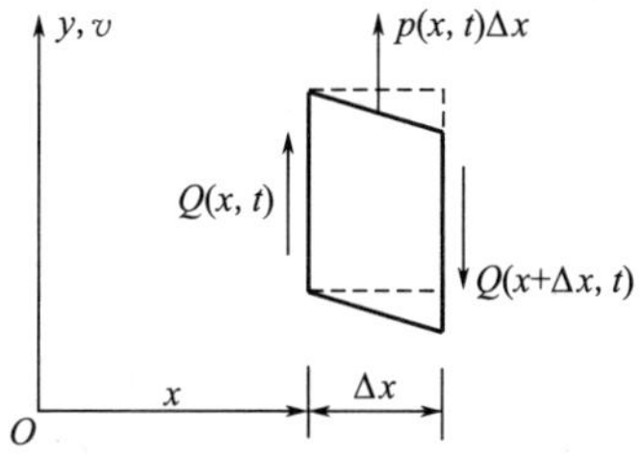

图 10-10

$$p(x,t)\Delta x+Q(x,t)-Q(x+\Delta x,t)=\rho A\Delta x\frac{\partial^2 v(x,t)}{\partial t^2} \tag{a}$$

在式(a)两边同除以 Δx，并取极限，可得：

$$\frac{\partial Q(x,t)}{\partial x}+\rho A\frac{\partial^2 v(x,t)}{\partial t^2}=p(x,t) \tag{b}$$

利用式(10-53)与式(10-54)，并注意到 $\alpha=0$，可得：

$$\beta=\frac{Q}{\kappa GA}=-\frac{\partial v}{\partial x} \tag{c}$$

于是，有：

$$\frac{\partial Q}{\partial x}=-\kappa GA\frac{\partial^2 v}{\partial x^2} \tag{d}$$

将式(d)代入式(b)中，即得：

$$\rho A\frac{\partial^2 v}{\partial t^2}-\kappa GA\frac{\partial^2 v}{\partial x^2}=p(x,t) \tag{e}$$

若令 $p(x,t)=0$，则式(e)变为：

$$\frac{\partial^2 v}{\partial t^2}=c^2\frac{\partial^2 v}{\partial x^2} \tag{10-71}$$

其中 $c=\sqrt{\kappa G/\rho}$ 为材料剪切波的传播速度。

在梁的纯剪切振动分析中，其简单边界条件见表 10-3。

梁纯剪切振动的边界条件 **表 10-3**

梁的端部条件	左端部 $x=0$ 处的边界条件	右端部 $x=l$ 处的边界条件
固定端或简支端	$v(0,t)=0$	$v(l,t)=0$
外力-自由端	$Q(0,t)=Q_0(t)$	$Q(l,t)=Q_l(t)$

注：表中 $Q_0(t)$ 与 $Q_l(t)$ 分别为左端部与右端部的已知剪力；当杆端无外力作用时，则 $Q_0(t)=Q_l(t)=0$。

需要指出的是，对于梁纯剪切振动的简单边界条件，因不考虑梁的弯矩以及所引起的截面转动，在固定端的另一位移边界条件（$\alpha=0$），简支端的力边界条件（$M=0$），以及自由端的力边界条件（$M=0$）均为已知而不必给出。

比较式(10-5)、式(10-20)及式(10-71)可知，直杆的轴向振动、圆杆的扭转振动以及梁的纯剪切振动方程虽然在运动表现形式上所有不同，但它们的振动偏微分方程是相似的，都属于**一维波动方程**。

§10.5 薄板横向振动方程

前面讨论的结构系统均是由一维构件(杆或梁)组成，用一个坐标便可描述系统的空间位置。然而，实际工程中还有很多结构，不能简单地用一个坐标来描述它们的运动和变形。例如，薄板在平面内两个方向的尺度相近，且比厚度方向的尺寸大很多，这时可用两个方向的坐标来描述其运动和变形。本节主要讨论矩形薄板横向振动方程的建立。

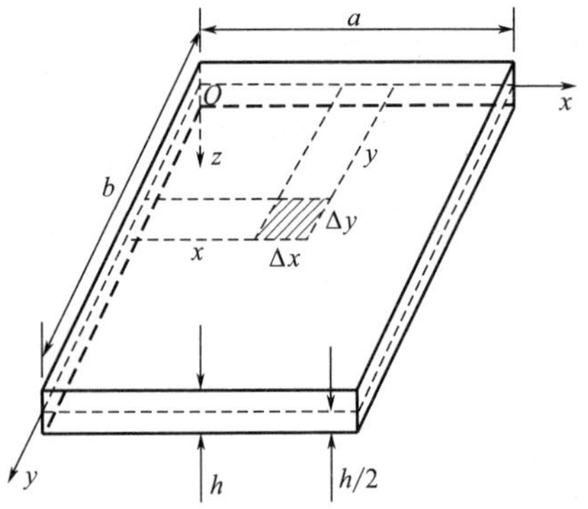

图 10-11

考虑一等厚度矩形薄板的横向弯曲振动，如图 10-11 所示。假设板是各向同性的线弹性材料，振动时其挠度远小于板厚(小挠度问题)，中面的面内位移、转动惯性和剪切变形的影响均可忽略。

下面，应用牛顿第二定律建立薄板的横向振动方程。取板的中面为 xOy 平面，中面上某点的挠度为 $w(x,y,t)$，薄板的密度为 ρ，分布在单位面积上的横向力为 $p(x,y,t)$，单位面积薄板上的惯性力为 $-\rho h\dfrac{\partial^2 w}{\partial t^2}$。记 M_x、M_{xy} 和 Q_x 分别为垂直于 Ox 轴的横截面上单位长度弯矩、扭矩和剪力；M_y、M_{yx} 和 Q_y 分别是垂直于 Oy 轴的横截面上单位长度弯矩、扭矩和剪力。在中面上取一矩形微元 $\Delta x\Delta y$ 代替微元体 $h\Delta x\Delta y$，如图 10-12 所示，图中给出了微元的受力情况，所有内力分量均按正向规定画出。考虑 x 方向和 y 方向的力矩平衡以及 z 方向的力平衡条件，可得下列方程：

$$\sum M_{Cy}=0 \tag{10-72a}$$

$$\sum M_{Cx}=0 \tag{10-72b}$$

$$\sum F_z=(\Delta m)a_z \tag{10-72c}$$

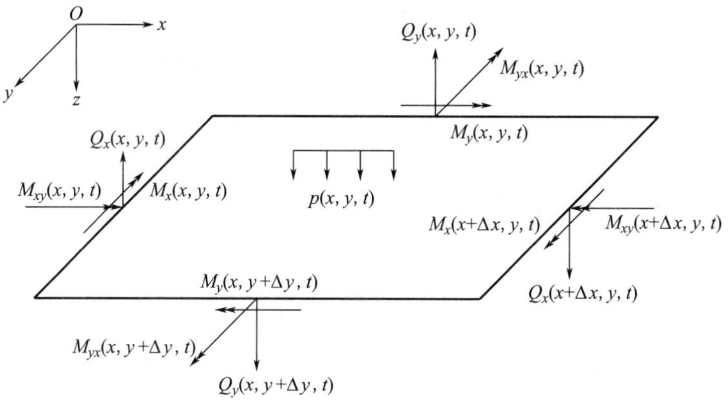

图 10-12

其中，Δm 为微元的质量，下标 Cx 和 Cy 分别表示以通过微元质心 C 且与 x 轴和 y 轴平行的轴为矩轴。注意，这里已经忽略了转动惯量的影响。

对于式(10-72a)，则有：

$$[M_x(x+\Delta x,y,t)-M_x(x,y,t)]\Delta y+[M_{yx}(x,y+\Delta y,t)-M_{yx}(x,y,t)]\Delta x$$
$$-[Q_x(x+\Delta x,y,t)+Q_x(x,y,t)]\Delta y\cdot\frac{\Delta x}{2}=0 \tag{10-73}$$

在式(10-73)两边同时除以 $\Delta x\Delta y$，并取极限，可得：

$$\lim_{\Delta x\to 0}\frac{M_x(x+\Delta x,y,t)-M_x(x,y,t)}{\Delta x}+\lim_{\Delta y\to 0}\frac{M_{yx}(x,y+\Delta y,t)-M_{yx}(x,y,t)}{\Delta y}$$
$$-\lim_{\Delta x\to 0}\frac{1}{2}[Q_x(x+\Delta x,y,t)+Q_x(x,y,t)]=0 \tag{10-74}$$

即

$$\frac{\partial M_x(x,y,t)}{\partial x}+\frac{\partial M_{yx}(x,y,t)}{\partial y}-Q_x(x,y,t)=0 \tag{10-75}$$

对于式(10-72b)，则有：

$$[M_y(x,y,t)-M_y(x,y+\Delta y,t)]\Delta x+[M_{xy}(x,y,t)-M_{yx}(x+\Delta x,y,t)]\Delta y+$$
$$[Q_y(x,y,t)+Q_y(x,y+\Delta y,t)]\Delta x\cdot\frac{\Delta y}{2}=0 \tag{10-76}$$

同样地，在式(10-76)两边同时除以 $\Delta x\Delta y$，并取极限，可得：

$$\frac{\partial M_{xy}(x,y,t)}{\partial x}+\frac{\partial M_y(x,y,t)}{\partial y}-Q_y(x,y,t)=0 \tag{10-77}$$

式(10-75)和式(10-77)即为剪力、扭矩与弯矩之间的静力学关系式。

对于式(10-72c)，则有：

$$[Q_x(x+\Delta x,y,t)-Q_x(x,y,t)]\Delta y+[Q_y(x,y+\Delta y,t)-Q_y(x,y,t)]\Delta x+\left[p(x,y,t)-\rho h\frac{\partial^2 w}{\partial t^2}\right]\Delta x\Delta y=0 \tag{10-78}$$

同样地，在式(10-78)两边同时除以 $\Delta x\Delta y$，并取极限，可得：

$$\frac{\partial Q_x(x,y,t)}{\partial x}+\frac{\partial Q_y(x,y,t)}{\partial y}+p(x,y,t)-\rho h\frac{\partial^2 w}{\partial t^2}=0 \tag{10-79}$$

式(10-79)类似于剪力与横向分布荷载之间的静力学关系式，不同之处在于横向分布荷载是外荷载与惯性力的合力。

引入薄板的弯矩、扭矩与挠度之间的基本关系式，即：

$$\begin{cases}M_x=-D\left(\dfrac{\partial^2 w}{\partial x^2}+\nu\dfrac{\partial^2 w}{\partial y^2}\right)\\M_y=-D\left(\dfrac{\partial^2 w}{\partial y^2}+\nu\dfrac{\partial^2 w}{\partial x^2}\right)\\M_{xy}=M_{yx}=-D(1-\nu)\dfrac{\partial^2 w}{\partial x\partial y}\end{cases} \tag{10-80}$$

其中 D 为薄板弯曲刚度，即

$$D=\frac{Eh^3}{12(1-\nu^2)} \tag{10-81}$$

式中，E 为弹性模量，ν 为泊松比。

将式(10-80)分别代入式(10-75)和式(10-77)中，可得

$$\begin{cases}Q_x=-D\dfrac{\partial}{\partial x}\left(\dfrac{\partial^2 w}{\partial x^2}+\dfrac{\partial^2 w}{\partial y^2}\right)=-D\dfrac{\partial}{\partial x}(\nabla^2 w)\\Q_y=-D\dfrac{\partial}{\partial y}\left(\dfrac{\partial^2 w}{\partial x^2}+\dfrac{\partial^2 w}{\partial y^2}\right)=-D\dfrac{\partial}{\partial y}(\nabla^2 w)\end{cases} \tag{10-82}$$

式中 ∇^2 为拉普拉斯算子(Laplace Operator)。

将式(10-82)代入式(10-79)中，可得

$$D\left(\frac{\partial^4 w}{\partial x^4}+2\frac{\partial^4 w}{\partial x^2\partial y^2}+\frac{\partial^4 w}{\partial y^4}\right)+\rho h\frac{\partial^2 w}{\partial t^2}=p(x,y,t) \tag{10-83a}$$

或简写成

$$D\nabla^4 w+\rho h\frac{\partial^2 w}{\partial t^2}=p(x,y,t) \tag{10-83b}$$

式(10-83)即为**薄板的横向强迫振动方程**。

在矩形薄板的横向振动分析中，其简单的边界条件见表 10-4。表中以边界 $x=0$ 和 $y=0$ 为例，对于边界 $x=a$ 和 $y=b$，仅需将分布弯矩和总分布剪力作相应地替换即可。对于角点条件，现以角点 $B(a,b)$ 为例，如图 10-13 所示。如果角点 B 是被支承的，则有 $w|_B=w(a,b,t)=0$。若角点 B 是悬空的，则有 $\left(\frac{\partial^2 w}{\partial x\partial y}\right)_B=\frac{\overline{F}(t)}{2D(1-\nu)}$，其中 $\overline{F}(t)$ 为 B 点处的集中荷载(假定其方向沿 z 轴的正方向)；当角点 B 处无外力作用时，则 $\overline{F}(t)=0$。

矩形薄板横向振动的边界条件 **表 10-4**

板边的边界	边界 $x=0$ 的边界条件	边界 $y=0$ 的边界条件
固定边	$w\|_{x=0}=0$，$\frac{\partial w}{\partial x}\|_{x=0}=0$	$w\|_{y=0}=0$，$\frac{\partial w}{\partial y}\|_{y=0}=0$
简支边	$w\|_{x=0}=0$，$\frac{\partial^2 w}{\partial x^2}\Big\|_{x=0}=-\frac{\overline{M}_x(t)}{D}$	$w\|_{y=0}=0$，$\frac{\partial^2 w}{\partial y^2}\Big\|_{y=0}=-\frac{\overline{M}_y(t)}{D}$
自由边	$\left(\frac{\partial^2 w}{\partial x^2}+\nu\frac{\partial^2 w}{\partial y^2}\right)\Big\|_{x=0}=-\frac{\overline{M}_x(t)}{D}$， $\left[\frac{\partial^3 w}{\partial x^3}+(2-\nu)\frac{\partial^3 w}{\partial x\partial y^2}\right]\Big\|_{x=0}=-\frac{\overline{V}_x(t)}{D}$	$\left(\frac{\partial^2 w}{\partial y^2}+\nu\frac{\partial^2 w}{\partial x^2}\right)\Big\|_{y=0}=-\frac{\overline{M}_y(t)}{D}$， $\left[\frac{\partial^3 w}{\partial y^3}+(2-\nu)\frac{\partial^3 w}{\partial x^2\partial y}\right]\Big\|_{y=0}=-\frac{\overline{V}_y(t)}{D}$

注：表中 $\overline{M}_x(t)$、$\overline{V}_x(t)$ 与 $\overline{M}_y(t)$、$\overline{V}_y(t)$ 分别为 $x=0$ 与 $y=0$ 边界的已知分布弯矩、总分布剪力，其方向如图 10-13 所示。总分布剪力可通过将边界上分布扭矩变换为静力等效的横向剪力，并与原来的横向剪力合成而得到。当板边无外力作用时，可知 $\overline{V}_x(t)=\overline{V}_y(t)=0$ 及 $\overline{M}_x(t)=\overline{M}_y(t)=0$。

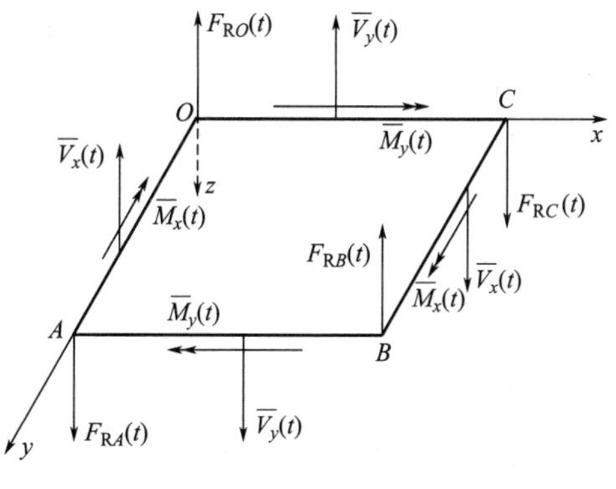

图 10-13 正的总分布剪力、弯矩及角点反力

习　题

10-1　如图 10-14 所示的等截面悬臂梁，在自由端用无质量的刚杆固接一集中质量 $m=\rho Al/4$。由于质量 m 偏离梁端，其轴向振动和横向弯曲振动是耦合的。仅考虑在 x-y 平面内的振动。

(1)应用近似脱离体图，确定轴向和横向振动的边界条件。

(2)应用哈密顿原理推导系统的运动方程和边界条件。

10-2　如图 10-15 所示一根重的柔性钢索，长度为 l，单位长度的质量为 ρ。上端悬挂，在平面内做自由振动，试推导钢索的横向振动方程。

10-3　如图 10-16 所示一种特殊人造卫星由缆索连接两个相等的质量 m 组成，缆索长为 $2l$，单位长度的质量为 ρ。整个卫星装置以角速度 ω 绕其质心旋转。证明：忽略缆索张力的变化，缆索在旋转平面 x-y 内的横向振动方程为：

$$\frac{\partial^2 y}{\partial x^2}=\frac{\rho}{m\omega^2 l}\left(\frac{\partial^2 y}{\partial t^2}-\omega^2 y\right)$$

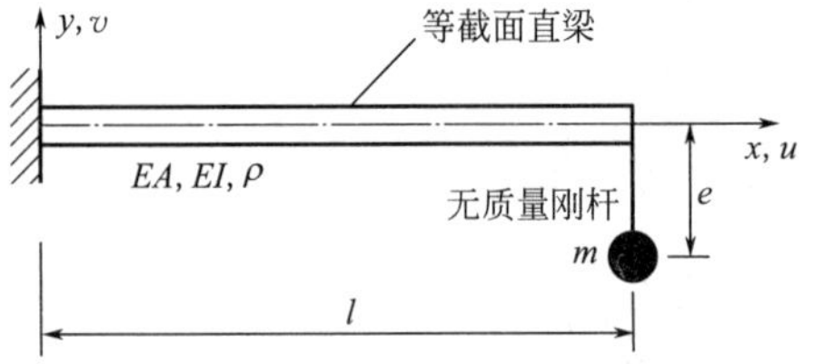

图 10-14

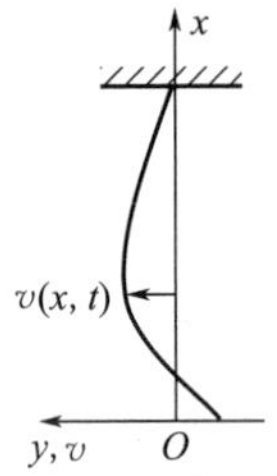

图 10-15

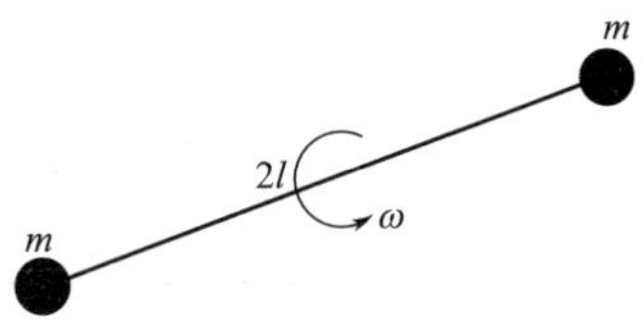

图 10-16

第 11 章　连续系统的自由振动分析

第 10 章建立了一维结构和二维结构连续模型的运动方程与边界条件。在本章中将讨论连续系统自由振动的固有频率和振型等重要概念。与多自由度系统一样，连续系统仅考虑无阻尼自由振动的固有频率和振型，不涉及有阻尼自由振动情况。

§ 11.1　杆的轴向自由振动分析

式(10-4)已经给出了线弹性直杆的轴向强迫振动的运动方程。对于等截面直杆的自由振动，则可写为：

$$\frac{\partial^2 u}{\partial t^2}-\frac{E}{\rho}\times\frac{\partial^2 u}{\partial x^2}=0 \tag{11-1}$$

仿照多自由度系统的自由振动，假设杆的各点作同步运动：

$$u(x,t)=\phi(x)T(t) \tag{11-2}$$

式中，$\phi(x)$ 为杆上点 x 处截面的轴向振动幅值，$T(t)$ 表示运动规律的时间函数。将式(11-2)代入式(11-1)中，可得：

$$\frac{\ddot{T}(t)}{T(t)}=\frac{E}{\rho}\cdot\frac{\phi''(x)}{\phi(x)} \tag{11-3}$$

式中，$\phi''(x)$ 表示 $\frac{\mathrm{d}^2\phi}{\mathrm{d}x^2}$，$\ddot{T}(t)$ 表示 $\frac{\mathrm{d}^2 T}{\mathrm{d}t^2}$。

在式(11-3)中，等号左边仅是 t 的函数，而右边仅是 x 的函数，因此，等号两边只能同时为某一常数，不妨设为 $-\lambda$。于是，可得到下列两个方程：

$$\phi''(x)+\frac{\rho\lambda}{E}\phi(x)=0 \tag{11-4}$$

$$\ddot{T}(t)+\lambda T(t)=0 \tag{11-5}$$

对于简单边界条件，杆端点为自由端或固定端，具体见表 10-1。注意到杆端外力为零，即 $N_0(t)=N_l(t)=0$，并考虑式(11-2)。这样，等截面直杆的简单边界条件转化为下列三种情况：

(1) 两端固定：

$$\phi(0)=0,\ \phi(l)=0 \tag{11-6a}$$

(2) 一端固定一端自由(例如左端固定右端自由):

$$\phi(0)=0,\ \phi'(l)=0 \tag{11-6b}$$

(3) 两端自由:

$$\phi'(0)=0,\ \phi'(l)=0 \tag{11-6c}$$

式(11-4)与式(11-6)中的任意一种边界条件构成了**微分方程的特征值问题**。容易验证,对于情况(1)与情况(2),仅当常数 λ 大于零时,方程式(11-4)才有非零解 $\phi(x)$; 对于情况(3),除常数 $\lambda>0$ 外,$\lambda=0$ 也能使方程式(11-4)有非零解。

首先,讨论 $\lambda>0$ 的情况。设 $\lambda=\omega^2$, 其中 ω 为正数,则式(11-4)与式(11-5)变为:

$$\phi''(x)+\frac{\rho\omega^2}{E}\phi(x)=0 \tag{11-7}$$

$$\ddot{T}(t)+\omega^2T(t)=0 \tag{11-8}$$

式(11-8)即为无阻尼单自由度系统的自由振动方程。式(11-7)与式(11-8)的通解为:

$$\phi(x)=A\cos\sqrt{\frac{\rho}{E}}\omega x+B\sin\sqrt{\frac{\rho}{E}}\omega x \tag{11-9}$$

$$T(t)=C\sin(\omega t+\theta) \tag{11-10}$$

其中,常数 A、B 及 ω 将由边界条件确定,而 C 和 θ 则由初始条件来确定。

将式(11-9)和式(11-10)代入到式(11-2)中,得到等截面直杆的轴向自由振动的位移反应为:

$$u(x,t)=C\phi(x)\sin(\omega t+\theta) \tag{11-11}$$

若令 $U(x)=C\phi(x)$, 则式(11-11)变为:

$$u(x,t)=U(x)\sin(\omega t+\theta) \tag{11-12}$$

式(11-11)表示杆的各个质点以式(11-9)所示 $\phi(x)$ 为振动形态,以 ω 为频率作简谐振动,因此,$\phi(x)$ 称为**振型**或**振型函数**,而 ω 则为**固有频率**。

下面,讨论 $\lambda=0$(即 $\omega=0$)时,由式(11-4)与式(11-6c)所构成的特征值问题的非零解:

$$\phi_0(x)=A_0 \tag{11-13}$$

其中 A_0 为常数。当 $\lambda=0$ 时,由式(11-5)可得:

$$T_0(t)=B_0+C_0t \tag{11-14}$$

于是,相应的振动位移为:

$$u_0(x,t)=\phi_0(x)T_0(t)=A_0(B_0+C_0t) \tag{11-15}$$

因此，对于具有刚体自由度的杆，除了如式(11-11)的振动之外，还能出现如式(11-15)的刚体运动，而相应的固有频率为零。

【例 11-1】 在简单边界条件下，试确定杆轴向自由振动的固有频率和振型。

【解】 (1) 两端固定。在式(11-9)中，考虑边界条件式(11-6a)，可得：

$$A=0,\ B\sin\sqrt{\frac{\rho}{E}}\omega l=0$$

因 B 不能为零，否则只有零解，于是只能有：

$$\sin\sqrt{\frac{\rho}{E}}\omega l=0$$

上式即为两端固定杆的频率方程，由此解出固有频率：

$$\omega_n=\sqrt{\frac{E}{\rho}}\cdot\frac{n\pi}{l},\ n=1,2,\cdots \tag{11-16}$$

将式(11-16)代入式(11-9)中，并考虑 $A=0$，可得相应的振型：

$$\phi_n(x)=B_n\sin\frac{n\pi x}{l},\ n=1,2,\cdots \tag{11-17}$$

式中，B_n 为任意定标系数，可通过振型的归一化来确定。图 11-1(a)画出了两端固定杆的前三阶振型。

(2) 一端固定一端自由。在式(11-9)中，考虑边界条件式(11-6b)，可得：

$$A=0,\ B\sqrt{\frac{\rho}{E}}\omega\times\cos\sqrt{\frac{\rho}{E}}\omega l=0$$

同样，由第二式得到频率方程为：

$$\cos\sqrt{\frac{\rho}{E}}\omega l=0$$

解得固有频率为：

$$\omega_n=\sqrt{\frac{E}{\rho}}\times\frac{(2n-1)\pi}{2l},\ n=1,2,\cdots \tag{11-18}$$

相应的振型为：

$$\phi_n(x)=B_n\sin\frac{(2n-1)\pi x}{2l},\ n=1,2,\cdots \tag{11-19}$$

图 11-1(b)画出了一端固定一端自由杆的前三阶振型。

(3) 两端自由。在式(11-9)中，考虑边界条件式(11-6c)，可得：

$$B=0,\ A\sqrt{\frac{\rho}{E}}\omega\times\sin\sqrt{\frac{\rho}{E}}\omega l=0$$

于是，频率方程为：

$$\sin\sqrt{\frac{\rho}{E}}\omega l=0$$

考虑到固有频率为零的情况，因此固有频率应为：

$$\omega_n=\sqrt{\frac{E}{\rho}}\times\frac{n\pi}{l},\ n=0,1,2,\cdots \tag{11-20}$$

而相应的振型为：

$$\phi_n(x)=A_n\cos\frac{n\pi x}{l},\ n=0,1,2,\cdots \tag{11-21}$$

显然，式(11-21)包含了式(11-13)所示的刚体振型。图 11-1(c)画出了两端自由杆的刚体振型以及前三阶振型。

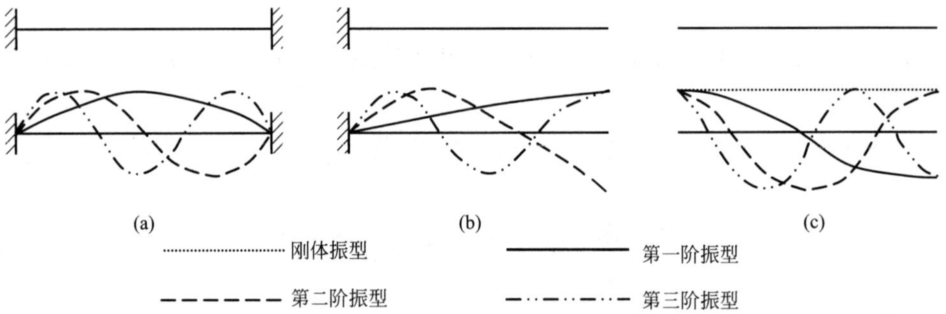

图 11-1

【例 11-2】 在复杂边界条件下，试确定杆轴向自由振动的固有频率和振型。

在【例 10-1】中介绍了杆轴向振动的二类复杂边界条件，即杆端带有弹簧和集中质量。下面，仅考虑等截面直杆在左端固定右端带有弹簧或集中质量时，杆轴向自由振动的固有频率和振型，如图 11-2 所示。

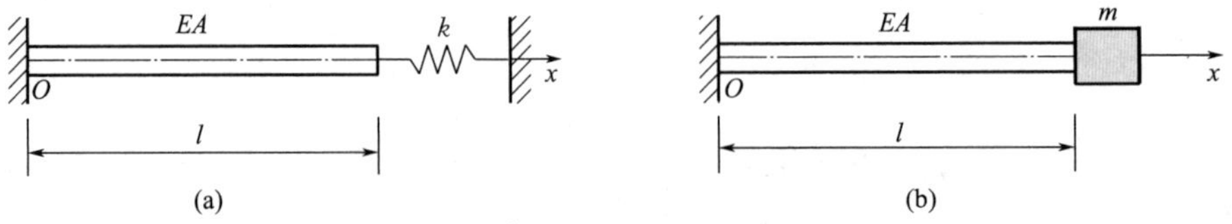

图 11-2

【解】 (1)一端固定一端带有弹簧。设弹簧刚度系数为 k，如图 11-2(a)所示，杆的右端受到弹簧力的作用，其边界条件为：

$$u(0,t)=0,\ EA\left.\frac{\partial u}{\partial x}\right|_{x=l}=-ku(l,t)$$

考虑式(11-2)，上述边界条件变为：

$$\phi(0)=0,\ EA\phi'(l)=-k\phi(l)$$

再由式(11-9)，可知：

$$\phi(x)=B\sin\sqrt{\frac{\rho}{E}}\omega x$$

$$EA\omega\sqrt{\frac{\rho}{E}}\cos\sqrt{\frac{\rho}{E}}\omega l=-k\sin\sqrt{\frac{\rho}{E}}\omega l \tag{11-22}$$

式(11-22)即为杆的频率方程。显然，当 $k=0$ 时，式(11-22)变为左端固定右端自由杆的频率方程；当 $k\rightarrow\infty$ 时，在式(11-22)两边同除以 k，则变为两端固定杆的频率方程。在一般情况下，式(11-22)可写为：

$$\frac{kl}{EA}\tan\sqrt{\frac{\rho}{E}}\omega l=-\sqrt{\frac{\rho}{E}}\omega l$$

上式为一超越方程，求解其方程可得杆的各阶固有频率 ω_n，而相应的振型为：

$$\phi_n(x)=B_n\sin\sqrt{\frac{\rho}{E}}\omega_n x,\ n=1,2,\cdots \tag{11-23}$$

(2)一端固定一端带有集中质量。设刚性集中质量为 m，如图 11-2(b)所示，杆的右端受到集中质量在振动中引起的惯性力作用，其边界条件为：

$$u(0,t)=0,\ EA\left.\frac{\partial u}{\partial x}\right|_{x=l}=-m\left.\frac{\partial^2 u}{\partial t^2}\right|_{x=l}$$

考虑到式(11-2)和式(11-9)，则有：

$$\phi(x)=B\sin\sqrt{\frac{\rho}{E}}\omega x$$

$$EA\omega\sqrt{\frac{\rho}{E}}\cos\sqrt{\frac{\rho}{E}}\omega l=m\omega^2\sin\sqrt{\frac{\rho}{E}}\omega l\quad \text{或}\quad \tan\sqrt{\frac{\rho}{E}}\omega l=\frac{EA}{m\omega}\sqrt{\frac{\rho}{E}} \tag{11-24}$$

式(11-24)即为频率方程，可用数值解法求得杆的各阶固有频率 ω_n，而相应的振型为：

$$\phi_n(x)=B_n\sin\sqrt{\frac{\rho}{E}}\omega_n x,\ n=1,2,\cdots \tag{11-25}$$

求出各阶固有频率 ω_n 和相应的振型 $\phi_n(x)$ 后，就得到如式(11-11)的各阶振型振动，它们都满足自由振动方程式(11-1)，因而杆的自由振动是所有各阶振动的叠加：

$$u(x,t)=\sum_{n=1}^{\infty}C_n\phi_n(x)\sin(\omega_n t+\theta_n) \tag{11-26}$$

对于两端自由的杆，式(11-26)中还应包含刚体运动，再由初始条件确定系数，即可得到杆的自由振动反应。

【例 11-3】 如图 11-3 所示的等截面悬臂直杆，假定在杆的自由端作用有一轴向力 N，在 $t=0$ 时刻此轴向力突然释放，杆开始沿轴向作自由振动。试求杆轴向自由振动的位移反应。

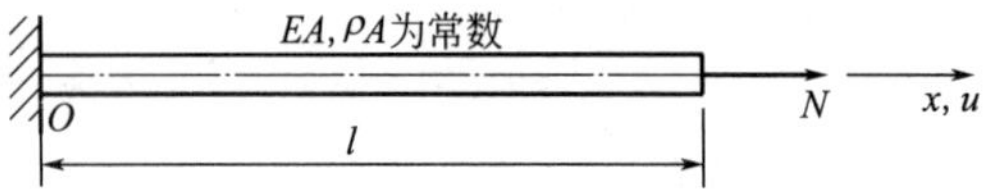

图 11-3

【解】 本题的边界条件属于一端固定一端自由。根据【例 11-1】所求的固有频率与振型，即式(11-18)与式(11-19)，由式(11-26)可得杆轴向自由振动的位移反应为：

$$u(x,t)=\sum_{n=1}^{\infty}D_n\sin\frac{(2n-1)\pi x}{2l}\sin(\omega_n t+\theta_n) \tag{a}$$

其中，固有频率 $\omega_n=\dfrac{(2n-1)\pi}{2l}\sqrt{E/\rho}$，而常数 $D_n=C_nB_n$ 及 θ_n 由初始条件确定。

当 $t=0$ 时，杆的各点应变 $\varepsilon=N/EA$（常数）。因此，其初始条件为：

$$u(x,0)=\varepsilon x=\frac{N}{EA}x,\ \dot{u}(x,0)=0 \tag{b}$$

考虑式(a)与式(b)，可得下列方程：

$$\sum_{n=1}^{\infty}D_n\sin\theta_n\sin\frac{(2n-1)\pi x}{2l}=\frac{N}{EA}x \tag{c}$$

$$\sum_{n=1}^{\infty}D_n\omega_n\cos\theta_n\sin\frac{(2n-1)\pi x}{2l}=0 \tag{d}$$

并注意到：

$$\int_0^l\sin\frac{(2n-1)\pi x}{2l}\cdot\sin\frac{(2m-1)\pi x}{2l}\mathrm{d}x=\begin{cases}0, & m\neq n\\ l/2, & m=n\end{cases}$$

于是，在式(c)与式(d)的两边同时乘以 $\sin\dfrac{(2m-1)\pi x}{2l}$（其中 m 为正整数），并沿杆长积分，可得：

$$D_n\sin\theta_n=\frac{(-1)^{n-1}}{(2n-1)^2}\cdot\frac{8Nl}{\pi^2EA},\ D_n\cos\theta_n=0 \tag{e}$$

再将式(e)代入式(a)中，得到杆轴向自由振动的位移反应为：

$$u(x,t)=\frac{8Nl}{\pi^2 EA}\sum_{n=1}^{\infty}\frac{(-1)^{n-1}}{(2n-1)^2}\sin\frac{(2n-1)\pi x}{2l}\cos\frac{(2n-1)\pi t}{2l}\sqrt{\frac{E}{\rho}}$$

§ 11.2 梁的横向自由振动

11.2.1 伯努利-欧拉梁的自由振动

伯努利-欧拉梁的横向强迫振动方程由式(10-33)确定。其横向自由振动方程为：

$$\frac{\partial^2}{\partial x^2}\left(EI\frac{\partial^2 v}{\partial x^2}\right)+\rho A\frac{\partial^2 v}{\partial t^2}=0 \tag{11-27}$$

根据对杆轴向自由振动的分析，可假定梁的横向自由振动为简谐运动：

$$v(x,t)=C\phi(x)\sin(\omega t+\theta) \tag{11-28}$$

式中，ω 为**固有频率**，$\phi(x)$ 为**振型**或**振型函数**。若令 $V(x)=C\phi(x)$，则式(11-28)变为：

$$v(x,t)=V(x)\sin(\omega t+\theta) \tag{11-29}$$

将式(11-28)代入式(11-27)中，可得：

$$(EI\phi'')''-\omega^2\rho A\phi=0 \tag{11-30}$$

对于等截面直梁，式(11-30)可变为：

$$\frac{\mathrm{d}^4\phi}{\mathrm{d}x^4}-\lambda^4\phi=0 \tag{11-31}$$

其中

$$\omega^2=\frac{\lambda^4 EI}{\rho A} \tag{11-32}$$

对于方程式(11-31)，假定解的形式为：

$$\phi(x)=A\mathrm{e}^{rx} \tag{11-33}$$

将式(11-33)代入式(11-31)中，可得：

$$(r^4-\lambda^4)A\mathrm{e}^{rx}=0$$

于是，得到：

$$r_{1,2}=\pm\lambda,\quad r_{3,4}=\pm\mathrm{i}\lambda$$

因此，式(11-31)的通解为：

$$\phi(x)=A_1e^{\lambda x}+A_2e^{-\lambda x}+A_3e^{i\lambda x}+A_4e^{-i\lambda x} \tag{11-34}$$

式中，A_1、A_2、A_3 及 A_4 为复常数。利用三角函数和双曲函数，式(11-34)可以替换为：

$$\phi(x)=B_1e^{\lambda x}+B_2e^{-\lambda x}+B_3\cos\lambda x+B_4\sin\lambda x \tag{11-35}$$

或

$$\phi(x)=C_1\cos\lambda x+C_2\sin\lambda x+C_3\cosh\lambda x+C_4\sinh\lambda x \tag{11-36}$$

其中，B_1、B_2、B_3、B_4 及 C_1、C_2、C_3、C_4 为实常数。

在通解中有五个常数，即四个幅值常数与频率参数 λ，在确定这些常数时，需要利用端点的边界条件。对于简单边界条件，等截面直梁的端点条件为：

(1)固定端：

$$\phi(x)=0,\ \phi'(x)=0 \qquad x=0 \text{ 或 } x=l \tag{11-37a}$$

(2)简支端：

$$\phi(x)=0,\ \phi''(x)=0 \qquad x=0 \text{ 或 } x=l \tag{11-37b}$$

(3)自由端：

$$\phi''(x)=0,\ \phi'''(x)=0 \qquad x=0 \text{ 或 } x=l \tag{11-37c}$$

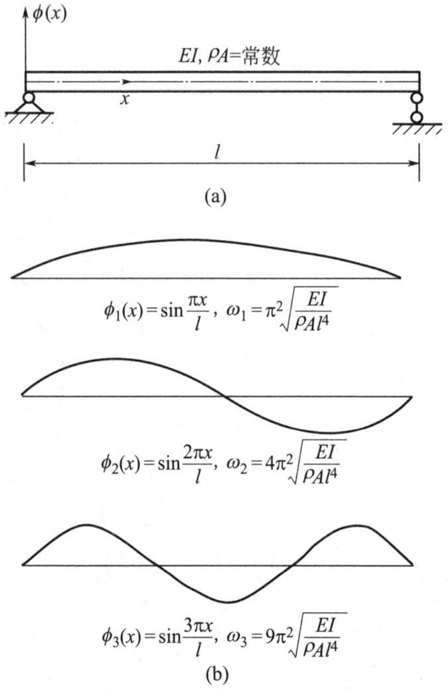

图 11-4　简支梁的自由振动

(a)简支梁的基本特性；(b)前三阶振型及其频率

下面，通过具体边界条件的例子，说明上述自由振动分析的方法。

【例 11-4】　简支梁。确定图 11-4(a)所示等截面简支梁的固有频率和振型。

【解】　对于等截面简支梁，其两端的边界条件为：

$$\phi(0)=0,\ \phi''(0)=0 \tag{a}$$

$$\phi(l)=0,\ \phi''(l)=0 \tag{b}$$

利用式(11-36)，并结合式(a)，得到：

$$C_1+C_3=0,\quad -C_1+C_3=0 \tag{c}$$

从而，有 $C_1=C_3=0$。

利用式(11-36)，并结合式(b)，得到：

$$C_2\sin\lambda l+C_4\sinh\lambda l=0,\quad -C_2\sin\lambda l+C_4\sinh\lambda l=0 \tag{d}$$

于是，有：

$$C_2\sin\lambda l=0,\ C_4\sinh\lambda l=0 \tag{e}$$

对于两端简支的梁，无刚体运动，因此有 $\lambda l\neq 0$， 即 $\sinh\lambda l\neq 0$。因此，有：

$$C_4=0,\ \sin\lambda l=0 \tag{f}$$

求解频率方程(f)，可得：

$$\lambda_n=\frac{n\pi}{l},\ n=1,2,\cdots \tag{g}$$

再由式(11-32)得到固有频率为：

$$\omega_n=n^2\pi^2\sqrt{\frac{EI}{\rho Al^4}},\ n=1,2,\cdots \tag{11-38}$$

而相应的振型为：

$$\phi_n(x)=C_{2,n}\sin\frac{n\pi x}{l},\ n=1,2,\cdots \tag{11-39}$$

前三阶振型曲线和相应的圆频率如图 11-4(b)所示。

【例 11-5】 悬臂梁。确定图 11-5(a)所示左端固定右端自由等截面梁的固有频率和振型。

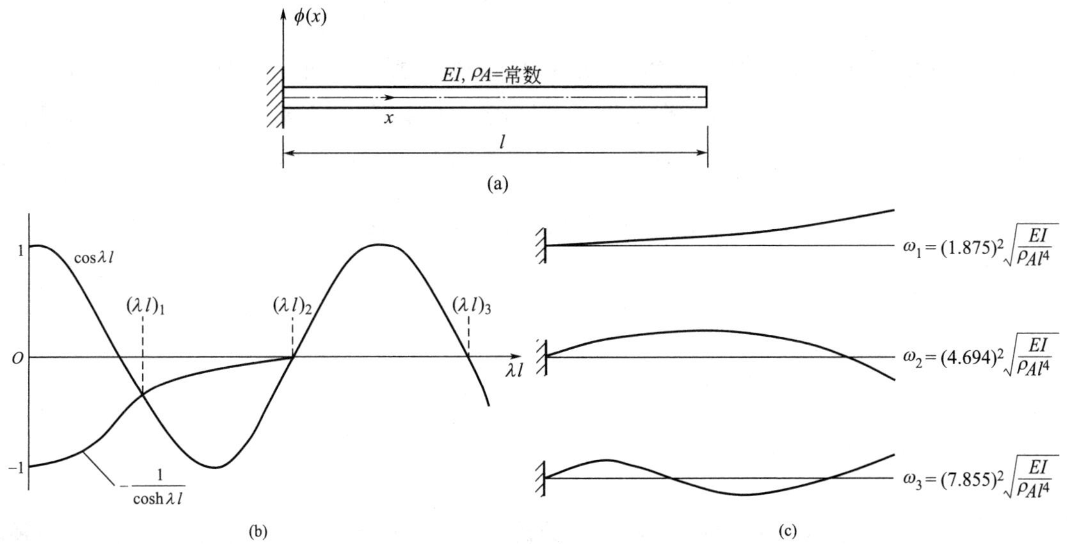

图 11-5　悬臂梁的自由振动

(a)悬臂梁的几何特性；(b)图解法求解频率方程；(c)前三阶振型和频率

【解】 对于等截面直梁，左端固定右端自由的边界条件为：

$$\phi(0)=0,\ \phi'(0)=0 \tag{a}$$

$$\phi''(l)=0,\ \phi'''(l)=0 \tag{b}$$

根据式(11-36)，可知：

$$\phi(0)=C_1+C_3=0,\ \phi'(0)=\lambda C_2+\lambda C_4=0 \tag{c}$$

$$\left.\begin{aligned}\phi''(l)&=\lambda^2(-C_1\cos\lambda l-C_2\sin\lambda l+C_3\cosh\lambda l+C_4\sinh\lambda l)=0\\ \phi'''(l)&=\lambda^3(C_1\sin\lambda l-C_2\cos\lambda l+C_3\sinh\lambda l+C_4\cosh\lambda l)=0\end{aligned}\right\} \tag{d}$$

由式(c)，可知：

$$C_3=-C_1,\ C_4=-C_2 \tag{e}$$

将式(e)代入式(d)中，可得：

$$\left.\begin{aligned}(\cos\lambda l+\cosh\lambda l)C_1+(\sin\lambda l+\sinh\lambda l)C_2=0\\ (-\sin\lambda l+\sinh\lambda l)C_1+(\cos\lambda l+\cosh\lambda l)C_2=0\end{aligned}\right\} \tag{f}$$

为了使系数 C_1 和 C_2 不全为零，由式(f)必有：

$$\begin{vmatrix}\cos\lambda l+\cosh\lambda l & \sin\lambda l+\sinh\lambda l\\ -\sin\lambda l+\sinh\lambda l & \cos\lambda l+\cosh\lambda l\end{vmatrix}=0 \tag{g}$$

将式(g)简化，得到频率方程为：

$$\cos\lambda l\cosh\lambda l=-1\ 或\ \cos\lambda l=-\frac{1}{\cosh\lambda l} \tag{h}$$

求解超越方程(h)得到 λl 的值，此值代表悬臂梁的振动频率。图 11-5(b)给出了函数 $\cos\lambda l$ 与 $-1/\cosh\lambda l$ 的图形，它们的交点给出了满足式(h)的 λl 值。当函数 $-1/\cosh\lambda l$ 逐渐趋于横坐标轴时，交点的 λl 值可由 $\cos\lambda l=0$ 给出。因此，方程式(h)的前四个根为：

$$\lambda_1 l=1.8751,\ \lambda_2 l=4.6941,\ \lambda_3 l=7.8548,\ \lambda_4 l=10.996 \tag{i}$$

当 $n\geqslant 4$ 时，可取：

$$\lambda_n l\approx\frac{(2n-1)\pi}{2},\ n=4,5,\cdots \tag{j}$$

于是，固有频率为：

$$\omega_n=(\lambda_n l)^2\sqrt{\frac{EI}{\rho A l^4}},\ n=1,2,\cdots \tag{11-40}$$

再由式(f)，可知：

$$C_2=-\frac{\cos\lambda l+\cosh\lambda l}{\sin\lambda l+\sinh\lambda l}C_1$$

将上式结合式(e)，可得振型的表达式为：

$$\phi_n(x)=C_{1,n}\left[\cos\lambda_n x-\cosh\lambda_n x-\frac{\cos\lambda_n l+\cosh\lambda_n l}{\sin\lambda_n l+\sinh\lambda_n l}(\sin\lambda_n x-\sinh\lambda_n x)\right],\ n=1,2,\cdots \tag{11-41}$$

图 11-5(c)画出了等截面悬臂梁自由振动的前三个振型和相应的圆频率。

【例 11-6】 在自由端有集中质量的悬臂梁。考虑与【例 11-5】相同的等截面悬臂梁，不同的是在自由端带有刚性集中质量，其转动惯量为 J_C，集中质量为 m_C，如图 11-6 所示。确定梁自由振动的固有频率和振型。

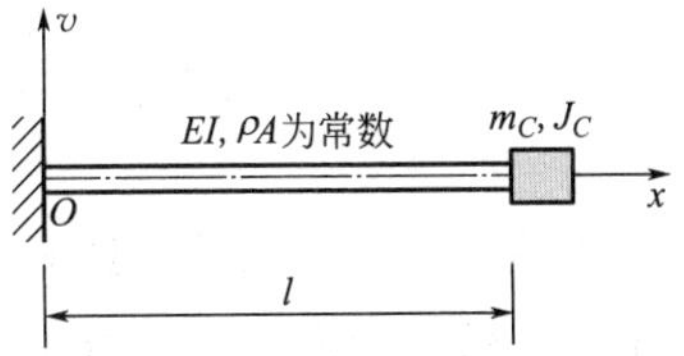

图 11-6

【解】 在梁固定端的边界条件与【例 11-5】相同：

$$\phi(0)=0,\ \phi'(0)=0 \tag{a}$$

但在梁的自由端处，因集中质量的存在，杆端的弯矩和剪力不再为零。根据第 10 章【例 10-2】的分析，即式(10-36)与式(10-37)，在自由振动条件下，从式(11-28)可推导出：

$$EI\phi'''(l)=-\omega^2 m_C\phi(l),\ EI\phi''(l)=\omega^2 J_C\phi'(l) \tag{b}$$

再按照【例 11-5】的分析步骤进行自由振动分析，可以推导出固有频率和振型。

11.2.2 考虑轴向力的影响

现在，讨论相同物理特性等截面直梁的横向自由振动，如果轴向力沿杆长不改变，也不随时间变化，则自由振动的运动方程为：

$$EI\frac{\partial^4 v(x,t)}{\partial x^4}-N\frac{\partial^2 v(x,t)}{\partial x^2}+\rho A\frac{\partial^2 v(x,t)}{\partial t^2}=0 \tag{11-42}$$

同样地，假定其振动为简谐运动：

$$v(x,t)=C\phi(x)\sin(\omega t+\theta) \tag{11-43}$$

将式(11-43)代入式(11-42)中，化简后可得：

$$\frac{\partial^4\phi}{\partial x^4}-2a^2\frac{\partial^2\phi}{\partial x^2}-b^4\phi=0 \tag{11-44}$$

其中

$$a^2=\frac{N}{2EI},\ b^4=\omega^2\frac{\rho A}{EI} \tag{11-45}$$

考虑梁的简单边界条件，可以分为：

（1）固定端：

$$\phi(x)=0,\ \phi'(x)=0 \qquad x=0 \text{ 或 } x=l \tag{11-46a}$$

（2）简支端：

$$\phi(x)=0,\ \phi''(x)=0 \qquad x=0 \text{ 或 } x=l \tag{11-46b}$$

（3）自由端：

$$\phi''(x)=0,\ \phi'''(x)=\frac{N}{EI}\phi'(x) \qquad x=0 \text{ 或 } x=l \tag{11-46c}$$

注意到，自由端的表达式(11-46c)与式(11-37c)有所不同，这是由于在考虑轴向力的影响后，横向力需要进行修正，参见公式(10-38)。

式(11-44)的通解为：

$$\phi(x)=C_1\cos\lambda_1 x+C_2\sin\lambda_1 x+C_3\cosh\lambda_2 x+C_4\sinh\lambda_2 x \tag{11-47}$$

其中

$$\lambda_1=\sqrt{(a^4+b^4)^{1/2}-a^2},\ \lambda_2=\sqrt{(a^4+b^4)^{1/2}+a^2} \tag{11-48}$$

对于任何给定的轴向力 N，式(11-47)定义了振动梁段的形状。事实上，当轴向力为零时，即得 $a=0$，于是 $\lambda_1=\lambda_2=b$，此时，式(11-47)与式(11-36)完全相同。

下面，以两端简支梁为例求固有频率和振型。由边界条件式(11-46b)可得出：

$$C_1=C_3=0 \tag{11-49}$$

$$\left.\begin{aligned}(\sin\lambda_1 l)C_2+(\sinh\lambda_2 l)C_4=0\\(-\lambda_1^2\sin\lambda_1 l)C_2+(\lambda_2^2\sinh\lambda_2 l)C_4=0\end{aligned}\right\} \tag{11-50}$$

因 C_2 与 C_4 不能同时为零，否则只有零解。因此，式(11-50)中的系数行列式必为零，则有：

$$(\lambda_1^2+\lambda_2^2)\sin\lambda_1 l\cdot\sinh\lambda_2 l=0 \tag{11-51}$$

考虑到 $\lambda_2>0$，从而频率方程为：

$$\sin\lambda_1 l=0 \tag{11-52}$$

于是，可解得：

$$\lambda_1=\frac{n\pi}{l},\ n=1,2,\cdots \tag{11-53}$$

进一步地，可求得固有频率为：

$$\omega_n=\frac{n^2\pi^2}{l^2}\sqrt{\frac{EI}{\rho A}}\sqrt{1+\frac{Nl^2}{n^2\pi^2EI}}=\omega_n^*\sqrt{1+\frac{Nl^2}{n^2\pi^2EI}},\ n=1,2,\cdots \tag{11-54}$$

式中，ω_n^* 为无轴向力时简支伯努利-欧拉梁的第 n 阶固有频率。从式(11-54)可以看出，由于轴向拉力的存在使梁的挠度减小，因而相当于增加了梁的刚度，使固有频率提高。

由于 $\lambda_1 l=n\pi$，从式(11-50)中，可知：

$$C_4=0 \tag{11-55}$$

所以，相应的振型为：

$$\phi_n(x)=C_{2,n}\sin\frac{n\pi x}{l},\ n=1,2,\cdots \tag{11-56}$$

式(11-56)与没有轴向力作用时两端简支梁的振型函数相同，即式(11-39)。

当轴向力是压力时，需用 $-N$ 取代式(11-54)中的 N。于是，式(11-54)变为：

$$\omega_n=\omega_n^*\sqrt{1-\frac{Nl^2}{n^2\pi^2EI}}=\omega_n^*\sqrt{1-\frac{N}{n^2N_{cr}}},\ n=1,2,\cdots \tag{11-57}$$

式中，$N_{cr}=\dfrac{\pi^2EI}{l^2}$ 为两端铰支压杆稳定的临界值。可见，轴向压力使固有频率降低，同时还可利用基频 $\omega_1=0$ 来求解压杆稳定的临界值。

§11.3　Timoshenko 梁的横向自由振动分析

在 10.4 节中推导了 Timoshenko 梁横向强迫振动的运动方程和边界条件。为了进一步了解梁的剪切变形与转动惯量的振动效应，考虑等截面直梁的横向自由振动：

$$\alpha'=v''-\frac{\rho}{\kappa G}\ddot{v} \tag{11-58}$$

$$EI\frac{\partial^4 v}{\partial x^4}+\rho A\frac{\partial^2 v}{\partial t^2}-\rho I\left(1+\frac{E}{\kappa G}\right)\frac{\partial^4 v}{\partial x^2\partial t^2}+\frac{\rho^2 I}{\kappa G}\frac{\partial^4 v}{\partial t^4}=0 \tag{11-59}$$

假定梁的横向自由振动为简谐运动：

$$v(x,t)=\phi(x)\sin(\omega t+\theta) \tag{11-60}$$

$$\alpha(x,t)=\varphi(x)\sin(\omega t+\theta) \tag{11-61}$$

将式(11-60)、式(11-61)代入式(11-58)、式(11-59)中，可得：

$$\varphi'=\phi''+\frac{\rho\omega^2}{\kappa G}\phi \tag{11-62}$$

$$\frac{\mathrm{d}^4\phi}{\mathrm{d}x^4}-\frac{\rho A}{EI}\omega^2\phi+\left(\frac{\rho}{E}+\frac{\rho}{\kappa G}\right)\omega^2\frac{\mathrm{d}^2\phi}{\mathrm{d}x^2}+\frac{\rho^2}{\kappa EG}\omega^4\phi=0 \tag{11-63}$$

对于梁的一般边界条件，可用振型函数 $\phi(x)$ 与 $\varphi(x)$ 表示为如下三类：

(1) 固定端：

$$\phi(x)=0,\ \varphi(x)=0 \qquad x=0 \text{ 或 } x=l \tag{11-64a}$$

(2) 简支端：

$$\phi(x)=0,\ EI\varphi'(x)=0 \qquad x=0 \text{ 或 } x=l \tag{11-64b}$$

(3) 自由端：

$$\kappa GA(\varphi-\phi')=0,\ EI\varphi'(x)=0 \qquad x=0 \text{ 或 } x=l \tag{11-64c}$$

式(11-64)中任意一类边界条件与式(11-62)、式(11-63)构成了 Timoshenko 梁振动**微分方程的特征值问题**。下面，以两端简支的等截面直梁来求固有频率和振型，其位移边界条件为：

$$\phi(0)=0,\ \phi(l)=0 \tag{11-65}$$

考虑式(11-62)及式(11-65)，式(11-64b)中的力边界条件转化为：

$$\phi''(0)=0,\ \phi''(l)=0 \tag{11-66}$$

由于剪切变形与转动惯量对两端简支梁的振动形式没有影响，仍用前面导出的简支梁的振型：

$$\phi_n(x)=C_{2,n}\sin\frac{n\pi x}{l},\ n=1,2,\cdots \tag{11-67}$$

显然，上述振型满足了式(11-63)及所有边界条件式(11-65)、式(11-66)。因此，它给出了这类问题的一个解。将式(11-67)代入式(11-63)中，可得：

$$\left(\frac{n\pi}{l}\right)^4-\frac{\rho A}{EI}\omega_n^2-\left(1+\frac{E}{\kappa G}\right)\frac{\rho}{E}\left(\frac{n\pi}{l}\right)^2\omega_n^2+\frac{\rho^2}{\kappa EG}\omega_n^4=0 \tag{11-68}$$

其中，第一项与第二项代表了伯努利-欧拉梁的情况，第三项为转动惯量与剪切变形的主要影响，它们分别由括号内的 1 和 $E/(\kappa G)$ 来表示。对于典型材料的矩形截面的梁，$E/(\kappa G)$ 约为 3，因而在这种情况下，剪切变形影响的重要性约为转动惯量的三倍。

若用 $\overline{\omega}_n$ 表示两端简支的伯努利-欧拉梁的固有频率，则有：

$$\overline{\omega}_n=\left(\frac{n\pi}{l}\right)^2\sqrt{\frac{EI}{\rho A}} \tag{11-69}$$

现在，若不考虑式(11-68)中的最后非零项的影响，可得到：

$$\omega_n = \overline{\omega}_n \left[1 + \left(\frac{n\pi r}{l}\right)^2 \left(1 + \frac{E}{\kappa G}\right)\right]^{-1/2} \tag{11-70}$$

式中，$r=\sqrt{I/A}$ 为截面的回转半径。显然，剪切变形及转动惯量的存在都使得固有频率降低，当振型的阶数 n 增大或长细比 l/r 减小时，修正亦随之加大。当 nr/l 很小时，式(11-70)可近似展开为：

$$\omega_n \approx \overline{\omega}_n \left[1 - \frac{1}{2}\left(\frac{n\pi r}{l}\right)^2 \left(1 + \frac{E}{\kappa G}\right)\right] = \left(\frac{n\pi}{l}\right)^2 \sqrt{\frac{EI}{\rho A}} \left[1 - \frac{1}{2}\left(\frac{n\pi r}{l}\right)^2 \left(1 + \frac{E}{\kappa G}\right)\right] \tag{11-71}$$

在实际问题中，当 nr/l 与 1 相比甚小时，式(11-68)中的最后一个非零项是次要的。为了比较这一项和剪切变形及转动惯量主要修正项的相对大小，注意在 nr/l 很小时，$\omega_n \approx \overline{\omega}_n$，于是有：

$$\omega_n^2 \left(\frac{\rho^2}{\kappa EG}\omega_n^2\right) \approx \omega_n^2 \frac{\rho}{\kappa G}\left(\frac{n\pi}{l}\right)^2 \left(\frac{n\pi r}{l}\right)^2 \tag{11-72}$$

显然它与式(11-68)中的第三项相比是很小的，即：

$$\frac{\rho}{\kappa G}\left(\frac{n\pi r}{l}\right)^2 \left(\frac{n\pi}{l}\right)^2 \omega_n^2 \ll \left(1 + \frac{E}{\kappa G}\right) \frac{\rho}{E}\left(\frac{n\pi}{l}\right)^2 \omega_n^2 \tag{11-73}$$

因为与 1 相比，$n\pi r/l$ 是很小的。

对于 $nr/l=0.025$、0.05、0.1 和 0.2 这几种情况，伯努利-欧拉梁的固有频率要比 Timoshenko 梁的固有频率分别高 1.2%、4.7%、17.2%和 54.4%。

【例 11-7】 等截面悬臂梁的纯剪切自由振动问题。

【解】 在【例 10-3】中给出了梁的纯剪切振动方程和边界条件。这里，对等截面悬臂梁的纯剪切自由振动进行分析。其自由振动方程为：

$$\frac{\partial^2 v}{\partial t^2} = \frac{\kappa G}{\rho} \frac{\partial^2 v}{\partial x^2} \tag{a}$$

左端固定右端自由的边界条件为：

$$v(0,t)=0,\ Q(l,t) = -\kappa GA \left.\frac{\partial v}{\partial x}\right|_{x=l} = 0 \tag{b}$$

同样地，可假设 $v(x,t)=C\phi(x)\sin(\omega t+\theta)$，并代入式(a)与式(b)中，于是得到与一端固定一端自由杆的轴向自由振动相类似结果[见式(11-18)与式(11-19)]：

固有频率为：

$$\omega_n = \frac{(2n-1)\pi}{2l}\sqrt{\frac{\kappa G}{\rho}},\ n=1,2,\cdots \tag{c}$$

相应的振型为：

$$\phi_n(x)=B_n\sin\frac{(2n-1)\pi x}{2l},\quad n=1,2,\cdots \tag{d}$$

在地震工程中，为了对地基进行反应分析，有时将地基土层视为一维的剪切梁来处理。因此，地基土的卓越周期 T 为：

$$T_1=\frac{4H}{\sqrt{G/\rho}},\quad \omega_1=\frac{\pi}{2H}\sqrt{\frac{G}{\rho}} \tag{e}$$

式中，H 为均匀土层的厚度；G 为土的切变模量；ρ 为土的质量密度。现在，在式(c)中令 $n=1$，则有：

$$\omega_1=\frac{\pi}{2l}\sqrt{\frac{\kappa G}{\rho}} \tag{f}$$

从式(e)与式(f)中，不难看出地基土卓越周期公式的由来，只是对于矩形截面梁，取 $\kappa=5/6$，而在计算地基土的卓越周期时，取 $\kappa=1$。

§ 11.4　振型的基本特性

11.4.1　振型的正交性

前几节介绍了确定杆(梁)自由振动的固有频率与振型。下面，仅讨论具有简单边界条件的杆轴向振动的振型正交性，而且杆可以是变截面的。对于变截面直杆的自由振动的运动方程为：

$$\rho A\frac{\partial^2 u}{\partial t^2}=\frac{\partial}{\partial x}\left(EA\frac{\partial u}{\partial x}\right) \tag{11-74}$$

将式(11-11)代入式(11-74)中，可得：

$$[EA(x)\phi'(x)]'=-\omega^2\rho A(x)\phi(x) \tag{11-75}$$

式(11-75)即为固有频率 ω 与相应振型 $\phi(x)$ 的特征方程。对于第 n 阶振型，则有：

$$(EA\phi_n')'=-\omega_n^2\rho A\phi_n \tag{11-76}$$

对式(11-76)两边同乘以 $\phi_m(x)$，并沿杆长对 x 积分，可得：

$$\int_0^l\phi_m(EA\phi_n')'\mathrm{d}x=-\omega_n^2\int_0^l\rho A\phi_n\phi_m\mathrm{d}x \tag{11-77}$$

利用分部积分，式(11-77)左边可写为：

$$\int_0^l \phi_m (EA\phi'_n)' \mathrm{d}x = \phi_m (EA\phi'_n) \Big|_0^l - \int_0^l EA\phi'_n \phi'_m \mathrm{d}x \tag{11-78}$$

考虑杆的简单边界条件：

(1) 杆端固定：

$$\phi(0) = 0 \quad 或 \quad \phi(l) = 0 \tag{11-79a}$$

(2) 杆端自由：

$$EA\phi'(0) = 0 \quad 或 \quad EA\phi'(l) = 0 \tag{11-79b}$$

因此，式(11-78)中右端的第一项等于零，于是有：

$$\int_0^l \phi_m (EA\phi'_n)' \mathrm{d}x = -\int_0^l EA\phi'_n \phi'_m \mathrm{d}x \tag{11-80}$$

将式(11-80)代入式(11-77)，可得：

$$\int_0^l EA\phi'_n \phi'_m \mathrm{d}x = \omega_n^2 \int_0^l \rho A \phi_n \phi_m \mathrm{d}x \tag{11-81}$$

同理，在式(11-81)中，交换 n 与 m 的位置，可得：

$$\int_0^l EA\phi'_m \phi'_n \mathrm{d}x = \omega_m^2 \int_0^l \rho A \phi_m \phi_n \mathrm{d}x \tag{11-82}$$

将式(11-81)与式(11-82)相减，可得：

$$(\omega_n^2 - \omega_m^2) \int_0^l \rho A \phi_n \phi_m \mathrm{d}x = 0 \tag{11-83}$$

两个振型具有不同频率时，即当 $m \neq n$ 时有 $\omega_m \neq \omega_n$，则有：

$$\int_0^l \rho A \phi_n \phi_m \mathrm{d}x = 0, \quad m \neq n \tag{11-84}$$

式(11-84)即为杆的**振型关于质量分布正交**。

再由式(11-81)与式(11-80)，可知：

$$\int_0^l EA\phi'_n \phi'_m \mathrm{d}x = 0, \quad m \neq n \tag{11-85a}$$

$$\int_0^l \phi_m (EA\phi'_n)' \mathrm{d}x = 0, \quad m \neq n \tag{11-85b}$$

式(11-85)则为杆的**振型关于刚度分布正交**。

当 $m = n$ 时，式(11-83)总是成立的，令：

$$\int_0^l \rho A \phi_n^2 \mathrm{d}x = M_n \tag{11-86}$$

$$\int_0^l EA(\phi_n')^2 \mathrm{d}x = -\int_0^l \phi_n (EA\phi_n')' \mathrm{d}x = K_n \tag{11-87}$$

式中，M_n 与 K_n 分别称为第 n 阶振型的**广义质量**与**广义刚度**，其大小取决于第 n 阶振型中常数的选择。在式(11-81)中，令 $m=n$，可得 M_n 与 K_n 的关系为：

$$\omega_n^2 = \frac{\int_0^l EA(\phi_n')^2 \mathrm{d}x}{\int_0^l \rho A \phi_n^2 \mathrm{d}x} = \frac{K_n}{M_n} \tag{11-88}$$

对于具有复杂边界杆的振型正交性条件不再是式(11-84)与式(11-85)，需要重新推导。同时，梁横向自由振动的振型也具有正交性，这与杆轴向振动振型的正交性十分类似。这里，也不再详细地推导。

11.4.2　振型的归一化

由于振型仅表示振动的形状而非实际振幅，因此，振型可以看成是无量纲的函数。通常，可以采用下列方法将其归一化：

(1) 在结构上的某一指定位置，规定一个幅值，例如在建筑物的顶层位置 x_s，海洋平台的主台面位置 x_s，使其 $\phi_n(x_s)=1$。但应避免，对于指定位置 x_s 是某振型的一个节点，即 $\phi_n(x_s)=0$。

(2) 规定 $|\phi_n(x)|$ 的最大值为一指定值，例如使 $\max|\phi_n(x)|=1$。

(3) 规定广义质量为一指定值，例如广义质量 $M_n=1$，即：

$$\int_0^l \rho A \phi_n^2 \mathrm{d}x = M_n = 1,\ n=1,2,\cdots \tag{11-89}$$

此时，所得到的振型称为**正则振型**，而相应的第 n 阶振型的广义刚度 K_n 等于 ω_n^2。

§11.5　自由振动的变分形式

11.5.1　梁横向振动的变分形式

前面已经指出，梁横向自由振动的固有频率与振型是通过求解微分方程的特征值问题得到，即：

$$(EI\phi'')'' - \omega^2 \rho A \phi = 0 \tag{11-90}$$

考虑等截面直梁的简单边界条件，如式(11-37)所示，可知对于变截面直梁的简单边界条件可以写成下列情况的组合：

$$\left.\begin{aligned} \phi(x)=0 \quad & \text{或} \quad [EI(x)\phi''(x)]'=0 \\ \text{与}\ \phi'(x)=0 \quad & \text{或} \quad EI(x)\phi''(x)=0 \end{aligned}\right\} x=0\ \text{或}\ x=l \tag{11-91}$$

式(11-90)与式(11-91)即构成了变截面直梁横向自由振动**微分方程的特征值问题**。这里，ω^2 称为**特征值**，相应的振型 $\phi(x)$ 称为**特征函数**。值得指出的是，在式(11-91)中 $(EI\phi'')'=0$ 与 $\phi'=0$ 的组合称为梁的定向支承端。

上述方法称为梁横向自由振动的**微分提法**。事实上，梁的横向自由振动还有**变分提法**，即按泛函的驻值问题提出。本节以伯努利-欧拉梁的横向自由振动为例来阐述其变分形式。

为分析方便，首先构造一个泛函：

$$J[\psi(x)]=\frac{\int_0^l EI(\psi'')^2\mathrm{d}x}{\int_0^l \rho A\psi^2\mathrm{d}x} \tag{11-92}$$

其中，泛函 J 的驻值为 ω^2，而相应的自变函数为 $\phi(x)$，且有：

$$\omega^2=\frac{\int_0^l EI(\phi'')^2\mathrm{d}x}{\int_0^l \rho A\phi^2\mathrm{d}x} \tag{11-93}$$

式中，函数 $\psi(x)$ 与 $\phi(x)$ 均只需满足已知的位移边界条件。

首先，证明由式(11-90)与式(11-91)所确定的特征值 ω^2 及相应的特征函数 $\phi(x)$ 分别是式(11-92)中泛函 J 所取的驻值与相应的自变函数。

在式(11-90)两边同乘以 $\phi(x)$，并沿梁长对 x 进行积分，可得：

$$\int_0^l \phi(EI\phi'')''\mathrm{d}x=\omega^2\int_0^l \rho A\phi^2\mathrm{d}x \tag{11-94}$$

利用分部积分，上式左边可写为：

$$\int_0^l \phi(EI\phi'')''\mathrm{d}x=\phi(EI\phi'')'\Big|_0^l-\phi'(EI\phi'')\Big|_0^l+\int_0^l EI(\phi'')^2\mathrm{d}x \tag{11-95}$$

对于梁的简单边界条件式(11-91)，可知式(11-95)中右边第一、二项等于零，于是：

$$\int_0^l \phi(EI\phi'')''\mathrm{d}x=\int_0^l EI(\phi'')^2\mathrm{d}x \tag{11-96}$$

将式(11-96)代入式(11-94)中，可得：

$$\omega^2=\frac{\int_0^l EI(\phi'')^2\mathrm{d}x}{\int_0^l \rho A\phi^2\mathrm{d}x}$$

上式即为式(11-93)。这表明，式(11-90)与式(11-91)中的每一个特征值 ω^2 都是式(11-92)

中泛函 J 的驻值，相应特征值的特征函数 $\phi(x)$ 即为相应于驻值的自变函数。

其次，证明式(11-92)中泛函 J 的各驻值 ω^2 及相应的函数 $\phi(x)$ 分别是式(11-90)与式(11-91)的特征值及相应的特征函数。

在式(11-92)中，泛函 J 要取得驻值，其一阶变分必为零，即 $\delta J=0$，此时自变函数 $\psi(x)$ 即为 $\phi(x)$。因此，有：

$$\int_0^l \rho A\phi^2 \mathrm{d}x \cdot \delta\left[\int_0^l EI(\phi'')^2 \mathrm{d}x\right] - \int_0^l EI(\phi'')^2 \mathrm{d}x \cdot \delta\left[\int_0^l \rho A\phi^2 \mathrm{d}x\right] = 0 \tag{11-97}$$

因驻值 ω^2 与相应的函数 $\phi(x)$ 满足式(11-93)。于是，式(11-97)可简化为：

$$\delta\int_0^l EI(\phi'')^2 \mathrm{d}x - \omega^2\delta\int_0^l \rho A\phi^2 \mathrm{d}x = 0 \tag{11-98}$$

由于

$$\begin{aligned}\delta\int_0^l EI(\phi'')^2 \mathrm{d}x &= 2\int_0^l EI\phi''\delta\phi'' \mathrm{d}x \\ &= 2\int_0^l \left[(EI\phi''\delta\phi')' - (EI\phi'')'\delta\phi'\right] \mathrm{d}x \\ &= 2EI\phi''\delta\phi'\Big|_0^l - 2(EI\phi'')'\delta\phi\Big|_0^l + 2\int_0^l (EI\phi'')''\delta\phi \mathrm{d}x\end{aligned}$$

$$\delta\int_0^l \rho A\phi^2 \mathrm{d}x = 2\int_0^l \rho A\phi\delta\phi \mathrm{d}x$$

于是，式(11-98)变为：

$$\int_0^l \left[(EI\phi'')'' - \omega^2\rho A\phi\right]\delta\phi \mathrm{d}x + EI\phi''\delta\phi'\Big|_0^l - (EI\phi'')'\delta\phi\Big|_0^l = 0 \tag{11-99}$$

因变分 $\delta\phi$ 具有任意性，由式(11-99)中的第一项，可得：

$$(EI\phi'')'' - \omega^2\rho A\phi = 0$$

上式即为式(11-90)，而由式(11-99)中的第二项与第三项可得到边界条件式(11-91)，注意由于自变函数 $\phi(x)$ 已满足位移边界条件，由式(11-99)得到的应是力边界条件。这表明式(11-92)中泛函 J 的每一个驻值 ω^2 都是式(11-90)与式(11-91)的特征值，而相应驻值的函数 $\phi(x)$ 即为特征值所对应的特征函数。

这样，证明了在式(11-92)中泛函 J 的驻值问题与式(11-90)及式(11-91)所表示的微分方程特征值问题是完全等价的。

式(11-93)在物理上表示振动中机械能守恒。根据式(11-28)可知，梁横向自由振动的位移可表示为：

$$v(x,t) = C\phi(x)\sin(\omega t + \theta)$$

在振动过程中，梁的动能为：

$$T=\frac{1}{2}\int_{0}^{l}\rho A\left(\frac{\partial v}{\partial t}\right)^{2}\mathrm{d}x=\frac{1}{2}\omega^{2}C^{2}\cos^{2}(\omega t+\theta)\int_{0}^{l}\rho A\phi^{2}\mathrm{d}x$$

梁的应变能为：

$$U=\frac{1}{2}\int_{0}^{l}EI\left(\frac{\partial^{2}v}{\partial x^{2}}\right)^{2}\mathrm{d}x=\frac{1}{2}C^{2}\sin^{2}(\omega t+\theta)\int_{0}^{l}EI(\phi'')^{2}\mathrm{d}x$$

于是，振动的最大动能与最大应变能为：

$$T_{\max}=\frac{1}{2}\omega^{2}C^{2}\int_{0}^{l}\rho A\phi^{2}\mathrm{d}x,\quad U_{\max}=\frac{1}{2}C^{2}\int_{0}^{l}EI(\phi'')^{2}\mathrm{d}x$$

而式(11-92)中泛函 J 取驻值 ω^2 时，ω 即为固有频率，此时，驻值 ω^2 与相应的函数 $\phi(x)$ 满足式(11-92)，于是可得 $T_{\max}=U_{\max}$，这表明振动中机械能守恒。

11.5.2 振型的正交性

设 $\phi_n(x)$、$\phi_m(x)$ 分别是对应于固有频率 ω_n 及 ω_m 的振型，在式(11-92)中将自变函数 $\psi(x)$ 取为：

$$\psi(x)=c_n\phi_n(x)+c_m\phi_m(x) \tag{11-100}$$

式中，c_n 与 c_m 为参变量。

于是，有

$$\begin{aligned}\int_{0}^{l}EI(\psi'')^{2}\mathrm{d}x&=\int_{0}^{l}EI\left[c_n^2(\phi_n'')^2+2c_nc_m\phi_n''\phi_m''+c_m^2(\phi_m'')^2\right]\mathrm{d}x\\&=c_n^2k_{nn}+c_nc_mk_{nm}+c_mc_nk_{mn}+c_m^2k_{mm}\end{aligned} \tag{11-101}$$

$$\begin{aligned}\int_{0}^{l}\rho A\psi^{2}\mathrm{d}x&=\int_{0}^{l}\rho A(c_n^2\phi_n^2+2c_nc_m\phi_n\phi_m+c_m^2\phi_m^2)\mathrm{d}x\\&=c_n^2m_{nn}+c_nc_mm_{nm}+c_mc_nm_{mn}+c_m^2m_{mm}\end{aligned} \tag{11-102}$$

其中，常数

$$k_{ij}=\int_{0}^{l}EI\phi_i''\phi_j''\mathrm{d}x,\quad m_{ij}=\int_{0}^{l}\rho A\phi_i\phi_j\mathrm{d}x,\quad i=n,m;\ j=n,m$$

若记矩阵 $\boldsymbol{K}$、$\boldsymbol{M}$ 及向量 $\boldsymbol{C}$ 为：

$$\boldsymbol{K}=\begin{bmatrix}k_{nn}&k_{nm}\\k_{mn}&k_{mm}\end{bmatrix},\quad \boldsymbol{M}=\begin{bmatrix}m_{nn}&m_{nm}\\m_{mn}&m_{mm}\end{bmatrix},\quad \boldsymbol{C}=\begin{Bmatrix}c_n\\c_m\end{Bmatrix}$$

显然，矩阵 $\boldsymbol{K}$ 与 $\boldsymbol{M}$ 都是对称矩阵。

于是，式(11-101)与式(11-102)可写成二次型：

$$\int_0^l EI(\psi'')^2 \mathrm{d}x = \boldsymbol{C}^{\mathrm{T}}\boldsymbol{K}\boldsymbol{C}, \int_0^l \rho A\psi^2 \mathrm{d}x = \boldsymbol{C}^{\mathrm{T}}\boldsymbol{M}\boldsymbol{C}$$

将上面两式代入式(11-92)中，可得：

$$J(\boldsymbol{C}) = \frac{\boldsymbol{C}^{\mathrm{T}}\boldsymbol{K}\boldsymbol{C}}{\boldsymbol{C}^{\mathrm{T}}\boldsymbol{M}\boldsymbol{C}} \tag{11-103}$$

在式(11-103)中，由 $\delta(\boldsymbol{C})=0$，可得：

$$(\boldsymbol{C}^{\mathrm{T}}\boldsymbol{M}\boldsymbol{C})\delta(\boldsymbol{C}^{\mathrm{T}}\boldsymbol{K}\boldsymbol{C}) - (\boldsymbol{C}^{\mathrm{T}}\boldsymbol{K}\boldsymbol{C})\delta(\boldsymbol{C}^{\mathrm{T}}\boldsymbol{M}\boldsymbol{C}) = 0$$

由于取驻值时，有 $\omega^2 = (\boldsymbol{C}^{\mathrm{T}}\boldsymbol{K}\boldsymbol{C})/(\boldsymbol{C}^{\mathrm{T}}\boldsymbol{M}\boldsymbol{C})$，上式可写为：

$$\delta(\boldsymbol{C}^{\mathrm{T}}\boldsymbol{K}\boldsymbol{C}) - \omega^2\delta(\boldsymbol{C}^{\mathrm{T}}\boldsymbol{M}\boldsymbol{C}) = 0 \tag{11-104}$$

容易验证：

$$\delta(\boldsymbol{C}^{\mathrm{T}}\boldsymbol{K}\boldsymbol{C}) = 2(\delta\boldsymbol{C})^{\mathrm{T}}\boldsymbol{K}\boldsymbol{C} = 2\boldsymbol{C}^{\mathrm{T}}\boldsymbol{K}\delta\boldsymbol{C}$$
$$\delta(\boldsymbol{C}^{\mathrm{T}}\boldsymbol{M}\boldsymbol{C}) = 2(\delta\boldsymbol{C})^{\mathrm{T}}\boldsymbol{M}\boldsymbol{C} = 2\boldsymbol{C}^{\mathrm{T}}\boldsymbol{M}\delta\boldsymbol{C}$$

于是，式(11-104)可写为：

$$(\delta\boldsymbol{C})^{\mathrm{T}}(\boldsymbol{K} - \omega^2\boldsymbol{M})\boldsymbol{C} = 0 \tag{11-105}$$

由于变分 $\delta\boldsymbol{C}$ 具有任意性，由式(11-105)成立，必有：

$$(\boldsymbol{K} - \omega^2\boldsymbol{M})\boldsymbol{C} = \boldsymbol{0} \tag{11-106}$$

若在式(11-100)中取自变函数 $\psi(x) = \phi_n(x)$，即 $c_n = 1$，$c_m = 0$，则式(11-103)取得驻值 ω_n^2，于是，由式(11-106)可得：

$$k_{nn} - \omega_n^2 m_{nn} = 0 \tag{11-107a}$$
$$k_{mn} - \omega_n^2 m_{mn} = 0 \tag{11-107b}$$

同样地，若在式(11-100)中取自变函数 $\psi(x) = \phi_m(x)$，即 $c_n = 0$，$c_m = 1$，则式(11-103)取得驻值 ω_m^2，由式(11-106)可得：

$$k_{nm} - \omega_m^2 m_{nm} = 0 \tag{11-108a}$$
$$k_{mm} - \omega_m^2 m_{mm} = 0 \tag{11-108b}$$

考虑到 $k_{nm} = k_{mn}$，$m_{nm} = m_{mn}$，将式(11-107b)与(11-108a)相减，可得：

$$(\omega_n^2 - \omega_m^2)m_{nm} = 0 \tag{11-109}$$

如果 $n \neq m$ 时有 $\omega_n \neq \omega_m$，由式(11-109)可知：

$$m_{nm} = \int_0^l \rho A\phi_n\phi_m \mathrm{d}x = 0, \quad n \neq m \tag{11-110}$$

式(11-110)即为梁的振型关于质量分布正交。

再由式(11-110)与式(11-108a)可得：

$$k_{nm}=\int_0^l EI\phi''_n\phi''_m \mathrm{d}x=0,\ n\neq m \tag{11-111}$$

在式(11-90)中取 $\omega^2=\omega_n^2$，$\phi(x)=\phi_n(x)$，两边乘以 $\phi_m(x)$ 并沿梁长对 x 积分，可得：

$$\int_0^l \phi_m(EI\phi''_n)''\mathrm{d}x=\omega_n^2\int_0^l \rho A\phi_n\phi_m \mathrm{d}x \tag{11-112}$$

将式(11-110)代入上式，可得：

$$\int_0^l \phi_m(EI\phi''_n)''\mathrm{d}x=0,\ n\neq m \tag{11-113}$$

式(11-111)与式(11-113)即为梁的振型关于刚度分布正交。

若振型为正则振型：

$$m_{nn}=\int_0^l \rho A(\phi_n)^2\mathrm{d}x=1$$

则由式(11-107a)与式(11-112)，可知：

$$\int_0^l EI(\phi''_n)^2\mathrm{d}x=\int_0^l \phi_n(EI\phi''_n)''\mathrm{d}x=\omega_n^2 \tag{11-114}$$

从上述推导来看，根据自由振动的变分形式来推导振型的正交性可以容易地推广到具有复杂边界条件的情况。此外，将自由振动按泛函的驻值问题提法在近似解法中也有重要意义。

【例 11-8】 具有复杂边界梁的自由振动问题。如图 11-7 所示，等截面直梁左端简支，右端带有集中质量 m_0，并与刚度为 k 的弹簧支承连接，将附带的集中质量视为质点。试根据梁自由振动的变分原理导出梁横向振动微分方程的特征值问题，并求频率方程和振型的正交性条件。

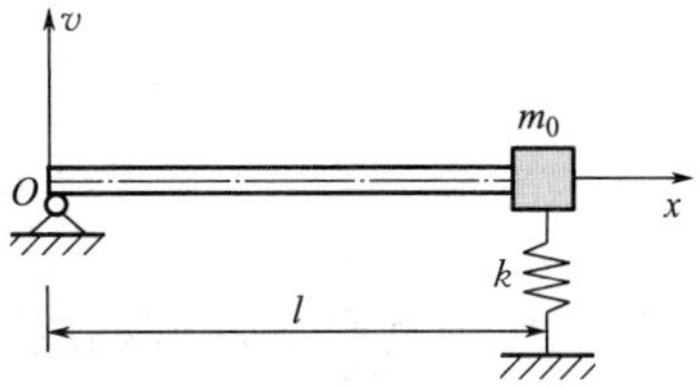

图 11-7

【解】 (1)振动微分方程的特征值问题。根据梁自由振动的位移形式(11-28)，不难得到，梁振动时的最大动能与最大弹性势能为：

$$T_{\max}=\frac{1}{2}C^2\omega^2\int_0^l \rho A\phi^2\mathrm{d}x+\frac{1}{2}C^2\omega^2 m_0\phi^2(l)$$

$$U_{\max}=\frac{1}{2}C^2\int_0^l EI(\phi'')^2\mathrm{d}x+\frac{1}{2}C^2k\phi^2(l)$$

根据 $T_{\max}=U_{\max}$，可构造一个泛函 J 为：

$$J[\psi(x)]=\frac{\int_0^l EI(\psi'')^2\mathrm{d}x+k\psi^2(l)}{\int_0^l \rho A\psi^2\mathrm{d}x+m_0\psi^2(l)} \tag{a}$$

而泛函 J 的驻值 ω^2 及相应的自变函数 $\phi(x)$ 满足：

$$\omega^2=\frac{\int_0^l EI(\phi'')^2\mathrm{d}x+k\phi^2(l)}{\int_0^l \rho A\phi^2\mathrm{d}x+m_0\phi^2(l)} \tag{b}$$

其中，函数 $\psi(x)$ 与 $\phi(x)$ 均需满足下列位移边界条件：

$$\psi(0)=\phi(0)=0 \tag{c}$$

当泛函 J 取驻值 ω^2 时，其一阶变分为零，即 $\delta J=0$，并考虑式(b)，可得：

$$\delta\left[\int_0^l EI(\phi'')^2\mathrm{d}x+k\phi^2(l)\right]-\omega^2\delta\left[\int_0^l \rho A\phi^2\mathrm{d}x+m_0\phi^2(l)\right]=0$$

对上式进行变分运算，并简化可得：

$$\int_0^l[(EI\phi'')''-\omega^2\rho A\phi]\delta\phi\mathrm{d}x-(EI\phi'')'\delta\phi\Big|_0^l+EI\phi''\delta\phi'\Big|_0^l+(k\phi-\omega^2m_0\phi)\delta\phi\Big|_{x=l}=0 \tag{d}$$

因变分 $\delta\phi$ 具有任意性，由式(d)的第一项可得：

$$(EI\phi'')''-\omega^2\rho A\phi=0 \tag{e}$$

由式(d)的后三项，可得力边界条件为：

$$\left.\begin{aligned}EI\phi''(0)&=0\\EI\phi''(l)&=0\\(EI\phi'')'\Big|_{x=l}&=k\phi(l)-\omega^2m_0\phi(l)\end{aligned}\right\} \tag{f}$$

式(f)、式(c)及式(e)一起构成了梁振动微分方程的特征值问题。

(2)频率方程和振型。对于等截面直梁，考虑振型的一般表达式(11-36)，并利用式(c)与式(f)中的第一式可得

$$C_1=C_3=0$$

类似地，考虑式(f)中的第二、三式，化简可得：

$$\left.\begin{aligned}-C_2\sin\lambda l+C_4\sinh\lambda l=0\\ [EI\lambda^3\cos\lambda l+(k-\omega^2m_0)\sin\lambda l]C_2-[EI\lambda^3\cosh\lambda l-(k-\omega^2m_0)\sinh\lambda l]C_4=0\end{aligned}\right\}$$

令上式中系数行列式为零，即得到频率方程，经整理可得：

$$EI\lambda^3(\sin\lambda l\cosh\lambda l-\cos\lambda l\sinh\lambda l)=2(k-\omega^2 m_0)\sin\lambda l\sinh\lambda l \tag{g}$$

在求解频率方程时，需要利用式(11-32)，若令

$$r_n=\frac{C_4}{C_2}=\frac{\sin\lambda_n l}{\sinh\lambda_n l}$$

则相应于固有频率 ω_n 的振型为：

$$\phi_n(x)=C_{2,n}(\sin\lambda_n x+r_n\sinh\lambda_n x),\quad n=1,2,\cdots \tag{h}$$

(3)振型的正交性条件。若振型 $\phi_n(x)$ 已按正规振型标定，即：

$$\int_0^l \rho A\phi_n^2\mathrm{d}x+m_0\phi_n^2(l)=1,\quad n=1,2,\cdots \tag{i}$$

则可直接由泛函(a)及其驻值(b)得到如下正交性条件：

$$\left.\begin{aligned}&\int_0^l \rho A\phi_n\phi_m\mathrm{d}x+m_0\phi_n(l)\phi_m(l)=\delta_{nm}\\&\int_0^l EI\phi_n''\phi_m''\mathrm{d}x+k\phi_n(l)\phi_m(l)=\omega_n^2\delta_{nm}\end{aligned}\right\} \tag{j}$$

其中

$$\delta_{nm}=\begin{cases}1, & m=n\\0, & m\neq n\end{cases}$$

若在式(f)的第三式中取 $\omega=\omega_n$ 及 $\phi=\phi_n$，并乘以 $\phi_m(l)$，可得：

$$-EI\phi_n'''(l)\phi_m(l)+k\phi_n(l)\phi_m(l)=\omega_n^2 m_0\phi_n(l)\phi_m(l)$$

将上式与式(11-112)两边相加，可得：

$$\int_0^l \phi_m(EI\phi_n'')''\mathrm{d}x-EI\phi_n'''(l)\phi_m(l)+k\phi_n(l)\phi_m(l)=\omega_n^2\left[\int_0^l \rho A\phi_n\phi_m\mathrm{d}x+m_0\phi_n(l)\phi_m(l)\right]$$

再考虑式(j)的第一式，即可得到振型的另一个正交性条件为：

$$\int_0^l \phi_m(EI\phi_n'')''\mathrm{d}x-EI\phi_n'''(l)\phi_m(l)+k\phi_n(l)\phi_m(l)=\omega_n^2\delta_{nm} \tag{k}$$

根据上述正交性条件，即可得到正则坐标方程。

§11.6 薄板的横向自由振动分析

式(10-83)已经给出了等厚度薄板的横向强迫振动方程。在式(10-83)中令 $p(x,y,t)=0$，可得薄板的横向自由振动方程：

$$\nabla^4 w+\frac{\rho h}{D}\frac{\partial^2 w}{\partial t^2}=0 \tag{11-115}$$

类似于梁的横向自由振动分析，可假设薄板的横向自由振动为简谐运动：

$$w(x,y,t)=W(x,y)\sin(\omega t+\theta) \tag{11-116}$$

其中，$W(x,y)$ 称为**振型**或**振型函数**。

将式(11-116)代入式(11-115)，可得

$$\nabla^4 W-\beta^4 W=0 \tag{11-117}$$

其中

$$\beta^4=\frac{\rho h}{D}\omega^2 \tag{11-118}$$

将式(11-116)代入边界条件表 10-4 中，所得结果的形式不变，只需将其中的 w 改写为 W 即可。与梁的横向振动类似，在薄板的任一边上，边界条件总是挠度或总分布剪力中的一个与转角或弯矩中的一个同时等于零。因此，矩形薄板的边界条件可以概括为下列情况的组合：

$$\left.\begin{aligned}&W=0\text{ 或 }\frac{\partial^3 W}{\partial x^3}+(2-\nu)\frac{\partial^3 W}{\partial x\partial y^2}=0\\&\text{与}\quad\frac{\partial W}{\partial x}=0\text{ 或 }\frac{\partial^2 W}{\partial x^2}+\nu\frac{\partial^2 W}{\partial y^2}=0\end{aligned}\right\}x=0\text{ 或 }x=a \tag{11-119a}$$

$$\left.\begin{aligned}&W=0\text{ 或 }\frac{\partial^3 W}{\partial y^3}+(2-\nu)\frac{\partial^3 W}{\partial x^2\partial y}=0\\&\text{与}\quad\frac{\partial W}{\partial y}=0\text{ 或 }\frac{\partial^2 W}{\partial y^2}+\nu\frac{\partial^2 W}{\partial x^2}=0\end{aligned}\right\}y=0\text{ 或 }y=b \tag{11-119b}$$

式(11-117)与式(11-119)构成等厚度矩形薄板横向自由振动微分方程的特征值问题，式(11-118)中的 ω^2 称为特征值，振型 $W(x,y)$ 又称为特征函数。需要指出的是，在式(11-119)中 $\frac{\partial^3 W}{\partial x^3}+(2-\nu)\frac{\partial^3 W}{\partial x\partial y^2}=0$ 与 $\frac{\partial W}{\partial x}=0$ 以及 $\frac{\partial^3 W}{\partial y^3}+(2-\nu)\frac{\partial^3 W}{\partial x^2\partial y}=0$ 与 $\frac{\partial W}{\partial y}=0$ 的组合称为薄板的**定向支承端**。

对于不同的边界条件，薄板有不同的振型及相应的固有频率，但只有四边简支的矩形薄板才能得到自由振动的精确解。如果矩形板有一对简支边，问题也能大大简化。如果矩形板中没有一对边是简支的，目前尚未有精确解而只能得到近似解。下面，仅讨论四边简支矩形板的自由振动。

由 11.2 节可知，简支梁的振型为 $C_n\sin\frac{n\pi x}{l}(n=1,2,\cdots)$。类似地，对图 11-8 所示的

四边简支板，其振型可假设为

$$W_{m,n}(x,y)=A_{m,n}\sin\frac{m\pi x}{a}\sin\frac{n\pi y}{b},\quad m,n=1,2,\cdots \tag{11-120}$$

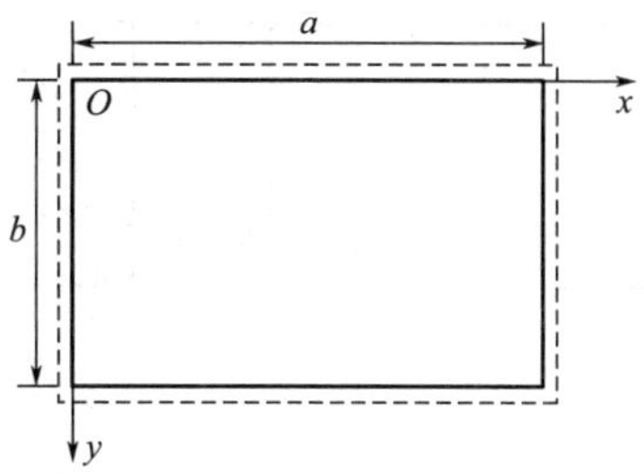

图 11-8

容易验证，上式满足如下四边简支的边界条件：

$$W\Big|_{x=0,a}=\frac{\partial^2 W}{\partial x^2}\Big|_{x=0,a}=0\ ,\ W\Big|_{y=0,b}=\frac{\partial^2 W}{\partial y^2}\Big|_{y=0,b}=0 \tag{11-121}$$

式(11-120)还必须满足式(11-117)的微分方程，这时 $W_{m,n}(x,y)$ 才是真实的振型。将式(11-120)代入式(11-117)，可得

$$\left[\left(\frac{m\pi}{a}\right)^2+\left(\frac{n\pi}{b}\right)^2\right]^2-\beta^4=0 \tag{11-122}$$

式(11-122)即为四边简支板的频率方程。由式(11-122)与式(11-118)解出固有频率为

$$\omega_{m,n}=\pi^2\left(\frac{m^2}{a^2}+\frac{n^2}{b^2}\right)\sqrt{\frac{D}{\rho h}},\ m,n=1,2,\cdots \tag{11-123}$$

如式(11-123)与式(11-120)所示，在薄板的振动问题中，通常采用两个下标对固有频率及相应的振型进行编号。

由式(11-122)可知，对于给定的边长比 b/a，两组不同的 (m,n) 值可能给出相同的固有频率，这对于正方形板尤为明显。在式(11-123)中令 $b=a$，可得正方形板的固有频率为

$$\omega_{m,n}=\frac{\pi^2(m^2+n^2)}{a^2}\sqrt{\frac{D}{\rho h}},\ m,n=1,2,\cdots \tag{11-124}$$

显然，当 $m\neq n$ 时，每个固有频率至少是频率方程的二重根，即有 $\omega_{m,n}=\omega_{n,m}$。

在二重根的情况下，$W_{m,n}$ 与 $W_{n,m}$ 都是对应于同一个固有频率的振型，因此相应于固有频率 $\omega_{m,n}$ 的振型为 $W_{m,n}$ 与 $W_{n,m}$ 的线性组合，即

$$W=AW_{m,n}+BW_{n,m} \tag{11-125}$$

下面讨论四边简支矩形板 $(a\neq b)$ 的前几阶固有频率及相应的振型。当 $m=n=1$ 时，振型见图 11-9(a)，薄板沿 x 及 y 方向均只有一个半正弦波，最大挠度在板的形心处，即 $x=a/2$，$y=b/2$。当 $m=2$，$n=1$ 时，振型见图 11-9(b)，薄板沿 x 方向有一个完整的正弦波，沿 y 方向只有一个半正弦波，此时沿 $x=a/2$ 出现一条节线，节线两边板的挠度方向相反，节线位置可由节线方程 $W_{2,1}=0$ 得到。图 11-9(c)及(d)分别为 $W_{1,2}$ 及 $W_{2,2}$ 的振型。

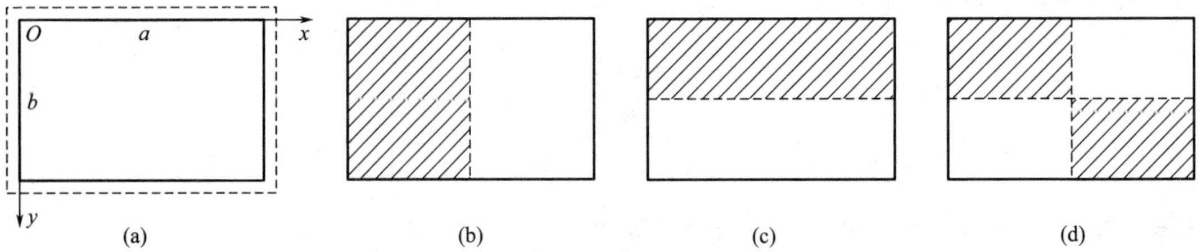

$W_{1,1}=A_{1,1}\sin\frac{\pi x}{a}\sin\frac{\pi y}{b}$　$W_{2,1}=A_{2,1}\sin\frac{2\pi x}{a}\sin\frac{\pi y}{b}$　$W_{1,2}=A_{1,2}\sin\frac{\pi x}{a}\sin\frac{2\pi y}{b}$　$W_{2,2}=A_{2,2}\sin\frac{2\pi x}{a}\sin\frac{2\pi y}{b}$

$\omega_{1,1}=\pi^2\left(\frac{1}{a^2}+\frac{1}{b^2}\right)\sqrt{\frac{D}{\rho h}}$　$\omega_{2,1}=\pi^2\left(\frac{4}{a^2}+\frac{1}{b^2}\right)\sqrt{\frac{D}{\rho h}}$　$\omega_{1,2}=\pi^2\left(\frac{1}{a^2}+\frac{4}{b^2}\right)\sqrt{\frac{D}{\rho h}}$　$\omega_{2,2}=\pi^2\left(\frac{4}{a^2}+\frac{4}{b^2}\right)\sqrt{\frac{D}{\rho h}}$

图 11-9

由图 11-9 可知，四边简支矩形板内出现的节线总与周边平行，而且一个固有频率一般对应有固定的节线位置。然而，对于正方形板，由于每个固有频率都是重根，对应于同一个固有频率的振型会出现不同的节线位置。例如，对应于二重固有频率 $\omega_{2,1}$ 的振型为

$$W=A\sin\frac{2\pi x}{a}\sin\frac{\pi y}{a}+B\sin\frac{\pi x}{a}\sin\frac{2\pi y}{a}$$

当 $A=B$ 时，上式变为

$$W=2A\sin\frac{\pi x}{a}\sin\frac{\pi y}{a}\left(\cos\frac{\pi x}{a}+\cos\frac{\pi y}{a}\right)$$

若令 $W=0$，可解得正方形板内的节线方程为

$$x+y=a$$

图 11-10 画出了对应于固有频率 $\omega_{2,1}$ 可能出现的几种振型图。

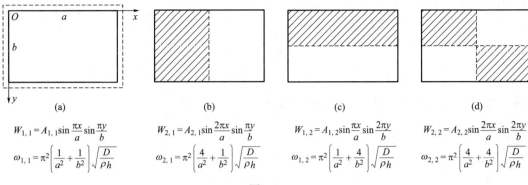

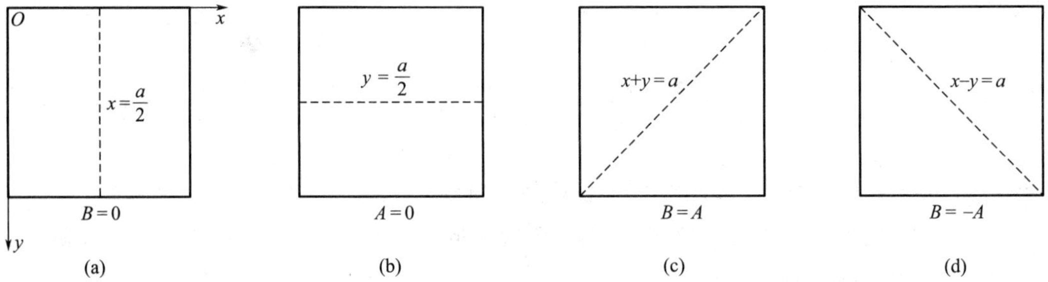

图 11-10

求出薄板的各阶固有频率 $\omega_{m,n}$ 及相应的振型 $W_{m,n}(x,y)$ 后，就得到如式(11-116)的各阶振型振动，它们均满足自由振动方程式(11-115)。于是，薄板的自由振动即为所有各阶振型振动的叠加

$$w(x,y,t)=\sum_{m=1}^{\infty}\sum_{n=1}^{\infty}W_{m,n}(x,y)\sin(\omega_{m,n}t+\theta_{m,n}) \tag{11-126}$$

式中 $\theta_{m,n}$ 由初始条件确定。

与梁的横向振动类似，对于具有简单边界[式(11-119)]的等厚度矩形薄板，薄板横向振动的振型之间也具有正交性。若振型已归一化，则有

$$\iint_{\Omega} \rho h W_{m,n} W_{r,s} \mathrm{d}x \mathrm{d}y = \delta_{mr} \delta_{ns} \tag{11-127}$$

$$\iint_{\Omega} \boldsymbol{\kappa}^{\mathrm{T}}(W_{m,n}) \boldsymbol{D} \boldsymbol{\kappa}(W_{r,s}) \mathrm{d}x \mathrm{d}y = \omega_{m,n}^2 \delta_{mr} \delta_{ns} \tag{11-128}$$

$$\iint_{\Omega} D(\nabla^4 W_{m,n}) W_{r,s} \mathrm{d}x \mathrm{d}y = \omega_{m,n}^2 \delta_{mr} \delta_{ns} \tag{11-129}$$

式中，Ω 为薄板的面积域，向量 $\boldsymbol{\kappa}(W_{i,j})$ 和矩阵 $\boldsymbol{D}$ 的表达式如下

$$\boldsymbol{\kappa}(W_{i,j}) = \begin{Bmatrix} -\dfrac{\partial^2 W_{i,j}}{\partial x^2} \\ -\dfrac{\partial^2 W_{i,j}}{\partial y^2} \\ -2\dfrac{\partial^2 W_{i,j}}{\partial x \partial y} \end{Bmatrix}, \quad \boldsymbol{D} = D \begin{bmatrix} 1 & \nu & 0 \\ \nu & 1 & 0 \\ 0 & 0 & \dfrac{1-\nu}{2} \end{bmatrix} \tag{11-130}$$

其中 $i=m, j=n$ 或 $i=r, j=s$。

在式(11-127)～式(11-129)中，$W_{i,j}$ 是按下式归一化来确定的正则振型：

$$\iint_{\Omega} \rho h W_{i,j}^2 \mathrm{d}x \mathrm{d}y = 1 \tag{11-131}$$

习　题

11-1　试计算图 11-11 所示结构轴向振动的基本频率。假定端部集中质量 $m_0 = 2\overline{m}l$，$\overline{m}$ 为单位长度杆的质量，等直杆的横截面面积为 A，沿杆长每隔 $l/5$ 求出一点的值，画出该振型的形状曲线。

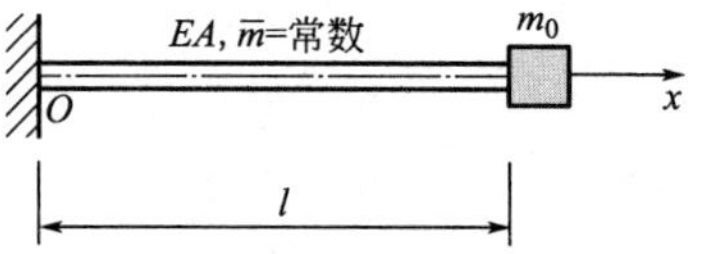

图 11-11

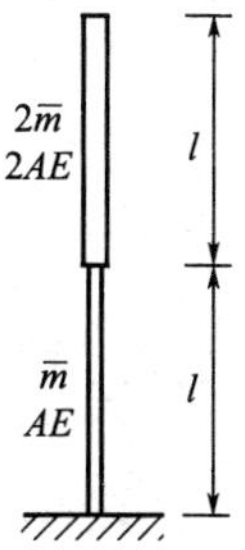

图 11-12

11-2　两根长度相等但具有不同性质的等截面直杆组成的柱子，如图 11-12 所示。

(1) 给出在推导轴向振动频率方程时计算待定常数所需的四个边界条件。

(2) 写出轴向振动频率的超越方程，并计算第一阶频率和振型。沿柱长每隔 $l/3$ 求出一点的值，自由端幅值归一化为 1，画出振型图。

11-3　如图 11-13 所示两端固定的等截面直梁的横向振动。单位长度的质量为 $\overline{m}$。试求：

(1) 确定频率方程，并计算基本频率；

(2) 沿梁每隔 $l/8$ 求出一点的值，画出基本振型的形状曲线。

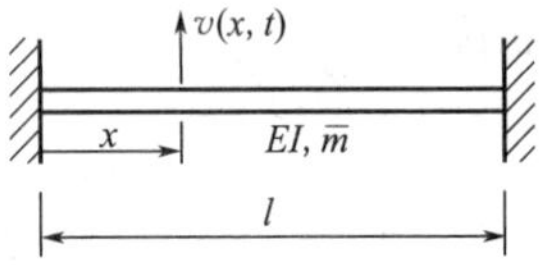

图 11-13

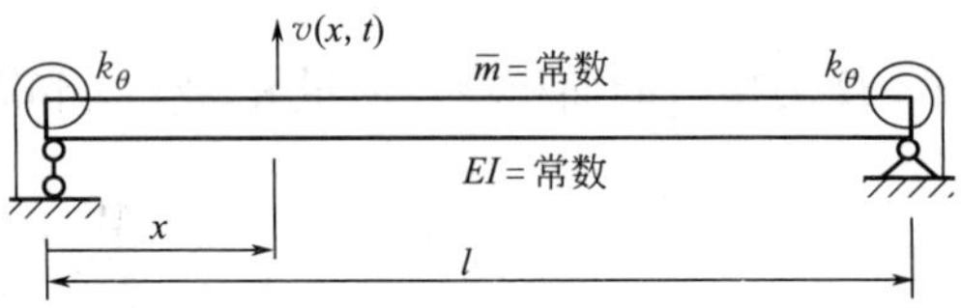

图 11-14

11-4　如图 11-14 所示结构的横向振动。在简支梁的两端有局部弯曲刚度 $k_\theta = \beta\left(\dfrac{EI}{l}\right)$，其中 β 为控制系数 ($0 \leqslant \beta \leqslant \infty$)，用来控制转动约束的大小。

(1) 确定频率方程。

(2) 推导振型 ϕ_r 和 ϕ_s 关于质量分布正交。

(3) 推导振型 ϕ_r 和 ϕ_s 关于刚度分布正交。

(4) 推导广义质量 M_r 和广义刚度 K_r 的表达式。

11-5　试求下列情况中，当常力 P 突然移去时等截面简支梁的横向自由振动反应：

(1) 常力 P 作用于 $x=a$ 处，如图 11-15(a)所示；

(2) 两个大小相等、方向相反的常力 P，一个作用于 $x=l/4$ 处，另一个作用于 $x=3l/4$ 处，如图 11-15(b)所示。

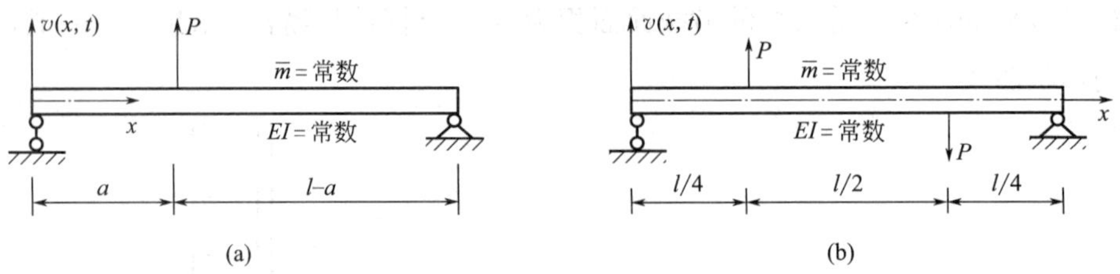

图 11-15

第 12 章　连续系统的强迫振动反应分析

在固有频率和振型确定后，连续系统的振型叠加法与离散系统的振型叠加分析完全类似，因为两者都将振型反应分量的幅值用来作为确定结构反应的广义坐标。本章在连续系统自由振动分析的基础上，应用振型叠加法进行杆的轴向强迫振动、梁的横向强迫振动以及薄板的横向强迫振动反应分析。

§12.1　杆的轴向强迫振动

12.1.1　广义坐标方程

等截面直杆的轴向强迫振动方程可写为：

$$\rho A\frac{\partial^2 u(x,t)}{\partial t^2}-EA\frac{\partial^2 u(x,t)}{\partial x^2}=p(x,t) \tag{12-1}$$

其初始条件为：

$$\left.\begin{aligned} &u(x,0)=f_1(x)\\ &\left.\frac{\partial u}{\partial t}\right|_{t=0}=f_2(x)\end{aligned}\right\} \tag{12-2}$$

假定在给定的简单边界条件下，相应的特征值问题已经求解，得到系统的固有频率和振型，根据类似于多自由度系统的展开定理，杆的位移可用振型的线性组合形式给出：

$$u(x,t)=\sum_{m=1}^{\infty}\phi_m(x)q_m(t) \tag{12-3}$$

式中，$\phi_m(x)$ 为第 m 阶振型，$q_m(t)$ 称为第 m 阶振型的广义坐标(或主坐标)。

将式(12-3)代入式(12-1)中，可得：

$$\rho A\sum_{m=1}^{\infty}\phi_m(x)\ddot{q}_m(t)-EA\sum_{m=1}^{\infty}\phi''_m(x)q_m(t)=p(x,t) \tag{12-4}$$

在式(12-4)两边同乘以 $\phi_n(x)$，并沿杆长积分，可得：

$$\sum_{m=1}^{\infty}\ddot{q}_m\int_0^l\rho A\phi_m\phi_n\,\mathrm{d}x-\sum_{m=1}^{\infty}q_m\int_0^l EA\phi''_m\phi_n\,\mathrm{d}x=\int_0^l p(x,t)\phi_n(x)\,\mathrm{d}x \tag{12-5}$$

利用振型的正交性条件式(11-85)～式(11-88)，上式可简化为：

$$M_n\ddot{q}_n(t)+K_nq_n(t)=P_n(t) \tag{12-6a}$$

或写为：

$$\ddot{q}_n(t)+\omega_n^2 q_n(t)=\frac{P_n(t)}{M_n} \tag{12-6b}$$

式(12-6)即为第 n 个**广义坐标方程**。其中，$P_n(t)$ 称为第 n 阶振型的**广义荷载**：

$$P_n(t)=\int_0^l p(x,t)\phi_n(x)\mathrm{d}x \tag{12-7}$$

为了得到广义坐标下的初始条件，将式(12-2)也按振型展开得：

$$\left.\begin{aligned} f_1(x)&=u(x,0)=\sum_{m=1}^{\infty}\phi_m(x)q_m(0)\\ f_2(x)&=\left.\frac{\partial u}{\partial t}\right|_{t=0}=\sum_{m=1}^{\infty}\phi_m(x)\dot{q}_m(0)\end{aligned}\right\} \tag{12-8}$$

同样，在式(12-8)两边同乘以 $\rho A\phi_n(x)$ 并沿杆长积分，再由正交性条件可得：

$$\left.\begin{aligned} q_n(0)&=\frac{1}{M_n}\int_0^l \rho A f_1(x)\phi_n(x)\mathrm{d}x\\ \dot{q}_n(0)&=\frac{1}{M_n}\int_0^l \rho A f_2(x)\phi_n(x)\mathrm{d}x\end{aligned}\right\} \tag{12-9}$$

式(12-9)即为第 n 个**广义坐标的初始条件**。

于是，方程式(12-6)的解为：

$$q_n(t)=q_n(0)\cos\omega_n t+\frac{\dot{q}_n(0)}{\omega_n}\sin\omega_n t+\frac{1}{\omega_n M_n}\int_0^t P_n(\tau)\sin\omega_n(t-\tau)\mathrm{d}\tau \tag{12-10}$$

将形如式(12-10)的各个广义坐标的反应代入式(12-3)中，便得到杆在初始条件(12-2)下对任意激励的动力反应。

12.1.2　集中荷载激励的反应

如果沿杆身作用的不是分布力，而是作用在 $x=\xi$ 处的集中力 $P(t)$，如图 12-1 所示。可引入 $\delta(x)$ 函数，将 $P(t)$ 表示为分布力的形式：

$$p(x,t)=P(t)\delta(x-\xi) \tag{12-11}$$

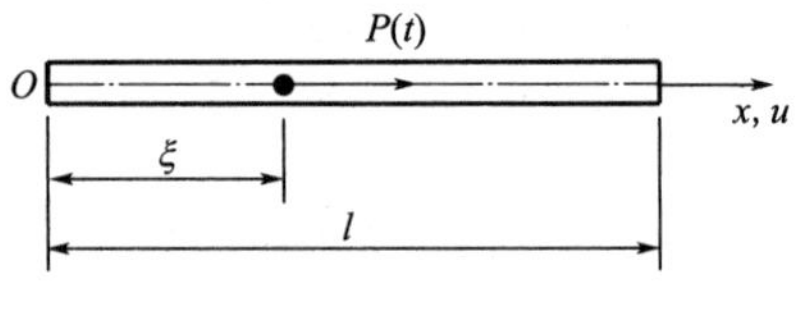

图 12-1　杆身受集中力作用

相应地，广义荷载可写为：

$$P_n(t)=\int_0^l P(t)\delta(x-\xi)\phi_n(x)\mathrm{d}x=P(t)\phi_n(\xi) \tag{12-12}$$

于是，零初始条件下杆的轴向强迫振动反应为：

$$u(x,t)=\sum_{n=1}^{\infty}\frac{1}{\omega_n M_n}\phi_n(\xi)\phi_n(x)\int_0^t P(\tau)\sin\omega_n(t-\tau)\mathrm{d}\tau \tag{12-13}$$

特别地，若杆仅受杆端集中力作用，如图 12-2 所示，左端受集中力 $N_0(t)$，右端受集中力 $N_l(t)$ 时，同样应按式(12-11)将杆端集中力表示为分布力的形式，采用振型叠加法来分析，此时杆端集中力的方向与坐标轴正向一致为正。因此，图 12-2 所示 $N_l(t)$ 的方向应为正，而 $N_0(t)$ 的方向应为负。对于这种特殊情况，杆端的边界条件应视为齐次边界条件。

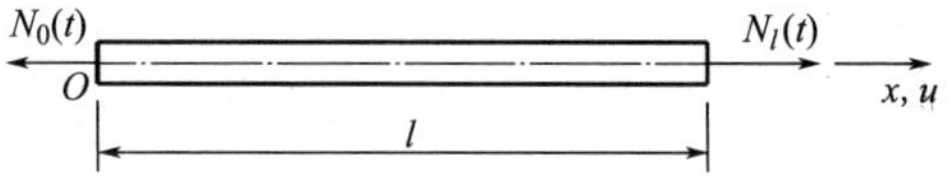

图 12-2　杆端受集中力作用

12.1.3　简谐激励的稳态反应

假定沿杆身作用的是简谐激励的分布力形式：

$$p(x,t)=p_0(x)\sin\bar{\omega}t \tag{12-14}$$

如果仅考虑等截面直杆在简谐激励下的稳态反应，除了采用上述的振型叠加法求解外，还可以采用直接法来求解。此时，直杆的轴向强迫振动方程为：

$$\frac{\partial^2 u}{\partial t^2}=\frac{E}{\rho}\frac{\partial^2 u}{\partial x^2}+\frac{1}{\rho A}p_0(x)\sin\bar{\omega}t \tag{12-15}$$

设等截面直杆的稳态反应为：

$$u_{\mathrm{P}}(x,t)=\overline{U}(x)\sin\bar{\omega}t \tag{12-16}$$

将式(12-16)代入式(12-15)中，可得：

$$\overline{U}''(x)+\beta^2\overline{U}(x)=-\frac{1}{EA}p_0(x) \tag{12-17}$$

其中

$$\beta=\bar{\omega}\sqrt{\rho/E}=\bar{\omega}/a \tag{12-18}$$

仿照单自由度系统在初始条件下对任意激励的反应，不难得到式(12-17)的解答为：

$$\overline{U}(x)=C_1\cos\beta x+C_2\sin\beta x-\frac{1}{\beta}\int_0^x\frac{p_0(\xi)}{EA}\sin\beta(x-\xi)\mathrm{d}\xi \tag{12-19}$$

其中，常数 C_1 与 C_2 可由边界条件来确定。将式(12-19)代入式(12-16)，即得到杆的稳态反应。

【例 12-1】　承受轴向荷载的棱柱状杆的动力反应。考虑一根基础刚性固定、在顶端承受阶跃函数荷载 $N_l(t)$ 的桩，其作用大小为 P_0，方向如图 12-3 所示。试按振型叠加法求

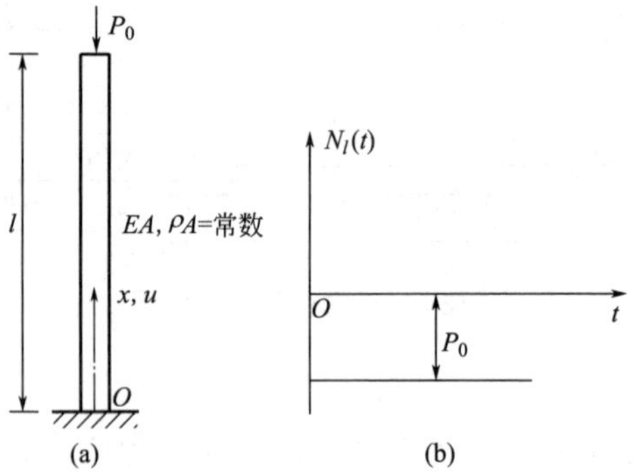

图 12-3

其位移反应和轴向力反应。

【解】 (1) 求固有频率和振型。桩的轴向强迫振动方程为：

$$\rho A \frac{\partial^2 u}{\partial t^2} - EA \frac{\partial^2 u}{\partial x^2} = -P_0 \delta(x-l) \tag{a}$$

其边界条件应视为齐次边界条件：

$$u(0,t)=0,\ EA \left.\frac{\partial u}{\partial x}\right|_{x=l}=0 \tag{b}$$

根据【例 11-2】的结果，一端固定一端自由杆的固有频率和振型分别为：

$$\omega_n = \sqrt{\frac{E}{\rho}} \times \frac{(2n-1)\pi}{2l} = \frac{(2n-1)\pi a}{2l},\ n=1,2,\cdots \tag{c}$$

$$\phi_n(x) = \sin\frac{(2n-1)\pi x}{2l} = \sin\frac{\omega_n}{a}x,\ n=1,2,\cdots \tag{d}$$

其中，振型 $\phi_n(x)$ 已进行了归一化。

(2) 计算广义质量和广义荷载：

$$M_n = \int_0^l \rho A \phi_n^2(x)\mathrm{d}x = \frac{\rho A l}{2} \tag{e}$$

$$P_n = -P_0 \sin\frac{(2n-1)\pi}{2} = (-1)^n P_0 \tag{f}$$

(3) 求解广义坐标反应。本问题为零初始条件，于是有：

$$q_n(t) = (-1)^n \frac{2P_0}{\rho A l \omega_n^2}(1-\cos\omega_n t) \tag{g}$$

(4) 计算位移反应和轴向力反应

$$u(x,t) = \sum_{n=1}^{\infty} \phi_n(x) q_n(t) = \frac{8P_0 l}{\pi^2 EA} \sum_{n=1}^{\infty} (-1)^n \frac{1-\cos\omega_n t}{(2n-1)^2} \sin\left(\frac{2n-1}{2}\frac{\pi x}{l}\right) \tag{h}$$

$$N(x,t) = EA\frac{\partial u(x,t)}{\partial x} = \frac{4P_0}{\pi} \sum_{n=1}^{\infty} (-1)^n \frac{1-\cos\omega_n t}{2n-1} \cos\left(\frac{2n-1}{2}\frac{\pi x}{l}\right) \tag{i}$$

【例 12-2】 杆端受简谐激励的动力反应。如图 12-4 所示的等截面直杆，左端固定右端自由，在自由端作用有简谐荷载 $N_l(t)=P_0\sin\bar{\omega}t$，其中 P_0 为常数，$\bar{\omega}$ 为激励的圆频率。试求杆的轴向强迫振动稳态反应。

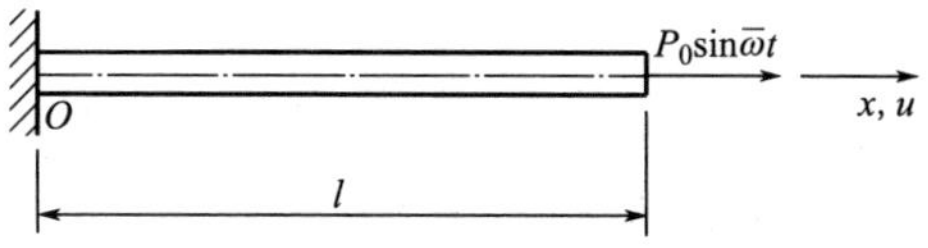

图 12-4

【解】 (1) 振型叠加法。本题的固有频率和振型见【例 12-1】。由式(12-12)求出广义荷载为：

$$P_n(t)=P_0\sin(\bar{\omega}t)\sin\frac{(2n-1)\pi}{2} \tag{a}$$

而第 n 阶振型的广义质量为：

$$M_n=\int_0^l\rho A\phi_n^2\mathrm{d}x=\frac{\rho Al}{2} \tag{b}$$

因为：

$$\int_0^t\sin(\bar{\omega}\tau)\sin\omega_n(t-\tau)\mathrm{d}\tau=\frac{\bar{\omega}}{\bar{\omega}^2-\omega_n^2}\sin\omega_nt+\frac{\omega_n}{\omega_n^2-\bar{\omega}^2}\sin\bar{\omega}t$$

根据式(12-13)可知，零初始条件下杆的强迫振动反应为：

$$\begin{aligned}u(x,t)&=\sum_{n=1}^{\infty}\frac{1}{\omega_nM_n}\phi_n(l)\phi_n(x)\int_0^tN_l(\tau)\sin\omega_n(t-\tau)\mathrm{d}\tau\\&=\frac{2P_0}{\rho Al}\sum_{n=1}^{\infty}\frac{(-1)^{n+1}}{\omega_n}\left(\frac{\bar{\omega}}{\bar{\omega}^2-\omega_n^2}\sin\omega_nt+\frac{\omega_n}{\omega_n^2-\bar{\omega}^2}\sin\bar{\omega}t\right)\sin\frac{(2n-1)\pi x}{2l}\end{aligned} \tag{c}$$

其中，$\sin\omega_nt$ 项给出以系统固有频率的振动，称为**瞬态反应**；而 $\sin\bar{\omega}t$ 项给出以激励频率的振动，称为**稳态反应**。因此，杆的轴向强迫振动稳态反应为：

$$u_{\mathrm{P}}(x,t)=\frac{2P_0\sin\bar{\omega}t}{\rho Al}\sum_{n=1}^{\infty}\frac{(-1)^{n+1}}{\omega_n^2-\bar{\omega}^2}\sin\frac{(2n-1)\pi x}{2l} \tag{d}$$

这再次表明，零初始条件下的强迫振动反应与稳态反应并不相同。

由式(d)可知，当激励频率 $\bar{\omega}$ 等于杆的任一阶固有频率 ω_n 时，都将会发生共振现象。

(2) 按自由振动分析。自由端的集中力也可以看作边界条件，这样，杆的自由振动方程为：

$$\frac{\partial^2u}{\partial t^2}=\frac{E}{\rho}\frac{\partial^2u}{\partial x^2} \tag{e}$$

而边界条件则为：

$$u(0,t)=0,\ EA\left.\frac{\partial u}{\partial x}\right|_{x=l}=P_0\sin\bar{\omega}t \tag{f}$$

设杆的稳态反应为：

$$u_{P}(x,t)=\overline{U}(x)\sin\overline{\omega}t \tag{g}$$

将式(g)代入式(e)中，可得：

$$\overline{U}''(x)+\beta^{2}\overline{U}(x)=0 \tag{h}$$

其中，$\beta=\overline{\omega}\sqrt{\rho/E}$。由边界条件(f)有：

$$\overline{U}(0)=0,\ \overline{U}'(l)=\frac{P_{0}}{EA} \tag{i}$$

由式(h)与式(i)求解，可得：

$$\overline{U}(x)=\frac{P_{0}}{EA\beta\cos(\beta l)}\sin(\beta x)$$

于是，杆的稳态反应为：

$$u_{P}(x,t)=\frac{P_{0}}{EA\beta\cos(\beta l)}\sin(\beta x)\sin\overline{\omega}t \tag{j}$$

(3) 直接法。若将作用在自由端的简谐激励当作分布荷载，则杆的轴向强迫振动方程为：

$$\frac{\partial^{2}u}{\partial t^{2}}=\frac{E}{\rho}\frac{\partial^{2}u}{\partial x^{2}}+\frac{1}{\rho A}P_{0}\delta(x-l)\sin\overline{\omega}t \tag{k}$$

此时的边界条件应为：

$$u(0,t)=0,\ EA\left.\frac{\partial u}{\partial x}\right|_{x=l}=0 \tag{l}$$

将稳态反应的表达式(g)代入式(k)中，可得：

$$\overline{U}''(x)+\beta^{2}\overline{U}(x)=-\frac{1}{EA}P_{0}\delta(x-l) \tag{m}$$

将式(g)代入式(l)中，可得：

$$\overline{U}(0)=0,\ \overline{U}'(l)=0 \tag{n}$$

根据式(12-19)，可得：

$$\begin{aligned}\overline{U}(x)&=C_{1}\cos\beta x+C_{2}\sin\beta x-\frac{P_{0}}{\beta EA}\int_{0}^{x}\delta(\xi-l)\sin\beta(x-\xi)\mathrm{d}\xi\\&=\begin{cases}C_{1}\cos\beta x+C_{2}\sin\beta x, & 0\leqslant x<l\\C_{1}\cos\beta x+C_{2}\sin\beta x-\dfrac{P_{0}}{\beta EA}\sin\beta(x-l), & l^{-}\leqslant x\leqslant l^{+}\end{cases}\end{aligned} \tag{o}$$

式中，l^{-} 与 l^{+} 分别为 $x=l$ 处的左边和右边。由式(n)中的第一式可知 $C_{1}=0$。

根据式(o)，可知：

$$\overline{U}'(l)=\lim_{\Delta x\to 0}\frac{\overline{U}(l+\Delta x)-\overline{U}(l)}{\Delta x}$$

$$=\lim_{\Delta x\to 0}\frac{C_2\sin\beta(l+\Delta x)-\dfrac{P_0}{\beta EA}\sin\beta\Delta x-C_2\sin\beta l}{\Delta x}$$

$$=C_2\lim_{\Delta x\to 0}\frac{\sin\beta(l+\Delta x)-\sin\beta l}{\Delta x}-\frac{P_0}{EA}\lim_{\Delta x\to 0}\frac{\sin\beta\Delta x}{\beta\Delta x}$$

$$=C_2\beta\cos\beta l-\frac{P_0}{EA} \tag{p}$$

再由式(n)中的第二式，可得：

$$C_2=\frac{P_0}{EA\beta\cos\beta l} \tag{q}$$

于是，得到：

$$\overline{U}(x)=\frac{P_0}{EA\beta\cos\beta l}\sin\beta x,\quad 0\leqslant x\leqslant l \tag{r}$$

下面，可以证明式(j)与式(d)是相等的。将函数 $\sin\beta x$ 按振型函数 $\phi_n(x)$ 展开为：

$$\sin\beta x=\sin\frac{\overline{\omega}x}{a}=\sum c_n\sin\frac{\omega_n x}{a} \tag{s}$$

其中，ω_n 为固有频率，而系数 c_n 为：

$$c_n=\frac{2}{l}\int_0^l\sin\frac{\omega_n x}{a}\times\sin\frac{\overline{\omega}x}{a}\mathrm{d}x$$

$$=\frac{1}{l}\left[\frac{a}{\overline{\omega}-\omega_n}\left(\sin\frac{\overline{\omega}l}{a}\cos\frac{\omega_n l}{a}-\cos\frac{\overline{\omega}l}{a}\sin\frac{\omega_n l}{a}\right)\right.$$

$$\left.-\frac{a}{\overline{\omega}+\omega_n}\left(\sin\frac{\overline{\omega}l}{a}\cos\frac{\omega_n l}{a}+\cos\frac{\overline{\omega}l}{a}\sin\frac{\omega_n l}{a}\right)\right]$$

考虑到 $\cos\dfrac{\omega_n l}{a}=0$ 的条件，可得：

$$c_n=-\frac{1}{l}\left(\frac{a}{\overline{\omega}-\omega_n}+\frac{a}{\overline{\omega}+\omega_n}\right)\cos\frac{\overline{\omega}l}{a}\sin\frac{\omega_n l}{a}=\frac{2a}{l}\frac{\overline{\omega}}{\omega_n^2-\overline{\omega}^2}\cos\frac{\overline{\omega}l}{a}\sin\frac{\omega_n l}{a} \tag{t}$$

将式(t)代入式(s)中，得到函数 $\sin\beta x$ 的展开式，并代入式(j)，即可得到式(d)。

§ 12.2 梁的横向强迫振动反应分析

12.2.1 无阻尼强迫振动

在这一节中，将以梁的横向强迫振动为例，应用**拉格朗日方程**来推导广义坐标方程。

梁的横向强迫振动方程为：

$$\frac{\partial^2}{\partial x^2}\left[EI\ \frac{\partial^2 v(x,t)}{\partial x^2}\right]+\rho A\ \frac{\partial^2 v(x,t)}{\partial t^2}=p(x,t) \tag{12-20}$$

将梁在动力荷载 $p(x,t)$ 作用下的位移反应按振型函数 $\phi_n(x)$ 展开为：

$$v(x,t)=\sum_{n=1}^{\infty}\phi_n(x)q_n(t) \tag{12-21}$$

其中，$q_n(t)$ 称为第 n 阶振型的广义坐标。

梁的动能可表示为：

$$\begin{aligned}T&=\frac{1}{2}\int_0^l\rho A\ [\dot{v}(x,t)]^2\mathrm{d}x=\frac{1}{2}\int_0^l\rho A\sum_{n=1}^{\infty}\phi_n\dot{q}_n\sum_{m=1}^{\infty}\phi_m\dot{q}_m\mathrm{d}x\\&=\frac{1}{2}\sum_{n=1}^{\infty}\sum_{m=1}^{\infty}\dot{q}_n\dot{q}_m\int_0^l\rho A\phi_n\phi_m\mathrm{d}x=\frac{1}{2}\sum_{n=1}^{\infty}M_n\dot{q}_n^2\end{aligned} \tag{12-22}$$

这里，利用了振型的正交性条件，即：

$$\int_0^l\rho A\phi_n(x)\phi_m(x)\mathrm{d}x=\begin{cases}M_n, & m=n\\0, & m\neq n\end{cases} \tag{12-23}$$

其中，M_n 称为第 n 阶振型的广义质量。

梁的弹性势能为：

$$\begin{aligned}U&=\frac{1}{2}\int_0^l EI\ [v''(x,t)]^2\mathrm{d}x=\frac{1}{2}\int_0^l EI\sum_{n=1}^{\infty}\phi''_n q_n\sum_{m=1}^{\infty}\phi''_m q_m\mathrm{d}x\\&=\frac{1}{2}\sum_{n=1}^{\infty}\sum_{m=1}^{\infty}q_n q_m\int_0^l EI\phi''_n(x)\phi''_m(x)\mathrm{d}x=\frac{1}{2}\sum_{n=1}^{\infty}K_n q_n^2\end{aligned} \tag{12-24}$$

这里，利用了振型的另一正交性条件，即：

$$\int_0^l EI\phi''_n(x)\phi''_m(x)\mathrm{d}x=\begin{cases}K_n, & m=n\\0, & m\neq n\end{cases} \tag{12-25}$$

其中，K_n 称为第 n 阶振型的广义刚度。

外力虚功的表达式为：

$$\begin{aligned}\delta W&=\int_0^l p(x,t)\delta v(x,t)\mathrm{d}x=\int_0^l p(x,t)\sum_{n=1}^{\infty}\phi_n(x)\delta q_n(t)\mathrm{d}x\\&=\sum_{n=1}^{\infty}\delta q_n(t)\int_0^l p(x,t)\phi_n(x)\mathrm{d}x=\sum_{n=1}^{\infty}P_n(t)\delta q_n(t)\end{aligned} \tag{12-26}$$

其中，$P_n(t)$ 为第 n 阶振型的广义荷载，即：

$$P_n(t)=\int_0^l p(x,t)\phi_n(x)\mathrm{d}x \tag{12-27}$$

将上述 T、U 及 P_n 代入拉格朗日方程：

$$\frac{\mathrm{d}}{\mathrm{d}t}\left(\frac{\partial T}{\partial \dot{q}_n}\right)-\frac{\partial T}{\partial q_n}+\frac{\partial U}{\partial q_n}=P_n(t),\ n=1,2,\cdots \tag{12-28}$$

注意到，动能 $T=T(t,\dot{q}_1,\dot{q}_2,\cdots)$，因此有 $\partial T/\partial q_n=0$。于是，广义坐标方程为：

$$M_n\ddot{q}_n(t)+K_nq_n(t)=P_n(t),\ n=1,2,\cdots \tag{12-29}$$

或者表示为：

$$\ddot{q}_n(t)+\omega_n^2q_n(t)=\frac{P_n(t)}{M_n},\ n=1,2,\cdots \tag{12-30}$$

假定梁的初始条件为：

$$v(x,0)=f_1(x),\ \left.\frac{\partial v}{\partial t}\right|_{t=0}=f_2(x) \tag{12-31}$$

与杆的轴向振动相类似，其广义坐标的初始条件为：

$$\left.\begin{aligned}q_n(0)&=\frac{1}{M_n}\int_0^l\rho Af_1(x)\phi_n(x)\mathrm{d}x\\ \dot{q}_n(0)&=\frac{1}{M_n}\int_0^l\rho Af_2(x)\phi_n(x)\mathrm{d}x\end{aligned}\right\} \tag{12-32}$$

于是，式(12-30)的解为：

$$q_n(t)=q_n(0)\cos\omega_nt+\frac{\dot{q}_n(0)}{\omega_n}\sin\omega_nt+\frac{1}{\omega_nM_n}\int_0^tP_n(\tau)\sin\omega_n(t-\tau)\mathrm{d}\tau \tag{12-33}$$

将形如式(12-33)的各个广义坐标反应代入式(12-21)，即得到梁在初始条件下对任意激励的动力反应。

这里，需要注意几个问题：

(1)当梁上还作用有分布外力矩 $m(x,t)$ 时，如图 12-5 所示，其运动方程式(12-20)需变为：

$$\frac{\partial^2}{\partial x^2}\left[EI\frac{\partial^2v(x,t)}{\partial x^2}\right]+\rho A\frac{\partial^2v(x,t)}{\partial t^2}=p(x,t)-\frac{\partial m(x,t)}{\partial x} \tag{12-34}$$

此时，广义荷载[式(12-27)]相应地变为：

$$P_n(t)=\int_0^l\left[p(x,t)-\frac{\partial m(x,t)}{\partial x}\right]\phi_n(x)\mathrm{d}x \tag{12-35}$$

(2)若作用在梁上的荷载不是分布力和分布力矩，而是图 12-6 所示的集中力 $P(t)$ 及集中力矩 $M(t)$，同样利用 $\delta(x)$ 函数将其表示为：

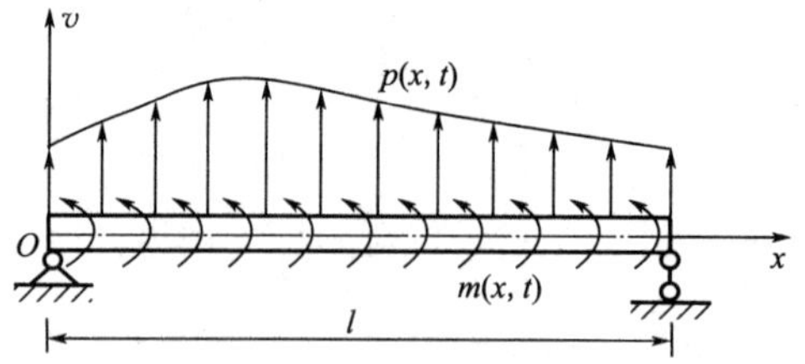

图 12-5　梁受横向的分布荷载及分布的外力矩作用

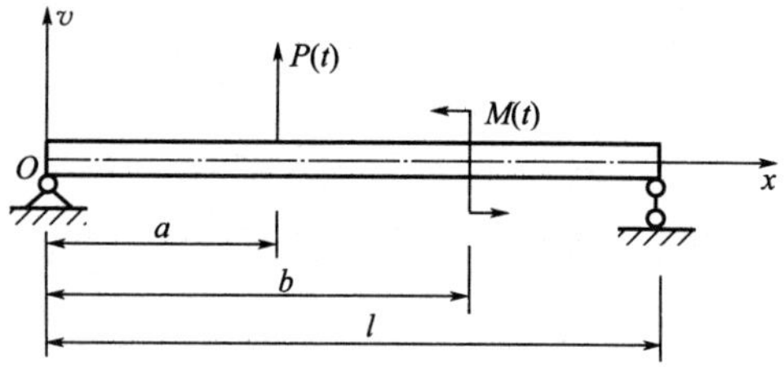

图 12-6　受集中力及集中弯矩的梁

$$p(x,t)=P(t)\delta(x-a) \tag{12-36}$$

$$m(x,t)=M(t)\delta(x-b) \tag{12-37}$$

于是，相应的广义荷载变为：

$$\begin{aligned}P_n(t)&=\int_0^l P(t)\delta(x-a)\phi_n(x)\mathrm{d}x-\int_0^l M(t)\delta'(x-b)\phi_n(x)\mathrm{d}x\\&=P(t)\phi_n(a)+M(t)\phi'_n(b)\end{aligned} \tag{12-38}$$

式中，利用了 $\delta(x)$ 函数的导数的筛选性质：

$$\int_0^l f(x)\,\frac{\mathrm{d}^n\delta(x-\xi)}{\mathrm{d}x^n}\mathrm{d}x=(-1)^n f^{(n)}(\xi),\ n=1,2,\cdots \tag{12-39}$$

【例 12-3】 如图 12-7 所示，等截面简支梁在跨中承受一个阶跃函数荷载的作用，试推导其动力反应的表达式。

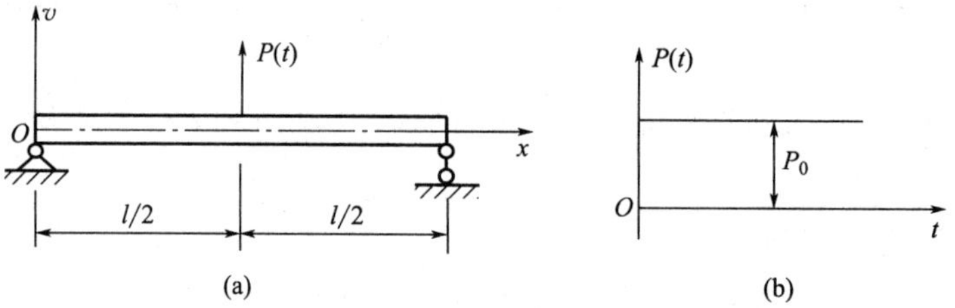

图 12-7

【解】 (1) 求固有频率和振型。对于简支梁，【例 11-4】已给出结果：

$$\omega_n=\frac{n^2\pi^2}{l^2}\sqrt{\frac{EI}{\rho A}},\ n=1,2,\cdots \tag{a}$$

$$\phi_n(x)=\sin\frac{n\pi x}{l},\ n=1,2,\cdots \tag{b}$$

(2) 计算广义质量和广义荷载：

$$M_n=\int_0^l \rho A\phi_n^2(x)\mathrm{d}x=\frac{\rho Al}{2} \tag{c}$$

$$P_n(t)=\int_0^l p(x,t)\phi_n(x)\mathrm{d}x=P_0\phi_n(l/2)=P_0\sin\frac{n\pi}{2} \tag{d}$$

(3) 求解广义坐标方程。由于本问题的初始条件是零初始条件，根据式(12-33)，可得：

$$q_n(t)=\frac{1}{\omega_n M_n}\int_0^t P_n(\tau)\sin\omega_n(t-\tau)\mathrm{d}\tau=\frac{2P_0}{\rho Al\omega_n^2}\sin\frac{n\pi}{2}(1-\cos\omega_n t) \tag{e}$$

(4) 计算位移、弯矩和剪力反应。将式(e)代入式(12-21)中，并考虑到 $\omega_n^2=\dfrac{n^4\pi^4 EI}{\rho Al^4}$，可得：

$$v(x,t)=\sum_{n=1}^{\infty}\phi_n(x)q_n(t)=\frac{2P_0l^3}{\pi^4 EI}\sum_{n=1}^{\infty}\frac{\alpha_n}{n^4}(1-\cos\omega_n t)\sin\frac{n\pi x}{l} \tag{f}$$

其中

$$\alpha_n=\sin\frac{n\pi}{2}=\begin{cases}1, & n=1,5,9,\cdots\\ -1, & n=3,7,11,\cdots\\ 0, & n=2,4,6,\cdots\end{cases} \tag{g}$$

根据式(10-32)，可得弯矩反应：

$$M(x,t)=EI\frac{\partial^2 v(x,t)}{\partial x^2}=-\frac{2P_0 l}{\pi^2}\sum_{n=1}^{\infty}\frac{\alpha_n}{n^2}(1-\cos\omega_n t)\sin\frac{n\pi x}{l} \tag{h}$$

而剪力反应为：

$$Q(x,t)=EI\frac{\partial^3 v(x,t)}{\partial x^3}=-\frac{2P_0}{\pi}\sum_{n=1}^{\infty}\frac{\alpha_n}{n}(1-\cos\omega_n t)\cos\frac{n\pi x}{l} \tag{i}$$

注意到，由于 n^4 出现在位移反应式(f)中各项系数的分母，高阶振型对位移的贡献不显著；然而，高阶振型对弯矩反应的贡献大一些，并且对剪力反应的贡献会更大些。这表明，高阶振型对力的贡献比对位移的贡献显著，因此，在确定计算反应所需的振型数时应该与所求的反应量有关。

【例 12-4】 简支梁在移动荷载作用下的振动。 如图 12-8 所示跨度为 l 的等截面简支桥梁，单位长度质量为 ρA，弯曲刚度为 EI。一个独轮荷载 P_0 以速度 v_0 匀速驶过桥面，在时刻 $t=0$，荷载位于桥的左端，且桥处于静止状态。阻尼不计，求荷载向右移动时桥梁的动力反应。

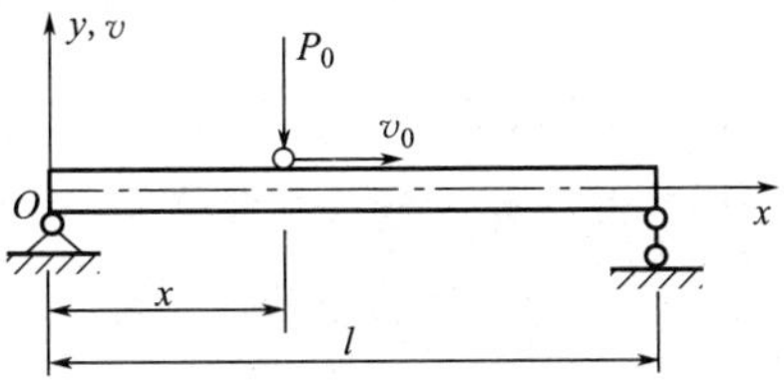

图 12-8

【解】（1）求固有频率和振型：

$$\omega_n=\frac{n^2\pi^2}{l^2}\sqrt{\frac{EI}{\rho A}}，\ \phi_n(x)=\sin\frac{n\pi x}{l} \tag{a}$$

（2）求广义质量和广义荷载。广义质量为：

$$M_n=\frac{\rho Al}{2} \tag{b}$$

以速度 v_0 行驶的荷载 P_0 通过桥所需要的时间为 $t_d=l/v_0$。于是，此移动荷载可表示为：

$$p(x,t)=\begin{cases}-P_0\delta(x-v_0t), & 0\leqslant t\leqslant t_d\\ 0, & t>t_d\end{cases} \tag{c}$$

广义荷载为：

$$P_n(t)=\begin{cases}-P_0\sin\left(\dfrac{n\pi t}{t_d}\right), & 0\leqslant t\leqslant t_d\\ 0, & t>t_d\end{cases} \tag{d}$$

（3）求广义坐标的反应。当 $0\leqslant t\leqslant t_d$ 时，考虑到零初始条件，由式(12-33)可得广义坐标反应为：

$$\begin{aligned}q_n(t)&=-\frac{P_0}{\omega_nM_n}\int_0^t\sin\frac{n\pi\tau}{t_d}\sin\omega_n(t-\tau)\mathrm{d}\tau\\&=-\frac{2P_0}{\rho Al(\omega_n^2-\bar{\omega}_n^2)}\left(\sin\bar{\omega}_nt-\frac{\bar{\omega}_n}{\omega_n}\sin\omega_nt\right)\end{aligned} \tag{e}$$

其中

$$\bar{\omega}_n=\frac{n\pi}{t_d}=\frac{n\pi v_0}{l} \tag{f}$$

当 $t>t_d$ 时，广义坐标的反应是以 $q_n(t_d)$、$\dot{q}_n(t_d)$ 为初始条件的自由振动：

$$\begin{aligned}q_n(t)&=q_n(t_d)\cos\omega_n(t-t_d)+\frac{\dot{q}_n(t_d)}{\omega_n}\sin\omega_n(t-t_d)\\&=-\frac{2P_0\bar{\omega}_n}{\rho Al(\omega_n^2-\bar{\omega}_n^2)\omega_n}\left[(-1)^n\sin\omega_n(t-t_d)-\sin\omega_nt\right]\end{aligned} \tag{g}$$

在式(e)和式(g)中，当 $\omega_n\neq\bar{\omega}_n=n\pi v_0/l$ 时，此解有效。

（4）求位移的反应。将式(e)、式(g)分别代入式(12-21)中，即可得到 $0\leqslant t\leqslant t_d$ 及 $t>t_d$ 时桥梁的动力反应，其中，当 $0\leqslant t\leqslant t_d$ 时的位移反应为：

$$v(x,t)=-\frac{2P_0}{\rho Al}\sum_{n=1}^{\infty}\frac{1}{\omega_n^2-\bar{\omega}_n^2}\left(\sin\bar{\omega}_nt-\frac{\bar{\omega}_n}{\omega_n}\sin\omega_nt\right)\sin\frac{n\pi x}{l} \tag{h}$$

由于 ω_n^2 中含有 n^4，$\overline{\omega}_n^2$ 中含有 n^2，式(h)的级数收敛很快。

(5) 分析与讨论。在下面共振情况的讨论中，可以仅取级数的第一项，若令 $\lambda = \overline{\omega}_1/\omega_1$，可得：

$$v(x,t) = -\frac{2P_0}{\rho A l \omega_1^2}\frac{\sin\lambda\omega_1 t - \lambda\sin\omega_1 t}{1-\lambda^2}\sin\frac{\pi x}{l} \tag{i}$$

显然，当频率比 $\lambda=1$ 时，桥梁将发生共振现象。由 $\overline{\omega}_1=\omega_1$ 可知，引起共振的荷载移动速度 v_0 及通过桥梁的时间 t_d 为：

$$v_0 = \frac{\pi}{l}\sqrt{\frac{EI}{\rho A}},\quad t_d = \frac{l}{v_0} = \frac{l^2}{\pi}\sqrt{\frac{\rho A}{EI}} \tag{j}$$

由于桥的基本周期为：

$$T_1 = \frac{2\pi}{\omega_1} = \frac{2l^2}{\pi}\sqrt{\frac{\rho A}{EI}} \tag{k}$$

因此，当荷载 P_0 用 $T_1/2$ 的时间通过桥梁时，桥梁将发生共振。这时，式(i)为 $\frac{0}{0}$ 型未定式，利用洛必达(L'Hospital)法则，式(i)可写为：

$$v(x,t) = -\frac{P_0}{\rho A l \omega_1^2}(\sin\omega_1 t - \omega_1 t\cos\omega_1 t)\sin\frac{\pi x}{l} \tag{l}$$

可见，桥梁上各点的振幅都随着时间无限增大。

为了求出第一个共振峰出现的时间 t_0，令 $\frac{\partial v}{\partial t}=0$，可得：

$$t\sin\omega_1 t = 0 \tag{m}$$

从而，可计算出 $t_0=\pi/\omega_1=T_1/2=t_d$，即第一个共振峰出现在荷载刚好到达桥梁右端，此时桥梁上各点的位移反应为：

$$v_{max}(x) = v(x,t_0) = -\frac{P_0\pi}{\rho A l \omega_1^2}\sin\frac{\pi x}{l} \tag{n}$$

显然，梁的最大位移反应出现在梁跨中：

$$v_{max}(l/2) = -\frac{P_0\pi}{\rho A l\omega_1^2} = -\frac{P_0 l^3}{\pi^3 EI} \tag{o}$$

根据结构静力学的知识，梁跨中受荷载 P_0 作用时的静挠度为：

$$v_{st}(l/2) = -\frac{P_0 l^3}{48EI} \tag{p}$$

由此可见，桥的最大动挠度约是最大静挠度的 1.55 倍，即增大 50%以上。

12.2.2 有阻尼强迫振动

由式(10-44)可知，有阻尼梁的横向强迫振动方程为：

$$\frac{\partial^2}{\partial x^2}\left[EI\frac{\partial^2 v}{\partial x^2}+c_s I\frac{\partial^3 v}{\partial x^2\partial t}\right]+\rho A\frac{\partial^2 v}{\partial t^2}+c\frac{\partial v}{\partial t}=p(x,t) \tag{12-40}$$

利用对应式(12-40)无阻尼梁的振型函数 $\phi_m(x)$，将位移反应 $v(x,t)$ 展开为：

$$v(x,t)=\sum_{m=1}^{\infty}\phi_m(x)q_m(t) \tag{12-41}$$

将式(12-41)代入式(12-40)中，在等式两边同乘以 $\phi_n(x)$，并沿梁长积分，应用振型的正交性关系[式(11-113)]且采用广义质量定义[式(12-23)]和广义荷载定义[式(12-27)]，可得：

$$M_n\ddot{q}_n(t)+\sum_{m=1}^{\infty}\dot{q}_m(t)\int_0^l\phi_n(x)\left\{c\phi_m(x)+\frac{\mathrm{d}^2}{\mathrm{d}x^2}\left[c_s I\phi''_m(x)\right]\right\}\mathrm{d}x+\omega_n^2M_nq_n(t)=P_n(t) \tag{12-42}$$

现采用与多自由度系统振动相类似的方法，假定：

$$c=a_0m(x)=a_0\rho A(x),\quad c_s=a_1E \tag{12-43}$$

式中，a_0 的量纲为时间的倒数，a_1 的量纲为时间。

于是，式(12-42)可写为：

$$M_n\ddot{q}_n(t)+(a_0M_n+a_1\omega_n^2M_n)\dot{q}_n(t)+\omega_n^2M_nq_n(t)=P_n(t) \tag{12-44}$$

定义第 n 阶振型阻尼比为：

$$\xi_n=\frac{a_0}{2\omega_n}+\frac{a_1\omega_n}{2} \tag{12-45}$$

在式(12-44)中，两边同除以广义质量 M_n，并利用式(12-45)，可得：

$$\ddot{q}_n(t)+2\xi_n\omega_n\dot{q}_n(t)+\omega_n^2q_n(t)=\frac{P_n(t)}{M_n} \tag{12-46}$$

因此，只要阻尼是与质量或刚度成正比的 Rayleigh 形式，就能使运动方程式(12-40)解耦，这与多自由度系统中所用的方法一样。从式(12-45)可以看出，对于与质量成正比的阻尼，阻尼比与频率成反比；对于与刚度成正比的阻尼，阻尼比与频率成正比。

【例 12-5】 支座激励下梁的动力反应。在【例 12-1】与【例 12-2】中，其边界条件是与时间有关的力边界条件，可以处理为杆端的集中外力，而将边界条件当作无外力作用的边界条件。但是，如果边界条件是与时间有关的位移边界条件，这类问题的求解过程将更为复杂，下面将通过支座激励下梁的动力反应来说明这类问题的求解思路。

考虑一等截面的简支梁，在右端支座处发生如下的竖向简谐位移激励：

$$\delta_2(t)=\delta_0\sin\bar{\omega}t \tag{a}$$

其中，δ_0 是支座运动的幅值，$\bar{\omega}$ 为激励频率。求梁位移的稳态反应。

【解】 梁由其初始位置计算的总位移可表示为：

$$v^{\mathrm{t}}(x,t)=v^{\mathrm{s}}(x,t)+v(x,t) \tag{b}$$

其中，$v^{\mathrm{s}}(x,t)$ 为拟静力位移，$v(x,t)$ 为附加位移。根据式(10-50)可知，本题的拟静力位移为：

$$v^{\mathrm{s}}(x,t)=\psi_2(x)\delta_2(t)=\frac{x}{l}\delta_2(t) \tag{c}$$

根据式(10-47)，附加位移 $v(x,t)$ 的运动方程为：

$$\frac{\partial^2}{\partial x^2}\left[EI\frac{\partial^2 v}{\partial x^2}+c_{\mathrm{s}}I\frac{\partial^3 v}{\partial x^2\partial t}\right]+\rho A\frac{\partial^2 v}{\partial t^2}+c\frac{\partial v}{\partial t}=p_{\mathrm{eff}}(x,t) \tag{d}$$

其中

$$p_{\mathrm{eff}}(x,t)\approx-\rho A\psi_2(x)\ddot{\delta}_2(t)=\rho A\frac{x}{l}\delta_0\bar{\omega}^2\sin\bar{\omega}t \tag{e}$$

本问题的边界条件为：

$$v^{\mathrm{t}}(0,t)=0,\quad \left.\frac{\partial^2 v^{\mathrm{t}}}{\partial x^2}\right|_{x=0}=0 \tag{f}$$

$$v^{\mathrm{t}}(l,t)=\delta_2(t),\quad \left.\frac{\partial^2 v^{\mathrm{t}}}{\partial x^2}\right|_{x=l}=0 \tag{g}$$

由于，拟静力位移 $v^{\mathrm{s}}(x,t)$ 已满足给定的几何边界条件，即满足式(f)中的第一式与式(g)中的第一式。因此，附加位移 $v(x,t)$ 的边界条件应为：

$$v(0,t)=0,\quad \left.\frac{\partial^2 v}{\partial x^2}\right|_{x=0}=0 \tag{h}$$

$$v(l,t)=0,\quad \left.\frac{\partial^2 v}{\partial x^2}\right|_{x=l}=0 \tag{i}$$

同样地，将 $v(x,t)$ 按振型函数 $\phi_n(x)$ 展开为：

$$v(x,t)=\sum_{n=1}^{\infty}\phi_n(x)q_n(t) \tag{j}$$

其中，$\phi_n(x)$ 为对应式(d)的无阻尼简支梁的振型函数：

$$\phi_n(x)=\sin\frac{n\pi x}{l},\ n=1,2,\cdots$$

根据式(12-46)，黏滞阻尼情况的广义坐标的运动方程为：

$$\ddot{q}_n(t)+2\xi_n\omega_n\dot{q}_n(t)+\omega_n^2 q_n(t)=\frac{P_n(t)}{M_n},\ n=1,2,\cdots \tag{k}$$

其中，ω_n 为对应式(d)的无阻尼简支梁的固有频率，M_n 和 $P_n(t)$ 分别为广义质量和广义荷载。于是，有：

$$\omega_n=\frac{n^2\pi^2}{l^2}\sqrt{\frac{EI}{\rho A}},\ M_n=\frac{\rho Al}{2}$$

$$P_n(t)=\int_0^l p_{\mathrm{eff}}(x,t)\phi_n(x)\mathrm{d}x=(-1)^{n+1}\frac{\rho Al}{n\pi}\delta_0\bar{\omega}^2\sin\bar{\omega}t$$

为了求方程(k)的稳态解，可设广义坐标的稳态反应为：

$$\bar{q}_n(t)=A\cos\bar{\omega}t+B\sin\bar{\omega}t \tag{l}$$

将式(l)代入式(k)中，可求得 A 与 B 的值，再令 $\beta_n=\bar{\omega}/\omega_n$，则方程(k)的稳态解为：

$$\bar{q}_n(t)=(-1)^{n+1}\frac{2\rho Al^4}{n^5\pi^5 EI}\delta_0\bar{\omega}^2\frac{1}{(1-\beta_n^2)^2+(2\xi_n\beta_n)^2}[(1-\beta_n^2)\sin\bar{\omega}t-2\xi_n\beta_n\cos\bar{\omega}t] \tag{m}$$

于是，附加位移的稳态反应为：

$$v(x,t)=\frac{2\rho Al^4\delta_0\bar{\omega}^2}{\pi^5 EI}\sum_{n=1}^{\infty}\frac{(-1)^{n+1}}{n^5}\frac{1}{(1-\beta_n^2)^2+(2\xi_n\beta_n)^2}[(1-\beta_n^2)\sin\bar{\omega}t-2\xi_n\beta_n\cos\bar{\omega}t]\sin\frac{n\pi x}{l} \tag{n}$$

最后，将式(n)代入式(b)中，即可求得总位移的稳态反应。

§12.3　多构件系统的动力反应分析

前面讨论了单跨梁(杆)的动力反应分析方法，本节讨论更为普遍的多构件结构系统的动力反应分析问题，包括自由振动分析与动力直接刚度法。

12.3.1　多构件系统的自由振动分析

为了说明多构件系统自由振动分析的方法，考虑图 12-9 所示的两个构件的结构。图中每根构件

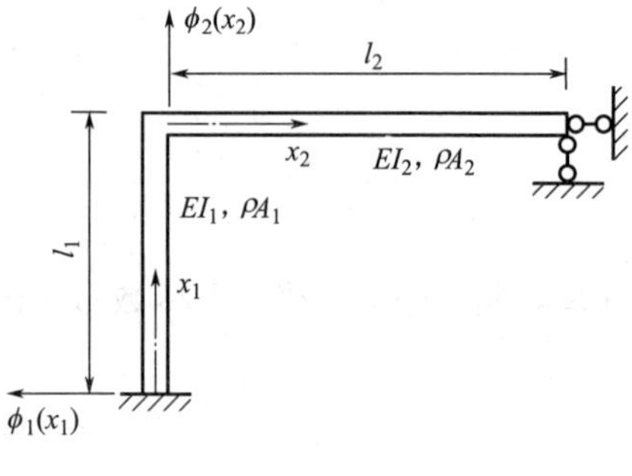

图 12-9　刚架的自由振动分析

轴向是刚性的，每根构件具有不变的性质(弯曲刚度和单位长度的质量)，然而，不同构件可以有不同的性质。

由于式(11-36)适用于每根性质不变的构件，因此，每根构件都有一个独立的振型函数，即：

$$\phi_1(x_1)=A_1\cos\lambda_1x_1+B_1\sin\lambda_1x_1+C_1\cosh\lambda_1x_1+D_1\sinh\lambda_1x_1 \tag{a}$$

$$\phi_2(x_2)=A_2\cos\lambda_2x_2+B_2\sin\lambda_2x_2+C_2\cosh\lambda_2x_2+D_2\sinh\lambda_2x_2 \tag{b}$$

上述两个振型函数，共有 8 个待定系数，因此，需要通过 8 个边界条件来确定。

根据竖直构件在 $x_1=0$ 处的边界条件，其位移和转角必须为零，因此有：

$$\phi_1(0)=0,\ \phi_1'(0)=0 \tag{c}$$

根据水平构件在 $x_2=l_2$ 处的边界条件，其位移和弯矩为零，因此有：

$$\phi_2(l_2)=0,\ \phi_2''(l_2)=\frac{M(l_2)}{EI_2}=0 \tag{d}$$

在 $x_1=l_1$ 与 $x_2=0$ 的结点处，两根构件的杆端位移是连续的。对于轴向刚性的构件，其条件为：

$$\phi_1(l_1)=0,\ \phi_2(0)=0 \tag{e}$$

在 $x_1=l_1$ 与 $x_2=0$ 的结点处，两根构件的弯矩是平衡的，而转角是连续的，因此有

$$\phi_1'(l_1)=\phi_2'(0),\ EI_1\phi_1''(l_1)=EI_2\phi_2''(0) \tag{f}$$

将两根构件的振型函数式(a)和式(b)分别代入这 8 个边界条件中，得到包含 8 个未知振型系数所组成的 8 个方程。将这些式子写成矩阵的形式，并令 8×8 阶系数矩阵的行列式等于零，即可得到该系统的频率方程，从而可求得系统的固有频率。

从上述例子可以看出，用这种经典方法进行多构件系统的自由振型分析，即使分析一个两构件的简单刚架，也会有相当大的计算问题。在下一小节中，介绍一种较简单的分析方法——**动力直接刚度法**。

12.3.2　动力直接刚度法

下面介绍用动力直接刚度法来进行多构件结构系统的振动分析。首先建立梁单元的动力弯曲刚度矩阵，然后按照与静力直接刚度法相同的过程，叠加各个梁单元的贡献而形成结构的总体刚度矩阵，即可按位移法来进行分析，从而求解整个结构系统的刚度方程以求得给定荷载产生的位移。

1. 梁单元的动力弯曲刚度矩阵

梁单元的动力刚度系数是指在梁端施加单位位移和转角所产生的梁端力和梁端力矩。动力刚度系数的定义与静力刚度系数的差别在于前者的所有梁端位移(包括位移和转角)是

随时间作简谐变化，且具有相同频率 $\overline{\omega}$ 和相位 θ_0；因而，所有结点力(包括梁端力和梁端力矩)也是随时间作简谐变化，也具有相同的频率 $\overline{\omega}$ 和相位 θ_0。与连续系统的固有频率一样，动力刚度是针对无阻尼梁段定义的。

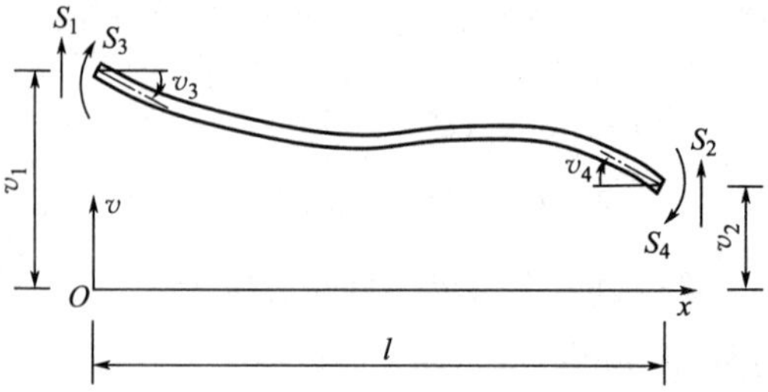

图 12-10　梁单元的结点力和位移

等截面梁单元的结点力和位移的关系如图 12-10 所示。由于假定梁单元在跨间不承受外荷载，因此，其运动方程应为(无阻尼情况)：

$$\frac{\partial^4 v(x,t)}{\partial x^4}+\frac{\rho A}{EI}\frac{\partial^2 v(x,t)}{\partial t^2}=0 \tag{12-47}$$

根据动力刚度的定义，梁端位移(边界位移)可以表达为：

$$v_i=\overline{v}_i\sin(\overline{\omega}t+\theta_0)\,,\ i=1,2,3,4 \tag{12-48}$$

其中，$\overline{v}_i$ 表示梁端位移 v_i 的幅值。

相应地，梁单元的结点力(梁端力和梁端力矩)可表示为：

$$S_i=\overline{S}_i\sin(\overline{\omega}t+\theta_0)\,,\ i=1,2,3,4 \tag{12-49}$$

其中，$\overline{S}_i$ 为结点力 S_i 的幅值。

对于梁端位移以式(12-48)作简谐运动，则梁跨间任意一点的位移为：

$$v(x,t)=\phi(x)\sin(\overline{\omega}t+\theta_0) \tag{12-50}$$

将式(12-50)代入式(12-47)中，可得：

$$\frac{\mathrm{d}^4\phi(x)}{\mathrm{d}x^4}-\overline{\lambda}^4\phi(x)=0 \tag{12-51}$$

其中

$$\overline{\lambda}^4=\frac{\rho A}{EI}\overline{\omega}^2 \quad 或 \quad \overline{\omega}^2=\frac{EI}{\rho A}\overline{\lambda}^4 \tag{12-52}$$

方程(12-51)中含有参数 $\overline{\lambda}$，而 $\overline{\lambda}$ 是边界位移激励频率 $\overline{\omega}$ 的函数，它与梁横向自由振动的振型函数方程式(11-31)具有相同的形式，不同的是式(11-31)中 λ 为自由振动频率 ω 的函数。因此，方程(12-51)的解可直接写为：

$$\phi(x)=C_1\cos\overline{\lambda}x+C_2\sin\overline{\lambda}x+C_3\cosh\overline{\lambda}x+C_4\sinh\overline{\lambda}x \tag{12-53}$$

式中，系数 $C_1 \sim C_4$ 决定梁单元的振动形状和幅值，它们可以利用梁端的边界条件来确定。

在图 12-10 中，利用梁单元的两端位移和转角条件，可得：

$$\phi(0)=\bar{v}_1,\ \phi(l)=\bar{v}_2,\ \phi'(0)=-\bar{v}_3,\ \phi'(l)=-\bar{v}_4 \tag{12-54}$$

需要注意的是，转角的方向以从 x 轴正向转到 y 轴正向为正。因此，在图 12-10 中，梁端转角的方向应均为负向。

在图 12-10 中，利用梁单元的两端剪力和弯矩条件，可得：

$$\phi'''(0)=\frac{\bar{S}_1}{EI},\ \phi'''(l)=-\frac{\bar{S}_2}{EI},\ \phi''(0)=\frac{\bar{S}_3}{EI},\ \phi''(l)=-\frac{\bar{S}_4}{EI} \tag{12-55}$$

需要指出的是，梁端剪力和弯矩的方向以图 10-4(a)或图 10-6 中规定的方向为正。事实上，考虑图 10-4(b)中微段两边的作用力方向，即可得知梁端作用力正向的规定，或者按变分法推导出的边界条件来判断梁端作用力正向的规定。

将式(12-54)与式(12-55)分别代入振型函数式(12-53)中，整理得到下面两个关系式：

$$\begin{Bmatrix}\bar{v}_1\\ \bar{v}_2\\ \bar{v}_3\\ \bar{v}_4\end{Bmatrix}=\begin{bmatrix}1 & 0 & 1 & 0\\ c & s & C & S\\ 0 & -\bar{\lambda} & 0 & -\bar{\lambda}\\ \bar{\lambda}s & -\bar{\lambda}c & -\bar{\lambda}S & -\bar{\lambda}C\end{bmatrix}\begin{Bmatrix}C_1\\ C_2\\ C_3\\ C_4\end{Bmatrix},\ \text{或记}\ \bar{\boldsymbol{v}}=\boldsymbol{WC} \tag{12-56}$$

和

$$\begin{Bmatrix}\bar{S}_1\\ \bar{S}_2\\ \bar{S}_3\\ \bar{S}_4\end{Bmatrix}=EI\begin{bmatrix}0 & -\bar{\lambda}^3 & 0 & \bar{\lambda}^3\\ -\bar{\lambda}^3 s & \bar{\lambda}^3 c & -\bar{\lambda}^3 S & -\bar{\lambda}^3 C\\ -\bar{\lambda}^2 & 0 & \bar{\lambda}^2 & 0\\ \bar{\lambda}^2 c & \bar{\lambda}^2 s & -\bar{\lambda}^2 C & -\bar{\lambda}^2 S\end{bmatrix}\begin{Bmatrix}C_1\\ C_2\\ C_3\\ C_4\end{Bmatrix},\ \text{或记}\ \bar{\boldsymbol{S}}=\boldsymbol{UC} \tag{12-57}$$

式中

$$c=\cos\bar{\lambda}l,\ s=\sin\bar{\lambda}l,\ C=\cosh\bar{\lambda}l,\ S=\sinh\bar{\lambda}l \tag{12-58}$$

由式(12-56)和式(12-57)可知，梁单元的结点力幅值和位移幅值之间的关系为：

$$\bar{\boldsymbol{S}}=\boldsymbol{UW}^{-1}\bar{\boldsymbol{v}}=\boldsymbol{k}(\bar{\lambda})\bar{\boldsymbol{v}} \tag{12-59}$$

其中，**梁单元的动力弯曲刚度矩阵**为：

$$\boldsymbol{k}(\bar{\lambda})=\frac{EI\bar{\lambda}}{1-cC}\begin{bmatrix}\bar{\lambda}^2(sC+cS) & & & \text{对称}\\ -\bar{\lambda}^2(s+S) & \bar{\lambda}^2(sC+cS) & & \\ -\bar{\lambda}sS & \bar{\lambda}(C-c) & sC-cS & \\ -\bar{\lambda}(C-c) & \bar{\lambda}sS & S-s & sC-cS\end{bmatrix} \tag{12-60}$$

考虑式(12-48)与式(12-49)，式(12-59)又可写为：

$$\boldsymbol{S}=\boldsymbol{k}(\bar{\lambda})\boldsymbol{v} \tag{12-61}$$

式中，$\boldsymbol{S}$ 为结点力向量，$\boldsymbol{v}$ 为结点位移向量，即：

$$\boldsymbol{S}=[S_1 \quad S_2 \quad S_3 \quad S_4]^{\mathrm{T}},\ \boldsymbol{v}=[v_1 \quad v_2 \quad v_3 \quad v_4]^{\mathrm{T}}$$

式(12-61)即为梁单元的结点力与位移之间的关系。

由于动力弯曲刚度矩阵的分母不能为零，因此有：

$$\cos\bar{\lambda}l\cosh\bar{\lambda}l \neq 1 \tag{12-62}$$

在静力情况下，$\bar{\lambda}=0$，式(12-60)中的矩阵系数均为 $\frac{0}{0}$ 型未定式，利用洛必达法则进行运算，即可得到等截面梁的静力刚度系数。

2. 包含刚性轴向位移的动力刚度矩阵

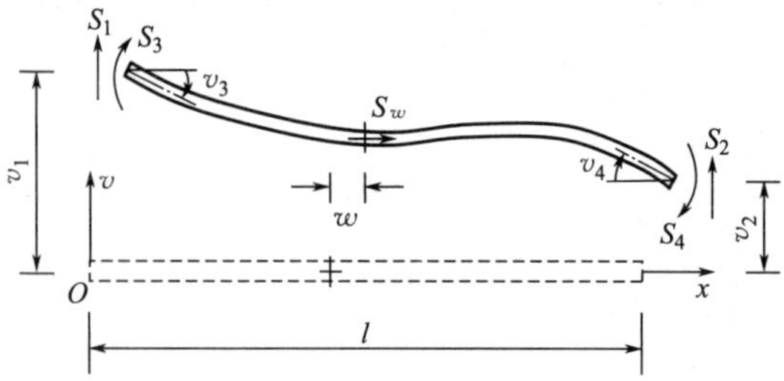

图 12-11　包含轴向刚性运动的梁单元的结点力和位移

在通常的刚架分析中，构件的轴向变形与弯曲产生的变形相比甚小，因而在确定结构的位移时，构件长度的变化可以忽略不计。在有些结构形式中，由于支承构件的挠曲引起结点位移，构件产生平行于其轴线的刚体位移分量。在结构振动过程中，这些构件的刚体运动将会产生惯性效应，从而在其支承构件上引起附加力。因此，需要将所引起的附加系数加入到结构的动力刚度矩阵中。图 12-11 画出了这种情况下构件位移和相应力的关系。

如果不计轴向力对梁弯曲刚度的影响，则梁的轴向位移对横向位移和力的关系式也将没有影响。同样地，横向位移对轴向力分量 S_w 亦无影响。于是，在梁的刚度矩阵中考虑轴向位移时，只需加入表示互不耦合的轴向力和位移关系的附加项。由于不考虑梁的轴向变形，所以轴向力项就表示与梁的刚体轴向加速度相联系的惯性效应，即：

$$S_w=F_{\mathrm{I}}=-\rho A l\bar{\omega}^2 w \tag{12-63}$$

式中，$\rho A l$ 为梁单元的质量，$-\bar{\omega}^2 w$ 为轴向加速度。将这一附加项加入梁的动力刚度矩阵中，导出式(12-61)的增广形式：

$$\begin{Bmatrix} S_1 \\ S_2 \\ S_3 \\ S_4 \\ S_w \end{Bmatrix}=\frac{EI\bar{\lambda}}{1-cC}\begin{bmatrix} \bar{\lambda}^2(sC+cS) & & \text{对称} & & \\ -\bar{\lambda}^2(s+S) & \bar{\lambda}^2(sC+cS) & & & \\ -\bar{\lambda}sS & \bar{\lambda}(C-c) & sC-cS & & \\ -\bar{\lambda}(C-c) & \bar{\lambda}sS & S-s & sC-cS & \\ 0 & 0 & 0 & 0 & (cC-1)\bar{\lambda}^3 l \end{bmatrix}\begin{Bmatrix} v_1 \\ v_2 \\ v_3 \\ v_4 \\ w \end{Bmatrix} \tag{12-64}$$

显然，在静力情况下，轴向力项为零；但在自由振动或强迫振动分析中，这一项的影响将是重要的。

在导出梁单元的动力刚度矩阵后，可以直接按静力直接刚度法相同的过程，组装结构系统的总体刚度矩阵，建立整个系统的刚度方程，然后求解得到系统的结点位移反应。

【例 12-6】 动力直接刚度法的应用。如图 12-12 所示的刚架，由 a、b、c 三个等截面的构件组成，三个构件的支座均为固定约束，在连接点处(结点 1)作用一个随时间作简谐变化的外力偶 $M(t)=M_0\sin\overline{\omega}t$，且设激励频率 $\overline{\omega}^2=2.8^4EI_0/(\rho A_0l_0^4)$。若不计构件的轴向变形，试建立刚架的总体刚度矩阵并求解位移反应。

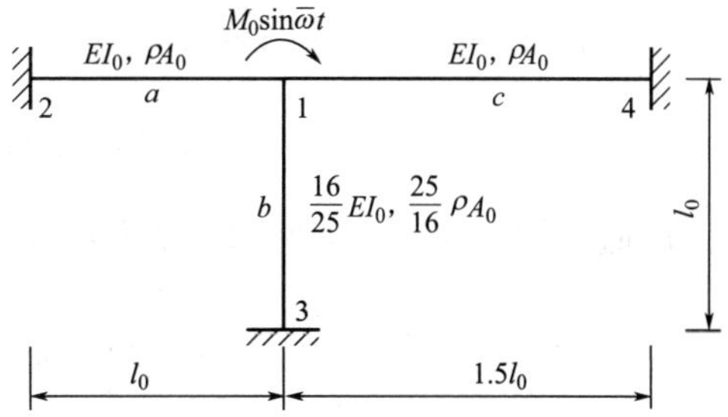

图 12-12

【解】 由于不考虑构件的轴向变形，结构的支座不允许构件在平行于杆轴方向有位移，所有的构件都只有横向位移，而且刚架仅在结点 1 处有一个转动自由度。刚架在结点 1 的总体动力刚度是由该点相连的各构件的单元动力刚度所组成：

$$k_{11}=k_{11}^{(a)}+k_{11}^{(b)}+k_{11}^{(c)}=\frac{EI_0}{l_0}(\alpha)_a+\frac{16EI_0}{25l_0}(\alpha)_b+\frac{EI_0}{1.5l_0}(\alpha)_c \tag{a}$$

其中

$$\alpha=\frac{\overline{\lambda}l(sC-cS)}{1-cC}=\frac{\overline{\lambda}l(\sin\overline{\lambda}l\cosh\overline{\lambda}l-\cos\overline{\lambda}l\sinh\overline{\lambda}l)}{1-\cos\overline{\lambda}l\cosh\overline{\lambda}l} \tag{b}$$

由式(12-52)可得，频率参数为：

$$\overline{\lambda}l=\left[\frac{\rho Al^4}{EI}\overline{\omega}^2\right]^{1/4} \tag{c}$$

在本例题中，已知作用荷载弯矩的频率为：

$$\overline{\omega}^2=\frac{2.8^4EI_0}{\rho A_0l_0^4} \tag{d}$$

因此，构件 a 的频率参数为：

$$(\overline{\lambda}l)_a=\left[\frac{\rho A_0l_0^4}{EI_0}\times\frac{2.8^4EI_0}{\rho A_0l_0^4}\right]^{1/4}=2.8 \tag{e}$$

同样地，构件 b 的频率参数为：

$$(\bar{\lambda}l)_b=\left[\frac{(25/16)\rho A_0 l_0^4}{(16/25)EI_0}\times\frac{2.8^4 EI_0}{\rho A_0 l_0^4}\right]^{1/4}=3.5 \tag{f}$$

而构件 c 的频率参数为：

$$(\bar{\lambda}l)_c=\left[\frac{\rho A_0(1.5l_0)^4}{EI_0}\times\frac{2.8^4 EI_0}{\rho A_0 l_0^4}\right]^{1/4}=4.2 \tag{g}$$

从而，由式(b)可计算得到 α 值为：

$$(\alpha)_a=3.33,\ (\alpha)_b=2.00,\ (\alpha)_c=-2.90 \tag{h}$$

因此，刚架在结点 1 处的总刚度系数为：

$$k_{11}=\frac{EI_0}{l_0}\left[1\times3.33+\frac{16}{25}\times2.00+\frac{1}{1.5}\times(-2.90)\right]=2.68\frac{EI_0}{l_0} \tag{i}$$

由于刚架只要一个结点位移，所以结点的作用力与位移之间的关系式为：

$$M(t)=k_{11}v_1 \tag{j}$$

其中，v_1 代表结点的转角。求解上述刚度方程，可得：

$$v_1=k_{11}^{-1}M(t)=\frac{M_0 l_0}{2.68EI_0}\sin\bar{\omega}t \tag{k}$$

值得注意的是，在给定的激励频率 $\bar{\omega}$ 下，构件 c 对总体刚度的贡献是负值，即这一构件倾向于使转角增加而不是减小，但因另两个构件的正刚度大于这一负刚度，因此刚架对外加力矩还是起抵抗作用的。

如果问题不是求解结构对于给定简谐荷载的反应而是求解结构的自振频率，这时，由于构件刚度与未知频率有关，因此必须利用试错法在分析过程中反复进行调整。频率分析的物理基础是，当激励频率取某一值时，结构的总体动力刚度为零，对于无阻尼结构，刚度为零说明结构发生共振，也就是说，此时的激励频率等于结构的自振频率。在本例中，与自振频率对应的频率参数必然使构件 c 的负刚度正好等于构件 a 和 b 的正刚度。经几次试算后，当 $\bar{\omega}^2=2.89^4EI_0/(\rho A_0 l_0^4)$，此时 $(\bar{\lambda}l)_a=2.89$，$(\bar{\lambda}l)_b=3.66$，$(\bar{\lambda}l)_c=4.34$，而结点 1 的总刚度为零，于是自由振动的基频为：

$$\omega_1=2.89^2\sqrt{\frac{EI_0}{\rho A_0 l_0^4}} \tag{l}$$

事实上，还存在无限多个高阶频率，也能使结点的转动刚度为零，并对应于三根构件上不同位置的零幅值点。

本例题属于多个构件组成的单自由度结构。对于 N 个自由度的结构，其分析方法完全类似，只需将动力刚度矩阵变为 N 维的对称刚度方阵，而结点力和结点位移均变为 N

阶向量。具有多个自由度的结构，自振频率的求法与上述单自由度情况基本相似，只需令刚度矩阵的行列式为零即可。

§ 12.4 薄板的横向强迫振动反应分析

在 11.6 节中，介绍了薄板横向自由振动的固有频率和振型，得到了薄板振型之间的正交性条件。因此，可以应用振型叠加法求解薄板的强迫振动反应。等厚度薄板的横向强迫振动方程可写为[式(10-83b)]：

$$D\nabla^4 w+\rho h\frac{\partial^2 w}{\partial t^2}=p(x,y,t) \tag{12-65}$$

其初始条件为

$$\left.\begin{aligned}w(x,y,0)&=f_1(x,y)\\ \left.\frac{\partial w}{\partial t}\right|_{t=0}&=f_2(x,y)\end{aligned}\right\} \tag{12-66}$$

将薄板挠度 w 按正则振型 $W_{m,n}$ 展开为如下的双重级数：

$$w(x,y,t)=\sum_{m=1}^{\infty}\sum_{n=1}^{\infty}W_{m,n}(x,y)q_{m,n}(t) \tag{12-67}$$

其中 $q_{m,n}(t)$ 为正则坐标。将上式代入式(12-65)，可得

$$D\sum_{m=1}^{\infty}\sum_{n=1}^{\infty}(\nabla^4 W_{m,n})q_{m,n}+\rho h\sum_{m=1}^{\infty}\sum_{n=1}^{\infty}W_{m,n}\ddot{q}_{m,n}=p(x,y,t) \tag{12-68}$$

上式两边乘以 $W_{r,s}(x,y)$，并在薄板的面积域 Ω 上对 x、y 积分，可得

$$\begin{aligned}\sum_{m=1}^{\infty}\sum_{n=1}^{\infty}q_{m,n}\iint_{\Omega}D(\nabla^4 W_{m,n})W_{r,s}\mathrm{d}x\mathrm{d}y+\sum_{i=1}^{\infty}\sum_{j=1}^{\infty}\ddot{q}_{m,n}\iint_{\Omega}\rho h W_{m,n}W_{r,s}\mathrm{d}x\mathrm{d}y\\=\iint_{\Omega}p(x,y,t)W_{r,s}\mathrm{d}x\mathrm{d}y\end{aligned} \tag{12-69}$$

利用振型的正交性条件式(11-127)及式(11-129)，上式可简化为

$$\ddot{q}_{r,s}(t)+\omega_{r,s}^2 q_{r,s}(t)=P_{r,s}(t) \tag{12-70}$$

式(12-70)即为**正则方程**。其中，$P_{r,s}(t)$ 称为第 (r,s) 阶正则振型的广义荷载：

$$P_{r,s}(t)=\iint_{\Omega}p(x,y,t)W_{r,s}(x,y)\mathrm{d}x\mathrm{d}y \tag{12-71}$$

为了得到正则坐标下的初始条件，将式(12-66)也按正则振型展开：

$$\left.\begin{aligned} w(x,y,0)=f_1(x,y)=\sum_{m=1}^{\infty}\sum_{n=1}^{\infty}W_{m,n}(x,y)q_{m,n}(0) \\ \frac{\partial w}{\partial t}\bigg|_{t=0}=f_2(x,y)=\sum_{m=1}^{\infty}\sum_{n=1}^{\infty}W_{m,n}(x,y)\dot{q}_{m,n}(0) \end{aligned}\right\} \tag{12-72}$$

同样地，式(12-72)两边乘以 $\rho hW_{r,s}(x,y)$ 并在面积域 Ω 上积分，再由正交性条件式(11-127)可得：

$$\left.\begin{aligned} q_{r,s}(0)=\iint_{\Omega}\rho hf_1(x,y)W_{r,s}(x,y)\mathrm{d}x\mathrm{d}y \\ \dot{q}_{r,s}(0)=\iint_{\Omega}\rho hf_2(x,y)W_{r,s}(x,y)\mathrm{d}x\mathrm{d}y \end{aligned}\right\} \tag{12-73}$$

根据单自由度系统振动理论，从式(12-70)及式(12-73)得到正则反应为

$$q_{r,s}(t)=q_{r,s}(0)\cos\omega_{r,s}t+\frac{\dot{q}_{r,s}(0)}{\omega_{r,s}}\sin\omega_{r,s}t+\frac{1}{\omega_{r,s}}\int_0^t P_{r,s}(\tau)\sin\omega_{r,s}(t-\tau)\mathrm{d}\tau \tag{12-74}$$

将形如式(12-74)的各个正则反应代入式(12-67)，便得到薄板的强迫振动反应。

如果作用在薄板上的动荷载不是分布力 $p(x,y,t)$，而是在坐标 (x_0,y_0) 处的集中力 $P(t)$，则可类似 12.2 节的 $\delta(x)$ 函数，引入二维 $\delta(x,y)$ 函数，其定义为

$$\delta(x-x_0,y-y_0)=\begin{cases}\infty, & x=x_0,y=y_0 \\ 0, & \text{其他}\end{cases} \tag{12-75}$$

且

$$\iint_{\Omega}\delta(x-x_0,y-y_0)\mathrm{d}x\mathrm{d}y=1 \tag{12-76}$$

其中 Ω 为包括点 (x_0,y_0) 在内的面积区域，利用二重积分中值定理可以证明 $\delta(x,y)$ 有下列筛选性质

$$\iint_{\Omega}f(x,y)\delta(x-x_0,y-y_0)\mathrm{d}x\mathrm{d}y=f(x_0,y_0) \tag{12-77}$$

其中 $f(x,y)$ 是面积域 Ω 上的连续函数。根据 $\delta(x,y)$ 函数的定义，当薄板在点 (x_0,y_0) 受到集中力 $P(t)$ 作用时，板上的分布力可以写为

$$p(x,y,t)=P(t)\delta(x-x_0,y-y_0) \tag{12-78}$$

上式代入式(12-71)，得到下列正则振型的广义荷载：

$$P_{r,s}(t)=\iint_{\Omega}P(t)\delta(x-x_0,y-y_0)W_{r,s}(x,y)\mathrm{d}x\mathrm{d}y=P(t)W_{r,s}(x_0,y_0) \tag{12-79}$$

当薄板上没有横向荷载作用时，由式(12-71)可知正则振型的广义荷载为零，这时式(12-74)中不出现积分项，从而得到自由振动。其中，一类重要的自由振动是：薄板因受静荷载作用而产生静变形(或静挠度)，当静荷载突然移去时，薄板即产生横向自由振动。为避免计算静变形 $w(x,y,0)$，可采用以下方法。

设移去以前的静荷载是分布力 $p_{st}(x,y)$，由于不产生加速度，在式(12-65)中略去惯性力得到

$$D\nabla^4 w\Big|_{t=0}=p_{st}(x,y) \tag{12-80}$$

将式(12-72)的第一式代入上式，得

$$D\sum_{m=1}^{\infty}\sum_{n=1}^{\infty}\nabla^4 W_{m,n}q_{m,n}(0)=p_{st}(x,y)$$

上式两边乘以 $W_{r,s}(x,y)$，并在面积域 Ω 上积分，由正交性条件式(11-129)得出

$$q_{r,s}(0)=\frac{1}{\omega_{r,s}^2}\iint_{\Omega}p_{st}(x,y)W_{r,s}(x,y)\mathrm{d}x\mathrm{d}y \tag{12-81}$$

又由于 $\dot{q}_{r,s}(0)$ 等于零，于是薄板的自由振动为

$$w(x,y,t)=\sum_{i=1}^{\infty}\sum_{j=1}^{\infty}W_{r,s}(x,y)q_{r,s}(0)\cos\omega_{r,s}t \tag{12-82}$$

【例 12-7】 如图 12-13 所示的四边简支矩形板，受简谐分布力 $p(x,y,t)=p_0\sin\dfrac{\pi x}{a}\sin\dfrac{\pi y}{b}\cos\varpi t$ 作用，其中 p_0 为常数，激励频率 ϖ 不等于任一阶固有频率，试求薄板的稳态反应。

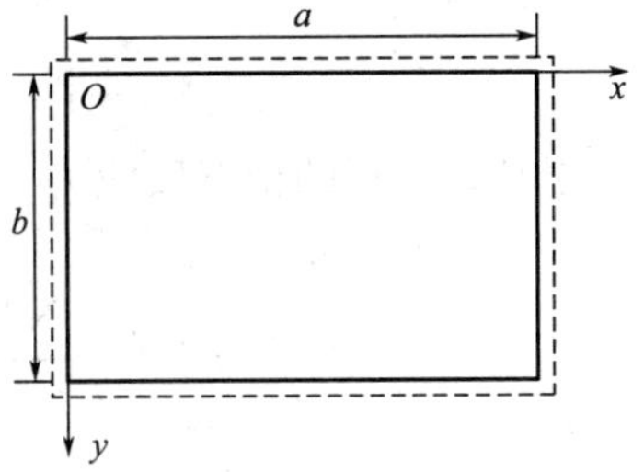

图 12-13

【解】 由 11.6 节已知四边简支矩形板的固有频率为

$$\omega_{m,n}=\pi^2\left(\frac{m^2}{a^2}+\frac{n^2}{b^2}\right)\sqrt{\frac{D}{\rho h}}，\ m,n=1,2,\cdots \tag{a}$$

相应的振型为

$$W_{m,n}(x,y)=A_{m,n}\sin\frac{m\pi x}{a}\sin\frac{n\pi y}{b}，\ m,n=1,2,\cdots \tag{b}$$

由式(11-131)的归一化条件，有

$$\iint_{\Omega}\rho hW_{m,n}^2\mathrm{d}x\mathrm{d}y=\int_0^a\int_0^b\rho h\left(A_{m,n}\sin\frac{m\pi x}{a}\sin\frac{n\pi y}{b}\right)^2\mathrm{d}x\mathrm{d}y$$

$$=\rho hA_{m,n}^{2}\int_{0}^{a}\sin^{2}\frac{m\pi x}{a}\mathrm{d}x\int_{0}^{b}\sin^{2}\frac{n\pi y}{b}\mathrm{d}y$$

$$-\rho hA_{m,n}^{2}\frac{ab}{4}=1 \tag{c}$$

因此，正则振型 $W_{m,n}$ 中的常数 $A_{m,n}=\sqrt{\dfrac{4}{\rho hab}}$。

根据式(12-71)，可得广义荷载为

$$\begin{aligned}P_{m,n}(t)&=\int_{0}^{a}\int_{0}^{b}p_{0}\sin\frac{\pi x}{a}\sin\frac{\pi y}{b}\cos\bar{\omega}t\times A_{m,n}\sin\frac{m\pi x}{a}\sin\frac{n\pi y}{b}\mathrm{d}x\mathrm{d}y\\&=p_{0}A_{m,n}\cos\bar{\omega}t\int_{0}^{a}\sin\frac{\pi x}{a}\sin\frac{m\pi x}{a}\mathrm{d}x\int_{0}^{b}\sin\frac{\pi y}{b}\sin\frac{n\pi y}{b}\mathrm{d}y\\&=\begin{cases}\dfrac{1}{4}abp_{0}A_{m,n}\cos\bar{\omega}t, & m=n=1\\ 0, & \text{其他}\end{cases}\end{aligned} \tag{d}$$

于是，正则方程为

$$\ddot{q}_{m,n}+\omega_{m,n}^{2}q_{m,n}=P_{m,n}(t) \tag{e}$$

解出正则坐标的稳态反应为

$$q_{m,n}=\begin{cases}\dfrac{1}{\omega_{1,1}^{2}-\bar{\omega}^{2}}\times\dfrac{1}{4}abp_{0}A_{1,1}\cos\bar{\omega}t=\dfrac{\rho habp_{0}A_{1,1}\cos\bar{\omega}t}{4\left[D\left(\dfrac{\pi^{2}}{a^{2}}+\dfrac{\pi^{2}}{b^{2}}\right)^{2}-\rho h\bar{\omega}^{2}\right]}, & m=n=1\\ 0, & \text{其他}\end{cases} \tag{f}$$

于是，薄板的稳态反应为

$$\begin{aligned}w(x,y,t)&=\sum_{m=1}^{\infty}\sum_{n=1}^{\infty}W_{m,n}(x,y)q_{m,n}(t)=W_{1,1}(x,y)q_{1,1}(t)\\&=A_{1,1}\sin\frac{\pi x}{a}\sin\frac{\pi y}{b}\times\frac{\rho habp_{0}A_{1,1}\cos\bar{\omega}t}{4\left[D\left(\dfrac{\pi^{2}}{a^{2}}+\dfrac{\pi^{2}}{b^{2}}\right)^{2}-\rho h\bar{\omega}^{2}\right]}\\&=\frac{p_{0}\cos\bar{\omega}t}{D\left(\dfrac{\pi^{2}}{a^{2}}+\dfrac{\pi^{2}}{b^{2}}\right)^{2}-\rho h\bar{\omega}^{2}}\sin\frac{\pi x}{a}\sin\frac{\pi y}{b}\end{aligned} \tag{g}$$

习　题

12-1　如图 12-14 所示的等截面直杆，在杆的一半长度处作用有沿轴向的简谐激励 $P(t)=P_{0}\sin\bar{\omega}t$，其中 $\bar{\omega}=5\omega_{1}/4$，$\omega_{1}$ 为杆轴向振动的基本频率。考虑前三阶振型，计算出

沿杆每隔 $l/4$ 稳态位移反应的幅值。

（1）不考虑阻尼。

（2）假定每一振型的阻尼为临界阻尼的 10％。

12-2 试求等截面简支梁在正弦分布的横向荷载 $p(x,t)=p_0\sin\frac{\pi x}{l}\sin\bar{\omega}t$ 作用下的稳态反应。其中，梁长为 l，单位长度的质量为 $\bar{m}$，弯曲刚度为 EI。

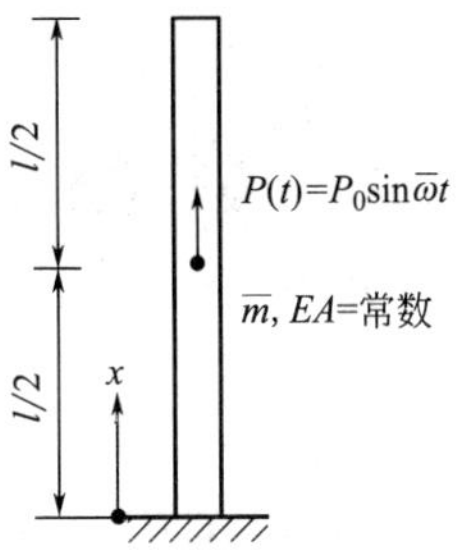

图 12-14

12-3 推导图 12-15 中所示的等截面简支梁对均匀分布荷载的位移反应。荷载随时间的变化为阶跃函数，试用梁的固有振型表示位移 $u(x,t)$。并指出哪些振型对反应没有贡献，根据一般性的结果得到跨中的挠度。阻尼忽略不计。

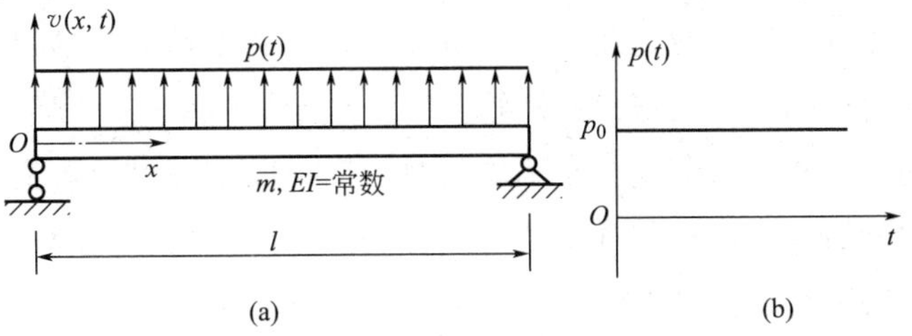

图 12-15

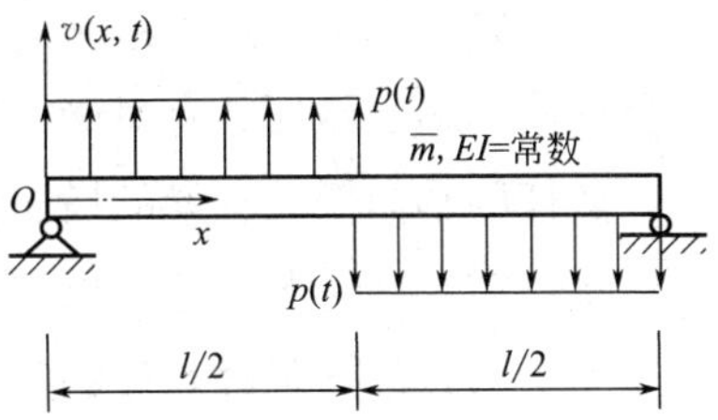

图 12-16

12-4 推导图 12-16 中所示的等截面简支梁对分布荷载的位移反应。荷载随时间的变化为阶跃函数，试用梁的固有振型表示位移 $u(x,t)$。并指出哪些振型对反应没有贡献，根据一般性的结果得到 $x=l/4$ 处的挠度。阻尼忽略不计。

12-5 如图 12-17 所示的等截面简支梁受横向荷载 $p(x,t)=\delta(x-a)\delta(t)$ 的作用，其中 $\delta(x-a)$ 和 $\delta(t)$ 都为 Dirac 函数。试应用梁的初等理论和振型叠加法，计算荷载 $p(x,t)$ 引起的横向挠度 $v(x,t)$、弯矩 $M(x,t)$ 和剪力 $Q(x,t)$ 的级数表达式。并讨论这三个级数表达式的相对收敛速度。

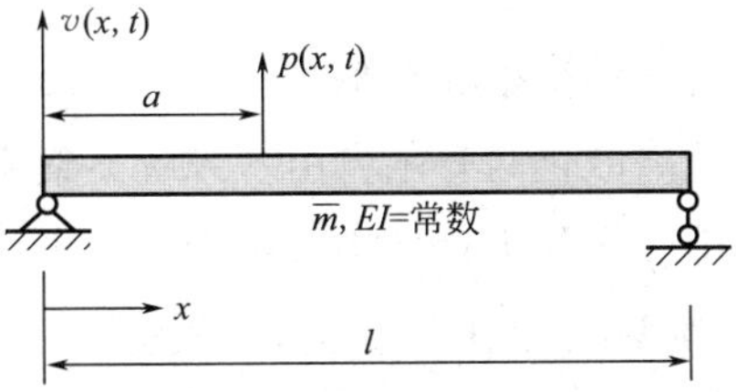

图 12-17

第 13 章　连续系统的离散化及近似解法

前面已经指出，结构在每一个固有频率下，都有其特定的振动形状(振型)。结构的任何位移反应均能用此结构的无限多个振型与相应幅值叠加得到。通常，由结构高阶频率所引起的振型幅值相对于低阶频率所引起的振型幅值在绝对值意义上是可以忽略的小量，其原因除了外部激励的影响外，还有阻尼的影响，即阻尼可以使高频振动分量衰减得更快。因此，实际工程结构动力分析中并不需要计算结构的所有固有频率和振型，只需要考虑对反应贡献大的振型分量。这就为连续系统离散化提供了物理基础。

另一方面，求解连续系统的固有频率和振型问题在数学上可以统一归结为解微分方程的特征值问题，然而只有对于极少数简单问题才能获得精确解。甚至对于最简单的连续系统，如杆的轴向振动、梁的横向振动，当质量与刚度分布不均匀时，也难以获得封闭形式的解答。在这种情况下，寻求问题的近似解也就成了唯一可行的方法。因此，从工程应用的角度来看，掌握各种有效的近似解法也是十分必要的。本章主要介绍连续系统的几种典型的离散化方法及其近似解法。

§13.1　离散化方法概述

连续系统离散化方法大体可以归纳为三类：集中质量法，广义坐标法，有限单元法。在这些方法中，有的属于结构模型上的离散化，有的属于数学上的离散近似方法。其目的都是将无限自由度系统缩减为有限自由度系统，将偏微分方程的求解化为近似的常微分方程求解，以最终适应在计算机上进行数值求解。

13.1.1　集中质量法

集中质量法是将结构系统的质量集中在有限个质点上，质点与质点之间用无质量的弹性元件相联系，从而使连续系统离散化为有限自由度系统。集中质量法最初主要应用于物理参数分布很不均匀或相对集中的实际工程结构分析中，后来这一方法被推广应用于均匀连续体结构中。图 13-1 给出了典型的集中质量离散化模型。

图 13-1(a)所示单层框架房屋的水平振动中，将惯性相对大而弹性相对小的楼板(屋盖)和梁看作是集中质量(有时也将一半高度的柱和墙的质量计入集中质量中)，而将惯性相对小而弹性相对很大的柱和墙看作是无质量的弹簧，如果仅考虑平面内的水平方向振动，这个系统就是单自由度系统。图 13-1(b)所示的具有均匀分布质量的简支梁，其单位

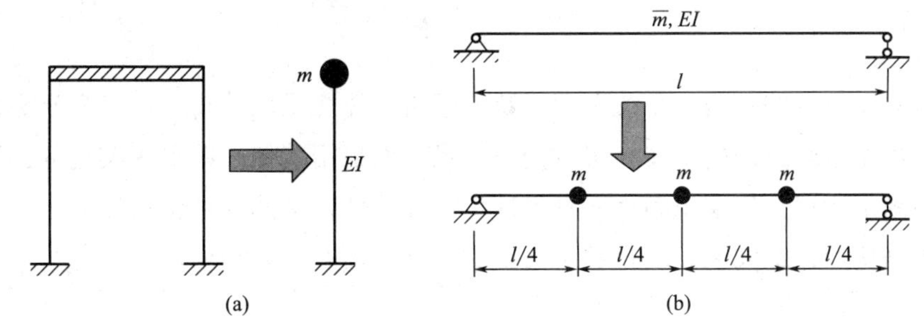

图 13-1　结构离散化模型：集中质量法

(a)单层框架房屋；(b)简支梁

长度的质量为 $\overline{m}$，若将梁平均分成四段，将每段梁的质量均匀分布在相连两个质点(结点)上，每个质点的质量 $m=\overline{m}l/4$，于是就可以用三个离散质点来描述其惯性特性，而集中质量之间的连接刚度仍与原结构的对应刚度相同。如果仅考虑梁平面内的横向振动，则集中质量简支梁就具有三个横向位移自由度。这样，可以求得前三个固有频率的近似值为：

$$\omega_1 \approx 9.86\sqrt{EI/\overline{m}l^4}\text{，}\omega_2 \approx 39.20\sqrt{EI/\overline{m}l^4}\text{，}\omega_3 \approx 83.24\sqrt{EI/\overline{m}l^4}$$

而简支梁前三阶固有频率的精确值为：

$$\omega_1 = 9.87\sqrt{EI/\overline{m}l^4}\text{，}\omega_2 = 39.48\sqrt{EI/\overline{m}l^4}\text{，}\omega_3 = 88.83\sqrt{EI/\overline{m}l^4}$$

可见,对于均匀简支梁,采用三个集中质量就可以获得较满意的结果。如果要求更高阶的固有频率或要提高计算精度,还可以划分更多的梁段,采用更多的集中质量来计算。

13.1.2　广义坐标法

广义坐标法也是一种常用的离散化方法。在第 12 章中介绍的动力反应分析振型叠加法实质上就是一种广义坐标法。例如,简支梁的横向强迫振动位移 $v(x,t)$ 可以看作是无限多个振型与相应幅值叠加得到：

$$v(x,t) = \sum_{n=1}^{\infty} q_n(t)\sin\frac{n\pi x}{l} \qquad (13\text{-}1)$$

如图 13-2 所示,正弦波形状(振型)的幅值 $q_n(t)$可以视为该系统的广义坐标,而实际的无限个自由度则用级数中无限个广义坐标来表示。正如已经指出的那样,只有有限个低阶的固有频率和振型有实际意义,即取级数中的有限项就能够较精确地描述实际振动情况,这就是所谓的振型截断法。因此,N 个自由度可以仅用 N 项的级数来表示：

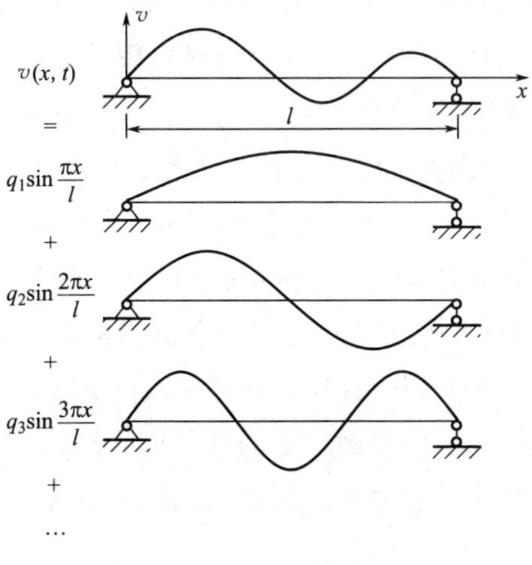

图 13-2　广义坐标的离散化

$$v(x,t)=\sum_{n=1}^{N}q_n(t)\sin\frac{n\pi x}{l} \tag{13-2}$$

然而，对于复杂的结构，系统振型函数的解析式往往难以获得。在广义坐标法中，就不再局限于用振型函数来构造展开级数的表达式，而采用其他一些更为实用的函数。一般来说，任何满足所述几何支承条件而且保证位移连续性要求的函数都可以使用。于是，对于任何一维结构的振动问题，其位移可近似地用有限项级数来表示：

$$v(x,t)=\sum_{n=1}^{N}q_n(t)\psi_n(x) \tag{13-3}$$

其中，$\psi_n(x)$ 为假设的形状函数(基函数)，$q_n(t)$ 为相应的广义坐标。不难看到，广义坐标法事实上就是偏微分方程求解中的分离变量法。

一般来说，对于一个给定自由度数目的动力分析问题，用广义坐标法(在采用理想化的形状函数)比用集中质量法更为精确。但在广义坐标法中，每个自由度将需要更多的计算工作量。

13.1.3　有限单元法

有限单元法是用有限数量的离散位移坐标表示给定结构位移的第三种方法，它综合了集中质量法与广义坐标法的某些特点。一般来说，有限单元法提供了最有效的、用一系列离散坐标表示任意结构位移的方法。

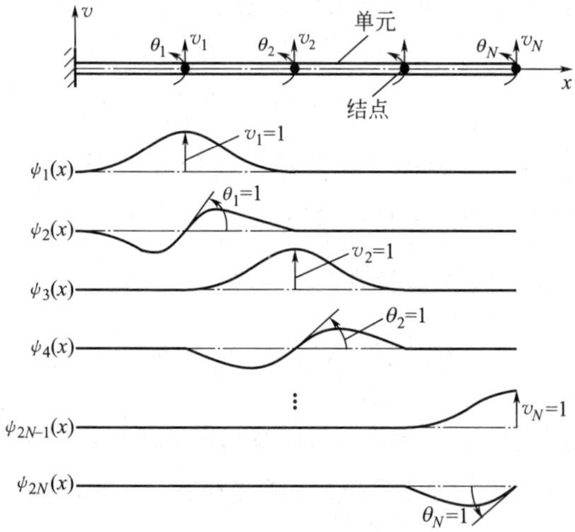

图 13-3　有限单元的离散化

对于所考察的结构，有限单元法首先需要将结构划分为若干个适当的单元，单元的尺寸是任意的，可以全部相同，也可以全部都不相同。各单元相互连接的端点称为结点，结点的位移被选为结构的广义坐标，而且用这些有物理意义的位移来表示结构的位移。例如，图 13-3 所示的悬臂梁，若采用 N 个有限单元进行离散化，结点总数为 N(对于固定端的结点，因位移和转角都为零，故未计入)，而每个结点都有两个自由度(横向位移和转角)，因此共有 $2N$ 个广义坐标。对于每个自由度，选取一个适当的形状函数，它具有以下性质：其值在该自由度为 1，在所有其他自由度为零；函数为连续函数并具有连续的一阶导数。因为这些形状函数线性独立、连续并具有连续的一阶导数，并且与几何边界条件相协调，所以它们满足容许性条件。于是，梁的挠曲线可以表示为：

$$v(x)=v_1\psi_1(x)+\theta_1\psi_2(x)+\cdots+v_N\psi_{2N-1}(x)+\theta_N\psi_{2N}(x) \tag{13-4}$$

由于这些形状函数定义了结点之间的位移(与广义坐标法中结构的整体位移不同)，所以它们也被称为**插值函数**。这样，就将无限个自由度的连续梁转化为具有 $2N$ 个有限自由度的系统。

有限单元法综合了集中质量法与广义坐标法的优点：

(1)有限单元法与广义坐标法相似，也采用了形状函数的概念。但不同于广义坐标法在整个结构上选择形状函数，而是采用了单元的插值函数，因此插值函数的选取相对简单。

(2)有限单元法与集中质量法相同，有限单元法中的广义坐标也采用了真实的物理量(结点位移)，因而有着明确的物理意义。而对于广义坐标法中的广义坐标，有时物理意义诠释困难。

§ 13.2　假设振型法

假设振型法属于广义坐标法中的一种离散化方法。其本质是将连续系统对空间域离散化，选取空间坐标函数为基函数，而基函数幅值为时间相关的广义坐标，用能量泛函变分方程导出广义坐标的多自由度运动微分方程。因此，假设振型法可用来求连续系统的强迫振动反应的近似解。

本节以无阻尼梁的横向振动问题为例来介绍假设振型法的应用。对于梁的横向弯曲振动，可将其运动位移表示为：

$$v(x,t)=\sum_{n=1}^{N}\psi_n(x)q_n(t) \tag{13-5}$$

式中，$\psi_n(x)$ 称为假设振型(基函数)，它应满足位移边界条件；$q_n(t)$ 为相应的广义坐标。

若记：

$$\boldsymbol{\psi}(x)=[\psi_1(x)\quad \psi_2(x)\quad \cdots\quad \psi_N(x)]^{\mathrm{T}},\ \boldsymbol{q}(t)=[q_1(t)\quad q_2(t)\quad \cdots\quad q_N(t)]^{\mathrm{T}}$$

则式(13-5)又可写为：

$$v(x,t)=\boldsymbol{q}^{\mathrm{T}}(t)\boldsymbol{\psi}(x)=\boldsymbol{\psi}^{\mathrm{T}}(x)\boldsymbol{q}(t) \tag{13-6}$$

对于连续系统而言，其动能与势能的表达式因问题的不同而有所差异。下面，以**伯努利-欧拉梁**为例，且假设梁上无附加集中质量与弹簧支承，则梁的动能及势能可表示为：

$$T=\frac{1}{2}\int_0^l \rho A\left(\frac{\partial v}{\partial t}\right)^2\mathrm{d}x=\frac{1}{2}\int_0^l \rho A(\dot{\boldsymbol{q}}^{\mathrm{T}}\boldsymbol{\psi})(\boldsymbol{\psi}^{\mathrm{T}}\dot{\boldsymbol{q}})\,\mathrm{d}x=\frac{1}{2}\dot{\boldsymbol{q}}^{\mathrm{T}}\boldsymbol{M}\dot{\boldsymbol{q}} \tag{13-7a}$$

$$U=\frac{1}{2}\int_0^l EI\left(\frac{\partial^2 v}{\partial x^2}\right)^2\mathrm{d}x=\frac{1}{2}\int_0^l EI(\boldsymbol{q}^{\mathrm{T}}\boldsymbol{\psi}'')[(\boldsymbol{\psi}'')^{\mathrm{T}}\boldsymbol{q}]\,\mathrm{d}x=\frac{1}{2}\boldsymbol{q}^{\mathrm{T}}\boldsymbol{K}\boldsymbol{q} \tag{13-7b}$$

其中，对称矩阵 $\boldsymbol{M}$ 与 $\boldsymbol{K}$ 分别为：

$$\boldsymbol{M}=\begin{bmatrix} m_{11} & \cdots & m_{1N} \\ \vdots & \ddots & \vdots \\ m_{N1} & \cdots & m_{NN} \end{bmatrix},\ \boldsymbol{K}=\begin{bmatrix} k_{11} & \cdots & k_{1N} \\ \vdots & \ddots & \vdots \\ k_{N1} & \cdots & k_{NN} \end{bmatrix}$$

$$m_{ij}=\int_0^l \rho A\psi_i(x)\psi_j(x)\mathrm{d}x,\ k_{ij}=\int_0^l EI\psi_i''(x)\psi_j''(x)\mathrm{d}x,\quad i,j=1,2,\cdots,N \tag{13-8}$$

显然，矩阵 $\boldsymbol{M}$ 及 $\boldsymbol{K}$ 与假设振型有关，假设振型的选择是离散化近似求解的一个重要问题。下面，应用离散系统拉格朗日方程导出离散化的运动微分方程。

13.2.1 自由振动情况

根据第 4 章可知，有势力的拉格朗日方程为：

$$\frac{\mathrm{d}}{\mathrm{d}t}\left(\frac{\partial T}{\partial \dot{q}_i}\right)-\frac{\partial T}{\partial q_i}+\frac{\partial U}{\partial q_i}=0,\ i=1,2,\cdots,N \tag{13-9}$$

式(13-9)中的 N 个方程可合写为：

$$\frac{\mathrm{d}}{\mathrm{d}t}\left(\frac{\partial T}{\partial \dot{\boldsymbol{q}}}\right)-\frac{\partial T}{\partial \boldsymbol{q}}+\frac{\partial U}{\partial \boldsymbol{q}}=\boldsymbol{0} \tag{13-10}$$

其中

$$\frac{\partial}{\partial \dot{\boldsymbol{q}}}=\begin{bmatrix}\frac{\partial}{\partial \dot{q}_1} & \frac{\partial}{\partial \dot{q}_2} & \cdots & \frac{\partial}{\partial \dot{q}_N}\end{bmatrix}^{\mathrm{T}},\ \frac{\partial}{\partial \boldsymbol{q}}=\begin{bmatrix}\frac{\partial}{\partial q_1} & \frac{\partial}{\partial q_2} & \cdots & \frac{\partial}{\partial q_N}\end{bmatrix}^{\mathrm{T}}$$

将式(13-7)代入式(13-10)中，并注意到 $\frac{\partial}{\partial \dot{\boldsymbol{q}}}(\dot{\boldsymbol{q}}^{\mathrm{T}}\boldsymbol{M}\dot{\boldsymbol{q}})=2\boldsymbol{M}\dot{\boldsymbol{q}}$ 及 $\frac{\partial}{\partial \boldsymbol{q}}(\boldsymbol{q}^{\mathrm{T}}\boldsymbol{K}\boldsymbol{q})=2\boldsymbol{K}\boldsymbol{q}$，可得：

$$\boldsymbol{M}\ddot{\boldsymbol{q}}(t)+\boldsymbol{K}\boldsymbol{q}(t)=\boldsymbol{0} \tag{13-11}$$

这样，将求解梁的横向自由振动问题转化为求解式(13-11)的多自由度系统的自由振动问题，即求系统的特征值问题。

13.2.2 强迫振动情况

对于强迫振动情况，需要利用虚功原理计算广义荷载。设梁横向强迫振动时，沿梁长作用有分布荷载 $p(x,t)$，在梁 $x=x_s$（$s=1,2,\cdots,r$）处作用有横向的集中荷载 $p_s(t)$。因此，外力的虚功为：

$$\begin{aligned}\delta W(t)&=\int_0^l p(x,t)\delta v\mathrm{d}x+\sum_{s=1}^{r}p_s(t)\delta v(x_s,t)\\&=\int_0^l p(x,t)\sum_{n=1}^{N}\psi_n(x)\delta q_n\mathrm{d}x+\sum_{n=1}^{N}\sum_{s=1}^{r}p_s(t)\psi_n(x_s)\delta q_n\\&=\sum_{n=1}^{N}\left(\int_0^l p(x,t)\psi_n(x)\mathrm{d}x+\sum_{s=1}^{r}p_s(t)\psi_n(x_s)\right)\delta q_n\end{aligned}$$

从而，得到对应于广义坐标的广义荷载：

$$P_n(t)=\int_0^l p(x,t)\psi_n(x)\mathrm{d}x+\sum_{s=1}^{r} p_s(t)\psi_n(x_s),\quad n=1,2,\cdots,N \tag{13-12}$$

对于强迫振动情况，式(13-9)变成为：

$$\frac{\mathrm{d}}{\mathrm{d}t}\left(\frac{\partial T}{\partial \dot{q}_i}\right)-\frac{\partial T}{\partial q_i}+\frac{\partial U}{\partial q_i}=P_i(t),\quad i=1,2,\cdots,N$$

相应地，式(13-10)变成为：

$$\frac{\mathrm{d}}{\mathrm{d}t}\left(\frac{\partial T}{\partial \dot{\boldsymbol{q}}}\right)-\frac{\partial T}{\partial \boldsymbol{q}}+\frac{\partial U}{\partial \boldsymbol{q}}=\boldsymbol{P}(t)$$

其中

$$\boldsymbol{P}(t)=[P_1(t)\quad P_2(t)\quad \cdots\quad P_N(t)]^{\mathrm{T}}$$

同样地，将式(13-11)变成为：

$$\boldsymbol{M}\ddot{\boldsymbol{q}}(t)+\boldsymbol{K}\boldsymbol{q}(t)=\boldsymbol{P}(t) \tag{13-13}$$

于是，经过上述过程将连续系统的强迫振动转换为 N 个自由度系统的强迫振动问题。显然，求解式(13-13)得到广义坐标的反应 $q_n(t)$（$n=1,2,\cdots,N$），再将其代入式(13-5)中，即可得到原系统的近似反应。

需要说明的几个问题：

(1)关于假设振型的选取问题。N 个假设振型 $\psi_i(x)$ 的选取对近似计算结果是否收敛于精确解以及对计算过程的收敛速度快慢都会有较大的影响。选取假设振型 $\psi_i(x)$ 的原则是，N 个函数 $\psi_i(x)$ 是线性无关的，并能构成一个正交的完备序列，当 $N\to\infty$ 时，可以在任何情况下获得收敛于精确解的计算结果。

(2)具有附加集中质量与弹性支承问题。如图 13-4 所示，若在梁 $x=a$ 处作用一个集中质量 M_0，在 $x=b$ 处设有一个弹簧支承，其刚度系数为 k，则式(13-8)中的矩阵系数应作相应的修正：

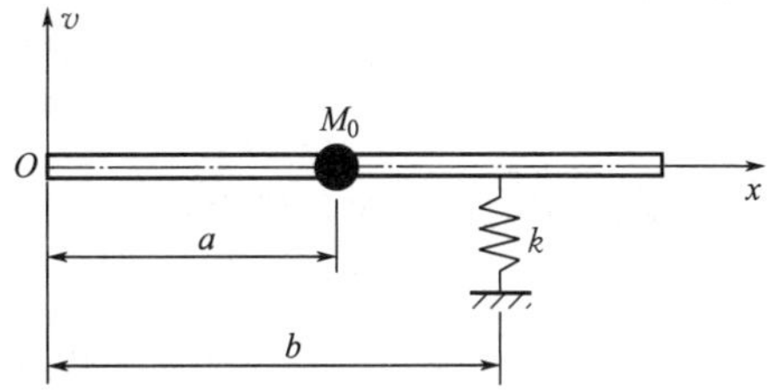

图 13-4 具有附加集中质量与弹性支承情况

$$m_{ij}=\int_0^l \rho A\psi_i(x)\psi_j(x)\mathrm{d}x+M_0\psi_i(a)\psi_j(a)$$

$$k_{ij}=\int_0^l EI\psi_i''(x)\psi_j''(x)\mathrm{d}x+k\psi_i(b)\psi_j(b)$$

(3)关于假设振型法的局限性问题。假设振型法仅是作为推导空间离散化的运动方程的工具。由于这种方法只能直接导出广义坐标的运动微分方程，而不能导出广义坐标的初始条件，因此，一般多用于求解特征值问题，或用于求解受简谐激励下的稳态反应，或用于求解初始条件为零等简单情况下的动力反应问题。

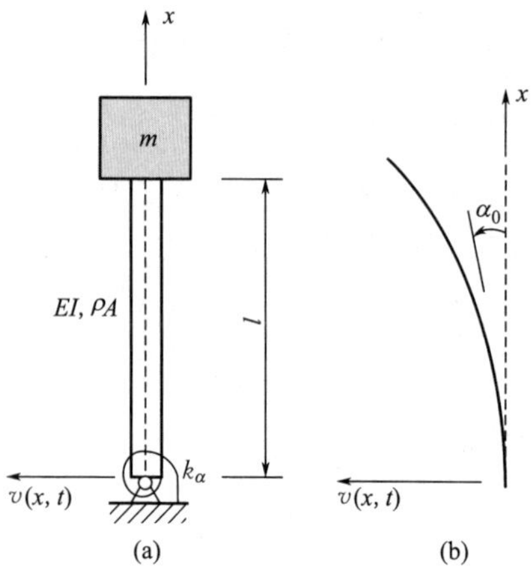

图 13-5　海洋钻井台架

(a)结构模型；(b)计算模型

【例 13-1】 海洋钻井台架可模拟为一长度为 l 的均匀弯曲梁，顶部有一集中质量 m，底部有一扭转弹簧 k_α，假设在 $x=0$ 处的转动很小，如图 13-5(a)所示。应用假设振型法来推导该结构的两自由度模型的运动方程。

【解】 (1)选择基函数 $\psi_n(x)$。本问题的唯一边界条件为：

$$v(0,t)=0 \tag{a}$$

因此，基函数 $\psi_n(x)$ 必须满足：

$$\psi_1(0)=\psi_2(0)=0 \tag{b}$$

采用最简单的多项式作为基函数，则可选取：

$$\psi_1(x)=\frac{x}{l},\ \psi_2(x)=\left(\frac{x}{l}\right)^2 \tag{c}$$

于是，弯曲梁位移的表达式为：

$$v(x,t)=\sum_{n=1}^{2}\psi_n(x)q_n(t) \tag{d}$$

(2)计算刚度影响系数 k_{ij}。当梁弯曲时，将会有势能贮存在梁内和基础弹簧中，如图 13-5(b)所示。因此，系统的总势能为：

$$U=\frac{1}{2}\int_0^l EI\left(\frac{\partial^2 v}{\partial x^2}\right)^2 \mathrm{d}x+\frac{1}{2}k_\alpha\alpha_0^2 \tag{e}$$

如果基础的转动很小时，则有：

$$\alpha_0\approx v'(0,t)=\sum_{n=1}^{2}\psi'_n(0)q_n(t) \tag{f}$$

将式(f)代入式(e)中，得到式(13-8)中第二式的改进形式：

$$k_{ij}=\int_0^l EI\psi''_i(x)\psi''_j(x)\,\mathrm{d}x+k_\alpha\psi'_i(0)\psi'_j(0) \tag{g}$$

将式(c)代入式(g)中，得到：

$$k_{11}=\frac{k_\alpha}{l^2},\ k_{12}=k_{21}=0,\ k_{22}=\frac{4EI}{l^3} \tag{h}$$

(3)计算质量影响系数 m_{ij}。由于在 $x=l$ 处有集中质量 m，因此必须改进式(13-7a)中 T 的表达式。这样，质量影响系数的计算公式变为：

$$m_{ij}=\int_0^l \rho A\psi_i\psi_j\,\mathrm{d}x+m\psi_i(l)\psi_j(l) \tag{i}$$

将式(c)代入式(i)中，有

$$m_{11}=\frac{\rho Al}{3}+m,\ m_{12}=m_{21}=\frac{\rho Al}{4}+m,\ m_{22}=\frac{\rho Al}{5}+m \tag{j}$$

(4)按矩阵形式写出运动方程。由于没有外力作用，即 $P_1=P_2=0$。因此，系统的运动方程为：

$$\begin{bmatrix}\left(m+\dfrac{\rho Al}{3}\right) & \left(m+\dfrac{\rho Al}{4}\right)\\ \left(m+\dfrac{\rho Al}{4}\right) & \left(m+\dfrac{\rho Al}{5}\right)\end{bmatrix}\begin{Bmatrix}\ddot{q}_1\\ \ddot{q}_2\end{Bmatrix}+\begin{bmatrix}\dfrac{k_\alpha}{l^2} & 0\\ 0 & \dfrac{4EI}{l^3}\end{bmatrix}\begin{Bmatrix}q_1\\ q_2\end{Bmatrix}=\begin{Bmatrix}0\\ 0\end{Bmatrix} \tag{k}$$

在上面的分析中，没有考虑杆件(梁)承受轴向荷载的影响，仅考虑了横向弯曲的影响。事实上，由于 m 的重量，轴向荷载具有杆件的几何刚度效应。对于多自由度系统，几何刚度影响系数的表达式为：

$$k_{Gij}=\int_0^l N(x)\psi_i'(x)\psi_j'(x)\,\mathrm{d}x \tag{l}$$

式中，$N(x)$ 为轴向力。

因此，在考虑有轴向荷载的影响时，需要将式(k)中的弹性刚度矩阵 $\boldsymbol{K}$ 改为组合刚度矩阵 $\widetilde{\boldsymbol{K}}=\boldsymbol{K}-\boldsymbol{K}_\mathrm{G}$，其中 $\boldsymbol{K}_\mathrm{G}$ 为几何刚度矩阵。有关几何刚度的详细讨论，可参考相关文献。

§13.3　基于变分原理的直接解法

13.3.1　Rayleigh-Ritz 法

在第 11 章中已经指出，连续弹性系统的自由振动有两种提法，一种是微分方程的特征值问题，另一种是泛函的驻值问题。从精确解的角度来看，两者是完全等价的；但从近似解的角度来看，求泛函驻值的近似解要比求微分方程的近似解容易。本节以梁的横向振动为例来阐述 **Rayleigh-Ritz 法**。

为方便起见，将式(11-92)与式(11-93)合并写为：

$$\omega^2=\mathrm{st}\frac{\int_0^l EI(\phi'')^2\mathrm{d}x}{\int_0^l \rho A\phi^2\mathrm{d}x} \tag{13-14}$$

式中，自变函数 $\phi(x)$ 应满足位移边界条件。

在 Rayleigh-Ritz 法中，首先选择 N 个连续的、具有二阶导数且满足位移边界条件的已知函数 $\psi_i(x)(i=1,2,\cdots,N)$，其中 $\psi_i(x)$ 称为**基函数**。所有的基函数必须线性独立，同时要适合于所分析的系统。

于是，自变函数 $\phi(x)$ 可按基函数展开为：

$$\phi(x)=\sum_{i=1}^{N}z_i\psi_i(x)=z_1\psi_1(x)+z_2\psi_2(x)+\cdots+z_N\psi_N(x) \tag{13-15}$$

式中，$z_i(i=1,2,\cdots,N)$ 为参变量。式(13-15)表明，自变函数 $\phi(x)$ 仅在包括 N 个参数 z_i 且由 N 个基函数 $\psi_i(x)$ 所组成的函数集内变化，因而泛函式(13-14)在基于式(13-15)的自变函数所取得的驻值是近似的，记为 $\bar{\omega}^2$。

由式(13-15)，泛函式(13-14)的分子与分母分别可写为：

$$\int_0^l EI(\phi'')^2\mathrm{d}x=\int_0^l EI\left(\sum_{i=1}^{N}z_i\psi''_i\right)\left(\sum_{j=1}^{N}z_j\psi''_j\right)\mathrm{d}x=\boldsymbol{z}^{\mathrm{T}}\boldsymbol{K}\boldsymbol{z} \tag{13-16}$$

$$\int_0^l \rho A\phi^2\mathrm{d}x=\int_0^l \rho A\left(\sum_{i=1}^{N}z_i\psi_i\right)\left(\sum_{j=1}^{N}z_j\psi_j\right)\mathrm{d}x=\boldsymbol{z}^{\mathrm{T}}\boldsymbol{M}\boldsymbol{z} \tag{13-17}$$

其中，列向量 $\boldsymbol{z}$ 及对称矩阵 $\boldsymbol{K}$ 与 $\boldsymbol{M}$ 为：

$$\boldsymbol{z}=\begin{Bmatrix} z_1\\ \vdots\\ z_N\end{Bmatrix},\ \boldsymbol{K}=\begin{bmatrix} k_{11} & \cdots & k_{1N}\\ \vdots & \ddots & \vdots\\ k_{N1} & \cdots & k_{NN}\end{bmatrix},\ \boldsymbol{M}=\begin{bmatrix} m_{11} & \cdots & m_{1N}\\ \vdots & \ddots & \vdots\\ m_{N1} & \cdots & m_{NN}\end{bmatrix}$$

$$k_{ij}=\int_0^l EI\psi''_i\psi''_j\mathrm{d}x,\ m_{ij}=\int_0^l \rho A\psi_i\psi_j\mathrm{d}x,\ i,j=1,2,\cdots,N \tag{13-18}$$

将式(13-16)与式(13-17)代入式(13-14)中，可得：

$$\bar{\omega}^2=\mathrm{st}\frac{\boldsymbol{z}^{\mathrm{T}}\boldsymbol{K}\boldsymbol{z}}{\boldsymbol{z}^{\mathrm{T}}\boldsymbol{M}\boldsymbol{z}} \tag{13-19}$$

显然，式(13-19)在形式上与式(11-103)完全相同，其驻值也是针对待定的列向量 $\boldsymbol{z}$ 所取的，由 $\delta(\bar{\omega}^2)=0$ 可得到形如式(11-106)的结果：

$$(\boldsymbol{K}-\bar{\omega}^2\boldsymbol{M})\boldsymbol{z}=\boldsymbol{0} \tag{13-20}$$

于是，将无限多自由度系统转化为 N 个自由度的离散系统来处理。由式(13-20)的特征值问题解出 N 个特征值 $\bar{\omega}_i^2\ (i=1,2,\cdots,N)$ 及相应的特征向量 $\boldsymbol{z}_i$，这样梁的第 i 阶固有频率近似地取为 $\bar{\omega}_{\mathrm{i}}$，第 i 阶振型近似地取为：

$$\bar{\phi}_i(x)=\boldsymbol{\psi}^{\mathrm{T}}(x)\boldsymbol{z}_i=\boldsymbol{z}_i^{\mathrm{T}}\boldsymbol{\psi}(x),\quad i=1,2,\cdots,n \tag{13-21}$$

其中，列向量 $\boldsymbol{\psi}(x)$ 为：

$$\boldsymbol{\psi}(x)=[\psi_1(x)\quad \psi_2(x)\quad \cdots\quad \psi_N(x)]^{\mathrm{T}}$$

关于上述 Rayleigh-Ritz 法的几点讨论：

(1)正交性条件。上述方法求出的近似振型关于分布质量与分布刚度是满足正交性条件的。事实上，由式(13-20)得到的特征向量满足正交性：

$$\boldsymbol{z}_i^{\mathrm{T}}\boldsymbol{M}\boldsymbol{z}_j=0,\ \boldsymbol{z}_i^{\mathrm{T}}\boldsymbol{K}\boldsymbol{z}_j=0,\ i\neq j$$

而由式(13-18)可知：

$$\boldsymbol{M}=\int_0^l \rho A\boldsymbol{\psi}\boldsymbol{\psi}^{\mathrm{T}}\mathrm{d}x,\ \boldsymbol{K}=\int_0^l EI\boldsymbol{\psi}''(\boldsymbol{\psi}'')^{\mathrm{T}}\mathrm{d}x$$

于是，由式(13-21)可得：

$$\begin{aligned}\int_0^l \rho A\overline{\phi}_i\overline{\phi}_j\mathrm{d}x&=\int_0^l \rho A\boldsymbol{z}_i^{\mathrm{T}}\boldsymbol{\psi}(x)\boldsymbol{\psi}^{\mathrm{T}}(x)\boldsymbol{z}_j\mathrm{d}x\\&=\boldsymbol{z}_i^{\mathrm{T}}\left(\int_0^l \rho A\boldsymbol{\psi}\boldsymbol{\psi}^{\mathrm{T}}\mathrm{d}x\right)\boldsymbol{z}_j\\&=\boldsymbol{z}_i^{\mathrm{T}}\boldsymbol{M}\boldsymbol{z}_j=0,\quad i\neq j\end{aligned}\tag{13-22}$$

同样地，可以证明：

$$\int_0^l EI(\overline{\phi}_i)''(\overline{\phi}_j)''\mathrm{d}x=\boldsymbol{z}_i^{\mathrm{T}}\boldsymbol{K}\boldsymbol{z}_j=0,\ i\neq j\tag{13-23}$$

(2)Rayleigh 法。如果在式(13-15)中取 $N=1$，即：

$$\phi(x)=z_1\psi_1(x)$$

相应地，式(13-20)则变为：

$$(k_{11}-\overline{\omega}^2m_{11})z_1=0$$

于是，由上式得到：

$$\overline{\omega}^2=\frac{k_{11}}{m_{11}}=\frac{\int_0^l EI(\psi_1'')^2\mathrm{d}x}{\int_0^l \rho A\psi_1^2\mathrm{d}x}\tag{13-24}$$

上述求固有频率的方法称为 **Rayleigh 法**。在第 2 章中，已经利用 Rayleigh 法求分布柔性系统的第一阶固有频率的近似值，通常，将 $\psi_1(x)$ 取为静挠度曲线就可得到精度较高的基频。

(3)近似频率 $\overline{\omega}_1$ 的物理意义。由式(13-20)求出的特征值 $\overline{\omega}_1^2$ 是泛函式(13-19)最小的驻值，真实基频的平方 ω_1^2 则是泛函式(13-14)最小的驻值；由于 Rayleigh-Ritz 法是在较小范围的函数集内求泛函的驻值，显然在小范围内求得的最小值要比在大范围内求出的最小值要大：

$$\omega_1^2\leqslant\overline{\omega}_1^2\tag{13-25}$$

事实上，这种离散化方法相当于不计高次项而使约束 $z_{N+1},z_{N+2},\cdots$ 为零并强加给系统，而约束会使系统的刚度增加，所以求得的近似频率 $\overline{\omega}_1$ 要比真实的固有频率高。因此，增加式(13-15)中的展开项数，必然会使所求频率逼近于真实的固有频率。

(4)带有附加集中质量或弹性支承情况。如果梁段上带有附加集中质量或弹性支承，则只要在计算梁的动能中加入附加集中质量的动能，在势能中加入弹性支承的势能，即可仿照式(13-18)写出相应的矩阵 $\boldsymbol{M}$ 和 $\boldsymbol{K}$。

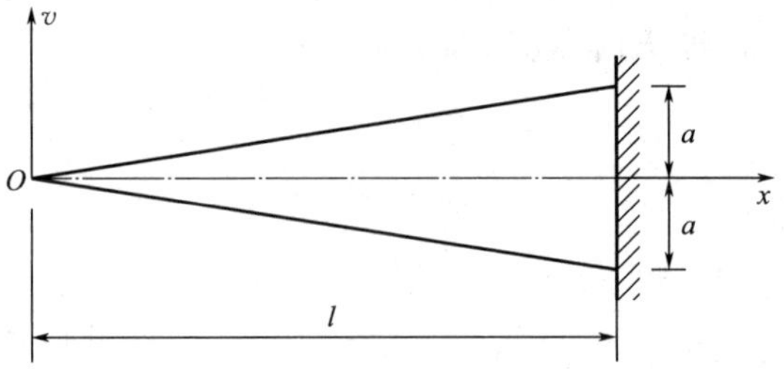

图 13-6

【例 13-2】 如图 13-6 所示具有单位厚度的变截面悬臂梁，横截面面积沿 x 轴线性分布，即 $A(x)=A_0x/l$，其中 $A_0=2a$ 为右端截面面积，试用 Rayleigh-Ritz 法求梁横向振动的基频。

【解】 横截面对于中性轴 z 的惯性矩为：

$$I(x)=\frac{1}{12}\left(\frac{2ax}{l}\right)^3=I_0\frac{x^3}{l^3} \tag{a}$$

其中，$I_0=\frac{1}{12}(2a)^3$ 为右端截面对于中性轴的惯性矩。

按位移边界条件来选择基函数，可取为：

$$\psi_n(x)=\left(1-\frac{x}{l}\right)^2\left(\frac{x}{l}\right)^{n-1},\ n=1,2,\cdots,N \tag{b}$$

显然，式(b)已满足位移边界条件：

$$\psi_n(l)=0,\ \psi'_n(l)=0 \tag{c}$$

同时，也满足力边界条件：

$$EI(x)\frac{\mathrm{d}^2\psi}{\mathrm{d}x^2}\bigg|_{x=0}=0,\ \frac{\mathrm{d}}{\mathrm{d}x}\left[EI(x)\frac{\mathrm{d}^2\psi}{\mathrm{d}x^2}\right]\bigg|_{x=0}=0 \tag{d}$$

如果取 $N=1$，用 Rayleigh 法计算的基频为：

$$\bar{\omega}_1=\sqrt{\frac{k_{11}}{m_{11}}}=\sqrt{\frac{30EI_0}{\rho A_0l^4}}=5.477\sqrt{\frac{EI_0}{\rho A_0l^4}} \tag{e}$$

若取 $N=2$，由式(13-18)可算得

$$\boldsymbol{K}=\frac{EI_0}{l^3}\begin{bmatrix}1 & \frac{2}{5}\\ \frac{2}{5} & \frac{2}{5}\end{bmatrix},\ \boldsymbol{M}=\rho A_0l\begin{bmatrix}\frac{1}{30} & \frac{1}{105}\\ \frac{1}{105} & \frac{1}{280}\end{bmatrix} \tag{f}$$

于是，频率方程为：

$$|\boldsymbol{K}-\bar{\omega}^2\boldsymbol{M}|=\left(\frac{EI_0}{l^3}\right)^2\begin{vmatrix}1-\frac{1}{30}\alpha & \frac{2}{5}-\frac{1}{105}\alpha\\ \frac{2}{5}-\frac{1}{105}\alpha & \frac{2}{5}-\frac{1}{280}\alpha\end{vmatrix}=0 \tag{g}$$

其中 $\alpha=\dfrac{\rho A_0 l^4}{EI_0}\bar{\omega}^2$，由式(g)可解得：

$$\alpha_1=28.289,\ \alpha_2=299.31 \tag{h}$$

于是，梁横向振动的基频为：

$$\bar{\omega}_1=\sqrt{\alpha_1}\sqrt{\frac{EI_0}{\rho A_0 l^4}}=5.319\sqrt{\frac{EI_0}{\rho A_0 l^4}} \tag{i}$$

而本问题基频的精确解为：

$$\omega_1=5.315\sqrt{\frac{EI_0}{\rho A_0 l^4}} \tag{j}$$

因此，在所假设的基函数中取 $N=1$ 时，所得基频的误差为 3.0%；而取 $N=2$ 时，误差降为 0.08%。应该注意，为了获得精度较高的近似解，所取的基函数的项数应当比所求的固有频率的阶数多一倍以上。

13.3.2 Galerkin 法

Rayleigh-Ritz 法是从泛函式(13-14)出发，通过缩小自变函数的选择范围而导出的；Galerkin 法则以变分后所得式(11-99)为出发点。现将式(11-99)重写为：

$$\int_0^l[(EI\phi'')''-\omega^2\rho A\phi]\,\delta\phi\,\mathrm{d}x+(EI\phi''\delta\phi')\Big|_0^l-(EI\phi'')'\delta\phi\Big|_0^l=0 \tag{13-26}$$

由式(13-26)可知，在沿梁长内有：

$$\int_0^l[(EI\phi'')''-\omega^2\rho A\phi]\,\delta\phi\,\mathrm{d}x=0 \tag{13-27}$$

对于真实的固有频率和振型，必须满足微分方程：

$$(EI\phi'')''-\omega^2\rho A\phi=0 \tag{13-28}$$

对于近似的固有频率和振型，式(13-28)的左端并不等于零，这说明沿梁长作用着某种分布荷载，若视 $\delta\phi$ 为虚位移，则式(13-27)的意义在于使得这类荷载在梁长上所作的虚功等于零。

在 **Galerkin 法**中，振型 $\phi(x)$ 也按基函数 $\psi_i(x)$ 展开为：

$$\phi(x)=\sum_{i=1}^{N}z_i\psi_i(x) \tag{13-29}$$

注意到，若使式(13-27)等价于式(13-26)，则振型函数必须满足梁端的所有边界条件，包括位移边界条件和力边界条件。因此，在 Galerkin 法中，所选择的基函数必须同时满足位移边界条件和力边界条件；而 Rayleigh-Ritz 法中的基函数却只需满足位移边界条件。

记列向量 $\boldsymbol{\psi}(x)$ 与 $\boldsymbol{z}$ 分别为：

$$\boldsymbol{\psi}(x)=\begin{Bmatrix}\psi_1(x)\\ \vdots\\ \psi_N(x)\end{Bmatrix},\quad \boldsymbol{z}=\begin{Bmatrix}z_1\\ \vdots\\ z_N\end{Bmatrix}$$

于是，式(13-29)又可表示为：

$$\phi(x)=\boldsymbol{z}^{\mathrm{T}}\boldsymbol{\psi}=\boldsymbol{\psi}^{\mathrm{T}}\boldsymbol{z}$$

将上式代入式(13-27)中，并将 ω 改写为 $\overline{\omega}$，可得：

$$\int_0^l [(EI\boldsymbol{z}^{\mathrm{T}}\boldsymbol{\psi}'')''-\overline{\omega}^2\rho A\boldsymbol{z}^{\mathrm{T}}\boldsymbol{\psi}]\,\delta(\boldsymbol{\psi}^{\mathrm{T}}\boldsymbol{z})\,\mathrm{d}x=0$$

或

$$\boldsymbol{z}^{\mathrm{T}}\int_0^l [(EI\boldsymbol{\psi}'')''\boldsymbol{\psi}^{\mathrm{T}}-\overline{\omega}^2\rho A\boldsymbol{\psi}\boldsymbol{\psi}^{\mathrm{T}}]\,\mathrm{d}x\,\delta\boldsymbol{z}=0 \tag{13-30}$$

记矩阵 $\boldsymbol{R}$ 与 $\boldsymbol{M}$ 分别为：

$$\boldsymbol{R}=\int_0^l (EI\boldsymbol{\psi}'')''\boldsymbol{\psi}^{\mathrm{T}}\mathrm{d}x,\quad \boldsymbol{M}=\int_0^l \rho A\boldsymbol{\psi}\boldsymbol{\psi}^{\mathrm{T}}\mathrm{d}x \tag{13-31}$$

它们的元素分别为：

$$r_{ij}=\int_0^l (EI\psi''_i)''\psi_j\,\mathrm{d}x,\quad m_{ij}=\int_0^l \rho A\psi_i\psi_j\,\mathrm{d}x \tag{13-32}$$

于是，式(13-30)又可写为：

$$\boldsymbol{z}^{\mathrm{T}}(\boldsymbol{R}-\overline{\omega}^2\boldsymbol{M})\,\delta\boldsymbol{z}=0 \tag{13-33}$$

由于变分 $\delta\boldsymbol{z}$ 是任意的，由式(13-33)可得：

$$\boldsymbol{z}^{\mathrm{T}}(\boldsymbol{R}-\overline{\omega}^2\boldsymbol{M})=\boldsymbol{0} \tag{13-34}$$

不难证明，矩阵 $\boldsymbol{R}$ 与 $\boldsymbol{M}$ 均为对称矩阵，式(13-34)又可写为：

$$(\boldsymbol{R}-\overline{\omega}^2\boldsymbol{M})\boldsymbol{z}=\boldsymbol{0} \tag{13-35}$$

式(13-35)即为矩阵的特征值问题。与 Rayleigh-Ritz 法一样，由式(13-35)的解可得到梁的近似固有频率和振型。

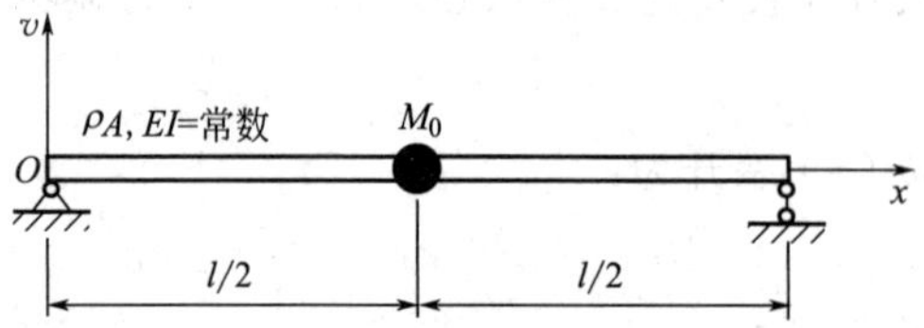

图 13-7

【例 13-3】 如图 13-7 所示，两端简支的等截面直梁，在梁的中间处有一集中质量

M_0，其大小等于梁的质量。试用 Rayleigh-Ritz 法或 Galerkin 法求梁的前三阶固有频率。

【解】 取基函数为：

$$\psi_n(x)=\sin\frac{n\pi x}{l},\quad n=1,2,\cdots,N \tag{a}$$

显然，满足位移边界条件

$$\psi_n(0)=0,\quad \psi_n(l)=0$$

和力边界条件

$$EI\psi_n''\big|_{x=0}=0,\quad EI\psi_n''\big|_{x=l}=0$$

因此，所选择的基函数既适用于 Rayleigh-Ritz 法也适用于 Galerkin 法。

于是，振型函数按基函数展开为：

$$\phi(x)=\sum_{n=1}^{N}z_n\psi_n(x) \tag{b}$$

而梁的横向自由振动可假设为：

$$v(x,t)=\phi(x)\sin(\omega t+\theta)$$

于是，梁的最大势能与最大动能分别为：

$$U_{\max}=\frac{1}{2}\int_0^l EI(\phi'')^2\mathrm{d}x,\quad T_{\max}=\frac{\omega^2}{2}\left[\int_0^l\rho A\phi^2\mathrm{d}x+M_0\phi^2(l/2)\right]$$

根据式(13-18)和式(13-32)，可直接写出：

$$k_{ij}=\int_0^l EI\psi_i''\psi_j''\mathrm{d}x,\quad r_{ij}=\int_0^l(EI\psi_i'')''\psi_j\mathrm{d}x \tag{c}$$

$$m_{ij}=\int_0^l\rho A\psi_i\psi_j\mathrm{d}x+M_0\psi_i(l/2)\psi_j(l/2) \tag{d}$$

其中 $M_0=\rho Al$。

将式(a)代入式(c)、式(d)中，可得：

$$k_{ij}=r_{ij}=\begin{cases}\dfrac{i^4\pi^4}{2l^3}EI, & j=i\\ 0, & j\neq i\end{cases},\quad m_{ij}=\begin{cases}\dfrac{\rho Al}{2}+\rho Al\left(\sin\dfrac{i\pi}{2}\right)^2, & j=i\\ \rho Al\sin\dfrac{i\pi}{2}\sin\dfrac{j\pi}{2}, & j\neq i\end{cases}$$

为计算简便，这里取 $N=3$，可得：

$$\boldsymbol{K}=\boldsymbol{R}=\frac{\pi^4EI}{2l^3}\begin{bmatrix}1&0&0\\0&16&0\\0&0&81\end{bmatrix},\quad \boldsymbol{M}=\frac{\rho Al}{2}\begin{bmatrix}3&0&-2\\0&1&0\\-2&0&3\end{bmatrix} \tag{e}$$

由式(13-20)或式(13-35)可得，矩阵特征值问题的前三阶固有频率为：

$$\bar{\omega}_1=5.6825\sqrt{\frac{EI}{\rho Al^4}},\ \bar{\omega}_2=39.4784\sqrt{\frac{EI}{\rho Al^4}},\ \bar{\omega}_3=68.9945\sqrt{\frac{EI}{\rho Al^4}} \tag{f}$$

显然，Rayleigh-Ritz 法和 Galerkin 法的结果是完全一致的。

§13.4 有限单元法

假设振型法是对整个结构系统建立一个级数形式的假设形状，从而得到有限自由度的数学模型，它的精度在很大程度上取决于所选择的基函数。对于复杂的结构，这种方法有很大的缺陷，一是难以找到满足复杂边界条件的基函数，二是对各种不同的结构没有通用性。有限单元法作为应用最为广泛的一种离散化数值方法，它有效地克服了假设振型法上述缺点。尽管有限单元法可以应用于一维、二维及三维的复杂结构动力分析，但在本节中将仅以一维结构动力分析为例来进行阐述。

13.4.1 分析方法

对于一个结构，采用有限单元法来建立其运动方程的一般过程如下：

(1)将结构离散化为有限个单元的集合，不同的单元通过结点相连接，将结点的广义位移定义为结构的自由度 $\boldsymbol{u}$。

(2)确定每个单元的自由度 $\bar{\boldsymbol{u}}_e$，即单元结点的广义位移向量，并利用插值函数来建立关于单元自由度的单元刚度矩阵 $\overline{\boldsymbol{K}}_e$、单元质量矩阵 $\overline{\boldsymbol{M}}_e$ 和单元结点等效荷载向量 $\overline{\boldsymbol{P}}_e(t)$。

(3)建立单元的坐标转换矩阵 $\boldsymbol{T}_e$，将局部坐标系下的 $\overline{\boldsymbol{K}}_e$、$\overline{\boldsymbol{M}}_e$ 及 $\overline{\boldsymbol{P}}_e(t)$ 转换为整体坐标系下的单元刚度矩阵 $\boldsymbol{K}_e$、单元质量矩阵 $\boldsymbol{M}_e$ 及结点等效荷载向量$\boldsymbol{P}_e(t)$，即：

$$\boldsymbol{K}_e=(\boldsymbol{T}_e)^{\mathrm{T}}\overline{\boldsymbol{K}}_e\boldsymbol{T}_e,\ \boldsymbol{M}_e=(\boldsymbol{T}_e)^{\mathrm{T}}\overline{\boldsymbol{M}}_e\boldsymbol{T}_e,\ \boldsymbol{P}_e(t)=(\boldsymbol{T}_e)^{\mathrm{T}}\overline{\boldsymbol{P}}_e(t) \tag{13-36}$$

同时，坐标转换矩阵 $\boldsymbol{T}_e$ 也建立了局部坐标系下的单元自由度 $\bar{\boldsymbol{u}}_e$ 与整体坐标系下的单元自由度 $\boldsymbol{u}_e$ 之间的关系：

$$\bar{\boldsymbol{u}}_e=\boldsymbol{T}_e\boldsymbol{u}_e \quad 或 \quad \boldsymbol{u}_e=(\boldsymbol{T}_e)^{\mathrm{T}}\bar{\boldsymbol{u}}_e \tag{13-37}$$

注意：$(\boldsymbol{T}_e)^{-1}=(\boldsymbol{T}_e)^{\mathrm{T}}$。从而，确定整体坐标系下的单元自由度 $\boldsymbol{u}_e$ 在结构自由度 $\boldsymbol{u}$ 中的位置。

图 13-8(a)给出了梁单元的局部坐标与整体坐标之间的几何关系，图 13-8(b)给出了局部坐标系与整体坐标系下结点位移之间的关系。

利用图 13-8(b)，即根据局部坐标系与整体坐标系下梁单元的结点位移之间的转换关系，容易得到坐标转换矩阵 $\boldsymbol{T}_e$ 为：

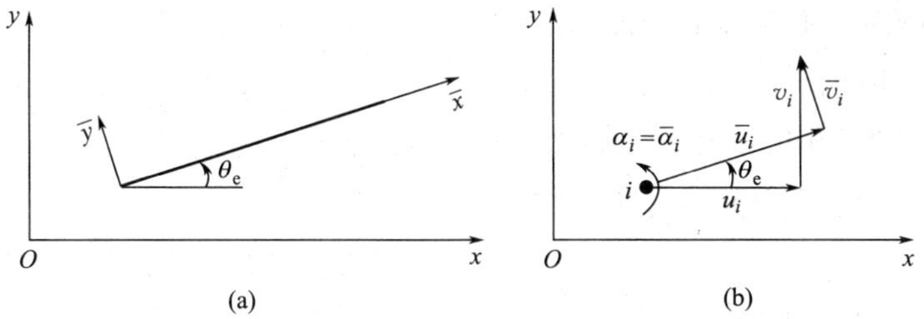

图 13-8　坐标转换关系

(a)局部坐标与整体坐标之间的关系；(b)不同坐标系下结点位移之间的关系

$$\boldsymbol{T}_{\mathrm{e}}=\begin{bmatrix}\cos\theta_{\mathrm{e}} & \sin\theta_{\mathrm{e}} & 0 & 0 & 0 & 0\\ -\sin\theta_{\mathrm{e}} & \cos\theta_{\mathrm{e}} & 0 & 0 & 0 & 0\\ 0 & 0 & 1 & 0 & 0 & 0\\ 0 & 0 & 0 & \cos\theta_{\mathrm{e}} & \sin\theta_{\mathrm{e}} & 0\\ 0 & 0 & 0 & -\sin\theta_{\mathrm{e}} & \cos\theta_{\mathrm{e}} & 0\\ 0 & 0 & 0 & 0 & 0 & 1\end{bmatrix} \tag{13-38}$$

(4)组装整体坐标系下的单元刚度矩阵、单元质量矩阵及结点等效荷载向量，形成结构系统的总刚度矩阵、总质量矩阵及作用力向量：

$$\boldsymbol{K}=\mathcal{A}_{\mathrm{e}=1}^{N_{\mathrm{e}}}\boldsymbol{K}_{\mathrm{e}},\ \boldsymbol{M}=\mathcal{A}_{\mathrm{e}=1}^{N_{\mathrm{e}}}\boldsymbol{M}_{\mathrm{e}},\ \boldsymbol{P}(t)=\mathcal{A}_{\mathrm{e}=1}^{N_{\mathrm{e}}}\boldsymbol{P}_{\mathrm{e}}(t) \tag{13-39}$$

式中，算子 $\mathcal{A}$ 表示组装过程，N_{e} 为单元总数。

(5)建立有限单元集合的运动方程

$$\boldsymbol{M}\ddot{\boldsymbol{u}}+\boldsymbol{C}\dot{\boldsymbol{u}}+\boldsymbol{K}\boldsymbol{u}=\boldsymbol{P}(t) \tag{13-40}$$

式中，阻尼矩阵 $\boldsymbol{C}$ 可采用 Rayleigh 阻尼来形成。

有限单元系统的运动方程式(13-40)与前面介绍的框架结构的运动方程在形式上是相同的，而不同之处仅在于单元刚度矩阵和单元质量矩阵的形成上。因此，可以采用前面介绍的结构运动方程的求解方法从方程式(13-40)中解出 $\boldsymbol{u}(t)$。

下面，将重点介绍插值函数的定义、单元刚度矩阵、单元质量矩阵和结点等效荷载向量等内容。

13.4.2　单元自由度与插值函数

为书写简便，将局部坐标系直接取为整体坐标系来分析。考虑一个直梁单元，设其长度为 l，单位长度质量为 $\rho A(x)$，弯曲刚度为 $EI(x)$，拉伸刚度为 $EA(x)$。梁段的两个端点取为单元的两个结点，通过这些结点，可以将有限单元组装成一个结构。对于变形不同的梁单元，其结点的广义坐标有所不同，即单元的自由度不同。

1. 仅考虑弯曲变形的梁单元

在梁单元的横向弯曲振动中，仅考虑平面内的弯曲变形而忽略轴向变形。因此，每个结点(即 i 和 j)有2个自由度：横向位移和转角，如图13-9所示。这样，梁单元的结点位移向量 $\overline{\boldsymbol{u}}_e=[u_1\quad u_2\quad u_3\quad u_4]^T=[v_i\quad \alpha_i\quad v_j\quad \alpha_j]^T$。

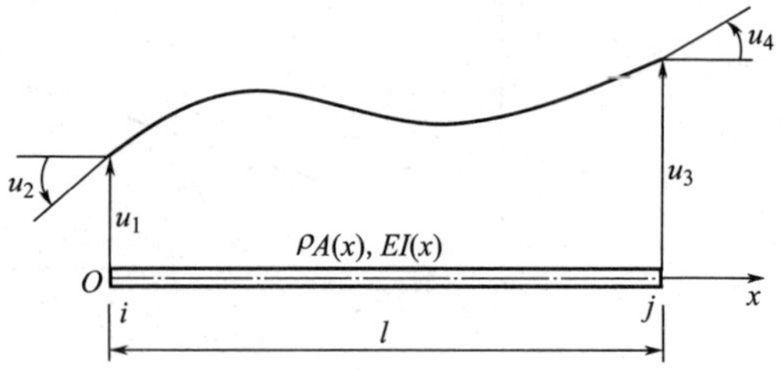

图13-9　梁单元的自由度

于是，梁单元内各点的位移可以用这四个自由度表示为：

$$v(x,t)=\sum_{n=1}^{4}u_n(t)\psi_n(x)=\overline{\boldsymbol{u}}_e^T\boldsymbol{\psi}=\boldsymbol{\psi}^T\overline{\boldsymbol{u}}_e \tag{13-41}$$

其中，列向量 $\boldsymbol{\psi}(x)=[\psi_1(x)\quad \psi_2(x)\quad \psi_3(x)\quad \psi_4(x)]^T$。

在式(13-41)中，函数 $\psi_n(x)$ 为相应于广义坐标 $u_n(t)$ 的插值函数(形状函数)，其定义为发生单位位移 u_n 而其他自由度为零时的单元位移。因此，$\psi_n(x)$ 应满足下列边界条件：

$$n=1:\ \psi_1(0)=1,\ \psi_1'(0)=\psi_1(l)=\psi_1'(l)=0 \tag{13-42a}$$

$$n=2:\ \psi_2'(0)=1,\ \psi_2(0)=\psi_2(l)=\psi_2'(l)=0 \tag{13-42b}$$

$$n=3:\ \psi_3(l)=1,\ \psi_3(0)=\psi_3'(0)=\psi_3'(l)=0 \tag{13-42c}$$

$$n=4:\ \psi_4'(l)=1,\ \psi_4(0)=\psi_4'(0)=\psi_4(l)=0 \tag{13-42d}$$

插值函数可以是满足上述边界条件的任意函数。一种选择是用满足上述边界条件的梁单元两端受静力作用时的精确挠曲线函数；但是，当梁单元的弯曲刚度沿其长度变化时，求解梁单元的精确挠曲线函数将会十分困难。下面，介绍推导插值函数的一般方法。

对于一个插值函数，可以根据其四个边界条件来确定四个待定系数。因此，若将插值函数假设为多项式的形式，则可选取三次多项式作为插值函数，即：

$$\psi_n(x)=a_n+b_n\left(\frac{x}{l}\right)+c_n\left(\frac{x}{l}\right)^2+d_n\left(\frac{x}{l}\right)^3,\ n=1,2,3,4 \tag{13-43}$$

其中 a_n、b_n、c_n、d_n 均为待定系数。

对于式(13-42)所表示的四组边界条件，可以分别求出待定系数 a_n、b_n、c_n、d_n 的值，从而得到插值函数的表达式为：

$$\psi_1(x)=1-3\left(\frac{x}{l}\right)^2+2\left(\frac{x}{l}\right)^3 \tag{13-44a}$$

$$\psi_2(x)=l\left(\frac{x}{l}\right)-2l\left(\frac{x}{l}\right)^2+l\left(\frac{x}{l}\right)^3 \tag{13-44b}$$

$$\psi_3(x)=3\left(\frac{x}{l}\right)^2-2\left(\frac{x}{l}\right)^3 \tag{13-44c}$$

$$\psi_4(x)=-l\left(\frac{x}{l}\right)^2+l\left(\frac{x}{l}\right)^3 \tag{13-44d}$$

图 13-10 给出了上述插值函数的具体形状。

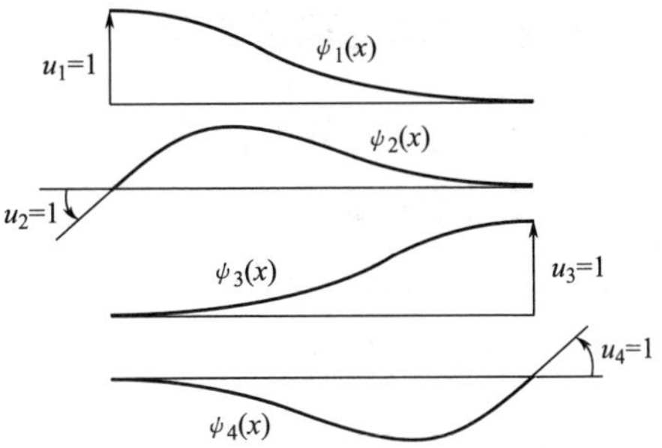

图 13-10 梁单元的插值函数

上述在确定插值函数时，采用了广义坐标法中根据边界条件来选择形状函数，而未涉及梁单元的力学性质及控制方程。因此，这些插值函数可以用于表示等截面或变截面梁单元的位移模式。

对于等截面梁单元，若不计剪切变形的影响，式(13-44)给出的插值函数还能满足两端承受静力作用的梁单元的控制方程：

$$EI\frac{\mathrm{d}^4v}{\mathrm{d}x^4}=0 \tag{13-45}$$

因此，对于等截面梁单元，这些插值函数是精确的挠曲线函数。

对于变截面梁单元，在两端受静力作用时的控制方程为：

$$\frac{\mathrm{d}^2}{\mathrm{d}x^2}\left[EI(x)\frac{\mathrm{d}^2v(x)}{\mathrm{d}x^2}\right]=E\frac{\mathrm{d}^2I}{\mathrm{d}x^2}\cdot\frac{\mathrm{d}^2v}{\mathrm{d}x^2}+2E\frac{\mathrm{d}I}{\mathrm{d}x}\cdot\frac{\mathrm{d}^3v}{\mathrm{d}x^3}+EI\frac{\mathrm{d}^4v}{\mathrm{d}x^4}=0 \tag{13-46}$$

因此，三次多项式(13-43)不能使控制方程式(13-46)一定成立，这说明式(13-44)给出的插值函数对于变截面梁单元是近似的。

2. 仅考虑轴向变形的梁(杆)单元

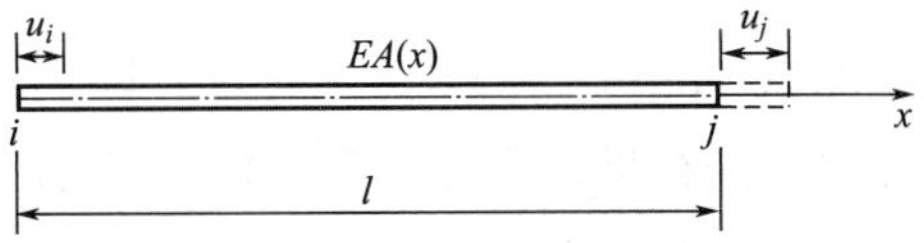

图 13-11 轴向变形的单元

下面来分析仅考虑轴向变形的梁(杆)单元，如图 13-11 所示，则单元的结点位移向量 $\overline{\boldsymbol{u}}_{\mathrm{e}}=[u_1\quad u_2]^{\mathrm{T}}=[u_i\quad u_j]^{\mathrm{T}}$，而单元内各点的位移 $u(x,t)$ 可表示为：

$$u(x,t)=\varphi_1(x)u_i+\varphi_2(x)u_j=\overline{\boldsymbol{u}}_{\mathrm{e}}^{\mathrm{T}}\boldsymbol{\varphi}=\boldsymbol{\varphi}^{\mathrm{T}}\overline{\boldsymbol{u}}_{\mathrm{e}} \tag{13-47}$$

其中，插值函数向量 $\boldsymbol{\varphi}(x)=[\varphi_1(x)\quad \varphi_2(x)]^{\mathrm{T}}$。

插值函数应满足的边界条件为：

$$\varphi_1(0)=1,\ \varphi_1(l)=0 \tag{13-48a}$$

$$\varphi_2(0)=0,\ \varphi_2(l)=1 \tag{13-48b}$$

同样地，采用多项式函数来构造插值函数：

$$\varphi_n(x)=a_n+b_nx,\ n=1,2 \tag{13-49}$$

将式(13-48)代入式(13-49)中，容易得到插值函数的表达式为：

$$\varphi_1(x)=1-\frac{x}{l},\ \varphi_2(x)=\frac{x}{l} \tag{13-50}$$

13.4.3　单元刚度矩阵

为了得到梁(杆)单元的刚度矩阵，首先要给出以相应的单元结点位移作为广义坐标的单元的应变能表达式。

1. 仅考虑弯曲变形的梁单元

梁单元的应变能为：

$$U_e = \frac{1}{2}\int_0^l EI\left(\frac{\partial^2 v}{\partial x^2}\right)^2 dx \tag{13-51}$$

将式(13-41)代入式(13-51)中，可得：

$$U_e = \frac{1}{2}\int_0^l EI(\bar{\boldsymbol{u}}_e^T \boldsymbol{\psi}'')\left[(\boldsymbol{\psi}'')^T \bar{\boldsymbol{u}}_e\right] dx = \frac{1}{2}\bar{\boldsymbol{u}}_e^T\left[\int_0^l EI\boldsymbol{\psi}''(\boldsymbol{\psi}'')^T dx\right]\bar{\boldsymbol{u}}_e \tag{13-52}$$

于是，**单元刚度矩阵 $\overline{\boldsymbol{K}}_e$** 可定义为：

$$\overline{\boldsymbol{K}}_e = \int_0^l EI(x)\boldsymbol{\psi}''(\boldsymbol{\psi}'')^T dx \tag{13-53}$$

其中，单元刚度矩阵中的元素为：

$$k_{ij} = \int_0^l EI(x)\psi_i''(x)\psi_j''(x)dx \tag{13-54}$$

显然，式(13-54)具有对称性，即 $k_{ij}=k_{ji}$，这表明单元刚度矩阵是对称阵。式(13-54)是一般性的结果，它适用于弯曲刚度 $EI(x)$ 任意变化的单元。

对于等截面直梁单元，有 $EI(x)=EI$，将式(13-44)代入式(13-54)中，容易得到仅考虑弯曲变形的梁单元的刚度矩阵 $\overline{\boldsymbol{K}}_e$ (在局部坐标系下)为：

$$\overline{\boldsymbol{K}}_e = \frac{EI}{l^3}\begin{bmatrix} 12 & 6l & -12 & 6l \\ 6l & 4l^2 & -6l & 2l^2 \\ -12 & -6l & 12 & -6l \\ 6l & 2l^2 & -6l & 4l^2 \end{bmatrix} \tag{13-55}$$

式(13-55)给出的梁单元刚度矩阵是精确的，显然这是因为所采用的插值函数式(13-44)是这种情况下的真实挠曲形状。

2. 仅考虑轴向变形的梁(杆)单元

仿照上面做法，不难得到仅考虑轴向变形的梁(杆)单元的刚度矩阵为：

$$\overline{\boldsymbol{K}}_e = \int_0^l EA(x)\boldsymbol{\varphi}'(x)[\boldsymbol{\varphi}'(x)]^T dx \tag{13-56}$$

其中，单元刚度矩阵中的元素为：

$$k_{ij}=\int_0^l EA(x)\varphi'_i(x)\varphi'_j(x)\mathrm{d}x \tag{13-57}$$

同样地，将式(13-50)代入式(13-57)中，得到仅考虑轴向变形的等截面直梁(杆)单元的刚度矩阵 $\overline{\boldsymbol{K}}_{\mathrm{e}}$(在局部坐标系下)为：

$$\overline{\boldsymbol{K}}_{\mathrm{e}}=\frac{EA}{l}\begin{bmatrix}1 & -1\\ -1 & 1\end{bmatrix} \tag{13-58}$$

如果有限单元既考虑弯曲变形又考虑轴向变形，则梁单元的结点位移分量应扩展为 $\overline{\boldsymbol{u}}_{\mathrm{e}}=[u_1\quad u_2\quad u_3\quad u_4\quad u_5\quad u_6]^{\mathrm{T}}=[u_i\quad v_i\quad \alpha_i\quad u_j\quad v_j\quad \alpha_j]^{\mathrm{T}}$。同时，需要将仅考虑弯曲变形的 4×4 阶单元刚度矩阵[即式(13-55)]与仅考虑轴向变形的 2×2 阶单元刚度矩阵[即式(13-58)]合并扩展为 6×6 阶单元刚度矩阵。

13.4.4 单元质量矩阵

为了得到梁(杆)单元的质量矩阵，与单元刚度矩阵的做法类似，首先给出以单元结点位移作为广义坐标的单元的动能表达式。

1. 仅考虑弯曲变形的梁单元

单元的动能为：

$$T_{\mathrm{e}}=\frac{1}{2}\int_0^l \rho A(x)\left(\frac{\partial v}{\partial t}\right)^2\mathrm{d}x \tag{13-59}$$

将式(13-41)代入式(13-59)中，可得：

$$T_{\mathrm{e}}=\frac{1}{2}\int_0^l \rho A(x)(\dot{\boldsymbol{u}}_{\mathrm{e}}^{\mathrm{T}}\boldsymbol{\psi})(\boldsymbol{\psi}^{\mathrm{T}}\dot{\boldsymbol{u}}_{\mathrm{e}})\,\mathrm{d}x=\frac{1}{2}\dot{\boldsymbol{u}}_{\mathrm{e}}^{\mathrm{T}}\left[\int_0^l \rho A(x)\boldsymbol{\psi}\boldsymbol{\psi}^{\mathrm{T}}\mathrm{d}x\right]\dot{\boldsymbol{u}}_{\mathrm{e}} \tag{13-60}$$

于是，**单元质量矩阵** $\overline{\boldsymbol{M}}_{\mathrm{e}}$ 可定义为：

$$\overline{\boldsymbol{M}}_{\mathrm{e}}=\int_0^l \rho A(x)\boldsymbol{\psi}\boldsymbol{\psi}^{\mathrm{T}}\mathrm{d}x \tag{13-61}$$

其中，单元刚度矩阵中的元素为：

$$m_{ij}=\int_0^l \rho A(x)\psi_i(x)\psi_j(x)\mathrm{d}x \tag{13-62}$$

式(13-62)具有对称性，即 $m_{ij}=m_{ji}$，这表明单元质量矩阵是对称阵。式(13-62)是一般性的结果，它适用于单元长度质量 $\rho A(x)$ 任意变化的单元。

如果在式(13-62)中使用在推导单元刚度矩阵时所使用的相同插值函数，那么得到的结果称为**一致质量矩阵**。对于等截面直梁单元，则有 $\rho A(x)=\rho A$，单元的一致质量矩阵为：

$$\overline{\boldsymbol{M}}_{\mathrm{e}}=\frac{ml}{420}\begin{bmatrix}156 & 22l & 54 & -13l\\ 22l & 4l^2 & 13l & -3l^2\\ 54 & 13l & 156 & -22l\\ -13l & -3l^2 & -22l & 4l^2\end{bmatrix}\tag{13-63}$$

注意到，一致质量矩阵不是对角阵；然而，下面将要介绍的集中质量矩阵却是对角阵。

假设将梁单元的分布质量集中成梁端线位移自由度 u_1 和 u_3 的点质量，则梁单元的质量矩阵可以被简化。例如，一个等截面梁单元的单位长度质量为 ρA，则每一端分配一个 $\rho Al/2$ 的点质量，容易得到梁单元的集中质量矩阵为：

$$\overline{\boldsymbol{M}}_{\mathrm{e}}=\rho Al\begin{bmatrix}0.5 & 0 & 0 & 0\\ 0 & 0 & 0 & 0\\ 0 & 0 & 0.5 & 0\\ 0 & 0 & 0 & 0\end{bmatrix}\tag{13-64}$$

可见，梁单元的集中质量矩阵是对角阵。该矩阵的非对角线上元素 m_{ij}（$i\neq j$）为零，这是因为任何点质量的加速度只在同一个自由度上产生惯性力。同时，与转动自由度相关的对角线上元素 m_{ii}（$i=2,4$）也为零，这是因为理想化时假定质量集中于质点上，而质点的转动惯量为零。

2. 仅考虑轴向变形的梁(杆)单元

仿照上面的做法，可以得到仅考虑轴向变形的梁(杆)单元的刚度矩阵为：

$$\overline{\boldsymbol{M}}_{\mathrm{e}}=\int_0^l \rho A(x)\boldsymbol{\varphi}(x)[\boldsymbol{\varphi}(x)]^{\mathrm{T}}\mathrm{d}x\tag{13-65}$$

其中，单位刚度矩阵中的元素为：

$$m_{ij}=\int_0^l \rho A(x)\varphi_i(x)\varphi_j(x)\mathrm{d}x\tag{13-66}$$

对于等截面直梁(杆)单元，有 $\rho A(x)=\rho A$，于是一致质量矩阵为：

$$\overline{\boldsymbol{M}}_{\mathrm{e}}=\rho Al\begin{bmatrix}1/3 & 1/6\\ 1/6 & 1/3\end{bmatrix}\tag{13-67}$$

如果将全梁(杆)质量 ρAl 平分集中到两端结点上，则集中质量矩阵为：

$$\overline{\boldsymbol{M}}_{\mathrm{e}}=\rho Al\begin{bmatrix}1/2 & 0\\ 0 & 1/2\end{bmatrix}\tag{13-68}$$

如果有限单元既考虑弯曲变形又考虑轴向变形，则需要将仅考虑弯曲变形的 4×4 阶单元质量矩阵[即式(13-63)或式(13-64)]，与仅考虑轴向变形的 2×2 阶单元质量矩阵[即式(13-67)或式(13-68)]合并扩展为 6×6 阶单元质量矩阵。

一致质量系统的动力分析要比集中质量系统的动力分析所需计算工作量大很多，其原因有两方面：①集中质量矩阵是对角矩阵，而一致质量矩阵是非对角矩阵；②集中质量系统的转动自由度可以通过静力凝聚从运动方程中消去，而一致质量系统中的所有自由度必须保留。

然而，一致质量法也有其优点。首先，一致质量法要比集中质量法的计算精度高，并且随着有限单元数目的增加迅速收敛于精确解。其次，在一致质量法中，势能和动能可以用一致的方法来计算，因此可以知道固有频率的计算值与精确值的近似程度。

由于一致质量法的优点难以胜过为提高精度所需付出的计算工作量，因此，集中质量法在工程实践中仍被广泛地应用。

13.4.5 单元等效结点荷载向量

1. 仅考虑弯曲变形的梁单元

如果外荷载 $P_i(t)$（$i=1,2,3,4$）直接作用在梁单元两个结点的四个自由度上，则梁单元的结点荷载向量可以直接写为 $\overline{\boldsymbol{P}}_{\mathrm{e}}(t)=[P_1(t)\quad P_2(t)\quad P_3(t)\quad P_4(t)]^{\mathrm{T}}$，其中 P_2 和 P_4 为作用于转动自由度上的弯矩。

如果外荷载包括作用于梁单元上的横向分布荷载 $p(x,t)$ 和作用在 x_j 处的横向集中荷载 $P'_j(t)$，则由此产生的作用于第 i 自由度上的结点荷载为：

$$P_i(t)=\int_0^l p(x,t)\psi_i(x)\mathrm{d}x+\sum_j \psi_i(x_j)P'_j,\ i=1,2,3,4 \tag{13-69}$$

即梁单元的结点荷载向量为：

$$\overline{\boldsymbol{P}}_{\mathrm{e}}(t)=\int_0^l p(x,t)\boldsymbol{\psi}(x)\mathrm{d}x+\sum_j \boldsymbol{\psi}(x_j)P'_j \tag{13-70}$$

如果在式(13-69)中采用与推导单元刚度矩阵相同的插值函数，那么所得结果称为**一致结点荷载**。然而，一种简单而精度较高的方法是采用线性插值函数：

$$\psi_1(x)=1-\frac{x}{l},\ \psi_3(x)=\frac{x}{l} \tag{13-71}$$

将式(13-71)代入式(13-69)中，就得到与梁单元两端结点线位移自由度相应的结点荷载 $P_1(t)$ 和 $P_3(t)$；而转动自由度的结点荷载 $P_2(t)$ 和 $P_4(t)$ 取为零(外力矩直接作用在结点上除外)。

2. 仅考虑轴向变形的梁(杆)单元

当梁(杆)单元上仅作用有沿轴向的分布荷载 $q(x,t)$ 和集中荷载 $N'_j(t)$（在 $x=x_j$ 处）时，单元的等效结点荷载向量为：

$$\overline{\boldsymbol{P}}_{\mathrm{e}}(t)=\int_0^l q(x,t)\boldsymbol{\varphi}(x)\mathrm{d}x+\sum_j \boldsymbol{\varphi}(x_j)N'_j(t) \tag{13-72}$$

如果有限单元既考虑弯曲变形又考虑轴向变形，则需要将仅考虑弯曲变形的 4×1 阶单元等效结点荷载向量[即式(13-70)]，与仅考虑轴向变形的 2×1 阶结点荷载向量[即式(13-72)]合并扩展为 6×1 阶单元结点荷载向量。

【例 13-4】 如图 13-12(a)所示的一根等截面悬臂梁，单位长度的质量为 ρA（常数），弯曲刚度为 EI（常数），利用一致质量矩阵将此悬臂梁离散化为两个有限单元的集合。试求此悬臂梁横向弯曲自由振动的固有频率和振型。

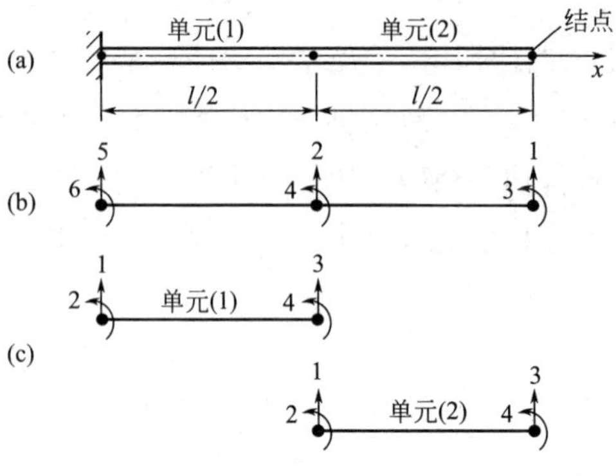

图 13-12

【解】 (1)确定结构自由度和单元自由度。由于仅考虑梁的横向弯曲变形，因此每个结点有两个自由度：横向线位移和转角位移。有限单元集合的六个自由度如图 13-12(b)所示；两个有限单元(1)和(2)以及它们的局部自由度如图 13-12(c)所示。

(2)形成单元刚度矩阵。利用梁单元的一致刚度矩阵[即式(13-55)]，但注意本题的单元长度为 $l/2$，可以得到两个有限单元在局部坐标系下的单元刚度矩阵 $\overline{\boldsymbol{K}}_1$ 和 $\overline{\boldsymbol{K}}_2$。由于单元的局部坐标系与整体坐标系一致，不需要坐标转换，因此有 $\boldsymbol{K}_1=\overline{\boldsymbol{K}}_1$，$\boldsymbol{K}_2=\overline{\boldsymbol{K}}_2$，即：

$$\boldsymbol{K}_1=\frac{8EI}{l^3}\begin{array}{c}\begin{array}{cccc}(5) & (6) & (2) & (4)\end{array}\\ \begin{bmatrix}12 & 3l & -12 & 3l\\ 3l & l^2 & -3l & l^2/2\\ -12 & -3l & 12 & -3l\\ 3l & l^2/2 & -3l & l^2\end{bmatrix}\end{array}\begin{array}{c}(5)\\(6)\\(2)\\(4)\end{array},\quad \boldsymbol{K}_2=\frac{8EI}{l^3}\begin{array}{c}\begin{array}{cccc}(2) & (4) & (1) & (3)\end{array}\\ \begin{bmatrix}12 & 3l & -12 & 3l\\ 3l & l^2 & -3l & l^2/2\\ -12 & -3l & 12 & -3l\\ 3l & l^2/2 & -3l & l^2\end{bmatrix}\end{array}\begin{array}{c}(2)\\(4)\\(1)\\(3)\end{array}$$

其中，矩阵 $\boldsymbol{K}_e$ 各行和各列旁边括号中的数字代表对应的结构整体自由度。

(3)形成整体刚度矩阵。根据图 13-12(b)、(c)可知，单元(1)及单元(2)的结点位移与整体位移之间的关系为：

$$(u_1)_1=u_5,\ (u_2)_1=u_6,\ (u_3)_1=u_2,\ (u_4)_1=u_4$$

$$(u_1)_2=u_2,\ (u_2)_2=u_4,\ (u_3)_2=u_1,\ (u_4)_2=u_3$$

对于这两个单元，上述关系可表示为：

$$\boldsymbol{u}_1=\boldsymbol{a}_1\boldsymbol{u},\ \boldsymbol{u}_2=\boldsymbol{a}_2\boldsymbol{u}$$

其中，$\boldsymbol{u}_1$、$\boldsymbol{u}_2$ 分别为单元(1)、(2)的结点位移向量；$\boldsymbol{u}$ 为结构整体自由度向量；$\boldsymbol{a}_1$、$\boldsymbol{a}_2$ 为转换矩阵，即：

$$\boldsymbol{a}_1=\begin{bmatrix}0&0&0&0&1&0\\0&0&0&0&0&1\\0&1&0&0&0&0\\0&0&0&1&0&0\end{bmatrix},\quad \boldsymbol{a}_2=\begin{bmatrix}0&1&0&0&0&0\\0&0&0&1&0&0\\1&0&0&0&0&0\\0&0&1&0&0&0\end{bmatrix}$$

其中，元素 $a_{ij}=1$ 表示单元的第 i 自由度对应于整体的第 j 自由度。

于是，整体刚度矩阵 $\boldsymbol{K}$ 与单元刚度矩阵 $\boldsymbol{K}_1$、$\boldsymbol{K}_2$ 的关系为：

$$\boldsymbol{K}=\boldsymbol{a}_1^{\mathrm{T}}\boldsymbol{K}_1\boldsymbol{a}_1+\boldsymbol{a}_2^{\mathrm{T}}\boldsymbol{K}_2\boldsymbol{a}_2$$

因此，通过组装 $\boldsymbol{K}_1$ 和 $\boldsymbol{K}_2$ 可以得到有限单元系统的整体刚度矩阵：

$$\begin{array}{c} \quad\quad\quad\quad (1)\quad\quad (2)\quad\quad (3)\quad\quad (4)\quad\quad (5)\quad\quad (6) \\ \boldsymbol{K}=\dfrac{8EI}{l^3}\begin{bmatrix}12&-12&-3l&-3l&0&0\\-12&24&3l&0&-12&-3l\\-3l&3l&l^2&l^2/2&0&0\\-3l&0&l^2/2&2l^2&3l&l^2/2\\0&-12&0&3l&12&3l\\0&-3l&0&l^2/2&3l&l^2\end{bmatrix}\begin{matrix}(1)\\(2)\\(3)\\(4)\\(5)\\(6)\end{matrix}\end{array}$$

(4) 形成单元质量矩阵。在梁单元的一致质量矩阵[即式(13-63)]中，用 $l/2$ 代替 l，得到在局部坐标系下的单元质量矩阵 $\overline{\boldsymbol{M}}_1$ 和 $\overline{\boldsymbol{M}}_2$；与单元刚度矩阵相同，有 $\boldsymbol{M}_1=\overline{\boldsymbol{M}}_1$ 和 $\boldsymbol{M}_2=\overline{\boldsymbol{M}}_2$，即：

$$\begin{array}{c} \quad\quad\quad (5)\quad\quad\quad (6)\quad\quad\quad (2)\quad\quad\quad (4) \\ \boldsymbol{M}_1=\dfrac{\rho Al}{840}\begin{bmatrix}156&11l&54&-6.5l\\11l&l^2&6.5l&-0.75l^2\\54&6.5l&156&-11l\\-6.5l&-0.75l^2&-11l&l^2\end{bmatrix}\begin{matrix}(5)\\(6)\\(2)\\(4)\end{matrix}\end{array}$$

$$\begin{array}{c} \quad\quad\quad (2)\quad\quad\quad (4)\quad\quad\quad (1)\quad\quad\quad (3) \\ \boldsymbol{M}_2=\dfrac{\rho Al}{840}\begin{bmatrix}156&11l&54&-6.5l\\11l&l^2&6.5l&-0.75l^2\\54&6.5l&156&-11l\\-6.5l&-0.75l^2&-11l&l^2\end{bmatrix}\begin{matrix}(2)\\(4)\\(1)\\(3)\end{matrix}\end{array}$$

(5)组装单元质量矩阵，形成整体质量矩阵。与组装单元刚度矩阵方法相似，可以得到有限单元系统的质量矩阵：

$$
M = \frac{\rho A l}{840}
\begin{array}{cccccc}
(1) & (2) & (3) & (4) & (5) & (6) \\
\end{array}
\begin{bmatrix}
156 & 54 & -11l & 6.5l & 0 & 0 \\
54 & 312 & -6.5l & 0 & 54 & 6.5l \\
-11l & -6.5l & l^2 & -0.75l^2 & 0 & 0 \\
6.5l & 0 & -0.75l^2 & 2l^2 & -6.5l & -0.75l^2 \\
0 & 54 & 0 & -6.5l & 156 & 11l \\
0 & 6.5l & 0 & -0.75l^2 & 11l & l^2
\end{bmatrix}
\begin{array}{c}
(1) \\ (2) \\ (3) \\ (4) \\ (5) \\ (6)
\end{array}
$$

(6)建立运动方程。在建立运动方程前，还须考虑约束边界条件。对于图 13-12(a)所示的悬臂梁，$u_5 = u_6 = 0$。因此，在整体刚度矩阵 K 和整体质量矩阵 M 中，将第 5、6 行及第 5、6 列去掉，得到运动方程为：

$$M\ddot{u} + Ku = 0$$

或

$$
\frac{\rho A l}{840}
\begin{bmatrix}
156 & 54 & -11l & 6.5l \\
54 & 312 & -6.5l & 0 \\
-11l & -6.5l & l^2 & -0.75l^2 \\
6.5l & 0 & -0.75l^2 & 2l^2
\end{bmatrix}
\begin{Bmatrix}
\ddot{u}_1 \\ \ddot{u}_2 \\ \ddot{u}_3 \\ \ddot{u}_4
\end{Bmatrix}
+ \frac{8EI}{l^3}
\begin{bmatrix}
12 & -12 & -3l & -3l \\
-12 & 24 & 3l & 0 \\
-3l & 3l & l^2 & 0.5l^2 \\
-3l & 0 & 0.5l^2 & 2l^2
\end{bmatrix}
\begin{Bmatrix}
u_1 \\ u_2 \\ u_3 \\ u_4
\end{Bmatrix}
=
\begin{Bmatrix}
0 \\ 0 \\ 0 \\ 0
\end{Bmatrix}
$$

(7)求解特征值问题。固有频率是通过求解频率方程 $|K - \omega^2 M| = 0$ 得到：

$$\omega_1 \approx 3.518\sqrt{\frac{EI}{\rho A l^4}}, \quad \omega_2 \approx 22.222\sqrt{\frac{EI}{\rho A l^4}}$$

$$\omega_3 \approx 75.157\sqrt{\frac{EI}{\rho A l^4}}, \quad \omega_4 \approx 218.138\sqrt{\frac{EI}{\rho A l^4}}$$

前四阶固有频率的精确解为：

$$\omega_1 = 3.516\sqrt{\frac{EI}{\rho A l^4}}, \quad \omega_2 = 22.035\sqrt{\frac{EI}{\rho A l^4}}$$

$$\omega_3 = 61.698\sqrt{\frac{EI}{\rho A l^4}}, \quad \omega_4 = 120.912\sqrt{\frac{EI}{\rho A l^4}}$$

可见，采用一致质量法得到的前两阶固有频率与精确解十分接近，但第三、四阶固有频率的误差较大。

(8)采用集中质量法计算。采用集中质量法计算本例题时，不同之处仅在于质量矩阵的建立。按照上述第(4)和第(5)步，可得整体集中质量矩阵为：

$$\boldsymbol{M}=\rho Al\begin{bmatrix}0.25 & 0 & 0 & 0\\ 0 & 0.5 & 0 & 0\\ 0 & 0 & 0 & 0\\ 0 & 0 & 0 & 0\end{bmatrix}$$

因为与转动自由度 u_3 和 u_4 相关的质量为零，所以通过静力凝聚，将 u_3 和 u_4 从整体刚度矩阵 $\boldsymbol{K}$ 和整体质量矩阵 $\boldsymbol{M}$ 中去掉，这样得到一个 2×2 阶的刚度矩阵和质量矩阵。再通过求解频率方程，得到两个固有频率为：

$$\omega_1\approx 3.156\sqrt{\frac{EI}{\rho Al^4}}，\omega_2\approx 16.258\sqrt{\frac{EI}{\rho Al^4}}$$

习　题

13-1　应用假设振型法将一等截面悬臂梁模拟为两自由度模型，其广义坐标定义为自由端的挠度 $v(t)$ 和转角 $\varphi(t)$，如图 13-13 所示。

(1)根据一般多项式推导假设振型 $\psi_1(x)$ 和 $\psi_2(x)$ 的表达式：

$$\psi_n(x)=a_n+b_n\left(\frac{x}{l}\right)+c_n\left(\frac{x}{l}\right)^2+d_n\left(\frac{x}{l}\right)^3,$$

$n=1,2$

(2)推导两自由度模型的运动方程。

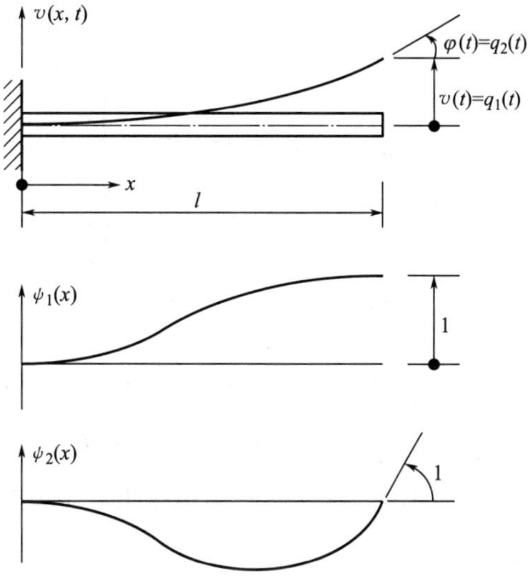

图 13-13

13-2　如图 13-14 所示的等截面悬臂梁，承受均匀分布荷载 $p(x,t)=p_0(t)$ 和轴向压力 N_0(常数)，若假设振型取为：

$$\psi_1(x)=\left(\frac{x}{l}\right)^2，\psi_2(x)=\left(\frac{x}{l}\right)^3$$

试用假设振型法建立两自由度梁的横向振动微分方程。

13-3　如图 13-15 所示的矩形变截面简支梁，长度为 l，厚度为 b，高度 h 按正弦规律 $h(x)=h_0\left(1+\sin\dfrac{\pi x}{l}\right)$ 变化，其中 h_0 为梁端部的高度。试用 Rayleigh-Ritz 法计算该变截面梁横向振动的第一、第二阶固有频率。

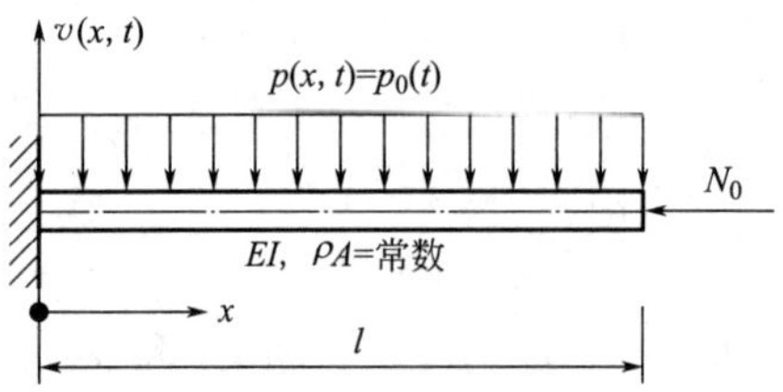

图 13-14

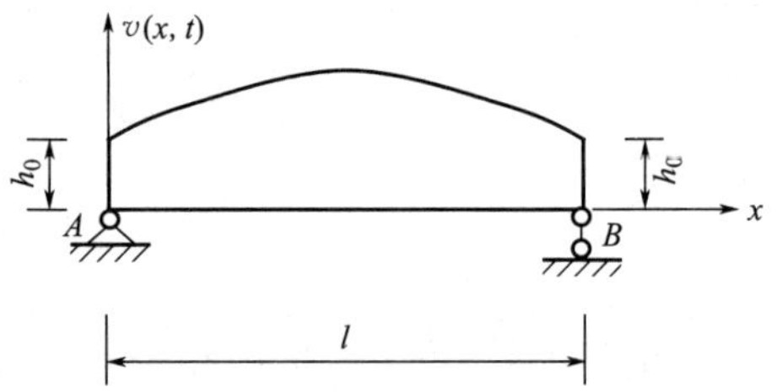

图 13-15

13-4　如图 13-16 所示的一矩形变截面杆，一端固定一端自由，长度为 l，厚度为 b，横截面面积 S 按直线规律变化：$S(x)=S_0\left(1+\frac{x}{l}\right)$，其中 S_0 为自由端的截面面积。试用 Rayleigh-Ritz 法计算杆轴向振动的第一、第二阶固有频率。这里，假设基函数为：

$$\psi_1(x)=1-\left(\frac{x}{l}\right)^2,\quad \psi_2(x)=1-\left(\frac{x}{l}\right)^3$$

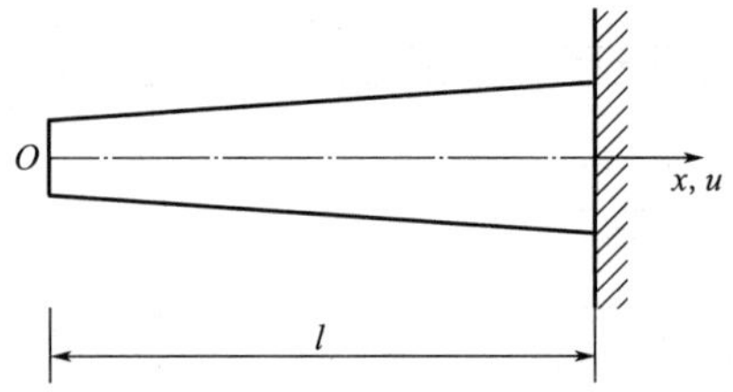

图 13-16

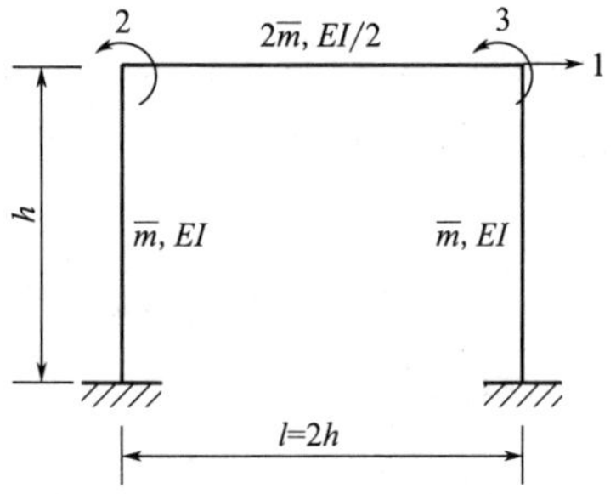

图 13-17

13-5　如图 13-17 所示的一个单层单跨框架结构，每个杆件的单位长度质量与弯曲刚度标示于图中。框架结构理想化为三个有限单元的集合，忽略所有单元的轴向变形，结构只有三个自由度。试求：

(1)利用影响系数的定义，形成整体刚度矩阵和一致质量矩阵(用 $\overline{m}$，EI 和 h 表示)；

(2)从每个单元的刚度矩阵和质量矩阵开始，利用直接组装方法，形成整体刚度矩阵和一致质量矩阵；

(3)计算框架结构的固有频率和振型，画出表示结点平动和转动的振型示意图(用 h 表示转动)。

第5篇

特色部分：随机动力学

第 14 章　概率论与随机过程基础

§14.1　概率与随机变量

14.1.1　随机事件与概率

自然界和社会中存在大量的随机现象，例如海平面的变化、路面的起伏和股市的波动等。概率论是定量地描述和分析各种随机现象的数学理论。随机事件是概率论的关键概念之一。

随机事件是与确定性事件相对而言的。为了达到一个特定的目的而从事的某项活动，可以称为一个试验。多次重复进行某一试验，如果在所有基本条件均相同的情况下，试验的结果仍然不能精确预测，但又表现出统计规律性，这样的试验称之为**随机试验**。一个随机试验的某些可能结果组成的集合称之为**随机事件**。

一个随机试验具有三个基本特点：①基本条件能够加以控制并在试验中保持一致；②试验的可能结果即随机事件已知，但不能精确地预测具体结果；③每一种结果出现的可能性大小是已知的。随机事件发生的可能性大小就是**概率**。从经典的频率解释来看，多次重复随机试验的结果表现出统计规律性，即某一结果出现的频率是稳定的，且趋向于概率。随机性来源于不可控制性，即尽管“基本条件能够加以控制并在试验中保持一致”，但仍然存在我们不可控制的因素，这是导致试验结果产生随机性的本质原因。

以抛掷硬币为例，进行如下的随机试验：以同样的方式重复抛掷硬币，直到落到桌面时正面朝上为止。将“硬币落到桌面时正面朝上”记为 T，“反面朝上”记为 Q。该随机试验的可能结果包括：

$$\varpi_1=T,\ \varpi_2=QT,\ \varpi_3=QQT,\cdots,\ \varpi_k=Q\cdots QT,\cdots$$

其中，ϖ_k 中前 $k-1$ 次均为 Q，第 k 次为 T。所有可能的结果构成一个集合 $\Omega=\{\varpi_1,\ \varpi_2,\ \cdots,\ \varpi_k,\ \cdots\}$，试验的任一可能结果 ϖ 都是集合 Ω 中的一个元素。该随机试验的结果（例如发生 ϖ_k）记为 $\{\varpi=\varpi_k\}$，称 $\{\varpi=\varpi_k\}$ 为一个**基本随机事件**，而称 ϖ_k 为一个样本点。所有样本点组成的集合 Ω 称为**样本空间**，样本空间的任一子集即为**随机事件**。例如，{“试验停止时所需抛掷硬币次数 K 不小于 2 且不大于 5”} 是一个随机事件，可以表示为 $\{2\leqslant K\leqslant 5\}$，它等价于 $\{\varpi_2,\ \varpi_3,\ \varpi_4,\ \varpi_5\}=\{\varpi_k,\ 2\leqslant k\leqslant 5\}$，显然，这是样本空间 $\Omega=\{\varpi_1,\ \varpi_2,\ \cdots,\ \varpi_k,\ \cdots\}$ 的一个子集。

假设每次抛掷硬币落到桌面时正、反面出现的可能性是相同的，即出现正面或反面的概率均为 1/2，且每一次抛掷的结果是完全独立的，则根据乘法规则，随机试验结果为 ϖ_k 的概率是：

$$p_k = \Pr\{\varpi = \varpi_k\} = \underbrace{\frac{1}{2} \times \frac{1}{2} \cdots \frac{1}{2}}_{k-1\text{ 次出现}Q} \times \frac{1}{2} = \frac{1}{2^k} \tag{14-1}$$

这里，$\Pr\{\cdot\}$ 表示随机事件的概率。容易验证：

$$\sum_{k=1}^{\infty} p_k = \frac{1}{2} + \frac{1}{2^2} + \cdots + \frac{1}{2^k} + \cdots = 1 \tag{14-2}$$

即所有基本随机事件发生的概率之和为 1。事实上，这就是概率相容条件。

针对上述例子，还可以提出如下的问题：上述试验停止时所需抛掷硬币次数为奇数的概率是多大？显然，{“试验停止时抛掷硬币总次数为奇数”}是一个随机事件，它包括所有形如 $\{\varpi = \varpi_{2k-1}\}$ $(k = 1, 2, \cdots)$ 的基本随机事件，即

$$\{\text{“试验停止时抛掷硬币总次数为奇数”}\} = \bigcup_{k=1}^{\infty} \{\varpi = \varpi_{2k-1}\} \tag{14-3}$$

因此，其概率为

$$\begin{aligned} & \Pr\{\text{“试验停止时抛掷硬币总次数为奇数”}\} \\ & = \Pr\{\textstyle\bigcup_{k=1}^{\infty} \{\varpi = \varpi_{2k-1}\}\} \\ & = \sum_{k=1}^{\infty} \Pr\{\varpi = \varpi_{2k-1}\} = \frac{1}{2} + \frac{1}{2^3} + \cdots + \frac{1}{2^{2k-1}} + \cdots \\ & = \frac{2}{3} \end{aligned} \tag{14-4}$$

不难看出，在从第二行到第三行的转化过程中，利用了基本随机事件的互斥性，即任意两个基本随机事件不可能同时发生，互斥事件并集的概率等于互斥事件概率之和。

在上述分析中，已经触及到了概率公理化的三个基本要素[1]。在数学上，定义 $(\Omega, \mathcal{F}, P)$ 为**概率空间**，其中 Ω 为样本空间，$\mathcal{F}$ 表示基本随机事件的复合可以构成复合随机事件，P 表示基本随机事件或复合随机事件的概率，而对基本随机事件定义了概率测度，就可以根据概率运算的法则获得复合随机事件的概率。可以认为，全部概率论与随机过程基本理论及随机动力学的中心要务，就是根据基本随机事件的概率分布求取复合随机事件或等价变换的随机事件的概率分布。

14.1.2 随机变量

对样本空间中的每一个样本点 ϖ（基本随机事件）定义一个实数值，即构成一个从样本

---

[1] 详见参考文献[36]：王梓坤，1996.

空间 Ω 到实数域 R 的映射 X：$\Omega \to R$，实数 X 称为随机变量❶：

$$X = X(\varpi) \tag{14-5}$$

由于 $\{\varpi = \varpi_k\}$ 是一个随机事件，因而 $\{X = X(\varpi_k)\}$ 也是一个随机事件，并且有

$$\Pr\{X = X(\varpi_k)\} = \Pr\{\varpi = \varpi_k\} \tag{14-6}$$

例如，对于上述抛掷硬币的例子，可以定义

$$X = X(\varpi) = k，当\varpi = \varpi_k 时 \tag{14-7}$$

于是，由式(14-1)可得

$$\Pr\{X = k\} = \Pr\{\varpi = \varpi_k\} = \frac{1}{2^k} = p_k \tag{14-8}$$

式(14-8)给出了式(14-7)定义的随机变量 $X(\varpi)$（通常简写为 X ）取任意可能值时的概率，称为随机变量 X 的**概率分布**❷。值得指出，随机变量是概率空间中样本点的确定性函数，其随机性完全来自于基本随机事件的随机性。从式(14-5)至式(14-8)建立概率分布的过程，可以看到“映射”的概念起着核心的作用。

对这一抛掷硬币的例子，从式（14-7）中可知，由于基本随机事件是可列的（可以与自然数集建立起一一对应的关系，因而具有可数无穷多个），随机变量只可能取离散的值，这样的随机变量称为**离散型随机变量**。在科学和工程中常常遇到可以连续取值的随机变量，称之为**连续型随机变量**，例如海面波高、日最高温度和地震动加速度的最大值等。

为了说明连续型随机变量的概率分布，仍以独立重复抛掷硬币这一随机试验作为例子。但这时改变试验规则，不是一旦出现正面朝上就停止，而是永不停止地进行下去。因此，这一随机试验的一个样本点可表示为

$$\varpi = \alpha_1 \alpha_2 \alpha_3 \cdots \alpha_k \cdots \tag{14-9}$$

其中，α_k 为第 k 次抛掷的结果，$\alpha_k = T$ 或 $\alpha_k = Q$ ，且假设 $\Pr\{\alpha_k = T\} = \Pr\{\alpha_k = Q\} = 1/2$。由于抛掷硬币永不停止地进行下去，因此式(14-9)是一个无穷序列。对每一个 α_k 取值(T 或 Q)即构成一个样本点，可见样本空间中将有无穷多个样本点。在“抛掷硬币直到正面朝上为止”这一随机试验中，样本空间中有可数无穷多个样本点且其概率分布由式（14-8）给出。现在的问题是，在“永不停止地抛掷硬币并记录正、反面结果”这一随机试验中，

---

❶ 钱敏平、龚光鲁著《应用随机过程》（北京大学出版社，1998 年)前言中说：“已故的我国概率统计专业的开创者许宝騄教授指出，与物理或其他领域对随机现象研究不同，概率论随机变量的概念中暗含随机自变元ϖ——基本事件（或者说轨道），这个ϖ的引入至关重要，它使许多含糊不清的问题得到正确分析的起点。但在许多问题中，人们又并不仔细去研究这些ϖ究竟是什么，只是明确有此变元，从而得到概率空间的明确概念。”

❷ 当我们提到一个随机变量的概率分布时，指的是它的分布函数；或者对于连续型随机变量指的是它的概率密度函数，对于离散型随机变量指的是它的分布律。

样本空间中的样本点个数是否也是可数无穷多个？其概率分布是什么？

为此，考虑如下从样本点到实数的映射。若 $\alpha_k=T$，则定义一个数 $\beta_k=1$；若 $\alpha_k=Q$，则定义 $\beta_k=0$。从而与式（14-9）中序列完全对应地存在一个序列 $\beta_1\beta_2\cdots\beta_k\cdots$，这一序列是由数字 0 和 1 构成的无穷序列。进而，这一序列又可以按如下的定义对应一个二进制实数：

$$\begin{aligned}x&=0.\beta_1\beta_2\cdots\beta_k\cdots\\&=0\times2^0+\beta_1\times2^{-1}+\beta_2\times2^{-2}+\cdots+\beta_k\times2^{-k}+\cdots\\&=\frac{\beta_1}{2}+\frac{\beta_2}{2^2}+\cdots+\frac{\beta_k}{2^k}+\cdots\end{aligned}\tag{14-10}$$

由于所有的 $\beta_k=0$ 或 1，因此必有 $0\leqslant x\leqslant1$。这表明，对于任意序列 $\alpha_1\alpha_2\alpha_3\cdots\alpha_k\cdots$，均存在[0，1]上的一个实数与之对应。

另一方面，[0，1]上的任意一个实数都可以写成式(14-10)所示的二进制无穷序列，因而都对应于式(14-9)中的一个序列。由此可见，在抛掷硬币的无穷试验序列与[0，1]上的实数之间可以建立一个一一映射。由于实数是不可列的，因而这一抛掷硬币的无穷试验序列的样本点数是无穷多，且不可列的。根据式(14-5)，以上分析实际上定义了一个随机变量：

$$X=X(\varpi)=X(\alpha_1\alpha_2\cdots\alpha_k\cdots)=0.\beta_1\beta_2\cdots\beta_k\cdots=\sum_{k=1}^{\infty}\frac{\beta_k}{2^k}\tag{14-11}$$

下面，进一步考察根据抛掷硬币的无穷试验序列定义的随机事件及上述随机变量的概率分布。任意一个序列 $\alpha_1\alpha_2\alpha_3\cdots\alpha_k\cdots$ 出现的概率均是 $1/2^{\infty}=0$。因而，对具有可列个基本随机事件适用的前述概率分布在这里不能给出有用的信息，即不能确定基本随机事件之间是完全等同的还是有部分占优。为此，先考察样本空间中的如下集合：

$$\boldsymbol{\Psi}_k=\{\boldsymbol{\varpi}:\alpha_1=\bar{\alpha}_1,\alpha_2=\bar{\alpha}_2,\cdots,\alpha_k=\bar{\alpha}_k\}\tag{14-12}$$

即仅给定前 k 次抛掷硬币的正反面，而 $k+1$ 次之后任意结果均包含在这一集合中。显然，这一随机事件的概率是

$$\Pr\{\boldsymbol{\varpi}\in\boldsymbol{\Psi}_k\}=\frac{1}{2^k}\tag{14-13}$$

集合 $\boldsymbol{\Psi}_k$ 中的每一个序列都对应一个形如

$$x=0.\bar{\beta}_1\bar{\beta}_2\cdots\bar{\beta}_k\beta_{k+1}\cdots=\sum_{m=1}^{k}\frac{\bar{\beta}_m}{2^m}+\sum_{n=k+1}^{\infty}\frac{\beta_n}{2^n}\tag{14-14}$$

的小数，其中 $\bar{\beta}_1$，$\bar{\beta}_2$，…，$\bar{\beta}_k$ 均为给定值，当 $\bar{\alpha}_1=T$ 时，$\bar{\beta}_1=1$，反之，$\bar{\beta}_1=0$，其余类推；而第 $k+1$ 位后的二进制小数数值则可任意。显然，从式(14-14)中可知

$$\sum_{m=1}^{k}\frac{\overline{\beta}_m}{2^m}<x\leqslant\sum_{m=1}^{k}\frac{\overline{\beta}_m}{2^m}+\frac{1}{2^k}\sum_{n=1}^{\infty}\frac{1}{2^n}=\sum_{m=1}^{k}\frac{\overline{\beta}_m}{2^m}+\frac{1}{2^k}\tag{14-15}$$

因此，该区间长为$\frac{1}{2^k}$，恰等于 $\Pr\{\varpi\in\Psi_k\}$。

由此可见，在抛掷硬币的无穷序列这一随机试验中，样本空间中每一个子集的概率测度即为相应[0，1]线段内点集构成区间的长度❶。显然，$\Pr\{\varpi\in\Omega\}=\int_0^1 \mathrm{d}x=1$，而任意一个样本点的概率等于相应实数的长度测度，这个长度为零。因此，任何一个给定的序列所发生的概率为零。这一事实可以表示为

$$\Pr\{X=x\}=0,\ \Pr\{x_1<X\leqslant x_2\}=x_2-x_1\tag{14-16}$$

事实上，上例是随机变量 X 服从均匀分布的特殊情况。一般地，可将一个随机变量 X 的**分布函数**定义为

$$F_X(x)=\Pr\{X\leqslant x\},\ -\infty<x<\infty\tag{14-17}$$

它必须满足如下条件：(1)正则性：$F_X(-\infty)=0$；

(2)相容性：$F_X(\infty)=1$；

(3)单调性：$F_X(x_2)\geqslant F_X(x_1)$，若 $x_2>x_1$。

不难证明，式(14-17)定义的分布函数 $F_X(x)$ 是右连续的，即

$$F_X(x^+)=F_X(x)\tag{14-18}$$

若 $F_X(x)$ 是连续可导的，则可进一步定义**概率密度函数**(简称**概率密度**)为

$$p_X(x)=\frac{\mathrm{d}F_X(x)}{\mathrm{d}x}\tag{14-19}$$

亦即

$$F_X(x)=\int_{-\infty}^{x}p_X(x')\mathrm{d}x'\tag{14-20}$$

且

$$\Pr\{x_1<X\leqslant x_2\}=\int_{x_1}^{x_2}p_X(x)\mathrm{d}x=F_X(x_2)-F_X(x_1)\tag{14-21}$$

值得指出，式(14-17)定义的分布函数不仅适用于连续型随机变量，也适用于离散型随机变量。不同的是，离散型随机变量的分布函数是阶梯式上升的非连续不可导函数，如图 14-1 所示。

设离散型随机变量的分布律为

❶ 详见参考文献[41]：Billingsley，2012.

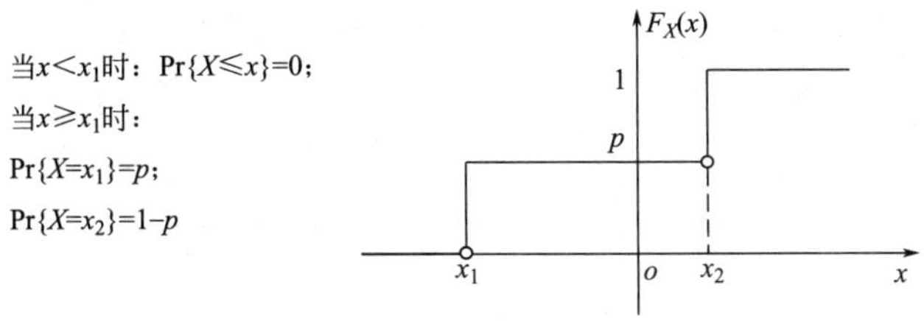

图 14-1　离散型随机变量的分布函数

$$p_k = \Pr\{X = x_k\} = F_X(x_k) - F_X(x_k^-) \tag{14-22}$$

为了刻画分布函数的阶梯变化性质，引入单位阶跃函数[1]

$$u(x) = \begin{cases} 1, & x \geqslant 0 \\ 0, & x < 0 \end{cases} \tag{14-23}$$

则根据式(14-17)定义的分布函数可表示

$$F_X(x) = \sum_{k, x_k \leqslant x} p_k = \sum_k p_k u(x - x_k) \tag{14-24}$$

虽然在经典意义下上述分布函数在 $x = x_k$（$k = 1, 2, \cdots$）点处不可导，但在这些点可认为其导数为无穷大。为此，可引入满足如下两个条件的广义函数：

$$\delta(x) = \begin{cases} \infty, & x = 0 \\ 0, & x \neq 0 \end{cases} \quad 且 \quad \int_{-\infty}^{\infty} \delta(x) \mathrm{d}x = 1 \tag{14-25}$$

则对式(14-24)求导可得概率密度函数：

$$p_X(x) = \frac{\mathrm{d}F_X(x)}{\mathrm{d}x} = \sum_k p_k \delta(x - x_k) \tag{14-26}$$

式(14-25)定义的广义函数 $\delta(x)$ 通常称为 Dirac 函数。单位阶跃函数的导数即为 Dirac 函数。

图 14-2 给出了典型的连续型随机变量和离散型随机变量的概率密度，其中分布函数 $F_X(x)$ 和概率密度 $p_X(x)$ 分别简写为 $F(x)$ 和 $p(x)$。概率密度函数要求满足的基本条件是：

(1) $p_X(x) \geqslant 0$，对所有 $-\infty < x < \infty$；

(2) $\int_{-\infty}^{\infty} p_X(x) \mathrm{d}x = 1$，即所谓的相容性条件。

分布函数或概率密度函数完整地描述了随机变量的统计规律性。科学和工程中常用的连续型概率分布有正态分布、对数正态分布、指数分布、Weibull 分布、极值分布等。

---

[1] 单位阶跃函数在有些文献中又称为 Heaviside 函数，同时在跳跃点处的取值规定在不同文献中也不尽相同。

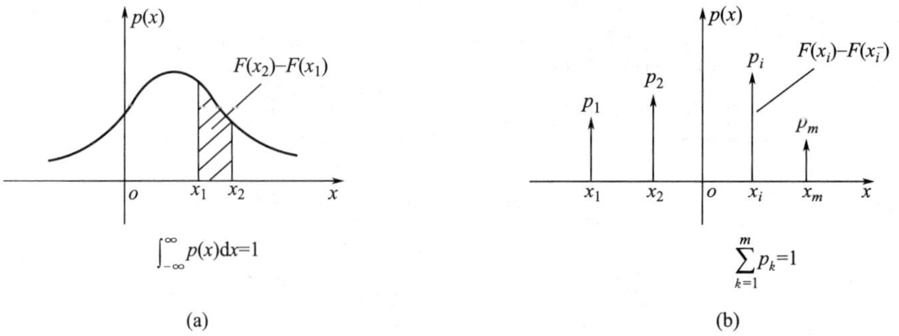

图 14-2　概率密度函数

(a)连续型；(b)离散型

14.1.3　随机变量的数字特征

要获得一个随机变量的概率密度在大部分情况下是较为困难的。在此情况下，获取随机变量的数字特征是较为方便的选择。

1. 均值(数学期望)

随机变量 $X(\varpi)$ 的**均值**定义为

$$\mu_X = E[X(\varpi)] = \int_{-\infty}^{\infty} x p_X(x) \mathrm{d}x \tag{14-27a}$$

显然，式(14-27a)等价于

$$\mu_X = E[X(\varpi)] = \int_{\Omega} X(\varpi) \ell(\mathrm{d}\varpi) \tag{14-27b}$$

这里 $\ell(\mathrm{d}\varpi)$ 表示样本空间 Ω 中的微子集 $\mathrm{d}\varpi \in \Omega$ 的概率测度，即 $\ell(\mathrm{d}\varpi) = \Pr\{\mathrm{d}\varpi\}$，而 $X(\varpi)$ 则是式(14-5)定义的随机变量。

2. 二阶矩(方差与标准差)

随机变量也可用统计矩来描述。$\mu_n = E[X^n(\varpi)]$ 称为随机变量 $X(\varpi)$ 的 n **阶原点矩**，而 $\alpha_n = E\{[X(\varpi) - \mu_X]^n\}$ 称为 n **阶中心矩**。显然，均值是一阶原点矩，即 $\mu_X = \mu_1$。二阶原点矩为

$$E[X^2(\varpi)] = \int_{-\infty}^{\infty} x^2 p_X(x) \mathrm{d}x = \int_{\Omega} X^2(\varpi) \ell(\mathrm{d}\varpi) \tag{14-28}$$

称为**均方值**，而二阶中心矩

$$D_X = E\{[X(\varpi) - \mu_X]^2\} = \int_{-\infty}^{\infty} (x - \mu_X)^2 p_X(x) \mathrm{d}x = \int_{\Omega} [X(\varpi) - \mu_X]^2 \ell(\mathrm{d}\varpi) \tag{14-29}$$

称为**方差**，其平方根

$$\sigma_X = \sqrt{D_X} = \sqrt{E\{[X(\varpi) - \mu_X]^2\}} \tag{14-30}$$

称为**均方差**或**标准差**。

3. 偏度(Skewness)

定义三阶中心矩与标准差立方之比为**偏度**，即

$$K_s=\frac{\alpha_3}{\sigma_X^3}=\frac{E[(X-\mu_X)^3]}{\{E[(X-\mu_X)^2]\}^{3/2}} \tag{14-31}$$

4. 峰度(Kurtosis)

峰度的定义为

$$K_k=\frac{\alpha_4}{\sigma_X^4}-3=\frac{E[(X-\mu_X)^4]}{\{E[(X-\mu_X)^2]\}^2}-3 \tag{14-32}$$

均值反映了概率密度函数的重心(形心)位置，均方值是概率密度函数围绕垂直轴 $x=0$ 的转动惯量，方差是概率密度函数围绕垂直轴 $x=\mu_X$ 的转动惯量。方差越大，表明样本的分散程度越大，反之越小。方差 $\sigma_X^2=0$ 时，随机变量的离散程度最小，这时随机变量退化为确定性变量。

偏度和峰度描述了概率密度函数的几何形状，可用来鉴定概率分布的非高斯性。可以证明，服从正态分布 $N(\mu，\sigma^2)$ 的随机变量的均值为 μ，标准差为 σ，偏度 $K_s=0$ 及峰度 $K_k=0$。偏度为零表示概率密度函数曲线关于均值对称，偏度小于零表示整个曲线偏向左边，反之偏向右边。峰度为零表示概率密度函数曲线在峰值处的陡峭程度与正态分布相同，峰度小于 0 表示相对较平缓，而峰度大于零表示在峰值附近更为陡峭。

对于取值为正的随机变量 X，工程中也常用变异系数来表示随机量的变异性大小。**变异系数**定义为标准差与均值的比值：

$$\delta_X=\frac{\sigma_X}{\mu_X} \tag{14-33}$$

例如混凝土强度的变异系数通常在 10%～20%之间，土的强度指标可能有 30%以上的变异性，而脉动风速的变异性一般亦为 10%～20%(脉动风速的标准差与平均风速的比值，在风工程中一般称为紊流度或湍流度，就是这里的变异系数)❶。

14.1.4　随机向量、独立性

科学和工程中常常遇到多个随机变量的情况。在实践中最关心的是多个随机变量之间的相关性和独立性问题。

设 X 和 Y 是两个连续型随机变量，则其**联合分布函数**定义为

❶ W. 费勒著《概率论及其应用》(第二卷，李志阐、郑元禄译，科学出版社，1994 年出版)第一版序中指出：“已经证明，对于学数学的学生存在困难的一些章节，却难不住外行人的这个事实表明，难度不能客观地予以判断，它依赖于我们寻找到的资料样本和我们准备忽略的细节。为了达到山顶，旅行者们常常在攀登和利用缆车之间进行选择。”

$$F_{XY}(x,y)=\Pr\{X(\varpi)\leqslant x,Y(\varpi)\leqslant y\}=\int_{X(\varpi)\leqslant x,Y(\varpi)\leqslant y}\ell(\mathrm{d}\varpi) \tag{14-34}$$

同样地，这里 $\ell(\mathrm{d}\varpi)$ 表示样本空间 Ω 中微子集 $\mathrm{d}\varpi$ 的概率测度。于是，(X,Y) 的**联合概率密度**定义为

$$p_{XY}(x,y)=\frac{\partial^2 F_{XY}(x,y)}{\partial x\partial y}=\frac{\partial^2\int_{X(\varpi)\leqslant x,\ Y(\varpi)\leqslant y}\ell(\mathrm{d}\varpi)}{\partial x\partial y} \tag{14-35a}$$

事实上，式(14-35a)还可以写为

$$p_{XY}(x,y)=\frac{1}{\mathrm{d}x\,\mathrm{d}y}\int_{x<X(\varpi)\leqslant x+\mathrm{d}x,y<Y(\varpi)\leqslant y+\mathrm{d}y}\ell(\mathrm{d}\varpi) \tag{14-35b}$$

从这一表达式，可见概率密度中“密度”的意义表现得十分清晰。反之，则可给出如下事件的概率：

$$\begin{aligned}&\Pr\{x<X(\varpi)\leqslant x+\mathrm{d}x,y<Y(\varpi)\leqslant y+\mathrm{d}y\}\\&=p_{XY}(x,y)\mathrm{d}x\,\mathrm{d}y\\&=\int_{x<X(\varpi)\leqslant x+\mathrm{d}x,y<Y(\varpi)\leqslant y+\mathrm{d}y}\ell(\mathrm{d}\varpi)\end{aligned} \tag{14-36}$$

1. 协方差、相关系数

两个随机变量的**协方差**定义为

$$\mathrm{Cov}(X,Y)=E[(X-\mu_X)(Y-\mu_Y)] \tag{14-37a}$$

显然，进一步有

$$\begin{aligned}\mathrm{Cov}(X,Y)&=E[XY]-E[X]E[Y]\\&=\int_{-\infty}^{\infty}\int_{-\infty}^{\infty}(x-\mu_X)(y-\mu_Y)p_{XY}(x,y)\mathrm{d}x\,\mathrm{d}y\\&=\int_{\Omega}[X(\varpi)-\mu_X][Y(\varpi)-\mu_Y]\ell(\mathrm{d}\varpi)\end{aligned} \tag{14-37b}$$

进而，可定义两个随机变量的**相关系数**为

$$\rho_{XY}=\frac{\mathrm{Cov}(X,Y)}{\sigma_X\sigma_Y}=\frac{E[(X-\mu_X)(Y-\mu_Y)]}{\sqrt{E[(X-\mu_X)^2]}\sqrt{E[(Y-\mu_Y)^2]}} \tag{14-38}$$

容易证明：$-1\leqslant\rho_{XY}\leqslant1$。当 $|\rho_{XY}|=1$ 时，必有 $Y=kX+b$，其中 k、b 为常数。当 $\rho_{XY}=1$ 时，$k>0$，即 Y 与 X 正线性相关；而当 $\rho_{XY}=-1$ 时，则 $k<0$，即 Y 与 X 负线性相关。

当 $\rho_{XY}=0$ 时，称 X 与 Y **不相关**，即 X 与 Y 之间不成线性关系。图 14-3 给出了相关

系数 ρ_{XY} 的意义，图中的点表示样本点。

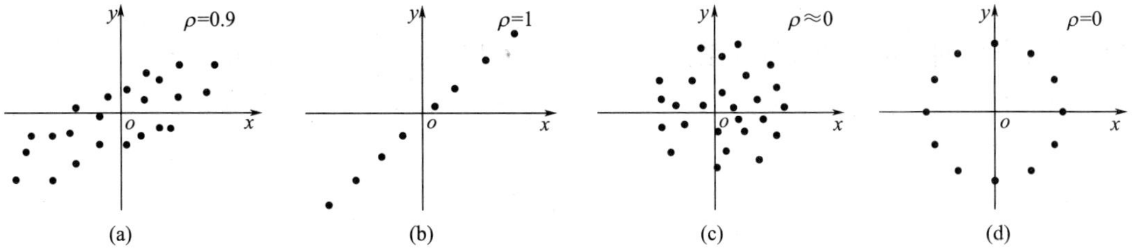

图 14-3

为了更清晰地理解相关系数 ρ_{XY} 的含义，考虑以 X 的线性函数 $kX+b$ 来近似表示 Y，并以均方误差

$$e=E\{[Y-(kX+b)]^2\} \tag{14-39}$$

来衡量以 $kX+b$ 表示 Y 的近似程度。显然，e 的值越小表示 $kX+b$ 与 Y 的近似程度越好。因而我们希望取最佳的 k、b 值使得 e 最小。为此，由 $\partial e/\partial k=0$ 和 $\partial e/\partial b=0$ 给出如下的方程组：

$$\begin{cases}E\{X[Y-(kX+b)]\}=0\\E[Y-(kX+b)]=0\end{cases} \tag{14-40}$$

这里，第二式的意义十分清楚，即最佳的 k、b 值使得 $Y=kX+b$ 在均值意义上成立。由上述方程组可解得

$$k=\frac{E[XY]-E[X]E[Y]}{E[X^2]-\mu_X^2}=\frac{\mathrm{Cov}(X,Y)}{\sigma_X^2}=\rho_{XY}\frac{\sigma_Y}{\sigma_X} \tag{14-41a}$$

$$b=\mu_Y-\rho_{XY}\frac{\sigma_Y\mu_X}{\sigma_X}=\mu_Y-k\mu_X \tag{14-41b}$$

事实上，这就是线性最小二乘法的基本原理[1]。将式(14-41a)、(14-41b)代入式(14-39)，可知均方误差为

$$e=E\{[Y-(kX+b)]^2\}=\sigma_Y^2(1-\rho_{XY}^2) \tag{14-41c}$$

显然，若 $\rho_{XY}=0$，则 $k=0$，$b=\mu_Y$，此时 $Y=kX+b$ 退化为 $Y=\mu_Y$，且 $e=\sigma_Y^2$。在此表达式中完全未能反映 X 的信息。

反之，当 $\rho_{XY}=1$ 时，$Y=kX+b$ 变成为 $Y=\frac{\sigma_Y}{\sigma_X}(X-\mu_X)+\mu_Y$，且 $e=0$。若进一步引入中心化变量 $\tilde{Y}=Y-\mu_Y$，$\tilde{X}=X-\mu_X$，则有

[1] 关于最小二乘法更系统的介绍见参考文献[42]：Ang & Tang，2007.

$$\tilde{Y}=\frac{\sigma_Y}{\sigma_X}\tilde{X} \tag{14-42a}$$

此时 $\tilde{Y}$ 与 $\tilde{X}$ 之间成精确的线性关系，亦即完全线性相关的情况。类似地，当 $\rho_{XY}=-1$ 时，$e=0$ 且式(14-42a)变为

$$\tilde{Y}=-\frac{\sigma_Y}{\sigma_X}\tilde{X} \tag{14-42b}$$

2. 条件分布、独立性

设随机事件 A、B 的概率非零，则事件 $A\cap B$（积事件，简记为 AB）可以分两步形成，即“A 先发生，然后 B 发生”，这一事件的确切表述是“A 发生且 A 发生的条件下 B 发生”，故

$$P(AB)=P(A)\cdot P(B\mid A) \tag{14-43}$$

因而 A 发生的条件下 B 发生的概率为

$$P(B\mid A)=\frac{P(AB)}{P(A)} \tag{14-44}$$

若 A、B 两事件独立，则有 $P(B\mid A)=P(B)$。因而

$$P(AB)=P(A)\cdot P(B) \tag{14-45}$$

这是随机事件 A、B 独立的条件。

对两个连续型随机变量 X、Y，若 $A=\{x<X\leqslant x+\mathrm{d}x\}$，$B=\{y<Y\leqslant y+\mathrm{d}y\}$，则有

$$\begin{aligned}P(AB)&=\Pr\{x<X\leqslant x+\mathrm{d}x, y<Y\leqslant y+\mathrm{d}y\}\\&=p_{XY}(x,y)\mathrm{d}x\,\mathrm{d}y\end{aligned}$$

而 $P(A)=p_X(x)\mathrm{d}x$，$P(B)=p_Y(y)\mathrm{d}y$，因此，若 A、B 独立，则由式(14-45)可知

$$p_{XY}(x,y)=p_X(x)p_Y(y) \tag{14-46}$$

这就是随机变量 X、Y 独立的条件。

根据式(14-44)，可得

$$\begin{aligned}P(B\mid A)&=\Pr\{y<Y\leqslant y+\mathrm{d}y\mid x<X\leqslant x+\mathrm{d}x\}=\frac{P(AB)}{P(A)}\\&=\frac{p_{XY}(x,y)\mathrm{d}x\,\mathrm{d}y}{p_X(x)\mathrm{d}x}=\frac{p_{XY}(x,y)}{p_X(x)}\mathrm{d}y\end{aligned}$$

若记 $p_{Y|X}(y\mid x)$ 为在条件 $X=x$ 下 Y 的**条件概率密度**，则 $\lim\limits_{\mathrm{d}x\to 0}P(B\mid A)=p_{Y|X}(y\mid x)\mathrm{d}y$，从而有

$$p_{Y|X}(y\mid x)=\frac{p_{XY}(x,y)}{p_X(x)} \tag{14-47}$$

显然地，有

$$p_Y(y)=\int_{-\infty}^{\infty}p_{Y|X}(y\mid x)p_X(x)\mathrm{d}x=E[p_{Y|X}(y\mid X)]$$
$$=\int_{-\infty}^{\infty}p_{XY}(x,y)\mathrm{d}x \tag{14-48}$$

$p_Y(y)$ 称为**边缘概率密度**。

以上两个随机变量的情形可以方便地推广到任意多个随机变量的情况。设有 n 维随机变量$(X_1,X_2,\cdots,X_n)$，其联合分布函数定义为

$$F_{X_1X_2\cdots X_n}(x_1,x_2,\cdots,x_n)=\Pr\{X_1\leqslant x_1,X_2\leqslant x_2,\cdots,X_n\leqslant x_n\} \tag{14-49}$$

而联合概率密度则为

$$p_{X_1X_2\cdots X_n}(x_1,x_2,\cdots,x_n)=\frac{\partial^n F_{X_1X_2\cdots X_n}(x_1,x_2,\cdots,x_n)}{\partial x_1\partial x_2\cdots\partial x_n} \tag{14-50}$$

显然，联合概率密度与联合分布函数满足如下条件：

(i) 相容性：

$$F_{X_1X_2\cdots X_n}(\infty,\infty,\cdots,\infty)=1,\quad \int_{-\infty}^{\infty}\cdots\int_{-\infty}^{\infty}p_{X_1X_2\cdots X_n}(x_1,x_2,\cdots,x_n)\mathrm{d}x_1\mathrm{d}x_2\cdots\mathrm{d}x_n=1$$

(ii) 非负性：

$$F_{X_1X_2\cdots X_n}(x_1,x_2,\cdots,x_n)\geqslant 0,\ p_{X_1X_2\cdots X_n}(x_1,x_2,\cdots,x_n)\geqslant 0$$

(iii) 单调性：

$$F_{X_1X_2\cdots X_n}(x_1,x_2,\cdots,x_k,\cdots,x_n)\leqslant F_{X_1X_2\cdots X_n}(x_1,x_2,\cdots,y_k,\cdots,x_n),\forall x_k<y_k$$

若 n 维随机变量的联合分布函数或联合概率密度已知,则其中任意 k 个($k\leqslant n$)随机变量的联合分布称为 k 维边缘分布。显然,k 维边缘分布函数只需要令 k 个随机变量以外的随机变量所对应的 x 取为 ∞ 即可,而边缘概率密度则是关于其余分量在 $(-\infty,\infty)$ 范围内的积分,即

$$F_{X_1X_2\cdots X_k}(x_1,x_2,\cdots,x_k)=F_{X_1X_2\cdots X_n}(x_1,x_2,\cdots,x_k,\infty,\cdots,\infty) \tag{14-51}$$

$$p_{X_1X_2\cdots X_k}(x_1,x_2,\cdots,x_k)=\int_{-\infty}^{\infty}\cdots\int_{-\infty}^{\infty}p_{X_1X_2\cdots X_n}(x_1,x_2,\cdots,x_n)\mathrm{d}x_{k+1}\mathrm{d}x_{k+2}\cdots\mathrm{d}x_n \tag{14-52}$$

注意，这里虽然形式上取用了前 k 个随机变量，实际上对 n 中的任意 k 个都是成立的。

由此可见，联合分布函数或联合概率密度包含了多维随机变量的完备概率信息，任意维边缘分布信息都可由联合分布信息导出。但在实际工程中，联合分布信息是颇难得到的，而获取边缘分布信息则相对容易。在独立随机变量的场合，二者是等价的；但对非独立随机变量，如何由边缘分布信息获取联合分布信息，是一个具有重要意义的问题。限于主题，在此不再赘述。

还应该指出，在多变量独立性研究中，由变量之间的两两独立不能得到所有变量都相互独立的结论。

3. 相关结构分解

设 n 维随机变量或 n 维随机向量 $\boldsymbol{X}=(X_1,X_2,\cdots,X_n)^{\mathrm{T}}$，其协方差矩阵定义为

$$\boldsymbol{C}=\begin{bmatrix} c_{11} & c_{12} & \cdots & c_{1n} \\ c_{21} & c_{22} & \cdots & c_{2n} \\ \vdots & \vdots & \ddots & \vdots \\ c_{n1} & c_{n2} & \cdots & c_{nn} \end{bmatrix} \tag{14-53}$$

其中 $c_{ij}=\mathrm{Cov}(X_i,X_j)$。这是一个实对称阵，按照特征分解，存在相似变换，使得

$$\boldsymbol{\Phi}^{\mathrm{T}}\boldsymbol{C}\boldsymbol{\Phi}=\boldsymbol{\Lambda} \tag{14-54a}$$

式中，$\boldsymbol{\Lambda}=\mathrm{diag}[\lambda_1,\lambda_2,\cdots,\lambda_n]$ 是一个对角阵，$\lambda_j(j=1,2,\cdots,n)$ 是协方差矩阵 $\boldsymbol{C}$ 的 n 个实特征值。$\boldsymbol{\Phi}=[\boldsymbol{\phi}_1,\ \boldsymbol{\phi}_2,\ \cdots,\ \boldsymbol{\phi}_n]$ 是协方差矩阵 $\boldsymbol{C}$ 的特征向量矩阵，其列向量 $\boldsymbol{\phi}_j(j=1,2,\cdots,n)$ 是协方差矩阵的特征向量。$\boldsymbol{\Phi}$ 是一个正交阵，即 $\boldsymbol{\Phi}^{\mathrm{T}}\boldsymbol{\Phi}=\boldsymbol{I}$，亦即 $\boldsymbol{\Phi}^{-1}=\boldsymbol{\Phi}^{\mathrm{T}}$。于是，上式的逆变换为

$$\boldsymbol{C}=(\boldsymbol{\Phi}^{\mathrm{T}})^{-1}\boldsymbol{\Lambda}\boldsymbol{\Phi}^{-1}=\boldsymbol{\Phi}\boldsymbol{\Lambda}\boldsymbol{\Phi}^{\mathrm{T}}=\sum_{j=1}^{n}\lambda_j\boldsymbol{\phi}_j\boldsymbol{\phi}_j^{\mathrm{T}} \tag{14-54b}$$

定义

$$\boldsymbol{Y}=\boldsymbol{\Phi}^{\mathrm{T}}\boldsymbol{X} \tag{14-55a}$$

其逆变换为

$$\boldsymbol{X}=\boldsymbol{\Phi}\boldsymbol{Y}=\sum_{j=1}^{n}\boldsymbol{\phi}_jY_j \tag{14-55b}$$

则 $\boldsymbol{Y}=(Y_1,Y_2,\cdots,Y_n)^{\mathrm{T}}$ 的协方差矩阵为

$$\begin{aligned}\boldsymbol{C}_Y&=E\left[(\boldsymbol{Y}-\boldsymbol{\mu}_Y)(\boldsymbol{Y}-\boldsymbol{\mu}_Y)^{\mathrm{T}}\right]\\&=E\left[\boldsymbol{\Phi}^{\mathrm{T}}(\boldsymbol{X}-\boldsymbol{\mu}_X)(\boldsymbol{X}-\boldsymbol{\mu}_X)^{\mathrm{T}}\boldsymbol{\Phi}\right]\\&=\boldsymbol{\Phi}^{\mathrm{T}}\boldsymbol{C}\boldsymbol{\Phi}=\boldsymbol{\Lambda}\end{aligned}$$

可见，Y_j 的标准差为 $\sigma_{Y_j}=\sqrt{\lambda_j}$，即原随机向量协方差矩阵的特征值为新随机向量相应各分量的方差，而均值向量则为 $\boldsymbol{\mu}_Y=E[\boldsymbol{Y}]=E[\boldsymbol{\Phi}^{\mathrm{T}}\boldsymbol{X}]=\boldsymbol{\Phi}^{\mathrm{T}}\boldsymbol{\mu}_X$。进一步，若令 $Z_j=\dfrac{Y_j-\mu_{Y_j}}{\sqrt{\lambda_j}}$，则式(14-55b)成为

$$\boldsymbol{X}=\boldsymbol{\mu}_X+\sum_{j=1}^{n}\sqrt{\lambda_j}Z_j\boldsymbol{\phi}_j \tag{14-56}$$

其中 Z_j $(j=1,2,\cdots,n)$ 为互不相关的标准化随机变量，即 $E[Z_j]=0$，$E[Z_iZ_j]=\delta_{ij}$。

可见，经过式(14-55a)的线性变换，新的随机向量 $\boldsymbol{Y}$(或 $\boldsymbol{Z}$)是两两之间不相关的，从而将相关随机向量转化为不相关随机向量。同时，由于其特征值往往差异甚大，可将新随机向量中对应特征值较小(即标准差较小)的分量略去，从而减少随机向量的维数。这将给工程实践中常遇到的相关随机变量的解耦和降维带来极大方便。

结合图 14-3 可以看到上述线性变换的几何意义：式(14-55a)是一个旋转变换，它将斜率为 k 的直线 $Y=kX+b$ 绕原点旋转一个角度，使得该直线斜率为零。此时 X、Y 的协方差变为零(从而相关系数为零)，但在此旋转过程中 X、Y 的相对位置未变，因此 $\sigma_X^2+\sigma_Y^2$ 及 $\sigma_X^2\sigma_Y^2$ 均不变(二者均为协方差矩阵的不变量)，即 σ_X^2、σ_Y^2 的算术平均值与几何平均值都不变。

【例 14-1】　二维高斯分布。

二维高斯分布是一种重要的联合分布。对于常数 μ_1，μ_2，$\sigma_1>0$，$\sigma_2>0$，$-1<\rho<1$，以及 $-\infty<x$，$y<\infty$，若随机变量 X 和 Y 的联合概率密度为

$$p_{XY}(x,y)=\frac{1}{2\pi\sigma_1\sigma_2\sqrt{1-\rho^2}}\exp\left\{\frac{-1}{2(1-\rho^2)}\left[\left(\frac{x-\mu_1}{\sigma_1}\right)^2+\left(\frac{y-\mu_2}{\sigma_2}\right)^2-2\rho\frac{(x-\mu_1)(y-\mu_2)}{\sigma_1\sigma_2}\right]\right\}$$

则称随机变量 X 和 Y 服从二维高斯分布，亦即二维正态分布。试求其边缘概率密度及在给定 $Y=y$ 的条件下 X 的条件概率密度。

【解】　首先，计算边缘概率密度函数。随机变量 X 的边缘概率密度计算如下：

$$\begin{aligned}p_X(x)&=\int_{-\infty}^{\infty}p_{XY}(x,y)\mathrm{d}y\\&=C\int_{-\infty}^{\infty}\exp\left\{-\frac{1}{2(1-\rho^2)}\left[\left(\frac{x-\mu_1}{\sigma_1}\right)^2+\left(\frac{y-\mu_2}{\sigma_2}\right)^2-2\rho\frac{(x-\mu_1)(y-\mu_2)}{\sigma_1\sigma_2}\right]\right\}\mathrm{d}y\end{aligned}\tag{a}$$

其中 $C=\dfrac{1}{2\pi\sigma_1\sigma_2\sqrt{1-\rho^2}}$，作变量代换 $z=(y-\mu_2)/\sigma_2$ 得到

$$\begin{aligned}p_X(x)&=C\sigma_2\exp\left[-\frac{1}{2(1-\rho^2)}\left(\frac{x-\mu_1}{\sigma_1}\right)^2\right]\int_{-\infty}^{\infty}\exp\left\{-\frac{1}{2(1-\rho^2)}\left[z^2-2\rho\frac{(x-\mu_1)}{\sigma_1}z\right]\right\}\mathrm{d}z\\&=C\sigma_2\exp\left[-\frac{1}{2}\left(\frac{x-\mu_1}{\sigma_1}\right)^2\right]\int_{-\infty}^{\infty}\exp\left\{-\frac{1}{2(1-\rho^2)}\left[z-\rho\frac{(x-\mu_1)}{\sigma_1}\right]^2\right\}\mathrm{d}z\end{aligned}\tag{b}$$

由于 $\dfrac{1}{\sqrt{2\pi(1-\rho^2)}}\displaystyle\int_{-\infty}^{\infty}\exp\left\{-\frac{1}{2(1-\rho^2)}\left[z-\rho\frac{(x-\mu_1)}{\sigma_1}\right]^2\right\}\mathrm{d}z=1$，故有

$$p_X(x)=C\sigma_2\sqrt{2\pi(1-\rho^2)}\exp\left[-\frac{1}{2}\left(\frac{x-\mu_1}{\sigma_1}\right)^2\right]=\frac{1}{\sqrt{2\pi}\sigma_1}\exp\left[-\frac{1}{2}\left(\frac{x-\mu_1}{\sigma_1}\right)^2\right]\tag{c}$$

这表明，X 服从参数为 $(\mu_1,\ \sigma_1)$ 的正态分布；同理，Y 也服从参数为 $(\mu_2,\ \sigma_2)$ 的正态分布。由此可见，二维正态分布的两个边缘分布都是一维正态分布，并且都不依

赖于参数 ρ，亦即对于给定的 μ_1、μ_2、σ_1、σ_2，不同的 ρ 对应不同的二维正态分布，但它们的边缘分布却都是一样的。这一事实表明，单由边缘分布一般是不能确定联合分布的。

已知联合概率密度和边缘概率密度，根据式(14-47)可以直接求得条件概率密度。下面，给出另一种计算条件概率密度的方法。为此，先将与 x 无关的因子用 C_i 表示，然后利用 $\int_{-\infty}^{\infty} p_{X|Y}(x \mid y)\mathrm{d}x = 1$ 来求出 C_i。根据式(14-47)，可得

$$\begin{aligned} p_{X|Y}(x \mid y) &= \frac{p_{XY}(x,y)}{p_Y(y)} = C_1 p_{XY}(x,y) \\ &= C_2 \exp\left\{-\frac{1}{2(1-\rho^2)}\left[\left(\frac{x-\mu_1}{\sigma_1}\right)^2 - 2\rho\frac{x(y-\mu_2)}{\sigma_1\sigma_2}\right]\right\} \\ &= C_3 \exp\left\{-\frac{1}{2\sigma_1^2(1-\rho^2)}\left[x^2 - 2x\left(\mu_1 + \rho\frac{\sigma_1(y-\mu_2)}{\sigma_2}\right)\right]\right\} \\ &= C_4 \exp\left\{-\frac{1}{2\sigma_1^2(1-\rho^2)}\left[x - \left(\mu_1 + \rho\frac{\sigma_1(y-\mu_2)}{\sigma_2}\right)\right]^2\right\} \end{aligned} \tag{d}$$

注意到式(d)为正态分布的概率密度函数，由此可以推断，给定 $Y=y$ 的条件下，随机变量 X 服从正态分布，其数学期望为 $\mu_1+\rho\frac{\sigma_1}{\sigma_2}(y-\mu_2)$，标准差为 $\sigma_1\sqrt{1-\rho^2}$。类似地，给定 $X=x$ 的条件下，随机变量 Y 服从正态分布，其数学期望为 $\mu_2+\rho\frac{\sigma_2}{\sigma_1}(x-\mu_1)$，标准差为 $\sigma_2\sqrt{1-\rho^2}$。有趣的是，从式(14-41a)、(14-41b)可知，若以随机向量 (X, Y) 的随机数据获取线性最小二乘回归表达，则有 $Y=\mu_2+\rho\frac{\sigma_2}{\sigma_1}(X-\mu_1)$，由此可知 $E[Y \mid x]=\mu_2+\rho\frac{\sigma_2}{\sigma_1}(x-\mu_1)$，这与上述数学期望相一致。从式(14-41c)可知 $e=E\{[Y-(kX+b)]^2\}=\sigma_2^2(1-\rho^2)$，这恰好就是 Y 的条件标准差。

从这些结果可知，对于二维正态随机变量(X, Y)，它们相互独立的充要条件是相关系数 $\rho=0$。这个结论也可以从它们的联合概率密度直接看出，因为只有当 $\rho=0$ 时，联合概率密度才能分解成两个因子，其中一个因子只与 x 有关，另一个因子只与 y 有关。

§ 14.2 随机变量的函数

14.2.1 一维随机变量的函数

考虑随机变量 $X(\varpi)$ 的函数 Y，即

$$Y = h[X(\varpi)] = h(X) \tag{14-57}$$

现在的中心目标是，若已知随机变量 $X(\varpi)$ 的概率密度 $p_X(x)$，如何获取 $Y=h(X)$ 的概率密度。这一目标可借助随机事件的等价变换及基本概率测度的不变性来完成。事实上，$X(\varpi)$ 建立了从样本空间 Ω 到实数 R 的一个映射，即 $X(\varpi)$：$\Omega\to R$，而其函数 $Y=h(X)=h[X(\varpi)]$ 则可以认为是建立了一个从 Ω 到 R 的复合映射，即随机变量的函数本质上是一个关于样本点的复合函数。基于这一认识，$p_X(x)$ 的意义是由下式给定的，即

$$\begin{aligned}p_X(x)\mathrm{d}x &= \Pr\{X(\varpi)\in(x,x+\mathrm{d}x]\}\\ &= \int_{X(\varpi)\in(x,x+\mathrm{d}x]}\ell(\mathrm{d}\varpi)\end{aligned} \tag{14-58}$$

而关于 $Y(\varpi)=h[X(\varpi)]$ 的概率密度，则有

$$\begin{aligned}p_Y(y)\mathrm{d}y &= \Pr\{Y(\varpi)\in(y,y+\mathrm{d}y]\}\\ &= \Pr\{h[X(\varpi)]\in(y,y+\mathrm{d}y]\}\end{aligned} \tag{14-59}$$

为简单计，首先考虑 $h(\cdot)$ 为单调递增函数的情况，如图 14-4 所示。此时

$$\Pr\{h[X(\varpi)]\in(y,y+\mathrm{d}y]\}=\Pr\left\{X(\varpi)\in\left(h^{-1}(y),\ h^{-1}(y)+\frac{\mathrm{d}h^{-1}(y)}{\mathrm{d}y}\mathrm{d}y\right]\right\} \tag{14-60}$$

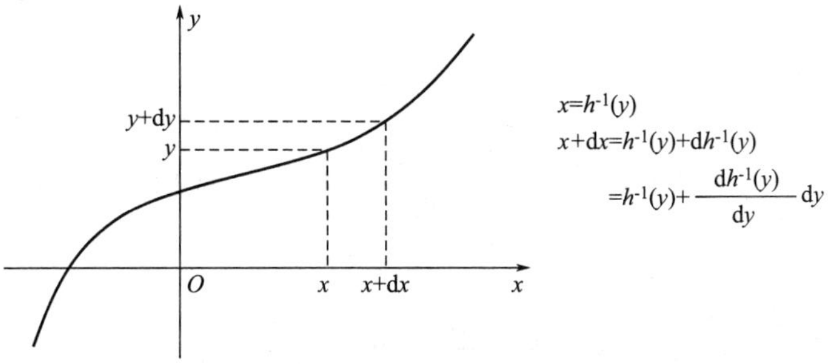

图 14-4

故

$$p_Y(y)\mathrm{d}y=\frac{\mathrm{d}h^{-1}(y)}{\mathrm{d}y}p_X[h^{-1}(y)]\cdot\mathrm{d}y \tag{14-61}$$

从而，得到

$$p_Y(y)=\frac{\mathrm{d}h^{-1}(y)}{\mathrm{d}y}p_X[h^{-1}(y)] \tag{14-62}$$

容易验证，当 $h(\cdot)$ 为单调递减时，式(14-62)中右端加上负号即可，因而有

$$p_Y(y)=\left|\frac{\mathrm{d}h^{-1}(y)}{\mathrm{d}y}\right|p_X[h^{-1}(y)] \tag{14-63}$$

现在，考虑 $h(\cdot)$ 为非单调函数的情况，如图 14-5 所示。

在此情况下，$\Pr\{h[X(\varpi)]\in(y,\ y+\mathrm{d}y]\}$ 由多段(例如 m 段) x 轴区间上的测度之

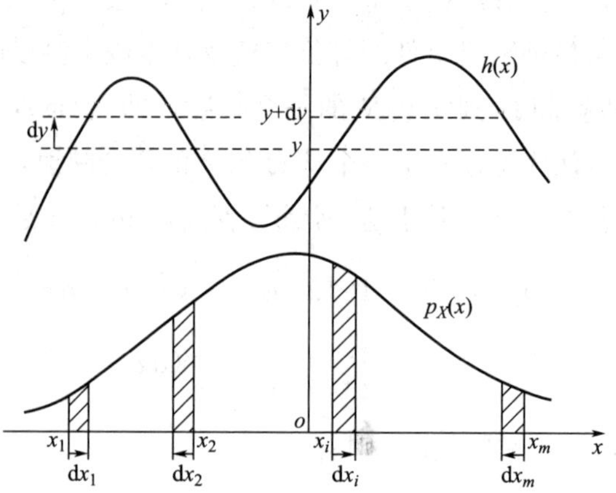

图 14-5

和构成，因此

$$
\begin{aligned}
\Pr\{h[X(\varpi)] \in (y, y+\mathrm{d}y]\} &= \sum_{k=1}^{m} \Pr\{X(\varpi) \in (x_k, x_k+\mathrm{d}x_k]\} \\
&= \sum_{k=1}^{m} \Pr\{X(\varpi) \in (h_k^{-1}(y), h_k^{-1}(y)+\mathrm{d}h_k^{-1}(y)]\} \qquad (14\text{-}64)
\end{aligned}
$$

由此,可得

$$p_Y(y)\mathrm{d}y = \sum_{k=1}^{m} \left| \frac{\mathrm{d}h_k^{-1}(y)}{\mathrm{d}y} \right| p_X[h_k^{-1}(y)]\mathrm{d}y$$

从而

$$p_Y(y) = \sum_{k=1}^{m} \left| \frac{\mathrm{d}h_k^{-1}(y)}{\mathrm{d}y} \right| p_X[h_k^{-1}(y)] \qquad (14\text{-}65)$$

事实上，上述分析过程与 Lebesgue 积分的基本思想有某种内在关联，即先对纵坐标进行划分，然后对所对应横坐标上子区间长度的测度求和。

14.2.2 多维随机变量的函数

类似地，上述基本思想可推广到多维随机变量的函数的情况。例如，设 n 维随机向量 $\boldsymbol{X}=[X_1(\varpi), X_2(\varpi), \cdots, X_n(\varpi)]$的函数为

$$Y = h(\boldsymbol{X}) = h(X_1, X_2, \cdots, X_n) \qquad (14\text{-}66)$$

事实上，其确切意义为复合函数 $Y(\varpi)=h[X_1(\varpi), X_2(\varpi), \cdots, X_n(\varpi)]$。因此，与式(14-59)相类似，有

$$
\begin{aligned}
p_Y(y)\mathrm{d}y &= \Pr\{Y(\varpi) \in (y, y+\mathrm{d}y]\} \\
&= \Pr\{h[X_1(\varpi), X_2(\varpi), \cdots, X_n(\varpi)] \in (y, y+\mathrm{d}y]\}
\end{aligned} \qquad (14\text{-}67)
$$

如图 14-6 所示，若 $y=h(x_1,\cdots,x_n)$ 与 $y+\mathrm{d}y=h(x_1,\cdots,x_n)+\mathrm{d}h$ 在 $ox_1x_2\cdots x_n$ 面上围成区域为 $\overline{\Omega}$，通常可表示为曲线 $h(x_1,\cdots,x_n)=y$ 及 $\mathrm{d}y=\sum\limits_{i=1}^{n}\dfrac{\partial h}{\partial x_i}\mathrm{d}x_i$。

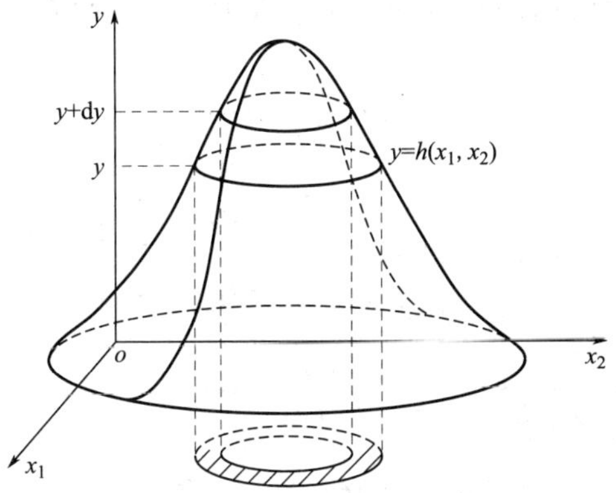

图 14-6

于是，有

$$p_Y(y)\mathrm{d}y=\int_{\Omega_{y+\mathrm{d}y}-\Omega_y}p_{\boldsymbol{X}}(\boldsymbol{x})\mathrm{d}x_1\mathrm{d}x_2\cdots\mathrm{d}x_n$$
$$=\left\{\int\cdots\int p_{\boldsymbol{X}}[f(y,x_2,\cdots,x_n),x_2,\cdots,x_n]\left|\frac{\partial f(y,x_2,\cdots,x_n)}{\partial y}\right|\mathrm{d}x_2\cdots\mathrm{d}x_n\right\}\mathrm{d}y$$

从而

$$p_Y(y)=\int\cdots\int\left|\frac{\partial f(y,x_2,\cdots,x_n)}{\partial y}\right|p_{\boldsymbol{X}}[f(y,x_2,\cdots,x_n),x_2,\cdots,x_n]\mathrm{d}x_2\cdots\mathrm{d}x_n \qquad (14\text{-}68)$$

其中 $x_1=f(y,x_2,\cdots,x_n)$ 是从 $y=h(x_1,x_2,\cdots,x_n)$ 中解出。

14.2.3 多维随机变量的变换

下面，我们考察一一对应地联系着的两组 n 维随机变量的联合概率密度之间的关系。设 n 维随机向量 $\boldsymbol{X}=(X_1,X_2,\cdots,X_n)$ 和 $\boldsymbol{Y}=(Y_1,Y_2,\cdots,Y_n)$，而 $\boldsymbol{h}$ 是 $\boldsymbol{X}$ 到 $\boldsymbol{Y}$ 的一个确定性的变换，即 $\boldsymbol{Y}=\boldsymbol{h}(\boldsymbol{X})$。现在，根据 $\boldsymbol{X}$ 的联合概率密度 $p_{\boldsymbol{X}}(\boldsymbol{x})$ 来确定 $\boldsymbol{Y}$ 的联合概率密度 $p_{\boldsymbol{Y}}(\boldsymbol{y})$。

假设变换 $\boldsymbol{h}$ 关于每个自变量都具有连续的偏导数，且定义了一个一一对应的映射。因此，存在逆变换 $\boldsymbol{X}=\boldsymbol{h}^{-1}(\boldsymbol{Y})$，且也有连续的偏导数。

为了确定 $p_{\boldsymbol{Y}}(\boldsymbol{y})$，考虑在变换 $\boldsymbol{h}$ 下，将 $\boldsymbol{X}$ 的样本空间中一个闭区域 Ω_x 映射到 $\boldsymbol{Y}$ 的样本空间中一个闭区域 Ω_y。根据概率守恒，可得

$$\int_{\Omega_y}p_{\boldsymbol{Y}}(\boldsymbol{y})\mathrm{d}\boldsymbol{y}=\int_{\Omega_x}p_{\boldsymbol{X}}(\boldsymbol{x})\mathrm{d}\boldsymbol{x} \qquad (14\text{-}69)$$

利用重积分的变量变换法则，我们有

$$\int_{\Omega_x} p_{\boldsymbol{X}}(\boldsymbol{x})\mathrm{d}\boldsymbol{x}=\int_{\Omega_y} p_{\boldsymbol{X}}[\boldsymbol{x}=\boldsymbol{h}^{-1}(\boldsymbol{y})]|\boldsymbol{J}_n|\mathrm{d}\boldsymbol{y} \tag{14-70}$$

其中 $\boldsymbol{J}_n$ 是变换的 n 阶 Jacobi 行列式，而 $|\boldsymbol{J}_n|$ 是它的模。行列式 $\boldsymbol{J}_n$ 由下式给出

$$\boldsymbol{J}_n=\begin{vmatrix} \dfrac{\partial x_1}{\partial y_1} & \dfrac{\partial x_1}{\partial y_2} & \cdots & \dfrac{\partial x_1}{\partial y_n} \\ \dfrac{\partial x_2}{\partial y_1} & \dfrac{\partial x_2}{\partial y_2} & \cdots & \dfrac{\partial x_2}{\partial y_n} \\ \vdots & \vdots & \ddots & \vdots \\ \dfrac{\partial x_n}{\partial y_1} & \dfrac{\partial x_n}{\partial y_2} & \cdots & \dfrac{\partial x_n}{\partial y_n} \end{vmatrix} \tag{14-71}$$

这样，由式(14-69)和式(14-70)导出 $\boldsymbol{Y}$ 的联合概率密度为

$$p_{\boldsymbol{Y}}(\boldsymbol{y})=p_{\boldsymbol{X}}[\boldsymbol{x}=\boldsymbol{h}^{-1}(\boldsymbol{y})]|\boldsymbol{J}_n| \tag{14-72}$$

上述结果也能用到当 $\boldsymbol{Y}$ 的维数比 $\boldsymbol{X}$ 的维数小的情况。此时，假设变换

$$Y_i=h_i(X_1,X_2,\cdots X_n),\quad i=1,2,\cdots,m;\ m<n \tag{14-73}$$

为了利用式(14-72)给出的结果，首先将 m 维随机向量 $\boldsymbol{Y}$ 扩充到一个 n 维随机向量 $\boldsymbol{Z}$。例如，可定义 $\boldsymbol{Z}=(Z_1,Z_2,\cdots,Z_n)$ 如下

$$Z_k=\begin{cases} Y_k, & 1\leqslant k\leqslant m \\ X_k, & m<k\leqslant n \end{cases} \tag{14-74}$$

这样就可以得到 $\boldsymbol{Z}$ 的联合概率密度。于是，$\boldsymbol{Y}$ 的联合概率密度为

$$\begin{aligned} p_{\boldsymbol{Y}}(y_1,y_2,\cdots,y_m) &=\int\cdots\int p_{\boldsymbol{Z}}(z_1,z_2,\cdots,z_n)\mathrm{d}z_{m+1}\cdots\mathrm{d}z_n \\ &=\int\cdots\int p_{\boldsymbol{X}}[\boldsymbol{x}_{1\sim m}=\boldsymbol{f}(\boldsymbol{y},\boldsymbol{x}_{(m+1)\sim n}),\boldsymbol{x}_{(m+1)\sim n}]\,|\boldsymbol{J}_n|\,\mathrm{d}\boldsymbol{x}_{(m+1)\sim n} \end{aligned} \tag{14-75}$$

式中，$\boldsymbol{x}_{1\sim m}=(x_1,x_2,\cdots,x_m)$，$\boldsymbol{x}_{(m+1)\sim n}=(x_{m+1},x_{m+2},\cdots,x_n)$，$\boldsymbol{y}=(y_1,y_2,\cdots,y_m)$；$\boldsymbol{x}_{1\sim m}=\boldsymbol{f}(\boldsymbol{y},\boldsymbol{x}_{(m+1)\sim n})$ 是从 $y_i=h_i(x_1,x_2,\cdots,x_n)$ $(i=1,2,\cdots,m)$ 中反求出来，并用 y_1，$y_2,\cdots,y_m,x_{m+1},x_{m+2},\cdots,x_n$ 来表示的函数。

显然，当 $m=1$ 时，即为 n 维随机变量的函数的情况，如式(14-68)所示。

【例 14-2】 设 X 和 Y 是相互独立的标准高斯随机变量，定义如下的变换关系式

$$U=X+Y,\ V=X-Y$$

试求 U 和 V 的联合概率密度，并判断 U 和 V 是否独立。

【解】 由于 X 和 Y 相互独立，它们的联合概率密度为

$$p_{XY}(x,y)=\frac{1}{2\pi}\exp\left(-\frac{x^2+y^2}{2}\right)$$

由变换关系式

$$u=x+y,\ v=x-y$$

可得

$$x=\frac{u+v}{2},\ y=\frac{u-v}{2}$$

这样，二阶雅可比行列式为

$$\boldsymbol{J}_2=\begin{vmatrix}\frac{\partial x}{\partial u} & \frac{\partial x}{\partial v}\\ \frac{\partial y}{\partial u} & \frac{\partial y}{\partial v}\end{vmatrix}=\begin{vmatrix}\frac{1}{2} & \frac{1}{2}\\ \frac{1}{2} & -\frac{1}{2}\end{vmatrix}=-\frac{1}{2}$$

即 $|\boldsymbol{J}_2|=\frac{1}{2}$，于是由式(14-72)可得 U 和 V 的联合概率密度

$$p_{UV}(u,v)=\frac{1}{4\pi}\exp\left(-\frac{u^2+v^2}{4}\right)$$

显然，有

$$p_{UV}(u,v)=\frac{1}{\sqrt{2\pi}\sqrt{2}}\exp\left[-\frac{u^2}{2(\sqrt{2})^2}\right]\times\frac{1}{\sqrt{2\pi}\sqrt{2}}\exp\left[-\frac{v^2}{2(\sqrt{2})^2}\right]$$

所以 U 和 V 相互独立，且都服从高斯分布 $N(0,(\sqrt{2})^2)$。

14.2.4 随机变量函数的数字特征

随机变量 X 的函数 $Y=h(X)$ 的数字特征可以通过 Y 的概率密度求得，而 Y 的概率密度可以通过以上方法得到。但也可以通过更为简洁的方式获得 $Y=h(X)$ 的数字特征。

随机变量 $Y=h(X)$ 的均值定义为

$$\mu_Y=E[Y]=\int_{-\infty}^{\infty}y p_Y(y)\mathrm{d}y \tag{14-76}$$

将式(14-59)代入式(14-76)中，有

$$\begin{aligned}\mu_Y&=\int_{-\infty}^{\infty}y\cdot\Pr\{h[X(\varpi)]\in(y,y+\mathrm{d}y]\}\\&=\int_{-\infty}^{\infty}h(x)\cdot\Pr\{X(\varpi)\in(x,x+\mathrm{d}x]\}\\&=\int_{-\infty}^{\infty}h(x)p_X(x)\mathrm{d}x\end{aligned} \tag{14-77}$$

类似地，Y 的方差为

$$\begin{aligned}\sigma_Y^2 &= E[(Y-\mu_Y)^2] = \int_{-\infty}^{\infty}(y-\mu_Y)^2 p_Y(y)\mathrm{d}y \\ &= \int_{-\infty}^{\infty}[h(x)-\mu_Y]^2 p_X(x)\mathrm{d}x\end{aligned} \tag{14-78}$$

事实上，在实际应用中，由于获取 Y 的概率密度往往是很困难的事情，因而常常通过上述关系计算 Y 的数字特征，以获得对 Y 的概率分布信息的基本认识。

在更一般的情况下，获取函数 $h(\cdot)$ 的显式表达式也是十分困难的。这时，一个近似的途径是将 $h(X)$ 在 $X=\mu_X$ 附近进行 Taylor 展开，即

$$h(X)=h(\mu_X)+\left.\frac{\mathrm{d}h}{\mathrm{d}X}\right|_{X=\mu_X}(X-\mu_X)+\frac{1}{2}\left.\frac{\mathrm{d}^2h}{\mathrm{d}X^2}\right|_{X=\mu_X}(X-\mu_X)^2+\cdots \tag{14-79}$$

对两边求期望，可得

$$\mu_Y=E[h(X)]\approx h(\mu_X)+\frac{1}{2}\left(\left.\frac{\mathrm{d}^2h}{\mathrm{d}X^2}\right|_{X=\mu_X}\right)\sigma_X^2 \tag{14-80}$$

求方差得

$$\sigma_Y^2\approx\left(\left.\frac{\mathrm{d}h}{\mathrm{d}X}\right|_{X=\mu_X}\right)^2\sigma_X^2 \tag{14-81}$$

由式(14-80)可见，一般情况下随机变量函数的期望不等于随机变量期望的函数。若随机变量的函数在随机变量的期望处取得极小值（$\left.\mathrm{d}^2h/\mathrm{d}X^2\right|_{X=\mu_X}>0$），则随机变量函数的期望大于随机变量期望的函数。

对于多维随机变量的函数 $Y=h(X_1,X_2,\cdots,X_n)$，我们也可以获得近似的均值和方差。类似于式(14-79)，有

$$\begin{aligned}Y=&h(\mu_{X_1},\mu_{X_2},\cdots,\mu_{X_n})+\sum_{i=1}^{n}(X_i-\mu_{X_i})\left(\frac{\partial h}{\partial X_i}\right)_{X_1=\mu_{X_1},\cdots,X_n=\mu_{X_n}} \\ &+\frac{1}{2}\sum_{i=1}^{n}\sum_{j=1}^{n}(X_i-\mu_{X_i})(X_j-\mu_{X_j})\left(\frac{\partial^2 h}{\partial X_i\partial X_j}\right)_{X_1=\mu_{X_1},\cdots,X_n=\mu_{X_n}}+\cdots\end{aligned} \tag{14-82}$$

于是，均值和方差可近似地表示为

$$\mu_Y\approx h(\mu_{X_1},\mu_{X_2},\cdots,\mu_{X_n})+\frac{1}{2}\sum_{i=1}^{n}\sum_{j=1}^{n}\mathrm{Cov}(X_i,X_j)\left(\frac{\partial^2 h}{\partial X_i\partial X_j}\right)_{X_1=\mu_{X_1},\cdots,X_n=\mu_{X_n}} \tag{14-83}$$

$$\sigma_Y^2\approx\sum_{i=1}^{n}\sigma_{X_i}^2\left(\left.\frac{\partial h}{\partial X_i}\right|_{X_1=\mu_{X_1},\cdots,X_n=\mu_{X_n}}\right)^2+\sum_{i,j=1}^{n}\sum_{i\neq j}^{n}\mathrm{Cov}(X_i,X_j)\left(\frac{\partial h}{\partial X_i}\frac{\partial h}{\partial X_j}\right)_{X_1=\mu_{X_1},\cdots,X_n=\mu_{X_n}} \tag{14-84}$$

如果 X_i 和 X_j 不相关或者独立，$i,j=1,2,\cdots,n$ 且 $i\neq j$，上两式还可以进一步写为

$$\mu_Y \approx h(\mu_{X_1}, \mu_{X_2}, \cdots, \mu_{X_n}) + \frac{1}{2}\sum_{i=1}^{n}\sigma_{X_i}^2\left(\frac{\partial^2 h}{\partial X_i^2}\right)_{X_1=\mu_{X_1},\cdots,X_n=\mu_{X_n}} \tag{14-85}$$

$$\sigma_Y^2 \approx \sum_{i=1}^{n}\sigma_{X_i}^2\left(\left.\frac{\partial h}{\partial X_i}\right|_{X_1=\mu_{X_1},\ \cdots,\ X_n=\mu_{X_n}}\right)^2 \tag{14-86}$$

【例 14-3】 如图 14-7 所示的单层框架建筑物。假定建筑物的质量 m 全部集中在水平屋顶处。在地震作用下，建筑物将在初始位置附近沿 oxy 平面振动，设水平方向的速度分量分别为 X 和 Y。假设 X 和 Y 相互独立，且均服从标准正态分布。这样，建筑物在振动过程中的动能可表示为

$$W = \frac{m}{2}Z^2 = \frac{m}{2}(X^2 + Y^2)$$

试确定随机变量 W 的概率密度。

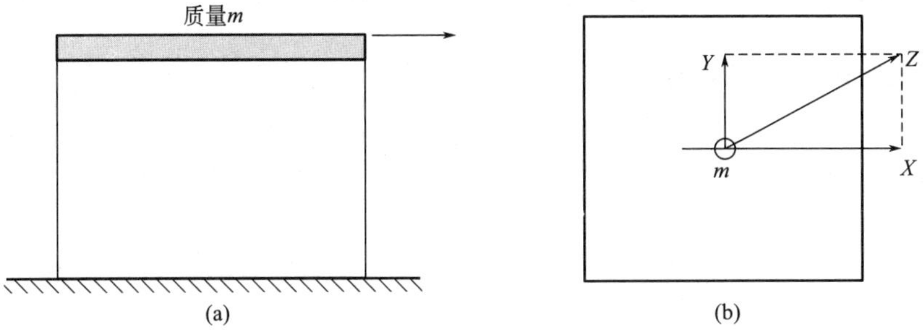

图 14-7　地震作用下建筑物的动能

(a)立面图；(b)平面图

【解】 为方便起见，令

$$U = \frac{m}{2}X^2,\ V = \frac{m}{2}Y^2 \tag{a}$$

则反函数可表示为

$$x = \pm\sqrt{2u/m},\ y = \pm\sqrt{2v/m}$$

其导数为

$$\frac{dx}{du} = \pm\frac{1}{\sqrt{2mu}},\ \frac{dy}{dv} = \pm\frac{1}{\sqrt{2mv}}$$

由于随机变量 X 与 Y 均服从标准正态分布，即

$$p_X(x) = \frac{1}{\sqrt{2\pi}}e^{-x^2/2},\ p_Y(y) = \frac{1}{\sqrt{2\pi}}e^{-y^2/2} \tag{b}$$

根据式(14-65)，可知随机变量 U 和 V 的概率密度分别为

$$p_U(u)=\frac{1}{\sqrt{2mu}}p_X(\sqrt{2u/m})+\left|-\frac{1}{\sqrt{2mu}}\right|p_X(-\sqrt{2u/m})$$
$$=\frac{1}{\sqrt{\pi mu}}\exp\left(-\frac{u}{m}\right),\ u>0 \tag{c}$$

同样地，有

$$p_V(v)=\frac{1}{\sqrt{\pi mv}}\exp\left(-\frac{v}{m}\right),\ v>0$$

于是，建筑物在振动过程中的动能

$$W=U+V \tag{d}$$

因为 X 与 Y 相互独立，于是随机变量 U 与 V 相互独立。由于 $v=w-u$，故$\frac{\partial v}{\partial w}=1$。当 $w>0$ 时，根据式(14-68)，有

$$p_W(w)=\int_{-\infty}^{\infty}\left|\frac{\partial v}{\partial w}\right|p_{UV}(u,w-u)\mathrm{d}u=\int_0^w p_U(u)p_V(w-u)\mathrm{d}u$$
$$=\int_0^w\frac{1}{\sqrt{\pi mu}}\exp\left(-\frac{u}{m}\right)\frac{1}{\sqrt{\pi m(w-u)}}\exp\left(-\frac{w-u}{m}\right)\mathrm{d}u$$
$$=\frac{1}{\pi m}\exp\left(-\frac{w}{m}\right)\int_0^w u^{-1/2}(w-u)^{-1/2}\mathrm{d}u,\ w>0$$

令 $r=u/w$，$\mathrm{d}u=w\mathrm{d}r$，则有

$$p_W(w)=\frac{1}{\pi m}\exp\left(-\frac{w}{m}\right)\int_0^1 r^{-1/2}(1-r)^{-1/2}\mathrm{d}r$$
$$=\frac{1}{\pi m}\exp\left(-\frac{w}{m}\right)B\left(\frac{1}{2},\frac{1}{2}\right),\ w>0$$

其中 Beta 函数：

$$B\left(\frac{1}{2},\frac{1}{2}\right)=\frac{\Gamma\left(\frac{1}{2}\right)\Gamma\left(\frac{1}{2}\right)}{\Gamma(1)}=\frac{\pi^{1/2}\times\pi^{1/2}}{1}=\pi$$

最后，得到

$$p_W(w)=\frac{1}{m}\exp\left(-\frac{w}{m}\right),\ w>0 \tag{e}$$

可见，随机变量 W 服从参数为 $1/m$ 的指数分布。若令 $m=2$ 即为自由度为 2 的 χ^2分布。

获得上述结论的一个更简单的方式，是直接利用式(14-67)中的概率测度不变性原理。此时，有

$$\begin{aligned}p_W(w)\mathrm{d}w &= \Pr\{W(\varpi)\in(w,w+\mathrm{d}w]\}\\ &= \Pr\left\{\frac{m}{2}[X^2(\varpi)+Y^2(\varpi)]\in(w,w+\mathrm{d}w]\right\}\\ &= \int_{w<\frac{m}{2}(x^2+y^2)\leqslant w+\mathrm{d}w}\frac{1}{2\pi}\mathrm{e}^{-\frac{x^2+y^2}{2}}\mathrm{d}x\,\mathrm{d}y\\ &= \frac{1}{2\pi}\int_0^{2\pi}\left(\int_{w<\frac{m}{2}r^2\leqslant w+\mathrm{d}w}\mathrm{e}^{-\frac{r^2}{2}}r\,\mathrm{d}r\right)\mathrm{d}\theta\\ &= \int_{w<m\lambda\leqslant w+\mathrm{d}w}\mathrm{e}^{-\lambda}\,\mathrm{d}\lambda\\ &= \frac{1}{m}\int_{w<x\leqslant w+\mathrm{d}w}\mathrm{e}^{-\frac{x}{m}}\mathrm{d}x\end{aligned}$$

由此，可得

$$p_W(w)=\frac{1}{m\,\mathrm{d}w}\int_{w<x\leqslant w+\mathrm{d}w}\mathrm{e}^{-\frac{x}{m}}\mathrm{d}x=\frac{1}{m}\mathrm{e}^{-\frac{w}{m}},\quad w>0$$

这与式(e)的结果完全一致。

§ 14.3 随机过程基础

14.3.1 随机过程的基本概念

随机过程被认为是概率论的“动力学”部分，其研究对象是随参数（如时间）演变的随机现象。对于这类现象，一般不能用一维随机变量或多维随机变量来合理地表达，而往往需要用一族（一般是无穷多个）随机变量来描述。

设给定概率空间 $(\Omega,\mathcal{F},P)$ 和参数集 T，如果对每一个 $\varpi\in\Omega$ 和 $t\in T$，总有确定的实数与之对应，那么这种对应关系就称为一个**随机过程**，记为 $X(\varpi,t)$。

从数学的观点来看，随机过程 $X(\varpi,t)$ 是定义在 $\Omega\times T$ 上的二元函数。它的第一个变元是基本随机事件或基本随机变量，因此，它是“随机的”；它的第二个变元是“时间”，因此，它是一个过程。因而这个二元函数描述了一个“随机过程”。对固定的 t，$X(\varpi,t)$ 是概率空间 $(\Omega,\mathcal{F},P)$ 中的样本点 ϖ 的函数，因而是一个随机变量，有时也形象地称之为截口随机变量；对固定的 ϖ，$X(\varpi,t)$ 是定义在参数集 T 上的普通函数，称为随机过程的一个**样本函数**，样本函数的全体称为**样本函数空间**。由此可见，存在两种随机过程的描述方式。

第一种描述方式是随机变量族。将随机过程 $X(\varpi,t)$ 定义为参数集 $t\in T$ 上的一族随机变量，参数集 T 中的每一个 t 对应着一个随机变量。因此，T 中有多少个元素，该随机过程就对应于多少个随机变量。在大多数情况下，T 是一个连续区间，那么随机过程就等价于不可数无穷多个随机变量；如果 T 中只含有一个或有限多个或可数无限多个元素，那么相应的随机过程就等价于一维或多维随机变量或**随机序列**。

对于随机变量族，在一般的教科书中常用有限维分布族来描述随机过程的概率特性，即对任意给定的正整数 n ，可取 $t_1, t_2, \cdots, t_n \in T$，那么 $(X(t_1), X(t_2), \cdots, X(t_n))$ 是一个 n 维随机向量，它的联合分布函数可表示为

$$F_X(x_1, x_2, \cdots, x_n; t_1, t_2, \cdots, t_n) = \Pr\{X(t_1) \leqslant x_1, X(t_2) \leqslant x_2, \cdots, X(t_n) \leqslant x_n\} \tag{14-87}$$

当 $t_1, t_2, \cdots, t_n$ 各自取遍 T 中的值，则式(14-87)就对应于一族 n 维分布函数，即 n 维分布函数族，记为 $\{F_X(x_1, x_2, \cdots, x_n;\ t_1, t_2, \cdots, t_n),\ t_i \in T\}$ 。当 n 充分大时，n 维分布函数族能够近似地描述随机过程的概率特性。事实上，柯尔莫哥洛夫(Колмогоров)定理指出：**有限维分布函数族**，即 $\{F_X(x_1, x_2, \cdots, x_n;\ t_1, t_2, \cdots, t_n),\ n=1, 2, \cdots, t_i \in T\}$，完全地确定了随机过程 $X(\varpi, t)$ 的概率特性。

第二种描述方式是样本函数族。若概率空间 $(\Omega, \mathcal{F}, P)$ 已经确定，对于每一个 $\varpi \in \Omega$，都有一个样本函数与之对应，所以随机过程又可以看成是一族样本函数。样本空间 Ω 中有多少个元素，随机过程 $X(\varpi, t)$ 就等价于多少个样本函数。

上述两种描述方式均给出了随机过程的完备概率信息，它们在数学上是等价的。在具体应用的过程中，可以根据问题的需要选择不同的方式，以使得问题的处理更为方便。一般地，在理论分析时往往以随机变量族的描述方式作为出发点，而在实际测量和数据处理中往往采用样本函数族的描述方式。这两种描述方式在理论和实际两方面是互为补充的。

为简便起见，在不引起混淆的情形下，常将随机过程 $X(\varpi, t)$ 简写为 $X(t)$。

【例 14-4】 随机相位余弦波。

考虑如下的随机过程

$$X(t) = A\cos(\omega t + \Theta) \tag{14-88}$$

式中，A 和 ω 是正常数，参数 $t \in (-\infty,\ \infty)$；Θ 是 $(0,\ 2\pi]$ 上服从均匀分布的随机变量。

显然，对于每一个固定的时刻 $t = t_i$，$X(t_i) = A\cos(\omega t_i + \Theta)$ 是一个随机变量，由于参数集 $T = (-\infty, \infty)$ 是一个连续区间，因此，由式(14-88)所确定的随机过程 $X(t)$ 等价于不可数无穷多个随机变量。对于一切 $t \in (-\infty, \infty)$，随机过程 $X(t)$ 所有可能取值的全体为$[-A, A]$，即该随机过程的**状态空间**为$[-A, A]$。如果 Θ 在 $(0,\ 2\pi]$ 上随机地取一数 θ_i，相应地即得这个随机过程的一个样本函数

$$x_i(t) = A\cos(\omega t + \theta_i),\ t \in (-\infty, \infty)$$

这种样本函数的全体便构成样本函数空间。由于随机变量 Θ 在 $(0,\ 2\pi]$ 上的取值具有不可数无穷多个，因而有不可数无穷多个样本函数。

在式(14-88)中，随机过程 $X(t)$ 的数学描述十分简单，其概率信息是由基本随机变量 Θ 的概率信息来完全确定的。事实上，基本随机变量 Θ 清晰地对应于所连带的截口随机变量 $X(t_i) = A\cos(\omega t_i + \Theta)$，这样根据前述随机变量的函数的概率分布求解方法，可以确定

$X(t)$ 的任意有限维分布函数族。

正如式(14-88)所定义的随机过程，描述随机过程的另一方便和常用的方法是利用解析公式，用随机函数形式来表达，即

$$X(t)=g(t;A_1,A_2,\cdots,A_n) \tag{14-89}$$

其中 g 的函数形式已知；$A_1,A_2,\cdots,A_n$ 是一组基本随机变量，其联合概率分布已知。可见，随机过程 $X(t)$ 是包含随机变量并以时间 t 为参数的函数。

注意到，式(14-89)所定义的随机过程，其样本函数完全是由基本随机变量 A_1，$A_2,\cdots,A_n$ 的取值所决定的。我们将具有这种性质的随机过程 $X(t)$ 称为**有 n 度的随机性**。

14.3.2 随机过程的时域描述

对于随机过程，虽然可以用有限维分布函数族来完整地描述它的概率特性，但是，在实际问题中，获取随机过程的整个有限维分布函数族往往是非常困难的，甚至是不可能的。这时，采用二阶统计量是一条合理可行的途径。

1. 均值函数

随机过程 $X(\varpi,t)$ 的均值函数一般定义为 $X(\varpi,t)$ 在时刻 t 的集合平均：

$$\mu_X(t)=E[X(\varpi,t)]\overset{①}{=}\int_{-\infty}^{\infty}xp_X(x,t)\mathrm{d}x\overset{②}{=}\int_{\Omega}X(\varpi,t)\ell(\mathrm{d}\varpi) \tag{14-90}$$

2. 相关函数

随机过程 $X(\varpi,t)$ 的**自相关函数**定义为

$$\begin{aligned}R_X(t_1,t_2)&=E[X(\varpi,t_1)X(\varpi,t_2)]\\&\overset{①}{=}\int_{-\infty}^{\infty}\int_{-\infty}^{\infty}x_1x_2p_X(x_1,x_2;t_1,t_2)\mathrm{d}x_1\mathrm{d}x_2\\&\overset{②}{=}\int_{\Omega}X(\varpi,t_1)X(\varpi,t_2)\ell(\mathrm{d}\varpi)\end{aligned} \tag{14-91}$$

注意到，在式(14-90)和式(14-91)中标注①的等号采用了随机过程的第一种描述方式，而标注②的等号则采用了第二种描述方式。

中心化的二阶矩一般包括方差函数和协方差函数，例如 $X(t)$ 的**自协方差函数**为

$$\begin{aligned}C_X(t_1,t_2)&=E\{[X(t_1)-\mu_X(t_1)][X(t_2)-\mu_X(t_2)]\}\\&=R_X(t_1,t_2)-\mu_X(t_1)\mu_X(t_2)\end{aligned} \tag{14-92}$$

自相关函数和自协方差函数是刻画随机过程自身在两个不同时刻的状态之间统计依赖关系的数字特征，反映了随机过程在两个不同时刻的线性相关程度。

如果对每一个参数 $t\in T$，随机过程 $X(t)$ 的二阶矩 $E[X^2(t)]=R_X(t,\ t)$（均方值函数)都存在，则称它为**二阶矩过程**。二阶矩过程的自相关函数总是存在的。

在实际问题中，有时需要同时研究两个或两个以上随机过程以及它们之间的统计关

系。对于这类问题，我们除了研究各个随机过程的统计特性外，还必须将几个随机过程作为整体研究其统计特性。

两个实值随机过程 $X(t)$ 和 $Y(t)$ 的**互相关函数**定义为

$$R_{XY}(t_1,t_2)=E[X(t_1)Y(t_2)] \tag{14-93}$$

类似地，**互协方差函数**定义为

$$\begin{aligned} C_{XY}(t_1,t_2) &= E\{[X(t_1)-\mu_X(t_1)][Y(t_2)-\mu_Y(t_2)]\} \\ &= R_{XY}(t_1,t_2)-\mu_X(t_1)\mu_Y(t_2) \end{aligned} \tag{14-94}$$

如果对任意的 t_1，$t_2 \in T$，恒有 $C_{XY}(t_1,t_2)=0$，则称随机过程 $X(t)$ 和 $Y(t)$ 是**不相关**的。对于两个均值为零的实值随机过程 $X(t)$ 和 $Y(t)$，不相关与正交是等价的。此外，两个随机过程如果是相互独立的，则它们必然是不相关的；反之，从不相关一般并不能推断出它们是相互独立的。

上述定义可以直接推广到 n 维随机过程的情况。n 维随机过程的相关函数和协方差函数相应地变成**相关函数矩阵**和**协方差函数矩阵**。

3. 平稳性

若一个随机过程 $X(t)$ 的有限维分布函数族不随时间的推移而改变，也就是说，对于任意的正整数 n 和实数 τ，以及任意的 $t_1,t_2,\cdots,t_n \in T$，当 $t_1+\tau,t_2+\tau,\cdots,t_n+\tau \in T$ 时，总有

$$F_X(x_1,x_2,\cdots,x_n;t_1+\tau,t_2+\tau,\cdots,t_n+\tau)=F_X(x_1,x_2,\cdots,x_n;t_1,t_2,\cdots,t_n) \tag{14-95}$$

则称该随机过程是**平稳**的(又称**严格平稳**)。可见，平稳随机过程的任意有限维分布函数均只与时间差 t_n-t_1，$t_{n-1}-t_1$，… 有关，而与起始时间 t_1 无关。

严格平稳在实际中是不多见的。若一个二阶矩过程 $X(t)$ 的均值不随时间变化，而自相关函数仅与时间差 $\tau=t_2-t_1$ 有关，即

$$\mu_X(t)=\text{常数} \tag{14-96a}$$

$$R_X(t_1,t_2)=R_X(t_2-t_1)=R_X(\tau) \tag{14-96b}$$

则称该随机过程是**宽平稳过程**，也常直接称为**平稳过程**或**二阶平稳过程**。虽然自然界与工程中一般的随机过程 $X(t)$ 并非宽平稳的，但引入若干假设并扣除其均值后获得的零均值过程 $Y(t)=X(t)-\mu_X(t)$ 常常可以合理地认为是一个二阶平稳过程。在本书中，一般只讨论零均值的实值平稳过程。

另外，当同时考虑两个实值平稳过程 $X(t)$ 和 $Y(t)$ 时，如果它们的互相关函数 $R_{XY}(t,t+\tau)$ 也只是时间差 τ 的单变量函数，即

$$R_{XY}(t,t+\tau)=E[X(t)Y(t+\tau)]=R_{XY}(\tau) \tag{14-97}$$

则称 $X(t)$ 和 $Y(t)$ 是**平稳相关**的，或者称为**联合平稳**的。根据式(14-97)，有 $R_{XY}(\tau)=$

$R_{YX}(-\tau)$。

平稳随机过程的自相关函数具有如下的性质：

(i) 对称性：$R_X(\tau)=R_X(-\tau)$；

(ii) 有界性：$|R_X(\tau)|\leqslant R_X(0)=E[X^2(t)]$；

(iii) 失忆性(或有限相关性)：若 $X(t)$ 中不含有周期分量，则 $\lim\limits_{\tau\to\infty}R_X(\tau)-\mu_X^2=0$。

一般地，自相关函数的图像如图 14-8 所示。

自相关函数的对称性表明了随机过程的相关性没有方向性，“向前”与“向后”的“作用强度”是完全相同的；有界性表明了任意两者之间的相关程度不超过自身与自身的相关程度，有“疏不间亲”之意；而失忆性（或有限相关性）表明了一般的随机过程随着时间的无限增长，其初始条件的影响将趋于无形，即对初始条件的记忆性在有限时间内较为显著。据此，对零均值的二阶矩过程还可以定义**相关时间**（如图 14-9 所示）

$$\tau_c=\frac{1}{R_X(0)}\int_0^{\infty}R_X(\tau)\mathrm{d}\tau \tag{14-98}$$

当 $\tau\ll\tau_c$ 时，可认为相关性较强，而当 $\tau\gg\tau_c$ 时，则可以认为两点之间完全不相关。根据这一尺度，可以划分随机过程的记忆性(例如 Markov 性)，这在物理、化学和工程科学研究中具有重要的意义。不难看出这一原理与固体力学中圣维南原理的相似性。

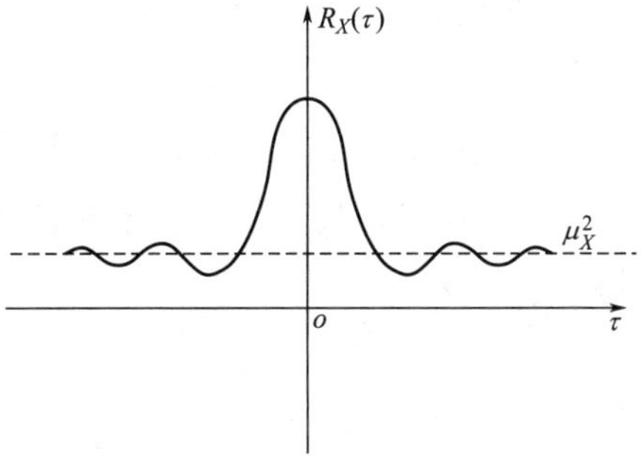

图 14-8　自相关函数

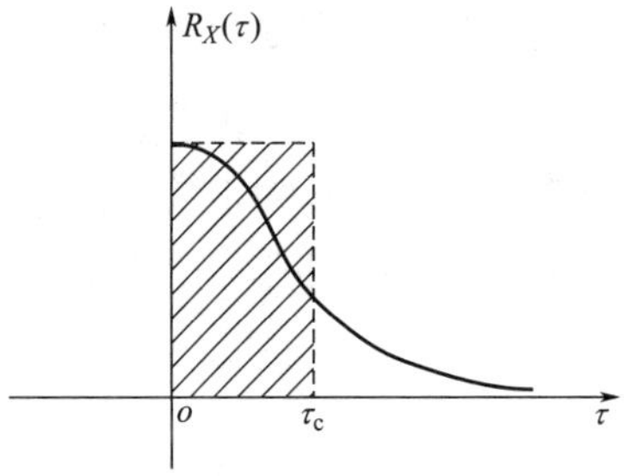

图 14-9　相关时间

现在，以式(14-88)中的随机相位余弦波为例来考察上述数字特征的性质。此时 $X(t)=A\cos(\omega t+\Theta)$，其中 Θ 为 $(0,2\pi]$ 之间均匀分布的随机变量，其概率密度为

$$p_{\Theta}(\theta)=\begin{cases}\dfrac{1}{2\pi}, & 0<\theta\leqslant 2\pi\\ 0, & \text{其他}\end{cases}$$

因此，$X(t)$ 的均值函数为

$$\mu_X(t)=E[X(t)]=\int_0^{2\pi}A\cos(\omega t+\theta)p_{\Theta}(\theta)\mathrm{d}\theta=0 \tag{14-99a}$$

其自相关函数为

$$R_X(t_1,t_2)=\frac{1}{2\pi}\int_0^{2\pi}A^2\cos(\omega t_1+\theta)\cos(\omega t_2+\theta)\mathrm{d}\theta$$

$$=\frac{A^2}{2}\cos\omega(t_2-t_1) \tag{14-99b}$$

$$=\frac{A^2}{2}\cos\omega\tau$$

有趣的是，在均值函数与自相关函数的计算中，我们并没有采用式(14-90)与式(14-91)中的第①个等号，而是采用了第②个等号，即在实用中未必需要采用随机过程的有限维密度函数描述，往往采用随机函数和测度论描述更为方便。

从式(14-99a)及(14-99b)中可见，随机相位余弦波是一个二阶平稳过程，而且值得特别指出的是：

(1)虽然一般认为均值函数反映了一个随机过程的大致趋势，但它本身关于样本函数的信息非常弱，例如根本未能反映样本函数的周期性。因此，均值函数可以更为合理地认为是振荡中心而不是大致趋势。

(2)自相关函数反映了更为精细的信息。例如，式(14-99b)中自相关函数具有与样本函数一致的周期，因而细致地刻画了样本函数的周期性，这为采用自相关函数的 Fourier 变换作为随机过程的频域描述方式(功率谱密度函数)奠定了基础。

(3)随机相位余弦波的例子也说明了为什么“失忆性”中要排除周期分量，因为这将导致自相关函数中出现周期分量，它是不衰减的。

平稳随机过程还有一个重要的性质，即与其导数过程正交。事实上，一个平稳随机过程的均方值 $E[X^2(t)]$ 必为常数，因此 $\mathrm{d}E[X^2(t)]/\mathrm{d}t=0$，利用均方求导与期望算子的可交换性，有 $E[\mathrm{d}X^2(t)/\mathrm{d}t]=0$，从而对平稳随机过程有

$$E[X\dot{X}]=0 \tag{14-100}$$

例如，前述随机相位余弦波 $X(t)=A\cos(\omega t+\Theta)$ 是一个平稳随机过程，其导数过程为 $\dot{X}(t)=-A\omega\sin(\omega t+\Theta)$，容易证明 $E[X\dot{X}]=-\frac{A^2\omega}{2\pi}\int_0^{2\pi}\cos(\omega t+\theta)\sin(\omega t+\theta)\mathrm{d}\theta=0$。事实上，$\dot{X}(t)=A\omega\cos(\omega t+\Theta+\pi/2)$，可见 $\dot{X}(t)$ 的相位较之 $X(t)$ 的相位超前 $\pi/2$，这正是 $\dot{X}(t)$ 与 $X(t)$ 正交的物理本质。

4. 各态历经性

若随机过程 $X(\varpi,t)$ 的任意一条样本函数中都包含了该随机过程的全部概率信息，则该随机过程具有各态历经性。具体来说，若由一条样本函数可得到该随机过程的均值函数与自相关函数信息，一般通过对该样本函数进行时间平均来获取这些信息。$X(\varpi,t)$ 的**时间均值**定义为

$$\mu_X^{(t)}(\varpi)=\lim_{T\to\infty}\frac{1}{2T}\int_{-T}^{T}X(\varpi,t)\mathrm{d}t \tag{14-101}$$

而**时间自相关函数**定义为

$$R_X^{(t)}(\varpi,\tau)=\lim_{T\to\infty}\frac{1}{2T}\int_{-T}^{T}X(\varpi,t)X(\varpi,t+\tau)\mathrm{d}t \tag{14-102}$$

对于一般的随机过程，上述时间域内的平均是依赖于样本函数的，即 $\mu_X^{(t)}(\varpi)$ 与 $R_X^{(t)}(\varpi,\tau)$ 均为 ϖ 的函数，因而本身仍然是随机变量。但若时间平均与集合平均相等，即 $\mu_X^{(t)}(\varpi)=\mu_X(t)$，则该随机过程是均值各态历经的。若同时还满足 $R_X^{(t)}(\varpi,\tau)=R_X(\tau)$，则该随机过程还是自相关各态历经的。显然，各态历经过程必为平稳随机过程。

随机相位余弦波不仅是平稳随机过程，而且还是各态历经的。事实上，将 $X(t)=A\cos(\omega t+\Theta)$ 代入式(14-101)与式(14-102)，并将计算结果与式(14-99)与式(14-100)比较，可以发现一阶与二阶的时间平均与相应的集合平均相等。从直观上来看，随机过程 $X(t)=A\cos(\omega t+\Theta)$ 的不同样本函数形状完全相同，所不同的只是在水平轴发生了不同的平移而已。因而，在任意一条样本函数中，$X(t)$ 能够"经历"到 X 所有可能达到的各个状态，这正是各态历经性的直观意义。

现在来看另一个例子：随机过程 $Y(\varpi,t)$ 定义为

$$Y(\varpi,t)=\Psi(\varpi)$$

这里，$\Psi(\varpi)$ 是一个方差不为零的随机变量。

显然，$Y(\varpi,t)$ 的均值与自相关函数分别为 $\mu_Y(t)=E[\Psi(\varpi)]$ 和 $R_Y(\tau)=E[\Psi^2(\varpi)]$。而相应的时间平均则为 $\mu_Y^{(t)}=\Psi(\varpi)$，$R_Y^{(t)}(\tau)=\Psi^2(\varpi)$，均为随机变量。可见，该随机过程是平稳过程，但不是各态历经的。事实上，在随机过程 $Y(\varpi,t)=\Psi(\varpi)$ 的某一个样本中，$Y(\varpi,t)$ 只可能取到 $\Psi(\varpi)$ 这一个特定的值，而 $Y(\varpi,t)$ 本来可能取到的所有其他值均不可能在这一给定样本中"经历"到。

虽然各态历经的条件是非常苛刻的，但是在实际研究与应用中，人们常常自觉或不自觉地、有时甚至无法避免运用这一假定。例如，在风工程中，人们为了获得风速记录的统计特性，通常将一条长时间的风速记录截成若干段，而将每一段作为一条独立的记录。事实上，这里假定了风速过程具有各态历经性。

【例 14-5】　正态过程(Gauss 过程)。

如果随机过程 $X(t)$ 的有限维分布族是一个正态分布族，亦即对任意的正整数 n 及任意的 $t_1,t_2,\cdots,t_n\in T$，$(X(t_1), X(t_2),\cdots,X(t_n))$ 服从 n 维正态分布，那么 $X(t)$ 称为**正态过程**。正态过程的全部统计特性完全由它的均值函数和自相关函数所确定。

设随机过程 $X(t)=A\cos\omega t+B\sin\omega t$，$t\in T=(-\infty,+\infty)$，其中随机变量 A 和 B 相互独立，且都服从标准正态分布 $N(0,1)$，ω 是实常数。证明 $X(t)$ 是正态过程，并讨论它的平稳性和各态历经性。

【解】　由于 A、B 是相互独立的正态随机变量，所以 (A, B) 是二维正态随机变量。对任意给定的正整数 n，以及任意一组实数 $t_1,t_2,\cdots,t_n\in T$，n 维随机变量为

$$X(t_i)=A\cos\omega t_i+B\sin\omega t_i,\ i=1,2,\cdots,n$$

如果令

$$\boldsymbol{X}=\begin{pmatrix}A\cos\omega t_1+B\sin\omega t_1\\A\cos\omega t_2+B\sin\omega t_2\\\vdots\\A\cos\omega t_n+B\sin\omega t_n\end{pmatrix},\ \boldsymbol{\xi}=\begin{pmatrix}A\\B\end{pmatrix},\ \boldsymbol{C}=\begin{pmatrix}\cos\omega t_1 & \sin\omega t_1\\\cos\omega t_2 & \sin\omega t_2\\\vdots & \vdots\\\cos\omega t_n & \sin\omega t_n\end{pmatrix}$$

于是，有

$$\boldsymbol{X}=\boldsymbol{C\xi}$$

根据正态随机变量的线性变换不变性，可知 $\boldsymbol{X}=(X(t_1),\ X(t_2),\ \cdots,\ X(t_n))^{\mathrm{T}}$ 是 n 维正态随机变量。同时，考虑到 n 和 t_i 都是任意的，故 $X(t)$ 是正态过程。

现在来考察平稳性。由题设 $E[A]=E[B]=E[AB]=0$，$E[A^2]=E[B^2]=1$，由此可计算随机过程 $X(t)$ 的均值函数和自相关函数分别为

$$\begin{aligned}\mu_X(t)&=E[A\cos\omega t+B\sin\omega t]=0\\R_X(t_1,t_2)&=E[(A\cos\omega t_1+B\sin\omega t_1)(A\cos\omega t_2+B\sin\omega t_2)]\\&=\cos\omega t_1\cos\omega t_2+\sin\omega t_1\sin\omega t_2\\&=\cos\omega(t_2-t_1)=\cos\omega\tau\end{aligned}$$

可见，$X(t)$ 是宽平稳过程。

最后来看各态历经性。随机过程 $X(t)$ 的时间均值和时间相关函数如下：

$$\begin{aligned}\mu_X^{(\mathrm{t})}&=\lim_{T\to\infty}\frac{1}{2T}\int_{-T}^{T}(A\cos\omega t+B\sin\omega t)\mathrm{d}t\\&=\lim_{T\to\infty}\frac{A\sin\omega T}{\omega T}=0\end{aligned}$$

$$\begin{aligned}R_X^{(\mathrm{t})}(\tau)&=\lim_{T\to\infty}\frac{1}{2T}\int_{-T}^{T}(A\cos\omega t+B\sin\omega t)[A\cos\omega(t+\tau)+B\sin\omega(t+\tau)]\mathrm{d}t\\&=\lim_{T\to\infty}\frac{1}{4T}\int_{-T}^{T}[(A^2+B^2)\cos\omega\tau+(A^2-B^2)\cos(2\omega t+\omega\tau)+2AB\sin(2\omega t+\omega\tau)]\mathrm{d}t\\&=\frac{A^2+B^2}{2}\cos\omega\tau\end{aligned}$$

由此可见，$\mu_X^{(\mathrm{t})}=\mu_X(t)$，$R_X^{(\mathrm{t})}(\tau)\neq R_X(\tau)$。因此，$X(t)$ 不是各态历经过程。顺便指出，随机相位余弦波是平稳的和各态历经的，但不是正态过程。

14.3.3 随机过程的频域描述

1. 平稳过程的功率谱密度

Fourier 级数与 Fourier 变换表明，一个时域过程可以表示为一系列不同频率的谐和分

量的叠加，这些谐和分量的幅值代表了相应周期分量的大小。显然，一个随机过程的 Fourier 变换也是随机的。因而，对频域内的随机过程，概率信息仍然不易把握。从随机相位余弦波的例子可见，平稳随机过程的相关函数中含有随机过程的周期性信息，而相关函数又是确定性函数，因而采用相关函数的 Fourier 变换是随机过程频域表示的合理方式。

定义平稳随机过程 $X(t)$ 相关函数 $R_X(\tau)$ 的 Fourier 变换为

$$S_X(\omega)=\int_{-\infty}^{\infty}R_X(\tau)e^{-i\omega\tau}d\tau \tag{14-103}$$

相应地，其 Fourier 逆变换为

$$R_X(\tau)=\frac{1}{2\pi}\int_{-\infty}^{\infty}S_X(\omega)e^{i\omega\tau}d\omega \tag{14-104}$$

上述两式构成著名的维纳-辛钦(Wiener-Khinchin)公式。

在式(14-104)中，若取 $\tau=0$，可得

$$R_X(0)=E[X^2(t)]=\frac{1}{2\pi}\int_{-\infty}^{\infty}S_X(\omega)d\omega \tag{14-105}$$

这里 $E[X^2(t)]$ 代表了随机过程的**即时平均功率**(例如若 $X(t)$ 为电压，则 $X^2(t)$ 与电功率成正比)。式(14-105)表明 $S_X(\omega)d\omega$ 代表了随机过程在 $[\omega,\ \omega+d\omega]$ 区间内的功率大小，因而 $S_X(\omega)$ 称之为**功率谱密度**，通常也简称为**自谱密度**或**谱密度**。由于 $R_X(\tau)$ 的实对称性，$S_X(\omega)$ 必为实数且 $S_X(\omega)=S_X(-\omega)$。

下面，考察两类特殊的随机过程：白噪声过程和随机相位余弦波。

【例 14-6】 白噪声过程。

若平稳过程 $X(t)$ 的均值为零，相关函数 $R_X(\tau)=S_0\delta(\tau)$，根据式(14-98)的定义，相关时间 $\tau_c=0$，即该随机过程任意两个时间点之间均是不相关的。将 $R_X(\tau)=S_0\delta(\tau)$ 代入式(14-103)中，得到

$$S_X(\omega)=\int_{-\infty}^{\infty}S_0\delta(\tau)e^{-i\omega\tau}d\tau=S_0 \tag{14-106}$$

可见，功率谱密度 $S_X(\omega)$ 是一个常数，所有频率成分的贡献是相同的。这样的过程称为**白噪声过程**，其相关函数与功率谱密度如图 14-10 所示。

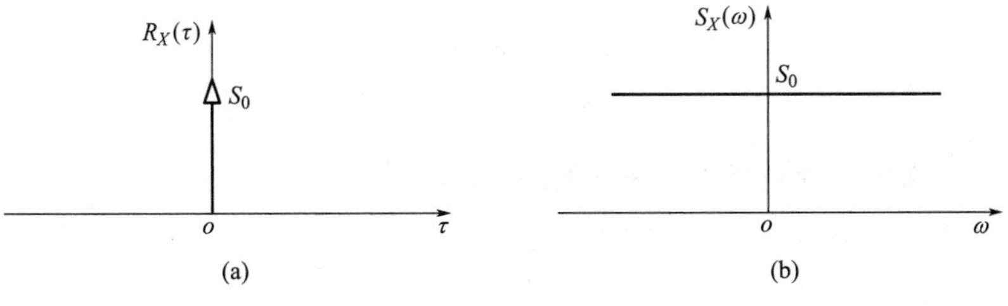

图 14-10 白噪声过程

(a)相关函数；(b)功率谱密度

理想的白噪声过程在物理上是不可实现的，因为这要求功率 $E[X^2(t)]=R_X(0)=\infty$［考虑式(14-105)］。从直观上看，白噪声过程要求任意两个时间点之间不相关，这意味着这两个时间点之间的速度可能为无穷大，这显然是不可能的。但是，当随机过程的相关时间 τ_c 远小于系统的特征时间尺度时(例如动力系统感兴趣的最小固有周期)，白噪声模型将是一个良好的近似。此外，有限带宽白噪声模型也是工程中常用的模型。此时，功率谱密度函数为

$$S_X(\omega)=\begin{cases}S_0, & \omega_1\leqslant|\omega|\leqslant\omega_2\\ 0, & \text{其他}\end{cases} \tag{14-107}$$

【例 14-7】 随机相位余弦波的功率谱密度。

根据式(14-100)可知，若随机相位余弦波的相关函数 $R_X(\tau)=\dfrac{A^2}{2}\cos\omega_0\tau$，于是，由式(14-103)可知

$$\begin{aligned}S_X(\omega)&=\frac{A^2}{2}\int_{-\infty}^{\infty}\cos(\omega_0\tau)\mathrm{e}^{-\mathrm{i}\omega\tau}\mathrm{d}\tau\\&=\frac{A^2}{4}\int_{-\infty}^{\infty}(\mathrm{e}^{\mathrm{i}\omega_0\tau}+\mathrm{e}^{-\mathrm{i}\omega_0\tau})\mathrm{e}^{-\mathrm{i}\omega\tau}\mathrm{d}\tau\\&=\frac{A^2}{4}\int_{-\infty}^{\infty}[\mathrm{e}^{-\mathrm{i}(\omega-\omega_0)\tau}+\mathrm{e}^{-\mathrm{i}(\omega+\omega_0)\tau}]\mathrm{d}\tau\\&=\frac{\pi A^2}{2}[\delta(\omega-\omega_0)+\delta(\omega+\omega_0)]\end{aligned} \tag{14-108a}$$

这一表达式的意义十分清楚：由于随机相位余弦波是单一频率的，因此其能量全部集中于该频率处，无任何其他的分量，故其功率谱密度必为 **Dirac 函数**，如图 14-11 所示(取 $A=\sqrt{2}$)。

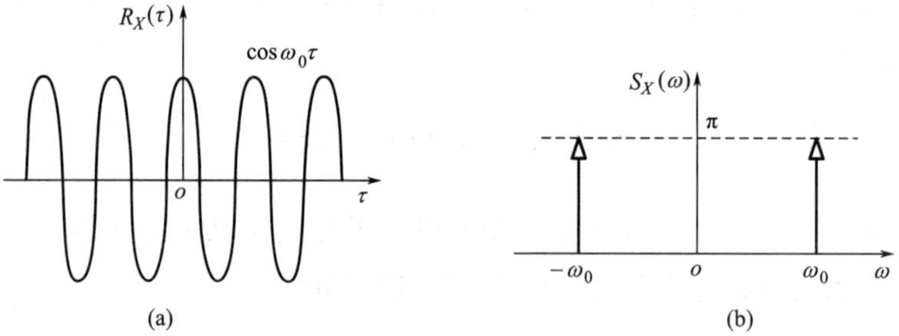

图 14-11　随机相位余弦波

(a)相关函数；(b)功率谱密度

【例 14-8】 多分量随机相位余弦波的功率谱密度。

考察多个随机相位余弦波构成的随机过程

$$X(t)=\sum_{j=1}^{N}A_j\cos(\omega_j t+\Theta_j) \tag{14-108b}$$

其中，A_j 和ω_j 为确定性量，$\Theta_j(j=1,2,\cdots,N)$ 为 $(0, 2\pi]$ 上均匀分布的独立随机变量。根据式(14-91)，得到其自相关函数为

$$R_X(t_1,t_2)=E[X(\varpi,t_1)X(\varpi,t_2)]=E\left[\left(\sum_{i=1}^{N}A_i\cos(\omega_i t_1+\Theta_i)\right)\left(\sum_{j=1}^{N}A_j\cos(\omega_j t_2+\Theta_j)\right)\right]$$
$$=\sum_{j=1}^{N}\frac{A_j^2}{2}\cos(\omega_j\tau)$$

与式(14-108a)类似，可得

$$\begin{aligned}S_X(\omega)&=\sum_{j=1}^{N}\frac{A_j^2}{2}\int_{-\infty}^{\infty}\cos(\omega_j\tau)\mathrm{e}^{-\mathrm{i}\omega\tau}\mathrm{d}\tau\\&=\sum_{j=1}^{N}\frac{\pi A_j^2}{2}[\delta(\omega-\omega_j)+\delta(\omega+\omega_j)]\end{aligned}\tag{14-108c}$$

上述两个例子说明，如果 $X(t)$ 是一个频率为 ω_0 的周期振动，那么它的功率谱密度在 ω_0 处就会出现尖峰。如果 $X(t)$ 含有多个周期振动分量，则其功率谱密度在相应的频率处出现尖峰，从而形成“梳齿状”。这样，我们可以通过随机过程的功率谱密度是否在某种频率上出现尖峰，来判断这个随机过程是否含有周期分量。同时，有意思的是，由于不同谐和分量之间的正交性，多个周期分量构成的随机过程，其相关函数为单个分量相关函数之和，其功率谱密度函数亦为单个分量功率谱密度之和。

以上的功率谱密度 $S_X(\omega)$ 是对称的，即 $S_X(\omega)=S_X(-\omega)$。实际中一般没有负的频率，故往往引入单边功率谱密度函数：

$$G_X(\omega)=\begin{cases}2S_X(\omega), & \omega>0\\ S_X(0), & \omega=0\\ 0, & 其他\end{cases}\tag{14-109}$$

现在，进一步地考虑功率谱密度与样本函数 Fourier 谱的关系。首先要强调，功率谱密度函数是针对平稳随机过程的。一个平稳随机过程的样本函数是不随着时间 $t\to\infty$ 而衰减到零的，因此，样本函数的 Fourier 变换不存在。为此，定义有限时间内的 Fourier 变换：

$$F_X(\omega,T)=\int_{-T}^{T}X(t)\mathrm{e}^{-\mathrm{i}\omega t}\mathrm{d}t\tag{14-110}$$

显然，若 $F_X(\omega,T)$ 总是存在的，并且，$X(t)$ 的 Fourier 变换存在，则 $T\to\infty$ 时 $F_X(\omega,T)$ 就是 $X(t)$ 的 Fourier 变换。$F_X(\omega,T)$ 称为有限 Fourier 变换。一般地，$F_X(\omega,T)$ 是复数，且是依赖样本函数的，其复共轭记为 $F_X^*(\omega,T)$。均方幅值 $E[F_X(\omega,T)F_X^*(\omega,T)]$ 将是一个确定性的实函数。事实上，有

$$E[F_X(\omega,T)F_X^*(\omega,T)]=E\left[\int_{-T}^{T}X(t_1)e^{-i\omega t_1}dt_1\int_{-T}^{T}X(t_2)e^{i\omega t_2}dt_2\right]$$
$$=\int_{-T}^{T}\int_{-T}^{T}E[X(t_1)X(t_2)]e^{i\omega(t_2-t_1)}dt_1dt_2 \tag{14-111}$$
$$=\int_{-T}^{T}\int_{-T}^{T}R_X(t_2-t_1)e^{i\omega(t_2-t_1)}dt_1dt_2$$

引入变换 $t=t_1$，$\tau=t_2-t_1$，则有 $dtd\tau=dt_1dt_2$，积分面积区域从图 14-12 中的正方形区域变为平行四边形区域。因此，式(14-111)成为：

$$E[F_X(\omega,T)F_X^*(\omega,T)]=\int_{-T}^{T}\int_{-T}^{T}R_X(t_2-t_1)e^{i\omega(t_2-t_1)}dt_2dt_1$$
$$=\int_{-T}^{T}\left(\int_{-T-t}^{T-t}R_X(\tau)e^{i\omega\tau}d\tau\right)dt$$
$$=\int_{0}^{2T}\left(\int_{-T}^{T-\tau}R_X(\tau)e^{i\omega\tau}dt\right)d\tau+\int_{-2T}^{0}\left(\int_{-T-\tau}^{T}R_X(\tau)e^{i\omega\tau}dt\right)d\tau$$
$$=\int_{0}^{2T}(2T-\tau)R_X(\tau)e^{i\omega\tau}d\tau+\int_{-2T}^{0}(2T+\tau)R_X(\tau)e^{i\omega\tau}d\tau$$
$$=2T\int_{-2T}^{2T}\left(1-\frac{|\tau|}{2T}\right)R_X(\tau)e^{i\omega\tau}d\tau$$

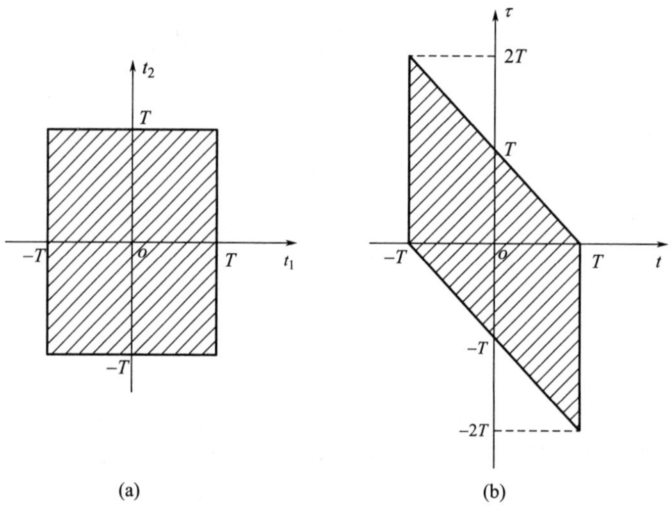

图 14-12

两边同时除以 $2T$ 并令 $T\to\infty$，则有

$$\lim_{T\to\infty}\frac{1}{2T}E[F_X(\omega,T)F_X^*(\omega,T)]$$
$$=\lim_{T\to\infty}\int_{-2T}^{2T}\left(1-\frac{|\tau|}{2T}\right)R_X(\tau)e^{i\omega\tau}d\tau \tag{14-112}$$
$$=\int_{-\infty}^{\infty}R_X(\tau)e^{i\omega\tau}d\tau=S_X^*(\omega)$$

由于 $S_X(\omega)$ 为实数，有 $S_X(\omega)=S_X^*(\omega)$，从而❶

$$S_X(\omega)=\lim_{T\to\infty}\frac{1}{2T}E[F_X(\omega,T)F_X^*(\omega,T)] \tag{14-113}$$

由此可见，功率谱密度函数可认为是单位时间内样本函数 Fourier 变换的均方谱。这一关系具有重要意义，在后面经典随机振动理论中我们将以之为基础使得推导大为简化。

2. 联合平稳过程的互谱密度

设 $X(t)$和 $Y(t)$是两个平稳过程，且它们是联合平稳的(平稳相关的)，可以对式(14-103)推广，得到**互谱密度**为

$$S_{XY}(\omega)=\int_{-\infty}^{\infty}R_{XY}(\tau)\mathrm{e}^{-\mathrm{i}\omega\tau}\mathrm{d}\tau \tag{14-114a}$$

与式(14-113)类似，存在如下关系

$$S_{XY}(\omega)=\lim_{T\to\infty}\frac{1}{2T}E[F_X(\omega,T)F_Y^*(\omega,T)]=\lim_{T\to\infty}\frac{1}{2T}E[F_X(\omega,T)F_Y(-\omega,T)] \tag{14-114b}$$

前面已经指出，当 $X(t)$ 是实的平稳过程时，其功率谱密度 $S_X(\omega)$ 是实的、非负的偶函数。现在，即使 $X(t)$ 和 $Y(t)$ 都是实的平稳过程，互谱密度一般不再是实的、非负的偶函数，而是一个复值的函数。互谱密度有如下性质：

(**i**) $S_{XY}(\omega)$ 和 $S_{YX}(\omega)$ 互为共轭函数，即 $S_{XY}(\omega)=S_{YX}^*(\omega)$ 。

(**ii**) 互相关函数 $R_{XY}(\tau)$ 与互谱密度 $S_{XY}(\omega)$ 构成 Fourier 变换对，即

$$\begin{cases} S_{XY}(\omega)=\int_{-\infty}^{\infty}R_{XY}(\tau)\mathrm{e}^{-\mathrm{i}\omega\tau}\mathrm{d}\tau \\ R_{XY}(\tau)=\dfrac{1}{2\pi}\int_{-\infty}^{\infty}S_{XY}(\omega)\mathrm{e}^{\mathrm{i}\omega\tau}\mathrm{d}\tau \end{cases} \tag{14-115}$$

(**iii**) $S_{XY}(\omega)$ 的实部是偶函数，虚部是奇函数。

(**iv**)互谱密度与自谱密度之间满足 $|S_{XY}(\omega)|^2\leqslant S_X(\omega)S_Y(\omega)$。

互谱密度并不像自谱密度那样具有物理意义，引入互谱密度主要是为了能够在频率域上描述两个平稳过程的相关性。在工程中经常把

$$\gamma_{XY}(\omega)=\frac{|S_{XY}(\omega)|}{\sqrt{S_X(\omega)}\sqrt{S_Y(\omega)}} \tag{14-116}$$

称为 $X(t)$ 和 $Y(t)$ 的**相干函数**。显然，有 $0\leqslant\gamma_{XY}(\omega)\leqslant 1$。当 $\gamma_{XY}(\omega)=0$ 时，这两个平稳过程是不相干的；当 $\gamma_{XY}(\omega)=1$ 时，这两个平稳过程是完全凝聚的。

对于零均值的平稳随机过程 $X(t)$ 和 $Y(t)$，互协方差函数就等于互相关函数。此时，如果 $X(t)$ 和 $Y(t)$ 是不相关的，那么有 $R_{XY}(\tau)=0$，进而也就有 $S_{XY}(\omega)=0$，这表明

❶ 更详细的证明以及谱分析的更多内容，见参考文献[43]：Bendat & Piersol，2010.

$X(t)$ 和 $Y(t)$ 是不相干的。因此，不相关与不相干是等价的。

3. 非平稳过程的谱密度

正如式(14-91)与式(14-93)所示，非平稳过程的自相关函数取决于两个时刻，而非它们之差。因此，非平稳过程的自相关函数是两个变元的函数，需要用二维 Fourier 变换的理论。下面，简要给出自相关函数 $R_X(t_1,t_2)$ 的二维 Fourier 变换。

首先，我们用 $\Gamma_X(\omega_1,t_2)$ 表示自相关函数 $R_X(t_1,t_2)$ 关于 t_1 的 Fourier 变换，即

$$\Gamma_X(\omega_1,t_2)=\int_{-\infty}^{\infty}R_X(t_1,t_2)\mathrm{e}^{-\mathrm{i}\omega_1t_1}\mathrm{d}t_1 \tag{14-117a}$$

由 Fourier 逆变换，得到

$$R_X(t_1,t_2)=\frac{1}{2\pi}\int_{-\infty}^{\infty}\Gamma_X(\omega_1,t_2)\mathrm{e}^{\mathrm{i}\omega_1t_1}\mathrm{d}\omega_1 \tag{14-117b}$$

现在，用 $S_X(\omega_1,\omega_2)$ 表示 $\Gamma_X(\omega_1,t_2)$ 关于 t_2 的 Fourier 变换，注意到，改变 $S_X(\omega_1,\omega_2)$ 定义中指数部分的正负号是有利的，即

$$S_X(\omega_1,\omega_2)=\int_{-\infty}^{\infty}\Gamma_X(\omega_1,t_2)\mathrm{e}^{+\mathrm{i}\omega_2t_2}\mathrm{d}t_2 \tag{14-118a}$$

相应地，Fourier 逆变换为

$$\Gamma_X(\omega_1,t_2)=\frac{1}{2\pi}\int_{-\infty}^{\infty}S_X(\omega_1,\omega_2)\mathrm{e}^{-\mathrm{i}\omega_2t_2}\mathrm{d}\omega_2 \tag{14-118b}$$

于是，将式(14-117a)代入式(14-118a)，同时将式(14-118b)代入式(14-117b)，得到如下的二重 Fourier 变换对

$$\begin{cases}S_X(\omega_1,\omega_2)=\int_{-\infty}^{\infty}\int_{-\infty}^{\infty}R_X(t_1,t_2)\mathrm{e}^{-\mathrm{i}(\omega_1t_1-\omega_2t_2)}\mathrm{d}t_1\mathrm{d}t_2\\ R_X(t_1,t_2)=\dfrac{1}{(2\pi)^2}\int_{-\infty}^{\infty}\int_{-\infty}^{\infty}S_X(\omega_1,\omega_2)\mathrm{e}^{\mathrm{i}(\omega_1t_1-\omega_2t_2)}\mathrm{d}\omega_1\mathrm{d}\omega_2\end{cases} \tag{14-119}$$

$S_X(\omega_1,\omega_2)$ 称为非平稳过程的**广义功率谱密度**，简称为**广义谱密度**。

广义谱密度在数学上与平稳过程的功率谱密度是相通的。因为如果 $S_X(\omega_1,\omega_2)$ 只在 $\omega_2=\omega_1$ 时为正数值，而 $\omega_2\neq\omega_1$ 时均等于零，即

$$S_X(\omega_1,\omega_2)=S_X(\omega_1)\delta(\omega_2-\omega_1)$$

此时，广义谱密度就退化为平稳过程的功率谱密度。广义谱密度缺乏明确的物理意义，且在谱密度的性质上存在明显的缺陷，由于 $R_X(t_1,t_2)$ 不是偶函数，因此广义谱密度不是实函数，在实际中较少采用。

事实上，非平稳过程 $X(t)$ 的功率谱密度还可以定义为

$$\begin{cases} S_X(\omega,t)=\int_{-\infty}^{\infty} R_X(t,t+\tau)\mathrm{e}^{-\mathrm{i}\omega\tau}\mathrm{d}\tau \\ R_X(t,t+\tau)=\frac{1}{2\pi}\int_{-\infty}^{\infty} S_X(\omega,t)\mathrm{e}^{\mathrm{i}\omega\tau}\mathrm{d}\omega \end{cases} \tag{14-120}$$

$S_X(\omega,t)$ 称为非平稳过程的**演变功率谱密度**，简称为**演变谱密度**。

直观上，式(14-120)中 $S_X(\omega,t)$ 有更清晰的物理意义，它描述频率域上随时间变化的能量分布。而且，也容易将平稳过程的功率谱密度直接应用到非平稳过程的演变谱密度中。目前，应用较多的是采用调制函数方式构造演变谱密度，例如若平稳过程 $X(t)$ 的功率谱密度为 $S_X(\omega)$，则非平稳过程 $Y(t)=a(t)X(t)$ 的演变谱密度为：

$$S_Y(\omega,t)=a^2(t)S_X(\omega) \tag{14-121}$$

14.3.4　随机过程的谱分解

1. 正交增量过程

设 $Z(\omega)$ 是一个零均值的二阶矩过程，这里将参数集定义为频率域。如果对任意的 $\omega_1<\omega_2\leqslant\omega_3<\omega_4$，都有

$$E\{[Z(\omega_2)-Z(\omega_1)][Z^*(\omega_4)-Z^*(\omega_3)]\}=0 \tag{14-122}$$

则称 $Z(\omega)$ 为**正交增量过程**。这表明，在任意两个非重叠区间上的增量是正交(不相关)的。

事实上，上述正交增量过程 $Z(\omega)$ 还可以定义为

$$E[Z(\omega)]=0 \tag{14-123a}$$

$$E[\mathrm{d}Z(\omega)\mathrm{d}Z^*(\omega')]=\frac{\mathrm{d}\Psi(\omega)}{2\pi}\delta_{\omega\omega'} \tag{14-123b}$$

式中 $\Psi(\omega)$ 是一个确定性函数；增量 $\mathrm{d}Z(\omega)=Z(\omega+\mathrm{d}\omega)-Z(\omega)$；$\delta_{\omega\omega'}$ 为 Kronecker 符号，即当 $\omega=\omega'$ 时，$\delta_{\omega\omega'}=1$，当 $\omega\neq\omega'$ 时，$\delta_{\omega\omega'}=0$。

正交增量过程可用于构造一类随机过程，包括平稳过程和非平稳过程。

2. 平稳过程的谱分解

设 $X(t)$ 是一个均方连续的实值平稳过程，均值函数 $E[X(t)]=0$，则 $X(t)$ 可以表示为如下的 Fourier-Stieltjes 积分：

$$X(t)=\int_{-\infty}^{\infty} \mathrm{e}^{\mathrm{i}\omega t}\mathrm{d}Z(\omega) \tag{14-124}$$

式中 $Z(\omega)$ 是正交增量过程。式(14-124)称为平稳过程的谱分解，它表明：一个均方连续平稳过程可以表示为不可数无穷多个、不同频率的具有互不相关随机振幅的简谐波的叠加。

由于 $X(t)$ 是实值平稳过程，它共轭后不变，即

$$X(t)=\int_{-\infty}^{\infty}\mathrm{e}^{-\mathrm{i}\omega' t}\mathrm{d}Z^*(\omega')=\int_{\infty}^{\infty}\mathrm{e}^{\mathrm{i}\omega t}\mathrm{d}Z^*(-\omega) \tag{14-125}$$

由式(14-124)及式(14-125)，并注意到 $E[X(t)]=0$，可知增量 $\mathrm{d}Z(\omega)$ 应满足：

$$E[\mathrm{d}Z(\omega)]=0,\ \mathrm{d}Z(\omega)=\mathrm{d}Z^*(-\omega) \tag{14-126}$$

进一步，利用式(14-123b)，自相关函数为

$$\begin{aligned}E[X(t)X(t+\tau)]&=E\left[\int_{-\infty}^{\infty}\mathrm{e}^{-\mathrm{i}\omega' t}\mathrm{d}Z^*(\omega')\int_{-\infty}^{\infty}\mathrm{e}^{\mathrm{i}\omega(t+\tau)}\mathrm{d}Z(\omega)\right]\\&=\int_{-\infty}^{\infty}\int_{-\infty}^{\infty}\mathrm{e}^{\mathrm{i}(\omega-\omega')t+\mathrm{i}\omega\tau}E[\mathrm{d}Z(\omega)\mathrm{d}Z^*(\omega')]\\&=\frac{1}{2\pi}\int_{-\infty}^{\infty}\mathrm{e}^{\mathrm{i}\omega\tau}\mathrm{d}\Psi(\omega)\end{aligned} \tag{14-127}$$

式(14-127)表明，$X(t)$ 的自相关函数只取决于时间差 τ。因此，$X(t)$ 是宽平稳过程。

确定性函数 $\Psi(\omega)$ 可以是可微分的，也可以是不可微分的。若是可微分的，可令 $S_X(\omega)=\dfrac{\mathrm{d}\Psi(\omega)}{\mathrm{d}\omega}$，则式(14-127)可写成

$$R_X(\tau)=E[X(t)X(t+\tau)]=\frac{1}{2\pi}\int_{-\infty}^{\infty}\mathrm{e}^{\mathrm{i}\omega\tau}S_X(\omega)\mathrm{d}\omega \tag{14-128}$$

即为式(14-104)，$S_X(\omega)$ 为功率谱密度。式(14-127)比式(14-128)更具一般性，因为前者包括 $\Psi(\omega)$ 不可微分的情况。由于功率谱密度 $S_X(\omega)$ 非负，$\Psi(\omega)$ 为单调非减函数，则称为**谱分布函数**，记为 $\Psi_X(\omega)$。

根据上述分析，对于均方连续的零均值实值平稳过程 $X(t)$，若已知功率谱密度 $S_X(\omega)$，则增量 $\mathrm{d}Z(\omega)$ 应满足如下条件

$$E[\mathrm{d}Z(\omega)]=0,\ \mathrm{d}Z(\omega)=\mathrm{d}Z^*(-\omega),\ E[\mathrm{d}Z(\omega)\mathrm{d}Z^*(\omega')]=\frac{1}{2\pi}S_X(\omega)\delta_{\omega\omega'}\mathrm{d}\omega \tag{14-129}$$

这也是平稳过程谱表示模拟所需满足的基本条件。

3. 非平稳过程的谱分解

正交增量过程也可用于构造一类非平稳过程，称为演变随机过程。设零均值的实值随机过程 $X(t)$ 可表示为如下 Fourier-Stieltjes 积分：

$$X(t)=\int_{-\infty}^{\infty}A(t,\omega)\mathrm{e}^{\mathrm{i}\omega t}\mathrm{d}Z(\omega) \tag{14-130}$$

式中 $A(t,\omega)$ 是时间 t 和频率 ω 的确定性函数，且满足 $A^*(t,-\omega)=A(t,\omega)$，称为时-频调制函数；$Z(\omega)$ 是正交增量过程。

$X(t)$ 的自相关函数为

$$E[X(t_1)X(t_2)]=\int_{-\infty}^{\infty}\int_{-\infty}^{\infty}A(t_1,\omega)A^*(t_2,\omega')\mathrm{e}^{\mathrm{i}(\omega t_1-\omega' t_2)}E[\mathrm{d}Z(\omega)\mathrm{d}Z^*(\omega')]$$

$$=\frac{1}{2\pi}\int_{-\infty}^{\infty}A(t_1,\omega)A^*(t_2,\omega)\mathrm{e}^{\mathrm{i}\omega(t_1-t_2)}\mathrm{d}\Psi(\omega) \tag{14-131}$$

令 $t_1=t_2$，可得均方值函数

$$E[X^2(t)]=\frac{1}{2\pi}\int_{-\infty}^{\infty}|A(t,\omega)|^2\mathrm{d}\Psi(\omega) \tag{14-132}$$

式(14-131)与式(14-132)表明，均方值是时间 t 的函数，自相关函数依赖于两个时刻，而非时间差。因此，$X(t)$ 是一个**非平稳随机过程**。若 $\Psi(\omega)$ 可微，即 $\mathrm{d}\Psi(\omega)=S(\omega)\mathrm{d}\omega$，则有

$$E[X(t_1)X(t_2)]=\frac{1}{2\pi}\int_{-\infty}^{\infty}A(t_1,\omega)A^*(t_2,\omega)\mathrm{e}^{\mathrm{i}\omega(t_1-t_2)}S(\omega)\mathrm{d}\omega \tag{14-133}$$

$$E[X^2(t)]=\frac{1}{2\pi}\int_{-\infty}^{\infty}|A(t,\omega)|^2S(\omega)\mathrm{d}\omega \tag{14-134}$$

于是，可定义演变谱密度为

$$S_X(\omega,t)=|A(t,\omega)|^2S(\omega) \tag{14-135}$$

在上述式中，$\Psi(\omega)$ 与 $S(\omega)$ 分别为 $X(t)$ 所对应的平稳过程的谱分布函数与谱密度函数。若 $A(t,\omega)=a(t)$，它均匀地改变谱密度 $S(\omega)$，此时，非平稳过程的演变功率谱密度 $S_X(\omega,t)$ 即为式(14-121)。

与平稳过程的谱分解相同，对于均方连续的零均值实非平稳过程 $X(t)$，若已知其对应的平稳过程的谱密度函数 $S(\omega)$，时-频调制函数 $A(t,\omega)=A^*(t,-\omega)$；则式(14-130)中增量 $\mathrm{d}Z(\omega)$ 应满足的基本条件即为式(14-129)[需要将 $S_X(\omega)$ 换成 $S(\omega)$]，这也是非平稳过程谱表示模拟所需满足的基本条件。

习　题

14-1　已知随机变量 Θ 服从区间 $(0,2\pi)$ 上的均匀分布，随机变量 Θ 的函数 $X_n=A\sin(n\Theta+\alpha)$，其中 n 是任意的正整数，A 是一个已知的正常数，α 是 $(0,2\pi]$ 上的一个已知常数，试证明：对于任意的正整数 n，随机变量 X_n 均服从相同的概率分布，其概率密度函数为

$$p_{X_n}(x)=\begin{cases}\dfrac{1}{\pi\sqrt{A^2-x^2}} & -A<x<A \\ 0 & \text{其他}\end{cases},\quad n=1,2,3,\cdots$$

分布函数为

$$F_{X_n}(x)=\begin{cases}0 & x<-A\\ \dfrac{1}{2}+\dfrac{1}{\pi}\arcsin\dfrac{x}{A} & -A\leqslant x\leqslant A,\quad n=1,2,3,\cdots\\ 1 & x>A\end{cases}$$

14-2　考虑坐标变换 $X=R\cos\Theta$，$Y=R\sin\Theta$。

(1)若随机变量 R 与 Θ 相互独立，且 R 和 Θ 分别服从瑞利分布和均匀分布，即

$$p_R(r)=r\mathrm{e}^{-r^2/2},\quad r\geqslant 0$$

$$p_\Theta(\theta)=\frac{1}{2\pi},\quad 0\leqslant\theta<2\pi$$

试证明：X 与 Y 是相互独立的标准高斯随机变量。

(2)若随机变量 X 与 Y 相互独立，且都服从标准高斯分布，试证明：R 与 Θ 相互独立，且分别服从(1)中的瑞利分布和均匀分布。

14-3　若随机变量 X 与 Y 相互独立，且都服从标准高斯分布，定义随机变量 X 与 Y 的函数：

$$R=\sqrt{X^2+Y^2},\quad \Theta=\begin{cases}\arctan\dfrac{Y}{X}, & X>0\\ -\dfrac{\pi}{2}\text{ 或 }\dfrac{\pi}{2}, & X=0\\ \pi+\arctan\dfrac{Y}{X}, & X<0\end{cases}$$

试证明：随机变量 R 和 Θ 相互独立，且分别服从瑞利分布和均匀分布，即它们的概率密度

$$p_R(r)=r\mathrm{e}^{-r^2/2},\quad r>0$$

$$p_\Theta(\theta)=\frac{1}{2\pi},\quad -\frac{\pi}{2}\leqslant\theta<\frac{3\pi}{2}$$

14-4　若 X 与 Y 是相互独立的标准高斯随机变量，试证明：

(1)定义随机变量 X 与 Y 的函数：

$$Z=\sqrt{1-\rho^2}X+\rho Y$$

则 Z 也是一个标准高斯随机变量，且 Z 与 Y 的相关系数为 ρ。若相关系数为 $\rho=0$，则 Z 与 Y 相互独立。

(2)定义随机变量 X 与 Y 的函数：

$$Z_1=\frac{1}{\sqrt{2}}(\sqrt{1+\rho}X+\sqrt{1-\rho}Y),\quad Z_2=\frac{1}{\sqrt{2}}(\sqrt{1+\rho}X-\sqrt{1-\rho}Y)$$

则 Z_1 与 Z_2 是相关系数为 ρ 的两个标准高斯随机变量。若相关系数为 $\rho=0$，则 Z_1 与 Z_2 相互独立。

14-5　若 X 是一个零均值的高斯随机变量，随机变量 X 的函数 $Y=X^2$，试求：

(1) Y 的概率密度函数；

（2）X 与 Y 的联合概率密度；

（3）判断 X 与 Y 是否不相关和独立。

14-6 设随机过程 $X(t)=A\cos(\omega t+\Theta)$，$-\infty<t<\infty$，其中 ω 为常数，随机变量 A 与 Θ 相互独立，且 Θ 服从区间 $(0,2\pi)$ 上的均匀分布，A 服从瑞利分布，其概率密度为

$$p_A(a)=\frac{a}{\sigma^2}\exp\left(-\frac{a^2}{2\sigma^2}\right),\ a\geqslant 0$$

试问：

（1）$X(t)$ 是不是平稳随机过程？

（2）$X(t)$ 是不是各态历经过程？

（3）$X(t)$ 是不是正态过程？

14-7 已知 $X(t)$ 是一个平稳随机过程，其自相关函数为 $R_X(\tau)$，功率谱密度为 $S_X(\omega)$。考虑随机过程

$$Y(t)=X(t)\cos(\omega_0 t+\Theta),\ -\infty<t<\infty$$

其中 Θ 为在区间 $(0,2\pi)$ 上均匀分布的随机变量，且 Θ 与 $X(t)$ 相互独立；ω_0 为常数。试证：

（1）$Y(t)$ 是平稳随机过程，且它的自相关函数为

$$R_Y(\tau)=\frac{1}{2}R_X(\tau)\cos\omega_0\tau$$

（2）$Y(t)$ 的功率谱密度为

$$S_Y(\omega)=\frac{1}{4}[S_X(\omega-\omega_0)+S_X(\omega+\omega_0)]$$

14-8 设有随机过程

$$X(t)=a\cos(\Omega t+\Theta),\ -\infty<t<\infty$$

其中 a 是一个正常数，随机变量 Θ 服从区间 $(0,2\pi)$ 的均匀分布，随机变量 Ω 具有概率密度函数 $p(x)$，且 $p(x)$ 是一个连续的偶函数。随机变量 Θ 和 Ω 互相独立，试证 $X(t)$ 是平稳过程，且功率谱密度为 $S_X(\omega)=a^2\pi p(\omega)$。

14-9 设 $X(t)$ 和 $Y(t)$ 是两个零均值的实平稳过程，它们的自相关函数分别为 $R_X(\tau)$ 和 $R_Y(\tau)$，它们的互相关函数为 $R_{XY}(\tau)$，若 $R_X(\tau)=R_Y(\tau)$，$R_{XY}(\tau)=-R_{XY}(-\tau)$。考虑随机过程

$$Z(t)=X(t)\cos\omega_0 t+Y(t)\sin\omega_0 t,\ -\infty<t<\infty$$

其中 ω_0 为常数。

（1）证明 $Z(t)$ 也是平稳随机过程；

（2）如果 $X(t)$ 和 $Y(t)$ 的自功率谱密度分别为 $S_X(\omega)$ 和 $S_Y(\omega)$，它们的互功率谱密度为 $S_{XY}(\omega)$，试求 $Z(t)$ 的功率谱密度。

第 15 章　随机振动

在结构动力反应分析中，结构初始条件、基本参数(如物理、力学参数与几何参数)和结构所受激励都可能具有随机性。考虑上述随机性的结构随机响应分析问题，称之为结构随机动力学。在研究历史进程中，人们根据所考虑的不同随机性将结构随机动力学划分为不同的分支学科，其中，主要考虑激励随机性影响的结构动力响应分析称为**随机振动**，而主要考虑结构参数随机性影响的结构动力响应分析，称为随机结构分析。本章讨论经典随机振动的基本理论与实用方法，主要考虑线性结构的随机动力响应分析问题。

§15.1　随机振动的时域分析方法——相关分析

15.1.1　单自由度系统的时域随机振动分析

不失一般性，考虑一个单自由度线性系统，其运动方程为[1]

$$m\ddot{Y}+c\dot{Y}+kY=\widetilde{X}(\varpi,t) \tag{15-1}$$

其中 m，c，k 分别为系统的质量、阻尼系数和刚度，$\widetilde{X}(\varpi,t)$ 为随机激励，$Y(\varpi,t)$ 为单自由度系统的位移。由于激励 $\widetilde{X}(\varpi,t)$ 为随机过程，故响应 $Y(\varpi,t)$ 也是一个随机过程。

为方便计，将式(15-1)两边同时除以 m，可得标准化的单自由度线性系统的运动方程

$$\ddot{Y}+2\xi\omega_0\dot{Y}+\omega_0^2Y=X(\varpi,t) \tag{15-2}$$

式中 $\omega_0=\sqrt{k/m}$ 为结构的固有圆频率，$\xi=c/(2m\omega_0)$ 为结构的阻尼比，$X(\varpi,t)=\widetilde{X}(\varpi,t)/m$ 为标准化的随机动力激励，具有加速度的量纲。例如对地震动过程，$X(t)=-\ddot{x}_{\mathrm{g}}(t)$ 为地面加速度过程。假设 $X(\varpi,t)$ 的均值和相关函数均为已知，即

$$\mu_X(t)=E[X(\varpi,t)],\ R_X(t_1,t_2)=E[X(\varpi,t_1)X(\varpi,t_2)]$$

根据第 3 章的内容可知，单自由度线性系统[式(15-2)]的单位脉冲函数为

$$h(t)=\begin{cases}\dfrac{1}{\omega_{\mathrm{D}}}\mathrm{e}^{-\xi\omega_0 t}\sin(\omega_{\mathrm{D}}t), & t\geqslant 0\\ 0, & t<0\end{cases} \tag{15-3}$$

---

[1] 著名概率论学者钟开莱在谈到随机收敛时说：“应该学会首先对单个样本点 ω_0 及其相应的作为数列的样本序列$\{X_n(\omega_0),n\geqslant 1\}$进行推理，然后把关于样本序列的推断翻译为关于 ω 集的概率论表述”(详见参考文献[46]：Kai Lai Chung，2001)。显然，这也为一般的物理问题的处理提供了概念清晰的方法论。本章采用此方法的基本思想。

其中 $\omega_D=\omega_0\sqrt{1-\xi^2}$。于是，在零初始条件下，单自由度线性系统[式(15-2)]的响应可以通过 Duhamel 积分给出

$$Y(\varpi,t)=\int_0^t h(t-\tau)X(\varpi,\tau)\mathrm{d}\tau \tag{15-4a}$$

注意到，当 $t<0$ 时 $X(\varpi,t)=0$。于是，式(15-4a)可以写为

$$Y(\varpi,t)=\int_{-\infty}^t h(t-\tau)X(\varpi,\tau)\mathrm{d}\tau \tag{15-4b}$$

同时注意到，当 $t<\tau$ 时 $h(t-\tau)=0$。因此，式(15-4a)还可以写为

$$Y(\varpi,t)=\int_{-\infty}^{\infty} h(t-\tau)X(\varpi,\tau)\mathrm{d}\tau \tag{15-4c}$$

式(15-4)表明，单自由度线性系统的响应是输入随机过程的积分。在一般情况下，上述积分应理解为均方意义下的积分。

对式(15-4c)两边同时取期望，并注意到期望算子与积分算子的可交换性，可以得到响应 $Y(\varpi,t)$ 的均值函数为

$$\mu_Y(t)=E[Y(\varpi,t)]=\int_{-\infty}^{\infty} h(t-\tau)\mu_X(\tau)\mathrm{d}\tau \tag{15-5}$$

特别地，若 $\mu_X(t)=0$，则 $\mu_Y(t)=0$，亦即若激励过程是零均值过程，则响应过程也是零均值随机过程。

根据 $Y(\varpi,t)$ 的相关函数定义

$$R_Y(t_1,t_2)=E[Y(\varpi,t_1)Y(\varpi,t_2)] \tag{15-6}$$

将式(15-4c)代入，则有

$$\begin{aligned}R_Y(t_1,t_2)&=E\left[\int_{-\infty}^{\infty} h(t_1-\tau_1)X(\varpi,\tau_1)\mathrm{d}\tau_1\cdot\int_{-\infty}^{\infty} h(t_2-\tau_2)X(\varpi,\tau_2)\mathrm{d}\tau_2\right]\\&=\int_{-\infty}^{\infty}\int_{-\infty}^{\infty} h(t_1-u)h(t_2-v)R_X(u,v)\mathrm{d}u\mathrm{d}v\end{aligned} \tag{15-7}$$

注意到

$$\int_{-\infty}^{\infty} h(t-\tau)X(\varpi,\tau)\mathrm{d}\tau=\int_{-\infty}^{\infty} h(\tau)X(\varpi,t-\tau)\mathrm{d}\tau$$

从系统分析的角度而言，上式可理解为线性时不变系统的激励(输入)和系统脉冲响应函数的可互换性。于是，式(15-7)等价于

$$R_Y(t_1,t_2)=\int_{-\infty}^{\infty}\int_{-\infty}^{\infty} h(u)h(v)R_X(t_1-u,t_2-v)\mathrm{d}u\mathrm{d}v \tag{15-8}$$

上述两式表明，线性系统响应的相关函数是其输入相关函数的线性积分。从式

(15-5)、式(15-7)及式(15-8)可知，系统输入、输出的前二阶统计量之间的线性关系完全决定于系统的物理关系，即系统的单位脉冲函数 $h(t)$ 完全地刻画了系统式(15-2)的所有性质。

【例 15-1】 单自由度线性系统在突加白噪声激励下的响应。

若单自由度线性系统[式(15-1)]的初始条件为 $Y(0)=0$，$\dot{Y}(0)=0$，外部激励为 $X(t)=\eta(t)u(t)$，其中 $u(t)$ 为单位阶跃函数，$\eta(t)$ 为白噪声过程，即 $E[\eta(t)]=0$，$E[\eta(t)\eta(t')]=S_0\delta(t'-t)$。由式(15-5)可知，此时 $E[Y(t)]=0$。根据式(15-7)可得其均方响应(在此情况下也是其响应方差)为

$$\begin{aligned}\sigma_Y^2(t)&=E[Y^2(t)]=\mathrm{Var}[Y(t)]\\&=\frac{S_0}{4m^2\xi\omega_0^3}\left\{1-\frac{\omega_0^2}{\omega_D^2}\mathrm{e}^{-2\xi\omega_0 t}\left[1+\frac{\xi\omega_D}{\omega_0}\sin(2\omega_D t)-\xi^2\cos(2\omega_D t)\right]\right\}\end{aligned}\tag{a}$$

当 $t=0$ 时，$\sigma_Y^2(0)=0$；当 $t\to\infty$ 时，有

$$\sigma_Y^2(\infty)=\frac{S_0}{4m^2\xi\omega_0^3}\tag{b}$$

从物理上分析，对于突加白噪声激励的单自由度系统，由于初始条件是静止的，因此，在初始时刻的方差必为零。随着时间的增长，系统的响应将逐渐增大，与此同时，系统耗散的能量也逐渐增大，直到外部输入的能量(通过白噪声激励)与系统耗散的能量达到平衡，系统进入稳态响应阶段，此时系统响应的均方值趋于常数。而且，若系统的阻尼比越小，系统的稳态响应必然越大；若系统的阻尼比越大，则系统的稳态响应必然越小。此外，系统的阻尼比越大时，系统耗散能量的增长速度越快，因而达到与外部输入能量平衡的时间越短，系统趋于稳态响应的过程越快。若系统的阻尼比为零，则系统本身不耗散能量，因而永远不能达到与外部输入能量平衡的阶段，系统的响应将永远持续增大，不能进入稳态响应阶段(当然，实际的系统响应不可能永远增大，必然进入非线性而引起耗能，或发生破坏)。

图 15-1 给出式(a)描述的单自由度系统均方响应过程，其中参数 $m=1.0$ kg，$\omega_0=\pi$ rad/s，$S_0=1.0$ $\mathrm{N^2s}$。从图中直观地显示出来的现象，与上述物理分析完全一致，充分说明系统随机响应的统计特性乃是系统物理性质在随机振动中的反映。换言之，系统的随机响应是由系统的物理本质所决定的、而不存在物理规律之外的虚无缥缈的决定力量。

15.1.2 多自由度系统的时域随机振动分析

1. 直接矩阵法

多自由度线性系统的运动方程为

$$\boldsymbol{M}\ddot{\boldsymbol{Y}}+\boldsymbol{C}\dot{\boldsymbol{Y}}+\boldsymbol{K}\boldsymbol{Y}=\boldsymbol{D}\boldsymbol{X}(\varpi,t)\tag{15-9}$$

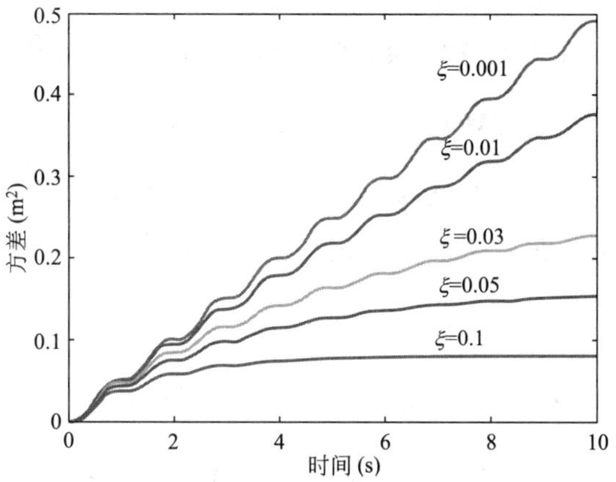

图 15-1 单自由度系统在突加白噪声激励下的位移响应方差

其中 $\boldsymbol{M}$、$\boldsymbol{C}$、$\boldsymbol{K}$ 分别为 $n\times n$ 阶质量、阻尼与刚度矩阵，$\boldsymbol{Y}$、$\dot{\boldsymbol{Y}}$、$\ddot{\boldsymbol{Y}}$ 分别为 n 维位移、速度与加速度向量；$\boldsymbol{X}(\varpi,t)$ 为 m 维（$m\leqslant n$）随机激励向量，其均值 $\boldsymbol{\mu}_{\boldsymbol{X}}(t)=E[\boldsymbol{X}(\varpi,t)]$ 与 $m\times m$ 阶相关函数矩阵 $\boldsymbol{R}_{\boldsymbol{X}}(t_1,t_2)=E[\boldsymbol{X}(\varpi,t_1)\boldsymbol{X}^{\mathrm{T}}(\varpi,t_2)]$ 均为已知；$\boldsymbol{D}$ 为 $n\times m$ 阶激励位置矩阵。

多自由度线性系统[式(15-9)]的单位脉冲响应矩阵记为 $\boldsymbol{h}(t)=[h_{ij}(t)]_{n\times n}$，其中 $h_{ij}(t)$ 为式(15-9)右端激励列向量 $\boldsymbol{F}(\varpi,t)=\boldsymbol{DX}(\varpi,t)$ 中第 j 行元素为单位脉冲而其余元素均为零时的第 i 个位移响应 $Y_i(\varpi,t)$。根据 Duhamel 积分，结构位移响应向量为：

$$\boldsymbol{Y}(\varpi,t)=\int_0^t \boldsymbol{h}(t-\tau)\boldsymbol{DX}(\varpi,\tau)\mathrm{d}\tau=\int_{-\infty}^{\infty}\boldsymbol{h}(t-\tau)\boldsymbol{DX}(\varpi,\tau)\mathrm{d}\tau \tag{15-10}$$

对式(15-10)两边同时取均值，可得响应随机过程向量的均值

$$\boldsymbol{\mu}_{\boldsymbol{Y}}(t)=E[\boldsymbol{Y}(\varpi,t)]=\int_{-\infty}^{\infty}\boldsymbol{h}(t-\tau)\boldsymbol{D}\boldsymbol{\mu}_{\boldsymbol{X}}(\tau)\mathrm{d}\tau \tag{15-11}$$

$\boldsymbol{Y}(\varpi,t)$ 的相关函数矩阵为

$$\begin{aligned}\boldsymbol{R}_{\boldsymbol{Y}}(t_1,t_2)&=E[\boldsymbol{Y}(\varpi,t_1)\boldsymbol{Y}^{\mathrm{T}}(\varpi,t_2)]\\&=E\left\{\left[\int_{-\infty}^{\infty}\boldsymbol{h}(t_1-\tau_1)\boldsymbol{DX}(\varpi,\tau_1)\mathrm{d}\tau_1\right]\left[\int_{-\infty}^{\infty}\boldsymbol{h}(t_2-\tau_2)\boldsymbol{DX}(\varpi,\tau_2)\mathrm{d}\tau_2\right]^{\mathrm{T}}\right\}\\&=\int_{-\infty}^{\infty}\int_{-\infty}^{\infty}\boldsymbol{h}(t_1-u)\boldsymbol{DR}_{\boldsymbol{X}}(u,v)\boldsymbol{D}^{\mathrm{T}}\boldsymbol{h}^{\mathrm{T}}(t_2-v)\mathrm{d}u\mathrm{d}v\end{aligned} \tag{15-12}$$

由此可见，对于多自由度线性系统，输入与输出随机过程向量的统计量之间亦成线性关系，而这一线性关系是由物理系统式(15-9)的性质所决定的，这些性质完全体现在脉冲响应矩阵 $\boldsymbol{h}(t)$ 中。

2. 振型叠加法

由第 6 章可知，多自由度线性系统的响应可根据其固有振型叠加得到。设多自由度线

性系统式(15-9)的固有频率分别为 $\omega_1,\omega_2,\cdots,\omega_n$，相应的振型向量为 $\boldsymbol{\phi}_1,\boldsymbol{\phi}_2,\cdots,\boldsymbol{\phi}_n$（为简单计，这里不考虑重频的情况）。由于 $\boldsymbol{\phi}_1,\boldsymbol{\phi}_2,\cdots,\boldsymbol{\phi}_n$ 为 n 维空间中的带权正交向量

$$\boldsymbol{\phi}_i^{\mathrm{T}}\boldsymbol{M}\boldsymbol{\phi}_j=m_i\delta_{ij},\ \boldsymbol{\phi}_i^{\mathrm{T}}\boldsymbol{K}\boldsymbol{\phi}_j=k_i\delta_{ij} \tag{15-13}$$

因而 $\boldsymbol{\phi}_1,\boldsymbol{\phi}_2,\cdots,\boldsymbol{\phi}_n$ 必是 n 个线性无关向量。根据线性代数理论，n 维空间中的任意向量均可唯一地表示为 $\boldsymbol{\phi}_1,\boldsymbol{\phi}_2,\cdots,\boldsymbol{\phi}_n$ 的线性组合。于是，将位移向量 $\boldsymbol{Y}(\varpi,t)$ 进行分解叠加

$$\boldsymbol{Y}(\varpi,t)=\sum_{i=1}^{n}\boldsymbol{\phi}_iZ_i(\varpi,t)=\boldsymbol{\Phi}\boldsymbol{Z}(\varpi,t) \tag{15-14}$$

其中 $\boldsymbol{\Phi}=[\boldsymbol{\phi}_1,\boldsymbol{\phi}_2,\cdots,\boldsymbol{\phi}_n]$ 为振型向量构成的振型矩阵，而 $\boldsymbol{Z}(\varpi,t)=[Z_1(\varpi,t),\ Z_2(\varpi,t),\ \cdots,Z_n(\varpi,t)]^{\mathrm{T}}$ 为广义位移向量。

为简便计，采用 Rayleigh 阻尼假定，即 $\boldsymbol{C}=a_0\boldsymbol{M}+a_1\boldsymbol{K}$，其中组合系数 a_0、a_1 可根据给定的某二阶阻尼比来确定。将式(15-14)代入式(15-9)中，并在两边分别左乘 $\boldsymbol{\phi}_j^{\mathrm{T}},j=1,2,\cdots,n$，且注意振型正交性条件式(15-13)，式(15-9)可化为一系列单自由度系统

$$m_j\ddot{Z}_j+c_j\dot{Z}_j+k_jZ_j=\boldsymbol{\phi}_j^{\mathrm{T}}\boldsymbol{D}\boldsymbol{X}(\varpi,t) \tag{15-15}$$

两边同时除以 m_j，可得

$$\ddot{Z}_j+2\xi_j\omega_j\dot{Z}_j+\omega_j^2Z_j=\frac{1}{m_j}\boldsymbol{\phi}_j^{\mathrm{T}}\boldsymbol{D}\boldsymbol{X}(\varpi,t) \tag{15-16}$$

其中 ξ_j 和 ω_j 分别为多自由度系统式(15-9)的第 j 阶振型阻尼比和第 j 阶固有圆频率。

不难看出，式(15-16)与式(15-2)具有完全相同的形式。因此，Duhamel 积分给出

$$Z_j(\varpi,t)=\frac{1}{m_j}\int_{-\infty}^{\infty}h_j(t-\tau)\boldsymbol{\phi}_j^{\mathrm{T}}\boldsymbol{D}\boldsymbol{X}(\varpi,\tau)\mathrm{d}\tau \tag{15-17}$$

其中 $h_j(t)$ 为第 j 阶单位脉冲响应函数

$$h_j(t)=\frac{1}{\omega_{\mathrm{D}_j}}\mathrm{e}^{-\xi_j\omega_jt}\sin(\omega_{\mathrm{D}_j}t)\quad(t\geqslant 0) \tag{15-18}$$

式中 $\omega_{\mathrm{D}_j}=\omega_j\sqrt{1-\xi_j^2}$。从而，由式(15-14)可得

$$\boldsymbol{Y}(\varpi,t)=\sum_{i=1}^{n}\boldsymbol{\phi}_iZ_i(\varpi,t)=\sum_{i=1}^{n}\frac{1}{m_i}\int_{-\infty}^{\infty}h_i(t-\tau)\boldsymbol{\phi}_i\boldsymbol{\phi}_i^{\mathrm{T}}\boldsymbol{D}\boldsymbol{X}(\varpi,\tau)\mathrm{d}\tau \tag{15-19}$$

因此，$\boldsymbol{Y}(\varpi,t)$ 的均值为

$$\boldsymbol{\mu}_{\boldsymbol{Y}}(t)=E[\boldsymbol{Y}(\varpi,t)]=\sum_{i=1}^{n}\frac{1}{m_i}\int_{-\infty}^{\infty}h_i(t-\tau)\boldsymbol{\phi}_i\boldsymbol{\phi}_i^{\mathrm{T}}\boldsymbol{D}\boldsymbol{\mu}_{\boldsymbol{X}}(\tau)\mathrm{d}\tau \tag{15-20}$$

自相关函数矩阵为

$$\boldsymbol{R}_{\boldsymbol{Y}}(t_1,t_2)=E[\boldsymbol{Y}(\varpi,t_1)\boldsymbol{Y}^{\mathrm{T}}(\varpi,t_2)]$$
$$=E\left\{\left[\sum_{i=1}^{n}\frac{1}{m_i}\int_{-\infty}^{\infty}h_i(t_1-u)\boldsymbol{\phi}_i\boldsymbol{\phi}_i^{\mathrm{T}}\boldsymbol{D}\boldsymbol{X}(\varpi,u)\mathrm{d}u\right]\left[\sum_{j=1}^{n}\frac{1}{m_j}\int_{-\infty}^{\infty}h_j(t_2-v)\boldsymbol{\phi}_j\boldsymbol{\phi}_j^{\mathrm{T}}\boldsymbol{D}\boldsymbol{X}(\varpi,v)\mathrm{d}v\right]^{\mathrm{T}}\right\}$$
$$=\sum_{i=1}^{n}\sum_{j=1}^{n}\frac{1}{m_im_j}\int_{-\infty}^{\infty}\int_{-\infty}^{\infty}h_i(t_1-u)h_j(t_2-v)\boldsymbol{\phi}_i\boldsymbol{\phi}_i^{\mathrm{T}}\boldsymbol{D}\boldsymbol{R}_{\boldsymbol{X}}(u,v)\boldsymbol{D}^{\mathrm{T}}\boldsymbol{\phi}_j\boldsymbol{\phi}_j^{\mathrm{T}}\mathrm{d}u\mathrm{d}v \tag{15-21}$$

式(15-20)与式(15-21)再一次证实了输入与输出随机过程向量二阶统计量之间的线性关系，而其传递关系正是通过物理系统特性来实现的。这时，物理系统的特性完全体现在振型向量及各个广义单自由度系统的单位脉冲响应函数之中。

顺便指出，比较式(15-10)与式(15-19)可知，单位脉冲响应矩阵可以通过各个解耦单自由度系统的脉冲响应函数合成得到：

$$\boldsymbol{h}(t)=\sum_{i=1}^{n}\frac{1}{m_i}h_i(t)\boldsymbol{\phi}_i\boldsymbol{\phi}_i^{\mathrm{T}} \tag{15-22}$$

15.1.3 平稳随机激励的稳态响应

当激励随机过程为平稳过程时，上述二阶统计量传递公式还可以进一步地简化。

对于单自由度线性系统，输入的均值 $\mu_X(t)=\mu_X$（常数），自相关函数为 $R_X(\tau)$，则稳态响应的均值函数式(15-5)变为

$$\mu_Y(t)=\mu_X\int_{-\infty}^{\infty}h(t-\tau)\mathrm{d}\tau=\mu_X\int_{0}^{\infty}h(\tau)\mathrm{d}\tau=\frac{\mu_X}{\omega_0^2} \tag{15-23}$$

注意到，式(15-23)也可以直接通过对式(15-2)两边求均值得到。稳态响应的自相关函数式(15-7)变为

$$R_Y(\tau)=\lim_{t\to\infty}\int_{-\infty}^{\infty}\int_{-\infty}^{\infty}h(t-u)h(t+\tau-v)R_X(u-v)\mathrm{d}u\mathrm{d}v \tag{15-24}$$

或式(15-8)变为

$$R_Y(\tau)=\int_{-\infty}^{\infty}\int_{-\infty}^{\infty}h(u)h(v)R_X(\tau+u-v)\mathrm{d}u\mathrm{d}v \tag{15-25}$$

可见，当输入为平稳过程时，其稳态响应亦为平稳过程。这里需要指出的是，即使激励是平稳过程，响应也不是平稳过程，只是当时间 t 逐渐变大时，响应才趋于平稳，亦即稳态响应是平稳过程。事实上，响应的均值函数和自相关函数分别为

$$\begin{aligned}\mu_Y(t)&=E[Y(\varpi,t)]=\mu_X\int_{0}^{t}h(t-\tau)\mathrm{d}\tau\\&=\frac{\mu_X}{\omega_0^2}\left[1-\mathrm{e}^{-\xi\omega_0t}\left(\frac{\xi\omega_0}{\omega_{\mathrm{D}}}\sin\omega_{\mathrm{D}}t+\cos\omega_{\mathrm{D}}t\right)\right]\end{aligned} \tag{15-26}$$

$$R_Y(t,t+\tau)=\int_0^t\int_0^{t+\tau}h(t-u)h(t+\tau-v)R_X(u-v)\mathrm{d}u\mathrm{d}v \\ =\int_0^t\int_0^{t+\tau}h(u)h(v)R_X(\tau+u-v)\mathrm{d}u\mathrm{d}v \tag{15-27}$$

显然，当 $t\to\infty$ 时，式(15-26)变成为式(15-23)，式(15-27)变成为式(15-24)或式(15-25)。事实上，对于平稳激励的线性系统响应，由于系统阻尼的存在，在经历较长时间后，系统的响应达到平稳，且可不计初始条件的影响。因此，在大多数情况下，工程实际中所关心的是平稳激励下的稳态(平稳)响应。

为了进一步说明线性系统滤波导致的相关性，考虑白噪声激励的特殊情况，此时，$R_X(\tau)=S_0\delta(\tau)$。根据式(15-25)，稳态响应的相关函数为

$$R_Y(\tau)=S_0\int_{-\infty}^{\infty}\int_{-\infty}^{\infty}h(u)h(v)\delta(\tau+u-v)\mathrm{d}u\mathrm{d}v \\ =S_0\int_{-\infty}^{\infty}h(u)h(u+\tau)\mathrm{d}u \\ =\frac{S_0}{4\xi\omega_0^3}\mathrm{e}^{-\xi\omega_0|\tau|}\left[\frac{\xi\omega_0}{\omega_\mathrm{D}}\sin(\omega_\mathrm{D}|\tau|)+\cos(\omega_\mathrm{D}\tau)\right] \tag{15-28}$$

此时，根据式(14-98)，可得 $Y(t)$ 的相关时间为

$$\tau_\mathrm{c}=\frac{1}{R_Y(0)}\int_0^{\infty}R_Y(\tau)\mathrm{d}\tau=\frac{\int_0^{\infty}\int_{-\infty}^{\infty}h(u)h(u+\tau)\mathrm{d}u\mathrm{d}\tau}{\int_0^{\infty}h^2(u)\mathrm{d}u}=\frac{2\xi\omega_0}{\omega_\mathrm{D}^2+\xi^2\omega_0^2}=\frac{2\xi}{\omega_0}=\frac{\xi}{\pi}T_0 \tag{15-29}$$

其中 $T_0=2\pi/\omega_0$ 为相应无阻尼系统的自振周期。由此可见，经过系统过滤后的响应相关时间与阻尼比和自振周期成正比。特别地，对无阻尼系统，相关时间为零。

可见，$Y(t)$ 的任意时间点之间 $\tau>0$ 不再是完全无关的，而是相关的。这一相关性，正是由脉冲响应对后续时间影响所致。随着 $\tau\to\infty$，$h(u+\tau)\to 0$，因而 $R_Y(\tau)|_{\tau\to\infty}=0$，此时脉冲响应的影响衰减为零，故响应 $Y(t)$ 的相关函数当 $\tau\to\infty$ 时亦变为零。

【例 15-2】 多自由度线性系统位移响应的最大值近似分析方法。

为方便计，记多自由度线性系统的某一自由度位移为 $Y(t)$ 。根据振型叠加法，该位移可以表示为广义单自由度系统响应的叠加，即

$$Y(t)=\sum_{i=1}^{n}\phi_{ri}Z_i(t)=\sum_{i=1}^{n}X_i(t) \tag{a}$$

其中 ϕ_{ri} 为第 i 个振型向量与 $Y(t)$ 自由度对应的分量，$Z_i(t)$ 为广义位移；$X_i(t)=\phi_{ri}Z_i(t)$。若地震动输入均值为零，则 $E[Z_i(t)]=0$，从而有 $E[Y(t)]=0$。于是，$Y(t)$ 的方差为

$$\sigma_Y^2(t)=\sum_{i=1}^{n}\sum_{j=1}^{n}E[X_iX_j]=\sum_{i=1}^{n}\sum_{j=1}^{n}\rho_{ij}(t)\sigma_{X_i}(t)\sigma_{X_j}(t) \tag{b}$$

当考虑系统进入平稳状态后，有

$$\sigma_Y^2=\sum_{i=1}^{n}\sum_{j=1}^{n}\rho_{ij}\sigma_{X_i}\sigma_{X_j} \tag{c}$$

其中相关系数 $\rho_{ij}=E[X_iX_j]/(\sigma_{X_i}\sigma_{X_j})$，注意 $X_i(t)=\phi_{ri}Z_i(t)$，进一步可得

$$\rho_{ij}=E[Z_iZ_j]/(\sigma_{Z_i}\sigma_{Z_j}) \tag{d}$$

将式(15-17)代入即可得到相关系数 ρ_{ij}。

对于平稳随机过程，在给定时间段内的最大值是一个随机变量。为了获得一个确定性代表值，可考虑该随机变量具有某个分位值或超越概率的值。通常，可以合理地假设该代表值与标准差成正比，即

$$S_Y=\eta_Y\sigma_Y,\ S_{Z_i}=\eta_{Z_i}\sigma_{Z_i} \tag{e}$$

其中 η_Y 和 η_{Z_i} 称为峰值因子，与概率分布和分位值有关。根据 $X_i(t)=\phi_{ri}Z_i(t)$，可知

$$S_{X_i}=\phi_{ri}S_{Z_i}=\phi_{ri}\eta_{Z_i}\sigma_{Z_i}=\eta_{Z_i}\sigma_{X_i} \tag{f}$$

将式(e)及式(f)代入式(c)，并假设 $\eta_Y\approx\eta_{Z_i}$，则有

$$S_Y=\sqrt{\sum_{i=1}^{n}\sum_{j=1}^{n}\rho_{ij}S_{X_i}S_{X_j}} \tag{g}$$

当结构的各阶频率相差较大时，有 $\rho_{ij}\approx 0,\quad \forall i\neq j$，此时上式简化为

$$S_Y=\sqrt{\sum_{i=1}^{n}S_{X_i}^2} \tag{h}$$

在地震工程中，广义单自由度系统的最大响应可以容易地通过反应谱方法得到。此时，利用式(g)或(h)即可得到多自由结构的最大响应近似值。这一方法称为**振型反应谱法**❶。式(g)称为完全二次振型组合(CQC)公式，式(h)称为平方和开方振型组合(SRSS)公式❷。

§ 15.2 随机振动的频域分析方法——谱分析

15.2.1 单自由度系统随机振动的谱分析

考虑式(15-2)中的单自由度线性系统在平稳随机激励下的振动：

$$\ddot{Y}+2\xi\omega_0\dot{Y}+\omega_0^2Y=X(\varpi,t) \tag{15-30}$$

---

❶ 有关反应谱法的论述，详见参考文献[28]：李杰，李国强，1992，P. 102-103 和 P. 204-207.

❷ 早在 1962 年，我国学者胡聿贤、周锡元对多自由度体系反应的振型组合问题进行了研究，详见参考文献[47]；1980 年，Der Kiureghian 进一步进行了研究，详见参考文献[48]。

这里，激励 $X(\varpi,t)$ 是零均值平稳随机过程，其相关函数 $R_X(\tau)$ 和功率谱密度函数 $S_X(\omega)$ 均已知，根据第14章中的Wiener-Khinchin公式，有

$$S_X(\omega)=\int_{-\infty}^{\infty}R_X(\tau)\mathrm{e}^{-\mathrm{i}\omega\tau}\mathrm{d}\tau \tag{15-31}$$

$$R_X(\tau)=\frac{1}{2\pi}\int_{-\infty}^{\infty}S_X(\omega)\mathrm{e}^{\mathrm{i}\omega\tau}\mathrm{d}\omega \tag{15-32}$$

为了建立输入与输出随机过程的功率谱密度函数传递关系，利用第14章中证明的样本有限Fourier变换与功率谱密度函数之间的关系

$$S_X(\omega)=\lim_{T\to\infty}\frac{1}{2T}E[F_X(\omega,T)F_X^*(\omega,T)] \tag{15-33}$$

其中，样本有限Fourier变换为

$$F_X(\omega,T)=\int_{-T}^{T}X(t)\mathrm{e}^{-\mathrm{i}\omega t}\mathrm{d}t \tag{15-34}$$

注意到 $\ddot{Y}(t)$ 的有限Fourier变换为

$$\begin{aligned}F_{\ddot{Y}}(\omega,T)&=\int_{-T}^{T}\ddot{Y}(t)\mathrm{e}^{-\mathrm{i}\omega t}\mathrm{d}t\\&=\dot{Y}(t)\mathrm{e}^{-\mathrm{i}\omega t}\Big|_{-T}^{T}+\mathrm{i}\omega\int_{-T}^{T}\dot{Y}(t)\mathrm{e}^{-\mathrm{i}\omega t}\mathrm{d}t\\&=\dot{Y}(t)\mathrm{e}^{-\mathrm{i}\omega t}\Big|_{-T}^{T}+\mathrm{i}\omega Y(t)\mathrm{e}^{-\mathrm{i}\omega t}\Big|_{-T}^{T}+(\mathrm{i}\omega)^2\int_{-T}^{T}Y(t)\mathrm{e}^{-\mathrm{i}\omega t}\mathrm{d}t\\&=(\mathrm{i}\omega)^2F_Y(\omega,T)+\psi_{\ddot{Y}}(\omega,T)\end{aligned} \tag{15-35}$$

类似地，$\dot{Y}(t)$ 的有限Fourier变换为

$$F_{\dot{Y}}(\omega,T)=\mathrm{i}\omega F_Y(\omega,T)+\psi_{\dot{Y}}(\omega,T) \tag{15-36}$$

其中

$$\psi_{\ddot{Y}}(\omega,T)=[\dot{Y}(t)+\mathrm{i}\omega Y(t)]\mathrm{e}^{-\mathrm{i}\omega t}\Big|_{-T}^{T} \tag{15-37a}$$

$$\psi_{\dot{Y}}(\omega,T)=Y(t)\mathrm{e}^{-\mathrm{i}\omega t}\Big|_{-T}^{T} \tag{15-37b}$$

对式(15-30)两边进行有限Fourier变换，可得

$$\psi_{\ddot{Y}}(\omega,T)+2\xi\omega_0\psi_{\dot{Y}}(\omega,T)+(\omega_0^2-\omega^2+2\mathrm{i}\xi\omega_0\omega)F_Y(\omega,T)=F_X(\omega,T) \tag{15-38}$$

将上式两边乘以自共轭，并除以 $2T$，且令 $T\to\infty$，注意到

$$\begin{aligned}&\lim_{T\to\infty}\frac{1}{2T}\psi_{\ddot{Y}}(\omega,T)=0,\quad \lim_{T\to\infty}\frac{1}{2T}\psi_{\dot{Y}}(\omega,T)=0\\&\lim_{T\to\infty}\frac{1}{2T}\left|\psi_{\ddot{Y}}(\omega,T)\right|^2=0,\quad \lim_{T\to\infty}\frac{1}{2T}\left|\psi_{\dot{Y}}(\omega,T)\right|^2=0\end{aligned} \tag{15-39}$$

于是，有

$$\lim_{T\to\infty}\frac{1}{2T}[F_Y(\omega,T)F_Y^*(\omega,T)]=\lim_{T\to\infty}\frac{1}{2T}H(\omega)H^*(\omega)F_X(\omega,T)F_X^*(\omega,T) \tag{15-40}$$

其中

$$H(\omega)=\frac{1}{\omega_0^2-\omega^2+2\mathrm{i}\xi\omega_0\omega} \tag{15-41}$$

为频率响应函数。为方便计，一般也将 $|H(\omega)|^2$ 称为传递函数。

从上面的推导过程看到，可在式(15-38)中直接略去附加项 $\psi_{\dot{Y}}(\omega,T)+2\xi\omega_0\psi_Y(\omega,T)$ 而不影响最后的结果。略去附加项后的式(15-38)与 Fourier 变换的结果完全相同。这一简化，为实际工程应用提供了极大的方便。

对式(15-40)两边取数学期望，并注意到式(15-33)，有

$$S_Y(\omega)=|H(\omega)|^2S_X(\omega) \tag{15-42}$$

由此可见，线性系统输出功率谱密度函数是输入功率谱密度函数与传递函数的乘积，而传递函数则完全决定于物理系统的特性(频率响应函数)。

频率响应函数是反映结构基本特性的重要函数，它是单位脉冲响应函数的 Fourier 变换，即

$$H(\omega)=\int_{-\infty}^{\infty}h(t)\mathrm{e}^{-\mathrm{i}\omega t}\mathrm{d}t \tag{15-43}$$

$$h(t)=\frac{1}{2\pi}\int_{-\infty}^{\infty}H(\omega)\mathrm{e}^{\mathrm{i}\omega t}\mathrm{d}\omega \tag{15-44}$$

这可以直接将式(15-3)与式(15-41)代入加以验证。但为了使物理意义更加明确，也可以从如下角度加以说明。根据单位脉冲响应函数的意义，它是系统

$$\ddot{x}+2\xi\omega_0\dot{x}+\omega_0^2x=\delta(t) \tag{15-45}$$

在零初始条件下的响应，即 $h(t)$ 是这一方程的解，因此

$$\ddot{h}(t)+2\xi\omega_0\dot{h}(t)+\omega_0^2h(t)=\delta(t) \tag{15-46}$$

对式(15-46)两边进行 Fourier 变换，记 $h(t)$ 的 Fourier 变换为 $\widetilde{H}(\omega)$，则

$$(\mathrm{i}\omega)^2\widetilde{H}(\omega)+2\xi\omega_0\mathrm{i}\omega\widetilde{H}(\omega)+\omega_0^2\widetilde{H}(\omega)=\int_{-\infty}^{\infty}\delta(t)\mathrm{e}^{-\mathrm{i}\omega t}\mathrm{d}t \tag{15-47}$$

上式右端积分 $\int_{-\infty}^{\infty}\delta(t)\mathrm{e}^{-\mathrm{i}\omega t}\mathrm{d}t=1$，故有

$$\widetilde{H}(\omega)=\frac{1}{\omega_0^2-\omega^2+2\mathrm{i}\xi\omega_0\omega} \tag{15-48}$$

显然，这就是式(15-41)中给出的单位频率响应函数，即 $\widetilde{H}(\omega)=H(\omega)$。它的基本意义是，当单自由度线性系统的输入为单位谐和函数时，即 $X(\varpi,t)=e^{i\omega t}$，则其稳态输出为

$$Y(t)=H(\omega)e^{i\omega t} \tag{15-49}$$

根据式(15-42)，若输入过程为白噪声 $S_X(\omega)=S_0$，则响应的功率谱为

$$S_Y(\omega)=|H(\omega)|^2S_0=\frac{S_0}{(\omega_0^2-\omega^2)^2+4\xi^2\omega_0^2\omega^2} \tag{15-50}$$

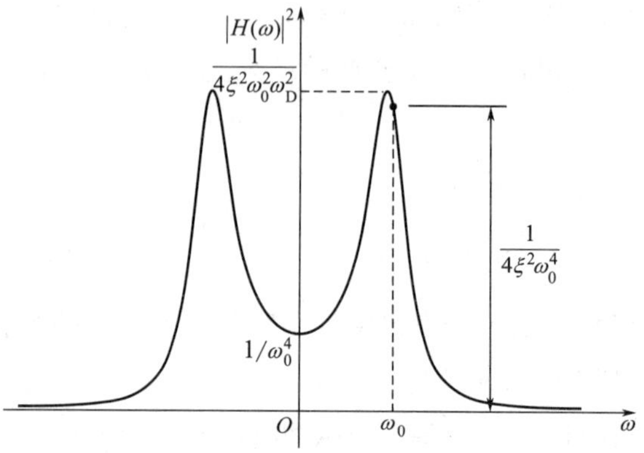

图 15-2

可见，输入白噪声时，系统的输出功率谱密度函数形状与传递函数 $|H(\omega)|^2$ 相同，如图 15-2 所示。

从图 15-2 中可知，当 $\omega=\omega_0$ 时，$|H(\omega)|^2$ 近似达到峰值点，其大小为 $1/(4\xi^2\omega_0^4)$。因而对一个结构采用白噪声输入进行激励，获取其响应功率谱密度函数，即可方便地给出结构的基本频率。这是振动台试验中进行白噪声扫描的原因。

【例 15-3】　地震工程中的 Kanai-Tajimi 谱。

在地震工程中，金井清和田治见宏提出的 Kanai-Tajimi 谱是一种能较好地反映地震动频率特性的平稳过滤白噪声模型。这种模型是基于这样的事实：地震引起基岩的运动，然后通过地表土层传到结构，如图 15-3 所示。地震引起基岩运动的加速度过程假定为零均值的白噪声，其谱密度为 S_0；地表土层相当于一个滤波器，且处理为单自由度线性体系。因此，地表土层的运动方程可以写成

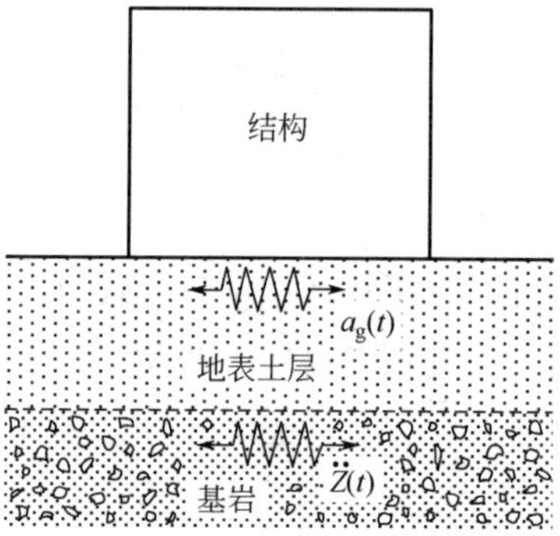

图 15-3　过滤白噪声模型

$$\ddot{X}_g+2\xi_g\omega_g\dot{X}_g+\omega_g^2X_g=-\ddot{Z}(t) \tag{a}$$

式中 ω_g 和 ξ_g 分别是地表土层的固有圆频率和阻尼比；$\ddot{X}_g(t)$ 是地震地面相对于基岩的加速度；$\ddot{Z}(t)$ 是地震基岩运动的绝对加速度，其均值为零、谱密度为 S_0。

于是，地震地面运动的绝对加速度为

$$a_g(t)=\ddot{X}_g(t)+\ddot{Z}(t) \tag{b}$$

这就是作为结构随机激励的地震地面加速度模型。平稳状态下的绝对加速度 $a_{g,s}(t)$ 的谱密度就是平稳过滤白噪声模型的谱密度。为简单起见，下面不再区分 $a_{g,s}(t)$ 和 $a_g(t)$，均

用 $a_g(t)$ 来表示。

由运动方程式(a)，绝对加速度 $a_g(t)$ 可写成

$$a_g(t)=-2\xi_g\omega_g\dot{X}_g(t)-\omega_g^2X_g(t) \tag{c}$$

因此，在平稳状态下的相关函数为

$$R_{a_g}(\tau)=4\xi_g^2\omega_g^2R_{\dot{X}_g}(\tau)+\omega_g^4R_{X_g}(\tau)+2\xi_g\omega_g^3[R_{X_g\dot{X}_g}(\tau)+R_{\dot{X}_gX_g}(\tau)] \tag{d}$$

注意到，二阶平稳过程 $X(t)$ 的各阶均方导数的自相关和互相关函数的一般公式

$$R_{X^{(n)}X^{(m)}}(t,s)=R_{X^{(n)}X^{(m)}}(\tau)=(-1)^n\frac{\mathrm{d}^{n+m}R_X(\tau)}{\mathrm{d}\tau^{n+m}} \tag{e}$$

其中 $\tau=s-t$，而 $R_{X^{(n)}X^{(m)}}(t,s)$ 表示 $X^{(n)}(t)=\dfrac{\mathrm{d}^nX(t)}{\mathrm{d}t^n}$ 和 $X^{(m)}(t)=\dfrac{\mathrm{d}^mX(t)}{\mathrm{d}t^m}$ 的自(互)相关函数。同时，若令 $S_{X^{(n)}X^{(m)}}(\omega)$ 表示 $X^{(n)}(t)$ 和 $X^{(m)}(t)$ 的自(互)谱密度，则有如下关系

$$S_{X^{(n)}X^{(m)}}(\omega)=(-1)^n(\mathrm{i}\omega)^{n+m}S_X(\omega) \tag{f}$$

根据上述一般公式(e)，有 $R_{X_g\dot{X}_g}(\tau)=-R_{\dot{X}_gX_g}(\tau)$。于是，式(d)变成为

$$R_{a_g}(\tau)=4\xi_g^2\omega_g^2R_{\dot{X}_g}(\tau)+\omega_g^4R_{X_g}(\tau) \tag{g}$$

再由式(15-28)，并注意到式(e)，可得

$$R_{X_g}(\tau)=\frac{S_0}{4\xi_g\omega_g^3}\mathrm{e}^{-\xi_g\omega_g|\tau|}\left[\cos(\omega_D\tau)+\frac{\xi_g\omega_g}{\omega_D}\sin(\omega_D|\tau|)\right]$$

$$R_{\dot{X}_g}(\tau)=-\frac{\mathrm{d}^2R_{X_g}(\tau)}{\mathrm{d}\tau^2}=\frac{S_0}{4\xi_g\omega_g}\mathrm{e}^{-\xi_g\omega_g|\tau|}\left[\cos(\omega_D\tau)-\frac{\xi_g\omega_g}{\omega_D}\sin(\omega_D|\tau|)\right]$$

将上述两式代入式(g)中，得到

$$R_{a_g}(\tau)=D\mathrm{e}^{-\alpha|\tau|}[\cos(\beta\tau)+\mu\sin(\beta|\tau|)] \tag{h}$$

其中

$$\alpha=\xi_g\omega_g,\quad \beta=\omega_g\sqrt{1-\xi_g^2}$$

$$\mu=\frac{1-4\xi_g^2}{1+4\xi_g^2}\frac{\xi_g}{\sqrt{1-\xi_g^2}},\quad D=\frac{\omega_g(1+4\xi_g^2)}{4\xi_g}S_0$$

于是，利用功率谱密度与相关函数的关系 $S_{a_g}(\omega)=\int_{-\infty}^{\infty}R_{a_g}(\tau)\mathrm{e}^{-\mathrm{i}\omega\tau}\mathrm{d}\tau$，即可求得功率谱密度为

$$S_{a_g}(\omega)=2D\frac{(\alpha-\mu\beta)\omega^2+(\alpha+\mu\beta)(\beta^2+\alpha^2)}{\omega^4-2(\beta^2-\alpha^2)\omega^2+(\beta^2+\alpha^2)^2} \tag{i}$$

事实上，我们也可以通过式(g)得到

$$S_{a_g}(\omega)=4\xi_g^2\omega_g^2 S_{\dot{X}_g}(\omega)+\omega_g^4 S_{X_g}(\omega) \tag{j}$$

其中

$$S_{X_g}(\omega)=|H_g(\omega)|^2 S_0=\frac{S_0}{(\omega_g^2-\omega^2)^2+4\xi_g^2\omega_g^2\omega^2}$$

$$S_{\dot{X}_g}(\omega)=\omega^2 S_{X_g}(\omega)=\frac{\omega^2 S_0}{(\omega_g^2-\omega^2)^2+4\xi_g^2\omega_g^2\omega^2}$$

这里利用了式(15-50)以及式(f)的结论。

由此得到，地震地面加速度平稳过滤白噪声模型的谱密度为

$$S_{a_g}(\omega)=\frac{\omega_g^4+4\xi_g^2\omega_g^2\omega^2}{(\omega^2-\omega_g^2)^2+4\xi_g^2\omega_g^2\omega^2}S_0 \tag{k}$$

这就是地震工程中著名的 Kanai-Tajimi 谱。不难验证，式(k)与式(i)是相同的。

另一种更为简单的方式是利用有限 Fourier 变换。对式(a)两边进行有限 Fourier 变换并略去附加项，可得

$$F_{X_g}(\omega,T)=-H_g(\omega)F_{\ddot{Z}}(\omega,T) \tag{l}$$

其中 $H_g(\omega)$ 的表达式与式(15-41)类似，即

$$H_g(\omega)=\frac{1}{\omega_g^2-\omega^2+2\mathrm{i}\xi_g\omega_g\omega} \tag{m}$$

同时对式(b)进行有限 Fourier 变换并略去附加项，有

$$\begin{aligned}F_{a_g}(\omega,T)&=F_{\ddot{X}_g}(\omega,T)+F_{\ddot{Z}}(\omega,T)\\&=(\mathrm{i}\omega)^2F_{X_g}(\omega,T)+F_{\ddot{Z}}(\omega,T)\\&=\left[1+\omega^2H_g(\omega)\right]F_{\ddot{Z}}(\omega,T)\end{aligned} \tag{n}$$

与式(15-40)类似，将式(n)两边右乘其复共轭，除以 $2T$，令 $T\to\infty$，并在两边取数学期望，即可得

$$S_{a_g}(\omega)=|1+\omega^2H_g(\omega)|^2S_{\ddot{Z}}(\omega)=|1+\omega^2H_g(\omega)|^2S_0 \tag{o}$$

将式(m)代入式(o)，即得式(k)。

式(k)描述的过滤白噪声模型考虑了地表土层对地震动频谱特性的影响，具有明确的物理意义，在地震工程中得到较为广泛的应用。

15.2.2　多自由度系统的频域分析方法

考虑式(15-9)中的多自由度线性系统：

$$\boldsymbol{M}\ddot{\boldsymbol{Y}}+\boldsymbol{C}\dot{\boldsymbol{Y}}+\boldsymbol{K}\boldsymbol{Y}=\boldsymbol{D}\boldsymbol{X}(\varpi,t) \tag{15-51}$$

为了获得响应向量的功率谱密度函数矩阵，可以采用直接矩阵法或振型叠加法得到。

1. 直接矩阵法

对式(15-51)两边进行有限 Fourier 变换，并略去当 $T\rightarrow\infty$ 由于因子 $\frac{1}{2T}$ 而消失的项［见式(15-39)］，有

$$(-\omega^2\boldsymbol{M}+\mathrm{i}\omega\boldsymbol{C}+\boldsymbol{K})\boldsymbol{F}_{\boldsymbol{Y}}(\omega,T)=\boldsymbol{D}\boldsymbol{F}_{\boldsymbol{X}}(\omega,T) \tag{15-52}$$

或

$$\boldsymbol{F}_{\boldsymbol{Y}}(\omega,T)=\boldsymbol{H}(\omega)\boldsymbol{D}\boldsymbol{F}_{\boldsymbol{X}}(\omega,T) \tag{15-53}$$

其中，$\boldsymbol{H}(\omega)$ 为单位频率响应矩阵

$$\boldsymbol{H}(\omega)=(-\omega^2\boldsymbol{M}+\mathrm{i}\omega\boldsymbol{C}+\boldsymbol{K})^{-1} \tag{15-54}$$

这里 $\boldsymbol{F}_{\boldsymbol{Y}}(\omega,T)$ 和 $\boldsymbol{F}_{\boldsymbol{X}}(\omega,T)$ 分别为随机向量 $\boldsymbol{Y}(\varpi,t)$ 与 $\boldsymbol{X}(\varpi,t)$ 的有限 Fourier 变换产生的向量。

这时，$\boldsymbol{Y}(\varpi,t)$ 的功率谱密度函数矩阵为：

$$\boldsymbol{S}_{\boldsymbol{Y}}(\omega)=\lim_{T\to\infty}\frac{1}{2T}E[\boldsymbol{F}_{\boldsymbol{Y}}(\omega,T)\boldsymbol{F}_{\boldsymbol{Y}}^{*}(\omega,T)] \tag{15-55}$$

将式(15-53)两边乘以自共轭转置，除以 $2T$ 并取数学期望，且令 $T\rightarrow\infty$，有

$$\lim_{T\to\infty}\frac{1}{2T}E[\boldsymbol{F}_{\boldsymbol{Y}}(\omega,T)\boldsymbol{F}_{\boldsymbol{Y}}^{*}(\omega,T)]=\lim_{T\to\infty}\frac{1}{2T}E[\boldsymbol{H}(\omega)\boldsymbol{D}\boldsymbol{F}_{\boldsymbol{X}}(\omega,T)\boldsymbol{F}_{\boldsymbol{X}}^{*}(\omega,T)\boldsymbol{D}^{\mathrm{T}}\boldsymbol{H}^{*}(\omega)]$$

从而，有

$$\boldsymbol{S}_{\boldsymbol{Y}}(\omega)=\boldsymbol{H}(\omega)\boldsymbol{D}\boldsymbol{S}_{\boldsymbol{X}}(\omega)\boldsymbol{D}^{\mathrm{T}}\boldsymbol{H}^{*}(\omega) \tag{15-56}$$

上述符号 $*$ 表示共轭转置，T 表示转置，激励位置矩阵 $\boldsymbol{D}$ 是一个实值矩阵。

由此可见，多自由度线性系统随机响应功率谱密度函数矩阵仍然是输入功率谱密度函数矩阵的线性函数，其传递关系取决于频率响应函数矩阵。

2. 振型叠加法

引入式(15-14)的振型叠加

$$\boldsymbol{Y}(\varpi,t)=\sum_{i=1}^{n}\boldsymbol{\phi}_iZ_i(\varpi,t)=\boldsymbol{\Phi}\boldsymbol{Z}(\varpi,t) \tag{15-57}$$

并利用振型正交性条件(15-13)，可得解耦的单自由度系统运动方程，即式(15-15)

$$m_j\ddot{Z}_j+c_j\dot{Z}_j+k_jZ_j=\boldsymbol{\phi}_j^{\mathrm{T}}\boldsymbol{D}\boldsymbol{X}(\varpi,t) \tag{15-58}$$

两边同时除以 m_j，有

$$\ddot{Z}_j + 2\xi_j\omega_j\dot{Z}_j + \omega_j^2 Z_j = \frac{1}{m_j}\boldsymbol{\phi}_j^{\mathrm{T}}\boldsymbol{D}\boldsymbol{X}(\varpi, t),\ j = 1, 2, \cdots, n \tag{15-59}$$

对式(15-59)两边进行有限 Fourier 变换，并略去当 $T \to \infty$ 由于因子 $\frac{1}{2T}$ 而消失的项，有

$$F_{Z_j}(\omega, T) = H_j(\omega)\frac{1}{m_j}\boldsymbol{\phi}_j^{\mathrm{T}}\boldsymbol{D}\boldsymbol{F}_{\boldsymbol{X}}(\omega, T) \tag{15-60}$$

其中

$$H_j(\omega) = \frac{1}{\omega_j^2 - \omega^2 + 2\mathrm{i}\xi_j\omega_j\omega} \tag{15-61}$$

为第 j 个广义单自由度系统的频率响应函数。

由有限 Fourier 变换的线性性质，式(15-57)的有限 Fourier 变换如下

$$\boldsymbol{F}_{\boldsymbol{Y}}(\omega, T) = \sum_{i=1}^{n}\boldsymbol{\phi}_i F_{Z_i}(\omega, T) \tag{15-62}$$

因而

$$\begin{aligned} &\lim_{T\to\infty}\frac{1}{2T}E[\boldsymbol{F}_{\boldsymbol{Y}}(\omega, T)\boldsymbol{F}_{\boldsymbol{Y}}^{*}(\omega, T)] \\ =&\lim_{T\to\infty}\frac{1}{2T}E\left\{\left[\sum_{i=1}^{n}\boldsymbol{\phi}_i F_{Z_i}(\omega, T)\right]\left[\sum_{j=1}^{n}F_{Z_j}^{*}(\omega, T)\boldsymbol{\phi}_j^{\mathrm{T}}\right]\right\} \end{aligned} \tag{15-63}$$

将式(15-60)代入式(15-63)中，得到

$$\begin{aligned} \boldsymbol{S}_{\boldsymbol{Y}}(\omega) &= \lim_{T\to\infty}\frac{1}{2T}E\left\{\left[\sum_{i=1}^{n}\boldsymbol{\phi}_i\frac{H_i(\omega)}{m_i}\boldsymbol{\phi}_i^{\mathrm{T}}\boldsymbol{D}\boldsymbol{F}_{\boldsymbol{X}}(\omega, T)\right]\left[\sum_{j=1}^{n}\frac{H_j^{*}(\omega)}{m_j}\boldsymbol{F}_{\boldsymbol{X}}^{*}(\omega, T)\boldsymbol{D}^{\mathrm{T}}\boldsymbol{\phi}_j\boldsymbol{\phi}_j^{\mathrm{T}}\right]\right\} \\ &= \sum_{i=1}^{n}\sum_{j=1}^{n}\frac{H_i(\omega)H_j^{*}(\omega)}{m_i m_j}\boldsymbol{\phi}_i\boldsymbol{\phi}_i^{\mathrm{T}}\boldsymbol{D}\boldsymbol{S}_{\boldsymbol{X}}(\omega)\boldsymbol{D}^{\mathrm{T}}\boldsymbol{\phi}_j\boldsymbol{\phi}_j^{\mathrm{T}} \end{aligned} \tag{15-64}$$

对比式(15-56)与式(15-64)，并利用振型正交性，不难发现

$$\boldsymbol{H}(\omega) = \sum_{i=1}^{n}\frac{H_i(\omega)}{m_i}\boldsymbol{\phi}_i\boldsymbol{\phi}_i^{\mathrm{T}} \tag{15-65}$$

这从另一个角度给出了 $\boldsymbol{H}(\omega)$ 的精确表达式。式(15-65)也恰好是式(15-22)的 Fourier 变换。

应注意到，只要原物理系统的基本特性已知，即 $H_i(\omega)$、$\boldsymbol{\phi}_i$ 等可以确定，就可以获得输出的功率谱密度函数，而且它是关于振型可叠加的。

15.2.3 虚拟激励法

上述两节建立了输出、输入功率谱密度之间的传递关系。但在实际应用中，由于结构

的自由度数很大，因而式(15-56)或(15-64)的计算工作量很大，难以在实际大型复杂结构的随机振动分析中获得应用。

从式(15-53)中我们获得重要的启示。设存在 $\boldsymbol{A}(\omega)\mathrm{e}^{\mathrm{i}\omega t}$，其中

$$\boldsymbol{A}(\omega)\boldsymbol{A}^{\mathrm{T}}(\omega)=\boldsymbol{S}_{\boldsymbol{X}}(\omega) \tag{15-66}$$

若将式(15-51)中的 $\boldsymbol{X}(t)$ 代之以 $\boldsymbol{A}(\omega)\mathrm{e}^{\mathrm{i}\omega t}$，则其稳态响应

$$\boldsymbol{Y}(\omega,t)=\boldsymbol{H}(\omega)\boldsymbol{D}\boldsymbol{A}(\omega)\mathrm{e}^{\mathrm{i}\omega t} \tag{15-67}$$

因而

$$\begin{aligned}\boldsymbol{Y}(\omega,t)\boldsymbol{Y}^{*}(\omega,t)&=\boldsymbol{H}(\omega)\boldsymbol{D}\boldsymbol{A}(\omega)\boldsymbol{A}^{\mathrm{T}}(\omega)\boldsymbol{D}^{\mathrm{T}}\boldsymbol{H}^{*}(\omega)\\&=\boldsymbol{H}(\omega)\boldsymbol{D}\boldsymbol{S}_{\boldsymbol{X}}(\omega)\boldsymbol{D}^{\mathrm{T}}\boldsymbol{H}^{*}(\omega)\end{aligned} \tag{15-68}$$

比较式(15-56)与式(15-68)可知，$\boldsymbol{Y}(t)$ 的功率谱密度函数矩阵由稳态响应与其复共轭转置之积给出

$$\boldsymbol{S}_{\boldsymbol{Y}}(\omega)=\boldsymbol{Y}(\omega,t)\boldsymbol{Y}^{*}(\omega,t) \tag{15-69}$$

这给出了一种随机振动响应功率谱密度函数的新算法：将原线性系统激励代之以谐和激励 $\boldsymbol{X}(t)=\boldsymbol{A}(\omega)\mathrm{e}^{\mathrm{i}\omega t}$，然后对给定的 ω 进行时程响应分析获得结构响应的稳态解答 $\boldsymbol{Y}(\omega,t)$，进而与其复共轭转置相乘即可给出响应功率谱密度矩阵。因为在分析中输入一系列虚拟的确定性谐和激励，而将随机振动分析转化为一系列的确定性时程反应分析，因而该方法称为虚拟激励法❶。

现在讨论几种功率谱计算方法的特点。计算机的计算工作量主要取决于乘法运算次数，因此下面将比较不同计算方法所需的乘法次数。

直接采用式(15-56)进行分析，需要进行大约 n^4m^2 次乘法运算，采用式(15-64)需要大约为 n^6m^2 次乘法运算，因而后者的工作量约为前者的 n^2 倍，显然这将随着 n 的增大迅速增大，尤其对工程实践中自由度数很大的系统更是如此。直接从式(15-54)获取频率响应函数矩阵 $\boldsymbol{H}(\omega)$ 需要求解高阶矩阵的逆，这在通常情况下颇为困难，因而很少在工程实践中直接采用。但事实上，式(15-65)给出了 $\boldsymbol{H}(\omega)$ 的精确表达式，所以直接采用式(15-56)将较之式(15-64)具有更高的效率。

现在，讨论虚拟激励法的计算工作量。式(15-67)的计算约需 n^2m 次乘法运算。而式(15-68)则需要 n^2 次乘法，故总共约需 $n^2(m+1)$ 次乘法，因而较之前两类方法其计算量均大为减小。事实上，不难发现，式(15-64)与式(15-56)相比，是将 $\sum\sum a_ib_j$ 改写成 $(\sum a_i)(\sum b_j)$ 型的运算，其中的乘法运算大为减少。而将式(15-56)与式(15-69)相比，则是将式(15-56)右端的 4 次矩阵连乘运算[亦见式(15-68)第二个等号]采用了式(15-67)中

❶ 虚拟激励法是我国学者林家浩提出的，详见参考文献[34]：林家浩，张亚辉，2004.

的2次连乘外加1次式(15-69)中的向量乘法，因此，其计算量可进一步大为减少。

顺便指出，在理论上虚拟激励法还有一些重要的优点。例如，式(15-64)与式(15-65)均只适用于经典阻尼(如Rayleigh阻尼)的情况，而虚拟激励法则不受此限制。同时，虚拟激励法也很容易推广到演变谱分析与非一致激励的情况。此外，还可以从随机谐和函数的角度对虚拟激励法的物理意义进行新的探讨❶。

§15.3 非平稳随机振动的演变谱分析

工程问题中常常遇到的随机过程，例如地震动加速度，本质上是非平稳过程。如何合理、有效地分析工程结构或系统在非平稳随机激励下的结构响应问题，是一个重要而困难的问题。

功率谱密度函数为二阶平稳随机过程提供了一个合理的描述工具。它不仅与相关函数具有完全等价的概率信息(由于Wiener-Khinchin公式的存在)，而且，功率谱密度函数提供了不同频率范围能量分布的结构，具有十分清晰的物理意义，对理解线性结构的响应与激励的关系尤为方便。非平稳随机过程是否也能借鉴类似的方法？一种自然的考虑是进行二重Fourier变换，即

$$S_X(\omega_1,\omega_2)=\int_{-\infty}^{\infty}\int_{-\infty}^{\infty}R_X(t_1,t_2)\mathrm{e}^{-\mathrm{i}(\omega_1 t_1-\omega_2 t_2)}\mathrm{d}t_1\mathrm{d}t_2 \tag{15-70}$$

$$R_X(t_1,t_2)=\frac{1}{(2\pi)^2}\int_{-\infty}^{\infty}\int_{-\infty}^{\infty}S_X(\omega_1,\omega_2)\mathrm{e}^{\mathrm{i}(\omega_1 t_1-\omega_2 t_2)}\mathrm{d}\omega_1\mathrm{d}\omega_2 \tag{15-71}$$

采用上述方法描述非平稳过程虽然已有专门的研究，但仍然存在一些问题，例如：

(1)在统计上要获取非平稳随机过程的相关函数 $R_X(t_1,t_2)$ 是十分困难的，此时不仅要有足够多的样本函数，而且每条样本函数的时程都要足够长。

(2)双重频率功率谱 $S_X(\omega_1,\omega_2)$ 在物理上意义不清晰，失去了采用功率谱密度描述的主要优点。

(3)上述变换对存在的数学条件较为严格，特别是，上述定义对平稳过程是不成立的。

鉴于此，国内外学者进行了多方面的探索。其中，演变功率谱密度获得了较多的研究。

15.3.1 演变功率谱密度

设 $\zeta(t)$ 是一个平稳随机过程，它的相关函数可由功率谱密度函数给出

$$R_\zeta(t_1,t_2)=\frac{1}{2\pi}\int_{-\infty}^{\infty}S_\zeta(\omega)\mathrm{e}^{\mathrm{i}\omega(t_2-t_1)}\mathrm{d}\omega \tag{15-72}$$

❶ 详见参考文献[49]：陈建兵，彭勇波，李杰，2011.

当 $t_1=t_2=t$ 时，有

$$E[\zeta^2(t)]=R_\zeta(t,t)=\frac{1}{2\pi}\int_{-\infty}^{\infty}S_\zeta(\omega)\mathrm{d}\omega \tag{15-73}$$

在平稳过程激励下线性结构的稳态响应是平稳过程，但其频谱结构由于线性系统的过滤作用而发生了改变。结构位移响应 $X(t)$ 与随机激励 $\zeta(t)$ 的功率谱密度函数可以通过频率传递函数相联系

$$S_X(\omega)=|H(\omega)|^2S_\zeta(\omega) \tag{15-74}$$

其中，$H(\omega)$ 是确定性时不变单自由度线性系统的频率响应函数[见式(15-41)]。

不考虑初始条件的影响时，时不变线性系统的滤波不改变平稳随机过程的平稳性。要通过线性系统过滤获得非平稳响应，该系统基本特性必须是时变的。设时变单自由度系统的运动方程为

$$m(t)\ddot{X}(t)+c(t)\dot{X}(t)+k(t)X(t)=m(t)\zeta(t) \tag{15-75}$$

在 τ 时刻发生的脉冲激励 $\delta(t-\tau)$ 作用下，记其脉冲响应函数为 $\tilde{h}(t,\tau)$，则过滤后的响应为

$$X(t)=\int_{-\infty}^{\infty}\tilde{h}(t,\tau)\zeta(\tau)\mathrm{d}\tau \tag{15-76}$$

随机响应 $X(t)$ 的相关函数为

$$\begin{aligned}R_X(t_1,t_2)&=E\left[\int_{-\infty}^{\infty}\tilde{h}(t_1,u)\zeta(u)\mathrm{d}u\cdot\int_{-\infty}^{\infty}\tilde{h}(t_2,v)\zeta(v)\mathrm{d}v\right]\\&=\int_{-\infty}^{\infty}\int_{-\infty}^{\infty}\tilde{h}(t_1,u)\tilde{h}(t_2,v)R_\zeta(v-u)\mathrm{d}u\mathrm{d}v\\&=\int_{-\infty}^{\infty}\int_{-\infty}^{\infty}\tilde{h}(t_1,u)\tilde{h}(t_2,v)\frac{1}{2\pi}\int_{-\infty}^{\infty}S_\zeta(\omega)\mathrm{e}^{\mathrm{i}\omega(v-u)}\mathrm{d}\omega\mathrm{d}u\mathrm{d}v\\&=\frac{1}{2\pi}\int_{-\infty}^{\infty}\left[\int_{-\infty}^{\infty}\tilde{h}(t_1,u)\mathrm{e}^{-\mathrm{i}\omega u}\mathrm{d}u\right]\left[\int_{-\infty}^{\infty}\tilde{h}(t_2,v)\mathrm{e}^{\mathrm{i}\omega v}\mathrm{d}v\right]S_\zeta(\omega)\mathrm{d}\omega\end{aligned} \tag{15-77}$$

定义

$$A(t,\omega)=\int_{-\infty}^{\infty}\tilde{h}(t,\tau)\mathrm{e}^{-\mathrm{i}\omega\tau}\mathrm{d}\tau \tag{15-78}$$

为 $\tilde{h}(t,\tau)$ 关于 τ 的 Fourier 变换，则式(15-77)成为

$$R_X(t_1,t_2)=\frac{1}{2\pi}\int_{-\infty}^{\infty}A(t_1,\omega)A^*(t_2,\omega)S_\zeta(\omega)\mathrm{d}\omega \tag{15-79}$$

这里，符号 * 表示复共轭。

当 $t_1=t_2=t$ 时，式(15-79)变为

$$E[X^2(t)] = R_X(t,t) = \frac{1}{2\pi}\int_{-\infty}^{\infty} |A(t,\omega)|^2 S_\zeta(\omega)\mathrm{d}\omega \tag{15-80}$$

比较式(15-80)与式(15-73)，可定义

$$S_X(\omega,t) = |A(t,\omega)|^2 S_\zeta(\omega) \tag{15-81}$$

因而，式(15-80)可改写为

$$E[X^2(t)] = R_X(t,t) = \frac{1}{2\pi}\int_{-\infty}^{\infty} S_X(\omega,t)\mathrm{d}\omega \tag{15-82}$$

称 $S_X(\omega,t)$ 为调制非平稳过程 $X(t)$ 的演变谱密度函数，$A(t,\omega)$ 称为调制函数。$X(t)$ 也称为演变随机过程。

因此，演变谱密度在每一时刻 t 的积分给出时变均方值响应，而 $S_X(\omega,t)$ 可认为是在某一给定时刻 t 的功率在频域内的分解。

15.3.2 演变谱分析

现在考虑线性结构在调制非平稳激励下响应的演变功率谱。考虑单自由度线性系统：

$$\ddot{Y} + 2\xi\omega_0\dot{Y} + \omega_0^2 Y = X(t) \tag{15-83}$$

其中，$X(t)$ 的演变谱密度为 $S_X(\omega,t) = |A(t,\omega)|^2 S_\zeta(\omega)$ 。响应 $Y(t)$ 可由 Duhamel 积分给出

$$Y(t) = \int_{-\infty}^{\infty} h(t-\tau)X(\tau)\mathrm{d}\tau \tag{15-84}$$

而 $h(t)$ 是单自由度系统的单位脉冲响应函数。$Y(t)$ 的相关函数为

$$\begin{aligned} R_Y(t_1,t_2) &= E\left[\int_{-\infty}^{\infty} h(t_1-u)X(u)\mathrm{d}u \cdot \int_{-\infty}^{\infty} h(t_2-v)X(v)\mathrm{d}v\right] \\ &= \int_{-\infty}^{\infty}\int_{-\infty}^{\infty} h(t_1-u)h(t_2-v)R_X(u,v)\mathrm{d}u\mathrm{d}v \end{aligned} \tag{15-85}$$

将式(15-79)代入式(15-85)中，有

$$\begin{aligned} R_Y(t_1,t_2) &= \frac{1}{2\pi}\int_{-\infty}^{\infty}\int_{-\infty}^{\infty} h(t_1-u)h(t_2-v)\int_{-\infty}^{\infty} A(u,\omega)A^*(v,\omega)S_\zeta(\omega)\mathrm{d}\omega\mathrm{d}u\mathrm{d}v \\ &= \frac{1}{2\pi}\int_{-\infty}^{\infty}\left[\int_{-\infty}^{\infty} h(t_1-u)A(u,\omega)\mathrm{d}u\right]\left[\int_{-\infty}^{\infty} h(t_2-v)A^*(v,\omega)\mathrm{d}v\right]S_\zeta(\omega)\mathrm{d}\omega \\ &= \frac{1}{2\pi}\int_{-\infty}^{\infty} H(\omega,t_1)H^*(\omega,t_2)S_\zeta(\omega)\mathrm{d}\omega \end{aligned} \tag{15-86}$$

其中

$$H(\omega,t) = \int_{-\infty}^{\infty} h(t-u)A(u,\omega)\mathrm{d}u = \int_{-\infty}^{\infty} h(t-u)\left[\int_{-\infty}^{\infty} \tilde{h}(u,\tau)\mathrm{e}^{-\mathrm{i}\omega\tau}\mathrm{d}\tau\right]\mathrm{d}u \tag{15-87}$$

由式(15-86)可知，当 $t_1=t_2=t$ 时，有

$$E[Y^2(t)]=R_Y(t,t)=\frac{1}{2\pi}\int_{-\infty}^{\infty}|H(\omega,t)|^2 S_\zeta(\omega)\mathrm{d}\omega \tag{15-88}$$

利用式(15-88)与式(15-80)的相似性，可定义响应 $Y(t)$ 的演变功率谱密度为

$$S_Y(\omega,t)=|H(\omega,t)|^2 S_\zeta(\omega) \tag{15-89}$$

这样，式(15-88)变为

$$E[Y^2(t)]=R_Y(t,t)=\frac{1}{2\pi}\int_{-\infty}^{\infty}S_Y(\omega,t)\mathrm{d}\omega \tag{15-90}$$

演变谱分析与平稳随机过程功率谱密度函数传递关系具有完全相同的形式。但是，应该指出，演变频率传递函数 $|H(\omega,t)|^2$ 中不仅含有结构特性的基本信息，还含有调制滤波器的信息[式(15-87)]，而单自由度系统频率传递函数 $|H(\omega)|^2$ 中仅含有结构特性的基本信息。

当非平稳随机过程是在平稳随机过程基础上乘以时间包络函数时，即

$$X(t)=a(t)\zeta(t) \tag{15-91}$$

其中，$a(t)$ 仅对 $\zeta(t)$ 的幅值进行调制，而对 $\zeta(t)$ 的频率结构不进行调制，即

$$A(t,\omega)=a(t) \tag{15-92}$$

这时称为均匀调制。

此时，式(15-81)成为

$$S_X(\omega,t)=a^2(t)S_\zeta(\omega) \tag{15-93}$$

在此情况下，式(15-87)变为

$$H(\omega,t)=\int_{-\infty}^{\infty}h(t-u)a(u)\mathrm{d}u \tag{15-94}$$

显然，$H(\omega,t)$ 可认为是系统

$$\ddot{y}_a+2\xi\omega_0\dot{y}_a+\omega_0^2 y_a=a(t) \tag{15-95}$$

响应的 Duhamel 积分，因而式(15-89)亦可写为

$$S_Y(\omega,t)=y_a^2(t)S_\zeta(\omega) \tag{15-96}$$

这一形式变得十分简洁。在地震工程学中，经常采用这一方法。

§ 15.4　非线性系统随机振动的等效线性化方法

与线性系统的随机振动相比，非线性系统的随机振动分析问题更为困难。由于非线性

系统不再满足叠加原理，因此 Duhamel 积分不成立，即 15.1 节中的时域分析方法不再可行。同时，由于 Fourier 变换不适用于非线性系统，因此，在 15.2 和 15.3 节中的谱分析方法也不能用于非线性系统随机振动分析。在过去近六十年里，人们对非线性系统随机振动问题进行了大量研究。其中，**等效线性化方法**(也称为等价线性化方法、随机线性化方法或统计线性化方法)、时域模拟方法和 FPK 方程方法是具有代表性的方法，将在本章接下来的内容中进行介绍。

15.4.1　单自由度系统的等效线性化方法

先考察单自由度系统。不失一般性，考虑阻尼和恢复力具有非线性的系统运动方程

$$m\ddot{X}+c_0\dot{X}+k_0X+f(X,\dot{X})=\zeta(t) \tag{15-97}$$

其中，m 为质量，c_0 和 k_0 分别为与阻尼力和恢复力线性部分相应的阻尼系数与刚度，$\zeta(t)$ 为随机激励。非线性函数 $f(X,\dot{X})$ 中包括非线性恢复力与非线性阻尼力。例如，对于 Duffing 振子，$f(X,\dot{X})=\varepsilon k_0X^3$，其中 $|\varepsilon|\ll 1$ 为非线性刚度系数，工程中可用于模拟大幅振动的板。对于 van der Pol 振子，$f(X,\dot{X})=\beta(X^2-1)\dot{X}$，其中 β 为阻尼系数。对于黏滞阻尼器，$f(X,\dot{X})=c_n|\dot{X}|^{\alpha}\operatorname{sgn}(\dot{X})=c_n|\dot{X}|^{\alpha-1}\dot{X}$，其中 c_n 和 α 分别为黏滞阻尼系数与阻尼指数；当 $\alpha=2$ 时，$f(X,\dot{X})=c_n|\dot{X}|\dot{X}$，可用于描述调谐液体阻尼器的非线性；当 $\alpha=3$ 时，$f(X,\dot{X})=c_n\dot{X}^3$，称为幂律阻尼，可用于描述非线性减隔震装置的阻尼特性。

显然，由于 $\zeta(t)$ 是随机激励，系统(15-97)的响应亦必为随机过程。对于非线性系统，一个直接的想法是：能否构造一个统计上等效的线性系统，使得该线性系统响应的统计特性在某种意义上与原非线性系统响应的统计特性等价？为此，假设存在如下的等效线性系统

$$m\ddot{X}+c_{eq}\dot{X}+k_{eq}X=\zeta(t) \tag{15-98}$$

其中 c_{eq} 与 k_{eq} 分别为等效阻尼系数与等效刚度。

将式(15-98)减去(15-97)，可得上述线性系统与本原非线性系统之间的差别

$$e(t)=c_{eq}\dot{X}+k_{eq}X-c_0\dot{X}-k_0X-f(X,\dot{X}) \tag{15-99}$$

由于 X，$\dot{X}$ 都是随机过程，因此上述差别(可称为误差或残差) $e(t)$ 也是随机过程。注意到，接下来的任务是，如何通过关于误差的某种准则获得等效阻尼系数 c_{eq} 与等效刚度 k_{eq}，使得求解等效线性系统(15-98)获得的响应统计量接近本原非线性系统响应统计量，从而只需求解(15-98)，而不必求解本原非线性系统(15-97)。

由于误差 $e(t)$ 是随机过程，它不可能总是为零，因此，一个适当的准则是使得均方误差最小化，即

$$\min_{c_{eq},k_{eq}}\{E[e^2(t)]\}=\min_{c_{eq},k_{eq}}\{E[(c_{eq}\dot{X}+k_{eq}X-c_0\dot{X}-k_0X-f(X,\dot{X}))^2]\} \tag{15-100}$$

因而 c_{eq} 与 k_{eq} 应满足如下方程

$$\begin{cases}\dfrac{\partial E[e^2(t)]}{\partial c_{\mathrm{eq}}}=0\\[2ex]\dfrac{\partial E[e^2(t)]}{\partial k_{\mathrm{eq}}}=0\end{cases}\tag{15-101}$$

将式(15-99)代入，可得如下线性方程组

$$\begin{cases}E\{\dot{X}[c_{\mathrm{eq}}\dot{X}+k_{\mathrm{eq}}X-c_0\dot{X}-k_0X-f(X,\dot{X})]\}=0\\E\{X[c_{\mathrm{eq}}\dot{X}+k_{\mathrm{eq}}X-c_0\dot{X}-k_0X-f(X,\dot{X})]\}=0\end{cases}\tag{15-102}$$

从而

$$\begin{cases}c_{\mathrm{eq}}E[\dot{X}^2]+k_{\mathrm{eq}}E[X\dot{X}]=c_0E[\dot{X}^2]+k_0E[X\dot{X}]+E[\dot{X}f(X,\dot{X})]\\c_{\mathrm{eq}}E[\dot{X}X]+k_{\mathrm{eq}}E[X^2]=c_0E[\dot{X}X]+k_0E[X^2]+E[Xf(X,\dot{X})]\end{cases}\tag{15-103}$$

由此解得

$$\begin{cases}c_{\mathrm{eq}}=c_0+\dfrac{E[X^2]E[\dot{X}f(X,\dot{X})]-E[X\dot{X}]E[Xf(X,\dot{X})]}{E[\dot{X}^2]E[X^2]-E^2[\dot{X}X]}\\[3ex]k_{\mathrm{eq}}=k_0+\dfrac{E[\dot{X}^2]E[Xf(X,\dot{X})]-E[\dot{X}X]E[\dot{X}f(X,\dot{X})]}{E[\dot{X}^2]E[X^2]-E^2[\dot{X}X]}\end{cases}\tag{15-104a}$$

对于平稳随机响应，根据式(14-100)，有 $E[X\dot{X}]=0$，因而上式可以进一步简化为

$$\begin{cases}c_{\mathrm{eq}}=c_0+\dfrac{E[\dot{X}f(X,\dot{X})]}{E[\dot{X}^2]}\\[3ex]k_{\mathrm{eq}}=k_0+\dfrac{E[Xf(X,\dot{X})]}{E[X^2]}\end{cases}\tag{15-104b}$$

进而，若 X，$\dot{X}$ 均为零均值过程，则上式成为

$$\begin{cases}c_{\mathrm{eq}}=c_0+\dfrac{E[\dot{X}f(X,\dot{X})]}{\sigma_{\dot{X}}^2}\\[3ex]k_{\mathrm{eq}}=k_0+\dfrac{E[Xf(X,\dot{X})]}{\sigma_X^2}\end{cases}\tag{15-104c}$$

其中 σ_X，$\sigma_{\dot{X}}$ 分别为 X 和 $\dot{X}$ 的标准差。

分析上述解答[式(15-104a)～式(15-104c)]可发现一些有意义的特征。(1)对称性：若将式(15-104a)第一式中的字符 c 替换为 k，同时将 $\dot{X}$ 与 X 相互替换，并认为 $f(X,\dot{X})$ 不变，则第一式成为第二式；反之，若将第二式中的 k 替换为 c，同时将 X 与 $\dot{X}$ 相互替换，并认为 $f(X,\dot{X})$ 不变，则第二式成为第一式。这在本质上是由于式(15-97)中 $c_0\dot{X}$ 与 k_0X 从物理上看均为力的量纲、从数学上看处于对等地位，类似式(15-98)中的 $c_{\mathrm{eq}}\dot{X}$ 和 $k_{\mathrm{eq}}X$ 从

数学上看也处于对等地位。(2)本原方程中的线性阻尼部分仅对等效阻尼系数做出贡献，而不直接影响等效刚度，同样本原方程中的线性刚度部分仅对等效刚度做出贡献，而不直接影响等效阻尼系数。(3)当 $f(X,\dot{X})=0$ 时，本原系统退化为一个线性系统，这时等效阻尼系数与等效刚度就是本原系统的线性阻尼系数和线性刚度，即等效线性系统就是其自身。(4)等效阻尼系数与等效刚度依赖于系统的响应统计量，因而不是常数，事实上，由于不同强度的输入将导致不同的响应统计量，因此，一般而言，对于不同强度的输入，等效阻尼系数和等效刚度是不同的。进而可知，等效线性系统的频率不是常数，而是随着输入强度的变化所引起的响应统计量的变化而变化的。这一点，与确定性非线性振动系统(例如 Duffing 振子的频率不是常数，而是依赖于振幅的性质)是一致的❶。事实上，这可以认为是非线性振子的频率依赖于振幅这一物理性质在随机振动中的反映。

现在来看采用等效线性化方法的求解过程。从式(15-104)可见，等效线性系统的等效阻尼系数和等效刚度依赖于系统响应，而为了求解式(15-98)的线性系统响应统计量，又必须知道等效阻尼系数和等效刚度。因此，这就形成了一个循环。除了一些比较特殊的系统之外，一般难以直接给出式(15-98)和式(15-104)的解析表达，而需要采用迭代方式求解。通常，可以先假设 c_{eq} 与 k_{eq} 的一组初值，例如可取初始切线阻尼系数与切线刚度。将初始值代入系统(15-98)中求解获得响应统计量，然后利用式(15-104)给出等效阻尼系数与等效刚度的更新值。如此循环，直至等效阻尼系数与等效刚度收敛，同时系统的响应统计量也收敛。

【例 15-4】 Duffing 振子的等效阻尼系数与等效刚度。

如前所述，对于 Duffing 振子，$f(X,\dot{X})=\varepsilon k_0 X^3$。考虑零均值平稳响应情况，将其代入式(15-104c)，可得

$$\begin{cases} c_{eq}=c_0+\varepsilon k_0\dfrac{E[\dot{X}X^3]}{\sigma_X^2}=c_0 \\ k_{eq}=k_0+\varepsilon k_0\dfrac{E[X^4]}{\sigma_X^2} \end{cases} \tag{15-105a}$$

进而，若引入 Gauss 响应假定，有 $E[X^4]=3\sigma_X^4$，则式(15-105a)进一步成为

$$\begin{cases} c_{eq}=c_0 \\ k_{eq}=k_0+3\varepsilon k_0\sigma_X^2 \end{cases} \tag{15-105b}$$

从这一结果可观察到如下特征：(1)Duffing 振子的等效阻尼系数不受非线性刚度影响。事实上，注意到 Duffing 振子的非线性刚度部分是保守的、不产生能量耗散，因而非线性刚度部分不会影响等效阻尼系数。(2)由于单自由度线性系统的 σ_X^2 关于 c_{eq} 和 k_{eq} 的解析表达可以给出，从而式(15-105b)第二式是一个非线性方程，可以直接求解获得 k_{eq}，并

❶ 关于 Duffing 振子频率与振幅有关的性质，详见参考文献[50]：刘延柱，陈立群，2001.

同时给出响应统计量 $\sigma_{\dot{X}}^2$。因此不需进行求解方程(15-98)的迭代。(3)当 $\varepsilon>0$ 时，Duffing 振子是硬弹簧系统，其等效刚度随着位移响应标准差的增大而增大；反之，当 $\varepsilon<0$ 时，Duffing 振子是软弹簧系统，其等效刚度随着位移响应标准差的增大而减小。这与确定性 Duffing 振子系统频率变化的定性趋势是完全一致的。

【例 15-5】　黏滞阻尼器的等效参数。

对于黏滞阻尼器，$f(X,\dot{X})=c_n|\dot{X}|^{\alpha}\mathrm{sgn}(\dot{X})=c_n|\dot{X}|^{\alpha-1}\dot{X}$，将其代入式(15-104c)，可得

$$\begin{cases} c_{eq}=c_0+c_n\dfrac{E[|\dot{X}|^{\alpha+1}]}{\sigma_{\dot{X}}^2} \\ k_{eq}=k_0+c_n\dfrac{E[X\dot{X}|\dot{X}|^{\alpha-1}]}{\sigma_X^2}=k_0 \end{cases} \tag{15-105c}$$

若进一步引入 Gauss 响应假定，则有 $E[|\dot{X}|^{\alpha+1}]=\dfrac{2^{\frac{\alpha+1}{2}}\sigma_{\dot{X}}^{\alpha+1}}{\sqrt{\pi}}\Gamma\left(\dfrac{\alpha}{2}+1\right)$，从而[1]

$$\begin{cases} c_{eq}=c_0+c_n\dfrac{2^{\frac{\alpha+1}{2}}\sigma_{\dot{X}}^{\alpha-1}}{\sqrt{\pi}}\Gamma\left(\dfrac{\alpha}{2}+1\right) \\ k_{eq}=k_0 \end{cases} \tag{15-105d}$$

这里 Γ(•) 是 Gamma 函数。

从上述两式可见，在黏滞阻尼器系统不产生额外的等效刚度，而其等效阻尼系数随着黏滞阻尼器系数 c_n 的增大而线性增长，且随着阻尼指数 α 的增大而增大。同时，不难看到，当 $\alpha=1$ 时，黏滞阻尼器退化为线性阻尼器，此时等效阻尼系数就是 c_n。工程中的黏滞阻尼指数 α 一般在 0.2～0.5 之间。

【例 15-6】　调谐液体阻尼器的等效参数。

对于调谐液体阻尼器，此时 $f(X,\dot{X})=c_n|\dot{X}|\dot{X}$，即式(15-105c)和式(15-105d)中 $\alpha=2$ 的情况。因此，式(15-105d)进一步简化为

$$\begin{cases} c_{eq}=c_0+c_n\sqrt{32/\pi}\,\sigma_{\dot{X}} \\ k_{eq}=k_0 \end{cases} \tag{15-105e}$$

可见，这时等效阻尼系数随着速度响应标准差的增大而线性增长。

上述黏滞阻尼器与调谐液体阻尼器的等效参数确定，有时也可以根据一个周期内的耗能与线性阻尼系统的耗能相同来获取其等效参数。这一方法对窄带响应过程较为有效。上述两例给出的统计线性化等效参数，则同时适用于宽带响应过程，为工程初步设计提供了

---

❶ 其解答过程详见参考文献[51]：Lutes & Sarkani，2004，pp. 431-446.

简便途径。

有趣的是，从式(15-102)看到，这两式本质上是

$$E[\dot{X}(t)e(t)]=0,\ E[X(t)e(t)]=0 \tag{15-106}$$

即误差关于速度响应和位移响应均正交❶，或可理解为利用等效线性系统[式(15-98)]逼近本原非线性系统[式(15-97)]时，误差 Galerkin 投影的期望值为零。可见，这一正交性准则与均方误差最小化准则是等价的，而误差与响应正交性准则的实施更为方便。熟悉逼近论、有限元基本理论或希尔伯特空间理论的读者，不难从二范数或能量最小化和截断误差(残差)与近似值之间的正交性中看到上述现象的内在一致性。

15.4.2　多自由度系统的等效线性化方法

考察一个多自由度非线性系统

$$\boldsymbol{M}\ddot{\boldsymbol{X}}+\boldsymbol{C}_0\dot{\boldsymbol{X}}+\boldsymbol{K}_0\boldsymbol{X}+\boldsymbol{f}(\boldsymbol{X},\dot{\boldsymbol{X}})=\boldsymbol{D}\boldsymbol{\zeta}(t) \tag{15-107}$$

式中，$\boldsymbol{M}$ 为质量矩阵，$\boldsymbol{C}_0$ 和 $\boldsymbol{K}_0$ 分别为结构阻尼与刚度的线性部分对应的矩阵，$\boldsymbol{f}(\boldsymbol{X},\dot{\boldsymbol{X}})$ 为内力向量，包括非线性恢复力和非线性阻尼，$\boldsymbol{D}=[D_{ij}]_{n\times m}$ 为激励位置矩阵，$\boldsymbol{\zeta}(t)=[\zeta_1(t),\zeta_2(t),\cdots,\zeta_m(t)]^{\mathrm{T}}$ 为 m 维随机激励向量。

设等效线性系统为

$$\boldsymbol{M}\ddot{\boldsymbol{X}}+\boldsymbol{C}_{\mathrm{eq}}\dot{\boldsymbol{X}}+\boldsymbol{K}_{\mathrm{eq}}\boldsymbol{X}=\boldsymbol{D}\boldsymbol{\zeta}(t) \tag{15-108}$$

其中 $\boldsymbol{C}_{\mathrm{eq}}$ 和 $\boldsymbol{K}_{\mathrm{eq}}$ 分别为等效阻尼矩阵与等效刚度矩阵。

下面考虑仅有控制元件等部件或子结构具有非线性和主结构本身具有非线性两种情况。

1. 仅有子结构具有非线性

在工程实际中，往往在结构上安装一些控制装置，例如各类阻尼器或非线性刚度装置(如屈曲约束支撑等)，不妨称之为非线性元件。这时，若主结构处于线性阶段，则非线性仅集中于所安装的非线性元件。在此情况下，$\boldsymbol{C}_{\mathrm{eq}}$ 与 $\boldsymbol{K}_{\mathrm{eq}}$ 中仅有较少的元素需要确定。

设共计有 M 个非线性元件，编号为 $i=1,2,\cdots,M$。注意到非线性元件的出力一般决定于其两端的相对速度或(与)相对位移，因而仅与主结构中与其所连接的节点的位移或速度有关。为方便计，记第 i 个原件两端的相对位移为 $X_i^{(\mathrm{r})}$，相对速度为 $\dot{X}_i^{(\mathrm{r})}$。显然，相对位移是主结构中与其所连接节点的位移的线性组合。例如，对于屈曲约束支撑，$X_i^{(\mathrm{r})}$ 表示其两端“感受”到的相对位移，在最简单的情况下是主结构两个位移之差。类似地，对于黏滞阻尼器，则 $\dot{X}_i^{(\mathrm{r})}$ 表示其“感受”到的相对速度，在最简单的情况下是主结构两个速度之差。因此，其出力可以表达为

❶　2012 年，Spanos 和 Kougioumtzoglou 利用误差在位移和速度上的 Galerkin 投影，推导时频子域上的统计线性化方法，详见参考文献[52]；2017 年，Elishakoff 和 Crandall 将其称之为正交性，详见参考文献[53]。

$$f_i = f_i(X_i^{(r)}, \dot{X}_i^{(r)}) \tag{15-109}$$

设该元件仅含有两个等效参数 $c_{eq}^{(i)}$ 和 $k_{eq}^{(i)}$，则其等效出力为

$$f_i^{eq} = c_{eq}^{(i)} \dot{X}_i^{(r)} + k_{eq}^{(i)} X_i^{(r)} \tag{15-110}$$

因此，式(15-110)与式(15-109)之差为

$$e_i(t) = c_{eq}^{(i)} \dot{X}_i^{(r)} + k_{eq}^{(i)} X_i^{(r)} - f_i(X_i^{(r)}, \dot{X}_i^{(r)}) \tag{15-111}$$

与式（15-106）类似，均方误差最小化等价于残差与其相对位移及相对速度均正交，即

$$\begin{cases} E[X_i^{(r)} \cdot e_i(t)] - E\{X_i^{(r)}[c_{eq}^{(i)} \dot{X}_i^{(r)} + k_{eq}^{(i)} X_i^{(r)} - f_i(X_i^{(r)}, \dot{X}_i^{(r)})]\} = 0 \\ E[\dot{X}_i^{(r)} \cdot e_i(t)] = E\{\dot{X}_i^{(r)}[c_{eq}^{(i)} \dot{X}_i^{(r)} + k_{eq}^{(i)} X_i^{(r)} - f_i(X_i^{(r)}, \dot{X}_i^{(r)})]\} = 0 \end{cases} \tag{15-112}$$

由此可以获得等效参数 $c_{eq}^{(i)}$ 和 $k_{eq}^{(i)}$ 之解。事实上，只需要将式(15-104c)中的 $\dot{X}$ 替换为 $\dot{X}_i^{(r)}$ 、X 替换为 $X_i^{(r)}$ 以及 f 替换为 f_i 即可。

若进一步考虑稳态解答，注意到 $E[X_i^{(r)} \dot{X}_i^{(r)}] = 0$，由此可进一步得到简化结果

$$c_{eq}^{(i)} = \frac{E[\dot{X}_i^{(r)} f_i(X_i^{(r)}, \dot{X}_i^{(r)})]}{E[(\dot{X}_i^{(r)})^2]}, \quad k_{eq}^{(i)} = \frac{E[X_i^{(r)} f_i(X_i^{(r)}, \dot{X}_i^{(r)})]}{E[(X_i^{(r)})^2]} \tag{15-113}$$

与式(15-104)类似，不难看到式(15-113)中存在的对称性。同样，这一数学上的对称性是物理上线性阻尼力与线性恢复力在量纲上的一致性与形式上的对称性所决定的。

根据式(15-113)，即可确定式(15-108)中的等效阻尼矩阵 $\boldsymbol{C}_{eq}$ 与等效刚度矩阵 $\boldsymbol{K}_{eq}$。同样，为了完整地求解系统响应统计量，一般需要结合式(15-113)与式(15-108)进行迭代求解。

2. 主结构本身具有非线性

若主结构能够简化为集中串质量模型，则对每层的等效阻尼系数与等效刚度可以完全类似于上述非线性元件等效参数的确定方法进行确定。当恢复力具有滞回性质时，一个较为常用的方法是引入具有微分形式的 *Bouc-Wen* 模型，具体内容参见相关文献❶。

对于更一般的情形，可以考虑式(15-107)与式(15-108)之差

$$\boldsymbol{e}(t) = \boldsymbol{C}_{eq}\dot{\boldsymbol{X}} + \boldsymbol{K}_{eq}\boldsymbol{X} - \boldsymbol{C}_0\dot{\boldsymbol{X}} - \boldsymbol{K}_0\boldsymbol{X} - \boldsymbol{f}(\boldsymbol{X}, \dot{\boldsymbol{X}}) \tag{15-114}$$

与式(15-106)类似，可要求残差与位移向量和速度向量的正交性。因此，有

$$\begin{cases} E[\boldsymbol{e}(t)\dot{\boldsymbol{X}}^T] = E[\boldsymbol{C}_{eq}\dot{\boldsymbol{X}}\dot{\boldsymbol{X}}^T + \boldsymbol{K}_{eq}\boldsymbol{X}\dot{\boldsymbol{X}}^T - \boldsymbol{C}_0\dot{\boldsymbol{X}}\dot{\boldsymbol{X}}^T - \boldsymbol{K}_0\boldsymbol{X}\dot{\boldsymbol{X}}^T - \boldsymbol{f}(\boldsymbol{X}, \dot{\boldsymbol{X}})\dot{\boldsymbol{X}}^T] = \boldsymbol{0} \\ E[\boldsymbol{e}(t)\boldsymbol{X}^T] = E[\boldsymbol{C}_{eq}\dot{\boldsymbol{X}}\boldsymbol{X}^T + \boldsymbol{K}_{eq}\boldsymbol{X}\boldsymbol{X}^T - \boldsymbol{C}_0\dot{\boldsymbol{X}}\boldsymbol{X}^T - \boldsymbol{K}_0\boldsymbol{X}\boldsymbol{X}^T - \boldsymbol{f}(\boldsymbol{X}, \dot{\boldsymbol{X}})\boldsymbol{X}^T] = \boldsymbol{0} \end{cases} \tag{15-115a}$$

❶ 等效线性化方法的研究起源于 20 世纪 50 年代末。关于更为系统的论述，详见参考文献[54]：Roberts & Spanos，1990.

即

$$\begin{cases}\boldsymbol{C}_{\text{eq}}E[\dot{\boldsymbol{X}}\dot{\boldsymbol{X}}^{\text{T}}]+\boldsymbol{K}_{\text{eq}}E[\boldsymbol{X}\dot{\boldsymbol{X}}^{\text{T}}]-\boldsymbol{C}_0E[\dot{\boldsymbol{X}}\dot{\boldsymbol{X}}^{\text{T}}]-\boldsymbol{K}_0E[\boldsymbol{X}\dot{\boldsymbol{X}}^{\text{T}}]-E[\boldsymbol{f}(\boldsymbol{X},\dot{\boldsymbol{X}})\dot{\boldsymbol{X}}^{\text{T}}]=\boldsymbol{0}\\ \boldsymbol{C}_{\text{eq}}E[\dot{\boldsymbol{X}}\boldsymbol{X}^{\text{T}}]+\boldsymbol{K}_{\text{eq}}E[\boldsymbol{X}\boldsymbol{X}^{\text{T}}]-\boldsymbol{C}_0E[\dot{\boldsymbol{X}}\boldsymbol{X}^{\text{T}}]-\boldsymbol{K}_0E[\boldsymbol{X}\boldsymbol{X}^{\text{T}}]-E[\boldsymbol{f}(\boldsymbol{X},\dot{\boldsymbol{X}})\boldsymbol{X}^{\text{T}}]=\boldsymbol{0}\end{cases} \tag{15-115b}$$

由于$E[\dot{\boldsymbol{X}}\dot{\boldsymbol{X}}^{\text{T}}]$和$E[\boldsymbol{X}\boldsymbol{X}^{\text{T}}]$是对称正定矩阵，因而其可逆矩阵存在，上述方程(15-115b)必存在唯一解。为简化计，当仅考虑平稳响应过程时，可近似认为$E[\dot{\boldsymbol{X}}\boldsymbol{X}^{\text{T}}]\approx\boldsymbol{0}$，从而有

$$\begin{cases}\boldsymbol{C}_{\text{eq}}\approx\boldsymbol{C}_0+E[\boldsymbol{f}(\boldsymbol{X},\dot{\boldsymbol{X}})\dot{\boldsymbol{X}}^{\text{T}}]E^{-1}[\dot{\boldsymbol{X}}\dot{\boldsymbol{X}}^{\text{T}}]\\ \boldsymbol{K}_{\text{eq}}\approx\boldsymbol{K}_0+E[\boldsymbol{f}(\boldsymbol{X},\dot{\boldsymbol{X}})\boldsymbol{X}^{\text{T}}]E^{-1}[\boldsymbol{X}\boldsymbol{X}^{\text{T}}]\end{cases} \tag{15-116}$$

显然，通常情况下需要进一步结合式(15-116)与式(15-108)进行迭代求解。

等效线性化方法原则上还可以适用于结构中含有分数阶元件、结构受随机和确定性激励联合作用以及考虑时频非平稳响应的情况❶。与其他方法相比，等效线性化方法具有较高的效率。但从以上论述可见，等效线性化方法主要给出了二阶矩意义上的等效，因此，比较适用于初步设计阶段。对于需要更为精细的概率信息的情况，例如疲劳可靠度和首次超越破坏可靠度问题，一般难以获得必要的精度。

§15.5 随机激励的模拟方法

随机模拟方法是线性与非线性系统随机振动分析的重要方法之一，它是通过对随机激励的样本作用下的系统进行确定性分析获得响应样本，进而对多次模拟获得的响应样本进行统计分析，得到结构系统的响应统计信息。其中，对随机激励的模拟是最重要的基础，将在本节中加以介绍。有关随机模拟方法的具体细节，则在下一章中进行介绍。

作用于结构的大多数外荷载不仅随时间变化，而且具有明显的随机性，一般用随机过程来描述这类随机动力荷载或随机激励。对于一个零均值的实值二阶矩过程 X(t)，最常用的两种模拟方法是 *Karhunen-Loève* 分解和谱表示，它们分别从时域和频域的角度来模拟随机过程。

15.5.1 随机过程的 Karhunen-Loève 分解

在 14.1.4 节中，通过引入矩阵特征分解，对随机向量进行了相关结构分解，将相关的随机向量转化为不相关随机变量的线性组合。事实上，连续时间参数的随机过程可以认为是无穷维随机向量，因而上述思想有望推广到随机过程的分解，从而将一个随机过程表达为一系列不相关随机变量的线性组合。

对于零均值的实值随机过程 $X(t)$，$t\in[0,T]$，记其自相关函数为 $R(t_1,t_2)$。与式(14-54b)类似，可将自相关函数展开为如下的级数形式

❶ 例如，在此方面的若干新进展可参考文献[55]：Kong & Spanos，2021.

$$R(t_1,t_2)=\sum_{i=1}^{\infty}\lambda_i f_i(t_1)f_i(t_2)\approx\sum_{i=1}^{N}\lambda_i f_i(t_1)f_i(t_2) \tag{15-117}$$

其中，λ_i 和 $f_i(t)$ 分别表示自相关函数 $R(t_1,t_2)$ 的第 i 个特征值和特征函数，满足如下的第二类 Fredholm 积分方程：

$$\int_0^T R(t_1,t_2)f_i(t_1)\mathrm{d}t_1=\lambda_i f_i(t_2) \tag{15-118}$$

且确定性的特征函数集 $\{f_i(t)\}_{i=1}^{\infty}$ 是一组在区间 $[0,T]$ 上的标准正交函数集，即

$$\int_0^T f_i(t)f_j(t)\mathrm{d}t=\delta_{ij} \tag{15-119}$$

因此，与式(14-56)类似，零均值随机过程 $X(t)$ 可展开为如下的级数形式

$$X(t)=\sum_{i=1}^{\infty}\sqrt{\lambda_i}\xi_i f_i(t)\approx\sum_{i=1}^{N}\sqrt{\lambda_i}\xi_i f_i(t) \tag{15-120}$$

式中，$\{\xi_i\}_{i=1}^{\infty}$ 是一组标准的正交随机变量集，满足如下的基本条件：

$$E[\xi_i]=0,\ E[\xi_i\xi_j]=\delta_{ij} \tag{15-121}$$

在式(15-120)中，有限级数的均方相对误差定义为

$$\varepsilon(N)=1-\frac{\sum_{i=1}^{N}\lambda_i}{\int_0^T R(t,t)\mathrm{d}t} \tag{15-122}$$

式(15-120)即为二阶矩过程 $X(t)$ 的 **Karhunen-Loève 分解**，也称为**本征正交分解**(Proper orthogonal decomposition，缩写为 POD)。对式(15-120)求取自相关函数，并注意特征函数的正交性[式(15-119)]，即可得式(15-117)。这说明，Karhunen-Loève 分解获得的随机过程与原随机过程在二阶统计矩意义上是等价的。对于平稳随机过程和非平稳过程，Karhunen-Loève 分解都是适用的。

在一般情况下，由于协方差矩阵函数的对称正定性，式(15-118)中的特征值是可数可列的，且都是正值。因此，式(15-118)中的特征值 λ_i 可按从大到小的顺序依次排列。可以证明：随机过程的 Karhunen-Loève 分解[式(15-120)]在 2-范数上是最优的，即在取相同的级数项数 N 时，式(15-120)的均方相对误差最小。

正如在随机向量的相关结构分解中，首要任务是对协方差矩阵进行特征分析获取特征值与特征向量。采用 Karhunen-Loève 分解时，其首要任务是通过求解 Fredholm 积分方程[式(15-118)]以获得自相关函数 $R(t_1,t_2)$ 的特征值 λ_i 和标准正交特征函数 $f_i(t)$。然而，除极少数情况外，直接求解 Fredholm 积分方程的解析解答是极其困难的。为此，通常采用数值求解方法，具体实施步骤如下：

(1) 选择一组标准正交函数集 $\{\varphi_k(t)\}_{k=1}^{\infty}$，取其前 M 项来计算自相关函数的特征值

与特征函数。通常，M 应当大于或等于 Karhunen-Loève 分解的有限级数项，即 $M \geqslant N$；

（2）计算相关矩阵 $\boldsymbol{R}$：

$$\boldsymbol{R} = [\rho_{ij}]_{M \times M} \tag{15-123}$$

其中，相关矩阵的元素 ρ_{ij} 计算公式如下

$$\rho_{ij} = \int_0^T \int_0^T R(t_1, t_2) \varphi_i(t_1) \varphi_j(t_2) \mathrm{d}t_1 \mathrm{d}t_2, \quad i, j = 1, 2, \cdots, M \tag{15-124}$$

显然，相关矩阵 $\boldsymbol{R}$ 是一个实对称矩阵，其特征值 $\tilde{\lambda}_i$ 一般都是正实数，特征向量 $\boldsymbol{\Phi}_i$ 都是实向量，通过如下的特征值问题来获得

$$\boldsymbol{R\Phi}_i = \tilde{\lambda}_i \boldsymbol{\Phi}_i, \quad i = 1, 2, \cdots, M \tag{15-125}$$

（3）计算标准正交特征函数：

$$\overline{f}_i(t) = \boldsymbol{\Phi}_i^{\mathrm{T}} \boldsymbol{\Psi}(t) = \sum_{k=1}^{M} \varphi_k(t) \cdot \phi_{ki}, \quad i = 1, 2, \cdots, M \tag{15-126}$$

式中，$\boldsymbol{\Psi}(t) = \{\varphi_1(t), \cdots, \varphi_k(t), \cdots, \varphi_M(t)\}^{\mathrm{T}}$；$\phi_{ki}$ 是特征向量 $\boldsymbol{\Phi}_i$ 的第 k 个元素，即 $\boldsymbol{\Phi}_i = \{\phi_{1i}, \cdots, \phi_{ki}, \cdots, \phi_{Mi}\}^{\mathrm{T}}$。事实上，由式(15-126)所定义的 $\overline{f}_i(t)$ 满足式(15-119)的标准正交条件：

$$\begin{aligned} \int_0^T \overline{f}_i(t) \overline{f}_j(t) \mathrm{d}t &= \boldsymbol{\Phi}_i^{\mathrm{T}} \left(\int_0^T \boldsymbol{\Psi}(t) \boldsymbol{\Psi}^{\mathrm{T}}(t) \mathrm{d}t \right) \boldsymbol{\Phi}_j \\ &= \boldsymbol{\Phi}_i^{\mathrm{T}} \boldsymbol{I} \boldsymbol{\Phi}_j = \boldsymbol{\Phi}_i^{\mathrm{T}} \boldsymbol{\Phi}_j = \delta_{ij} \end{aligned} \tag{15-127}$$

（4）最后，式(15-118)中的前 N 个特征值 λ_i 和特征函数 $f_i(t)$ 近似为

$$\lambda_i \approx \tilde{\lambda}_i, \quad f_i(t) \approx \overline{f}_i(t), \quad i = 1, 2, \cdots, N \tag{15-128}$$

当 $M \rightarrow \infty$ 时，式(15-125)中的特征值 $\tilde{\lambda}_i$ 与式(15-126)中定义的特征函数 $\overline{f}_i(t)$ 分别等价于式(15-118)中的特征值 λ_i 与特征函数 $f_i(t)$。

从式(15-121)可知，标准正交随机变量集 $\{\xi_i\}_{i=1}^N$ 的概率分布并未给出，因此式(15-120)还不能直接用于模拟随机过程。在传统上，一般直接假定 $\{\xi_i\}_{i=1}^N$ 是一组相互独立的标准高斯随机变量集，这样模拟随机过程 $X(t)$ 就具有 $2N$ 度的随机性。近年来发展的基于随机函数的降维方法❶，可将随机过程 $X(t)$ 的 Karhunen-Loève 分解表达为一个基本随机变量的形式。

15.5.2 随机过程的谱表示

根据第 14 章随机过程的谱分解[式(14-130)]，非平稳过程 $X(t)$ 可表示为如下的

❶ 详见参考文献[56]：Liu，Liu & Peng，2017.

Fourier-Stieltjes 积分

$$X(t)=\int_{-\infty}^{\infty} A(t,\omega)\mathrm{e}^{\mathrm{i}\omega t}\mathrm{d}Z(\omega) \tag{15-129}$$

其中，$A(t,\omega)$ 表示确定性的实值时-频调制函数，反映了随机过程 $X(t)$ 在时间和频率上的双重非平稳特性，且满足 $A(t,-\omega)=A(t,\omega)$。$Z(\omega)$ 为正交增量过程，其增量 $\mathrm{d}Z(\omega)$ 满足如下基本条件：

$$\mathrm{d}Z(-\omega)=\mathrm{d}Z^*(\omega),\ E[\mathrm{d}Z(\omega)]=0,\ E[\mathrm{d}Z(\omega)\mathrm{d}Z^*(\omega')]=\frac{1}{2\pi}S(\omega)\delta_{\omega\omega'}\mathrm{d}\omega \tag{15-130}$$

式中，$S(\omega)$ 为相应的平稳过程功率谱密度函数，满足 $S(-\omega)=S(\omega)$，且 $S(\omega_0)=S(0)=0$。

现在，将复增量 $\mathrm{d}Z(\omega)$ 定义为

$$\mathrm{d}Z(\omega)=\frac{1}{2}[\mathrm{d}U(\omega)-\mathrm{i}\mathrm{d}V(\omega)] \tag{15-131}$$

其中，实增量 $\mathrm{d}U(\omega)$ 和 $\mathrm{d}V(\omega)$ 满足如下条件：

$$\mathrm{d}U(-\omega)=\mathrm{d}U(\omega),\quad \mathrm{d}V(-\omega)=-\mathrm{d}V(\omega) \tag{15-132a}$$

$$E[\mathrm{d}U(\omega)]=E[\mathrm{d}V(\omega)]=0 \tag{15-132b}$$

$$E[\mathrm{d}U(\omega)\mathrm{d}U(\omega')]=E[\mathrm{d}V(\omega)\mathrm{d}V(\omega')]=\frac{1}{\pi}S(\omega)\delta_{\omega\omega'}\mathrm{d}\omega,\ \omega'\neq-\omega \tag{15-132c}$$

$$E[\mathrm{d}U(\omega)\mathrm{d}V(\omega')]=0 \tag{15-132d}$$

同时注意到，在式(15-132c)中，若取 $\omega'=-\omega$ 时，则由式(15-132a)可知

$$E[\mathrm{d}U(\omega)\mathrm{d}U(-\omega)]=E[\mathrm{d}U(\omega)\mathrm{d}U(\omega)]=\frac{1}{\pi}S(\omega)\mathrm{d}\omega \tag{15-133a}$$

$$E[\mathrm{d}V(\omega)\mathrm{d}V(-\omega)]=-E[\mathrm{d}V(\omega)\mathrm{d}V(\omega)]=-\frac{1}{\pi}S(\omega)\mathrm{d}\omega \tag{15-133b}$$

可以验证，式(15-132)和式(15-133)满足式(15-130)所定义的基本条件。

将式(15-131)和式(15-132a)一并代入到式(15-129)中，并利用欧拉公式 $\mathrm{e}^{\mathrm{i}\omega t}=\cos\omega t+\mathrm{i}\sin\omega t$，即可得到非平稳过程 $X(t)$ 的实形式：

$$\begin{aligned}
X(t)&=\frac{1}{2}\int_{-\infty}^{\infty} A(t,\omega)\mathrm{e}^{\mathrm{i}\omega t}[\mathrm{d}U(\omega)-\mathrm{i}\mathrm{d}V(\omega)]\\
&=\frac{1}{2}\int_{-\infty}^{0} A(t,\omega)\mathrm{e}^{\mathrm{i}\omega t}[\mathrm{d}U(\omega)-\mathrm{i}\mathrm{d}V(\omega)]+\frac{1}{2}\int_{0}^{\infty} A(t,\omega)\mathrm{e}^{\mathrm{i}\omega t}[\mathrm{d}U(\omega)-\mathrm{i}\mathrm{d}V(\omega)]\\
&=\frac{1}{2}\int_{0}^{\infty} A(t,-\omega)\mathrm{e}^{-\mathrm{i}\omega t}[\mathrm{d}U(-\omega)-\mathrm{i}\mathrm{d}V(-\omega)]+\frac{1}{2}\int_{0}^{\infty} A(t,\omega)\mathrm{e}^{\mathrm{i}\omega t}[\mathrm{d}U(\omega)-\mathrm{i}\mathrm{d}V(\omega)]\\
&=\frac{1}{2}\int_{0}^{\infty} A(t,\omega)\mathrm{e}^{-\mathrm{i}\omega t}[\mathrm{d}U(\omega)+\mathrm{i}\mathrm{d}V(\omega)]+\frac{1}{2}\int_{0}^{\infty} A(t,\omega)\mathrm{e}^{\mathrm{i}\omega t}[\mathrm{d}U(\omega)-\mathrm{i}\mathrm{d}V(\omega)]\\
&=\int_{0}^{\infty} A(t,\omega)[\cos\omega t\,\mathrm{d}U(\omega)+\sin\omega t\,\mathrm{d}V(\omega)]
\end{aligned} \tag{15-134}$$

通常，将式(15-134)进一步离散，可写成如下的级数形式：

$$X(t)=\sum_{n=1}^{\infty}A(t,\omega_n)\left[\cos\omega_n t\Delta U(\omega_n)+\sin\omega_n t\Delta V(\omega_n)\right]$$
$$\approx\sum_{n=1}^{N}A(t,\omega_n)\left[\cos\omega_n t\Delta U(\omega_n)+\sin\omega_n t\Delta V(\omega_n)\right] \tag{15-135}$$

式中，$\omega_n=(n-0.5)\Delta\omega$，$\Delta\omega$ 为频率增量，且应当足够小，以满足精度的要求。

进一步，根据式(15-132b)～式(15-132d)所需满足的条件，正交增量 $\Delta U(\omega_n)$ 和 $\Delta V(\omega_n)$ 可定义为

$$\Delta U(\omega_n)=\sqrt{\frac{1}{\pi}S(\omega_n)\Delta\omega}\,X_n,\quad \Delta V(\omega_n)=\sqrt{\frac{1}{\pi}S(\omega_n)\Delta\omega}\,Y_n \tag{15-136}$$

其中，$\{X_n,Y_n\}_{n=1}^{\infty}$ 为一组标准的正交随机变量集，满足如下的基本条件：

$$E[X_n]=E[Y_n]=0,\quad E[X_mX_n]=E[Y_mY_n]=\delta_{mn},\quad E[X_mY_n]=0 \tag{15-137}$$

再将式(15-136)代入式(15-135)中，得到非平稳过程 $X(t)$ 的有限级数形式：

$$X(t)\approx\sum_{n=1}^{N}\sqrt{\frac{1}{\pi}S_X(\omega_n,t)\Delta\omega}\,(X_n\cos\omega_n t+Y_n\sin\omega_n t) \tag{15-138}$$

式中，$S_X(\omega,t)=A^2(t,\omega)S(\omega)$ 为演变功率谱密度函数。

最后，非平稳过程 $X(t)$ 有限级数项的均方相对误差定义如下：

$$\varepsilon(N)=1-\frac{\int_0^{\omega_u}\int_0^T S_X(\omega,t)\mathrm{d}t\mathrm{d}\omega}{\int_0^{\infty}\int_0^T S_X(\omega,t)\mathrm{d}t\mathrm{d}\omega} \tag{15-139}$$

式中，$\omega_u=(N-0.5)\Delta\omega$ 为上限截断频率；T 为非平稳过程的持时。一般地，在地震工程中，通常可取 $\varepsilon(N)\leqslant5\%$。

从式(15-137)可知，标准正交随机变量集 $\{X_n,Y_n\}_{n=1}^{N}$ 的概率分布并未给出，因此还不能直接应用式(15-138)进行非平稳过程的模拟。因此，式(15-138)就称为非平稳过程的**源谱表示**。显然，对于平稳随机过程的源谱表示，仅需在式(15-138)中令时-频调制函数 $A(t,\omega)\equiv1$ 即可。

15.5.3 随机过程的传统模拟方法

下面，介绍基于源谱表示的传统模拟方法，即传统的随机幅值法和随机相位法。

1. 传统随机幅值法

在非平稳过程的源谱表示式(15-138)中，如果直接定义标准正交随机变量集 $\{X_n,Y_n\}_{n=1}^{N}$ 是一组相互独立的标准高斯随机变量集，即可得到非平稳过程的传统随机幅值模拟公式：

$$\widetilde{X}_1(t)=\sum_{n=1}^{N}\sqrt{\frac{1}{\pi}S_X(\omega_n,t)\Delta\omega}\,(X_n\cos\omega_n t+Y_n\sin\omega_n t)$$
$$=\sum_{n=1}^{N}\sqrt{\frac{1}{\pi}S_X(\omega_n,t)\Delta\omega}\,A_n\cos(\omega_n t-\alpha_n)\tag{15-140}$$

其中

$$X_n=A_n\cos\alpha_n,\ Y_n=A_n\sin\alpha_n\tag{15-141}$$

式中，$\widetilde{X}_1(t)$ 是基于传统随机幅值法的模拟过程。显然，A_n 表示随机幅值，α_n 表示随机相位，因此，传统随机幅值法本质上是随机幅值与随机相位。可以证明，$\{A_n,\alpha_n\}_{n=1}^{N}$ 是一组相互独立的随机变量集，且 A_n 服从瑞利分布，即 $p_{A_n}(a)=a\exp(-a^2/2)$，$a\geqslant 0$；α_n 服从 $(0,2\pi]$ 上的均匀分布。

进一步，若定义 $A_n=\sqrt{-2\ln\beta_n}$，则得到传统随机幅值法的另一种形式：

$$\widetilde{X}_1(t)=\sum_{n=1}^{N}\sqrt{-\frac{2}{\pi}S_X(\omega_n,t)\Delta\omega\ln\beta_n}\cos(\omega_n t-\alpha_n)\tag{15-142}$$

式中，$\{\beta_n,\alpha_n\}_{n=1}^{N}$ 是一组相互独立的随机变量集，且 β_n 服从 $(0,1]$ 上的均匀分布，α_n 服从 $(0,2\pi]$ 上的均匀分布。

2. 传统随机相位法

在非平稳过程的源谱表示式(15-138)中，若定义标准正交随机变量集 $\{X_n,Y_n\}_{n=1}^{N}$ 为如下形式：

$$X_n=\sqrt{2}\cos\alpha_n,\ Y_n=\sqrt{2}\sin\alpha_n\tag{15-143}$$

式中，$\{\alpha_n\}_{n=1}^{N}$ 为一组相互独立且在 $(0,2\pi]$ 上均匀分布的随机相位角。显然，式(15-143)定义的随机变量集 $\{X_n,Y_n\}_{n=1}^{N}$ 能够完全满足式(15-137)中的基本条件。

于是，将式(15-143)代入源谱表示式(15-138)中，即可得到非平稳过程的传统随机相位模拟公式：

$$\widetilde{X}_2(t)=\sum_{n=1}^{N}\sqrt{\frac{2}{\pi}S_X(\omega_n,t)\Delta\omega}\cos(\omega_n t-\alpha_n)\tag{15-144}$$

式中，$\widetilde{X}_2(t)$ 即为基于传统随机相位法的模拟过程。将该式与式(14-108b)、式(14-108c)对照，不难发现二者的内在一致性。

从上述可知，无论是基于随机幅值法的模拟公式(15-140)及公式(15-142)，还是基于随机相位法的模拟公式(15-144)，都是从随机过程的源谱表示式(15-138)中推导而来的，换言之，模拟公式(15-140)、公式(15-142)和公式(15-144)都是式(15-138)的特例。显然，基于随机幅值法的模拟公式(15-140)及公式(15-142)，其模拟过程 $\widetilde{X}_1(t)$ 具有 $2N$ 度的随机性；而基于随机相位法的模拟公式(15-144)，其模拟过程 $\widetilde{X}_2(t)$ 则具有 N 度的随机性。由此可见，通过定义源谱表示中标准正交随机变量集的不同随机函数形式，其模拟过程就具有不同维度的随机性。**附录 A** 给出了随机过程模拟的降维方法，其模拟过程仅具有 1～2 维度的随机性。

§15.6 随机微分方程与 Fokker-Planck-Kolmogorov 方程

15.6.1 Wiener 过程的物理直观解释

1905 年 Einstein 发表了对 Brown 运动的定量化描述方法，开启了随机动力学的大门。Brown 运动粒子的直观形象是其运动轨迹极大的不确定性，因此，随机过程是描述 Brown 运动的合适工具。事实上，可以认为，对 Brown 运动的研究极大地促进了随机过程理论的研究。

大量分子的随机碰撞作用下 Brown 运动粒子的位移为

$$X(t)=\int_0^t v(t)\mathrm{d}t \tag{15-145}$$

其中 $v(t)$ 是 Brown 运动粒子的速度。显然，可以合理地认为平均速度为零，即 $E[v(t)]=0$，因而

$$E[X(t)]=\int_0^t E[v(t)]\,\mathrm{d}t=0 \tag{15-146}$$

Brown 运动粒子的位移均方值为

$$\begin{aligned}
E[X^2(t)]&=E\left[\left(\int_0^t v(t)\mathrm{d}t\right)^2\right]\\
&=E\left[\int_0^t v(\tau_1)\mathrm{d}\tau_1\int_0^t v(\tau_2)\mathrm{d}\tau_2\right]\\
&=\int_0^t\int_0^t E[v(\tau_1)v(\tau_2)]\,\mathrm{d}\tau_1\mathrm{d}\tau_2\\
&=\int_0^t\int_0^t R_v(\tau_2-\tau_1)\mathrm{d}\tau_1\mathrm{d}\tau_2
\end{aligned} \tag{15-147}$$

其中 $R_v(\tau_2-\tau_1)=R_v(\tau_1,\tau_2)$ 是速度过程 $v(t)$ 的自相关函数。不失一般性，$v(t)$ 可以认为是一个平稳过程，因而自相关函数仅与时间差 $\tau=\tau_2-\tau_1$ 有关。

为了进一步对式(15-147)进行处理，对基本坐标引入变换

$$\begin{cases}s=\tau_1\\ \tau=\tau_2-\tau_1\end{cases}\quad 或\quad \begin{Bmatrix}s\\ \tau\end{Bmatrix}=\begin{bmatrix}1 & 0\\ -1 & 1\end{bmatrix}\begin{Bmatrix}\tau_1\\ \tau_2\end{Bmatrix} \tag{15-148}$$

因而 $\mathrm{d}s\mathrm{d}\tau=\mathrm{d}\tau_1\mathrm{d}\tau_2$，且积分区域从图 15-4(a)中的正方形变换为图 15-4(b)中的菱形区域。

于是，式(15-147)变为

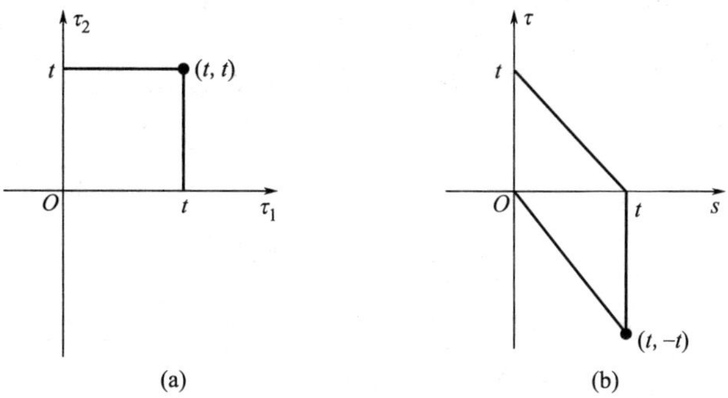

图 15-4

$$
\begin{aligned}
E\left[X^2(t)\right] &= \int_0^t \int_0^t R_v(\tau_2 - \tau_1)\mathrm{d}\tau_1 \mathrm{d}\tau_2 \\
&= \int_{-t}^{0} \left[\int_{-\tau}^{t} R_v(\tau)\mathrm{d}s\right]\mathrm{d}\tau + \int_0^t \left[\int_0^{t-\tau} R_v(\tau)\mathrm{d}s\right]\mathrm{d}\tau \\
&= \int_{-t}^{0} (t+\tau)R_v(\tau)\mathrm{d}\tau + \int_0^t (t-\tau)R_v(\tau)\mathrm{d}\tau \\
&= 2\int_0^t (t-\tau)R_v(\tau)\mathrm{d}\tau
\end{aligned}
\tag{15-149}
$$

在上式第三个等号中，利用了 $R_v(\tau)$ 与积分变量 s 无关，而在第四个等号中利用了自相关函数的对称性 $R_v(\tau)=R_v(-\tau)$。

速度的相关时间为(如图 15-5 所示)

$$
\tau_v = \frac{1}{R_v(0)}\int_0^{\infty} R_v(\tau)\mathrm{d}\tau \tag{15-150}
$$

它是速度过程相关性强弱的一个定量化综合指标。

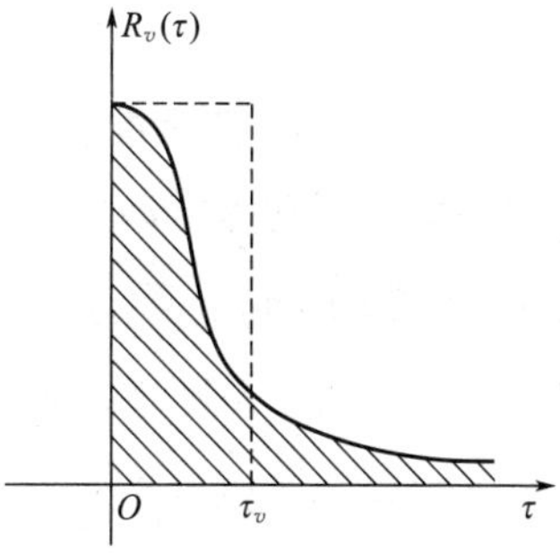

图 15-5

在很短的采样时间间隔内，若 $\tau \ll \tau_v$，则在此范围内 $R_v(\tau)$ 可认为是常数，即当 $\tau \ll \tau_v$ 时，$R_v(\tau)=R_v(0)$，此时式(15-149)成为

$$
E\left[X^2(t)\right] = 2\int_0^t (t-\tau)R_v(0)\mathrm{d}\tau = t^2 R_v(0) = t^2 E\left[v^2(t)\right] \tag{15-151}
$$

由此可见，当 $t \ll \tau_v$ 时，$E[X^2(t)]=t^2E[v^2(t)]=E[v^2(t)t^2]$。这是一个确定性过程，在此时间段内，Brown 粒子是自由运动的，它没有受到任何外部其他作用力(碰撞力)。

当 $\tau \gg \tau_v$ 时，可以认为在长时间间隔时 $R_v(\tau)$ 已衰减至零，因此式(15-149)可写为[1]

$$
E\left[X^2(t)\right] = 2\int_0^{\infty} (t-\tau)R_v(\tau)\mathrm{d}\tau = 2t\int_0^{\infty} R_v(\tau)\mathrm{d}\tau - 2\int_0^{\infty} \tau R_v(\tau)\mathrm{d}\tau
$$

[1] 详见参考文献[57]：Cowan，2005.

注意到第二项与第一项相比可以忽略，并令

$$D_0 = 2\int_0^{\infty} R_v(\tau)\mathrm{d}\tau = \int_{-\infty}^{\infty} R_v(\tau)\mathrm{d}\tau \tag{15-152a}$$

可得

$$E[X^2(t)] = D_0 t \tag{15-152b}$$

有趣的是，当 $\tau \gg \tau_v$ 时，可以认为 $R_v(\tau)$ 已衰减至零，因此两点之间不相关，这时可认为 $R_v(\tau) = S_0\delta(\tau)$。将其代入式(15-149)，则有

$$E[X^2(t)] = 2\int_0^t (t-\tau)S_0\delta(\tau)\mathrm{d}\tau = 2S_0 t \tag{15-152c}$$

比较式(15-152c)与式(15-152b)可知，$S_0 = D_0/2 = \int_0^{\infty} R_v(\tau)\mathrm{d}\tau$。这也可以从对 $R_v(\tau) = S_0\delta(\tau)$ 两边关于 τ 进行积分得到。

由此可见，当 $\tau \gg \tau_v$ 时，$X(t)$ 的方差 σ_X^2 为

$$\sigma_X^2 = E[X^2(t)] = D_0 t \tag{15-153}$$

即

$$\sigma_X = \sqrt{D_0} \cdot \sqrt{t} \tag{15-154}$$

因此，$X(t)$ 的标准差与 $\sqrt{t}$ 成比例。这意味着只要 $\Delta t \gg \tau_v$，那么在任意 Δt 时间内，其“平均”运动速度远大于起始点的速度 v，否则根据式(15-151)，其标准差将与 t 同一量级。对很小的 t，$\sqrt{t} \gg t$，故式(15-154)意味着在 Δt 内的速度不可能与起始速度 v 同一量级，而是由于不断地碰撞而导致速度绝对值的“平均”远大于初始速度。因而，其样本轨迹将非常不规则。事实上，由于在 Δt 时间内的位移增量为 $\sqrt{\Delta t}$ 量级，$\sqrt{\Delta t} \gg \Delta t$，$X(t)$ 的样本轨迹是处处连续而处处不可导的。从物理上看，这是由于在 $\Delta t \gg \tau_v$ 的范围内可认为有无穷多次碰撞，而每一次碰撞将导致在该碰撞点的轨迹发生突变而不可导。

Brown 运动过程也常称为 Wiener 过程，Wiener 过程是扩散过程。在此我们必须强调的是，它是 $\Delta t \gg \tau_v$ 情况下的数学理想化。而在数学理想化中，又令 $\Delta t \to 0$，这导致了常常遇到的“微观无穷大，宏观无穷小”的“矛盾”论证。还可以指出，上述分析已经蕴含了随机平均法的直观基础。

15.6.2 Itô 随机微分方程与 Stratonovich 随机微分方程

1. 相关性与随机积分的不定性

为了简明地阐述 Itô 随机微积分的基本概念，这里以一维常微分方程为例。设有如下的常微分方程

$$\dot{Y}(t)=a(Y,t)+b(Y,t)\eta(t) \tag{15-155}$$

其中 $\eta(t)$ 为随机过程，其均值为零，相关函数为 δ 函数，即

$$E[\eta(t)]=0,\ R_\eta(t_1,t_2)=E[\eta(t_1)\eta(t_2)]=D\delta(t_2-t_1) \tag{15-156}$$

更一般地，式(15-155)写成如下微分形式：

$$\mathrm{d}Y(t)=a(Y,t)\mathrm{d}t+b(Y,t)\mathrm{d}W(t) \tag{15-157}$$

其中 $W(t)$ 是 Wiener 过程，其增量为：

$$\mathrm{d}W(t)=\eta(t)\mathrm{d}t \tag{15-158}$$

Wiener 过程是独立增量过程，根据上节的讨论，$\mathrm{d}W(t)$ 的前二阶矩为

$$E[\mathrm{d}W(t)]=0,\ E\{[\mathrm{d}W(t)]^2\}=R_\eta(t_1,t_2)\mathrm{d}t_1\mathrm{d}t_2=D\mathrm{d}t \tag{15-159}$$

这里 D 称为 Wiener 过程的强度。

现在，考虑对式(15-157)的积分

$$Y(t)-Y(t_0)=\int_{t_0}^{t}\mathrm{d}Y(t)=\int_{t_0}^{t}a(Y,t)\mathrm{d}t+\int_{t_0}^{t}b(Y,t)\mathrm{d}W(t) \tag{15-160}$$

上式右端的第一个积分是普通的关于时间 t 的积分。第二个积分是关于 Wiener 过程增量的积分，Wiener 过程具有高度的不规则性，因此其积分可能会有若干新的特点。为此，专门研究第二项积分

$$I=\int_{t_0}^{t}b(Y,t)\mathrm{d}W(t) \tag{15-161}$$

将 $[t_0,t]$ 离散为一系列区间 $[t_0,t_1],[t_1,t_2],\cdots,[t_n,t],t_{n+1}=t$，则式(15-161)可写为部分和的极限形式

$$I=\lim_{\substack{n\to\infty\\ \Delta_n\to 0}}\sum_{i=0}^{n}b(Y_{\tau_i},\tau_i)\Delta W_i=\lim_{\substack{n\to\infty\\ \Delta_n\to 0}}\sum_{i=0}^{n}b(Y_{\tau_i},\tau_i)(W_{i+1}-W_i) \tag{15-162}$$

其中 $\Delta_n=\max\limits_{0\leqslant i\leqslant n}(t_{i+1}-t_i)$，$\Delta W_i=W_{i+1}-W_i$，$W_i=W(t_i)$，$Y_{\tau_i}=Y(\tau_i)$，$\tau_i\in[t_i,\ t_{i+1}]$。

在一般的微积分中，对于任意的 $\tau_i\in[t_i,t_{i+1})$，部分和的极限值将不变，由此给出定积分的值。在式(15-162)中，由于 $W(t)$ 的高度不规则性，需要考察上述积分值是否依赖于 τ_i 的选取。注意到 $[t_i,t_{i+1}]$ 是一个微小区间，将 $b(Y_{\tau_i},\tau_i)$ 在 (Y_i,t_i) 处进行 Taylor 展开，有

$$\begin{aligned}b(Y_{\tau_i},\tau_i)&=b(Y_i,t_i)+\frac{\partial b(Y_i,t_i)}{\partial Y}(Y_{\tau_i}-Y_i)+\frac{\partial b(Y_i,t_i)}{\partial t}(\tau_i-t_i)+\cdots\\&=b(Y_i,t_i)+\frac{\partial b(Y_i,t_i)}{\partial Y}[a(Y(\tilde{t}_i),\tilde{t}_i)(\tau_i-t_i)+b(Y(t_i'),t_i')(W_{\tau_i}-W_i)]\\&\quad+\frac{\partial b(Y_i,t_i)}{\partial t}(\tau_i-t_i)+\cdots\end{aligned} \tag{15-163}$$

这里，在第二个等号中代入了式(15-160)，$\tilde{t}_i \in [t_i, \tau_i]$，$t'_i \in [t_i, \tau_i]$，$Y_i = Y(t_i)$。

将式(15-163)代入式(15-162)中，可知

$$I = \lim_{\substack{n\to\infty \\ \Delta_n \to 0}} \sum_{i=0}^{n} \left\{ b(Y_i, t_i)(W_{i+1} - W_i) + \left[\frac{\partial b}{\partial t} + \frac{\partial b}{\partial Y} a(Y(\tilde{t}_i), \tilde{t}_i)\right](\tau_i - t_i)(W_{i+1} - W_i) \right.$$
$$\left. + \frac{\partial b(Y_i, t_i)}{\partial Y} b(Y(t'_i), t'_i)(W_{\tau_i} - W_i)(W_{i+1} - W_i) + \cdots \right\} \tag{15-164}$$

对上述随机积分，通常关注的是其统计量的性质。为此，首先求其数学期望。由于

$$E[\Delta W_i] = 0, \; E[(\tau_i - t_i)\Delta W_i] = (\tau_i - t_i)E[\Delta W_i] = 0 \tag{15-165}$$

且 Y_i 与 ΔW_i 独立，因而式(15-164)中第一项和第二项的数学期望均为零。

现在考虑式(15-164)中的第三项。首先需要考察 $E[(W_{\tau_i} - W_i)(W_{i+1} - W_i)]$ 的值，注意到 $W_{i+1} - W_i = (W_{i+1} - W_{\tau_i}) + (W_{\tau_i} - W_i)$，有

$$\begin{aligned} E[(W_{\tau_i} - W_i)(W_{i+1} - W_i)] &= E\{(W_{\tau_i} - W_i)[(W_{i+1} - W_{\tau_i}) + (W_{\tau_i} - W_i)]\} \\ &= E[(W_{\tau_i} - W_i)^2] = D(\tau_i - t_i) \end{aligned} \tag{15-166}$$

这里利用了 $(W_{i+1} - W_{\tau_i})$ 与 $(W_{\tau_i} - W_i)$ 的独立性，从而 $E[(W_{\tau_i} - W_i)(W_{i+1} - W_{\tau_i})] = 0$。

若令 $\tau_i = t_i + \alpha(t_{i+1} - t_i)$，则

$$E[(W_{\tau_i} - W_i)(W_{i+1} - W_i)] = D(\tau_i - t_i) = \alpha D(t_{i+1} - t_i) \tag{15-167}$$

对式(15-164)两边取数学期望，有

$$\begin{aligned} E[I] &= \alpha \lim_{\substack{n\to\infty \\ \Delta_n \to 0}} \sum_{i=0}^{n} E\left[\frac{\partial b(Y_i, t_i)}{\partial Y} b(Y(t'_i), t'_i)\right] D(t_{i+1} - t_i) \\ &= \alpha D \int_{t_0}^{t} E\left[\frac{\partial b(Y, t)}{\partial Y} b(Y, t)\right] \mathrm{d}t \end{aligned} \tag{15-168}$$

由此可见，积分的期望(15-168)与一般的积分不同，它依赖于 τ_i 在 $[t_i, t_{i+1}]$ 中的位置。

2. Itô 积分与 Stratonovich 积分

当取 $\alpha = 0$ 时，$E[I] = 0$。当 $E[\mathrm{d}W(t)] = 0$ 时，由式(15-161)得到 $E[I] = 0$。因此，在通常情况下 $\alpha = 0$ 就是所希望的结果。对式(15-162)中的部分和取起始点 $\tau_i = t_i$ 进行计算获得定积分的值，这一规则就是 Itô 积分规则。

Itô 积分规则与普通的积分规则有重大的差别。为了更清楚地说明这一点，考虑如下的积分

$$I_2 = \int_{t_0}^{t} W(t)\mathrm{d}W(t) \tag{15-169}$$

按照部分和离散，有

$$I_2 = \lim_{\substack{n\to\infty \\ \Delta_n\to 0}} \sum_{i=0}^{n} W_{\tau_i}(W_{i+1} - W_i) \tag{15-170}$$

注意到 $W_{\tau_i} = (W_{\tau_i} - W_i) + W_i$，式(15-170)变为

$$I_2 = \lim_{\substack{n\to\infty \\ \Delta_n\to 0}} \sum_{i=0}^{n} (W_{\tau_i} - W_i)(W_{i+1} - W_i) + (W_{i+1} - W_i)W_i \tag{15-171}$$

类似地，引入 $W_{i+1} - W_i = (W_{i+1} - W_{\tau_i}) + (W_{\tau_i} - W_i)$，故对式(15-171)两边取数学期望，并利用独立增量性，即 $E[(W_{i+1} - W_i)W_i] = 0$，$E[(W_{i+1} - W_{\tau_i})(W_{\tau_i} - W_i)] = 0$，则有

$$\begin{aligned} E[I_2] &= \lim_{\substack{n\to\infty \\ \Delta_n\to 0}} \sum_{i=0}^{n} E[(W_{\tau_i} - W_i)^2] = D\sum_{i=0}^{n}(\tau_i - t_i) \\ &= \alpha D(t - t_0) = E[\alpha(W_t^2 - W_0^2)] \end{aligned} \tag{15-172}$$

可见，当 $\alpha = 0$ 时，$E[I_2] = 0$。事实上，这是 $W_{i+1} - W_i$ 与 W_i 之间的独立增量性的必然结果。而对普通的微积分，式(15-169)的结果应当为

$$(S)I_2 = \int_{t_0}^{t} W(t)\mathrm{d}W(t) = \frac{W^2(t) - W^2(t_0)}{2} \tag{15-173}$$

比较式(15-172)与式(15-173)可见，这就是 $\alpha = 1/2$ 的情况。这样的随机积分规则称为 Stratonovich 积分。

采用 Itô 积分规则，随机过程是完全独立增量的，而采用 Stratonovich 积分规则，则考虑了半个区间内的相关性，因此是更为接近物理实际的情况。当将随机微分方程(15-155)按照 Itô 规则进行积分时，$\eta(t)$ 是一个数学白噪声，称之为 Itô 随机微分方程；而当对式(15-155)按照 Stratonovich 积分规则处理时，$\eta(t)$ 为物理白噪声，相应的方程称为 Stratonovich 随机微分方程。

3. Wong-Zakai 修正项

在数学上，采用 Itô 积分规则处理随机微分方程往往更为便捷，因为它充分地利用了独立增量性来简化问题的处理。而 Stratonovich 积分在物理上更有意义。如果能够建立二者之间的联系，将给实际应用带来极大的方便。虽然对一般情况不能建立二者之间的普遍联系，但幸运的是，对于与随机微分方程相联系的随机过程，二者之间可以建立简单的关系。

不失一般性，考虑如下 Stratonovich 意义下的随机微分方程

$$\mathrm{d}Y(t) = \tilde{a}(Y,t)\mathrm{d}t + \tilde{b}(Y,t)\mathrm{d}W(t) \tag{15-174}$$

等式两边取数学期望，得到

$$E[\mathrm{d}Y(t)]=E[\widetilde{a}(Y,t)\mathrm{d}t]+E[\widetilde{b}(Y,t)\mathrm{d}W(t)] \tag{15-175}$$

注意到式(15-161)，并将式(15-168)相应部分代入式(15-175)中，则有

$$\begin{aligned}E[\mathrm{d}Y(t)]&=E[\widetilde{a}(Y,t)\mathrm{d}t]+E\left[\alpha D\frac{\partial\widetilde{b}(Y,t)}{\partial Y}\widetilde{b}(Y,t)\right]\mathrm{d}t\\&=E\left[\widetilde{a}(Y,t)+\alpha D\frac{\partial\widetilde{b}(Y,t)}{\partial Y}\widetilde{b}(Y,t)\right]\mathrm{d}t\end{aligned} \tag{15-176}$$

对 Itô 积分，$\alpha=0$；对 Stratonovich 积分，$\alpha=1/2$。因此，若令

$$\begin{cases}a(Y,t)=\widetilde{a}(Y,t)+\dfrac{1}{2}D\dfrac{\partial\widetilde{b}(Y,t)}{\partial Y}\widetilde{b}(Y,t)\\ b(Y,t)=\widetilde{b}(Y,t)\end{cases} \tag{15-177}$$

则在 Itô 积分意义下的随机微分方程

$$\mathrm{d}Y(t)=a(Y,t)+b(Y,t)\mathrm{d}W(t) \tag{15-178}$$

与 Stratonovich 意义下的随机微分方程(15-174)等价。

式(15-177)中的第二项称为 Wong-Zakai 修正项，是 Wong 和 Zakai 在 1965 年首先提出的。导致 Itô 微积分与 Stratonovich 微积分差别的本质原因，是在与 $\mathrm{d}W(t)$ 相乘的项 $b(Y,t)$ 中含有随机过程 $Y(t)$，而 $Y(t)$ 本身又是通过随机微分方程而决定于 $\mathrm{d}W(t)$ 的，这就必然导致 $b(Y,t)$ 与 $\mathrm{d}W(t)$ 之间的相关性问题。因为 $\mathrm{d}W(t)$ 具有 $\sqrt{\mathrm{d}t}$ 的量级，它远大于 $\mathrm{d}t$，因此这一相关性变得十分突出，这一点从式(15-163)的 Taylor 展开中就可以洞悉。可以预测，如果 $b(Y,t)$ 中不显含 Y，即 $b(Y,t)$ 成为 $b(t)$，那么这一相关性将变得不重要。事实上，这正是合理的结果。从式(15-177)中可见，此时 Wong-Zakai 修正项为零，因而 Stratonovich 随机微分方程与 Itô 随机微分方程完全一致。

上述思想可以很容易地推广到多自由度系统的情况。设此时的 Stratonovich 随机微分方程为

$$\mathrm{d}\boldsymbol{Y}(t)=\widetilde{\boldsymbol{A}}(\boldsymbol{Y},t)\mathrm{d}t+\widetilde{\boldsymbol{B}}(\boldsymbol{Y},t)\mathrm{d}\boldsymbol{W}(t) \tag{15-179}$$

其中，$\boldsymbol{Y}(t)=[Y_1(t)\quad Y_2(t)\quad\cdots\quad Y_m(t)]^{\mathrm{T}}$，$\widetilde{\boldsymbol{A}}(\boldsymbol{Y},t)=[\widetilde{A}_1(\boldsymbol{Y},t)\quad\widetilde{A}_2(\boldsymbol{Y},t)\quad\cdots\quad\widetilde{A}_m(\boldsymbol{Y},t)]^{\mathrm{T}}$，$\widetilde{\boldsymbol{B}}(\boldsymbol{Y},t)=[\widetilde{B}_{ij}(\boldsymbol{Y},t)]_{m\times r}$，$\boldsymbol{W}(t)=[W_1(t)\quad W_2(t)\quad\cdots\quad W_r(t)]^{\mathrm{T}}$，且 $E[\mathrm{d}\boldsymbol{W}(t)]=\boldsymbol{0}$，$E[\mathrm{d}\boldsymbol{W}(t)\mathrm{d}\boldsymbol{W}(t)^{\mathrm{T}}]=\boldsymbol{D}\mathrm{d}t$，$\boldsymbol{D}=[D_{ij}]_{r\times r}$。这时，经过与式(15-162)～式(15-168)类似的推导，式(15-168)变为

$$E[\boldsymbol{I}]=\alpha\lim_{\substack{n\to\infty\\ \Delta_n\to 0}}\sum_{i=0}^{n}\left[\sum_{j=1}^{m}\sum_{k=1}^{r}\sum_{l=1}^{r}\frac{\partial\widetilde{\boldsymbol{B}}_{\cdot k}}{\partial Y_j}\widetilde{B}_{jl}D_{kl}(t_{i+1}-t_i)\right] \tag{15-180}$$

因此，在多维情况下，式(15-177)变为：

$$\begin{cases} \boldsymbol{A}(\boldsymbol{Y},t)=\widetilde{\boldsymbol{A}}(\boldsymbol{Y},t)+\dfrac{1}{2}\sum_{j=1}^{m}\sum_{k=1}^{r}\sum_{l=1}^{r}\dfrac{\partial\widetilde{\boldsymbol{B}}_{\cdot k}(\boldsymbol{Y},t)}{\partial Y_j}\widetilde{B}_{jl}(\boldsymbol{Y},t)D_{kl} \\ \boldsymbol{B}(\boldsymbol{Y},t)=\widetilde{\boldsymbol{B}}(\boldsymbol{Y},t) \end{cases} \tag{15-181}$$

15.6.3 Fokker-Planck-Kolmogorov 方程

从上一节可以看到，Itô 微积分与普通微积分的差别在于函数 $b(Y,t)\mathrm{d}W(t)$ 的第一项中含有 $Y(t)$，而 $Y(t)$ 又与 $\mathrm{d}W(t)$ 有关，从而导致在 Taylor 展开之后出现了 $\mathrm{d}W(t)$ 的二阶项。因为 $\mathrm{d}W(t)$ 与 $\sqrt{\Delta t}$ 同阶，其二阶项与 $\mathrm{d}t$ 同阶，因而与 $\mathrm{d}W(t)$ 二阶项相关的量都不是高阶无穷小，不能忽略。为此，进一步研究一个一般的函数 $f(\boldsymbol{Y})$ 的变化问题，其中 $\boldsymbol{Y}(t)$ 由下列 Itô 随机微分方程确定

$$\mathrm{d}\boldsymbol{Y}(t)=\boldsymbol{A}(\boldsymbol{Y},t)\mathrm{d}t+\boldsymbol{B}(\boldsymbol{Y},t)\mathrm{d}\boldsymbol{W}(t) \tag{15-182}$$

首先考虑 $f(\boldsymbol{Y})$ 的微分，其二阶项不能忽略：

$$\begin{aligned} \mathrm{d}f(\boldsymbol{Y}) &= \sum_{i=1}^{m}\frac{\partial f}{\partial Y_i}\mathrm{d}Y_i+\frac{1}{2}\sum_{i=1}^{m}\sum_{j=1}^{m}\frac{\partial^2 f}{\partial Y_i\partial Y_j}\mathrm{d}Y_i\mathrm{d}Y_j \\ &= \sum_{i=1}^{m}\frac{\partial f}{\partial Y_i}\left[A_i(\boldsymbol{Y},t)\mathrm{d}t+\sum_{k=1}^{r}B_{ik}(\boldsymbol{Y},t)\mathrm{d}W_k(t)\right] \\ &\quad +\frac{1}{2}\sum_{i=1}^{m}\sum_{j=1}^{m}\left[\frac{\partial^2 f}{\partial Y_i\partial Y_j}\sum_{k=1}^{r}B_{ik}(\boldsymbol{Y},t)\mathrm{d}W_k(t)\sum_{s=1}^{r}B_{js}(\boldsymbol{Y},t)\mathrm{d}W_s(t)\right] \end{aligned} \tag{15-183}$$

两边同时取数学期望，有

$$E[\mathrm{d}f(\boldsymbol{Y})]=E\left[\sum_{i=1}^{m}\frac{\partial f}{\partial Y_i}A_i(\boldsymbol{Y},t)\mathrm{d}t\right]+\frac{1}{2}\sum_{i=1}^{m}\sum_{j=1}^{m}E\left[\frac{\partial^2 f}{\partial Y_i\partial Y_j}\sigma_{ij}(\boldsymbol{Y},t)\mathrm{d}t\right] \tag{15-184}$$

其中 $\boldsymbol{\sigma}(\boldsymbol{Y},t)=\boldsymbol{B}(\boldsymbol{Y},t)\boldsymbol{D}\boldsymbol{B}^{\mathrm{T}}(\boldsymbol{Y},t)=[\sigma_{ij}]_{m\times m}$，其分量为 $\sigma_{ij}(\boldsymbol{Y},t)=\sum_{k=1}^{r}B_{ik}(\boldsymbol{Y},t)D_{kk}B_{jk}(\boldsymbol{Y},t)$，$E[(\mathrm{d}W_k)^2]=D_{kk}\mathrm{d}t$。

设 $\boldsymbol{Y}(t)$ 的联合概率密度函数为 $p_{\boldsymbol{Y}}(\boldsymbol{y},t)$，有

$$E\left[\frac{\mathrm{d}f(\boldsymbol{Y})}{\mathrm{d}t}\right]=\frac{\mathrm{d}}{\mathrm{d}t}\int_{-\infty}^{\infty}p_{\boldsymbol{Y}}(\boldsymbol{y},t)f(\boldsymbol{y})\mathrm{d}\boldsymbol{y}=\int_{-\infty}^{\infty}f(\boldsymbol{y})\frac{\partial p_{\boldsymbol{Y}}(\boldsymbol{y},t)}{\partial t}\mathrm{d}\boldsymbol{y} \tag{15-185}$$

这里利用了分部积分及 $f(\boldsymbol{y})p_{\boldsymbol{Y}}(\boldsymbol{y},t)|_{y_j\to\pm\infty}=0$，下面还将假定 $\dfrac{\partial f(\boldsymbol{y})}{\partial y_i}p_{\boldsymbol{Y}}(\boldsymbol{y},t)|_{y_i\to\pm\infty}=0$ 及 $\dfrac{\partial^2 f(\boldsymbol{y})}{\partial y_i\partial y_j}p_{\boldsymbol{Y}}(\boldsymbol{y},t)|_{y_i,y_j\to\pm\infty}=0$。由于 $p_{\boldsymbol{Y}}(\boldsymbol{y},t)$ 在无穷远处的衰减性质，这对一般的函数 $f(\cdot)$ 是成立的。

将式(15-184)两侧同时除以 dt，并对右端进行分部积分，其第一项成为❶

$$E\left[\sum_{i=1}^{m}\frac{\partial f(\boldsymbol{Y})}{\partial Y_i}A_i(\boldsymbol{Y},t)\right]=\int_{-\infty}^{\infty}\sum_{i=1}^{m}\frac{\partial f(\boldsymbol{y})}{\partial y_i}A_i(\boldsymbol{y},t)p_{\boldsymbol{Y}}(\boldsymbol{y},t)\mathrm{d}\boldsymbol{y}$$

$$=-\int_{-\infty}^{\infty}f(\boldsymbol{y})\sum_{i=1}^{m}\frac{\partial}{\partial y_i}[A_i(\boldsymbol{y},t)p_{\boldsymbol{Y}}(\boldsymbol{y},t)]\,\mathrm{d}\boldsymbol{y} \tag{15-186}$$

而经过两次分部积分计算，式(15-184)的第二项成为

$$\frac{1}{2}E\left[\sum_{i=1}^{m}\sum_{j=1}^{m}\frac{\partial^2 f(\boldsymbol{Y})}{\partial Y_i\partial Y_j}\sigma_{ij}(\boldsymbol{Y},t)\right]=\frac{1}{2}\sum_{i=1}^{m}\sum_{j=1}^{m}\int_{-\infty}^{\infty}\frac{\partial^2 f(\boldsymbol{y})}{\partial y_i\partial y_j}\sigma_{ij}(\boldsymbol{y},t)p_{\boldsymbol{Y}}(\boldsymbol{y},t)\mathrm{d}\boldsymbol{y}$$

$$=\frac{1}{2}\int_{-\infty}^{\infty}f(\boldsymbol{y})\sum_{i=1}^{m}\sum_{j=1}^{m}\frac{\partial^2}{\partial y_i\partial y_j}[\sigma_{ij}(\boldsymbol{y},t)p_{\boldsymbol{Y}}(\boldsymbol{y},t)]\,\mathrm{d}\boldsymbol{y} \tag{15-187}$$

将式(15-185)、式(15-186)及式(15-187)一并代入式(15-184)，并注意到 $f(\boldsymbol{y})$ 的任意性，即得

$$\frac{\partial p_{\boldsymbol{Y}}(\boldsymbol{y},t)}{\partial t}=-\sum_{i=1}^{m}\frac{\partial}{\partial y_i}[A_i(\boldsymbol{y},t)p_{\boldsymbol{Y}}(\boldsymbol{y},t)]+\frac{1}{2}\sum_{i=1}^{m}\sum_{j=1}^{m}\frac{\partial^2}{\partial y_i\partial y_j}[\sigma_{ij}(\boldsymbol{y},t)p_{\boldsymbol{Y}}(\boldsymbol{y},t)] \tag{15-188}$$

这就是随机过程 $\boldsymbol{Y}(t)$ 的一维概率密度函数满足的确定性偏微分方程。对于上述方程，最早由 Einstein 讨论了扩散过程的特殊情况，Fokker 与 Planck 分别于 1914 年和 1917 年导出了更为一般情况下的方程，1931 年苏联数学家 Kolmogorov 独立地导出并建立了上述方程的严格数学基础，因而一般称之为 **Fokker-Planck-Kolmogorov(FPK)方程**❷。

当将 $p_{\boldsymbol{Y}}(\boldsymbol{y},t)$ 换成转移概率密度函数 $p_{\boldsymbol{Y}}(\boldsymbol{y},t\mid\boldsymbol{y}_0,t_0)$ 时，上式亦成立。事实上，转移概率密度函数形式的偏微分方程乃是常称的 FPK 方程，其初始条件为：

$$p_{\boldsymbol{Y}}(\boldsymbol{y},t\mid\boldsymbol{y}_0,t_0)=\delta(\boldsymbol{y}-\boldsymbol{y}_0),\ t=t_0 \tag{15-189}$$

【例 15-7】 单自由度线性系统响应的 FPK 方程。

考虑单自由度线性系统，其运动方程为

$$\ddot{X}(t)+2\xi\omega_0\dot{X}(t)+\omega_0^2X(t)=\eta(t) \tag{a}$$

式中，$\eta(t)$ $(t\geqslant0)$ 是零均值的平稳高斯白噪声激励，其自相关函数 $R_\eta(\tau)=D\delta(\tau)$。圆频率 ω_0 和阻尼比 ξ 都是确定性的常数，且 $\xi\ll1$。

将式(a)转化为如下的状态空间形式

$$\mathrm{d}\boldsymbol{Y}(t)=\boldsymbol{A}(\boldsymbol{Y},t)\mathrm{d}t+\boldsymbol{B}(\boldsymbol{Y},t)\mathrm{d}\boldsymbol{W}(t) \tag{b}$$

其中

---

❶ 在式(15-183)～式(15-187)中需要仔细注意 $\boldsymbol{Y}$ 和 $\boldsymbol{y}$ 及 Y 与 y 的大小写差别。这里以大写表示随机变量(向量)，以小写表示其实现值(样本点)。

❷ 关于 FPK 方程更详细的论述，可见参考文献[58]：Gardiner，1983.

$$\boldsymbol{Y}(t)=\begin{bmatrix}Y_1\\Y_2\end{bmatrix}=\begin{bmatrix}X(t)\\\dot{X}(t)\end{bmatrix},\ \boldsymbol{A}(\boldsymbol{Y},t)=\boldsymbol{TY}=\begin{bmatrix}0&1\\-\omega_0^2&-2\xi\omega_0\end{bmatrix}\begin{Bmatrix}Y_1\\Y_2\end{Bmatrix}$$

$$\boldsymbol{B}=\begin{bmatrix}0&0\\0&1\end{bmatrix},\ \mathrm{d}\boldsymbol{W}(t)=\begin{bmatrix}0\\\mathrm{d}W(t)\end{bmatrix}$$

这里 $W(t)$ 是 Wiener 过程。式(b)中 $\boldsymbol{A}(\boldsymbol{Y},t)$ 的元素，以及根据 $\boldsymbol{\sigma}=\boldsymbol{BDB}^{\mathrm{T}}$ 的元素分别为

$$A_1=Y_2,\ A_2=-\omega_0^2Y_1-2\xi\omega_0Y_2;\ \sigma_{11}=\sigma_{12}=\sigma_{21}=0,\ \sigma_{22}=D \tag{c}$$

进一步地，引入线性变换 $\boldsymbol{Z}=\boldsymbol{CY}$，且 $\boldsymbol{C}$ 满足

$$\boldsymbol{CTC}^{-1}=\begin{bmatrix}\lambda_1&0\\0&\lambda_2\end{bmatrix} \tag{d}$$

其中 λ_1 和 λ_2 为矩阵 $\boldsymbol{T}$ 的特征值，即

$$|\boldsymbol{T}-\lambda\boldsymbol{I}|=0$$

解得

$$\lambda_{1,2}=-\xi\omega_0\pm\mathrm{i}\omega_0\sqrt{1-\xi^2}$$

于是，由式(d)有

$$\boldsymbol{C}=\frac{1}{\lambda_2-\lambda_1}\begin{bmatrix}\lambda_2&-1\\-\lambda_1&1\end{bmatrix},\ \boldsymbol{C}^{-1}=\begin{bmatrix}1&1\\\lambda_1&\lambda_2\end{bmatrix}$$

现在，新变量 $\boldsymbol{Z}$ 的转移概率密度 $p_{\boldsymbol{Z}}(\boldsymbol{z},t\,|\,\boldsymbol{z}_0,t_0)$ 的 FPK 方程为

$$\frac{\partial p_{\boldsymbol{Z}}(\boldsymbol{z},t\,|\,\boldsymbol{z}_0,t_0)}{\partial t}=-\sum_{i=1}^{2}\lambda_i\frac{\partial}{\partial z_i}[z_ip_{\boldsymbol{Z}}(\boldsymbol{z},t\,|\,\boldsymbol{z}_0,t_0)]+\frac{1}{2}\sum_{i,j=1}^{2}\nu_{ij}\frac{\partial^2p_{\boldsymbol{Z}}(\boldsymbol{z},t\,|\,\boldsymbol{z}_0,t_0)}{\partial z_i\partial z_j} \tag{e}$$

其中 ν_{ij} 是如下矩阵的元素

$$\boldsymbol{\nu}=\boldsymbol{C\sigma C}^{\mathrm{T}}$$

式(e)的初始条件为

$$p_{\boldsymbol{Z}}(\boldsymbol{z},t_0\,|\,\boldsymbol{z}_0,t_0)=\delta(z_1-z_{1,0})\delta(z_2-z_{2,0}),\ \begin{bmatrix}z_{1,0}\\z_{2,0}\end{bmatrix}=\boldsymbol{C}\begin{bmatrix}y_{1,0}\\y_{2,0}\end{bmatrix} \tag{f}$$

边界条件为

$$p_{\boldsymbol{Z}}(\pm\infty,z_2;t\,|\,\boldsymbol{z}_0,t_0)=0,\ p_{\boldsymbol{Z}}(z_1,\pm\infty;t\,|\,\boldsymbol{z}_0,t_0)=0 \tag{g}$$

这样，$\boldsymbol{Z}$ 服从高斯分布，其转移概率密度 $p_{\boldsymbol{Z}}(\boldsymbol{z},t\,|\,\boldsymbol{z}_0,t_0)$ 是二维高斯分布，其均值向量为

$$\boldsymbol{\mu}_Z=\begin{pmatrix}E[Z_1(t)]\\E[Z_2(t)]\end{pmatrix}=\begin{bmatrix}z_{1,0}\mathrm{e}^{\lambda_1 t}\\z_{2,0}\mathrm{e}^{\lambda_2 t}\end{bmatrix}$$

协方差矩阵为

$$\boldsymbol{\Gamma}_Z(t)=[\mathrm{Cov}(Z_i(t)Z_j(t))]=\left[-\frac{\nu_{ij}}{\lambda_i+\lambda_j}(1-\mathrm{e}^{(\lambda_i+\lambda_j)t})\right],\quad i,j=1,2$$

由于 $\boldsymbol{Y}=\boldsymbol{C}^{-1}\boldsymbol{Z}$ 也是线性变换，即可由 $\boldsymbol{Z}$ 的统计矩得到 $\boldsymbol{Y}$ 的统计矩

$$\boldsymbol{\mu}_Y=\boldsymbol{C}^{-1}\boldsymbol{\mu}_Z,\ \boldsymbol{\Gamma}_Y(t)=\boldsymbol{C}^{-1}\boldsymbol{\Gamma}_Z(t)(\boldsymbol{C}^{-1})^{\mathrm{T}} \tag{h}$$

最后，可得 $\boldsymbol{Y}(t)$ 的转移概率密度函数为

$$p_{\boldsymbol{Y}}(\boldsymbol{y},t\,|\,\boldsymbol{y}_0,t_0)=\frac{|\boldsymbol{\Gamma}_Y|^{-1/2}}{2\pi}\exp\left\{-\frac{1}{2}[\boldsymbol{y}-\boldsymbol{\mu}_Y(t)]^{\mathrm{T}}\boldsymbol{\Gamma}_Y^{-1}(t)[\boldsymbol{y}-\boldsymbol{\mu}_Y(t)]\right\} \tag{i}$$

这样，得到 $X(t)$ 与 $\dot{X}(t)$ 的条件概率密度 $p_{X\dot{X}}(x,\dot{x},t\,|\,x_0,\dot{x}_0,t_0)$。如果已知初始联合概率密度 $p_{X_0\dot{X}_0}(x_0,\dot{x}_0,t_0)$，采用积分的方法得到任何时刻 t 的联合概率密度 $p_{X\dot{X}}(x,\dot{x},t_0)$ 或边缘概率密度 $p_X(x,t)$ 及 $p_{\dot{X}}(\dot{x},t)$。

高维非线性随机系统响应 FPK 方程的求解是一个具有高度挑战性的难题。数十年来，国内外学者进行了大量研究，已经取得了重要的研究进展❶。但对于实际工程中具有强非线性的大自由度复杂结构的瞬态响应分析问题，依然面临难以逾越的困难。

习　题

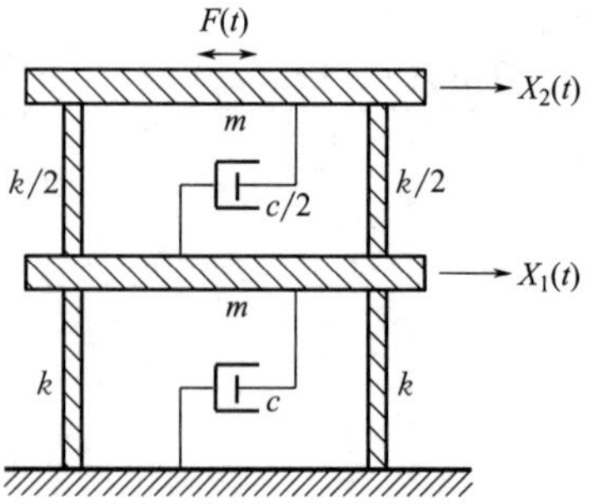

图 15-6

15-1　一栋二层楼结构可简化为一个 2 自由度线性系统，且在第二层楼面上作用有平稳随机激励 $F(t)$，其均值函数为零、功率谱密度为 $S_0(\omega)$，如图 15-6 所示。试求：

(1)脉冲响应函数矩阵 $\boldsymbol{h}(t)$；

(2)频率响应函数矩阵 $\boldsymbol{H}(\omega)$；

(3)第二层楼稳态响应的功率谱密度 $S_{X_2}(\omega)$。

15-2　假设 $F(t)$ 是一个零均值的演变随机过程，其表达式为

$$F(t)=\int_{-\infty}^{\infty}A(t,\omega)\mathrm{e}^{\mathrm{i}\omega t}\mathrm{d}Z(\omega)$$

其中

❶ 详见参考文献[31]：朱位秋，2003.

$$A(t,\omega)=\exp(-|\omega^2-\omega_1^2|t), \quad E[\mathrm{d}Z(\omega)\mathrm{d}Z^*(\omega')]=\begin{cases}D\mathrm{d}\omega, & \omega=\omega' \\ 0, & \omega\neq\omega'\end{cases}$$

这里 ω_1 和 D 都是正常数。现在，$Y(t)$ 满足下列的运动方程

$$\ddot{Y}+2\xi\omega_0\dot{Y}+\omega_0^2Y=F(t)$$

试求 $Y(t)$ 的演变谱密度 $S_Y(\omega,t)$。

15-3 描述地震地面运动的著名 Kanai-Tajimi 模型为

$$\ddot{G}+2\xi\omega_0\dot{G}+\omega_0^2G=2\xi\omega_0\dot{R}+\omega_0^2R$$

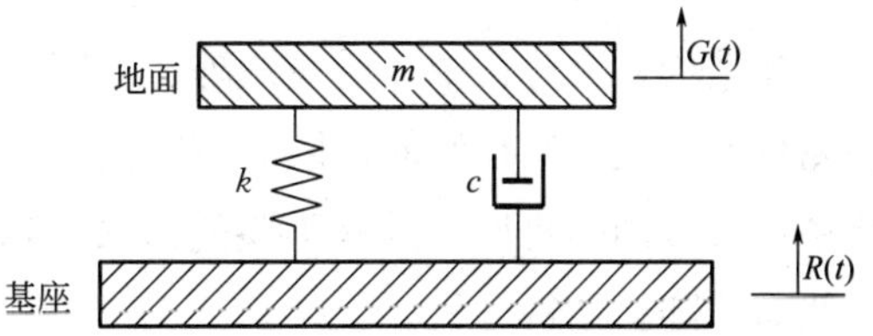

图 15-7

式中，G 为地震地面运动的绝对位移，R 为基岩的位移，如图 15-7 所示；ω_0 和 ξ 分别是地表土层的固有圆频率和阻尼比；已知平稳激励 R 的功率谱密度 $S_R(\omega)$。试证明：在激励 R 作用下响应 G 的频率响应函数 $H(\omega)$ 和脉冲响应函数 $h(t)$ 分别为：

(1) $H(\omega)=\dfrac{\omega_0^2+2\mathrm{i}\xi\omega_0\omega}{\omega_0^2-\omega^2+2\mathrm{i}\xi\omega_0\omega}$

(2) $h(t)=\dfrac{\omega_0}{2\pi}\mathrm{e}^{-\xi\omega_0 t}\left(\dfrac{1-2\xi^2}{\sqrt{1-\xi^2}}\sin\omega_\mathrm{D}t+2\xi\cos\omega_\mathrm{D}t\right)$

15-4 对于如下的线性振动方程：

$$\ddot{X}(t)+\omega_0^2X(t)=0, \quad t\in(0,\infty)$$

具有随机初始条件

$$X(0)=X_0, \quad \dot{X}(0)=\dot{X}_0$$

其中，圆频率 ω_0 是确定性的常数。已知 X_0 和 $\dot{X}_0$ 是相互独立的高斯随机变量，它们的均值为零，方差分别为 σ_1^2 和 σ_2^2。试求：响应 $X(t)$ 和 $\dot{X}(t)$ 的联合概率密度 $p_{X\dot{X}}(x,\dot{x};t)$。

(1)利用随机变量的变换求解；

(2)利用刘维尔(Liouville)方程求解。

第16章　随机结构分析

在结构动力分析中，质量矩阵、刚度矩阵与阻尼矩阵中含有的基本参数往往是不能完备测量或不能精确预测的，因而在结构动力分析中合理地考虑由此导致的不确定性、特别是基本参数的随机性，具有重要的意义。这就是随机动力学中的随机参数结构分析问题，一般简称随机结构分析。

§16.1　随机结构分析问题的提法

不失一般性，n 自由度线性系统的运动方程可以表示为

$$\boldsymbol{M}\ddot{\boldsymbol{X}}+\boldsymbol{C}\dot{\boldsymbol{X}}+\boldsymbol{K}\boldsymbol{X}=\boldsymbol{\Gamma}\boldsymbol{\xi}(t) \tag{16-1}$$

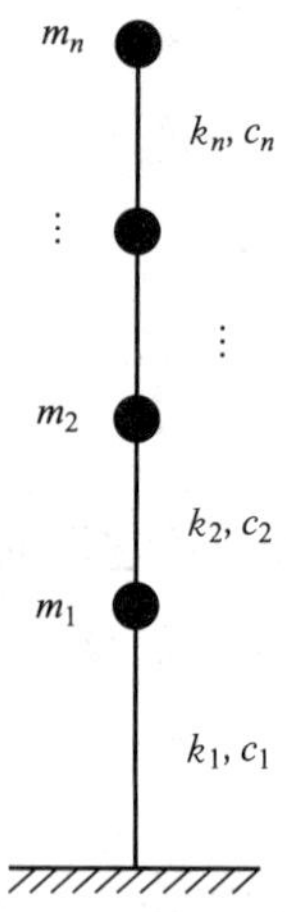

图 16-1　剪切型结构简图

其中 $\boldsymbol{\Gamma}=[\Gamma_{ij}]_{n\times r}$ 是作用位置矩阵；r 维动力激励 $\boldsymbol{\xi}(t)=[\xi_1(t)\quad \xi_2(t)\quad \cdots\quad \xi_r(t)]^{\mathrm{T}}$ 既可以是确定性的，也可以是随机过程，但为了简明起见，在本章中仅讨论确定性激励的情况。以一个 n 层剪切型结构为例(如图 16-1 所示)，质量矩阵是一个对角矩阵

$$\boldsymbol{M}=\mathrm{diag}[m_1\quad m_2\quad \cdots\quad m_n] \tag{16-2}$$

各层的侧移刚度分别为 k_1，k_2，…，k_n，各层侧移的阻尼系数设为 c_1，c_2，…，c_n。在局部坐标下，n 个单元 e_1，e_2，…，e_n 的单元刚度矩阵为

$$\boldsymbol{K}_1^{(\mathrm{e})}=k_1,\ \boldsymbol{K}_j^{(\mathrm{e})}=\begin{bmatrix}k_j & -k_j\\ -k_j & k_j\end{bmatrix}=k_j\overline{\boldsymbol{K}},\ j=2,3,\cdots,n \tag{16-3}$$

其中常数矩阵

$$\overline{\boldsymbol{K}}=\begin{bmatrix}1 & -1\\ -1 & 1\end{bmatrix}$$

设第 j 个单元的单元位移为 $u_1^{(\mathrm{e})}=x_1$，$u_j^{(\mathrm{e})}=[x_{j-1}\quad x_j]^{\mathrm{T}}$，$j=2,3,\cdots,n$。结构的整体位移向量为 $\boldsymbol{u}=[x_1\quad x_2\quad \cdots\quad x_n]^{\mathrm{T}}$。单元位移向量与整体位移向量的转换关系为

$$\begin{cases} u_j^{(e)} = \begin{pmatrix} x_{j-1} \\ x_j \end{pmatrix} = \begin{bmatrix} 0 & 0 & \cdots & \underset{\text{第}j-1\text{个}}{1} & 0 & \cdots & 0 \\ 0 & 0 & \cdots & 0 & \underset{\text{第}j\text{个}}{1} & \cdots & 0 \end{bmatrix} \begin{Bmatrix} x_1 \\ x_2 \\ \vdots \\ x_n \end{Bmatrix} = \boldsymbol{T}_j \boldsymbol{u}, \quad j = 2, \cdots, n \\ u_1^{(e)} = x_1 = [1 \quad 0 \quad \cdots \quad 0] \boldsymbol{u} = \boldsymbol{T}_1 \boldsymbol{u} \end{cases} \tag{16-4}$$

这里，$\boldsymbol{T}_j$（$j=1,2,\cdots,n$）是坐标定位矩阵。

因此，整体坐标下的单元刚度矩阵为

$$\boldsymbol{K}_j = \boldsymbol{T}_j^{\mathrm{T}} \boldsymbol{K}_j^{(e)} \boldsymbol{T}_j \tag{16-5}$$

整体刚度矩阵为

$$\boldsymbol{K} = \sum_{j=1}^{n} \boldsymbol{T}_j^{\mathrm{T}} \boldsymbol{K}_j^{(e)} \boldsymbol{T}_j = \boldsymbol{T}_1^{\mathrm{T}} k_1 \boldsymbol{T}_1 + \sum_{j=2}^{n} k_j \boldsymbol{T}_j^{\mathrm{T}} \overline{\boldsymbol{K}} \boldsymbol{T}_j \tag{16-6}$$

将式(16-3)代入式(16-6)中，有

$$\boldsymbol{K} = \begin{bmatrix} k_1 + k_2 & -k_2 & & & & \\ -k_2 & k_2 + k_3 & -k_3 & & \boldsymbol{0} & \\ & -k_3 & k_3 + k_4 & -k_4 & & \\ & & & \ddots & & \\ & \boldsymbol{0} & & -k_{n-1} & k_{n-1} + k_n & -k_n \\ & & & & -k_n & k_n \end{bmatrix} \tag{16-7}$$

类似地，可以得到阻尼矩阵

$$\boldsymbol{C} = \begin{bmatrix} c_1 + c_2 & -c_2 & & & & \\ -c_2 & c_2 + c_3 & -c_3 & & & \\ & -c_3 & c_3 + c_4 & -c_4 & \boldsymbol{0} & \\ & & & \ddots & & \\ & \boldsymbol{0} & & -c_{n-1} & c_{n-1} + c_n & -c_n \\ & & & & -c_n & c_n \end{bmatrix} \tag{16-8}$$

为简单计，以刚度矩阵中含有随机变量的情况为例。这时，有

$$k_i = \frac{12 E_i I_i}{l_i^3}, \quad i = 1, 2, \cdots, n \tag{16-9}$$

其中，E_i 为杆 i 材料的弹性模量；I_i 为截面惯性矩；l_i 为长度。

在工程中，E_i、I_i 及 l_i 都可能具有不同程度的随机性。例如，混凝土的弹性模量一般具有 10%～20%的变异性。在以下的推导中，以弹性模量的随机性为例，对其他基本参数

随机性的处理是完全类似的。设杆 i 的弹性模量 E_i 为随机变量。为方便计，可进一步引入标准化(归一化)的随机变量 ζ_i，即：

$$\zeta_i=\frac{E_i-\mu_{E_i}}{\sigma_{E_i}} \tag{16-10}$$

从而 $E_i=\mu_{E_i}+\sigma_{E_i}\zeta_i$，这里 μ_{E_i} 和 σ_{E_i} 分别为弹性模量的均值与标准差。显然，从式(16-10)可知，标准化随机变量 ζ_i 的均值为 0，标准差为 1，即

$$\mu_{\zeta_i}=E[\zeta_i]=0，\sigma_{\zeta_i}=\sqrt{E[\zeta_i^2]}=1 \tag{16-11}$$

将式(16-10)代入式(16-9)中，有

$$k_i=\frac{12(\mu_{E_i}+\sigma_{E_i}\zeta_i)I_i}{l_i^3}=\frac{12\mu_{E_i}I_i}{l_i^3}+\frac{12\sigma_{E_i}I_i}{l_i^3}\zeta_i \tag{16-12}$$

令

$$k_i^{(0)}=\frac{12\mu_{E_i}I_i}{l_i^3}，k_i^{(1)}=\frac{12\sigma_{E_i}I_i}{l_i^3} \tag{16-13}$$

分别为 k_i 的均值与标准差，则有

$$k_i=k_i^{(0)}+k_i^{(1)}\zeta_i \tag{16-14}$$

将式(16-14)代入式(16-6)中，有

$$\begin{aligned}\boldsymbol{K}&=(k_1^{(0)}+k_1^{(1)}\zeta_1)\boldsymbol{T}_1^{\mathrm{T}}\boldsymbol{T}_1+\sum_{j=2}^{n}(k_j^{(0)}+k_j^{(1)}\zeta_j)\boldsymbol{T}_j^{\mathrm{T}}\overline{\boldsymbol{K}}\boldsymbol{T}_j\\&=\boldsymbol{K}^{(0)}+\sum_{j=1}^{n}\boldsymbol{K}_j^{(1)}\zeta_j\end{aligned} \tag{16-15}$$

其中

$$\boldsymbol{K}^{(0)}=k_1^{(0)}\boldsymbol{T}_1^{\mathrm{T}}\boldsymbol{T}_1+\sum_{j=2}^{n}k_j^{(0)}\boldsymbol{T}_j^{\mathrm{T}}\overline{\boldsymbol{K}}\boldsymbol{T}_j \tag{16-16}$$

$$\boldsymbol{K}_1^{(1)}=k_1^{(1)}\boldsymbol{T}_1^{\mathrm{T}}\boldsymbol{T}_1，\boldsymbol{K}_j^{(1)}=k_j^{(1)}\boldsymbol{T}_j^{\mathrm{T}}\overline{\boldsymbol{K}}\boldsymbol{T}_j，j=2,3,\cdots,n \tag{16-17}$$

由此可见，$\boldsymbol{K}^{(0)}$ 就是均值参数刚度矩阵，而 $\boldsymbol{K}_j^{(1)}$ 是与单元刚度矩阵对应的标准差矩阵。不难发现，它们的形式与单元刚度矩阵完全相同，只是分别用相应的均值与标准差代替原来的刚度参数❶。

当 $\zeta_1,\zeta_2,\cdots,\zeta_n$ 是一组互不相关的随机变量时，即 $E[\zeta_i\zeta_j]=\delta_{ij}$，这将给后续研究带来方便。当 $\zeta_1,\zeta_2,\cdots,\zeta_n$ 是归一化的相关随机变量时，可采用第 14 章介绍的相关结构分

❶ 基于这一认识，对线性随机参数，可以采用虚拟结构向量方法合成含有随机参数的随机矩阵。详见参考文献[26]：李杰，1996.

解。引入相关矩阵 $\boldsymbol{R}=E[(\zeta_1,\zeta_2,\cdots,\zeta_n)^{\mathrm{T}}(\zeta_1,\zeta_2,\cdots,\zeta_n)]$ 的特征向量矩阵 $\boldsymbol{\Phi}$，并注意到 $\boldsymbol{R}$ 的特征值为 1($\zeta_1,\zeta_2,\cdots,\zeta_n$ 是归一化随机向量)，则有

$$\boldsymbol{\zeta}=\boldsymbol{\Phi}\tilde{\boldsymbol{\zeta}},\ \zeta_j=\sum_{r=1}^{n}\phi_{jr}\tilde{\zeta}_r \tag{16-18}$$

这时，$\tilde{\zeta}_1,\tilde{\zeta}_2,\cdots,\tilde{\zeta}_n$ 是一组互不相关的随机变量，即 $E[\tilde{\zeta}_i\tilde{\zeta}_j]=\delta_{ij}$。

将式(16-18)代入式(16-15)中，得到：

$$\begin{aligned}\boldsymbol{K}&=\boldsymbol{K}^{(0)}+\sum_{j=1}^{n}\boldsymbol{K}_j^{(1)}\zeta_j=\boldsymbol{K}^{(0)}+\sum_{j=1}^{n}\sum_{r=1}^{n}\boldsymbol{K}_j^{(1)}\phi_{jr}\tilde{\zeta}_r\\&=\boldsymbol{K}^{(0)}+\sum_{r=1}^{n}\tilde{\boldsymbol{K}}_r^{(1)}\tilde{\zeta}_r\end{aligned} \tag{16-19}$$

其中

$$\tilde{\boldsymbol{K}}_r^{(1)}=\sum_{j=1}^{n}\boldsymbol{K}_j^{(1)}\phi_{jr} \tag{16-20}$$

为使符号表示方便，仍然采用 ζ_r 表示不相关基本随机变量，从而可以将刚度矩阵写成

$$\boldsymbol{K}(\boldsymbol{\zeta}_{\mathrm{k}})=\boldsymbol{K}^{(0)}+\sum_{r=1}^{s_{\mathrm{k}}}\boldsymbol{K}_r^{(1)}\zeta_r^{(\mathrm{k})} \tag{16-21}$$

其中 $\boldsymbol{\zeta}_{\mathrm{k}}=(\zeta_1^{(\mathrm{k})},\zeta_2^{(\mathrm{k})},\cdots,\zeta_{s_{\mathrm{k}}}^{(\mathrm{k})})$。类似地，可将质量矩阵与阻尼矩阵也都写成标准化随机变量的线性组合形式

$$\boldsymbol{M}(\boldsymbol{\zeta}_{\mathrm{m}})=\boldsymbol{M}^{(0)}+\sum_{r=1}^{s_{\mathrm{m}}}\boldsymbol{M}_r^{(1)}\zeta_r^{(\mathrm{m})},\ \boldsymbol{C}(\boldsymbol{\zeta}_{\mathrm{c}})=\boldsymbol{C}^{(0)}+\sum_{r=1}^{s_{\mathrm{c}}}\boldsymbol{C}_r^{(1)}\zeta_r^{(\mathrm{c})} \tag{16-22}$$

式中，$\boldsymbol{\zeta}_{\mathrm{m}}=(\zeta_1^{(\mathrm{m})},\zeta_2^{(\mathrm{m})},\cdots,\zeta_{s_{\mathrm{m}}}^{(\mathrm{m})})$ 和 $\boldsymbol{\zeta}_{\mathrm{c}}=(\zeta_1^{(\mathrm{c})},\zeta_2^{(\mathrm{c})},\cdots,\zeta_{s_{\mathrm{c}}}^{(\mathrm{c})})$ 分别为质量参数与阻尼参数中的基本随机变量集合。

这样，式(16-1)可以统一地写成

$$\boldsymbol{M}(\boldsymbol{\zeta})\ddot{\boldsymbol{X}}+\boldsymbol{C}(\boldsymbol{\zeta})\dot{\boldsymbol{X}}+\boldsymbol{K}(\boldsymbol{\zeta})\boldsymbol{X}=\boldsymbol{\Gamma}\boldsymbol{\xi}(t) \tag{16-23}$$

或

$$\left(\boldsymbol{M}^{(0)}+\sum_{r=1}^{s}\boldsymbol{M}_r^{(1)}\zeta_r\right)\ddot{\boldsymbol{X}}+\left(\boldsymbol{C}^{(0)}+\sum_{r=1}^{s}\boldsymbol{C}_r^{(1)}\zeta_r\right)\dot{\boldsymbol{X}}+\left(\boldsymbol{K}^{(0)}+\sum_{r=1}^{s}\boldsymbol{K}_r^{(1)}\zeta_r\right)\boldsymbol{X}=\boldsymbol{\Gamma}\boldsymbol{\xi}(t) \tag{16-24}$$

其中 $\boldsymbol{\zeta}=(\boldsymbol{\zeta}_{\mathrm{m}},\boldsymbol{\zeta}_{\mathrm{c}},\boldsymbol{\zeta}_{\mathrm{k}})=(\zeta_1,\zeta_2,\cdots,\zeta_s)$；$s$ 表示系统中随机变量的总个数。在式(16-24)中，当 $r>s_{\mathrm{m}}$ 时，$\boldsymbol{M}_r^{(1)}=\boldsymbol{0}$；当 $r\leqslant s_{\mathrm{m}}$ 或 $r>s_{\mathrm{m}}+s_{\mathrm{c}}$ 时，$\boldsymbol{C}_r^{(1)}=\boldsymbol{0}$；当 $r\leqslant s_{\mathrm{m}}+s_{\mathrm{c}}$ 时，$\boldsymbol{K}_r^{(1)}=\boldsymbol{0}$。

由于 $\boldsymbol{M}$，$\boldsymbol{C}$，$\boldsymbol{K}$ 矩阵中都含有随机变量，因此，其响应 $\ddot{\boldsymbol{X}}(t)$，$\dot{\boldsymbol{X}}(t)$ 及 $\boldsymbol{X}(t)$ 也都是随机过程。随机结构分析的任务，就是根据基本变量的信息获取这些随机响应过程的概率信息。

§ 16.2　随机模拟方法

16.2.1　随机模拟方法的基本思想

考虑标准化形式的随机结构动力方程式(16-24)：

$$\left(\boldsymbol{M}^{(0)}+\sum_{r=1}^{s}\boldsymbol{M}_r^{(1)}\zeta_r\right)\ddot{\boldsymbol{X}}+\left(\boldsymbol{C}^{(0)}+\sum_{r=1}^{s}\boldsymbol{C}_r^{(1)}\zeta_r\right)\dot{\boldsymbol{X}}+\left(\boldsymbol{K}^{(0)}+\sum_{r=1}^{s}\boldsymbol{K}_r^{(1)}\zeta_r\right)\boldsymbol{X}=\boldsymbol{\Gamma}\boldsymbol{\xi}(t)$$

显然，结构的响应是基本参数的随机函数：

$$\boldsymbol{X}(\varpi,t)=\boldsymbol{X}(\boldsymbol{\zeta}(\varpi),t) \tag{16-25}$$

为了更清楚地阐述问题，考虑 $\boldsymbol{X}$ 的一个分量。为使符号简明，略去下标，仍记为 X，即：

$$X(\varpi,t)=X(\boldsymbol{\zeta}(\varpi),t) \tag{16-26}$$

这里，$X(\varpi,t)$ 是系统(16-24)的某一位移反应。

现在，目标是获取位移反应 $X(\varpi,t)$ 的均值过程 $E[X(\varpi,t)]$ 与相关函数 $R_X(t_1,t_2)=E[X(\varpi,t_1)X(\varpi,t_2)]$。根据概率论，均值过程

$$\begin{aligned}\mu_X(t)=E[X(\varpi,t)]&\overset{①}{=}\int_{-\infty}^{\infty}xp_X(x,t)\mathrm{d}x\\&\overset{②}{=}\int_{-\infty}^{\infty}X(\boldsymbol{z},t)p_{\boldsymbol{\zeta}}(\boldsymbol{z})\mathrm{d}\boldsymbol{z}\overset{③}{=}\int_{\Omega}X(\boldsymbol{\zeta}(\varpi),t)\ell(\mathrm{d}\varpi)\end{aligned} \tag{16-27}$$

式中，$p_X(x,t)$是随机过程 $X(\varpi,t)$的一维概率密度函数；$p_{\boldsymbol{\zeta}}(\boldsymbol{z})$是随机向量 $\boldsymbol{\zeta}$ 的联合概率密度函数，$\boldsymbol{z}=(z_1,z_2,\cdots,z_s)$；$\ell(\mathrm{d}\varpi)$ 表示样本空间 Ω 中微子集 $\mathrm{d}\varpi$的概率测度。

通过式(16-27)的等号①来获取 $\mu_X(t)$ 是一个较为困难的途径，因为这需要首先获取 $p_X(x,t)$。通过式(16-27)的等号②需要进行高维积分的求解。利用等式③，进一步有

$$\begin{aligned}E[X(\varpi,t)]&=\int_{\Omega}X(\boldsymbol{\zeta}(\varpi),t)\ell(\mathrm{d}\varpi)=\lim_{\substack{N\to\infty\\ \ell(\Delta\varpi_i)\to 0}}\sum_{i=1}^{N}X(\boldsymbol{\zeta}(\varpi_i),t)\ell(\Delta\varpi_i)\\&\overset{①}{\approx}\sum_{i=1}^{N}X(\boldsymbol{\zeta}(\varpi_i),t)P_i\overset{②}{=}\frac{1}{N}\sum_{i=1}^{N}X(\boldsymbol{\zeta}(\varpi_i),t)\\&\overset{③}{=}\frac{1}{N}\sum_{i=1}^{N}X(\boldsymbol{\zeta}_i,t)\overset{④}{=}\frac{1}{N}\sum_{i=1}^{N}X_i(t)\end{aligned} \tag{16-28}$$

由此可见，平均值可以通过在样本空间中选取一系列样本点后进行加权平均得到(约等号①)，如果取样是“随机”的，每一个样本点取得的概率均可认为是相同的(等号②)，从而形成等号③和等号④中的表达式。

类似地，可以求得 $X(\varpi,t)$ 的其他统计量，例如相关函数

$$R_X(t_1,t_2)\approx\frac{1}{N}\sum_{i=1}^{N}X(\boldsymbol{\zeta}_i,t_1)X(\boldsymbol{\zeta}_i,t_2)=\frac{1}{N}\sum_{i=1}^{N}X_i(t_1)X_i(t_2) \tag{16-29}$$

而其标准差则可采用

$$\sigma_X(t)=\sqrt{E\left[X(\varpi,t)-\mu_X(t)\right]^2}=\sqrt{\frac{1}{N-1}\sum_{i=1}^{N}\left[X_i(t)-\frac{1}{N}\sum_{j=1}^{N}X_j(t)\right]^2}\tag{16-30}$$

这样，就构成了求取随机结构响应统计量的随机模拟方法，它一般具有三个基本步骤：

(1)在基本随机向量 $\boldsymbol{\zeta}$ 的样本空间中“随机”取样，得到 N 个样本点 $\boldsymbol{\zeta}_1,\boldsymbol{\zeta}_2,\cdots,\boldsymbol{\zeta}_N$，其中 $\boldsymbol{\zeta}_j=\boldsymbol{\zeta}(\varpi_j)$；

(2)将取得的样本点代入方程(16-24)中，求得响应 $X(\boldsymbol{\zeta},t)$ 的“随机”样本 $X_j(t)=X(\boldsymbol{\zeta}_j,t)=X(\boldsymbol{\zeta}(\varpi_j),t)$，$j=1,2,\cdots,N$；

(3)通过适当的统计公式获取 $X(t)$ 统计量的估计值，例如采用式(16-28)中的等号④计算 $X(t)$ 的均值，或采用式(16-29)计算 $X(t)$ 的相关函数，或采用式(16-30)计算响应标准差。

这一技术途径也常称为 **Monte Carlo 方法**。

16.2.2　均匀分布随机变量的随机取样

为了对一个非均匀分布的随机变量进行“随机”取样，首先要对均匀分布的随机变量进行“随机”取样。设随机变量 ζ 具有[0,1]之间的均匀分布，要获得 ζ 的系列随机样本值，最常用的方法是线性同余法。

设 y_n 是通过下式第 n 次迭代获得的值

$$\begin{cases} y_n=(ay_{n-1}+b)\bmod c \\ z_n=\dfrac{y_n}{c}\bmod 1=\dfrac{y_n}{c}-\mathrm{int}\left(\dfrac{y_n}{c}\right)\end{cases}\tag{16-31}$$

式中，mod c 表示取以 c 为除数获得的余数，y_n、a、b、c 均为正整数，int(·)表示取整数。显然，y_n 总是满足 $0\leqslant y_n<c$，且它的值依赖于 y_0、a、b、c。通常，对于一个给定的线性同余发生器，参数 a、b、c 是给定的。由这个线性同余发生器生成的序列完全决定于初值 y_0，因此 y_0 称为线性同余发生器的种子(seed)。z_n 是取 $\dfrac{y_n}{c}$ 的小数部分，$0\leqslant z_n<1$。

表 16-1 给出不同的参数和种子生成序列的典型示例。

线性同余法示例　　表 16-1

参数与种子 \ n		1	2	3	4	5	6	7	图示	偏差
$y_0=1$ $a=4$ $b=3$ $c=9$	y_n	7	4	1	7	—	—	—	 周期为 3	0.2222
	z_n	0.7778	0.4444	0.1111	0.7778	—	—	—		

续表

参数与种子 \ n		1	2	3	4	5	6	7	图示	偏差
$y_0=1$ $a=2$ $b=3$ $c=9$	y_n	5	4	2	7	8	1	5	 周期为 6	0.1111
	z_n	0.5556	0.4444	0.2222	0.7778	0.8889	0.1111	0.5556		
$y_0=1$ $a=2$ $b=3$ $c=10$	y_n	5	3	9	1	5	—	—	 周期为 4	0.25
	z_n	0.5	0.3	0.9	0.1	0.5	—	—		

由表 16-1 及表中的点集分布可知，采用线性同余法生成的数列具有几个显著的特点：①线性同余法是确定性算法，一旦“种子”确定，生成数的序列也是确定的，如此生成的数并非“真”随机数，而是“伪随机数”；②线性同余法具有小于 c 的周期，其周期的长短及生成点集的散布特点与参数和种子有极大的关系，如何合理地选择参数和种子是一个重要的课题；③从表中的图示分布来看，伪随机数在 [0,1] 区间内的散布是“大致”均匀的，因此能够采用这种方法模拟随机数的生成。但是，点集散布的均匀程度与参数关系很大，而且不是“十分均匀”的。为了定量化地度量均匀性程度，可以采用点集偏差的概念。

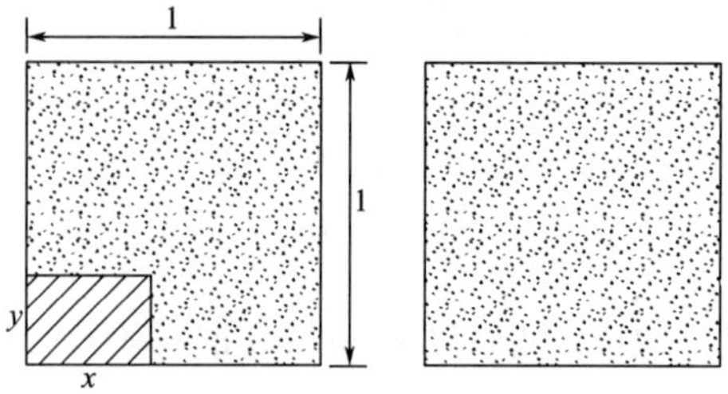

(a)　　(b)

图 16-2　点集偏差示意图

事实上，根据图 16-2(a)，点集偏差可以直观地定义为：

$$\mathcal{D}(\mathcal{P}_n,n)=\sup_{0\leqslant x,y\leqslant 1}\left|\frac{N(x,y)}{n}-xy\right| \tag{16-32}$$

其中，$\mathcal{P}_n$ 表示散布在正方形 $[0,1]^2$ 内的一个点集，总数为 n，$N(x,y)$ 是散布在长方形区域 $[0,x]\times[0,y]$ 内的点数。直观上，均匀散布的点集中处于顶点为任意点 $(x,y)\in[0,1]^2$ 的长方形 $[0,x]\times[0,y]$ 内的点数 $N(x,y)$ 与总点数 n 之比，应当接近该长方形区域面积 xy 与总面积之比(总面积为 1)。因此，上述比值之差的上界就构成了一个定量化地度量点集均匀程度的指标。在多维情况下，式(16-32)可以推广为

$$\mathcal{D}(\mathcal{P}_n,n)=\sup_{0\leqslant x_i\leqslant 1}\left|\frac{N(\boldsymbol{x})}{n}-x_1x_2\cdots x_s\right| \tag{16-33}$$

采用随机模拟方法生成的点集偏差为

$$\mathcal{D}(\mathcal{P}_{\mathrm{MC}},n)=O(n^{-1/2}(\log\log n)^{1/2}) \tag{16-34}$$

上式以概率 1 成立，即任意 Monte Carlo 点集的偏差大小与 $n^{-1/2}(\log\log n)^{1/2}$ 同阶(数量级)❶。

❶　这一结果是著名华人概率论学者钟开莱于 1949 年证明的。

例如，当 $n=10^4$ 时，$\mathcal{D}(\mathcal{P}_{\mathrm{MC}},n)=7.76\times10^{-3}\approx10^{-2}$；当 $n=10^6$ 时，$\mathcal{D}(\mathcal{P}_{\mathrm{MC}},n)=8.82\times10^{-4}\approx10^{-3}$。

可以证明，对于 $[0,1]^s$ 上的积分，对任意点集 $\mathcal{P}_n=\{\boldsymbol{x}_1,\boldsymbol{x}_2,\cdots,\boldsymbol{x}_n\}$，都有

$$\left|\int_{[0,1]^s} f(\boldsymbol{x})\mathrm{d}\boldsymbol{x}-\frac{1}{n}\sum_{k=1}^{n} f(\boldsymbol{x}_k)\right|\leqslant \mathcal{D}(\mathcal{P}_n,n)V(f) \tag{16-35}$$

其中，$V(f)$ 是函数 f 的变差。通常，函数越不规则，变差越大；函数越光滑，变差越小。从这一误差估计可见，采用点集估计多维积分时，误差取决于点集和函数自身的特性。结合以上两式可知，要将积分精度提高一个数量级，通常所需 MC 点的总数需要提高两个数量级。后面还将从概率论的角度对此加以进一步阐述。

偏差(16-34)表现出的一个特点是与维数 s 无关，这是 Monte Carlo 方法的一个重要优点。图 16-2(b)是一个典型的二维 Monte Carlo 点集。十分明显，Monte Carlo 点集是大致均匀而又局部不均匀的。

由于 Monte Carlo 点集的上述确定性和周期性性质，在选用通用软件自带的随机数生成函数(如 Matlab 的 rand，VC++的 rand()等)时，要特别注意函数的说明及参数选取问题。

16.2.3 非均匀变量的抽样

1. 随机变量变换方法

设 ζ 是一个均匀分布的随机变量，其概率密度函数 $p_\zeta(z)=1$，$z\in[0,1]$，定义随机函数

$$Y=g(\zeta) \tag{16-36}$$

其概率密度函数可以由第 14 章的方法来确定。当 $g(\cdot)$ 为单调函数时，有

$$p_Y(y)=\left|\frac{\mathrm{d}g^{-1}(y)}{\mathrm{d}y}\right|p_\zeta(z=g^{-1}(y)) \tag{16-37}$$

因此，只要 ζ 的一系列样本值 $z_1,z_2,\cdots,z_N$ 已经生成，就可以采用

$$y_i=g(z_i),\ i=1,2,\cdots,N \tag{16-38}$$

来生成概率密度函数为 $p_Y(y)$ 的随机变量 Y 的一系列样本值 $y_1,y_2,\cdots,y_N$。

设 Y 的分布函数为 $F_Y(y)=\int_{-\infty}^{y}p_Y(y)\mathrm{d}y$。可以证明，若随机变量 Z 定义为

$$Z=F_Y(Y) \tag{16-39}$$

那么 Z 的概率密度函数满足 $p_Z(z)\mathrm{d}z=p_Y(y)\mathrm{d}y$，从而

$$p_Z(z)=\frac{\mathrm{d}y}{\mathrm{d}z}p_Y(y)=\frac{1}{\left.\dfrac{\mathrm{d}F_Y(y)}{\mathrm{d}y}\right|_{y=F_Y^{-1}(z)}}p_Y(y=F_Y^{-1}(z))=1 \tag{16-40}$$

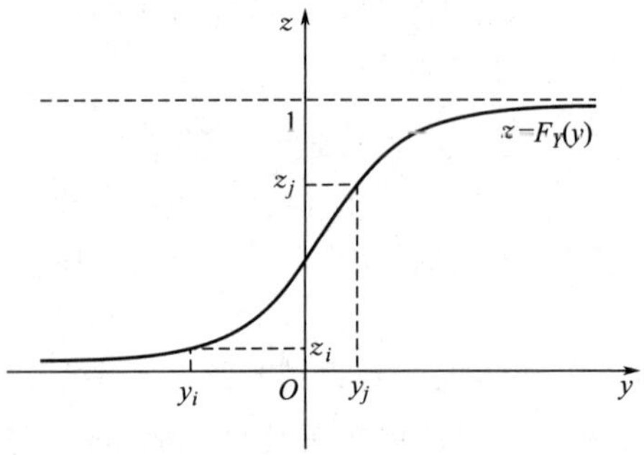

图 16-3　反变换法示意图

可见，Z 是 $[0,1]$ 之间均匀分布的随机变量，如图 16-3 所示。

因此，若已经生成一系列均匀分布随机变量的样本值 $z_1, z_2, \cdots, z_N$，则

$$y_i = F_Y^{-1}(z_i),\ i = 1, 2, \cdots, N \quad (16\text{-}41)$$

给出了概率密度函数为 $p_Y(y)$ 的随机变量 Y 的一系列样本值。这一方法通常称为**反变换法**。

【例 16-1】　正态分布的反变换法

若 ζ 为 $[0,1]$ 上均匀分布的随机变量，则

$$Y = \Phi^{-1}(\zeta)$$

为标准正态分布的随机变量，Φ^{-1} 为 Φ 的反函数。其中

$$\Phi(y) = \frac{1}{\sqrt{2\pi}}\int_{-\infty}^{y} e^{-t^2/2}\,dt$$

反函数 $\Phi^{-1}(u)$ 的计算有多种方法，一个值得推荐的计算方法是[1]：

$$\Phi^{-1}(u) \approx \begin{cases} \dfrac{\sum_{n=0}^{3} a_n (u-0.5)^{2n+1}}{1+\sum_{n=0}^{3} b_n (u-0.5)^{2n}}, & 0.5 \leqslant u \leqslant 0.92 \\ \sum\limits_{n=0}^{8} c_n \{\ln[-\ln(1-u)]\}^n, & 0.92 \leqslant u < 1 \end{cases}$$

当 $0 < u \leqslant 0.5$ 时，可利用标准正态分布的对称性，即

$$\Phi^{-1}(1-u) = -\Phi^{-1}(u),\ 0 < u < 1$$

其中，系数的值如下

$$\begin{aligned} a_0 &= 2.50662823884 \\ a_1 &= -18.61500062529 \\ a_2 &= 41.39119773534 \\ a_3 &= -25.44106049637 \\ b_0 &= -8.47351093090 \\ b_1 &= 23.08336743743 \\ b_2 &= -21.06224101826 \\ b_3 &= 3.13082909833 \end{aligned}$$

$$\begin{aligned} c_0 &= 0.3374754822726147 \\ c_1 &= 0.9761690190917186 \\ c_2 &= 0.1607979714918209 \\ c_3 &= 0.0276438810333863 \\ c_4 &= 0.0038405729373609 \\ c_5 &= 0.0003951896511919 \\ c_6 &= 0.0000321767881768 \\ c_7 &= 0.0000002888167364 \\ c_8 &= 0.0000003960315187 \end{aligned}$$

❶ 详见参考文献[59]：Glasserman，2004.

在 $\Phi(-7) \leqslant u \leqslant \Phi(7)$ 的范围内，上述计算方法的绝对误差不超过 3×10^{-9}。

【例 16-2】 指数分布的反变换法

若 ζ 为 $[0,1]$ 上均匀分布的随机变量，而 Y 为指数分布

$$p_Y(y)=\begin{cases}\lambda e^{-\lambda y}, & y \geqslant 0\\ 0, & y<0\end{cases},\quad F_Y(y)=\begin{cases}1-e^{-\lambda y}, & y \geqslant 0\\ 0, & y<0\end{cases}$$

其反变换为

$$Y=F_Y^{-1}(\zeta)=-\frac{1}{\lambda}\ln(1-\zeta) \quad 或 \quad Y=-\frac{1}{\lambda}\ln\zeta_1$$

显然，$\zeta_1=1-\zeta$ 也为 $[0,1]$ 上均匀分布的随机变量。

【例 16-3】 正态变量的极坐标变换

若 X，Y 是相互独立的标准正态随机变量，定义

$$\begin{cases}X=R\cos\Theta\\ Y=R\sin\Theta\end{cases} \quad \begin{cases}R=\sqrt{X^2+Y^2}\\ D=R^2=X^2+Y^2\end{cases} \tag{a}$$

根据第 14 章多维随机变量的变换，可以证明，新的随机向量 (D,Θ) 的联合概率密度函数是

$$p_{D\Theta}(d,\theta)=\frac{1}{2\pi}\times\frac{1}{2}e^{-d/2}=p_\Theta(\theta)\cdot p_D(d)$$

其中 $p_D(d)=\frac{1}{2}e^{-d/2}$；$p_\Theta(\theta)=\frac{1}{2\pi}$。因此，$D$ 与 Θ 是相互独立的，且分别服从指数分布与均匀分布。

根据【例 16-2】中的结果，若 ζ_1 为 $[0,1]$ 之间均匀分布的随机变量，则可采用

$$D=-\frac{1}{\lambda}\ln\zeta_1=-2\ln\zeta_1$$

生成 D，从而 $R=\sqrt{D}=\sqrt{-2\ln\zeta_1}$。进而，根据式(a)，得到

$$\begin{cases}X=R\cos\Theta=\sqrt{-2\ln\zeta_1}\cos2\pi\zeta_2\\ Y=R\sin\Theta=\sqrt{-2\ln\zeta_1}\sin2\pi\zeta_2\end{cases} \tag{b}$$

这里，(ζ_1,ζ_2) 为 $[0,1]^2$ 上均匀分布的二维独立随机变量，而 X，Y 服从独立标准正态分布。

目前，在一般的通用软件中，已有直接通过反变换法及常用的随机变量变换法获取非均匀分布的模块或函数库。

2. 舍选法

对于更为一般的分布，反变换函数可能较为复杂，不易求取。这时，可以采用舍选法，如图 16-4 所示。

设分布在 $[a,b]$ 内的随机变量 X 的概率密度函数为 $p_X(x)$。取某一范围 $c \geqslant \max[p_X(x)]$，使

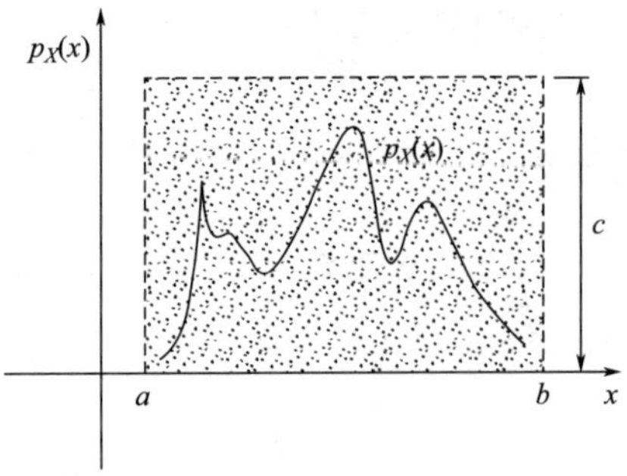

图 16-4　舍选法示意图

得图 16-4 中的长方形区域 $[a,b]\times[0,c]$ 完全覆盖 $p_X(x)$。在 $[a,b]\times[0,c]$ 内生成二维独立均匀分布点集 (x_i,y_i)，$i=1,2,\cdots,N$。满足 $y_i\leqslant p_X(x=x_i)$ 所有点的横坐标，即

$$\{x_i \mid (x_i,y_i),\ y_i\leqslant p_X(x=x_i), i=1,2,\cdots,N\} \tag{16-42}$$

作为随机变量 X 的样本值。

这一事实的精确提法是：设 ζ_1，ζ_2 是 $[a,b]\times[0,c]$ 内的均匀随机变量，则定义随机变量 X，满足条件

$$X=\zeta_1(\varpi),\ \varpi\in\Omega_1=\{\varpi \mid \zeta_2(\varpi)\leqslant\varphi(x)\} \tag{16-43}$$

值得注意的是，(ζ_1,ζ_2) 的样本空间是 $\Omega=\{\varpi \mid (\zeta_1(\varpi),\zeta_2(\varpi))\in[a,b]\times[0,c]\}$，因而其密度为

$$\ell(\mathrm{d}\varpi)=\frac{1}{(b-a)c} \tag{16-44}$$

而 $X(\varpi)$ 的样本空间为

$$\Omega_1=\{\varpi \mid \zeta_2(\varpi)\leqslant\varphi(x),\ \zeta_1(\varpi)\in[a,b]\} \tag{16-45}$$

这时，$\ell(\Omega_1)=\int_{-\infty}^{\infty}\varphi(x)\mathrm{d}x/[(b-a)c]$。

因而，有

$$\begin{aligned}p_X(x)\mathrm{d}x&=\Pr\{X(\varpi)\in(x,x+\mathrm{d}x]\}\\&=\Pr\{\zeta_1(\varpi)\in(x,x+\mathrm{d}x]\cap\zeta_2(\varpi)\leqslant\varphi(x)\}\\&=\alpha\frac{\varphi(x)\mathrm{d}x}{(b-a)c}\end{aligned} \tag{16-46}$$

其中，α 是归一化系数。由此可见

$$p_X(x)=\frac{\varphi(x)}{\int_{-\infty}^{\infty}\varphi(x)\mathrm{d}x} \tag{16-47}$$

当取 $\varphi(x)$ 是归一化函数时，$\varphi(x)$ 就是随机变量 X 的概率密度函数。

16.2.4　随机模拟方法的精度与效率

关于随机模拟方法的精度与效率，上节已有初步说明。这里从概率论的角度进一步给出分析。

根据式(16-26)，有

$$X(\varpi,t)=X(\boldsymbol{\zeta}(\varpi),t) \tag{16-48}$$

如果对基本随机向量的取样是独立进行的，即可认为 $\boldsymbol{\zeta}_1,\boldsymbol{\zeta}_2,\cdots,\boldsymbol{\zeta}_N$ 是 N 个独立随机向量，因而 $X_i(t)$，$i=1,2,\cdots,N$ 也可以认为是 N 个独立同分布的随机变量，所以

$$\tilde{\mu}(t)=\frac{1}{N}\sum_{i=1}^{N}X_i(t) \tag{16-49}$$

是一个随机变量，显然

$$E[\tilde{\mu}(t)]=E[X(t)] \tag{16-50}$$

可见，$\tilde{\mu}(t)$ 的期望等于真实的期望。因此，式(16-49)给出的估计是无偏的。

采用式(16-49)估计响应均值的精度，可以从 $\tilde{\mu}(t)$ 的标准差 $\sigma_{\tilde{\mu}}(t)$ 来考虑，标准差 $\sigma_{\tilde{\mu}}(t)$ 越小，该估计的精度越高。$X_i(t)$ 是独立同分布的，设其标准差均为 $\sigma(t)$，则

$$\sigma_{\tilde{\mu}}^2(t)=\frac{\sigma^2(t)}{N} \tag{16-51}$$

从而

$$\sigma_{\tilde{\mu}}(t)=\frac{1}{\sqrt{N}}\sigma(t) \tag{16-52}$$

由此可见，$\tilde{\mu}(t)$ 的波动随着 $\frac{1}{\sqrt{N}}$ 减少而减小。在此，我们再次看到 $N^{-\frac{1}{2}}$ 的性质，即若要 $\tilde{\mu}(t)$ 的精度提高一个量级（$\sigma_{\tilde{\mu}}(t)$ 减小一个量级），则总次数 N 需要增大两个数量级。

根据中心极限定理，$\tilde{\mu}(t)$ 将随着 N 增大趋向正态分布，因此，当 $N\to\infty$ 时，有

$$\Pr\{|\tilde{\mu}-\mu|<\varepsilon\}=\int_{-\varepsilon}^{\varepsilon}\frac{1}{\sqrt{2\pi}\,\dfrac{\sigma}{\sqrt{N}}}\exp\left(-\frac{x^2}{2\sigma^2/N}\right)\mathrm{d}x \tag{16-53}$$

这在概率意义上给出了 $\tilde{\mu}(t)$ 计算精度的渐进估计。

现在，考虑在可靠度与失效概率计算中 Monte Carlo 方法的精度。通常情况下，结构系统的失效概率 p_{f} 较小。采用 Monte Carlo 时，可认为每一次样本都是独立计算的一次 p_{f} 估计，其取值或者为零，或者为 1，其概率为

$$\begin{cases}\Pr\{p_{\mathrm{f}}^{(i)}=0\}=1-p_{\mathrm{f}}\\ \Pr\{p_{\mathrm{f}}^{(i)}=1\}=p_{\mathrm{f}}\end{cases} \tag{16-54}$$

因此，在 Monte Carlo 模拟中，采用下式估计结构的失效概率

$$\tilde{p}_{\mathrm{f}}=\frac{1}{N}\sum_{i=1}^{N}p_{\mathrm{f}}^{(i)} \tag{16-55}$$

显然，$\tilde{p}_{\mathrm{f}}$ 的数学期望

$$\mu_{\tilde{p}_f}=E[\tilde{p}_f]=E[p_f^{(i)}]=p_f \tag{16-56}$$

即 $\tilde{p}_f$ 将给出 p_f 的无偏估计。由于 $p_f^{(i)}$ 的独立性，$\tilde{p}_f$ 的标准差为

$$\sigma_{\tilde{p}_f}=\frac{1}{\sqrt{N}}\sigma_{p_f^{(i)}} \tag{16-57}$$

其中，$\sigma_{p_f^{(i)}}$ 为 $p_f^{(i)}$ 的标准差，根据式(16-54)中的 (0-1) 分布，并注意到 $p_f \ll 1$，有

$$\sigma_{p_f^{(i)}}=\sqrt{(1-p_f)p_f}\approx\sqrt{p_f} \tag{16-58}$$

采用 $\tilde{p}_f$ 估计 p_f 的精度可通过其变异系数来衡量，有

$$\delta_{\tilde{p}_f}=\frac{\sigma_{\tilde{p}_f}}{\mu_{\tilde{p}_f}}=\frac{\sqrt{p_f}}{p_f\sqrt{N}}=\frac{1}{\sqrt{p_f N}} \tag{16-59}$$

由此可见，如果希望变异系数 $\delta_{\tilde{p}_f}$ 较小，则需要的确定性分析次数为

$$N=\frac{1}{p_f\delta_{\tilde{p}_f}^2} \tag{16-60}$$

例如，若取 $\delta_{\tilde{p}_f}=0.1$，则

$$N=\frac{100}{p_f} \tag{16-61}$$

在结构工程中，一般 p_f 较小，约在 $10^{-6}\sim10^{-4}$ 量级，因此，$N=10^6\sim10^8$。对于大型复杂结构，这一计算量是惊人的。正因为如此，进一步寻求精确高效的方法迄今仍是该方面研究的热点。

§16.3 随机摄动方法

16.3.1 摄动方法

当一个系统中含有某些小参数 ε，而小参数 $\varepsilon=0$ 时系统的解答已知，人们常常可以采用关于小参数展开的方法来获取问题的近似解答，这一基本思想称之为摄动方法❶。

不失一般性，考虑一个确定性问题的求解，即

$$L[u(x),x,\varepsilon]=0 \tag{16-62}$$

其中 ε 是一个小参数；$u(x)$ 是关于 x 的未知函数；$L[\cdot]$ 是非线性算子。算子方程(16-62)有时也写成 $L(\varepsilon)\circ u(x)=0$ 的形式，这里“$\circ$”表示算子作用符号。在运算上，算子方程的作用符号可以直接采用类似于乘法的规则，所以也可以将算子符号省略，直接采用 $L_\varepsilon u(x)=0$ 的形式。

对应于 $\varepsilon=0$ 的问题，方程(16-62)的解答 $u_0(x)$ 已知，即

❶ 本节关于随机摄动方法基本思想的论述方式，详见参考文献[26]：李杰，1996.

$$L_0[u(x),x]=L_0u(x)=L_\varepsilon u(x)|_{\varepsilon=0}=L[u(x),x,\varepsilon]|_{\varepsilon=0}=0 \tag{16-63}$$

方程(16-62)的解答 $u(x)$ 显然依赖于小参数 ε，不妨写为 $u(x,\varepsilon)$。假定它可以按照 ε 的一个渐近序列展开，例如多项式展开

$$u(x,\varepsilon)=u_0(x)+u_1(x)\varepsilon+\cdots=\sum_{i=0}^{\infty}u_i(x)\varepsilon^i \tag{16-64}$$

显然，ε^i 是一个阶数增加的无穷小序列；$u_0(x),u_1(x),\cdots$ 是待定函数。

将式(16-64)代入式(16-62)中，可获得关于 $u_0(x),u_1(x),\cdots$ 的一系列方程。若算子 $L[\cdot]$ 是非线性的，还可以将算子关于 ε 进行小参数展开，从而有

$$L=L_0+L_1\varepsilon+L_2\varepsilon^2+\cdots=\sum_{i=0}^{\infty}L_i\varepsilon^i \tag{16-65}$$

将式(16-65)与式(16-64)同时代入式(16-62)中，有

$$\begin{aligned}L[u(x),x,\varepsilon]&=L_\varepsilon u(x)=(L_0+L_1\varepsilon+L_2\varepsilon^2+\cdots)[u_0(x)+u_1(x)\varepsilon+u_2(x)\varepsilon^2+\cdots]\\&=\sum_{i=0}^{\infty}\sum_{j=0}^{\infty}L_iu_j(x)\varepsilon^{i+j}=0\end{aligned} \tag{16-66}$$

这是一个关于 ε 的幂次增长的无穷序列。这一方程成立的条件是方程左、右两侧关于 ε 的同次幂系数相同，不同的 ε 幂次系数相等的条件给出不同阶的摄动方程。根据式(16-66)，有

$$\begin{aligned}&\text{对于 }\varepsilon^0\text{：}L_0u_0(x)=0\\&\text{对于 }\varepsilon^1\text{：}L_0u_1(x)+L_1u_0(x)=0\\&\text{对于 }\varepsilon^2\text{：}L_0u_2(x)+L_1u_1(x)+L_2u_0(x)=0\\&\cdots\cdots\end{aligned} \tag{16-67}$$

由零阶摄动方程可解出 $u_0(x)$，这就是方程(16-63)。将 $u_0(x)$ 代入一阶摄动方程，可解出 $u_1(x)$，依此类推，可逐次解出高阶 ε^j 对应的 $u_j(x)$，从而获得方程(16-64)形式的渐近展开解答❶。

现在，举一个简单例子❷。

【例 16-4】 求方程 $x^2-3x+2.2=0$ 的解答。

设 $L(x,\varepsilon)=x^2-3x+2+\varepsilon$，从而 $L_0(x)=L(x,0)=x^2-3x+2$。容易求得 $L_0(x)$ 的解答为 $x_0=1$ 或 $x_0=2$。显然，x 依赖于 ε，因而可将其展开为

---

❶ 这里讨论的方法属于正则摄动的范畴。确定性系统的摄动中奇异摄动问题是更为重要的问题，详见参考文献[60]：Hinch，1991；参考文献[61]：李杰，1996。但在随机摄动方法中，目前还鲜有关于奇异摄动方法的研究与应用，因此本书不加以讨论。

❷ 采用摄动法求解 Duffing 振子的解，是一个经典的例子，读者可以在一般的非线性动力学或非线性振动的著作与教材中找到。

$$x(\varepsilon)=x_0+x_1\varepsilon+x_2\varepsilon^2+\cdots=\sum_{i=0}^{\infty}x_i\varepsilon^i$$

现在的任务是求上式中的待定系数 $x_0,x_1,x_2,\cdots$。将其代入 $L(x,\varepsilon)$ 中，有

$$\begin{aligned}L(x,\varepsilon)&=\left(\sum_{i=0}^{\infty}x_i\varepsilon^i\right)^2-3\left(\sum_{i=0}^{\infty}x_i\varepsilon^i\right)+2+\varepsilon\\&=x_0^2+x_1^2\varepsilon^2+2x_0x_1\varepsilon+2x_0x_2\varepsilon^2-3(x_0+x_1\varepsilon+x_2\varepsilon^2)+2+\varepsilon+\cdots\\&=(x_0^2-3x_0+2)\varepsilon^0+(2x_0x_1-3x_1+1)\varepsilon^1+(x_1^2+2x_0x_2-3x_2)\varepsilon^2+\cdots\end{aligned}$$

比较 $\varepsilon^0,\varepsilon^1,\varepsilon^2,\cdots$ 的系数，可得如下的摄动方程：

$$\varepsilon^0:\ x_0^2-3x_0+2=0$$

$$\varepsilon^1:\ (2x_0-3)x_1+1=0$$

$$\varepsilon^2:\ (2x_0-3)x_2+x_1^2=0$$

求解各阶摄动方程分别得到两组值：$x_0=1$，$x_1=1$，$x_2=1$，$\cdots$ 以及 $x_0=2$，$x_1=-1$，$x_2=-1$，$\cdots$。因此，根据上述渐近展开，两个解答分别为

$$x(\varepsilon)=1+\varepsilon+\varepsilon^2+\cdots\quad 或\quad x(\varepsilon)=2-\varepsilon-\varepsilon^2+\cdots$$

将 $\varepsilon=0.2$ 代入上式，取关于 ε 的一阶摄动时，两个解答分别为 $x=1.2$ 和 $x=1.8$；取二阶摄动时分别为 $x=1.24$ 和 $x=1.76$。方程 $x^2-3x+2.2=0$ 的两个精确解答是 $x=1.276$ 和 $x=1.724$，采用二阶摄动时误差分别为 2.8%和 2.1%。

16.3.2　随机摄动技术

现在，考虑含有随机参数的问题。为简便计，以具有单个随机参数的情况加以说明。设含有随机参数的算子为：

$$L[u(x),x,\zeta]=0\tag{16-68}$$

其中 ζ 为标准化随机变量，即 $E[\zeta]=0$，$E[\zeta^2]=1$。

显然，系统的解答 $u(x)$ 依赖于 ζ，即 $u(x)=u(x,\zeta)$。设其可以关于 ζ 展开

$$u(x,\zeta)=u_0+u_1(x)\zeta+u_2(x)\zeta^2+\cdots=\sum_{i=0}^{\infty}u_i(x)\zeta^i\tag{16-69}$$

其中 $u_i(x)$ 为确定性的待定函数。

同时，设非线性算子 L 可以关于 ζ 进行展开，有[1]

$$L=L_0+L_1\zeta+L_2\zeta^2+\cdots=\sum_{i=0}^{\infty}L_i\zeta^i\tag{16-70}$$

将式(16-69)与式(16-70)代入式(16-68)中，可得

[1] 16.1 节的讨论就是为了完成这一任务。最终给出了一个关于基本随机向量呈线性关系的随机矩阵[式(16-21)和式(16-22)]，形成了标准化的随机动力方程式(16-24)。

$$L(u,x,\zeta)=\left(\sum_{i=0}^{\infty}L_i\zeta^i\right)\left(\sum_{i=0}^{\infty}u_i(x)\zeta^i\right)=\sum_{i=0}^{\infty}\sum_{j=0}^{\infty}L_iu_j(x)\zeta^{i+j} \tag{16-71}$$

为了满足方程(16-68)，ζ 的各次幂系数必须均相等(为零)，由此可得

零阶摄动方程（ζ^0）：

$$L_0u_0(x)=0 \tag{16-72}$$

一阶摄动方程（ζ^1）：

$$L_0u_1(x)+L_1u_0(x)=0 \tag{16-73}$$

二阶摄动方程（ζ^2）：

$$L_0u_2(x)+L_1u_1(x)+L_2u_0(x)=0 \tag{16-74}$$

……

这是一系列确定性方程，可以依次求解得到 $u_0(x), u_1(x), \cdots$。从而可根据式(16-69)得到 $u(x,\zeta)$ 的显式表达。

若需要进一步求 $u(x)$ 的统计量，可由式(16-69)得

$$\begin{aligned}\mu(x)&=E[u(x,\zeta)]\approx u_0(x)+u_2(x)\\ \sigma^2(x)&=E\{[u(x,\zeta)-\mu(x)]^2\}\\ &\approx u_1^2(x)-u_2^2(x)+2u_1(x)u_2(x)E[\zeta^3]+u_2^2(x)E[\zeta^4]\end{aligned} \tag{16-75}$$

若 ζ 服从标准正态分布，式(16-75)第二式成为

$$\sigma^2(x)\approx u_1^2(x)+2u_2^2(x) \tag{16-76}$$

16.3.3　线性随机结构的随机摄动分析

现在，考虑用随机摄动技术研究式(16-24)的随机结构响应分析问题

$$\left(\boldsymbol{M}^{(0)}+\sum_{r=1}^{s}\boldsymbol{M}_r^{(1)}\zeta_r\right)\ddot{\boldsymbol{X}}+\left(\boldsymbol{C}^{(0)}+\sum_{r=1}^{s}\boldsymbol{C}_r^{(1)}\zeta_r\right)\dot{\boldsymbol{X}}+\left(\boldsymbol{K}^{(0)}+\sum_{r=1}^{s}\boldsymbol{K}_r^{(1)}\zeta_r\right)\boldsymbol{X}=\boldsymbol{\Gamma}\boldsymbol{\xi}(t) \tag{16-77}$$

显然，$\boldsymbol{X}(\boldsymbol{\zeta},t)$ 是随机向量 $\boldsymbol{\zeta}$ 的函数。将其按 $\boldsymbol{\zeta}$ 的幂级数展开，有

$$\boldsymbol{X}(\boldsymbol{\zeta},t)=\boldsymbol{X}_0(t)+\sum_{i=1}^{s}\boldsymbol{X}_{1i}(t)\zeta_i+\sum_{i=1}^{s}\sum_{j=1}^{s}\boldsymbol{X}_{2ij}\zeta_i\zeta_j+\cdots \tag{16-78a}$$

$$\dot{\boldsymbol{X}}(\boldsymbol{\zeta},t)=\dot{\boldsymbol{X}}_0(t)+\sum_{i=1}^{s}\dot{\boldsymbol{X}}_{1i}(t)\zeta_i+\sum_{i=1}^{s}\sum_{j=1}^{s}\dot{\boldsymbol{X}}_{2ij}\zeta_i\zeta_j+\cdots \tag{16-78b}$$

$$\ddot{\boldsymbol{X}}(\boldsymbol{\zeta},t)=\ddot{\boldsymbol{X}}_0(t)+\sum_{i=1}^{s}\ddot{\boldsymbol{X}}_{1i}(t)\zeta_i+\sum_{i=1}^{s}\sum_{j=1}^{s}\ddot{\boldsymbol{X}}_{2ij}\zeta_i\zeta_j+\cdots \tag{16-78c}$$

将式(16-78)代入式(16-77)中。由于 $\boldsymbol{M}$、$\boldsymbol{C}$、$\boldsymbol{K}$ 与 $\ddot{\boldsymbol{X}}$、$\dot{\boldsymbol{X}}$ 和 $\boldsymbol{X}$ 的展开式具有完全类似的形式，以其中关于 $\boldsymbol{K}$ 的展开项为例，有

$$\begin{aligned}&\left(\boldsymbol{K}^{(0)}+\sum_{r=1}^{s}\boldsymbol{K}_r^{(1)}\zeta_r\right)\left(\boldsymbol{X}_0(t)+\sum_{i=1}^{s}\boldsymbol{X}_{1i}(t)\zeta_i+\sum_{i=1}^{s}\sum_{j=1}^{s}\boldsymbol{X}_{2ij}\zeta_i\zeta_j+\cdots\right)\\&=\boldsymbol{K}^{(0)}\boldsymbol{X}_0(t)+\sum_{r=1}^{s}\zeta_r(\boldsymbol{K}_r^{(1)}\boldsymbol{X}_0+\boldsymbol{K}^{(0)}\boldsymbol{X}_{1r})+\sum_{i=1}^{s}\sum_{j=1}^{s}\zeta_i\zeta_j(\boldsymbol{K}_i^{(1)}\boldsymbol{X}_{1j}+\boldsymbol{K}^{(0)}\boldsymbol{X}_{2ij})+\cdots\end{aligned}\tag{16-79}$$

类似地，可得 $\boldsymbol{M}$、$\boldsymbol{C}$ 相关的展开项。比较基本随机变量 ζ 的同次幂，可得如下的摄动方程：

零阶摄动方程（ζ^0）：

$$\boldsymbol{M}^{(0)}\ddot{\boldsymbol{X}}_0+\boldsymbol{C}^{(0)}\dot{\boldsymbol{X}}_0+\boldsymbol{K}^{(0)}\boldsymbol{X}_0=\boldsymbol{\Gamma}\boldsymbol{\xi}(t)\tag{16-80a}$$

一阶摄动方程（ζ_r）：

$$\begin{gathered}\boldsymbol{M}^{(0)}\ddot{\boldsymbol{X}}_{1r}+\boldsymbol{C}^{(0)}\dot{\boldsymbol{X}}_{1r}+\boldsymbol{K}^{(0)}\boldsymbol{X}_{1r}=-\boldsymbol{M}_r^{(1)}\ddot{\boldsymbol{X}}_0-\boldsymbol{C}_r^{(1)}\dot{\boldsymbol{X}}_0-\boldsymbol{K}_r^{(1)}\boldsymbol{X}_0\\r=1,2,\cdots,s\end{gathered}\tag{16-80b}$$

二阶摄动方程（$\zeta_i\zeta_j$）：

$$\begin{gathered}\boldsymbol{M}^{(0)}\ddot{\boldsymbol{X}}_{2ij}+\boldsymbol{C}^{(0)}\dot{\boldsymbol{X}}_{2ij}+\boldsymbol{K}^{(0)}\boldsymbol{X}_{2ij}=-\boldsymbol{M}_i^{(1)}\ddot{\boldsymbol{X}}_{1j}-\boldsymbol{C}_i^{(1)}\dot{\boldsymbol{X}}_{1j}-\boldsymbol{K}_i^{(1)}\boldsymbol{X}_{1j}\\i,j=1,2,\cdots,s\end{gathered}\tag{16-80c}$$

当激励向量 $\boldsymbol{\xi}(t)$ 为确定性时程时，上述各阶摄动方程都是确定性方程。因此，可通过零阶摄动方程的求解获得 $\ddot{\boldsymbol{X}}_0,\dot{\boldsymbol{X}}_0,\boldsymbol{X}_0$，通过一阶摄动方程获得 $\ddot{\boldsymbol{X}}_{1r},\dot{\boldsymbol{X}}_{1r}$ 和 $\boldsymbol{X}_{1r},\cdots$，依此类推。

获得上述解答后，即可获得 $\boldsymbol{X}(\boldsymbol{\zeta},t)$，$\dot{\boldsymbol{X}}(\boldsymbol{\zeta},t)$，$\ddot{\boldsymbol{X}}(\boldsymbol{\zeta},t)$ 等响应量关于 $\boldsymbol{\zeta}$ 的显式表达，即式(16-78)，进而可获得其均值和相关函数等统计量。例如，取两阶截断形式：

$$\boldsymbol{\mu}_{\boldsymbol{X}}(t)=E[\boldsymbol{X}(\boldsymbol{\zeta},t)]=\boldsymbol{X}_0(t)+\sum_{i=1}^{s}\boldsymbol{X}_{2ii}(t)\tag{16-81}$$

$$\begin{aligned}\boldsymbol{C}_{\boldsymbol{X}}(t_1,t_2)=&\ E\{[\boldsymbol{X}(\boldsymbol{\zeta},t_1)-\boldsymbol{\mu}_{\boldsymbol{X}}(t_1)][\boldsymbol{X}(\boldsymbol{\zeta},t_2)-\boldsymbol{\mu}_{\boldsymbol{X}}(t_2)]^{\mathrm{T}}\}\\=&\sum_{i=1}^{s}\boldsymbol{X}_{1i}(t_1)\boldsymbol{X}_{1i}^{\mathrm{T}}(t_2)+\sum_{i=1}^{s}\sum_{j=1}^{s}\sum_{k=1}^{s}[\boldsymbol{X}_{1i}(t_1)\boldsymbol{X}_{2jk}^{\mathrm{T}}(t_2)+\boldsymbol{X}_{2ij}(t_1)\boldsymbol{X}_{1k}^{\mathrm{T}}(t_2)]E[\zeta_i\zeta_j\zeta_k]\\&+\sum_{i=1}^{s}\sum_{j=1}^{s}\sum_{k=1}^{s}\sum_{l=1}^{s}\boldsymbol{X}_{2ij}(t_1)\boldsymbol{X}_{2kl}^{\mathrm{T}}(t_2)E[\zeta_i\zeta_j\zeta_k\zeta_l]-\sum_{i=1}^{s}\sum_{j=1}^{s}\boldsymbol{X}_{2ii}(t_1)\boldsymbol{X}_{2jj}^{\mathrm{T}}(t_2)\end{aligned}\tag{16-82a}$$

在上两式中，利用了 $E[\zeta_i]=0$，$E[\zeta_i\zeta_j]=\delta_{ij}$。

若进一步假设 ζ_i 相互独立且服从标准正态分布，即 $E[\zeta_i^3]=0$，$E[\zeta_i^4]=3$，则可将 ζ_i 的四阶矩写成 Kronecker 符号的形式，即 $E[\zeta_i\zeta_j\zeta_k\zeta_l]=\delta_{ij}\delta_{kl}+\delta_{ik}\delta_{jl}+\delta_{il}\delta_{jk}$。于是，得到

$$\boldsymbol{C}_{\boldsymbol{X}}(t_1,t_2)=\sum_{i=1}^{s}\boldsymbol{X}_{1i}(t_1)\boldsymbol{X}_{1i}^{\mathrm{T}}(t_2)+\sum_{i=1}^{s}\sum_{j=1}^{s}\boldsymbol{X}_{2ij}(t_1)\boldsymbol{X}_{2ij}^{\mathrm{T}}(t_2)+\sum_{i=1}^{s}\sum_{j=1}^{s}\boldsymbol{X}_{2ij}(t_1)\boldsymbol{X}_{2ji}^{\mathrm{T}}(t_2)\tag{16-82b}$$

与 Monte Carlo 模拟方法相比，随机摄动方法的效率往往可以得到较大提高。然而，随机摄动方法也存在一系列问题。其一，随机摄动方法依赖于参数的小变异性。通常，随机摄动方法很难适用于基本随机变量变异系数大于 10%的情况，对动力情况往往仅在基本变量变异系数不超过 2%的情况下适用。其二，当应用于动力分析时，随机摄动方法存在久期项问题，可能使得展开阶数更高时的效果反而更差。从式(16-80)的随机摄动方程可见，各阶摄动方程左侧的线性确定性部分是完全相同的。一方面，这使得各阶摄动方程的求解可以共用零阶摄动方程的求逆算子或振型分解，因而使得求解效率进一步提高；另一方面，由于线性系统的过滤性质，使得动力响应的频率分量多次受到同一过滤器的放大或缩小效应，从而出现分析结果随着展开阶次的提高愈加失真的情况。在确定性摄动方法中，各类奇异摄动方法是缓解久期项问题的有效途径，但在随机摄动中尚无有效解决乃至缓解久期项问题的方法。其三，对于非线性系统，随机摄动方法的实施难度和误差均大为增加。

§ 16.4　正交多项式展开理论

16.4.1　正交多项式展开的基本思想

1. 正交多项式

设 $P_n(x)$ 是最高次幂为 n 的多项式，即

$$P_n(x)=c_n x^n+c_{n-1}x^{n-1}+\cdots+c_0=\sum_{j=0}^{n}c_j x^j \tag{16-83}$$

其中 $c_n\neq 0$。若存在权函数 $w(x)\geqslant 0$，使得在区间 $[a,b]$ 内的带权内积

$$\langle P_n,P_m\rangle_w=\int_a^b w(x)P_n(x)P_m(x)\mathrm{d}x=\delta_{mn} \tag{16-84}$$

则称多项式 P_n,P_m 关于权函数 $w(x)$ 正交。显然，这是结构动力学中线性结构系统振型带权正交性的推广。

在一般情况下，权函数总是可以归一化，即 $\int_a^b w(x)\mathrm{d}x=1$。若非如此，可以令新的权函数 $\tilde{w}(x)=\dfrac{w(x)}{\int_a^b w(x)\mathrm{d}x}$，而式(16-84)的实质不变。这时，$w(x)$ 可以认为是随机变量 ζ 的概率密度函数，即 $p_\zeta(x)=w(x)$。因而，式(16-84)中的带权内积可理解为随机函数 $P_n(\zeta)$ 和 $P_m(\zeta)$ 之积的数学期望，即

$$E[P_n(\zeta)P_m(\zeta)]=\langle P_n,P_m\rangle_w=\int_a^b p_\zeta(x)P_n(x)P_m(x)\mathrm{d}x=\delta_{mn} \tag{16-85}$$

由此可定义多项式 $P_n(x)$ 的范数

$$\|P_n(x)\|=\sqrt{E[P_n(\zeta)P_n(\zeta)]}=\left(\int_a^b p_\zeta(x)P_n^2(x)\mathrm{d}x\right)^{1/2} \tag{16-86}$$

正交多项式可以从 $(1,x,x^2,\cdots)$ 经过 Gram-Schmidt 正交化方法获得。下面，将正交

多项式记为 $H_k(x)$，$k=0,1,2,\cdots$。

2. 三项递推公式

正交多项式的一个重要性质是三项递推公式。事实上，任意一个形如式(16-83)的 n 阶多项式 $Q_n(x)=\sum_{j=0}^{n}c_jx^j$ 总可以展开为正交多项式 $H_k(x)$，$k=0,1,2,\cdots,n$ 的线性叠加，即

$$Q_n(x)=\sum_{k=0}^{n}b_kH_k(x) \tag{16-87a}$$

其中 b_k 为展开系数。现在考虑一个 $(n+1)$ 阶多项式 $\tilde{Q}_{n+1}(x)=xH_n(x)$。显然 $\tilde{Q}_{n+1}(x)$ 亦可展开为正交多项式 $H_k(x)$，$k=0,1,2,\cdots,n+1$ 的线性叠加，即

$$xH_n(x)=\sum_{k=0}^{n+1}\tilde{b}_kH_k(x) \tag{16-87b}$$

对上式两边分别与 $H_l(x)$，$l=0,1,\cdots,n+1$ 作内积，可得

$$\langle xH_n(x),H_l(x)\rangle_w=\langle H_l(x),\sum_{k=0}^{n+1}\tilde{b}_kH_k(x)\rangle_w=\tilde{b}_l$$

注意到 $\langle xH_n(x),H_l(x)\rangle_w=\langle H_n(x),xH_l(x)\rangle_w=\langle H_n(x),\tilde{Q}_{l+1}(x)\rangle_w$，其中 $\tilde{Q}_{l+1}(x)=xH_l(x)$ 为 $(l+1)$ 阶多项式。由于任意 $k<n$ 阶多项式 $Q_k(x)$ 均可展开为 $H_l(x)$，$l=0,1,2,\cdots,k$ 的线性组合，而 $H_n(x)$ 与所有 $H_l(x)$，$l=0,1,2,\cdots,k$，$k<n$ 均正交，因此，$H_n(x)$ 与任意 $k<n$ 阶多项式 $Q_k(x)$ 均正交。由此可得 $\tilde{b}_l=\langle H_n(x),\tilde{Q}_{l+1}(x)\rangle_w=0$，$\forall\, l<n-1$，因此，仅对 $l=n-1$，n，$n+1$ 这三项有 $\tilde{b}_l\neq 0$。进一步记 $\alpha_n=\tilde{b}_{n-1}$，$\beta_n=\tilde{b}_n$，$\gamma_n=\tilde{b}_{n+1}$，则式(16-87b)成为

$$xH_n(x)=\alpha_nH_{n-1}(x)+\beta_nH_n(x)+\gamma_nH_{n+1}(x) \tag{16-87c}$$

对于不同的正交多项式，可以给出相应的递推系数 $\alpha_n,\beta_n,\gamma_n$。

显然，类似地还可以进一步推广到五项、七项等奇数项的递推公式。典型的正交多项式有 Hermite 正交多项式、Legendre 正交多项式、Gegenbauer 正交多项式等。

3. 正交多项式展开

若 $\{H_0,H_1,\cdots,H_n,\cdots\}$ 是一个完备的正交多项式组，则定义在 $[a,b]$ 上的函数 $f(x)$ 可以展开为

$$f(x)=\sum_{n=0}^{\infty}a_nH_n(x) \tag{16-88a}$$

其中，a_n $(n=0,1,2,\cdots)$ 是与 x 无关的待定系数。为了获得系数 a_n，可以对式(16-88a)两边同时关于 $H_k(x)$ 取内积，并利用正交性条件式(16-85)，有

$$\begin{aligned}\langle f,H_k\rangle_w&=\langle\sum_{n=0}^{\infty}a_nH_n(x),H_k\rangle_w=\int_a^b\sum_{n=0}^{\infty}a_nH_n(x)H_k(x)w(x)\mathrm{d}x\\&=\sum_{n=0}^{\infty}a_n\delta_{nk}=a_k\end{aligned} \tag{16-88b}$$

这给出了式(16-88a)的级数展开式系数。

当取有限项时，式(16-88a)成为

$$f(x)\approx f_N(x)=\sum_{n=0}^{N}a_nH_n(x) \tag{16-89}$$

其误差可用 $e=\|f(x)-f_N(x)\|$ 来确定。利用式(16-85)的正交性条件，可知

$$\begin{aligned}\|f\|&=\left\{\int_a^b\left[\sum_{n=0}^{\infty}a_nH_n(x)\right]^2w(x)\mathrm{d}x\right\}^{\frac{1}{2}}\\&=\left[\int_a^b\sum_{n=0}^{\infty}\sum_{m=0}^{\infty}a_na_mH_n(x)H_m(x)w(x)\mathrm{d}x\right]^{\frac{1}{2}}\\&=\sqrt{\sum_{n=0}^{\infty}\sum_{m=0}^{\infty}a_na_m\delta_{mn}}=\sqrt{\sum_{n=0}^{\infty}a_n^2}\end{aligned} \tag{16-90a}$$

同样地，有：

$$\|f_N(x)\|=\sqrt{\sum_{n=0}^{N}a_n^2} \tag{16-90b}$$

由此可以定义上述截断造成的误差，这时有

$$\begin{aligned}e=\|f(x)-f_N(x)\|&=\left\{\int_a^b\left[\sum_{n=N+1}^{\infty}a_nH_n(x)\right]^2w(x)\mathrm{d}x\right\}^{\frac{1}{2}}\\&=\sqrt{\sum_{n=N+1}^{\infty}\sum_{m=N+1}^{\infty}a_na_m\delta_{mn}}=\sqrt{\sum_{n=N+1}^{\infty}a_n^2}\end{aligned} \tag{16-91}$$

类似地，当 f 是关于随机变量 ζ 的随机函数时，可采用正交的随机函数 $H_n(\zeta)$ 展开为[1]

$$f(\zeta)=\sum_{n=0}^{\infty}a_nH_n(\zeta) \tag{16-92}$$

这时，a_n $(n=0,1,2,\cdots)$ 为确定性待定系数。对式(16-92)两边同时乘以 $H_k(\zeta)$ 并取期望(内积)可得

$$E[H_k(\zeta)f(\zeta)]=E\left[\sum_{n=0}^{\infty}a_nH_n(\zeta)H_k(\zeta)\right]=\sum_{n=0}^{\infty}a_n\delta_{nk}=a_k \tag{16-93}$$

这就是式(16-92)中 $H_k(\zeta)$ 的确定性系数。

随机函数 $f(\zeta)$ 的范数

$$\|f\|=\sqrt{E[f^2(\zeta)]} \tag{16-94}$$

将式(16-92)代入式(16-94)中，有

[1] 严格地说，这一级数是均方收敛的。

$$\| f \| = \sqrt{\sum_{n=0}^{\infty} a_n^2} \tag{16-95}$$

当式(16-92)取有限项时，则为

$$f(\zeta) \approx f_N(\zeta) = \sum_{n=0}^{N} a_n H_n(\zeta) \tag{16-96}$$

这时，$f_N(\zeta)$ 对 $f(\zeta)$ 的逼近误差为

$$e = \| f(\zeta) - f_N(\zeta) \| = \sqrt{E\{[f(\zeta) - f_N(\zeta)]^2\}} = \sqrt{\sum_{n=N+1}^{\infty} a_n^2} \tag{16-97}$$

对于多个随机变量的情况 $\boldsymbol{\zeta} = (\zeta_1, \zeta_2, \cdots, \zeta_s)$，设 $H_n(\boldsymbol{\zeta})$ $(n = 0, 1, 2, \cdots)$ 是正交多项式，满足

$$E[H_n(\boldsymbol{\zeta}) H_m(\boldsymbol{\zeta})] = \delta_{mn} \tag{16-98}$$

则式(16-92)～式(16-97)均成立，只需将其中的随机变量 ζ 用随机向量 $\boldsymbol{\zeta}$ 代替即可。

如何构造多变量正交多项式是一个重要的问题。原则上可以采用 Gram-Schmidt 正交化方法逐阶获得多变量正交多项式系列 $H_n(\zeta_1, \zeta_2, \cdots, \zeta_s)$，$n = 0, 1, 2, \cdots$。混沌多项式展开(Polynomial Chaos Expansion)即采用这一基本思想❶。

一种更为简单的方法是张量积方法，亦即，设 $H_{l_1}(\zeta_1), H_{l_2}(\zeta_2), \cdots, H_{l_s}(\zeta_s)$，$l_1, l_2, \cdots, l_s = 0, 1, 2\cdots$ 为单变量正交多项式，则

$$H_{l_1 l_2 \cdots l_s}(\zeta_1, \zeta_2, \cdots, \zeta_s) = H_{l_1}(\zeta_1) H_{l_2}(\zeta_2) \cdots H_{l_s}(\zeta_s) = \prod_{j=1}^{s} H_{l_j}(\zeta_j) \tag{16-99}$$

是 s 维正交多项式中的一项。由此，多元随机函数可以按照每个随机变量次序展开

$$\begin{aligned} f(\zeta_1, \zeta_2, \cdots, \zeta_s) &= \sum_{l_1=0}^{\infty} a_{l_1}(\zeta_2, \zeta_3, \cdots, \zeta_s) H_{l_1}(\zeta_1) = \cdots \\ &= \sum_{l_1=0}^{\infty} \sum_{l_2=0}^{\infty} \cdots \sum_{l_s=0}^{\infty} a_{l_1 l_2 \cdots l_s} H_{l_1}(\zeta_1) H_{l_2}(\zeta_2) \cdots H_{l_s}(\zeta_s) \end{aligned} \tag{16-100}$$

其中 $a_{l_1 l_2 \cdots l_s}$ $(l_1, l_2, \cdots, l_s = 0, 1, 2, \cdots)$ 为确定性系数。

16.4.2 随机结构动力反应分析

1. 单随机变量情况下的随机结构反应正交展开

在仅考虑单个随机变量的场合，随机结构动力方程为

$$(\boldsymbol{M}^{(0)} + \boldsymbol{M}^{(1)}\zeta)\ddot{\boldsymbol{X}} + (\boldsymbol{C}^{(0)} + \boldsymbol{C}^{(1)}\zeta)\dot{\boldsymbol{X}} + (\boldsymbol{K}^{(0)} + \boldsymbol{K}^{(1)}\zeta)\boldsymbol{X} = \boldsymbol{\Gamma}\boldsymbol{\xi}(t) \tag{16-101}$$

---

❶ 混沌多项式展开(Polynomial chaos expansion)是正交多项式展开中的一种方法，最早是 Ghanem 和 Spanos 发展的，见参考文献[62]：Ghanem & Spanos，1991.

显然，结构响应是基本随机变量 ζ 的函数，因而 $\boldsymbol{X}(\zeta,t)$，$\dot{\boldsymbol{X}}(\zeta,t)$，$\ddot{\boldsymbol{X}}(\zeta,t)$ 可以按基本随机变量的正交函数展开，有

$$\begin{aligned}\boldsymbol{X}(\zeta,t)&=\boldsymbol{X}_0(t)+\boldsymbol{X}_1(t)H_1(\zeta)+\cdots=\sum_{l=0}^{N}\boldsymbol{X}_l(t)H_l(\zeta)\\ \dot{\boldsymbol{X}}(\zeta,t)&=\dot{\boldsymbol{X}}_0(t)+\dot{\boldsymbol{X}}_1(t)H_1(\zeta)+\cdots=\sum_{l=0}^{N}\dot{\boldsymbol{X}}_l(t)H_l(\zeta)\\ \ddot{\boldsymbol{X}}(\zeta,t)&=\ddot{\boldsymbol{X}}_0(t)+\ddot{\boldsymbol{X}}_1(t)H_1(\zeta)+\cdots=\sum_{l=0}^{N}\ddot{\boldsymbol{X}}_l(t)H_l(\zeta)\end{aligned}\tag{16-102}$$

其中 $\boldsymbol{X}_l,\dot{\boldsymbol{X}}_l,\ddot{\boldsymbol{X}}_l\ (l=0,1,\cdots,N)$ 为确定性待定系数；N 为正交多项式展开保留的阶数。

为了获取式(16-102)中的各确定性待定系数，需要形成待定系数的控制方程。为此，将式(16-102)代入式(16-101)中，有

$$\begin{aligned}&(\boldsymbol{M}^{(0)}+\boldsymbol{M}^{(1)}\zeta)\left(\sum_{l=0}^{N}\ddot{\boldsymbol{X}}_lH_l(\zeta)\right)+(\boldsymbol{C}^{(0)}+\boldsymbol{C}^{(1)}\zeta)\left(\sum_{l=0}^{N}\dot{\boldsymbol{X}}_lH_l(\zeta)\right)\\&\qquad+(\boldsymbol{K}^{(0)}+\boldsymbol{K}^{(1)}\zeta)\left(\sum_{l=0}^{N}\boldsymbol{X}_lH_l(\zeta)\right)=\boldsymbol{\Gamma}\boldsymbol{\xi}(t)\end{aligned}\tag{16-103}$$

当确定性过程 $\ddot{\boldsymbol{X}}_l,\dot{\boldsymbol{X}}_l,\boldsymbol{X}_l\ (l=0,1,\cdots,N)$ 均已知时，式(16-102)成为关于基本随机变量的显式函数，这是因为正交多项式 $H_l(\zeta)$ 的形式是已知的。由此，可进一步获得 $\boldsymbol{X}(\zeta,t)$ 等响应量的概率信息。例如，均值向量

$$E[\boldsymbol{X}(\zeta,t)]=E\left[\sum_{l=0}^{N}\boldsymbol{X}_l(t)H_l(\zeta)\right]=\boldsymbol{X}_0(t)\tag{16-104}$$

这里利用了正交性条件 $E[H_l(\zeta)]=E[H_0(\zeta)H_l(\zeta)]=\delta_{0l}$。

自相关函数矩阵为

$$\begin{aligned}\boldsymbol{R}_{\boldsymbol{X}}(t_1,t_2)&=E[\boldsymbol{X}(\zeta,t_1)\boldsymbol{X}^{\mathrm{T}}(\zeta,t_2)]=E\left[\sum_{l=0}^{N}\sum_{k=0}^{N}\boldsymbol{X}_l(t_1)\boldsymbol{X}_k^{\mathrm{T}}(t_2)H_l(\zeta)H_k(\zeta)\right]\\&=\sum_{l=0}^{N}\boldsymbol{X}_l(t_1)\boldsymbol{X}_l^{\mathrm{T}}(t_2)\end{aligned}\tag{16-105}$$

协方差函数矩阵为

$$\begin{aligned}\boldsymbol{C}_{\boldsymbol{X}}(t_1,t_2)&=E\{[\boldsymbol{X}(\zeta,t_1)-\boldsymbol{X}_0(t_1)][\boldsymbol{X}(\zeta,t_2)-\boldsymbol{X}_0(t_2)]^{\mathrm{T}}\}\\&=\sum_{l=1}^{N}\boldsymbol{X}_l(t_1)\boldsymbol{X}_l^{\mathrm{T}}(t_2)\end{aligned}\tag{16-106}$$

显然，如何获取确定性函数 $\ddot{\boldsymbol{X}}_l,\dot{\boldsymbol{X}}_l,\boldsymbol{X}_l\ (l=0,1,\cdots,N)$ 的解答，是随机结构分析的正交多项式展开方法的中心任务。

2. 正交投影法

为了获取关于 $\ddot{\boldsymbol{X}}_l,\dot{\boldsymbol{X}}_l,\boldsymbol{X}_l\ (l=0,1,\cdots,N)$ 的控制方程，可以采用正交投影法(文献中

又常称为 Galerkin 方法)。

在式(16-103)两边同时乘以 $H_k(\zeta)$ $(k=0,1,\cdots,N)$，并关于 ζ 取数学期望。由于上述关于 $\boldsymbol{M}$、$\boldsymbol{C}$ 和 $\boldsymbol{K}$ 的项具有完全类似的形式，这里先以关于 $\boldsymbol{K}$ 的项进行推导。进行上述处理后，式(16-103)的第三项成为

$$
\begin{aligned}
&E\left\{H_k(\zeta)\left[(\boldsymbol{K}^{(0)}+\boldsymbol{K}^{(1)}\zeta)\sum_{l=0}^{N}\boldsymbol{X}_l H_l(\zeta)\right]\right\}\\
&=E\left\{\boldsymbol{K}^{(0)}\sum_{l=0}^{N}\boldsymbol{X}_l H_l(\zeta)H_k(\zeta)+\boldsymbol{K}^{(1)}\sum_{l=0}^{N}\boldsymbol{X}_l\zeta H_l(\zeta)H_k(\zeta)\right\}\\
&=\boldsymbol{K}^{(0)}\sum_{l=0}^{N}\boldsymbol{X}_l E\left[H_l(\zeta)H_k(\zeta)\right]+\boldsymbol{K}^{(1)}\sum_{l=0}^{N}\boldsymbol{X}_l E\left[\zeta H_l(\zeta)H_k(\zeta)\right]
\end{aligned}
\tag{16-107}
$$

上式第一项可直接利用 $H_l(\zeta)$ 的正交性获得，第二项中的数学期望是关于 ζ 的已知显式函数的数学期望，显然也是可以获得的确定性量。为方便计，不妨记

$$
E\left[\zeta H_l(\zeta)H_k(\zeta)\right]=c_{lk},\quad l,k=0,1,\cdots,N \tag{16-108}
$$

当 $l=0$ 时，$H_0(\zeta)=1$，从而 $c_{0k}=E[\zeta H_k(\zeta)]$，且 $c_{00}=E[\zeta]=0$。当 $k\geqslant 1$ 时，利用正交多项式的三项递推公式[式(16-87c)]:

$$
\zeta H_k(\zeta)=\alpha_k H_{k-1}(\zeta)+\beta_k H_k(\zeta)+\gamma_k H_{k+1}(\zeta) \tag{16-109}
$$

其中 α_k,β_k 和 γ_k 均为已知的确定性系数。此时，有

$$
c_{0k}=E\left[\zeta H_k(\zeta)\right]=E\left[\alpha_k H_{k-1}(\zeta)+\beta_k H_k(\zeta)+\gamma_k H_{k+1}(\zeta)\right] \tag{16-110}
$$

可见，当 $k=1$ 时，$c_{01}=\alpha_1$；当 $k>1$ 时，$c_{0k}=0$。由此，得

$$
c_{0k}=\begin{cases}\alpha_1, & k=1\\ 0, & \text{其他}\end{cases} \tag{16-111}
$$

当 $l>1$ 时，利用正交多项式的三项递推公式(16-109)，则式(16-108)成为

$$
\begin{aligned}
c_{lk}&=E\{[\alpha_l H_{l-1}(\zeta)+\beta_l H_l(\zeta)+\gamma_l H_{l+1}(\zeta)]H_k(\zeta)\}\\
&=\alpha_l\delta_{l-1,k}+\beta_l\delta_{lk}+\gamma_l\delta_{l+1,k}
\end{aligned}
\tag{16-112}
$$

将式(16-112)代入式(16-107)中，并注意到 H_l,H_k 的正交性，式(16-107)变为

$$
\boldsymbol{K}^{(0)}\sum_{l=0}^{N}\boldsymbol{X}_l\delta_{lk}+\boldsymbol{K}^{(1)}\sum_{l=0}^{N}\boldsymbol{X}_l c_{lk}\overset{①}{=}\sum_{l=0}^{N}\left[\boldsymbol{K}^{(0)}\delta_{lk}+\boldsymbol{K}^{(1)}c_{lk}\right]\boldsymbol{X}_l \tag{16-113}
$$

因此，由式(16-103)可得

$$
\begin{aligned}
&\sum_{l=0}^{N}\left[\boldsymbol{M}^{(0)}\delta_{lk}+\boldsymbol{M}^{(1)}c_{lk}\right]\ddot{\boldsymbol{X}}_l+\sum_{l=0}^{N}\left[\boldsymbol{C}^{(0)}\delta_{lk}+\boldsymbol{C}^{(1)}c_{lk}\right]\dot{\boldsymbol{X}}_l\\
&\quad+\sum_{l=0}^{N}\left[\boldsymbol{K}^{(0)}\delta_{lk}+\boldsymbol{K}^{(1)}c_{lk}\right]\boldsymbol{X}_l=\boldsymbol{\Gamma}\boldsymbol{\xi}(t)\delta_{0k}\quad(k=0,1,\cdots,N)
\end{aligned}
\tag{16-114}
$$

这里，右端项 $E[\boldsymbol{\Gamma}\boldsymbol{\xi}(t)H_k(\zeta)]=\boldsymbol{\Gamma}\boldsymbol{\xi}(t)\delta_{0k}$。

式(16-114)包含 $N+1$ 个常微分方程，由此可以解出确定性过程 $\boldsymbol{X}_l(t)$，$\dot{\boldsymbol{X}}_l(t)$，$\ddot{\boldsymbol{X}}_l(t)$，$l=0,1,\cdots,N$ 。进而通过式(16-104)～式(16-106)即可获得随机响应的二阶统计量。

3. 非侵入式方法

正交投影法需要建立新的控制方程(16-114)，因而不能直接利用原始的有限元方程(16-103)，因此往往又被称为侵入式方法。实际上，为了获取确定性过程 $\boldsymbol{X}_l(t)$，$\dot{\boldsymbol{X}}_l(t)$，$\ddot{\boldsymbol{X}}_l(t)$，$l=0,1,\cdots,N$，也可以采用非侵入式方法❶。与式(16-88b)类似，对式(16-102)两边关于 $H_k(\zeta)$，$k=0,1,\cdots,N$ 作内积，可以获得确定性过程 $\boldsymbol{X}_k(t)$，$k=0,1,\cdots,N$ 为

$$\boldsymbol{X}_k(t)=\langle\boldsymbol{X}(\zeta,t),H_k(\zeta)\rangle_w=E[\boldsymbol{X}(\zeta,t)H_k(\zeta)]=\int_{-\infty}^{\infty}\boldsymbol{X}(z,t)H_k(z)p_\zeta(z)\mathrm{d}z \tag{16-115}$$

这是一个关于 $\boldsymbol{Z}(\zeta,t)=\boldsymbol{X}(\zeta,t)H_k(\zeta)$ 的期望或积分，因此，可以考虑采用 Monte Carlo 模拟方法、配点法或最小二乘法进行求解。这些方法的优势是，可以不必形成新的控制方程，而直接利用原始有限元方程获取信息并求解得到确定性展开系数 $\boldsymbol{X}_k(t)$，$k=0,1,\cdots,N$。进而，即可类似地通过式(16-104)～式(16-106)获得随机响应的二阶统计量。

4. 多个基本随机变量情况下的随机结构反应正交展开

当含有多个基本随机变量时，所采用的基本思想是完全一致的。事实上，当采用 Gram-Schmidt 正交化过程构造出 $H_l(\boldsymbol{\zeta})=H_l(\zeta_1,\zeta_2,\cdots,\zeta_s)$，$l=0,1,\cdots,N$，上述推导及基本方程的形式都不需要根本的改变。

这里以次序正交展开为例加以说明。这时，基本控制方程为

$$\left(\boldsymbol{M}^{(0)}+\sum_{r=1}^{s}\boldsymbol{M}_r^{(1)}\zeta_r\right)\ddot{\boldsymbol{X}}+\left(\boldsymbol{C}^{(0)}+\sum_{r=1}^{s}\boldsymbol{C}_r^{(1)}\zeta_r\right)\dot{\boldsymbol{X}}+\left(\boldsymbol{K}^{(0)}+\sum_{r=1}^{s}\boldsymbol{K}_r^{(1)}\zeta_r\right)\boldsymbol{X}=\boldsymbol{\Gamma}\boldsymbol{\xi}(t) \tag{16-116}$$

该结构的响应量 $\ddot{\boldsymbol{X}},\dot{\boldsymbol{X}},\boldsymbol{X}$ 都是 $\boldsymbol{\zeta}=(\zeta_1,\zeta_2,\cdots,\zeta_s)$ 的随机函数。由此，可将其关于 $\boldsymbol{\zeta}$ 的正交多项式展开，设对基本随机变量 $\zeta_1,\zeta_2,\cdots,\zeta_s$ 进行次序正交展开的截断阶数依次为 N_1，$N_2,\cdots,N_s$，有❷

$$\begin{aligned}
\boldsymbol{X}(\boldsymbol{\zeta},t)&=\sum_{l_1=0}^{N_1}\cdots\sum_{l_s=0}^{N_s}\boldsymbol{X}_{l_1l_2\cdots l_s}(t)H_{l_1}(\zeta_1)H_{l_2}(\zeta_2)\cdots H_{l_s}(\zeta_s)\\
\dot{\boldsymbol{X}}(\boldsymbol{\zeta},t)&=\sum_{l_1=0}^{N_1}\cdots\sum_{l_s=0}^{N_s}\dot{\boldsymbol{X}}_{l_1l_2\cdots l_s}(t)H_{l_1}(\zeta_1)H_{l_2}(\zeta_2)\cdots H_{l_s}(\zeta_s)\\
\ddot{\boldsymbol{X}}(\boldsymbol{\zeta},t)&=\sum_{l_1=0}^{N_1}\cdots\sum_{l_s=0}^{N_s}\ddot{\boldsymbol{X}}_{l_1l_2\cdots l_s}(t)H_{l_1}(\zeta_1)H_{l_2}(\zeta_2)\cdots H_{l_s}(\zeta_s)
\end{aligned} \tag{16-117}$$

❶ 关于配点法，详见参考文献[63]：Xiu，2009. 关于展开系数的最小二乘回归，详见参考文献[64]：Lüthen，Marelli，Sudret，2021.

❷ 次序正交展开的基本思想最早是李杰提出的，详见参考文献[26]：李杰，1996.

类似地，将式(16-117)代入式(16-116)，将两边乘以 $H_{k_1}(\zeta_1)H_{k_2}(\zeta_2)\cdots H_{k_s}(\zeta_s)$ 并取数学期望，即可获得关于 $\boldsymbol{X}_{l_1l_2\cdots l_s}$，$\dot{\boldsymbol{X}}_{l_1l_2\cdots l_s}$，$\ddot{\boldsymbol{X}}_{l_1l_2\cdots l_s}$ 的控制微分方程。为此，首先考察与刚度有关的项：

$$E\left[H_{k_1}(\zeta_1)\cdots H_{k_s}(\zeta_s)\cdot\left(\boldsymbol{K}^{(0)}+\sum_{r=1}^{s}\boldsymbol{K}_r^{(1)}\zeta_r\right)\sum_{l_1,\cdots,l_s=0}^{N_1,\cdots,N_s}\boldsymbol{X}_{l_1l_2\cdots l_s}(t)\cdot H_{l_1}(\zeta_1)H_{l_2}(\zeta_2)\cdots H_{l_s}(\zeta_s)\right]$$

$$=\boldsymbol{K}^{(0)}\sum_{l_1,\cdots,l_s=0}^{N_1,\cdots,N_s}\boldsymbol{X}_{l_1l_2\cdots l_s}(t)E\{[H_{l_1}(\zeta_1)\cdots H_{l_s}(\zeta_s)][H_{k_1}(\zeta_1)\cdots H_{k_s}(\zeta_s)]\}\tag{16-118}$$

$$+\sum_{r=1}^{s}\left\{\boldsymbol{K}_r^{(1)}\sum_{l_1,\cdots,l_s=0}^{N_1,\cdots,N_s}\boldsymbol{X}_{l_1l_2\cdots l_s}(t)E\{\zeta_r[H_{l_1}(\zeta_1)\cdots H_{l_s}(\zeta_s)][H_{k_1}(\zeta_1)\cdots H_{k_s}(\zeta_s)]\}\right\}$$

为公式简明计，上式中以 $\sum\limits_{l_1,\cdots,l_s=0}^{N_1,\cdots,N_s}$ 表示 $\sum\limits_{l_1=0}^{N_1}\cdots\sum\limits_{l_s=0}^{N_s}$。

根据正交性条件，式(16-118)中的第一项成为

$$\boldsymbol{K}^{(0)}\sum_{l_1=0}^{N_1}\cdots\sum_{l_s=0}^{N_s}\boldsymbol{X}_{l_1\cdots l_s}(t)\delta_{l_1k_1}\delta_{l_2k_2}\cdots\delta_{l_sk_s}=\boldsymbol{K}^{(0)}\boldsymbol{X}_{k_1k_2\cdots k_s}(t)\tag{16-119}$$

由式(16-108)，第二项中的

$$E[\zeta_rH_{l_r}(\zeta_r)H_{k_r}(\zeta_r)]=c_{l_rk_r}\tag{16-120}$$

其中，$c_{l_rk_r}$ 由式(16-111)与式(16-112)给出，只需将下标 l、k 分别代之以 l_r、k_r 即可。由此，式(16-118)中的第二项变为

$$\sum_{r=1}^{s}\left\{\boldsymbol{K}_r^{(1)}\sum_{l_1=0}^{N_1}\cdots\sum_{l_r=0}^{N_r}\cdots\sum_{l_s=0}^{N_s}\boldsymbol{X}_{l_1\cdots l_r\cdots l_s}(t)\delta_{l_1k_1}\cdots\delta_{l_{r-1}k_{r-1}}c_{l_rk_r}\delta_{l_{r+1}k_{r+1}}\cdots\delta_{l_sk_s}\right\}$$

$$=\sum_{r=1}^{s}\boldsymbol{K}_r^{(1)}\boldsymbol{X}_{k_1\cdots k_{r-1}l_rk_{r+1}\cdots k_s}(t)c_{l_rk_r}\tag{16-121}$$

将式(16-119)与式(16-121)综合起来，并考虑 $\boldsymbol{M}$、$\boldsymbol{C}$、$\boldsymbol{K}$ 各项的相似性，可得

$$\begin{aligned}&\boldsymbol{M}^{(0)}\ddot{\boldsymbol{X}}_{k_1\cdots k_s}(t)+\sum_{r=1}^{s}\boldsymbol{M}_r^{(1)}\ddot{\boldsymbol{X}}_{k_1\cdots k_{r-1}l_rk_{r+1}\cdots k_s}(t)c_{l_rk_r}\\&+\boldsymbol{C}^{(0)}\dot{\boldsymbol{X}}_{k_1\cdots k_s}(t)+\sum_{r=1}^{s}\boldsymbol{C}_r^{(1)}\dot{\boldsymbol{X}}_{k_1\cdots k_{r-1}l_rk_{r+1}\cdots k_s}(t)c_{l_rk_r}\\&+\boldsymbol{K}^{(0)}\boldsymbol{X}_{k_1\cdots k_s}(t)+\sum_{r=1}^{s}\boldsymbol{K}_r^{(1)}\boldsymbol{X}_{k_1\cdots k_{r-1}l_rk_{r+1}\cdots k_s}(t)c_{l_rk_r}\\&=\boldsymbol{\Gamma\xi}(t)\delta_{0k_1}\delta_{0k_2}\cdots\delta_{0k_s}\end{aligned}\quad \text{，对所有的}\ \begin{aligned}&k_1=0,1,2,\cdots,N_1\\&k_2=0,1,2,\cdots,N_2\\&\cdots\\&k_s=0,1,2,\cdots,N_s\end{aligned}\tag{16-122}$$

这是关于确定性过程 $\boldsymbol{X}_{k_1\cdots k_s}(t)$ 的 $\prod_{j=1}^{s}(N_j+1)$ 个二阶常微分方程组。在给定的初始条件下求解这些方程组，即可得随机结构响应正交展开式(16-117)中的 $\prod_{j=1}^{s}(N_j+1)$

个待定函数 $\boldsymbol{X}_{k_1\cdots k_s}(t)$，$k_1=0,\cdots,N_1$；$k_2=0,\cdots,N_2$；$k_s=0,\cdots,N_s$。将上述结果代入式(16-117)中，即得到了 $\boldsymbol{X}(\boldsymbol{\zeta},t)$ 关于 $\boldsymbol{\zeta}=(\zeta_1,\cdots,\zeta_s)$ 的显式表达式，由此可求得 $\boldsymbol{X}(\boldsymbol{\zeta},t)$ 的概率信息。例如，随机响应的均值向量

$$E[\boldsymbol{X}(\boldsymbol{\zeta},t)]=E\Big[\sum_{l_1=0}^{N_1}\cdots\sum_{l_s=0}^{N_s}\boldsymbol{X}_{l_1\cdots l_s}H_{l_1}(\zeta_1)\cdots H_{l_s}(\zeta_s)\Big]=\boldsymbol{X}_{00\cdots0}(t) \tag{16-123}$$

自相关函数矩阵为

$$\boldsymbol{R}_{\boldsymbol{X}}(t_1,t_2)=E[\boldsymbol{X}(\boldsymbol{\zeta},t_1)\boldsymbol{X}^{\mathrm{T}}(\boldsymbol{\zeta},t_2)]=\sum_{l_1=0}^{N_1}\cdots\sum_{l_s=0}^{N_s}[\boldsymbol{X}_{l_1\cdots l_s}(t_1)\boldsymbol{X}_{l_1\cdots l_s}^{\mathrm{T}}(t_2)] \tag{16-124}$$

协方差函数矩阵为

$$\begin{aligned}\boldsymbol{C}_{\boldsymbol{X}}(t_1,t_2)&=\boldsymbol{R}_{\boldsymbol{X}}(t_1,t_2)-E[\boldsymbol{X}(\boldsymbol{\zeta},t_1)]\,E[\boldsymbol{X}^{\mathrm{T}}(\boldsymbol{\zeta},t_2)]\\&=\sum_{l_1=0}^{N_1}\cdots\sum_{l_s=0}^{N_s}\boldsymbol{X}_{l_1\cdots l_s}(t_1)\boldsymbol{X}_{l_1\cdots l_s}^{\mathrm{T}}(t_2)-\boldsymbol{X}_{0\cdots0}(t_1)\boldsymbol{X}_{0\cdots0}^{\mathrm{T}}(t_2)\end{aligned} \tag{16-125}$$

为符号简便计，式(16-122)也可以写为如下形式

$$\begin{aligned}&\sum_{r=1}^{s}[\boldsymbol{M}^{(0)}\delta_{l_rk_r}+\boldsymbol{M}_r^{(1)}c_{l_rk_r}]\ddot{\boldsymbol{X}}_{k_1\cdots k_{r-1}l_rk_{r+1}\cdots k_s}\\&+\sum_{r=1}^{s}[\boldsymbol{C}^{(0)}\delta_{l_rk_r}+\boldsymbol{C}_r^{(1)}c_{l_rk_r}]\dot{\boldsymbol{X}}_{k_1\cdots k_{r-1}l_rk_{r+1}\cdots k_s}\\&+\sum_{r=1}^{s}[\boldsymbol{K}^{(0)}\delta_{l_rk_r}+\boldsymbol{K}_r^{(1)}c_{l_rk_r}]\boldsymbol{X}_{k_1\cdots k_{r-1}l_rk_{r+1}\cdots k_s}\\&=\boldsymbol{\Gamma}\boldsymbol{\xi}(t)\delta_{0k_1}\cdots\delta_{0k_s}\end{aligned}\text{，对所有的}\begin{array}{l}k_1=0,1,2,\cdots,N_1\\k_2=0,1,2,\cdots,N_2\\\cdots\\k_s=0,1,2,\cdots,N_s\end{array} \tag{16-126}$$

求解上述方程获得确定性展开函数之后，即可由式(16-123)～式(16-125)得到系统响应的二阶统计量。

顺便指出，在多个基本随机变量情况下，也可以与式(16-115)类似地采用配点法或最小二乘法等非侵入式方法进行求解。

与随机摄动方法相比，正交多项式展开方法不受制于基本随机变量小变异性的要求，也不存在久期项问题，因此具有显著的优势。但当基本随机变量数目较多时，所需要的展开式项数迅速增长，导致计算工作量迅速增大。与此同时，正交投影法难以应用于非线性系统(系统特性中具有材料非线性或几何非线性效应)。虽然非侵入式方法原则上可以适用于非线性系统，但在非线性随机结构动力分析中的精度和效率仍有待提高。

此外，从随机摄动方法的展开式(16-78)与正交多项式展开式(16-102)、式(16-117)的对比来看，无论是随机摄动方法还是正交多项式展开方法，都可以认为是通过分离变量法给出结构响应量关于基本变量的显式表达，然后求解待定系数函数，因而可以认为是广义的响应面方法。这一基本思想后来在不确定性量化理论中发展为种类多样、各具特色的代理模型。

习 题

16-1 已知 N 个互不相关的随机变量 $X_n = A\sin(n\Theta + \alpha)$，$n = 1,2,\cdots,N$，其中随机变量 Θ 服从 $(0,2\pi)$ 上的均匀分布，A 是一个正常数，α 是 $(0,2\pi]$ 上的一个常数。试用反变换法构造 N 个互不相关的标准正态随机变量。

16-2 已知极坐标变换 $X = R\cos\Theta$，$Y = R\sin\Theta$，其中随机变量 R 和 Θ 相互独立，且 R 的概率密度函数为 $p_R(r)$，Θ 服从 $(0,2\pi)$ 上的均匀分布。试证明：随机变量 X 和 Y 的联合概率密度函数为

$$p_{XY}(x,y) = \frac{p_R(r)}{2\pi r}$$

其中 $r = \sqrt{x^2 + y^2}$。进而，随机变量 X 和 Y 的概率密度函数分别为

$$p_X(x) = \int_0^{\infty} \frac{p_R(\sqrt{x^2+y^2})}{\pi\sqrt{x^2+y^2}}\mathrm{d}y, \quad p_Y(y) = \int_0^{\infty} \frac{p_R(\sqrt{x^2+y^2})}{\pi\sqrt{x^2+y^2}}\mathrm{d}x$$

由此，通过已知的 $p_R(r)$，生成具有给定概率密度函数的随机变量 X 和 Y 的样本值。

16-3 已知 Duffing 体系的自由振动方程：

$$\begin{cases} \ddot{x} + \omega_0^2(x + \varepsilon x^3) = 0 \\ x(0) = x_0, \ \dot{x}(0) = 0 \end{cases}, \quad \varepsilon \ll 1$$

其中 $\omega_0 = \sqrt{k/m}$ 是体系在 $\varepsilon = 0$ 时的固有频率，m 是体系的质量，k 是恢复力曲线在 $x = 0$ 处的斜率，即 $\varepsilon = 0$ 时体系的刚度；ω_0, x_0 都是确定性的已知值。试利用摄动法求解，并讨论解答的合理性。

16-4 单自由度线性系统的运动方程：

$$\begin{cases} \ddot{X}(t) + \Omega^2 X(t) = 0 \\ X(0) = x_0, \ \dot{X}(0) = 0 \end{cases}$$

其中固有频率 Ω 为随机参数，即

$$\Omega^2 = \omega_0^2(1 + \varepsilon\Theta)$$

且 ω_0, x_0 都是确定性的已知值，ε 是小参数，Θ 是标准化随机变量。试分别利用随机摄动法和正交多项式方法求解，并讨论解答的合理性。

第 17 章　概率密度演化方程及其数值求解

无论是初始条件、外部激励还是系统参数具有随机性，结构的动力响应都是随机过程。这些随机过程的统计特性完全决定于初始条件、外部激励和系统参数的随机性。来自初始条件、外部激励和系统参数的随机性可统称为源随机性。前两章分别对经典随机振动问题与随机结构分析问题建立了从源随机因素向目标随机响应二阶统计量的传递关系。在这一过程中，充分地体现了通过物理关系建立统计量传递关系的基本思路。本章将介绍从源随机因素向目标随机响应建立概率密度演化规则的过程与求解方法。

§17.1　概率守恒原理

在连续介质物理中，质量守恒、动量守恒与能量守恒等守恒定律构成了最重要的基础。在随机动力系统中，概率守恒原理具有类似的基础性地位。一般地，概率守恒原理可表述为：在保守的随机系统的状态演化过程中概率守恒。这里，保守的随机系统意为在该随机系统的演化过程中既没有随机因素消失，也没有新的随机因素加入。

为了清楚地阐述概率守恒原理，结合一个 n 维随机动力系统的演化加以说明：

$$\dot{\boldsymbol{X}}=\boldsymbol{A}(\boldsymbol{X},t),\quad \boldsymbol{X}(t_0)=\boldsymbol{X}_0 \tag{17-1}$$

其中 $\boldsymbol{X}=(X_1,X_2,\cdots,X_n)^{\mathrm{T}}$ 为 n 维状态向量，$\boldsymbol{A}=(A_1,A_2,\cdots,A_n)^{\mathrm{T}}$ 为确定性算子向量，$\boldsymbol{X}_0=(X_{0,1},X_{0,2},\cdots,X_{0,n})^{\mathrm{T}}$ 为初始随机向量。下面，分别从随机事件描述与状态空间描述的角度进行分析。

17.1.1　概率守恒原理的随机事件描述

对于适定的动力学系统，当初始条件 $\boldsymbol{X}_0$ 给定时，方程(17-1)的解 $\boldsymbol{X}(t)$ 存在、唯一且连续地依赖于初始条件 $\boldsymbol{X}_0$，不妨将此解答表示为

$$\boldsymbol{X}(\varpi,t)=\boldsymbol{G}[\boldsymbol{X}_0(\varpi),t] \tag{17-2}$$

显然，可以认为状态方程(17-1)建立了从 $\boldsymbol{X}_0$ 到 $\boldsymbol{X}_t=\boldsymbol{X}(t)$ 的映射。与此同时，这一映射 $\boldsymbol{X}_t(\varpi)=\boldsymbol{G}_t[\boldsymbol{X}_0(\varpi)]$ 也将初始空间中的区域 Ω_0 映射为解空间中的区域 Ω_t，即

$$\Omega_t=\boldsymbol{G}_t(\Omega_0)=\boldsymbol{G}(\Omega_0,t) \tag{17-3}$$

这里 $\boldsymbol{G}_t[\boldsymbol{X}_0(\varpi)]=\boldsymbol{G}[\boldsymbol{X}_0(\varpi),t]$，如图 17-1 所示。

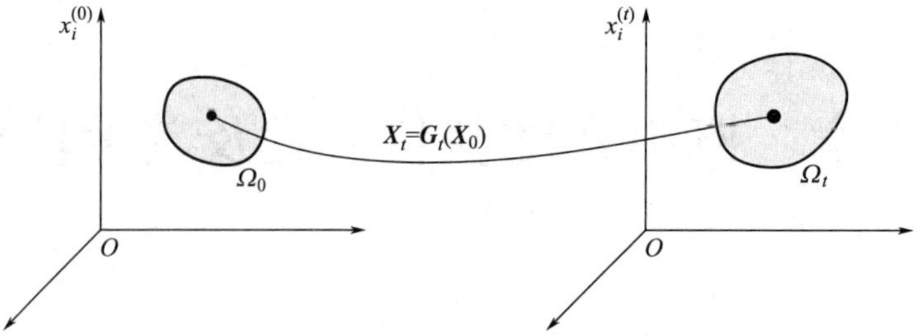

图 17-1　概率守恒原理的随机事件描述

当初始条件是随机向量时，$\{\boldsymbol{X}_0(\varpi)\in\Omega_0\}$ 是一个随机事件，根据式(17-2)和式(17-3)中的映射关系，在时刻 t，这一随机事件变为 $\{\boldsymbol{X}_t(\varpi)\in\Omega_t\}$。这两个随机事件是一个等价随机事件，因而其概率必相等，即存在

$$\Pr\{\boldsymbol{X}_0(\varpi)\in\Omega_0\}=\Pr\{\boldsymbol{X}_t(\varpi)\in\Omega_t\} \tag{17-4}$$

若设初始随机向量 $\boldsymbol{X}_0$ 的联合概率密度函数为 $p_{\boldsymbol{X}_0}(\boldsymbol{x}_0)$，$\boldsymbol{X}_t$ 的联合概率密度函数为 $p_{\boldsymbol{X}}(\boldsymbol{x},t)$，则由式(17-4)有

$$\int_{\Omega_0} p_{\boldsymbol{X}_0}(\boldsymbol{x}_0)\mathrm{d}\boldsymbol{x}_0=\int_{\Omega_t} p_{\boldsymbol{X}}(\boldsymbol{x},t)\mathrm{d}\boldsymbol{x} \tag{17-5}$$

两边同时关于时间 t 求导数，可得

$$\frac{\mathrm{D}}{\mathrm{D}t}\int_{\Omega_t} p_{\boldsymbol{X}}(\boldsymbol{x},t)\mathrm{d}\boldsymbol{x}=\frac{\mathrm{D}}{\mathrm{D}t}\int_{\Omega_0} p_{\boldsymbol{X}_0}(\boldsymbol{x}_0)\mathrm{d}\boldsymbol{x}_0=0 \tag{17-6}$$

这里，全导数 $\dfrac{\mathrm{D}(\cdot)}{\mathrm{D}t}$ 的确切意义是

$$\frac{\mathrm{D}}{\mathrm{D}t}\int_{\Omega_t} p_{\boldsymbol{X}}(\boldsymbol{x},t)\mathrm{d}\boldsymbol{x}=\lim_{\Delta t\to 0}\frac{1}{\Delta t}\left[\int_{\Omega_{t+\Delta t}} p_{\boldsymbol{X}}(\boldsymbol{x},t+\Delta t)\mathrm{d}\boldsymbol{x}-\int_{\Omega_t} p_{\boldsymbol{X}}(\boldsymbol{x},t)\mathrm{d}\boldsymbol{x}\right] \tag{17-7}$$

注意到不仅被积函数依赖于 t，而且积分区域也依赖于 t，且 Ω_t 对 t 的依赖性是由式(17-3)的映射所决定的。

上述分析对任意的 Ω_0 均成立，而每一 $\{\boldsymbol{X}_0(\varpi)\in\Omega_0\}$ 均为一随机事件，因此上述分析可称为概率守恒原理的随机事件描述。

顺便指出，在第 14 章中介绍的随机变量函数的概率密度函数求取方法，本质上利用了上述概率守恒原理的随机事件描述[可对比式(14-58)～(14-60)与式(17-4)]。

17.1.2　概率守恒原理的状态空间描述

考察状态空间中的任意给定区域 Ω_{fixed}，概率守恒原理这时表现为：在任意时间段 $[t_1,t_2]$，给定空间区域 Ω_{fixed} 上的概率增量 $\Delta_{[t_1,t_2]}P_{\Omega_{\text{fixed}}}$ 与通过区域 Ω_{fixed} 的边界 $\partial\Omega_{\text{fixed}}$ 流入和流出的概率的代数和 $P_{\partial\Omega_{\text{fixed}}}^{[t_1,t_2]}$ 相等(图 17-2 为示意图)，即

$$\Delta_{[t_1,t_2]} P_{\Omega_{\text{fixed}}} = P_{\partial\Omega_{\text{fixed}}}^{[t_1,t_2]} \tag{17-8}$$

在时间段 $[t_1, t_2]$ 内的概率增量可表示为

$$\begin{aligned}\Delta_{[t_1,t_2]} P_{\Omega_{\text{fixed}}} &= \int_{\Omega_{\text{fixed}}} p_{\boldsymbol{X}}(\boldsymbol{x}, t_2)\mathrm{d}\boldsymbol{x} \\ &\quad - \int_{\Omega_{\text{fixed}}} p_{\boldsymbol{X}}(\boldsymbol{x}, t_1)\mathrm{d}\boldsymbol{x} \\ &= \int_{t_1}^{t_2}\int_{\Omega_{\text{fixed}}} \frac{\partial p_{\boldsymbol{X}}(\boldsymbol{x}, t)}{\partial t}\mathrm{d}\boldsymbol{x}\,\mathrm{d}t\end{aligned} \tag{17-9}$$

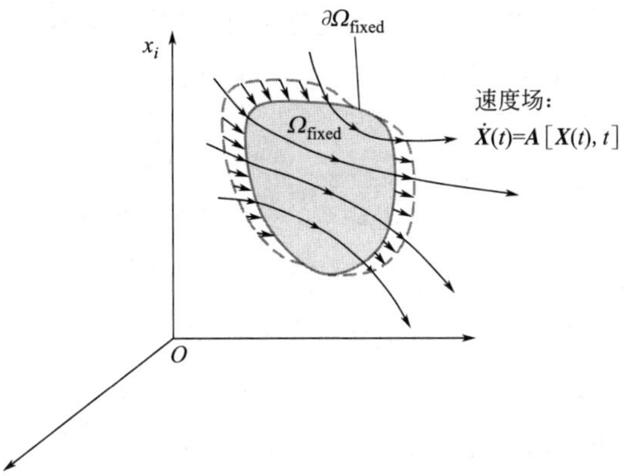

图 17-2 概率守恒原理的状态空间描述

通过边界 $\partial\Omega_{\text{fixed}}$ 流入与流出的概率与动力系统(17-1)确定的边界邻域内的速度场有关。由于 $\boldsymbol{A}$ 是一个确定性算子向量，因此 $\boldsymbol{v}=\boldsymbol{A}(\boldsymbol{x}, t)$ 是状态空间中由式(17-1)所决定的一个速度场，这个速度场在微小时间 $\mathrm{d}t$ 内引起边界的运动量为 $\boldsymbol{v}\mathrm{d}t$，由此导致“面积”为 $\mathrm{d}S$ 的边界的运动所覆盖的“体积”为 $(\boldsymbol{v}\mathrm{d}t)\cdot\boldsymbol{n}\mathrm{d}S$，其中 $\boldsymbol{n}$ 表示边界的单位外法向向量。因为概率密度函数为 $p_{\boldsymbol{X}}(\boldsymbol{x}, t)$，故在 $\mathrm{d}t$ 时间内“面积”为 $\mathrm{d}S$ 的边界微元的移动导致的概率迁移量为 $p_{\boldsymbol{X}}(\boldsymbol{x}, t)(\boldsymbol{v}\mathrm{d}t)\cdot\boldsymbol{n}\mathrm{d}S$。所以，在时间段 $[t_1, t_2]$ 内，整个边界 $\partial\Omega_{\text{fixed}}$ 的移动导致的概率迁移量为

$$P_{\partial\Omega_{\text{fixed}}}^{[t_1,t_2]} = -\int_{t_1}^{t_2}\int_{\partial\Omega_{\text{fixed}}} p_{\boldsymbol{X}}(\boldsymbol{x}, t)(\boldsymbol{v}\mathrm{d}t)\cdot\boldsymbol{n}\mathrm{d}S \tag{17-10}$$

其中，负号是考虑到 $\boldsymbol{n}$ 为外法线方向向量。

根据散度定理，式(17-10)可进一步写为

$$P_{\partial\Omega_{\text{fixed}}}^{[t_1,t_2]} = -\int_{t_1}^{t_2}\int_{\Omega_{\text{fixed}}} \left\{\sum_{i=1}^{n}\frac{\partial[p_{\boldsymbol{X}}(\boldsymbol{x}, t)\boldsymbol{v}(\boldsymbol{x}, t)]}{\partial x_i}\right\}\mathrm{d}\boldsymbol{x}\,\mathrm{d}t \tag{17-11}$$

虽然初看起来，概率守恒原理的随机事件描述和状态空间描述是从两个完全不同的角度观察问题，但作为总体描述时，它们在本质上是等价的。

§ 17.2 概率密度演化方程

17.2.1 Liouville 方程

根据概率守恒原理的状态空间描述，亦即式(17-8)，由式(17-9)及式(17-11)，并注意到时间段 $[t_1, t_2]$ 及空间区域 Ω_{fixed} 的任意性，可得偏微分方程：

$$\frac{\partial p_{\boldsymbol{X}}(\boldsymbol{x}, t)}{\partial t} + \sum_{i=1}^{n}\frac{\partial[p_{\boldsymbol{X}}(\boldsymbol{x}, t)\boldsymbol{v}(\boldsymbol{x}, t)]}{\partial x_i} = 0 \tag{17-12}$$

这就是所谓的 Liouville 方程。对于仅有初始条件 $\boldsymbol{X}_0$ 具有随机性的动力系统，

Liouville 方程是系统状态响应联合概率密度的演化方程，其初始条件由 $\boldsymbol{X}_0$ 的联合概率密度函数给定：

$$p_{\boldsymbol{X}}(\boldsymbol{x},t)\big|_{t=t_0}=p_{\boldsymbol{X}_0}(\boldsymbol{x}) \tag{17-13}$$

在上一节的分析中，已经注意到随机状态方程(17-1)如何决定了一个确定性的速度场，正是这一转化，构成了 Liouville 方程与原系统演化方程的内在联系。换言之，这一转化体现了概率密度演化的物理机制。

类似地，可以从概率守恒原理的状态空间描述的角度，结合不同的物理方程，导出 Fokker-Planck-Kolmogorov(FPK)方程和 Dostupov-Pugachev(D-P)方程❶。

17.2.2 广义概率密度演化方程

根据本书前部分的结构动力学知识，一个 n 自由度系统的运动方程可表示为

$$\boldsymbol{M}\ddot{\boldsymbol{X}}+\boldsymbol{C}\dot{\boldsymbol{X}}+\boldsymbol{G}(\boldsymbol{X})=\boldsymbol{\Gamma}\boldsymbol{\xi}(t) \tag{17-14}$$

式中，$\boldsymbol{M}$ 和 $\boldsymbol{C}$ 分别为 $n\times n$ 阶质量与阻尼矩阵；$\boldsymbol{G}(\cdot)$ 为线性或非线性恢复力向量，对于线性系统，有 $\boldsymbol{G}=\boldsymbol{K}\boldsymbol{X}$，其中 $\boldsymbol{K}$ 为 $n\times n$ 阶刚度矩阵；$\boldsymbol{\Gamma}$ 为 $n\times r$ 阶激励影响矩阵；$\boldsymbol{\xi}(t)$ 为 r 阶激励向量。

在式(17-14)中，$\boldsymbol{M}$、$\boldsymbol{C}$ 和 $\boldsymbol{G}(\cdot)$ 的基本参数都可能具有随机性，第 16 章中的随机结构分析专门介绍了这些随机性的处理方法。同时，激励过程 $\boldsymbol{\xi}(t)$ 也可能是随机过程或向量随机过程，这构成了第 15 章中随机振动分析的主要内容。工程中最常遇到的实际情况是兼而有之，有时这也称为复合随机振动分析问题。

在此情况下，式(17-14)可进一步改写为

$$\boldsymbol{M}(\boldsymbol{\zeta}_1)\ddot{\boldsymbol{X}}+\boldsymbol{C}(\boldsymbol{\zeta}_1)\dot{\boldsymbol{X}}+\boldsymbol{G}(\boldsymbol{\zeta}_1,\boldsymbol{X})=\boldsymbol{\Gamma}\boldsymbol{F}(\boldsymbol{\zeta}_2,t) \tag{17-15}$$

其中，随机向量 $\boldsymbol{\zeta}_1$ 代表结构基本参数的随机性，而 $\boldsymbol{\zeta}_2$ 是将随机激励过程进行分解降维之后获得的随机函数中的基本随机向量。为了符号的统一起见，记 $\boldsymbol{\Theta}=(\boldsymbol{\zeta}_1,\boldsymbol{\zeta}_2)=(\Theta_1,\Theta_2,\cdots,\Theta_s)$，$s$ 表示整个系统中的全部基本随机变量个数。这时，式(17-15)可再进一步表示为

$$\boldsymbol{M}(\boldsymbol{\Theta})\ddot{\boldsymbol{X}}+\boldsymbol{C}(\boldsymbol{\Theta})\dot{\boldsymbol{X}}+\boldsymbol{G}(\boldsymbol{\Theta},\boldsymbol{X})=\boldsymbol{\Gamma}\boldsymbol{F}(\boldsymbol{\Theta},t) \tag{17-16}$$

显然，对于一般的适定动力学系统，方程(17-16)的物理解答存在、唯一且连续地依赖于基本参数 $\boldsymbol{\Theta}$。为方便计，不妨将式(17-16)的解答写为

$$\boldsymbol{X}=\boldsymbol{H}(\boldsymbol{\Theta},t) \tag{17-17}$$

而其速度过程则可以表示为

$$\dot{\boldsymbol{X}}=\boldsymbol{h}(\boldsymbol{\Theta},t) \tag{17-18}$$

---

❶ 详见参考文献[25]：Li & Chen，2009. 本章的主要内容参考了该书。

其中 $\boldsymbol{H}=(H_1,H_2,\cdots,H_n)^{\mathrm{T}}$，$\boldsymbol{h}=(h_1,h_2,\cdots,h_n)^{\mathrm{T}}$。

更一般地，结构系统(17-16)中的任意物理量，例如位移、速度、加速度、变形(如转角)、控制截面的内力(如弯矩、剪力、轴力)以及控制点的应力和应变等均是存在、唯一且连续地依赖于 $\boldsymbol{\Theta}$ 的。因此，不妨将感兴趣的物理量记为 $\boldsymbol{Z}=(Z_1,Z_2,\cdots,Z_m)^{\mathrm{T}}$，则有

$$\boldsymbol{Z}=\boldsymbol{H}_Z(\boldsymbol{\Theta},t) \tag{17-19}$$

$$\dot{\boldsymbol{Z}}=\boldsymbol{h}_Z(\boldsymbol{\Theta},t) \tag{17-20}$$

其中 $\boldsymbol{H}_Z=(H_{Z,1},H_{Z,2},\cdots,H_{Z,m})^{\mathrm{T}}$，$\boldsymbol{h}_Z=(h_{Z,1},h_{Z,2},\cdots,h_{Z,m})^{\mathrm{T}}$。

自然，当感兴趣的物理量是位移时，式(17-19)与式(17-20)就分别变为式(17-17)和式(17-18)。

显然，式(17-19)本身可视为一个随机动力系统，其中的源随机因素完全由 $\boldsymbol{\Theta}$ 刻画。考察$(\boldsymbol{Z},\boldsymbol{\Theta})$构成的增广系统，由于所有的随机因素都已包含在内，因此这是一个概率保守系统。

为方便计，记 $(\boldsymbol{Z},\boldsymbol{\Theta})$ 的联合概率密度函数为 $p_{\boldsymbol{Z\Theta}}(\boldsymbol{z},\boldsymbol{\theta},t)$。根据概率守恒原理的随机事件描述，即式(17-6)，可得

$$\frac{\mathrm{D}}{\mathrm{D}t}\int_{\Omega_t\times\Omega_{\boldsymbol{\Theta}}}p_{\boldsymbol{Z\Theta}}(\boldsymbol{z},\boldsymbol{\theta},t)\mathrm{d}\boldsymbol{z}\,\mathrm{d}\boldsymbol{\theta}=0 \tag{17-21}$$

对此进行一些数学上的处理，有

$$\begin{aligned}
&\frac{\mathrm{D}}{\mathrm{D}t}\int_{\Omega_t\times\Omega_{\boldsymbol{\Theta}}}p_{\boldsymbol{Z\Theta}}(\boldsymbol{z},\boldsymbol{\theta},t)\mathrm{d}\boldsymbol{z}\,\mathrm{d}\boldsymbol{\theta}\\
&=\frac{\mathrm{D}}{\mathrm{D}t}\int_{\Omega_{t_0}\times\Omega_{\boldsymbol{\Theta}}}p_{\boldsymbol{Z\Theta}}(\boldsymbol{z},\boldsymbol{\theta},t)\,|J|\,\mathrm{d}\boldsymbol{z}\,\mathrm{d}\boldsymbol{\theta}\\
&=\int_{\Omega_{t_0}\times\Omega_{\boldsymbol{\Theta}}}\left(|J|\frac{\mathrm{D}p_{\boldsymbol{Z\Theta}}(\boldsymbol{z},\boldsymbol{\theta},t)}{\mathrm{D}t}+p_{\boldsymbol{Z\Theta}}(\boldsymbol{z},\boldsymbol{\theta},t)\frac{\mathrm{D}|J|}{\mathrm{D}t}\right)\mathrm{d}\boldsymbol{z}\,\mathrm{d}\boldsymbol{\theta}\\
&=\int_{\Omega_{t_0}\times\Omega_{\boldsymbol{\Theta}}}\left[|J|\left(\frac{\partial p_{\boldsymbol{Z\Theta}}}{\partial t}+\sum_{\ell=1}^{m}h_{Z,\ell}\frac{\partial p_{\boldsymbol{Z\Theta}}}{\partial z_\ell}\right)+p_{\boldsymbol{Z\Theta}}|J|\sum_{\ell=1}^{m}\frac{\partial h_{Z,\ell}}{\partial z_\ell}\right]\mathrm{d}\boldsymbol{z}\,\mathrm{d}\boldsymbol{\theta}\\
&=\int_{\Omega_{t_0}\times\Omega_{\boldsymbol{\Theta}}}\left(\frac{\partial p_{\boldsymbol{Z\Theta}}}{\partial t}+\sum_{\ell=1}^{m}h_{Z,\ell}\frac{\partial p_{\boldsymbol{Z\Theta}}}{\partial z_\ell}\right)|J|\,\mathrm{d}\boldsymbol{z}\,\mathrm{d}\boldsymbol{\theta}\\
&=\int_{\Omega_t\times\Omega_{\boldsymbol{\Theta}}}\left(\frac{\partial p_{\boldsymbol{Z\Theta}}}{\partial t}+\sum_{\ell=1}^{m}h_{Z,\ell}\frac{\partial p_{\boldsymbol{Z\Theta}}}{\partial z_\ell}\right)\mathrm{d}\boldsymbol{z}\,\mathrm{d}\boldsymbol{\theta}
\end{aligned} \tag{17-22}$$

其中，J 为 Jacobi 量。

考虑到 $\Omega_t\times\Omega_{\boldsymbol{\Theta}}$ 的任意性，由式(17-21)与式(17-22)有

$$\frac{\partial p_{\boldsymbol{Z\Theta}}(\boldsymbol{z},\boldsymbol{\theta},t)}{\partial t}+\sum_{\ell=1}^{m}h_{Z,\ell}(\boldsymbol{\theta},t)\frac{\partial p_{\boldsymbol{Z\Theta}}(\boldsymbol{z},\boldsymbol{\theta},t)}{\partial z_\ell}=0 \tag{17-23}$$

或者更明确地，由式(17-20)可得

$$\frac{\partial p_{\boldsymbol{Z}\boldsymbol{\Theta}}(\boldsymbol{z},\boldsymbol{\theta},t)}{\partial t}+\sum_{\ell=1}^{m}\dot{Z}_{\ell}(\boldsymbol{\theta},t)\frac{\partial p_{\boldsymbol{Z}\boldsymbol{\Theta}}(\boldsymbol{z},\boldsymbol{\theta},t)}{\partial z_{\ell}}=0 \tag{17-24}$$

从而，$\boldsymbol{Z}(t)$ 的联合概率密度函数 $p_{\boldsymbol{Z}}(\boldsymbol{z},t)$ 为

$$p_{\boldsymbol{Z}}(\boldsymbol{z},t)=\int_{\Omega_{\boldsymbol{\Theta}}}p_{\boldsymbol{Z}\boldsymbol{\Theta}}(\boldsymbol{z},\boldsymbol{\theta},t)\mathrm{d}\boldsymbol{\theta} \tag{17-25}$$

特别地，当仅对某一个物理量感兴趣时，方程(17-24)退化为一个一维偏微分方程：

$$\frac{\partial p_{Z\boldsymbol{\Theta}}(z,\boldsymbol{\theta},t)}{\partial t}+\dot{Z}(\boldsymbol{\theta},t)\frac{\partial p_{Z\boldsymbol{\Theta}}(z,\boldsymbol{\theta},t)}{\partial z}=0 \tag{17-26}$$

无论原物理系统的自由度数 n 是多少，方程(17-24)的维数 m 都与之无关，甚至可以是一维方程。而且，无论源随机性来自于初始条件、结构参数或外部激励，控制方程都具有式(17-24)的形式。因此，称该方程为**广义概率密度演化方程**，有时也简称**概率密度演化方程**。

【例 17-1】 具有频率随机性的无阻尼单自由度系统自由振动响应。

考察单自由度系统

$$\ddot{X}(t)+\Theta^{2}X(t)=0;\quad X(0)=x_{0},\quad \dot{X}(0)=0 \tag{a}$$

其中 x_0 为确定性初始值，Θ 是一个随机变量，其概率密度函数为 $p_{\Theta}(\theta)$ 。此时，可知

$$\dot{X}(\Theta,t)=-x_{0}\Theta\sin(\Theta t) \tag{b}$$

根据式(17-26)，联合概率密度函数 $p_{X\Theta}(x,\theta,t)$ 满足的广义概率密度演化方程为

$$\frac{\partial p_{X\Theta}(x,\theta,t)}{\partial t}-x_{0}\theta\sin(\theta t)\frac{\partial p_{X\Theta}(x,\theta,t)}{\partial x}=0 \tag{c}$$

其初始条件为 $p_{X\Theta}(x,\theta,0)=\delta(x-x_0)p_{\Theta}(\theta)$。

容易得到，广义概率密度演化方程(c)之解为

$$p_{X\Theta}(x,\theta,t)=\delta(x-x_{0}\cos\theta t)p_{\Theta}(\theta) \tag{d}$$

进而可得

$$\begin{aligned}p_{X}(x,t)&=\int_{\Omega_{\Theta}}p_{X\Theta}(x,\theta,t)\mathrm{d}\theta\\&=\begin{cases}\dfrac{1}{\sqrt{x_{0}^{2}-x^{2}}}\displaystyle\sum_{l=0}^{\infty}\left\{p_{\eta}\left(2\pi l+2\pi-\cos^{-1}\frac{x}{x_{0}},t\right)+p_{\eta}\left(2\pi l+\cos^{-1}\frac{x}{x_{0}},t\right)\right\}, & |x|\leqslant|x_{0}|\\0, & \text{其他}\end{cases}\end{aligned} \tag{e}$$

其中 $p_{\eta}(x,t)=\dfrac{1}{t}p_{\Theta}\left(\dfrac{x}{t}\right)$。

【例 17-2】 具有随机刚度的悬臂梁端部位移响应。

考虑一根左端固支的悬臂梁，梁长为 L ，悬臂端作用荷载为 $P(t)=\Theta_{1}g(t)$ ，其中

$g(t)$ 为非负的确定性函数且 $g(0)=0$，梁截面惯性矩为 I，弹性模量为 Θ_2，Θ_1 和 Θ_2 为相互独立的随机变量，其概率密度函数分别为 $p_{\Theta_1}(\theta_1)$ 和 $p_{\Theta_2}(\theta_2)$。于是，悬臂端位移为(以与荷载同向为正，不计惯性和阻尼的影响)

$$Y=\frac{L^3\Theta_1}{3I\Theta_2}g(t) \tag{a}$$

由式(17-26)，联合概率密度函数 $p_{Y\Theta_1\Theta_2}(y,\theta_1,\theta_2,t)$ 满足的广义概率密度演化方程为

$$\frac{\partial p_{Y\Theta_1\Theta_2}(y,\theta_1,\theta_2,t)}{\partial t}+\frac{L^3\theta_1}{3I\theta_2}\dot{g}(t)\frac{\partial p_{Y\Theta_1\Theta_2}(y,\theta_1,\theta_2,t)}{\partial y}=0 \tag{b}$$

其初始条件为 $p_{Y\Theta_1\Theta_2}(y,\theta_1,\theta_2,0)=\delta(y)p_{\Theta_1}(\theta_1)p_{\Theta_2}(\theta_2)$。

容易得到，偏微分方程(b)的解答为

$$p_{Y\Theta_1\Theta_2}(y,\theta_1,\theta_2,t)=\delta\left[y-\frac{L^3\theta_1}{3I\theta_2}g(t)\right]p_{\Theta_1}(\theta_1)p_{\Theta_2}(\theta_2) \tag{c}$$

由此可进一步得到

$$\begin{aligned}p_Y(y,t)&=\int_{\Omega_{\Theta_1}}\int_{\Omega_{\Theta_2}}p_{Y\Theta_1\Theta_2}(y,\theta_1,\theta_2,t)\mathrm{d}\theta_1\mathrm{d}\theta_2\\&=\frac{3I}{L^3g(t)}\int_{\Omega_{\Theta_2}}\theta_2p_{\Theta_1}\left(\frac{3I\theta_2}{L^3g(t)}y\right)p_{\Theta_2}(\theta_2)\mathrm{d}\theta_2\end{aligned} \tag{d}$$

现在考虑 Θ_1 服从均匀分布的情况，设

$$p_{\Theta_1}(\theta_1)=\begin{cases}\dfrac{1}{b_1-a_1}, & 0<a_1\leqslant\theta_1\leqslant b_1\\ 0, & \text{其他}\end{cases} \tag{e}$$

则由式(d)可得

$$p_Y(y,t)=\frac{3I}{(b_1-a_1)L^3g(t)}\int_{\frac{a_1L^3g(t)}{3Iy}}^{\frac{b_1L^3g(t)}{3Iy}}\theta_2p_{\Theta_2}(\theta_2)\mathrm{d}\theta_2 \tag{f}$$

若进一步假定 Θ_2 亦服从均匀分布

$$p_{\Theta_2}(\theta_2)=\begin{cases}\dfrac{1}{b_2-a_2}, & 0<a_2\leqslant\theta_2\leqslant b_2\\ 0, & \text{其他}\end{cases} \tag{g}$$

则根据式(f)可得，悬臂端位移响应的概率密度函数如下：

(1)对于 $a_1b_2\leqslant a_2b_1$ 的情形，有

$$p_Y(y,t)=\begin{cases}\dfrac{3I}{2(b_1-a_1)(b_2-a_2)L^3g(t)}\left(b_2^2-\dfrac{a_1^2L^6g^2(t)}{9I^2y^2}\right), & \dfrac{a_1L^3g(t)}{3b_2I}<y\leqslant\dfrac{a_1L^3g(t)}{3a_2I}\\ \dfrac{3(a_2+b_2)I}{2(b_1-a_1)L^3g(t)}, & \dfrac{a_1L^3g(t)}{3a_2I}<y<\dfrac{b_1L^3g(t)}{3b_2I}\\ \dfrac{3I}{2(b_1-a_1)(b_2-a_2)L^3g(t)}\left(\dfrac{b_1^2L^6g^2(t)}{9I^2y^2}-a_2^2\right), & \dfrac{b_1L^3g(t)}{3b_2I}\leqslant y<\dfrac{b_1L^3g(t)}{3a_2I}\\ 0, & \text{其他}\end{cases} \tag{h}$$

(2)对于 $a_1b_2 > a_2b_1$ 的情形，有

$$p_Y(y,t)=\begin{cases}\dfrac{3I}{2(b_1-a_1)(b_2-a_2)L^3g(t)}\left[b_2^2-\dfrac{a_1^2L^6g^2(t)}{9I^2y^2}\right], & \dfrac{a_1L^3g(t)}{3b_2I}<y\leqslant\dfrac{b_1L^3g(t)}{3b_2I}\\ \dfrac{(a_1+b_1)L^3g(t)}{6(b_2-a_2)Iy^2}, & \dfrac{b_1L^3g(t)}{3b_2I}<y<\dfrac{a_1L^3g(t)}{3a_2I}\\ \dfrac{3I}{2(b_1-a_1)(b_2-a_2)L^3g(t)}\left[\dfrac{b_1^2L^6g^2(t)}{9I^2y^2}-a_2^2\right], & \dfrac{a_1L^3g(t)}{3a_2I}\leqslant y<\dfrac{b_1L^3g(t)}{3a_2I}\\ 0, & 其他\end{cases} \tag{i}$$

§17.3　概率密度演化方程的数值求解Ⅰ：有限差分法

如上一节指出，在某些较为简单的情况下，概率密度演化方程可以获得解析解，具体方法可以参考有关文献。在更一般的情况下，其解答可通过数值方法获得。在下面的两节中，将讨论有限差分方法与多维空间中的代表点选取问题。

17.3.1　概率密度演化方程的求解思路

在大多数情况下，仅需要考虑一维广义概率密度演化方程的求解。这里以一维广义概率密度演化方程(17-26)为例进行分析，对多维情况可类似地进行推广。为方便计，将式(17-26)重新写为

$$\frac{\partial p_{Z\Theta}(z,\boldsymbol{\theta},t)}{\partial t}+\dot{Z}(\boldsymbol{\theta},t)\frac{\partial p_{Z\Theta}(z,\boldsymbol{\theta},t)}{\partial z}=0$$

这是一个一阶偏微分方程。值得注意的是，这一方程仅存在关于 z 和 t 的偏微分，而关于 $\boldsymbol{\theta}$ 则是一个参数方程的形式。因此，可以首先对于 $\boldsymbol{\theta}$ 取得一系列确定性的值，例如 $\boldsymbol{\theta}_1$，$\boldsymbol{\theta}_2,\cdots,\boldsymbol{\theta}_q,\cdots,\boldsymbol{\theta}_{n_{\text{sel}}}$。这时，对于给定的 $\boldsymbol{\theta}_q$，方程(17-26)变为一系列方程：

$$\frac{\partial p_q(z,t)}{\partial t}+\dot{Z}_q(t)\frac{\partial p_q(z,t)}{\partial z}=0,\ q=1,2,\cdots,n_{\text{sel}} \tag{17-27}$$

其中，$p_q(z,t)$ 表示 $p_{Z\Theta}(z,\boldsymbol{\theta}_q,t)$；$\dot{Z}_q(t)=\dot{Z}(\boldsymbol{\theta}_q,t)$ 表示当取 $\boldsymbol{\theta}=\boldsymbol{\theta}_q$ 时的速度值。

式(17-27)是一系列一阶拟线性偏微分方程，其求解可以采用有限差分方法。值得指出，在这里事实上采用了密度演化方程求解的点演化思路。

17.3.2　有限差分方法

为方便计，这里考虑式(17-27)中的任一个偏微分方程，并记为

$$\frac{\partial p(z,t)}{\partial t}+a(t)\frac{\partial p(z,t)}{\partial z}=0 \tag{17-28}$$

为获得有限差分解，首先将 $z-t$ 平面离散化，离散网格点为

$$z=z_j,\ t=t_k;\ j=0,\pm 1,\pm 2,\cdots;\ k=0,1,2,\cdots \tag{17-29}$$

其中 $z_j=j\Delta z$；$t_k=k\Delta t$；Δz 和 Δt 分别为空间和时间离散步长。为简便计，将 $p(z,t)$ 在离散网格点 (z_j,t_k) 处的值 $p(z_j,t_k)$ 记为 $p_j^{(k)}$，即 $p_j^{(k)}=p(z_j,t_k)$。

对于式(17-28)中的偏微分可采用不同的离散化格式，因而可以获得不同的差分格式。一个可用的差分格式应满足相容性、收敛性和稳定性条件。同时，这些差分格式可能具有不同的耗散性或色散性。对不同的问题，往往需要采用不同的差分格式。对结构动力响应分析问题，采用双边差分的 Lax-Wendroff 格式及其改进的 TVD 格式具有较好的效果，而对极值分布分析等问题，则往往可能需要结合单边差分格式形成的组合格式。

17.3.2.1 单边差分格式

采用 Taylor 展开的一阶近似，有

$$p_j^{(k+1)}=p_j^{(k)}+\left[\frac{\partial p}{\partial t}\right]_j^{(k)}\Delta t+o(\Delta t) \tag{17-30}$$

由此得到一阶偏微分的近似表示

$$\left[\frac{\partial p}{\partial t}\right]_j^{(k)}\approx\frac{p_j^{(k+1)}-p_j^{(k)}}{\Delta t} \tag{17-31}$$

同样地，对于空间坐标 z 方向，有

$$p_j^{(k)}=p_{j-1}^{(k)}+\left[\frac{\partial p}{\partial z}\right]_{j-1}^{(k)}\Delta z+o(\Delta z),\quad \left[\frac{\partial p}{\partial z}\right]_{j-1}^{(k)}\approx\frac{p_j^{(k)}-p_{j-1}^{(k)}}{\Delta z} \tag{17-32}$$

将式(17-31)和式(17-32)代入式(17-28)中，得到

$$p_j^{(k+1)}=p_j^{(k)}-\lambda a^{(k)}[p_j^{(k)}-p_{j-1}^{(k)}] \tag{17-33a}$$

或者

$$p_j^{(k+1)}=[1-\lambda a^{(k)}]p_j^{(k)}+\lambda a^{(k)}p_{j-1}^{(k)} \tag{17-33b}$$

其中，$\lambda=\Delta t/\Delta z$ 为差分网格比。

式(17-33)即为单边差分格式，可用图 17-3(a)表示。

可以证明，式(17-33)的单边差分格式是相容的，但仅对 $0<\lambda a(t)\leqslant 1$ 的情况是收敛和稳定的。对于 $a(t)<0$ 的情况，则需要采用图 17-3(b)所示的差分格式。

此时，单边差分格式变为

$$p_j^{(k+1)}=p_j^{(k)}-\lambda a^{(k)}[p_{j+1}^{(k)}-p_j^{(k)}] \tag{17-34a}$$

或

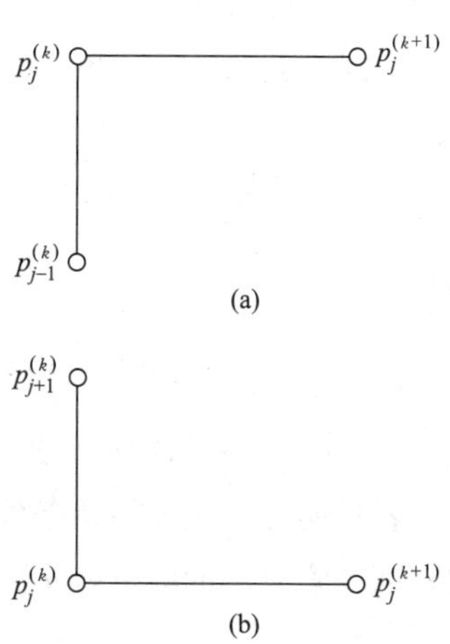

图 17-3 单边差分格式

$$p_j^{(k+1)}=[1+\lambda a^{(k)}]p_j^{(k)}-\lambda a^{(k)}p_{j+1}^{(k)} \tag{17-34b}$$

当 $-1\leqslant\lambda a(t)<0$ 时，单边差分格式(17-34)是收敛和稳定的。

当 $a(t)>0$ 和 $a(t)<0$ 时，分别采用式(17-33)和式(17-34)，概率信息从初始时刻的一个集中点 $p_j^{(0)}=\delta_{0j}$ 向后传播的情况见图 17-4(a)和(b)。从图中可见，真实的信息是沿着特征线的实线方向传播的，而数值计算中的信息传播是沿着阴影的三角区域向后扩展。为了使得计算的结果具有稳定性，数值计算的传播区域必须包含特征线的传播方向。因此，当 $a(t)>0$ 时，要求 $0<\lambda a(t)\leqslant 1$；而当 $a(t)<0$ 时，则要求 $-1\leqslant\lambda a(t)<0$，这两个条件可以统一地写为

$$|\lambda a^{(k)}|\leqslant 1 \tag{17-35}$$

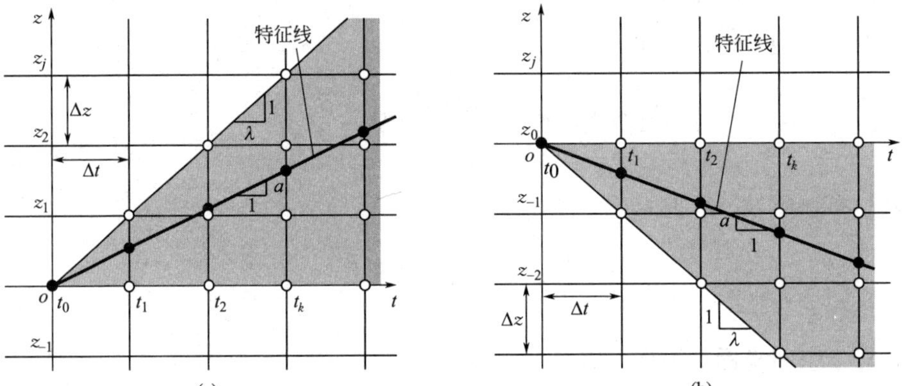

图 17-4 特征传播方向

(a) $a>0$；(b) $a<0$

式(17-35)就是著名的 Courant-Friedrichs-Lewy(CFL)条件，是双曲型偏微分方程数值求解最重要的条件之一。显然，由于这一条件的限制，Δt 与 Δz 的选取不能是任意的，而必须满足 CFL 条件。

同时，式(17-33b)和式(17-34b)也可以写为统一的形式：

$$p_j^{(k+1)}=(1-|\lambda a^{(k)}|)p_j^{(k)}+\frac{1}{2}(|\lambda a^{(k)}|-\lambda a^{(k)})p_{j+1}^{(k)}+\frac{1}{2}(|\lambda a^{(k)}|+\lambda a^{(k)})p_{j-1}^{(k)} \tag{17-36a}$$

或

$$p_j^{(k+1)}=(1-|\lambda a^{(k)}|)p_j^{(k)}-\lambda a^{(k)}p_{j+1}^{(k)}u[-a^{(k)}]+\lambda a^{(k)}p_{j-1}^{(k)}u[a^{(k)}] \tag{17-36b}$$

其中，$u(\cdot)$ 是单位阶跃函数。

容易验证，只要初始条件 $p_j^{(0)}\geqslant 0$，那么通过单边差分格式(17-36)，就能够保证计算得到的任意时刻的数值解 $p_j^{(k)}$ 均为非负的。同时，满足概率相容条件

$$\sum_j p_j^{(k)}=\sum_j p_j^{(0)}=1 \tag{17-37}$$

遗憾的是，单边差分格式的耗散效应很大，仅具有一阶精度。

17.3.2.2 双边差分格式

将式(17-30)中的 Taylor 展开至二阶，则有

$$p_j^{(k+1)}=p_j^{(k)}+\left[\frac{\partial p}{\partial t}\right]_j^{(k)}\Delta t+\frac{1}{2}\left[\frac{\partial^2 p}{\partial t^2}\right]_j^{(k)}\Delta t^2+o(\Delta t^2) \tag{17-38}$$

同时对式(17-28)两边关于 t 进行一次微分，得到

$$\begin{aligned}\frac{\partial^2 p}{\partial t^2}&=\frac{\partial}{\partial t}\left(\frac{\partial p}{\partial t}\right)=\frac{\partial}{\partial t}\left[-a(t)\frac{\partial p}{\partial z}\right]=-\dot{a}(t)\frac{\partial p}{\partial z}-a(t)\frac{\partial}{\partial t}\left(\frac{\partial p}{\partial z}\right)\\&=\quad \dot{a}(t)\frac{\partial p}{\partial z}-a(t)\frac{\partial}{\partial z}\left(\frac{\partial p}{\partial t}\right)\\&=-\dot{a}(t)\frac{\partial p}{\partial z}+a^2(t)\frac{\partial^2 p}{\partial z^2}\end{aligned} \tag{17-39a}$$

若 $a(t)$ 是慢变的，则可假定 $\dot{a}(t)\approx 0$，于是上式变为

$$\frac{\partial^2 p}{\partial t^2}\approx a^2(t)\frac{\partial^2 p}{\partial z^2} \tag{17-39b}$$

将式(17-28)和式(17-39b)代入式(17-38)中，可得

$$p_j^{(k+1)}=p_j^{(k)}-a(t)\left[\frac{\partial p}{\partial z}\right]_j^{(k)}\Delta t+\frac{a^2(t)}{2}\left[\frac{\partial^2 p}{\partial z^2}\right]_j^{(k)}\Delta t^2+o(\Delta t^2) \tag{17-40}$$

为了得到二阶精度的公式，将上式中的 $[\partial p/\partial z]_j^{(k)}$ 以中心差分格式代替，即

$$\left[\frac{\partial p}{\partial z}\right]_j^{(k)}=\frac{p_{j+1}^{(k)}-p_{j-1}^{(k)}}{2\Delta z}+o(\Delta z) \tag{17-41a}$$

同时，式(17-40)右端的第三项以中心差分格式代替，即

$$\left[\frac{\partial^2 p}{\partial z^2}\right]_j^{(k)}=\frac{p_{j+1}^{(k)}+p_{j-1}^{(k)}-2p_j^{(k)}}{\Delta z^2}+o(\Delta z^2) \tag{17-41b}$$

将式(17-41)代入式(17-40)中，并略去关于时间步长的二阶小量 $o(\Delta t^2)$ 和空间步长的一阶小量 $o(\Delta z)$ 和二阶小量 $o(\Delta z^2)$，有

$$p_j^{(k+1)}=p_j^{(k)}-\frac{\lambda a}{2}[p_{j+1}^{(k)}-p_{j-1}^{(k)}]+\frac{\lambda^2 a^2}{2}[p_{j+1}^{(k)}+p_{j-1}^{(k)}-2p_j^{(k)}] \tag{17-42a}$$

或者采用等价的形式

$$p_j^{(k+1)}=(1-\lambda^2 a^2)p_j^{(k)}+\frac{1}{2}(\lambda^2 a^2-\lambda a)p_{j+1}^{(k)}+\frac{1}{2}(\lambda^2 a^2+\lambda a)p_{j-1}^{(k)} \tag{17-42b}$$

这就是著名的 Lax-Wendroff 格式。

Lax-Wendroff 格式的示意如图 17-5 所示，其信息传播影响区域如图 17-6 所示。可

见，Lax-Wendroff 格式是自动进行方向选择的。Lax-Wendroff 格式的稳定性条件仍为式(17-35)给出的 CFL 条件。

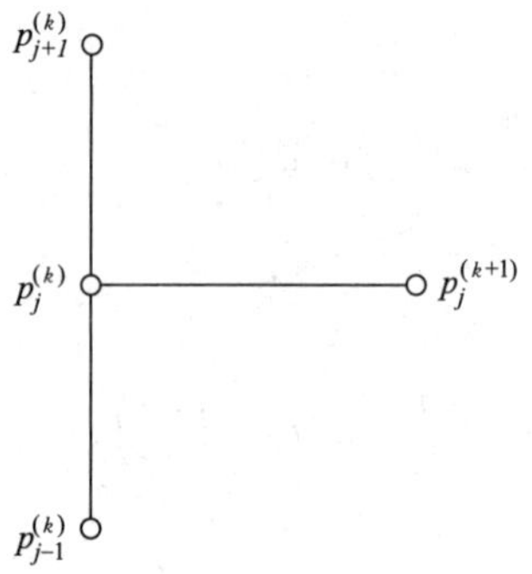

图 17-5　Lax-Wendroff 格式示意图

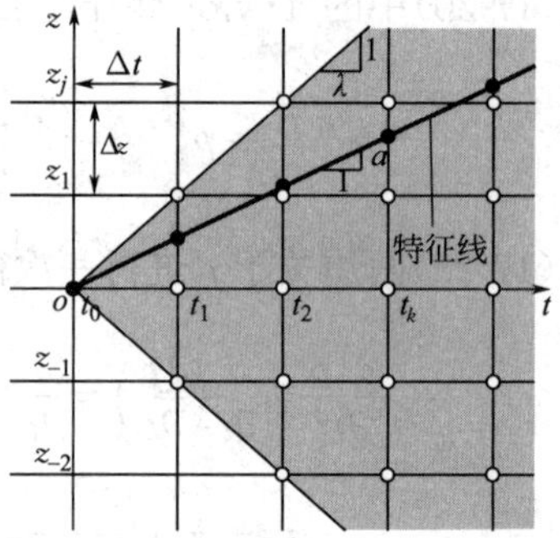

图 17-6　Lax-Wendroff 格式的信息传播示意图

Lax-Wendroff 格式具有二阶精度，能够保证概率相容性条件(17-37)，但不能保证计算结果的非负性。

17.3.2.3　通量形式的差分格式

引入概率通量 $F(p)=ap(z,t)$，即单位时间内通过某一横截面的概率流量。式(17-28)可以改写为

$$\frac{\partial p}{\partial t}+\frac{\partial F(p)}{\partial z}=0 \tag{17-43}$$

对式(17-43)进行有限差分离散，可以写为如下的形式

$$p_j^{(k+1)}=p_j^{(k)}-\lambda(F_j^{(k)}-F_{j-1}^{(k)})=p_j^{(k)}-\lambda\Delta F_{j-\frac{1}{2}}^{(k)} \tag{17-44}$$

其中，$F_j^{(k)}$ 和 $F_{j-1}^{(k)}$ 是数值通量；$\Delta F_{j-\frac{1}{2}}^{(k)}=F_j^{(k)}-F_{j-1}^{(k)}$ 是数值通量之差。

采用这种新观点，可以看到单边差分格式(17-36)所对应的数值通量是

$$F_j^{(k),\text{One-sided}}\triangleq F_j^{(k)}=\frac{1}{2}(a-|a|)p_{j+1}^{(k)}+\frac{1}{2}(a+|a|)p_j^{(k)} \tag{17-45}$$

这里，将式(17-36)中的 $a^{(k)}$ 简写为 a。事实上，将式(17-45)代入式(17-44)即为式(17-36)。采用类似的记号，式(17-36)还可以写为如下的形式

$$p_j^{(k+1)}=p_j^{(k)}-\frac{1}{2}(\lambda a-|\lambda a|)\Delta p_{j+\frac{1}{2}}^{(k)}-\frac{1}{2}(\lambda a+|\lambda a|)\Delta p_{j-\frac{1}{2}}^{(k)} \tag{17-46}$$

其中，$\Delta p_{j+\frac{1}{2}}^{(k)}=p_{j+1}^{(k)}-p_j^{(k)}$；$\Delta p_{j-\frac{1}{2}}^{(k)}=p_j^{(k)}-p_{j-1}^{(k)}$。

类似地，对 Lax-Wendroff 格式[式(17-42)]，其数值通量为

$$F_j^{(k),\text{L-W}}\triangleq F_j^{(k)}=\frac{1}{2}(a-\lambda a^2)p_{j+1}^{(k)}+\frac{1}{2}(a+\lambda a^2)p_j^{(k)} \tag{17-47}$$

对比单边差分格式的数值通量式(17-45)与 Lax-Wendoff 格式的数值通量式(17-47)，有

$$F_j^{(k),\mathrm{L\text{-}W}}=F_j^{(k),\mathrm{One\text{-}sided}}+\frac{1}{2}(|a|-\lambda a^2)\Delta p_{j+\frac{1}{2}}^{(k)} \tag{17-48}$$

可见，Lax-Wendroff 差分格式是对单边差分格式的数值通量进行了二阶修正，从而将差分格式的精度从一阶提高到二阶。

17.3.2.4　耗散、色散与 TVD 格式

图 17-7 是采用上述单边差分格式与 Lax-Wendroff 格式对一个具体问题的计算结果。从图中可见，单边差分格式在左侧的不连续点处对精确解具有明显的光滑效应，精确解的尖峰点被削平了，这一现象称为数值耗散，是由于在单边差分格式中引入了过大的数值阻尼造成的。与此相反，Lax-Wendroff 差分格式则在左侧和右侧不连续点处都产生了明显的高频振荡，不能保证数值分析得到的概率密度函数的非负性。对图中的例子，振荡都出现在不连续点的左侧，而且不能随着计算步数的增加而消失或衰减，这一现象称为色散，是由于数值分析过程中不同频率的波具有不同的波速而导致的[1]。由此可见，Lax-Wendroff 格式对单边差分格式进行了修正，减小了耗散，但同时使得色散效应更为突出。因此，需要进一步在 Lax-Wendroff 格式的基础上进行修正，以抑制色散效应的影响。

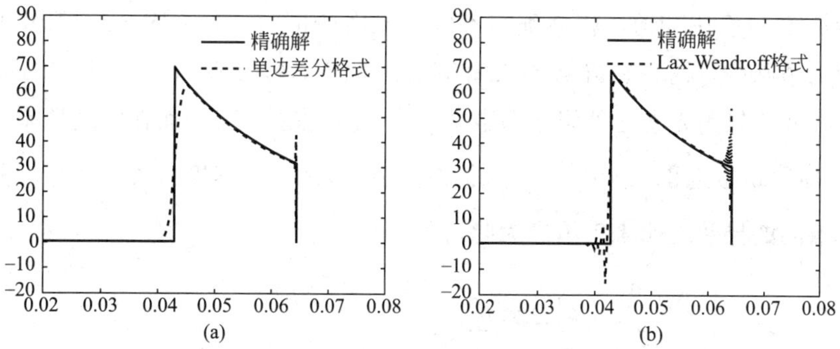

图 17-7　差分方法的耗散与色散效应

(a)单边差分格式；(b)Lax-Wendroff 格式

从直观上看，由于色散效应的影响，本来光滑的曲线变得不规则了。这一直观印象可以通过总变差来加以衡量。定义一个函数 $p(z,t)$ 的总变差(Total Variation,TV)为

$$\mathrm{TV}[p(\cdot,t)]=\int_{-\infty}^{\infty}\left|\frac{\partial p(z,t)}{\partial z}\right|\mathrm{d}z \tag{17-49}$$

其离散形式可表示为

$$\mathrm{TV}(p_\cdot^{(k)})=\sum_{j=-\infty}^{\infty}|p_{j+1}^{(k)}-p_j^{(k)}| \tag{17-50}$$

---

[1] 关于耗散与色散的机理，详见参考文献[25]：Li & Chen，2009.

显然，函数 $p(z,t)$ 在总体上越光滑，则函数的总变差 TV 越小；函数越不规则，则总变差越大。图 17-7(b)中的高频振荡现象显然将导致函数的总变差增大。

已经证明，方程(17-28)的解答满足如下的单调条件：

$$\mathrm{TV}[p(\cdot,t_2)]\leqslant \mathrm{TV}[p(\cdot,t_1)]\leqslant \mathrm{TV}[p(\cdot,t_0)],\quad t_2>t_1>t_0 \tag{17-51}$$

即总变差不随着时间的增长而增大，称这一性质为总变差不增(Total Variation Diminishing，TVD)。换言之，任何令人满意的差分格式都应该尽量满足上述总变差不增的性质。遗憾的是，虽然 Lax-Wendroff 格式是二阶精度的，但它不满足总变差不增的性质。

为此，需要对 Lax-Wendroff 格式的数值通量[式(17-47)]进行进一步修正。一个直观的考虑是：式(17-48)表明，Lax-Wendroff 格式的数值通量是在单边差分格式数值通量基础上增加了二阶修正。但从图 17-7 中的例子来看，对耗散效应的抑制过强以致色散效应凸显了出来，因此，应对式(17-48)中的二阶修正项进行进一步限制，从而将其修正为如下格式

$$F_j^{(k),\mathrm{Hybrid}}=F_j^{(k),\text{One-sided}}+\frac{1}{2}(|a|-\lambda a^2)\psi_{j+\frac{1}{2}}\Delta p_{j+\frac{1}{2}}^{(k)} \tag{17-52}$$

这里，$\psi_{j+\frac{1}{2}}$ 称为通量限制器。

进一步从图 17-7 中知道，在精确解答较为光滑的部分，Lax-Wendroff 格式给出的计算结果是较为精确的，而在精确解答具有突变的地方，Lax-Wendroff 格式的计算效果较差。因此，在曲线较为光滑之处修正系数 $\psi_{j+\frac{1}{2}}$ 应尽可能接近 1，而在曲线变差较大之处修正系数 $\psi_{j+\frac{1}{2}}$ 应尽量接近零。所以，$\psi_{j+\frac{1}{2}}$ 的取值与曲线的光滑程度有关。曲线的光滑程度可以通过相邻点间的导数之比来表示。为此，引入

$$r_{j+\frac{1}{2}}^{+}=\frac{\Delta p_{j+\frac{3}{2}}^{(k)}}{\Delta p_{j+\frac{1}{2}}^{(k)}}=\frac{p_{j+2}^{(k)}-p_{j+1}^{(k)}}{p_{j+1}^{(k)}-p_j^{(k)}},\quad r_{j+\frac{1}{2}}^{-}=\frac{\Delta p_{j-\frac{1}{2}}^{(k)}}{\Delta p_{j+\frac{1}{2}}^{(k)}}=\frac{p_j^{(k)}-p_{j-1}^{(k)}}{p_{j+1}^{(k)}-p_j^{(k)}} \tag{17-53}$$

当 $r_{j+\frac{1}{2}}^{+}=1$ 时，第 $(j+2)$、$(j+1)$ 和第 j 个点在一条直线上，因此，曲线在此邻域是光滑的。反之，若 $|r_{j+\frac{1}{2}}^{+}|$ 很大，那么曲线在此邻域就变化非常剧烈。

总变差不增的性质将给出 $\psi_{j+\frac{1}{2}}$ 需要满足的条件。最常用的取值是令

$$\psi_0(r)=\max[0,\min(2r,1),\min(r,2)] \tag{17-54}$$

进而，取

$$\psi_{j+\frac{1}{2}}(r_{j+\frac{1}{2}}^{+},r_{j+\frac{1}{2}}^{-})=u(-a)\psi_0(r_{j+\frac{1}{2}}^{+})+u(a)\psi_0(r_{j+\frac{1}{2}}^{-}) \tag{17-55}$$

其中，$u(\cdot)$ 是单位阶跃函数。上式中只需将所有下标都改为 $j-\dfrac{1}{2}$ 即给出 $\psi_{j-\frac{1}{2}}$。

将施加限制器后的数值通量[式(17-52)]代入通量形式的差分格式[式(17-44)]中，可

得具有总变差不增性质(TVD)的差分格式：

$$\begin{aligned} p_j^{(k+1)} &= p_j^{(k)} - \lambda(F_j^{(k),\text{Hybrid}} - F_{j-1}^{(k),\text{Hybrid}}) \\ &= p_j^{(k)} - \lambda(F_j^{(k),\text{One-sided}} - F_{j-1}^{(k),\text{One-sided}}) - \frac{1}{2}(|\lambda a| - \lambda^2 a^2)(\psi_{j+\frac{1}{2}}\Delta p_{j+\frac{1}{2}}^{(k)} - \psi_{j-\frac{1}{2}}\Delta p_{j-\frac{1}{2}}^{(k)}) \end{aligned} \tag{17-56}$$

将式(17-45)代入上式中，有

$$\begin{aligned} p_j^{(k+1)} = p_j^{(k)} &- \frac{1}{2}(\lambda a - |\lambda a|)\Delta p_{j+\frac{1}{2}}^{(k)} - \frac{1}{2}(\lambda a + |\lambda a|)\Delta p_{j-\frac{1}{2}}^{(k)} \\ &- \frac{1}{2}(|\lambda a| - \lambda^2 a^2)(\psi_{j+\frac{1}{2}}\Delta p_{j+\frac{1}{2}}^{(k)} - \psi_{j-\frac{1}{2}}\Delta p_{j-\frac{1}{2}}^{(k)}) \end{aligned} \tag{17-57}$$

显然，当 $\psi_{j+\frac{1}{2}} \equiv \psi_{j-\frac{1}{2}} \equiv 0$ 时，上式退化为单边差分格式；当 $\psi_{j+\frac{1}{2}} \equiv \psi_{j-\frac{1}{2}} \equiv 1$ 时，上式退化为 Lax-Wendroff 格式。当通量限制器由式(17-55)给出时，式(17-57)将兼有单边差分格式与 Lax-Wendroff 格式的优点。

图 17-8 给出 Lax-Wendroff 格式与 TVD 格式计算所得结果的对比。可见，在曲线不连续点处，TVD 格式给出的结果获得了明显的改善。

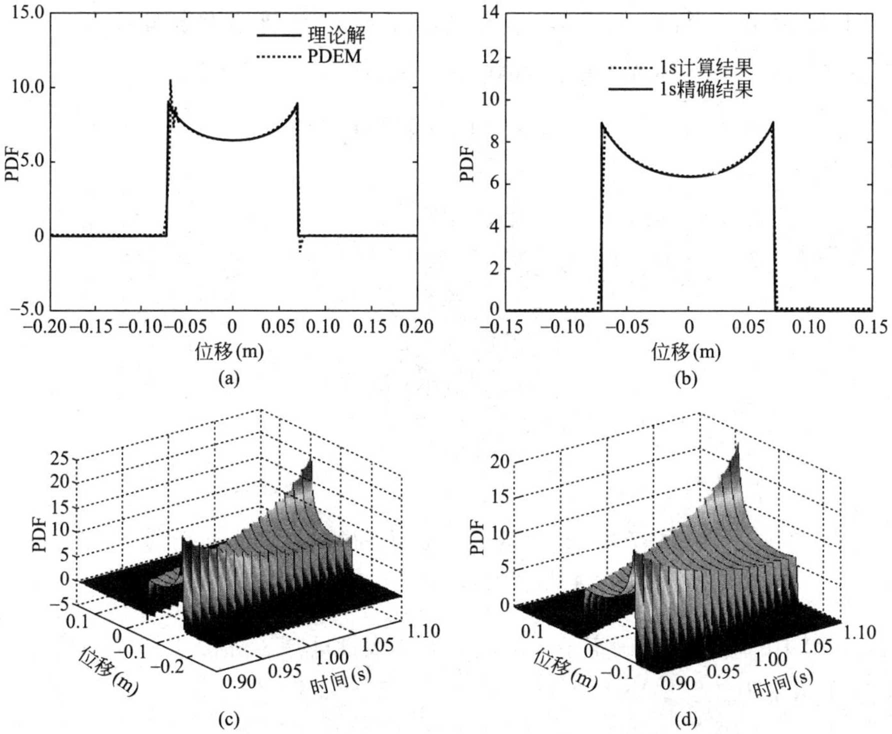

图 17-8 Lax-Wendroff 格式与 TVD 格式的比较

(a)Lax-Wendroff 格式计算 PDF；(b)TVD 格式计算 PDF；(c)Lax-Wendroff 格式计算概率曲面；(d)TVD 格式计算概率曲面

§ 17.4 概率密度演化方程的数值求解Ⅱ：代表点选取方法

17.4.1 离散代表点和赋得概率

设在 s 维空间中有一个任意的点集

$$\mathcal{P}=\{\boldsymbol{\theta}_q=(\theta_{1,q},\theta_{2,q},\cdots,\theta_{s,q});\ q=1,2,\cdots,n_{\text{pt}}\} \tag{17-58}$$

其中，n_{pt} 为该点集的总点数。

对于这个点集，存在某个值 r_{pk}，若以各点为中心、半径 $r>r_{\text{pk}}$ 作多维空间中的超球体，则 n_{pt} 个超球体之间必出现相互重叠的部分。r_{pk} 称为填充半径，如图 17-9(a)所示，其表达式为

$$r_{\text{pk}}=\frac{1}{2}\inf_{\boldsymbol{\theta}_i,\boldsymbol{\theta}_j\in\mathcal{P}}(\|\boldsymbol{\theta}_i-\boldsymbol{\theta}_j\|) \tag{17-59}$$

显然，填充半径 r_{pk} 是不出现重叠区域的超球体半径的最大值。

与此同时，存在一个值 r_{cv}，以各点为中心、$r<r_{\text{cv}}$ 为半径的超球体将不能完全覆盖点集所在的区域。r_{cv} 称为覆盖半径，如图 17-9(b)所示，其表达式为：

$$r_{\text{cv}}=\sup_{\boldsymbol{x}\in R^s}\inf_{\boldsymbol{\theta}_q\in\mathcal{P}}(\|\boldsymbol{x}-\boldsymbol{\theta}_q\|) \tag{17-60}$$

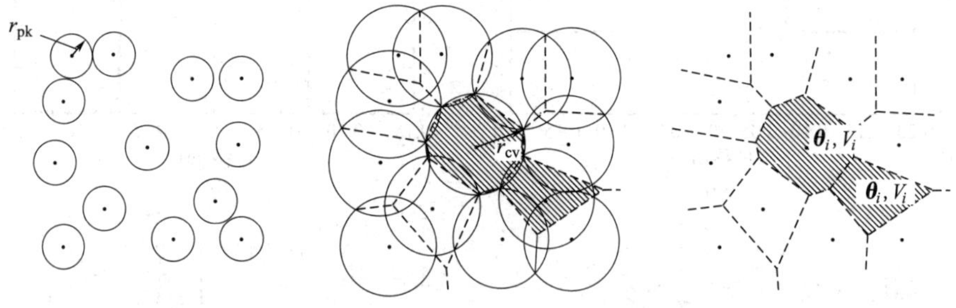

图 17-9 填充半径、覆盖半径和概率空间剖分

(a)填充半径；(b)覆盖半径；(c)概率空间剖分

图 17-9(b)中的覆盖问题确定了一个点集的代表性区域。如图 17-9(c)所示，点 $\boldsymbol{\theta}_q$ 的代表性区域可定义为

$$V(\boldsymbol{\theta}_q)=V_q\triangleq\{\boldsymbol{x}\in R^s:\|\boldsymbol{x}-\boldsymbol{\theta}_q\|\leqslant\|\boldsymbol{x}-\boldsymbol{\theta}_j\|\text{对所有的 }j\} \tag{17-61}$$

如此定义的区域称为 Voronoi 区域，有关文献也称为最近邻域区域、Dirichlet 区域、Brillouuin 区域或 Wigner-Seitz 元胞等。

可见，填充半径实际上是 Voronoi 区域的最小内切球半径，而覆盖半径则是 Voronoi 区域的最大外接球半径。

点集的所有 Voronoi 区域构成了对空间的一个剖分，即

$$\bigcup_{q=1}^{n_{\mathrm{pt}}} V_q = \Omega，\ 且对任意\ i \neq j，\ 有\ \mathrm{Vol}(V_i \cap V_j) = 0 \tag{17-62}$$

这里 Vol(•) 表示区域的体积。如果感兴趣的空间区域 Ω 的体积是有界的，则有

$$\mathrm{Vol}(\bigcup_{q=1}^{n_{\mathrm{pt}}} V_q) = \sum_{q=1}^{n_{\mathrm{pt}}} \mathrm{Vol}(V_q) = \mathrm{Vol}(\Omega)，\ 且对任意\ i \neq j，\ \mathrm{Vol}(V_i \cap V_j) = 0 \tag{17-63}$$

在 17.3.1 节中，为了求解广义概率密度演化方程，首先需要确定多维概率空间 $\Omega_{\boldsymbol{\Theta}}$ 中的一系列代表点。对每一个代表点，若以 Voronoi 区域作为代表性体积，则在该代表性体积中的概率就是该代表点的赋得概率

$$P_q = \Pr\{\boldsymbol{\Theta} \in V_q\} = \int_{V_q} p_{\boldsymbol{\Theta}}(\boldsymbol{\theta}) \mathrm{d}\boldsymbol{\theta}，\ q = 1, 2, \cdots, n_{\mathrm{sel}} \tag{17-64}$$

其中，n_{sel} 为最终选取的代表点数量。

此时，可以获得离散化的联合概率密度

$$\widetilde{p}_{\boldsymbol{\Theta}}(\boldsymbol{\theta}) = \sum_{q=1}^{n_{\mathrm{sel}}} \{P_q \delta(\boldsymbol{\theta} - \boldsymbol{\theta}_q)\} = \sum_{q=1}^{n_{\mathrm{sel}}} \left\{P_q \prod_{k=1}^{s} \delta(\theta_k - \theta_{k,q})\right\} \tag{17-65}$$

显然，有

$$\lim_{r_{\mathrm{cv}} \to 0} \widetilde{p}_{\boldsymbol{\Theta}}(\boldsymbol{\theta}) = p_{\boldsymbol{\Theta}}(\boldsymbol{\theta}) \tag{17-66}$$

其中，r_{cv} 是点集 $\mathcal{P}_{\mathrm{sel}} = \{\boldsymbol{\theta}_q = (\theta_{1,q}, \theta_{2,q}, \cdots, \theta_{s,q})；\ q = 1, 2, \cdots, n_{\mathrm{sel}}\}$ 的覆盖半径。此外，从式(17-63)可知

$$\int_{\Omega_{\boldsymbol{\Theta}}} p_{\boldsymbol{\Theta}}(\boldsymbol{\theta}) \mathrm{d}\boldsymbol{\theta} = \int_{\Omega_{\boldsymbol{\Theta}}} \widetilde{p}_{\boldsymbol{\Theta}}(\boldsymbol{\theta}) \mathrm{d}\boldsymbol{\theta} = \sum_{q=1}^{n_{\mathrm{sel}}} P_q = \sum_{q=1}^{n_{\mathrm{sel}}} \int_{V_q} p_{\boldsymbol{\Theta}}(\boldsymbol{\theta}) \mathrm{d}\boldsymbol{\theta} = \int_{\bigcup_{q=1}^{n_{\mathrm{sel}}} V_q} p_{\boldsymbol{\Theta}}(\boldsymbol{\theta}) \mathrm{d}\boldsymbol{\theta} = 1 \tag{17-67}$$

这就是赋得概率的相容性条件。

17.4.2 离散代表点选择的两步法

在式(16-33)中，定义了点集的偏差，并指出偏差可以作为点集在超立方体空间中散布均匀程度的度量。对于均匀分布的随机变量空间，用偏差来衡量是合理的。但对非均匀分布的随机变量空间，赋得概率起着重要的作用，因此，偏差可以修正为 $\mathcal{F}$-偏差

$$\mathcal{D}_{\mathcal{F}}(\mathcal{P}_{\mathrm{sel}}, n_{\mathrm{sel}}) = \sup_{\boldsymbol{\theta} \in R^s} |\mathcal{F}_n(\boldsymbol{\theta}) - \mathcal{F}(\boldsymbol{\theta})| \tag{17-68}$$

其中，$\mathcal{F}(\boldsymbol{\theta})$ 是联合分布函数；$\mathcal{F}_n(\boldsymbol{\theta})$ 是代表性点集的经验分布函数，即

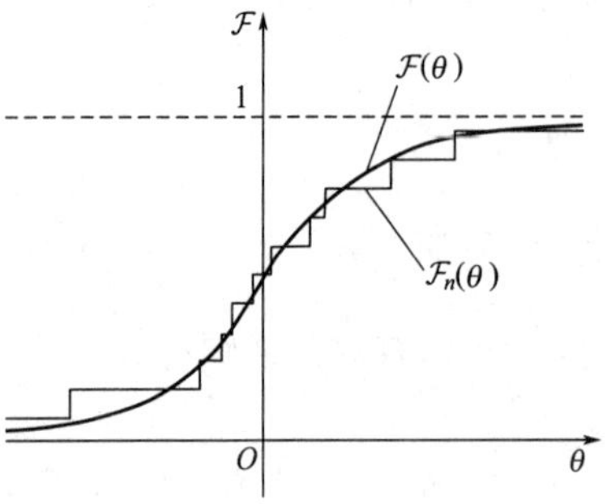

图 17-10　𝓕-偏差

$$\mathcal{F}_n(\boldsymbol{\theta})=\frac{1}{n_{\text{sel}}}\sum_{q=1}^{n_{\text{sel}}} I\{\boldsymbol{\theta}_q\leqslant\boldsymbol{\theta}\} \tag{17-69}$$

这里 $I\{\cdot\}$ 是示性函数。从图 17-10 中，不难看到代表性点集的 $\mathcal{F}$-偏差与数理统计中的 K-S 统计量有密切联系。

考虑到代表性点集的赋得概率，式(17-69)中的 $\mathcal{F}$-偏差可以进一步修正为

$$\mathcal{F}_n(\boldsymbol{\theta})=\sum_{q=1}^{n_{\text{sel}}} P_q\cdot I\{\boldsymbol{\theta}_q\leqslant\boldsymbol{\theta}\} \tag{17-70}$$

此外，还可以进一步定义点集的一阶与二阶偏差。

根据上述基础，对多维空间代表点的选取，可以采用两步选点法：

第 1 步：选取基本点集使得偏差较小；

第 2 步：根据概率分布的类型，对基本点集进行适当的变换，使得 $\mathcal{F}$-偏差变为最小。

17.4.2.1　基本点集的确定

对基本点集的选取已经进行了较多的研究，例如可以采用切球方法、格子点法和数论方法等。这里简单介绍数论方法❶。

设有一组整数构成的向量 $(n,Q_1,Q_2,\cdots,Q_s)$，根据下述公式可以生成一个 s 维空间中的点集 $\mathcal{P}_{\text{NTM}}=\{\boldsymbol{\theta}_k=(\theta_{1,k},\theta_{2,k},\cdots,\theta_{s,k})；k=1,2,\cdots,n\}$

$$\begin{cases}\hat{\theta}_{j,k}=(2kQ_j-1)\bmod(2n)\\ \theta_{j,k}=\dfrac{\hat{\theta}_{j,k}}{2n}\end{cases},\quad j=1,2,\cdots,s;\ k=1,2,\cdots,n \tag{17-71a}$$

其中，mod(·) 表示取被除后的余数。上式等价于

$$\theta_{j,k}=\frac{2kQ_j-1}{2n}-\text{int}\left(\frac{2kQ_j-1}{2n}\right),\quad j=1,2,\cdots,s;\ k=1,2,\cdots,n \tag{17-71b}$$

其中，int(·) 表示取括号中的整数部分，n 是数论点集 $\mathcal{P}_{\text{NTM}}$ 中的总数目。

显然，式(17-71)中的数满足

$$0<\theta_{j,k}<1,\ j=1,2,\cdots,s;\ k=1,2,\cdots,n \tag{17-72}$$

研究表明，适当选取整数向量 $(n,Q_1,Q_2,\cdots,Q_s)$，可以使得式(17-71b)生成的点集具有较小的偏差。例如，采用华罗庚和王元的方法生成的点集 $\mathcal{P}_{\text{H-W}}$ 的偏差为

$$\mathcal{D}(\mathcal{P}_{\text{H-W}},n)=O\left(n^{-\frac{1}{2}-\frac{1}{2(s-1)}+\varepsilon}\right) \tag{17-73}$$

❶ 更系统的讨论见参考文献[66]：华罗庚，王元，1978；参考文献[67]：方开泰，王元，1996.

显然，这比式(16-34)给出的 Monte Carlo 点集的偏差要小得多。而且，采用上述数论方法获得的点集是确定性点集。

在二维情况，可以采用 Fibonacci 数列生成数论点集。此时，Fibonacci 数列为

$$F_\ell = F_{\ell-1} + F_{\ell-2},\quad \ell = 2,3,\cdots$$
$$F_0 = 1,\quad F_1 = 1 \tag{17-74}$$

在式(17-71a)中取 $n = F_\ell$，$Q_1 = 1$ 和 $Q_2 = F_{\ell-1}$，就可以生成平面正方形区域 $C^2 = [0,1]\times[0,1]$ 内均匀散布的点集，如图 17-11 所示。

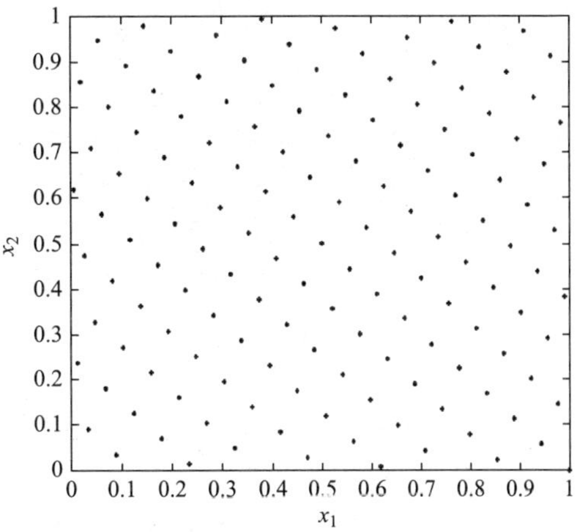

图 17-11　数论点集示例 $\mathcal{P}_{\text{H-W}}$ ($n=144$)

17.4.2.2　点集的变换

仅在 2～3 维等维数较低的情况下，上述基本点集可以直接采用。在维数较高时，这些点集的 $\mathcal{F}$-偏差仍然较大，直接应用将导致很大的误差。此时，应根据基本随机向量的概率密度函数进行相应的变换。在数学上，可以一般地写为如下的形式

$$\mathcal{P}_{\text{sel}} = T(\mathcal{P}_{\text{Basic}}) \tag{17-75}$$

其中，$\mathcal{P}_{\text{Basic}}$ 为基本点集，当采用数论选点法时即取 $\mathcal{P}_{\text{NTM}}$，例如 $\mathcal{P}_{\text{H-W}}$。经过变换之后，点集的 $\mathcal{F}$-偏差变小了，即要求

$$\mathcal{D}_{\mathcal{F}}(\mathcal{P}_{\text{sel}}, n) \ll \mathcal{D}_{\mathcal{F}}(\mathcal{P}_{\text{Basic}}, n) \tag{17-76}$$

对多维正态分布等具有空间旋转对称性的分布，可以采用超球体筛选与辐射 $\mathcal{F}$-偏差的概念。这时，各向同性伸缩变换可以表示为

$$\theta_{j,q} = g(\|\tilde{\boldsymbol{\theta}}_q\|)\tilde{\theta}_{j,q},\quad q = 1,2,\cdots,n_{\text{sel}};\ j = 1,2,\cdots,s \tag{17-77}$$

其中 $\tilde{\boldsymbol{\theta}}_q = (\tilde{\theta}_{1,q}, \tilde{\theta}_{2,q}, \cdots, \tilde{\theta}_{s,q})$；$g(\cdot)$ 是对半径长度进行变换的一个算子。例如，经过合适的变换(这里采用了函数形式 $g(r) = (1-\beta)r^m/\rho^m + \beta$，其中 $\rho = 4$)可以将图 17-12(a)变换为(b)，可见中心部分的点更为密集。

对此，式(17-68)中的 $\mathcal{F}$-偏差可以修改为辐射 $\mathcal{F}$-偏差

$$\mathcal{D}_R(\mathcal{P}) = \max_{0\leqslant r\leqslant r_{\text{b}}} \left| \mathcal{F}_{\mathcal{P}}(r) - \mathcal{F}(r) \right| \tag{17-78}$$

其中，r_{b} 是超球体的半径。

$$\mathcal{F}_{\mathcal{P}}(r) = \sum_{q=1}^{n_{\text{sel}}} P_q \cdot I\{\|\boldsymbol{\theta}_q\| \leqslant r\} = \sum_{\|\boldsymbol{\theta}_q\|\leqslant r} P_q = \sum_{\|\boldsymbol{\theta}_q\|\leqslant r} \int_{V_q} p_{\boldsymbol{\Theta}}(\boldsymbol{\theta})\mathrm{d}\boldsymbol{\theta} \tag{17-79}$$

$$\mathcal{F}(r) = \int_{\Omega_{\boldsymbol{\Theta}}} (p_{\boldsymbol{\Theta}}(\boldsymbol{\theta}) \cdot I\{\|\boldsymbol{\theta}\| \leqslant r\})\mathrm{d}\boldsymbol{\theta} = \int_{\|\boldsymbol{\theta}\|\leqslant r} p_{\boldsymbol{\Theta}}(\boldsymbol{\theta})\mathrm{d}\boldsymbol{\theta} \tag{17-80}$$

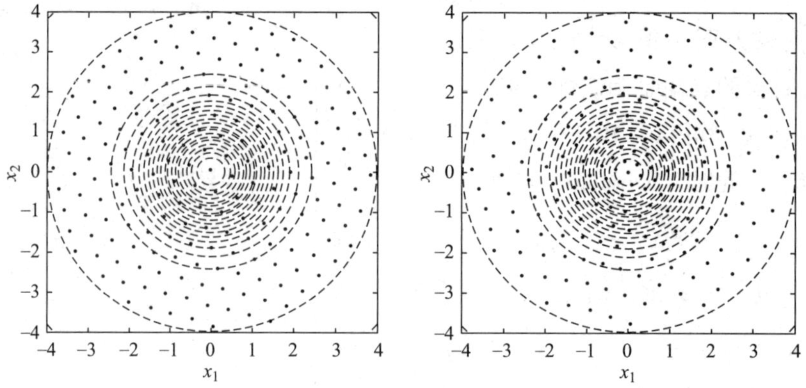

图 17-12　辐射变换($n=199$， $m=1$， $\beta=0.5$)

(a)变换前；(b)变换后

分别是以超球体半径为变量的经验辐射分布函数与目标辐射分布函数。图 17-13 表明，经过合适的伸缩变换(采用了与图 17-12 相同的函数形式)，可以使得代表性点集的经验辐射分布函数与目标辐射分布函数大为接近，从而使得辐射 $\mathcal{F}$-偏差大为减小。

对于更为一般的情况，可以采用基于 GF 偏差的两步选点法❶。

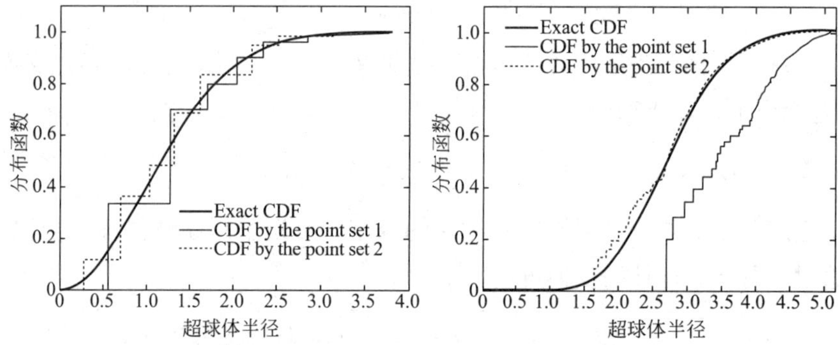

图 17-13　辐射变换前后的经验分布函数

(a) $s=2$， $N_{\text{sel}}=68$， **Point set 1**： $m=1$， $\beta=1$； **Point set 2**： $m=2$， $\beta=0.5$

(b) $s=8$， $N_{\text{sel}}=360$， **Point set 1**： $m=1$， $\beta=1$； **Point set 2**： $m=6$， $\beta=0.6$

§ 17.5　结构非线性随机反应的概率密度演化分析

17.5.1　概率密度演化分析的基本步骤

在概率密度演化理论中，物理方程为式(17-16)和式(17-20)，广义概率密度演化方程

---

❶ 详见参考文献[68]：Chen & Chan，2019.

为式(17-23)或式(17-24)。在一般情况下，方程(17-23)或方程(17-24)的边界条件可采用

$$p_{Z\boldsymbol{\Theta}}(\boldsymbol{z},\boldsymbol{\theta},t)\big|_{z_j\to\pm\infty}=0,\ j=1,2,\cdots,m \tag{17-81}$$

而初始条件则为

$$p_{Z\boldsymbol{\Theta}}(\boldsymbol{z},\boldsymbol{\theta},t)\big|_{t=t_0}=\delta(\boldsymbol{z}-\boldsymbol{z}_0)\,p_{\boldsymbol{\Theta}}(\boldsymbol{\theta}) \tag{17-82}$$

其中 $\boldsymbol{z}_0$ 为确定性初始值。

因此，广义概率密度演化方程的求解，是结合物理方程与概率密度演化方程的求解。对于大多数工程实际问题，数值求解是必要的。从方程(17-23)或方程(17-24)可知，这是一个线性偏微分方程，要获得此偏微分方程的数值解，首先需要获取该偏微分方程的系数，而这些系数是当 $\{\boldsymbol{\Theta}=\boldsymbol{\theta}\}$ 时所考察的物理量的速度，这可从对式(17-16)和式(17-20)的求解中得到。因而，概率密度演化理论的数值实施可采用如下的步骤，如图 17-14 所示。

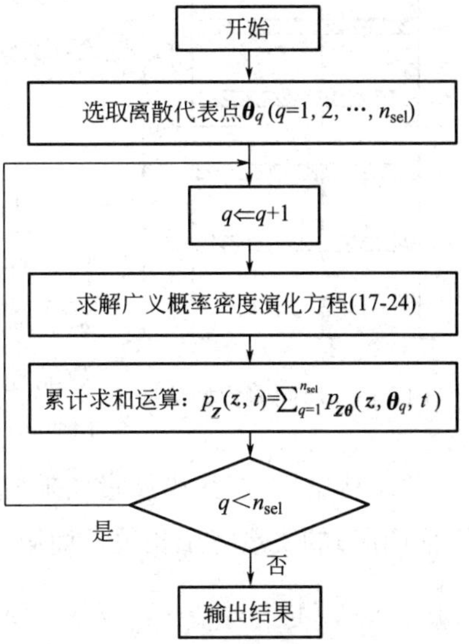

图 17-14　概率密度演化理论求解流程图

1. 概率空间剖分与赋得概率确定

在基本随机向量 $\boldsymbol{\Theta}$ 的分布空间 $\Omega_{\boldsymbol{\Theta}}$ 中取得一系列离散的代表点，记为 $\boldsymbol{\theta}_q=(\theta_{1,q},\theta_{2,q},\cdots,\theta_{s,q}),q=1,2,\cdots,n_{\text{sel}}$，其中 n_{sel} 为所取离散代表点的数目，同时确定每个代表点的赋得概率 $P_q=\int_{V_q}p_{\boldsymbol{\Theta}}(\boldsymbol{\theta})\mathrm{d}\boldsymbol{\theta},q=1,2,\cdots,n_{\text{sel}}$，这里 V_q 为代表性体积。

2. 确定性动力系统的求解

对于给定的 $\boldsymbol{\Theta}=\boldsymbol{\theta}_q,q=1,2,\cdots,n_{\text{sel}}$，求解物理方程(17-16)和方程(17-20)，获得所需物理量的时间导数(速度) $\dot{Z}_j(\boldsymbol{\theta}_q,t),j=1,2,\cdots,m$。

3. 求解广义概率密度演化方程

经过第一步的离散代表点选取和赋得概率的确定，广义概率密度演化方程(17-24)变为

$$\frac{\partial p_{Z\boldsymbol{\Theta}}(\boldsymbol{z},\boldsymbol{\theta}_q,t)}{\partial t}+\sum_{j=1}^{m}\dot{Z}_j(\boldsymbol{\theta}_q,t)\frac{\partial p_{Z\boldsymbol{\Theta}}(\boldsymbol{z},\boldsymbol{\theta}_q,t)}{\partial z_j}=0,\ q=1,2,\cdots,n_{\text{sel}} \tag{17-83}$$

相应的初始条件(17-82)变为

$$p_{Z\boldsymbol{\Theta}}(\boldsymbol{z},\boldsymbol{\theta}_q,t)\big|_{t=t_0}=\delta(\boldsymbol{z}-\boldsymbol{z}_0)P_q \tag{17-84}$$

将第二步中得到的 $\dot{Z}_j(\boldsymbol{\theta}_q,t),j=1,2,\cdots,m$ 代入式(17-83)和式(17-84)中，采用有限差分法求解该偏微分方程，可以获得其数值解。

4. 累计求和

将上述所有 $p_{Z\boldsymbol{\Theta}}(\boldsymbol{z},\boldsymbol{\theta}_q,t),q=1,2,\cdots,n_{\text{sel}}$ 累计，即可得到 $p_Z(\boldsymbol{z},t)$ 的数值解：

$$p_Z(\boldsymbol{z},t)=\sum\nolimits_{q=1}^{n_{\text{sel}}}p_{Z\boldsymbol{\Theta}}(\boldsymbol{z},\boldsymbol{\theta}_q,t) \tag{17-85}$$

由此可见，基于点演化思路的概率密度演化过程的数值求解，就是结合一系列确定性动力系统的求解和概率密度演化方程的求解，而这也正是概率密度函数演化取决于物理系统状态的演化机制这一基本思想的体现。

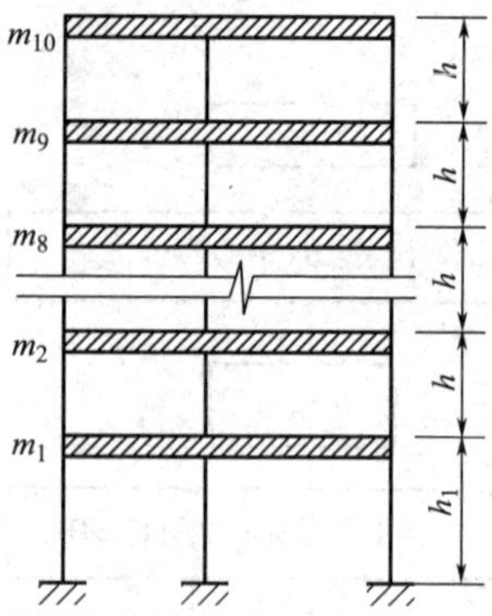

图 17-15　层间剪切型结构

17.5.2　实例分析

考虑图 17-15 所示的一个 10 层剪切型框架结构，两跨三柱，柱截面尺寸为 500 mm×400 mm。源随机因素包括质量参数、刚度参数、非线性恢复力模型参数以及地震加速度峰值参数的随机性。为方便起见，采用 Rayleigh 阻尼矩阵 $\boldsymbol{C}=a\boldsymbol{M}+b\boldsymbol{K}$，其中 $\boldsymbol{K}$ 为初始刚度矩阵，$a=0.01$ Hz，$b=0.005$ s。

该结构的 10 个集中质量的随机性由 2 个标准化独立随机变量来刻画，即第 1～第 4 层（下面四层）的质量完全相关，而第 5～第 10 层（上面六层）的质量完全相关，因此

$$m_i=\mu_{m_i}(1+\Theta_1\delta_{m_i}),\quad i=1,2,3,4;\quad m_j=\mu_{m_j}(1+\Theta_2\delta_{m_j}),\quad j=5,6,\cdots,10 \tag{17-86}$$

类似地，10 层柱的初始弹性模量的随机性也由 2 个标准化独立随机变量来刻画，即

$$E_i=\mu_{E_i}(1+\Theta_3\delta_{E_i}),\quad i=1,2,3,4;\quad E_j=\mu_{E_j}(1+\Theta_4\delta_{E_j}),\quad j=5,6,\cdots,10 \tag{17-87}$$

表 17-1 给出集中质量参数和初始弹性模量参数的概率信息。

基本随机变量的概率信息　　表 17-1

楼　层	均　值		变异系数	
	集中质量（×100000 kg）	初始弹性模量（×10000 MPa）	集中质量	初始弹性模量
10	0.5	2.8	0.2	0.2
9	1.1	2.8		
8	1.1	3.0		
7	1.0	3.0		
6	1.1	3.0		
5	1.1	3.0		
4	1.3	3.25	0.2	0.2
3	1.2	3.25		
2	1.2	3.25		
1	1.2	3.25		

结构的非线性层间恢复力采用 Bouc-Wen 模型❶。层间恢复力可以分解为弹性力与滞回力之和：

$$G(X,Z)=\alpha KX+(1-\alpha)KZ \tag{17-88}$$

❶ 详见参考文献[69]：Ma，et al，2004.

其中，K 为初始刚度；α 为屈服后刚度与初始刚度之比；X 为层间相对位移；Z 为滞回分量，具有位移的量纲，其演化过程可用微分方程表示为

$$\dot{Z}=h(Z)\frac{A\dot{X}-\nu(\beta|\dot{X}||Z|^{n-1}Z+\gamma\dot{X}|Z|^{n})}{\eta} \tag{17-89}$$

其中，A、β、γ 和 n 是控制滞回位移初始刚度、幅值和滞回形状的参数；ν 和 η 分别为反映强度退化与刚度退化的参数；$h(Z)$ 为反映捏拢效应的函数。

若假定强度退化与刚度退化随着累积滞回耗能的增长而线性变化，则有

$$\nu=1+d_{\nu}\varepsilon,\ \eta=1+d_{\eta}\varepsilon \tag{17-90}$$

其中，d_{ν} 主要引起强度退化；d_{η} 主要引起刚度退化；ε 为滞回耗能的度量，可取为

$$\varepsilon(t)=\int_0^t Z\dot{X}\mathrm{d}t \tag{17-91}$$

为了考虑捏拢效应，$h(Z)$ 可取为

$$h(Z)=1-\zeta_1\exp\left\{-\frac{[Z\mathrm{sgn}(\dot{X})-qZ_u]^2}{\zeta_2^2}\right\} \tag{17-92a}$$

$$\zeta_1(\varepsilon)=\zeta_s(1-\mathrm{e}^{-p\varepsilon}) \tag{17-92b}$$

$$\zeta_2(\varepsilon)=(\psi+d_{\psi}\varepsilon)[\lambda+\zeta_1(\varepsilon)] \tag{17-92c}$$

式中，sgn(·)为符号函数；p、q、ψ、λ、d_{ψ} 和 ζ_s 为反映捏拢效应的参数；Z_u 为极限滞回分量，可由下式求得：

$$Z_u=\left[\frac{A}{\nu(\beta+\gamma)}\right]^{1/n} \tag{17-93}$$

根据选取参数的不同，Bouc-Wen 模型可以给出不同形式的恢复力曲线，从而反映不同材料、不同类型构件的恢复力特性。在 Bouc-Wen 模型的 13 个参数中，取敏感性较大的参数 β、γ、d_{ν} 和 d_{η} 作为随机参数，表 17-2 给出基本参数的概率信息；而其他参数作为确定性参数，即 $\alpha=0.01$，$A=1$，$n=1$，$q=0$，$p=600$，$d_{\psi}=0$，$\lambda=0.5$，$\zeta_s=0.95$，$\psi=0.2$。

Bouc-Wen 滞回模型与地震加速度峰值参数的概率信息　　表 17-2

参　数	β	γ	d_{ν}	d_{η}	$\Theta_{\mathrm{PGA},1}$	$\Theta_{\mathrm{PGA},2}$
均　值	60	10	200	200	2.0m/s^2	2.0m/s^2
变异系数	0.2	0.2	0.2	0.2	0.2	0.2

外部激励采用 EI Centro 地震波记录的 E-W 方向和 N-S 方向归一化之后的随机组合：

$$\ddot{x}_{\mathrm{g}}(t)=\frac{1}{2}[\Theta_{\mathrm{PGA},1}\ddot{x}_{\mathrm{g1}}(t)+\Theta_{\mathrm{PGA},2}\ddot{x}_{\mathrm{g2}}(t)] \tag{17-94}$$

其中，组合系数 $\Theta_{\mathrm{PGA},1}$ 和 $\Theta_{\mathrm{PGA},2}$ 作为独立随机变量，其概率信息如表 17-2 所示。

这样，在此问题中，共含有 10 个基本随机变量，假定它们均服从标准正态分布。采用数论选点方法获取 570 个离散代表点，按照概率密度演化分析的基本步骤，可以获得反应的概率信息。图 17-16 给出随机反应的均值与标准差过程。图 17-17 是典型时刻的概率密度函数。图 17-18 给出概率密度函数随着时间的演化形成的概率密度演化曲面及其等值线。这些随机反应概率密度曲面中含有丰富的概率信息。例如，结构性态的评定与结构动力可靠度分析，就以此为基础。

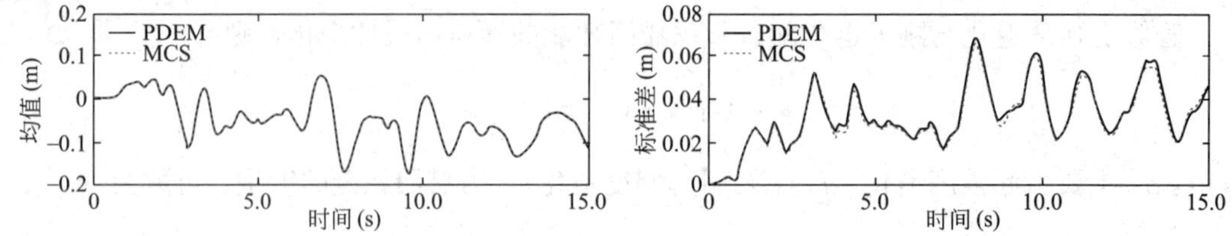

图 17-16　反应的均值与标准差

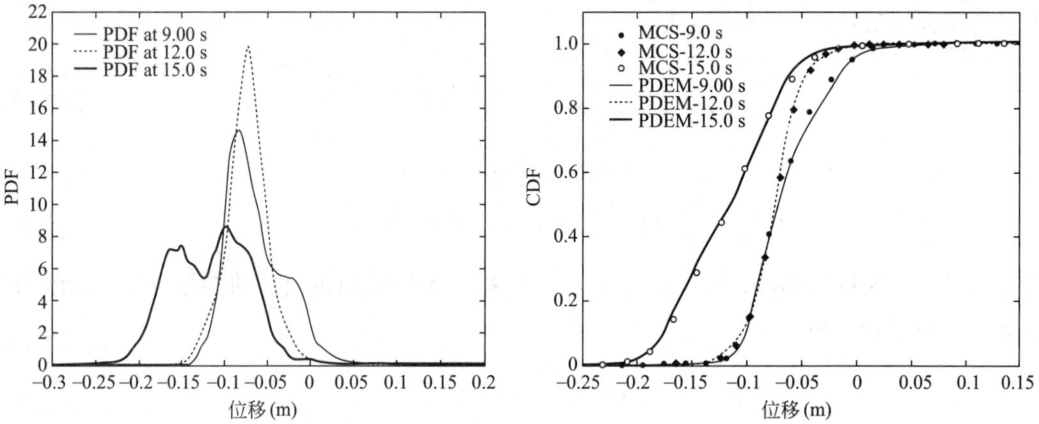

(a)　　(b)

图 17-17　典型时刻的概率密度函数与分布函数

(a)概率密度函数；(b)分布函数

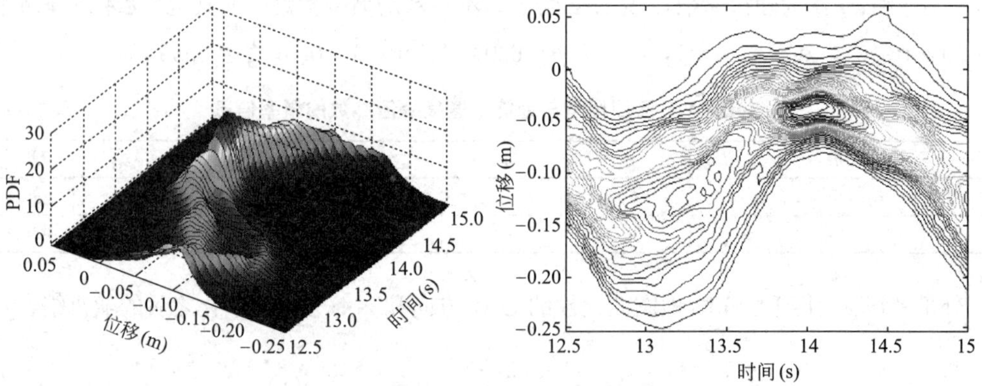

(a)　　(b)

图 17-18　概率密度函数演化曲面及其等概率密度线

(a)概率密度演化曲面；(b)等概率密度线

习 题

17-1 考虑两个均匀分布的独立随机变量 X_1 和 X_2，其中 $X_1 \sim U(0,1)$，$X_2 \sim U(0,1)$。试分别采用随机模拟点集、Hua-Wang 数论点集和方格划分，对比总点数基本相同的情况下不同点集的 GF-偏差。

17-2 考虑两个均匀分布的独立随机变量 X_1 和 X_2，其中 $X_1 \sim U(0,1)$，$X_2 \sim U(0,5)$。试比较以下两种情况的 GF-偏差。(1)情况 1：在标准化空间中选点，即令 $\widetilde{X}_1 = X_1$，$\widetilde{X}_2 = \frac{1}{5}X_2$，在 $(\widetilde{X}_1,\widetilde{X}_2)$ 空间 $[0,1]^2$ 中生成 Sobol' 点集 $(\widetilde{x}_{1,j},\widetilde{x}_{2,j})$，取代表点数为 200，并在 $(\widetilde{X}_1,\widetilde{X}_2)$ 空间中采用 Voronoi 区域剖分计算赋得概率，计算此时的 GF-偏差；(2)情况 2：令 $\hat{X}_1 = 5X_1$，$\hat{X}_2 = X_2$，在 $(\hat{X}_1,\hat{X}_2)$ 空间中生成 Sobol' 点集 $(\hat{x}_{1,j},\hat{x}_{2,j})$，取代表点数为 1000，然后进行舍选，即仅取 $(\hat{x}_{1,j},\hat{x}_{2,j})_{j=1}^{1000}$ 中满足 $0 \leqslant \hat{x}_{1,j} \leqslant 1$ 条件的点构成的点集(约为 200 个)作为 (X_1,X_2) 空间 $[0,1]\times[0,5]$ 中的代表点集，并在 $[0,1]\times[0,5]$ 中按照 Voronoi 区域剖分计算赋得概率，计算此时的 GF-偏差。对上述两种情况的偏差进行比较。

17-3 采用有限差分方法进行双曲型方程求解时，产生耗散和色散效应的本质是什么?

17-4 考虑一个单自由度系统 $\ddot{X} + 2\zeta\omega_0\dot{X} + \omega_0^2 X = A\cos(2.5\pi t)$，阻尼比 $\zeta = 0.05$，ω_0 为随机变量，服从对数正态分布，其均值为 2π rad/s，变异系数为 0.2。A 为随机变量，服从正态分布 $N(1,0.2^2)$。初始条件 $\dot{X}(0) = 0$，$X(0) = 0$。试采用概率密度演化理论进行该系统的随机动力反应分析。

17-5 对 17.5.2 节中的示例，将 β、γ、d_ν、d_η 的分布从正态分布改为对数正态分布，其他信息不变，然后进行结构顶层位移响应的概率密度演化分析，并与基本变量均为正态分布时的结果进行对比。

第 18 章　结构动力可靠度分析

第 15～17 章给出了随机动力系统响应分析的主要方法与基本结果。在许多情况下，常常可根据随机响应的统计量来判断系统是否正常运行或安全。然而，更合理的做法是，根据一定的失效(破坏)准则，给出系统可靠性的概率度量。随机动力学研究的主要目的是定量地评价结构系统的可靠性，亦即在概率的意义上定量地评价结构的安全程度。

§ 18.1　结构动力可靠度分析问题的提法

工程结构的动力可靠度通常包括首次超越破坏和累积损伤破坏可靠度两类问题，后者一般是指由疲劳引起的破坏。在本书中，将仅讨论首次超越破坏可靠度问题。

根据结构的失效准则，动力可靠度一般可定义为

$$R(t)=\Pr\{X(\tau)\in\Omega_{s},0\leqslant\tau\leqslant t\} \tag{18-1}$$

其中，$X(t)$ 是引起结构失效的物理量，Ω_s 是安全区域，t 是所关心的时间段(或结构寿命)。$R(t)$ 可称为可靠度函数。

具体地说，根据不同的失效破坏准则，首次超越破坏可靠度问题包括单壁问题、双壁问题和圆壁问题等多种类型。

1. 单壁问题

对某些破坏准则，式(18-1)内的随机事件是一个单侧不等式。例如，混凝土受拉构件的破坏准则一般取为受拉应变超过极限拉应变。若 X 表示混凝土的受拉应变反应，b 是极限拉应变，则式(18-1)成为

$$R(t)=\Pr\{X(\tau)\leqslant b,0\leqslant\tau\leqslant t\} \tag{18-2}$$

其中，b 为物理量 X 的界限值。

2. 双壁问题

在某些情况下，式(18-1)中是一个双侧不等式定义的随机事件。例如，在钢筋混凝土框架结构抗震设计中，要求层间位移角不超过某一个界限值(小震时弹性层间位移角限值为 1/550，大震弹塑性验算时层间位移角限值为 1/50)。这里，实际上要求层间位移角绝对值不超过给定的限值。若 X 是层间位移角，b 是层间位移角限值，则式(18-1)成为

$$R(t)=\Pr\{|X(\tau)|\leqslant b,0\leqslant\tau\leqslant t\} \tag{18-3a}$$

更一般地，有

$$R(t)=\Pr\{-b_1\leqslant X(\tau)\leqslant b_2, 0\leqslant\tau\leqslant t\} \tag{18-3b}$$

其中，b、b_1 及 b_2 为由具体问题给定的界限值。

3. 圆壁问题

在可靠度问题中，有时人们更关心某些物理指标的包络线。特别是对窄带过程，采用包络线往往能够带来分析上的方便。若 $X(t)$ 是一个窄带过程，一般可以表达为

$$X(t)=A(t)\cos(\omega t+\theta) \tag{18-4a}$$

其中，$A(t)$ 相对于 $X(t)$ 是一个慢变过程，从而 $\dot{A}(t)$ 可以忽略不计。于是，$X(t)$ 的导数过程可近似表达为

$$\dot{X}(t)=-\omega A(t)\sin(\omega t+\theta) \tag{18-4b}$$

由式(18-4a)及(18-4b)，包络过程就是窄带过程的幅值过程，可以定义为

$$A(t)=\sqrt{X^2(t)+\left[\frac{\dot{X}(t)}{\omega}\right]^2} \tag{18-5}$$

此时，式(18-1)转化为

$$\begin{aligned}R(t)&=\Pr\{A(\tau)\leqslant b, 0\leqslant\tau\leqslant t\}\\&=\Pr\left\{\sqrt{X^2(\tau)+[\dot{X}(\tau)/\omega]^2}\leqslant b, 0\leqslant\tau\leqslant t\right\}\end{aligned} \tag{18-6}$$

这类问题称为圆壁问题。

在首次超越破坏的结构动力可靠度分析中，主要有基于跨越过程理论的方法、基于扩散过程理论的方法和基于概率密度演化理论的方法等。本章以下各节将介绍基于跨越过程理论的方法和基于吸收边界条件与极值分布的概率密度演化方法。

§ 18.2　基于跨越过程的首次超越破坏可靠度分析方法

跨越过程理论始于 1944 年 Rice 对电噪声过程的研究。在基于跨越过程理论的方法中，首先构造一个对于水平 b 的跨越过程，如图 18-1 所示。显然，在给定的时间区间 $[0,t]$ 内一个随机过程 $X(t)$ 向上穿越水平 b 的次数 N^+ 是一个随机变量，而式(18-2)定义的单壁问题动力可靠度则可以由

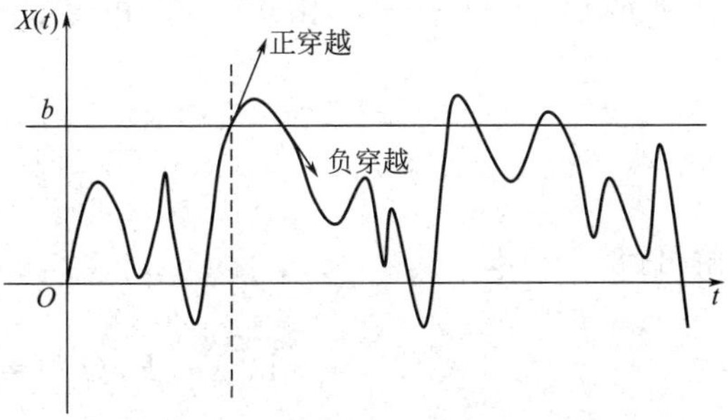

图 18-1　跨越过程理论示意图

$$R(t)=\Pr\{X(\tau)\leqslant b,0\leqslant\tau\leqslant t\}=\Pr\{N^{+}=0\} \tag{18-7}$$

给出。类似地，可以处理双壁问题和圆壁问题。由此，首次超越破坏动力可靠度问题转化为获取离散型随机变量 N^+ 的概率分布问题。事实上，只需求取 $\{N^+=0\}$ 的概率即可。

从另一个角度看，“发生一次对水平 b 的向上穿越”是一个随机事件，因而，在 $[0,t]$ 内发生对水平 b 的向上穿越的次数 $N^+(t)$ 是一个计数过程。“发生对水平 b 的向上穿越”构成了一个离散事件过程，是一个典型的随机点过程。随机点过程最重要的基本参数之一就是事件的发生率。为方便计，将向上穿越水平 b 称为正穿越，穿越时的速率为正；反之称为负穿越，穿越时的速率为负。

18.2.1　随机点过程的发生率与风险率函数

随机点过程是与寿命问题密切相关的。为此，考虑一个寿命问题：某元件在 t 时刻尚未失效而在时间段 $(t,t+\Delta t]$ 内失效的概率是 $\Pr\{T\leqslant t+\Delta t\mid T>t\}$。直观上容易理解，$\Delta t$ 越大，那么这一失效概率越大。为了消除 Δt 的影响，考虑单位时间内的失效概率是更有意义的。因此，定义在 t 时刻尚未失效的条件下在下一个单位时间内失效的概率为

$$\lambda(t)=\lim_{\Delta t\to 0}\frac{1}{\Delta t}\Pr\{T\leqslant t+\Delta t\mid T>t\} \tag{18-8}$$

若寿命 $T(T\geqslant 0)$ 的概率密度函数为 $p_T(t)$，其分布函数为 $F_T(t)=\int_0^t p_T(\tau)\mathrm{d}\tau$，则式(18-8)成为

$$\begin{aligned}\lambda(t)&=\lim_{\Delta t\to 0}\frac{1}{\Delta t}\Pr\{T\leqslant t+\Delta t\mid T>t\}\\&=\lim_{\Delta t\to 0}\frac{1}{\Delta t}\frac{\Pr\{T\leqslant t+\Delta t,T>t\}}{\Pr\{T>t\}}\\&=\frac{1}{\Pr\{T>t\}}\lim_{\Delta t\to 0}\frac{F_T(t+\Delta t)-F_T(t)}{\Delta t}\\&=\frac{p_T(t)}{1-F_T(t)}\end{aligned} \tag{18-9}$$

注意到 $p_T(t)=\dfrac{\mathrm{d}F_T(t)}{\mathrm{d}t}$，由式(18-9)可得如下的微分方程

$$\frac{\mathrm{d}F_T(t)}{1-F_T(t)}=\lambda(t)\mathrm{d}t \tag{18-10}$$

求解可得

$$\ln[1-F_T(t)]=c_0-\int_0^t\lambda(\tau)\mathrm{d}\tau \tag{18-11a}$$

即

$$1-F_T(t)=\mathrm{e}^{c_0-\int_0^t\lambda(\tau)\mathrm{d}\tau}=L_0\exp\left[-\int_0^t\lambda(\tau)\mathrm{d}\tau\right] \tag{18-11b}$$

或

$$F_T(t)=1-L_0\exp\left[-\int_0^t\lambda(\tau)\mathrm{d}\tau\right] \tag{18-11c}$$

对于一个正连续型随机变量 T，根据其分布函数的正则性，即 $F_T(0)=0$，可得 $L_0=1$。于是，当 $\lambda(t)$ 是一个常数时，则有

$$F_T(t)=1-\mathrm{e}^{-\lambda t},\ t\geqslant 0 \tag{18-11d}$$

此时，寿命 T 服从指数分布。

指数分布的一个重要特点是其具有无记忆性：在 $\{T>t\}$ 的条件下 $\{T>t+\tau\}$ 的概率，与 $\{T>\tau\}$ 的概率是相同的，即 $\Pr\{T>t+\tau\mid T>t\}=\Pr\{T>\tau\}$。这一点很容易从式(18-11d)中获得证明。例如，若一个灯泡的寿命服从指数分布，那么，只要在 t 时刻该灯泡没有失效，那么在 t 时刻之后它就像一个新的灯泡一样(和一个新的灯泡具有同样的剩余寿命)。

式(18-9)定义的指标 $\lambda(t)$ 就是 Poisson 过程的发生率。由于它表征了在时刻 t 尚未发生失效而在下一个单位时间内发生失效的概率，因而刻画了在 t 时刻之后单位时间内失效的风险大小，故又称之为**风险率函数**。显然，风险率为常数正是 Poisson 分布无记忆特性的内在原因。

顺便指出，一个正连续型随机变量的概率密度函数可由其风险率函数 $\lambda(t)$ 来确定。例如，如果随机变量 T 具有线性风险率函数，即 $\lambda(t)=kt+a$，其中 k 和 a 为常数。则由式(18-11c)，并考虑到 $L_0=1$，可得分布函数为

$$F_T(t)=1-\mathrm{e}^{-at-kt^2/2}$$

求导得到概率密度函数为

$$p_T(t)=(a+kt)\mathrm{e}^{-(at+kt^2/2)},\ t\geqslant 0$$

当 $a=0$ 且 $k>0$ 时，即为著名的 Rayleigh 分布的概率密度函数。

一般情况下，就全寿命过程来说，工程结构的风险率函数是一个“浴盆”型曲线，如图18-2 所示。

在某种意义上，结构动力可靠度和上述寿命分布具有密切的关系。事实上，不难发现，在 Poisson 过程的假定下，可靠度函数与寿命分布函数是互补的，即

$$R(t)=1-F_T(t) \tag{18-12}$$

因此，式(18-10)变为

$$\frac{\mathrm{d}R(t)}{R(t)}=-\lambda(t)\mathrm{d}t \tag{18-13}$$

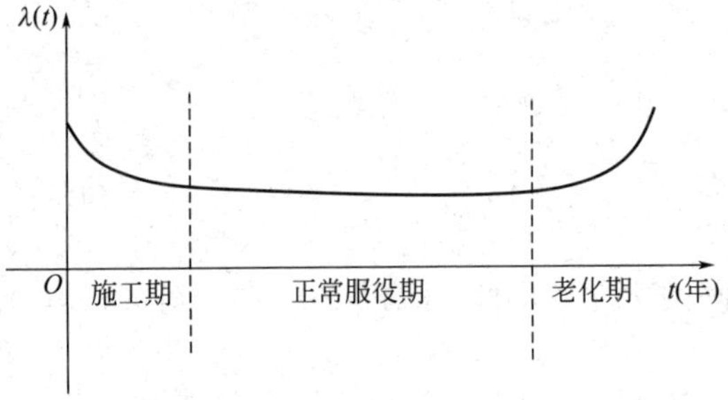

图 18-2　结构全寿命周期风险率函数的“浴盆”曲线

求解可得

$$\ln R(t) = c_0 - \int_0^t \lambda(\tau)\mathrm{d}\tau \quad (18\text{-}14)$$

或

$$R(t) = L_0 \exp\left[-\int_0^t \lambda(\tau)\mathrm{d}\tau\right] \quad (18\text{-}15)$$

其中，$L_0 = R(0)$ 是初始时刻的结构动力可靠度。

在基于跨越过程理论及其各种修正公式中，式(18-15)是最基本的表达式。各种不同的修正公式主要是针对风险率函数 $\lambda(t)$ 进行的修正。在跨越过程理论中，$\lambda(t)$ 是期望穿越率❶。

18.2.2　跨越过程的期望穿越率

对具体的随机反应过程 $X(t)$，如何计算上述风险率函数 $\lambda(t)$ 呢？为此，考察图 18-1 中的正穿越事件。在 $t < \tau \leqslant t + \Delta t$ 时间内发生一次正穿越的概率是

$$\begin{aligned}\Pr\{\Delta N^+ = 1\} &= \Pr\{N^+(t+\Delta t) - N^+(t) = 1\} \\ &= \Pr\{X(t+\Delta t) > b, X(t) < b\} \\ &= \Pr\{X(t) + \dot{X}(t)\Delta t > b, X(t) < b\}\end{aligned} \quad (18\text{-}16)$$

这里，$N^+(t)$ 表示在 $[0,t]$ 时间内发生正穿越的总次数，$\Delta N^+ = N^+(t+\Delta t) - N^+(t)$ 是在 $t < \tau \leqslant t + \Delta t$ 的小时间段内发生穿越的次数。

记随机反应过程 $X(t)$ 和 $\dot{X}(t)$ 的联合概率密度函数为 $p_{X\dot{X}}(x, \dot{x}, t)$，则式(18-16)中的概率可用联合概率密度函数 $p_{X\dot{X}}(x, \dot{x}, t)$ 在区域 $(x + \dot{x}\Delta t > b,\ x < b)$ 上的积分表示❷，式(18-16)变为

$$\begin{aligned}\Pr\{\Delta N^+ = 1\} &= \Pr\{X(t) + \dot{X}(t)\Delta t > b, X(t) < b\} \\ &= \int_{x+\dot{x}\Delta t > b, x < b} p_{X\dot{X}}(x, \dot{x}, t)\mathrm{d}x\mathrm{d}\dot{x} \\ &= \int_{x > b - \dot{x}\Delta t, x < b} p_{X\dot{X}}(x, \dot{x}, t)\mathrm{d}x\mathrm{d}\dot{x} \\ &= \int_0^\infty \mathrm{d}\dot{x}\int_{b-\dot{x}\Delta t}^b p_{X\dot{X}}(x, \dot{x}, t)\mathrm{d}x \\ &= \Delta t\int_0^\infty \dot{x}p_{X\dot{X}}(b, \dot{x}, t)\mathrm{d}\dot{x} + o(\Delta t)\end{aligned} \quad (18\text{-}17)$$

❶　严格地说，期望穿越率与风险率函数是不同的，因而采用期望穿越率代替风险率函数只是一种近似，详见参考文献[51]：Lutes & Sarkani，2004.

❷　注意这里从式(18-16)中的大写字符变成了积分区域表示中的小写字符。

注意，在第四个等号中，对 $\dot{x}$ 的积分是从 0 到 ∞，而不是从 $-\infty$ 到 ∞，这是因为这里考虑的是正穿越事件，其穿越速度必为正。在最后一个等号中，事实上利用了积分中值定理

$$\int_{b-\dot{x}\Delta t}^{b} p_{X\dot{X}}(x,\dot{x},t)\mathrm{d}x = p_{X\dot{X}}(\tilde{x},\dot{x},t)\dot{x}\Delta t = \dot{x}p_{X\dot{X}}(b,\dot{x},t)\Delta t + o(\Delta t) \tag{18-18}$$

其中，$\tilde{x} \in [b-\dot{x}\Delta t, b]$，$o(\Delta t)$ 表示 Δt 的高阶无穷小。

有趣的是，从式(18-17)可见，在 Δt 时间内发生一次穿越事件的概率是与 Δt 成比例的。时间 Δt 越长，发生一次正穿越事件的可能性越大。因此，在单位时间内发生一次正穿越事件的概率是

$$\begin{aligned}\alpha_b^+(t) &= \lim_{\Delta t\to 0}\frac{\Pr\{\Delta N^+=1\}}{\Delta t} = \lim_{\Delta t\to 0}\frac{\Pr\{X(t)+\dot{X}(t)\Delta t > b, X(t) < b\}}{\Delta t}\\ &= \int_0^{\infty}\dot{x}p_{X\dot{X}}(b,\dot{x},t)\mathrm{d}\dot{x}\end{aligned} \tag{18-19a}$$

类似地，在单位时间内发生一次负穿越事件的概率是

$$\begin{aligned}\alpha_b^-(t) &= \lim_{\Delta t\to 0}\frac{\Pr\{\Delta N^-=1\}}{\Delta t} = \lim_{\Delta t\to 0}\frac{\Pr\{X(t)+\dot{X}(t)\Delta t < b, X(t) > b\}}{\Delta t}\\ &= \lim_{\Delta t\to 0}\frac{1}{\Delta t}\int_{-\infty}^{0}\mathrm{d}\dot{x}\int_{b}^{b-\dot{x}\Delta t}p_{X\dot{X}}(x,\dot{x},t)\mathrm{d}x\\ &= \int_{-\infty}^{0}[-\dot{x}p_{X\dot{X}}(b,\dot{x},t)]\mathrm{d}\dot{x}\\ &= \int_{-\infty}^{0}|\dot{x}|p_{X\dot{X}}(b,\dot{x},t)\mathrm{d}\dot{x}\end{aligned} \tag{18-19b}$$

上述公式(18-19a)及(18-19b)就是著名的 **Rice 公式**。式(18-17)和式(18-19a)表明

$$\Pr\{\Delta N^+=1\} = \alpha_b^+(t)\Delta t + o(\Delta t) \tag{18-20}$$

即在 Δt 时间内发生一次正穿越的概率是 $\alpha_b^+(t)\Delta t$，它是与 Δt 同阶的小量。一个直观的推理是，若在 Δt 时间内发生两次正穿越，则可认为在 $t<\tau_1\leqslant t+\Delta t_1$ 内发生一次正穿越，而在 $t+\Delta t_1<\tau_2\leqslant t+\Delta t$ 内发生第二次正穿越，在假定两次正穿越独立的情况下，发生这两次正穿越的概率将是 $[\alpha_b^+(\tau_1)\Delta t_1]\cdot[\alpha_b^+(\tau_2)\Delta t_2]\leqslant\alpha_b^+(\tau_1)\alpha_b^+(\tau_2)(\Delta t)^2=o(\Delta t)$，因而发生两次正穿越的概率是 Δt 的高阶无穷小，与发生一次穿越事件的概率相比，可以忽略不计。类似地，发生三次及以上的概率 $\Pr\{\Delta N^+\geqslant 3\}$ 也都是 Δt 的高阶无穷小[1]。由此可见，有

$$\Pr\{\Delta N^+\geqslant 2\} = o(\Delta t) \tag{18-21}$$

因为 $\sum_{i=0}^{\infty}\Pr\{\Delta N^+=i\}=1$，从而

[1] 在随机点过程理论中，这一性质称为随机点过程的普通性或正则性。直观地说，普通性假设表明，在同一个时刻同时发生两个以上事件的概率为零。这一段中“在假定两次正穿越独立的情况下”，事实上这是独立增量过程假定所要求的，Poisson 过程是一类独立增量过程。

$$\begin{aligned}\Pr\{\Delta N^+=0\}&=1-\Pr\{\Delta N^+=1\}-\sum_{i\geqslant 2}\Pr\{\Delta N^+=i\}\\&=1-\alpha_b^+(t)\Delta t+o(\Delta t)\end{aligned}\tag{18-22}$$

设系统的寿命为 T，则

$$\begin{aligned}\Pr\{\Delta N^+=0\}&=\Pr\{T>t+\Delta t\mid T>t\}\\&=1-\Pr\{T\leqslant t+\Delta t\mid T>t\}\\&=1-\frac{\Pr\{t<T\leqslant t+\Delta t\}}{\Pr\{T>t\}}\\&\approx 1-\frac{p_T(t)\Delta t}{\Pr\{T>t\}}=1-\frac{p_T(t)}{1-F_T(t)}\Delta t\end{aligned}\tag{18-23}$$

比较式(18-22)与式(18-23)可知，这里计算的 $\alpha_b^+(t)$ 就是上节中的风险率函数 $\lambda(t)$。

结合式(18-20)～式(18-22)，可知在 Δt 内要么发生一次穿越事件(从而导致结构破坏)，要么发生零次穿越事件，因此，发生穿越事件的平均次数是

$$\begin{aligned}E[\Delta N^+]&=\Pr\{\Delta N^+=0\}\times 0+\Pr\{\Delta N^+=1\}\times 1\\&=\Pr\{\Delta N^+=1\}=\alpha_b^+(t)\Delta t+o(\Delta t)\end{aligned}\tag{18-24}$$

从而，在单位时间内的平均发生次数是

$$\lim_{\Delta t\to 0}\frac{E[\Delta N^+]}{\Delta t}=\lim_{\Delta t\to 0}\frac{\Pr\{\Delta N^+=1\}}{\Delta t}=\alpha_b^+(t)\tag{18-25}$$

由此可见，风险率函数 $\alpha_b^+(t)$ 既是单位时间内发生一次穿越事件的概率，也可以理解为单位时间内发生正穿越的平均次数。因此，$\alpha_b^+(t)$ 又称为**期望穿越率(平均穿越率)**。

对零均值平稳 Gauss 过程 $X(t)$，由式(18-19)可得

$$\alpha_b^+(t)=\alpha_b^-(t)=\frac{1}{2\pi}\frac{\sigma_{\dot X}}{\sigma_X}\exp\left(-\frac{b^2}{2\sigma_X^2}\right)\tag{18-26a}$$

当 $b=0$ 时，期望穿零率为❶

$$\alpha_0^+(t)=\alpha_0^-(t)=\frac{1}{2\pi}\frac{\sigma_{\dot X}}{\sigma_X}\tag{18-26b}$$

其中，σ_X 和 $\sigma_{\dot X}$ 分别为随机反应过程 $X(t)$ 及 $\dot X(t)$ 的标准差。

对一般的非平稳 Gauss 过程 $X(t)$，则有

$$\alpha_b^+(t)=\frac{1}{2\pi}\frac{\sigma_{\dot X}}{\sigma_X}\left[\sqrt{1-\rho^2}\exp\left(-\frac{1}{1-\rho^2}\frac{b^{*2}}{2\sigma_X^2}\right)+\sqrt{2\pi}\frac{\rho b^*}{\sigma_X}\exp\left(-\frac{b^{*2}}{2\sigma_X^2}\right)\Phi\left(\frac{\rho}{\sqrt{1-\rho^2}}\frac{b^*}{\sigma_X}\right)\right]\tag{18-27}$$

---

❶ 利用速度过程的期望穿零率，可以进一步获得随机过程的峰的概率分布。对窄带过程，峰的概率分布为 Rayleigh 分布。对宽带平稳正态过程，峰的概率分布趋向于正态分布。峰的概率分布在结构疲劳可靠度分析中有重要的应用。因为本章只考虑首次超越破坏可靠度问题，故不再讨论峰的概率分布。

其中$b^*=b-E[X(t)]$，$\rho=\rho_{X\dot{X}}(t)$是$X(t)$和$\dot{X}(t)$的相关系数，$\Phi(\cdot)$是标准正态分布函数。

基于跨越过程理论进行结构动力可靠度分析时，只要根据随机过程的统计特性获得期望穿越率，即可进一步根据式(18-15)得到结构的首次超越破坏可靠度。对单壁问题[式(18-2)]，采用式(18-15)时，风险率函数直接取为

$$\lambda(t)=\alpha_b^+(t) \tag{18-28}$$

对双壁问题[式(18-3)]，风险率函数宜取

$$\lambda(t)=\alpha_{b_2}^+(t)+\alpha_{-b_1}^-(t) \tag{18-29}$$

18.2.3 期望穿越率的改进——宽带过程

理论研究表明，采用上述Poisson过程假定计算结构动力可靠度，在壁高$b\to\infty$的情况下是渐进精确的。事实上，在壁高$b\to\infty$的情况下，结构失效概率很小，因而穿越事件是“稀有事件”，Poisson过程对模拟稀有事件发生的计数过程是较为合理的，因此，在壁高$b\to\infty$时Poisson过程假定给出渐进精确的结果是完全合理的。然而，数值模拟的结果表明，在失效概率不是“特别小”的情况下，上述Poisson过程假定获得的结果是有误差的。对于宽带过程，基于Poisson过程假定获得的失效概率小于精确的失效概率，因而采用上述计算结果是偏于不安全的；而对于窄带过程，基于Poisson过程假定获得的失效概率则一般大于精确的失效概率。

为了提高采用式(18-15)计算动力可靠度的精度，人们对风险率函数(期望穿越率)进行了各种修正。对宽带过程的修正以Vanmarcke的工作最具代表性❶。

事实上，仔细分析上节内容不难发现，在Poisson过程假定下，平均寿命是连续两次正穿越之间的平均时间，即❷

$$E[T]=\frac{1}{\alpha_b^+} \tag{18-30}$$

从图18-3可知，这里所取的平均寿命是$E[T]=E[T_b+T'_b]$，包括了$X(t)$游离于安全域之外的时间T_b，但真实的寿命是$T'_b=T-T_b$。由式(18-30)，可得：

$$E[T_b+T'_b]=E[T]=\frac{1}{\alpha_b^+} \tag{18-31}$$

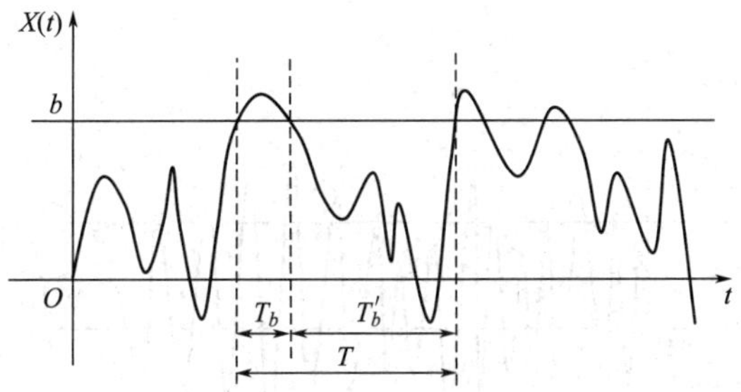

图18-3 宽带过程的游离时间

根据各态历经假设，平均游离时间与平均寿命之比为

---

❶ 详见参考文献[70]：Vanmarcke，2010.

❷ 式(18-30)可按如此理解：若寿命T服从指数分布，风险率为λ，分布函数为$F_T(t)=1-e^{-\lambda t}$，$t\geqslant 0$，则平均寿命为风险率的倒数$E[T]=\int_0^\infty t\mathrm{d}F_T(t)=\int_0^\infty tp_T(t)\mathrm{d}t=1/\lambda$。在下文的论证中，多次用到上述性质。

$$\frac{E[T_b]}{E[T_b + T'_b]} = \int_b^{\infty} p_X(x)\mathrm{d}x = 1 - F_X(b) \tag{18-32}$$

这里，$F_X(b) = \int_{-\infty}^{b} p_X(x)\mathrm{d}x$ 为随机过程 $X(t)$ 的一维分布函数。

由上述两式，易知“真实的”平均寿命

$$E[T'_b] = \frac{F_X(b)}{\alpha_b^+} \tag{18-33}$$

显然，由于 $F_X(b) \leqslant 1$，有 $E[T'_b] \leqslant 1/\alpha_b^+ = E[T]$。

仍然采用 Poisson 过程假定，则等效风险率函数可取为

$$\lambda(t) = \frac{1}{E[T'_b]} = \frac{\alpha_b^+}{F_X(b)} \tag{18-34}$$

由此可见，考虑在失效域的游离时间之后，$\lambda(t) = \alpha_b^+ / F_X(b) \geqslant \alpha_b^+$，等效风险率函数增大了。因而，不考虑游离时间影响的计算结果是偏于不安全的[1]。

显然，这时式(18-15)中的初始可靠度为

$$R(0) = L_0 = \frac{E[T'_b]}{E[T_b + T'_b]} = F_X(b) \tag{18-35}$$

当 $b \to \infty$ 时，$F_X(b) \to 1$，从而 Vanmarcke 修正的结果趋于未修正时 Poisson 过程假定的结果。

18.2.4 期望穿越率的改进——窄带过程

对窄带过程 $X(t)$，情形则有所不同。此时，在其包络过程 $A(t)$ 的一次穿越过程中往往伴随着多次单壁穿越，如图 18-4 所示，正穿越事件是成簇出现的。若包络过程 $A(t)$ 的期望穿越率为 $\alpha_{b,A}^+$，而原过程 $X(t)$ 的期望穿越率为 α_b^+，则可以近似地认为，在一次包络穿越过程中伴随着的平均单壁穿越次数为

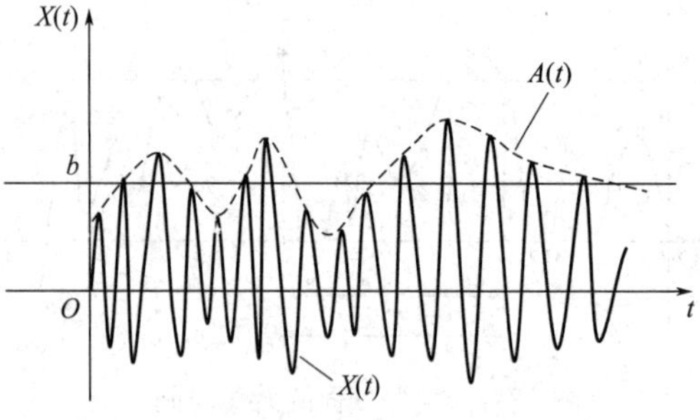

图 18-4　窄带过程成簇发生的穿越事件

$$n_b = E[N_b] \approx \frac{\alpha_b^+}{\alpha_{b,A}^+} = r_b \tag{18-36}$$

其中，$r_b = \alpha_b^+ / \alpha_{b,A}^+ \geqslant 1$ 是单壁穿越率与圆壁穿越率之比。更精细的结果可以采用

---

[1] 从式(18-34)可见，风险率函数本质上是期望穿越率除以一个分布。因而本质上是条件期望穿越率。可以认为，Vanmarcke 的这一修正是对采用期望穿越率代替风险率函数(条件期望穿越率)的一个近似修正。

$$n_b = E[N_b] \approx \frac{1}{1-\exp(-r_b^{-1})} \tag{18-37}$$

在此情况下，采用 Poisson 过程假定时，式(18-15)中的风险率函数应当修正为

$$\lambda(t) = \frac{\alpha_b^+}{n_b} = \alpha_b^+ [1-\exp(-r_b^{-1})] \tag{18-38}$$

显然，此时 $\lambda(t) = \alpha_b^+ [1-\exp(-r_b^{-1})] < \alpha_b^+$，因此，进行修正之后的可靠度计算结果将增大，从而向精确解答靠近。

在此基础上，可以进一步考虑 Vanmarcke 修正式(18-34)，则等效风险率函数可取为

$$\lambda(t) = \frac{\alpha_b^+}{n_b F_X(b)} = \frac{1-\exp(-r_b^{-1})}{F_X(b)} \alpha_b^+ \tag{18-39}$$

§ 18.3 基于概率密度演化理论的首次超越破坏可靠度分析方法

18.3.1 基于吸收边界条件的首次超越破坏可靠度分析

结构动力可靠度函数一般地定义为式(18-1)的形式，即

$$R(t) = \Pr\{X(\tau) \in \Omega_s, 0 \leqslant \tau \leqslant t\}$$

在本书的讨论中，安全域边界 $\partial\Omega_s$ 不随时间发生变化。

式(18-1)可以在形式上改写为串联系统可靠度的方式

$$R(t) = \Pr\{X(\tau) \in \Omega_s, 0 \leqslant \tau \leqslant t\} = \Pr\{\bigcap_{0\leqslant\tau\leqslant t} [X(\tau) \in \Omega_s]\} \tag{18-40}$$

利用这一方式，考察可靠度函数的导数。首先，考虑

$$\begin{aligned}
& R(t+\Delta t) - R(t) \\
&= \Pr\{X(\tau) \in \Omega_s, 0 \leqslant \tau \leqslant t+\Delta t\} - \Pr\{X(\tau) \in \Omega_s, 0 \leqslant \tau \leqslant t\} \\
&= \Pr\{\bigcap_{0\leqslant\tau\leqslant t+\Delta t} [X(\tau) \in \Omega_s]\} - \Pr\{\bigcap_{0\leqslant\tau\leqslant t} [X(\tau) \in \Omega_s]\} \\
&= \Pr\{(\bigcap_{0\leqslant\tau\leqslant t} [X(\tau) \in \Omega_s]) \cap (\bigcap_{t\leqslant\tau\leqslant t+\Delta t} [X(\tau) \in \Omega_s])\} - \Pr\{\bigcap_{0\leqslant\tau\leqslant t} [X(\tau) \in \Omega_s]\} \\
&= \Pr\{A_{[0,t]} \cap A_{[t,t+\Delta t]}\} - \Pr\{A_{[0,t]}\}
\end{aligned} \tag{18-41}$$

其中随机事件

$$A_{[0,t]} = \{X(\tau) \in \Omega_s, 0 \leqslant \tau \leqslant t\} = \{\bigcap_{0\leqslant\tau\leqslant t} [X(\tau) \in \Omega_s]\} \tag{18-42}$$

因而式(18-1)可以等价地表示为

$$R(t) = \Pr\{A_{[0,t]}\} \tag{18-43}$$

利用联合分布与条件分布的关系

$$\begin{aligned}\Pr\{A_{[0,t]}\cap A_{[t,t+\Delta t]}\}&=\Pr\{A_{[0,t]}\}\times\Pr\{A_{[t,t+\Delta t]}\mid A_{[0,t]}\}\\&=R(t)\Pr\{A_{[t,t+\Delta t]}\mid A_{[0,t]}\}\end{aligned}\tag{18-44}$$

将式(18-44)代入式(18-41)中，可得

$$\begin{aligned}R(t+\Delta t)-R(t)&=R(t)\Pr\{A_{[t,t+\Delta t]}\mid A_{[0,t]}\}-R(t)\\&=R(t)(\Pr\{A_{[t,t+\Delta t]}\mid A_{[0,t]}\}-1)\end{aligned}\tag{18-45}$$

两边同时除以 Δt 并令 $\Delta t\to 0$，有

$$\frac{\mathrm{d}R(t)}{\mathrm{d}t}=R(t)\lim_{\Delta t\to 0}\frac{1}{\Delta t}(\Pr\{A_{[t,t+\Delta t]}\mid A_{[0,t]}\}-1)\tag{18-46a}$$

或

$$\frac{1}{R(t)}\frac{\mathrm{d}R(t)}{\mathrm{d}t}=\lim_{\Delta t\to 0}\frac{1}{\Delta t}(\Pr\{A_{[t,t+\Delta t]}\mid A_{[0,t]}\}-1)\tag{18-46b}$$

在满足某些假设的条件下，式(18-46b)的右端项存在，不妨记为

$$\alpha(t)=-\lim_{\Delta t\to 0}\frac{1}{\Delta t}(\Pr\{A_{[t,t+\Delta t]}\mid A_{[0,t]}\}-1)\geqslant 0\tag{18-47}$$

此时，存在如下的微分方程

$$\frac{1}{R(t)}\frac{\mathrm{d}R(t)}{\mathrm{d}t}=-\alpha(t)\tag{18-48}$$

例如，在 Poisson 过程假定下，由式(18-22)可知

$$\Pr\{A_{[t,t+\Delta t]}\mid A_{[0,t]}\}=1-\alpha_b^+(t)\Delta t+o(\Delta t)\tag{18-49}$$

将式(18-49)代入式(18-47)有

$$\alpha(t)=\alpha_b^+(t)\tag{18-50}$$

因而再次获得与式(18-13)形式上完全一致的方程。

从式(18-45)可知，由于 $\Pr\{A_{[t,t+\Delta t]}\mid A_{[0,t]}\}\leqslant 1$，必有

$$R(t+\Delta t)-R(t)\leqslant 0\tag{18-51}$$

这表明，首次超越破坏问题的结构动力可靠度总是单调非增的。

在第 15 章和第 17 章中，一般随机动力系统状态量的概率密度函数满足某种形式的概率密度演化方程，即

$$\frac{\partial p(\boldsymbol{x},t)}{\partial t}+L\left(p,\frac{\partial p}{\partial x_i}\right)=0\tag{18-52}$$

其中，$L(\cdot)$为一类线性算子，x_i 是 $\boldsymbol{x}$ 第 i 个分量。例如，对仅有初始条件具有随机性的系统，这是 **Liouville 方程**；对由 Itô 随机微分方程描述的系统，这是 **FPK 方程**；而对一般的随机动力系统，这是**广义概率密度演化方程**。

式(18-52)的初始条件是

$$p(\boldsymbol{x},t)\big|_{t=0}=p_0(\boldsymbol{x}) \tag{18-53}$$

显然，初始时刻的可靠度为

$$R(0)=\int_{\Omega_s}p(\boldsymbol{x},t)\big|_{t=0}\mathrm{d}\boldsymbol{x}=\int_{\Omega_s}p_0(\boldsymbol{x})\mathrm{d}\boldsymbol{x} \tag{18-54}$$

在初始时刻，若取边界条件为

$$\breve{p}_0(\boldsymbol{x})=\begin{cases}0, & \boldsymbol{x}\in\Omega_f\\ p_0(\boldsymbol{x}), & \boldsymbol{x}\in\Omega_s\end{cases} \tag{18-55}$$

这里 $\Omega_f=\Omega-\Omega_s$ 是失效区域，则式(18-54)亦可写为

$$R(0)=\int_{\Omega_s}\breve{p}(\boldsymbol{x},t)\big|_{t=0}\mathrm{d}\boldsymbol{x}=\int_{\Omega_s}\breve{p}_0(\boldsymbol{x})\mathrm{d}\boldsymbol{x}=\int_{\Omega}\breve{p}_0(\boldsymbol{x})\mathrm{d}\boldsymbol{x} \tag{18-56}$$

设若边界条件式(18-55)在任何时刻都成立，即强制性地取**吸收边界条件**

$$\breve{p}(\boldsymbol{x},t)=0,\quad \boldsymbol{x}\in\Omega_f \tag{18-57}$$

则对式(18-52)在 Ω_s 进行积分，可得

$$\int_{\Omega_s}\frac{\partial\breve{p}(\boldsymbol{x},t)}{\partial t}\mathrm{d}\boldsymbol{x}+\int_{\Omega_s}L\left(\breve{p},\frac{\partial\breve{p}}{\partial x_i}\right)\mathrm{d}\boldsymbol{x}=0 \tag{18-58}$$

令

$$\breve{R}(t)=\int_{\Omega_s}\breve{p}(\boldsymbol{x},t)\mathrm{d}\boldsymbol{x} \tag{18-59}$$

且注意到通常可将第二项进行分部积分转化为边界上的通量，式(18-58)成为

$$\frac{\partial\breve{R}(t)}{\partial t}+\sum_i J_i\left[\breve{p}(\boldsymbol{x},t),\frac{\partial\breve{p}}{\partial x_j}\right]\Bigg|_{\partial\Omega_s}=0 \tag{18-60}$$

这里 $J_i\left[\breve{p}(\boldsymbol{x},t),\dfrac{\partial\breve{p}}{\partial x_j}\right]$ 表示第 i 个方向的通量，一般具有如下的线性形式

$$J_i\left[\breve{p}(\boldsymbol{x},t),\frac{\partial\breve{p}}{\partial x_j}\right]=\alpha_i(\boldsymbol{x},t)\breve{p}(\boldsymbol{x},t)+\sum_j\beta_{ij}(\boldsymbol{x},t)\frac{\partial\breve{p}(\boldsymbol{x},t)}{\partial x_j} \tag{18-61}$$

在式(18-57)的吸收边界条件下，在 $\boldsymbol{x}\in\Omega_f$ 区域内，有

$$J_i\left[\breve{p}(\boldsymbol{x},t),\frac{\partial \breve{p}}{\partial x_j}\right]=0,\ \boldsymbol{x}\in\Omega_{\mathrm{f}} \tag{18-62}$$

在 $\boldsymbol{x}\in\Omega_{\mathrm{s}}$ 区域内，$J_i\left[\breve{p}(\boldsymbol{x},t),\frac{\partial \breve{p}}{\partial x_j}\right]\neq 0$。而在边界 $\boldsymbol{x}\in\partial\Omega_{\mathrm{s}}$ 上，从 $\boldsymbol{x}\in\Omega_{\mathrm{s}}$ 区域内向外的通量 $J_i\left[\breve{p}(\boldsymbol{x},t),\frac{\partial \breve{p}}{\partial x_j}\right]\neq 0$，但从 $\boldsymbol{x}\in\Omega_{\mathrm{f}}$ 区域向 $\boldsymbol{x}\in\Omega_{\mathrm{s}}$ 区域内方向的通量 $J_i\left[\breve{p}(\boldsymbol{x},t),\frac{\partial \breve{p}}{\partial x_j}\right]=0$。事实上，这意味着概率流只能从安全域 Ω_{s} 内流出去，而不可能从失效域 Ω_{f} 向安全域 Ω_{s} 内流进来。因而，安全域内的概率总量是单调非增的。由此可见，式(18-59)定义的 $\breve{R}(t)$ 就是式(18-1)定义的动力可靠度 $R(t)$。

遗憾的是，由于 Liouville 方程、D-P 方程与 FPK 方程等经典概率密度演化方程的求解是十分困难的，施加吸收边界条件则进一步增加了求解的难度。因此，在实际中通过求解施加吸收边界条件的经典概率密度演化方程获取结构动力可靠度不具有可行性。但对广义概率密度演化方程，施加吸收边界条件则不会带来新的困难。

根据第 17 章的分析，广义概率密度演化方程为

$$\frac{\partial \breve{p}_{X\boldsymbol{\Theta}}(x,\boldsymbol{\theta},t)}{\partial t}+\dot{X}(\boldsymbol{\theta},t)\frac{\partial \breve{p}_{X\boldsymbol{\Theta}}(x,\boldsymbol{\theta},t)}{\partial x}=0 \tag{18-63}$$

在吸收边界条件

$$\breve{p}_{X\boldsymbol{\Theta}}(x,\boldsymbol{\theta},t)=0,\ x\notin\Omega_{\mathrm{s}} \tag{18-64}$$

下求解广义概率密度演化方程，可以获得“剩余”概率密度函数

$$\breve{p}_X(x,t)=\int_{\Omega_{\boldsymbol{\Theta}}}\breve{p}_{X\boldsymbol{\Theta}}(x,\boldsymbol{\theta},t)\mathrm{d}\boldsymbol{\theta} \tag{18-65}$$

在此基础上，结构动力可靠度为

$$R(t)=\int_{-\infty}^{\infty}\breve{p}_X(x,t)\mathrm{d}x \tag{18-66}$$

上述方法，构成了结构动力可靠度分析的吸收边界条件方法。图 18-5 是分别采用无穷远为零边界条件与吸收边界条件得到的概率密度演化曲面等值线，从中可见吸收边界条件不仅调节边界附近的概率密度，而且对整个区域都具有显著的影响。图 18-6 是吸收边界条件方法获得的典型动力可靠度分析结果。

18.3.2　基于极值分布的首次超越破坏可靠度分析方法

式(18-40)指出，首次超越破坏问题动力可靠度等价于具有无穷(不可数)单元数串联系统的可靠度问题，即

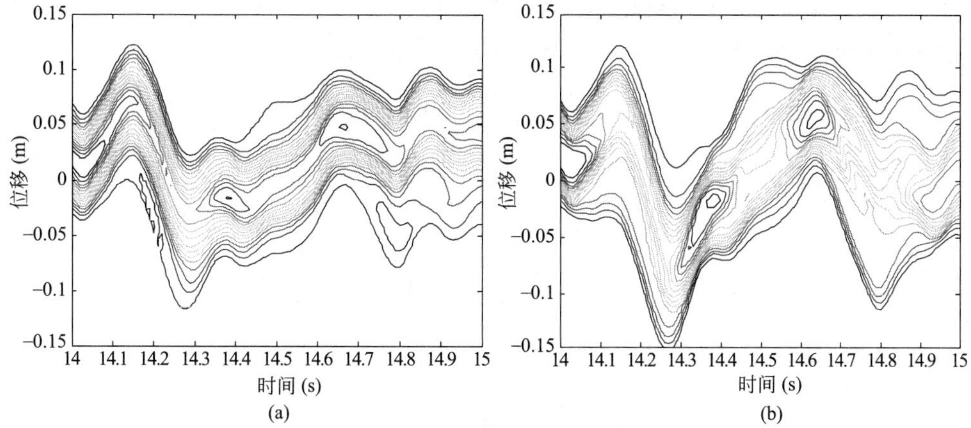

图 18-5 无穷远为零边界条件与吸收边界条件时的概率密度函数曲面等值线

(a)无穷远为零边界条件；(b)吸收边界条件

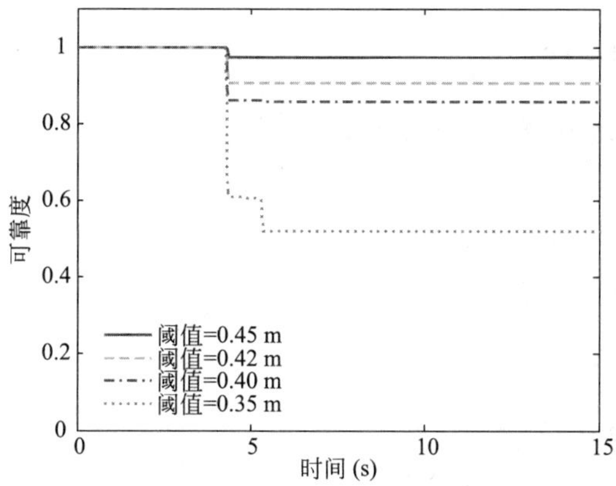

图 18-6 吸收边界条件方法获得的结构动力可靠度

$$R(t)=\Pr\{X(\tau)\in\Omega_s,0\leqslant\tau\leqslant t\}$$
$$=\Pr\{\textstyle\bigcap_{0\leqslant\tau\leqslant t}[X(\tau)\in\Omega_s]\}$$

从这一点即可看到它与“瞬时”可靠度

$$\widetilde{R}(t)=\Pr\{X(t)\in\Omega_s\} \quad (18\text{-}67)$$

的区别。

同时，从式(18-40)还可以看到，为了获得结构动力可靠度的精确解答，势必需要随机过程 $X(t)$ 的无穷维联合概率分布信息，而在 18.2 节中所讨论的所有方法都只利用了两个时刻之间的联合概率分布信息，因此，基于跨越过程理论的方法只可能给出近似的而不可能给出精确的结果。值得指出，在上节的吸收边界条件中，则不存在类似的问题。本小节进一步讨论另一类方法：极值分布方法。

为了便于问题的理解，首先考虑具有两个单元的串联系统问题

$$R=\Pr\{X_1\leqslant b,X_2\leqslant b\} \quad (18\text{-}68a)$$

若令 $X_{max}=\max\{X_1,X_2\}$，则上式等价于❶

$$R=\Pr\{X_{max}\leqslant b\} \quad (18\text{-}68b)$$

因为 X_1 和 X_2 都是随机变量，其最大值 $X_{max}=\max\{X_1,X_2\}$ 也必然是随机变量。因此，只要能够给出随机变量 X_{max} 的概率密度函数，就可以通过计算式(18-68b)获得与式(18-68a)同样的结果。对式(18-68a)的直接计算需要进行二维积分，而对式(18-68b)的

❶ 上述等价性可以严格地加以证明，详见参考文献[71]：Li，Chen & Fan，2007.

计算则只需要一维积分即可，由此可降低分析的难度。

类似地，当存在多个失效模式时，式(18-40)可表示为

$$R=\Pr\{X_1\leqslant b,X_2\leqslant b,\cdots,X_m\leqslant b\}=\Pr\{\bigcap_{i=1}^{m}(X_i\leqslant b)\} \tag{18-69}$$

这里，m 是随机变量的个数。

同样地，可以构造一个极值

$$X_{\max}(m)=\max\{X_1,X_2,\cdots,X_m\}=\max_{1\leqslant i\leqslant m}\{X_i\} \tag{18-70}$$

从而，式(18-69)转化为

$$R=\Pr\{X_{\max}(m)\leqslant b\} \tag{18-71}$$

当界限不同时，式(18-69)变为

$$R=\Pr\{X_1\leqslant b_1,X_2\leqslant b_2,\cdots,X_m\leqslant b_m\}=\Pr\{\bigcap_{i=1}^{m}(X_i\leqslant b_i)\} \tag{18-72}$$

可有不同方法进行等价极值的构造。例如，可以构造

$$\widetilde{X}_{\max}(m)=\max\{X_1-b_1,X_2-b_2,\cdots,X_m-b_m\}=\max_{1\leqslant i\leqslant m}\{X_i-b_i\} \tag{18-73}$$

由此，式(18-72)等价于

$$R=\Pr\{\widetilde{X}_{\max}(m)\leqslant 0\} \tag{18-74}$$

利用式(18-40)与(18-69)之间的相似性可知，若定义

$$X_{\max}(t)=\max_{0\leqslant\tau\leqslant t}\{X(\tau)\} \tag{18-75}$$

则式(18-40)等价于

$$R(t)=\Pr\{X_{\max}(t)\leqslant b\}=\int_{-\infty}^{b}p_{X_{\max}}(x,t)\mathrm{d}x \tag{18-76}$$

其中，$p_{X_{\max}}(x,t)$ 表示 $X_{\max}(t)$ 的概率密度函数。

因此，只要能够得到式(18-75)定义的极值 $X_{\max}(t)$ 的概率密度函数，就可以将动力可靠度分析问题转化为一个一维积分问题。在这一转化过程中，没有引入任何的近似性。

一个随机过程的极值，可以通过构造虚拟随机过程并求解相应的广义概率密度演化方程获得。不失一般性，随机过程 $X(\boldsymbol{\Theta},t)$ 的极值

$$X_{\max}(t)=\max_{0\leqslant\tau\leqslant t}\{X(\boldsymbol{\Theta},\tau)\}=\phi(\boldsymbol{\Theta},t) \tag{18-77}$$

也是一个依赖于源随机向量 $\boldsymbol{\Theta}$ 和时间段 $[0,t]$ 的随机变量。

可以构造一个虚拟随机过程

$$Z(\tau)=\psi[\phi(\boldsymbol{\Theta},t),\tau] \tag{18-78}$$

使得它满足条件

$$Z(\tau)\big|_{\tau=0}=0,\ Z(\tau)\big|_{\tau=\tau_c}=\phi(\boldsymbol{\Theta},t)=X_{\max}(t) \tag{18-79}$$

例如，一个简单的方式是取 $Z(\tau)=\psi[\phi(\boldsymbol{\Theta},t),\tau]=\tau\phi(\boldsymbol{\Theta},t)$ 及 $\tau_c=1$。

由于虚拟随机过程 $Z(\tau)$ 的随机性完全来源于 $\boldsymbol{\Theta}$，因此 $(Z(\tau),\boldsymbol{\Theta})$ 构成一个概率保守系统。根据第 17 章的内容可知，$(Z(\tau),\boldsymbol{\Theta})$ 的联合概率密度函数 $p_{Z\boldsymbol{\Theta}}(z,\boldsymbol{\theta},\tau)$ 满足如下广义概率密度演化方程：

$$\frac{\partial p_{Z\boldsymbol{\Theta}}(z,\boldsymbol{\theta},\tau)}{\partial\tau}+\dot{\psi}(\boldsymbol{\theta},\tau)\frac{\partial p_{Z\boldsymbol{\Theta}}(z,\boldsymbol{\theta},\tau)}{\partial z}=0 \tag{18-80}$$

其中 $\dot{\psi}(\boldsymbol{\theta},\tau)=\dfrac{\partial\psi[\phi(\boldsymbol{\theta},t),\tau]}{\partial\tau}$。

根据式(18-79)，上述方程的初始条件为

$$p_{Z\boldsymbol{\Theta}}(z,\boldsymbol{\theta},\tau)\big|_{\tau=0}=\delta(z)p_{\boldsymbol{\Theta}}(\boldsymbol{\theta}) \tag{18-81}$$

其中 $\delta(z)$ 为 Dirac 函数。

求解方程(18-80)及方程(18-81)，可以获得

$$p_Z(z,\tau)=\int_{\Omega_{\boldsymbol{\Theta}}}p_{Z\boldsymbol{\Theta}}(z,\boldsymbol{\theta},\tau)\mathrm{d}\boldsymbol{\theta} \tag{18-82}$$

由式(18-79)，进一步可知

$$p_{X_{\max}}(x,t)=p_Z(z=x,\tau)\big|_{\tau=\tau_c} \tag{18-83}$$

从而，结构动力可靠度式(18-76)成为

$$R(t)=\Pr\{X_{\max}(t)\leqslant b\}=\int_{-\infty}^{b}p_{X_{\max}}(x,t)\mathrm{d}x=\int_{-\infty}^{b}p_Z(z,\tau_c)\mathrm{d}z \tag{18-84}$$

当存在多个动力失效模式时，称为结构整体可靠度分析问题。这时，可以类似地构造等价极值事件，将结构整体可靠度分析问题转化为等价极值概率密度函数的一维积分问题。例如，$X_i(i=1,2,\cdots,m)$为结构各层间位移，则结构整体可靠度可定义为

$$R(t)=\Pr\{\textstyle\bigcap_{i=1}^{m}[X_i(\tau)\leqslant b_i],0\leqslant\tau\leqslant t\} \tag{18-85}$$

此时，可以构造等价极值

$$\widetilde{X}_{\max}(t)=\max_{1\leqslant i\leqslant m}\{\max_{0\leqslant\tau\leqslant t}[X_i(\tau)-b_i]\} \tag{18-86}$$

由此，式(18-85)中的整体可靠度问题转化为

$$R(t)=\Pr\{\widetilde{X}_{\max}(t)\leqslant 0\}=\int_{-\infty}^{0}p_{\widetilde{X}_{\max}}(x,t)\mathrm{d}x \tag{18-87}$$

式(18-86)中等价极值 $\widetilde{X}_{\max}(t)$ 的概率密度函数 $p_{\widetilde{X}_{\max}}(x,t)$ 的获取，与式(18-77)～式(18-84)中的步骤是完全一致的，兹不赘述。

图 18-7 所示是一个 10 层剪切型框架结构各层间位移绝对值最大值的概率密度函数及 10 个层间位移绝对值等价极值的概率密度函数。图 18-8 是等价极值的概率分布函数。事实上，等价极值概率分布函数的纵坐标即给出了结构的整体可靠度。

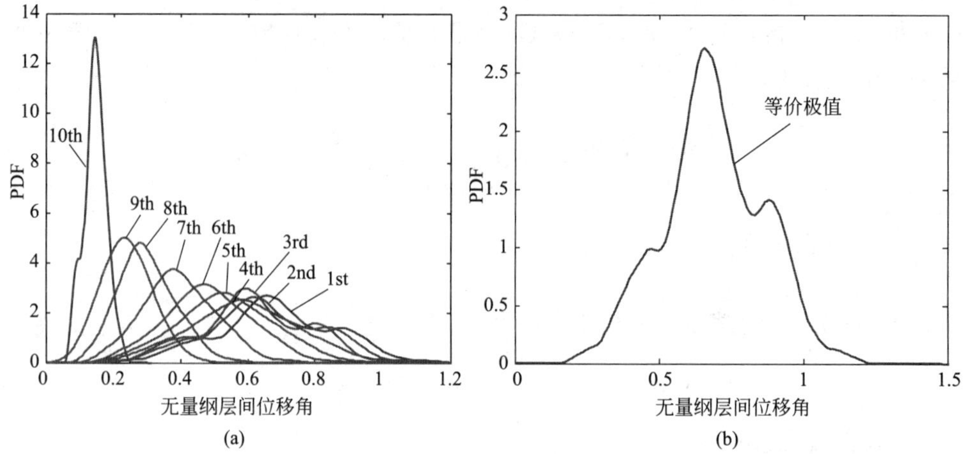

图 18-7　极值分布与等价极值的分布

(a)各层间位移绝对值最大值的概率密度；(b)10 个层间位移绝对值等价极值的概率密度

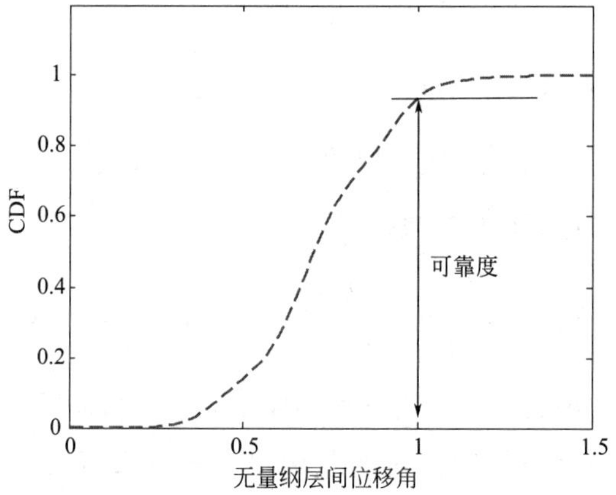

图 18-8　等价极值事件计算结构的整体可靠度

习　题

18-1　首次超越破坏问题可靠度 $R(t)=\Pr\{X(\tau)\in\Omega_s,0\leqslant\tau\leqslant t\}$ 与 $\widetilde{R}(t)=\Pr\{X(t)\in\Omega_s\}$ 有何不同?

18-2　风险率函数与跨越过程的期望穿越率之间有何异同?

18-3　若破坏阈值(安全域边界)是随机的，能否用概率密度函数的吸收边界条件方法?

18-4　以两个极值事件的情况为例，试证明等价极值事件原理。

第 19 章　结构随机最优控制

结构随机最优控制是结构动力学与随机最优控制理论的交叉研究方向。随机最优控制以随机过程与最优控制理论为基础，以随机动力系统为研究对象，20 世纪 60 年代兴盛于电子信息工程、机械工程、航空航天工程等领域，一般关注随机扰动(随机激励或量测噪声)下系统的状态调控。而在土木工程领域的发展，则是在 20 世纪 70 年代之后。与机械工程、航空航天工程等领域的需求不同，土木工程结构尺寸大，环境作用复杂，安全性、适用性、耐久性问题突出，特别是遭受的灾害性动力作用具有发生时间、空间和强度上的显著随机性。经典随机最优控制理论将随机扰动数学形式化为高斯白噪声过程，这与工程结构灾害性动力作用如地震、台风、巨浪等特性相去甚远。本章将从结构振动控制的基本理论出发，介绍经典随机最优控制和在概率密度演化理论基础上发展的物理随机最优控制，并结合第 18 章的结构动力可靠度分析，讨论基于可靠度的结构控制优化设计理论与方法。

§19.1　结构振动控制理论

结构振动控制是通过在结构上安装特定的装置或构件迁移、消耗、吸收或补给能量，以减小或调节主体结构的响应。根据结构控制系统实施过程中是否需要提供外加能源及所需能源功率大小，结构振动控制一般可以分为被动控制、主动控制、半主动控制和混合控制❶。

19.1.1　结构被动控制

结构被动控制一般是改变结构或构件的刚度、阻尼、质量等参数来降低结构的动力响应。通过改变这些参数，可以调整结构或构件的自振频率、耗散振源输入的能量，也可以调整能量在主体结构和附属结构间的分配。被动控制技术由于不需要外部能量输入、造价低廉、维护简单，因此在工程上应用广泛。结构被动控制通常分为：基础隔震、吸振和耗能减振。

1. 基础隔震

基础隔震(Base Isolation，简称 BI)，是一类理论成熟、实践效果良好的结构振动控制

❶ 这是目前较为普遍接受的结构振动控制分类方式，详见参考文献[72]：Housner, et al, 1997；参考文献[33]：欧进萍，2003.

技术。其基本原理是在上部结构与下部支承或基础之间设置某种隔震装置，通过改变结构系统的自振周期使其远离地震动的卓越周期，达到减小上部结构响应的目的。同时，施加限位阻尼装置防止隔震层发生过大变形而失效，如图 19-1(a)所示。

不失一般性，采用多质点基础隔震体系动力分析模型模拟基础隔震结构，如图 19-1(b)所示。

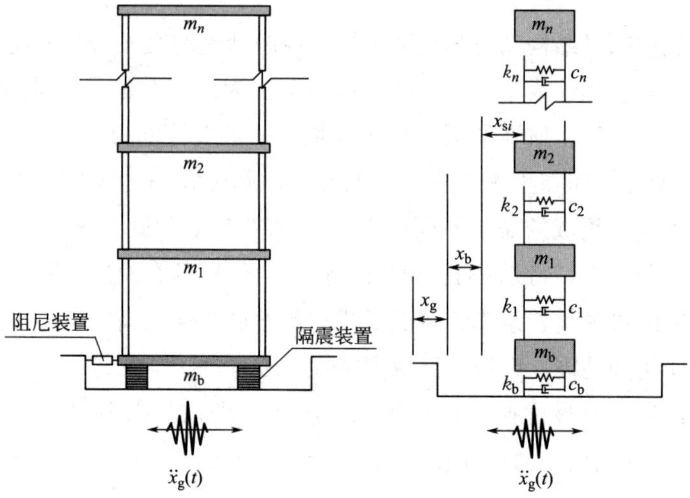

图 19-1　基础隔震结构及其多质点基础隔震体系动力分析模型

(a)基础隔震结构；(b)多质点基础隔震体系动力分析模型

显然，上部结构第 i 层的地震位移响应为

$$x_i = x_g + x_b + x_{si} \tag{19-1}$$

根据 D'Alembert 原理，可得隔震结构体系的运动方程：

$$m_b(\ddot{x}_g + \ddot{x}_b) + \sum_{i=1}^{n} m_i(\ddot{x}_g + \ddot{x}_b + \ddot{x}_{si}) + c_b\dot{x}_b + k_b x_b = 0 \tag{19-2}$$

同时，上部结构的相对运动方程为

$$\boldsymbol{M}\ddot{\boldsymbol{X}}_s + \boldsymbol{C}\dot{\boldsymbol{X}}_s + \boldsymbol{K}\boldsymbol{X}_s = -\boldsymbol{M}\boldsymbol{I}(\ddot{x}_g + \ddot{x}_b) \tag{19-3}$$

式中，m_b 是隔震层质量；m_i、$\ddot{x}_{si}$ 是第 i 层质量和相对于隔震层的加速度；c_b、k_b 是隔震层的等效阻尼系数和等效刚度；$\ddot{x}_g$ 是地面运动加速度；$\ddot{x}_b$、$\dot{x}_b$、x_b 分别为隔震层相对于地面的加速度、速度和位移；$\ddot{\boldsymbol{X}}_s$、$\dot{\boldsymbol{X}}_s$、$\boldsymbol{X}_s$ 分别为上部结构相对于隔震层的加速度、速度和位移向量；$\boldsymbol{I}$ 是 n 维单位列向量；$\boldsymbol{M}$、$\boldsymbol{C}$、$\boldsymbol{K}$ 是上部结构的质量、阻尼和刚度矩阵，即

$$\boldsymbol{M}=\begin{bmatrix} m_1 & & & & \\ & m_2 & & & \\ & & \ddots & & \\ & & & m_{n-1} & \\ & & & & m_n \end{bmatrix} \tag{19-4a}$$

$$\boldsymbol{C}=\begin{bmatrix} c_1+c_2 & -c_2 & & & \\ -c_2 & c_2+c_3 & -c_3 & & \\ & -c_3 & \ddots & \ddots & \\ & & \ddots & c_{n-1}+c_n & -c_n \\ & & & -c_n & c_n \end{bmatrix} \tag{19-4b}$$

$$\boldsymbol{K}=\begin{bmatrix} k_1+k_2 & -k_2 & & & \\ -k_2 & k_2+k_3 & -k_3 & & \\ & -k_3 & \ddots & \ddots & \\ & & \ddots & k_{n-1}+k_n & -k_n \\ & & & -k_n & k_n \end{bmatrix} \tag{19-4c}$$

根据上部结构的质量矩阵 $\boldsymbol{M}$ 和刚度矩阵 $\boldsymbol{K}$，求解特征值问题 $\boldsymbol{K\Phi}=\boldsymbol{M\Phi\Lambda}$，得到隔震结构的频率(特征值)谱矩阵 $\boldsymbol{\Lambda}=\mathrm{diag}[\omega_1^2,\omega_2^2,\cdots,\omega_n^2]$， 以及对应的振型(特征向量)矩阵 $\boldsymbol{\Phi}$。同时，引入广义坐标 $\boldsymbol{q}$， 则结构位移响应为

$$\boldsymbol{X}_{\mathrm{s}}=\boldsymbol{\Phi q} \tag{19-5}$$

将式(19-5)代入式(19-3)，并将方程两边左乘 $\boldsymbol{\Phi}^{\mathrm{T}}$， 得到

$$\boldsymbol{M}^*\ddot{\boldsymbol{q}}+\boldsymbol{C}^*\dot{\boldsymbol{q}}+\boldsymbol{K}^*\boldsymbol{q}=-\boldsymbol{\Phi}^{\mathrm{T}}\boldsymbol{MI}(\ddot{x}_{\mathrm{g}}+\ddot{x}_{\mathrm{b}}) \tag{19-6}$$

式中 $\boldsymbol{M}^*=\boldsymbol{\Phi}^{\mathrm{T}}\boldsymbol{M\Phi}$，$\boldsymbol{C}^*=\boldsymbol{\Phi}^{\mathrm{T}}\boldsymbol{C\Phi}$，$\boldsymbol{K}^*=\boldsymbol{\Phi}^{\mathrm{T}}\boldsymbol{K\Phi}$。

对应于任一阶振型(如第 j 阶振型)的方程为

$$\ddot{q}_j+2\xi_j\omega_j\dot{q}_j+\omega_j^2q_j=-\sum_{i=1}^{n}\phi_{ij}m_i(\ddot{x}_{\mathrm{g}}+\ddot{x}_{\mathrm{b}}) \tag{19-7}$$

式中，ξ_j 为第 j 阶振型的阻尼比，ϕ_{ij} 为振型矩阵 $\boldsymbol{\Phi}$ 的元素。

根据式(19-7)，由 Duhamel 积分可得

$$q_j=-\frac{\beta_j}{\omega_{\mathrm{D}j}}\int_0^t[\ddot{x}_{\mathrm{g}}(\tau)+\ddot{x}_{\mathrm{b}}(\tau)]\,\mathrm{e}^{-\xi_j\omega_j(t-\tau)}\sin\omega_{\mathrm{D}j}(t-\tau)\mathrm{d}\tau \tag{19-8}$$

其中 $\beta_j=\sum_{i=1}^{n}\phi_{ij}m_i$， $\omega_{\mathrm{D}j}=\omega_j\sqrt{1-\xi_j^2}$。

将式(19-8)代入式(19-5)中，可得隔震结构第 i 层的位移响应

$$x_{si}=-\sum_{j=1}^{n}\frac{\phi_{ij}\beta_j}{\omega_{Dj}}\int_0^t[\ddot{x}_g(\tau)+\ddot{x}_b(\tau)]\,e^{-\xi_j\omega_j(t-\tau)}\sin\omega_{Dj}(t-\tau)d\tau \tag{19-9a}$$

相应的速度和加速度响应如下

$$\dot{x}_{si}=-\sum_{j=1}^{n}\frac{\omega_j\phi_{ij}\beta_j}{\omega_{Dj}}\int_0^t[\ddot{x}_g(\tau)+\ddot{x}_b(\tau)]\,e^{-\xi_j\omega_j(t-\tau)}\cos[\omega_{Dj}(t-\tau)+\theta_j]\,d\tau \tag{19-9b}$$

$$\ddot{x}_{si}=-\sum_{j=1}^{n}\phi_{ij}\beta_j[\ddot{x}_g(t)+\ddot{x}_b(t)]+\sum_{j=1}^{n}\frac{\omega_j^2\phi_{ij}\beta_j}{\omega_{Dj}}\int_0^t[\ddot{x}_g(\tau)+\ddot{x}_b(\tau)]\,e^{-\xi_j\omega_j(t-\tau)}\cos[\omega_{Dj}(t-\tau)-\Psi_j]\,d\tau \tag{19-9c}$$

式中 $\theta_j=\arctan\frac{\xi_j}{\sqrt{1-\xi_j^2}}$，$\Psi_j=\arctan\frac{1-2\xi_j^2}{2\xi_j\sqrt{1-\xi_j^2}}$。

将式(19-9c)代入式(19-2)，得到

$$m_b(\ddot{x}_g+\ddot{x}_b)+\sum_{i=1}^{n}m_i(\ddot{x}_g+\ddot{x}_b)-\sum_{j=1}^{n}\overline{M}_j(\ddot{x}_g+\ddot{x}_b)+\sum_{j=1}^{n}\frac{\omega_j^2\overline{M}_j}{\omega_{Dj}}\int_0^t[\ddot{x}_g(\tau)+\ddot{x}_b(\tau)]\,e^{-\xi_j\omega_j(t-\tau)}\cos[\omega_{Dj}(t-\tau)-\Psi_j]\,d\tau+c_b\dot{x}_b+k_bx_b=0 \tag{19-10}$$

式中 $\overline{M}_j=\sum_{i=1}^{n}\phi_{ij}m_i\beta_j$。

采用数值方法求解式(19-10)，即可得到隔震层与地面之间的水平相对位移 x_b、速度 $\dot{x}_b$ 和加速度 $\ddot{x}_b$，并用式(19-9)求得 x_{si}、$\dot{x}_{si}$、$\ddot{x}_{si}$。进一步，由式(19-1)求得隔震结构任何一层的地震响应 x_i、$\dot{x}_i$、$\ddot{x}_i$。

2. 调谐质量阻尼器控制

调谐质量阻尼器(Tuned Mass Damper，简称 TMD)控制，一般是在结构顶层或上部设置质量块，并通过配置弹簧、阻尼器等元件连接到结构，形成结构-TMD 减振系统。其减振的基本原理是：当结构-TMD 系统遭受动力作用时，TMD 质量块相对结构运动产生的恢复力，反向施加给结构形成抑制结构运动的阻尼作用，使结构振动响应衰减。

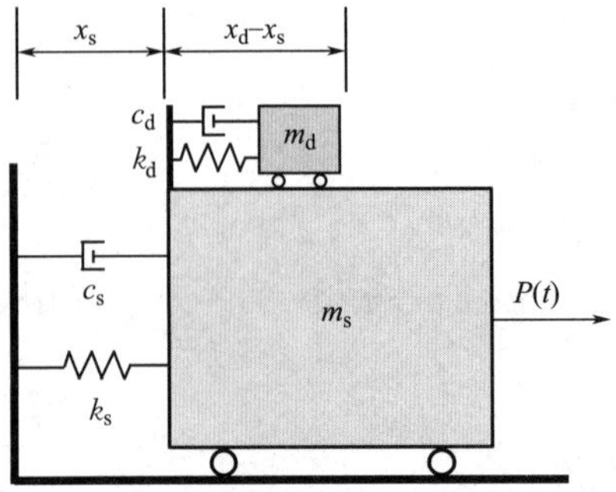

图 19-2　主结构-阻尼器结构系统示意图

在 TMD 控制分析时，通常将被控结构称为主结构，TMD 称为阻尼器结构，并将主结构等效为单自由度，形成如图 19-2 所示的两自由度系统。为表达方便，将主结构与阻尼器结构的质量、阻尼系数和刚度分别表示为 m_i、c_i 和 k_i，当 i=s 为主结构，而 i=d 为阻尼器结构。由此，主结构-阻尼器结构系统的动力学方程可以描述为

$$\begin{cases} m_s\ddot{x}_s + c_s\dot{x}_s + k_s x_s - c_d(\dot{x}_d - \dot{x}_s) - k_d(x_d - x_s) = P(t) \\ m_d\ddot{x}_d + c_d(\dot{x}_d - \dot{x}_s) + k_d(x_d - x_s) = 0 \end{cases} \tag{19-11}$$

假设荷载为简谐激励 $P(t)=\overline{P}e^{i\omega t}$，则有如下位移响应解

$$x_s = \overline{x}_s e^{i\omega t}, \quad x_d = \overline{x}_d e^{i\omega t} \tag{19-12}$$

其中，$\overline{P}$ 为简谐激励幅值；$\overline{x}_s$、$\overline{x}_d$ 分别为主结构和阻尼器结构响应的位移幅值。

将简谐激励、位移响应解的表达式代入式(19-11)，同时不考虑主结构阻尼，可得

$$\overline{x}_s = \frac{\overline{P}(k_d - m_d\omega^2 + ic_d\omega)}{[(k_s - m_s\omega^2)(k_d - m_d\omega^2) - m_d k_d\omega^2] + ic_d\omega(k_s - m_s\omega^2 - m_d\omega^2)} \tag{19-13}$$

于是，主结构响应的位移幅值与主结构静位移的比值为

$$\left|\frac{\overline{x}_s}{Y_{st}}\right| = \sqrt{\frac{(2\xi f\lambda)^2 + (f^2 - \lambda^2)^2}{(2\xi f\lambda)^2[(1+\mu)f^2 - 1]^2 + [\mu\lambda^2 f^2 - (f^2 - 1)(f^2 - \lambda^2)]^2}} \tag{19-14}$$

式中，Y_{st} 为荷载幅值 $\overline{P}$ 作用下的主结构静位移，$Y_{st} = \overline{P}/k_s$；$f$ 为激励频率与主结构频率之比，$f = \omega/\omega_s$；ξ 为阻尼器结构的阻尼系数与其临界阻尼系数之比，$\xi = c_d/c_{cr}$，$c_{cr} = 2m_d\omega_d$；μ 为阻尼器结构与主结构的质量比，$\mu = m_d/m_s$；λ 为阻尼器结构与主结构的频率比，$\lambda = \omega_d/\omega_s$。

为了达到最佳的减振目的，通常对主结构-阻尼器结构系统的质量比 μ、阻尼比 ξ 和频率比 λ 进行优化。综合考虑经济性和有效性，质量比 μ 一般控制在[0.01，0.05]范围内，阻尼器结构频率与主结构频率相同或接近。图 19-3 给出了典型质量比 μ、阻尼比 ξ 和频率比 λ 条件下阻尼器结构对主结构振动幅值的影响，其中横坐标为激励频率与主结构频率之比 ω/ω_s，纵坐标为 $|\overline{x}_s/Y_{st}|$。

图 19-3(a)中，在阻尼比 $\xi=0.1$ 和频率比 $\lambda=1.0$ 条件下，随着质量比 μ 增加，振幅比曲线分布越宽，表明 TMD 减振频带宽、具有更好的性能。图 19-3(b)中，在频率比 $\lambda=1.0$ 和质量比 $\mu=0.05$ 条件下，不同阻尼比 ξ 的振幅比曲线总是会相交于两个点(这两个交点可以通过调整频率比 λ 作相对上下移动)，而且随着阻尼比 ξ 的增加，减振频带拓宽。图 19-3(c)中，在阻尼比 $\xi=0.1$ 和质量比 $\mu=0.05$ 条件下，频率比 λ 越接近 1.0，减振频带越宽。因此，主结构-阻尼器结构质量比 μ、阻尼比 ξ 和频率比 λ 都将显著影响结构减振效果。

当图 19-3(b)中两个交点处的值相等(振幅比相同)且切线斜率为零时，可导出以主结构位移控制为目的的 TMD 最优设计参数，即最优设计频率比 λ 和阻尼比 ξ 的解析表达式为[1]

---

[1] 这里最优设计频率比 λ 和阻尼比 ξ 根据简谐激励下、不考虑主结构阻尼、以主结构位移控制为目的的解析方法得到，详见参考文献[73]：Den Hartog，1956。而简谐激励下、不考虑主结构阻尼、以主结构速度及加速度控制为目的或白噪声激励下的最优设计频率比 λ 和阻尼比 ξ，详见参考文献[74]：Warburton，1982.

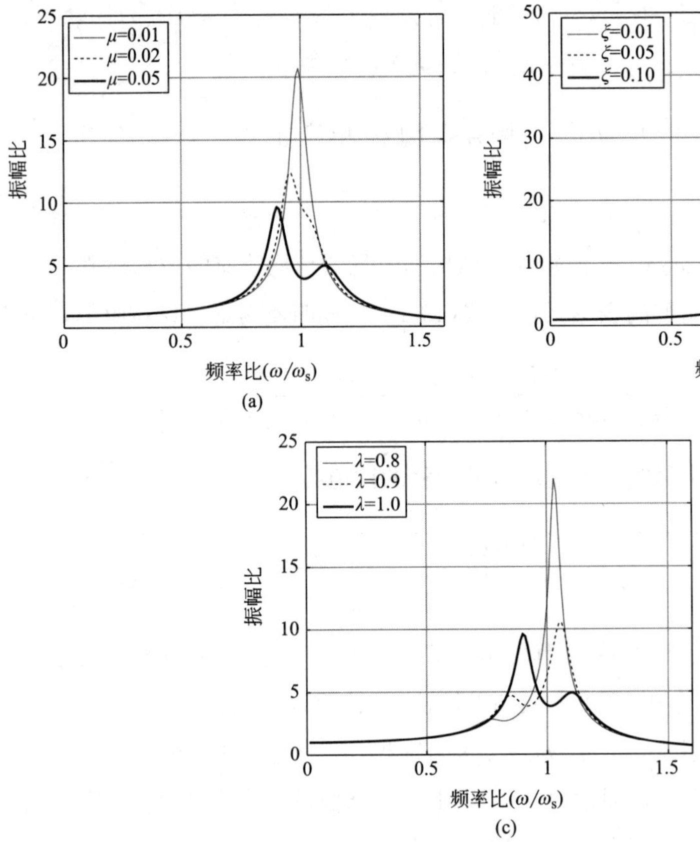

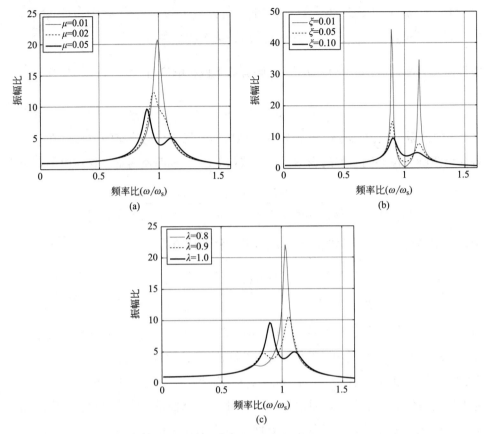

图 19-3　典型参数条件下阻尼器结构对主结构振动幅值的影响

(a)不同质量比 μ（$\xi=0.1$，$\lambda=1.0$）；(b)不同阻尼比 ξ（$\lambda=1.0$，$\mu=0.05$）；

(c)不同频率比 λ（$\xi=0.1$，$\mu=0.05$）

$$\begin{cases} \lambda_{\text{opt}}=\dfrac{1}{1+\mu} \\ \xi_{\text{opt}}=\sqrt{\dfrac{3\mu}{8(1+\mu)}} \end{cases} \tag{19-15}$$

3. 黏滞阻尼器控制

黏滞阻尼器(Viscous Damper，简称 VD)控制，一般是在结构层间设置黏滞阻尼器，当结构层间发生相对运动时，黏滞阻尼器缸筒内流体通过阻尼孔产生节流阻尼，从而减小结构的振动响应。黏滞阻尼器是一类速度相关型阻尼器，具有高耗能、对温度不敏感、减振频带宽等特点。附加黏滞阻尼器的多自由度结构系统的运动方程可表示为

$$\boldsymbol{M}\ddot{\boldsymbol{X}}(t)+\boldsymbol{C}\dot{\boldsymbol{X}}(t)+\dot{\boldsymbol{K}}\boldsymbol{X}(t)+\boldsymbol{f}(\dot{\boldsymbol{X}}(t))=\boldsymbol{P}(t) \tag{19-16}$$

式中，$\boldsymbol{M}$、$\boldsymbol{C}$ 和 $\boldsymbol{K}$ 分别表示结构的质量、阻尼和刚度矩阵；$\boldsymbol{X}$、$\dot{\boldsymbol{X}}$ 和 $\ddot{\boldsymbol{X}}$ 分别表示结构的位移、速度和加速度向量；$\boldsymbol{P}(t)$ 表示荷载向量；$\boldsymbol{f}(\dot{\boldsymbol{X}}(t))$ 是附加的黏滞阻尼力向量，即

$$f(\dot{\boldsymbol{X}}(t))=\boldsymbol{S}\left[\left|\boldsymbol{T}_{\dot{X}}\right|^{\alpha}\times\operatorname{sgn}(\boldsymbol{T}_{\dot{X}})\right]=\begin{bmatrix}c_{D,1} & -c_{D,2} & 0 & \cdots & 0 & 0\\ 0 & c_{D,2} & -c_{D,3} & \cdots & 0 & 0\\ 0 & 0 & c_{D,3} & \cdots & 0 & 0\\ \vdots & \vdots & \vdots & \ddots & \vdots & \vdots\\ 0 & 0 & 0 & \cdots & c_{D,n-1} & -c_{D,n}\\ 0 & 0 & 0 & \cdots & 0 & c_{D,n}\end{bmatrix}$$

$$\cdot\left(\left|\begin{bmatrix}1 & 0 & 0 & \cdots & 0 & 0\\ -1 & 1 & 0 & \cdots & 0 & 0\\ 0 & -1 & 1 & \cdots & 0 & 0\\ \vdots & \vdots & \vdots & \ddots & \vdots & \vdots\\ 0 & 0 & 0 & \cdots & 1 & 0\\ 0 & 0 & 0 & \cdots & -1 & 1\end{bmatrix}\begin{Bmatrix}\dot{X}_1\\ \dot{X}_2\\ \dot{X}_3\\ \vdots\\ \dot{X}_{n-1}\\ \dot{X}_n\end{Bmatrix}\right|^{\alpha}\times\operatorname{sgn}\left(\begin{bmatrix}1 & 0 & 0 & \cdots & 0 & 0\\ -1 & 1 & 0 & \cdots & 0 & 0\\ 0 & -1 & 1 & \cdots & 0 & 0\\ \vdots & \vdots & \vdots & \ddots & \vdots & \vdots\\ 0 & 0 & 0 & \cdots & 1 & 0\\ 0 & 0 & 0 & \cdots & -1 & 1\end{bmatrix}\begin{Bmatrix}\dot{X}_1\\ \dot{X}_2\\ \dot{X}_3\\ \vdots\\ \dot{X}_{n-1}\\ \dot{X}_n\end{Bmatrix}\right)\right) \tag{19-17}$$

式中，$\boldsymbol{S}$ 表示阻尼系数矩阵；$c_{D,j}$ $(j=1,2,\cdots,n)$ 表示结构第 j 层设置黏滞阻尼器的总阻尼系数大小；$\boldsymbol{T}_{\dot{X}}$ 表示层间速度向量；α 表示阻尼指数。

由于附加黏滞阻尼器的结构系统一般具有刚性特征，因此常规的时程积分格式，如 Newmark 方法，往往难以胜任。事实上，对于刚性特征系统的求解，向后差分法(Backward Differentiation Formulas，BDF)往往具有良好效果，其扩展形式为

$$\sum_{j=1}^{k}\frac{1}{j}\nabla^{j}x_{n+1}=hf(t_{n+1},x_{n+1})+\kappa\gamma_{k}(x_{n+1}-x_{n+1}^{(0)}) \tag{19-18}$$

其中

$$\gamma_{k}=\sum_{j=1}^{k}\frac{1}{j},\quad x_{n+1}-x_{n+1}^{(0)}=\nabla^{k+1}x_{n+1} \tag{19-19}$$

式中，$\nabla^{j}x_{n}=\nabla^{j-1}x_{n}-\nabla^{j-1}x_{n-1}$ 表示向后差分，$\nabla^{0}x_{n}=x_{n}$；k 为计算阶数；h 为差分步长；κ 为标量参数，当 $\kappa=0$，式(19-18)即为经典的 BDF 格式。

从式(19-18)不难看出，求解非线性系统的向后差分法尽管精确，但其涉及多步求解，不适于结构-黏滞阻尼器系统的迭代优化与设计。在工程实践中，往往采用等效线性化方法，通过某种准则将原非线性系统等效为线性系统，使得两者的响应相等或在可接受的误差范围内，其中应用最广泛的是耗能等效线性化方法。

耗能等效线性化方法的等效准则为：等效线性系统与原非线性系统的附加黏滞阻尼器耗能相等。基于耗能等效准则导出的附加等效阻尼比 $\xi_{k}^{(E\text{-}E)}$ ❶

❶ 详见参考文献[75]：Seleemah & Constantinou，1997.

$$\xi_k^{(\text{E-E})}=\frac{T_k^{2-\alpha}\sum_j c_{\text{D},j}\chi\left[(u_{k,j}-u_{k,j-1})\cos\theta_j\right]^{1+\alpha}}{(2\pi)^{3-\alpha}A_k^{1-\alpha}\sum_i m_i u_{k,i}^2} \tag{19-20}$$

其中

$$\chi=2^{2+\alpha}\frac{\Gamma^2(1+\alpha/2)}{\Gamma(2+\alpha)} \tag{19-21}$$

式中，T_k 为第k 阶振型的周期；θ_j 为第j 层黏滞阻尼器倾角；$u_{k,j}$ 为第k 阶振型时第j 层振型位移；m_i 为第i 层的质量；A_k 为第k 阶振型的最大分量值(具有位移的量纲)，简称振型最大位移值；$\Gamma(\cdot)$ 为伽马函数，即 $\Gamma(z)=\int_0^{\infty}(t^{z-1}/\mathrm{e}^t)\mathrm{d}t$。

不难看出，基于耗能等效准则的附加等效阻尼比公式(19-20)中包含了结构第 k 阶振型最大位移A_k，求解等效阻尼比 $\xi_k^{(\text{E-E})}$ 需要求解振型最大位移A_k，而求解振型最大位移A_k 同时又需要求解等效阻尼比，因此耗能等效线性化方法需要通过迭代求解。

在耗能等效线性化方法中，假定了结构响应为谐波过程，这显然与实际工程结构在地震或风荷载作用下的结构响应特征不一致。非线性系统求解的另一个思路是采用随机等价线性化方法(即统计线性化技术，Statistical Linearization Technique)，假定结构响应是平稳高斯随机过程，使等价线性系统与原非线性系统的差异在均方意义上最小。根据这一原理，多自由度系统的等效振型阻尼比为❶

$$\xi_k^{(\text{S-E})}=\eta_k\rho(\alpha)\left[\frac{G_{\tilde{F}_k(t)}(\omega)}{(\xi_k^{(\text{S-E})}+\xi_k)\omega_k}\right]^{(\alpha-1)/2} \tag{19-22}$$

式中，$\rho(\alpha)=\Gamma(1+\alpha/2)\sqrt{2^{3-\alpha}\pi^{\alpha-2}}$；$G_{\tilde{F}_k(t)}(\omega)$ 为第 k 阶振型的广义激励荷载 $\tilde{F}_k(t)=\boldsymbol{\phi}_k^{\mathrm{T}}\boldsymbol{F}(t)/(\boldsymbol{\phi}_k^{\mathrm{T}}\boldsymbol{M}\boldsymbol{\phi}_k)$ 的单边功率谱，$\boldsymbol{\phi}_k$ 为第 k 阶振型向量；$\eta_k=q_k/(2\overline{M}_{k,k}\omega_k)$，$q_k=\sum_{j=1}^{n}(c_{\text{D},j}\Delta_j^{(k)}+c_{\text{D},j+1}\Delta_{j+1}^{(k)})u_{k,j}^2-2\sum_{j=2}^{n}c_{\text{D},j}\Delta_j^{(k)}u_{k,j}u_{k,j-1}$，$\Delta_j^{(k)}=|u_{k,j}-u_{k,j-1}|^{\alpha-1}$，$\overline{M}_{k,k}$ 为第 k 阶振型质量；ω_k 为第k 阶振型频率。

与耗能等效线性化方法相比，随机等价线性化方法具有更高的精度和更好的鲁棒性❷。

19.1.2 结构主动控制

结构主动控制是通过对结构提供某种补偿力使得结构振动响应减小。它通常需要实时量测或估计某些物理量，然后根据设定的控制律计算控制力并驱动作动器对结构施加作用力。结构主动控制系统的逻辑组成如图 19-4 所示。

---

❶ 详见参考文献[76]：Di Paola & Navarra，2009.

❷ 详见参考文献[77]：Chen，Zeng & Peng，2017.

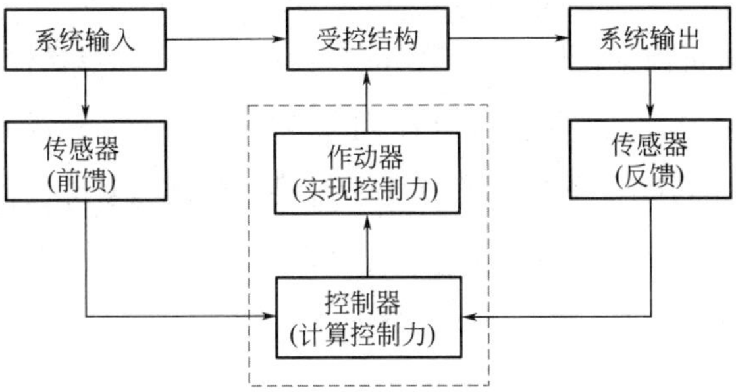

图 19-4 结构主动控制系统的逻辑组成

1. 结构控制系统的数学描述

具有 n 个自由度的结构系统在激励作用下的运动方程可表示为

$$\begin{cases} \boldsymbol{M}\ddot{\boldsymbol{X}}(t)+\boldsymbol{C}\dot{\boldsymbol{X}}(t)+\boldsymbol{K}\boldsymbol{X}(t)=\boldsymbol{D}_{\mathrm{s}}\boldsymbol{F}(t) \\ \boldsymbol{X}(t_0)=\boldsymbol{X}_0, \quad \dot{\boldsymbol{X}}(t_0)=\dot{\boldsymbol{X}}_0 \end{cases} \tag{19-23}$$

式中，$\boldsymbol{X}$ 是结构位移向量；$\boldsymbol{M}$、$\boldsymbol{C}$、$\boldsymbol{K}$ 分别是结构质量、阻尼和刚度矩阵；$\boldsymbol{F}(t)$是激励向量，$\boldsymbol{D}_{\mathrm{s}}$ 是激励位置矩阵；$\boldsymbol{X}(t_0)$ 和 $\dot{\boldsymbol{X}}(t_0)$ 分别是结构的初始位移向量和初始速度向量。

为了控制结构响应，在结构上安装 p 个控制装置，控制装置提供给结构的控制力为 $\boldsymbol{U}(t)$， 相应的控制装置位置矩阵为 $\boldsymbol{B}_{\mathrm{s}}$， 因此受控结构的运动方程可以表示为

$$\boldsymbol{M}\ddot{\boldsymbol{X}}(t)+\boldsymbol{C}\dot{\boldsymbol{X}}(t)+\boldsymbol{K}\boldsymbol{X}(t)=\boldsymbol{B}_{\mathrm{s}}\boldsymbol{U}(t)+\boldsymbol{D}_{\mathrm{s}}\boldsymbol{F}(t) \tag{19-24}$$

将运动方程(19-24)改写成状态方程的形式：

$$\begin{cases} \dot{\boldsymbol{Z}}(t)=\boldsymbol{A}\boldsymbol{Z}(t)+\boldsymbol{B}\boldsymbol{U}(t)+\boldsymbol{D}\boldsymbol{F}(t), \ \boldsymbol{Z}(t_0)=\boldsymbol{Z}_0 \\ \boldsymbol{Y}(t)=\boldsymbol{C}_0\boldsymbol{Z}(t)+\boldsymbol{B}_0\boldsymbol{U}(t)+\boldsymbol{D}_0\boldsymbol{F}(t) \end{cases} \tag{19-25}$$

其中

$$\boldsymbol{Z}=\begin{bmatrix}\boldsymbol{X}\\ \dot{\boldsymbol{X}}\end{bmatrix}_{2n\times 1}, \boldsymbol{A}=\begin{bmatrix}\boldsymbol{0} & \boldsymbol{I}\\ -\boldsymbol{M}^{-1}\boldsymbol{K} & -\boldsymbol{M}^{-1}\boldsymbol{C}\end{bmatrix}_{2n\times 2n}, \boldsymbol{B}=\begin{bmatrix}\boldsymbol{0}\\ \boldsymbol{M}^{-1}\boldsymbol{B}_{\mathrm{s}}\end{bmatrix}_{2n\times p}, \boldsymbol{D}=\begin{bmatrix}\boldsymbol{0}\\ \boldsymbol{M}^{-1}\boldsymbol{D}_{\mathrm{s}}\end{bmatrix}_{2n\times r} \tag{19-26}$$

式中，$\boldsymbol{Z}(t)$ 表示受控系统式(19-24)的状态向量；$\boldsymbol{Y}$ 为观测输出向量；$\boldsymbol{C}_0$、$\boldsymbol{B}_0$ 和 $\boldsymbol{D}_0$ 分别为结构系统的状态、控制力和干扰输出矩阵；$\boldsymbol{0}$ 和 $\boldsymbol{I}$ 分别是零矩阵和单位矩阵。

2. 线性二次调节器控制

对于线性系统，选取系统状态和控制力的二次型函数的积分作为性能指标的最优控制问题，称为**线性二次调节器**(Linear Quadratic Regulator，简写为 LQR)控制。

定义受控线性系统的二次型性能泛函为

$$J=\frac{1}{2}\int_{t_0}^{\infty}\left[\boldsymbol{Z}^{\mathrm{T}}(t)\boldsymbol{Q}\boldsymbol{Z}(t)+\boldsymbol{U}^{\mathrm{T}}(t)\boldsymbol{R}\boldsymbol{U}(t)\right]\mathrm{d}t \tag{19-27}$$

式中，$\boldsymbol{Q} \in \mathbb{R}^{2n\times 2n}$ 为半正定状态权矩阵，$\boldsymbol{R} \in \mathbb{R}^{p\times p}$ 为正定控制力权矩阵，$\mathbb{R}$ 为 Enclidean 空间。

系统状态最优控制问题是在无限时间区间(t_0, ∞)内，寻找最优控制力$\boldsymbol{U}(t)$，将系统从初始状态 $\boldsymbol{Z}_0$ 转移到零状态附近，使式(19-27)定义的性能泛函取极小值，并满足式(19-25)的约束条件。因此，系统状态最优控制问题是泛函条件极值问题。

根据 Lagrange 乘子法，引入乘子向量$\boldsymbol{\lambda}(t) \in \mathbb{R}^{2n}$，可将约束泛函极值问题转化为无约束泛函极值问题。因此，取 Lagrange 函数为

$$J = \int_{t_0}^{\infty}\left\{\frac{1}{2}[\boldsymbol{Z}^{\mathrm{T}}(t)\boldsymbol{Q}\boldsymbol{Z}(t) + \boldsymbol{U}^{\mathrm{T}}(t)\boldsymbol{R}\boldsymbol{U}(t)] + \boldsymbol{\lambda}^{\mathrm{T}}[\boldsymbol{A}\boldsymbol{Z}(t) + \boldsymbol{B}\boldsymbol{U}(t) - \dot{\boldsymbol{Z}}(t)]\right\}\mathrm{d}t \tag{19-28}$$

采用变分法，求解上述系统状态控制的最优化问题。由于

$$\int_{t_0}^{\infty}\boldsymbol{\lambda}^{\mathrm{T}}\dot{\boldsymbol{Z}}\mathrm{d}t = \boldsymbol{\lambda}^{\mathrm{T}}\boldsymbol{Z}\Big|_{t_0}^{\infty} - \int_{t_0}^{\infty}\dot{\boldsymbol{\lambda}}^{\mathrm{T}}\boldsymbol{Z}\mathrm{d}t \tag{19-29}$$

因此，将式(19-29)代入式(19-28)得

$$J = \int_{t_0}^{\infty}[H(\boldsymbol{Z},\boldsymbol{U},\boldsymbol{\lambda},t) + \dot{\boldsymbol{\lambda}}^{\mathrm{T}}\boldsymbol{Z}]\,\mathrm{d}t - \boldsymbol{\lambda}^{\mathrm{T}}\boldsymbol{Z}\Big|_{t_0}^{\infty} \tag{19-30}$$

式中，$H[\cdot]$为 Hamilton 函数，即

$$H(\boldsymbol{Z},\boldsymbol{U},\boldsymbol{\lambda},t) = \frac{1}{2}(\boldsymbol{Z}^{\mathrm{T}}\boldsymbol{Q}\boldsymbol{Z} + \boldsymbol{U}^{\mathrm{T}}\boldsymbol{R}\boldsymbol{U}) + \boldsymbol{\lambda}^{\mathrm{T}}(\boldsymbol{A}\boldsymbol{Z} + \boldsymbol{B}\boldsymbol{U}) \tag{19-31}$$

考虑一阶微量，得到变分增量关系为

$$\begin{aligned}\delta J &= \delta J_{Z} + \delta J_{U} + \delta J_{\lambda}\\ &= \int_{t_0}^{\infty}\left[\delta\boldsymbol{Z}^{\mathrm{T}}\left(\frac{\partial H}{\partial \boldsymbol{Z}} + \dot{\boldsymbol{\lambda}}\right) + \delta\boldsymbol{U}^{\mathrm{T}}\frac{\partial H}{\partial \boldsymbol{U}} + \delta\boldsymbol{\lambda}^{\mathrm{T}}\left(\frac{\partial H}{\partial \boldsymbol{\lambda}} - \dot{\boldsymbol{Z}}\right)\right]\mathrm{d}t - \delta\boldsymbol{Z}^{\mathrm{T}}\boldsymbol{\lambda}\Big|_{t_0}^{\infty}\end{aligned} \tag{19-32}$$

由于 $\delta\boldsymbol{Z}$、$\delta\boldsymbol{U}$ 和 $\delta\boldsymbol{\lambda}$ 的任意性，得到泛函 J 取极小值的必要条件为

$$\frac{\partial H}{\partial \boldsymbol{Z}} + \dot{\boldsymbol{\lambda}} = \boldsymbol{0} \tag{19-33a}$$

$$\frac{\partial H}{\partial \boldsymbol{U}} = \boldsymbol{0} \tag{19-33b}$$

$$\frac{\partial H}{\partial \boldsymbol{\lambda}} - \dot{\boldsymbol{Z}} = \boldsymbol{0} \tag{19-33c}$$

$$\delta\boldsymbol{Z}^{\mathrm{T}}\boldsymbol{\lambda}\,\big|_{t_0}^{\infty} = \boldsymbol{0} \tag{19-33d}$$

考虑到初始端固定，有 $\delta\boldsymbol{Z}\big|_{t_0} = \boldsymbol{0}$，而当 $t \to \infty$ 时，$\delta\boldsymbol{Z} \neq \boldsymbol{0}$。于是，有

$$\boldsymbol{\lambda}(t)\big|_{t\to\infty} = \boldsymbol{0} \tag{19-34}$$

将式(19-31)分别代入式(19-33a)和式(19-33b)，得到

$$\dot{\boldsymbol{\lambda}} = -\frac{\partial H}{\partial \boldsymbol{Z}} = -\boldsymbol{Q}\boldsymbol{Z} - \boldsymbol{A}^{\mathrm{T}}\boldsymbol{\lambda} \tag{19-35}$$

$$\frac{\partial H}{\partial \boldsymbol{U}} = \boldsymbol{R}\boldsymbol{U} + \boldsymbol{B}^{\mathrm{T}}\boldsymbol{\lambda} = \boldsymbol{0} \tag{19-36}$$

由于 $\boldsymbol{R}$ 为正定矩阵，根据式(19-36)可得

$$\boldsymbol{U}(t) = -\boldsymbol{R}^{-1}\boldsymbol{B}^{\mathrm{T}}\boldsymbol{\lambda}(t) \tag{19-37}$$

可见，由式(19-37)确定的 $\boldsymbol{U}(t)$ 是 $\boldsymbol{\lambda}(t)$ 的线性函数。为了使 $\boldsymbol{U}(t)$ 能由状态反馈实现，应建立 $\boldsymbol{\lambda}(t)$ 与 $\boldsymbol{Z}(t)$ 之间的线性变换关系。于是，可设

$$\boldsymbol{\lambda}(t) = \boldsymbol{P}(t)\boldsymbol{Z}(t) \tag{19-38}$$

式中 $\boldsymbol{P}(t) \in \mathbb{R}^{2n\times 2n}$。

将式(19-38)代入式(19-37)，得到

$$\boldsymbol{U}(t) = -\boldsymbol{R}^{-1}\boldsymbol{B}^{\mathrm{T}}\boldsymbol{P}(t)\boldsymbol{Z}(t) \tag{19-39}$$

即有

$$\boldsymbol{U}(t) = -\boldsymbol{G}\boldsymbol{Z}(t) \tag{19-40}$$

式中，$\boldsymbol{G} = \boldsymbol{R}^{-1}\boldsymbol{B}^{\mathrm{T}}\boldsymbol{P}(t) \in \mathbb{R}^{p\times 2n}$，为最优状态反馈**增益矩阵**。

根据式(19-33c)以及式(19-31)，并利用式(19-39)，可得

$$\dot{\boldsymbol{Z}}(t) = \boldsymbol{A}\boldsymbol{Z}(t) - \boldsymbol{B}\boldsymbol{R}^{-1}\boldsymbol{B}^{\mathrm{T}}\boldsymbol{P}(t)\boldsymbol{Z}(t) \tag{19-41}$$

再将式(19-38)代入式(19-35)，并注意到式(19-41)，得到

$$[\dot{\boldsymbol{P}}(t) + \boldsymbol{P}(t)\boldsymbol{A} + \boldsymbol{A}^{\mathrm{T}}\boldsymbol{P}(t) - \boldsymbol{P}(t)\boldsymbol{B}\boldsymbol{R}^{-1}\boldsymbol{B}^{\mathrm{T}}\boldsymbol{P}(t) + \boldsymbol{Q}]\boldsymbol{Z}(t) = \boldsymbol{0} \tag{19-42}$$

由于 $\boldsymbol{Z}(t)$ 取值的任意性，则有

$$\dot{\boldsymbol{P}}(t) + \boldsymbol{P}(t)\boldsymbol{A} + \boldsymbol{A}^{\mathrm{T}}\boldsymbol{P}(t) - \boldsymbol{P}(t)\boldsymbol{B}\boldsymbol{R}^{-1}\boldsymbol{B}^{\mathrm{T}}\boldsymbol{P}(t) + \boldsymbol{Q} = \boldsymbol{0} \tag{19-43}$$

根据控制的意义，当 $t\rightarrow\infty$ 时系统状态充分接近零状态，但不是零状态。因此，由式(19-33d)和式(19-38)可得

$$\boldsymbol{P}(t)\big|_{t\rightarrow\infty} = \boldsymbol{0} \tag{19-44}$$

式(19-43)称为 **Riccati 矩阵微分方程**，$\boldsymbol{P}(t)$ 称为 **Riccati 矩阵函数**。

通常，难以得到 Riccati 矩阵微分方程的解析解，一般求解最优控制的稳态解，即求解 Riccati 矩阵代数方程。当 $t\rightarrow\infty$ 时，终值条件 $\boldsymbol{P}(t)\big|_{t\rightarrow\infty} = \boldsymbol{0}$，因此，其导数项为零。由 Riccati 矩阵各元素的变化性质可知，对于 $t\rightarrow\infty$ 时的无限时间最优控制问题，有 $\dot{\boldsymbol{P}}(t) = 0$，而 $\boldsymbol{P}(t) = \boldsymbol{P}$。由此，$\boldsymbol{P}$ 是如下 Riccati 矩阵代数方程的解：

$$\boldsymbol{P}\boldsymbol{A} + \boldsymbol{A}^{\mathrm{T}}\boldsymbol{P} - \boldsymbol{P}\boldsymbol{B}\boldsymbol{R}^{-1}\boldsymbol{B}^{\mathrm{T}}\boldsymbol{P} + \boldsymbol{Q} = \boldsymbol{0} \tag{19-45}$$

而式(19-41)可写成为

$$\dot{\boldsymbol{Z}}(t)=(\boldsymbol{A}-\boldsymbol{B}\boldsymbol{R}^{-1}\boldsymbol{B}^{\mathrm{T}}\boldsymbol{P})\boldsymbol{Z}(t) \tag{19-46}$$

因此，对于 $t\to\infty$ 时的无限时间最优控制是全状态反馈，形成的闭环控制系统是定常系统。

将式(19-40)展开得到

$$\boldsymbol{U}(t)=-\boldsymbol{G}\boldsymbol{Z}(t)=-[\boldsymbol{G}_K\quad \boldsymbol{G}_C]\begin{Bmatrix}\boldsymbol{X}(t)\\ \dot{\boldsymbol{X}}(t)\end{Bmatrix}=-\boldsymbol{G}_K\boldsymbol{X}(t)-\boldsymbol{G}_C\dot{\boldsymbol{X}}(t) \tag{19-47}$$

将上式代入式(19-24)得到

$$\boldsymbol{M}\ddot{\boldsymbol{X}}(t)+\boldsymbol{C}\dot{\boldsymbol{X}}(t)+\boldsymbol{K}\boldsymbol{X}(t)=\boldsymbol{B}_{\mathrm{s}}[-\boldsymbol{G}_K\boldsymbol{X}(t)-\boldsymbol{G}_C\dot{\boldsymbol{X}}(t)]+\boldsymbol{D}_{\mathrm{s}}\boldsymbol{F}(t) \tag{19-48}$$

即

$$\boldsymbol{M}\ddot{\boldsymbol{X}}(t)+(\boldsymbol{C}+\boldsymbol{B}_{\mathrm{s}}\boldsymbol{G}_C)\dot{\boldsymbol{X}}(t)+(\boldsymbol{K}+\boldsymbol{B}_{\mathrm{s}}\boldsymbol{G}_K)\boldsymbol{X}(t)=\boldsymbol{D}_{\mathrm{s}}\boldsymbol{F}(t) \tag{19-49}$$

可以看出，结构最优状态反馈控制的实质是通过调整结构的刚度和阻尼实现控制目标。在线性二次调节器控制设计时，权矩阵 $\boldsymbol{Q}$ 和 $\boldsymbol{R}$ 对控制效果和控制力具有显著的影响。一般而言，$\boldsymbol{Q}$ 越大，受控结构响应越小，控制效果越好；$\boldsymbol{R}$ 越大，则控制力越小，控制效果越差。

§ 19.2　经典随机最优控制

经典随机最优控制是以系统随机振动或量测噪声条件下的某性能泛函指标最小化为准则，通过最优控制算法求解，获得使随机系统处于预期状态的最优控制律。

在状态空间中，考察一般受控随机动力系统

$$\dot{\boldsymbol{Z}}(t)=\boldsymbol{g}[\boldsymbol{Z}(t),\boldsymbol{U}(t),\boldsymbol{w}(t),t],\quad \boldsymbol{Z}(t_0)=\boldsymbol{z}_0 \tag{19-50}$$

系统输出方程为

$$\hat{\boldsymbol{Z}}(t)=\boldsymbol{h}[\boldsymbol{Z}(t),\boldsymbol{U}(t),\boldsymbol{w}(t),t] \tag{19-51}$$

系统量测方程为

$$\boldsymbol{Y}(t)=\boldsymbol{j}[\hat{\boldsymbol{Z}}(t),\boldsymbol{n}(t),t] \tag{19-52}$$

式中，$\boldsymbol{Z}(t)$ 是 $2n$ 维状态向量，$\hat{\boldsymbol{Z}}(t)$ 是 m 维输出向量，$\boldsymbol{U}(t)$ 是 r 维控制力向量，$\boldsymbol{w}(t)$ 是 s 维随机激励向量，$\boldsymbol{n}(t)$ 是 m 维量测噪声向量，$\boldsymbol{Y}(t)$ 是 m 维量测向量，$\boldsymbol{g}(\cdot)$ 是表征系统状态演化的 $2n$ 维向量泛函；$\boldsymbol{h}(\cdot)$ 和 $\boldsymbol{j}(\cdot)$ 分别是表征系统输出与量测的 m 维向量泛函，依赖于传感器的数目。

为便于问题的处理，在经典随机最优控制理论中通常假定外加激励和量测噪声为加性

高斯白噪声过程，白噪声过程具有如下特性

$$E[\boldsymbol{w}(t)]=\boldsymbol{0},\quad E[\boldsymbol{w}(t)\boldsymbol{w}^{\mathrm{T}}(\tau)]=\boldsymbol{W}(t)\delta(t-\tau) \tag{19-53a}$$

$$E[\boldsymbol{n}(t)]=\boldsymbol{0},\quad E[\boldsymbol{n}(t)\boldsymbol{n}^{\mathrm{T}}(\tau)]=\boldsymbol{N}(t)\delta(t-\tau) \tag{19-53b}$$

式中，$\boldsymbol{W}(t)=[W_{ij}(t)]_{s\times s}$ 和 $\boldsymbol{N}(t)=[N_{ij}(t)]_{m\times m}$ 均为对称、半正定的谱密度矩阵。

由于外加激励和量测噪声为随机过程，系统状态和输出也为随机过程，随机最优控制的性能泛函一般表示为 Bolza 形式的期望

$$J=E\left[\phi[\boldsymbol{Z}(t_{\mathrm{f}}),t_{\mathrm{f}}]+\int_{t_0}^{t_{\mathrm{f}}}L[\boldsymbol{Z}(t),\boldsymbol{U}(t),t]\mathrm{d}t\right] \tag{19-54}$$

式中，$E[\cdot]$ 表示期望算子；$\phi[\cdot]$ 表示终端性能函数；$L[\cdot]$ 表示运行性能函数；t_0 表示初始时间；t_{f} 表示终端时间；$\boldsymbol{Z}(t_{\mathrm{f}})$ 表示终端状态。

采用 Lagrange 乘子法，上述约束泛函极值问题可转化为无约束泛函极值问题

$$J=E[\phi(\boldsymbol{Z}(t_{\mathrm{f}}),t_{\mathrm{f}})]+\int_{t_0}^{t_{\mathrm{f}}}\{H[\boldsymbol{Z}(t),\boldsymbol{U}(t),\boldsymbol{\lambda}(t),t]-E[\boldsymbol{\lambda}^{\mathrm{T}}(t)\dot{\boldsymbol{Z}}(t)]\}\,\mathrm{d}t \tag{19-55}$$

其中

$$H[\boldsymbol{Z}(t),\boldsymbol{U}(t),\boldsymbol{\lambda}(t),t]=E[L(\boldsymbol{Z}(t),\boldsymbol{U}(t),t)]+E[\boldsymbol{\lambda}^{\mathrm{T}}(t)\dot{\boldsymbol{Z}}(t)]$$

式中，$H[\cdot]$ 为 Hamilton 函数。

基于变分法的性能泛函 J 最小化，其必要条件即为 **Pontryagin 极大值原理**[1]：若 $\boldsymbol{U}^*(t)$ 是最优控制，$\boldsymbol{Z}^*(t)$ 是对应于最优控制的最优轨线，那么必定存在协态向量 $\boldsymbol{\lambda}^*(t)$，使得在随机激励 $\boldsymbol{w}(t)$ 作用下 $\boldsymbol{U}^*(t)$、$\boldsymbol{Z}^*(t)$ 和 $\boldsymbol{\lambda}^*(t)$ 共同满足下列条件

$$\boldsymbol{\lambda}(t_{\mathrm{f}})=\left(\frac{\partial\phi[\boldsymbol{Z}(t_{\mathrm{f}}),t_{\mathrm{f}}]}{\partial\boldsymbol{Z}}\right)^{\mathrm{T}} \tag{19-56a}$$

$$\dot{\boldsymbol{\lambda}}(t)=-\left(\frac{\partial H[\boldsymbol{Z}^*(t),\boldsymbol{U}^*(t),\boldsymbol{\lambda}^*(t),t]}{\partial\boldsymbol{Z}}\right)^{\mathrm{T}} \tag{19-56b}$$

$$\frac{\partial H[\boldsymbol{Z}^*(t),\boldsymbol{U}^*(t),\boldsymbol{\lambda}^*(t),t]}{\partial\boldsymbol{U}}=\boldsymbol{0} \tag{19-56c}$$

式(19-56a)～式(19-56c)共同构成了随机最优控制的 **Euler-Lagrange 方程**。

由式(19-54)，有

$$\dot{\boldsymbol{Z}}(t)=\frac{\partial H[\boldsymbol{Z}^*(t),\boldsymbol{U}^*(t),\boldsymbol{\lambda}^*(t),t]}{\partial\boldsymbol{\lambda}^{\mathrm{T}}} \tag{19-57}$$

式(19-56b)为协态方程，式(19-57)为状态方程，两者合称为 Hamilton 正则方程组。联立方程(19-56)与方程(19-57)，即可得到最优控制力与状态量之间的函数关系式。

下面，基于 Bellman 最优性原理，定义 Hamilton 函数

---

[1] 详见参考文献[78]：Liberzon，2012.

$$H[\boldsymbol{Z}^*(t),\boldsymbol{U}(t),t]=L[\boldsymbol{Z}^*(t),\boldsymbol{U}(t),t]+E\left[\frac{\partial V[\boldsymbol{Z}^*(t),t]}{\partial \boldsymbol{Z}}\dot{\boldsymbol{Z}}(t)+\frac{1}{2}\dot{\boldsymbol{Z}}^{\mathrm{T}}(t)\frac{\partial^2 V[\boldsymbol{Z}^*(t),t]}{\partial \boldsymbol{Z}\partial \boldsymbol{Z}^{\mathrm{T}}}\dot{\boldsymbol{Z}}(t)\right] \tag{19-58}$$

式中，$V[\cdot]$为最优值函数，则

$$\frac{\partial V[\boldsymbol{Z}^*(t),t]}{\partial t}=-\min_{\boldsymbol{U}}\{H[\boldsymbol{Z}^*(t),\boldsymbol{U}(t),t]\} \tag{19-59}$$

上式即为随机背景下的 **Hamilton-Jacobi-Bellman 方程**(HJB 方程)。

利用 HJB 方程求解时，首先通过式(19-59)的右端最小化得到最优控制律，进而与状态-控制方程式(19-50)联合求解系统的控制增益和响应。

具体地，考虑具有 Itô 型随机微分方程的受控线性随机动力系统

$$\dot{\boldsymbol{Z}}(t)=\boldsymbol{A}\boldsymbol{Z}(t)+\boldsymbol{B}\boldsymbol{U}(t)+\boldsymbol{L}\boldsymbol{w}(t) \tag{19-60}$$

式中 $\boldsymbol{A}=[A_{ij}]_{n\times n}$、$\boldsymbol{B}=[B_{ij}]_{n\times r}$ 和 $\boldsymbol{L}=[L_{ij}]_{n\times s}$ 分别表示系统矩阵、控制增益影响矩阵和白噪声激励影响矩阵；$\boldsymbol{w}(t)$ 为白噪声激励。

在性能泛函中，终端函数和 Lagrange 乘子分别定义为二次型式

$$\phi[\boldsymbol{Z}(t_{\mathrm{f}}),t_{\mathrm{f}}]=\frac{1}{2}\boldsymbol{Z}^{\mathrm{T}}(t_{\mathrm{f}})\boldsymbol{S}(t_{\mathrm{f}})\boldsymbol{Z}(t_{\mathrm{f}}) \tag{19-61}$$

$$L[\boldsymbol{Z}(t),\boldsymbol{U}(t),t]=\frac{1}{2}[\boldsymbol{Z}^{\mathrm{T}}(t)\boldsymbol{Q}\boldsymbol{Z}(t)+\boldsymbol{U}^{\mathrm{T}}(t)\boldsymbol{R}\boldsymbol{U}(t)] \tag{19-62}$$

式中，$\boldsymbol{S}(t_{\mathrm{f}})$ 和 $\boldsymbol{Q}$ 均为半正定、对称状态权矩阵；$\boldsymbol{R}$ 为正定、对称控制力权矩阵。

将式(19-61)和式(19-62)代入式(19-58)，并利用 Itô 随机微分方程特性，可获得 Hamilton 函数如下

$$\begin{aligned}H[\boldsymbol{Z}^*(t),\boldsymbol{U}(t),t]=&\frac{1}{2}(\boldsymbol{Z}^{*\mathrm{T}}\boldsymbol{Q}\boldsymbol{Z}^*+\boldsymbol{U}^{\mathrm{T}}\boldsymbol{R}\boldsymbol{U})\\&+E\left[\frac{\partial V}{\partial \boldsymbol{Z}}(\boldsymbol{A}\boldsymbol{Z}^*+\boldsymbol{B}\boldsymbol{U}+\boldsymbol{L}\boldsymbol{w})+\frac{1}{2}(\boldsymbol{A}\boldsymbol{Z}^*+\boldsymbol{B}\boldsymbol{U}+\boldsymbol{L}\boldsymbol{w})^{\mathrm{T}}\frac{\partial^2 V}{\partial \boldsymbol{Z}\partial \boldsymbol{Z}^{\mathrm{T}}}(\boldsymbol{A}\boldsymbol{Z}^*+\boldsymbol{B}\boldsymbol{U}+\boldsymbol{L}\boldsymbol{w})\right]\\=&\frac{1}{2}(\boldsymbol{Z}^{*\mathrm{T}}\boldsymbol{Q}\boldsymbol{Z}^*+\boldsymbol{U}^{\mathrm{T}}\boldsymbol{R}\boldsymbol{U})+\frac{\partial V}{\partial \boldsymbol{Z}}(\boldsymbol{A}\boldsymbol{Z}^*+\boldsymbol{B}\boldsymbol{U})+\frac{1}{2}\mathrm{Tr}\left(\frac{\partial^2 V}{\partial \boldsymbol{Z}\partial \boldsymbol{Z}^{\mathrm{T}}}\boldsymbol{L}\boldsymbol{W}\boldsymbol{L}^{\mathrm{T}}\right)\end{aligned} \tag{19-63}$$

式中，$\mathrm{Tr}(\cdot)$ 表示矩阵的迹，$\boldsymbol{X}^{\mathrm{T}}\boldsymbol{A}\boldsymbol{X}=\mathrm{Tr}(\boldsymbol{A}\boldsymbol{X}\boldsymbol{X}^{\mathrm{T}})$。

假定最优值函数形式为

$$V[\boldsymbol{Z}(t),t]=\frac{1}{2}\boldsymbol{Z}^{\mathrm{T}}(t)\boldsymbol{S}(t)\boldsymbol{Z}(t)+v(t) \tag{19-64}$$

式中，$v(t)$ 为随机最优控制相对于确定性最优控制的校正项。

从式(19-64)不难看出，最优值函数的终端条件为

$$V[\boldsymbol{Z}(t_{\mathrm{f}}),t_{\mathrm{f}}]=\frac{1}{2}\boldsymbol{Z}^{\mathrm{T}}(t_{\mathrm{f}})\boldsymbol{S}(t_{\mathrm{f}})\boldsymbol{Z}(t_{\mathrm{f}}) \tag{19-65}$$

同时

$$\frac{\partial V}{\partial \boldsymbol{Z}}=\boldsymbol{Z}^{\mathrm{T}}(t)\boldsymbol{S}(t),\quad \frac{\partial^2 V}{\partial \boldsymbol{Z}\partial \boldsymbol{Z}^{\mathrm{T}}}=\boldsymbol{S}(t) \tag{19-66}$$

于是，式(19-59)表示为

$$\frac{\partial V}{\partial t}=-\min_{\boldsymbol{U}}\frac{1}{2}\{[\boldsymbol{Z}^{*\mathrm{T}}\boldsymbol{Q}\boldsymbol{Z}^{*}+\boldsymbol{U}^{\mathrm{T}}\boldsymbol{R}\boldsymbol{U}]+2\boldsymbol{Z}^{\mathrm{T}}\boldsymbol{S}[\boldsymbol{A}\boldsymbol{Z}^{*}+\boldsymbol{B}\boldsymbol{U}]+\mathrm{Tr}(\boldsymbol{SLWL}^{\mathrm{T}})\} \tag{19-67}$$

式(19-67)的右端最小化需满足 $\partial H/\partial \boldsymbol{U}=\boldsymbol{0}$，则有

$$\boldsymbol{U}(t)=-\boldsymbol{R}^{-1}\boldsymbol{B}^{\mathrm{T}}\boldsymbol{S}(t)\boldsymbol{Z}(t) \tag{19-68}$$

将式(19-68)和式(19-64)代入式(19-67)，有

$$\begin{aligned}\frac{\partial V}{\partial t}&=\frac{1}{2}\boldsymbol{Z}^{\mathrm{T}}(t)\dot{\boldsymbol{S}}(t)\boldsymbol{Z}(t)+\dot{v}(t)\\&=-\frac{1}{2}\{[\boldsymbol{Z}^{\mathrm{T}}\boldsymbol{Q}\boldsymbol{Z}+\boldsymbol{Z}^{\mathrm{T}}\boldsymbol{SBR}^{-1}\boldsymbol{B}^{\mathrm{T}}\boldsymbol{SZ}]+2\boldsymbol{Z}^{\mathrm{T}}\boldsymbol{S}[(\boldsymbol{A}-\boldsymbol{BR}^{-1}\boldsymbol{B}^{\mathrm{T}}\boldsymbol{S})\boldsymbol{Z}]+\mathrm{Tr}(\boldsymbol{SLWL}^{\mathrm{T}})\}\\&=-\frac{1}{2}\boldsymbol{Z}^{\mathrm{T}}[\boldsymbol{Q}+2\boldsymbol{SA}-\boldsymbol{SBR}^{-1}\boldsymbol{B}^{\mathrm{T}}\boldsymbol{S}]\boldsymbol{Z}-\frac{1}{2}\mathrm{Tr}(\boldsymbol{SLWL}^{\mathrm{T}})\end{aligned} \tag{19-69}$$

比较系数项，可得

$$\dot{\boldsymbol{S}}(t)=-\boldsymbol{Q}-2\boldsymbol{SA}+\boldsymbol{SBR}^{-1}\boldsymbol{B}^{\mathrm{T}}\boldsymbol{S} \tag{19-70}$$

$$\dot{v}(t)=-\frac{1}{2}\mathrm{Tr}(\boldsymbol{SLWL}^{\mathrm{T}}) \tag{19-71}$$

考察式(19-70)中的各项，由于 $\boldsymbol{S}(t)$ 为对称矩阵，因此 $\boldsymbol{SA}$ 也为对称矩阵，存在 $\boldsymbol{SA}=\boldsymbol{A}^{\mathrm{T}}\boldsymbol{S}^{\mathrm{T}}=\boldsymbol{A}^{\mathrm{T}}\boldsymbol{S}$，由此

$$\dot{\boldsymbol{S}}(t)=-\boldsymbol{SA}-\boldsymbol{A}^{\mathrm{T}}\boldsymbol{S}+\boldsymbol{SBR}^{-1}\boldsymbol{B}^{\mathrm{T}}\boldsymbol{S}-\boldsymbol{Q} \tag{19-72}$$

这恰为最优控制理论中经典的 Riccati 矩阵微分方程形式。

因此，最优值函数的形式为

$$V[\boldsymbol{Z}(t),t]=\frac{1}{2}\boldsymbol{Z}^{\mathrm{T}}(t)\boldsymbol{S}(t)\boldsymbol{Z}(t)+\frac{1}{2}\int_{t}^{t_{\mathrm{f}}}\mathrm{Tr}(\boldsymbol{S}(\tau)\boldsymbol{LWL}^{\mathrm{T}})\,\mathrm{d}\tau \tag{19-73}$$

事实上，基于 Pontryagin 极大值原理的 Euler-Lagrange 微分方程组式(19-56a)～式(19-56c)也可以导出最优控制律解答。

将 Hamilton 函数式(19-54)代入式(19-56c)，并利用 Itô 随机微分方程特性得到

$$\frac{\partial H}{\partial \boldsymbol{U}}=\boldsymbol{U}^{\mathrm{T}}(t)\boldsymbol{R}+\boldsymbol{\lambda}^{\mathrm{T}}(t)\boldsymbol{B}=\boldsymbol{0} \tag{19-74}$$

由此得到控制力形式

$$\boldsymbol{U}(t)=-\boldsymbol{R}^{-1}\boldsymbol{B}^{\mathrm{T}}\boldsymbol{\lambda}(t) \tag{19-75}$$

由协态方程(19-56b)有

$$\dot{\boldsymbol{\lambda}}(t)=-\left(\frac{\partial H}{\partial \boldsymbol{Z}}\right)^{\mathrm{T}}=-\boldsymbol{QZ}(t)-\boldsymbol{A}^{\mathrm{T}}\boldsymbol{\lambda}(t) \tag{19-76}$$

假定协态向量与状态向量存在如下关系

$$\boldsymbol{\lambda}(t)=\boldsymbol{P}(t)\boldsymbol{Z}(t) \tag{19-77}$$

则控制力为

$$\boldsymbol{U}(t)=-\boldsymbol{R}^{-1}\boldsymbol{B}^{\mathrm{T}}\boldsymbol{P}(t)\boldsymbol{Z}(t) \tag{19-78}$$

可见，由 Pontryagin 极大值原理导出的最优控制律与 Bellman 最优性原理导出的最优控制律形式相同。进而，将式(19-77)代入式(19-76)，有

$$\dot{\boldsymbol{\lambda}}(t)=\dot{\boldsymbol{P}}(t)\boldsymbol{Z}(t)+\boldsymbol{P}(t)\dot{\boldsymbol{Z}}(t)=-\left[\boldsymbol{Q}+\boldsymbol{A}^{\mathrm{T}}\boldsymbol{P}(t)\right]\boldsymbol{Z}(t) \tag{19-79}$$

考虑状态-控制方程式(19-60)，则有

$$\dot{\boldsymbol{P}}(t)=-\boldsymbol{P}(t)\boldsymbol{A}-\boldsymbol{A}^{\mathrm{T}}\boldsymbol{P}(t)+\boldsymbol{P}(t)\boldsymbol{BR}^{-1}\boldsymbol{B}^{\mathrm{T}}\boldsymbol{P}(t)-\boldsymbol{Q} \tag{19-80}$$

式(19-80)即为 **Riccati 矩阵微分方程**，与式(19-72)相一致。

上述基于 Itô 随机微分方程、白噪声激励系统的随机最优控制即为经典的**线性二次高斯**(Linear Quadratic Gaussian，简称为 **LQG**)**控制**。

§ 19.3　物理随机最优控制

19.3.1　基本理论

考察受控随机动力系统

$$\dot{\boldsymbol{Z}}(t)=\boldsymbol{g}[\boldsymbol{Z}(t),\boldsymbol{U}(t),\boldsymbol{\Theta},t],\ \boldsymbol{Z}(t_0)=\boldsymbol{z}_0 \tag{19-81}$$

式中，$\boldsymbol{Z}(t)$ 为 $2n$ 维状态向量，$\boldsymbol{g}(\cdot)$ 为 $2n$ 维向量算子，$\boldsymbol{U}(t)$ 为 r 维控制力向量，$\boldsymbol{\Theta}$ 为表征激励随机性的参数向量。

对于受控随机动力系统，控制力向量的引入必然对系统状态产生影响，而根据反馈控制理论，系统状态反过来影响控制力的调节。因此，控制力向量和系统状态向量的随机性均来源于 $\boldsymbol{\Theta}$，且有如下的形式解答：

$$\boldsymbol{Z}(t)=\boldsymbol{H}_Z(\boldsymbol{\Theta},t),\ \boldsymbol{U}(t)=\boldsymbol{H}_U(\boldsymbol{\Theta},t) \tag{19-82}$$

根据概率守恒原理，增广系统 $(\boldsymbol{Z}(t),\boldsymbol{\Theta})$ 和 $(\boldsymbol{U}(t),\boldsymbol{\Theta})$ 分别满足如下的广义概率密度

演化方程：

$$\frac{\partial p_{Z\boldsymbol{\Theta}}(z,\boldsymbol{\theta},t)}{\partial t}+\dot{Z}(\boldsymbol{\theta},t)\frac{\partial p_{Z\boldsymbol{\Theta}}(z,\boldsymbol{\theta},t)}{\partial z}=0 \tag{19-83}$$

$$\frac{\partial p_{U\boldsymbol{\Theta}}(u,\boldsymbol{\theta},t)}{\partial t}+\dot{U}(\boldsymbol{\theta},t)\frac{\partial p_{U\boldsymbol{\Theta}}(u,\boldsymbol{\theta},t)}{\partial u}=0 \tag{19-84}$$

式中，$Z(t)$ 和 $U(t)$ 分别为 $\boldsymbol{Z}(t)$ 与 $\boldsymbol{U}(t)$ 的分量形式。

上述广义概率密度演化方程(19-83)和方程(19-84)的初始条件分别为

$$p_{Z\boldsymbol{\Theta}}(z,\boldsymbol{\theta},t)\mid_{t=t_0}=\delta(z-z_0)p_{\boldsymbol{\Theta}}(\boldsymbol{\theta}) \tag{19-85}$$

$$p_{U\boldsymbol{\Theta}}(u,\boldsymbol{\theta},t)\mid_{t=t_0}=\delta(u-u_0)p_{\boldsymbol{\Theta}}(\boldsymbol{\theta}) \tag{19-86}$$

式中，z_0 和 u_0 分别为 $Z(t)$ 与 $U(t)$ 的确定性初始值。

在给定的初始条件式(19-85)和式(19-86)下，分别求解广义概率密度演化方程(19-83)和方程(19-84)，得到联合概率密度函数 $p_{Z\boldsymbol{\Theta}}(z,\boldsymbol{\theta},t)$ 和 $p_{U\boldsymbol{\Theta}}(u,\boldsymbol{\theta},t)$。于是，控制系统在任一时刻 $Z(t)$ 和 $U(t)$ 的概率密度函数

$$p_Z(z,t)=\int_{\Omega_{\boldsymbol{\Theta}}}p_{Z\boldsymbol{\Theta}}(z,\boldsymbol{\theta},t)\mathrm{d}\boldsymbol{\theta} \tag{19-87}$$

$$p_U(u,t)=\int_{\Omega_{\boldsymbol{\Theta}}}p_{U\boldsymbol{\Theta}}(u,\boldsymbol{\theta},t)\mathrm{d}\boldsymbol{\theta} \tag{19-88}$$

式中，$\Omega_{\boldsymbol{\Theta}}$ 是 $\boldsymbol{\Theta}$ 的分布区域，$\boldsymbol{\theta}$ 是 $\boldsymbol{\Theta}$ 的样本实现值。

从式(19-83)和式(19-84)可以看出，广义概率密度演化方程揭示了系统物理状态的确定性演化与概率密度演化的本质联系，为基于受控随机动力系统物理方程与概率密度演化方程求解随机最优控制问题提供了基础。为与经典随机最优控制理论相区别，将从概率密度演化的角度对结构性态进行精细化控制的理论称之为**物理随机最优控制理论**。

19.3.2　随机最优控制解答

1. 随机最优控制力导出

采用样本轨道描述，随机系统的物理演化过程可以由确定性样本轨迹反映。因此，随机最优控制系统的控制律可以通过研究受控系统的样本解答给出。考察一般随机激励下受控系统的运动方程

$$\boldsymbol{M}\ddot{\boldsymbol{X}}(t)+\boldsymbol{C}\dot{\boldsymbol{X}}(t)+\boldsymbol{K}\boldsymbol{X}(t)=\boldsymbol{B}_{\mathrm{s}}\boldsymbol{U}(t)+\boldsymbol{D}_{\mathrm{s}}\boldsymbol{F}(\boldsymbol{\Theta},t) \tag{19-89}$$

式中，$\boldsymbol{X}(t)=\boldsymbol{X}(\boldsymbol{\Theta},t)$ 为 n 维位移向量；$\boldsymbol{U}(t)=\boldsymbol{U}(\boldsymbol{\Theta},t)$ 为 p 维控制力向量；$\boldsymbol{F}(\cdot)$ 为 r 维随机激励向量，采用随机过程模拟的降维方法或引入物理随机激励模型的概念，一般随机激励过程可表达为以基本随机向量 $\boldsymbol{\Theta}$ 为参数的随机函数形式(参见**附录 A**)；$\boldsymbol{M}$、$\boldsymbol{C}$ 和 $\boldsymbol{K}$ 分别为 $n\times n$ 阶质量、阻尼和刚度矩阵；$\boldsymbol{B}_{\mathrm{s}}$ 为 $n\times p$ 阶控制力位置矩阵；$\boldsymbol{D}_{\mathrm{s}}$ 为 $n\times r$ 阶激励位置矩阵。

在状态空间，式(19-89)变成为

$$\dot{\boldsymbol{Z}}(t)=\boldsymbol{A}\boldsymbol{Z}(t)+\boldsymbol{B}\boldsymbol{U}(t)+\boldsymbol{D}\boldsymbol{F}(\boldsymbol{\Theta},t),\ \boldsymbol{Z}(t_0)=\boldsymbol{z}_0 \tag{19-90}$$

式中，$\boldsymbol{Z}(t)$ 为 $2n$ 维状态向量，$\boldsymbol{A}$ 为 $2n\times 2n$ 阶系统矩阵，$\boldsymbol{B}$ 为 $2n\times p$ 阶控制力位置矩阵，$\boldsymbol{D}$ 为 $2n\times r$ 阶激励位置矩阵，它们的具体表达式如式(19-26)。

结构随机最优控制通常涉及特定性能泛函的最大化或最小化，而性能泛函的广义形式为位移、速度、加速度和控制力的二次组合。若不考虑加速度对反馈增益的贡献，并忽略状态量和控制力交叉项的影响，从样本轨道角度，随机最优控制的性能泛函可表示为一般的 Bolza 形式

$$J_1(\boldsymbol{\xi},\boldsymbol{\theta})=\frac{1}{2}\boldsymbol{Z}^{\mathrm{T}}(t_{\mathrm{f}})\boldsymbol{P}(t_{\mathrm{f}})\boldsymbol{Z}(t_{\mathrm{f}})+\frac{1}{2}\int_{t_0}^{t_{\mathrm{f}}}[\boldsymbol{Z}^{\mathrm{T}}(t)\boldsymbol{Q}_Z\boldsymbol{Z}(t)+\boldsymbol{U}^{\mathrm{T}}(t)\boldsymbol{R}_U\boldsymbol{U}(t)]\mathrm{d}t \tag{19-91}$$

其中，$\boldsymbol{Q}_Z$ 为 $2n\times 2n$ 阶半正定状态权矩阵，$\boldsymbol{R}_U$ 为 $p\times p$ 阶正定控制力权矩阵，$\boldsymbol{\xi}=\{\boldsymbol{Q}_Z,\boldsymbol{R}_U\}$ 表示控制系统参数向量，$\boldsymbol{\theta}$ 为随机参数 $\boldsymbol{\Theta}$ 的某一实现样本。

注意到在经典 LQG 控制中，性能泛函定义为式(19-91)的期望形式，因此为确定性的值函数，其最小化的物理意义是设定控制律参数条件下使系统状态均方特征量加权最小，由此获得相应的控制增益。然而，经典 LQG 控制依赖于系统输入的高斯白噪声过程假定，对于一般随机系统，与结构响应性态相关的概率密度很难得到，且控制增益在本质上是基于矩特征值的。而这里定义的性能泛函为随机变量，在设定的控制律参数下，泛函最小化将使系统状态的样本解答全局最优、达到数值特征量最小或概率密度形态最佳。由于不需要引入特定的随机过程假设，因而能够获得满足目标结构性态的控制增益。

从样本角度考察式(19-91)的泛函条件极值问题，仍然是根据 Pontryagin 极大值原理构造 Euler-Lagrange 微分方程组，或根据 Bellman 最优性原理推导 Hamilton-Jacobi-Bellman(HJB)方程。根据 Lagrange 乘子法，引入协态向量 $\lambda(t)\in\mathbb{R}^n$，可将上述等式约束式(19-91)泛函极值问题转化为无约束泛函极值问题

$$J_1(\boldsymbol{Z},\boldsymbol{U},\boldsymbol{\lambda},\boldsymbol{F},\boldsymbol{\theta})=\frac{1}{2}\boldsymbol{Z}^{\mathrm{T}}(t_{\mathrm{f}})\boldsymbol{P}(t_{\mathrm{f}})\boldsymbol{Z}(t_{\mathrm{f}})+\int_{t_0}^{t_{\mathrm{f}}}[H(\boldsymbol{Z},\boldsymbol{U},\boldsymbol{\lambda},\boldsymbol{F},\boldsymbol{\theta},t)-\boldsymbol{\lambda}^{\mathrm{T}}(t)\dot{\boldsymbol{Z}}(t)]\mathrm{d}t \tag{19-92}$$

式中，Hamilton 函数包含激励项，即

$$\begin{aligned}H(\boldsymbol{Z},\boldsymbol{U},\boldsymbol{\lambda},\boldsymbol{F},\boldsymbol{\theta},t)=&\frac{1}{2}[\boldsymbol{Z}^{\mathrm{T}}(t)\boldsymbol{Q}_Z\boldsymbol{Z}(t)+\boldsymbol{U}^{\mathrm{T}}(t)\boldsymbol{R}_U\boldsymbol{U}(t)]\\&+\boldsymbol{\lambda}^{\mathrm{T}}(t)[\boldsymbol{A}\boldsymbol{Z}(t)+\boldsymbol{B}\boldsymbol{U}(t)+\boldsymbol{D}\boldsymbol{F}(\boldsymbol{\theta},t)]\end{aligned} \tag{19-93}$$

泛函 $J_1(\boldsymbol{Z},\boldsymbol{U},\boldsymbol{\lambda},\boldsymbol{F},\boldsymbol{\theta})$ 极小的必要条件为 Pontryagin 极大值原理。基于 Pontryagin 极大值原理的 Euler-Lagrange 微分方程式(19-56a)～式(19-56c)，得到

$$\frac{\partial H}{\partial \boldsymbol{U}}=\boldsymbol{R}_U\boldsymbol{U}(t)+\boldsymbol{B}^{\mathrm{T}}\boldsymbol{\lambda}(t)=\boldsymbol{0} \tag{19-94}$$

由此可得

$$\boldsymbol{U}(t)=-\boldsymbol{R}_U^{-1}\boldsymbol{B}^{\mathrm{T}}\boldsymbol{\lambda}(t) \tag{19-95}$$

由协态方程式(19-56b)有

$$\dot{\boldsymbol{\lambda}}(t)=-\left(\frac{\partial H}{\partial \boldsymbol{Z}}\right)^{\mathrm{T}}=-\boldsymbol{Q}_Z\boldsymbol{Z}(t)-\boldsymbol{A}^{\mathrm{T}}\boldsymbol{\lambda}(t) \tag{19-96}$$

对于一般的闭-开环控制系统，为了使 $\boldsymbol{U}(t)$ 能由状态反馈和输入前馈同时实现，可以建立 $\boldsymbol{\lambda}(t)$ 与 $\boldsymbol{Z}(t)$ 和 $\boldsymbol{F}(\boldsymbol{\theta},t)$ 的线性变换关系

$$\boldsymbol{\lambda}(t)=\boldsymbol{P}(t)\boldsymbol{Z}(t)+\boldsymbol{S}(t)\boldsymbol{F}(\boldsymbol{\theta},t) \tag{19-97}$$

式中，$\boldsymbol{P}(t)$ 和 $\boldsymbol{S}(t)$ 为待求矩阵，且存在

$$\boldsymbol{P}(t_{\mathrm{f}})=\boldsymbol{S}(t_{\mathrm{f}})=\boldsymbol{0} \tag{19-98}$$

将式(19-97)代入式(19-95)，得到控制力

$$\boldsymbol{U}(t)=-\boldsymbol{R}_U^{-1}\boldsymbol{B}^{\mathrm{T}}\boldsymbol{P}(t)\boldsymbol{Z}(t)-\boldsymbol{R}_U^{-1}\boldsymbol{B}^{\mathrm{T}}\boldsymbol{S}(t)\boldsymbol{F}(\boldsymbol{\theta},t) \tag{19-99}$$

为了确定式(19-99)中矩阵 $\boldsymbol{P}(t)$ 和 $\boldsymbol{S}(t)$。将式(19-97)代入式(19-96)，得到

$$\begin{aligned}&\dot{\boldsymbol{P}}(t)\boldsymbol{Z}(t)+\boldsymbol{P}(t)\dot{\boldsymbol{Z}}(t)+\dot{\boldsymbol{S}}(t)\boldsymbol{F}(\boldsymbol{\theta},t)+\boldsymbol{S}(t)\dot{\boldsymbol{F}}(\boldsymbol{\theta},t)\\&\quad=-\left[\boldsymbol{Q}_Z+\boldsymbol{A}^{\mathrm{T}}\boldsymbol{P}(t)\right]\boldsymbol{Z}(t)-\boldsymbol{A}^{\mathrm{T}}\boldsymbol{S}(t)\boldsymbol{F}(\boldsymbol{\theta},t)\end{aligned} \tag{19-100}$$

进一步，考虑式(19-90)和式(19-99)，则有

$$\begin{aligned}&\left[\dot{\boldsymbol{P}}(t)+\boldsymbol{P}(t)\boldsymbol{A}+\boldsymbol{A}^{\mathrm{T}}\boldsymbol{P}(t)-\boldsymbol{P}(t)\boldsymbol{B}\boldsymbol{R}_U^{-1}\boldsymbol{B}^{\mathrm{T}}\boldsymbol{P}(t)+\boldsymbol{Q}_Z\right]\boldsymbol{Z}(t)\\&=-\left[\dot{\boldsymbol{S}}(t)+\boldsymbol{A}^{\mathrm{T}}\boldsymbol{S}(t)-\boldsymbol{P}(t)\boldsymbol{B}\boldsymbol{R}_U^{-1}\boldsymbol{B}^{\mathrm{T}}\boldsymbol{S}(t)+\boldsymbol{P}(t)\boldsymbol{D}\right]\boldsymbol{F}(\boldsymbol{\theta},t)-\boldsymbol{S}(t)\dot{\boldsymbol{F}}(\boldsymbol{\theta},t)\end{aligned} \tag{19-101}$$

式(19-101)表明，对于连续时间、考虑输入前馈的控制系统，$\boldsymbol{P}(t)$、$\boldsymbol{S}(t)$ 均依赖于 $\boldsymbol{F}(\boldsymbol{\theta},t)$ 和 $\boldsymbol{Z}(t)$，需要根据实际量测的数据进行在线计算，不能构造出如状态反馈系统中 $\boldsymbol{P}(t)$ 与 $\boldsymbol{Z}(t)$ 解耦的形式。事实上，结构随机最优控制的核心是控制律及其参数的设计，而设计准则恰恰是依赖于结构响应性态的，在概率意义上蕴含了外加激励的影响。因此，在随机最优控制增益中可以略去外加激励相关项，形成状态反馈的闭环控制。此时，相应的 Riccati 方程为

$$\dot{\boldsymbol{P}}(t)=-\boldsymbol{P}(t)\boldsymbol{A}-\boldsymbol{A}^{\mathrm{T}}\boldsymbol{P}(t)+\boldsymbol{P}(t)\boldsymbol{B}\boldsymbol{R}_U^{-1}\boldsymbol{B}^{\mathrm{T}}\boldsymbol{P}(t)-\boldsymbol{Q}_Z \tag{19-102}$$

如 19.1.2 节所述，$\boldsymbol{P}(t)$ 在 t_0 以后比较长的时间段内保持稳态解，在接近于 t_{f} 时进入瞬态解并迅速变化为零，当 $t_{\mathrm{f}}\rightarrow\infty$，瞬态解的起始时刻向 t_{f} 推移。因此，在有限时间内，$\boldsymbol{P}(t)$ 等于稳态解 $\boldsymbol{P}$，有 $\dot{\boldsymbol{P}}(t)=\boldsymbol{0}$。$\boldsymbol{P}$ 是如下形式的 Riccati 矩阵代数方程的解

$$\boldsymbol{P}\boldsymbol{A}+\boldsymbol{A}^{\mathrm{T}}\boldsymbol{P}-\boldsymbol{P}\boldsymbol{B}\boldsymbol{R}_U^{-1}\boldsymbol{B}^{\mathrm{T}}\boldsymbol{P}+\boldsymbol{Q}_Z=\boldsymbol{0} \tag{19-103}$$

定义状态反馈增益矩阵

$$\boldsymbol{G}_Z=\boldsymbol{R}_U^{-1}\boldsymbol{B}^{\mathrm{T}}\boldsymbol{P} \tag{19-104}$$

由此，得到闭环控制系统的反馈控制力

$$\boldsymbol{U}(\boldsymbol{\theta},t)=-\boldsymbol{G}_Z\boldsymbol{Z}(\boldsymbol{\theta},t) \tag{19-105}$$

因此，在形式上，反馈控制力式(19-105)与线性二次调节器(LQR)控制力式(19-40)相一致。

将结构控制系统式(19-90)中状态 $\boldsymbol{Z}(t)$ 和控制力 $\boldsymbol{U}(t)$ 的物理解答代入广义概率密度演化方程(19-83)和方程(19-84)中，即可得到相应物理量的概率密度演化过程。

2. 控制系统参数优化方法

研究表明，仅仅基于 J_1，并不能理性地确定控制系统参数 $\boldsymbol{\xi}$。基于概率密度演化过程的物理随机最优控制，则试图寻求确定的 $\boldsymbol{\xi}^*$，使得按照一定的概率准则，系统响应数值特征量最小或概率密度形态最佳。这就要引入新的性态泛函 J_2，通过使概率准则中的性态泛函 J_2 最小化来获取 $\boldsymbol{\xi}^*$，即

$$\boldsymbol{\xi}^*=\arg\min_{\boldsymbol{\xi}}\{J_2\} \tag{19-106}$$

事实上，结构系统的物理量往往相互制约，如与系统安全性相关的层间位移、与系统适用性相关的层间速度和层加速度、与控制装置工作性相关的控制力等，在结构响应过程中均彼此高度相关。因此，需要引入均衡设计的思想，以多物理量为控制目标建立概率准则。从结构系统响应所蕴含的信息来考察，引入基于矩特征值的性态泛函和基于超越概率的性态泛函，具体如下：

(1)基于矩特征值的性态泛函

$$J_{2-1}=F[\widetilde{\boldsymbol{W}}]\,\Big|\bigcap_{k=1}^{M}\{F[\widetilde{\boldsymbol{V}}_k]\leqslant\widetilde{\boldsymbol{V}}_{k,\mathrm{thd}}\} \tag{19-107}$$

式中，$\widetilde{\boldsymbol{W}}=\max\limits_t[\max\limits_i|\boldsymbol{W}_i(\boldsymbol{\theta},t)|]$ 为控制等价极值向量；$\widetilde{\boldsymbol{V}}=\max\limits_t[\max\limits_i|\boldsymbol{V}_i(\boldsymbol{\theta},t)|]$ 为约束等价极值向量；$\widetilde{\boldsymbol{V}}_{\mathrm{thd}}$ 为阈值；上标符号“～”表示等价极值向量；$\cap$ 表示事件交集；$F[\cdot]$ 为分位值函数，表征置信水平。

(2)基于超越概率的性态泛函

$$J_{2-2}=\Pr(\widetilde{\boldsymbol{W}}-\widetilde{\boldsymbol{W}}_{\mathrm{thd}}>0)\,\Big|\bigcap_{k=1}^{M}\{F[\widetilde{\boldsymbol{V}}_k]\leqslant\widetilde{\boldsymbol{V}}_{k,\mathrm{thd}}\} \tag{19-108}$$

式中，$\Pr(\cdot)$ 表示超越概率。

结合 J_1 和 J_2 的优化，不仅可以确定系统控制律基本形式，而且可以理性地确定控制律基本参数及其他控制系统参数，这种控制策略能够方便地实现控制律的后向设计。

为此，考虑控制器增益设计的物理随机最优控制方法涉及如下的两步优化(如图 19-5 所示)：

第一步，通过性能泛函式(19-91)的最小化，建立控制律参数集合与控制增益集合之间的映射关系。如采用 LQR 算法，可获得状态反馈控制增益

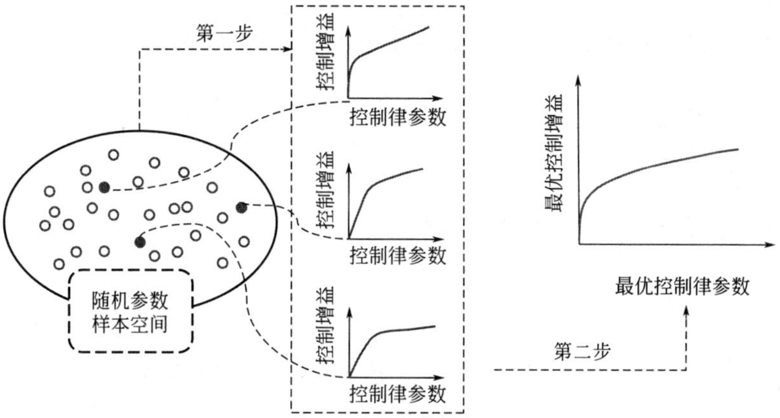

图 19-5　物理随机最优控制增益设计的两步优化格式

$$\boldsymbol{U}(\boldsymbol{\theta},t)=-\boldsymbol{G}_{\boldsymbol{Z}}(t)\boldsymbol{Z}(\boldsymbol{\theta},t)-\boldsymbol{G}_{\boldsymbol{F}}(t)\boldsymbol{F}(\boldsymbol{\theta},t) \tag{19-109}$$

仅采用第一步优化，对于性能泛函中如何确定状态权矩阵和控制力权矩阵的最优形式和大小以获得全局最优控制增益仍然是个难题，这需要借助第二步优化。

第二步，根据目标性态，优化控制增益，确定最优的控制律参数。若目标性态设为：给定约束条件下结构目标响应的二阶统计特征值最小

$$(\boldsymbol{Q}_{\boldsymbol{Z}}^{*},\boldsymbol{R}_{U}^{*})=\underset{\boldsymbol{Q}_{\boldsymbol{Z}},\boldsymbol{R}_{U}}{\arg\min}\{J_2\} \tag{19-110}$$

$$J_2=\{E[\widetilde{\boldsymbol{W}}]+\beta\sigma[\widetilde{\boldsymbol{W}}]\}\mid\bigcap_{k=1}^{M}\{F[\widetilde{\boldsymbol{V}}_k]\leqslant\widetilde{\boldsymbol{V}}_{k,\mathrm{thd}}\} \tag{19-111}$$

式(19-111)的含义是：在约束量 $\widetilde{\boldsymbol{V}}$ 的分位值小于约束值 $\boldsymbol{V}_{\mathrm{thd}}$ 的条件下，寻找可能的 $\boldsymbol{Q}_{\boldsymbol{Z}}^{*}$ 和 $\boldsymbol{R}_{U}^{*}$，使得控制量 $\boldsymbol{W}$ 的均值加上 β 倍标准差最小。在这里，约束量和控制量可以是任一种或几种结构响应(如位移、速度、加速度、内力、控制力等)的过程最大值。

图 19-6 示意了确定性控制(Determinative Control，DC)、LQG 控制和物理随机最优(Physically-based Stochastic Optimal，PSO)控制对系统状态演化轨迹的影响。从图中可以看出：确定性控制(DC)的状态轨迹在待控制结构系统响应量空间中是样本轨道变化，虽然在一定程度上能够降低系统的响应，但由于外加随机扰动的影响，这种控制方式的局部化特征不能保证被控系统的安全性。经典随机最优控制(LQG)的状态轨迹是二阶矩追踪，由于这种方式缺乏对高阶矩特征形态和精确概率密度的把握，受控系统的可靠度必然是近

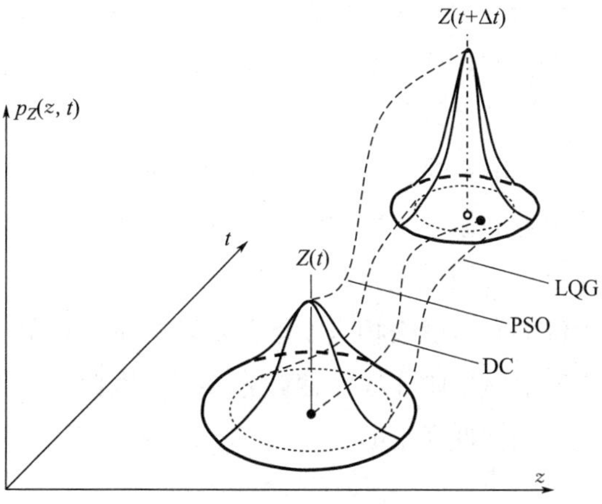

图 19-6　受控结构系统状态轨迹示意图

似的、甚至粗糙的。物理随机最优控制(PSO)的状态轨迹是概率密度演化，由于所需的系统响应量的概率密度均得到了合理控制，因此可以实现结构性能的精细化调控。

19.3.3　分析实例

1. 单层剪切型框架结构的物理随机最优控制

考察单层框架结构主动拉索控制，如图 19-7 所示。结构质量 $m=10^5$ kg；无控结构基本频率 $\omega_0=11.22$ rad/s；实施于结构的控制力 $u(t)=2f(t)\cos\alpha$，其中 $f(t)$ 为作动器控制力，α 为拉索相对于基础的倾角；作动器质量忽略不计；无控结构阻尼比 0.05。初始位移 $x(t_0)=0$，初始速度 $\dot{x}(t_0)=0$。假设框架结构所在工程场地类别为Ⅲ类，抗震设防烈度 8。采用物理随机地震动模型[1]作为输入，考虑地震重现期 50 年，多遇地震，峰值加速度均值为 0.11 g。采用状态反馈控制。

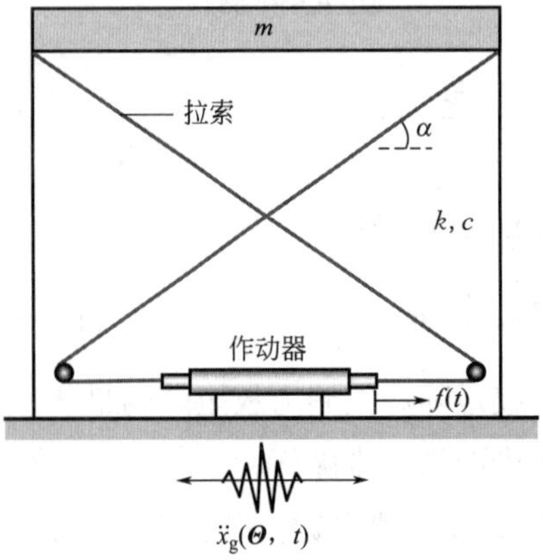

图 19-7　单层剪切型框架结构主动拉索控制系统

采用式(19-111)所示的概率准则进行最优权矩阵系数比 q/r 设计(本实例中，定义状态权矩阵、控制力权矩阵分别为其系数 q、r 与单位矩阵的乘积形式)。约束量设为层间位移，控制量包括层间位移、层加速度和层间控制力，分位值函数定义为等价极值向量的均值加 3 倍标准差。约束量的阈值定义为 10 mm。系统最优控制的目标是在层间位移约束条件下，控制层间位移保证结构安全性，控制层加速度以考虑结构适用性，控制作动器出力以满足控制系统的工作性。根据上述概率准则，设计 $q^*=80$，$r^*=10^{-11}$ 为最优控制系统参数。

图 19-8 和图 19-9 分别为结构随机最优控制前后层间位移和层加速度在典型时刻的概率密度曲线。从图中可以看到：层间位移的变异性显著降低，层加速度也得到了较好的控制。特别是结构层间位移，受控后的概率密度峰值为受控前的 10 倍，概率密度曲线形态近似于脉冲，这表明结构响应趋近于确定性过程。因此，实施最优控制后，结构的抗震性态得到了较大改善。

系统随机最优控制力在典型时刻的概率密度曲线如图 19-10 所示。不难发现，随机最优控制力的概率密度曲线与层间位移和层加速度的概率密度曲线具有某种相似性。这种相似性源于反馈最优控制力与结构状态的线性映射关系[如式(19-47)所示]：反馈最优控制力为位移和速度按相应的增益矩阵分量加权的线性组合。然而，由于广义概率密度演化方程本质上是一阶非线性偏微分方程，因此，即使控制力是系统状态的线性反馈，概率密度曲线的相似性亦不明显。

---

[1] 详见参考文献[79]：李杰 & 艾晓秋，2006.

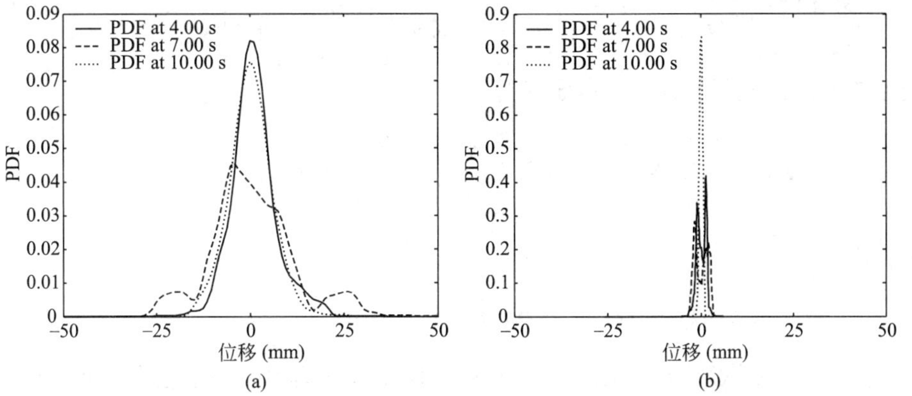

图 19-8　结构随机最优控制前后层间位移在典型时刻的概率密度曲线

(a)最优控制前；(b)最优控制后

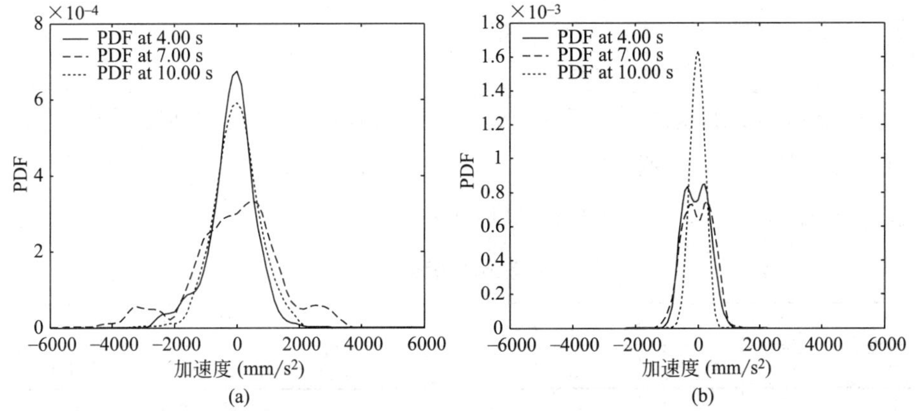

图 19-9　结构随机最优控制前后层加速度在典型时刻的概率密度曲线

(a)最优控制前；(b)最优控制后

2. 单层剪切型框架结构 LQG 控制解答

对于图 19-7 所示的结构拉索控制系统，其运动方程为

$$\ddot{x}(t)+2\xi\omega_0\dot{x}(t)+\omega_0^2x(t)=m^{-1}u(t)-\ddot{x}_{\mathrm{g}}(\boldsymbol{\Theta},t)\qquad(19\text{-}112)$$

将上式写成状态空间的形式，即

$$\dot{\boldsymbol{Z}}(t)=\boldsymbol{AZ}(t)+\boldsymbol{B}u(t)+\boldsymbol{D}\ddot{x}_{\mathrm{g}}(\boldsymbol{\Theta},t)\qquad(19\text{-}113)$$

其中

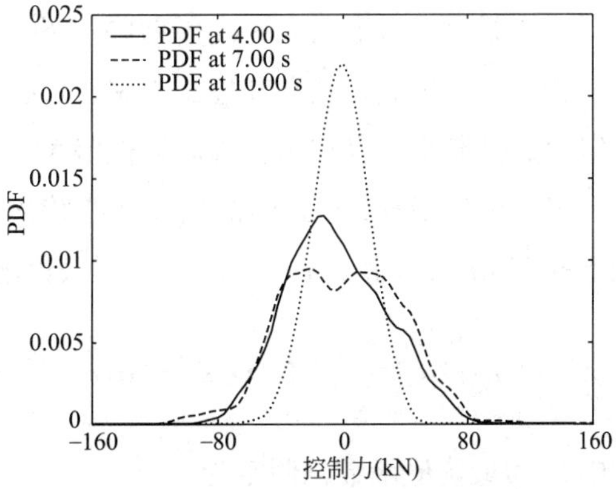

图 19-10　随机最优控制力在典型时刻的概率密度曲线

$$\boldsymbol{Z}(t)=\begin{bmatrix} x(t) \\ \dot{x}(t) \end{bmatrix},\quad \boldsymbol{A}=\begin{bmatrix} 0 & 1 \\ -\omega_0^2 & -2\xi\omega_0 \end{bmatrix},\quad \boldsymbol{B}=\begin{bmatrix} 0 \\ m^{-1} \end{bmatrix},\quad \boldsymbol{D}=\begin{bmatrix} 0 \\ -1 \end{bmatrix} \tag{19-114}$$

线性二次高斯控制的性能泛函定义为

$$J_1(\boldsymbol{Z},u)=E\left[\boldsymbol{S}(\boldsymbol{Z}(t_f),t_f)+\frac{1}{2}\int_{t_0}^{t_f}[\boldsymbol{Z}^{\mathrm{T}}(t)\boldsymbol{Q}_Z\boldsymbol{Z}(t)+\boldsymbol{R}_U u^2(t)]\mathrm{d}t\right] \tag{19-115}$$

约束条件为

$$\mathrm{d}\boldsymbol{Z}(t)=[\boldsymbol{A}\boldsymbol{Z}(t)+\boldsymbol{B}u(t)]\mathrm{d}t+\boldsymbol{L}\mathrm{d}W(t),\quad \boldsymbol{Z}(t_0)=\boldsymbol{0} \tag{19-116}$$

式中，$\boldsymbol{L}$ 为 2×1 阶激励影响矩阵；$W(t)$ 为一维 Brown 运动，模型化为高斯白噪声

$$E[\mathrm{d}W(t)]=0,\quad E[\mathrm{d}W^2(t)]=2\pi S_0\mathrm{d}t \tag{19-117}$$

在式(19-117)中，S_0 为地震动过程 $\ddot{x}_g(\boldsymbol{\Theta},t)$ 的谱强度因子

$$S_0=\frac{\bar{a}_{\max}^2}{f^2\omega_e} \tag{19-118}$$

其中，$\bar{a}_{\max}$ 为地震地面加速度最大值的均值，f 为峰值因子，ω_e 为谱强度因子为 1 时的谱面积。参照《建筑抗震设计规范》GB 50011—2010(2016 年版)，表 19-1 给出了不同场地类别时 $\bar{a}_{\max}$ 分别为 $0.11g$ 和 $0.3g$ 的谱强度因子，其中 $1g=9.8\ \mathrm{m/s^2}$。

不同场地的谱强度因子　　**表 19-1**

场地类别	Ⅰ		Ⅱ		Ⅲ		Ⅳ	
	$0.11g$	$0.3g$	$0.11g$	$0.3g$	$0.11g$	$0.3g$	$0.11g$	$0.3g$
f	2.9	2.9	3.0	3.0	3.1	3.1	3.2	3.2
ω_e (rad/s)	59.50	59.50	39.71	39.71	29.93	29.93	19.95	19.95
S_0 ($\mathrm{m^2/s^3}$)	0.0023	0.0173	0.0033	0.0242	0.0040	0.0301	0.0057	0.0423

不难看出，考虑输入为高斯白噪声的结构拉索控制系统式(19-116)即为经典的 Itô 随机微分方程。这里，状态和控制力 $\boldsymbol{Z}(t),u(t)$ 的量测噪声未予考虑，随机地震动 $\ddot{x}_g(\boldsymbol{\Theta},t)$ 假定为宽带激励，且理想化为高斯白噪声。

将约束泛函式(19-115)的极值问题转化为无约束泛函极值问题，进而通过求解随机背景下的 Hamilton-Jacobi-Bellman 方程获得解答。引入 Hamilton 函数

$$H[\boldsymbol{Z}^*(t),u(t),t]=\frac{1}{2}(\boldsymbol{Z}^{*\mathrm{T}}\boldsymbol{Q}_Z\boldsymbol{Z}^*+\boldsymbol{R}_U u^2)+\frac{\partial V}{\partial \boldsymbol{Z}}(\boldsymbol{A}\boldsymbol{Z}^*+\boldsymbol{B}u)+\frac{1}{2}\pi S_0\mathrm{Tr}\left(\frac{\partial^2 V}{\partial\boldsymbol{Z}\partial\boldsymbol{Z}^{\mathrm{T}}}\boldsymbol{L}\boldsymbol{L}^{\mathrm{T}}\right) \tag{19-119}$$

式中 V 为最优值函数，假定为

$$V(\boldsymbol{Z},t)=\frac{1}{2}\boldsymbol{Z}^{\mathrm{T}}(t)\boldsymbol{P}(t)\boldsymbol{Z}(t)+v(t) \tag{19-120}$$

其中 $v(t)$ 是 Hamilton 函数关于随机性的校正项。

根据最优性原理，可推导得到

$$u(t)=-\boldsymbol{R}_{\boldsymbol{U}}^{-1}\boldsymbol{B}^{\mathrm{T}}\boldsymbol{P}(t)\boldsymbol{Z}(t) \tag{19-121}$$

$$v(t)=\pi S_0\int_{t_0}^{t_f}\mathrm{Tr}(\boldsymbol{P}(t)\boldsymbol{L}\boldsymbol{L}^{\mathrm{T}})\mathrm{d}t \tag{19-122}$$

式中，$\boldsymbol{P}(t)$ 满足 Riccati 矩阵代数方程式(19-45)。

可见，LQG 的控制增益与 LQR 的闭环控制增益在形式上是完全相同的，即满足所谓的确定性等价。这表明，对于高斯白噪声激励的线性时不变系统，即使 Hamilton 函数考虑随机激励项，控制增益矩阵也可以离线计算。

将式(19-121)代入式(19-112)中，并通过 Fourier 变换得到

$$\{[(\omega_0^2+m^{-1}\overline{K})-\omega^2]+(2\xi\omega_0+m^{-1}\overline{C})\mathrm{i}\omega\}x(\omega)=-\ddot{x}_{\mathrm{g}}(\boldsymbol{\Theta},\omega) \tag{19-123}$$

式中 $\overline{C}$，$\overline{K}$ 分别为最优控制力 $u(t)$ 附加的数值阻尼和数值刚度，即

$$\overline{C}=\boldsymbol{R}_{\boldsymbol{U}}^{-1}(B_1P_{12}+B_2P_{22}),\ \overline{K}=\boldsymbol{R}_{\boldsymbol{U}}^{-1}(B_1P_{11}+B_2P_{21}) \tag{19-124}$$

根据频域内线性系统输入输出的统计关系，有

$$S_x(\omega)=\frac{S_0}{[(\omega_0^2+m^{-1}\overline{K})-\omega^2]^2+(2\xi\omega_0+m^{-1}\overline{C})^2\omega^2} \tag{19-125}$$

再根据维纳-辛钦公式，得到均方控制位移

$$E[x^2(t)]=\int_{-\infty}^{\infty}\frac{S_0}{[(\omega_0^2+m^{-1}\overline{K})-\omega^2]^2+(2\xi\omega_0+m^{-1}\overline{C})^2\omega^2}\mathrm{d}\omega \tag{19-126}$$

对于形如式(19-126)的积分，可以从一类特定的法则中得到封闭解❶

$$E[x^2(t)]=\frac{\pi S_0}{(2\xi\omega_0+m^{-1}\overline{C})(\omega_0^2+m^{-1}\overline{K})} \tag{19-127}$$

显然，状态和控制力在频域内存在如下的线性关系

$$u(\omega)=[-\overline{C}(\mathrm{i}\omega)-\overline{K}]x(\omega) \tag{19-128}$$

得到均方控制力

$$E[u^2(t)]=\int_{-\infty}^{\infty}\frac{(\overline{K}^2+\overline{C}^2\omega^2)S_0}{[(\omega_0^2+m^{-1}\overline{K})-\omega^2]^2+(2\xi\omega_0+m^{-1}\overline{C})^2\omega^2}\mathrm{d}\omega \tag{19-129}$$

同理，可推导得到

$$E[u^2(t)]=\frac{\pi S_0[(\omega_0^2+m^{-1}\overline{K})\overline{C}^2+\overline{K}^2]}{(2\xi\omega_0+m^{-1}\overline{C})(\omega_0^2+m^{-1}\overline{K})} \tag{19-130}$$

---

❶ 详见参考文献[54]：Roberts & Spanos，1990.

3. 物理随机最优控制与 LQG 控制的比较

图 19-11 给出了随机地震动作用下**单层剪切型框架结构**分别采用确定性最优控制(DC)、经典随机最优控制(LQG)和物理随机最优控制(PSO)的结果比较。图中所示为物理随机最优控制的位移等价极值和控制力等价极值的均方根、LQG 控制的均方根位移和均方根控制力、以地震波 EL270 和 EMC90 为输入的确定性控制的位移和控制力极值与权矩阵系数比 q/r 的关系，其中 q，r 分别表示状态权矩阵系数和控制力权矩阵系数，$\boldsymbol{Q_Z} = q\text{diag}[1,\ 1]$，$\boldsymbol{R_U} = r$。这里，状态权矩阵系数 $q = 100$。

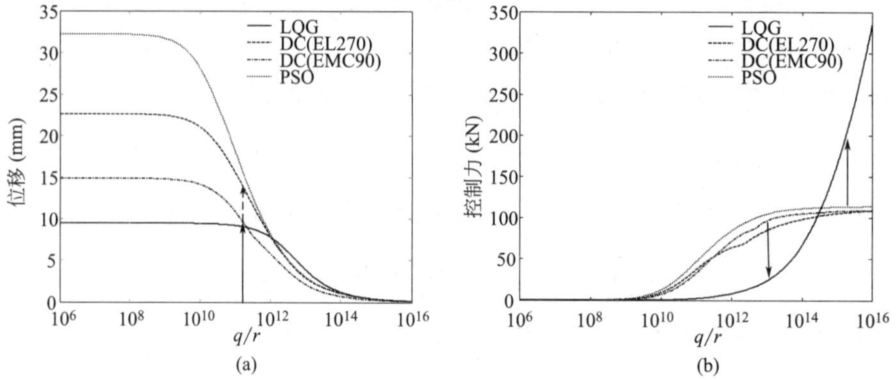

图 19-11　物理随机最优控制(PSO)、经典随机最优控制(LQG)、确定性控制(DC)响应与权矩阵系数比的关系

(a)位移；(b)控制力

比较物理随机最优控制与 LQG 控制，从图 19-11 中可以看到：

(i) 当 $1\times10^{6} \leqslant q/r < 1\times10^{12}$ 时，LQG 控制低估了结构的位移响应，这是因为非平稳激励的理想平稳高斯白噪声假定，得到的平稳响应比真实非平稳响应的幅值要小数倍。因此，LQG 控制低估了实际所需要的控制力，在此比段，控制力随权矩阵系数比的对数呈较小斜率线性增长，而物理随机最优控制施加的控制力则随权矩阵系数比的对数呈二次方增长；

(ii) 当 $1\times10^{12} \leqslant q/r < 4\times10^{14}$ 时，随着实施控制力增强，LQG 控制和物理随机最优控制的峰值响应及其离散性被大大削弱，位移响应水平相当，控制力水平之间的差异减小。在此比段，LQG 控制施加的控制力随权矩阵系数比的对数呈二次方增长，而物理随机最优控制施加的控制力则随权矩阵系数比的对数呈二分之一次方增长；

(iii) 当 $q/r \geqslant 4\times10^{14}$ 时，LQG 控制和物理随机最优控制的位移响应水平相当，但 LQG 控制施加的控制力由于增长速度较快，已超过了物理随机最优控制施加的控制力。在此比段，LQG 控制施加的控制力随权矩阵系数比的对数仍呈二次方增长，而物理随机最优控制施加的控制力则随权矩阵系数比的对数以较小斜率线性增长；

(iv) 根据频域中位移、速度与加速度之间的传递关系，LQG 控制的速度、加速度与权矩阵系数比的关系曲线相似于位移。事实上，位移与速度具有相似的特征，而与加速度并不完全相似(在高权矩阵系数比段不相似)。LQG 控制并不能反映加速度的统计特征，如在高权矩阵系数比段加速度标准差出现最小值、加速度均值几乎不变化[1]。

因此，采用 LQG 设计，在较小权矩阵系数比时，会低估所需要的控制力。而在较大权矩阵系数比时，则会高估所需要的控制力，同时，采用名义上的高斯白噪声输入，不能合理设计土木工程结构控制系统。

从图 19-11 中还可以看到，若按地震波 EMC90 设计控制系统，将导致地震波 EL270 作用时结构不安全，如当 $q/r=2\times10^{11}$ 时，按地震波 EMC90 设计的控制系统，结构位移极值在 10 mm 以内，而地震波 EL270 作用时结构位移极值将达到 15 mm，尽管此时两者的控制力极值几乎相同。显然，确定性控制方式不能对系统的安全性进行合理的评价。然而，物理随机最优控制则能够在概率意义上保证结构的安全性。

值得指出，从含控制项的 Itô 随机微分方程出发，也可以导出经典随机最优控制的 FPK 方程(含控制项的 FPK 方程)，获得系统响应概率密度的封闭解答。然而，如同随机振动中 FPK 方程面临的困境，含控制项的 FPK 方程对于一般系统响应的概率密度求解异常困难，其工程适用性远低于二阶矩界限控制的 LQG 方法。基于概率守恒原理发展的广义概率密度演化方程，突破了 FPK 方程的困境，构成了物理随机最优控制的逻辑基础。

§ 19.4　基于可靠性的结构控制优化设计

19.4.1　广义最优控制律

前述工作，基本解决了控制器参数设计的问题，但是工程结构随机最优控制的效果，不仅依赖于控制器增益设计的准则，也取决于结构拓扑空间对控制装置位置的约束。因此，需要深入讨论结构随机最优控制的另一个重要问题：如何确定最优控制装置数目以及它们的布置。这一问题可分为两个方面来研究：一是采用有限数目的控制装置，设计控制律、优化控制器(控制装置)参数、分配控制装置位置，以使控制效果最大化；二是根据既定的结构性态控制目标，设计控制律、控制器(控制装置)参数及控制装置位置，以使控制成本最小化。仔细分析不难发现，控制力设计和控制装置布设可以纳入一个统一的框架。由此，提出了结构随机最优控制的广义最优控制律。在这一理念下，物理随机最优控制要实现三个层次的设计目标，即控制律设计、控制器(控制装置)参数设计、控制装置位置设计。这三个设计目标事实上对应于三个不同层次的最优化准则，如图 19-12 所示。

以主动随机最优控制为例，三个层次的优化过程如下：

(i)采用极大值原理或最优性原理，使性能泛函最小化以确定最优控制律形式；

(ii)根据能量均衡最优准则，使参数性态泛函最小化以确定最优控制器参数；

(iii)根据可控指标梯度最小准则，使位置性态泛函最小化以确定最优控制装置位置。

上述第一层次优化的结果形如式(19-109)；而第二层次优化准则以系统能量均衡最优

---

[1] 详见参考文献[40]：Peng & Li，2019.

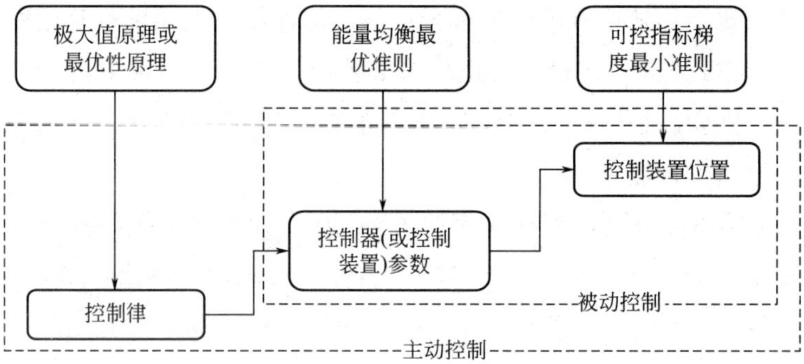

图 19-12　广义最优控制律的三层次定位

为原则(概率准则为基于可靠度的性态泛函最小化)，即有

$$(\boldsymbol{Q}_{\boldsymbol{Z}}^{*},\boldsymbol{R}_{U}^{*})=\underset{\boldsymbol{Q}_{\boldsymbol{Z}},\boldsymbol{R}_{U}}{\arg\min}\{J_{2}\}=\underset{\boldsymbol{Q}_{\boldsymbol{Z}},\boldsymbol{R}_{U}}{\arg\min}\left\{\frac{1}{2}\left[\Pr_{\widetilde{\boldsymbol{Z}}}^{\mathrm{T}}(\widetilde{\boldsymbol{Z}}-\widetilde{\boldsymbol{Z}}_{\mathrm{thd}}>\boldsymbol{0})\Pr_{\widetilde{\boldsymbol{Z}}}(\widetilde{\boldsymbol{Z}}-\widetilde{\boldsymbol{Z}}_{\mathrm{thd}}>\boldsymbol{0})+\Pr_{\widetilde{\boldsymbol{U}}}^{\mathrm{T}}(\widetilde{\boldsymbol{U}}-\widetilde{\boldsymbol{U}}_{\mathrm{thd}}>\boldsymbol{0})\Pr_{\widetilde{\boldsymbol{U}}}(\widetilde{\boldsymbol{U}}-\widetilde{\boldsymbol{U}}_{\mathrm{thd}}>\boldsymbol{0})\right]\right\} \tag{19-131}$$

式中，$\Pr(\cdot)$ 表示超越概率；$\widetilde{\boldsymbol{Z}}$ 表示状态量(包括位移、速度和加速度)的等价极值向量；$\widetilde{\boldsymbol{U}}$ 表示控制力的等价极值向量；$\widetilde{\boldsymbol{Z}}_{\mathrm{thd}}$，$\widetilde{\boldsymbol{U}}_{\mathrm{thd}}$ 为 $\widetilde{\boldsymbol{Z}}$，$\widetilde{\boldsymbol{U}}$ 的阈值。

第三层次的位置性态泛函最小化在本质上是在结构拓扑空间中的序列寻优问题：

$$\boldsymbol{L}^{*}=\{x_i^{j*},y_i^{j*},z_i^{j*}\}=\underset{x,y,z}{\arg\min}\{J_3\},\ i=1,2,\cdots,n;\ j=1,2,\cdots,p \tag{19-132}$$

式中，n 为结构拓扑维数；p 为控制装置数目；$\boldsymbol{L}^{*}$ 为控制装置最优位置向量矩阵；J_3 为位置性态泛函。

同时，建议一类概率可控指标

$$\rho_i=\frac{1}{2}\left[\Pr_{\widetilde{\boldsymbol{Z}}_i}^{\mathrm{T}}(\widetilde{\boldsymbol{Z}}_i-\widetilde{\boldsymbol{Z}}_{i,\mathrm{thd}}>\boldsymbol{0})\Pr_{\widetilde{\boldsymbol{Z}}_i}(\widetilde{\boldsymbol{Z}}_i-\widetilde{\boldsymbol{Z}}_{i,\mathrm{thd}}>\boldsymbol{0})+\Pr_{\widetilde{\boldsymbol{U}}_i}^{\mathrm{T}}(\widetilde{\boldsymbol{U}}_i-\widetilde{\boldsymbol{U}}_{i,\mathrm{thd}}>\boldsymbol{0})\Pr_{\widetilde{\boldsymbol{U}}_i}(\widetilde{\boldsymbol{U}}_i-\widetilde{\boldsymbol{U}}_{i,\mathrm{thd}}>\boldsymbol{0})\right] \tag{19-133}$$

式中 $\widetilde{\boldsymbol{Z}}_i$，$\widetilde{\boldsymbol{U}}_i$ 分别为第 i 个单元的状态极值向量和控制力极值向量；$\widetilde{\boldsymbol{Z}}_{i,\mathrm{thd}}$,$\widetilde{\boldsymbol{U}}_{i,\mathrm{thd}}$ 为 $\widetilde{\boldsymbol{Z}}_i$,$\widetilde{\boldsymbol{U}}_i$ 的阈值。

在此基础上，提出如下的概率可控指标梯度

$$J_3=\Delta\rho_i^j=\frac{\rho_i^{j-1}-\rho_i^j}{\rho_i^{j-1}} \tag{19-134}$$

其中，ρ_i^0 为无控结构的概率可控指标。式(19-134)的最小化即为可控指标梯度最小准则，即式(19-132)。

事实上，物理随机最优控制的三个基本层次蕴含了结构控制的基本方法论；在每一层次中，又都蕴含了发展不同类型的控制算法或优化方法的多种可能，例如，在第一层次的控制律设计中，可以衍生确定性结构控制理论的各类控制力算法，如经典线性二次控制算法(LQR)、考虑外加激励对控制律影响的瞬时最优控制算法等；半主动控制的限界 Hrovat 算法、最大能量耗散算法等。

应用上述理论，下面针对具体工程结构进行案例分析与应用研究。

19.4.2 应用实例

1. 应用主动拉索的框架结构随机地震响应控制

考察八层剪切型框架结构的主动拉索控制，无控框架结构参数：层质量 $m_i=3.456\times10^5$ kg，层间刚度 $k_i=3.404\times10^2$ kN/mm，结构内阻尼系数 $c_i=2.937$ kN · s/mm，$i=1,2,\cdots,8$，结构外阻尼假定为 0；第一阶振型阻尼比 0.02；结构自振频率分别为 5.79、17.18、27.98、37.82、46.38、53.36、58.53、61.69 rad/s。层间位移、层间速度、层加速度和层间控制力的阈值分别为 15 mm、150 mm/s、8000 mm/s^2 和 2000 kN。结构输入采用物理随机地震动模型，峰值加速度均值为 0.3g。状态反馈控制，采用广义最优控制律进行结构控制系统设计。系统最优控制的目标是确定最少数目的拉索位置及其控制律参数，以达到拉索在各层满布时相同的控制效果。满布工况分析中，各拉索的控制力权矩阵参数相同，各层的状态量权矩阵参数相同。

基本控制律参数 $\boldsymbol{Q}_{\boldsymbol{Z}}$，$\boldsymbol{R}_U$ 采用通常的权矩阵形式，并忽略权矩阵中各层状态量的交叉项，即

$$\boldsymbol{Q}_{\boldsymbol{Z}}=\mathrm{diag}[Q_{d_1},\cdots,Q_{d_n},Q_{v_1},\cdots,Q_{v_n}],\quad \boldsymbol{R}_{\boldsymbol{U}}=\mathrm{diag}[R_{u_1},\cdots,R_{u_r}] \tag{19-135}$$

这里，控制装置最优位置矩阵为沿高度方向的列向量

$$\boldsymbol{L}=[L_1,\cdots,L_n]^{\mathrm{T}} \tag{19-136}$$

每个序列工况下的新加入拉索位置及其控制律参数列于表 19-2。从表中可以看到，采用 5 个控制装置即达到了最优控制的目标[与目标函数(J_2)具有相同量级]，它们先后放置于层间 0-1、层间 1-2、层间 5-6、层间 6-7 和层间 3-4。由此，构造如下的广义最优控制律参数向量。

序列工况下的新加入拉索位置及其设计参数 **表 19-2**

序列号	位置向量	设计参数*		
		Q_d	Q_v	R_u
0	$[0\ 0\ 0\ 0\ 0\ 0\ 0\ 0]^{\mathrm{T}}$	—	—	—
1	$[1\ 0\ 0\ 0\ 0\ 0\ 0\ 0]^{\mathrm{T}}$	155.4	240.0	10^{-12}
2	$[1\ 2\ 0\ 0\ 0\ 0\ 0\ 0]^{\mathrm{T}}$	14360.0	9.6	10^{-12}
3	$[1\ 2\ 0\ 0\ 0\ 3\ 0\ 0]^{\mathrm{T}}$	0.0	0.0	10^{-12}
4	$[1\ 2\ 0\ 0\ 0\ 3\ 4\ 0]^{\mathrm{T}}$	11.6	0.0	10^{-12}
5	$[1\ 2\ 0\ 5\ 0\ 3\ 4\ 0]^{\mathrm{T}}$	99.8	89.5	10^{-12}
满布	$[1\ 1\ 1\ 1\ 1\ 1\ 1\ 1]^{\mathrm{T}}$	118.2	163.5	10^{-12}

注：* 初设拉索控制器设计参数 $Q_d=100$，$Q_v=100$，$R_u=10^{-12}$。

$$(Q_d^*, Q_v^*, R_u^*, L^*) = \begin{bmatrix} 155.4 & 14360.0 & 0 & 99.8 & 0 & 0.0 & 11.6 & 0 \\ 240.0 & 9.6 & 0 & 89.5 & 0 & 0.0 & 0.0 & 0 \\ 10^{-12} & 10^{-12} & 0 & 10^{-12} & 0 & 10^{-12} & 10^{-12} & 0 \\ 1 & 2 & 0 & 5 & 0 & 3 & 4 & 0 \end{bmatrix}^{\mathrm{T}} \tag{19-137}$$

为使广义最优控制律的表达更明确，式(19-137)中控制律参数 Q_d^*、Q_v^* 及 R_u^* 均为向量而非矩阵形式，其中的元素位置与拉索加入的顺序相同。

层可控指标随拉索布设的变化如图 19-13 所示。可见，随着拉索的布设，层可控指标均逐步减小。图 19-14 比较了最小层可控指标梯度和最大层可控指标两种布设控制装置的策略对目标函数的影响。可以看出，采用最小层可控指标梯度，当第 5 个拉索布设后，与拉索满布时具有相同的结构性态水平，而采用最大层可控指标❶，则需要 6 个拉索才能获得相同的控制效果。从图 19-14 中还可以看到，按最小层可控指标梯度策略的第 3 个拉索放置后，结构性态已接近目标水平，而此时按最大层可控指标策略的结构性态还离目标水平较远。

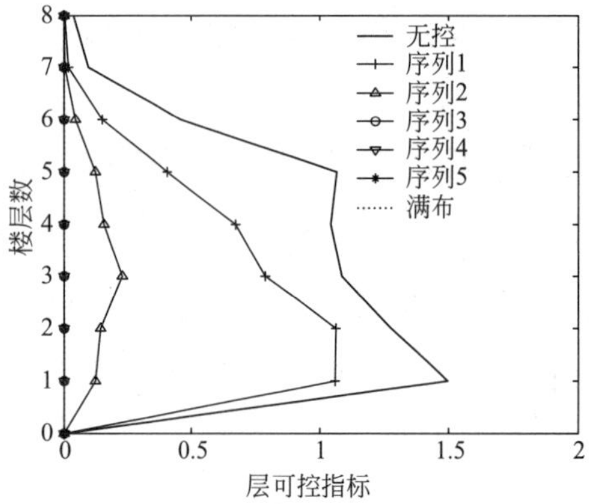

图 19-13　层可控指标随拉索布设的变化

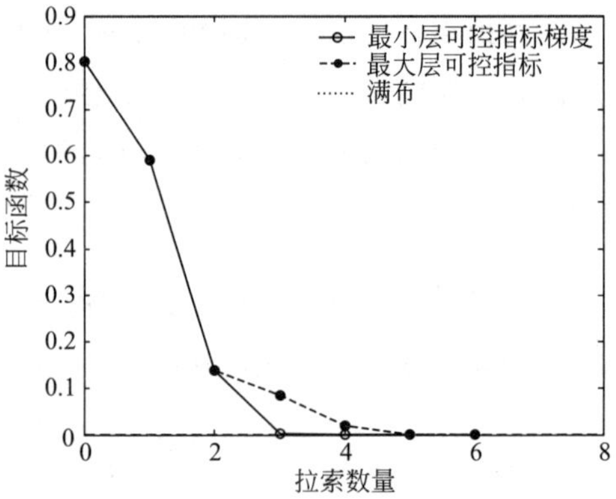

图 19-14　两种拉索布设策略的目标函数

序列工况下的拉索最优控制结果　　**表 19-3**

序列号	位置向量	超越概率				目标函数 J_2	均方控制力 ε (kN^2)
		$P_{f,d}$	$P_{f,v}$	$P_{f,a}$	$P_{f,u}$		
0	$[0\ 0\ 0\ 0\ 0\ 0\ 0\ 0]^{\mathrm{T}}$	0.9963	0.7582	0.1992	—	0.8036	—
1	$[1\ 0\ 0\ 0\ 0\ 0\ 0\ 0]^{\mathrm{T}}$	0.9620	0.4519	0.0764	0.2098	0.5898	4.710×10^{8}
2	$[1\ 2\ 0\ 0\ 0\ 0\ 0\ 0]^{\mathrm{T}}$	0.3976	0.3267	0.0181	0.1088	0.1385	3.219×10^{8}
3	$[1\ 2\ 0\ 0\ 0\ 3\ 0\ 0]^{\mathrm{T}}$	0.0141	0.0626	0.0009	0.0002	0.0021	8.708×10^{7}
4	$[1\ 2\ 0\ 0\ 0\ 3\ 4\ 0]^{\mathrm{T}}$	0.0134	0.0570	0.0002	3.61×10^{-7}	0.0017	8.196×10^{7}
5	$[1\ 2\ 0\ 5\ 0\ 3\ 4\ 0]^{\mathrm{T}}$	0.0001	0.0130	0.0032	0.0004	8.95×10^{-5}	8.722×10^{7}
满布	$[1\ 1\ 1\ 1\ 1\ 1\ 1\ 1]^{\mathrm{T}}$	0.0022	0.0035	3.60×10^{-7}	0.0022	1.11×10^{-5}	1.737×10^{8}

❶　详见参考文献[80]：Zhang & Soong，1992.

从表 19-3 中可见，各系统量的超越概率随着拉索的合理布设逐步减小，结构系统性态逐渐趋于目标性态，序列 5 工况达到拉索满布时的结构性态水平。与拉索满布工况比较，序列 5 工况关于速度、加速度的控制效果较差，但位移控制效果较好、控制装置更鲁棒。从图 19-15 所示的层间位移、层加速度的等价极值概率密度分布亦可发现，序列 5 工况的位移控制效果较满布工况要好、加速度控制效果较满布工况较差。从目标函数考察，序列 5 工况的总体控制效果虽然略差于满布工况，然而，序列 5 工况的均方控制力小于满布工况时的均方控制力。一方面是因为满布工况控制装置数目为序列 5 工况控制装置数目的 1.6 倍——均方控制力与拉索的数目直接相关；另一方面是因为序列 5 工况的位移控制远好于满布工况、速度控制略差。因此，满布工况控制能量达到了序列 5 工况控制能量的 2 倍左右。显然，从控制耗能角度说明，序列 5 工况比满布工况更经济。

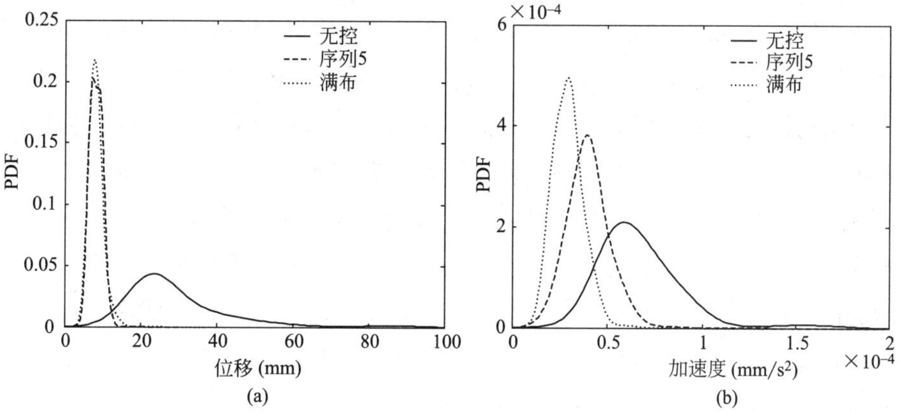

图 19-15　最优控制前后层间位移和层加速度的等价极值概率密度分布

(a)等价极值位移；(b)等价极值加速度

层间位移极值的二阶统计特征随拉索布设的变化关系如图 19-16 所示。从图中可以看出，各层间位移极值的均值和标准差随着拉索的布设逐步变小。同时，图 19-17 表明各层

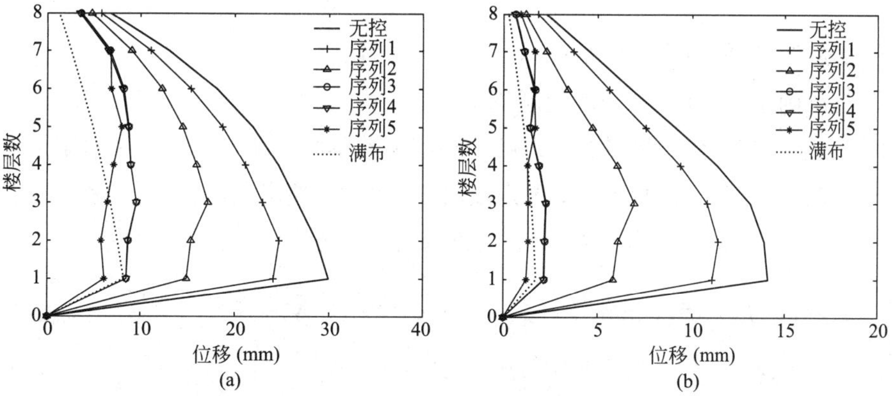

图 19-16　层间位移极值的二阶统计特征随拉索布设的变化

(a)层间位移极值均值；(b)层间位移极值标准差

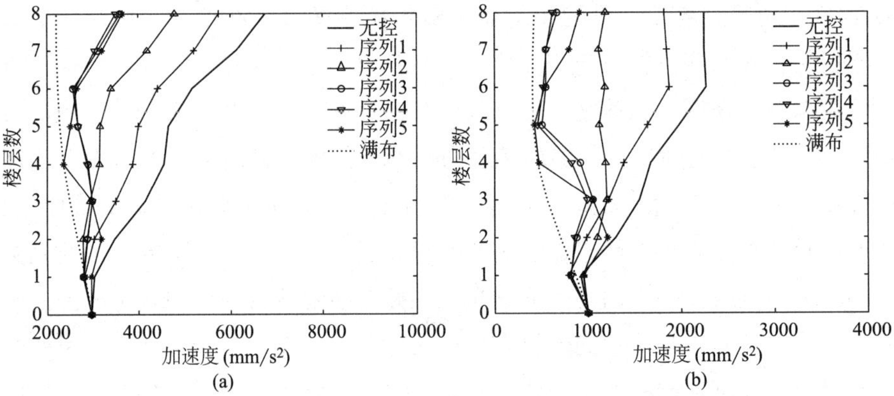

图 19-17　层加速度极值的二阶统计特征随拉索布设的变化

(a)层加速度极值均值；(b)层加速度极值标准差

加速度极值的均值和标准差亦随着拉索的布设逐步变小。注意到，无论是层间位移、还是层加速度，较大响应的结构层在受控后得到了重点改善、结构响应沿层分布较受控前更均匀，这符合结构性态控制的初衷。另一方面，序列 5 工况沿层分布的层间位移控制整体好于拉索满布工况，而层加速度控制整体差于拉索满布工况，与表 19-3 中的结果一致。

2. 考虑黏滞阻尼器优化布设的超高层建筑随机风振舒适度控制

风振舒适性是高层建筑系统性态的重要表征之一，它通常采用加速度进行标定。对于超高层建筑，结构顶层的加速度响应一般大于其他层，因此在工程实践中，往往通过顶层加速度控制来提升结构的舒适性能。随机激励作用下结构的加速度响应为随机过程，根据概率准则的建立原则，采用如下两类性态泛函：

(1)性态泛函 $J_{2\text{-}1}$：顶层加速度标准差。

建立以结构响应矩特征值为性态泛函的黏滞阻尼器位置优化准则(SC-1)：以顶层加速度标准差 $\sigma_{\ddot{X}_n}$ 作为目标函数 $J_{2\text{-}1}$，寻找最优黏滞阻尼器布置，使 $J_{2\text{-}1}$ 值最小，其表达式为

$$c_i^* = \underset{c_i}{\operatorname{argmin}}\{J_{2\text{-}1}\} = \underset{c_i}{\operatorname{argmin}}\left\{\sigma_{\ddot{X}_n} \,\middle|\, \left[\sum_i c_i = C_{\text{total}}\right]\right\}, \quad i = 1, 2, \cdots, n \tag{19-138}$$

式中，c_i^* 表示第 i 层的最优阻尼系数；C_{total} 表示总阻尼系数。

(2)性态泛函 $J_{2\text{-}2}$：顶层加速度超越概率。

基于广义最优控制律，可以建立以结构响应失效概率为性态泛函的黏滞阻尼器位置优化准则(SC-2)：以计算时间尺度$[0, T]$内顶层加速度 $\ddot{X}_n$ 超出阈值 $\ddot{X}_{n,\text{thd}}$ 的概率作为目标函数 $J_{2\text{-}2}$，寻找最优黏滞阻尼器布置，使 $J_{2\text{-}2}$ 值最小，其表达式为

$$c_i^* = \underset{c_i}{\operatorname{argmin}}\{J_{2\text{-}2}\} = \underset{c_i}{\operatorname{argmin}}\left\{\Pr\left\{\bigcap_{t\in[0,T]}\left(|\ddot{X}_n(t)| > \ddot{X}_{n,\text{thd}}\right)\right\} \,\middle|\, \left[\sum_i c_i = C_{\text{total}}\right]\right\},$$
$$i = 1, 2, \cdots, n \tag{19-139}$$

显然，基于首超准则的结构失效概率，可以通过引入等价极值事件，采用概率密度演化理论进行求解。

由于随机等价线性化方法对于多自由度系统具有较高的精度和效率，因此在黏滞阻尼器-结构系统优化分析中首先对系统进行随机等价线性化，进而基于等效线性系统，分别采用频域振型叠加法和等价极值事件准则求解性态泛函 $J_{2\text{-}1}$ 和 $J_{2\text{-}2}$。

据此，研究了海口某超高层建筑的风振响应控制问题。这一结构是钢框架结构，地上58层，结构顶标高 249 m，建筑面积约 1.25×10^5 m^2。根据《建筑结构荷载规范》GB 50009—2012 和《建筑抗震设计规范》GB 50011—2010（2016 年版）：结构基本风压 0.75 kN/m^2，风荷载作用下舒适度验算风压 0.45 kN/m^2，地面粗糙度 A 类；抗震设防烈度 8，设计基本地震加速度值 $0.3g$，场地类别Ⅱ类，设计地震分组第一组，特征周期 0.35 s，水平地震影响系数最大值 0.24。采用广义最优控制律进行结构控制系统设计。

采用常规的确定性风振响应分析方法，发现结构顶点横风向风振加速度超出设计规范限值50%左右。因此，设计结构控制策略使结构风振舒适度满足规范要求，成为该结构设计的关键任务之一。

为此，首先采用均匀布置方式确定总体黏滞阻尼器参数。假定沿 58 层结构均匀布置的各层黏滞阻尼器的阻尼指数均为 $\alpha=0.5$，总阻尼系数 $C_{\text{total}}=8\times10^4$ $kN\cdot(s/m)^{0.5}$，结构前三阶附加阻尼比均值为 0.77%。在该控制工况下，结构顶层最大加速度响应为 0.21 m/s^2，已经降低到规范允许的范围之内。

为获得优化的黏滞阻尼器布设位置，同时采用优化准则 SC-1、SC-2 进行对比分析。其中，优化准则 SC-1 采用遗传算法，优化准则 SC-2 由于涉及求解失效概率的大量计算，采用基于 SVM 模型的遗传算法。优化结果如图 19-18 所示。可见，以传统结构响应标准

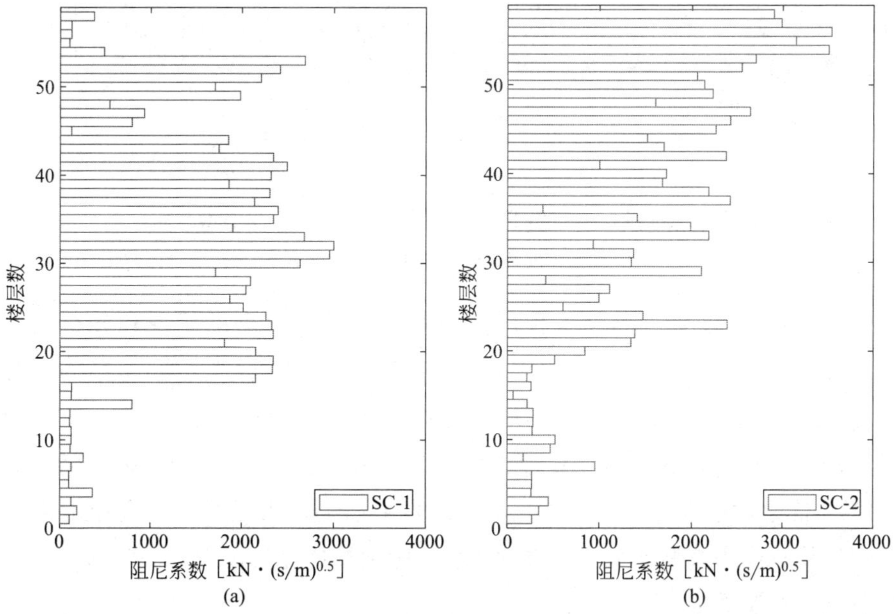

图 19-18 不同优化准则对应的黏滞阻尼器布置方案

(a)SC-1；(b)SC-2

差最小作为优化准则(SC-1)时，在中、高层(17～44 层、49～53 层)需要布置较多的黏滞阻尼器，而在其他层则布置较少；而以结构失效概率最小作为优化准则(SC-2)时，在中、高层也需要布置较多的黏滞阻尼器，特别是在高层(50～58 层)黏滞阻尼器的需求最大。即对于风振控制问题，黏滞阻尼器布置在较高层时有利。

为比较黏滞阻尼器工况的减振效果，图 19-19 给出了在代表性风荷载样本作用下，无控、未优化(黏滞阻尼器沿结构各层均匀布设，布设方案为 UD)和优化后结构风振加速度响应最大值和标准差沿高度变化图。可见：无控工况下结构各层加速度远大于控制工况下各层加速度，充分说明了控制的有效性(此时，SC-1 和 SC-2 两种工况计算的结构前三阶附加阻尼比均值分别为 0.79%和 1.32%，均大于 UD 工况)。事实上，关于顶层加速度最大值，相对于 UD 工况，SC-1 和 SC-2 两种工况分别降低了 10.6%和 15.7%；关于顶层加速度标准差，相对于 UD 工况，SC-1 和 SC-2 两种工况分别降低了 8.8%和 10.1%，这充分说明：以结构响应失效概率作为优化准则的性态泛函可以获得更好的舒适度控制效果。

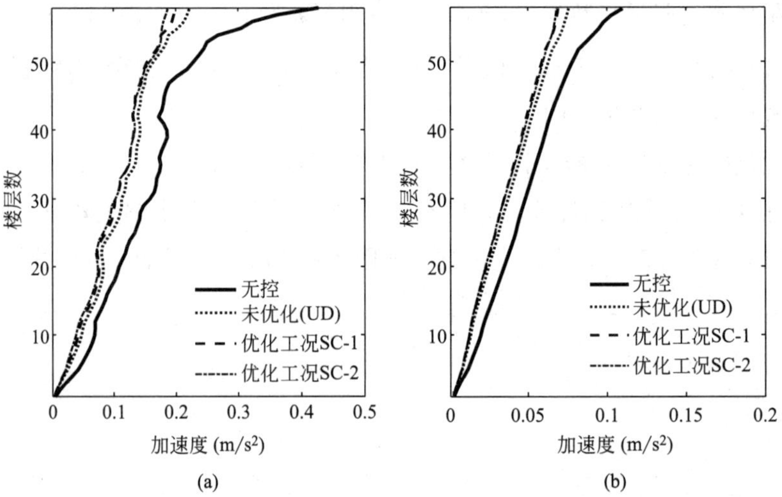

图 19-19 代表性风荷载样本作用下层加速度最大值及标准差值沿结构高度变化图

(a)层加速度最大值；(b)层加速度标准差

图 19-20 和图 19-21 分别为结构顶层加速度极值的概率密度函数和分布函数，其中图 19-20 还给出了 95%分位值。表 19-4 给出了不同限定加速度(阈值)下结构动力可靠度的比较(仅给出控制工况下可靠度)。显然，无控工况概率密度函数曲线和分布函数曲线形态较有控工况差别显著，充分说明控制的有效性；在有控工况中，SC-2 工况的加速度极值最小，SC-1 次之，而未优化 UD 工况最大。表 19-4 进一步表明，在总阻尼系数相同的条件下，以结构响应失效概率最小为准则的黏滞阻尼器优化布设方案(SC-2)获得了更为显著的风振舒适度控制效果。

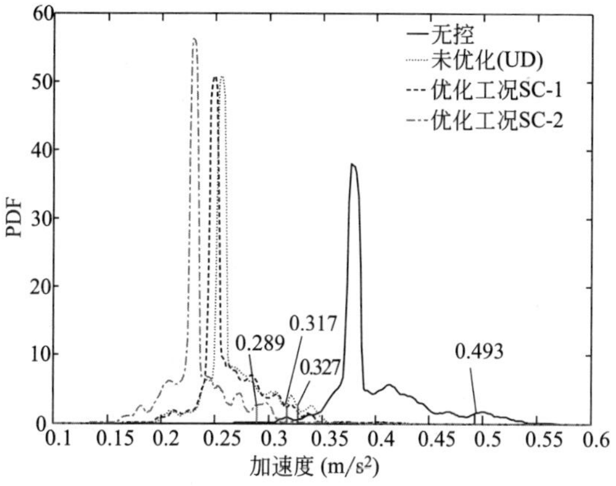

图 19-20 不同工况下结构顶层加速度极值的概率密度函数及 95%分位值

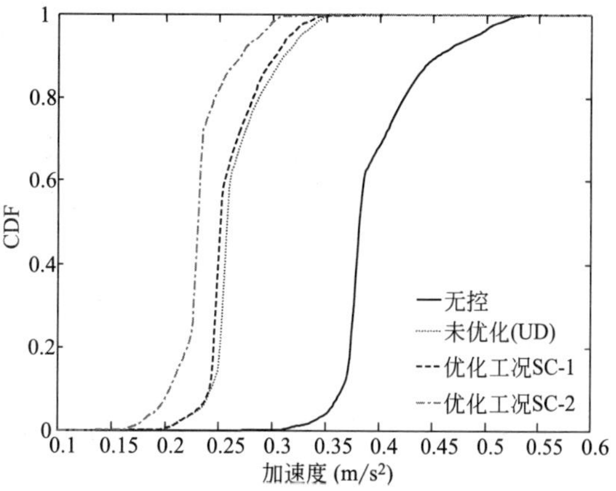

图 19-21 不同工况下结构顶层加速度极值的分布函数

不同阈值条件下顶层加速度可靠度对比表 **表 19-4**

阈值 工况	0.2	0.21	0.22	0.23	0.24	0.25	0.26	0.27	0.28
UD	0.0026	0.0177	0.0315	0.0476	0.0814	0.1654	0.6099	0.6855	0.7600
SC-1	0.0057	0.0158	0.0328	0.0490	0.0897	0.4321	0.6497	0.7329	0.7918
SC-2	0.0779	0.1420	0.1999	0.5127	0.7595	0.8269	0.8704	0.9015	0.9326

注：加速度单位为 m/s^2。

习 题

19-1 假设图 19-2 中荷载 $P(t)$为谱强度 S_0 的白噪声激励，试导出不考虑主结构阻尼、以主结构位移控制为目的的 TMD 最优设计频率比 λ 和阻尼比 ξ。

19-2 如何理解 LQG 的控制增益与 LQR 的控制增益在形式上完全相同，即满足所谓的确定性等价？

19-3 物理随机最优控制与 LQG 控制的理论基础和控制目标有何不同，为何物理随机最优控制涉及两步优化？

19-4 如何从工程实践角度理解广义最优控制律的三层次定位？

附录

附录 A　随机过程模拟的降维方法

1. 功率谱密度与相关函数的 Fourier 变换对

在第 14 章里，已经介绍了平稳随机过程的功率谱密度 $S(\omega)$ 与相关函数 $R(\tau)$ 的 Fourier 变换对，即所谓的维纳一辛钦(Wiener-Khinchin)公式：

$$\begin{cases} S(\omega)=\displaystyle\int_{-\infty}^{\infty} R(\tau)\mathrm{e}^{-\mathrm{i}\omega\tau}\mathrm{d}\tau \\ R(\tau)=\dfrac{1}{2\pi}\displaystyle\int_{-\infty}^{\infty} S(\omega)\mathrm{e}^{\mathrm{i}\omega\tau}\mathrm{d}\omega \end{cases} \tag{A-1}$$

需要指出的是，上述 Fourier 变换公式中积分号前的系数对，国内外文献中有多种不同的表示，如表 A-1 所示，表中的系数应当配对使用。

Fourier 变换的系数对　　**表 A-1**

系数对	1	2	3	4	5
$S(\omega)$ 公式的系数	1	$\frac{1}{2\pi}$	$\frac{1}{2}$	$\frac{1}{\pi}$	$\frac{1}{\sqrt{2\pi}}$
$R(\tau)$ 公式的系数	$\frac{1}{2\pi}$	1	$\frac{1}{\pi}$	$\frac{1}{2}$	$\frac{1}{\sqrt{2\pi}}$

为简便计，在以下随机过程模拟的降维方法中，我们将采用第二组系数对，即

$$\begin{cases} S(\omega)=\dfrac{1}{2\pi}\displaystyle\int_{-\infty}^{\infty} R(\tau)\mathrm{e}^{-\mathrm{i}\omega\tau}\mathrm{d}\tau \\ R(\tau)=\displaystyle\int_{-\infty}^{\infty} S(\omega)\mathrm{e}^{\mathrm{i}\omega\tau}\mathrm{d}\omega \end{cases} \tag{A-2}$$

在上述的 Fourier 变换公式(A-1)和公式(A-2)中，频率采用了圆频率 ω，其量纲是 rad/s 或 1/s 或 s^{-1}，注意 1rad 就是实数 1。但在工程中，常常用频率 f，其量纲是 Hz 或 1 周/s。因此，有时需要将功率谱密度 $S(\omega)$ 转换为用 f 表示的谱密度 $S(f)$。注意到，在频率间隔 $\mathrm{d}\omega$ 与 $\mathrm{d}f$ 所对应的能量是相同的，即

$$S(\omega)\mathrm{d}\omega=S(f)\mathrm{d}f \tag{A-3}$$

同时，注意到

$$\omega=2\pi f,\quad \mathrm{d}\omega=2\pi\mathrm{d}f \tag{A-4}$$

因此，有

$$S(f)=2\pi S(\omega)=2\pi S(2\pi f) \tag{A-5}$$

这表明，将 $S(\omega)$ 中的 ω 换成 $2\pi f$，同时将功率谱密度乘以 2π，即可得到用 f 表示的功率谱密度 $S(f)$。

对于 Fourier 变换公式(A-2)，用 f 表示的维纳-辛钦公式如下：

$$\begin{cases} S(f)=\displaystyle\int_{-\infty}^{\infty} R(\tau)\mathrm{e}^{-\mathrm{i}2\pi f\tau}\mathrm{d}\tau \\ R(\tau)=\displaystyle\int_{-\infty}^{\infty} S(f)\mathrm{e}^{\mathrm{i}2\pi f\tau}\mathrm{d}f \end{cases} \tag{A-6}$$

2. 随机过程的源谱表示

在第 15 章里，已经阐述了随机过程的源谱表示，即对于一个零均值的实非平稳过程 $f_0(t)$，具有双边的演变功率谱密度函数 $S_{f_0}(\omega,t)=|A(t,\omega)|^2S(\omega)$，则其源谱表示可以近似地写成：

$$f_0(t)\approx\sum_{n=1}^{N}\sqrt{2S_{f_0}(\omega_n,t)\Delta\omega}\,(X_n\cos\omega_n t+Y_n\sin\omega_n t) \tag{A-7}$$

其中

$$\omega_n=(n-0.5)\Delta\omega,\quad \Delta\omega=\omega_u/N \tag{A-8}$$

式中，$\Delta\omega$ 为频率步长；ω_u 为上限截止频率；N 为频率的离散项数。

在式(A-7)中，$\{X_n,\ Y_n\}_{n=1}^N$ 是一组标准的正交随机变量集，必须满足如下的基本条件：

$$E[X_n]=E[Y_n]=0,\quad E[X_mY_n]=0 \tag{A-9a}$$

$$E[X_mX_n]=E[Y_mY_n]=\delta_{mn} \tag{A-9b}$$

如前所述，通过定义源谱表示式(A-7)中标准正交随机变量集 $\{X_n,Y_n\}_{n=1}^N$ 的不同随机函数形式，可以得到非平稳过程模拟的不同公式。为此，将标准正交随机变量集 $\{X_n,Y_n\}_{n=1}^N$ 定义为基本随机变量的正交函数形式，即：

$$X_n=g_n(\boldsymbol{\Theta}),\quad Y_n=h_n(\boldsymbol{\Theta}),\quad n=1,2,\cdots,N \tag{A-10}$$

式中，$g_n(\cdot)$ 与 $h_n(\cdot)$ 表示确定性的正交函数形式。$\boldsymbol{\Theta}=(\Theta_1,\Theta_2,\cdots,\Theta_q)$ 表示 q 维的基本随机向量，其联合概率密度函数 $p_{\boldsymbol{\Theta}}(\boldsymbol{\theta})$ 已知；当 q 维随机向量 $\boldsymbol{\Theta}=(\Theta_1,\Theta_2,\cdots,\Theta_q)$ 相互独立时，则联合概率密度函数 $p_{\boldsymbol{\Theta}}(\boldsymbol{\theta})=\prod_{l=1}^{q}p_{\Theta_l}(\theta_l)$，其中 $p_{\Theta_l}(\theta_l)$ 表示基本随机变量 Θ_l 的概率密度函数。

于是，式(A-10)必须满足式(A-9)的基本条件(**必要条件**)。这样，基本条件式(A-9)就变成如下的形式：

$$E[X_n]=E[g_n(\boldsymbol{\Theta})]=\int_{\Omega}g_n(\boldsymbol{\theta})p_{\boldsymbol{\Theta}}(\boldsymbol{\theta})\mathrm{d}\boldsymbol{\theta}=0 \tag{A-11a}$$

$$E[Y_n]=E[h_n(\boldsymbol{\Theta})]=\int_{\Omega}h_n(\boldsymbol{\theta})p_{\boldsymbol{\Theta}}(\boldsymbol{\theta})\mathrm{d}\boldsymbol{\theta}=0 \tag{A-11b}$$

$$E[X_mY_n]=E[g_m(\boldsymbol{\Theta})h_n(\boldsymbol{\Theta})]=\int_{\Omega}g_m(\boldsymbol{\theta})h_n(\boldsymbol{\theta})p_{\boldsymbol{\Theta}}(\boldsymbol{\theta})\mathrm{d}\boldsymbol{\theta}=0 \tag{A-11c}$$

$$E[X_mX_n]=E[g_m(\boldsymbol{\Theta})g_n(\boldsymbol{\Theta})]=\int_{\Omega}g_m(\boldsymbol{\theta})g_n(\boldsymbol{\theta})p_{\boldsymbol{\Theta}}(\boldsymbol{\theta})\mathrm{d}\boldsymbol{\theta}=\delta_{mn} \tag{A-11d}$$

$$E[Y_mY_n]=E[h_m(\boldsymbol{\Theta})h_n(\boldsymbol{\Theta})]=\int_{\Omega}h_m(\boldsymbol{\theta})h_n(\boldsymbol{\theta})p_{\boldsymbol{\Theta}}(\boldsymbol{\theta})\mathrm{d}\boldsymbol{\theta}=\delta_{mn} \tag{A-11e}$$

式中，Ω 表示基本随机向量 $\boldsymbol{\Theta}$ 的空间区域。

3. 随机过程模拟的降维方法

在第 15 章中，已经介绍了传统的随机幅值法和随机相位法。下面，针对这两类传统的模拟方法，仅给出对应的降维模拟方法。

(1) 第一类降维模拟方法

对于具有随机幅值和相位的降维模拟方法，标准正交随机变量集 $\{X_n,Y_n\}_{n=1}^N$ 可以定义为：

$$\begin{cases} X_n = \sqrt{-2\ln\left\{\dfrac{1}{2}+\dfrac{1}{\pi}\arcsin\left[\cos(\overline{n}\Theta_1+\alpha)\right]\right\}}\cos\overline{n}\Theta_2 \\ Y_n = \sqrt{-2\ln\left\{\dfrac{1}{2}+\dfrac{1}{\pi}\arcsin\left[\cos(\overline{n}\Theta_1+\alpha)\right]\right\}}\sin\overline{n}\Theta_2 \end{cases} \tag{A-12}$$

式中，Θ_1 与 Θ_2 是相互独立的基本随机变量，且均服从 $(0,2\pi]$ 上的均匀分布；α 为 $(0,2\pi]$ 上的已知常数，一般取 $\alpha=\pi/4$。可以证明，式(A-12)定义的随机变量集 $\{X_n,Y_n\}_{n=1}^{N}$ 完全满足式(A-11)的基本条件(必要条件)。

在式(A-12)中，$\overline{n}$ $(\overline{n}=1,2,\cdots,N)$ 与 n $(n=1,2,\cdots,N)$ 是一种确定性的一一映射关系，这种一一映射关系可由 MATLAB 工具箱的内置函数，即 rand(‘state’, 0)和 temp=randperm(N)来实现。这样，$\overline{n}$ $(\overline{n}=1,2,\cdots,N)$ 与 n $(n=1,2,\cdots,N)$ 的一一映射关系即为 $\overline{n}=\text{temp}(n)$，这恰是降维模拟方法的一个**充分条件**。

于是，将式(A-12)代入式(A-7)中，即可得到非平稳过程的第一类降维模拟公式：

$$f_1(t)=\sum_{n=1}^{N}\sqrt{2S_{f_0}(\omega_n,t)\Delta\omega}A_{\overline{n}}(\Theta_1)\cos(\omega_n t-\overline{n}\Theta_2) \tag{A-13}$$

其中

$$A_{\overline{n}}(\Theta_1)=\sqrt{-2\ln\left\{\frac{1}{2}+\frac{1}{\pi}\arcsin\left[\cos(\overline{n}\Theta_1+\alpha)\right]\right\}} \tag{A-14}$$

式(A-13)即为非平稳过程模拟的第一类降维方法，其中基本随机变量 Θ_1 代表幅值的随机性，Θ_2 代表相位的随机性。

(2) 第二类降维模拟方法

对于仅具有随机相位的降维模拟方法，标准正交随机变量集 $\{X_n,Y_n\}_{n=1}^{N}$ 也可以定义为：

$$X_n=\sqrt{2}\cos\overline{n}\Theta,\quad Y_n=\sqrt{2}\sin\overline{n}\Theta \tag{A-15}$$

其中，基本随机变量 Θ 服从 $(0,2\pi]$ 上的均匀分布。同样地，$\overline{n}$ $(\overline{n}=1,2,\cdots,N)$ 与 n $(n=1,2,\cdots,N)$ 也是一种确定性的一一映射关系，即 $\overline{n}=\text{temp}(n)$。显然，式(A-15)定义的随机变量集 $\{X_n,Y_n\}_{n=1}^{N}$ 也是完全满足式(A-11)的基本条件。

这样，将式(A-15)代入式(A-7)中，即可得到非平稳过程的第二类降维模拟公式：

$$f_2(t)=2\sum_{n=1}^{N}\sqrt{S_{f_0}(\omega_n,t)\Delta\omega}\cos(\omega_n t-\overline{n}\Theta) \tag{A-16}$$

式(A-16)即为非平稳过程模拟的第二类降维方法，其中基本随机变量 Θ 代表相位的随机性。

随机过程模拟的降维方法还可以有多种不同的形式。此外，关于随机过程 Karhunen-Loève 分解的降维模拟，多变量随机过程的降维模拟，多维多变量随机过程以及时空随机场的降维模拟，这里就不再一一赘述。

附录 B　Fourier 级数、Fourier 变换与正交函数展开

1. 正交函数与正交展开

若有一系列复值函数 $\psi_n(x), n=0, \pm 1, \cdots$，定义内积：

$$\langle \psi_n, \psi_m \rangle = \int_a^b \psi_n(x)\psi_m^*(x)\mathrm{d}x \tag{B-1}$$

其中，$\psi_m^*(x)$ 表示 $\psi_m(x)$ 的复共轭。内积具有复共轭可交换性，即：

$$\langle \psi_n, \psi_m \rangle = \int_a^b \psi_n(x)\psi_m^*(x)\mathrm{d}x = \left(\int_a^b \psi_m(x)\psi_n^*(x)\mathrm{d}x\right)^* = \langle \psi_m, \psi_n \rangle^* \tag{B-2}$$

当两个复函数 $\psi_n(x)$ 与 $\psi_m(x)$ 满足

$$\langle \psi_n, \psi_m \rangle = \int_a^b \psi_n(x)\psi_m^*(x)\mathrm{d}x = \delta_{mn} \tag{B-3}$$

称函数 $\psi_n(x)$ 与 $\psi_m(x)$ 是正交归一的。这里 δ_{mn} 是 Kronecker 符号(若 $m=n$，则 $\delta_{mn}=1$，否则为零)❶。若除集合 $\psi_n(x), n=0, \pm 1, \cdots$ 中的元素外，不存在任意其他函数与该集合中的所有函数均正交，那么 $\psi_n(x), n=0, \pm 1, \cdots$ 为完备的正交归一函数集。

在很宽泛的条件下，定义在 $[a, b]$ 上的函数 $f(x)$ 可展开为正交函数的线性组合

$$f(x) = \sum_{n=-\infty}^{\infty} \beta_n \psi_n(x) \tag{B-4}$$

展开系数 $\beta_n, n=0, \pm 1, \cdots$ 与 x 无关。利用正交归一条件式(B-3)，对式(B-4)两边关于 $\psi_n(x), n=0, \pm 1, \cdots$ 取内积，可得展开系数为：

$$\beta_n = \langle f, \psi_n \rangle = \int_a^b f(x)\psi_n^*(x)\mathrm{d}x \tag{B-5}$$

显然，式(B-4)也可以写为：

$$f(x) = \boldsymbol{\psi}(x)\boldsymbol{\beta}^{\mathrm{T}} \tag{B-6}$$

其中，$\boldsymbol{\beta} = (\beta_{-\infty}, \cdots, \beta_{-1}, \beta_0, \beta_1, \cdots, \beta_{\infty})$，$\boldsymbol{\psi} = (\psi_{-\infty}, \cdots, \psi_{-1}, \psi_0, \psi_1, \cdots, \psi_{\infty})$。

一个 n 维欧氏空间的向量 $\boldsymbol{y}$ 可以写为：

$$\boldsymbol{y} = \sum_{i=1}^{n} a_i \boldsymbol{e}_i = \boldsymbol{e}\boldsymbol{a}^{\mathrm{T}} \tag{B-7}$$

其中，向量 $\boldsymbol{a} = (a_1, a_2, \cdots, a_n)$，矩阵 $\boldsymbol{e} = [\boldsymbol{e}_1 \quad \boldsymbol{e}_2 \quad \cdots \quad \boldsymbol{e}_n]$，且 $\langle \boldsymbol{e}_i, \boldsymbol{e}_j \rangle = \delta_{ij}$。

类比式(B-7)与式(B-4)、式(B-6)，可见一个函数 $f(\cdot)$ 可认为是无穷维空间中的一个点，$\boldsymbol{\beta}^{\mathrm{T}} = (\beta_{-\infty}, \cdots, \beta_{-1}, \beta_0, \beta_1, \cdots, \beta_{\infty})^{\mathrm{T}}$ 构成了这个无穷维空间中点的坐标，β_n 就是这个无

---

❶ 在更一般的情况下，两个函数 $\widetilde{\psi}_n(x), \widetilde{\psi}_m(x)$ 正交是指 $\langle \widetilde{\psi}_n, \widetilde{\psi}_m \rangle = \int_a^b \widetilde{\psi}_n(x)\widetilde{\psi}_m^*(x)\mathrm{d}x = a_n\delta_{mn}$。这时，可以令 $\psi_n(x) = \dfrac{\widetilde{\psi}_n(x)}{\sqrt{a_n}}$，从而实现正交函数的归一化。显然，$\langle \psi_n, \psi_m \rangle = \left\langle \dfrac{\widetilde{\psi}_n(x)}{\sqrt{a_n}}, \dfrac{\widetilde{\psi}_m(x)}{\sqrt{a_m}} \right\rangle = \delta_{mn}$。据此，还可以定义函数的范数 $\| \widetilde{\psi}_n(x) \| = \sqrt{\langle \widetilde{\psi}_n, \widetilde{\psi}_n \rangle} = \sqrt{\int_a^b \widetilde{\psi}_n(x)\widetilde{\psi}_n^*(x)\mathrm{d}x} = \sqrt{\int_a^b |\widetilde{\psi}_n(x)|^2\mathrm{d}x}$。因而，任意正交函数组 $\widetilde{\psi}_n(x)$ 都可以采用 $\psi_n(x) = \dfrac{\widetilde{\psi}_n(x)}{\| \widetilde{\psi}_n(x) \|}$ 进行归一化。

穷维空间中的点 $f(\cdot)$ 在标准正交基函数 $\psi_n(x)$ 上的投影，这就是式(B-5)的几何意义。

2. 从 Fourier 级数到 Fourier 变换

容易证明，函数集

$$\psi_n(t)=\frac{1}{\sqrt{2\pi}}\mathrm{e}^{\mathrm{i}nt}, \quad n=0,\pm1,\pm2,\cdots,\pm\infty \tag{B-8}$$

满足标准正交条件(B-3)，即：

$$\begin{aligned}\langle\psi_n,\psi_m\rangle&=\int_{-\pi}^{\pi}\psi_n(t)\psi_m^*(t)\mathrm{d}t=\frac{1}{2\pi}\int_{-\pi}^{\pi}\mathrm{e}^{\mathrm{i}nt}\mathrm{e}^{-\mathrm{i}mt}\mathrm{d}t=\frac{1}{2\pi}\int_{-\pi}^{\pi}\mathrm{e}^{\mathrm{i}(n-m)t}\mathrm{d}t\\&=\begin{cases}\dfrac{1}{2\pi}\dfrac{1}{\mathrm{i}(n-m)}\mathrm{e}^{\mathrm{i}(n-m)t}\Big|_{-\pi}^{\pi}=0, & \text{当 } n\neq m\\ 1, & \text{当 } n=m\end{cases}\\&=\delta_{mn}\end{aligned} \tag{B-9}$$

并且是完备的。

因此，根据式(B-4)，周期为 2π 的函数 $f(t)$ 可采用 ψ_n 展开，即：

$$f(t)=\sum_{n=-\infty}^{\infty}\beta_n\psi_n(t)=\sum_{n=-\infty}^{\infty}\alpha_n\mathrm{e}^{\mathrm{i}nt} \tag{B-10}$$

其中，系数

$$\beta_n=\langle f,\psi_n\rangle=\frac{1}{\sqrt{2\pi}}\int_{-\pi}^{\pi}f(t)\mathrm{e}^{-\mathrm{i}nt}\mathrm{d}t \tag{B-11}$$

而

$$\alpha_n=\frac{1}{\sqrt{2\pi}}\beta_n=\frac{1}{2\pi}\int_{-\pi}^{\pi}f(t)\mathrm{e}^{-\mathrm{i}nt}\mathrm{d}t \tag{B-12}$$

更一般地，考虑周期为 2ℓ 的函数在 $[-\ell,\ell]$ 内的展开，有

$$f(t)=\sum_{n=-\infty}^{\infty}\alpha_n\mathrm{e}^{\mathrm{i}n\pi t/\ell} \tag{B-13}$$

其中

$$\alpha_n=\frac{1}{2\ell}\int_{-\ell}^{\ell}f(t)\mathrm{e}^{-\mathrm{i}n\pi t/\ell}\mathrm{d}t \tag{B-14}$$

将式(B-14)代入式(B-13)中，有：

$$f(t)=\sum_{n=-\infty}^{\infty}\left[\frac{1}{2\ell}\int_{-\ell}^{\ell}f(x)\mathrm{e}^{-\mathrm{i}n\pi x/\ell}\mathrm{d}x\right]\mathrm{e}^{\mathrm{i}n\pi t/\ell} \tag{B-15}$$

为方便，记为

$$\omega_n=\frac{n\pi}{\ell}, \quad \Delta\omega=\omega_n-\omega_{n-1}=\frac{\pi}{\ell} \tag{B-16}$$

于是，式(B-15)可写为：

$$f(t)=\sum_{n=-\infty}^{\infty}\left[\frac{\Delta\omega}{2\pi}\int_{-\ell}^{\ell}f(x)\mathrm{e}^{-\mathrm{i}\omega_n x}\mathrm{d}x\right]\mathrm{e}^{\mathrm{i}\omega_n t} \tag{B-17}$$

当 $\ell\rightarrow\infty$ 时，式(B-17)变为：

$$f(t)=\frac{1}{2\pi}\int_{-\infty}^{\infty}\left[\int_{-\infty}^{\infty}f(x)\mathrm{e}^{-\mathrm{i}\omega x}\mathrm{d}x\right]\mathrm{e}^{\mathrm{i}\omega t}\mathrm{d}\omega \tag{B-18}$$

若记

$$F(\omega)=\int_{-\infty}^{\infty} f(t)\mathrm{e}^{-\mathrm{i}\omega t}\,\mathrm{d}t \tag{B-19}$$

则式(B-18)成为

$$f(t)=\frac{1}{2\pi}\int_{-\infty}^{\infty} F(\omega)\mathrm{e}^{\mathrm{i}\omega t}\,\mathrm{d}\omega \tag{B-20}$$

式(B-19)和式(B-20)构成一个 Fourier 变换对。

为了更清晰地了解式(B-19)和式(B-20)的意义，再次将式(B-20)写为部分和的形式：

$$f(t)=\lim_{\Delta\omega\to 0}\frac{\Delta\omega}{2\pi}\sum_{n=-\infty}^{\infty} F(\omega_n)\mathrm{e}^{\mathrm{i}\omega_n t}=\lim_{\Delta\omega\to 0}\sum_{n=-\infty}^{\infty}\frac{\Delta\omega}{2\pi}F(\omega_n)\mathrm{e}^{\mathrm{i}\omega_n t} \tag{B-21}$$

其中 $\omega_n=n\Delta\omega, n=0, \pm 1,\cdots$。

设 $f(t)$ 定义在 $[-\ell, \ell]$ 区间，则若令 $\omega_n=n\pi/\ell$，可见式(B-21)变为式(B-13)，其中

$$\alpha_n=\frac{\Delta\omega}{2\pi}F(\omega_n) \tag{B-22}$$

这正是式(B-14)。因此，Fourier 级数中的系数是 Fourier 谱在 $\Delta\omega$ 范围内的面积除以 2π。这一点对理解 Fourier 谱的量纲是十分重要的。

注意到 $F(\omega_n)=|F(\omega_n)|\mathrm{e}^{\mathrm{i}\phi_n}$，其中 ϕ_n 为 $F(\omega_n)$ 的辐角，式(B-21)可写为：

$$\begin{aligned} f(t)&=\lim_{\Delta\omega\to 0}\sum_{n=-\infty}^{\infty}\frac{\Delta\omega}{2\pi}|F(\omega_n)|\mathrm{e}^{\mathrm{i}(\omega_n t+\phi_n)} \\ &\approx\sum_{n=-N}^{N}\frac{\Delta\omega}{2\pi}|F(\omega_n)|[\cos(\omega_n t+\phi_n)+\mathrm{i}\sin(\omega_n t+\phi_n)] \end{aligned} \tag{B-23}$$

若 $f(t)$ 是实数过程，则进一步有

$$f(t)\approx\sum_{n=0}^{N}\frac{|F(\omega_n)|\Delta\omega}{\pi}\cos(\omega_n t+\phi_n) \tag{B-24}$$

这就是一般实数过程的余弦级数表达。

3. 随机函数的广义 Fourier 级数

如果定义在 $[a, b]$ 上的连续函数 $p(x)\geqslant 0$ 且 $\int_a^b p(x)\mathrm{d}x=1$，则 $p(x)$ 可以认为是一个分布在 $[a, b]$ 范围内的连续随机变量 X 的概率密度函数。

若函数集 $\psi_n(x), n=0, \pm 1,\cdots$ 满足标准正交条件式(B-3)

$$\langle\psi_n, \psi_m\rangle=\int_a^b \psi_n(x)\psi_m^*(x)\mathrm{d}x=\delta_{mn} \tag{B-25}$$

且是完备的，则稍加变换可得

$$\langle p(x)\frac{\psi_n}{\sqrt{p(x)}}, \frac{\psi_m}{\sqrt{p(x)}}\rangle=\int_a^b p(x)\frac{\psi_n(x)}{\sqrt{p(x)}}\frac{\psi_m^*(x)}{\sqrt{p(x)}}\mathrm{d}x=\delta_{mn} \tag{B-26}$$

定义函数集 $\varphi_n(x), n=0, \pm 1,\cdots$ 为

$$\varphi_n(x)=\frac{\psi_n(x)}{\sqrt{p(x)}},\quad n=0, \pm 1,\cdots \tag{B-27}$$

则式(B-26)可改写为

$$\langle \varphi_n, \varphi_m \rangle_p = \langle p(x)\varphi_n, \varphi_m \rangle = \int_a^b p(x)\varphi_n(x)\varphi_m^*(x)\mathrm{d}x = \delta_{mn} \tag{B-28}$$

其中，$\langle \varphi_n, \varphi_m \rangle_p$ 表示带权函数 $p(x)$ 的内积。式(B-28)表示函数集 $\varphi_n(x), n=0, \pm1, \cdots$ 是带权正交且完备的。

这时，定义在 $[a, b]$ 上的函数 $f(x)$ 可展开为带权正交函数的线性组合

$$f(x) = \sum_{n=-\infty}^{\infty} \beta_n \varphi_n(x) \tag{B-29}$$

其系数 β_n 可以通过带权正交条件获得。事实上，对式(B-29)两边关于 $\varphi_m(x)$ 取带权函数 $p(x)$ 的内积，并注意到式(B-28)，有

$$\begin{aligned}\langle f, \varphi_m \rangle_p &= \langle \sum_{n=-\infty}^{\infty} \beta_n \varphi_n, \varphi_m \rangle_p = \sum_{n=-\infty}^{\infty} \int_a^b \beta_n p(x)\varphi_n(x)\varphi_m^*(x)\mathrm{d}x \\ &= \sum_{n=-\infty}^{\infty} \beta_n \delta_{nm} = \beta_m\end{aligned} \tag{B-30}$$

这样给出了坐标分量 $\beta_n, n=0, \pm1, \cdots$ 的值。

由此可见，带权内积与普通内积具有完全相同的运算法则。

由于 $p(x)$ 可以理解为分布在 $[a, b]$ 范围内的连续随机变量 X 的概率密度函数，从式(B-28)可知，带权函数 $p(x)$ 的内积事实上就是随机函数 $\varphi_n(X)\varphi_m^*(X)$ 的数学期望。这里，为了概念上的清晰，用大写字符 X 表示随机变量。式(B-28)意味着

$$E[\varphi_n(X)\varphi_m^*(X)] = \langle \varphi_n, \varphi_m \rangle_p = \int_a^b p(x)\varphi_n(x)\varphi_m^*(x)\mathrm{d}x = \delta_{mn} \tag{B-31}$$

其中，$E[\cdot]$ 表示数学期望。

因此，式(B-29)可以理解为，一个关于随机变量 X 的随机函数可以用正交基函数 $\varphi_n(X), n=0, \pm1, \cdots$ 展开为

$$f(X) = \sum_{n=-\infty}^{\infty} \beta_n \varphi_n(X) \tag{B-32}$$

其系数为

$$\beta_n = \langle f, \varphi_n \rangle_p = E[f(X)\varphi_n^*(X)], \quad n=0, \pm1, \cdots \tag{B-33}$$

当 $\varphi_n(X), n=0, \pm1, \cdots$ 是正交多项式时，式(B-32)就是随机函数的正交多项式展开形式。

现在再来考察 Fourier 级数。设随机变量 X 是 $[0, 2\pi]$ 之间均匀分布的随机变量，则随机函数 $\Psi_n(X) = \mathrm{e}^{\mathrm{i}nX}, n=0, \pm1, \cdots$ 满足

$$E[\Psi_n(X)\Psi_m^*(X)] = E[\mathrm{e}^{\mathrm{i}nX}\mathrm{e}^{-\mathrm{i}mX}] = \delta_{mn} \tag{B-34}$$

这就是式(B-9)。

因而，根据式(B-32)，关于 X 的函数 $f(X)$ 可以按下式展开，即式(B-10)

$$f(X) = \sum_{n=-\infty}^{\infty} \alpha_n \Psi_n(X) = \sum_{n=-\infty}^{\infty} \alpha_n \mathrm{e}^{\mathrm{i}nX} \tag{B-35}$$

其中，系数 α_n 可由式(B-33)给出

$$\alpha_n = E[f(X)\Psi_n^*(X)] = E[f(X)\mathrm{e}^{-\mathrm{i}nX}] = \frac{1}{2\pi}\int_{-\pi}^{\pi} f(x)\mathrm{e}^{-\mathrm{i}nx}\mathrm{d}x \tag{B-36}$$

这就是式(B-12)。

附录 C　Dirac 函数

1. 定义

如果函数 $f(x)$ 满足如下条件：

$$f(x)=\begin{cases}\infty, & x=x_0\\ 0, & 其他\end{cases} \tag{C-1}$$

$$\int_{-\infty}^{\infty} f(x)\mathrm{d}x=1 \tag{C-2}$$

则称 $f(x)$ 为 Dirac 函数。Dirac 函数一般用 $\delta(x-x_0)$ 表示，即：

$$f(x)=\delta(x-x_0) \tag{C-3}$$

Dirac 函数是一个广义函数，其图形如图 C-1 所示。

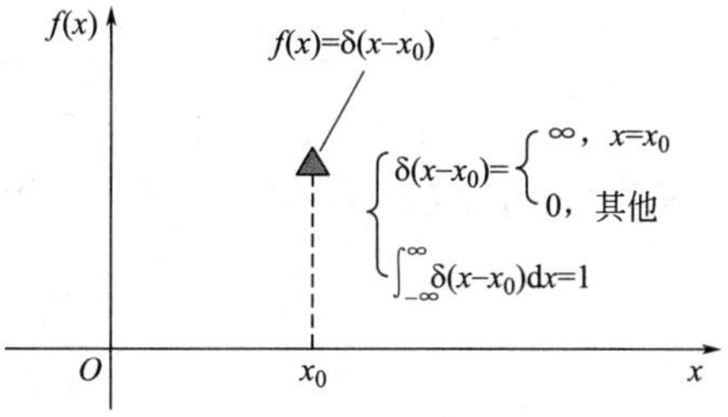

图 C-1　Dirac 函数

根据 Dirac 函数的定义式(C-1)和式(C-2)，可以将 Dirac 函数看作一个在区间 $[\mu-\varepsilon,\mu+\varepsilon]$ 上的均匀分布随机变量的概率密度函数，当区间长度趋于零时的极限[图 C-2(a)]，即：

$$p_{\mathrm{Uniform}}(x;\varepsilon)=\begin{cases}\dfrac{1}{2\varepsilon}, & \mu-\varepsilon\leqslant x\leqslant\mu+\varepsilon\\ 0, & 其他\end{cases} \tag{C-4}$$

显然，有

$$\lim_{\varepsilon\to 0} p_{\mathrm{Uniform}}(x;\varepsilon)=\delta(x-\mu) \tag{C-5}$$

类似地，也可以将 Dirac 函数看作一个正态分布随机变量的概率密度函数，当其标准差趋于零时的极限情况[图 C-2(b)]，即：

$$p_{\mathrm{Normal}}(x;\sigma)=\frac{1}{\sqrt{2\pi}\sigma}\mathrm{e}^{-\frac{(x-\mu)^2}{2\sigma^2}} \tag{C-6}$$

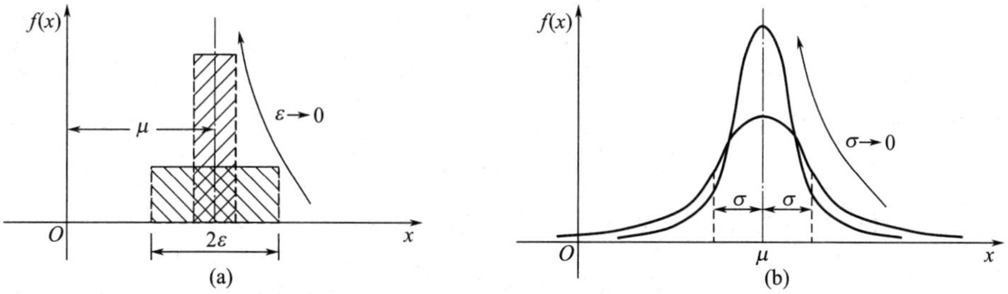

图 C-2　Dirac 函数可看作概率密度函数的极限情况

(a)均匀分布；(b)正态分布

当 $\sigma\to 0$ 时，即可得到 Dirac 函数：

$$\lim_{\sigma\to 0} p_{\mathrm{Normal}}(x;\sigma)=\delta(x-\mu) \tag{C-7}$$

2. 基本性质

根据条件式(C-1)和式(C-2)，对于一个连续函数 $g(x)$，则有：

$$\int_{-\infty}^{\infty} g(x)\delta(x-x_0)\mathrm{d}x = g(x_0) \tag{C-8}$$

这一性质称为 Dirac 函数的筛选性。特别地，当 $x_0=0$ 时有：

$$\int_{-\infty}^{\infty} g(x)\delta(x)\mathrm{d}x = g(0) \tag{C-9}$$

在实际应用中，对于一个时间函数 $x(t)$，通常在时间 $t \geqslant 0$ 时才有意义，因此上述筛选性质可以改写为：

$$\int_{0}^{t} x(\tau)\delta(\tau-t_0)\mathrm{d}\tau = x(t_0) \tag{C-10}$$

其中 $0 \leqslant t_0 \leqslant t$。

根据 Dirac 函数的筛选性质，可以容易得到 Dirac 函数的 Fourier 变换对：

$$F[\delta(t-t_0)] = \int_{-\infty}^{\infty} \delta(t-t_0)\mathrm{e}^{-\mathrm{i}\omega t}\mathrm{d}t = \mathrm{e}^{-\mathrm{i}\omega t_0} \tag{C-11}$$

$$F^{-1}[\mathrm{e}^{-\mathrm{i}\omega t_0}] = \frac{1}{2\pi}\int_{-\infty}^{\infty} \mathrm{e}^{-\mathrm{i}\omega t_0}\mathrm{e}^{\mathrm{i}\omega t}\mathrm{d}\omega = \frac{1}{2\pi}\int_{-\infty}^{\infty} \mathrm{e}^{\mathrm{i}\omega(t-t_0)}\mathrm{d}\omega = \delta(t-t_0) \tag{C-12}$$

特别地，当 $t_0=0$ 时，得到：

$$F[\delta(t)] = 1 \tag{C-13}$$

$$F^{-1}[1] = \delta(t) \tag{C-14}$$

Dirac 函数也可以看作是单位阶跃函数的导数。事实上，根据单位阶跃函数(Heaviside 函数)的定义

$$u(t-t_0) = \begin{cases} 1, & t \geqslant t_0 \\ 0, & \text{其他} \end{cases} \tag{C-15}$$

若定义 $\dot{u}(t-t_0) = \mathrm{d}u(t-t_0)/\mathrm{d}t$，则有：

$$\int_{-\infty}^{\infty} \dot{u}(t-t_0)\mathrm{d}t = u(\infty) - u(-\infty) = 1 \tag{C-16a}$$

$$\dot{u}(t-t_0) = \begin{cases} \infty, & t = t_0 \\ 0, & \text{其他} \end{cases} \tag{C-16b}$$

比较式(C-1)和式(C-2)，显然有：

$$\dot{u}(t-t_0) = \delta(t-t_0) \tag{C-17}$$

下面，考虑 Dirac 函数的复合函数的积分问题，例如

$$\mathcal{I}[g(x)] = \int_{-\infty}^{\infty} g(x)\delta[\varphi(x)-x_0]\mathrm{d}x \tag{C-18a}$$

如果将积分变量 x 改为 $\varphi^{-1}(y)$，则式(C-18a)变为：

$$\mathcal{I}[g(x)] = \int_{-\infty}^{\infty} |J|g[\varphi^{-1}(y)]\delta(y-x_0)\mathrm{d}y = |J|g[\varphi^{-1}(x_0)] \tag{C-18b}$$

其中，$J = \dfrac{\mathrm{d}\varphi^{-1}}{\mathrm{d}y}$ 为 Jacobi 量。

当 x_0 仅在某一微小区间 $[j-\varepsilon, j+\varepsilon]$ 邻域时，其积分值为：

$$\mathcal{I}_{ij}=\lim_{\varepsilon\to 0}\int_{j-\varepsilon}^{j+\varepsilon}\delta(x-i)\mathrm{d}x=\lim_{\varepsilon\to 0}\int_{i-\varepsilon}^{i+\varepsilon}\delta(x-j)\mathrm{d}x=\begin{cases}1, & i=j\\ 0, & \text{其他}\end{cases} \tag{C-19}$$

当 i 和 j 为正整数时，积分 $\mathcal{I}_{ij}$ 称为 Kronecker 符号，即：

$$\delta_{ij}=\begin{cases}1, & i=j\\ 0, & \text{其他}\end{cases} \tag{C-20}$$

因此，Dirac 函数可看成连续的 Kronecker 符号，而 Kronecker 符号也可以看成离散的 Dirac 函数。

最后，给出 Dirac 函数的导数的筛选性质。定义

$$\delta'(x)=\frac{\mathrm{d}\delta(x)}{\mathrm{d}x}=\lim_{\varepsilon\to 0}\frac{\delta(x+\varepsilon)-\delta(x)}{\varepsilon} \tag{C-21}$$

容易证明，对任意连续函数 $g(x)$，有

$$\int_0^l g(x)\delta'(x-t)\mathrm{d}x=-g'(t) \tag{C-22}$$

更一般地，有

$$\int_0^l g(x)\delta^{(n)}(x-t)\mathrm{d}x=(-1)^n g^{(n)}(t) \tag{C-23}$$

其中 n 为正整数。

3. Dirac 函数的物理背景

(1)离散型随机变量的概率密度函数

如果 X 是一个离散型随机变量，其分布律为：

$$\Pr\{X=x_j\}=p_j,\ j=1,2,\cdots,n \tag{C-24}$$

其中 $\sum_{j=1}^{n}p_j=1$。则随机变量 X 的概率密度函数可表示为：

$$p_X(x)=\sum_{j=1}^{n}p_j\delta(x-x_j) \tag{C-25}$$

于是，随机变量 X 的分布函数可表示为：

$$F_X(x)=\sum_{j=1}^{n}p_j u(x-x_j) \tag{C-26}$$

其中，$u(\cdot)$ 为式(C-15)所定义的单位阶跃函数。根据式(C-17)，显然有 $p_X(x)=\frac{\mathrm{d}F_X(x)}{\mathrm{d}x}$，这表明离散型随机变量的概率密度函数也可由分布函数求导得到。

可见，引入 Dirac 函数，可以将离散型和连续型随机变量统一起来。在此情况下，一个离散型随机变量可以看作是一个连续型随机变量序列的极限。

(2)集中与分布荷载

考虑图 C-3 所示的一个简支梁问题。在梁 AB 上作用有竖向分布荷载 $w(x)$ 和集中荷载 $F_1, F_2, \cdots, F_n$。

作用在梁 AB 上的荷载可以统一写为：

$$q(x)=-w(x)-\sum_{j=1}^{n}F_j\delta(x-x_j) \tag{C-27}$$

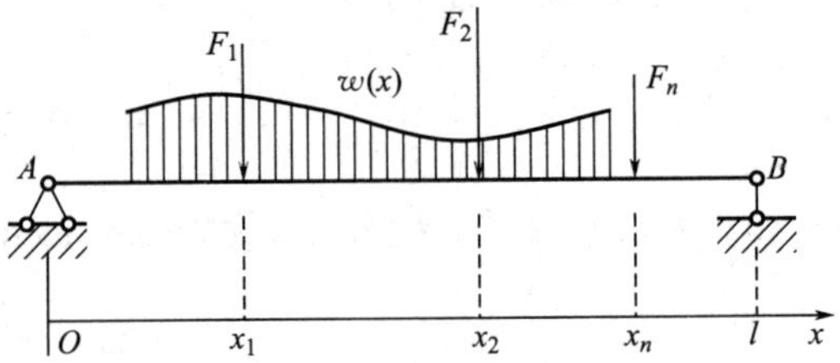

图C-3 简支梁上的荷载

事实上，容易求得支座A的反力R_A，这时可得到梁任意截面的剪力：

$$Q(x)=R_A-\int_0^x w(x)\mathrm{d}x-\sum_{j=1}^{n}F_j u(x-x_j) \tag{C-28}$$

注意到$q(x)=\dfrac{\mathrm{d}Q(x)}{\mathrm{d}x}$和式(C-17)立即得到式(C-27)。

事实上，其数学表达式的物理意义是集中荷载是一种理想化的情况，即当分布荷载的作用范围很小时可视为集中荷载。

(3)单位脉冲函数

当一个静止的质量m受到一个随时间变化的力$f(t)$作用，则力$f(t)$的冲量可表示为：

$$\kappa=\int_0^t f(\tau)\mathrm{d}\tau=mv \tag{C-29}$$

其中，v是质量的速度。如果作用时间很短，那么获得同样速度v所需施加的力应该足够大。特别地，当$t\rightarrow 0$时，对于给定的速度v，有

$$mv=\lim_{t\to 0}\int_0^t f(\tau)\mathrm{d}\tau=常数 \tag{C-30}$$

因此，可以得到

$$f(t)=mv\delta(t) \tag{C-31}$$

这表明$\delta(t)$就是一个单位脉冲函数。

(4)单位谐函数

考虑函数$g(\omega)=2\pi\delta(\omega-\omega_0)$的Fourier逆变换：

$$F^{-1}[2\pi\delta(\omega-\omega_0)]=\frac{1}{2\pi}\int_{-\infty}^{\infty}2\pi\delta(\omega-\omega_0)\mathrm{e}^{\mathrm{i}\omega t}\mathrm{d}\omega=\mathrm{e}^{\mathrm{i}\omega_0 t} \tag{C-32}$$

因而，单位谐函数$\mathrm{e}^{\mathrm{i}\omega_0 t}$的Fourier变换为：

$$F[\mathrm{e}^{\mathrm{i}\omega_0 t}]=\int_{-\infty}^{\infty}\mathrm{e}^{\mathrm{i}\omega_0 t}\mathrm{e}^{-\mathrm{i}\omega t}\mathrm{d}t=\int_{-\infty}^{\infty}\mathrm{e}^{-\mathrm{i}(\omega-\omega_0)t}\mathrm{d}t=2\pi\delta(\omega-\omega_0) \tag{C-33}$$

其物理意义十分清晰，即单位谐函数$\mathrm{e}^{\mathrm{i}\omega_0 t}$仅包含一个频率$\omega_0$，这正如式(C-33)所示的那样。若取$g(\omega)=\pi[\delta(\omega-\omega_0)+\delta(\omega+\omega_0)]$，则式(C-32)和式(C-33)分别变为：

$$\begin{aligned}F^{-1}\{\pi[\delta(\omega-\omega_0)+\delta(\omega+\omega_0)]\}&=\frac{1}{2\pi}\int_{-\infty}^{\infty}\pi[\delta(\omega-\omega_0)+\delta(\omega+\omega_0)]\mathrm{e}^{\mathrm{i}\omega t}\mathrm{d}\omega\\&=\cos\omega_0 t\end{aligned} \tag{C-34}$$

且

$$F[\cos\omega_0 t]=\int_{-\infty}^{\infty}\cos\omega_0 t\,\mathrm{e}^{-\mathrm{i}\omega t}\mathrm{d}t=\pi[\delta(\omega-\omega_0)+\delta(\omega+\omega_0)] \tag{C-35}$$

索 引

七画

八画

九画

十画

十一画

十二画

十三画

十四画

十六画

十七画

其他

参考文献

[1]Clough R W，Penzien J. Dynamics of Structures [M]. Second Edition (Revised). Computers and Structures，Inc.，2003.

[2]Chopra A K. Dynamics of Structures：Theory and Applications to Earthquake Engineering [M]. Fourth Edition. Prentice Hall，2012.

[3]Craig R R Jr. Structural Dynamics：An Introduction to Computer Methods [M]. New York：John Wiley and Sons，Inc.，1981.

[4]R. 克拉夫，J. 彭津．结构动力学[M]. 王光远，等译校．2 版(修订版). 北京：高等教育出版社，2006.

[5]Chopra A K. 结构动力学理论及其在地震工程中的应用[M]. 谢礼立，吕大刚，等译．4 版．北京：高等教育出版社，2016.

[6]Craig R R Jr. 结构动力学[M]. 常岭，等译．北京：人民交通出版社，1996.

[7]倪振华．振动力学[M]. 西安：西安交通大学出版社，1990.

[8]Tedesco J W，McDougal W G，Ross C A. Structural Dynamics：Theory and Applications [M]. Addison Wesley Longman，Inc.，1999.

[9]俞载道．结构动力学基础[M]. 上海：同济大学出版社，1987.

[10]姚熊亮．结构动力学[M]. 哈尔滨：哈尔滨工程大学出版社，2007.

[11]庄表中，王行新．随机振动概论[M]. 北京：地震出版社，1982.

[12]张雄，王天舒．计算动力学[M]. 北京：清华大学出版社，2007.

[13]张亚辉，林家浩．结构动力学基础[M]. 大连：大连理工大学出版社，2007.

[14]邱吉宝，向树红，张正平．计算结构动力学[M]. 合肥：中国科学技术大学出版社，2009.

[15]刘晶波，杜修力．结构动力学[M]. 北京：机械工业出版社，2005.

[16]徐赵东，马乐为．结构动力学[M]. 北京：科学出版社，2007.

[17]马建勋．高等结构动力学[M]. 2 版．西安：西安交通大学出版社，2019.

[18]李东旭．高等结构动力学[M]. 2 版．北京：科学出版社，2010.

[19]商大中，李宏亮，韩广才．结构动力分析[M]. 哈尔滨：哈尔滨工程大学出版社，2005.

[20]唐友刚．高等结构动力学[M]. 天津：天津大学出版社，2002.

[21]盛宏玉．结构动力学[M]. 2 版．合肥：合肥工业大学出版社，2007.

[22]李杰，吴建营，陈建兵．混凝土随机损伤力学[M]. 北京：科学出版社，2014.

[23]张新培．钢筋混凝土抗震结构非线性分析[M]. 北京：科学出版社，2003.

[24]刘章军，吴勃，卢海林．弹性力学与有限元基础[M]. 北京：高等教育出版社，2019.

[25]Li J，Chen J B. Stochastic Dynamics of Structures [M]. John Wiley & Sons，Inc.，2009.

[26]李杰．随机结构系统——分析与建模[M]. 北京：科学出版社，1996.

[27]李杰．工程结构可靠性分析原理[M]. 北京：科学出版社，2021.

[28]李杰，李国强．地震工程学导论[M]. 北京：地震出版社，1992.

[29]朱位秋．随机振动[M]. 北京：科学出版社，1992.

[30]朱位秋，蔡国强．随机动力学引论[M]. 北京：科学出版社，2017.

[31]朱位秋．非线性随机动力学与控制——Hamilton 理论体系框架[M]. 北京：科学出版社，2003.
[32]欧进萍，王光远．结构随机振动[M]. 北京：高等教育出版社，1998.
[33]欧进萍．结构振动控制——主动、半主动和智能控制[M]. 北京：科学出版社，2003.
[34]林家浩，张亚辉．随机振动的虚拟激励法[M]. 北京：科学出版社，2004.
[35]方同．工程随机振动[M]. 北京：国防工业出版社，1995.
[36]王梓坤．概率论基础及其应用[M]. 北京：北京师范大学出版社，1996.
[37]盛骤，谢式千，潘承毅．概率论与数理统计[M]. 4 版．北京：高等教育出版社，2008.
[38]张炳根，赵玉芝．科学与工程中的随机微分方程[M]. 北京：海洋出版社，1980.
[39]闵华玲．随机过程[M]. 上海：同济大学出版社，1987.
[40]Peng Y B，Li J. Stochastic Optimal Control of Structures [M]. Springer，2019.
[41]Billingsley P. Probability and Measure [M]. New Jersey：John Wiley & Sons，Inc.，2012.
[42]Ang A H S，Tang W H. Probability Concepts in Engineering：Emphasis on Applications in Civil & Environmental Engineering [M]. John Wiley & Sons，Inc.，2007.
[43]Bendat J S，Piersol A G. Random Data：Analysis and Measurement Procedures [M]. Fourth Edition. John Wiley & Sons，Inc.，2010.
[44]Ross S M. A First Course in Probability [M]. Seventh Edition. Pearson Education，Inc.，2006.
[45]Papoulis A，Unnikrishna P S. Probability，Random Variables and Stochastic Processes [M]. Fourth Edition. McGraw Hill，2002.
[46] Kai Lai Chung. A Course in Probability Theory [M]. Third Edition. San Diego：Academic Press，2001.
[47]胡聿贤，周锡元．弹性体系在平稳和平稳化地面运动下的反应．地震工程研究报告集(第一集). 北京：科学出版社，1962.
[48]Der Kiureghian A. Structural response to stationary excitation[J]. Journal of the Engineering Mechanics Division，1980，106(EM6)：1195-1213.
[49]陈建兵，彭勇波，李杰．关于虚拟激励法的一个注记[J]. 计算力学学报，2011，28(2)：163-167.
[50]刘延柱，陈立群．非线性振动[M]. 北京：高等教育出版社，2001.
[51]Lutes L D，Sarkani S. Random Vibrations：Analysis of Structural and Mechanical Systems [M]. Elsevier，Amsterdam，2004.
[52]Spanos P D，Kougioumtzoglou I A. Harmonic wavelets based statistical linearization for response evolutionary power spectrum determination [J]. Probabilistic Engineering Mechanics，2012，27(1)：57-68.
[53]Elishakoff I，Crandall S H. Sixty years of stochastic linearization technique [J]. Meccanica，2017，52：299-305.
[54]Roberts J B，Spanos P D. Random Vibration and Statistical Linearization [M]. John Wiley & Sons，Inc.，1990.
[55]Kong F，Spanos P D. Stochastic response of a hysteresis system subjected to combined periodic and stochastic excitation via the statistical linearization method [J]. Journal of Applied Mechanics，ASME，2021，88(5)：051008.
[56]Liu Z J，Liu Z X，Peng Y B. Dimension reduction of Karhunen-Loeve expansion for simulation of stochastic processes [J]. Journal of Sound and Vibration，2017，408：168-189.
[57]Cowan B. Topics in Statistical Mechanics [M]. Imperial College Press，2005.
[58]Gardiner C W. Handbook of Stochastic Methods for Physics，Chemistry and the Natural Sciences [M]. Second Edition. Berlin：Springer，1983.

[59]Glasserman P. Monte Carlo Methods in Financial Engineering [M]. Springer Verlag，2004.
[60]Hinch E J. Perturbation Methods [M]. Cambridge University Press，1991.
[61]李杰．确定性参数摄动与随机参数摄动的区别与联系[J]. 郑州工学院学报，1996，17(1)：16-20.
[62] Ghanem R G，Spanos P D. Stochastic Finite Elements：A Spectral Approach [M]. Springer Verlag，1991.
[63]Xiu D B. Fast numerical methods for stochastic computations：a review [J]. Communications in Computational Physics，2009，5(2-4)：242-272.
[64]Lüthen N，Marelli S，Sudret B. Sparse polynomial chaos expansions：literature survey and benchmark [J]. SIAM/ASA Journal on Uncertainty Quantification，2021，9(2)：593-649.
[65]Kleiber M，Hien T D. The Stochastic Finite Element Method：Basic Perturbation Technique and Computer Implementation [M]. John Wiley & Sons，Inc.，1992.
[66]华罗庚，王元．数论在近似分析中的应用[M]. 北京：科学出版社，1978.
[67]方开泰，王元．数论方法在统计中的应用[M]. 北京：科学出版社，1996.
[68]Chen J B，Chan J P. Error estimate of point selection in uncertainty quantification of nonlinear structures involving multiple nonuniformly distributed parameters [J]. International Journal for Numerical Methods in Engineering，2019，118(9)：536-560.
[69]Ma F，Zhang H，Bockstedte A，et al. Parameter analysis of the differential model of hysteresis [J]. Journal of Applied Mechanics，2004，71：342-349.
[70] Vanmarcke E. Random Fields：Analysis and Synthesis [M]. Revised and Expanded New Edition. World Scientific，2010.
[71]Li J，Chen J B，Fan W L. The equivalent extreme-value event and evaluation of the structural system reliability [J]. Structural Safety，2007，29(2)：112-131.
[72]Housner G W，Bergman L A，Caughey T K，Chassiakos A G，Claus R O，Masri S F，Skelton R E，Soong T T，Spencer B F，Yao J T P. Structural control：past，present，and future [J]. Journal of Engineering Mechanics，1997，123(9)：897-971.
[73]Den Hartog J P. Mechanical Vibrations [M]. Fourth Edition. New York：McGraw-Hill，1956.
[74]Warburton G B. Optimum absorber parameters for various combinations of response and excitation parameters [J]. Earthquake Engineering & Structural Dynamics，1982，10(3)：381-401.
[75]Seleemah A A，Constantinou M C. Investigation of Seismic Response of Buildings with Linear and Nonlinear Fluid Viscous Dampers [R]. State University of New York at Buffalo，1997.
[76]Di Paola M，Navarra G. Stochastic seismic analysis of MDOF structures with nonlinear viscous dampers [J]. Structural Control & Health Monitoring，2009，16(3)：303-318.
[77]Chen J B，Zeng X S，Peng Y B. Probabilistic analysis of wind-induced vibration mitigation of structures by fluid viscous dampers [J]. Journal of Sound and Vibration，2017，409：287-305.
[78]Liberzon D. Calculus of Variations and Optimal Control Theory：A Concise Introduction [M]. Princeton：Princeton University Press，2012.
[79]李杰，艾晓秋．基于物理的随机地震动模型研究[J]. 地震工程与工程振动，2006，26(5)：21-26.
[80]Zhang R H，Soong T T. Seismic design of viscoelastic dampers for structural applications [J]. Journal of Structural Engineering，1992，118(5)：1375-1391.
[81]Conway J H，Sloane N J A. Sphere Packings，Lattices and Groups [M]. Third Edition. Springer Verlag，1999.
[82]LeVeque R J. Numerical Methods for Conservation Laws [M]. Birkhäuser Verlag，1992.
[83]Li J，Chen J B. The principle of preservation of probability and the generalized density evolution equa-

tion [J]. Structural Safety, 2008, 30(1): 65-77.

[84]Li J, Chen J B. The number theoretical method in response analysis of nonlinear stochastic structures [J]. Computational Mechanics, 2007, 39(6): 693-708.

[85]Li J, Peng Y B, Chen J B. A physical approach to structural stochastic optimal controls [J]. Probabilistic Engineering Mechanics, 2010, 25(1): 127-141.

[86]Li J, Yan Q, Chen J B. Stochastic modeling of engineering dynamic excitations for stochastic dynamics of structures [J]. Probabilistic Engineering Mechanics, 2012, 27(1): 19-28.

[87]Shampine L F, Reichelt M W. The matlab ode suite [J]. SIAM Journal on Scientific Computing, 1997, 18(1): 1-22.

[88]Chen J B, Li J. The extreme value distribution and dynamic reliability analysis of nonlinear structures with uncertain parameters [J]. Structural Safety, 2007, 29(2): 77-93.

[89]Chen J B, Li J. A note on the principle of preservation of probability and probability density evolution equation [J]. Probabilistic Engineering Mechanics, 2009, 24(1): 51-59.

[90]Chen J B, Li J. Strategy for selecting representative points via tangent spheres in the probability density evolution method [J]. International Journal for Numerical Methods in Engineering, 2008, 74(13): 1988-2014.

[91]Chen J B, Ghanem R G, Li J. Partition of the probability-assigned space in probability density evolution analysis of nonlinear stochastic structures [J]. Probabilistic Engineering Mechanics, 2009, 24(1): 27-42.

[92]Chen J B, Yang J Y, Li J. A GF-discrepancy for point selection in stochastic seismic response analysis of structures with uncertain parameters [J]. Structural Safety, 2016, 59: 20-31.

[93]Chen J B, Sun W L, Li J, et al. Stochastic harmonic function representation of stochastic processes [J]. Journal of Applied Mechanics-Transactions of the ASME, 2013, 80(1): 011001.

[94]Chen J B, Kong F, Peng Y B. A stochastic harmonic function representation for non-stationary stochastic processes [J]. Mechanical Systems and Signal Processing, 2017, 96: 31-44.

[95]Peng Y B, Ghanem R G, Li J. Generalized optimal control policy for stochastic optimal control of structures [J]. Structural Control & Health Monitoring, 2013, 20(2): 67-89.

[96]Peng Y B, Zhang Z K. Optimal MR damper-based semiactive control scheme for strengthening seismic capacity and structural reliability [J]. Journal of Engineering Mechanics, 2020, 146(6): 04020045.

[97]Liu Z J, Liu W, Peng Y B. Random function based spectral representation of stationary and non-stationary stochastic processes [J]. Probabilistic Engineering Mechanics, 2016, 45: 115-126.

[98]Liu Z J, Liu Z H, Peng Y B. Simulation of multivariate stationary stochastic processes using dimension-reduction representation methods [J]. Journal of Sound and Vibration, 2018, 418: 144-162.

[99]刘章军，刘子心，阮鑫鑫，张齐．地震动随机场的 POD 降维表达[J]．中国科学：技术科学，2019，49(5)：589-601.

[100]Liu Z H, Liu Z J, He C G, et al. Dimension-reduced probabilistic approach of 3-D wind field for wind-induced response analysis of transmission tower [J]. Journal of Wind Engineering and Industrial Aerodynamics, 2019, 190: 309-321.

[101]Ruan X X, Liu Z J, Liu Z X, et al. Dimension-reduction representation of stochastic ground motion fields based on wavenumber-frequency spectrum for engineering purposes [J]. Soil Dynamics and Earthquake Engineering, 2021, 143: 106604.

[102]Liu Z J, Lü K X, Liu Z X, et al. Dimension-reduction of stochastic wave forces and probability density evolution analysis of wave-excited pile foundation [J]. Ocean Engineering, 2022, 243: 110159.